U0255736

剑 桥 科 学 史

第三卷

现代早期科学

第三卷对大约1500～1700年期间欧洲的自然研究所发生的转变，给出了广阔而细致的说明。本书讨论了自然如何被研究，在何处被研究，被何人所研究。涉及的学科从天文学和占星术到魔法和自然志，涉及的知识场所从实验室和战场到图书馆和集贸市场，知识人的类型从大学教授和药剂师到内科医师和仪器制造者。除此之外，论"新自然"和"自然知识的文化意义"的部分则分别陈述了新自然知识对自然概念、经验概念、说明概念和证据概念的影响，以及对宗教、艺术、文学、性别和欧洲人的自我定义的影响。由著名专家写作的文稿，文字清新、易懂，带有丰富的文献注解。本书为学者和普通读者提供了关于现代早期科学之研究的一个概要的统览。此项研究挑战了传统的"科学革命"观，强调在欧洲历史的这一关键时期自然知识所发生的深刻而又多样的变化。

凯瑟琳·帕克（Katharine Park）是哈佛大学科学史与妇女、性别和性研究的拉德克利夫讲席教授。除《奇事与自然秩序（1150～1750）》（*Wonders and the Order of Nature, 1150 - 1750*, 1998，与洛兰·达斯顿合著）外，她的著作还有《文艺复兴早期佛罗伦萨的医生与医学》（*Doctors and Medicine in Early Renaissance Florence*, 1985）、《妇女的秘密：性别、生殖与人类解剖的起源》（*The Secrets of Women: Gender, Generation, and the Origins of Human Dissection*, 2006）。

洛兰·达斯顿（Lorraine Daston）是马克斯·普朗克科学史研究所所长和柏林洪堡大学名誉教授。她的著作有《启蒙运动中的经典概率》（*Classical Probability in the Enlightenment*, 1988）、《奇事与自然秩序（1150～1750）》（与凯瑟琳·帕克合著）、《奇事、证据与真相：理性的历史》（*Wunder, Beweise und Tatsachen: Zur Geschichte der Rationalität*, 2001）和《客观性的形象》（*Images of Objectivity*, 2006，与彼得·加里森合著）。

第三卷译者

吴国盛　张卜天　李文靖　肖　磊　张东林

吴国盛，清华大学科学史系教授、系主任，著作有《科学的历程》《什么是科学》《希腊空间概念》《时间的观念》《由史入思——从科学思想史到现象学科技哲学》《技术哲学讲演录》等，译作有《自然的观念》《哥白尼革命》等。翻译本书第 1 章，补译和校订全书。

张卜天，清华大学科学史系教授，著作有《质的量化与运动的量化——14 世纪经院自然哲学的运动学初探》，译作有《天球运行论》《世界的和谐》《狭义与广义相对论浅说》《生命是什么》《牛顿研究》《从封闭世界到无限宇宙》《新物理学的诞生》等 50 余部。翻译本书第 2 ～ 5 章。

李文靖，北京大学哲学博士，研究近代化学史和法国科学史，现任中国社会科学院世界史研究所助理研究员。翻译本书第 6 ～ 16 章、第 29 ～ 33 章。

肖磊，北京大学哲学博士，研究中国古代音乐史和科技史，现任中国政法大学讲师。翻译本书第 17 ～ 23 章。

张东林，北京大学哲学博士，研究近代数学史，现任广西民族大学讲师。翻译本书第 24 ～ 28 章。

剑 桥 科 学 史

总主编

戴维・C. 林德博格

罗纳德・L. 南博斯

第一卷

《古代科学》(*Ancient Science*)

亚历山大・琼斯和利巴・沙亚・陶布主编

第二卷

《中世纪科学》(*Medieval Science*)

戴维・C. 林德博格和迈克尔・H. 尚克主编

第三卷

《现代早期科学》(*Early Modern Science*)

凯瑟琳・帕克和洛兰・达斯顿主编

第四卷

《18 世纪科学》(*Eighteenth-Century Science*)

罗伊・波特主编

第五卷

《现代物理科学与数学科学》(*The Modern Physical and Mathematical Sciences*)

玛丽・乔・奈主编

第六卷

《现代生物科学和地球科学》(*The Modern Biological and Earth Sciences*)

彼得・J. 鲍勒和约翰・V. 皮克斯通主编

第七卷

《现代社会科学》(*The Modern Social Sciences*)

西奥多・M. 波特和多萝西・罗斯主编

第八卷

《国家和国际与境下的现代科学》(*Modern Science in National and International Context*)

戴维・N. 利文斯通和罗纳德・L. 南博斯主编

戴维·C. 林德博格是美国威斯康星-麦迪逊大学科学史希尔戴尔讲座荣誉教授。他撰写和主编过 12 本关于中世纪科学史和现代早期科学史的著作,其中包括《西方科学的起源》(*The Beginnings of Western Science*, 1992)。之前,他和罗纳德·L. 南博斯共同编辑了《上帝和自然:基督教遭遇科学的历史论文集》(*God and Nature: Historical Essays on the Encounter between Christianity and Science*, 1986),以及《科学与基督教传统:12 个典型例子》(*Science and the Christian Tradition: Twelve Case Histories*, 2003)。作为美国艺术与科学院的院士,他获得了科学史学会的萨顿奖章,同时他也是该学会的前任会长(1994～1995)。

罗纳德·L. 南博斯是美国威斯康星-麦迪逊大学科学史和医学史希尔戴尔和 W. 科尔曼讲座教授,自 1974 年以来一直在该校任教。他是美国科学史和医学史方面的专家,已撰写或编辑了至少 24 部著作,其中包括《创世论者》(*The Creationists*, 1992)和《达尔文主义进入美国》(*Darwinism Comes to America*, 1998)。他是美国艺术与科学院的院士和科学史杂志中的旗舰刊物《爱西斯》(*Isis*)的前任主编,并且曾担任美国教会史学会会长(1999～2000)和科学史学会会长(2000～2001)。

剑桥科学史

第三卷

现代早期科学

主　编
[美]凯瑟琳·帕克
(Katharine Park)
[美]洛兰·达斯顿
(Lorraine Daston)

主　译
吴国盛

中原出版传媒集团
中原传媒股份公司

大象出版社
·郑州·

图书在版编目(CIP)数据

现代早期科学 /(美) 凯瑟琳 · 帕克,(美) 洛兰 · 达斯顿主编; 吴国盛主译.— 郑州 : 大象出版社, 2020.11

(剑桥科学史;3)

ISBN 978-7-5711-0774-1

Ⅰ. ①现… Ⅱ. ①凯… ②洛… ③吴… Ⅲ. ①自然科学史-世界-现代 Ⅳ. ①N091

中国版本图书馆 CIP 数据核字(2020)第 192185 号

剑桥科学史 · 第三卷

现代早期科学

XIANDAI ZAOQI KEXUE

(美)凯瑟琳 · 帕克 (美)洛兰 · 达斯顿 主编

吴国盛 主译

出 版 人 汪林中
责任编辑 刘东蓬 徐淯琪 杨 倩 耿晓谕
责任校对 李靖慧 张英方 毛 路 万冬辉 张迎娟
书籍设计 美 霖

出版发行 大象出版社(郑州市郑东新区祥盛街 27 号 邮政编码 450016)
发行科 0371-63863551 总编室 0371-65597936
网 址 www.daxiang.cn
印 刷 河南新华印刷集团有限公司
经 销 各地新华书店经销
开 本 787 mm×1092 mm 1/16
印 张 48.75
字 数 1338 千字
版 次 2020 年 11 月第 1 版 2020 年 11 月第 1 次印刷
定 价 480.00 元

若发现印、装质量问题,影响阅读,请与承印厂联系调换。
印厂地址 郑州市经五路 12 号
邮政编码 450002 电话 0371-65957865

目　录

插 图 目 录

撰稿人简介

基尔斯蒂·安德森在丹麦的阿胡斯大学(University of Aarhus)科学史系教授数学史,她在牛顿和莱布尼茨发明微积分之前的发展方面有论文,目前正在完成《一门艺术的几何学:从阿尔贝蒂到蒙日透视法的数学理论史》(*The Geometry of an Art*: *The History of the Mathematical Theory of Perspective from Alberti to Monge*)。

吉姆·贝内特是牛津大学科学史博物馆馆长,他在16和17世纪的应用数学史、天文学史和科学仪器史等广泛论题上发表过论文。

多梅尼科·贝托洛尼·梅利在布鲁姆顿的印第安纳大学讲授科学史。他著有《等价与优先》(*Equivalence and Priority*,1993,平装本,1997),编有《马尔切洛·马尔比基:解剖学家与内科医生》(*Marcello Malpigh*: *Anatomist and Physician*, 1997)。他的《客体思考:17世纪力学的转变》(*Thinking with Objects*: *The Transformations of Mechanics in the Seventeenth Century*)即将由约翰斯·霍普金斯大学出版社出版。他目前的研究关注17世纪的机械解剖学。

安·布莱尔在哈佛大学历史系任教。她著有《自然剧场:让·博丹与文艺复兴科学》(*The Theater of Nature*: *Jean Bodin and Renaissance Science*, 1997),目前正在研究课题“处理现代早期欧洲的信息过载”。

亨克·J. M. 博斯是乌特勒支大学数学系的数学史教授。他的著作论及惠更斯的数学和科学工作、莱布尼茨微积分的基本概念,以及笛卡儿的几何学,包括论文集《重新定义几何精密性:笛卡儿对现代早期构造概念的转换》(*Redefining Geometrical Exactness*: *Descartes' Transformation of the Early Modern Concept of Construction*, 2001)。他与贾德·巴奇瓦尔德合编了《精密科学史档案》(*Archive for History of Exact Science*)。

玛丽·贝恩·坎贝尔是布兰代斯大学(Brandeis University)英语和美国文学教授。她著有《见证以及其他世界:欧洲人的异国旅行写作(400～1600)》(*The Witness and the Other World*: *Exotic European Travel Writing*, *400 - 1600*, 1988)、《奇观和科学:现代

早期欧洲的想象世界》(*Wonder and Science: Imagining Worlds in Early Modern Europe*, 1999)以及两部诗集。她目前正在研究现代早期的梦以及与该时期隐喻的命运和知识重组相关的梦理论。

哈罗德·J. 库克是伦敦大学学院维康信托医学史中心的主任和医学史教授。他已经发表了许多关于现代医学的论文和散文,并且著有《旧医学体制的衰落》(*The Decline of the Old Medical Regime*, 1986)和《一个普通医生的审讯:17世纪伦敦的约安内斯·格伦埃费尔特》(*Trials of an Ordinary Doctor: Joannes Groenevelt in Seventeenth-Century London*, 1994),后者获得过美国医学史学会的威尔奇奖章(Welch Medal)。他目前正在写作一部关于荷兰黄金时代医学和自然志的著作。

阿利克斯·库珀在石溪的纽约州立大学历史系讲授现代欧洲史、科学史和环境史。她正在准备出版《发明土著:现代早期欧洲的本土知识与自然清单》(*Inventing the Indigenous: Local Knowledge and the Inventory of Nature in Early Modern Europe*)。

布赖恩·P. 科彭哈弗是洛杉矶加州大学的哲学与历史教授。他著有《文艺复兴哲学》(*Renaissance Philosophy*, 1992)、《赫耳墨斯文集》(*Hermetica*, 1992)和《波利多尔·弗吉尔论发现》(*Polydore Vergil, On Discovery*, 2002),此外还有《剑桥哲学史》中关于魔法与科学的章节以及许多相关论文。他目前正在专心研究乔瓦尼·皮科·德拉·米兰多拉。

洛兰·达斯顿是马克斯·普朗克科学史研究所所长和柏林洪堡大学名誉教授。她著有《启蒙运动中的经典概率》(*Classical Probability in the Enlightenment*, 1988)、《奇事与自然秩序(1150～1750)》(*Wonders and the Order of Nature, 1150 - 1750*, 1998, 与凯瑟琳·帕克合著)、《奇事、证据与真相:理性的历史》(*Wunder, Beweise und Tatsachen: Zur Geschichte der Rationalität*, 2001),编有《科学客体传记》(*Biographies of Scientific Objects*, 2000)、《自然的道德权威》(*The Moral Authority of Nature*, 2003, 与费尔南多·维达尔合作)和《所说的事情:艺术与科学中的客体教训》(*Things that Talk: Object Lessons from Art and Science*, 2004)。与彼得·加里森合作,她正在完成《客观性的形象》(*Images of Objectivity*)。

彼得·迪尔在康奈尔大学历史与科技研究系任教。他著有《梅森与学校学习》(*Mersenne and the Learning of the Schools*, 1988)、《专业与经验:科学革命中的数学方法》(*Discipline and Experience: The Mathematical Way in the Scientific Revolution*, 1995)以及《科学的革命化:欧洲知识及其野心(1500～1700)》(*Revolutionizing the Sciences: European Knowledge and Its Ambitions, 1500 - 1700*, 2001),还有一部关于科学中的可理解性的著作正在出版中。

xix

凯利·德弗里斯是马里兰罗耀拉学院(Loyola College)的教授。他的著作有《中世纪军事技术》(*Medieval Military Technology*, 1992)、《14世纪早期的步兵战:训练、战术和技术》(*Infantry Warfare in the Early Fourteenth Century: Discipline, Tactics, and Technology*, 1996)、《1066年挪威入侵英格兰》(*The Norwegian Invasion of England in 1066*, 1999)、《圣女贞德:一部军事史》(*Joan of Arc: A Military History*, 1999)、《中世纪军事史与军事技术文献汇编》(*A Cumulative Bibliography of Medieval Military History and Technology*, 2002)以及《中世纪欧洲的枪炮和人:军事史与军事技术研究(1200～1500)》(*Guns and Men in Medieval Europe, 1200 - 1500: Studies in Military History and Technology*, 2002)。与罗伯特·D. 史密斯合作的《勃艮第公爵的大炮(1363～1477)》(*The Artillery of the Dukes of Burgundy, 1363 - 1477*)即将出版。他是《中世纪军事史杂志》(*Journal of Medieval Military History*)主编和博睿出版公司军事史丛书(History of Warfare series of Brill Publishing)的主编。

威廉·多纳休是墨西哥圣塔菲绿狮出版社(Green Lion Press)的共同社长,翻译过开普勒的《新天文学》和《光学》。他正在完成一部关于开普勒在《新天文学》中发展出来的行星理论的导引著作。

威廉·埃蒙是新墨西哥州立大学雷金兹历史教授,在此讲授科学史、医学史和现代早期史。他的研究关注现代早期欧洲的科学与大众文化,以及现代早期意大利和西班牙的科学史。他著有《科学与自然秘密:中世纪与现代早期文化中的秘著》(*Science and the Secrets of Nature: Books of Secrets in Medieval and Early Modern Culture*, 1994)和《江湖游医的传说:文艺复兴时期外科医生的世界》(*The Charlatan's Tale: A Renaissance Surgeon's World*, 即将出版)。他正在写作《现代早期欧洲的科学与日常生活(1500～1750)》(*Science and Everyday Life in Early Modern Europe, 1500 - 1750*)。

里维卡·费尔德海是特拉维夫大学的科学史与观念史教授。她出版有《伽利略与教会:政治审判或批判性对话?》(*Galileo and the Church: Political Inquisition or Critical Dialogue?*, 1995, 再版1999)一书,并发表《数学实体的应用与滥用:再论伽利略与耶稣会士》(The Use and Abuse of Mathematical Entities: Galileo and the Jesuits Revisited, in P. Machamer, ed., *A Companion to Galileo*, 1998)、《耶稣会科学的文化场》(The Cultural Field of Jesuit Science, in J. O'Malley, S. J. et al., eds., *The Jesuits: Cultures, Sciences, and the Arts, 1540 - 1773*, 1999)、《乔尔达诺·布鲁诺:威权主义的贤哲和自由言论的殉道者》(Giordano Bruno Nolanus: Authoritarian Sage and Martyr for Free Speech, in Lord Dahrendorf et al., eds., *The Paradoxes of Unintended Consequences*, 2000)、《我们自己的陌生者:同一性建构与历史研究》(Strangers to Ourselves: Identity Construction and Historical Research, in M. Zuckermann, ed., *Psychoanalyse und Geschichte in Tel Aviver*

Jahrbuch fuer deutsche Geschchichte, 2004)等文章。

保拉·芬德伦是斯坦福大学意大利史的乌巴尔多·皮罗蒂教授。她著有《拥有自然:现代早期意大利的博物馆、收藏和科学文化》(*Possessing Nature*: *Museums*, *Collecting*, *and Scientific Culture in Early Modern Italy*, 1994),以及其他对现代早期科学与文化的研究论文。她共同主编了《商人与奇迹:现代早期欧洲的商业、科学与艺术》(*Merchants and Marvels*: *Commerce*, *Science*, *and Art in Early Modern Europe*, 2002, 与帕梅拉·H. 史密斯合作),还主编了《阿塔纳修斯·基歇尔:最后的全知者》(*Athanasius Kircher*: *The Last Man Who Knew Everything*, 2004)。

XX

丹尼尔·加伯是普林斯顿大学的哲学教授和科学史计划的兼职教授。他著有《笛卡儿的形而上学物理学》(*Descartes' Metaphysical Physics*, 1992)和《具身的笛卡儿》(*Descartes Embodied*, 2001)。他还共同主编了《剑桥 17 世纪哲学史》(*The Cambridge History of Seventeenth-Century Philosophy*, 1998,与迈克尔·艾尔斯合作)。他目前正在研究 17 世纪早期的亚里士多德主义与反亚里士多德主义,写作一部论莱布尼茨的物理世界概念的专著。

安东尼·格拉夫顿在普林斯顿大学讲授历史和科学史。他的著述广泛涉及文艺复兴时期欧洲文化史、书籍与读者史、西方奖学金与教育史,以及科学史。他著有《约瑟夫·斯卡利杰》(*Joseph Scaliger*, 1983～1993)、《莱昂·巴蒂斯塔·阿尔贝蒂》(*Leon Battista Alberti*, 2001)、《公布你的死亡》(*Bring Out Your Dead*, 2002)。

史蒂文·J. 哈里斯先后在哈佛大学、布兰代斯大学和威尔斯利学院任教。他的主要研究兴趣是耶稣会成员的科学活动。他共同主编了两卷本的耶稣会文化史《耶稣会士:文化、科学和艺术(1540～1773)》(*The Jesuits*: *Cultures*, *Sciences*, *and the Arts*, *1540－1773*,1999,第 2 卷于 2006 年问世)。他目前在研究现代早期宇宙志的历史。

阿德里安·约翰斯在芝加哥大学历史系、科学的概念和历史研究委员会任教。他著有《书的本性:印刷与制造中的知识》(*The Nature of the Book*: *Print and Knowledge in the Making*, 1998)。他目前在研究从发明印刷术到现在的知识产权侵害史。

林恩·S. 乔伊是圣母大学的哲学教授,讲授现代哲学、伦理学和科学哲学。她著有《原子论者伽桑狄:科学时代的历史辩护者》(*Gassendi the Atomist*: *Advocate of History in an Age of Science*, 1987/2002)。她目前在写论现代元伦理学和伦理学史的书。她正在出版的著作有《让规范言之有理》(*Making Sense of Normativity*),一本关于自然倾向在解释道德规范和价值时的作用的书;她正在写的论文有《休谟论自然和道德倾向》(Hume on Natural and Moral Dispositions)和《无上帝的牛顿主义:哲学批评者的休谟》(Newtonianism without God: Hume as a Philosophical Critic)。

保罗·曼科苏是加州大学伯克利分校的哲学副教授。他的主要兴趣是数理逻辑、数学史和数学哲学。他著有《17世纪的数学哲学和数学实践》(*Philosophy of Mathematics and Mathematical Practice in the Seventeenth Century*, 1996)和《从布鲁威尔到希尔伯特》(*From Brouwer to Hilbert*, 1998)。他共同主编了《数学中的解释、视觉化和推理风格》(*Explanation, Visualizations and Reasoning Styles in Mathematics*, 2005)。

布鲁斯·T. 莫兰是位于里诺的内华达大学历史教授,讲授科学史和早期医学。他著有《提纯知识:炼金术、化学和科学革命》(*Distilling Knowledge: Alchemy, Chemistry and Scientific Revolution*, 2005)等著作和论文,正在完成另一项研究"现代早期德国的化学家和文化:安德烈亚斯·利巴菲乌斯的痛苦和狂乱(Chemists and Cultures in Early Modern Germany: The Torments and Tempests of Andrea Libavius)"。

威廉·R. 纽曼是印第安纳大学科学史与科学哲学系的鲁斯·霍尔教授。他研究中世纪和现代早期炼金术、自然哲学和物质理论的历史。他最近的著作是《试火中的炼金术》(*Alchemy Tried in the Fire*, 2002,与劳伦斯·M. 普林奇佩合作)、《普罗米修斯的雄心:炼金术与对完美自然的追求》(*Promethean Ambitions: Alchemy and the Quest to Perfect Nature*, 2004)、《原子与炼金术:贾比尔、森纳特、玻意耳和科学革命的实验起源》(*Atoms and Alchemy: Geber, Sennert, Boyle, and the Experimental Origins of the Scientific Revolution*, 2006年将出版)。他还在研究牛顿的"炼金术"。

卡门·尼克拉兹是西北大学艺术史系的博士研究生,她的博士论文是《佛兰德斯织锦与自然志(1550～1600)》(Flemish Tapestry and Natural History, 1550 - 1600)。

多琳达·乌特勒姆是罗切斯特大学的弗兰克林·克拉克历史学教授。她在科学史、启蒙运动、探险与同时期的文化接触的历史方面有大量作品发表。她著有《身体与法国大革命:性、阶级和政治文化》(*The Body and the French Revolution: Sex, Class and Political Culture*, 1989)和《启蒙运动》(*The Enlightenment*, 1995),目前在研究愚蠢史项目。

凯瑟琳·帕克是哈佛大学科学史与妇女、性别和性研究的拉德克利夫讲席教授。她研究晚期中世纪和文艺复兴时期欧洲的科学史和医学史,以及妇女、性别和身体的历史。她的著作包括《文艺复兴早期佛罗伦萨的医生与医学》(*Doctors and Medicine in Early Renaissance Florence*, 1985)、《奇事与自然秩序(1150～1750)》(*Wonders and the Order of Nature, 1150 - 1750*, 1998,与洛兰·达斯顿合著)和《妇女的秘密:性别、生殖与人类解剖的起源》(*The Secrets of Women: Gender, Generation, and the Origins of Human Dissection*, 2006)。

H. 达雷尔·鲁特金现在是位于佛罗伦萨的哈佛大学意大利文艺复兴研究中心的

哈娜·基尔研究员。他研究在大约1250～1750这个前现代时期，占星术在西方科学与文化中的复杂角色。

隆达·席宾格是斯坦福大学妇女和性别研究所的芭芭拉·D. 芬伯格所长和科学史教授。她著有《心灵无性？现代科学诞生中的女性》(*The Mind Has No Sex? Women in the Origins of Modern Science*, 1989)、《自然的身体：现代科学构建中的性别》(*Nature's Body: Gender in the Making of Modern Science*, 1993, 2004年第二版)、《女性主义改变了科学吗?》(*Has Feminism Changed Science?*, 1999)和《植物与帝国：大西洋世界中的殖民生物勘探》(*Plants and Empire: Colonial Bioprospecting in the Atlantic World*, 2004)。她是《女性主义与身体》(*Feminism and the Body*, 2000)的主编，《牛津身体指南》(*Oxford Companion to the Body*, 2001)的合作主编，《20世纪科学、技术与医学中的女性主义》(*Feminism in Twentieth-Century Science, Technology, and Medicine*, 2001)的合作主编(与安杰拉·克里杰和伊丽莎白·伦贝克合作)，《殖民植物学：科学、商业和政治》(*Colonial Botany: Science, Commerce, and Politics*, 2004)的合作主编(与克劳迪娅·斯旺合作)。她目前在研究18世纪殖民科学中的种族和健康。

R. W. 萨金特森是剑桥三一学院的研究员，讲授历史和科学史。他是默里克·卡少邦《通识》(*Generall Learning*, 1999)一书的编者。

史蒂文·夏平是哈佛大学的弗兰克林·福特科学史教授。他著有《利维坦与空气泵：霍布斯、玻意耳与实验生活》(*Leviathan and the Air-Pump: Hobbes, Boyle, and the Experimental Life*, 1985，与西蒙·谢弗合著)、《真理的社会史：17世纪英格兰的修养与科学》(*A Social History of Truth: Civility and Science in Seventeenth-Century England*, 1994)和《科学革命》(*The Scientific Revolution*, 1996)。

帕梅拉·H. 史密斯是哥伦比亚大学的历史教授。她著有《炼金术的生意：神圣罗马帝国的科学与文化》(*The Business of Alchemy: Science and Culture in the Holy Roman Empire*, 1994)和《工匠团体：科学革命中的艺术与经验》(*The Body of the Artisan: Art and Experience in the Scientific Revolution*, 2004)。

克劳迪娅·斯旺是西北大学艺术史系的副教授，还是该校想象研究计划的创始主任。她著有《克鲁修斯的植物水彩画：文艺复兴时期的植物与花卉》(*The Clutius Botanical Watercolors: Plants and Flowers of the Renaissance*, 1998)和《现代早期荷兰的艺术、科学与巫术：雅克·德·金二世(1565～1629)》(*Art, Science, and Witchcraft in Early Modern Holland: Jacques de Gheyn II [1565 - 1629]*, 2005)。她与隆达·席宾格共同主编了《殖民植物学：现代早期的科学、商业和政治》(*Colonial Botany: Science, Commerce, and Politics in the Early Modern World*, 2004)。

克劳斯·A. 福格尔是位历史学家和商船船长。他曾经是马克斯·普朗克历史研究所的研究人员和格丁根大学的讲师。他著有《土球:中世纪的地球图像与宇宙志革命》(*Sphaera terrae: Das mittelalterliche Bild der Erde und die kosmographische Revolution*, 1995),编有《皮克海默文艺复兴与人文主义研究年鉴》(*Pirckheimer Jahrbuch für Renaissance- und Humanismusforschung*, 1995 ~ 2000)。2000 年以来,他一直在汉堡的克劳斯·彼得·奥芬航运公司的远洋集装箱船上工作。

(吴国盛　译)

总主编前言

1993 年，亚历克斯·霍尔兹曼，剑桥大学出版社的前任科学史编辑，请求我们提供一份科学史编写计划，这部科学史将列入近一个世纪以前从阿克顿勋爵出版十四卷本的《剑桥近代史》(*Cambridge Modern History*, 1902～1912)开始的著名剑桥史系列。因为深信有必要出版一部综合的科学史并相信时机良好，我们接受了这一请求。

虽然对我们称之为“科学”的事业发展的思考可以追溯到古代，但是直到完全进入 20 世纪，作为专门的学术领域的科学史学科才出现。1912 年，一位比其他任何个人对科学史的制度化贡献都多的科学家和史学家、比利时的乔治·萨顿(1884～1956)，开始出版《爱西斯》(*Isis*)，这是一份有关科学史及其文化影响的国际评论杂志。12 年后，他帮助创建了科学史学会，该学会在 20 世纪末已吸收了大约 4000 个个人会员和机构成员。1941 年，威斯康星大学建立了科学史系，这也是世界范围内出现的众多类似计划中的第一个。

自萨顿时代以来，科学史学家已经写出了有一座小型图书馆规模的专论和文集，但他们一般都回避撰写和编纂通史。一定程度上受剑桥史系列的鼓舞，萨顿本人计划编写一部八卷本的科学史著作，但他仅完成了开头两卷，结束于基督教的诞生(1952，1959)。他的三卷本的鸿篇巨制《科学史导论》(*Introduction to the History of Science*, 1927～1948)，与其说是历史叙述，不如说是参考书目的汇集，并且未超出中世纪的范围。距《剑桥科学史》(*The Cambridge History of Science*)最近的科学史著作，是由勒内·塔顿主编的三卷(四本)的《科学通史》(*Histoire générale des sciences*, 1957～1964)，其英译本标题为 *General History of the Sciences*(1963～1964)。由于该书编纂恰在 20 世纪末科学史的繁荣期前，塔顿的这套书很快就过时了。20 世纪 90 年代罗伊·波特开始主编那本非常实用的《丰塔纳科学史》(*Fontana History of Science*)(在美国出版时名为《诺顿科学史》)，该书分为几卷，但每卷只针对单一学科，并且都由一位作者撰写。

《剑桥科学史》共分八卷，前四卷按照从古代到 18 世纪的年代顺序安排，后四卷按主题编写，涵盖了 19 世纪和 20 世纪。来自欧洲和北美的一些杰出学者组成的丛书编纂委员会，分工主编了这八卷：

第一卷:《古代科学》(*Ancient Science*),主编:亚历山大·琼斯,多伦多大学;利巴·沙亚·陶布。

第二卷:《中世纪科学》(*Medieval Science*),主编:戴维·C. 林德博格和迈克尔·H. 尚克,威斯康星－麦迪逊大学。

第三卷:《现代早期科学》(*Early Modern Science*),主编:凯瑟琳·帕克,哈佛大学;洛兰·达斯顿,马克斯·普朗克科学史研究所,柏林。

第四卷:《18 世纪科学》(*Eighteenth-Century Science*),主编:罗伊·波特,已故,伦敦大学学院维康信托医学史中心。

第五卷:《现代物理科学与数学科学》(*The Modern Physical and Mathematical Sciences*),主编:玛丽·乔·奈,俄勒冈州立大学。

第六卷:《现代生物科学和地球科学》(*The Modern Biological and Earth Sciences*),主编:彼得·J. 鲍勒,贝尔法斯特女王大学;约翰·V. 皮克斯通,曼彻斯特大学。

第七卷:《现代社会科学》(*The Modern Social Sciences*),主编:西奥多·M. 波特,加利福尼亚大学洛杉矶分校;多萝西·罗斯,约翰斯·霍普金斯大学。

第八卷:《国家和国际与境下的现代科学》(*Modern Science in National and International Context*),主编:戴维·N. 利文斯通,贝尔法斯特女王大学;罗纳德·L. 南博斯,威斯康星－麦迪逊大学。

我们共同的目标是提供一个权威的、紧跟时代发展的关于科学的记述(从最早的美索不达米亚和埃及文字社会到 21 世纪初期),使即便是非专业的读者也感到它富有吸引力。《剑桥科学史》的论文由来自有人居住的每一块大陆的顶级专家写成,“勘定关于自然与社会的系统研究,不管这些研究被称作什么(“科学”一词直到 19 世纪初期才获得了它们现在拥有的含义)”。这些撰稿者反思了科学史不断扩展的方法和论题的领域,探讨了非西方的和西方的科学、应用科学和纯科学、大众科学和精英科学、科学实践和科学理论、文化背景和思想内容,以及科学知识的传播、接受和生产。乔治·萨顿不大会认可这种合作编写科学史的努力,而我们希望我们已经写出了他所希望的科学史。

戴维·C. 林德博格

罗纳德·L. 南博斯

致　　谢

我们非常感谢约瑟芬·芬格、纳塔莉·于埃、约翰·库奇瓦拉、卡萝拉·孔策和阿莉莎·兰金在编写本卷时给予的帮助。这项计划前后超过了十年,跨越了两大洲,没有他们对手稿、通信、图表的持续跟进,以及在一大堆编辑细节方面的耐心协助,本卷一定会拖更长时间才能问世。我们也感谢哈佛大学,尤其是拉德克利夫高等研究所和位于柏林的马克斯·普朗克科学史研究所,对我们的实质性制度支撑。剑桥大学出版社方面,我们有幸与亚历克丝·奥尔兹曼和海伦·惠勒两位有能力的编辑合作。作为本卷的总主编,戴维·C. 林德博格通读了全部的手稿,我们极大地得益于他那富有特色的对待论证和风格的锐利眼睛。我们的作者都是学识和宽容的模范,甚至偶尔还守时。马丁·布罗迪、格尔德·吉格伦策和塔莉娅·吉格伦策自始至终激励我们,我们衷心地感谢他们。

凯瑟琳·帕克
洛兰·达斯顿

（吴国盛　译）

1

导论　新的时代*

凯瑟琳·帕克　洛兰·达斯顿

《剑桥科学史》的这一卷大体覆盖从1490年至1730年的时期，被英语世界的欧洲历史学家们称为“现代早期”，[1]一个预示着事物即将来临的术语。对生活在这个时期的欧洲人来说，这些事物绝大多数是未知的和未曾料想的，并且假如要求他们给予这个时代一个名称的话，他们很可能会称之为“新时代（aetas nova）”。东方和西方的新世界被发现了，印刷机这样的新设备被发明了，新信仰被传播了，天空中的新星被新仪器观察到了，新形式的政府被建立而旧的被推翻，新艺术手法被开发出来，新市场和商路被开辟，新哲学以新的论证被发展出来，新文学流派被创造出来。它们名称中的“新”字，昭示了它们的“新鲜和新颖”。

由这一酵素所生发的兴奋之情被《新发现》（*Nova reperta*）所捕捉。这是一部由佛兰德斯画家和绘图师让·范德·施特雷特（1523～1605）在16世纪后期设计，17世纪初在比利时安特卫普发行的雕版画丛书。[2] 扉页上编了号码的几个图标，展示了丛书中头九大著名的发现：美洲、指南针、火药、印刷术、机械钟、愈创木（一种用于治疗法国病[梅毒]的美洲树木）、蒸馏器、蚕的家养、马具（图1.1）。丛书后来的版本描述了包括蔗糖的制造、通过罗盘指针的偏角查明经度的方法，以及使用油性透明颜料的绘画技术和铜版制版技术的发明。尽管有些革新发生在现代早期之前，但大多数还是被认为发生在这一时期，如果不是因为它们是现代早期欧洲人的工作的话，也是因为它们的影响被认为改造了现代早期的欧洲文化。可以肯定，《新发现》中的雕版画在总体

---

* 为方便读者查找，脚注中的参考文献保留了原文，紧随在译名后的括号中。在不影响读者理解的情况下，省略了原文章名的双引号，用正常体表示；书名、期刊名，用斜体表示。（正文中也依此例）——责编注

[1] 在英语世界的历史学家们中，这个术语被用于涵盖大约1500年至1750年的时期；用意大利语、法语和德语写作的历史学家对这个时期有不同的规定，早到1350年（意大利历史学家），晚到1815年（德语历史学家）。此外，依照不同国家的编史传统，人们可能更喜欢像文艺复兴、巴洛克或古典时期（l'âge classique）这些命名而不是“现代早期”：参看 Ilja Micek，《现代早期：定义问题、方法讨论和研究倾向》（Die Frühe Neuzeit: Definitionsprobleme, Methodendiskussion, Forschungstendenzen），载于 Nada Boskovska Leimgruber 编，《历史中的现代早期：研究倾向和研究结果》（*Die Frühe Neuzeit in der Geschichtswissenschaft: Forschungstendenzen und Forschungserträge*, Paderborn: Ferdinand Schöningh, 1997），第17页～第38页。

[2] 参看 Alessandra Baroni Vannucci，《让·范德·施特雷特（乔瓦尼·斯特拉达诺）：佛兰德斯画家和发明家》（*Jan van der Straet detto Giovanni Stradano: Flandrus pictor et inventor*, Milan: Jandi Sapi, 1997），第397页～第400页。复制品见列日大学（University of Liège）网站，http://www.ulg.ac.be/wittert/fr/flori/opera/vanderstraet/vanderstraet_reperta.html。原件设计时间早至16世纪80年代。

图 1.1 《新发现》(*Nova reperta*)。作者 Jan Galle 以 Joannes Stradanus (Jan van der Straet)为名,作于约 1580 年,《新发现》的扉页。引自 *Speculum diuersarum imaginum speculatiuarum a varijs viris doctis adinuentarum, atq[ue] insignibus pictoribus ac sculptoribus delineatarum* ... (Antwerp: Jan Galle, 1638)。The Print Collection, Miriam and Ira D. Wallach Division of Art, Prints and Photographs, The New York Public Library, Astor, Lenox and Tilden Foundations 允许复印

上描画了 16 世纪的景观、工场、船舶和本土空间,把这个时期刻画成一个成果格外丰硕、富有创造性抱负和创新的时期。

本卷关注现代早期欧洲之创新的一个特别有活力的领域。为方便起见,这个领域通常(虽然是时代错位地)被归入具有多种性质的术语"科学"名下,而这个术语(自 19 世纪以来)所获得的含义,是对自然界的现象和秩序所做的专业探究。[3] 这个词的现代范畴在 16 和 17 世纪没有一个单一而连贯的对等物。实际上,本卷各章所探究的最显著的创新之一,便是一个新的探究领域的逐步浮现。这个领域拥有某些(但绝不是全部)约 1850 年以来的自然科学的诸多特征。这个领域既包含思想性的进路也包含技术性的进路,由与从前完全不同的学科和探究所组成,从事者位于不同的场所,隶属不同的机构,从事不同的职业。

3

对那个时期图书分类体系的匆匆一瞥就可以使这个转变生动可见。1584 年,当时

[3] 参看 Andrew Cunningham 和 Perry Williams,《偏离"宏观图景"的中心:〈现代科学的起源〉与科学的现代起源》(De-Centring the "Big Picture": *The Origins of Modern Science* and the Modern Origins of Science),《英国科学史杂志》(*British Journal for the History of Science*),26(1993),第 407 页~第 432 页。

1

导论　新的时代*

凯瑟琳·帕克　洛兰·达斯顿

《剑桥科学史》的这一卷大体覆盖从1490年至1730年的时期，被英语世界的欧洲历史学家们称为“现代早期”，[1]一个预示着事物即将来临的术语。对生活在这个时期的欧洲人来说，这些事物绝大多数是未知的和未曾料想的，并且假如要求他们给予这个时代一个名称的话，他们很可能会称之为“新时代（aetas nova）”。东方和西方的新世界被发现了，印刷机这样的新设备被发明了，新信仰被传播了，天空中的新星被新仪器观察到了，新形式的政府被建立而旧的被推翻，新艺术手法被开发出来，新市场和商路被开辟，新哲学以新的论证被发展出来，新文学流派被创造出来。它们名称中的“新”字，昭示了它们的“新鲜和新颖”。

由这一酵素所生发的兴奋之情被《新发现》（*Nova reperta*）所捕捉。这是一部由佛兰德斯画家和绘图师让·范德·施特雷特（1523～1605）在16世纪后期设计，17世纪初在比利时安特卫普发行的雕版画丛书。[2] 扉页上编了号码的几个图标，展示了丛书中头九大著名的发现：美洲、指南针、火药、印刷术、机械钟、愈创木（一种用于治疗法国病[梅毒]的美洲树木）、蒸馏器、蚕的家养、马具（图1.1）。丛书后来的版本描述了包括蔗糖的制造、通过罗盘指针的偏角查明经度的方法，以及使用油性透明颜料的绘画技术和铜版制版技术的发明。尽管有些革新发生在现代早期之前，但大多数还是被认为发生在这一时期，如果不是因为它们是现代早期欧洲人的工作的话，也是因为它们的影响被认为改造了现代早期的欧洲文化。可以肯定，《新发现》中的雕版画在总体

---

* 为方便读者查找，脚注中的参考文献保留了原文，紧随在译名后的括号中。在不影响读者理解的情况下，省略了原文章名的双引号，用正常体表示；书名、期刊名，用斜体表示。（正文中也依此例）——责编注

[1] 在英语世界的历史学家们中，这个术语被用于涵盖大约1500年至1750年的时期；用意大利语、法语和德语写作的历史学家对这个时期有不同的规定，早到1350年（意大利历史学家），晚到1815年（德语历史学家）。此外，依照不同国家的编史传统，人们可能更喜欢像文艺复兴、巴洛克或古典时期（l'âge classique）这些命名而不是“现代早期”：参看 Ilja Micek，《现代早期：定义问题、方法讨论和研究倾向》（Die Frühe Neuzeit: Definitionsprobleme, Methodendiskussion, Forschungstendenzen），载于 Nada Boskovska Leimgruber 编，《历史中的现代早期：研究倾向和研究结果》（*Die Frühe Neuzeit in der Geschichtswissenschaft: Forschungstendenzen und Forschungserträge*, Paderborn: Ferdinand Schöningh, 1997），第17页～第38页。

[2] 参看 Alessandra Baroni Vannucci，《让·范德·施特雷特（乔瓦尼·斯特拉达诺）：佛兰德斯画家和发明家》（*Jan van der Straet detto Giovanni Stradano: Flandrus pictor et inventor*, Milan: Jandi Sapi, 1997），第397页～第400页。复制品见列日大学（University of Liège）网站，http://www.ulg.ac.be/wittert/fr/flori/opera/vanderstraet/vanderstraet_reperta.html。原件设计时间早至16世纪80年代。

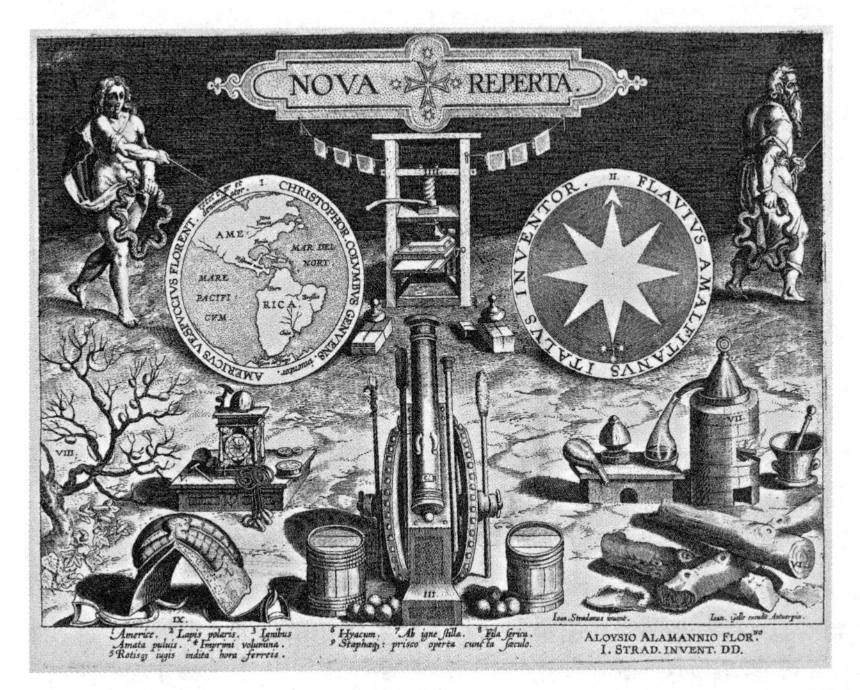

图 1.1 《新发现》(*Nova reperta*)。作者 Jan Galle 以 Joannes Stradanus (Jan van der Straet)为名,作于约 1580 年,《新发现》的扉页。引自 *Speculum diuersarum imaginum speculatiuarum a varijs viris doctis adinuentarum, atq[ue] insignibus pictoribus ac sculptoribus delineatarum* ... (Antwerp: Jan Galle, 1638)。The Print Collection, Miriam and Ira D. Wallach Division of Art, Prints and Photographs, The New York Public Library, Astor, Lenox and Tilden Foundations 允许复印

上描画了 16 世纪的景观、工场、船舶和本土空间,把这个时期刻画成一个成果格外丰硕、富有创造性抱负和创新的时期。

本卷关注现代早期欧洲之创新的一个特别有活力的领域。为方便起见,这个领域通常(虽然是时代错位地)被归入具有多种性质的术语"科学"名下,而这个术语(自 19 世纪以来)所获得的含义,是对自然界的现象和秩序所做的专业探究。[3] 这个词的现代范畴在 16 和 17 世纪没有一个单一而连贯的对等物。实际上,本卷各章所探究的最显著的创新之一,便是一个新的探究领域的逐步浮现。这个领域拥有某些(但绝不是全部)约 1850 年以来的自然科学的诸多特征。这个领域既包含思想性的进路也包含技术性的进路,由与从前完全不同的学科和探究所组成,从事者位于不同的场所,隶属不同的机构,从事不同的职业。

对那个时期图书分类体系的匆匆一瞥就可以使这个转变生动可见。1584 年,当时

[3] 参看 Andrew Cunningham 和 Perry Williams,《偏离"宏观图景"的中心:〈现代科学的起源〉与科学的现代起源》(De-Centring the "Big Picture": *The Origins of Modern Science* and the Modern Origins of Science),《英国科学史杂志》(*British Journal for the History of Science*),26(1993),第 407 页～第 432 页。

的学者为法国国王亨利三世的图书馆中约1万种图书提出了一套分类体系，这些图书被分为医学、哲学（包括自然哲学）、数学（包括光学和天文学以及几何和算术）、炼金术、音乐、“粗鄙的和机械的技艺*”，以及其他“技艺（arts）和科学”——包括神学、法学、文法、诗歌和讲演术。[4] 大约一个世纪后，兰斯大主教夏尔·莫里斯·勒泰利耶的图书馆的分类被广泛仿效，即在哲学的醒目标题下把下列原来分离的领域集成起来：自然志、医学（包括解剖学、外科学、药剂学和化学）、数学学科（包括天文学和占星学、建筑学、军事科学和航海学）以及机械之艺。[5] 在知识的天穹上，一个新的星座已然可见，其所包括的恒星原先属于非常不同的星座。

那些老的星座是什么？为了更仔细地描述它们，研究者不仅要关注更正式的知识分类，而且必须把注意力集中到各种不同知识得以增进的那些场所，以及由谁来增进的。单单名称（特别是与现代本国语言中的同源词机械对等的时候）往往是不可靠的向导。中世纪拉丁语 scientia 尽管与现代英语的 science 同源，但它指的是任何严格而确定的知识，可以被组织成这样的形式（原则上如此，但实际上并不总是如此）：从自明的前提出发以三段论的方式证明出来。按照这种描述，理性神学属于 scientia。的确，它是“科学的皇后”，因为它的前提具有最高的确定性。相反，研究特殊经验的那些学科，诸如医疗学、自然志**和炼金术被排除在外，因为关于特定的现象不可能有绝对的确定性。[6]

有一类 scientia 叫自然哲学，即 philosophia naturalis，有时也称 scientia naturalis，它所涵盖的主题与近代科学所处理的主题相接近（但远不等同）。它研究对感觉而言看得见的那个物质世界。自然哲学考察所有种类的变化，有机的和物理的，包括运动，也考察了导致诸多现象的诸原理：天空的（宇宙学）、地球大气的（气象学）、地球本身的（诸如矿物、植物和动物，也包括人类）。植物和动物两个主题通常归入灵魂

---

* 机械之艺（mechanical arts，拉丁文 artes mechanicae）是相对于自由之艺（liberal arts，拉丁文 artes liberales）而言的。自由之艺是拉丁时代形成的说法，指自由民应接受的基本教育，先是有三艺（Trivium）即语法、修辞和逻辑，后又有四艺（Quadrivium）即算术、几何、音乐、天文，合称七艺（seven liberal arts）。自由七艺是西方人文教育的基础，故汉语学界也有人把 liberal arts 译成人文七科，把 liberal education 译成人文教育。机械之艺的说法最早见于9世纪的爱留根纳（Johannes Scotus Eriugena），他提出如下七艺：制衣（vestiaria）、农艺（agricultura）、建筑（architectura）、兵艺（militia and venatoria）、商贸（mercatura）、烹调（coquinaria）、冶金（metallaria），表达人类的低级需要。后来，圣维克多的休（Hugh of Saint Victor，1096 ～ 1141）用航海、医学、戏剧分别替代了商贸、农艺和烹调，使机械七艺的地位有所上升。——译者注

〔4〕 Henri-Jean Martin，《等级与位置》（Classements et conjonctures），载于 Henri-Jean Martin 和 Roger Chartier 编，4卷本《法国出版史》（*Histoire de l'édition française*, Paris: Promodis, 1982 - 6），第1卷，第429页～第457页，引文在第435页。

〔5〕 [Philippe Dubois]，《夏尔·莫里斯·勒泰利耶的藏书目录》（*Bibliotheca Telleriana, sive catalogus librorum bibliothecae illustrissimi ac reverendissimi D. D. Caroli Mauritii Le Tellier*, Paris: Typographia Regia, 1693, [Introduction], n. p.）。关于这一分类方案的影响，参看 Archer Taylor，《书目：分类及使用》（*Book Catalogues: Their Varieties and Uses*, Chicago: The Newberry Library, 1957），第157页～第158页。

** Natural history，又译博物学，本书通译自然志。——译者注

〔6〕 Eileen Serene，《证明科学》（Demonstrative Science），载于 Norman Kretzmann、Anthony Kenny 和 Jan Pinborg 编，《剑桥中世纪晚期哲学史：从亚里士多德的重新发现到经院哲学的瓦解（1100 ～ 1600）》（*The Cambridge History of Later Medieval Philosophy: From the Rediscovery of Aristotle to the Disintegration of Scholasticism, 1100 - 1600*, Cambridge: Cambridge University Press, 1982），第496页～第517页。

图 1.2 《铁钟》(*Horologia ferrea*)。作者 Jan Galle 以 Joannes Stradanus (Jan van der Straet)为名,作于约 1580 年,出自《新发现》。引自 *Speculum diuersarum imaginum speculatiuarum a varijs viris doctis adinuentarum, atq[ue] insignibus pictoribus ac sculptoribus delineatarum ...* (Antwerp: Jan Galle, 1638)。The Print Collection, Miriam and Ira D. Wallach Division of Art, Prints and Photographs, The New York Public Library, Astor, Lenox and Tilden Foundations 允许复印

研究,被认为是将有生命物从无生命物中区分出来(参看第 17 章)。自然哲学也提出今天看来是形而上学的问题,比如空间与时间的本质、上帝与创造的关系(参看第 2 章)。

由于自然哲学探寻现象的普遍原因,它与描述自然界以及各种特殊性质的自然志区别开来。自然志是一个系统研究的对象,不是注释《圣经》的工具,也不是布道的例证、休闲艺术和文学的储存库,就此而言,它归入医学的范围,因为某些矿物和动物以及不少植物被用于治疗。炼金术单独存在,不是大学里的科目,尽管有时也被内科医师所探寻,因为对物质的化学处理的目的常常在于准备药物。

不同于自然哲学,scientiae mediae 或者 mathematica media(混合数学)处理单纯从量的观点考虑的事物,不关涉原因。除了算术和几何这些纯数学学科,数学还包括天文学和占星学(这两个术语经常被交换使用)、光学、和声学和力学。[7] 这些学科又不

[7] William Wallace,《传统自然哲学》(Traditional Natural Philosophy),载于 Charles B. Schmitt、Quentin Skinner、Eckhard Kessler 和 Jill Kraye 编,《剑桥文艺复兴哲学史》(*The Cambridge History of Renaissance Philosophy*, Cambridge: Cambridge University Press, 1988),第 201 页～第 235 页。

同于机械之艺，后者包括在诸如建筑、航海、钟表制造和工程等领域的数学知识的实际运用中（图 1.1 和图 1.2）。

由于所有这些学科被认为是不同的研究，有着各自的方法、目标以及级别差异很大的学识地位和社会地位，至少在 15 世纪晚期，同一个人卷入所有或大多数学科的情况是极其罕见的。自然哲学是大学课程里的一部分，但通常是给更高级医科生的预备课程，至少在意大利大学里是如此，并且经常由医学家教授。数学四艺（quadrivium）（算术、几何、音乐、天文）和语文三艺（trivium）（语法、逻辑和修辞）共同构成了七门“自由之艺（liberal arts）”，在大学里，教师将它们以不同的重点教给那些准备学习哲学的学生。大学培养出来的内科医师应该学习一些占星术和自然志知识，后者为药物学研究的一部分，但药剂师属于商人行列，应该是这个领域的能手。类似的情况是，那些在筑城术、水力学、钟表学、制图学以及一大堆其他实际活动中担任顾问的混合数学家，倾向于间断性地在技师作坊里工作或者附属于王宫，而不是当大学教授。 *5*

因此，对现代人来说，现代早期的职业轨迹的多样化经常令人眼花缭乱，同时又古怪地受到限制：一位文艺复兴时期的工程师（比如达·芬奇）绘画，设计建筑物和机器，绘制地图，修筑城堡和运河。但是，（除了对人体解剖学好奇）他不可能治疗病人，也不会在大学里讲授自然哲学（除了他对水的本性有思辨性的想法）。多面的“文艺复兴人”在某种程度上是历史透视的一种假象，这种透视方法将原本仅是一种独特的知识类别和一种独特的职业分工塑造为多种知识。 *6*

类似的情况是，由于现代“科学”对现代早期自然知识的标定是如此笨拙，因此存在着一种诱惑——把后者看成是一个各部分搭配不当的“百衲被”，寻求最终并入一个新的聚合物中，这个聚合物在 17 世纪后期勒泰利耶图书馆（甚至在 19 世纪的“科学”类别）的图书排列中被识别出来。[8] 旧的知识分类和劳动分工对于经历过它们的人来说是连贯一致的，正如自然科学的现代星座对于 21 世纪的读者连贯一致一样。现代之前的欧洲大多数被普遍接受的人类知识划分，既不是基本根据主题材料（非生物与生物）来解析，也不是根据所使用的方法（比如实验室中的实验与图书馆或教室中阅读图书）来解析，而是根据它是否适合于如下的目标：“思辨性的”（理论的）、“实践性的”（与导向一个好的和有用的生活相关）或“实际性的”（与技艺和商业中物品的制造相关）。[9]

然而，使得现代早期的自然研究如此难以描述的，不完全是因为这个时期的知识分类和我们的分类之间的鸿沟，也不是因为试图填平这种鸿沟的那些麻烦的清单（自然哲学、自然志、医学、混合数学、机械之艺）和新术语（“化学”“自然知识”），而是因为

---

〔8〕 Cunningham 和 Williams，《偏离“宏观图景”的中心：〈现代科学的起源〉与科学的现代起源》；Sydney Ross，《“科学家”：一个词语的故事》（“Scientist”: The Story of a Word），《科学年鉴》（*Annals of Science*），18（1962），第 65 页～第 86 页。

〔9〕 参看 James A. Weisheipl，《中世纪思想中科学的分类》（The Classification of the Sciences in Medieval Thought），《中世纪研究》（*Mediaeval Studies*），27（1965），第 54 页～第 90 页。

这样的事实：充溢在16世纪、17世纪欧洲的那些喷涌而出的新奇之物，同时也重新塑造了现代早期自身的知识和职业。在17世纪的前夜，大学里的医学教授不仅撰写自然哲学论文，而且对前沿数学做出贡献（卡尔达诺，1501～1576），或者开始教授数学之后转移（并高升）到王公贵族所需要的自然哲学和工程委托方面的职业（伽利略，1564～1642）。在大学里受过训练的医生转而为农民和工匠做指导（特奥夫拉斯特·邦巴斯图斯·冯·霍恩海姆，以帕拉塞尔苏斯闻名，约1493～1541）；工匠们自己在印刷物中提出自然哲学理论（贝尔纳·帕利西，约1510～约1590）。研究什么（以哪种组合方式）、如何研究、在哪里以及由谁研究，共同构成了这一时期显著的新潮流。

7

这些变化经常纠缠着大量表现了现代早期之时代特色的政治、宗教、社会和经济的转型，其中的一些已经在《新发现》的扉页中委婉地提到。印刷术的发明和传播创造了新型的作者和读者（参看第15章）。宗教改革和反改革的宗教运动不仅在宣扬什么，而且在如何宣扬方面都要求做出调整（参看第29章）。空前持久和空前规模的战争无休无止，为军事技术的改进提供了需求（参看第14章）。这些战争与时常发生的宗教迫害事件一起，在学者和熟练工匠中触发了被迫移民的浪潮，而宫廷和富裕城市之间的竞争又为这些人以及其他自然知识的从业者社会地位的提升提供了可能性（参看第11章）。欧洲商业在范围和程度上进行了引人注目的扩张。从新世界带回来的矿石财富重塑了欧洲经济，整船整船从异国他乡运到欧洲港口的新植物和新动物刺激了自然志和医学（参看第8章和第19章）。自然知识的地理迁移与宗教、军事以及经济发展的地理迁移密切相伴，肇始于16世纪初期的意大利北部，在16世纪晚期传播到瑞士和德国南部繁华的城镇，接着到低地国家，最后在17世纪初来到法国和英格兰。[10]

除这些连锁的转型之外，还有在特定知识领域的转型。也许最深远的要数以人文主义闻名的思想运动：研究希腊和罗马的文本，不只是把它们作为对一种超越历史的知识事业的永恒贡献，就像亚里士多德的哲学和逻辑学著作在中世纪学校和大学里所受到的对待那样，还要把它们看成是特定时间和特定地点的作品。就其全部的历史特异性而言，由于这些文本反映了文本作者们的语言和文化，在阅读它们时就要记住这些特殊性。人文主义者对这些文本——包括久为人知的和新近发现的——的编辑和翻译，与那些博学的注释一起，极大地充实了16、17世纪学习自然的学生们可用的著作，在亚里士多德和盖仑之外添加了大量哲学和医学传统：柏拉图主义（以及新柏拉图主义）、斯多亚主义、怀疑论、伊壁鸠鲁主义和希波克拉底主义。[11]

---

[10] 关于地理分布和这些发展的不同速度的某些理解，可参看 Roy Porter 和 Mikuláš Teich 编，《国家背景中的文艺复兴》（*The Renaissance in National Context*, Cambridge: Cambridge University Press, 1992）；Porter 和 Teich 编，《国家背景中的科学革命》（*The Scientific Revolution in National Context*, Cambridge: Cambridge University Press, 1992）。

[11] Jill Kraye，《语文学者和哲学家》（Philologists and Philosophers），载于 Jill Kraye 编，《剑桥文艺复兴人文主义指南》（*The Cambridge Companion to Renaissance Humanism*, Cambridge: Cambridge University Press, 1996），第8章；Vivian Nutton，《文艺复兴中的希波克拉底》（Hippocrates in the Renaissance），载于 Gerhard Baader 和 Rolf Winau 编，《希波克拉底的流行：理论和实践传统》（*Die Hippokratischen Epidemien: Theorie-Praxis-Tradition*, Sudhoffs Archiv, Beiheft 27, Stuttgart: Franz Steiner Verlag, 1989），第420页～第439页。

关于自然秩序和人类认知方面的信息和可能的进路的激增，对自然研究产生了极大的影响（参看第17章、第3章、第2章）。[12] 在某些领域，新学术引发了与更传统学者之间就熟悉文本的价值和解释所进行的热烈争论，比如15世纪90年代那场对普林尼的《自然志》（*Natural History*）的攻击和捍卫（参看第19章）。不过，更一般而言，范围更广泛的可用图书（大部分拜印刷术所赐）与人文主义者模仿古代作者写出的优雅的拉丁文体一起，创造了新的学术和文学感觉。对许多在这种感觉之中成长起来的16世纪学者来说，中世纪阐释者们的著作被认为与其说是错误，不如说是老套、信息贫乏、观点勉强。16世纪中期之后，有些阐释者获得了新的生命，特别是像托马斯·阿奎那这样的，反宗教改革派教会把他作为哲学和神学正统的试金石。但是，大部分中世纪的注释作品，即使是像逻辑学和哲学中威尼斯的保罗的或者医学中雅可布·达弗尔里的值得信赖的作品，都不再重印了。 8

因此，现代早期自然研究的新进路不应该首先看成是对包含在亚里士多德著作及其中世纪阿拉伯和拉丁评注者的著作中的理论和方法的一场攻击。后者是一座动人心魄的知识大厦，现代学者经常称之为简短的术语"经院哲学"。这些攻击尽管充斥着通俗的编史传奇，具体化成了一些像伽利略、弗兰西斯·培根这样的英雄人物，但比许多关于现代早期科学史教科书里的说法更缺乏普遍性，这些历史书都以不同程度的热情接受"科学革命"这个前提。正如本卷第一部分和第三部分的各章所证实的，这个变化的过程更加典型地是逐渐的和零星的：由那些严肃、广泛并且得到认可的努力使古代的文本适应新的方法和新的发现，直到17世纪前半叶成型。[13] 在这个适应而非全盘革新的知识环境下，我们才不会惊奇为何范德·施特雷特的《新发现》，原作于16世纪80年代，把机械之艺而不是如自然哲学、理论医学或自然志这样的文本学科放在显著革新的突出位置。直到17世纪中叶，学者观点的注意力（甚至还有许多异议者）才由渐进的、妥协的策略走向提倡根本的改变，越来越多的声音宣称，自然知识的旧大厦需要拆掉，需要建设一个新的知识大厦，尽管还不清楚这个新的大厦是什么样子。 9

如果众多的转型是现代早期欧洲史的特征并且它们影响了理论知识和实践知识的构成的话，本卷的诸章，特别是第三部分"自然研究的划分"必然地表现出对现代早期的范畴和近代范畴的一种折中。尽管第三部分的目标是告知读者发生在自然知识中的实质性的变化，但是各章的标题和它们的编排都不是现代早期的欧洲人所能辨识的，甚至那些最跟得上新发展的人。为了使它们符合实际，论及"天文学"和"占星术"

---

〔12〕 参看 Anthony Grafton，《新科学与人文传统》（The New Science and the Traditions of Humanism），载于 Kraye 编，《剑桥文艺复兴人文主义指南》，第11章；Anthony Grafton、April Shelford 和 Nancy Siraisi，《新世界、老文本：传统的力量与发现的震撼》（*New Worlds, Ancient Texts: The Power of Tradition and the Shock of Discovery*, Cambridge, Mass.: Belknap Press, 1992）。

〔13〕 例如，参看 Christia Mercer，《现代早期亚里士多德主义的活力和重要性》（The Vitality and Importance of Early Modern Aristotelianism），载于 Tom Sorrell 编，《现代哲学的兴起：从马基雅维利到莱布尼茨的新旧哲学间的紧张关系》（*The Rise of Modern Philosophy: The Tension Between the New and Traditional Philosophies from Machiavelli to Leibniz*, Oxford: Clarendon Press, 1993）；Ian Maclean，《文艺复兴中的逻辑、符号与自然》（*Logic, Signs, and Nature in the Renaissance: The Case of Learned Medicine*, New York: Cambridge University Press, 2002）。

的各章就必须合并成一章。和混合数学相关的章均是如此:天文学/占星术、光学、声学(或音乐学)、力学以及机械之艺的诸多部分。也还有许多好的历史理由把论"医学"和论"自然志"的各章合并,至少在这个时期的早期部分可以合并。第21章的标题"从炼金术到'化学'"成了此类编史学难题的一个缩影,此类难题即试图固定一个移动的目标,这个目标直到本卷所覆盖的时期的结束也未能成为现代化学。[14] 更不用说为已经裂为几部分的知识分支(分裂者又分布到了别处)寻找作者的困难。许多现代读者可能很不适应本卷,因为它设想了现代早期思想方式的一些详尽的知识,并给出解释。所以,尽管每一章的作者都努力使那一章的主题在现代早期知识格局中的位置变得明晰,但是在某些情况下,我们还是把在这些格局中结合在一起的主题分开来,并且偶尔地对它们重贴标签。

因此,我们建议第三部分的各章与第二部分"自然知识的人物和场所"(描述是谁在何地制造知识)对应起来阅读。第二部分中描述的某些场景是为人熟悉的:在大学讲演厅里讲课的教授,或者在科学学院演示实验的学者(参看第6章、第10章、第11章)。另一些就不那么为人熟悉:受雇于贵族家庭的家庭教师(参看第6章)、在本地或海外贩卖药用植物制品的药剂师或女采药人(参看第8章)、全天居家的天文学或自然志从事者(参看第7章、第9章),或者计算要塞最佳角度的军事工程师(参看第14章)。没有一个单一的标题,近代或现代早期的,描述出他们究竟是哪一种人(根据性别、等级、自我宣称或职业)或他们所锻造的是哪一种知识。为了方便起见,我们已经尝试使用概括性术语"自然的学生"(或"自然学家"或"自然探究者")和"自然知识",这些术语拥有某些17世纪的前身,但不会被当时绝大多数的人认同为统合了所有这些不同活动的总范畴。

10

进而言之,第三部分的学科与第二部分的人物和场所是穿插交错的,并且是复杂的。举例来说,由医生、工程师、炼金术士、天文学家和自然哲学家组成的大不相同的一群人,都可能在宫廷里度过他们的部分职业生涯,但能进入讲演大厅的群体却很少。学者、工匠大师、学徒和不同社会阶层的委托人可能在工场、炮弹工厂或酿酒房相会,就如范德·施特雷特的《新发现》的雕版图所浓缩分布的那样(比如图1.2钟表师的店铺)。学术家和药剂师可能在露天市场或咖啡屋里摩肩攀谈(参看第8章、第12章、第15章);通过书信联系的通信者可能从未在任何地方见过面,并且因此享受更大的自由以沉湎于特定话题的讨论和争辩之中(参看第16章)。通过对应阅读,第二和第三部分中的章节所显示出的不同知识领域之间(比如炼金术与自然哲学之间,或工程与数学之间)的新联合,是与新场所中人物之间的新联合相匹配的,这些新场所有植物园、解剖剧场、大都市印刷所和书店。

---

[14] William R. Newman 和 Lawrence Principe,《炼金术对化学:一个编史学错误的词源学起源》(Alchemy versus Chemistry: The Etymological Origins of a Historiographic Mistake),《早期科学与医学》(*Early Science and Medicine*),3(1998),第32页~第65页。

部分因为现代早期许多知识从事者的流动性,使得这些联合成为可能。对于某些人而言,这种流动性是自觉自愿的,比如英国天文学家埃德蒙·哈雷(约1656～1742)到圣海伦娜旅行,或者德国自然志家玛丽亚·西比拉·梅里安(1647～1717)到苏里南的探险。对于其他人来说,它是职业性的,比如耶稣会传教士到中国或秘鲁,或者工程师从一个宫廷到另一个宫廷,提供构筑城堡或者建造装饰性喷泉的服务。对于另一些人来说,它是非自愿的,比如新教天文学家约翰内斯·开普勒(1571～1630)被迫离开他在天主教的格拉茨的教师职位,或者荷兰自然哲学家克里斯蒂安·惠更斯(1629～1695)在1685年的《南特敕令》(Edict of Nantes)被废除之后放弃他的巴黎皇家科学院院长职位。无论自愿还是被迫,这些旅行扩展了自然现象研究的范围,加深了研究者们之间的联系。正如《圣经》中的诗句所说:“必有多人来往奔跑,知识就必增长。”(《但以理书》12:4)

11

这一时期,知识不仅在数量上有所增长,而且在性质上也有所改变。第一部分“新自然”的各章专事研究自然知识的基础和来源,以及解释和证明之特征形式方面的变迁。自然哲学和自然志的融合,或者地面力学和天体力学的融合,包括了对知识的本质乃至自然的本质的重新思考。有时,问题是方法论的:在传统的知识分类中,每一学科都有自己独特的公理和论证模式,比如将数理宇宙学与物理天文学相融合而不管神学和《圣经》的解释,按照某些权威人士的说法那就是犯了基本的范畴错误。[15] 还有认识论上的绊脚石:那些如此多变并且与本土环境绑在一起的特殊经验,如何能够产生可靠的普遍原则? 于是,带有普遍前提和结论的三段论让位于其他类型的证明。工场、病房、船舷以及田野中的实践被改变为诸如实验和有结构的观察计划等新形式的经验,并且被结合进新的论证类型。新的论证主要依靠类比、证词的可信性以及证据的一致性。长期以来被有学识者认为是低劣的认识方式,先是在宫廷文化中,继而在学者们中间,往往经由宫廷赞助的学术团体,被提升到更高的地位:Historia(志),个别物的知识,与 philosophia(哲学),普遍物的知识,一起得到同等的推进;农民、水手和工匠的技术秘诀在某些地方被认同为真正的知识。

新的说明、论证和探究模式也带来了本体论的变迁:根据没有外部设备帮助的感官观察到的性质来解释自然现象,已经假定了一个自然,这个自然不同于诉诸微观机制、巫术性质或不可见力的那个自然。宇宙的内容随着知识说明的标准而改变。

第四部分“自然知识的文化意义”中的诸章描述了自然知识如何与现代早期欧洲的符号、价值、雄心和想象相互作用。如果按照自然知识的情境来描述这种交互作用

12

[15] 参看 Aristotle,《后分析篇》(*Posterior Analytics*, 1.7[75a38 - b21]);Robert S. Westman,《证明、诗学与庇护:哥白尼〈天球运行论〉序言》(Proof, Poetics, and Patronage: Copernicus's Preface to *De revolutionibus*),载于 David C. Lindberg 和 Robert S. Westman 编,《重估科学革命》(*Reappraisals of the Scientific Revolution*, Cambridge: Cambridge University Press, 1990),尤其是第183页～第184页。16世纪数理天文学与物理天文学之间的互动很复杂,对这个位置谱型的概述,可参看 N. Jardine,《科学史与科学哲学的诞生:开普勒的〈为第谷反对乌尔苏斯辩护〉及关于其出版与重要性的随笔》(*The Birth of History and Philosophy of Science: Kepler's "A Defence of Tycho against Ursus" with Essays on its Provenance and Significance*, Cambridge: Cambridge University Press, 1988),第225页～第257页。

将会是误导,因为在大多数情形中,从自然知识产品的角度看,并不存在必须遵守的边界将各主题划分开。因此,像"科学与 X"形式的标题尽管可能帮助现代读者确定方向,但它预设了在许多情况下尚未成型的自主活动领域。就自然哲学与神学而言,这一点尤其如此,但是现代早期艺术和文学的某些形式同样如此紧密地与同时代的自然研究交织在一起,以至于应将它们视为一个共同努力的不同表现才更准确。同样,人们向早期小说家和《伦敦皇家学会哲学汇刊》(*Philosophical Transactions of the Royal Society of London*)的文章作者描述那些关于自然现象和人类现象的极详尽的报告,究竟是作为文学还是作为科学写实,看来是无意义的问题;荷兰风俗画和植物插图中所使用的模仿技法,也是如此。

在"性别"和"欧洲的扩张与自我定义"等章中,作者们发掘了其他变迁发展史。道德家和哲学家长期以来诉诸自然秩序来支持政治、社会和宗教的秩序。在整个现代早期这一时段里,许多这类等级结构和排列被打乱重排。与此同时,欧洲人在商业、征服和传教的旅行期间遭遇到了非欧洲人民和非欧洲文明,将欧洲与非欧洲之间的关系整合进旧有的知识结构之中,是欧洲人面临的任务。16、17 世纪期间所发展出来的自然知识的新形式,连同他们归之于自然的那种新形式的权威一起,成了这些目标的重要资源。[16]

尽管我们希望这部厚重的著作分成四部分将更方便那些未必会一页一页阅读的读者,但是,我们真的希望引起读者对主题关系的关注,这些关系单从各部分标题和各章标题不易看出。比如,如果某章的主题明确地与医学或力学的发展有关,我们假定读者并不需要进一步的线索以寻找更多的相关内容。但是,如果与本卷其他章的联系不够明显但仍然有意义,我们就插入内部的交叉参照,这个惯例我们在本导论中也是遵循的。

本卷肯定有遗漏,某些遗漏是被我们明确意识到的,另一些只有在进一步的学术研究之后才会被发现。然而,最能引发惊奇的遗漏是标题本身:科学革命(Scientific Revolution)在哪里?我们对这一术语的回避是有意的。20 世纪 80 年代以来累积起来的学术研究的力量,已经在这个由三个单词组成的响亮短语的每一个单词(包括定冠词)后都插入了疑问标记。是否在现代早期存在一个统一的事业可以与现代科学相对应,或者存疑的这场转型是否如同政治革命所意味的那样爆炸和间断,这些转型是否在思想广度和文化意义上独一无二,都不再清楚。[17] 不再有职业科学史家信奉曾经由

13

〔16〕 参看 Lorraine Daston 和 Fernando Vidal 编,《自然的道德权威》(*The Moral Authority of Nature*, Chicago: University of Chicago Press, 2004)。

〔17〕 这些观点令人信服地出现在这本书中,Steven Shapin,《科学革命》(*The Scientific Revolution*, Chicago: University of Chicago Press, 1996),第 3 页～第 5 页;还可参看 Margaret J. Osler,《权威的命令:反思科学革命》(The Canonical Imperative: Rethinking the Scientific Revolution),载于 Margaret J. Osler 编,《反思科学革命》(*Rethinking the Scientific Revolution*, Cambridge: Cambridge University Press, 2000),第 3 页～第 24 页。后一本书中的论文,特别是在与 Lindberg 和 Westman 所编《重估科学革命》中的论文结合起来读的时候,给出了关于 20 世纪 90 年代中期以来职业科学史家主流思想及其编史学反响的某些研究思路。

伯特、柯瓦雷或巴特菲尔德那些科学史家所做出的过分的主张，即把科学革命的震惊世界的意义说成是“现代世界和现代心智的真正起源”。[18] 甚至革命的英雄们（比如伽利略、培根或牛顿）的权威文本，也只是在经过万里挑一的选择之后进行阅读（通常也是如此）才显得是现代的。

尽管关于科学革命作为现代性（乃至现代科学）之源泉的传统主张不再令人信服，但是当时的人们把他们的时代看成浸透着新颖性的这一观点，并未受到挑战。相反，在广泛的主题范围所做的历史研究，已经在每一个层面均确证了他们对杂乱变化的印象：被辨识出来的植物物种和数学曲线的数目惊人的增长；创造了认识自然秩序的全新方式，比如“自然律”的观念；[19] 调遣自然哲学家作为技术专家为政府计算报表，以及让自然哲学作为宗教的最佳论据。正如本卷各章所见证的，发生在大约 1490 至 1730 年期间的转型是巨大的，而且是无比多样的。

不过，正是这些转型中的多样性阻止了把它们聚集到任何单一历史事件的企图，不管是革命的还是进化的、学科化的还是分散的。对天文学和占星术中从尼古拉斯·哥白尼（1473 ～ 1543）到牛顿之变迁的叙述，已经为科学革命的历史解释构建了传统的框架。这个领域里的变迁无疑是重大的，被在一个学科中发展出来的技术和需求推动，具有很大的范围，这个学科在古代晚期就已经取得了明确的思想特征。但是自然志与自然哲学的结合方面的变迁也很重大，虽然它没有积累起一个引人注目的综合体或体系，并且依赖一套更为混杂的方法——田野观察、实验、收集、旅行、通信、分类以及交换。这些方法来自不同的场所和实践活动，被生硬地拼凑在一起，这些场所和活动对两个学科是陌生的，彼此也是陌生的（比如药店、人文主义者的通信、旅行日记、炼金家的蒸馏室、古董陈列室）。现代早期的解剖学和生理学显著的转变——且不论安德烈亚斯·维萨里（1514 ～ 1564）的《人体的构造》（*De humani corporis fabrica*，1543）与哥白尼的《天球运行论》（*De revolutionibus orbium celestium*，1543）出版日期上的巧合——迥异于前面两个故事，而把我们带向了基督教仪式的世界和绝对主义者公共展示的世界。把所有这些不同的发展纳入一个统一的大变迁之中——且不论我们如何

14

---

[18] Herbert Butterfield，《现代科学的起源（1300 ～ 1800）》（*The Origins of Modern Science, 1300 - 1800*, rev. ed., New York: Free Press, [1957] 1965），第 8 页；参看 E. A. Burtt，《现代物理科学的形而上学基础》（*The Metaphysical Foundations of Modern Physical Science*, Garden City, N. Y.: Doubleday, [1924] 1954），第 15 页～第 24 页，以及 Alexandre Koyré，《从封闭世界到无限宇宙》（*From the Closed World to the Infinite Universe* [1957], Baltimore: Johns Hopkins University Press, 1979），第 1 页～第 3 页。

[19] 术语“律（law）”由塞内卡（《自然问题》[*Naturales quaestiones*, VII. 25. 3]）在彗星的语境下用于自然现象，并且在中世纪拉丁语语法、光学和天文学中也偶有运用：Jane E. Ruby，《科学定律的起源》（The Origins of Scientific Law），《思想史杂志》（*Journal of the History of Ideas*），47（1986），第 341 页～第 359 页。不过，只是到了 17 世纪它才成了关于自然规则的主要术语。参看 Friedrich Steinle，《概念融合——新科学中的自然律》（The Amalgamation of a Concept—Law of Nature in the New Sciences），载于 Friedel Weinert 编，《自然律：关于哲学维度、科学维度和历史维度的随笔》（*Laws of Nature: Essays on the Philosophical, Scientific, and Historical Dimensions*, Berlin: De Gruyter, 1995），第 316 页～第 368 页；John R. Milton，《自然律》（Laws of Nature），载于 Daniel Garber 和 Michael Ayers 编，2 卷本《剑桥 17 世纪哲学史》（*The Cambridge History of Seventeenth-Century Philosophy*, Cambridge: Cambridge University Press, 1998），第 1 卷，第 680 页～第 701 页。

选择称呼它——真的有意义吗?[20]

如此多显著的变迁,不管在实质、步调和结果上如何不同,同时发生在大约200年这个时间段里,当然不是巧合。在某些情况下,不同领域的整合是强有力的并且富有成果,比如自然哲学与机械之艺,在这个时期的开始彼此离得很远,但最后在知识分类中处在相邻位置。不过在另外的情况下,不同类别自然知识之间的"异花受精"现象,不像自然知识与现代早期欧洲社会某些其他主要转变之间的"异花受精"现象那样多,比如自然志上生机勃勃的扩张很少归功于自然哲学、混合数学甚至医学,而更多归功于对远东和远西的急速发展的贸易,它使欧洲市场充满了新的商品和自然物品,这些东西从前不为有见识的欧洲人所知晓。[21] 一般而言,关键的问题并不是现代早期的革新和转型之间是否相互作用——它们的确以复杂而有重要意义的方式相互作用——而是何种相互作用是强,何种是弱,何种持续下来,何种只是短暂插曲,以及为什么。在某种意义上被时代误置地定义为自然知识的领域里各要素之间的相互作用,是否在任何给定的情况下都比那个要素与经历并促成了这一时期快速变化的另外一些领域(比如印刷术或现代早期宫廷文化的精致化)之间的交互作用更为有意义,这是可讨论的。[22]

15

然而,科学革命的故事仍然保持它的威力,甚至对那些促成它的瓦解的学者都是如此。不情愿放弃这种历史叙述的部分原因在于,在值得列入科学史经典的很多书中已经反复讲述过它的光辉灿烂。[23] 世界毁灭了又重建的戏剧性,为这个学科吸引了许

[20] 这些例子并不是对托马斯·S. 库恩关于"古典"科学和"培根"科学的对立的响应,尽管它们支持那篇文章的精神,参看 Thomas S. Kuhn,《物理科学发展中的数学传统与实验传统》(Mathematical versus Experimental Traditions in the Development of Physical Science),载于 Kuhn,《必要的张力:科学传统与变革论文选》(*The Essential Tension: Selected Studies in Scientific Tradition and Change*, Chicago: University of Chicago Press, 1977),第31页~第65页。在现代早期自然志和解剖学中的"概念转型"(第45页)对我们来说似乎并不是次要的,尽管它们与天文学中所发生的转型是不同的类型。

[21] Pamela H. Smith 和 Paula Findlen 编,《商人与奇迹:现代早期欧洲的商业、科学与艺术》(*Merchants and Marvels: Commerce, Science, and Art in Early Modern Europe*, New York: Routledge, 2002)。

[22] Adrian Johns,《书的本性:印刷与制造中的知识》(*The Nature of the Book: Print and Knowledge in the Making*, Chicago: University of Chicago Press, 1998)。关于现代早期欧洲宫廷的文献很多,比如可参看 Ronald G. Asch and Adolf M. Birke 编,《王子、庇护与贵族:现代初期的宫廷(约1450~1650)》(*Prince, Patronage, and the Nobility: The Court at the Beginning of the Modern Age, c. 1450 - 1650*, Oxford: Oxford University Press, 1991)。Lisa Jardine,《创造性的追求:建立科学革命》(*Ingenious Pursuits: Building The Scientific Revolution*, New York: Anchor Books, 1999),此书为17世纪自然知识及其同时代的思想、经济和文化变迁灵巧地编织了多种形式。

[23] 除注18中提到的著作外,还可参看 E. J. Dijksterhuis,《世界图景的机械化》(*The Mechanization of the World Picture*, Princeton, N. J.: Princeton University Press, [1950] 1986),C. Dikshoorn 译;Thomas S. Kuhn,《哥白尼革命:西方思想发展中的行星天文学》(*The Copernican Revolution: Planetary Astronomy in the Development of Western Thought*, New York: Vintage, 1957);I. Bernard Cohen,《新物理学的诞生》(*The Birth of a New Physics*, Garden City, N. Y.: Doubleday, 1960);Marie Boas Hall,《科学的复兴(1450~1630)》(*The Scientific Renaissance, 1450 - 1630*, New York: Dover, 1962);A. Rupert Hall,《科学中的革命(1500~1750)》(*The Revolution in Science, 1500 - 1750*, 2nd ed., London: Longmans, [1962] 1983);Richard S. Westfall,《现代科学的构建:机械论与力学》(*The Construction of Modern Science: Mechanisms and Mechanics* [1971], Cambridge: Cambridge University Press, 1977)。对直到1985年的编史学和详尽文献的综述,参看 H. Floris Cohen,《科学革命的编史学研究》(*The Scientific Revolution: A Historiographical Inquiry*, Chicago: University of Chicago Press, 1994)。

多现代早期科学方面的历史学家，并且仍然在导论课程中令学生着迷。[24] 但是，科学革命神话的吸引力传播到了教室之外，传到了公共广播系统和《纽约时报》(*New York Times*)的版面。它是一个真正的神话，意味着它以浓缩和有时象征性的形式来表达某些主题，这些主题过于深刻以致不能仅仅依靠事实，尽管是大量而且有说服力的事实，来动摇它。科学革命是关于西方必然崛起进而统治全球的一个神话，西方的文化优势的推论来自它对探究之价值的培养，这种探究被宗教或传统所解放，被认为产生了16世纪和17世纪"向现代科学的突破"。[25] 它也是关于现代性之起源和本性的一个神话，它同时支配着在其控制之下的支持方和反对方。那些惋惜"现代心智"作为"世界之去魅"的人，跟那些赞美现代心智是从蒙昧和暴政下解放出来的人一样，都是受迷惑的。[26]

16

对这样一个神话的需要淹没了它的内在矛盾：约1730年的自然知识肯定不是现代科学，后者名义上和事实上的出现是在19世纪中叶，作为一个统一的学术研究、技术发明和工业应用的事业，受到制度性的资助。[27] 进而言之，也不清楚这些知识类型与所谓"现代心灵"这样被迷雾包裹着的实体有什么关系，后者在不同的场合下被等同于笛卡儿理性主义、资本主义的算计、世俗化、冷静的唯物主义、帝国主义的扩张、人类中心主义的终结，以及关于精灵存在的某种怀疑论。

对科学编史学中科学革命主题的坚韧性的这一解释可能得出的悲观结论是，它将作为现代性这一神话的重要组成部分，与之延续得一样长久。但是，现代性本身有它的历史、神话等等。它们开始于现代早期，伴随着诸如《新发现》这样的出版物，在对古代和现代相关的成就的具有自我意识的反思，[28] 以及在从教堂到市场、从图书馆到实验室几乎每一个领域里革新速度的加快。这些新奇之物绝不是无异议地受到欢迎，相反，许多恰恰是因为它们新才受到批评。在17世纪中叶，"新"迅速成为一个赞扬而不是责骂的术语。革新本身不是新的，但是自信地坚持它则是新的。新颖性成了对自身的辩护，而不是要求把自己伪装成或辩护成旧有习俗的复活，或对于纯粹观念的回归。

---

[24] 绝大多数关于科学革命的书籍过去都是并且现在倾向于是作为导论级别的科学史课程的教科书，比如Shapin，《科学革命》；John Henry，《科学革命与现代科学的起源》(*The Scientific Revolution and the Origins of Modern Science*, New York: St. Martin's Press, 1997)；James R. Jacob，《科学革命：渴望与成就(1500～1700)》(*The Scientific Revolution: Aspirations and Achievements, 1500–1700*, Amherst, N. Y.: Humanity Books, 1998)；Peter Dear，《科学的革命化：欧洲知识及其野心(1500～1700)》(*Revolutionizing the Sciences: European Knowledge and Its Ambitions, 1500–1700*, Princeton, N. J.: Princeton University Press, 2001)。

[25] 例如，参看Toby E. Huff，《现代早期科学的兴起：伊斯兰世界、中国和西方》(*The Rise of Early Modern Science: Islam, China, and the West*, Cambridge: Cambridge University Press, 1993)，引文在第12页。

[26] 发人深省的术语源自Max Weber，《作为职业的科学》(Wissenschaft als Beruf [1917])，载于Wolfgang J. Mommsen、Wolfgang Schluchter和Birgitt Morgenbrod编，《马克斯·韦伯全集》(*Max Weber Gesamtausgabe*, Abt. I: *Schriften und Reden*, Tübingen: J. C. B. Mohr, 1992)，第17卷，第70页～第111页，引文在第109页。

[27] 对跨越17世纪至19世纪的科学革命的一种解释，可参看Margaret C. Jacob，《科学革命的文化意义》(*The Cultural Meaning of the Scientific Revolution*, New York: Alfred A. Knopf, 1988)。

[28] Richard Foster Jones，《古代人与现代人：科学运动在17世纪英格兰的兴起》(*Ancients and Moderns: A Study of the Rise of the Scientific Movement in Seventeenth-Century England*, rev. ed., New York: Dover, [1961], 1982)；Joseph M. Levine，《古代人与现代人之间：英格兰复辟时代的巴洛克文化》(*Between the Ancients and the Moderns: Baroque Culture in Restoration England*, New Haven, Conn.: Yale University Press, 1999)。

图 1.3 《美洲》(*America*)。作者 Jan Galle 以 Joannes Stradanus (Jan van der Straet)为名,作于约 1580 年,出自《新发现》。引自 *Speculum diuersarum imaginum speculatiuarum a varijs viris doctis adinuentarum, atq[ue] insignibus pictoribus ac sculptoribus delineatarum* ... (Antwerp: Jan Galle, 1638)。The Print Collection, Miriam and Ira D. Wallach Division of Art, Prints and Photographs, The New York Public Library, Astor, Lenox and Tilden Foundations 允许复印

在 1686 年关于哥白尼天文学的通俗著作中,法国自然哲学家丰特内勒保证“我所知道的关于天的所有新东西,并且我相信没有更新的”。[29]

天文学变得如“新”世界一样新,这是《新发现》中第一块雕版图的主题,它为其他发现设定了框架。图上是亚美利加·韦斯普奇手持水手的星盘和上面有十字架的旗帜,面对被人格化为一个裸体女人的美洲(图 1.3)。该图强调了衣着优雅、技术先进的欧洲人与文化落后的美洲人之间巨大的文化差异,在一个无时间性的田园风景中,后者立即令人想起“新”世界的原始居民,以及在整个系列的语境下,令人想起欧洲自身的原始的过去。这是现代早期自身的现代性神话,这一神话至少与后世历史学家为它所创造的神话一样诱人。

17

(吴国盛　译)

---

[29] Bernard le Bovier de Fontenelle,《关于许多世界的对话》(*Entretiens sur la pluralité des mondes*, Paris: Editions de l'Aube, [1686], 1990),François Bott 编,第 133 页。

第一部分

新　自　然

2

物理学与基础

21

丹尼尔·加伯

在我们这个时代,物理科学领域已经被较好地界定。虽然在其边缘,物理科学中经验基础较少的部分也许可以并入哲学思辨,但是把一位科学家的工作称为"哲学的"却绝非恭维。在这方面,我们与现代早期已经有了相当距离。对于16、17世纪的许多欧洲思想家来说,要想论述周围的世界,必须将其纳入一幅更大的背景图像,否则论述是根本不完整的,这幅图像往往会包括基本的存在范畴、自然界与上帝的关系等。许多人都能感觉到知识之间的内在关联,感觉到需要某种东西,它可以被称为处理自然界的科学的基础。

这一方案并无明确界限,这里所说的对物理世界的认识基础到底指什么,也并不容易说清楚。在许多方面,物理科学观点的基础来源于两大传统,即亚里士多德主义哲学传统和基督教神学传统。我将详细说明,亚里士多德主义传统是当时每一位严肃思想家思想背景中的共同要素,它为有良好基础的科学应当是什么样子提供了一种典范。即使许多人拒不接受亚里士多德主义传统,而支持古代传统(如原子论或赫耳墨斯主义)或与古代哲学传统并无明显关联的其他世界观,也很难避开亚里士多德主义传统。不过,这里所说的亚里士多德主义深深地浸润着基督教神学的精神。自从亚里士多德主义于12世纪末、13世纪初传入拉丁西方,强调创世、神的全能和自由的基督教教义就对亚里士多德主义学说的接受施加了严格的限制。这些限制不断影响着整个16、17世纪的欧洲人对自然界的思考,而且往往(但并不总是)会进入当时提出和采用的其他非亚里士多德主义哲学版本。此外,基督教的上帝经常为理解自然界的基础提供重要资源,比如充当笛卡儿运动定律的最终根据,或者牛顿绝对空间的基础。因此,基督教神学和亚里士多德主义哲学将贯穿于本章讨论的所有问题。

22

基　础

通过物理学及其形而上学基础来提出基础问题很有吸引力，[1]但这个问题要比初看起来更为复杂。

在严格的亚里士多德意义上，形而上学通常被看成关于存在之为存在（being qua being）的科学，即关于存在本身的科学。此外，形而上学还经常包括对上帝、分离的（非物质的）实体以及一般实体的论述。而物理学则被视为对自然物（具有本性的事物）的研究，这里的本性指运动和静止的内在本原。虽然中世纪的亚里士多德主义经院学者并非完全不知道，物理学在某种实质性的意义上依赖于形而上学，但他们一般把物理学看成一门大体上独立于形而上学的学科，一门讨论可感事物的更为具体的学科，学者们应当在研究形而上学**之前**研究物理学。因此，在这种严格意义上，对于亚里士多德主义者而言，谈论物理学的形而上学**基础**是不适当的。[2]

然而，认为形而上学为物理学提供了一种基础，这种观点在17世纪确实出现过，最著名的莫过于笛卡儿（1596～1650）和莱布尼茨（1646～1716）的形而上学物理学。正如笛卡儿在其《哲学原理》（*Principia philosophiae*，1644）1647年的法文版序言中所说："整个哲学就像一棵树。它的树根是形而上学，树干是物理学，从树干长出的树枝则是所有其他科学，它们可以归结为三门主要科学，即医学、力学和伦理学。"[3]

因此，在这种情况下谈论物理学的形而上学基础也许是适当的。不过必须注意，这里所说的形而上学和物理学观念有些特殊，它们与亚里士多德主义传统甚至是当时

---

[1] 这样做的历史学家包括 E. A. Burtt，《现代物理科学的形而上学基础》（*The Metaphysical Foundations of Modern Physical Science: A Historical and Critical Essay*, London: Routledge and Kegan Paul, 1932）；E. W. Strong，《过程与形而上学》（*Procedures and Metaphysics: A Study of the Philosophy of Mathematical-Physical Science in the Sixteenth and Seventeenth Centuries*, Berkeley: University of California Press, 1936）；Alexandre Koyré，《形而上学与测量》（*Metaphysics and Measurement: Essays in Scientific Revolution*, Cambridge, Mass.: Harvard University Press, 1968）；Gerd Buchdahl，《形而上学与科学哲学》（*Metaphysics and the Philosophy of Science: The Classical Origins, Descartes to Kant*, Cambridge, Mass.: MIT Press, 1969）；以及 Gary Hatfield，《形而上学和新科学》（Metaphysics and the New Science），载于 David Lindberg 和 Robert Westman 编，《重估科学革命》（*Reappraisals of the Scientific Revolution*, Cambridge: Cambridge University Press, 1990），第93页～第166页。

[2] 关于中世纪亚里士多德主义者对"形而上学"含义的讨论，参看 John Wippel，《本质与存在》（Essence and Existence），载于 Norman Kretzmann、Anthony Kenny 和 Jan Pinborg 编，《剑桥中世纪晚期哲学史》（*The Cambridge History of Later Medieval Philosophy*, Cambridge: Cambridge University Press, 1982），第385页～第410页，尤其是第385页～第392页。关于晚期经院哲学思想中的知识次序问题，参看 Daniel Garber，《笛卡儿的形而上学物理学》（*Descartes' Metaphysical Physics*, Chicago: University of Chicago Press, 1992），第58页～第62页；以及 Roger Ariew，《笛卡儿与晚期经院学者论"科学的秩序"》（Descartes and the Late Scholastics on the "Order of the Sciences"），载于 Constance Blackwell 和 Sachiko Kusukawa 编，《与亚里士多德对话》（*Conversations with Aristotle*, London: Ashgate, 1999）。应当注意，最初使用的"形而上学"一词并非指任何学科或主题。最初创造它只是为了指安德罗尼科（Andronicus of Rhodes）编辑的亚里士多德著作中排在物理学论述之后的一组有些杂乱的论述。参看 G. E. R. Lloyd，《亚里士多德思想的发展与结构》（*Aristotle: The Growth and Structure of His Thought*, Cambridge: Cambridge University Press, 1968），第13页～第14页。

[3] 见 René Descartes，11卷本《笛卡儿全集》（*Oeuvres de Descartes*, new ed., Paris: CNRS/J. Vrin, 1964 - 74），Charles Adam 和 Paul Tannery 编，9B：14。引用笛卡儿时，我一般会使用 John Cottingham、Robert Stoothoff、Dugald Murdoch 和 Anthony Kenny 编译的3卷本《笛卡儿哲学著作》（*The Philosophical Writings of Descartes*, Cambridge: Cambridge University Press, 1984 - 91）。由于这个版本与亚当和塔内里的版本相一致，所以我将不再另外指出后者。

其他作者所显示出的观念非常不同。例如,对笛卡儿来说,亚里士多德形而上学的核心,即对存在之为存在的研究,在他的哲学中根本没有位置。[4] 另一方面,笛卡儿的哲学虽然讨论了我们如何获得关于物理世界的知识,但这些内容非常不同于大多数其他形而上学观念。不仅如此,由于笛卡儿不承认运动和静止的内在本原,而这些正是亚里士多德主义经院学者所研究的物理学的主题,所以笛卡儿与后者的物理学观念非常不同。

对莱布尼茨而言,构成机械论物理世界之最终基础的既有形而上学对象,即单纯实体或单子,也有形而上学原理,上帝正是根据这些原理来选择创造这个世界的。[5] 莱布尼茨的形而上学和物理学观念虽然在某种程度上更接近于亚里士多德的观念,[6] 但与后者(以及笛卡儿关于这些领域的观念)仍然相当不同,这使得对形而上学与物理学之间的关系作一般比较很成问题,不能给人以启发。[7] 通过物理学的形而上学基础来刻画我们的问题还有另外的麻烦,因为许多 17 世纪的自然研究者根本没有提及“形而上学”一词,即使提及,也是明确拒绝。例如严格说来,托马斯·霍布斯和皮埃尔·伽桑狄就拒斥形而上学。[8] 不过我们将会看到,在若干这样的情况下,他们定会承认自己拥有关于物理世界基础的看法。

24

基础问题在 17 世纪的自然研究中还会以其他一些方式出现。例如,在亚里士多德主义体系的背景中,力学作为一门“中间科学(middle science)”或混合数学的一个分支,与物理学是不同的:物理学研究的是受运动和静止的内在本原支配的自然物,而力学研究的则是受到强制的、按照自己的本性本来不会那样做的物体。在这种背景下,力学利用了某些物理学原理,比如重物倾向于落向地球中心(它恰好与亚里士多德体

---

〔4〕 这促使让-吕克·马里昂得出了一个大胆的(且有些悖谬的)结论,即笛卡儿并没有一种形而上学。参看 Jean-Luc Marion,《论笛卡儿的形而上学棱镜》(*On Descartes' Metaphysical Prism*, Chicago: University of Chicago Press, 1999),第 1 章。关于笛卡儿的形而上学和物理学观念以及知识的次序,参看 Garber,《笛卡儿的形而上学物理学》,第 2 章。

〔5〕 关于这一主题的详细发展,参看 Daniel Garber,《莱布尼茨:物理学与哲学》(Leibniz: Physics and Philosophy),载于 Nicholas Jolley 编,《剑桥莱布尼茨指南》(*The Cambridge Companion to Leibniz*, Cambridge: Cambridge University Press, 1995),第 270 页~第 352 页。

〔6〕 本章后面将会提到,莱布尼茨的确承认,经院学者们说物体由质料与形式构成,这在某种意义上是正确的。

〔7〕 “形而上学”一词与早期含义的巨大差异,可见于 18 世纪的达朗贝尔在《狄德罗〈百科全书〉初论》(*Discours préliminaire*, 1751)中,把它称为“灵魂的实验物理学”! 参看 Jean Le Rond d'Alembert,《狄德罗〈百科全书〉初论》(*Preliminary Discourse to the Encyclopedia of Diderot*, Chicago: University of Chicago Press, 1995),R. N. Schwab 和 W. E. Rex 译,第 84 页。

〔8〕 霍布斯经常鄙视地谈及形而上学;特别参看 Thomas Hobbes,《利维坦》(*Leviathan; or, The matter, forme, & power of a commen-wealth ecclesiasticall and civill*, London: Andrew Crooke, 1651),第 46 章。不过,在他本人的哲学纲领中,紧随逻辑学之后的确实是他所谓的“第一哲学”。在他看来,“第一哲学”由各种定义构成。参看 Thomas Hobbes,《论物体》(*De corpore*, London: Andrew Crooke, 1655),第二部分。伽桑狄的遗著《哲学论稿》(*Syntagma philosophicum*)(参看 Pierre Gassendi,6 卷本《全集》[*Opera omnia*, Lyon: Laurentius Anisson and Ioan. Baptista Devenet, 1658])也从逻辑学开始,但他直接由这里转到物理学。笛卡儿的一些追随者也不顾他们的老师对形而上学基础的要求,直接进入了物理学。例如参看 Henricus Regius,《物理学基础》(*Fundamenta physices*, Amsterdam: Ludivicus Elzevirius, 1646);以及 Jacques Rohault,《论物理学》(*Traité de physique*, Paris: Charles Savreux, 1671)。

系中的宇宙中心重合)。[9] 在这个意义上,可以说物理学相对于力学是基础性的。同样也可以说,物理学相对于天文学、光学、和声学等混合数学分支是基础性的。此外,有些人还作了这样一种区分:一方面是基本原因(first causes)和隐秘性质,另一方面是现象上的结果、它们的因果性后果。例如,在《人类理解论》(*Essay Concerning Human Understanding*, 1690)中,约翰·洛克(1632 ～ 1704)区分了真实本质(real essence)和名义本质(nominal essence)。真实本质是微粒的亚结构,是产生使物体是其所是的那些属性的因果联系(causal nexus),而名义本质则是源于真实本质的可以被感知的现象属性的集合。我们对物体的分类正是通过名义本质进行的。[10] 虽然对现象及其背后的原因作出这种区分,通常是为了否认我们对那些原因有任何了解,但它代表着谈论一门关于物理世界的科学之基础的另一种方式。无论是亚里士多德主义的物理学教科书,还是后来的非亚里士多德主义教科书,都经常作这样一种区分:一方面是物理学的一般部分,包含对物理世界的内容和事物所遵循的一般原理的一般性说明;另一方面则是物理学的特殊部分,讨论如何解释特殊种类物体的行为。[11] 这是把基础问题与物体科学(science of body)和物理学中的其他问题区分开来的另一种方式。[12]

出于所有这些原因,通过物理学的形而上学基础来提出基础问题并没有把握要旨。然而,尽管问题很难精确表述,但实际上,现代早期的物体科学实践者认识到了基础问题,并且对此进行了争论,这些基础问题关乎世界中存在的基本事物、它们的本性及其与上帝和精神的关系。在本章中,我将在这种宽泛的、不够精确的意义上考察16世纪、17世纪的一些关于物理世界科学之基础的观念。我先来概述亚里士多德主义哲学的基础,并简要介绍文艺复兴思想家提出的一些不同的世界观,然后讨论与17世纪末开始主导这一领域的所谓机械论哲学(mechanical philosophy)有关的一些基础性

[9] 关于力学与物理学的关系,参看 Domenico Bertoloni Meli,《圭多巴尔多·达尔蒙特与阿基米德的复兴》(Guidobaldo dal Monte and the Archimedean Revival),《信使》(*Nuncius*),7(1992),第3页～第34页;James G. Lennox,《亚里士多德、伽利略和"混合科学"》(Aristotle, Galileo, and "Mixed Sciences"),载于 William A. Wallace 编,《重新诠释伽利略》(*Reinterpreting Galileo*, Washington, D. C.: Catholic University of America Press, 1986),第29页～第51页;以及 Peter Dear,《学科与经验:科学革命中的数学之路》(*Discipline and Experience: The Mathematical Way in the Scientific Revolution*, Chicago: University of Chicago Press, 1995)。

[10] 参看 John Locke,《人类理解论》(*An Essay Concerning Humane Understanding*, in four books, 3.6, London: Printed by Eliz. Holt for Thomas Basset, 1690)。我们在同时期其他著作中也可以找到类似主题,例如参看 Robert Lenoble,《梅森或机械论的诞生》(*Mersenne ou La naissance du mécanisme*, 2nd ed., Paris: J. Vrin, 1971),第9章;Tulio Gregory,《怀疑论与实验论:研究伽桑狄》(*Scetticismo ed empirismo: Studio su Gassendi*, Bari: Laterza, 1961);Galileo Galilei,《太阳黑子的历史与证实》(*Istoria e dimostrazioni intorno alle macchie solari* ..., Rome: Giacomo Mascardi, 1613),载于 Stillman Drake 译,《伽利略的发现与观点》(*Discoveries and Opinions of Galileo*, Garden City, N. Y.: Doubleday, 1957),第123页及其后。

[11] 在 Eustachius a Sancto Paulo(欧斯塔丘司)的极为流行的、多次重印的亚里士多德主义教科书《四部分哲学大全》(*Summa philosophiae quadripartita*, Paris: Carolus Chastellain, 1609)中,物理学(该书四部分中的一个部分)就是以这种方式进行组织的。(我参考的是1648年罗盖鲁斯·丹尼尔[Rogerus Daniel]在剑桥出版的版本。)物理学的第一部分讨论"一般自然物体",第二部分讨论无生命物体(天、地、元素等等),第三部分讨论有生命物体。笛卡儿的《哲学原理》也有类似的组织,第二部分讨论"物质原理",第三部分讨论"可见世界"(即天),第四部分讨论地球上特殊种类的物体,如磁体。笛卡儿没等完成关于有生命物体的另外两卷就去世了。霍布斯和伽桑狄那里也有类似的组织原则。

[12] 这里我们必须小心。它是"物体科学"而不是"物质科学(science of matter)";我们将会看到,对亚里士多德主义者而言,物质(matter 或译为质料)严格说来仅仅是物体(body)的一种成分,物体同时也包含形式。

议题。

亚里士多德主义框架

在16世纪,亚里士多德的中世纪追随者发展出来的哲学和数个世纪之前一样是学校课程的核心,直到17世纪,它在学校中一直处于核心地位。当然,在不同地区,由于学术传统和宗教信仰不尽相同,不同的学校和大学之间有一些重要差异(参看第17章),[13]但无论是天主教的还是新教的,在北欧还是南欧,几乎所有教师都会同意1586年出版的耶稣会的《研究计划》(*Ratio studiorum*,他们的教学手册)的说法,主张至少在课堂上,"逻辑学、自然哲学、伦理学和形而上学应当遵循亚里士多德的学说"。[14] 由于亚里士多德的学说构成了现代早期欧洲几乎每一位知识分子的教育基础,所以亚里士多德的著作,特别是讨论亚里士多德哲学的许多教科书,提供了一套通用的专业用语和概念框架来看待自然界。[15]

26

经院学者一般把自然哲学或物理学定义为关于自然物体的科学(参看第17章)。例如,物理学讨论土性物体(earthly body)的自然下落,因为物体的本性把它们带向宇宙的中心。物理学与力学等讨论人工物的科学相对立,力学讨论的是如何实现与事物本性相违背的目标,比如用杠杆或滑轮将重物提升一段距离。[16] 和在物理学中一样,物体(实体)是通过原初质料、实体形式和缺乏来理解的。原初质料是指潜藏在变化背后,当物体从一种东西变成另一种东西时持续存在的东西,而实体形式则是使物体成为它所属的那个类型的东西,是当物体的种类改变时发生变化的东西。在生命体中,形式被认为是一种灵魂。缺乏实际上并非与质料完全不同;它是质料中某种特殊属性的缺乏,使质料将来有可能获得某种属性。在严格的托马斯主义传统中,质料是纯粹

---

[13] 在亚里士多德主义哲学思想内部有不同的经院哲学传统,也有不同的人文主义传统。关于这一点,参看 Charles Schmitt,《亚里士多德与文艺复兴》(*Aristotle and the Renaissance*, Cambridge, Mass.: Harvard University Press, 1983);Roger Ariew,《笛卡儿与司各脱主义者》(Descartes and the Scotists),即他的《笛卡儿与晚期经院学者》(*Descartes and the Last Scholastics*, Ithaca, N.Y.: Cornell University Press, 1999)第2章。

[14] S. J. Ladislaus Lukás 编,《研究计划与机构》(*Ratio atque institutio studiorum* . . . , Rome: Institutum Historicum Societatis Iesu, 1986),第98页。关于16世纪、17世纪大学在强调亚里士多德主义学说核心性方面差异的细致讨论,参看 Richard Tuck,《制度背景》(The Institutional Setting),载于 Daniel Garber 和 Michael Ayers 编,2卷本《剑桥17世纪哲学史》(*The Cambridge History of Seventeenth-Century Philosophy*, Cambridge: Cambridge University Press, 1998),第1卷,第14页~第23页。

[15] 关于16世纪、17世纪迅速涌现的亚里士多德主义文献,参看 William Wallace,《传统自然哲学》(Traditional Natural Philosophy),载于 Charles B. Schmitt、Quentin Skinner、Eckhard Kessler 和 Jill Kraye 编,《剑桥文艺复兴哲学史》(*The Cambridge History of Renaissance Philosophy*, Cambridge: Cambridge University Press, 1988),第201页~第235页,尤其是第225页及其后;Charles B. Schmitt,《哲学教科书的兴起》(The Rise of the Philosophical Textbook),载于 Schmitt 和 Skinner 编,《剑桥文艺复兴哲学史》,第792页~第804页;以及 Patricia Rief,《自然哲学中的教科书传统(1600~1650)》(The Textbook Tradition in Natural Philosophy, 1600 - 1650),《思想史杂志》(*Journal of the History of Ideas*),30(1969),第17页~第32页。

[16] 参看 Franciscus Toletus,《关于物理听诊法8本书的评注中的一个问题》(*Commentaria una cum quaestionibus in octo libros de physica auscultatione*, Venice: Apud Iuntas, 1589),fol. 4v et seq.;Eustachius,《物理学》(*Physica*),载于《四部分哲学大全》(*Summa philosophiae quadripartita*),第112页~第113页;pseudo-Aristotle,《力学》(*Mechanics*),847a10 ff.。

27 的潜能，形式是纯粹的现实，任何一方都不能脱离另一方而存在。不过司各脱主义和奥卡姆主义传统都赋予了形式和质料更多的独立存在的能力。[17]

在亚里士多德看来，空间与占据空间的物体密切相关，因此他否认有空的空间存在。[18] 他在《物理学》(*Physics*)中写道："它[空间或处所]有长、宽、深三个维度，所有物体都被这些维度所包围。但处所不可能是物体；否则的话，同一个处所中将会有两个物体……那么，我们应该认为处所是什么呢？"[19]

对这个问题的回答显然是"什么都不是"，或者至少不是独立于占据它的物体的东西。如果存在着空的空间，"那么立方体又怎能和与之相等的虚空或处所区别开来呢？假如能有两个这样的事物并存，为什么就不能有任意数目的事物并存呢？"[20]因此，亚里士多德认为空的空间的观念是不合逻辑的。亚里士多德还用关于虚空中的运动不合逻辑的一些假定的论据来证明，自然中不可能存在虚空。到了13世纪，经院学者开始认为自然有一种对虚空的惧怕(horror vacui)，自然凭借这种力量阻止虚空形成。[21]不过，亚里士多德的中世纪追随者在处理他的空间和虚空学说时遇到了麻烦。一个推论是，(有限的)世界之外没有空间，甚至上帝都无法移动宇宙。1277年，巴黎主教艾蒂安·唐皮耶在对亚里士多德的著名谴责中拒绝接受亚里士多德学说的这个明显推论："[我们谴责这样一条命题，]上帝不能推动天作直线运动，因为那样一来将会留下虚空。"[22]因此，经院亚里士多德主义者面临一项困难的任务，即在不违反亚里士多德哲学基本原理的前提下，在宇宙中引入某种空的空间存在的可能性。[23]

28 这些都是亚里士多德物理世界最一般的原理。同样重要的还有亚里士多德关于世界上存在哪些具体物体的学说。月下世界，即月亮天球以下的世界，有土、水、气、火四种元素。每种元素凭借自身的形式，都有其典型的所谓原初性质(primary qualities)和运动性质(motive qualities)。原初性质是热、冷、湿、干。土是冷和干；水是冷和湿；气是热和湿；火是热和干。除原初性质以外，元素还有运动性质，即重或轻；土和水这两种重元素都倾向于朝宇宙中心下落，气和火则倾向于向上远离宇宙中心。不过严格说

---

[17] 阿奎那对这些观念及其关系有清晰的论述，参看他的《论自然的本原》(De principiis naturae)，载于Thomas Aquinas，5卷本《小著作全集》(*Opuscula omnia*, Paris: Lethielleux, 1927)，P. Mandonnet编，第1卷，第8页～第18页；及Thomas Aquinas，《圣托马斯·阿奎那著作选》(*Selected Writings of St. Thomas Aquinas*, Indianapolis: Bobbs-Merrill, 1965)，Robert P. Goodwin译，第7页～第28页。受后来奥卡姆和司各脱思想的影响，对这些观念有一种不同解释，见欧斯塔丘司的《物理学》，载于《四部分哲学大全》，1.1 - 1.3。

[18] 参看Edward Grant，《无事生非：从中世纪到科学革命的空间和真空理论》(*Much Ado about Nothing: Theories of Space and Vacuum from the Middle Ages to the Scientific Revolution*, Cambridge: Cambridge University Press, 1981)，第1章。

[19] Aristotle，《物理学》(*Physics*)，4.1(209a 5 - 8, 14)。亚里士多德的译文取自Jonathan Barnes编，2卷本《亚里士多德全集》(*The Complete Works of Aristotle*, Princeton, N. J.: Princeton University Press, 1984)，第1卷，第355页。

[20] Aristotle，《物理学》，4.8(216b 9 - 11)，第1卷，第367页。

[21] 这一观念的历史参看Grant，《无事生非：从中世纪到科学革命的空间和真空理论》，第4章。

[22] 《1277年大谴责》(Condemnation of 1277)，第49段，载于Edward Grant编，《中世纪科学原始资料集》(*A Source Book in Medieval Science*, Cambridge, Mass.: Harvard University Press, 1979)，第48页。另见Grant，《1277年大谴责、上帝的绝对权能和中世纪晚期的物理思想》(The Condemnation of 1277, God's Absolute Power, and Physical Thought in the Late Middle Ages)，《旅行者》(*Viator*)，10(1979)，第211页～第244页。

[23] 参看Grant，《无事生非：从中世纪到科学革命的空间和真空理论》，第5章～第6章；Pierre Duhem，《中世纪宇宙论：关于无限、位置、时间、真空和多重世界的理论》(*Medieval Cosmology: Theories of Infinity, Place, Time, Void, and the Plurality of Worlds*, Chicago: University of Chicago Press, 1985)，Roger Ariew编译，第5章～第6章，第9章～第10章。

来，之所以会有这些运动性质，是因为每种元素都有自己的固有处所，土在中心，然后分别是水、气和火。如果离开固有处所，元素会有朝它运动的倾向。[24] 然而在自然中，元素很少（如果有的话）以纯粹的形式出现。通常认为，它们混合在一起，所产生的物体与其构成元素有不同的属性。关于混合物的复杂理论导致中世纪晚期和现代早期的亚里士多德主义者发生了一些激烈争论（参看第 3 章）。[25] 既然月下世界的物体由能够分离的不同元素所组成，所以月下世界是一个由变动不居的物体所组成的世界，它们随着元素的结合和分离而生灭。

天界则根本不同，诸天体不是由四种元素而是由第五元素构成的。天界物理学被认为完全不同于地界物理学。天体不是沿着直线路径，而是沿着完美的圆周移动。天界不像月下世界那样生灭不息，而是一个具有物质完美性的不变的世界。[26]

由于亚里士多德主义代表正统，所以对这一传统的公开拒斥就成了现代性的试金石；那些拒斥亚里士多德主义传统的人被其 16 世纪、17 世纪的同时代人称为“新哲学家”“革新者（renovators）”或“创新者（innovators）”。在以下几节，我将对几个这样的人物和运动进行概述。

文艺复兴时期的反亚里士多德主义：化学论哲学

29

炼金术、化学或有些历史学家现在所谓的“chymistry”，可以以某种形式追溯到古代思想（参看第 21 章）。[27] 但是在 16 世纪，人们对化学特别感兴趣。对于这一时期的许多人来说，化学的观念有许多含义，作一般性的概括很危险。[28] 化学既是理论又是实践，既涉及对至少是自然界一部分的解释，又涉及把这种理解应用于实际问题，亦即把贱金属转化成金和银。此外，它还涉及今天或可称为化学工程的其他一些方面，以

---

[24] 可以同 Eustachius 的《物理学》第 206 页～第 211 页中的论述进行比较。

[25] 另见 Anneliese Maier，《论精确科学的开端》（*On the Threshold of Exact Science*, Philadelphia: University of Pennsylvania Press, 1982），第 6 章。

[26] 对中世纪亚里士多德主义宇宙论的讨论，参看 Edward Grant，《行星、恒星和天球：中世纪的宇宙（1200 ～ 1687）》（*Planets, Stars, and Orbs: The Medieval Cosmos, 1200 - 1687*, Cambridge: Cambridge University Press, 1994），尤其是第二部分。

[27] 关于对早期化学的考察，参看 Allen G. Debus，2 卷本《化学哲学：16 和 17 世纪帕拉塞尔苏斯主义的科学和医学》（*The Chemical Philosophy: Paracelsian Science and Medicine in the Sixteenth and Seventeenth Centuries*, New York: Science History Publications, 1977），第 1 卷，第 1 章；以及 William Newman，《地狱之火：乔治·斯塔基的生平》（*Gehennical Fire: The Lives of George Starkey, an American Alchemist in the Scientific Revolution*, Cambridge, Mass.: Harvard University Press, 1994），第 3 章。纽曼特别强调了伪贾比尔和鲁尔的贡献。20 世纪 90 年代的编史学倾向表明，这一时期的炼金术与化学之间并无实质区分，有人建议用古体的“chymistry”作为中性术语。本章将遵循这种做法。参看 Lawrence Principe，《雄心勃勃的行家：罗伯特·玻意耳及其炼金术研究》（*The Aspiring Adept: Robert Boyle and His Alchemical Quest*, Princeton, N. J.: Princeton University Press, 1998），第 8 页～第 10 页；William Newman 和 Lawrence Principe，《炼金术与化学：一个编史学错误的词源学起源》（Alchemy vs. Chemistry: The Etymological Origins of a Historiographic Mistake），《早期科学与医学》（*Early Science and Medicine*），3（1998），第 32 页～第 65 页。

[28] 普林西比（Principe）在《雄心勃勃的行家》第 214 页及其后中强调了这一点。

及治疗病人的问题。[29] 在一些人看来,化学的理论部分所讨论的只是自然的一部分,即混合物或金属。[30] 但在另一些人看来,化学本身就是整个自然科学,一种真正的自然哲学,一种不同于亚里士多德派的关于自然科学基础的观念,因为化学论哲学家提出了另一种关于物理世界基本范畴和原理的观念。例如,在多次重印的流行著作《论化学》(*Traicté de la chymie*, 1660)中,尼凯斯·勒费夫尔(1610～1669)区分了三种化学:哲学的、医学的和药物的。但他认为第一种最为重要和基本。他写道:

30

> [第一种化学是]完全科学的,适合沉思的,或可称为哲学的,其目的仅在于认识自然及其结果;因为它的研究对象只有一类,那些对其构成我们无能为力的事物,因此,这种化学论哲学满足于了解天与星辰的本性、元素的来源、流星的成因、矿物的来源、植物和动物的繁殖方式……于是我们说,化学把上帝在创世过程中用万能之手从混沌的深渊中提取的所有自然物都当作它固有和恰当的对象……简单说来,它就是被还原为操作的物理学或自然知识本身,通过以感官的证据和证词为基础的论据来考察其所有命题。[31]

就这点而论,化学旨在取代学校中讲授的亚里士多德主义自然哲学。勒费夫尔进而将经院哲学家的空洞抽象与化学家实际而具体的做法进行对比:

> 假如你问经院哲学家,什么构成了物体的复合?他会告诉你,这在经院学者那里未能很好地确定:要成为一个物体,应当有量,从而是可分的;物体应当由可分的和不可分的东西所构成,也就是说,由点和部分组成;但它不可能由点构成……[勒费夫尔继续以一种冗长而滑稽的方式复述着经院学者犹疑不决、模棱两可的回答。]而你看,化学拒不采用这种空洞抽象的论证,而是贴近那些可以看见和接触的事物,就像通过这种技艺实践所显示的那样:如果我们确认,这个物体由一种酸的精气、一种苦的或酸涩的盐和一种甜的土复合而成,那么我们就可以通过触觉、嗅觉、味觉清楚地表明我们所提取的那些部分,以及我们认为它们所具有的所有那些状况。[32]

霍恩海姆的工作对这一时期的化学思想很重要,他后来以帕拉塞尔苏斯(1493～1541)之名为人所知。帕拉塞尔苏斯当过内科医生,他的许多著作都是讨论医学主题的。他反对盖仑和亚里士多德的权威,提倡一种建立在经验基础上的广泛利用化学药

---

[29] 关于对化学的某些实践方面的研究,参看 Pamela H. Smith,《炼金术的生意:神圣罗马帝国的科学与文化》(*The Business of Alchemy: Science and Culture in the Holy Roman Empire*, Princeton, N. J.: Princeton University Press, 1994),它强调了约翰·约阿希姆·贝歇尔(Johann Joachim Becher,1635～1682)这位特殊的实践者。

[30] 关于化学在科学中的位置,可参看 Jean-Marc Mandosio,《炼金术在17世纪科学与技艺分类中的面貌》(Aspects de l'alchimie dans les classifications des sciences et des arts au XVIIe siècle),载于 Frank Greiner 编,《17世纪炼金术传统的面貌》(*Aspects de la tradition alchimique au XVIIe siècle*, Paris: S. É. H. A., and Milan: ARCHÉ, 1998),第19页～第61页。

[31] Nicaise Le Fèvre [Nicasius le Febure],《化学大全》(*A Compleat Body of Chymistry...*, London: Thomas Ratcliffe, 1664),第7页,第9页。勒费夫尔虽然是法国人,后来却移居伦敦,成为英国皇家学会的成员。这本书最初于1660年以法文出版,随即有了英译本(1662),"由P. D. C.先生翻译为英文,他是陛下的枢密室成员之一"。然后又出了很多法文版和英文版,而且至少有一个德文版(1676)。法文第5版直到1751年才问世。

[32] Le Fèvre,《化学大全》,第10页。

物的医学。不过,帕拉塞尔苏斯及其众多追随者还与一种更一般的思想变革相联系,那就是一种建立在化学基础之上的自然哲学。[33]

与16世纪自然哲学的其他革新者一样,帕拉塞尔苏斯及其追随者的动机很大程度上源于宗教和神学问题。[34] 亚里士多德和盖仑等异教哲学家必须为一种真正的基督教哲学让路。在这些革新者看来,哲学始于回到《圣经》特别是《旧约》中的古代智慧,它要早于异教哲学家的著作。但与此同时,他们的化学论哲学也转向了上帝的第二本书即自然之书来寻求关于世界的知识。彼得鲁斯·塞韦里努斯(1540～1602)是帕拉塞尔苏斯在16世纪末的追随者,他建议那些追求智慧以教导别人的人去周游世界,认真观察,然后建造熔炉来探究其秘密(参看第13章)。[35]

31

这种研究造就了一种世界观,这个世界的结构在某些方面类似于亚里士多德的世界,但在某些方面又完全不同。根据帕拉塞尔苏斯的说法,万物都可以通过盐、硫、汞这三种化学要素来解释。(至于三要素与亚里士多德的四元素是什么关系,在帕拉塞尔苏斯的框架中质料和形式的情况怎么样,这些并不完全清楚。)在帕拉塞尔苏斯看来,万物都可以通过这些要素的结合和转化来作化学解释。事实上,即使是《创世记》中的创世记述也可以用化学的方式解释为,事物从一种初始的伟大奥秘(mysterium magnum)中相继分离出来。于是,整个世界被视为一个巨大的化学实验室。化学转化受热和火的驱动,最终来自太阳和上帝本身。但帕拉塞尔苏斯的世界并非只有化学。对帕拉塞尔苏斯的化学论哲学来说,各种层次的现象之间的精细关系与和谐,大宇宙和小宇宙的类比是同样重要的。特别是,帕拉塞尔苏斯认为,人这个小宇宙体现了宇宙整体即大宇宙,因此两者之间存在着系统的关系、反映和共感(sympathies)。这对帕拉塞尔苏斯的医学及科学实践产生了重要影响。借助于这些对应,帕拉塞尔苏斯派的巫师通过自己的品德和训练,能将天界的力量集中于自己来完成一些事情。因此,在帕拉塞尔苏斯派看来,科学并不是一种中性的活动:哲学家的道德状况在其中起着核心作用。此外,和这一时期的其他许多哲学家一样,帕拉塞尔苏斯的化学论哲学的世界是有生命的:帕拉塞尔苏斯认为,处于其哲学核心的火在某种意义上就等同于生命本身。

32

随着帕拉塞尔苏斯派的复兴,大量化学著作应运而生。虽然在细节上有巨大分歧,但它们都把若干化学要素及其结合看成这种研究的关键,而且大都持有一种化学

---

[33] 帕拉塞尔苏斯的化学和医学著作的标准学术版是 Paracelsus,14卷本《全集》(*Sämtliche Werke*, Munich: R. Oldenbourg, O. W. Barth, 1922 - 33),Karl Sudhoff 和 William Matthiessen 编。帕拉塞尔苏斯的英文著作选有 A. E. Waite 编,2卷本《帕拉塞尔苏斯:赫耳墨斯主义和炼金术著作》(*The Hermetic and Alchemical Writings of Paracelsus*, Berkeley: Shambhala, 1976),和 Jolande Jacobi 编,《帕拉塞尔苏斯选集》(*Selected Writings*, Princeton, N. J.: Princeton University Press, 1995),Norbert Guterman 译。

[34] 我对帕拉塞尔苏斯观点的叙述来自 Allen G. Debus,《化学哲学》尤其是第1卷,第1章～第2章;Debus,《文艺复兴时期的人与自然》(*Man and Nature in the Renaissance*, Cambridge: Cambridge University Press, 1978),尤其是第2章;以及 Brian Copenhaver 和 Charles B. Schmitt,《文艺复兴哲学》(*Renaissance Philosophy*, Oxford: Oxford University Press, 1992),第306页及其后。

[35] 引自 Debus,《文艺复兴时期的人与自然》,第21页。

论的宇宙论,重视化学观念在医学中的应用。这里同样重要的是把微粒观念引入传统的化学理论,因为化学元素被认为可以分成一些保持其元素本性的很小的部分。后来化学论传统的主要人物包括塞韦里努斯、托马斯·伊拉斯图斯(1524～1583)、丹尼尔·森纳特(1572～1637)、罗伯特·弗拉德(1574～1637)、奥斯瓦尔德·克罗尔(1560～1609)、乔治·斯塔基(1628～1665)和约翰内斯·巴普蒂丝塔·范·赫耳蒙特(1579～1644)等人。[36] 甚至是一些通常与后面要讨论的机械论思想相联系的人物,比如罗伯特·玻意耳(1627～1691)和艾萨克·牛顿(1643～1727),也对化学有浓厚兴趣。[37]

16世纪和17世纪初的化学思想中心也许是德国;正是在德国出现了玫瑰十字会(Rosicrucians),由他们的化学论哲学产生了一种宗教。[38] 但化学在欧洲其他国家也广泛传播。[39] 化学家在社会中发挥着广泛作用。有些人在大学特别是医学院教书,有些人在宫廷工作,特别是在德语国家。许多人把化学当作一种职业,或与医学,或与冶金等行业联系在一起。[40] 化学仍然以种种方式属于诸多科学思想在整个现代早期所组成的织体。

33

[36] 纽曼的《地狱之火》强调了17世纪化学的微粒论倾向的重要性,他指出,这种倾向源于13世纪的伪贾比尔的《完美大全》(*Summa perfectionis [magisterii]*)。对17世纪炼金术的一般考察参看Debus的《化学哲学》,第3章～第7章。对这一时期某些化学家的研究见Newman,《地狱之火:乔治·斯塔基的生平》;Smith,《炼金术的生意》;Bruce Moran,《化学制药进入大学》(*Chemical Pharmacy Enters the University: Johannes Hartmann and the Didactic Care of Chymiatria in the Early Seventeenth Century*, Madison, Wis.: American Institute of the History of Pharmacy, 1991);Bernard Joly,《17世纪炼金术的合理性》(*Rationalité de l'alchemie au XVIIe siècle*, Paris: J. Vrin, 1992);Hans Kangro,《约阿希姆·容吉乌斯关于创建化学科学的实验和思想》(*Joachim Jungius' Experimente und Gedanken zur Begrüundung der Chemie als Wissenschaft*, Wiesbaden: Franz Steiner Verlag, 1968);Robert Halleux,《赫耳蒙特》(Helmontiana),《学术选集、皇家学院和科学分类》(*Academiae analectica, Koninklijke Academie, Klasse der Wetenschappen*),45(1983),第35页～第63页;以及Halleux,《赫耳蒙特(二)》(Helmontiana II),《学术选集、皇家学院和科学分类》,49(1987),第19页～第36页。

[37] 关于玻意耳和化学,参看Principe的《雄心勃勃的行家》。关于牛顿,参看Betty Jo Teeter Dobbs的《牛顿炼金术的基础;或〈绿色里昂的狩猎〉》(*The Foundations of Newton's Alchemy; or, "The hunting of the greene lyon"*, Cambridge: Cambridge University Press, 1975);Richard S. Westfall,《牛顿和赫耳墨斯传统》(Newton and the Hermetic Tradition),载于Allen G. Debus编,2卷本《文艺复兴时期的科学、医学和社会》(*Science, Medicine, and Society in the Renaissance*, New York: Science History Publications, 1972),第2卷,第183页～第198页。

[38] 这一主题的经典著作是Frances A. Yates,《玫瑰十字会的启蒙》(*The Rosicrucian Enlightenment*, London: Ark Paperbacks [Routledge and Kegan Paul], 1986; orig. publ. 1972)。

[39] 关于对17世纪英格兰和法国化学的生动讨论,参看Allen G. Debus,《英格兰的帕拉塞尔苏斯主义者》(*The English Paracelsians*, New York: Watts, 1965);Allen G. Debus,《17世纪的科学与教育》(*Science and Education in the Seventeenth Century*, New York: Science History Publications, 1970)(讨论了英格兰关于化学的争论);以及Allen G. Debus,《法国的帕拉塞尔苏斯主义者》(*The French Paracelsians*, Cambridge: Cambridge University Press, 1991)。关于这一时期神圣罗马帝国中有关化学的讨论,参看Bruce Moran,《德国宫廷的炼金术世界:黑森的莫里茨圈子中的神秘哲学与化学医学(1572～1632)》(*The Alchemical World of the German Court: Occult Philosophy and Chemical Medicine in the Circle of Moritz of Hessen, 1572 - 1632*, Sudhoffs Archiv, Beihefte 29, Stuttgart: Franz Steiner Verlag, 1991)。

[40] 感谢塔拉·努梅达尔(Tara Nummedal)在与我的交谈和通信中,提供了她关于这一时期德语国家中化学家生活的信息。参看Tara E. Nummedal,《行家与工匠:神圣罗马帝国的炼金术技艺(1550～1620)》(Adepts and Artisans: Alchemical Practice in the Holy Roman Empire, 1550 - 1620, Ph. D. dissertation, Stanford University, Stanford, Calif., 2001)。在法国从事伪造活动而被绞死的一个化学家的例子,参看Adrien Baillet,2卷本《笛卡儿先生的一生》(*La vie de M. Descartes*, Paris: Daniel Horthemels, 1691),第1卷,第231页,以及25卷本《梅屈尔·弗朗索瓦,或和平史》(*Le Mercure françois; ou, la suitte de l'histoire de la paix*, Paris: Iean and Estienne Richer, 1612 - ; this vol., 1633),第17卷,第713页～第723页。

文艺复兴时期的反亚里士多德主义：意大利自然主义者

16 世纪反对亚里士多德的另一批人是所谓的意大利自然主义者。[41] 柏拉图的文本在 15 世纪被重新发现，这为欧洲思想家提供了一种看待世界的新方式，它经常与占统治地位的亚里士多德主义相左。马尔西利奥·菲奇诺(1433～1499)用拉丁语翻译的柏拉图著作于 1484 年首版后极为流行。菲奇诺在对柏拉图《斐德罗篇》(*Phaedrus*)的评注中包含了对新柏拉图主义者普罗克洛斯著作的翻译。几年后的 1492 年，菲奇诺翻译的普罗提诺著作问世。[42] 将柏拉图和新柏拉图主义重新引入 16 世纪的思想界并产生了一些有趣的新自然哲学，比如吉罗拉莫·弗拉卡斯托罗(1470～1553)、贝尔纳迪诺·特勒西奥(1509～1588)、吉罗拉莫·卡尔达诺(1501～1576)、弗朗切斯科·帕特里齐(1529～1597)、乔尔达诺·布鲁诺(1548～1600)和托马索·康帕内拉(1568～1639)等人的哲学。[43] 也可以认为，这些思想家提供了一种关于物理世界基础的不同观念。

这些自然哲学家都从总体上鄙视亚里士多德的自然哲学，特别是其质料与形式范畴。[44] 这些人中至少有三位，即特勒西奥在其《论事物的本性》(*De rerum natura*, 1563)中，康帕内拉在其《关于普遍哲学或形而上学事物的学说》(*Universalis philosophiae, seu metaphysicarum rerum ... dogmata*, 1638)中，以及帕特里齐在其《万物的新哲学》(*Nova de universis philosophia*, 1591)中，挑战了亚里士多德的空间和处所观念，主张空间先于一切而存在，独立于物体，是一个部分由物质世界充满的空的容器。[45] 他们还把世界看成有生命的；正如一项研究用生动的语言描述道，他们的世界"是一个由相互关联的赋有灵魂的东西所构成的有魔力的世界，这个世界与精神和绝

34

[41] 本节讨论的人物经常被称为文艺复兴时期的自然哲学家。然而，这个术语是现代说法，一般认为并不合适。参看 Paul O. Kristeller,《意大利文艺复兴时期的八位哲学家》(*Eight Philosophers of the Italian Renaissance*, Stanford, Calif: Stanford University Press, 1964)，第 94 页～第 96 页，第 110 页～第 112 页。一般概述除克里斯泰勒的以外，另见 Copenhaver 和 Schmitt,《文艺复兴哲学》，第 5 章；以及 Alfonso Ingegno,《新自然哲学》(The New Philosophy of Nature)，载于《剑桥文艺复兴哲学史》，第 236 页～第 263 页。我对这些思想家的论述在很大程度上依赖于这些文献。

[42] 关于柏拉图主义著作在文艺复兴时期的详细传播情况，参看 Anthony Grafton,《古代作品的可利用性》(The Availability of Ancient Works)，载于 Schmitt 和 Skinner 编，《剑桥文艺复兴哲学史》，第 767 页～第 791 页。

[43] 并非所有学者都把这些哲学家与严格的柏拉图主义传统联系起来。例如参看 Frances Yates,《乔尔达诺·布鲁诺与赫耳墨斯传统》(*Giordano Bruno and the Hermetic Tradition*, Chicago: University of Chicago Press, 1964)，她将布鲁诺与赫耳墨斯传统联系起来。

[44] 参看 Copenhaver 和 Schmitt,《文艺复兴哲学》，第 303 页及其后。

[45] 关于 16 世纪意大利思想中的空间和虚空观念，参看 Grant,《无事生非：从中世纪到科学革命的空间和真空理论》，第 192 页～第 206 页。尽管特勒西奥认为虚空是可能的，可以制造出来，但他并不相信虚空可以自然产生。参看 Charles B. Schmitt,《支持和反对虚空的实验争论：16 世纪的争论》(Experimental Arguments For and Against a Void: The Sixteenth-Century Arguments)，《爱西斯》(*Isis*)，58(1967)，第 352 页～第 366 页。关于特勒西奥，更一般的文献参看 Copenhaver 和 Schmitt,《文艺复兴哲学》，第 309 页～第 314 页；Schmitt 和 Skinner 编，《剑桥文艺复兴哲学史》，第 250 页～第 252 页；以及 Kristeller,《意大利文艺复兴时期的八位哲学家》，第 6 章。关于康帕内拉，参看 Copenhaver 和 Schmitt,《文艺复兴哲学》，第 317 页～第 328 页；以及 Schmitt 和 Skinner 编，《剑桥文艺复兴哲学史》，第 257 页～第 261 页，第 294 页～第 295 页。关于帕特里齐，见 Schmitt 和 Skinner 编，《剑桥文艺复兴哲学史》，第 256 页～第 257 页，第 292 页～第 293 页；以及 Kristeller,《意大利文艺复兴时期的八位哲学家》，第 7 章。

对存在的更高领域联系在一起”。[46] 康帕内拉在其《论事物的感觉和魔法》(*De sensu rerum et magia*,1620)中断言:“世界是一个有知觉的动物……[它的]各个部分分享着同一种生命”;它拥有“一种精神……本质上既是主动的又是被动的”。[47]

然而在其他方面,这些自然哲学家彼此之间又非常不同。在《论影响》(*De contagione*,1546)中,弗拉卡斯托罗把吸引和共感看成一种基本的自然现象,它们可以用准机械论和原子论的术语来恰当解释。[48] 特勒西奥拒绝接受亚里士多德关于质料和形式的物体观念,而是用一种以热和冷为基础的世界观念取而代之。热和冷是非物质的(但自然的)动因,进入无生命的物质,为之赋予生气。根据特勒西奥的说法,我们在周围物理世界中看到的几乎一切,都是这两种基本的非物质动因相互斗争的结果。虽然康帕内拉起初是特勒西奥的追随者,[49]但他后来认为,特勒西奥的物理理论需要有更深的基础。他宣称,特勒西奥把热和冷说成自然动因是错误的,它们的效力可以追溯到上帝和世界灵魂。[50] 而光构成了帕特里齐《万物的新哲学》的世界观的基础。在帕特里齐那里,光的概念相当复杂,他区分了由上帝和其他神灵发出的无形的光和物理世界中有形的光。帕特里齐认为,种种不同的光解释了物理世界中的一切:生命、天的结构,以及存在着永恒事物的超物质领域的本质。归根结底,光基于上帝以及一种新柏拉图主义的始于太一(The One)的存在等级结构。上帝存在于每一个等级,通过无形的光的要素发挥作用。[51] 这群人中的其他人,特别是卡尔达诺和布鲁诺的观点,更难用寥寥几句描述出来。虽然布鲁诺作为思想家并非始终如一,但其难懂而复杂的著作中存在着一些清晰的主题。布鲁诺拒绝接受亚里士多德的上帝、实体、质料和形式观念。在《论原因、本原和太一》(*De la causa, principio, et uno*,1584)中,他主张上帝是唯一的实体,一切有限事物都仅仅是上帝的某些方面。虽然在某种意义上,布鲁诺的确认为物体的主要本原是质料和形式,但他经常以一种极为非亚里士多德的方式将两者完全等同。[52] 卡尔达诺的《论精巧》(*De subtilitate*,1550)大体是反亚里士多德观点的大杂烩,它对亚里士多德物理学基础的各种要素提出了挑战,但并未明说应

35

[46] Copenhaver 和 Schmitt,《文艺复兴哲学》,第 288 页。这段接下来是:“一个普遍的世界灵魂遍及所有造物,并使所有造物,甚至是岩石和石块,都在一定程度上是有生命的和有感觉的。恒星和行星是强大的活的神灵,所以占星学所说的共感的纽带和力量在较高世界的支配下将较低世界中的一切事物统一在一起;小宇宙反映着大宇宙,人的小世界反映着普遍的大世界。隐藏的对称和难以辨识的对应符号为一个充满着系统的共感和反感的世界赋予了活力和象征。自然哲学家的工作就是要破解这些密码,揭示它们的秘密。”

[47] 引自 Brian Copenhaver,《占星术与魔法》(Astrology and Magic),载于 Schmitt 和 Skinner 编,《剑桥文艺复兴哲学史》,第 264 页～第 300 页,尤其是第 294 页。

[48] 关于弗拉卡斯托罗,参看 Copenhaver 和 Schmitt,《文艺复兴哲学》,第 305 页～第 306 页。

[49] 康帕内拉在《感官证明的哲学》(*Philosophia sensibus demonstrata*,1591)中,和特勒西奥一样拒绝接受亚里士多德主义者所说的形式和质料;特勒西奥认为,物体(物质)被热和冷的明显本原赋予了生命。

[50] 见他的《论事物的感觉和魔法》(*De sensu rerum et magia*,1620)和《关于普遍哲学或形而上学事物的学说》(*Universalis philosophiae, seu metaphysicarum rerum ... dogmata*,1638)。关于康帕内拉,见注释 45 中引用的参考文献。

[51] 关于帕特里齐,见注释 45 中引用的参考文献。

[52] 关于布鲁诺,参看 Copenhaver 和 Schmitt,《文艺复兴哲学》,第 314 页～第 317 页;以及 Hilary Gatti,《乔尔达诺・布鲁诺和文艺复兴科学》(*Giordano Bruno and Renaissance Science*, Ithaca, N.Y.: Cornell University Press, 1999)。

当用什么来取而代之。[53]

这些自然哲学家都没有形成持久的学派,也没有对在各学派中占统治地位的亚里士多德主义构成任何严重威胁。他们追求新颖和原创,这也许暗中破坏了在一种稳定的自然哲学中形成实际传统的认真尝试;他们似乎只是共同持有了一种带有泛灵论色彩的宇宙观,并且总体上感到亚里士多德完全错了。同样重要的是,这种哲学似乎从来没有实际安家落户,无论在机构意义上还是在职业意义上。菲奇诺与美第奇宫廷有牵连;特勒西奥在科森扎(Cosenza)有自己的研究机构——科森提纳学院(Accademia Cosentina)来推进其自然哲学品牌;帕特里齐是加埃塔(Gaeta)的主教;弗拉卡斯托罗和卡尔达诺都是医生,一生中至少有一部分时间在教授医学;布鲁诺和康帕内拉则是多明我会修士,生活丰富多彩,包括周游欧洲传播他们的学说,并试图避免与当局发生冲突(但未能成功)。他们的观点在意大利广为传播,在意大利以外的知识界也很知名。布鲁诺于1583年至1585年对英格兰的访问产生了持久的影响;意大利哲学的影响也可见于弗兰西斯·培根(1561～1626)所概述的物理学。[54] 在法国,17世纪20年代亚里士多德主义传统的捍卫者马兰·梅森(1588～1648)和让-塞西尔·弗雷(约1580～1631)通常会把特勒西奥、布鲁诺和康帕内拉列为他们的主要对手。[55] 另一位反亚里士多德派的皮埃尔·伽桑狄(1592～1655)在其《反亚里士多德派的悖论练习》(*Exercitationes paradoxicae adversus Aristoteleos*,第一部分,1624年,第二部分于1658年伽桑狄身后出版)中似乎借用了帕特里齐《亚里士多德派的讨论》(*Discussiones peripateticae*,1581)中的内容。[56] 到了17世纪,这些意大利的新柏拉图主义者将对亨利·摩尔(1614～1687)和拉尔夫·卡德沃思(1617～1688)等所谓的剑桥柏拉图主义者产生重要影响。

36

文艺复兴时期的反亚里士多德主义:数学秩序与和谐

前面两节讨论的许多反亚里士多德观点背后还有另一种基本信念,即对数学合理性和宇宙秩序的信念。这种穿梭于化学论、柏拉图主义以及其他看法的观点认为,宇

[53] 关于卡尔达诺,参看Copenhaver和Schmitt,《文艺复兴哲学》,第308页～第309页;《剑桥文艺复兴哲学史》,第247页～第250页;以及Anthony Grafton,《卡尔达诺的宇宙:一位文艺复兴时期占星学家的世界和作品》(*Cardano's Cosmos: The Worlds and Works of a Renaissance Astrologer*, Cambridge, Mass.: Harvard University Press, 1999)。

[54] 参看Graham Rees,《培根的思辨哲学》(Bacon's Speculative Philosophy),载于Markku Peltonen编,《剑桥培根指南》(*The Cambridge Companion to Bacon*, Cambridge: Cambridge University Press, 1996),第121页～第145页。

[55] 例如参看梅森的《〈创世记〉中的……疑问》(*Quaestiones ... in Genesim*, Paris: Sebastian Cramoisy, 1623)(未标明页码)序言。关于梅森与意大利自然主义者的关系,参看Lenoble,《梅森或机械论的诞生》,第3章。弗雷在《早先和如今反对亚里士多德的哲学家的筛选工具》(*Cribrum philosophorum qui Aristotelem superiore et hac aetate oppugnarunt*, 1628)中攻击了他们,载其遗著《作品杂集》(*Opuscula varia*, Paris: Petrus David, 1646),第29页～第89页。关于弗雷,参看Ann Blair,《17世纪早期的自然哲学教育:以让·塞西尔·弗雷为例》(The Teaching of Natural Philosophy in Early Seventeenth-Century Paris: The Case of Jean Cécile Frey),《大学史》(*History of Universities*),12(1993),第95页～第158页。

[56] 关于这一点,见罗绍在此书中序言,Gassendi,《反亚里士多德派的悖论练习》(*Exercitationes paradoxicae adversus Aristoteleos*, Paris: J. Vrin, 1959),[French] Bernard Rochot编译,第x页～第xi页。

宙由几何结构和算术结构所支配。这种观点更关注宇宙的宏观结构,而不是对物质的细致分析,它大体上属于毕达哥拉斯主义,有多个不同版本。毫不奇怪,它与音乐联系了起来,也与自然必须通过像和谐这样的概念才能理解的观念联系在一起。必须注意,音乐在17世纪初与天文学、光学和力学一样是一门中间科学(参看第28章)。传统音乐理论主要讨论数的比例,它们与音阶的音相关联,加以恰当的组合便会产生谐音。因此,无论对于从事音乐的人,还是对于含义更广的自然哲学,音乐都是一门讨论和谐与秩序的科学。

37

英格兰自然哲学家罗伯特·弗拉德在很大程度上也是化学论哲学的拥护者,在他看来,音乐是理解世界的一个基本类比。[57] 在其《关于大宇宙和小宇宙的物理学、形而上学和技艺的历史》(*Utriusque cosmi maioris scilicet minoris metaphysica, physica atque technica historia*,1617～1621)所给出的一个版本中,[58]弗拉德的世界图像以单弦琴为基础,这是一根固定于两个琴马之间的弦,被广泛用于音乐的理论研究(参看图2.1)。他把宇宙描绘成一把单弦琴,弦的一端固定在地球中心,另一端固定在天上。太阳被置于弦的正中,将弦分成两个八度。音阶的音(A、B、C等)标示出不同的宇宙区域,既包括太阳以下,也包括太阳以上。对这一基本宇宙论的另一种更加几何学的描绘参看图2.2。它引入了两个锥体,弗拉德称之为质料的锥体和形式的锥体。宇宙中实际鸣响的音乐是两者相互作用的结果。[59]

阿塔纳修斯·基歇尔(1601～1680)从血统上说是德国人,但长期担任罗马耶稣会罗马学院(Collegio Romano)的教授,他对化学等诸多领域都有涉猎。在他看来,宇宙更像一架管风琴[60](参看图2.3)。在其《普遍和谐》(*Musurgia universalis*,1650)中,基歇尔认为,存在等级并非弗拉德用单弦琴表示的一个,而是十个,他将其类比于管风琴的音栓。前六个表示创世六日的结果,其余四个则代表世界的其他方面。当上帝这个神圣的管风琴师拔出所有音栓时,世界就创造出来了。当然,每一个音栓都包含数的比例(和谐),它们融合在一起产生了整个宇宙的和谐。基歇尔构想了在每一级别中起作用的和谐。例如,在宇宙论层次,他主张有一种和谐显示于行星彼此之间的关系中,整个关系则由太阳支配。

---

[57] 关于对弗拉德宇宙论的讨论,例如参看 Robert Westman,《自然、技艺和心灵:荣格、泡利和开普勒－弗拉德争论》(Nature, Art, and Psyche: Jung, Pauli, and the Kepler-Fludd polemic),载于 Brian Vickers 编,《文艺复兴时期的神秘学和科学心智》(*Occult and Scientific Mentalities in the Renaissance*, Cambridge: Cambridge University Press, 1984),第177页～第229页;以及 Eberhard Knobloch,《和谐与宇宙:数学作为一种对世界的目的论理解》(Harmony and Cosmos: Mathematics Serving a Teleological Understanding of the World),《自然》(*Physis*),32(1995),第55页～第89页。关于弗拉德的化学工作,参看 Debus,《化学哲学》,第4章。

[58] 奥彭海姆和法兰克福(Oppenheim and Frankfurt)。"技术的"并没有十分准确地把握弗拉德这里所要说的,即关于它的创建和构造的历史。

[59] 参看 Knobloch,《和谐与宇宙》,第73页。

[60] 关于基歇尔的观点,参看 Knobloch,《和谐与宇宙》,第76页～第82页。对基歇尔与化学之间关联的简述参看 Claus Priesner 和 Karin Figala 编,《炼金术:赫耳墨斯科学词典》(*Alchemie: Lexikon einer hermetischen Wissenschaft*, Munich: C. H. Beck, 1998),第196页～第198页。

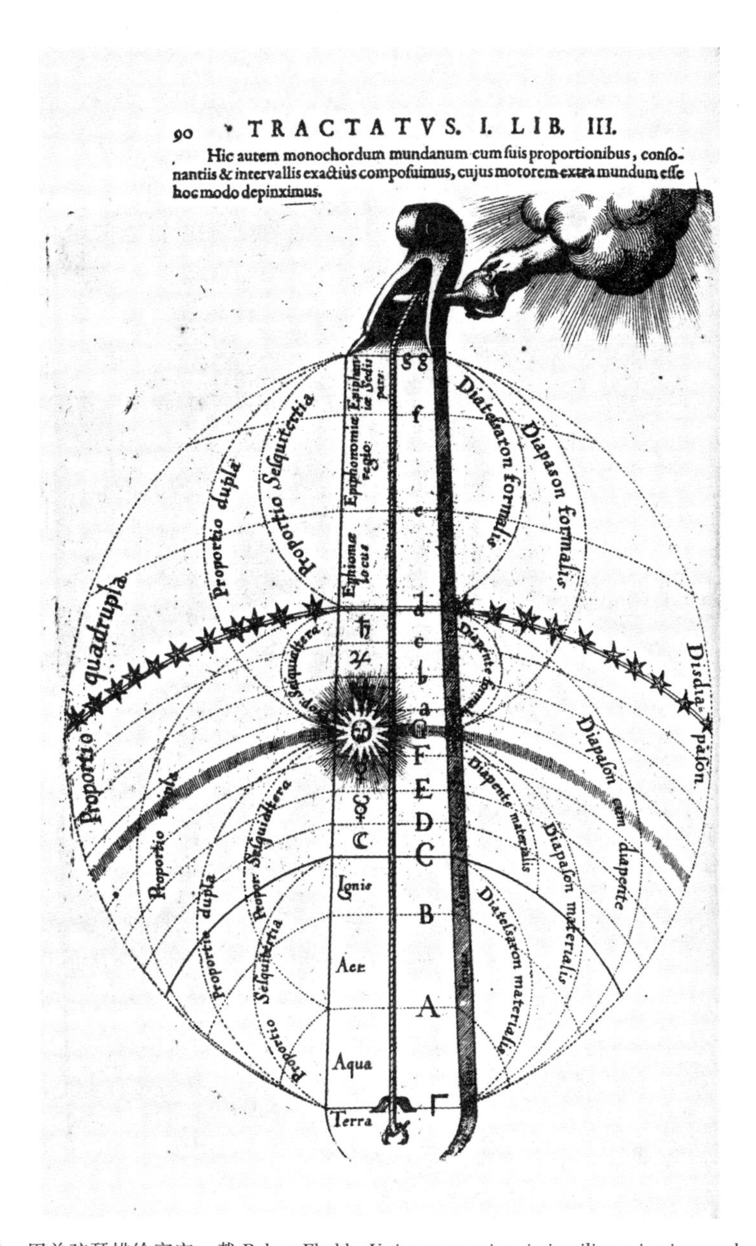

图 2.1　用单弦琴描绘宇宙。载 Robert Fludd, *Utriusque cosmi maioris scilicet minoris metaphysica*, *physica atque technica historia*, 2 vols.（Oppenheim：Aere Johan-Theodori de Bry, typis Hieronymi Galleri, 1617 – 21），1：90。Reproduced by permission of the Rare Book Division, Department of Rare Books and Special Collections, Princeton University Library

39

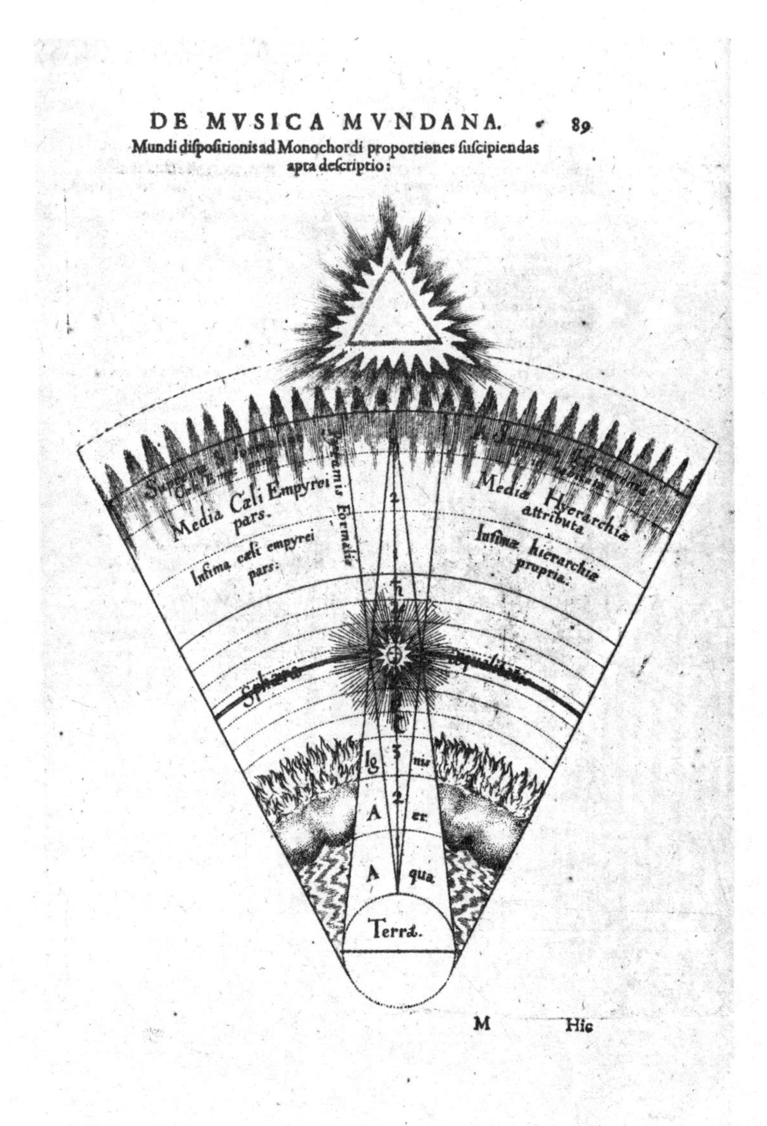

图2.2 用相交的锥体描绘宇宙。载 Robert Fludd, *Utriusque cosmi maioris scilicet minoris metaphysica, physica atque technica historia*, 2 vols. (Oppenheim: Aere Johan-Theodori de Bry, typis Hieronymi Galleri, 1617 - 21), 1: 90。Reproduced by permission of the Rare Book Division, Department of Rare Books and Special Collections, Princeton University Library

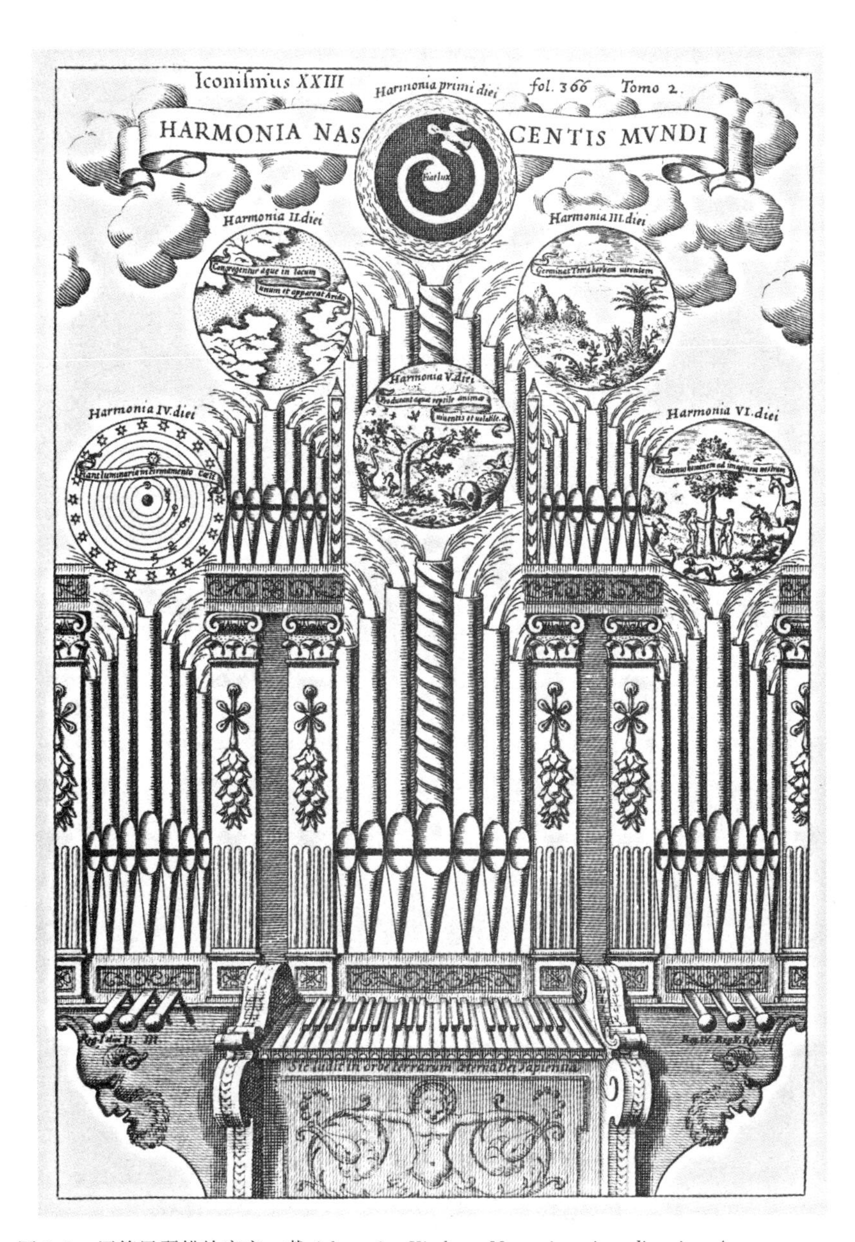

图 2.3　用管风琴描绘宇宙。载 Athanasius Kircher, *Musurgia universalis*, *sive*, *Ars magna consoni et dissoni in X. libros digesta* ..., 2 vols.（Rome: Haeredes Francisci Corbelletti, 1650）, 2: 366。Reproduced by permission of the Rare Book Division, Department of Rare Books and Special Collections, Princeton University Library

41 然而,在这些毕达哥拉斯主义者中,最有趣的人当数德国天文学家和占星学家约翰内斯·开普勒(1571～1630)。开普勒是一个深通该主题数学奥秘的专业天文学家,他知道如何基于观测构建天文学论证。而开普勒使用的论证风格和数理天文学一样有趣,它所展示的那种基本的世界观在某些方面与弗拉德和基歇尔的类似。[61]

开普勒最著名的论证之一是解释为什么包括地球在内恰好有六颗行星,它们彼此之间为什么恰好是这样的距离。在《宇宙的奥秘》(*Mysterium cosmographicum*,1596年;第二版有大量注释,1621年)中,开普勒认为,连同地球在内的行星之间的距离分别对应着将五种柏拉图正多面体彼此嵌套所获得的距离:四面体(金字塔)、立方体、八面体(由8个等边三角形构成)、十二面体(由12个五边形构成)和二十面体(由20个等边三角形构成)。不幸的是,世界并不像这一模型暗示的那样简单。由于行星的轨道是椭圆形,正如开普勒本人所发现的那样,所以它们并不符合这个简单模型所蕴含的圆形轨道。不过,为了与其模型相适应,开普勒把椭圆形轨道看成由于太阳的磁吸引或排斥所导致的与圆形轨道的偏离。在开普勒看来,这只能表明宇宙中包含着更大的理性,因为与圆形轨道的偏离促成了令人愉悦的天体和谐(harmonies),从字面上看是天球的音乐。[62]

开普勒还认识到一种更广义的和谐,即宇宙不同部分之间的对应。例如,在《哥白尼天文学概要》(*Epitome astronomiae copernicanae*,1618～1621)的第四卷为哥白尼宇宙论辩护时,他将哥白尼宇宙论的三个区域——中央的太阳、外层的恒星天球和中间的行星区域——比作三位一体。开普勒进而将太阳比作动物的位于头部的判断力,将绕太阳运转的星球比作感觉器官,将恒星比作可感物体。他还将太阳比作中央的火炉、宇宙的心脏、理性和生命的所在地。[63] 这不由得让人想起了帕拉塞尔苏斯和化学论哲学家在大宇宙和小宇宙之间所作的类比,因此,宇宙结构反映了人,人也反映了大宇宙。 42

开普勒首先是一位把天文学模型建立在观测(事实上,是可能获得的最佳观测结果)基础之上的天文学家。众所周知,开普勒力争使用第谷·布拉赫(1546～1601)空前准确的观测数据来提出火星轨道理论。要想确定行星的真实运动,就必须诉诸观测。在回应弗拉德对宇宙充满幻想的象征性描绘时,开普勒说:"根据天文学所明确证实的测量,我已经证明所有谐和的音乐均可见于行星本身最大程度的运动。在[弗拉

---

[61] 关于对开普勒思想这个方面的细致讨论,参看 Bruce Stephenson,《天界的音乐:开普勒的和谐天文学》(*The Music of the Heavens: Kepler's Harmonic Astronomy*, Princeton, N. J.: Princeton University Press, 1994)。感谢朗达·马腾斯(Rhonda Martens)帮助我理解开普勒的观点。

[62] 参看 Johannes Kepler,《哥白尼天文学概要》(*Epitome astronomiae copernicanae*),载于 Johannes Kepler,迄今为止20卷本《全集》(*Gesammelte Werke*, Munich: C. H. Beck, 1937 -),W. von Dyck 和 M. Caspar 编,第7卷,第275页,译文载于《哥白尼天文学概要(四)》(*Epitome of Copernican Astronomy IV*),载于 Robert Maynard Hutchins 编,54卷本《西方世界巨著》之《托勒密、哥白尼、开普勒》(*Ptolemy, Copernicus, Kepler* [Great Books of the Western World], Chicago: Encyclopaedia Britannica, 1952),第16卷,第845页～第960页,尤其是第871页。

[63] 参看 Kepler,《全集》,第7卷,第258页～第260页,译文载于 Hutchins 编,《托勒密、哥白尼、开普勒》,第853页～第856页。

德]看来,宇宙和谐的主体是他的宇宙图景,在我看来则是宇宙本身或真实的行星运动。"[64]

但对开普勒来说,仅凭观测还不足以确定世界的真实结构,为此,我们需要知道,经由观测发现的结构与一个几何原型相对应。我们发现,经由观测得出的模型满足一种优雅的几何模式,这使我们可以对世界的真实存在方式作出断言。开普勒在《哥白尼天文学概要》的第一卷中写道:"天文学家不应肆无忌惮地无端构想令自己满意的东西,恰恰相反,对于作为现象的真正原因而提出的假说,我们也需要为之确立可能的原因。因此,我们必须首先在一门更高的科学即物理学或形而上学中确立天文学的原理。"[65]

在开普勒看来,数学和谐发挥着作用,但只有与观测结合起来才是如此。开普勒强调关于和谐的说法要以观测为基础,这有别于弗拉德以前的做法和基歇尔将来的做法。[66]

在许多方面,开普勒对宇宙基本性质的看法都与其同时代人的世界观要素相一致。和许多同时代人一样,开普勒的宇宙在某种意义上也是泛灵论的。他公然将太阳比作宇宙的理智和心脏,将宇宙比作一个动物,认为太阳有灵魂,在某种意义上是一个生命体。[67] 不过,他有时也使用另一个非常不同的类比。在1605年2月10日给赫尔瓦特·冯·霍恩贝格的信中,开普勒写道:

> 我的目标是表明,天的机器并非某种神圣的生命体,而是类似于钟表机械,因为几乎所有不同的运动都是由同一种绝对简单的具体磁力来支配的,就像在钟表机械中,所有运动都是由一个简单的重物来支配一样。实际上,我还表明了如何通过计算并用几何方式给出这种物理描述。[68]

43

这个类比所指向的物理世界基础的观念与此前的讨论非常不同,它后来被称为机械论哲学(mechanical philosophy)。[69] 与充满了灵魂、知觉、精灵与和谐的文艺复兴时期的世界截然不同,机械论哲学把机器的形象当成了核心。

---

[64] Johannes Kepler,《世界的和谐(五)》(*Harmonices mundi libri V*),《全集》,第6卷,第376页~第377页,引用于Westman,《自然、技艺和心灵》,第206页。

[65] Kepler,《全集》,第7卷,第25页,引用于Robert Westman,《开普勒的假说理论和"实在论困境"》(Kepler's Theory of Hypotheses and the "Realist Dilemma"),《科学史与科学哲学研究》(*Studies in History and Philosophy of Science*),3(1972),第233页~第264页,尤其是第261页。

[66] 关于弗拉德与开普勒的争论,参看Westman,《自然、技艺和心灵》;Knobloch,《和谐与宇宙》;以及Judith V. Field,《开普勒对数秘学的拒绝》(Kepler's Rejection of Numerology),载于Vickers编,《文艺复兴时期的神秘学和科学心智》,第273页~第296页。

[67] Kepler,《全集》,第7卷,第259页~第260页,第298页及其后,译文在Hutchins编,《托勒密、哥白尼、开普勒》,第855页~第856页,第896页及其后。

[68] Kepler,《全集》,第15卷,第146页,引用于Max Caspar,《开普勒》(*Kepler*, London: Abelard-Schuman, 1959),第136页。

[69] 就其涉及磁性而言,按理说,它并没有使我们达到真正的机械论世界观,即一切都是通过物体的大小、形状、运动和彼此碰撞而发生的。

机械论哲学与微粒哲学的兴起

虽然有时表现为相当不同的版本,但是前几节讨论的许多趋势一直持续到17世纪以后。然而16世纪还出现了另一种非常重要的趋势,并且在17世纪蓬勃发展,那就是机械论(或微粒)哲学。[70] 英格兰自然哲学家罗伯特·玻意耳在其重要论著《从微粒哲学看形式与性质的起源》(*The Origin of Forms and Qualities according to the Corpuscular Philosophy*,1666)中简洁有力地阐述了这一立场。

玻意耳提出,机械论哲学不再用形式、质料和缺乏等亚里士多德的哲学概念来解释物体的明显属性,而是认为这些属性是"机械地产生的,我指的是通过这样一些有形动因(Corporeall Agents)来产生,它们似乎只能通过其各个部分的运动、大小、形体和设计(contrivance)来起作用"。[71] 玻意耳把这种观点解释为几个基本论题:(1)"有一种普遍物质为所有物体所共有,所谓这种物质,我指的是一种有广延的、可分的、不可入的东西";(2)"要想把这种普遍物质区分成各种不同的自然物,它的某些或所有可以区分的部分必须有运动";(3)"物质必须被实际分成各个部分,……任何原始片段……都必须有两种属性,即它自身的大小(Magnitude)……以及它自身的形体(*Figure*)或形状(*Shape*)"。[72] 机械论哲学或微粒哲学以这种方式拒绝用亚里士多德哲学中的形式和性质(实体以特定方式表现的固有倾向)来解释物理现象。它也试图把所有可感性质从物体自身中清除;和颜色、味道等可感性质一样,亚里士多德哲学中的冷热干湿均作为事物的真实性质而被消除。在机械论哲学家看来,一切事物,无论是地上的还是天上的,无论是自然运动还是受迫运动,都必须通过其各个组分的大小、形状和运动来解释,就像解释机器的表现一样。正如笛卡儿对这一纲领的总结:

> 有些人处理机器很有经验,对于功能已知的机器,这样的人只须看看它的某些部分,就很容易猜出其他那些看不到的部分是如何设计的。同样,我也曾试图

---

[70] 在当时的人看来,这两个词实际上是同义的。《牛津英语词典》(*Oxford English Dictionary*,参看"mechanical"词条)引用了约翰·哈里斯(John Harris)的《技艺词典》(*Lexicon Technicum*,1704)对这个问题的看法:"机械论哲学与微粒哲学相同,都是力图通过力学原理来揭示自然现象。"玻意耳在其《论微粒哲学或机械论哲学的优点和根据》(*Of the Excellency and Grounds of the Corpuscular or Mechanical Philosophy*,1674)中似乎将两者相等同。称之为"微粒的",强调的是物体的明显属性需要通过更小的部分来解释;称之为"机械论的",则是强调解释原理大体上是机械的。强调机械论哲学的17世纪科学史,参看E. J. Dijksterhuis,《世界图景的机械化》(*The Mechanization of the World Picture*, Oxford: Oxford University Press, 1961),C. Dikshoorn译;Richard S. Westfall,《近代科学的构建:机械论和力学》(*The Construction of Modern Science: Mechanisms and Mechanics*, New York: John Wiley, 1971);以及Marie Boas Hall,《机械论哲学的建立》(The Establishment of the Mechanical Philosophy),《奥西里斯》(*Osiris*),10(1952),第412页~第541页。

[71] Robert Boyle,14卷本《罗伯特·玻意耳著作集》(*The Works of Robert Boyle*, London: Pickering and Chatto, 1999 - 2000),Michael Hunter和Edward B. Davis编,第5卷,第302页。

[72] Boyle,《罗伯特·玻意耳著作集》,第5卷,第305页~第307页。

思考自然物的看得见的结果和部分,探究产生它们的觉察不到的原因和微粒。[73]

就这样,对于化学论哲学和文艺复兴时期的自然论起核心作用的大宇宙和小宇宙的形象化的比喻勉强进入了机械论。和化学家以及文艺复兴时期的自然主义者一样,对于机械论哲学家来说,在一个层次发生的事情与在所有其他层次发生的事情相互反映。

自然的机械论基础的另一个重要特征是自然定律。现代早期之前很久,由上帝颁布的规范人类行为的道德律意义上的自然法观念就已确立;它似乎是通常政治意义上的法律观念的直接拓展。[74] 但认为有一般规律支配着无知觉、无生命的自然,存在着可作数学表述的规律性支配着所有物体,这种观念却是17世纪机械论哲学的全新特征;不仅整个宇宙中存在着同一种物质,而且还有一套规律支配着这种物质。笛卡儿或许不是拥有这种观念的第一人,但却首先使之出现在印刷物中,出现在一种自觉的和基础的语境中。在《哲学原理》中,笛卡儿宣布了"自然的某些规则或定律,它们是特殊物体所做的各种运动的次级的特殊原因(secondary and particular causes)"。[75] 这里所说的自然定律是支配物体运动的三条定律,其中两条定律支配运动的持续,另一条支配碰撞。虽然他的定律引发了很大争论,而且惠更斯、莱布尼茨、牛顿等人后来还提出了替代方案,但认为世界由精确的数学定律所支配的观念却似乎成了物理科学的机械论基础的一个核心部分。[76]

45

伽利略·伽利莱(1564～1642)(连同其意大利追随者)一般被视为17世纪早期机械论纲领的奠基人之一。[77] 在北欧,伊萨克·贝克曼(1588～1637)于17世纪10

---

[73] René Descartes,《哲学原理》(*Principia philosophiae*, Amsterdam: Ludovicus Elzevirius, 1644),4.203。对这种观点的某些认识论含义的讨论,见 Larry Laudan,《钟表隐喻和假说:笛卡儿对英国方法论思想的影响(1650～1670)》(The Clock Metaphor and Hypotheses: The Impact of Descartes on English Methodological Thought, 1650 - 1670),载于他的《科学与假说》(*Science and Hypothesis*, Dordrecht: Reidel, 1981),第27页～第58页。

[74] 关于17世纪的自然律理论,参看 Knud Haakonssen,《伦理学中的神律/自然律理论》(Divine/Natural Law Theories in Ethics),载于 Garber 和 Ayers 编,《剑桥17世纪哲学史》,第2卷,第1317页～第1357页。

[75] Descartes,《哲学原理》,2.37。笛卡儿的定律最初见于他的《光论》(*Traité de la lumière*,1633)第7章,这部著作直到1664年才发表,那时自然律观念已经牢固确立。伽利略已经提出了运动定律(它是所谓惯性定律的一个版本)和自由落体定律,参看《关于两大世界体系的对话》(*Dialogo sopra i due massimi sistemi del mondo*, 1632),载于 A. Favaro 编,《伽利略作品集》(*Opere di Galileo Galilei*, Florence: Barbèra, 1890 - 1910),第7卷,第44页～第53页,第173页～第175页,译文在《关于两大世界体系的对话——托勒密和哥白尼》(*Dialogue Concerning the Two Chief World Systems—Ptolemaic and Copernican*, Berkeley: University of California Press, 1967),Stillman Drake 译,第20页～第28页,第147页～第149页;以及《关于两门新科学的谈话和数学证明》(*Discorsi e dimostrazioni matematiche intorno a due nuove scienze*, Leiden, 1638),载于《伽利略作品集》,第8卷,第209页～第210页,第243页,Stillman Drake 翻译并加了序言和注释,载于《两门新科学:包括引力中心和撞击力》(*Two New Sciences: Including Centers of Gravity & Force of Percussion*, Madison: University of Wisconsin Press, 1974),第166页～第167页,第196页～第197页。但除了解释时遇到的问题,特别是如何解释所谓的惯性定律,伽利略从未把它们称为"定律";他认为,它们所具有的规律性特征如同引力中心附近的重物落向引力中心的那种规律性。弗兰西斯·培根认为,特殊性质(如热、光和重量)的形式构成了定律,因为只要形式或本性存在,性质就会存在。参看 Bacon,《新工具》(*Novum Organum*),1.17。但这似乎是定律的一种非常不同的含义。

[76] 关于17世纪自然律观念的一般讨论,参看 J. R. Milton,《自然律》(Laws of Nature),载于 Garber 和 Ayers 编,《剑桥17世纪哲学史》,第1卷,第680页～第701页。

[77] 关于伽利略的文献浩如烟海,他的主要贡献广为人知。关于这个问题与伽利略有关的一些方面,参看 Peter Machamer,《伽利略的机械、数学和实验》(Galileo's Machines, His Mathematics, and His Experiments),载于 Peter Machamer 编,《剑桥伽利略指南》(*The Cambridge Companion to Galileo*, Cambridge: Cambridge University Press, 1998),第53页～第79页。

年代提出了一种原子论的机械论纲领,他是荷兰的一位巡游教师,笛卡儿、梅森、伽桑狄等当时的许多思想家都很熟悉他。[78] 到了17世纪20年代末,这一纲领进入了法国,被梅森、伽桑狄、吉勒·佩索纳·德·罗贝瓦尔(1602～1675)以及来自英格兰的托马斯·霍布斯(1588～1679)和凯内尔姆·迪格比(1603～1665)所推行。[79] 17世纪20年代末,笛卡儿把他的版本带到了荷兰。[80] 尽管他在那里并非没有争议,但他在荷兰有许多追随者,包括一些大学中的人。[81] 这一纲领甚至在德国也取得了一定的成功,虽然德国在思想上比西欧更为保守。[82] 英格兰有一种原子论传统可以追溯到17世纪初,但是随着笛卡儿主义和伽桑狄主义的观念在17世纪中叶被引入进来,它又被赋予了新的生命。[83] 到了六七十年代,机械论自然观几乎已经遍及整个欧洲,似乎已经主导了思想界。总的说来,机械论哲学在大学以外蓬勃发展,首先是在沙龙和私人学院,如巴黎的梅森学院(Mersenne's academy)和随后的蒙莫尔学院(Montmort academy),然后是在英国皇家学会和巴黎皇家科学院等机构。[84] 但这种哲学在荷兰、

[78] 贝克曼的笔记本包括了他与笛卡儿的谈话记录,例如,参看 Cornelis de Waard 编,4卷本《伊萨克·贝克曼日记(1604～1634)》(*Journal tenu par Isaac Beeckman de 1604 à 1634*, The Hague: Martinus Nijhoff, 1939 - 53)。其生平和思想参看 Klaas van Berkel,《伊萨克·贝克曼(1588～1637)与世界观的机械化》(*Isaac Beeckman [1588 - 1637] en de Mechanisering van het Wereldbeeld*, Amsterdam: Rodopi, 1983),有英文摘要。

[79] 关于梅森,参看 Robert Lenoble,《梅森或机械论的诞生》(*Mersenne ou La naissance du mecanisme*, Paris: J. Vrin, 1971)。关于伽桑狄思想在欧洲的传播,参看 Sylvia Murr 编,《伽桑狄和欧洲》(*Gassendi et l'Europe*, Paris: J. Vrin, 1997),第二部分。关于霍布斯,参看 F. Brandt,《霍布斯的机械论自然观》(*Hobbes's Mechanical Conception of Nature*, Copenhagen: Levin and Munksgaard, 1928)。

[80] 关于笛卡儿思想的传播,最佳的一般文献仍然是 Francisque Bouillier,2卷本《笛卡儿哲学史》(*Histoire de la philosophie cartésienne*, Paris: Delagrave, 1868),第3版。关于笛卡儿思想在意大利的接受过程,参看 Giulia Belgioioso,《那不勒斯文化和笛卡儿主义》(*Cultura a Napoli e cartesianesimo*, Galatina: Congedo editore, 1992)。

[81] 参看 Theo Verbeek,《笛卡儿与荷兰人:对笛卡儿主义的早期回应(1637～1650)》(*Descartes and the Dutch: Early Reactions to Cartesian Philosophy (1637 - 1650)* [Journal of the History of Philosophy Monograph Series], Carbondale: Southern Illinois University Press, 1992)。

[82] 参看 Francesco Trevisani,《笛卡儿在德国:杜伊斯堡的哲学系和医学系对笛卡儿主义的接受(1652～1703)》(*Descartes in Germania: La ricezione del cartesianesimo nella facoltà filosofica e medica di Duisberg* (1652 - 1703), Milan: Franco Angeli, 1992);以及 Christia Mercer,《莱布尼茨形而上学的起源和发展》(*Leibniz's Metaphysics: Its Origins and Development*, Cambridge: Cambridge University Press, 2001)。

[83] 关于英格兰的原子论,见 Robert H. Kargon,《从哈里奥特到牛顿的英格兰原子论》(*Atomism in England from Hariot to Newton*, Oxford: Oxford University Press, 1966)。关于英格兰的笛卡儿主义,参看 Alan Gabbey,《胜利的笛卡儿哲学:亨利·摩尔(1646～1671)》(Philosophia Cartesiana Triumphata: Henry More [1646 - 1671]),载于 T. M. Lennon、J. M. Nicholas 和 J. W. Davis 编,《笛卡儿主义的问题》(*Problems of Cartesianism*, Kingston and Montreal: McGill-Queens University Press, 1982),第171页～第249页。

[84] 关于英国皇家学会,例如,参看 Michael Hunter,《建立新科学:早期皇家学会的经验》(*Establishing the New Science: The Experience of the Early Royal Society*, Woodbridge: Boydell Press, 1989)。关于梅森的社交圈、蒙莫尔学院和巴黎皇家科学院,参看 Harcourt Brown,《17世纪法国的科学组织(1620～1680)》(*Scientific Organizations in Seventeenth-Century France [1620 - 1680]*, Baltimore: Williams and Wilkins, 1934);Frances A. Yates,《16世纪的法国学院》(*The French Academies of the Sixteenth Century*, London: Routledge, 1988; orig. publ. 1947),第12章;Roger Hahn,《对一所科学机构的剖析:巴黎科学院(1666～1803)》(*The Anatomy of a Scientific Institution: The Paris Academy of Sciences, 1666 - 1803*, Berkeley: University of California Press, 1971);Alice Stroup,《科学家团队:17世纪巴黎皇家科学院的植物学研究、资助与社团》(*A Company of Scientists: Botany, Patronage, and Community at the Seventeenth-Century Parisian Royal Academy of Sciences*, Berkeley: University of California Press, 1990)。关于巴黎的笛卡儿主义沙龙,参看 Erica Harth,《笛卡儿学说的女性信徒》(*Cartesian Women*, Ithaca, N. Y.: Cornell University Press, 1992)。

法国甚至德国的一些教育机构也获得了某种成功。[85]

玻意耳在引入机械论哲学的一般原理时，明确将不同派别的分歧搁置起来，声称是"为一般微粒论者，而不是为他们之中的某一派"而写。[86] 但是，我们可以在自称的或被同时代人称为机械论哲学家的人那里看到，在那个碰撞微粒的世界背后存在着各种不同的世界观。在接下来的几节，我将讨论机械论哲学的一些重要变种。 47

机械论哲学：物质理论

物理学基础的一个重要方面是如何理解最终构成物理世界的物质的本性。在机械论哲学中，关于物质本性的一条重要思想线索是古代原子论的复兴。[87] 当我们考察17世纪初的原子论时，不要忘了有各种不同的原子论同时存在，而并非所有都符合机械论或微粒哲学。例如，有一些化学家和亚里士多德主义自然哲学家认为，元素可以被分成最小的部分，如果进一步分下去，这些最小部分就将失去其作为元素的状态。由于这些最小部分拥有不同的本质，可以相互区别，所以这种最小自然单元（minima naturalia）的观点无法满足玻意耳对机械论哲学的定义。[88] 但更有影响的则是伊壁鸠鲁和卢克莱修原子论的复兴。一些人参与了这种复兴，如塞巴斯蒂安·巴索（约1560～约1621）、尼古拉斯·希尔（约1570～约1610）、戴维·范·霍尔（1591～1612）等人，而关键人物是皮埃尔·伽桑狄。伽桑狄的计划不只是自然哲学，其目标是 48

---

[85] 参看 Verbeek，《笛卡儿与荷兰人：对笛卡儿主义的早期回应（1637～1650）》；Trevisani，《笛卡儿在德国：杜伊斯堡的哲学系和医学系对笛卡儿主义的接受（1652～1703）》；Mercer，《莱布尼茨形而上学的起源和发展》；以及 Laurence Brockliss，《法国全日制学院中的原子和真空（1640～1730）》（Les atomes et le vide dans les collèges de plein-exercice en France de 1640 - 1730），载于 Sylvia Murr 编，《伽桑狄和欧洲》（*Gassendi et l'Europe*, Paris: J. Vrin, 1997），第175页～第187页。在这种关联中，年老的亚里士多德主义者与年轻的笛卡儿主义者关于昂热大学学院的争论很有意思。关于这一点，参看 Roger Ariew，《笛卡儿主义者、伽桑狄主义者和审查制度》（Cartesians, Gassendists, and Censorship），即他的《笛卡儿与晚期经院学者》第9章。笛卡儿主义似乎稍晚一些才进入意大利。关于这一点，参看 Belgioioso，《那不勒斯文化和笛卡儿主义》；以及 Claudio Manzoni，《意大利的笛卡儿主义者（1660～1760）》（*I cartesiani italiani [1660 - 1760]*, Udina: La Nuova Base, 1984）。

[86] Boyle，《罗伯特·玻意耳著作集》，第3卷，第7页。

[87] 关于原子论的一般历史，参看至今仍为经典的 Kurd Lasswitz，2卷本《从中世纪到牛顿的原子论史》（*Geschichte der Atomistik vom Mittelalter bis Newton*, Hamburg: L. Voss, 1890）；Andrew Pyle，《从德谟克利特到牛顿的原子论及其批评》（*Atomism and Its Critics from Democritus to Newton*, Bristol: Thoemmes Press, 1997）；以及 Antonio Clericuzio，《元素、本原和微粒：17世纪原子论和化学研究》（*Elements, Principles, and Corpuscles: A Study of Atomism and Chemistry in the Seventeenth Century*, Dordrecht: Kluwer, 2000）。卡尔贡的《从哈里奥特到牛顿的英格兰原子论》是一部关于17世纪英格兰原子论的优秀历史。关于17世纪初的各种原子论，参看 Lynn Sumida Joy，《原子论者伽桑狄》（*Gassendi the Atomist*, Cambridge: Cambridge University Press, 1987），第5章。关于伊壁鸠鲁主义的复兴，参看 Howard Jones，《伊壁鸠鲁主义传统》（*The Epicurean Tradition*, London: Routledge, 1989）。关于对微粒论更一般的论述，参看 Norma Emerton，《对形式的重新科学阐释》（*The Scientific Reinterpretation of Form*, Ithaca, N. Y.: Cornell University Press, 1984），第3章～第4章。

[88] 关于这一学说，参看 Pierre Duhem，10卷本《宇宙体系》（*Système du monde*, Paris: Hermann, 1958），第7卷，第42页～第54页；Emerton，《对形式的重新科学阐释》，第3章～第4章；Newman，《地狱之火：乔治·斯塔基的生平》，第24页及其后；Roger Ariew，《笛卡儿、巴索和托莱图斯：三种微粒论者》（Descartes, Basso, and Toletus: Three Kinds of Corpuscularians），即他的《笛卡儿与晚期经院学者》第6章。这种观点可见于伪贾比尔（参看 Newman 的《地狱之火：乔治·斯塔基的生平》第94页及其后）、尤利乌斯·凯撒·斯卡利杰尔（Julius Caesar Scaliger）和约翰内斯·巴普蒂丝塔·范·赫耳蒙特（Johannes Baptista Van Helmont）等许多人的著作。

要恢复整个伊壁鸠鲁哲学，并提出一种可被基督徒接受的净化版本。[89] 在伽桑狄看来，就像在伊壁鸠鲁看来一样，世界由原子和虚空这两种本原所构成。原子被视为物质的最小部分，除了大小、形状和重量，别无其他。虽然大小有限，从而有实体部分，但原子被认为是不可分的。这样，它们便构成了分析任何物体的最小层次。不仅如此，物体所有的明显属性都可以通过这些原子的大小、形状和运动来解释。[90]

笛卡儿提出了物质世界的另一种机械论基础。对笛卡儿的思想而言，明确物理学的形而上学基础是必需的。其形而上学的核心内容之一便是他所说的物体的本质以及物体与心灵的区分。在笛卡儿看来，物体是这样一种实体，其本质是且仅是广延。笛卡儿这样说是为了排除除大小、形状和运动以外的物体的所有属性；在这个意义上可以说，对笛卡儿而言，物体或物质实体是具体化的几何对象。

由于物体是现实化的几何对象，所以它们是无限可分的，不存在最小的物质部分。正如任何有限的线都可以分成更小的部分，任何有限的物体也可以分成更小的部分。（虽然霍布斯在许多方面都不同于笛卡儿，但他们都认为，物质是无限可分的，不存在最小的粒子。）此外，就其是且仅是有广延的东西而言，笛卡儿的物体并没有下落或者做别的事情的固有倾向。对笛卡儿而言，重力必须通过重物与其周围以太中的粒子的相互作用来解释；它不可能是物体的一种基本的内在属性，这不同于亚里士多德主义者以及未来的牛顿主义者的看法。[91]

49

笛卡儿和伽桑狄代表着 17 世纪物质理论的两个主要极端。[92] 完全有理由相信，

---

[89] 伊壁鸠鲁面临着任何试图进入基督教思想界的异教学者都会碰到的正常障碍，而且还远不止于此。除了那种建立在快乐基础之上的伦理学的污名，伊壁鸠鲁还尽其所能把物理世界非神秘化，把同时代人归于诸神的一切都给予系统的自然主义解释。伊壁鸠鲁还主张，诸神由原子构成，生活在远离人的地方，不关心人的事务。关于伊壁鸠鲁的基督教思想，参看 Margaret J. Osler，《为伊壁鸠鲁的原子论施洗：皮埃尔·伽桑狄论灵魂不朽》（Baptizing Epicurean Atomism: Pierre Gassendi on the Immortality of the Soul），载于 M. J. Osler 和 P. L. Farber 编，《宗教、科学和世界观》（*Religion, Science, and Worldview*, Cambridge: Cambridge University Press, 1985），第 163 页～第 183 页。应当指出，关于伽桑狄是真正的信仰者，还是自由思想者甚或无神论者，学者们有不同意见。对伽桑狄是自由思想者的观点的经典表述可见于 René Pintard，《17 世纪上半叶自由思想学者》（*Le libertinage érudit dans la première moitié du XVIIe siècle*, Paris: Boivin, 1943; Geneva: Slatkine Reprints, 1983）。对此的回答可参看 Paul O. Kristeller，《文艺复兴时期的无神论神话和法国自由思想传统》（The Myth of Renaissance Atheism and the French Tradition of Free Thought），《哲学史杂志》（*Journal of the History of Philosophy*），6（1968），第 233 页～第 244 页。

[90] 伽桑狄的原子论在他的遗著中有相当详细的论述，《哲学论稿》（*Syntagma philosophicum*, 1658），载于 Gassendi，6 卷本《全集》（*Opera omnia*, Lyon: Laurentius Anisson and Ioan. Baptista Devenet, 1658）第 1 卷，第 256A 页及其后。另见 Bernard Rochot，《伽桑狄关于伊壁鸠鲁和原子论的著作（1619 ～ 1658）》（*Les travaux de Gassendi sur Epicure et sur l'atomisme, 1619 - 1658*, Paris: J. Vrin, 1944）。

[91] 笛卡儿的物理学可见于写于 1630 ～ 1633 年但直到 1664 年才发表的《论世界》（*Le monde*, Paris: Theodore Griard, 1664）以及《哲学原理》（*Principia philosophiae*）的第二部分。关于对笛卡儿物理学及其形而上学基础的讨论，参看 Daniel Garber，《笛卡儿的形而上学物理学》（*Descartes' Metaphysical Physics*, Chicago: University of Chicago Press, 1992）。关于这两个问题在笛卡儿和经院学者那里的关系，参看 Dennis Des Chene，《自然哲学：晚期亚里士多德主义和笛卡儿思想中的自然哲学》（*Physiologia: Natural Philosophy in Late Aristotelian and Cartesian Thought*, Ithaca, N. Y.: Cornell University Press, 1996）。关于 17 世纪末的人物那里的笛卡儿物理学，参看 Paul Mouy，《笛卡儿物理学的发展（1646 ～ 1712）》（*Le développement de la physique cartésienne, 1646 - 1712*, Paris: J. Vrin, 1934）。关于笛卡儿与原子论的关系，参看 Sophie Roux，《原子论者笛卡儿？》（Descartes Atomiste?），载于 Egidio Festa 和 Romano Gatto 编，《原子论及其在 17 世纪的持续》（*Atomismo e continuo nel XVII secolo*, Naples: Vivarium, 2000），第 211 页～第 273 页。

[92] 关于 17 世纪后期的笛卡儿主义与伽桑狄主义之间的关系，参看 Thomas M. Lennon，《诸神与巨人的战斗：笛卡儿和伽桑狄的遗产（1655 ～ 1715）》（*The Battle of the Gods and Giants: The Legacies of Descartes and Gassendi, 1655 - 1715*, Princeton, N. J.: Princeton University Press, 1993）。

当玻意耳选择搁置不同微粒论派别之间的分歧时，所想到的正是这两种立场。虽然他们在物体的分解是否有最终的层次，或者无论多么小的物体是否都可以分成更小的部分这些问题上可能有分歧，但他们都拒绝接受亚里士多德的形式和质料，主张物体的明显性质必须通过其大小、形状和运动来解释。但是，除这些立场外，还有其他一些可选择的方案。

虽然物质理论在伽利略思想中不占核心地位，但他似乎的确赞同一种微粒论。在《试金者》(*Il Saggiatore*,1623)的一段名言中，他断言："外界物体只需要有大小、形状、数量、或快或慢的运动，就可以引发我们的味觉、嗅觉和听觉。我认为，即使把耳朵、舌头和鼻子移去，形状、数量和运动也将保持，但嗅觉、味觉和听觉却并非如此。"[93]

然而必须指出，伽利略那里的最终粒子似乎并非玻意耳所设想的小但却有限的微粒，而是"无穷多个无法量化的原子"，这暗示了一种无穷小观念，尽管这种观念并未得到详细阐述。[94] 与无穷小粒子相协调的是无穷小真空。伽利略认为，物体之所以能够保持坚实，是由散布在物体之间的这些微小的真空以及"自然厌恶真空的存在"共同造成的。[95] 伽利略当然知道亚里士多德反对虚空的论证，亚里士多德说，运动物体在真空中的速度似乎将是无限大，但伽利略认为这些论证可以得到回答。[96]

莱布尼茨的工作是把物体和物质的观念与机械论哲学联系起来的一种有趣尝试。莱布尼茨很早就对机械论哲学着迷。不过，他的机械论带有批判性。[97] 他发现笛卡儿和原子论者关于物体的机械论观念都有一些问题。他反对笛卡儿所说的物体本质是广延这一观念，认为广延本身无法单独存在，而是一种相对的概念，预设了某种有广延的性质。正如不可能有没有孩子的父亲，也不可能有单纯的广延而没有某种有广延的性质。[98] 莱布尼茨还主张，由于笛卡儿的物体是可分的，事实上是无限可分的，所以它

50

[93] Galileo Galilei,《试金者》(*Il Saggiatore*, Rome: Giacomo Mascardi, 1623),载于《伽利略作品集》,第6卷,第350页,译文在 Drake 的《伽利略的发现和观点》,第276页～第277页。关于伽利略的原子论,参看 William R. Shea,《伽利略的原子论假设》(Galileo's Atomic Hypothesis),《炼金术史和化学史学会期刊》(*Ambix*),17(1970),第13页～第27页;A. Mark Smith,《伽利略的不可分量理论:革命抑或妥协》(Galileo's Theory of Indivisibles: Revolution or Compromise),《思想史杂志》,27(1976),第571页～第588页;以及 Giancarlo Nonnoi,《伽利略:何为原子论?》(Galileo Galilei: quale atomismo?),载于 Egidio Festa 和 Romano Gatto 编,《原子论及其在17世纪的持续》,第109页～第149页。

[94] Galileo Galilei,《关于两门新科学的谈话和数学证明》,载于《伽利略作品集》,第8卷,第71页～第72页,译文载于 Drake,《两门新科学:包括引力中心和撞击力》,第33页。

[95] Galileo,《关于两门新科学的谈话和数学证明》,载于《伽利略作品集》,第8卷,第59页,译文载于 Drake,《两门新科学:包括引力中心和撞击力》,第19页。

[96] Galileo,《关于两门新科学的谈话和数学证明》,载于《伽利略作品集》,第8卷,第105页～第106页,译文载于 Drake,《两门新科学:包括引力中心和撞击力》,第65页。

[97] 例如参看莱布尼茨1714年1月10日致尼古拉斯·雷蒙(Nicholas Remond)的信中就他与机械论的关系所作的思想自述,载于 Gottfried Wilhelm Leibniz,7卷本《莱布尼茨哲学著作集》(*Die philosophischen Schriften*, Berlin: Weidmannsche Buchhandlung, 1875 - 90),C. I. Gerhardt 编,第3卷,第606页～第607页,译文参看 Leibniz,《莱布尼茨的哲学文稿》(*Philosophical Papers and Letters*, Dordrecht: Reidel, 1969),L. E. Loemker 编译,第654页～第655页。

[98] 这一论证见于1702年的一篇文章,载于 Gottfried Wilhelm Leibniz,7卷本《莱布尼茨数学著作集》(*Mathematische Schriften*, Berlin and Halle: A. Asher et comp. and H. W. Schmidt, 1849 - 63),C. I. Gerhardt 编,第6卷,第99页～第100页,译文在 Gottfried Wilhelm Leibniz,《莱布尼茨哲学文集》(*Leibniz: Philosophical Essays*, Indianapolis: Hackett, 1989),Roger Ariew 和 Daniel Garber 编译,第251页。

们缺乏成为实体所需的那种真正的统一性。[99] 莱布尼茨也提出了一些论证来反对原子论者。假如有一些物质部分是不可分的,那么它们就必须无限坚硬,因为所有弹性都源自可以相互运动的更小的部分。但如果原子是无限坚硬的,那么在碰撞中,它们的速度将会瞬间变化,这违反了莱布尼茨的连续律,即自然不作跳跃。他还认为,原子是不可能的,因为没有任何理由保证上帝会把一块物质的可分性终止在这里而不是那里,这违反了他著名的充足理由律。[100]

虽然莱布尼茨批判了当时流行的对物体的机械论解释,但他始终认为,在某种意义上,一切事物都可以通过大小、形状和运动来解释。不过他主张,在机械论哲学的广延物背后,必须有某种更加实在的东西,他称之为个体实体;在这个意义上,他的立场被视为一种实体原子论。有时这些个体被认为建立在笛卡儿生命体模型的基础之上,即有灵魂的有形实体,灵魂被赋予物体,使之既有主动性又能真正统一起来。但更常见的情况是,特别是在后期著作中,莱布尼茨诉诸他的单子。以笛卡儿所说的灵魂(即无形实体)为模型,单子具有真正的主动性,是真正的个体。日常经验的物体只是这些实体的混乱显现;物体及其遵从的定律最终都基于这个由真正实体所组成的世界。在莱布尼茨看来,真正实在的是这些实体。构成机械论基础的并非纯粹的物质,它或者是包含了非物质灵魂的有形实体,或者是单子这种非物质实体。

51

机械论的微粒论往往自称取代了亚里士多德的物体观念。但这并非总是事实。如前所述,有一种原子论和微粒论的传统远离了伊壁鸠鲁和机械论的传统,而与亚里士多德的物体观念相当一致,即"最小自然单元"的观点。根据这种观点,本性相异的元素被分成了本性相异的最小部分。此外,还有不少人试图把成熟的机械论哲学与亚里士多德哲学协调起来,而在许多机械论者看来,机械论哲学本是为了取代亚里士多德哲学。迪格比的流传甚广的《两部论著》(*Two Treatises*, 1644)是根据机械论观点撰写的早期著作之一,它表达了对亚里士多德观点的崇高敬意,并试图表明它与迪格比本人的体系是一致的。到了17世纪下半叶,随着机械论纲领的迅猛发展,许多带有以下标题的书籍涌现出来,比如让-巴蒂斯·迪阿梅尔的《论新旧哲学的一致》(*De consensu veteris et novae philosophiae*, Paris, 1663),雅克·迪鲁尔的《根据新旧哲学家特别是笛卡儿观点解释的物理学》(*La physique expliquée suivant le sentiment des ancients et nouveaux philosophes; & principalement Descartes*, Paris, 1653),约翰内斯·德拉伊的《自然哲学之钥;或亚里士多德-笛卡儿对自然的沉思导论》(*Clavis philosophiae naturalis sive Introductio ad contemplationem naturae aristotelico-cartesiana*, Leiden, 1654),勒内·勒

[99] 例如,参看1686年4月30日莱布尼茨写给阿尔诺的信,载于Leibniz,《莱布尼茨哲学著作集》,第2卷,第96页,译文在Ariew和Garber编译,《莱布尼茨哲学文集》,第85页。关于反对笛卡儿物体观念的种种论证,参看Daniel Garber,《莱布尼茨和物理学的基础》(Leibniz and the Foundations of Physics: The Middle Years),载于K. Okruhlik和J. R. Brown编,《莱布尼茨的自然哲学》(*The Natural Philosophy of Leibniz*, Dordrecht: Reidel, 1985),第27页～第130页。

[100] 关于莱布尼茨反对原子论的论证,参看Garber,《莱布尼茨:物理学与哲学》,第321页～第325页。

博叙的《亚里士多德与笛卡儿物理学原理的平行》(*Parallèle des principes de la physique d'Aristote & celle de René Des Cartes*, Paris, 1674)。在这些作品中,有些只是将新哲学与旧哲学进行了对比,但在许多情况下,作者都试图让经院学者所说的质料和形式与现代人所说的大小、形状和运动保持一致。[101] 留存下来的莱布尼茨早期作品之一是他1669年4月20或30日写给他的老师雅各布·托马修斯(1622～1684)的一封信(这封信一年后几乎原封不动地发表),信中列举了这种观点最重要的一些支持者,并且概述了他本人如何调和亚里士多德的学说和机械论哲学。[102] 那时的思想还比较幼稚;他认为,亚里士多德的质料、形式、变化等概念可以用机械论术语来解释,这正是亚里士多德本人的理解,这与莱布尼茨成熟作品中更为复杂的调和相去甚远。但在某种实际的意义上,尽管有细节变化,莱布尼茨几乎终生都希望把机械论物理学建立在亚里士多德学说的基础之上。遵循着亚里士多德的做法,莱布尼茨经常用质料和形式来刻画他的实体,无论是有形实体还是单子或简单实体。我将更详细地讨论这一点。就这样,他声称调和了新的机械论哲学与旧的经院亚里士多德哲学。正如莱布尼茨在《谈谈形而上学》(*Discours de métaphysique*,1686)中所说:"被称为经院学者的神学家和哲学家的思想并非完全可鄙。"[103]

52

机械论哲学:空间、真空和运动

在基础问题中,有关空间、位置和真空的问题对于经院亚里士多德哲学至关重要,一些反对亚里士多德学说的人曾经对此作过广泛讨论。但是,许多机械论者重新引入原子论,却引发了对这些问题新的兴趣,一些新的立场值得考察。

如前所述,对亚里士多德而言,空的空间是不可能的:所有空间都充满了物体,不可能有其他情况。虽然笛卡儿在许多方面都拒斥亚里士多德的看法,但在这个问题上,他们的看法却很一致。在笛卡儿和亚里士多德看来,空间并不是某种超出物体的东西。由于物体的本质是广延,而每一种属性(比如广延)都需要有某种东西来例证那种属性,所以任何有广延的东西必定是物体。在笛卡儿看来,空间只是谈论广延物及其相互关系的一种抽象方式,真空观念本身在概念上就不可能。因此对笛卡儿来说,

---

[101] 关于17世纪思想中的这一主题,参看 Christia Mercer,《现代早期亚里士多德主义的活力和重要性》(The Vitality and Importance of Early Modern Aristotelianism),载于 Tom Sorell 编,《现代哲学的兴起》(*The Rise of Modern Philosophy*, Oxford: Oxford University Press, 1993);以及 Mercer,《莱布尼茨形而上学的起源和发展》。

[102] 这封信可见于 Gottfried Wilhelm Leibniz,《莱布尼茨著作书信选》(*Sämtliche Schriften und Briefe*, ed. Deutsche [before 1945, Preussische] Akademie der Wissenschaften, Berlin: Akademie Verlag, 1923 -),2.1:15,译文在 Loemker 编译,《莱布尼茨的哲学文稿》,第93页～第103页。

[103] Gottfried Wilhelm Leibniz,《谈谈形而上学》(*Discours de métaphysique*)(写于1686年,莱布尼茨生前未出版),第11段,载于 Leibniz,《莱布尼茨著作书信选》,6.4:1529 - 1588。它们并非完全可鄙,但也没有完全被追随。在经院学者看来,形式是用来解释物体行为细节的:为什么有的物体下落,有的物体上升?为什么有热有冷?而莱布尼茨并不这样看。在他看来,物理学中的所有解释都是通过大小、形状和运动来进行的。引入质料和形式只是为了提供统一性以给出物体实在性的根据,提供力和主动性以给出一般运动定律的根据。于是,莱布尼茨认为,"相信实体形式不无根据,但这些形式并不改变任何现象,绝不能用它们来解释特殊结果",《谈谈形而上学》,第10段。

世界是充满的，空的空间不存在，也不可能存在。由于空间只是物体之间的关系，所以在笛卡儿那里，位置和运动都是通过物体之间的关系来定义的。运动乃是给定物体附近各个物体的情况改变。虽然两个物体彼此分离时，到底是给定物体还是它的邻近物在运动，这并无事实可言，但在笛卡儿看来，它们是否正在分离，却有事实可言。笛卡儿希望能以这种方式在运动与静止之间作出真正区分，并且拒不承认他的立场似乎明显包含着相对主义。[104]

充实论的（plenist）立场是后期笛卡儿学派的典型特征，它与物体无限可分的观点可以自然相配。假如世界充满着不空的空间，那么物体必定是无限可分的，这样才能防止较大的物体移动时形成空的空间。事实上，在一些情况下，物体必须实际无限划分，以保证没有真空。[105] 然而，笛卡儿关于运动本性的看法并没有被普遍遵循。克里斯蒂安·惠更斯（1629～1695）年轻时曾是笛卡儿的追随者，他建立了一种物理学，主张运动要相对于一个任意选择的静止点来理解。[106]

17世纪的原子论复兴者倾向于认为空间独立于物体，能够不包含物体而空无所有地存在。如前所述，伽利略拒不接受亚里士多德关于真空的禁令。在伽利略看来，物体的坚实性至少部分可以通过散布在物质之间的小真空来解释。[107] 和伊壁鸠鲁一样，伽桑狄主张有空的空间存在，因为如果没有真空，运动将是不可能的，无论是在大宇宙层次还是在小宇宙层次。虽然其他人反对亚里士多德的真空禁令，但伽桑狄却把论证推进了一步，主张空间是某种不能用亚里士多德的实体和偶性范畴来设想的东西。[108] 不过，也许正是伽桑狄对这种观点的拥护，才影响了洛克等后来的思想家。正如洛克在《人类理解论》（*Essay Concerning Human Understanding*，1690）中所说："如果问（如通常那样）这个空无一物的空间是实体还是偶性，我会立即回答，我不知道：我不会因为自己的无知而感到羞愧，除非提问者向我表明一种清晰而分明的实体观念。"[109]

洛克还坚决拒绝笛卡儿把空间等同于物体。[110] 因此，他不认为空的空间有什么问题。他说："无论人们对真空的存在性有什么看法，在我们看来，空间与坚实性迥异的

---

[104] 例如，这种立场可见于笛卡儿的《哲学原理》，2.1 - 35。关于对这些问题的更详细的讨论，参看Garber，《笛卡儿的形而上学物理学》，第5章～第6章。

[105] 参看Descartes，《哲学原理》，2.34 - 35。笛卡儿认为，在特定区域，无论多么小的物体，都可以找到更小的物体。由于想把"无限"一词只留给上帝，所以笛卡儿称之为无定限的（indefinite）可分性，而不是无限的（infinite）可分性。

[106] 运动的相对性是惠更斯推导碰撞定律的核心。凭借运动的相对性原理，笛卡儿的推导中不同的物理情形（《哲学原理》，2.40，46 - 52）被彼此等同起来，惠更斯得以提出远比笛卡儿优雅的定律。参看Christiaan Huygens，《论物体的运动和碰撞》（*De motu corporum ex percussione*，1659），载于Christiaan Huygens，22卷本《全集》（*Oeuvres complètes*，The Hague：Société Hollandaise des Sciences and Martinus Nijhoff，1888 - 1950），D. Bierans de Haan、J. Bosscha、D. J. Kortweg和J. A. Vollgraff编，第16卷，第30页～第168页，译文在Richard J. Blackwell译，《惠更斯的〈碰撞物体运动〉》（Christiaan Huygens's *The Motion of Colliding Bodies*），《爱西斯》，68（1977），第574页～第597页。此讨论还可参看Dijksterhuis，《世界图景的机械化》，第373页～第380页。

[107] 见Galileo，《关于两门新科学的谈话和数学证明》，载于《伽利略作品集》，第8卷，第71页～第72页，译文载于Drake译，《两门新科学：包括引力中心和撞击力》，第33页。

[108] Gassendi，《全集》，第1卷，第182A页。这里的观点让人想起了帕特里齐数年前持有的观点。关于帕特里齐的空间理论，参看Grant，《无事生非》，第204页～第205页。

[109] Locke，《人类理解论》，2.13.17。

[110] Locke，《人类理解论》，2.13.11 - 17，23 - 27。

观念,就像坚实性与运动迥异,或者运动与空间迥异的观念一样清晰。”[111]

与伽桑狄不同,洛克并没有说,空间绝对不可归于实体和偶性范畴,也没有断言空间是某种包含物体的东西,而不是物体之间的关系。不过,洛克明确拒绝笛卡儿把物体与空间等同起来,以及由此得到的不可能有真空的推论。

类似的观点可见于剑桥柏拉图主义者亨利·摩尔的著作。和之前的伽桑狄一样,摩尔也认为应当把空间看成一个容器,包含着一切自然物。但与伽桑狄和洛克不同,摩尔并不想通过拒斥实体和偶性范畴来顺应空间。摩尔同意笛卡儿的看法,即广延必定是某种东西的属性,但他不同意笛卡儿所说的,所有广延必定是物体。与笛卡儿不同,摩尔认为物体和灵魂都是有广延的,只不过一个可入,一个不可入。摩尔主张,适合被赋予空间无限广延的实体既不是有限的物体,也不是有限的精神,而是上帝本身。[112]

牛顿在《自然哲学的数学原理》(*Philosophiae naturalis principia mathematica*,1687)中的一种观点也许与摩尔的看法有关。在这部著作中,牛顿提出了一种绝对主义的空间观念,把它与一种相对主义的空间观念相对照:“绝对空间,就其本性而言,与一切外在事物无关,而且永远相似和不动。相对空间则是绝对空间的某个可以运动的范围或量度;我们的感官通过它相对于物体的位置来确定它。”[113]

55

绝对运动(而非相对运动)正是相对于这个不动的绝对空间框架而被度量的:绝对运动乃是相对于这个不动框架的运动。[114] 牛顿给出了若干标准,通过这些标准我们可以判断某个物体是否在运动,从绝对意义上说,包括他著名的水桶实验。[115] 和摩尔一样,牛顿似乎已经把空间等同于上帝本身。在《原理》第二版(1713)补充的总释中,牛顿写道:“他永远存在,而且无所不在;正是由于时时处处存在,他构成了时间和空

---

[111] Locke,《人类理解论》,2. 13. 26。

[112] 参看 Henry More,《无神论的解毒剂》(*An Antidote Against Atheism*, appendix),第 7 章,载于他的《亨利·摩尔博士哲学文集》(*A Collection of Several Philosophical Writings of Dr Henry More* . . . , London: Printed by James Flesher for W. Morden, 1662);以及 More,《形而上学指南》(*Enchiridion metaphysicum*, London: Printed by James Flesher for W. Morden, 1671),第 8 章。

[113] Isaac Newton,2 卷本《自然哲学的数学原理》(*Philosophiae naturalis principia mathematica*, Cambridge, Mass.: Harvard University Press, 1972),Alexandre Koyré 和 I. Bernard Cohen 编,第 1 卷,第 46 页,译文载于 Isaac Newton,2 卷本《自然哲学的数学原理》(*Mathematical Principles of Natural Philosophy*, Berkeley: University of California Press, 1934),Andrew Motte 译,Florian Cajori 修订,第 1 卷,第 6 页。

[114] 尽管牛顿在某种意义上同意笛卡儿对运动与静止的区分,但他对这一区分的理解是完全不同的。见牛顿对笛卡儿运动观念的批判,载于 Isaac Newton,《论重力》(*De gravitatione* . . . , published in *Unpublished Scientific Papers of Isaac Newton*, Cambridge: Cambridge University Press, 1962),A. R. Hall 和 M. B. Hall 编,第 89 页～第 156 页(拉丁文原文后有英文译文)。

[115] 在水桶实验中,牛顿设想一根拧起来的绳子吊着一个水桶,然后将绳子松开使桶旋转。水桶的运动将会渐渐传递给水,随着水爬上桶壁,水的表面将变得越来越凹。牛顿写道:“水的上升表明它正力图脱离转轴;这里我们可以看到水的直接与相对运动相反的真正绝对的圆周运动,并且可以通过这种努力来度量这种运动。”(Isaac Newton,《自然哲学的数学原理》,第 1 卷,第 51 页,译文载于 Newton,《自然哲学的数学原理》,Motte 译,第 1 卷,第 10 章。)关于牛顿以及绝对空间和绝对运动的问题的经典论文是 Howard Stein,《牛顿主义的空间 - 时间》(Newtonian Space-Time),《得克萨斯季刊》(*Texas Quarterly*),10(1967),第 174 页～第 200 页,重印版可参看 Robert Palter 编,《艾萨克·牛顿爵士的奇迹年(1666 ～ 1966)》(*The Annus Mirabilis of Sir Isaac Newton, 1666 - 1966*, Cambridge, Mass.: MIT Press, 1970)。

间。”[116]在另一处，牛顿又把空间当作上帝的感觉中枢（sensorium）：上帝“能够通过他的意志，在其无边而均一的感觉中枢内部使物体运动，从而形成和改变宇宙的各个部分，远比我们凭意志移动自己身体的各个部分容易得多”。[117]

莱布尼茨的立场介于笛卡儿主义者和伽桑狄主义者之间。例如，莱布尼茨反对像伽桑狄那样的伊壁鸠鲁派原子论者的空间观，主张一种相对的空间观念：

> 我认为空间是某种纯粹相对的东西……空间是一种共存的秩序，如同时间是一种相继的秩序一样。因为空间指同时存在的、被认为共存的事物的一种可能的秩序……空间只不过是……秩序或关系，如果没有物体它就什么也不是，只是放置物体的可能性罢了。[118]

虽然莱布尼茨否认空间可以独立于充满它的物体而存在，在这一点上与笛卡儿一致，但他不同意笛卡儿把物体等同于空间。不过，尽管空的空间在莱布尼茨看来是可以设想的，但智慧的上帝不会留下任何未被充满的空间。于是，莱布尼茨既赞同笛卡儿主义者的看法，即所有空间都充满了物体（以及所有物体都无限可分），也赞同伽桑狄主义者的看法，即真空是可能的。[119] 有趣的是，莱布尼茨虽然把空间看成是相对的，却没有把运动看成是相对的。莱布尼茨认为，在物理世界中，无论是何种情况，都可以把任何一点指定为不动，物理定律在这一框架下不会被违反。但他也认为，在力的形而上学层次，运动与静止之间存在着真实的区分，物体到底相对于什么在运动，是有事实可言的。在莱布尼茨看来，真实的运动涉及真实的力：运动中的物体都被赋予了他所谓的活力（质量乘速度的平方，mv^2）。[120]

56

绝对空间与相对空间的问题引发了莱布尼茨与牛顿派之间的一场著名的科学争论，一如莱布尼茨与英格兰牧师、牛顿的朋友塞缪尔·克拉克（1675～1729）之间的一系列通信所展示的。[121] 他们就种种议题作了许多论证，包括上帝在宇宙中扮演的角色，莱布尼茨对空间、时间和运动的相对性的看法等。要考虑的核心问题之一涉及莱

---

[116] Newton，《自然哲学的数学原理》，第2卷，第761页，译文载于 Newton，《自然哲学的数学原理》，Motte 译，第2卷，第545页。

[117] 疑问31，载于 Isaac Newton，《光学》（*Opticks; or, A Treatise of the Reflections, Refractions, Inflections & Colours of Light*, New York: Dover, 1952），第403页；另见疑问28，载于 Newton，《光学》，第370页。

[118] 莱布尼茨致克拉克的信，1716年2月25日，莱布尼茨的第三篇论文，第4段载于 G. W. Leibniz 和 Samuel Clarke，《莱布尼茨－克拉克通信集》（*Correspondance Leibniz-Clarke*, Paris: Presses Universitaires de France, 1957），André Robinet 编，第53页；G. W. Leibniz 和 Samuel Clarke，《莱布尼茨－克拉克通信集》（*The Leibniz-Clarke Correspondence*, Manchester: Manchester University Press, 1956），H. G. Alexander 编，第25页～第26页。

[119] 对莱布尼茨空间观念的更详细的解释，见 Garber，《莱布尼茨：物理学与哲学》，第301页及其后。

[120] 例如参看《谈谈形而上学》，第18段；以及莱布尼茨致惠更斯的信，1694年6月12/22日，载于 Leibniz，《莱布尼茨数学著作集》，第2卷，第184页，译文载于 Ariew 和 Garber 编译，《莱布尼茨哲学文集》，第308页。对莱布尼茨式的相对性的讨论，参看 Howard Stein，《广义相对论的哲学前史》（Some Philosophical Prehistory of General Relativity），载于 J. Earman、C. Glymour 和 J. Stachel 编，《空间－时间理论的基础》（*Foundations of Space-Time Theories*, [Minnesota Studies in the Philosophy of Science, 8], Minneapolis: University of Minnesota Press），第3页～第49页，尤其是第3页～第6页，有注释和附录；以及 Garber，《莱布尼茨：物理学与哲学》，第306页及其后。

[121] 对通信的详细讨论见 Ezio Vailati，《莱布尼茨和克拉克通信研究》（*Leibniz and Clarke: A Study of Their Correspondence*, Oxford: Oxford University Press, 1997）。牛顿显然在幕后扮演了某种角色，支持作为通信者的克拉克，但具体程度并不清楚。见 Vailati，《莱布尼茨和克拉克通信研究》，第4页～第5页及其中所引文献。

布尼茨所谓的充足理由律,即任何事物都必须有一个理由。莱布尼茨指出,如果像牛顿所主张的那样存在着绝对空间,那么我们就不得不作出一些不造成实际差异的区分。例如,设想把世界左移 12.7 厘米(5 英寸),或者把东西作系统反转,那么绝对主义者不得不认为,这些世界实际上是不同的。但倘若如此,上帝就没有理由选择这一个而不是另一个世界:既然世界在所有现象中都同样有序和不可区分,上帝创造其中任何一个都将违反充足理由律。在莱布尼茨看来,这充分说明应当接受这样一种空间理论,根据这种理论,这些世界并无真正不同。(当然,就这里的情况而言,这会导致,由于起始位置与最终位置并无差别,所以严格说来也没有运动。)但克拉克并不甘心。在克拉克看来,上帝可以随意做他想做的任何事情:上帝决定创造这个可能的宇宙,而不是其他可能的,甚至不可区分的宇宙,这就是他需要的全部理由。[122] 这些通信很好地表明了神学关切在何种程度上是关于物理世界本性的基本争论的核心。 57

空间的本性和真空的可能性问题是 17 世纪物理学最重要的基本问题之一。然而,虽然它很基本,但这个问题的某些方面却被认为可以做实验检验,特别是真空是否真实存在。1644 年,在佛罗伦萨工作的伽利略的学生埃万杰利斯塔·托里拆利(1608 ~ 1647)发现,将一端封闭的管子灌满水银置于水银槽中,如果管足够长,则管内水银将会下降,在顶部留下一段似乎空无所有的空间。[123] 这引发了激烈的争论和讨论。经典实验是布莱兹·帕斯卡(1623 ~ 1662)完成的(参看第 4 章)。实验有两组。帕斯卡在《关于真空的新实验》(*Expériences nouvelles touchant le vide*,1647)中报告了第一组实验。他用不同宽度、高度和形状的管做了这些实验。除水银外,他还使用了水和酒,试图表明水银柱上方的空间是绝对的真空,既未充满下方液体的蒸汽,也未充满液体中可能存在的或从管内孔洞渗入的空气。他认为,水银柱被有限程度的"对真空的惧怕"所支撑,这是亚里士多德科学中惧怕真空(horror vacui)观念的变种。在《关于流体平衡的大实验的解释》(*Récit de la grande expérience de l'équilibre des liqueurs*,1648)中,帕斯卡的看法有所改变。在那里,帕斯卡报告了著名的多姆山(Puy de Dôme)实验,在这个实验中,帕斯卡的姐夫弗洛兰·佩里耶把气压计带到法国奥弗涅(Auvergne)地区的多姆山山顶,将山顶的读数与在山脚下用类似仪器测得的读数相比较。事实是,水银柱的高度在山顶要低于山脚,在帕斯卡看来,这是因为大气的压力使水银柱保持在它所处的高度;升得越高,大气压力就越小,从而导致水银柱高度降低。帕斯卡还认为,自然并不厌恶真空,所有被归因于惧怕真空的现象都是由周围空气的 58

[122] 例如参看莱布尼茨致克拉克的信(莱布尼茨的第三篇论文),1716 年 2 月 25 日,第 5 段,以及克拉克的回信,克拉克致莱布尼茨的信(克拉克的第三次回信),1716 年 5 月 15 日,第 2 段、第 5 段。有趣的是,在与克拉克的通信中,莱布尼茨并没有提到牛顿用来区分绝对运动与相对运动的水桶实验。不过,他在别处谈了这个问题,并拒斥了它。参看莱布尼茨致惠更斯的信,1694 年 9 月 4/14 日,载于 Leibniz,《莱布尼茨数学著作集》,第 2 卷,第 199 页,译文载于《莱布尼茨哲学文集》,第 308 页～第 309 页。

[123] 对这一发现及其后果的经典论述仍然是 C. de Waard,《气压计实验》(*L'expérience barométrique: ses antécédents et ses explications*, Thouars [Deux-Sèvres]: Imprimerie Nouvelle, 1936)。

压力引起的。[124]

虽然帕斯卡宣称的结论并未被普遍接受,但他的实验引起了广泛讨论。当然,认为广延等同于物体的笛卡儿不可能接受帕斯卡关于真空存在的结论。虽然笛卡儿愿意承认帕斯卡所说的,是大气压力支撑着水银柱,但笛卡儿认为,柱顶看似空无所有的空间实际上充满了透过玻璃孔洞渗入的精细物质。[125] 艾蒂安·诺埃尔(1581～1659)在1647年秋天写给帕斯卡的信中更详细地阐述了这种立场。(诺埃尔是耶稣会士,可能是笛卡儿在拉弗莱什[La Flèche]的耶稣会学院的哲学老师。)诺埃尔认为,光能够穿过真空,这一事实表明,玻璃中必定存在着光粒子能够穿过的孔洞。假如光可以穿过,那么空气中的微粒也可以。[126] 这种考虑很是犀利,甚至是一些支持真空存在的人,比如伽桑狄及其英格兰追随者沃尔特·查尔顿(1620～1707),都认为这使人对帕斯卡的结论表示怀疑。[127] 最终,这个问题(就像许多形而上学的问题那样)通过简单地搁置起来而得到了解决。[128] 在《关于空气弹性的物理力学新实验》(*New Experiments Physico-Mechanical, touching the Spring of the Air*,1660)中,玻意耳首次报告了他著名的空气泵实验。他写道:“关于真空的争论[似乎是]一个形而上学问题,然后是一个自然学(Physiological)问题;因此,我们在这里将不再进行争论,我们发现,这种笛卡儿式的物体概念很难让自然主义者感到满意,我们也很难表明它错在哪里,并用更好的取而代之。”[129]

在玻意耳看来,超出了实验者确定能力的基本问题应当予以搁置。

59

机械论哲学:精神、力和主动性

在正统的机械论哲学中,一切事物都要通过微粒的大小、形状、运动和彼此的碰撞来解释,自然律支配了全部。这似乎将任何心灵的东西或无形实体从物理世界中排除

---

[124] 《关于真空的新实验》一书,可参看 Blaise Pascal,7 卷本《帕斯卡全集》(*Oeuvres complètes*, Paris: Desclée de Brouwer, 1964 -),第2卷,第493页～第513页,译文载于 Blaise Pascal,《地方的信件、思想和科学论文》(*Provincial Letters, Pensées, Scientific Treatises*),Thomas M'Crie 译,载于 Robert Maynard Hutchins 编,54 卷本《西方世界巨著》(*Great Books of the Western World*, Chicago: Encyclopaedia Britannica, 1952),第33卷,第359页～第381页。报告参看 Pascal,《帕斯卡全集》,第2卷,第677页～第690页,译文载于 Hutchins 编,《地方的信件、思想和科学论文》,第382页～第389页。对这些论证的叙述可参看 P. Guenancia,《从空虚到上帝:关于帕斯卡物理学的随笔》(*Du vide à Dieu: Essai sur la physique de Pascal*, Paris: Maspero, 1976);以及 Simone Mazauric,《伽桑狄、帕斯卡与关于空虚的争论》(*Gassendi, Pascal et la querelle du vide*, Paris: Presses Universitaires de France, 1998)。

[125] 参看 Garber,《笛卡儿的形而上学物理学》,第136页～第143页。

[126] 关于诺埃尔与帕斯卡的通信,参看 Pascal,《帕斯卡全集》,第2卷,第513页～第540页。关于对诺埃尔论证的考察,参看 Garber,《笛卡儿的形而上学物理学》,第143页。

[127] 参看 Gassendi,《全集》,第1卷,第205A页;以及 Walter Charleton,《伊壁鸠鲁-伽桑狄-查尔顿的自然哲学》(*Physiologia Epicuro-Gassendo-Charltoniana*, London: Printed by T. Newcomb for T. Heath, 1654),第42页～第44页。

[128] 参看 Steven Shapin 和 Simon Schaffer,《利维坦与空气泵:霍布斯、玻意耳与实验生活》(*Leviathan and the Air-Pump: Hobbes, Boyle, and the Experimental Life*, Princeton, N. J.: Princeton University Press, 1985),第45页及其后,第119页及其后。

[129] Boyle,《罗伯特·玻意耳著作集》,第1卷,第198页。

了出去。在重要人物中,只有霍布斯拥护一种纯粹的唯物论哲学,主张将心灵完全消除。[130] 笛卡儿引入了与物体相对立的心灵,心灵是一种思想着的东西,而物体的本质则仅仅是广延。这些观念使心灵与物体完全区分开来,任何一方都可以没有另一方而存在。由于这包含着对亚里士多德灵魂(生命的本原)观念的拒斥,所以笛卡儿力图通过纯粹的机械论术语来解释消化、生殖、无意识运动等生命现象。心灵这种无形的非广延实体解释了思想和理性。但是,就我们的一些活动涉及思维、选择和有意识运动等理性过程而言(我伸出手,选择书而不是扑克牌),心灵世界有时的确侵入了笛卡儿的物理世界。[131]

亨利・摩尔把笛卡儿的观点推得更远。他早年曾与笛卡儿通信,在英格兰极力倡导对其思想进行研究。[132] 然而,虽然摩尔在许多方面都是机械论哲学的积极倡导者,但他深信,机械论者声称能作机械论解释的许多东西都不能如此解释,都需要诉诸他所谓的"自然精神(spirit of nature)"。这种无形的本原被用来解释"什么规定石头朝地球中心下落……使海水不冲出月球,把太阳物质约束成球形"等。[133] 摩尔把这种自然精神称为"一种没有感觉和认识的无形实体,它弥漫于所有宇宙物质之中,在其中施加一种塑性力……通过引导物质的各个部分及其运动,在世界中引起不能单纯归结为机械力量的现象"。[134] 摩尔对世界的构想也拓展至其他类型的精神。摩尔和他的朋友英格兰自然哲学家约瑟夫・格兰维尔(1636 ~ 1680)一起,劝说他人承认脱离肉体的鬼魂、幽灵和巫婆,主张按照皇家学会所持的信仰标准也应该接受他们。[135]

60

让无形实体扮演重要角色的另一种机械论观点是莱布尼茨的,他主张应把最终的实体即有形实体或单子理解成非物质的实体,或者至少是被赋予了非物质的实体。但莱布尼茨认为,虽然机械论世界基于某种超出了物质和运动之外的东西,但物理世界中的一切事物都可以通过大小、形状和运动来解释。在莱布尼茨看来,之所以需要诉

---

[130] 还有一些人的观点与唯物论相关联。在反驳笛卡儿的《第一哲学沉思集》(*Meditations*)时,伽桑狄似乎采用了一种唯物论观点来反对笛卡儿著名的二元论;参看 Descartes,《全集》,第 7 卷,第 262 页~第 270 页,以及伽桑狄对此的拓展,载于《形而上学的探究》(*Disquisitio Metaphysica*, Amsterdam: Johannes Blaev, 1644),Gassendi,《全集》,第 3 卷,第 284B 页及其后。然而,在《哲学论稿》中,他非常明确地主张无形实体存在,参看 Gassendi,《全集》,第 2 卷,第 440A 页及其后。这一时期另一个经常被指责为唯物论者的人是斯宾诺莎。虽然他复杂的形而上学并不允许作这样的解释,但就心灵与物体在某种意义上等同而言,它也可以用其他方式来解释。参看 Benedict de Spinoza,《伦理学》(*Ethics*),载于 Spinoza,《全集》(*Opera*, Heidelberg: C. Winter, 1925),Carl Gebhardt 编,第 2 卷,第 84 页~第 96 页,尤其是第二部分,props. 1 - 13。

[131] 关于这种理解,参看 Daniel Garber,《笛卡儿和莱布尼茨的心灵、物体和自然法则》(Mind, Body, and the Laws of Nature in Descartes and Leibniz),载于 Garber,《具身的笛卡儿》(*Descartes Embodied*, Cambridge: Cambridge University Press, 2001),第 133 页~第 167 页。

[132] 关于摩尔在笛卡儿主义传播过程中所起的作用,参看 Alan Gabbey,《笛卡儿哲学的征服者:亨利・摩尔(1646 ~ 1671)》(Philosophia Cartesiana Triumphata: Henry More [1646 - 1671])。

[133] Henry More,《亨利・摩尔博士哲学文集》,第 xv 页。

[134] Henry More,《灵魂不朽》(*The Immortality of the Soul*),第 193 页,载于 More,《亨利・摩尔博士哲学文集》。类似的观点可见于摩尔的朋友和同事卡德沃斯,参看 Ralph Cudworth,《真正的宇宙思想体系》(*The True Intellectual System of the Universe*, London: Richard Royston, 1678)。卡德沃斯思想中对应于摩尔自然精神的是他所谓的塑性(plastic natures)。事实上,卡德沃斯甚至主张,我们所接受的纯粹唯物论(和无神论)形式的原子论是对原始形式的歪曲,在德谟克利特和留基伯之前,除了原子和虚空,原始形式还包括无形的灵魂和无形的神。(1. 18, 41 ff.)

[135] 参看 Daniel Garber,《灵魂与心灵:17 世纪的生活与思想》(Soul and Mind: Life and Thought in the Seventeenth Century),载于 Garber 和 Ayers 编,《剑桥 17 世纪哲学史》,第 776 页及其后。

诸无形实体,并不是为了解释物理世界中的个别事件,而是为了解释支配这些事件的定律的存在性和本性。例如,莱布尼茨提出,假如物体真像笛卡儿主义者所说的那样仅仅是广延,而不包含任何非物质的东西,那么一个物体就不可能在碰撞中抵抗另一个物体。运动物体 A 与静止物体 B 相撞,将使物体 B 运动,而物体 A 的速度却不会减小。在这种情况下,各种守恒律,如动量守恒和 mv^2 守恒,都将被违反。就这样,莱布尼茨竭力与摩尔等人的看法保持距离,摩尔等人的看法涉及无形实体在物质世界中的直接介入。[136]

在自然哲学中,与无形实体问题密切相关的是物体的主动性问题,以及力在物理世界中的真实存在性问题。假如物体的本质仅仅是广延,那么物体之中似乎就不可能有任何主动性。因此笛卡儿认为,物体在世界中的运动直接源于上帝本身,或者源于被上帝赋予了推动物体能力的有限心灵。他写信告诉亨利·摩尔:

61

> 平移(translation),即我所谓的运动,并不比形体具有更少的存在性,也就是说,它是物体中的一种样式。但推动力可以来自上帝,上帝在物质之中保存了与在创始之初置于其中的同样多的平移,也可以来自被上帝赋予了推动物体运动之力的其他受造实体,比如我们的心灵,或者其他某种东西[如天使]……我认为"不受其他推动、自由行事的物质"显然处于静止。此外,它被上帝所推动,上帝在其中保存了与在创始之初置于其中的同样多的运动或平移。[137]

于是,所有运动(至少是所有并非源于有限心灵的运动)都直接源自上帝。尽管如此,笛卡儿在其物理学中自由运用了力的概念。不过,稍后我将指出,鉴于笛卡儿把自然定律(力的概念在其中发挥着作用)建立在上帝的基础之上,把他诉诸力解释成间接地诉诸上帝是合理的。例如,正是由于上帝维持着物体的运动,物体才不容易停下来或者偏离直线路径。[138]

笛卡儿去世之后,笛卡儿主义的形而上学物理学的总趋势是,偶因论(occasionalism)学说发展起来并最终占统治地位。虽然笛卡儿允许心灵也可充当运动的原因,但热罗尔·德·科尔德穆瓦(1626～1684)、路易·德拉·福尔热(1632～约1666)、约翰·克劳贝格(1622～1665)和尼古拉·马勒伯朗士(1638～1715)等后来的笛卡儿追随者又把这一学说推进了一步,主张上帝是世界上唯一真正有效的原因,物体和心灵都不是真正的原因。出于种种理由,他们认为,看似物－物因果性(物体彼此的碰撞)或心－物因果性(心灵有意举起它所属的身体的手臂)的情况实际上是由上帝引起的,他

---

[136] 参看 Gottfried Wilhelm Leibniz,《动力学样本》(*Specimen dynamicum* [1695]),载于 Leibniz,《莱布尼茨数学著作集》,第6卷,第242页～第243页,译文载于 Ariew 和 Garber 编译,《莱布尼茨哲学文集》,第125页～第126页;以及 Gottfried Wilhelm von Leibniz,《论自然本身》(*De ipsa natura* [1698]),第2段,《莱布尼茨哲学著作集》,第4卷,第504页～第505页,译文载于 Ariew 和 Garber 编译,《莱布尼茨哲学文集》,第156页。

[137] Descartes,《全集》,第5卷,第403页～第404页。这段话中的引文出自摩尔致笛卡儿的信。至于被上帝赋予推动物体能力的"其他某种东西"是另一个物体还是另一种精神,是有一些争论的。关于这一点,参看 Garber,《笛卡儿的形而上学物理学》,第303页～第304页。

[138] 参看 Garber,《笛卡儿的形而上学物理学》,第9章。

按照自己规定的定律把结果实现出来。例如,根据一则流行的论证,笛卡儿对运动定律的看法背后潜藏着上帝每时每刻对世界的维护,这种维护使心灵或物体等有限造物之间的任何因果关系都成为多余。马勒伯朗士的另一则关键论证消除了有限的原因,主张只有在上帝那里,我们才能找到真正的因果关系所要求的必然因果关联。[139]

原子论者伽桑狄在这一点上似乎反对笛卡儿。伽桑狄的确同意伊壁鸠鲁的看法,认为物体在某种意义上是真正主动的。与笛卡儿不同,伽桑狄认为,上帝在创造物体时,让物体能够真正地自行运动。伽桑狄在《哲学论稿》(*Syntagma philosophicum*, 1658)中写道:"我们似乎必须说……物体之中的初始动因是原子;原子在凭借自身、凭借创世之初从造物主那里不断获得的力而运动时,推动所有事物运动。因此,这些原子是自然中所有运动的起源、本原和原因。"[140] 62

但是显然,无论对于伽桑狄还是笛卡儿,这种主动性都基于上帝:上帝是"造物主",必须不断维持他赋予物体的力。

莱布尼茨似乎又把伽桑狄关于物体主动性的看法推进了一步,他不仅把力和主动性看成世界基本原料的属性,而且在某种意义上看成规定了物体概念本身。他在《对形而上学的纠正和实体概念》(On the Correction of Metaphysics and the Concept of Substance, 1694)一文中写道:

> 我说这种作用力内在于一切实体当中,某种作用总是由它产生,以使有形实体和精神实体一样不会停止起作用。那些认为物体的本质在于广延或者再加上不可入性的人,以及那些把物体设想成绝对静止的人,似乎并没有清楚地觉察到这一点。[141]

鉴于主动性与实体性之间的密切关联,在莱布尼茨这里,力的概念自然进入了实体的定义本身。在其动力学中,莱布尼茨对力作了两个重要区分。首先是原始力与派生力之间的区分,正在施加力的主体(原始的)与某一时刻被实体施加的实际的力(派生的)之间的区分。派生力表现于可观察物体层次上的运动和对运动的抵抗,受莱布尼茨提出的运动定律的支配。其次是主动力与被动力之间的区分。被动力是在对作用于物体的其他力作出反应时施加的,包括不可入性和阻力。主动力是未受作用的实体施加的,包括活力(与运动相联系的力)和死力(拉伸的橡皮筋中的那种力)。莱布尼 63

[139] 关于偶因论,参看 Steven Nadler 编,《现代早期哲学中的原因》(*Causation in Early Modern Philosophy*, University Park: The Pennsylvania State University Press, 1993);以及 Nadler,《晚期经院哲学和机械论哲学中的解释学说》(Doctrines of Explanation in Late Scholasticism and in the Mechanical Philosophy),第 10 段,载于 Garber 和 Ayers 编,《剑桥 17 世纪哲学史》。关于通过神的维护来支持偶因论的论证,参看 Daniel Garber,《上帝如何产生运动:笛卡儿、神的支持和偶因论》(How God Causes Motion: Descartes, Divine Sustenance, and Occasionalism),载于 Garber,《具身的笛卡儿》,第 189 页~第 202 页。关于从必然关联角度进行的论证,参看 Nicolas Malebranche,《真理的探求》(*De la recherche de la verité*, Paris: A. Pralard, 1674 - 5),6.2.3。

[140] Gassendi,《全集》,第 1 卷,第 337A 页;参看第 1 卷,第 279B 页,第 280A 页。

[141] Leibniz,《莱布尼茨哲学著作集》,第 4 卷,第 468 页~第 470 页,译文载于 Loemker 编译,《莱布尼茨的哲学文稿》,第 433 页。

茨声称，原始的主动力严格说来是实体的真实形式，而原始的被动力则构成了原初质料。[142]

在莱布尼茨看来，力和主动性是实体必不可少的部分，因此非常不同于笛卡儿传统的惰性的有形实体。但尽管如此，它们并非独立于上帝起作用。莱布尼茨在《论自然本身》（De ipsa natura，1698）一文中写道：

> 事物的实质在于一种起作用和被作用的力。由此可知，如果没有持续的力被神力印于其上，那么持续的事物就不可能产生。否则，任何受造的实体，任何灵魂都不会在数目上保持不变，任何东西都不会被上帝保存，因此，一切只能是一种永恒的神圣实体的某些正在消逝的或不稳定的变式和幻象。[143]

莱布尼茨在这里试图描述的是一种微妙的立场。虽然上帝必须持续不断地维护这个世界，但在莱布尼茨以及他的许多同时代的人看来，上帝必须维护的乃是一个由主动实体构成的世界，这些实体之中包含着其自身主动性的基础。

机械论哲学：上帝和目的因

由前面的讨论显然可见，上帝在机械论哲学中扮演着重要角色。有些人把上帝等同于容器空间；诉诸上帝是为了在确定世界结构时看清楚什么是理性的选择，什么不是；这时，上帝充当着世界中运动的初始原因以及世界中力和主动性的根据。在某种意义上，机械论哲学中洋溢着神的精神。除了机械论哲学对上帝的这些运用，我还想谈谈另外两个与上帝和机械论哲学有关的主题，那就是关于目的因的争论，以及在推导运动定律过程中对上帝的运用。

基督教经院哲学的世界是一个充满意义的世界，它乃是出于神的计划和设计。笛卡儿最具争议的观点之一就是把这些需要考虑的因素从物理学领域驱逐出去。他写道："在处理自然事物时，我们永远不会通过上帝或自然在创造它们时可能想到的目的进行解释[我们的哲学将完全不去寻求目的因]。因为我们不应狂妄到认为我们有能力分享上帝的计划。"[144]

64

贝内迪克特·德·斯宾诺莎（1636～1677）更进一步，不仅否认我们可能认识目的因，而且认为严格说来上帝并没有什么意图。他去世后出版的《伦理学》（*Ethica*，1677）第一部分的附录详细地论证了为什么思考上帝时将他拟人化，就好像他带着意

---

[142] Gottfried Wilhelm Leibniz，《动力学样本》，第一部分，载于《莱布尼茨数学著作集》，第6卷，第236页及其后，译文载于Ariew和Garber编译，《莱布尼茨哲学文集》，第119页及其后。

[143] 《论自然本身》（De ipsa natura [1698]），第8节，《莱布尼茨哲学著作集》，第4卷，第508页，译文载于Ariew和Garber编译，《莱布尼茨哲学文集》，第159页～第160页。

[144] 《哲学原理》，1.28。括号中的材料出自1647年的法译本。在笛卡儿之前，培根已经在物理学中拒斥了目的因。参看Francis Bacon，《新工具》（London：Joannes Billius，1620），1.48及2.2；以及Bacon，《论学术的尊严和进展》（*De dignitate et augmentis scientiarum*，London：I. Haviland，1623），3.4。

图行事,是错误的。

不用说,这并非当时大多数思想家的立场。例如,玻意耳就写了《论自然事物的目的因》(*A Disquisition about the Final Causes of Natural Things*,1688)来直接反对笛卡儿以及那些在取消目的因方面比笛卡儿更激进的人。[145] 虽然玻意耳建议,“配得上自然主义者之名的人绝不能因为寻找或认识目的因而忽视对动力因的勤奋探究”,但他主张,“所有对目的因的考虑都不能从自然哲学中排除:从事物的明显用途考察并且论证造物主预先规定的那些目的和用途,不仅是完全允许的,在某些情况下甚至值得称赞”。[146] 更一般地说,玻意耳认为,“迷恋实验哲学不仅不会使人丧失成为优秀基督徒的愿望,而且会帮助他实现这个愿望”,一如他的《基督徒大师》(*Christian Virtuoso*,1690～1691)的副标题所说。[147]

牛顿也信奉目的因。在1713年《自然哲学的数学原理》第二版结尾补充的讨论天体秩序的著名的“总释”中,牛顿指出:“不可设想,仅凭机械原因就能产生如此众多规则的运动……这个由太阳、行星和彗星所组成的美妙体系只可能出自一个智慧的强大存在者的意愿和统治。”[148] 于是,上帝一直存在于世界,对其进行规范和影响。

但在这一时期,从哲学上对目的因进行最复杂辩护的可能是莱布尼茨。作为机械论者,莱布尼茨认为,一切事物都可以通过大小、形状和运动,通过动力因来解释。但他也认为,一切事物都可以通过上帝的意图来解释。正如他在《动力学样本》(*Specimen dynamicum*,1695)中写道: 65

> 一般来说,我们必须认为,世间万物都可以通过两种方式来解释:通过力量的领域,即通过动力因,以及通过智慧的领域,即通过目的因,通过上帝,他为其荣耀而支配物体,就像一位建筑师,把它们当作遵循尺寸定律或数学定律的机器来支配,为精神的运用真正地支配它们……这两个领域处处彼此渗透,而不会混淆或扰乱自身的定律,所以力量领域中最大的收获同时也是智慧领域中最好的收获。[149]

莱布尼茨并不认为我们应当始终直接诉诸目的因。他在1702年的一篇文章中写道:“诉诸第一实体即上帝来解释受造物的现象是没有意义的,除非同时对他的手段或目的加以详细解释,正确指明近似的动力因甚或相关的目的因,以便他通过自己的力量和智慧来彰显自己。”[150]

---

[145] Boyle,《罗伯特·玻意耳著作集》,第11卷,第79页～第151页。

[146] 同上书,第11卷,第151页。

[147] 同上书,第11卷,第281页。

[148] Newton,《自然哲学的数学原理》,第2卷,第760页,译文载于Newton,《自然哲学的数学原理》,第2卷,第544页;参看疑问31,Newton,《光学》,第402页。在那里,牛顿把笛卡儿企图不诉诸目的因而由初始的混沌导出世界的当前状态,斥之为“非哲学的”。

[149] Gottfried Wilhelm Leibniz,《动力学样本》,第一部分,载于Leibniz,《莱布尼茨数学著作集》,第6卷,第243卷,译文载于Ariew和Garber编译,《莱布尼茨哲学文集》,第126页～第127页。

[150] Gottfried Wilhelm Leibniz,《论物体和力》(On Body and Force, May 1702),载于《莱布尼茨哲学著作集》,第4卷,第397页～第398页,译文载于Ariew和Garber编译,《莱布尼茨哲学文集》,第254页。

但在某些情况下，特别是在光学中，莱布尼茨认为，目的因可能非常有益于发现一些用动力因很难发现的东西，比如折射的正弦定律。[151]

这种对待目的因的态度差异反映在笛卡儿和莱布尼茨用非常不同的方式由上帝导出了运动定律。在笛卡儿看来，他所提出的运动定律的正当性在于，在时时刻刻维护世界的过程中（他必须这样做来使世界持续存在），上帝也在世界中保存了一定的运动的量，以及那种运动的某些特征，例如运动物体保持匀速直线运动的倾向。笛卡儿在《哲学原理》中捍卫其著名的动量（大小乘速度）守恒定律时写道：

> 我们知道，上帝的完美性不仅在于他一成不变，而且在于他总是以一种完全恒定不变的方式来运作。现在有一些变化，它们的出现或者由我们平凡的经验来保证，或者由神的启示来保证，我们的知觉或信念告诉我们，这些变化在造物主那里没有任何变化地发生着；但除此之外，我们不应认为上帝的作品中发生任何其他变化，以免暗示上帝那里有某种易变不定。因此，上帝在最初创造物质的各个部分时，赋予了它们各种运动，他现在以最初创造它们的那种方式和过程保存所有这些物质；由前所述，单凭这个事实就可以非常合理地认为，上帝以类似方式始终在物质中保存相同的运动的量。[152]

66

笛卡儿就他的三条附属的运动定律给出了类似的推导过程。必须指出，笛卡儿并未诉诸上帝的意图或选择。他所提出的定律直接源于上帝的本性：由于不变性，上帝必定按照其做事方式来行动，而因为上帝那样行动，物体必定服从笛卡儿的运动定律。

莱布尼茨拒绝笛卡儿那些错误的定律，而是代之以一套守恒定律，它们很像现在经典力学中使用的那些定律。不过，莱布尼茨同样拒绝笛卡儿由上帝导出定律的方式。

> ［运动定律］并非完全由必然性原理导出，而是由完美性和秩序原理导出的；它们是上帝的选择和智慧的结果。我可以通过许多方式来证明这些定律，但始终必须假设某种并非绝对几何必然的东西。这些优美的定律非凡地证明了一位智慧而自由的存在者［上帝］，反驳了斯特拉顿和斯宾诺莎的绝对的和缺乏理性的必然性的体系。[153]

---

[151] 参看 Leibniz，《动力学样本》，第一部分，载于 Leibniz《莱布尼茨数学著作集》，第 6 卷，第 243 页，译文载于 Ariew 和 Garber 编译，《莱布尼茨哲学文集》，第 126 页～第 127 页；Gottfried Wilhelm Leibniz，《莱布尼茨先生的一封信》（A Letter of Mr. Leibniz ... ［July 1687］），载于 Leibniz，《莱布尼茨哲学著作集》，第 3 卷，第 51 页～第 52 页，译文载于 Loemker 编译，《莱布尼茨的哲学文稿》，第 351 页。反射的正弦定律参看 Leibniz，《谈谈形而上学》，第 22 段。莱布尼茨数次提到的一个特殊例子是《光学中的反射和折射原理》（Unicum Opticae，Catoptricae，et Dioptricae Principium），《学者学报》（*Acta eruditorum*，June 1682：185 － 90），载于 Gottfried Wilhelm Leibniz，《全集》（Geneva：Fratres de Tournes，1768），Louis Dutens 编，第 3 卷，第 145 页～第 151 页。

[152] Descartes，《哲学原理》，2. 36。

[153] Gottfried Wilhelm Leibniz，《神义论》（*Theodicy*），1. 345，载于 Leibniz，《莱布尼茨哲学著作集》，第 6 卷，第 319 页；另见 Leibniz，《谈谈形而上学》，第 21 段。还可参看 Gottfried Wilhelm Leibniz，《自然的原理和恩典》（*Principes de la nature et de la grâce*）（作于 1714 年，但莱布尼茨生前未发表），第 11 段，载于 Leibniz，《莱布尼茨哲学著作集》，第 6 卷，第 598 页～第 606 页。斯特拉顿（Straton of Lampsacus，d. 270 B. C. E.）是古代的亚里士多德的追随者，他有否认神恩的名声，其著作没有留存下来。

于是，在莱布尼茨看来，自然定律源于上帝的自由选择，他为所有可能世界中这个最好的世界选择了适当的定律。

超越机械论哲学：牛顿

在许多方面，牛顿的世界都是到那时为止人们所熟知的受运动定律支配的机械论/微粒论实体的世界。虽然牛顿没有对他的物质理论作任何系统论述，但很清楚，他拒绝笛卡儿的形而上学物理学，而是持一种既承认原子又承认真空的原子论。[154] 在他的同时代人看来，也许最令人惊讶也最令人不安的是，牛顿在很大程度上愿意给物体附加主动的力量。在《光学》的疑问 31 中，牛顿针对构成物体的原子这样写道： 67

> 在我看来，这些粒子不仅有惯性力……，而且还在某些主动本原的作用下运动，如重力本原、引起物体发酵的本原以及物体的内聚本原。这些本原，我认为都不是因事物的特殊形式而产生的隐秘性质，而是一般的自然定律，正是由于它们，事物本身才得以形成。[155]

因此，牛顿的世界是一个由物体和主动本原共同组成的主动的世界，这些主动本原包括引力但不限于引力，对于形成我们周围的世界起着核心作用。[156] 在补充这些主动力的过程中，也许是作为其化学研究的成果，[157]牛顿偏离了上一代人所特有的严格的玻意耳式的机械论；因此他承认，并非一切事物都可以通过物质和运动来解释，有些作用不是通过直接碰撞，而是从远距离起作用的。莱布尼茨反对的正是这一点。莱布尼茨把牛顿语焉不详的力看成从清晰明白的机械论哲学退回到了它本来要取代的经院哲学，背离了清晰的碰撞作用，回到了模糊的影响和隐秘的性质。针对牛顿（及其追随者），莱布尼茨严词抨击当时的人"贪求花样，面对着丰饶的果实，却想回到橡子"；他们拒不接受机械论哲学的明晰真理，表明他们"喜欢胡言乱语，不知所云"。[158]

莱布尼茨没有看到牛顿的橡子长成参天的橡树，也没有看到他的胡言乱语变成了新的常识。虽然牛顿的世界观后来主宰了 18 世纪的欧洲思想，取代了 17 世纪更为严格的机械论哲学，但牛顿本人所提供的特殊基础并未和他的物理学一齐被接受。有些 68

---

[154] Kargon，《从哈里奥特到牛顿的英格兰的原子论》，第 9 章。

[155] Newton，《光学》，第 402 页。

[156] Daniel Garber、John Henry、Lynn Joy 和 Alan Gabbey，《物体及其力、位置和空间的新学说》（New Doctrines of Body and Its Powers, Place, and Space），载于 Garber 和 Ayers 编，《剑桥 17 世纪哲学史》，第 553 页～第 623 页，引文在 602 页及其后。应当指出，关于引力在牛顿那里的地位，即认为引力是一种基本的自然力，还是可以通过更为基本的机械原因来解释，存在着很大争议。不过，至少他的一些追随者愿意冒险接受超距作用。例如，参看罗杰·科茨（Roger Cotes）为牛顿《自然哲学的数学原理》第二版（1713 年）所写的序言，载于《自然哲学的数学原理》，第 1 卷，第 19 页～第 35 页，尤其是第 27 页～第 28 页，译文载于《自然哲学的数学原理》，第 1 卷，第 xx 页～第 xxxiii 页，尤其是第 xxvii 页。关于引力的地位，参看 Ernan McMullin，《牛顿论物质和运动》（*Newton on Matter and Activity*, Notre Dame, Ind.: Notre Dame University Press, 1978），第 3 章。

[157] 关于牛顿和化学，参看 Westfall，《牛顿和赫耳墨斯传统》，以及 Dobbs，《牛顿炼金术的基础》，第 6 章。

[158] Gottfried Wilhelm Leibniz，《反对粗鄙的物理学》（*Antibarbarus physicus*），载于 Leibniz，《莱布尼茨哲学著作集》，第 7 卷，第 337 页，译文载于 Ariew 和 Garber 编译，《莱布尼茨哲学文集》，第 31 页。

人试图把牛顿物理学建立在不同的形而上学基础之上，比如贝克莱主教（1685～1753）的唯心论形而上学，莱布尼茨的德国追随者的单子论形而上学，鲁杰尔·博斯考维奇（1711～1787）的力原子，大卫·休谟（1711～1776）关于因果性的心理主义基础，以及伊曼纽尔·康德（1724～1804）所提出的庄严体系。然而，后来技术物理学的发展似乎在很大程度上并不依赖于为之提供适当基础的各种尝试，这与16世纪、17世纪截然不同，那时基础事业与科学事业本身密切联系在一起。

结语：超越基础

牛顿体系在18世纪的最终命运表明，科学思想在基础问题上发生了根本转变。在本章所讨论的时期之初，基础观念对于自然研究观念来说非常核心。到了17世纪末，这种观念并未被完全抛弃，但已经从根本上改变了地位。这时，我认为可以明确地说，物理学事业和为物理学奠基的事业大体上已经分离，成为相当不同的学科。

这种分离已经酝酿了一段时间。在玻意耳的著作中，关于真空以及物质无限可分性的问题，那些超出了实验解决能力的问题，已经成了一种贬义的形而上学问题，并且已经超出自然哲学家的领域。到了17世纪末，甚至是作为形而上学物理学纲领继承人之一的莱布尼茨，也已经开始把严格的物理学领域与其形而上学基础相分离，认为物理学家不需要关注那个领域。莱布尼茨把他的机械论世界建立在一种实体观念的基础之上，这与笛卡儿的做法非常不同，它涉及假定自然中的无形实体，以及假定上帝如何参与为他的自然世界观念作形而上学奠基。但莱布尼茨主张，严格说来，形而上学和神学不应成为物理学家的关注对象。他在《谈谈形而上学》中指出：

> 正如几何学家并不需要为连续统的构成这个著名的迷宫操心，道德哲学家也不需要，法学家或政治家就更不需要操心将自由意志与上帝的恩典调和起来所涉及的巨大困难，因为无须介入这些在哲学和神学中仍然必要的重要讨论，几何学家便可完成其所有证明，政治家便可完成其所有慎重思考。同样，物理学家有时使用先前更加简单的实验，有时使用几何的机械证明，便可解释一些实验，而无须从另一个领域作一般思考。假如他诉诸上帝，或者诉诸一种灵魂，一种生气[archée]，或者其他这类性质的东西，那么他无异于胡言乱语，如同在作重要的实际考虑时，竟然参与关于命运本性和自由本性的崇高讨论中一样。[159]

69

随着科学与其基础的这种学科分离，我们所了解的哲学和科学诞生了。

（张卜天　译）

---

[159] Leibniz，《谈谈形而上学》，第10段，载于Leibniz，《莱布尼茨著作书信选》，6.4：1543 - 1544，译文载于Ariew和Garber编译，《莱布尼茨哲学文集》，第43页。

3

科学解释：从形式因到自然定律

70

林恩·S. 乔伊

经常有人说，现代早期科学采用的改变中的解释形式，全面拒斥了盛行于古代和中世纪科学中的亚里士多德对因果关系问题的系统处理。这种说法没有考虑到，对于现代早期自然哲学家的因果性信念的多方面转变，还有另一种有前途的理解方式。通过聚焦于亚里士多德主义传统对发展出竞争性解释形式所做的贡献，我们可以在一种丰富的概念背景下刻画这些新的解释。当然，从1500年到1800年的科学革新者大都拒绝把亚里士多德的四因说当作特定科学中可接受理论的来源，[1]但更加温和地看待这种拒斥也许可以更好地表明，新的解释实际上是如何被构想的。

现代早期科学解释中的三种显著变化

本章考察现代早期科学解释中的三种显著变化。第一种显著变化是科学研究的总体目标发生了变化，这始于亚里士多德学说的一些批判者，他们不再像亚里士多德那样把理解每一个自然实体的形式当作目标。在现代早期，特定科学和自然哲学的革新者不再试图阐明每一个实体的形式，而是试图确定每一种物体的基本组分（无论是元素还是原子），确认这些基本元素或原子的组成和运动所表现出的似律（lawlike）规律性。[2] 科学研究目标的这种改变也重新规定了某种东西要想算作原因，必须满足哪些形而上学要求。

71

[1] 科学史家和哲学史家已经以极为不同的方式评价了亚里士多德思想对现代早期科学发展的贡献。一些人认为，拒斥亚里士多德主义原理对于现代早期科学的发展至关重要，另一些人则主张，有一些亚里士多德主义原理对于现代早期科学的发展是不可或缺的。对追溯亚里士多德如何遭到拒斥有兴趣的读者可以参看 Charles Coulston Gillispie，《客观性的边缘》（*The Edge of Objectivity*, Princeton, N. J.: Princeton University Press, 1960），第11页～第16页，第266页～第268页，第285页；以及 Carolyn Merchant，《自然之死：妇女、生态和科学革命》（*The Death of Nature: Women, Ecology, and the Scientific Revolution*, New York: Harper and Row, 1980），第99页～第126页，尤其是第112页，第121页～第126页。而表明亚里士多德主义观念不可或缺的诠释有 William A. Wallace，2卷本《因果性与科学解释》（*Causality and Scientific Explanation*, Ann Arbor: University of Michigan Press, 1972 and 1974），第1卷；以及 Dennis Des Chene，《自然哲学：晚期亚里士多德主义思想和笛卡儿思想中的自然哲学》（*Physiologia: Natural Philosophy in Late Aristotelian and Cartesian Thought*, Ithaca, N. Y.: Cornell University Press, 1996），第53页～第251页。

[2] 关于对现代早期因果性讨论的第一种显著变化的细致分析，参看本章中“上帝作为目的因与自然定律的出现”和“微粒论物理学家对内在与外在动力因的看法”两节。

第二种显著变化是长期以来对特定类型自然现象的亚里士多德主义解释被取代。在天文学上，关于行星运动的观测，以及像超新星或新彗星的出现这样的新现象，都有相互竞争的解释。例如，第谷·布拉赫说1577年彗星的位置远高于月亮天球，绕太阳运行，而伽利略随后在其《关于太阳黑子的书信》(*Istoria e dimostrazioni intorno alle macchie solari e loro accidenti*，1613)中只赞同这种说法的第一部分，这为伽利略和耶稣会士奥拉西奥·格拉西针对如何解释1618年观测到的三颗彗星所进行的一系列更激烈的争论做好了准备。[3] 伽利略和格拉西都拒绝通常的亚里士多德主义观点，即彗星是发生在月亮天球以下的大气现象。他们的分歧集中在：彗星和行星是否同一类对象，对其视差的测量能否可靠地表明它们与地球的距离。不过，这也包含了两位思想家关于其他各种议题的争论，比如人的感官知觉的本性、行星对太阳光的反射、地界物体的受热等等。这些范围广泛的竞争解释亦可见于天文学之外的那些专门研究地界现象的科学中，比如力学、自然志、炼金术和医学等等。[4]

72 最后，现代早期科学解释中的第三种显著变化是，自然哲学家对因果性本身的形而上学讨论的兴趣在逐渐减弱。他们越来越多地提出认识论问题，这些问题与亚里士多德关于原因的本体论研究没有什么关系。他们的认识论研究探讨这样一些主题，比如观察者如何认识迄今未知的原因，通过什么研究方法可以发现特定科学中个别结果的特殊原因，等等。[5] 他们也更加关注如何产生某些自然结果，因为一些研究者现在确信，如果能够重新产生相关的自然现象，他们就能了解相同的结果如何由自然产生。

这三种变化是如何发生的？它们是因亚里士多德主义的近代批判者所质疑的那些概念而成为可能的吗？尽管这些批判者无意把自己的解释建立在亚里士多德的实体概念基础上，但亚里士多德的四因说有助于他们阐明关于科学解释的新的构想吗？科学解释的新旧观念的确差别很大，但旧的原因概念仍然被用于新的自然哲学，虽然

---

[3] Galileo Galilei，《关于太阳黑子的书信》(*Letters on Sunspots*)，摘录部分的译文载于 Stillman Drake 编，《伽利略的发现和观点》(*Discoveries and Opinions of Galileo*, Garden City, N. Y.: Doubleday Anchor Books, 1957)，第119页。另见德雷克为伽利略的《试金者》(*The Assayer* [1623])所写的导言，载于《伽利略的发现和观点》，尤其是第221页～第227页，关于对马里奥·圭杜奇(Mario Guiducci)和伽利略的《关于彗星的对话……》(*Discorso delle comete ...* [1619])的概述，见 Stillman Drake，《工作中的伽利略》(*Galileo at Work*, Chicago: University of Chicago Press, 1978)，第264页～第273页。

[4] 关于自然志科学的变化，参看 Lorraine Daston 和 Katharine Park，《奇事与自然秩序(1150～1750)》(*Wonders and the Order of Nature, 1150 - 1750*, New York: Zone Books, 1998)，第217页～第231页；以及她们的《不自然的观念：16世纪、17世纪法国和英格兰的怪物研究》(Unnatural Conceptions: The Study of Monsters in Sixteenth- and Seventeenth-Century France and England)，《过去与现在》(*Past and Present*)，92(1981)，第20页～第54页；Lorraine Daston，《培根主义的事实、学术修养与客观性前史》(Baconian Facts, Academic Civility, and the Prehistory of Objectivity)，《学术年鉴》(*Annals of Scholarship*)，8(1991)，第337页～第363页。关于炼金术科学的发展，参看 William R. Newman，《地狱之火：乔治·斯塔基的生平》(*Gehennical Fire: The Lives of George Starkey, an American Alchemist in the Scientific Revolution*, Cambridge, Mass.: Harvard University Press, 1994)，第92页～第169页。关于医学中兼具传统解释与新解释，参看 A. Wear、R. K. French 和 I. M. Lonie 编，《16世纪的医学文艺复兴》(*The Medical Renaissance of the Sixteenth Century*, Cambridge: Cambridge University Press, 1985)；以及 Harold J. Cook，《17世纪英格兰的新哲学和医学》(The New Philosophy and Medicine in Seventeenth-Century England)，载于 David C. Lindberg 和 Robert S. Westman 编，《重估科学革命》(*Reappraisals of the Scientific Revolution*, Cambridge: Cambridge University Press, 1990)，第397页～第436页。

[5] 参看本章最后一节“作为因果模型的主动本原和被动本原”，它考虑了两个经典例子，它们共同说明了现代早期的因果性讨论发生的第三种显著变化。

这些运用往往出现在这样一种语境中,即亚里士多德关于实体与自然的假设被与之竞争的关于物体和一个机械论自然的假设所取代。四因说继续发挥着作用,部分原因是阿维森纳(伊本·西那)、大阿尔伯特和托马斯·阿奎那等中世纪伊斯兰教和基督教的诠释者早先对其范围所作的修改。这些中世纪诠释者拓展了他们的讨论,把超自然的神的因果力量以及恒星、行星和地球上普通物体的隐秘力量包括进来——其中任何一种力量都可以与亚里士多德所说的自然实体的四因一同起作用。[6] 甚至拒绝用四因进行解释的17世纪思想家,似乎也从这些修订版的亚里士多德论述中获益,因为这些版本有助于他们阐明新的解释。 73

以下叙述并不试图考察现代早期科学中出现的每一种新解释,而是描述几个历史实例,从而针对自然定律和质料动力因(material efficient causes)如何成了近代科学解释的核心特征,为什么形式因遭到拒斥,提出两个论点。第一个论点指出,这种近代科学解释观的某些决定性特征实际上正是来源于亚里士多德的因果解释观(虽然它在许多方面都与基于自然定律和质料动力因的解释不相容)。[7] 第二个论点表明,四因解释之所以会衰落,并非因为新的科学解释观被证明比亚里士多德的观念更合理,而是因为亚里士多德的观念已经被其现代早期的捍卫者复兴它的努力严重削弱。[8]

亚里士多德传统中的因果性

亚里士多德的因果性论述为现代早期思想家提供了一套哲学词汇,他们在大学中(通常是从教科书中,有时也通过亚里士多德的原作或阿拉伯语的和拉丁语的评注者)已经学习过它,这些概念会引导他们对适合于科学解释的原因类型的期待。[9] 根据亚

[6] 除了作这种修改的中世纪亚里士多德主义者,文艺复兴时期的柏拉图主义者也对阐明援引了地界和天界物体隐秘性质的科学解释做出了重要贡献。关于中世纪亚里士多德主义者与文艺复兴时期的柏拉图主义者对隐秘性质的讨论之间的关系,参看Brian P. Copenhaver,《现代早期科学中的自然魔法、赫耳墨斯主义和神秘学》(Natural Magic, Hermetism, and Occultism in Early Modern Science),载于Lindberg和Westman编,《重估科学革命》,第261页~第301页。

[7] 因此,本章的观点不同于约翰·R. 米尔顿(John R. Milton)在其《自然律》(Laws of Nature)中的说法,载于Daniel Garber和Michael Ayers编,2卷本《剑桥17世纪哲学史》(*The Cambridge History of Seventeenth-Century Philosophy*, Cambridge: Cambridge University Press, 1998),第1卷,第680页~第701页。本章不赞同米尔顿的断言(第684页):"16世纪之前之所以没有出现明确的自然律观念,其根本原因是,所有这些观念在继承下来的亚里士多德物理学和本轮天文学体系(无论是地心的还是日心的)之中毫无容身之地。……能够令人满意地取代经院亚里士多德主义的新自然哲学尚付阙如。"相反,我将在下文中主张,玻意耳和牛顿的新自然哲学(包括他们各自对自然律的讨论)严重依赖于之前的几位重要的亚里士多德主义者的观念。因此,虽然他们的自然律观念的确与亚里士多德的实体理论和原因理论不相容,但实际上,他们的观念正是通过从这两种理论中借用的术语来构想的。

[8] 参看本章中的"亚里士多德主义革新者对内在与外在动力因的看法"一节。

[9] 现代早期的大学中可以见到大量出版的亚里士多德的著作、译本、评注和概述性的教科书。关于这些出版物,参看Charles B. Schmitt,《亚里士多德与文艺复兴》(*Aristotle and the Renaissance*, Cambridge, Mass.: Harvard University Press, 1983);以及F. Edward Cranz,《亚里士多德著作版本书目(1501~1600)》(*A Bibliography of Aristotle Editions, 1501-1600*, Bibliotheca Bibliographica Aureliana, 38, Baden-Baden: Verlag Valentin Koerner, 1971)。关于大学教育中对各种不同的亚里士多德文本的使用,参看L. W. B. Brockliss,《17世纪、18世纪的法国高等教育》(*French Higher Education in the Seventeenth and Eighteenth Centuries*, Oxford: Oxford University Press, 1987),尤其是第337页~第443页;以及Brian P. Copenhaver和Charles B. Schmitt,《文艺复兴哲学》(*Renaissance Philosophy*, Oxford: Oxford University Press, 1992),第60页~第126页。关于一些亚里士多德著作在中学的讲授情况,参看Paul F. Grendler,《文艺复兴时期意大利的学校教育:识字与学问(1300~1600)》(*Schooling in Renaissance Italy: Literacy and Learning, 1300-1600*, The Johns Hopkins University Studies in Historical and Political Science, 107, Baltimore: Johns Hopkins University Press, 1989),第203页,第268页~第271页。

74 里士多德的说法,质料因、形式因、动力因和目的因这四种原因的共同存在或作用是实体成其所是所需要的,最好地解释了实体发生的运动或变化。亚里士多德是在对什么是自然界中最基本的存在单元即第一实体(primary substance)进行哲学研究时给出这一论述的。因此,在中世纪和文艺复兴时期的教科书中,亚里士多德的论述经常连同他对第一实体的定义一起讲授。这些教科书把第一实体定义为个体的有机体,如某个特定的植物(如这棵橡树)或动物(如这个叫"彼得"的人)。[10] 它们还教导说,土、火、气、水这四种元素都是第一实体。这种对什么算作第一实体或个体实体的定义对于亚里士多德主义自然哲学家至关重要,因为他们的目标之一就是对自然界中的基本存在单元进行确认和分类。[11] 一旦确认这些实体,他们的另一个目标就是解释每一个个体实体如何产生出来,并且拥有其独特的属性。这里,他们利用了亚里士多德的四因概念来提供科学解释,比如解释橡树如何结出橡子,为什么橡子和橡树都有一些可观察的典型属性,使之成为被算作个体实体的单个有机体生长过程中的各个阶段。这些自然哲学家还把研究拓展到所有橡树所组成的种,并对组成这个种的个体橡树的共同属性进行观察和描述。[12] 75 通过与解释每棵个体橡树的四因相类似的方式,他们解释了橡树这个种的所有成员的典型属性。

在《物理学》和《形而上学》中,亚里士多德用技艺和自然中的各种例子来定义四因。当仅仅用自然实体可能说不清楚原因概念的含义时,亚里士多德往往会借助人的活动和人工物(雕像、日常用具等人造物)的著名例子来说明。以下是他关于质料因、形式因、动力因和目的因的一种典型说法:

> "原因"的意思是:(1)事物因其产生的(存在于事物内部的质料性的)东西,如青铜之于雕像,银之于杯子,以及包括这些的类别;(2)形式或原型,即本质的规定,以及包含它的类(如2∶1的比例以及一般地说数是八度音阶的原因),规定中的各个组成部分也是原因;(3)变化或不变所由以开始的东西,比如出主意的人是

[10] 例如参看教科书中对实体的解释,载于 Gregor Reisch,《哲学珍宝》(*Margarita philosophica*, 2. 5, 3rd Basel ed., Basel: S. H. Petri, 1583),Oronce Finé 增订,第 135 页～第 136 页。虽然像《哲学珍宝》这样的教科书很流行,但不要忘了,大学教师和学生也可以看到对亚里士多德实体概念的极为复杂的讨论。对于 17 世纪的读者来说,这其中非常重要的一部著作是 Francisco Suárez,《形而上学论辩》(*Disputationes metaphysicae*, Salamanca: Joannes and Andreas Renault, 1597),尤其是争论 32 至争论 34。

[11] 20 世纪学者在研究了亚里士多德的 ousia 或实体概念之后指出,在《范畴篇》以及《物理学》或《形而上学》的阐述中,他对第一实体的定义发生了重大变化。他们通常都认为,在《范畴篇》这部早期著作中,亚里士多德把特定对象,比如一个人或一匹马,称为第一实体。但亚里士多德在发展自己的物理学和形而上学时,在多大程度上修改了这一概念,他们的看法产生了分歧。迈克尔·J. 卢(Michael J. Loux)认为,《范畴篇》对第一实体的解释已经预示了亚里士多德后来把它当成例示于某个特定对象中的本质或共相。但萨拉·沃特洛(Sarah Waterlow)和乔纳森·利尔(Jonathan Lear)却都主张,亚里士多德在《范畴篇》中认为第一实体是个体对象,比如一个人或一匹马,他只是在《形而上学》中才改变了对这个概念的定义。参看 Michael J. Loux,《第一实体》(*Primary Ousia*, Ithaca, N. Y.: Cornell University Press, 1991),第 2 页～第 17 页;Sarah Waterlow,《亚里士多德物理学中的自然、变化和动因》(*Nature, Change, and Agency in Aristotle's Physics*, Oxford: Oxford University Press, 1982),第 41 页～第 42 页,第 48 页～第 54 页,第 87 页～第 92 页;Jonathan Lear,《亚里士多德:理解的欲望》(*Aristotle: The Desire to Understand*, Cambridge: Cambridge University Press, 1988),第 257 页～第 259 页,第 265 页～第 273 页。关于对亚里士多德的思想特别是其自然哲学的一般介绍,参看 G. E. R. Lloyd,《亚里士多德思想的发展和结构》(*Aristotle: The Growth and Structure of His Thought*, Cambridge: Cambridge University Press, 1968)。

[12] Reisch,《哲学珍宝》,2. 5,第 135 页～第 136 页。

> 原因,父亲是孩子的原因,以及一般地说,制造者是产品的原因……;(4)目的,亦即事物为其之故而存在的那种东西,如健康是散步的目的。为什么散步?我们说“为了健康”,在这样说时,我们认为已经给出了原因。[13]

中世纪和文艺复兴时期的教科书作者在试图为学生解释和澄清亚里士多德这些段落的含义时,面临着艰巨的任务。但12、13世纪亚里士多德著作的非常老练的阿拉伯语和拉丁语评注者也已经体会到了这些困难,因为具体指定个体实体的质料因、形式因、动力因和目的因绝非看起来那样简单。[14] 雕像的质料是使之得以塑造的青铜,雕像的形式是雕塑家所造就的它的形状,雕塑家在塑造雕像时充当了它的动力因,雕像的目的因或目的则是它以雕塑家最初设想的最终形式被完成。为了解释个体自然实体的原因,教科书作者和哲学评注者通常会把四因的指定从更熟悉的人工物转到橡树这样的自然实体。然而,这些例子之间并不容易作出严格类比。橡树是质料与形式的结合,它们共同构成了个体实体。严格说来,无论是橡树的质料还是形式,在结合成个体的橡树之前都无法脱离对方而单独存在,因此很难独立于彼此来描述质料因和形式因。不仅如此,根据亚里士多德的说法,橡树是自然实体而非人工实体,所以其内部必定有自身运动或变化的本原。由于其形式充当了这一本原,所以它不仅算作橡树的形式因,而且也算作橡树的动力因。在亚里士多德对自然实体的解释中,形式甚至担负着三重责任,因为它还充当着实体的目的因。橡树的生长目标是要成为一棵由形式所规定的成熟橡树。

76

于是,亚里士多德主义教科书的作者和哲学评注者费了很大精力去解释亚里士多德对四因的定义,以及为每个第一实体赋予了自身本性的自然(本性)概念。许多人径直引述了亚里士多德关于这个概念的部分陈述:

> 动物及其各个器官,植物,还有简单物(土、火、气、水),都是凭借自然而存在的……所有这些事物的内部都有运动和静止(有的是空间方面的,有的是量的增减方面的,有的是质的变化方面的)的本原……自然是它原初所属的事物凭借自身而非偶然地运动或静止的本原或原因……凡具有这种本原的事物都具有自然(本性)。每一个这样的事物都是实体。[15]

---

〔13〕 Aristotle,《形而上学》(*Metaphysics*),5. 2,W. D. Ross 译,载于 Jonathan Barnes 编,2 卷本《亚里士多德全集》(*The Complete Works of Aristotle*, Princeton, N. J.: Princeton University Press, 1984),第 2 卷,1600(1013a24 – 35)。

〔14〕 有两位评注者的著作在 1500 年至 1700 年期间不断影响着亚里士多德主义者对因果性的讨论,他们是 12 世纪的阿拉伯评注者阿威罗伊和 13 世纪的拉丁评注者托马斯·阿奎那。现代早期在定义这些讨论术语方面同样有影响的亚里士多德主义者包括苏亚雷斯、帕修斯、扎巴瑞拉,以及或者与科英布拉的耶稣会学院、或者与帕多瓦大学有关联的其他教师。例如参看 Collegium Conimbricense,2 卷本《〈物理学〉的注释》(*Commentarii . . . in octo libros Physicorum*, Lyons: Buysson, 1594);Collegium Conimbricense,《〈论生灭〉的注释》(*Commentarii . . . in duos libros De generatione et corruptione*, Lyons: Buysson, 1600);Francisco Suárez,《关于形而上学的讨论》(*Disputationes metaphysicae*);Julius Pacius,《亚里士多德的自然研究著作(八)》(*Aristotelis Naturalis auscultationis libri VIII* [1596], repr., Frankfurt: Minerva, 1964);《亚里士多德逍遥学派的组织原则》(*Aristotelis Peripateticorum principis organum* [1597], repr., Hildesheim: Geory Olms, 1967)。另见本章的最后一节,考察了扎巴瑞拉的若干著作。

〔15〕 Aristotle,《物理学》(*Physics*),2. 1,R. P. Hardie 和 R. K. Gaye 译,载于 Aristotle,《亚里士多德全集》,Barnes 编,第 1 卷,329(192b10 – 23, 192b33 – 4)。

一些评注者接着会指出亚里士多德的看法,即对于任何自然实体来说,其形式正是它运动或静止的本原,因此它的形式担负着形式因、动力因和目的因三重责任。[16] 当然,被运用于自然实体的四因观念的这最后一个特征会使学生和教授心生困惑,他们会问:形式的哪些方面要为它的几种原因的力量负责?到底什么是原因的力量?因果性本身是否有一种本性或原因?

77 从12、13世纪(阿威罗伊[伊本·路西德]和阿奎那)一直到17世纪初,这种对因果性自身本性的思考激励了科学和形而上学研究。作为自然哲学家,一些亚里士多德主义者试图更好地理解所有自然实体的形式,相信如果能够严格确定每个实体的形式,也就发现了它的动力因和目的因,从而获得关于每个自然实体的完整的因果理解。而另一些人则把形式因与动力因、目的因截然区分开来,他们强调确认每一种原因各自力量的重要性。[17] 此外,作为哲学家,他们都希望确立一些形而上学要求,某种东西要想算作原因,就必须满足它们。然而,尽管16世纪下半叶的亚里士多德主义者作了多方面的研究,但他们在特定科学领域的解释受到了越来越多的批评,也面临着与其竞争的因果性的形而上学讨论的挑战。

上帝作为目的因与自然定律的出现

前面所说的第一种变化涉及科学研究的总体目标,它突出地表现在16世纪广为流传的亚里士多德主义教科书《哲学珍宝》(*Margarita philosophica*,1503)的作者格雷戈尔·赖施(1467～1525)与17世纪机械论哲学的著名拥护者罗伯特·玻意耳(1627～1691)之间的分歧。[18] 赖施重申,亚里士多德主义者的科学目标是理解每一种自然实体的形式,而玻意耳则认为,科学的目标在于确认物体的微粒结构以及支配它们的似律规律性,这两种目标完全不同。不过,他们至少在两个关键点上意见一致,那就是:自然哲学家在解释自然现象时必须为上帝留出重要位置,上帝在这些解释中充当着一种外在的目的因(参看第2章)。

赖施在此书开篇就提出,除了四因之间的区分,还需要进一步区分他所谓的"内在

---

[16] 例如参看 Reisch,《哲学珍宝》,8.13,第638页;以及 Thomas Aquinas,《论自然的本原》(*De principiis naturae*),第4章,译文载于 Joseph Bobik 编,《阿奎那论质料、形式和元素》(*Aquinas on Matter and Form and the Elements*, Notre Dame, Ind.: University of Notre Dame Press, 1998),第71页～第73页。亚里士多德关于形式因、动力因和目的因之间关系的论述(由此产生了这三种原因在自然实体中相一致的观点)见于他的《物理学》。参看 Aristotle,《亚里士多德全集》,Barnes 编,第1卷,330 - 1, 338 (193b6 - 18, 194a27 - 30, 198a22 - 30)。

[17] 苏亚雷斯是这种解释方案的重要倡导者。参看 Francisco Suárez,《论动力因果性:形而上学论辩17、论辩18和论辩19》(*On Efficient Causality: Metaphysical Disputations 17, 18, and 19*, New Haven, Conn.: Yale University Press, 1994),Alfred J. Freddoso 译,17.1,第3页～第10页。

[18] 参看注释10。本文关于赖施的《哲学珍宝》的所有引文均来自1583年巴塞尔版。与更早的一些巴塞尔版不同,本版包含了印刷页码,引用起来更为方便。虽然赖施的文本已经得到了奥龙斯·菲内(Oronce Finé)的扩充,但这里引用的其中所有段落都原封不动地见于1517年巴塞尔版,后者之中未包含菲内的任何补充。关于赖施这部著作的各种不同版本,参看 John Ferguson,《格雷戈尔·赖施的〈哲学珍宝〉书目》(The *Margarita Philosophica* of Gregorius Reisch: A Bibliography),《图书馆》(*The Library*),10(1929),第194页～第216页。

原因”和“外在原因”。[19] 内在原因是那些属于自然实体本身的、只能由实体施加的因果力量。在赖施看来,亚里士多德四因中的形式因和质料因,只可能是内在原因而不是外在原因,因为形式与质料的结合规定了个体实体。但动力因和目的因既可以是内在原因,也可以是外在原因,这取决于特定的动力因或目的因是否该实体的一部分。[20] 于是,上帝的作用作为自然实体的目的因可以算作一种外在的目的因,因为上帝的因果力量并不属于被作用的实体本身,但的确影响了它的行为。当然,被作用的实体仍然受其自身的内在目的因即它的形式的影响。在赖施的描述中,上帝就类似于工匠,他拥有人工物的观念,于是,当这位工匠着手制作人工物时,他的观念便决定了所要完成的目标。赖施引用奥古斯丁的著作当作这一观点的先例,把自然实体的形式称为上帝心智中的神圣观念。[21] 每一个神圣观念都充当着形式的原型,而形式则内在地使个体实体具有典型的属性。换句话说,上帝外在的因果力量与实体形式内在的因果力量同时发生或共同起作用,以产生该实体。

78

虽然玻意耳拒绝16世纪亚里士多德主义者的说法,即形式是自然实体的内在目的因,但他的确发展了他们关于上帝作为外在目的因的论述。不过,玻意耳对上帝所起作用的看法不同于赖施的说法。赖施之所以把上帝称为目的因,是因为上帝拥有所有个体实体形式的原型,充当着把所有自然实体(通过它们的欲望、倾向或其他手段)推向其独特目标的神圣目的。[22] 而玻意耳把上帝称为目的因却是因为,他认为上帝是那个构想出所有自然物神意秩序(providential order)的神圣心智,是那个命令所有物体遵守自然定律的神圣意志。[23] 这种论述源于他批评亚里士多德主义者未能成功解决关于因果解释的一个核心问题,即形式如何准确地把自然实体导向它的独特目的?[24] 然而,玻意耳担心自己对一个类似问题的回答可能也不那么令人满意,那就是:神的意志如何命令物体遵守自然定律?他甚至担心人们将它与17世纪的伊壁鸠鲁派和斯多亚派的原理混同起来。的确,玻意耳对自然定律如何规范物体运动的描述很容易被误解为伊壁鸠鲁派的自然观念,伊壁鸠鲁派认为,运动的原子充当着由这些原子构成的普通物体运动的动力因。而玻意耳谈及一种神意的自然秩序可能会被混同于斯多亚派关于神一般的自然的观念,这个自然根据其自身的物质原理和理性原理运作,其存在并不依赖于基督教的上帝。

79

玻意耳的策略是,走一条介于伊壁鸠鲁原子论的现代复兴者与斯多亚派自然哲学

---

[19] Reisch,《哲学珍宝》,8. 12 - 13,第636页~第638页。

[20] 同上。

[21] 同上书,第637页。

[22] 同上书,第637页~第638页。

[23] Robert Boyle,《自然事物的目的因探究》(*A Disquisition about the Final Causes of Natural Things*, London: Printed by H. C. for John Taylor, 1688),第91页~第96页;Boyle,《漫谈对自然观念的通俗理解》(*A Free Enquiry into the Vulgarly Receiv'd Notion of Nature*, London: Printed by H. Clark for John Taylor, 1686),第40页~第43页,第124页~第127页。

[24] Boyle,《自然事物的目的因探究》,第87页~第90页;Boyle,《漫谈对自然观念的通俗理解》,第26页~第28页,第44页~第47页。

的现代复兴者之间的路线。[25] 他的中间路线避免了赋予自然界太少秩序和目的的极端做法,同时也避免了另一个极端,即把自然本身当成神,它形成了如此完备的秩序,以至不再需要上帝来充当其目的因。玻意耳认为,现代的伊壁鸠鲁派以偶然性为主导因素来解释为什么物体会拥有特定的属性,所以赋予自然界的秩序太少。[26] 和希腊化时期的前辈一样,现代的伊壁鸠鲁派缺乏对世界整体设计的理解,他们把原子看成自然现象的动力因,却没有指明这些原因所要达到的目的。这导致现代的伊壁鸠鲁派无法令人满意地描述个别物体的设计或整个自然的结构。一些现代的原子论者,其中包括基督教的伊壁鸠鲁派的皮埃尔·伽桑狄(1592～1655),通过把伊壁鸠鲁所说的偶然性替换成基督教上帝的神意,的确设法避免了这些不足。[27] 但这并不妨碍玻意耳在其《自然事物的目的因探究》(*A Disquisition about the Final Causes of Natural Things*, 1688)中批评伽桑狄在希腊化时期的前辈:

> 有一些结果非常容易……产生,以至于由它们并不能推断出关于其原因的任何知识或意图;但还有一些结果需要许多协同作用的原因,需要一连串的运动或运作,以至于如果没有一个理性的作用者,智慧和强大到足以安排和布置这样一种遥远结果的若干介于中间的……作用者和工具,它们根本不可能产生出来。因此,即使偶然性能在少数物质中产生出稍许组织结构,我们也不能有把握地断定,它能够产生出……像动物身体那样精巧的设计……犬足的构造,斯特拉斯堡的著名大钟,都表现出了多得多的技艺。[28]

80

这里,在将犬足与斯特拉斯堡的大钟进行比较时,玻意耳在产生自然机制需要神圣工匠与制造著名大钟那样的机械需要人类工匠之间进行了重要类比。玻意耳认为,这种比较清楚地揭示了那些原子论解释的不足,它们拒不承认需要目的因来确定自然物的结构和目的。

玻意耳认为,现代斯多亚派则犯了相反的错误,他们支持一种过于思辨的自然观

---

[25] Boyle,《自然事物的目的因探究》,第 3 页～第 4 页,第 45 页～第 49 页,第 100 页～第 101 页,第 104 页～第 106 页;Boyle,《漫谈对自然观念的通俗理解》,第 64 页～第 65 页。除了走伊壁鸠鲁派和斯多亚派的中间路线,玻意耳还在某些著作中采取了介于伊壁鸠鲁派和笛卡儿派之间的立场。例如,他的《自然事物的目的因探究》中最长的批评并非针对主张由原子构成的世界不需要神创的伊壁鸠鲁派,而是针对认为根本不可能认识神的目的的笛卡儿派。玻意耳认为,上帝的全知与人的有限知识之间的差异使笛卡儿派深受触动,以致危及了他们对上帝能力的信念,他们把科学解释局限于动力因,拒绝思考自然的目的因或上帝的目的。参看 Boyle,《自然事物的目的因探究》,第 A3 页～第 A5 页;以及 René Descartes,《哲学原理》(*Principles of Philosophy*), 1. 24 - 8,载于 John Cottingham、Robert Stoothoff、Dugald Murdoch 和 Anthony Kenny 译,3 卷本《笛卡儿哲学著作》(*The Philosophical Writings of Descartes*, Cambridge: Cambridge University Press, 1984 - 91),第 1 卷,第 201 页～第 202 页。

[26] Boyle,《自然事物的目的因探究》,第 3 页～第 4 页,第 45 页～第 49 页,第 160 页～第 161 页;Boyle,《漫谈对自然观念的通俗理解》,第 64 页～第 65 页。

[27] 有两项研究从不同角度分析了伽桑狄复兴伊壁鸠鲁主义的这个方面和其他方面:Lynn Sumida Joy,《原子论者伽桑狄:科学时代的历史辩护者》(*Gassendi the Atomist, Advocate of History in an Age of Science*, Cambridge: Cambridge University Press, 1987);以及 Margaret J. Osler,《神的意志和机械论哲学:伽桑狄和笛卡儿论受造世界中的偶然性和必然性》(*Divine Will and the Mechanical Philosophy: Gassendi and Descartes on Contingency and Necessity in the Created World*, Cambridge: Cambridge University Press, 1994)。

[28] Boyle,《自然事物的目的因探究》,第 45 页～第 47 页。

念，误以为自然本身就是神，自然界当中处处都能看到神的目的。[29] 因此，斯多亚派的自然观没有为基督教上帝的行动留出空间，因为在确定自然秩序的目的方面，上帝的因果力量是多余的，自然秩序本身就可以充当一种能够确定自身目的的、统一的、理智的、有生命的东西。然而，这种批评并非片面地适用于所有现代斯多亚派，因为其中许多人是基督徒。他们之中最有影响的也许是于斯特斯·利普修斯（1547～1606），他是佛拉芒人，编订和普及了罗马斯多亚派的塞内卡的著作。利普修斯一直努力使斯多亚派的物理学和伦理学符合基督教神学，但是当它们之间的冲突变得无法解决时，他会毫不犹豫地坚持基督教教义，而不是塞内卡的任何物理学或伦理学原则。正如他在《斯多亚哲学导论》（*Manuductio ad stoicam philosophiam*，1604）中提醒读者的："任何人都不应像斯多亚派那样把目的或幸福置于自然之中；除非根据我所给出的解释，置于上帝之中。"[30]就这样，利普修斯利用某些古代文本增强了斯多亚派观点在基督徒读者中的可信度。一个典型的例子是，他试图表明，塞内卡否认上帝创造了物质，这种做法并非异端，因为"物质"一词在斯多亚派那里有两种用法，一种是指普遍的或原初的物质，另一种则是指形成个体有限物体的特殊物质或次级物质。利普修斯认为，当塞内卡否认上帝创造了物质时，他所说的物质一直是指原初物质，由于这种原初物质是一切存在事物的永恒基底，所以它就等同于上帝。[31] 这样，塞内卡否认上帝创造原初物质就可以理解了，因为说永恒的东西需要创造，或上帝创造自身，是毫无意义的。

81

利普修斯的斯多亚主义和伽桑狄的伊壁鸠鲁主义都是调和现代早期的基督教信仰与希腊化时期异教原则的尝试。在这方面，它们与玻意耳力图阐明一种自然神学有显著的共通之处。玻意耳碰到的困难很有启发性。他将整个自然比作一套"宇宙机械装置"，仿佛是一座时钟，他的设计论论证赞美人眼、蝇眼或犬足的巧妙设计，所有这些都可以用不相容的方式解释。[32] 例如，假如自然是一部世界机器，这既可能表明，上帝——神圣工匠——为了一种超越的目的而造出它，也可能表明，世界只是一套永恒的机械装置，不需要神圣的造物主，世界除了系统地运转其各个部件，并无其他目的。此外，虽然可以把人眼等动物器官的复杂设计视为上帝的作品，但也可以认为这些自然设计证明上帝并非目的因。人眼被认为仅仅是一套物质机械装置，也许除了系统地运转其各个部件，并无其他目的。

不仅是玻意耳，而且利普修斯和伽桑狄也可能会被问及：既然整个自然和各个物体都像机器一样运作，那么是否还需要上帝存在？如果不诉诸作为外在目的因的上帝

---

[29] Boyle，《漫谈对自然观念的通俗理解》，第 100 页～第 101 页，第 104 页～第 106 页，第 120 页～第 121 页。

[30] Justus Lipsius，《斯多亚哲学导论·第三卷》（*Manuductionis ad stoicam philosophiam libri iii* [1604]），载于 Justus Lipsius，4 卷本《全集》（*Opera omnia*，Wesel，1675），第 4 卷，第 617 页及其后，译文载于 Jason Lewis Saunders，《于斯特斯·利普修斯：文艺复兴时期的斯多亚主义哲学》（*Justus Lipsius*：*The Philosophy of Renaissance Stoicism*，New York：The Liberal Arts Press，1955），第 55 页。

[31] Saunders，《于斯特斯·利普修斯：文艺复兴时期的斯多亚主义哲学》，第 166 页～第 167 页。

[32] Boyle，《自然事物的目的因探究》，第 18 页，第 44 页，第 47 页～第 49 页；Boyle，《漫谈对自然观念的通俗理解》，第 73 页。

的力量，这样一个既包含运动定律，又包含“世界的一般构造和特定物体的精巧设计”的自然是否不可设想？[33] 这三位思想家显然是这样想的，因为他们认为，自然定律的存在本身就预设了上帝与自然定律之间必然存在着一种关系，正是这种关系使他们能够确定到底什么是自然定律。在本章稍后的部分我们将会看到，定义自然定律的各种努力严重依赖于作为外在目的因的上帝观念和作为外在动力因的物质概念。不过，我们需要先考虑16世纪的几位著名的亚里士多德主义者如何为作为内在动力因的形式作辩护。考察他们的工作对我们的研究至关重要，因为这可以令人信服地表明，为什么亚里士多德的四因说在现代早期的影响力有所下降。

82

亚里士多德主义革新者对内在与外在动力因的看法

在玻意耳试图阐明新的自然定律的一个世纪之前，为实体形式辩护的人已经研究了特定科学中的一组问题，这些问题使他们不得不承认，很难通过内在的动力因来解释各种自然现象。这些亚里士多德主义革新者包括阿戈斯蒂诺·尼福（约1469～1538）、尤利乌斯·凯撒·斯卡利杰尔（1484～1558）、雅各布·扎巴瑞拉（1532～1589）和他们的继任者，继续着中世纪有关实体形式和四元素形式（土、火、气、水的实体形式）的因果力量的某些探索。他们的探索往往把关于所谓“复合物（mixts）”的化学混合物的研究与哲学分析结合在一起，这些分析常常借自亚里士多德《论生灭》（*On Generation and Corruption*）的中世纪阿拉伯语和拉丁语评注者。[34]

在一种比较简单的版本中，这个问题在于如何解释复合物（例如两种熔化的金属结合而成的金属合金）与纯粹的混合物（例如两种谷物混合而成的多谷混合物）之间的差别。[35] 结合（或复合）过程造就了一种各部分均一的复合物，尽管其组分，比如那两种金属，通过进一步的过程还可以相互分离。而后一情况下的混合过程却造就了一种并非所有部分都均一的多谷混合物，因为每颗谷粒都保持着作为构成混合物的两种谷物之一的原初同一性。如何解释第一种情况下会产生一种显著不同的自然实体，而第二种情况下却不会？构成复合物的金属的形式是否变成了一种新的形式，即合金的形式？13世纪的哲学家和自然志家大阿尔伯特研究了这种复合物及其他种种可能的复

---

〔33〕 Boyle，《漫谈对自然观念的通俗理解》，第41页。

〔34〕 这类科学著作中的一个有教益的例子是扎巴瑞拉的《论复合物》（*Liber de mistione*，1590）。他在这部短篇著作中对阿维森纳、阿威罗伊、阿奎那和司各脱等中世纪先驱作了概述，并且结合亚里士多德本人的看法评价了他们对复合物的解释。参看《论复合物》，载于 Jacopo Zabarella，《论自然的秩序·第三十卷》（*De rebus naturalibus libri XXX* [1607]，repr.，Frankfurt：Minerva，1966），cols. 451 - 480。

〔35〕 Aristotle，《论生灭》（*On Generation and Corruption*），1.10（327a30 - 328b25），对其讨论载于 Norma E. Emerton，《对形式的重新科学阐释》（*The Scientific Reinterpretation of Form*，Ithaca，N.Y.：Cornell University Press，1984），第77页。对中世纪和现代早期有关亚里士多德如何解释复合的论述的一种相反看法，参看 John E. Murdoch，《中世纪和文艺复兴时期的自然最小单元传统》（The Medieval and Renaissance Tradition of *Minima Naturalia*），载于 Christoph Lüthy、John E. Murdoch 和 William R. Newman 编，《中世纪晚期和现代早期的微粒物质理论》（*Late Medieval and Early Modern Corpuscular Matter Theories*，Leiden：Brill，2001），第91页～第131页。

合物,他把这些复合物称为“中间物(intermediates)”,因为它们既有不熔性石头的某些属性,又有可熔性金属的某些属性。[36] 这些中间物中有矿物盐,他认为这是由地球中的石头和金属结合而成的天然复合物。

大阿尔伯特以及阿维森纳、阿威罗伊、罗吉尔·培根、托马斯·阿奎那、约翰·邓斯·司各脱、萨克森的阿尔伯特等其他中世纪学者,也从哲学上处理了复合物问题更复杂的版本。因此并不奇怪,斯卡利杰尔等16世纪的为实体形式辩护的人,会把复合物问题解释成如何描述真正的实体与亚里士多德四元素的复合物之间关系的问题。他主张,复合物以某种方式获得了一种新的形式,它不同于构成复合物的元素的形式。斯卡利杰尔的主要思想归功于伊斯兰教哲学家阿威罗伊(1126～1198),斯卡利杰尔认为,新的主导形式从构成元素的弱化形式那里接管了复合物的结构: 83

> 元素的本性不仅要相对于它们自身,而且要相对于它们的复合物[来理解]。它[每种元素]相对于自身都有一种形式,为了获得[在复合物中的]一种更高贵的形式,它放弃了这种形式。于是,[在复合物中结合的元素的]形式不再继续存在,诸性质并没有被剥夺它们的形式,而是以一种不同的方式适应了复合物实体。要想产生新的实体,被彼此的性质所征服的各个部分的形式必须在一种更强有力的[形式]的主导下,暂时搁置自然原本的顽固性。[37]

斯卡利杰尔的同时代人还研究了亚里士多德如何用形式来完成其物理学中的另一项任务,即指明产生和消灭、质的变化、增大减小、位置运动四种变化之间的差异。通过追问每一种变化是否都有单一的基础实体(它是变化的主体),亚里士多德已经指明了它们的差别。[38] 由于他曾经预先假定,基本的存在单位是产生出来的实体,所以他要求,对其他三种自然变化的解释,应当首先归因于构成变化基础的个体实体的形式,而不应归因于在邻近的时间和位置可能对正在变化的个体实体造成因果影响的其他实体。通过分析实体的各个部分以及形式的度(degrees)或质(qualities)在四种变化期间究竟发生了什么,尼福、斯卡利杰尔和扎巴瑞拉都试图强化这种对变化的解释。例如,尼福遵循阿威罗伊的做法,通过实体的最小部分以及形式的最小的度或部分来处理这个问题。在对亚里士多德《物理学》的阐释中,他写道:

> 阿威罗伊认为,增大、产生和改造都是通过最小部分进行的……他主张,任何可以自然增强的形式都有最大和最小的度……作用者可以把主体的第一个最小部分改变1度的质,然后通过第一个最小部分,它可以把第二个最小部分改变到1度;在把第二个最小部分改变到1度时,它将把第一个最小部分推至2度;[等 84

[36] Emerton,《对形式的重新科学阐释》,第77页～第78页。

[37] Julius Caesar Scaliger,《摆脱吉罗拉莫·卡尔达诺的〈论精巧〉的15项外部练习》(*Exotericarum exercitationum liber XV de subtilitate ad Hieronymum Cardanum* [1557]),ex. 16,第34页～第35页,译文载于Emerton,《对形式的重新科学阐释》,第83页。我补充了第二个和第四个括号中的插入语,以使此段引文的意思更明白。

[38] Aristotle,《论生灭》,1.4,H. H. Joachim译,载于Aristotle,《亚里士多德全集》,Barnes编,第1卷,522 - 523(319b8 - 320a1)。

等]……所谓“流动”,应当理解为主体对形式的相继获得……所谓“流动的形式”,阿威罗伊指的是通过这种相继接受而获得的形式。[39]

虽然尼福关于实体最小部分的理论与物理学家后来提出的微粒论解释有明显的相似之处,但16世纪为形式辩护的人却小心翼翼地限定了关于最小单元(minima)的陈述。他们多次指出,实体的最小部分以及形式的最小的度或部分,不应与德谟克利特或伊壁鸠鲁所说的原子相混淆。实体的最小部分与原子不同,原子的总体结构和运动决定着物体的属性,而实体的最小部分就其同一性和存在性而言,却总是依赖于整个实体。此外,形式的最小部分就其因果力量而言总是依赖于整个形式,单单整个形式就可以充当实体的本质属性的内在原因。

而在17世纪上半叶,另一些为形式辩护的人研究了以形式为基础的解释在多大程度上可以适应以元素和原子的外在因果力量为基础的解释。这群人中的两个重要成员,弗兰西斯·培根(1561～1626)和丹尼尔·森纳特(1572～1637),分别由非亚里士多德主义和亚里士多德主义文献拼凑出一种改进的关于形式的论述。森纳特的《论盖仑主义者和亚里士多德主义者与化学家的一致和分歧》(*Tractatus de consensu et dissensu Galenicorum et Peripateticorum cum Chymicis*,1619),如其标题所示,旨在考察这三种重要的自然哲学传统对化学现象的看法的一致和分歧。森纳特特意选取盖仑医学、亚里士多德物理学和帕拉塞尔苏斯炼金术的原理来解决复合物问题以及与化学现象有关的各种其他问题。与尼福和斯卡利杰尔一样,森纳特认为复合物中出现了一种主导形式,其内在的因果力量决定着复合物的本质属性。在没有主导形式的情况下,他否认任何原子位形或外在动力因能够产生新的复合物实体。[40]

85

森纳特的《论盖仑主义者和亚里士多德主义者与化学家的一致和分歧》出版一年后,培根的《新工具》(*Novum organum*,1620)问世,其中提出了一种值得注意的改进的形式概念:

> 我所谓的“形式”,仅仅是指关于纯粹现实[actus puri]的那些定律[leges]和规定,它们支配和构成着[ordinant et constituunt]所有容许有形式的质料和主体中的单纯本性,比如热、光、重量。因此,热的形式和光的形式与热的定律或光的定律并无不同。[41]

---

[39] Agostino Nifo,《关于亚里士多德〈物理学〉的说明》(*Expositio super octo Aristotelis Stagiritae libros de physico auditu: Averrois... in eosdem libros proemium ac commentaria* [1552]),fols. 96v,97v,112r,213r,译文载于Emerton,《对形式的重新科学阐释》,第93页,第101页。

[40] Daniel Sennert,《论盖仑主义者和亚里士多德主义者与化学家的一致和分歧》(*Tractatus de consensu et dissensu Galenicorum et Peripateticorum cum Chymicis*),载于Daniel Sennert,4卷本《全集》(*Opera omnia*, Lyons: Hugetan and Ravaud, 1650),第3卷,第779页～第780页,译文载于Emerton,《对形式的重新科学阐释》,第119页。

[41] Francis Bacon,《新工具》(*Novum organum*),载于Francis Bacon,14卷本《弗兰西斯·培根全集》(*The Works of Francis Bacon*, London: Longmans, 1857 - 74),James Spedding、Robert L. Ellis和Douglas D. Heath编,第4卷,第146页;第1卷,第257页～第258页,被引用于Antonio Pérez-Ramos,《培根的形式和制造者的知识传统》(Bacon's Forms and the Maker's Knowledge Tradition),载于Markku Peltonen编,《剑桥培根指南》(*The Cambridge Companion to Bacon*, Cambridge: Cambridge University Press, 1996),第107页。

至于培根提出这一建议时是否真的希望它能像它看起来那样激进,这还很难说,因为他似乎认为,把(作为内在动力因的)形式重新定义为(作为外在动力因的行为中的规律性的)科学定律,这并非严重不一致。通过物体各个部分潜在的位形和潜在的过程,培根式的形式将在物体中产生一种特殊的属性;因此,形式的因果力量是通过物体各个部分的结构和运动而获得的。[42] 然而,培根说,物体的这些部分只是从其中包含的形式本身(如热、光等等)之中才获得了引起潜在位形和潜在过程的能力。因此,他的形式概念混淆了外在动力因和内在动力因的力量。

除了培根,在通过自然定律来解释自然现象方面,像尼福、斯卡利杰尔、扎巴瑞拉和森纳特这样为形式辩护的学者,通常并不与现代早期的微粒论物理学家相对抗。微粒论物理学家拥护外在的动力因,而亚里士多德主义革新者则试图维护作为内在动力因的实体形式的可信性。由于这两群人通常都致力于互不相容的解释工作,所以把实体形式理论的影响力下降归因于微粒论更加合理会产生误导。例如,像勒内·笛卡儿(1596～1650)这样的微粒论者一开始就认为,对于这样一种解释,即认为物体可观察的属性由物体的实体形式所引起,他关于物质及其组分的理论是更为可取的。接着,他设计了一个论证,表明实体形式仅仅是由物体各个部分的形状、大小、位置和运动所构成的一种配置,使物体能在观察者的神经中引起运动。因此,实体形式并非超出构成物体各个部分的某种东西。但这种反对实体形式的论证预设了笛卡儿物质理论貌似是合理的,它只能从一种(根据它对物体的论述)已经排除了实体形式的立场来质疑实体形式的存在。[43] 那么,为什么通过内在动力因进行解释在这一时期会衰落呢?虽然这个问题还有待进一步研究,但这种衰落也许有一个重要原因,那就是亚里士多德主义者越来越意识到其实体理论自身内部的严重矛盾。

86

由于引入了各种不同的最小单元概念,为形式辩护的人不得不断言一些关于实体形式的矛盾说法。一方面,形式的各个部分(或度,或质)的特性和因果力量被说成由整个实体形式完全决定。形式作为内在动力因的地位蕴含了这种观点。而另一方面,即使是关于最简单的化学现象的传统亚里士多德解释,也急需通过形式的各个部分对运动和变化进行更复杂的分析来作为补充。例如,仅凭实体形式的内在因果力量无法解释合金如何获得了它的特性。于是,把形式的最小部分理论化的亚里士多德主义者在主张这些最小部分相继产生了整个形式时,认为各个部分都拥有因果力量,可以独立于整个形式起作用。因此,这些理论家既认为形式的最小部分的因果力量累积地决定了(*cumulatively determine*)整个形式的特性和力量,又认为整个形式完全确定了其最小部分的特性和因果力量。于是,由实体形式的初始原理可以推出两种矛盾的说法。这些矛盾说法揭示了16世纪亚里士多德主义实体理论及其17世纪推论的严重缺陷:

---

[42] Bacon,《新工具》,载于Bacon,《弗兰西斯·培根全集》,第4卷,第122页～第126页,第151页～第158页;第1卷,第230页～第234页。

[43] 关于对笛卡儿论证的进一步讨论,见本章的下一节和注释49。

如果这种理论的几个最有希望的最新版本的缺陷进一步发展，势必会危及它的逻辑一致性。

87

微粒论物理学家对内在与外在动力因的看法

现代早期的科学解释发生的第二种显著变化，意味着用新的解释来取代特定科学中长期存在的亚里士多德主义解释，这种新的解释是：描述普通物体的变化和运动如何由构成这些物体的物质、元素或原子所引起。这种援引了物质、元素或原子的因果力量的解释，往往因其简单性和清晰性而受到科学革新者的青睐，他们认为亚里士多德的形式概念没有条理，模糊不清。但即使是这些似乎更为简单的解释方式也需要详加说明，因为如果物质、元素或原子可以充当动力因，那么就需要讲清楚它们与自然定律是什么关系。如何描述物质、元素或原子受定律支配的行为本身？恰恰在这里，继续把上帝当作目的因暗示了一种有意义的方式来确切地定义什么是自然定律，以及物质在充当动力因时做了什么。

上帝的作用不只是创造出受自然定律支配的出自神意的自然秩序，而且还要设计构成每个物体的原子或部分，并赋予它们适当的动量，使之能够充当每个物体状态变化的动力因。拥有一定动量的某个原子或部分是外在的动力因，因为它（通过碰撞）充当着在它之外的原子或部分的运动原因，而且也是同它一起构成更大物体的其他原子或部分的总体位形的一个原因。构成物体的原子或部分的总体位形和所有运动完全决定了物体的一切属性。因此，这样一个复合体内不可能存在像亚里士多德的形式那样的内在动力因，因为完全决定物体构成的并非整个物体的实体形式，而是作为外在动力因的它的原子或各个部分。

这种对日常物体属性的解释类似于古希腊和希腊化时期的原子论者所提出的解释，他们还预示了17世纪的另一项革新，即物体的第一性质和第二性质之间的区分。[44] 虽然早期原子论者并没有充分探讨这种区分所引出的认识论问题，但他们讨论了感知到的普通物体的性质如何由构成这些物体的原子的属性所引起。特别是，原子的大小、形状和运动使观察者感知到了每个普通物体的特殊颜色、味道、气味、触感和声音。唯理论者笛卡儿和经验论者约翰·洛克（1632～1704）等近代哲学家都提出了关于感知的因果理论，在某些方面类似于早期原子论者的论述。

88

洛克在其《人类理解论》（*An Essay Concerning Human Understanding*，1690）中明确

---

[44] 对类似区分的讨论可参看 Epicurus，《致希罗多德的信》（Letter to Herodotus），载于 Diogenes Laertius，2 卷本《名哲言行录》（*Lives of Eminent Philosophers*，Loeb Classical Library nos. 184 – 5，Cambridge，Mass.：Harvard University Press，1925），R. D. Hicks 译，第 2 卷，10.48 – 55，esp. 54 – 55，第 576 页～第 585 页；以及 Titus Lucretius Carus，《物性论》（*On the Nature of the Universe* [*De rerum natura*]，London：Penguin Books，1994），R. E. Latham 和 rev. John Godwin 译，bk. 2，ll. 333 – 477，730 – 990，第 46 页～第 49 页，第 55 页～第 62 页；bk. 4，ll. 24 – 263，523 – 718，第 95 页～第 101 页，第 108 页～第 113 页。

定义了“第一性质”和“第二性质”,这部著作对于第一性质与第二性质的区分的多种定义反映了他的许多科学同侪的看法。尽管洛克明确质疑自然哲学家是否有能力对所谓的每种物体的“真实本质(real essence)”给出令人满意的微粒论解释,但他还是认可了他们对物体第二性质的微粒论解释。根据洛克的说法,第一性质,即坚实性、广延、形状、数量、运动或静止,是那些既属于原子又属于复合物的属性,无论通过何种分割或破坏过程,都不可能从原子或复合物中消除。[45] 根据本性,无论是单个的原子,还是由诸多原子构成的物体,都将拥有某种坚实性、广延、形状、数量、运动或静止。洛克进而把第一性质定义为存在于物体之中的属性,无论它们是否被观察者感知到;[46]而第二性质则是像颜色、味道、气味、触感、声音那样的属性,一般认为,它们属于复合物,但并不真实存在于那些不能被观察者感知到的物体中。他把第二性质视为纯粹的感官知觉,产生于观察者感官的“某些微小部分的体积、形状、结构或运动”与被观察物体的原子或部分的第一性质的相互作用。[47] 他猜想,上帝最初曾经给物体赋予了第一性质,使之能够施加这些因果力量。[48] 一个物体的因果力量不仅可以使其他物体的第一性质发生变化,而且可以使观察者感知到这个物体的第二性质。

洛克的前辈兼哲学对手笛卡儿对物体属性的说明似乎完全符合这种第一性质与第二性质的区分。笛卡儿也集中讨论了光、颜色、气味、味道、声音、冷和热等性质与使人感受到这些性质的物体部分之间的因果关系。他甚至暗示,将亚里士多德的实体形式等同于这些性质,这些实体形式的存在可能会受到破坏,作为超出了运动物质粒子的单纯影响的某种东西,其存在或许是可疑的。于是,笛卡儿的《哲学原理》(1644)将第一性质与第二性质的某种区分与反对实体形式的论证结合了起来:

89

> 现在,我们已经明白物体粒子的不同大小、形状和运动如何能在另一个物体那里产生各种位置运动。但我们无法理解,这些同样的属性(大小、形状和运动)如何能够产生另外某种本质上与之完全不同的东西,比如许多[哲学家]认为存在于事物之中的实体形式和实际性质;我们无法理解,这些性质或形式随后如何可能有能力在其他物体那里产生位置运动。不仅所有这一切难以理解,而且我们知道,我们灵魂的本性就是这样,不同的位置运动足以在灵魂中产生所有感觉……考虑到所有这些,我们完全有理由认为,被我们称为光、颜色、气味、味道、声音、冷和热等的外界物体的种种性质——以及其他触觉性质,甚至是所谓的“实体形式”——都只不过是……那些物体[各个部分的形状、大小、位置和运动]的各种不同配置,使它们能在我们的神经中造成种种不同的运动[从而在我们的灵魂中产

[45] John Locke,《人类理解论》(*An Essay Concerning Human Understanding*, 2. 8. 9, 4th rev. ed., London, 1700, Oxford: Oxford University Press, 1975),Peter H. Nidditch 编,第 135 页。

[46] 同上书,2. 8. 23,第 141 页。

[47] 同上书,2. 8. 24,第 141 页。

[48] 同上书,2. 8. 23,第 140 页;2. 23. 12 - 13,第 302 页~第 304 页。

生各种感觉]。[49]

然而,通过在实体的属性(attributes)、样式(modes)和性质(qualities)之间明确作出一种额外的笛卡儿区分,笛卡儿的《哲学原理》缓和了他对洛克后来所谓的"第一性质与第二性质"的区分的解释:

> 当我们认为一个实体受到作用或被改变(modified)时,我们使用样式一词;当这种改变(modification)使该实体可以被指定为某种实体时,我们使用性质一词;最后,当我们仅仅是以更一般的方式思考实体中有什么东西时,我们使用属性一词。[50]

90

> 每个实体都有一种最重要的属性(property)构成了它的本性和本质,实体的所有其他属性都要相对于这种最重要的属性来谈。于是,长、宽、深这些广延构成了有形实体的本质。……其他任何可以归于物体的东西都预设了广延,都仅仅是广延物的一种样式。[51]

在作出这一额外区分时,笛卡儿赞同一种实体形而上学,通过他认为实体具有的唯一重要的属性,即广延(参看第2章),这种形而上学一般地解释了物质实体的本质。通过谈及典型地出现在特定种类的物体中的广延(他称之为"性质")的改变,他的实体形而上学进而解释了任何特定种类物体的本质。这一额外区分还表明,笛卡儿的解释并不承认不可分的物质单元存在。事实上,笛卡儿在《哲学原理》中已经否认了物质原子的可能性![52] 因此,他没有把物体的光、颜色、气味、味道、声音、冷和热描述成原子所造成的结果,而是描述成在物体和对物体进行感知的观察者之中发生的广延改变的结果。这些改变被称为"样式",包括物体"各部分的形状、位置和运动"。[53] 然而,物体各部分的这些形状、大小、位置和运动与洛克所说的第一性质有根本不同,因为笛卡儿并没有把它们当成属性本身,而是当成了物质实体唯一重要的属性(广延)的改变。

针对现代早期诉诸外在目的因的各种科学解释观,这里必须提出一个重要的问题:不仅支配着普通物体,而且支配着构成普通物体的原子,甚至是笛卡儿广延的样式的自然定律,果真为这些物体的状态变化提供了解释吗?从伽利略和笛卡儿到克里斯蒂安·惠更斯(1629～1695)和罗伯特·胡克(1635～1703),力学和运动科学的革新者都认为赋予无理性的物质——非人的甚至是无生命的物质——遵守定律的能力,并

---

[49] René Descartes,《哲学原理》(Cottingham trans.),4.198,第285页。另见 René Descartes,12卷本《笛卡儿全集》(*Oeuvres de Descartes*, rev. ed., Paris: J. Vrin/CNRS, 1964 - 76),Charles Adam 和 Paul Tannery 编,8A (Latin text),4.198,第322页～第323页。笛卡儿这段话中的论证值得我们注意,因为他的确试图表明,如果物体仅仅是广延,那么就必须把经院亚里士多德主义者归之于物体的实体形式和实际性质从物体中排除出去。之所以要排除实体形式和实际性质,是因为它们在物体中的存在和第二性质的存在一样不真实。实体形式和第二性质都只是被观察物体的广延样式对观察者造成的影响。在这一论证中,笛卡儿确实反对了实体形式,而一些哲学史家认为这是他的著作所缺乏的。关于他的著作缺乏这种论证,参看 Daniel Garber,《笛卡儿的形而上学物理学》(*Descartes' Metaphysical Physics*, Chicago: University of Chicago Press, 1992),第110页。

[50] Descartes,《哲学原理》(Cottingham trans.),1.56,第211页。

[51] 同上书,1.53,第210页。

[52] 同上书,2.20,第231页。

[53] 同上书,1.65,第216页。

不是什么荒谬的事情。[54] 到了17世纪下半叶,在微粒论者看来,无理性的物质既无理智去理解定律是什么意思,亦无意志去遵守它,这个事实不再是怀疑物质能够遵守定律的决定性理由。当然,运动定律在被用于像运动的弹子球那样的物体时,仍然可能被某些物理学家解释为仅仅是一个隐喻,因为弹子球与人不同,无法领会上级发出的遵守定律的命令。在这种隐喻的意义上,运动定律也许可以充当解释的一部分,通过上帝和弹子球共同参与的协调的意向活动来规定弹子球运动的原因:上帝构想出一条特定的定律并发出指示,随后弹子球被发动起来遵守该定律。 91

然而,在笛卡儿和惠更斯的物理学中,这些隐喻性的描述通常都伴有一些定义,规定"运动定律"等术语新的字面含义。[55] 从此以后,运动定律可以照字面定义为弹子球等物体的运动和配置的规律性,这些物体被视为无生命之物,上帝把构成它们的物质创造出来,使这些物质只能被外在的动力因所影响。因此,虽然物质遵守运动定律,但这并不意味着它像一个遵守定律的、正在思想的东西一样拥有内在动机。它的遵守仅仅表明,它的运动表现出了规律性,这些运动产生于外在的动力因,如弹子球之间的碰撞。因此,在运动和力学的许多革新者看来,科学定律的字面含义要比它的隐喻含义更为可取。玻意耳巧妙地表达了这种偏爱,尽管他是在提醒读者注意这两种含义之间的概念联系时这样做的:

> 世界,这个伟大的引擎,它的每一个部分都应当既无意图亦无认识,永远朝着他[上帝]为之设计的目的有规律地行动,就好像它们自身实际理解并且在努力执行那些目的似的。正如在一个设计精良的时钟里,弹簧、齿轮、平衡摆轮等部件全都按照它们从这个引擎的其他部件那里……获得的冲力行动,而不知道邻近的部件或自身在做什么……;然而……即使它们知道自己需要使指针真正指示小时,并且意在使之这样做,它们运动起来也不会更方便,也不会更好地实现时钟的功能。[56]

像玻意耳这样的微粒论物理学家变得越来越不依赖于一个假设,即自然定律主要是指——甚至是像一些早期思想家所认为的,仅仅指——那些遵守定律的正在思想的东西的意向活动。虽然在定义什么是自然定律时,许多人依然强调上帝与物质的关系,但他们现在也通过似律规律性来定义这些定律,任何普通物体的可观察特征都被 92

---

[54] Galileo Galilei,《关于两大世界体系的对话——托勒密和哥白尼》(*Dialogue Concerning the Two Chief World Systems—Ptolemaic and Copernican*, Berkeley: University of California Press, 1953),Stillman Drake 译,第20页~第21页,第222页~第229页;Galileo,《两门新科学》(*Two New Sciences*, Madison: University of Wisconsin Press, 1974),Stillman Drake 译,第225页,第232页~第234页;René Descartes,《哲学原理》(Dordrecht: Kluwer, 1991),Valentine Rodger Miller 和 Reese P. Miller 译,2.36 - 53,第57页~第69页。关于惠更斯,参看 E. J. Dijksterhuis,《世界图景的机械化》(*The Mechanization of the World Picture*, Princeton, N.J.: Princeton University Press, 1961),C. Dikshoorn 译,第373页~第376页,第458页~第463页。关于胡克,参看 I. Bernard Cohen,《新物理学的诞生》(*The Birth of a New Physics*, 2nd ed., New York: W. W. Norton, 1985),第150页~第151页,第218页~第221页。

[55] Descartes,《哲学原理》(Miller trans.),2.36 - 53,第57页~第69页;Dijksterhuis,《世界图景的机械化》,第373页~第376页。

[56] Boyle,《自然事物的目的因探究》,第91页~第92页。

解释为构成物体的原子的结构和运动的结果。他们为什么会迈出这决定性的一步，以至于完全改变了其自然定律概念的含义呢？他们的亚里士多德主义背景为这一步提供了两个重要原因。

第一个原因是，无论是17世纪的微粒论物理学家，还是他们之前的亚里士多德主义革新者，如果继续把内在动力因与外在动力因之间的区分当成一种基本信念来接受，那么他们各自的科学解释都不可能有很大进展。特定科学中的解释越来越需要动力因起作用，我们不再能够清楚地说，这种动力因是纯粹内在的还是纯粹外在的，而只能说它是二者不确定的结合。于是，微粒论物理学家愿意放弃内在与外在动力因之间区分的基本信念，就成了他们重新定义什么是自然定律的一个重要前提。这使他们不再需要解决其原则与信念之间的冲突：(a)其原则是，当无理性的物质遵守运动定律时，只能被作为外在原因的碰撞所推动；(b)其信念是，即使是无生命的物体，在被上帝的定律所调节时，也可以拥有一个遵守定律的、思想着的存在物的内在动机。既然不再考虑同一个物体如何可能既被外在的原因又被内在的原因所支配，微粒论物理学家现在可以预见到，支配无理性物质的自然定律的概念有可能同时包含这两种观念。

之所以改变自然定律概念的含义，另一个重要原因源于微粒论物理学家提出的本因(causes per se)与偶因(causes per accidens)的区分。亚里士多德曾经讨论过这两种因果作用方式，他通过思考四因是本因还是偶因来研究如何更好地理解四因。从阿奎那到弗朗西斯科·苏亚雷斯(1548～1617)，中世纪和16世纪的评注者都重述了亚里士多德关于这些因果作用方式的说法，并把自己关于内在原因与外在原因的区分并入了一种同样突出本因与偶因的关于因果性的全面论述中。[57] 而当内在原因与外在原因的区分在关于复合物的新物理学或化学中变得难以为继时，现代早期的自然哲学家发现，他们仍然可以依靠本因与偶因的区分。当本因与偶因的区分被重新构想为主动本原(active principles)与被动本原(passive principles)的差别时，这一区分将促使他们接受完全不同的因果观念。

93

作为因果模型的主动本原和被动本原

亚里士多德是如何区分本因与偶因的？通过主动本原和被动本原来重新构想这一区分为何会有助于引发现代早期科学解释中的第三种显著变化，即从对因果性的形而上学分析，转向从认识论和实用角度来研究什么是发现因果关系的最好方法？阿奎那在《论自然的本原》(*De principiis naturae*，约1252)中已经定义了本因与偶因的区分，他以人的行动或人工物为例来说明这一区分在自然变化以及人工变化的情况下是如

[57] 关于亚里士多德对本因与偶因之间区分的论述，参看《物理学》，2.3，载于Barnes编，《亚里士多德全集》，第1卷，333 (195a 27 - 195b 5)。16世纪对这一区分的重要讨论，参看Suárez，《论动力因果性：形而上学论辩17、论辩18和论辩19》，17.2，第11页～第16页。

何发挥作用的:

> 当一个原因,确切地说就这个原因本身而言,是某种东西的原因时,我们称它为本因。例如,建造者[确切地说就其本身,即作为建造者而言]是房子的原因,木材[确切地说就其本身,即作为木材而言]是长凳的质料。当一个原因恰好与本因联系在一起,比如当我们说语法学家建造时,我们称它为偶因。不是因为这位语法学家是语法学家,而是因为这位建造者恰好是语法学家,我们说这位语法学家是建造的偶因。[58]

至于本因与偶因的区别是否类似于内在原因与外在原因的区别,亚里士多德评注者的看法并非总是一致。例如,阿奎那就认为两者是不同的,他指出,所有四种原因——质料因、形式因、动力因、目的因——都可以充当本因,而只有质料因和形式因才能充当内在原因,只有动力因和目的因才能充当外在原因。然而到了16世纪初,学者们以各种方式描述了这些区分,以至于赖施会在他的《哲学珍宝》中思索,本因与偶因的区分如何与他所谓的"主动本原与被动本原"的区别相一致。[59]

94

直到18世纪,本因与偶因的区分一直是亚里士多德主义科学和非亚里士多德主义科学解释的一个特征。然而,确认这些原因的方法却发生了明显转变。这种转变是认识论上的,它涉及一个划界问题,即一方面是关于本因的严格确定的知识,另一方面则仅仅是关于偶因与特定结果之间若干联系的经验,如果不能很好地划界,这种经验有可能会被误认为关于本因的知识。要想理解这一点,不妨考虑处于这种转变前后两端的代表人物扎巴瑞拉和艾萨克·牛顿(1643～1727)关于一种众所周知的原因确认方法的不同论述,即回溯(regressus)法(亦称分解[resolution]合成[composition]法,这是它所包含的两个部分)。扎巴瑞拉是16世纪的亚里士多德主义革新者,牛顿则是新物理学的总设计师,两人都通过讨论分解合成法来阐述他们的因果性观念。但扎巴瑞拉认为可以通过这些方法获得关于本因的知识,而牛顿则用这些方法来获得关于他所

[58] Thomas Aquinas,《论自然的本原》(*De principiis naturae*),第5章,译文载于Bobik编,《阿奎那论质料、形式和元素》(*On Matter and Form*),第82页。关于如何区分本因与偶因的区别和内在原因与外在原因的区别,参看《论自然的本原》,第3章,载于Bobik编,《阿奎那论质料、形式和元素》,第39页～第40页。另见Saint Thomas Aquinas,《论自然的本原》(*De principiis naturae*, critical Latin text, Textus Philosophici Friburgenses, 2, Fribourg: Société Philosophique, 1950),John J. Pauson编,第5章,第99页～第100页。

[59] Reisch,《哲学珍宝》,2.9 - 10,第142页～第144页;8.11 - 12,第635页～第636页。虽然赖施对第二卷中关于作用和承受的论述与他在第八卷中关于主动本原和被动本原的论述基本一致,但它讨论更多的是作用与承受之间的外在关系。他通过这些外在关系来定义作用与承受的关系。然而,根据他在第八卷中关于主动本原与被动本原的不尽相同的区分,某些类型的内在原因和外在原因都可以充当主动本原。

谓的“主动本原与被动本原”的知识。[60] 他们对因果知识的不同表述表明，牛顿对主动本原与被动本原的寻求虽然不同于亚里士多德主义革新者的因果探究，但仍然保存了本因的观念，因为它旨在获得至少是关于某些本因的知识。尽管如此，牛顿的主动本原与被动本原观念仍然相当不同于扎巴瑞拉对本因知识的理解。

95

扎巴瑞拉用分解法来发现本因的存在，用合成法来确认这种原因的因果力量必然会产生归因于它的结果。于是，在逻辑和科学方法论著作中，他拓展了前人关于科学知识的一些论述，特别是亚里士多德《后分析篇》(*Posterior Analytics*)中的论述。[61] 扎巴瑞拉考察的问题中包括：(1)分解法如何把本因(而不仅仅是偶因)的存在确立为事实；(2)分解与合成如何能使自然哲学家确立本因的存在，并确认其因果力量，即使该原因完全无法被人感知。为了解决这两个问题，扎巴瑞拉提出，回溯法应当有三个部分，其中第二个部分把分解过程与合成过程联系起来。其《论回溯》(*De regressu*, 1578)中对这三个部分的定义，总结了如何进行分解与合成：

> 回溯必定由三个部分组成。第一个是“由果及因的证明(quod)”，它把我们从关于结果的混乱知识引到关于原因的混乱知识；第二个是“运思过程(mental consideration)”，它使我们由关于原因的混乱知识获得关于原因的明确知识；第三个是最严格意义的(potissima)证明，它把我们从已经明确知道的原因最终引到关于结果的明确知识。[62]

这三步过程可以运用于各种例子。例如，一个邻居注意到，街对面出现了一处新房子的地基，而且周围有陌生人走动。这位邻居可以用分解法由关于结果的混乱知识(新房子的大致轮廓)得到关于原因的混乱知识(看上去像是建房者的人)。接下来，通过扎巴瑞拉所谓的“运思过程”，这个邻居可以由关于原因的混乱知识得到关于原因

---

[60] Isaac Newton，《光学》(*Opticks*, 4th ed., London, 1730; repr. New York: Dover Publications, 1979)，3.31，第401页～第403页。哲学家和科学史家对牛顿炼金术和物理学中主动本原的含义作了各种解释。我本人的解释与下列学者不同，因为我强调牛顿的分析法和综合法对获得关于主动本原与被动本原知识的作用。如果希望了解关于牛顿的主动本原与被动本原的其他解释，可以参看 Richard S. Westfall，《永不止息：艾萨克·牛顿传记》(*Never at Rest: A Biography of Isaac Newton*, Cambridge: Cambridge University Press, 1980)，尤其是第299页～第310页；Betty Jo Teeter Dobbs，《天才的两面：炼金术在牛顿思想中的作用》(*The Janus Faces of Genius: The Role of Alchemy in Newton's Thought*, Cambridge: Cambridge University Press, 1991)，尤其是第24页～第57页，第94页～第96页；J. E. McGuire，《力、主动本原和牛顿的无形王国》(Force, Active Principles, and Newton's Invisible Realm)，《炼金术史和化学史学会期刊》(*Ambix*)，15(1968)，第154页～第208页；Ernan McMullin，《牛顿论物质和主动性》(*Newton on Matter and Activity*, Notre Dame, Ind.: University of Notre Dame Press, 1978)，尤其是第43页～第56页；以及 McMullin，《牛顿的〈原理〉对科学哲学的影响》(The Impact of Newton's *Principia* on the Philosophy of Science)，《科学哲学》(*Philosophy of Science*)，68(2001)，第279页～第310页。麦圭尔对扎巴瑞拉和牛顿关于主动本原和被动本原的观点之间区别的分析与我的论述有所不同，甚至是不太相容。参看 J. E. McGuire，《自然运动及其原因：牛顿论物体的“固有之力”》(Natural Motion and Its Causes: Newton on the “Vis Insita” of Bodies)，载于 Mary Louise Gill 和 James G. Lennox 编，《自运动：从亚里士多德到牛顿》(*Self Motion: From Aristotle to Newton*, Princeton, N. J.: Princeton University Press, 1994)，第305页～第329页。

[61] 例如参看他的《方法论四卷》(*Libri quatuor de methodis* [1578])，《回溯之书》(*Liber de regressu* [1578])，《亚里士多德〈后分析篇〉注释》(*Commentarii in duos Aristotelis libros posteriores analyticos* [1594])，载于 Jacopo Zabarella，《逻辑学著作》(*Opera logica* [1597], repr. Hildesheim: Georg Olms, 1966)，cols. 275 - 334, 479 - 498, 615 - 1284。

[62] Jacopo Zabarella，《论回溯》(*De regressu*)，第5章，载于 Zabarella，《逻辑学著作》，col. 489，译文载于 John Herman Randall, Jr.，《帕多瓦学院和近代科学的兴起》(*The School of Padua and the Emergence of Modern Science*, Padua: Editrice Antenore, 1961)，第58页。

的更为明确的知识。她得到这些知识也许是因为察觉到，那些陌生人正拿着锯子和锤子在地基周围走动，而且很像她记忆中在其他建筑工地携带类似工具的人。现在，有了关于新房子本因（建房者）的明确知识，她用合成法由这个本因的作用推理出这个原因所产生的结果（新房子）。就这样，她完成了整个回溯，经历了分解合成法的全过程。 96

这虽然不是扎巴瑞拉本人的例子，但可以说明他的想法，即分解和运思过程是如何确立本因（而不仅仅是偶因）的存在的。这位邻居把建房者看成新房子的本因，而没有把（比如说）一群医生看成本因。假如建房者恰好是一群医生，正在作为志愿者建房子（这是当地慈善项目的一部分），那么这将是偶然特征，因为如果工地上的人仅仅被视为医生，那么他们只能算作新房子的偶因。扎巴瑞拉相信，分解法能够确认出本因而非偶因，这种信念基于他的一种看法：像“建房者”和“医生”这样的词所指的每一种人都有一些本质属性，它们必然地决定了这样的人被称作本因而非偶因的条件。因此，扎巴瑞拉认为这位邻居完全可以经由一个归纳的心理过程，最终确定工地上的人——由于与之前看到的其他建房者相似——的确是新房子的原因。扎巴瑞拉也不会疑心，这位邻居把这些建房者与新房子联系起来也许只是巧合——这一巧合把新房子与一种可以经常观察到的偶因联系起来，后者自身并不拥有建房子的能力。当然，亚里士多德传统中有一些经典例子，对比了真正的因果陈述（比如“月食是地球阴影造成的”）和仅仅描述与现象之间联系的陈述（比如“所有乌鸦都是黑的”），扎巴瑞拉对此有深刻的理解。[63] 但在我这个例子中，“建房者”一词指特定的一类人，他们的本质属性就是建房子，这个前提将可以打消任何这样的怀疑。

扎巴瑞拉认为，因果术语指的是这样一些存在者，其本质属性必然决定着它们是否本因。这种看法在某种情况下也可推广到他对自然类术语的使用。自然类术语是科学研究者在对自然实体进行分类时所使用的那些术语，在扎巴瑞拉看来，这些术语包括像“橡树”“火”和“行星”那样的术语。他认为这些术语指的是这样一些自然实体，其本质属性决定着它们的因果力量。因此，在扎巴瑞拉看来，自然实体的本质属性保证了由分解法得出的结论，假如辅以相关的运思过程，这一结论必定是真陈述。 97

如果把分解合成法运用到有待确立的原因完全无法被人感知的情况，那么扎巴瑞拉对这种方法还会这么有信心吗？此外，如果一个科学家并不认为世界是由亚里士多德所设想的自然实体组成的，从而否认事物的诸种本质属性因其所属实体的形式而必然彼此相关，而他要运用这些方法，那么对这些方法的解释需要作什么改变？事实上，扎巴瑞拉明确提出了第一个问题，而不是第二个问题，这在很大程度上说明了他对分

[63] Aristotle，《后分析篇》（*Posterior Analytics*），2. 2，载于 Aristotle，《亚里士多德全集》，第 1 卷，148（90a1 – 34）；Zabarella，《亚里士多德〈后分析篇〉注释》，2. 1，载于 Zabarella，《逻辑学著作》，cols. 1049 – 1061；Zabarella，《论证的种类》（*Liber de speciebus demonstrationis*），第 10 章，载于 Zabarella，《逻辑学著作》，cols. 429 – 431；Zabarella，《论必然命题》（*Libri duo de propositionibus necessariis*），bk. 2，载于 Zabarella，《逻辑学著作》，cols. 407 – 412。

解与合成的看法如何不同于牛顿。[64] 通过对比扎巴瑞拉对第一个问题的讨论与牛顿对第二个问题的回答，我们可以渐渐理解，确认本因的方法在牛顿那样的思想家那里发生了明显改变，后者不再认为实体形式可以包含真正的原因。

在对完全无法被人感知的本因进行说明时，扎巴瑞拉加入了亚里士多德的《物理学》中所描述的原初质料的例子。中世纪的《物理学》评注者把原初质料定义为“没有任何形式和缺乏，但受制于形式和缺乏的……质料”。[65] 没有任何东西先于原初质料而存在，但原初质料的存在方式不同于实体，因为原初质料并非形式与质料的结合。于是，扎巴瑞拉认为原初质料无法被人感知，因为他认为，只有同时拥有形式和质料的实体才能被感知。为了把他的科学方法运用于这种情形，他允许回溯法的中间步骤或“运思过程”可以有更大的灵活性。在这个中间步骤中，对“原初质料”这样的相关术语的定义现在可以进入科学家的推理过程。[66] 这种定义有助于澄清，通过由果及因的推理，科学家获得了什么样的关于无法觉察的原因的混乱知识。一旦其混乱知识得到澄清，这种定义也就保证了因果之间存在着一种必然联系。这样，科学家就可以获得关于本因存在的知识，即使这里的原因像原初质料一样完全无法感知。扎巴瑞拉概括了这个过程，他谈到亚里士多德把原初质料当成产生自然物的原因所采取的那些步骤：

98

> 他由实体的产生(generation)表明存在着原初质料：由已知的结果表明未知原因的存在。我们可以感知产生，但对背后的质料却一无所知。因此，在考虑了那个可朽的自然物本身之后(其中原本存在着每一样东西)，可以证明，其中存在着一个原因，它使结果也存在于同一自然物之中，因此形成了由果及因的证明：有产生的地方就有背后的质料，在自然物中有产生，所以在自然物中有质料。[67]
>
> 因此之故，既然希望教给我们一种关于本原的明确而非混乱的知识，亚里士多德……开始研究他所发现的质料的本性和条件……质料因其自身的本性必定缺乏一切形式，并且具有接受一切形式的潜能……我们很容易明白，这种质料正是产生的原因。[68]

扎巴瑞拉是在专注于现代科学家的问题，即如何由可观察的现象推出尚未观察到但通过正确的实验可以观察到的未知原因的存在，这样想也许很有吸引力。然而，这

---

[64] 这里我不赞同兰德尔对扎巴瑞拉的很有影响的解读，即用合成法来发现经由归纳已知的原理，而用分解法来发现根据自然(secundum naturam)未知、但用迹象(a signo)可以证明的原理。兰德尔将前一种发现与发现牛顿式的形式性原理相比较，而把后一种发现与发现牛顿式的解释性原理相比较。而我认为，扎巴瑞拉的和牛顿的原理不应这样进行比较。参看 Randall，《帕多瓦学院和近代科学的兴起》，第 53 页。

[65] Aquinas，《论自然的本原》，第 2 章，译文载于 Bobik 编，《阿奎那论质料、形式和元素》，第 25 页；拉丁文载于 Aquinas，《论自然的本原》，Pauson 编，第 2 章，第 85 页。

[66] Zabarella，《论回溯》，第 5 章，载于 Zabarella，《逻辑学著作》，cols. 487 - 489。

[67] Zabarella，《论回溯》，4. 485，译文载于 Nicholas Jardine，《诸学科的认识论》(Epistemology of the Sciences)，载于 Charles B. Schmitt、Quentin Skinner、Eckhard Kessler 和 Jill Kraye 编，《剑桥文艺复兴哲学史》(*The Cambridge History of Renaissance Philosophy*, Cambridge: Cambridge University Press, 1988)，第 691 页～第 692 页。

[68] Jacopo Zabarella，《论回溯》，第 5 章，载于 Zabarella，《逻辑学著作》，col. 488，译文载于 Jardine，《诸学科的认识论》，第 692 页～第 693 页。

会严重低估他对确立原则上无法观察的原因的存在的兴趣——今天的科学家会把这种原因描述为即使是最先进的实验设备也检测不到的理论对象。扎巴瑞拉也认为自己是在试图解决一个关于原则上无法观察的原因的问题,特别是如何确立既非实体、亦非其本质属性的本因的存在。在原初质料的例子中,扎巴瑞拉无法恰当地运用分解法和归纳的心理过程在原初质料与自然物的产生之间建立起一种因果关系。这是因为原初质料不可能是任何实体的本质属性,因为它被定义为必须先于任何实体而存在的东西。因此,原初质料也不可能被观察到,所以它不可能在与可观察结果(比如自然物的产生)的任何(因果的或其他种类的)联系中被感知到。 99

扎巴瑞拉对这个问题的回答是把分解法进行拓展,使之包含一些特殊情况,在这些情况下,亚里士多德主义自然哲学家不能假定,实体与其本质属性之间的必然关系可以决定什么是本因。他可能从未预见到,他的继承者当中会有一些物理学家同样针对这种假定不成立的情况作了研究,但仍然拒绝他对分解法的拓展。他们之所以拒绝这种拓展,是因为它旨在发现原则上无法观察的原因。这些新物理学家转而致力于解决一个完全不同的方法论问题:物理学家如何由可观察的现象推出尚未观察到但如果进行正确的实验就可以观察到的本因的存在?

牛顿的科学工作经常会处理例证了这个新方法论问题的对象,他运用了一种被称为"分析与综合"的分解与合成版本(参看第28章)。[69] 然而,牛顿没有扎巴瑞拉那种信心,认为由这些方法可以获得关于每一种本因的确定知识,于是,他不再对原则上不可观察的理论对象的本性进行思辨。甚至在《自然哲学的数学原理》中讨论上帝的本性时,牛顿也非常克制,只是就上帝的可以通过人的感觉经验来认识的某些方面来谈论上帝。"因为所有关于上帝的讨论都是经由某种相似的东西而来源于人的事物,它们虽然不完美,但却是某种相似的东西……由现象来讨论上帝当然是自然哲学的一部分。"[70] 100

在《自然哲学的数学原理》(以下简称《原理》)和《光学》中,牛顿典型地把分析法和综合法应用于一些他认为可以通过归纳的现象联系进行研究的情况,这些联系在当

---

[69] 牛顿还很熟悉由4世纪的亚历山大城的数学家帕普斯等人发展出的希腊几何学中的分析法和综合法。作为现代早期的学者,他可以看到带有"分析"(或"分解")和"综合"(或"合成")之名的两种方法的几种完全不同的版本。这些版本已经由希腊几何学家、亚里士多德主义者、盖仑、卡尔西迪乌斯和其他更早的学者表述出来。我对牛顿分析法和综合法的讨论主要集中在他如何构想反复运用这种方法以获取关于越来越多的一般原因的知识。我还要指出,牛顿似乎把运动定律、甚至是万有引力定律本身也当作结果,其更一般的原因可以通过进一步运用分析法和综合法来了解。因此,在这两个关键点上,我的讨论不同于以下作者:Andrea Croce Birch,《牛顿自然哲学中的方法问题》(The Problem of Method in Newton's Natural Philosophy),载于 Daniel O. Dahlstrom 编,《自然与科学方法》(*Nature and Scientific Method*, Studies in Philosophy and the History of Philosophy, 22, Washington, D. C.: Catholic University of America Press, 1991),第253页~第270页;Henri Guerlac,《牛顿和分析方法》(Newton and the Method of Analysis),载于 Philip P. Wiener 编,5卷本《观念史辞典》(*Dictionary of the History of Ideas*, New York: Charles Scribners' Sons, 1973 - 74),第3卷,第378页~第391页;以及 Niccolò Guicciardini,《牛顿数学著作中的分析和综合》(Analysis and Synthesis in Newton's Mathematical Work),载于 I. Bernard Cohen 和 George E. Smith 编,《剑桥牛顿指南》(*The Cambridge Companion to Newton*, Cambridge: Cambridge University Press, 2002),第308页~第328页。

[70] Isaac Newton,《自然哲学的数学原理》(*The Principia: Mathematical Principles of Natural Philosophy*, Berkeley: University of California Press, 1999),I. Bernard Cohen 和 Anne Whitman 译,bk. 3,第942页~第943页。

时或以后能够通过新的实验和更好的科学仪器观察到。在《原理》第三卷中明确规定他的“自然哲学思考的规则”时,他强调了这样一种限制。[71] 第一条规则出现在他生前出版的所有版本的《原理》中,它规定:“除那些真实且已足够说明其现象者外,不应承认自然事物的其他原因。”第二条规则也出现在每一版上,考虑的是相似现象之间的联系:“所以对于自然界中同一类结果,必须尽可能地归于同一种原因。”牛顿在《原理》第三版(1726)中增加了第四条规则,更加明确地要求把断言只建立在可观察的现象上:“在实验哲学中,虽然有相反的假说,但那些从各种现象中归纳出的命题应被视为完全正确,或者是近乎正确的,直到其他现象能使之更加正确或出现例外。”

牛顿还认真区分了他所谓的相互联系现象之间的主动关系和被动关系。他对支配这两种关系的主动本原和被动本原的寻求发展成为一种方法论,用于发现不同类型自然现象之间或强或弱的因果关系。他所谓的被动本原是一个或多个物体的可观察状态的联系中所显示出来的似律规律性。例如,牛顿第一定律描述了任一给定物体在相继状态中显示出来的基本规律性:“任何物体都保持其静止或沿直线做匀速运动的状态,除非有力加于其上迫使其改变这种状态。”在《原理》中,这一定律也被描述成包含了一种“物质的固有之力……在这种力的作用下,任何物体都会尽可能地保持其静止或匀速直线运动状态”。[72] 在《光学》中,牛顿补充说,物质粒子中的这种惯性力(vis inertiae)“兼有自然地源自那种力的被动的运动定律,而且它们[物质粒子]还被某些主动本原所推动,比如重力本原”。[73] 这些主动本原由物体之间的吸引或排斥定律所构成,既包括恒星和行星之间以及普通地球物体之间的引力吸引,也包括磁的、电的和化学的现象所显示的短程吸引和排斥。甚至使心和血永远保持运动和温热的发酵(fermentation)这种原因也被牛顿算作一种主动本原。[74] 此前在《原理》中总结引力定律时,牛顿已经预见到这种主动本原理论的某些方面:

> 重力普遍存在于所有物体中,与每个物体的物质的量成正比。我们已经证明,所有行星朝着彼此都是重的[或受其吸引],而且朝向任何一颗行星的重力都反比于与行星中心距离的平方。因此……朝向所有行星的重力与它们中的物质成正比。
>
> ……因此,朝向整个行星的重力产生于朝向各个部分的重力,并且由其复合而成。磁和电的吸引便是这样的例子。因为任何朝向整体的吸引都源自朝向各个部分的吸引。[75]

---

[71] Newton,《自然哲学的数学原理》,bk. 3,第 794 页～第 796 页。另见第 3 版的拉丁文本(London, 1726),载于 Isaac Newton,2 卷本《艾萨克 · 牛顿的〈自然哲学的数学原理〉》(*Isaac Newton's Philosophiae naturalis principia mathematica*, Cambridge, Mass. : Harvard University Press, 1972),Alexandre Koyré、I. Bernard Cohen 和 Anne Whitman 编,第 2 卷,第 550 页～第 555 页。

[72] Newton,《自然哲学的数学原理》,law 1,第 416 页,definition 3,第 404 页。

[73] Newton,《光学》,3. 31,第 401 页。

[74] 同上书,第 376 页,第 399 页。

[75] Newton,《自然哲学的数学原理》,3. 7. 7,第 810 页～第 811 页。

在反思这些本原如何在统一的自然界中一起运作时，牛顿为他关于因果性的一般信念提供了进一步线索。他用分析法和综合法来确认较弱的或被动的本原以及较强的或主动的本原。凭借分析法，他通过归纳推理确认了似律规律性，其本原共同构成了一种有等级的定律体系。一种原因越是一般，其本原就越是主动，它的定律在那个统一的定律体系中就排得越高。相反，凭借综合法，牛顿通过演绎推理认定，低层次定律可以由体系中的高层次定律演绎出来。接着，他用原因术语解释了这种逻辑关系。被动本原在运作时由更强的主动本原所维持。主动本原接近于亚里士多德所说的本因，因为它们是类似于扎巴瑞拉所说的实体的本质属性的那种主动力量。尽管牛顿拒绝任何基于亚里士多德实体的形式或本质属性的科学解释，但他仍然希望，他发现的正确的主动本原能够最终确立至少某些本因的存在。随着从对较弱的或被动本原的认识发展到对较强的或主动本原的认识，牛顿试图由此认识一些真正的原因。不过在这样做时，他试图不犯下他所谓的那种严重错误，即针对原则上不可观察的原因作出假说。 102

牛顿对分析法和综合法的独特应用最明显地表现在，他一直思考重力是否能够得到解释。这种运用与扎巴瑞拉运用分解与合成之间的差别体现在，牛顿试图表明，重力并非一种隐秘的或暗藏的原因。这样一种尝试出现在《光学》结尾，在那里他讨论了主动本原和被动本原在构成普通物体的物质微粒中的应用：

> 这些粒子不仅有惯性力，兼有自然地源自那种力的被动的运动定律，而且它们还被某些主动本原所推动，比如重力本原，它引起发酵，还有物体的内聚。这些本原，我认为都不是因事物的特殊形式而产生的隐秘性质，而是一般的自然定律，正是由于它们，事物本身才得以形成。虽然这些定律的原因还没有找到，但它们的真实性却通过种种现象呈现给我们。因为这些本原是明显的性质，只有它们的原因是隐秘的。亚里士多德派所说的“隐秘性质”并非指明显的性质，而是仅指那些他们认为隐藏在事物背后、构成了明显结果的未知原因的性质，如重力、电磁吸引和发酵等的原因，如果我们认为这些力或作用源自那些我们无法发现和显明的未知性质的话。这些隐秘性质阻碍了自然哲学的进步，所以近年来已经被抛弃了。[76]

这里牛顿指出，重力可能会被扎巴瑞拉那样的思想家当成一种隐秘的性质，当成物体的一种完全无法观察到但却可以产生可观察结果（比如其他物体惯性状态的变化）的本质属性。但他急于纠正这种对其重力定律的解释的误解，他将其描述成一种非常明显的或可观察的主动本原。重力并不是隐秘的，因为它的存在性是通过分析（分解）法确立的，这种方法通过归纳推理将各种可观察的现象联系起来。因此，重力在部分程度上乃是一种将两个或两个以上物体的观察到的状态联系起来的似律规律

[76] Newton，《光学》，3.31，第401页。

性。例如，由自由落体朝向地球的加速运动，物理学家通过归纳，推论出该物体的运动类似于所有其他自由落向地球的物体的加速运动。然后，他可以问是什么造成了这些加速运动的规律性。这时，他根据分析法另作某种归纳推理。这使他认识到，这些加速运动的规律性类似于磁铁之间的吸引，尽管——正如牛顿在《原理》中指出的——重力在种类上不同于磁力，因为两个磁铁之间的吸引并非正比于磁铁中的物质的量。[77]在认识到加速运动与磁吸引之间的这种尽管有限的类似之后，这位物理学家现在可以把所谈的加速运动重新描述为落体与地球之间引力吸引的结果。于是，通过第二次运用分析法（包含了附加的归纳推理），这位物理学家发现了牛顿所谓的"主动本原"。

103

与关于像惯性定律那样的被动本原的知识相比，关于像重力定律这样的主动本原的知识更能使牛顿接近于一种关于本因的理想知识，因为他认为，只有主动本原才能把主动性（*activity*）归于它所关联的物体。然而，在接近这种理想知识方面，他期待取得多大进步呢？《光学》的结尾包含了一种有趣的预测：

> 虽然通过归纳从实验和观察中进行论证并非对一般结论的证明，但它是事物的本性所许可的最好的论证方法，并且随着归纳的愈为一般，这种论证看起来也愈为有力。……通过此种分析法，我们可以从复合物论证到它们的组分，从运动到产生运动的力，一般地说，从结果到原因，从特殊原因到一般原因，一直论证到最一般的原因为止。[78]

在预测最终发现最一般的原因时，牛顿暗示，也可以把像重力定律这样的主动本原本身当作可观察的结果。它们也可被设想为有原因，这些原因比它们自身更加一般，可以通过归纳推理发现。因此，通过进一步运用分析法，物理学家们当能理解这些更一般的原因，以至于最终理解最一般的原因，它们是一切主动本原的本因。在牛顿看来，物理学家对这个最一般原因的理解将被视为对重力本因的认识，这不仅因为它代表着超越了他本人关于重力定律的认识，而且更重要的是，它将标志着他们对物体的科学认识已经完成。这种完备的科学知识可能由什么构成呢？牛顿在《光学》中为读者留下了最后的暗示，即等待未来通过进一步运用分析法和综合法来确定。这些知识将出自"一个永恒存在的全能的神明的智慧和技巧。神是无所不在的，他能用他的意愿在他无边无际的统一的感觉中枢里使各种物体运动，从而形成并改造宇宙的各个部分，远比我们用自己的意愿来移动我们身体的各个部分容易得多"。[79]

104

于是，在修改和拓展归纳推理的范围时，牛顿帮助创建了一种新的因果认识模型。这个模型有时被称为18世纪哲学家大卫·休谟对因果的概率论处理的先驱，休谟是在回答他本人提出的怀疑论的归纳问题时给出这种处理的。[80] 但这种说法没能充分

---

〔77〕 Newton，《自然哲学的数学原理》，3.6.6.5，第810页。
〔78〕 Newton，《光学》，3.31，第404页。
〔79〕 同上书，第403页。
〔80〕 David Hume，《人性论》（*A Treatise of Human Nature* [1739 - 40]，1.3.1 - 16，1.4.1 - 2，Oxford：Oxford University Press，1978），L. A. Selby-Bigge 编，P. H. Nidditch 修订，第69页～第218页。

说明,牛顿相信自然的主动本原与被动本原之间存在着必然联系,而且多次使用分析和综合来获得一种关于世界因果结构的统一知识。它也低估了亚里士多德的因果概念在发展出牛顿新的科学解释模型过程中所起的作用。牛顿关于原因的说法理应根据自身的价值去研究,因为它们预设了至少有某些本因是不可或缺的。在对运动物体、光学现象和炼金术现象的研究中,他仍然试图获得关于这种原因的知识。

牛顿既不是第一个,也不是唯一一个在科学解释中阐述主动本原和被动本原概念的现代早期思想家。于斯特斯·利普修斯和斯多亚主义传统的其他复兴者都曾论述过自然的主动与被动本原以及四元素的主动和被动性质。剑桥柏拉图主义者亨利·摩尔(1614～1687)和拉尔夫·卡德沃思(1617～1688)也在论述世界灵魂时阐明了某些精神本原,他们认为,正是这些本原引导了被动物质的运动。特别是,在炼金术传统中,从帕拉塞尔苏斯(特奥夫拉斯特·邦巴斯图斯·冯·霍恩海姆,约1493～1541)到约翰内斯·巴普蒂丝塔·范·赫耳蒙特(1579～1644)的革新者先于牛顿在实验和理论上研究了主动和被动化学本原,比如发酵这种主动本原。牛顿本人曾经在一生中的不同时间研究过这些前人的著作和技巧。[81] 不过,关于他对主动本原与被动本原的论述,最有教益的是它沟通了16世纪亚里士多德主义者的实体形式理论与现代早期革新者各自的微粒论和炼金术哲学。他与扎巴瑞拉的方法论之间的反差不仅体现了现代早期科学认识论的变化,而且也体现了像牛顿这样的科学家的认识论与其形而上学承诺之间正在出现一种不同的关系。

105

牛顿和其同时代人一直持一种形而上学承诺,主张至少有某些本因存在。(不过,这种承诺把亚里士多德的四因说排除了出去,因此也把本因概念所基于的那些原理排除了出去。)因此,尽管亚里士多德的原因概念在定义某些新的科学解释方面是不可或缺的,但要想说明它们如何使现代早期科学的转变成为可能,就需要说清楚那些依赖于这些原因概念的思想家如何变得越来越无法辨识它们。倘若如此,那么我们完全有理由认为,相当程度的概念革命实际上发生在现代早期的因果性信念中。它表现于,在对自然现象的解释中形式因的衰落和自然定律的兴起。然而,这样一种革命所影响的远远不只是我们的物质和运动理论。本章追溯的科学解释的三种变化在16世纪、17世纪后一直在发展。它们将后来关于自然统一性的科学思想和可以通过自然定律恰当描述的种种事件或对象组织了起来。它们还确立了重要的制约因素,指导着18世纪、19世纪的现代人性观念的形成。的确,其最显著的后果直到今天可能仍然伴随着我们,我们会不断反思,人的行动和激情是否可以解释成受定律支配的自然结果,或者在试图解释我们自己时是否可以完全摆脱自然定律。

(张卜天　译)

---

[81] Dobbs,《天才的两面:炼金术在牛顿思想中的作用》,第24页～第57页,第94页～第96页;Westfall,《永不止息:艾萨克·牛顿传记》,第299页～第310页。

4

106

经验的含义

彼得·迪尔

在整个科学革命时期,"经验(experience)"和"实验(experiment)"这两个范畴自始至终处于统治着欧洲学术的自然知识观念的核心。在中世纪和现代早期,人们通常用experientia和experimentum这两个拉丁词来指"经验",它们一般可以互换,除非在特定的讨论语境下,不必作细致区分。两者都与peritus一词相关,这个词的意思是"有技巧的"或"熟练的"。除这些术语及其本国同源词以外,16世纪末,还有一个相关的拉丁词periculum("试验"或"检验")开始被用来指"特意做实验(periculum facere)",起初是在数学科学中。到了17世纪末,把经验解释成这个意义上的"实验"已经流行开来,产生了广泛影响。

16世纪初,经院的亚里士多德主义自然哲学是获得自然知识的主要途径,这些内容贯穿于大学的正式课程中(参看第17章、第2章);亚里士多德的著作反复强调,感觉经验对于建立关于世界的可靠知识十分重要。然而到了17世纪,"新科学"(这是后来一些人相当含混的称法)的许多支持者都批评早期正统的亚里士多德自然哲学(或"物理学")没有给予经验足够的重视。例如,弗兰西斯·培根(1561～1626)在1620年的《新工具》(*New Organon*)中写道,亚里士多德"没有恰当地向经验请教……;他武断地下结论,然后神气十足地围绕经验来回走动,把它当作俘虏进行歪曲,以适应自己的观点"。[1] 像培根这样的思想革新者往往会宣称,传统的亚里士多德哲学沉迷于逻107辑,喜欢玩弄字眼,而不是力图凭借感官把握事物本身。

这种所谓的亚里士多德主义世界观[2],就其最低标准而言,是现代早期欧洲大学和学院哲学教育的标准框架。实际上,这意味着这些院校的课程结构与亚里士多德的

---

[1] Francis Bacon,《新工具》(*The New Organon*, 1. 8, Cambridge: Cambridge University Press, 2000),Lisa Jardine 和 Michael Silverthorne 编译,第52页。

[2] 关于"亚里士多德主义"这一概念的含糊性,参看 Charles B. Schmitt,《文艺复兴时期的亚里士多德》(*Aristotle in the Renaissance*, Cambridge, Mass.: Harvard University Press, 1983);Edward Grant,《在中世纪和文艺复兴时期的自然哲学中如何阐释"亚里士多德的"和"亚里士多德主义"》(Ways to Interpret the Terms "Aristotelian" and "Aristotelianism" in Medieval and Renaissance Natural Philosophy),《科学史》(*History of Science*),25(1987),第335页～第358页。关于古希腊自然研究中的经验和实验问题,参看经典论文 G. E. R. Lloyd,《早期希腊哲学和医学中的实验》(Experiment in Early Greek Philosophy and Medicine),载于 G. E. R. Lloyd,《希腊科学中的方法和问题》(*Methods and Problems in Greek Science*, Cambridge: Cambridge University Press, 1991),第70页～第99页。

著作及其评注很是协调。于是,讲授自然哲学时会使用亚里士多德的《物理学》(*Physics*)、《论灵魂》(*De anima*)、《论天》(*De caelo*)以及《形而上学》(*Metaphysics*)的部分内容,还有其他较为次要的亚里士多德著作。尽管随着时间的推移,无论是侧重点还是对文本的解释都发生了很大变化,但是在大多数大学中,这种在16世纪初即已确立的局面一直持续到17世纪。虽然有人间或尝试对这种标准课程安排进行修改,但并没有取得什么进展。为了取代亚里士多德,菲利普·梅兰希顿(1497～1560)计划对德国路德宗大学的自然哲学课程进行全面改革,但不久便以失败而告终。[3] 亚里士多德的自然哲学研究方法是以运用亚里士多德文本为基础的教学传统的一部分。因此,他的哲学不可避免地决定了人们的思想范畴,甚至是那些在17世纪愈发不认同其权威的学者。

培根对亚里士多德的批判给人的印象是,亚里士多德的方法重抽象推理而轻经验,仅把经验用作确证先入之见的手段。这种批评在17世纪确实常见。然而,以亚里士多德的著作为榜样的经院哲学家遵循着老师本人的教导,强调一切知识都来源于感官,"心灵中的一切最初都在感官之中,"此乃经院哲学的格言。[4] 这种对知识起源于感觉的强调看起来像一种激进的经验论,把直接经验提到了至关重要的位置。的确,亚里士多德甚至认为数学这个显然距离杂乱无章的经验最远的理智知识领域也植根于感觉:我们由看到世间事物的集合而获得数的观念,由空间经验而获得几何图形的观念。

这样一来,培根否认经验在亚里士多德哲学中有恰当的位置,而感觉经验在当时亚里士多德主义哲学家的著作中却发挥着基础性作用,这两者之间存在着明显的矛盾。这种矛盾何以会产生?为了回答这个问题,我们可以考察一下科学革命时期的人是如何用经验来制造知识的。 108

现代早期欧洲的经验与亚里士多德自然哲学

在今天看来,认为"经验"是一个值得作历史研究的概念,这种想法并没有什么特别。自20世纪70年代以来,一些科学哲学家已经不再把感觉经验看成一种没有疑问的获取知识的基本手段,而是看成——通常是打扮成"观察"这个术语——一种由在先

[3] 关于梅兰希顿和普林尼,参看 Sachiko Kusukawa,《自然哲学的转变:以菲利普·梅兰希顿为例》(*The Transformation of Natural Philosophy: The Case of Philip Melanchthon*, Cambridge: Cambridge University Press, 1995),尤其是第51页,第136页～第137页。关于法国课程的变化,参看 L. W. B. Brockliss,《17世纪、18世纪的法国高等教育:一种文化史》(*French Higher Education in the Seventeenth and Eighteenth Centuries: A Cultural History*, Oxford: Clarendon Press, 1987)。

[4] Paul Cranefield,《论"心灵中的一切最初都在感官之中"这句话的起源》(On the Origins of the Phrase *Nihil est in intellectu quod non prius fuerit in sensu*),《医学史杂志》(*Journal of the History of Medicine*),25(1970),第77页～第80页。

的概念范畴构建和组织起来的认识形式。[5] 在这种观点看来，“经验”有赖于观察者的期待和假定。现在几乎所有哲学家都接受了这个论题，即所谓的“观察的理论渗透(theory-ladenness of observation)”。[6] 科学哲学家诺伍德·鲁塞尔·汉森通过假想天文学家约翰内斯·开普勒(1571～1630)和第谷·布拉赫(1546～1601)于日出时分站在山上来说明这一思想。他们都朝着东方观察太阳，但开普勒是哥白尼主义者，认为太阳静止于宇宙中心，而第谷信奉地心说，认为太阳围绕地球旋转，那么，他们看到的是同样的东西吗？汉森说，在一种重要的意义上，他们看到的并非同样的东西。他写道：“物理状态与视觉经验之间存在着差异。”[7]

然而，在研究经验在现代早期的含义时，我们发现濒临危险的不只是对知觉的解释。还有另外一个哲学问题，即经验单个事件与知觉普遍认同的真理之间是什么关系。借用汉森的例子来说，开普勒在山上并非只经验到地球那时恰好在运转，从而显示太阳越来越高出地平线。他所看到的是一个定期发生的自然事件的例子，反映了哥白尼宇宙的结构。在某种意义上，我们这里涉及了后来所谓的“归纳问题”。但是在1600年前后，对于开普勒和第谷这样的人来说，这个问题与亚里士多德认识论的细节以及亚里士多德的自然观密切相关。

109

在亚里士多德看来，关于物理世界的科学在理想情况下应当有一种逻辑演绎结构的形式，它可以由无可争辩的基本陈述或前提推导出来。这种结构的典范是由欧几里得的《几何原本》(*Elements*)所代表的希腊几何学结构，在那里，某个结论是否真实可以由一套在先的、被认为显而易见的既定公理(例如“等量减等量，其差相等”)演绎地证明出来。然而，对于涉及自然界的科学来说，这些公理无法通过单纯的内省而被认识到。在那些情况下，公理必须根植于普遍接受的熟悉的经验。于是，通过经验可知，“太阳从东方升起”被无可置疑地普遍认定为真，正如橡子会长成橡树的理论，或者如同那个甚至似乎更为深奥的原理，即同质介质中的视线(也许是光线，这取决于持何种理论)为直线——因为每个人都知道，不可能绕过拐角看到东西。基于这些经验，我们可以建立起天文学、植物学、光学等严格的演绎科学。当然，实际做到这些远比把它作为理想提出来更困难，但作为一种理想，它支配经院思想一直到17世纪。

因此，这种经验出自普遍行为而非特殊事件：太阳总是从东方升起；橡子总是(除

[5] 当然类似的观念还可以继续向前追溯，例如参看 Michael Friedman，《康德与精确科学》(*Kant and the Exact Sciences*, Cambridge, Mass.: Harvard University Press, 1992)。

[6] Norwood Russell Hanson，《发现的模式：科学的概念基础探究》(*Patterns of Discovery: An Inquiry into the Conceptual Foundations of Science*, Cambridge: Cambridge University Press, 1958)；Thomas S. Kuhn，《科学革命的结构》(*The Structure of Scientific Revolutions*, Chicago: University of Chicago Press, 1962)。

[7] Hanson，《发现的模式：科学的概念基础探究》，第5页～第8页，引文在第8页。

非出现意外)长成橡树。[8] 单个经验(比如公元79年维苏威火山喷发,或教皇乌尔班八世加冕)更成问题,因为它们只能作为在特殊情况下发生的事情,经由历史报告才为后人得知,故而不适合充当科学公理,因为它们不能立即获得所有人的同意:大多数人并没有见证它们。科学必须是确定的,而历史却难免有错的记录和证词。[9] 这个困难是不可避免的。我们对世界的认识(即使不是全部,也是大部分)严重依赖于通过他人的证词而相信的事物。[10] 我们后面会看到,那些赞同这种亚里士多德主义科学理想的人发展出了各种技巧将其最专门的经验研究"普遍化"。

亚里士多德的自然哲学特别关注"目的因",即过程所趋向的目的或目标,它能够解释某种东西的形态或能力(参看第3章)。生物是典型的例子:动物身上的所有器官似乎都与其特定功能相适应,通过被动地研究它们的行为,可以发现它们在做什么——它们为了什么目的。通过人为地设置条件而进行主动干预,将有可能破坏事物的自然进程,从而得出误导的结果;实验正是这样一种干预。无生命世界中的实验也遇到了同样的问题:例如,利用不等臂天平,通过悬在长臂上的轻物提起悬在短臂上的重物,将会歪曲那些物体趋向于地球中心的相对倾向。因此,就亚里士多德的自然哲学寻求事物的目的因,从而确定事物的本性而言,实验科学是不被允许的。 110

如果超出学术实践的界限,"经验"还有其他含义。16世纪30年代和40年代,以帕拉塞尔苏斯(1493～1541)为代表的反对大学学识的人主张,可以用单纯质朴的经验来代替亚里士多德主义者精巧的认识论。帕拉塞尔苏斯倡导进一步了解事物本身,以获得一种实践的、操作性的知识——这与亚里士多德主义者对哲学理解的强调形成了鲜明对比。帕拉塞尔苏斯特别关注治疗,这种专长必定是实用的。通过强调认识事物的属性以及对它们的利用,帕拉塞尔苏斯把注意力完全转向工匠的实践经验,工匠被认为与事物本身建立起了一种近乎神秘的亲密关系。[11] 正在蓬勃发展的"自然魔

---

[8] 在中世纪和后来的经院哲学中,这种其他情况不变的(ceteris paribus)假设是伪装成所谓根据假定(ex suppositione)的推理而得到证明的:假如橡树果真是由橡子生长出来的,那么所提供的解释将构成对这一过程的必然的科学证明。特别参看 William A. Wallace,《大阿尔伯特论自然科学中假定的必然性》(Albertus Magnus on Suppositional Necessity in the Natural Sciences),载于 James A. Weisheipl 编,《大阿尔伯特和科学:纪念文集(1980)》(*Albertus Magnus and the Sciences: Commemorative Essays 1980*, Toronto: Pontifical Institute of Medieval Studies, 1980),第103页～第128页;重印版为 Wallace,《伽利略、耶稣会士和中世纪的亚里士多德》(*Galileo, the Jesuits, and the Medieval Aristotle*, Aldershot: Variorum, 1991),第9章。

[9] 关于这些问题,参看 Stephen Pumfrey,《科学史与文艺复兴的历史科学》(The History of Science and the Renaissance Science of History),载于 Stephen Pumfrey、Paolo L. Rossi 和 Maurice Slawinski 编,《文艺复兴欧洲的科学、文化和大众信仰》(*Science, Culture, and Popular Belief in Renaissance Europe*, Manchester: Manchester University Press, 1991),第48页～第70页。

[10] 此书强调了信任所起的作用,Steven Shapin,《真理的社会史:17世纪英格兰的修养与科学》(*A Social History of Truth: Civility and Science in Seventeenth-Century England*, Chicago: University of Chicago Press, 1994)。

[11] 关于帕拉塞尔苏斯,参看 Walter Pagel,《帕拉塞尔苏斯:文艺复兴时期哲学医学导论》(*Paracelsus: An Introduction to Philosophical Medicine in the Era of the Renaissance*, 2nd rev. ed., Basel: Karger, 1982),以及内容更广的 Andrew Weeks,《帕拉塞尔苏斯:思辨理论与早期宗教改革的危机》(*Paracelsus: Speculative Theory and the Crisis of the Early Reformation*, Albany: State University of New York Press, 1997)。

法”传统和同一时期流行的“秘著(books of secrets)”助长了类似的态度。[12] 到了16世纪,特别是在(虽然并不完全在)英格兰,还有一些人类似地主张提升工匠知识的等级,他们当中最有成就的代表人物就是培根。在16世纪的最后十年和此后的四分之一世纪,培根鼓励一种新型的“自然哲学”,其目标不同于经院哲学,强调由自然知识获得实际的好处,赞美工匠的手艺知识。培根提出把“经验”作为获得这种知识的途径,他所谓的经验是指:认真考察和收集有关物理现象的属性和行为的事实(参看第5章)。不过,这些事实仍然是一般事实:它们与“事物如何表现”有关,由个例确立这些一般事实被认为理所当然,就像亚里士多德所说的那样。[13] 主要例外是,培根还关注“怪物(monsters)”和其他非常规事物(pretergeneration),即自然以不正常、不规则的方式起作用的个别情况。[14] 此外,培根对自然哲学中的目的因怀有众所周知的鄙视,这意味着他与正统的亚里士多德主义自然哲学家不同,他并不认为使用像实验设计那样的人工情形来产生有效事实有什么认识论上的困难(尽管他从道德上反对技艺/自然的区分)。[15]

然而,甚至在正统经院哲学领域,除了自然哲学,还有一些与自然界相关的科学对目的因表现出了各种不同的关切。我们将会看到,数学科学所追求的知识不受目的因的连累,因此可以容许实验设计而不必担心“怪物”。而在医学和人体研究中,规律性和变异性问题对于确定健康标准起了至关重要的作用。

生命与健康的经验

人体解剖教学是现代早期大学医学教育必不可少的组成部分,和其他自然研究领域一样,它已经有了既定的做事方式。16世纪的解剖学家每每服膺古希腊-罗马医生

[12] William Eamon,《科学与自然秘密:中世纪与现代早期文化中的秘著》(*Science and the Secrets of Nature: Books of Secrets in Medieval and Early Modern Culture*, Princeton, N.J.: Princeton University Press, 1994)。这些观点至少可以追溯到13世纪的罗吉尔·培根——参看Roger Bacon,《大著作》(*Opus Majus*, 1897 - 1900; facsimile repr. Frankfurt am Main: Minerva, 1964),John Henry Bridges编——也表现在16世纪、17世纪的所谓赫耳墨斯传统。关于后者,参看Frances A. Yates,《文艺复兴时期科学中的赫耳墨斯传统》(The Hermetic Tradition in Renaissance Science),载于Yates,《文集》第3卷《北欧文艺复兴时期的观念和理念》(*Collected Essays*, vol. 3, *Ideas and Ideals in the North European Renaissance*, London: Routledge and Kegan Paul, 1984),第227页~第246页中的经典论证。

[13] 例如参看Francis Bacon,《新工具》,2.11,第110页~第111页,“在热性上一致的各种事例”中的列表。

[14] 关于这一时期的“怪物”,参看Lorraine Daston和Katharine Park,《奇事与自然秩序(1150~1750)》(*Wonders and the Order of Nature, 1150 - 1750*, New York: Zone Books, 1998),尤其是第5章;以及Zakiya Hanafi,《机械中的怪物:科学革命时期的巫术、医学和奇迹》(*The Monster in the Machine: Magic, Medicine, and the Marvelous in the Time of the Scientific Revolution*, Durham, N.C.: Duke University Press, 2000)。培根还讨论了“独特事例”,它们是“物种的奇迹(wonders of species)”(独特的存在种类),并且将它们与“自然的失误(errors of nature)”区分开来,即“个体的奇迹(wonders of individuals)”,如并非形成一个共同物种的怪物:参看Francis Bacon,《新工具》,2.28 - 29,第147页~第149页。

[15] 克服炼金术传统中技艺/自然的区分也有先例:参看William R. Newman,《某些亚里士多德主义炼金术士的技艺、自然和实验》(Art, Nature, and Experiment among some Aristotelian Alchemists),载于Edith Sylla和Michael McVaugh编,《古代和中世纪科学的文本和语境:纪念约翰·E. 默多克七十寿辰论文集》(*Texts and Contexts in Ancient and Medieval Science: Studies on the Occasion of John E. Murdoch's Seventieth Birthday*, Leiden: E. J. Brill, 1997),第305页~第317页。

盖仑所树立的榜样，认为自己的事业首先是培养一种训练有素的看；许多遵循盖仑观点的人认为，他们在解剖的尸体中看到的东西代表所有人。[16] 关于这个问题细节的争论一直持续到16世纪，帕多瓦的雷亚尔多·科隆博（约1510～1559）等人坚持认为，人体的解剖构造具有很强的同一性，异常比较罕见，而科隆博在帕多瓦的前辈安德烈亚斯·维萨里（1514～1564）则每每只是口头上承认那个理想，而实际上却经常指出不同个体以及不同年龄、性别、区域或种族所造成的系统差异。[17]

112

曾在帕多瓦接受训练的英国医生威廉·哈维（1578～1657）于17世纪20年代著书立说，他遵循当时既定的解剖惯例，认为自己的血液循环研究从根本上说是在阐述如何以正确的方式去看（"验尸的"经验）。[18] 在哈维那里，关于如何理解主动的、干预主义的自然经验，这种大体属于亚里士多德认识论学说的影响再次显示出来。活体解剖所造成的干预必然会使生命体受到不自然的损伤，因此无异于一种获取自然运作知识的非法途径。这种对哈维本人研究程序的反对在17世纪中叶相当有影响，哈维无法对此置之不理。在其血液循环研究著作《心血运动论》（*De motu cordis*，1628）中，*哈维采取了他在帕多瓦的老师吉罗拉莫·法布里修斯（约1533～1619）等16世纪解剖学家的传统观点，认为研究者需要获得关于人体内部事物存在方式的直接视觉证据，而不是通过人工的实验来检验假说。因此，哈维可以认为自己演示（*demonstrating*）了血液循环，即按照这个词的字面含义显示了它；如何对他的特殊经验进行普遍化，以及这一时期的解剖知识如何规范，都是亟待解决的问题。[19] 然而，尽管有这种方案，仍然有人从方法上对他进行批判。在《解剖练习》（*Exercitatio anatomica*，1649）中，哈维回应了各种批评，最难对付的反对意见似乎是，因为不自然而从方法上否认活体解剖实验的正当性。[20] 哈维只能基于特定程序的细节和由此得出的推论来重申他的结论：

113

> 也许有人会说，当自然感到不安、性情异常时，这些事物就是如此，而当她自行运作、自由行动时，事物就不会这样，因为在病态的异常性情中显示的现象与在

---

[16] 参看 Andrew Wear、R. K. French 和 I. M. Lonie 编，《16世纪的医学文艺复兴》（*The Medical Renaissance of the Sixteenth Century*, Cambridge: Cambridge University Press, 1985）中的文章，特别是 Andrew Cunningham，《法布里修斯与帕多瓦的解剖教学和研究中的"亚里士多德项目"》（Fabricius and the "Aristotle Project" in Anatomical Teaching and Research at Padua），第195页～第222页。Gabriele Baroncini，《实验革命和科学革命的形式》（*Forme di esperienza e rivoluzione scientifica*, Bibliotheca di Nuncius, Studi e testi IX, Florence: Leo S. Olschki, 1992），这是关于哲学中的经验观念的很有用的讨论，特别关注医学和生命科学著作的作者。

[17] Nancy G. Siraisi，《维萨里与〈人体的构造〉中人的多样性》（Vesalius and Human Diversity in De humani corporis fabrica），《沃伯格和考陶德研究所杂志》（*Journal of the Warburg and Courtauld Institutes*），57（1994），第60页～第88页。

[18] Andrew Wear，《威廉·哈维与"解剖学家的方式"》（William Harvey and the "Way of the Anatomists"），《科学史》（*History of Science*），21（1983），第223页～第249页；另见 Wear，《现代早期英格兰的认识论和学术医学》（Epistemology and Learned Medicine in Early Modern England），载于 Don Bates 编，《知识和学术医学传统》（*Knowledge and the Scholarly Medical Traditions*, Cambridge: Cambridge University Press, 1995），第151页～第173页。一般地，也可参看 Baroncini，《实验革命和科学革命的形式》（chap. 5: Harvey e l'esperienza autoptica）。

* 此书全称为《动物心血运动的解剖研究》（*Exercitatio anatomica de motu cordis et sanguinis in animalibus*），一般缩略为《心血运动论》（*De motu cordis*）。——译者注

[19] Wear，《威廉·哈维与"解剖学家的方式"》；另见 Roger French，《威廉·哈维的自然哲学》（*William Harvey's Natural Philosophy*, Cambridge: Cambridge University Press, 1994），第316页。

[20] French，《威廉·哈维的自然哲学》，第277页。

> 健康的自然性情中不一样——但我们必须说,也必须认为,虽然(在静脉切开的情况下)这么多的血液因自然感到不安而从更远的部分流出,看起来也许是异常的,但不论大自然是否感到不安,解剖并未关闭附近的部分以防有东西移出或被排出。[21]

也就是说,哈维认为,他的干预并未对自然造成实质干扰,因为这并没有使正在研究的那些东西"感到不安"。

盖仑的文本对解剖学中的方法论关切(methodological concerns)影响最大,但众所周知,哈维本人在某种程度上是亚里士多德的信徒。最明显的例子是,哈维在其最后一部主要著作《论动物的生殖》(*De generatione animalium*,1651)的开头引用了亚里士多德的作品。除了称赞亚里士多德本人的动物学研究(包括亚里士多德的同样名为《论动物的生殖》的著作),哈维还运用了亚里士多德在《后分析篇》(*Posterior Analytics*)中关于科学论证正确结构的论述。[22] 盖仑本人在这些问题上的论断相当依赖亚里士多德。因此,面对着解剖学家同行的反对,哈维为了表明自己程序的正统性而采取的对这些问题的处理方案,使他不得不针对如何正确地解释亚里士多德学说而进行微妙的重新谈判,就像在数学科学中那样。

事实上,哈维明确援引了演绎论证最初的数学模型,亚里士多德曾经由此构建出他关于科学程序的一般说明。[23] 关于感觉经验在制造自然知识方面所起的作用,哈维的看法非常明确:"无论谁想知道正在谈论的是什么(它是不是可感知的和可见的),就必须要么亲眼去看,要么信任专家的意见,任何其他手段都无法使他更加确定地了解或被教育。"[24]感觉经验在制造自然知识方面的可靠性可以用几何学来证实:"假如经由感觉得到的信念尚不能十分肯定,并通过推理而固定下来(一如几何学家经常在其构造中发觉的),我们当然不承认它是科学:因为几何学是由不可感事物合理地证明可感事物。以几何学为榜样,通过更显然的、更值得注意的现象,我们可以更好地认识远

[21] William Harvey,《致让·里奥朗的第二篇文章》(A Second Essay to Jean Riolan),载于 Harvey,《心血运动论和其他著作》(*The Circulation of the Blood and Other Writings*, London: Dent/Everyman's Library, 1963),Kenneth J. Franklin 译,第 155 页。

[22] Charles B. Schmitt,《威廉·哈维和文艺复兴时期的亚里士多德主义:关于〈论动物的生殖〉(1651)序言的思考》(William Harvey and Renaissance Aristotelianism: A Consideration of the Praefatio to De generatione animalium [1651]),载于 Rudolf Schmitz 和 Gundolf Keil 编,《人文主义和医学》(*Humanismus und Medizin*, Weinheim: Acta Humaniora, 1984),第 117 页～第 138 页。

[23] 参看以下讨论,G. E. R. Lloyd,《魔法、理性和经验:希腊科学的起源和发展研究》(*Magic, Reason, and Experience: Studies in the Origin and Development of Greek Science*, Cambridge: Cambridge University Press, 1979),第 2 章。

[24] Harvey,《心血运动论和其他著作》,第 166 页。哈维必须依赖"专家",也反映在他把《心血运动论》(*De motu cordis*)献给皇家内科医师学院的题词中(第 5 页):"诸位博学的朋友,没有你们的支持,这本小册子不大有希望圆满完成;因为我用于收集真理或反驳谬误的几乎所有那些观察,你们当中有许多可靠的人士都曾见证过。你们看到过我的解剖,在我对那些事物作视觉演示时,你们经常寸步不离,完全同意我所做的演示。在这里,我再次迫切要求给出合理接受那些事物的理由。"关于哈维这里使用的常用表述"视觉演示(ocular demonstration)"的更多内容,参看 Thomas L. Hankins 和 Robert J. Silverman,《仪器和想象》(*Instruments and the Imagination*, Princeton, N. J.: Princeton University Press, 1995),尤其是第 39 页,以及 Barbara J. Shapiro,《事实文化:英格兰(1550 ～ 1720)》(*A Culture of Fact: England, 1550 - 1720*, Ithaca, N. Y.: Cornell University Press, 2000),第 172 页,注意这一表述在英国宗教护教学语境中的用法。当然,这个术语指目击。

离感官的深奥事物。”[25]

医学病例可以追溯到古希腊的希波克拉底著作（约前450～约前350）。[26] 病例详细记录了某个病人的疾病从发作到解决（或是死亡，或是回归健康）的进展。它们的意义在古代有争议，不同医学派别把它们解释成独立存在的疾病（如麻疹）的特例，或者解释成完全是某个病人所特有的。[27] 在16世纪、17世纪的大部分时间里，拉丁欧洲的学院派医学方法（与16世纪中叶的医生帕拉塞尔苏斯及其追随者截然相反）源自盖仑的著作；遵循着盖仑的一般理论方法，医生们通常把病例当成确定疾病（一般通过四种体液的不平衡来解释）一般性质的手段。从中世纪晚期到16世纪，许多医学家都用 experimentum 一词来指一种特定的治疗秘方，从而表明此疗法有合法基础，那就是医学家关于疾病和治疗该疾病的经验。在16世纪，吉罗拉莫·卡尔达诺（1501～1576）为这种用法提供了一个著名的例子：有人清楚地知道医学为什么不再是一门真正的或“完美的”科学，因为它没有从不容置疑的原理出发进行严格证明。[28] 对“实验”的医学运用周围还笼罩着一种隐秘的特殊气氛，它与罗吉尔·培根在13世纪对这个术语的用法遥相呼应。[29]

115

经验与自然志：个体、物种和分类学

17世纪末18世纪初，艾蒂安·肖万的《哲学词典》（*Lexicon philosophicum*，1692和1713）描述了一种在刚刚过去的几十年里似已变得司空见惯的术语上的区分。根据肖万的说法，“经验（experientia）”在物理学原理中的位置仅次于理性，“因为没有经验的理性就如同一艘没有舵手的船在颠簸”。肖万区分了三种类型的经验：一是生活中无意间获得的经验；二是特意考察某种东西所获得的经验，但对可能发生的事情没有任

---

[25] Harvey，《心血运动论和其他著作》，第167页；另见 French，《威廉·哈维的自然哲学》，第278页。

[26] 一个出色的概述，请参看 G. E. R. Lloyd，“导言”（Introduction），载于 G. E. R. Lloyd 编，《希波克拉底著作》（*Hippocratic Writings*, Harmondsworth: Penguin, 1978）。关于17世纪的自然哲学、医学与自然志之间的复杂关系，参看 Harold J. Cook，《17世纪英格兰的新哲学和医学》（The New Philosophy and Medicine in Seventeenth Century England），载于 David C. Lindberg 和 Robert S. Westman 编，《重估科学革命》（*Reappraisals of the Scientific Revolution*, Cambridge: Cambridge University Press, 1990），第397页～第436页；以及 Cook，《一场革命的前沿？北海海岸附近的医学和自然志》（The Cutting Edge of a Revolution? Medicine and Natural History Near the Shores of the North Sea），载于 J. V. Field 和 Frank A. J. L. James 编，《文艺复兴与革命：现代早期欧洲的人文主义者、学者、工匠和自然哲学家》（*Renaissance and Revolution: Humanists, Scholars, Craftsmen, and Natural Philosophers in Early Modern Europe*, Cambridge: Cambridge University Press, 1993）。

[27] John Scarborough，《罗马医学》（*Roman Medicine*, Ithaca, N. Y.: Cornell University Press, 1969），本书对希腊化时期和希腊-罗马的医学派别和著者作了适当考察。

[28] Nancy G. Siraisi，《钟表和镜子：吉罗拉莫·卡尔达诺与文艺复兴时期的医学》（*The Clock and the Mirror: Girolamo Cardano and Renaissance Medicine*, Princeton, N. J.: Princeton University Press, 1997），第3章，尤其是第45页，第59页～第60页；Baroncini，《实验革命和科学革命的形式》，第109页～第110页。另见弗兰西斯·培根的用法，Bacon，《论学问的精通和进展》（*Of the Proficiencie and Advancement of Learning*, London: Henrie Tomes, 1605），2.8。

[29] Jole Agrimi 和 Chiara Crisciani，《对实验经验的研究：认识论反映和医学传统》（Per una ricerca su *experimentum-experimenta*: Riflessione epistemologica e tradizione medica [secolo XIII - XV]），载于 Pietro Janni 和 Innocenza Mazzini 编，《希腊语词典和拉丁语词典的同时存在》（*Presenza del lessico greco e latino nelle lingue contemporanee*, Macerata: Università degli Studi di Macerata, 1990），第9页～第49页。

何期待；三是为了确定一种猜测的解释是否正确而获得的经验。[30] 接着，肖万用另一个拉丁词 experimenta（实验）描述了一种纯哲学经验的性质：它应当基于各种各样的大量“实验”；严格说来，这些实验既包括机械技巧（mechanical artifice）又包括自然志。[31] 因此，哲学经验源于大量实验，[32]就像亚里士多德所说，经验源于对同一事物的诸多记忆一样。[33] 然而，与亚里士多德不同，肖万并不担心对人工构造物（机械技巧，这让我们回想起勒内·笛卡儿的那些机械装置）的经验与对自然进程的经验（包括肖万所谓的“自然志”）之间的哲学差异。

116

事实上，自然志是一个在 17 世纪处于迅速重建过程中的研究领域。弗兰西斯·培根强调一种广泛的自然志或对自然现象进行描述性说明的重要性，视之为创建一种真正的自然哲学的导引。培根所说的不仅是今天理解的“自然志”，它也囊括了所有自然现象，无论是有生命的还是无生命的。[34] 自然志主要区别于“公民志（civil history）”，后者说明的是人的事情。两者都是描述性的说明，而不是（据说）要对相关主题给出因果解释。在 17 世纪剩下的时间，一般培根意义上的自然志在英国自然哲学中仍然非常重要，对于早期皇家学会也是如此。[35] 但在“自然志”一词后来所指的那些研究中，主要是在植物学和动物学中，个别与普遍的问题也类似地出现于刚才讨论的那些内容中。

在 16 世纪的意大利，乌利塞·阿尔德罗万迪（1522～1605）和其他自然志家首先开始采集实际的植物标本，而不仅仅是在原处描述植物。[36] 这种新的做法对于以从各地采集标本为重点的自然志知识观念的建立是至关重要的。16 世纪下半叶依照意大利模型开始在法国建立的新植物园（和在意大利一样，通常与大学相联系）便采取了这种做法[37]（参看第 19 章）。标本采集（可以看作 19 世纪古生物学原始标本的先声）[38]使得经验参与了自然志的营建，它用真实可见的样本有效地强化了概念范畴。这一时期植物学研究的新方法的一个方面是使用了自然主义的植物素描，例如奥托·布伦费

〔30〕 Étienne Chauvin，《哲学词典》（*Lexicon Philosophicum*, Leeuwarden, 1713; facsimile repr. Düsseldorf: Stern-Verlag Janssen, 1967），第 229 页，col. 2。

〔31〕 同上书，第 230 页，col. 1。培根也提倡改变实验种类以支持哲学断言；他批评吉尔伯特仅由磁的实验就建立了整个哲学。参看 Francis Bacon，《新工具》，1. 54。

〔32〕 耶稣会数学家克里斯托弗·沙伊纳（Christopher Scheiner）曾在 17 世纪初使用过同样的术语区分。参看 Peter Dear，《学科与经验：科学革命中的数学之路》（*Discipline and Experience: The Mathematical Way in the Scientific Revolution*, Chicago: University of Chicago Press, 1995），第 55 页～第 57 页。

〔33〕 Aristotle，《形而上学》（*Metaphysics*），6. 2（1026b 29 - 32）。

〔34〕 参看 Francis Bacon，《新工具》，《伟大的复兴》（The Great Renewal），第 20 页～第 21 页。

〔35〕 例如参看 Shapiro，《事实文化：英格兰（1550～1720）》，第 114 页～第 116 页，以及第 5 章。

〔36〕 Paula Findlen，《拥有自然：现代早期意大利的博物馆、收藏和科学文化》（*Possessing Nature: Museums, Collecting, and Scientific Culture in Early Modern Italy*, Berkeley: University of California Press, 1994），第 166 页。

〔37〕 Karen Meier Reeds，《中世纪和文艺复兴时期大学的植物学》（*Botany in Medieval and Renaissance Universities*, New York: Garland, 1991），其中包含了以下文章，Reeds，《文艺复兴时期的人文主义和植物学》（Renaissance Humanism and Botany），《科学年鉴》（*Annals of Science*），33（1976），第 519 页～第 542 页。

〔38〕 Ronald Rainger，《理解过去的化石：古生物学和进化论（1850～1910）》（*The Understanding of the Fossil Past: Paleontology and Evolution Theory, 1850 - 1910*, Princeton, N. J.: Princeton University Press, 1982）。

尔斯在《植物写真》(*Herbarum vivae eicones*,1530)中利用新的印刷技术所作的描绘。[39]然而,和维萨里的情况一样,这种对视觉描绘的运用是有争议的:维萨里不得不在《人体的构造》(*De humani corporis fabrica*,1543)的序言中为自己辩护,反对有些人认为这本号称要显示人体细节的书只会鼓励医科学生囿于书本,而不是亲自去查看——这恰恰与维萨里所宣称的意图背道而驰。[40] 一些16世纪的草药学家也重申了普林尼、盖仑等反对提供植物图片的古代学者所给出的论证,这些图片具有潜在的欺骗性,不如对真实事物进行认真观察。[41]

117

除了植物主要的药用功能,植物分类在16世纪也成为一个严重的问题,部分原因是当时到达欧洲的新植物第一次达到了惊人的数量。比萨大学的安德烈亚·切萨尔皮诺(1519～1603)在其《论植物》(*De plantis libri xv*,1583)中提出了最有影响的分类模型。对它的哲学辩护(切萨尔皮诺感觉到了对它的需要,这一点很重要)源于亚里士多德:切萨尔皮诺把生殖看作物种延续过程中的一种基本功能,从而遵循了亚里士多德的一般准则,他证明可以合理地认为,植物的生殖器官(花和果)拥有一些特征,可以与植物自身的本质最根本地联系起来。[42] 因此,可以用这些特征作为分类中的正确辨别标准。虽然在分类细节上有所不同,但整个17世纪的分类学家都遵循了这种一般方法。[43] 这种方式使得实际的分类任务不再仅仅是附加于自然志的一个编目系统;通过基于理论理由而赋予特定的特征以特权,自然志也可以朝着地位更高的自然哲学而努力。

17世纪90年代,英国植物学家约翰·雷(1627～1705)越来越清楚地认识到,感觉经验在把种分配给合适的属这样的问题上存在着不确定性。分类学活动已经成了确定相似和差异的意义,这实际上是从经验(揭示标本的相关特征)转到了认识标本的本质(它到底是什么种类)。然而,雷否认可以通过归纳从经验获得本质知识。在17世纪90年代与大陆分类学家奥古斯图斯·巴赫曼(德国)和约瑟夫·图内福尔(法国)的争论中,雷主张把有机体列入更大的群体(比如种集合成属)可能永远也无法获得哲学上的可靠性。生物应当按照共同的本质特征,即能够表现生物本质的特征来严格分组。因此,根据并不表现事物本质的偶性特征进行分类并非正确的自然分类。但雷追问,我们如何知道有机体的哪些特征是本质的,哪些只是偶然的?他以鲸为例,根据我们对特征的选择,它既可以归入鱼类(如果把只生活在水中和有鳍视为本质特

118

[39] Reeds,《中世纪和文艺复兴时期大学的植物学》,第28页～第32页。

[40] 参看维萨里的序,载于C. D. O'Malley,《布鲁塞尔的安德烈亚斯·维萨里(1514～1564)》(*Andreas Vesalius of Brussels, 1514 - 1564*, Berkeley: University of California Press, 1964),第322页～第323页。

[41] Reeds,《中世纪和文艺复兴时期大学的植物学》,第31页～第32页。

[42] 例如参看Findlen,《拥有自然:现代早期意大利的博物馆、收藏和科学文化》,第58页。

[43] 关于它在18世纪对林奈的持续影响,参看Sten Lindroth,《林奈的两面》(The Two Faces of Linnaeus),载于Tore Frängsmyr编,《林奈:生平和作品》(*Linnaeus: The Man and His Work*, Canton, Mass.: Science History Publications, 1994),第1页～第62页,尤其是第35页～第36页。

征)，亦可以归入温血的陆地动物(如果把胎生和呼吸空气视为本质特征)。[44] 因此，雷的怀疑立场对于他关于自然志经验与表达形式化的自然知识之间关系的看法至关重要。[45] 经验的意思远不只是描述性的观察。

这些分类学考虑受到了乔纳森·斯威夫特的影响。他在讽刺作品《格列佛游记》(*Gulliver's Travels*,1726)中，通过虚构的拉格多(Lagado)科学院人士所从事的研究，讽刺了英国皇家学会的研究。皇家学会希望废除使用语词，通过展示事物本身来交流——因为"语词只是事物的名称"。[46] 斯威夫特直接针对的靶子似乎是皇家学会在17世纪60年代的通用语言研究(而并非洛克)，其中最著名的是约翰·威尔金斯的《尝试一种真实文字和哲学语言》(*Essay Towards a Real Character and a Philosophical Language*,1668)。这本书试图把世间的万事万物包含在一个以分类学原则为基础的全面的语言计划中。该计划从根本上是本质主义的，也就是说，它认为有可能确认世间万物的真实种类，从而为它们指定各自的名称。[47] 因此，在17世纪50和60年代，威尔金斯和其他英国人的语言计划从根本上建立在亚里士多德原理的基础之上。和经院亚里士多德主义者一样，他们也认为，由感觉经验产生出了可以用语词指称的概念：深层的心理习惯恰恰在于从个别的实际经验提取出关于事物种类普遍本质的概念。[48] 雷在17世纪末否认的正是这种(亚里士多德式的)习惯的可能性。而与雷同时代的艾萨克·牛顿的工作则是在数学科学的语境下重新设计这些问题。

119

经验与数学科学

这一时期与"实验科学"类似的东西最明显地出现在所谓的数学科学中。遵循着一般的亚里士多德主义观点，这些数学科学往往被视为自然知识的分支，它们只关注事物定量的、可测量的性质，而不考虑与它们是何种事物有关的问题。后面这些问题所属的一般学科是"自然哲学"而非"数学"。于是，像天文学(研究天体在天上的位置和运动)和几何光学(研究作几何理解的光线的定量行为)这样的学科都是"数学"的分支。这些学科也最充分地利用了像四分仪、星盘这样的专业仪器，有时还会利用定制的实验仪器来产生精确的经验结果，特别是在光学中。这意味着，它们为其实践者提供了深奥的知识，由于并非基于普遍接受的经验，这些知识很难纳入证明性科学

[44] Phillip R. Sloan,《约翰·洛克、约翰·雷和自然体系问题》(John Locke, John Ray, and the Problem of the Natural System),《生物学史杂志》(*Journal of the History of Biology*),5(1972),第1页~第53页。

[45] 关于现代早期欧洲的怀疑论，特别参看 Richard H. Popkin,《从萨沃纳罗拉到培尔的怀疑论史》(*The History of Scepticism from Savonarola to Bayle*, New York: Oxford University Press, 2003)。

[46] Jonathan Swift,《格列佛游记》(*Gulliver's Travels*, 3.5, Oxford: Oxford University Press, 1948),第223页。

[47] 这个观点可参看 Hans Aarsleff,"威尔金斯，约翰"(Wilkins, John),《科学传记辞典》(*Dictionary of Scientific Biography*),第14卷，第361页~第381页；重印于 Aarsleff,《从洛克到索绪尔》(*From Locke to Saussure*, Minneapolis: University of Minnesota Press, 1982)。

[48] 关于这些计划的亚里士多德主义结构，参看 Mary M. Slaughter,《17世纪的普遍语言和科学分类法》(*Universal Languages and Scientific Taxonomy in the Seventeenth Century*, Cambridge: Cambridge University Press, 1982)。

(demonstrative science)的模型。[49]

16世纪大学(包括在16世纪下半叶很有影响的新的耶稣会学院)的学科结构体现了一种概念规划,使数学科学从自然哲学中脱离出来。[50] 中世纪和现代早期大学的艺学课程源于古代晚期对三艺(trivium)和四艺(quadrivium)的分类,三艺指语法、逻辑和修辞,四艺指算术、几何、天文和音乐。[51] 天文和音乐代表关于物理世界的许多数学科学,还包括像地理学、几何光学和力学(静力学)这样的学科。它们在现代早期有各种名称,如"从属(subordinate)科学""中间(middle)科学""混合(mixed)科学"等。[52] 它们如何能被看成真正的科学,亚里士多德曾经提出过一种特殊方法。 120

根据亚里士多德的说法,真正的科学(知识)应当建立在这门科学独特的、自身所固有的原理基础之上。于是,各个主题根据科学原理的内容被分配到不同的科学中,使得科学原理始终与其主题属于同一种类。因此,这一要求确保了前提与结论之间有可能建立起形式演绎的联系。然而,像天文和音乐这样的学科明显违反了这一规则:它们利用了纯数学(算术和几何)的结果,并把它们运用于并非纯粹是量的事物,这里指天界运动和声音。因此,亚里士多德特地为它们安排位置,把它们列为从属于更高学科的科学。[53] 亚里士多德对这一问题的解决是相当特设性的(ad hoc);这在16世纪引发了学术争论,即如果预先假定的算术或几何定理并未一同得到证明,那么混合数学科学中的证明是否真的提供了真正的科学。[54] 伴随着这些疑虑,有人建议,数学证明得出结论并不需要指明结论(有待解释的结果)的原因,[55]因此,它们与哲学证明并不相同。

然而,在16世纪末17世纪初,混合数学被认为无法产生真正的科学知识,这种观点引起了著名耶稣会数学家的强烈质疑,其中最重要的是克里斯托夫·克拉维乌斯(1538～1612)。在说明自己的理由时,克拉维乌斯很大程度上依靠的是亚里士多德

---

[49] 经典例子可见托勒密的《至大论》(*Almagest*)和阿尔哈曾(Alhazen)的光学教科书,它的拉丁文版名为 *Perspectiva*,初版于 Federicus Risnerus 编,《阿尔哈曾光学辞典》(*Opticae thesaurus: Alhazeni arabis libri septem, nunc primum editi . . .*, Basel: per Episcopios, 1572)。16世纪、17世纪有不少从事这些科学的人,他们拒绝接受自然哲学与数学科学之间的这种截然分离,其中最著名的是开普勒;但正如我们所说,这种做法会使这些异议者遭到严厉的方法论批判。

[50] 关于1599年的耶稣会士《研究计划》(*Ratio studiorum*)中对自然哲学与数学之间的学科和概念区分的官方表述,参看 Mario Salmone 编,《耶稣会学习训练计划》(*Ratio atque institutio studiorum Societatis Jesu: L'ordinamento scolastico dei collegi dei Gesuiti*, Milan: Feltrinelli, 1979),第66页。

[51] 关于中世纪早期四艺学科的文章可参看 David L. Wagner,《中世纪的自由七艺》(*The Seven Liberal Arts in the Middle Ages*, Bloomington: Indiana University Press, 1983)。

[52] 进一步的讨论参看 Dear,《学科与经验:科学革命中的数学方法》,第39页;关于中世纪和16世纪的背景,参看 W. R. Laird,《亚里士多德〈后分析篇〉中世纪评注中的中间科学》(The Scientiae mediae in Medieval Commentaries on Aristotle's Posterior Analytics, Ph. D. dissertation, University of Toronto, 1983),尤其是第8章。

[53] 两部核心文本是:Aristotle,《后分析篇》(*Posterior Analytics*), 1.7; Aristotle,《形而上学》(*Metaphysics*), 13.3(esp. 1078a 14 - 17)。参看 Richard D. McKirahan,《原理和证明:亚里士多德的证明性科学理论》(*Principles and Proofs: Aristotle's Theory of Demonstrative Science*, Princeton, N. J.: Princeton University Press, 1992)。

[54] 关于文献资料和进一步的参考书目,参看 William A. Wallace,《伽利略及其思想来源:伽利略科学中罗马学院的遗产》(*Galileo and His Sources: The Heritage of the Collegio Romano in Galileo's Science*, Princeton, N. J.: Princeton University Press, 1984),第134页。

[55] 以下的讨论很有助益,Nicholas Jardine,《诸学科的认识论》(Epistemology of the Sciences),载于 Charles B. Schmitt、Quentin Skinner、Eckhard Kessler 和 Jill Kraye 编,《剑桥文艺复兴哲学史》(*The Cambridge History of Renaissance Philosophy*, Cambridge: Cambridge University Press, 1988),第685页～第711页,讨论在第693页～第697页。

的权威和其他古代资料。亚里士多德不仅使一部分混合数学变成了从属科学,从而暗示性地肯定了它们的科学地位,而且还明确把数学列为哲学的一部分。运用这一方案,克拉维乌斯引证托勒密的说法,暗示数学不仅等同于定性的、无疑是科学的自然哲学,甚至犹有过之:"因为[托勒密]说,如果考虑证明方式,那么自然哲学和形而上学更应被称为猜测而非科学,因为有那么多不同的观点。"[56]这些态度绝非仅限于耶稣会数学家(比如还有16世纪下半叶的英国人约翰·迪伊等人),[57]但像克拉维乌斯这样的耶稣会学者在17世纪特别有影响,因为他们的著作往往会被其他通常是非耶稣会的(非天主教的)数学家广泛阅读和引用。[58]

121

于是,17世纪初的数学家,特别是耶稣会士和受他们影响的人,继续指望把亚里士多德和其他古典文献用作他们的学科模型。他们需要努力让混合数学科学(关乎自然界,所以在很大程度上依赖于感觉证据)仍然具有亚里士多德意义上的科学有效性。为了把经验前提普遍化,这些前提要因为显而易见、而不是因为可以得到一些特殊事件的支持而被大家接受。因此,他们所造就的并不是现代意义上的"实验科学":从这种亚里士多德主义的角度看,对个体事件的陈述并非显而易见和不容置疑,而是依赖于必然可错的历史报告。于是,亚里士多德的科学模型认为科学知识从根本上是开放的、众所周知的,因为科学证明必须源于得到普遍认同的原理。单个经验和实验事件并不是众所周知的,因为只有真正直接目睹了它们的少数人才能知道它们,所以这些经验在科学讨论中都是不可靠的要素。

因此,通过补偿,数学科学家在某种程度上依赖于他们作为可靠的、讲真话的人的声誉,至少是(特别是耶稣会士)依赖于他们所在机构的声誉。然而,他们并不需要完全依赖于这种脆弱的基础。例如,当时的天文学家并不习惯于发表原始的天文数据:他们不是去展示其证词所确证的直接观测结果,而是往往借助于天体运动的几何模型,将他们的数据作为一种手段,以生成行星、太阳或月球的位置预测表。换句话说,天文学的观测部分和计算部分并无形式上的方法论分离。正如耶稣会士尼科洛·卡贝奥在关于亚里士多德《气象学》(*Meteorology*)的评注(1646)中所说,[59]天文学必须依赖于证词和前人的报告。但卡贝奥并不认为这一事实从方法上否证了天文学,因为源于累积数据的普遍化"经验"似乎使天文学具有了一种自我确证性:卡贝奥指出,自

122

---

[56] Christoph Clavius,《约安尼斯·德·萨克罗·博斯科的天文学》(In sphaeram Ioannis de Sacro Bosco commentarius),载于 Clavius,5 卷本《数学作品集》(*Opera mathematica*, in 4, Mainz: A. Hierat for R. Eltz, 1611 - 12),第3卷,第4页。试比较 Ptolemy,《至大论》,1. 1;参看以下英译,Ptolemy,《至大论》(London: Duckworth, 1984),G. J. Toomer 译,第36页。

[57] 特别参看 John Dee,《麦加拉的欧几里得〈几何原本〉的数学序言》(*The Mathematicall Preface to the Elements of Geometrie of Euclide of Megara*, intro. Allen G. Debus, 1570; facsimile repr. New York: Science History Publications, 1975)。

[58] 例如参看17世纪60年代英国新教徒艾萨克·巴罗(Isaac Barrow)对耶稣会资料的利用,载于 Dear,《学科与经验:科学革命中的数学方法》,第223页。这种关注很常见。

[59] Niccolò Cabeo,《关于亚里士多德〈气象学〉的注释》(*In quatuor libros Meteorologicorum Aristotelis commentaria*, Rome: Francisco Corbeletti, 1646),第399页,col. 2。

古以来，经过漫长的努力，天文学“由那些观测产生出与事物相当符合的天体运动的法则和规律”。[60] 虽然观测数据源于并非自明的历史证词，但这并没有什么关系，因为数据永远也不可能是自明的，它们本身并不是共相(universals)。要想接受天文学所基于的原理，需要不断了解是否有可能用它们来指导当下和未来的现象。[61] 天文学知识的合法性取决于这门学科的不断实践。

安特卫普的耶稣会士弗朗索瓦·达吉永在1613年的光学著作中也表达了超越殊相(particulars)的重要性，不过是以一种略为不同的方式直接依赖亚里士多德的知识论：

> 单个[感觉]活动并不能大大有助于建立科学，确立共同的概念，因为单个活动背后可能隐藏着错误。但是，如果[这一活动]被一次次重复，则它将加强对真理性的[判断]，直至最终[该判断]被普遍接受；此后经由推理，[由此产生的共同概念]被组织成科学的初始原理。[62]

这些说法显然诉诸了亚里士多德的逻辑论著《后分析篇》对“经验”的定义：“由知觉产生了记忆……由记忆(当它经常与同样的事物联系起来时)产生了经验；由大量记忆形成了单个经验。”[63]在达吉永看来，重复对于创造严格意义上的科学经验至关重要。重复制约了易犯错误的感官或因选择非典型事例而导致的欺骗，从而确保我们可以可靠地说，自然“永远或大多数时间”如何起作用，就像亚里士多德所说的那样。[64] 这样，我们获得的经验足以确立经验式的“共同概念”以构成科学的基础。

甚至在后来被视为亚里士多德反对者的人当中，亚里士多德式的科学经验也占据着统治地位。在对《关于两门新科学的谈话和数学证明》(*Discorsi e dimostrazioni matematiche intorno a due nuove scienze*, 1638)中著名的斜面实验进行说明时，[65]伽利略·伽利莱(1564～1642)试图通过对许多个别事例的记忆来确定以下经验是否真实，即落体就像他所声称的那样运动。他并没有描述在特定时间所做的某一项特定实验或一组实验，并对结果进行详细的定量记录，而只是写道，通过一种详细指明的仪器，他反复试验“足足有一百次”，发现结果和预期完全一致。所谓“足足有一百次”的说法(以各种形式频繁出现在当时的学术著作中)意为“无数次”。[66]

123

伽利略的方案在同时代的许多研究混合数学科学的学者那里都有反映：对实验仪

---

[60] 同上。

[61] Dear，《学科与经验：科学革命中的数学方法》，第95页。

[62] Franciscus Aguilonius，《光学》(*Opticorum libri sex*, Antwerp: Ex officina Plantiana, 1613)，第215页～第216页。

[63] Aristotle，《后分析篇》，2.19(100a 4 - 9)，Jonathan Barnes 译，载于 Aristotle，《亚里士多德全集：牛津修订译本》(*The Complete Works of Aristotle: The Revised Oxford Translation*, Princeton, N.J.: Princeton University Press, 1984)，Jonathan Barnes 编，第165页～第166页。

[64] Aristotle，《形而上学》，6.2(1026b 29 - 32)。

[65] 标准英译本是 Galileo Galilei，《关于两门新科学的谈话和数学证明》(*Discourses and Demonstrations Concerning Two New Sciences*, Madison: University of Wisconsin Press, 1974)，Stillman Drake 译。

[66] Dear，《学科与经验：科学革命中的数学方法》，第129页～第132页；试比较 Charles B. Schmitt，《经验和实验：扎巴瑞拉的看法与伽利略在〈论运动〉中看法的比较》(Experience and Experiment: A Comparison of Zabarella's View with Galileo's in *De motu*)，《文艺复兴研究》(*Studies in the Renaissance*)，16(1969)，第80页～第138页。

器或观测仪器的详细说明,通常伴随着对正确使用它们会产生何种不变结果的断言。[67] 在试图说服大家接受他们那些不够自明的原理时,这些学者实际上通过不可能选择不信任而回避了信任这个棘手问题;[68]他们让声望和机构的信誉来承受压力。勒内·笛卡儿(1596～1650)对同样的问题采取了类似方案:他那为知识提供坚实基础的著名尝试虽然以演绎式的数学推理为先导,但也为经验留出了位置。笛卡儿也是拒绝把它当作问题来讨论,从而巧妙地化解了信任问题。在《方法谈》(*Discours de la méthode*,1637)中,他明确邀请别人协助他的工作,为之提供"他可能不得不付出的经验代价";之所以会付出经验代价,是因为从他人那里获得的信息往往只会导致偏见或混乱的说法,至少,他将不得不浪费宝贵时间,用解释和讨论来回报为他提供信息的人。笛卡儿希望亲手制造必要的经验,或者付钱给工匠来做——金钱的诱惑将确保这些工匠听命于他。[69] 笛卡儿只是为了让自己满意,就好像这足以满足所有人似的。

124

事件实验和"物理-数学"

在关于无生命世界的研究中,预先设计的实验似乎最先显著地进入了数学科学领域中的知识制造活动。在这里我们第一次发现,学者们已经习惯于用特殊事件的历史报告来证明,关于自然的某个方面如何起作用的普遍陈述是合理的。这种背离在伽利略关于运动的数学工作中已经有了迹象。然而,伽利略尽量避免把自己断言的正当性完全建立在历史报告的基础之上,但研究数学科学的其他学者却开始讲述特殊的人为事件。比如天文学家詹巴蒂斯塔·里乔利(1598～1671)等研究混合数学的耶稣会士报告了一些实验,他们从教堂塔楼顶部释放重物以确定它的加速度,并且给出地点、日期和见证人来增强报告的可信度。[70] 17 世纪最著名的一个例子发生在 1648 年。布

---

[67] 另见 Dear,《学科与经验:科学革命中的数学方法》,第 80 页。仪器描述的一个先例是 2 世纪的托勒密在《至大论》中对天文观测仪器的说明。

[68] 见 Shapin,《真理的社会史:17 世纪英格兰的修养与科学》。

[69] René Descartes,《方法谈》(*Discours de la méthode*),第四部分,载于 Descartes,8 卷本《笛卡儿全集》(*Oeuvres de Descartes*, Paris: J. Vrin, 1964 - 76),Charles Adam 和 Paul Tannery 编,第 6 卷,第 72 页～第 73 页。关于笛卡儿和实验,参看 Daniel Garber,《〈方法谈〉和随笔中的笛卡儿和实验》(Descartes and Experiment in the Discourse and the Essays),载于 Stephen Voss 编,《论笛卡儿的哲学和科学》(*Essays on the Philosophy and Science of René Descartes*, New York: Oxford University Press, 1993),第 288 页～第 310 页;Garber,《笛卡儿的形而上学物理学》(*Descartes' Metaphysical Physics*, Chicago: University of Chicago Press, 1992),第 2 章;Desmond Clarke,《笛卡儿的科学哲学》(*Descartes' Philosophy of Science*, Manchester: Manchester University Press, 1982),第 22 页～第 23 页。关于当时法国的梅森和帕斯卡的工作,参看 Dear,《学科与经验:科学革命中的数学方法》,第 5 章,第 7 章;以及 Christian Licoppe,《科学实践的形成:关于法国和英格兰的经验的对话(1630 ～ 1820)》(*La formation de la pratique scientifique: Le discours de l'expérience en France et en Angleterre* [*1630 - 1820*], Paris: Éditions de la Découverte, 1996),第 1 章。

[70] Alexandre Koyré,《从开普勒到牛顿的落体运动问题的文献史》(A Documentary History of the Problem of Fall from Kepler to Newton: De motu gravium naturaliter cadentium in hypothesi terrae motae),《美国哲学学会学报》(*Transactions of the American Philosophical Society*),n. s. 45(1955),第四部分。进一步的"虚拟证人"概念,即通过阅读关于过程的详细情况说明,间接经验到他人的经验发现,首先在下文中提出,Steven Shapin,《空气泵和环境:罗伯特·玻意耳的文学技艺》(Pump and Circumstance: Robert Boyle's Literary Technology),《科学的社会研究》(*Social Studies of Science*),14(1984),第 481 页～第 520 页。另见 Henry G. Van Leeuwen,《英格兰思想中的确定性问题(1630 ～ 1690)》(*The Problem of Certainty in English Thought*, *1630 - 1690*, The Hague: Martinus Nijhoff, 1963)。

莱兹·帕斯卡(1623～1662)曾在巴黎要他的姐夫弗洛兰·佩里耶到法国乡间,带着水银气压计登上附近的多姆山,确定玻璃管中的水银高度是否会随着海拔的增加而减小。帕斯卡预期会减小,并认为这样的结果可以证实他的信念,即玻璃管中的水银柱是由大气重量支撑的——能够平衡水银的大气在较高海拔处要比较低海拔处更少。

帕斯卡很快就发表了佩里耶的实验报告。它详细说明了那年9月佩里耶在有名有姓的见证人陪同下的登山之行以及沿途所作的测量。这并非明确运用有记录的事件来证明关于自然的某条断言,因为帕斯卡是这样支持其姐夫的叙述的:利用它的结果,帕斯卡预言,把类似的仪器带到巴黎教堂钟楼,水银高度也会下降;然后他断言,实际的(未具体说明的)实验证实了这一预测。[71] 然而,帕斯卡对多姆山实验的宣传表明了过去报告过的、预先设计的人为实验开始起作用。

把这种"实验经验"从数学科学一般地引入更广的自然哲学领域也许可以通过讨论"物理–数学(physico-mathematics)"这个新术语在17世纪的逐渐产生来追溯。数学,特别是混合数学学科,可以提供关于自然物体和现象的真正因果性的科学知识,这种观念在17世纪上半叶几乎已经司空见惯。[72] "物理–数学"概念的逐渐引入实际上把数学科学的地位提升到了物理学(自然哲学)层次,并没有从形式上违反两者之间由来已久的亚里士多德式的根深蒂固的学科区分。[73]

125

这个新的概念使数学科学家更容易作出曾经受到强烈质疑的哲学断言。1612年,在就浮体进行争论时,伽利略断言数学的正当性要高于物理学。[74] 这一学科扩张过程提升了数学科学的地位和解释力,使数学取代了通常被视为物理学内容的主题。"物理–数学"这一名称便昭示了这一转变。

这个词在17世纪20年代、30年代、40年代既出现在用本国语创作的通俗文本中,也出现在一般学术界。与此相伴随的似乎是改变对物理知识本身的要求。于是,克拉维乌斯的著作对数学严格确定性的强调开始掩盖亚里士多德主义物理学家目的论因果解释的野心。例如,受过耶稣会教育的马兰·梅森(1588～1648)很熟悉这样一些文本,在其中克拉维乌斯宣称确定性是数学优越于物理学的一个标志;[75] 在梅森看来,把混合数学当作一种新自然哲学的样本,与日益广泛地接受一种真正的"物理–数学"观念是完全一致的,这一观念将把数学证明与物理主题结合在一起。

---

[71] Dear,《学科与经验:科学革命中的数学方法》,第196页～第201页。

[72] 关于17世纪初的耶稣会数学家对物理学与数学之间关系的概念方面,以及混合数学作为中介者的作用的看法,参看 Ugo Baldini,《意大利耶稣会士对哲学与科学的研究(1540～1632)》(*Legem impone subactis: Studi su filosofia e scienza dei Gesuiti in Italia, 1540–1632*, Rome: Bulzoni, 1992),第1章。关于重新评价数学知识的促动因素,参看 Mario Biagioli,《意大利数学家的社会地位(1450～1600)》(The Social Status of Italian Mathematicians, 1450–1600),《科学史》,27(1989),第41页～第95页。

[73] Dear,《学科与经验:科学革命中的数学方法》,第6章,sec. IV。

[74] 参看 Mario Biagioli,《廷臣伽利略:专制政体文化中的科学实践》(*Galileo, Courtier: The Practice of Science in the Culture of Absolutism*, Chicago: University of Chicago Press, 1993),第4章。

[75] Peter Dear,《梅森与学校学习》(*Mersenne and the Learning of the Schools*, Ithaca, N. Y.: Cornell University Press, 1988),第37页～第39页。

17世纪60年代,剑桥数学家艾萨克·巴罗(1630～1677)提出了一种有用的"物理-数学"图景,那时这个词已经在数学用法中牢固确立。在《数学讲演》(*Mathematical Lectures*,当时有人阅读,但直到1683年才出版)中讨论数学术语和概念时,巴罗区分了"纯粹"数学与"混合"数学。他指出,后者讨论的是物理偶性,而不是量本身的性质,有些人习惯于把这一区分称为"Physico-Mathematicas"(拉丁语)。[76] 巴罗坚持认为,物理学和数学是绝对无法分离的:所有物理学都蕴含量,从而蕴含数学。[77] 巴罗的立场很符合他后来的学生、剑桥卢卡斯数学教授的继任者艾萨克·牛顿(1643～1727)所使用的著名标题。按照以前的(亚里士多德主义的)标准,牛顿《自然哲学的数学原理》(1687)的标题原本是无法设想的,因为自然哲学根据定义就不可能有数学原理。[78]《原理》漂亮地总结了涉及混合数学科学之潜力的争论在过去几十年的方向,明确显示了人为设计的实验及其历史报告到了1687年在哪一点上大量进入了自然哲学的实践。

126

牛顿式的经验

随着英国皇家学会于17世纪60年代初建立,特别是由于英国自然哲学家罗伯特·玻意耳(1627～1691)的杰出工作,对实验报告的关切才被清楚地确立为新自然哲学的基础。[79] 这种胜利并非无可争议,反对把实验方法用于自然哲学的人并不限于托马斯·霍布斯(1588～1679);他和包括一些亚里士多德主义者在内的许多人都把实验知识只看成描述性的自然志,认为它们不适合作为哲学知识的基础。[80] 不过,皇家学会为何偏爱把历史报告视为其集体事业的核心,这一点很难弄清楚。早期会员往往认为弗兰西斯·培根激励了他们的事业。的确,他们明确关注实用知识,并把经验

127

[76] Isaac Barrow,《数学讲演》(*Lectiones mathematicae* [1683]),重印于 William Whewell 编,《艾萨克·巴罗数学著作》(*The Mathematical Works of Isaac Barrow, D. D.*, Cambridge, 1860; facsimile repr., Hildesheim: Georg Olms, 1973),第31页(lect. 1);另见第89页(lect. 5)。

[77] 同上书,第41页(lect. 2);参看 Edwin Arthur Burtt,《近代科学的形而上学基础》(*The Metaphysical Foundations of Modern Science: A Historical and Critical Essay*, Garden City, N. Y.: Doubleday [Anchor Books], 1954),第150页～第155页,补充的讨论和参考书目参看 Dear,《学科与经验:科学革命中的数学方法》,第222页～第227页。

[78] 参看 Dear,《学科与经验:科学革命中的数学方法》,第8章。

[79] Steven Shapin 和 Simon Schaffer,《利维坦与空气泵:霍布斯、玻意耳与实验生活》(*Leviathan and the Air-Pump: Hobbes, Boyle, and the Experimental Life*, Princeton, N. J.: Princeton University Press, 1985),第2章;Shapin,《空气泵和环境:罗伯特·玻意耳的文学技艺》。另见 Michael Ben-Chaim,《事实在玻意耳实验哲学中的价值》(The Value of Facts in Boyle's Experimental Philosophy),《科学史》(*History of Science*),38(2000),第1页～第21页,以及更一般的 Lorraine Daston,《培根主义的事实、学术修养与客观性前史》(Baconian Facts, Academic Civility, and the Prehistory of Objectivity),《学术年鉴》(*Annals of Scholarship*),8(1991),第337页～第363页。关于"事实"的另一讨论是 Mary Poovey,《近代事实史:财富科学和社会科学中的知识问题》(*A History of the Modern Fact: Problems of Knowledge in the Sciences of Wealth and Society*, Chicago: University of Chicago Press, 1998),尤其是第1章～第3章,其中包含了对17世纪、18世纪英文文献的许多讨论;另见 Shapiro,《事实文化:英格兰(1550～1720)》。Daniel Garber,《17世纪的实验、社群和自然组织》(Experiment, Community, and the Constitution of Nature in the Seventeenth Century),《透视科学》(*Perspectives on Science*),3(1995),第173页～第205页,讨论了这种对集体制造事实的明显关注与笛卡儿坚持单独认知者的能力之间的区别。

[80] 特别参看 Shapin 和 Schaffer,《利维坦与空气泵:霍布斯、玻意耳与实验生活》。

研究作为获得知识的手段,这些都不由得让人想起培根的工作。在欧洲大陆,1666 年成立的巴黎皇家科学院(Paris Académie Royale des Sciences)的杰出人物也频频援引培根的名字。[81] 然而,值得注意的是,这一时期另一个著名的实验组织——佛罗伦萨的实验学会(Accademia del Cimento,1657 年成立,1667 年解散)发表的实验非常类似于玻意耳等人的许多实验,它几乎没有提到培根。[82] 而在英国,艾萨克·牛顿对实验报告的发展提出了一种特别重要的表述;牛顿的工作使得罗伯特·玻意耳倡导的"实验哲学"与混合数学科学的准实验做法相结合,从而产生了一种新的综合,在 18 世纪成为"牛顿主义"的诸多含义之一。[83] 牛顿主义的方法论特征是,对关于所研究事物的内在本性或本质的基本因果断言持一种典型的不可知论立场。[84] 因此,牛顿说他关于光和颜色的观念乃是牢牢植根于经验;他声称,这些观念没有超出光学这门数学科学在传统上所能达到的确定程度。牛顿宣称能够通过实验表明白光是各种颜色的混合物。当白光因棱镜折射而产生光谱时,白光便分解成它的各个组分;折射光的颜色并非(像以前认为的那样)作为白光的变体而被全新地创造出来。牛顿否认这些断言以任何方式依赖于关于光的真正本性的特定假说——例如微粒说或波动说。

牛顿的光学工作完全属于几何光学传统,它是混合数学科学中的一种。不过,牛顿的工作也需要通过巴罗所说的物理-数学术语来理解。当牛顿开始以他的数学结论为基础来解决自然哲学问题时,他便跨出了传统混合数学的界限:"既如此,我们没有必要再去争论黑暗的地方有无颜色,颜色是否可见物体的性质,以及光有无可能是物体等问题。"[85]通过从自然哲学接过论题,他的推测促使整个 18 世纪的学者越来越多地使用"物理-数学"这一名称。然而,物理因果性仍然需要与数学科学的典型关切相区别,任何有某种确定性的断言都需要通过安全的数学样例来保证。在大约同一时期的有关光学的拉丁语讲演中,牛顿已经采取了这一思路:

128

> 颜色的产生包含了许多几何学内容,对颜色的理解有许多证据[evidentiâ:"明证性"]支持,因此,我可以试着把数学的范围稍作拓展。正如天文学、地理学、航海、光学和力学,即使它们处理的是天空、大地、海洋、光和位置运动等物理事物,但它们实际上被视为数学科学;同样,颜色或许属于物理学,但颜色科学却必须被

---

[81] 一般地,参看 Alice Stroup,《科学家团队:17 世纪巴黎皇家科学院的植物学研究、资助与社团》(*A Company of Scientists: Botany, Patronage, and Community at the Seventeenth-Century Parisian Royal Academy of Sciences*, Berkeley: University of California Press, 1990);以及 Roger Hahn,《对一所科学研究机构的剖析:巴黎科学院(1666 ~ 1803)》(*The Anatomy of a Scientific Institution: The Paris Academy of Sciences, 1666 - 1803*, Berkeley: University of California Press, 1971),第 1 章。

[82] W. E. Knowles Middleton,《实验者:实验学会研究》(*The Experimenters: A Study of the Accademia del Cimento*, Baltimore: Johns Hopkins University Press, 1971),第 331 页~第 332 页。

[83] Robert E. Schofield,《18 世纪牛顿主义的进化分类法》(An Evolutionary Taxonomy of Eighteenth-Century Newtonianisms),《18 世纪文化研究》(*Studies in Eighteenth-Century Culture*),7(1978),第 175 页~第 192 页。

[84] French,《威廉·哈维的自然哲学》,第 315 页~第 316 页,强调了哈维后期著作的一种类似的态度。

[85] Isaac Newton,《关于光和颜色的新理论》(New Theory about Light and Colours),《哲学汇刊》(*Philosophical Transactions*),6(1672),第 3075 页~第 3087 页,引文在第 3085 页。

视为数学的,因为它们是由数学推理来处理的。[86]

因此,根据牛顿的说法,“借助于哲学几何学家和几何哲学家,而不是到处夸示的臆测和或然性,我们终将实现一门得到最大证据支持的自然科学”。[87] 这种证据(即“明证性”)恰恰是数学家的证据,它包含了感觉经验的明证性。

当牛顿的光学思想于1672年首次发表之后,引起的争论恰恰涉及这类问题。[88] 英国皇家学会的罗伯特·胡克(1635～1702)等批评者承认牛顿的所有经验主张,但否认牛顿由此得出的推论。另一些人则抱怨说,由那些实验并不能得出牛顿声称的结果。牛顿光学的前景还基本不涉及基于某种重复实验的理想毫无疑问地直接确证牛顿的光学工作。[89] 鉴于牛顿对自明经验的关注,他在说服别人时所遇到的困难就是由实验得出结论所涉及的困难的一个实例。

129

牛顿关于正确的科学程序的著名宣言出现在《光学》第三版(1717)的疑问31中:

> 在自然哲学中,应该像在数学里一样,在研究困难的事物时,总是应当先用分析法,然后才用合成法。这种分析法包括做实验和观察,用归纳法从中得出一般结论,并且不使这些结论遭到异议,除非这些异议来自实验或其他可靠的真理方面。因为在实验哲学中是不应该考虑什么假说的。虽然通过归纳从实验和观察中进行论证并非对一般结论的证明,但它是事物的本性所许可的最好的论证方法,并且随着归纳的愈为一般,这种论证看起来也愈为有力。如果在许多现象中没有出现例外,那么可以说,结论就是一般的。[90]

牛顿所使用的“归纳”的数学原型似乎与艾萨克·巴罗对该主题的看法有关。巴罗依照亚里士多德的说法,认为我们可以通过单个例子的经验来获得关于几何共相的知识,比如考察某个三角形的性质。[91] 同样,牛顿认为可以由单个实验程序的结果“归

---

[86] Isaac Newton,《艾萨克·牛顿光学论文》之卷一《光学讲义(1670～1672)》(*The Optical Papers of Isaac Newton, Vol. I: The Optical Lectures, 1670 - 72*, Cambridge: Cambridge University Press, 1984),Alan E. Shapiro 编,第439页。

[87] 同上书。

[88] 以这种思路进行的最深入的分析仍然是 Zev Bechler,《牛顿1672年的光学争论:科学异议的语法研究》(Newton's 1672 Optical Controversies: A Study in the Grammar of Scientific Dissent),载于 Yehuda Elkana 编,《科学与哲学的相互影响》(*The Interaction Between Science and Philosophy*, Atlantic Highlands, N. J.: Humanities Press, 1974),第115页～第142页。

[89] 两种不同的解释,参看 Simon Schaffer,《有用的玻璃:牛顿的棱镜和对实验的运用》(Glass Works: Newton's Prisms and the Uses of Experiment),载于 David Gooding、Trevor Pinch 和 Simon Schaffer 编,《实验的运用:自然科学研究》(*The Uses of Experiment: Studies in the Natural Sciences*, Cambridge: Cambridge University Press, 1989),第67页～第104页,它关注的是决定牛顿光学在英国命运的社会问题,以及 Alan E. Shapiro,《对牛顿的光和颜色理论的逐渐接受(1672～1727)》(The Gradual Acceptance of Newton's Theory of Light and Color, 1672 - 1727),《透视科学:从历史的、哲学的和社会的角度》(*Perspectives on Science: Historical, Philosophical, Social*),4(1996),第59页～第140页,它强调的是牛顿取得最终成功所涉及的理论论证。

[90] Isaac Newton,《光学》(*Opticks*, [4th ed., 1730], New York: Dover, 1952),第404页。这段话的部分内容首先出现于1717年版,最早注意到这一点的是 Henry Guerlac,《牛顿和分析的方法》(Newton and the Method of Analysis),载于 P. P. Wiener 编,5卷本《观念史辞典》(*Dictionary of the History of Ideas*, New York: Charles Scribner's Sons, 1973),第3卷,第378页～第391页,引文在第379页。

[91] 参看 Dear,《学科与经验:科学革命中的数学方法》,第8章,sec. III。

纳”成普遍真理。[92] 正是由于给特殊事件赋予哲学(而不只是历史)意义面临着困难,此前英国皇家学会的事业才陷入了某种僵局,导致用个别知识断言来保证普遍知识断言这一基本问题再次出现。但牛顿的工作为用数学科学来证实自然哲学中的特殊实验提供了模型。罗伯特·玻意耳所描述的实验事件,包括他著名的空气泵实验,[93]旨在报告单个历史事件的自然运作(所以玻意耳很难证明可以把这些事件的意义合理地推广到远远超出其来源),[94]而牛顿引入数学科学的实验做法则赋予了事件实验一种此前所缺乏的哲学得体性。 130

然而,通过把一种特殊的方法论模型强加于自然哲学实践,牛顿已经被迫改变了自然哲学可能达到的目标。在数学科学中构成的感觉经验永远也不可能觉察到原因本身。于是,牛顿的光学永远也证明不了任何特定的光的本性理论是否正确——通过对比他关于光学现象的断言的可证明性,他试图使这个特征变得对自己有利。同样,在万有引力的平方反比律的情况下,牛顿声称(同样是从实验和观察)证明了一切普通物质粒子之间都存在着一种作用力,但他没有义务证明那种力的理论原因。无论那种表现为引力吸引的物理过程的本性是什么,那种力的可测量的属性都会像牛顿所证明的那样(参看第3章)。[95]

在18世纪的读者看来,牛顿的工作代表着一种偏离了经院哲学模型的、刚刚得到巩固的科学经验观念。对于亚里士多德主义哲学家来说,“经验”是关于世界惯常运转的知识来源,而对于18世纪的自然哲学家来说,“经验”已经成为一种审问(或者用培根的话来说是一种“拷问”)[96]自然的技巧,它所造就的首先是操作的(operational)知识而不是本质知识。获取知识的实验方法不再尽人皆知,而是为了积累自然现象记录,他人可以基于个人和机构的权威性或合适证人的话来接受其真理性。

---

[92] 参看 Paul K. Feyerabend,《古典怀疑论》(Classical Empiricism),载于 Robert E. Butts 和 John W. Davis 编,《牛顿的方法论遗产》(*The Methodological Heritage of Newton*, Toronto: University of Toronto Press, 1970),第150页～第170页,引文在162页,注释10;以及 Alan E. Shapiro,《猝发、激情和发作:物理学、方法和化学以及牛顿的有色体理论与轻微反射的突发》(*Fits, Passions, and Paroxysms: Physics, Method, and Chemistry and Newton's Theories of Colored Bodies and Fits of Easy Reflection*, Cambridge: Cambridge University Press, 1993),第34页～第35页。

[93] Shapin 和 Schaffer,《利维坦与空气泵:霍布斯、玻意耳与实验生活》。

[94] Shapin,《真理的社会史:17世纪英格兰的修养与科学》,第7章,尤其是第347页～第349页讨论了玻意耳如何看待出自不同地方的“同样”化学物质的不同物理属性。

[95] 关于牛顿如何看待自己对引力的证明,已经有许多讨论,比如 I. Bernard Cohen,《牛顿革命:科学观念转变的例证》(*The Newtonian Revolution: With Illustrations of the Transformation of Scientific Ideas*, Cambridge: Cambridge University Press, 1980),第3章,尤其是第74页～第75页。

[96] Julian Martin,《弗兰西斯·培根、国家和自然哲学的变革》(*Francis Bacon, the State, and the Reform of Natural Philosophy*, Cambridge: Cambridge University Press, 1992),第166页阐述了这种说法与当代英国诉讼程序中的培根经验之间的关联。关于对过度解读“拷问”隐喻的警告,另见 Peter Pesic,《与普罗透斯的斗争:弗兰西斯·培根和“拷问”自然》(Wrestling with Proteus: Francis Bacon and the “Torture' of Nature”),《爱西斯》(*Isis*),90(1999),第81页～第94页,它认为不妨把培根的这个术语译为“烦扰(vexation)”。

结　论

到了16世纪末17世纪初,从事科学(自然哲学和数学科学)的两个最著名的场所是伦敦的皇家学会和巴黎的皇家科学院。它们都自豪于自己的实验研究,都强调"经验"属于必须认知的东西。两者的实际工作显著地融合起来。虽然皇家学会在言辞上更加强调玻意耳所谓的"实验哲学",但皇家科学院"物理"分部(致力于像自然志和化学那样的非数学的定性科学)的成员的活动却很容易与皇家学会成员发表的经验材料列在一起。从埃德姆·马略特对植物的生理学研究(以及他自己版本的"玻意耳定律")到纪尧姆·翁贝格对它们所作的化学分析,再到克里斯蒂安·惠更斯17世纪60年代在研究数学科学时强调培根主义经验论的重要性,皇家科学院成员的研究风格正在成为1700年前后新自然哲学的规范。[97]

131

就这样,从数学到自然哲学的传统论题再到自然志,现代早期欧洲科学的各种经验变体可以说遍及了各个领域。无论是哪一种情况,都可以有很大的余地来争论什么是经验,如何使用经验,什么样的自然哲学可以得到经验的支持。然而所有人,哪怕是那些最严格的怀疑论者(如笛卡儿),都认为经验对于获取自然知识是至关重要的。当现代早期行将结束之时,这种对经验的口头强调的落实已经开始有了程式化的、预先设定的研究形式,把特定的经验收录于大量得到认可的书籍和期刊上。经验这个永恒的哲学议题,现在成了科学事业的一种实际的意识形态要素。

(张卜天　译)

[97] Stroup,《科学家同仁:17世纪巴黎皇家科学院的植物学、赞助和社群》,尤其是第134页～第137页和第12章;Frederic L. Holmes,《作为研究事业的18世纪化学》(*Eighteenth-Century Chemistry as an Investigative Enterprise*, Berkeley: Office for History of Science and Technology, University of California at Berkeley, 1989);Licoppe,《科学实践的形成:关于法国和英格兰的经验的对话(1630～1820)》,第2章;Christian Licoppe,《实验报告中一种新叙事形式的形成(1660～1690):实验证据作为哲学知识与贵族权力之间的交易》(The Crystallization of a New Narrative Form in Experimental Reports (1660 - 1690): Experimental Evidence as a Transaction Between Philosophical Knowledge and Aristocratic Power),《语境中的科学》(*Science in Context*),7(1994),第205页～第244页。John L. Heilbron,《牛顿任会长时皇家学会中的物理学》(*Physics at the Royal Society During Newton's Presidency*, Los Angeles: William Andrews Clark Memorial Library, 1983)和Marie Boas Hall,《促进实验学问:实验和皇家学会(1660～1727)》(*Promoting Experimental Learning: Experiment and the Royal Society, 1660 - 1727*, Cambridge: Cambridge University Press, 1991)把皇家学会的实验努力一直讲到18世纪。

5

证明与说服

132

R. W. 萨金特森

在任一时期的科学发展过程中,证明与说服的问题都很重要,但是在现代早期的欧洲表现得尤为紧迫。[1] 相比于其他历史时期,16世纪、17世纪的思想家会更自觉地从理论上反思如何发现和确证自然真理;在同一时期,自然的研究者们也采取了大量实用策略来证明他们的发现,让人相信他们的说法。研究这些证明与说服的策略为现代早期欧洲科学史的研究者创造了新的机会。研究这一时期的历史学家主张,在从医学社会史到哲学史的许多学科中,要想理解它们各不相同的研究对象,证明与说服的形式具有无可争辩的重要性。[2] 文本甚至是对象的修辞形式已被看成其意义的不可分割的要素。另外,已有越来越多的研究表明,现代早期的医生、数学实践者和自然哲学家随心所欲地利用着历史上典型的、不同的证明与说服策略。

133

[1] 有人指出,"可信性不应被称为一个'基本的'或'核心的'论题——从一种中肯的观点来看,它是唯一的(the *only*)论题"(Steven Shapin,《科迪莉亚的爱:可信性和科学的社会研究》[Cordelia's Love: Credibility and the Social Studies of Science],《社会学年度评论》[*Annual Review of Sociology*],3[1995],第255页~第275页,引文在第257页~第258页)。对现代通常所谓"科学修辞"的一般研究,参看 John Schuster 和 Richard R. Yeo 编,《科学方法的政治和修辞:历史研究》(*The Politics and Rhetoric of Scientific Method: Historical Studies*, Dordrecht: Reidel, 1986);Andrew E. Benjamin、G. N. Cantor 和 J. R. R. Christie 编,《比喻的和字面的:哲学和科学史中的语言问题(1630~1800)》(*The Figural and the Literal: Problems of Language in the History of Science and Philosophy, 1630 - 1800*, Manchester: Manchester University Press, 1987);Charles Bazerman,《塑造书面知识:科学中实验文章的种类和活动》(*Shaping Written Knowledge: The Genre and Activity of the Experimental Article in Science*, Madison: University of Wisconsin Press, 1988);L. J. Prelli,《科学的修辞:发明科学话语》(*A Rhetoric of Science: Inventing Scientific Discourse*, Columbia: University of South Carolina Press, 1989);Alan G. Gross,《科学的修辞》(*The Rhetoric of Science*, Cambridge, Mass.: Harvard University Press, 1990);Jan V. Golinski,《语言、话语和科学》(Language, Discourse, and Science),载于 R. C. Olby、G. N. Cantor、J. R. R. Christie 和 M. J. S. Hodge 编,《现代科学史指南》(*Companion to the History of Modern Science*, London: Routledge, 1990),第110页~第123页;Peter Dear 编,《科学论证的文学结构:历史研究》(*The Literary Structure of Scientific Argument: Historical Studies*, Philadelphia: University of Pennsylvania Press, 1991);Marcello Pera 和 William R. Shea,《说服科学:科学修辞的技艺》(*Persuading Science: The Art of Scientific Rhetoric*, Canton, Mass.: Science History Publications, 1991);Alan G. Gross 和 William M. Keith 编,《修辞解释学:科学时代的发明和阐释》(*Rhetorical Hermeneutics: Invention and Interpretation in the Age of Science*, Albany: State University of New York Press, 1997);特雷弗(Trevor Melia)对格罗斯(Gross)、普雷利(Prelli)和迪尔(Dear)所写著作的书评,《爱西斯》(*Isis*),83(1992),第100页~第106页;以及两份杂志的专号:《科学修辞讨论会》(Symposium on the Rhetoric of Science),《修辞:修辞史杂志》(*Rhetorica: A Journal of the History of Rhetoric*),7,no. 1(1989),以及《科学修辞的文学功用》(The Literary Uses of the Rhetoric of Science),《文学想象研究》(*Studies in the Literary Imagination*),22,no. 1(1989)。

[2] 关于医学,参看 David Harley,《疾病和治愈的修辞和社会建构》(Rhetoric and the Social Construction of Sickness and Healing),《医学社会史》(*Social History of Medicine*),12(1999),第407页~第435页。关于哲学,参看 Thomas M. Carr, Jr.,《笛卡儿和修辞的弹性》(*Descartes and the Resilience of Rhetoric*, Carbondale: Southern Illinois University Press, 1990);以及 Quentin Skinner,《霍布斯哲学中的理性和修辞》(*Reason and Rhetoric in the Philosophy of Hobbes*, Cambridge: Cambridge University Press, 1996),第7页~第15页。

对证明与说服的研究还为历史学家提供了另一个机会:它提供了一种手段来弥合文本(或实践)与对它的接受之间的鸿沟。对科学进展的接受,而不是它的起源,已经成了编史学的一个越来越重要的方面。同样越来越明显的是,这种接受史通常非常难以重构。对实践进行解读的证据,或者能够证明个别决定使这一种解释而不是另一种解释被接受的证据,往往要远远少于能对导致某个理论或实践的过程进行重构的证据。正是在这里,研究证明与说服可以发挥作用。作者和实践者劝说别人承认其论证的真理性或用途的方法,还为判断他们的意图提供了一种标准。另外,对证明与说服的研究还可以帮助复原对论证的接受预期,这种预期有时可以与实际接受相对照。换句话说,证明与说服的历史将两种科学史研究方法结合了起来:一种是对概念的、技术的和形而上学的发展进行分析,另一种是对科学的社会功能以及科学倡导者的角色或身份(用现代早期的术语来说就是精神气质[ethos])进行分析。[3]

在16世纪、17世纪,自然观和自然研究方式的转变催生了大量非常不同的提供证明的技巧。人文主义者视说服为他们的最高律令;他们恢复和模仿古代的文体和结构来实现这一目标。16世纪的经院评注传统,到了17世纪变成了大学教科书。数学的威望和对自然界的数学说明戏剧性地兴盛起来,激励了对数学概率的最早研究。17世纪新出现的自然志和实验报告的形式基于一种"事实"概念,这种"事实"概念源于人文科学中的历史和法律。最后,人们建立起一批研究自然的机构,从解剖教室到皇家科学院,无不抱着对什么算作可信真理断言的不同期待。然而在这一时期的证明与说服的理论和实践上,也存在着恒定性和连续性。这使我们有可能通过关于现代早期自然知识可信性的相互竞争的主张而描绘出一条道路。在本章中,我将首先考察不同学科中获得的关于证明与说服的不同观念,然后讨论自然研究的发展如何影响了这些观念,特别是数学和实验融入自然哲学对它们的影响。最后,我们将探讨证明与说服在两个截然不同但又有所交叉的领域中的机制,即出版物和追求自然知识的机构。

134

学科的合宜性

现代早期的欧洲大学所传播的学术文化是通过不同的知识学科而成形的。每一学科都拥有自己的知识和实践体系,但也存在着大量共有的知识,它们表现为经典论

[3] 关于这个问题,参看 Steven Shapin 和 Simon Schaffer,《利维坦与空气泵:霍布斯、玻意耳与实验生活》(*Leviathan and the Air-Pump: Hobbes, Boyle, and the Experimental Life*, Princeton, N. J.: Princeton University Press, 1985),尤其是第13页～第15页;Robert S. Westman,《证明、诗学和资助:哥白尼的〈天球运行论〉序言》(Proof, Poetics, and Patronage: Copernicus'Preface to *De revolutionibus*),载于 David C. Lindberg 和 Robert S. Westman 编,《重估科学革命》(*Reappraisals of the Scientific Revolution*, Cambridge: Cambridge University Press, 1990),第167页～第205页;Nicholas Jardine,《伽利略〈对话〉中的证明、辩证法和修辞》(Demonstration, Dialectic, and Rhetoric in Galileo's *Dialogue*),载于 Donald R. Kelley 和 Richard H. Popkin 编,《从文艺复兴时期到启蒙运动的知识构造》(*The Shapes of Knowledge from the Renaissance to the Enlightenment*, Dordrecht: Kluwer, 1991),第101页～第121页,尤其是第115页～第116页;以及 Peter Dear,《专业与经验:科学革命中的数学方法》(*Discipline and Experience: The Mathematical Way in the Scientific Revolution*, Chicago: University of Chicago Press, 1995),第5页。

题(loci classici)以及在技艺与科学领域起作用的格言。[4] 在大学语境中,这些学科之间还有明显的等级划分,底端是基础学科——语法,顶端则是最高的学科——神学。诚然,通过重申古代晚期的"百科全书"或全部知识范围(circle of learning)概念,更多地褒扬语法、修辞、诗学、历史和道德哲学,而非数理科学、自然科学和形而上学,文艺复兴时期的人文主义者质疑了这些经院的学科划分,[5]但在16世纪,大学普遍减小了这种挑战的影响,至少它们的基本结构并没有遭到根本动摇。

135

如果说有什么区别的话,文艺复兴时期的人文主义者鼓励了一种对证明与说服问题的高度自觉,因为他们强调语法、修辞和逻辑这三艺(trivium)。尽管中世纪晚期经院逻辑的烦冗研究也许已经成为人文主义者的共同笑柄,但能将雄辩与智慧熔于一炉的修辞术,的确令这些新学术的倡导者着迷。[6] 这种着迷催生了"人文主义辩证法(humanist dialectic)",它是一种对论证过程的高度修辞化的说明,有着悠久的传统,该传统由洛伦佐·瓦拉(1407～1457)的《重新发掘辩证法与哲学》(*Repastinatio dialecticae et philosophiae*)开创,经由鲁道夫·阿格里科拉(约1443～1485)影响甚大的《论辩证法的发现》(*De inventione dialectica*),再到彼得吕斯·拉米斯(1515～1572)拉丁文版和法文版的《辩证法》(*Dialectic*)等一直延续下来。[7] 16世纪繁荣的亚里士多

---

[4] 参看 Ian Maclean,《文艺复兴时期的妇女观念:欧洲智性生活的经院哲学和医学科学的兴衰研究》(*The Renaissance Notion of Woman: A Study in the Fortunes of Scholasticism and Medical Science in European Intellectual Life*, Cambridge: Cambridge University Press, 1980),第4页～第5页。

[5] Paul O. Kristeller,《近代的技艺体系》(The Modern System of the Arts),载于《文艺复兴时期的思想(二)》(*Renaissance Thought II*, New York: Harper 1964),第163页～第227页;Donald R. Kelley,《文艺复兴时期的人文主义》(*Renaissance Humanism*, Boston: Twayne Publishers, 1991),第3页;Maurice Lebel,《纪尧姆·比代作品中的百科全书概念》(Le concept de l'encyclopaedia dans l'oeuvre de Guillaume Budé),载于 Alexander Dalzell、Charles Fantazzi 和 Richard J. Schoeck 编,《多伦多新拉丁语国际大会:第七届新拉丁语研究国际大会会议录》(*Acta Conventus Neo-Latini Torontonensis: Proceedings of the Seventh International Congress of Neo-Latin Studies*, Toronto, 8 August to 13 August 1988, Binghamton, N. Y.: Medieval and Renaissance Texts and Studies, 1991),第3页～第24页。更一般的讨论参看 Erika Rummel,《文艺复兴和宗教改革时期的人文主义-经院哲学争论》(*The Humanist-Scholastic Debate in the Renaissance and Reformation*, Cambridge, Mass.: Harvard University Press, 1995)。

[6] 参看 Jerrold E. Seigel,《文艺复兴时期人文主义的修辞和哲学:雄辩与智慧的结合,从彼特拉克到瓦拉》(*Rhetoric and Philosophy in Renaissance Humanism: The Union of Eloquence and Wisdom, Petrarch to Valla*, Princeton, N. J.: Princeton University Press, 1968)。

[7] Lorenzo Valla,2卷本《重新发掘辩证法和哲学》(*Laurentii Valle repastinatio dialectice et philosophie*, Padua: Antenore, 1982),Gianni Zippel 编;Rudolf Agricola,《发明的逻辑》(*De inventione dialectica libri tres / Drei Bücher über die Inventio dialectica: Auf der Grundlage der Edition von Alardusvon Amsterdam [1539]*, Tübingen: Max Niemeyer, 1992),Lothar Mundt 编;Petrus Ramus,《辩证法(1555):七位杰出人物的宣言》(*Dialectique 1555: Un manifeste de la Pléiade*, De Pétrarque à Descartes, 61, Paris: J. Vrin, 1996),Nelly Bruyère 编。另见 Cesare Vasoli,《人文主义的辩证法与修辞:15世纪和16世纪文化中的"发明"与"方法"》(*La dialectica e la retorica dell'umanesimo: "Invenzione" e "metodo" nella cultura del XV e XVI secolo*, Milan: Feltrinelli, 1968);Lisa Jardine,《洛伦佐·瓦拉和人文主义辩证法的思想来源》(Lorenzo Valla and the Intellectual Origins of Humanist Dialectic),《哲学史杂志》(*Journal of the History of Philosophy*),15(1977),第143页～第164页;John Monfasani,《洛伦佐·瓦拉和鲁道夫·阿格里科拉》(Lorenzo Valla and Rudolph Agricola),《哲学史杂志》,28(1990),第181页～第200页;Peter Mack,《文艺复兴时期的论证:修辞学和辩证法传统中的瓦拉和阿格里科拉》(*Renaissance Argument: Valla and Agricola in the Traditions of Rhetoric and Dialectic*, Brill's Studies in Intellectual History, 43, Leiden: E. J. Brill, 1993);Lisa Jardine,《独特的学科:鲁道夫·阿格里科拉对人文学科方法思维的影响》(Distinctive Discipline: Rudolph Agricola's Influence on Methodical Thinking in the Humanities),载于 F. Akkerman 和 A. J. Vanderjagt 编,《鲁道夫·阿格里科拉·弗里修斯(1444～1485):格罗根宁大学国际会议纪要,1985年10月28～30日)》(*Rodolphus Agricola Phrisius [1444 - 1485]: Proceedings of the International Conference at the University of Groningen, 28 - 30 October 1985*, Leiden: E. J. Brill, 1988),第38页～第57页;Walter J. Ong, S. J.,《拉米斯、方法和对话的衰落:从对话技艺到理性技艺》(*Ramus, Method, and the Decay of Dialogue: From the Art of Discourse to the Art of Reason*, Cambridge, Mass.: Harvard University Press, 1958);E. Jennifer Ashworth,《16世纪末英格兰的逻辑:人文主义辩证法和新亚里士多德主义》(Logic in Late Sixteenth-Century England: Humanist Dialectic and the New Aristotelianism),《语文学研究》(*Studies in Philology*),88(1991),第224页～第236页。

德主义传统也受到这些发展的影响，对医学和自然哲学中的方法和科学证明作了更加正式的说明，超出了大多数人文主义者的忍受程度。

在文艺复兴后期技艺与科学的学科结构中，证明与说服的问题在逻辑和修辞中分别被正式提出，从而使两个学科在该主题的历史中占有优先位置。然而，它们的程序和目的却相当不同。用经常引用的中世纪逻辑学家西班牙的彼得的话来说，逻辑学是"技艺中的技艺、科学中的科学"，它不仅关注科学的(确定的)证明，而且(在辩证法的形式中)也关注仅仅具有或然性的论证。而修辞术则从理论和实践上讲授如何进行有说服力的论证。在西塞罗的构想中，这包含教导演说者优雅和充分地谈论任何主题，直接运用于特定的听众群体。在亚里士多德的形式中——在这一时期的早期阶段没有西塞罗的形式突出——修辞使用合理的论证(logos)，利用演说者的精神气质(ethos)，以激发听众的情感(pathos)，从而说服他们相信演说者立场的正确性。现代早期欧洲的学校、学院和大学中广泛讲授逻辑和修辞，新教世界与天主教世界之间具有重要的连贯性(参看第 17 章、第 10 章)。(新教徒经常把天主教书籍用于教学和学术；由于宗教裁判的禁令，反过来的情况则并不常见。)

136

然而，文艺复兴晚期学术文化之学科结构最有特色的方面之一是一个假设，即不同的证明标准适用于不同的学科。这种看法的正当性常以亚里士多德《尼各马科伦理学》(*Nicomachean Ethics*, i. 3)中的一段文本作为证明：

> 在每一类事物中只寻求那种题材的本性所容许的精确性，这是有教养的人的特点：要求数学家接受或然推理，或者要求修辞学家作出严格证明，这显然是愚蠢的。[8]

根据不同的学科分类观念，这种关于不同学科具有不同证明标准的学说以各种方式表现出来。最终同样源于亚里士多德的最普遍的区分之一是理论学科与实践学科之间的区分。对于像西班牙耶稣会士弗朗西斯库斯·托莱图斯(1532～1596)这样的亚里士多德主义者来说，算术、几何、物理学、天文学、光学和形而上学都是理论科学或沉思科学。与此相反，道德哲学、历史以及在一定程度上的医学，则被视为实践的(或活跃的)学科。[9] 还有一些分类借鉴了文艺复兴时期对技艺(被视为一些实践规则)与科

---

[8] Aristotle，《尼各马科伦理学》(*Nicomachean Ethics*)，W. D. Ross 译，J. O. Urmson 修订，载于 J. Barnes 编，2 卷本《亚里士多德全集：牛津修订译本》(*The Complete Works of Aristotle*: *The Revised Oxford Translation*, Bollingen Series, 71, Princeton, N. J.: Princeton University Press, 1984)，第 2 卷，第 1729 页～第 1867 页，引文在第 1730 页，1.3 (1094b24 - 26)。一个例子，可参看 Charles B. Schmitt，《吉罗拉莫·博罗的〈我们对原因的无知〉》(Girolamo Borro's *Multae sunt nostrarum ignorationum causae*, Ms. Vat. Ross. 1009)，载于 Edward P. Mahoney 编，《哲学和人文主义：保罗·奥斯卡·克里斯泰勒纪念文集》(*Philosophy and Humanism*: *Essays in Honor of Paul Oskar Kristeller*, Leiden: E. J. Brill, 1976)，第 462 页～第 476 页，引文在第 474 页。关于亚里士多德文本对发展或然性概念的意义，参看 Lorraine Daston，《或然性和证据》(Probability and Evidence)，载于 Daniel Garber 和 Michael Ayers 编，2 卷本《剑桥 17 世纪哲学史》(*The Cambridge History of Seventeenth-Century Philosophy*, Cambridge: Cambridge University Press, 1998)，第 2 卷，第 1108 页～第 1144 页，引文在第 1108 页。

[9] 参看 William A. Wallace，《传统自然哲学》(Traditional Natural Philosophy)，载于 Charles B. Schmitt、Quentin Skinner、Eckhard Kessler 和 Jill Kraye 编，《剑桥文艺复兴哲学史》(*The Cambridge History of Renaissance Philosophy*, Cambridge: Cambridge University Press, 1988)，第 201 页～第 235 页，引文在第 210 页。

学(被视为一些理论知识)之间差异的理解。[10] 最后(尽管这一点并不经常提到),各个学科可以基于它们的研究对象进行区分:法国法学家和自然哲学家让·博丹(1530～1596)在其《易于理解历史的方法》(*Methodus ad facilem historiarum cognitionem*,1566)中区分了依赖于意志(voluntas)的人的事务(res humanae)、通过原因(per causas)起作用的自然事务(res naturales)和属于上帝管辖范围的神的事务(res divinae)。[11]

137

这些学科区分对于证明与说服的观念具有重要意义。修辞说服的技巧——包括针对特定听众的依照情况的论证,比喻的说法,以及诉诸可信赖的权威——被认为特别适合历史科学和道德哲学这两门实用的人文科学。而在大学自然哲学的理论科学内部——有时出于论辩的目的,在它之外——对修辞的运用和基于权威进行论证往往不被赞成,而是倾向于使用形式上正确的三段论、未加修饰的论证以及普遍而非特殊的结论。其原因是,从亚里士多德的角度来看(它在整个16世纪仍然在体制上占主导地位,在有些地方甚至在整个17世纪都保持着主导地位),自然哲学被认为是一门科学(scientia),也就是说,是一个有潜在可能作某种证明的知识体。

不过,这些源于三艺的关于证明与说服的看法虽然很普遍,但它们也是可以塑造的——当被运用于医学、法学和神学这些更高的大学学科时,情况就发生了改变。医学的地位是医学作者经常争论的一个问题:它是像其地位较低的伙伴自然哲学那样是一门科学,还是一门技艺?到了文艺复兴晚期,医学和法律作者开始在其各自的学科中阐述种种逻辑学变体,这些变体与技艺科目所熟知的逻辑学有显著不同。医学作者承认,他们对"相反""相似"和"符号"等概念的使用不像在逻辑学中那样严格。律师往往把标准的亚里士多德的四因(质料因、动力因、形式因和目的因)归结为两个(损害和补救)甚至是一个(动机),而医生则给亚里士多德的四因另外补充了四个原因(主观因、工具因、必然因和催化因)。而对于哲学和科学作者用来对他们的学科的各种主题进行分类的"情形(circumstances)"而言,情况也是类似的。法学家往往用源于古代修辞理论的六种标准情形来工作(谁,什么,何地,何时,为什么,以什么方式),而医生

138

〔10〕 Wilhelm Schmidt-Biggemann,《知识的新结构》(New Structures of Knowledge),载于 Walter Rüegg 主编,《欧洲大学史》(*A History of the University in Europe*, Cambridge: Cambridge University Press, 1992 -),Hilde de Ridder-Symoens 编,第2卷《现代早期欧洲的大学(1500～1800)》(*Universities in Early Modern Europe [1500 - 1800]*, 1996),第489页～第530页,引文在第497页～第498页。

〔11〕 Jean Bodin,《促进历史知识的方法》(Methodus ad facilem historiarum cognitionem),载于 Pierre Mesnard 编,《哲学作品集》(*Oeuvres philosophiques*, Paris: Presses Universitaires de France, 1951),第99页～第269页。译文为 Jean Bodin,《易于理解历史的方法》(*Method for the Easy Comprehension of History*, New York: Columbia University Press, 1945),Beatrice Reynolds 译。亦可参看 Donald R. Kelley,《博丹方法的发展和背景》(The Development and Context of Bodin's Method),载于 Horst Denzer 编,《让·博丹:1970年慕尼黑博丹国际大会的交流》(*Jean Bodin: Verhandlungen der internationalen Bodin-Tagung in München 1970*, Munich: Beck, 1973);重印于 Donald R. Kelley,《历史、法律和人的科学:中世纪和文艺复兴时期的视角》(*History, Law, and the Human Sciences: Medieval and Renaissance Perspectives*, London: Variorum Reprints, 1984),第8章,第123页～第150页,尤其是第148页。

则根据盖仑关于人的特质理论,会列出多达22种症状。[12]

在16世纪、17世纪,特别是作为自然哲学发展的结果,源于三艺的证明与说服的概念受到了越来越大的压力。亚里士多德学科结构的衰落意味着,亚里士多德关于转用(metabasis)——把适合于一个学科的方法运用到另一个不同的学科中去——的禁令日益失去效力。[13] 数学、力学、概率论的发展以及自然哲学中的经验概念,这一切都改变了被认为适合于不同学科的证明形式。"在我看来,"英国化学家罗伯特·玻意耳(1627～1691)在其《论事物的目的因》(*Disquisition on the Final Causes of Things*,1688)中写道:"在物理学或其他任何学科中,某个事物是否被那门科学或学科所特有的原理所证明,这并不很重要,只要它被理性的共同基础所证明就可以了。"[14]最后,也许最重要的是在自然知识领域,17世纪的"新哲学"有一个突出特征,那就是激烈而持久地攻击传统逻辑学和修辞学对发现或交流关于自然界的知识的价值。

证明与说服的理论

那么,现代早期欧洲所说的"证明"是什么意思呢?根据马堡(Marburg)哲学家鲁道夫·戈克雷尼乌斯(1547～1628)的《哲学词典》(*Lexicon philosophicum*,1613),"证明一般是指:使人认识到某种东西的真理性;以无论什么方式确证一种事物"。[15] 现代早期的证明与说服概念都把真理当作目标:和罗马修辞学家一样,16世纪的修辞学家也不愿意承认柏拉图的指控,即修辞为了说服而牺牲了真实性。[16] 戈克雷尼乌斯的定义使事物能够以不同的确定程度并且可以通过各种不同方式("以无论什么方式")得到证明("确证")。此外,证明的目的是"使人认识到某种东西(res declarare)"。这是

139

[12] Ian Maclean,《文艺复兴时期法律和医学中的证据、逻辑、规则和例外》(Evidence, Logic, the Rule and the Exception in Renaissance Law and Medicine),《早期科学与医学》(*Early Science and Medicine*),5(2000),第227页～第257页,引文在第238页和第240页。

[13] Amos Funkenstein,《神学和科学的想象:从中世纪到17世纪》(*Theology and the Scientific Imagination from the Middle Ages to the Seventeenth Century*, Princeton, N. J.: Princeton University Press, 1986),第36页,第296页,第303页～第304页。

[14] Robert Boyle,《自然事物的目的因探究》(*A Disquisition about the Final Causes of Natural Things* [1688]),载于Michael Hunter和Edward B. Davis编,14卷本《罗伯特·玻意耳著作》(*The Works of Robert Boyle*, London: Pickering and Chatto, 2000),第11卷,第79页～第151页,引文在第91页。这段话在下文中有所讨论,Edward B. Davis,《"省用名称":玻意耳、胡克和对笛卡儿的修辞学诠释》("Parcere nominibus": Boyle, Hooke and the Rhetorical Interpretation of Descartes),载于Michael Hunter编,《重新思考罗伯特·玻意耳》(*Robert Boyle Reconsidered*, Cambridge: Cambridge University Press, 1994),第157页～第175页,引文在第164页。

[15] Rudolph Goclenius,《哲学词典》(*Lexicon philosophicum*, Frankfurt am Main: Petrus Musculus and Rupert Pistorius, 1613),第879页(参看"Probare"词条):"Probare ... Generaliter significat declarare veritatem alicuius rei, rem confirmare quoquo modo."("实验……一般来说,是阐明事物真相的方法,会以任何方式证实任何事物。")

[16] Charles Trinkhaus,《文艺复兴时期修辞学和人类学的真理问题》(The Question of Truth in Renaissance Rhetoric and Anthropology),载于James J. Murphy编,《文艺复兴时期的雄辩:文艺复兴时期修辞学的理论和实践研究》(*Renaissance Eloquence: Studies in the Theory and Practice of Renaissance Rhetoric*, Berkeley: University of California Press, 1983),第207页～第220页;Hugh M. Davidson,《帕斯卡的说服技艺》(Pascal's Arts of Persuasion),载于《文艺复兴时期的雄辩:文艺复兴时期修辞学的理论和实践研究》,第292页～第300页,引文在第292页～第293页;及Wayne A. Rebhorn,"导言"(Introduction),载于Wayne A. Rebhorn编译,《文艺复兴时期的修辞学争论》(*Renaissance Debates on Rhetoric*, Ithaca, N. Y.: Cornell University Press, 2000),第1页～第13页,引文在第7页～第9页。

提供证明的理论的一个恒定不变的目标，但它也包含着一种一再出现的理论张力：证明应当根据一种发现方法或教导方法来进行吗？也就是说，解释事物最好是通过它们如何被发现，还是通过强调它们的组织（为了教导的目的）？这一古已有之的困境留给了现代早期的自然哲学家，是一些最为流行的方法论著作的核心内容，比如雅各布·阿孔提乌斯（1492～约1566）的《论方法，即调查与传授技艺和科学的正确方式》（*De methodo, hoc est de recta investigandarum tradendarumque artium ac scientiarum ratione*, 1558）。[17] 实际上，17世纪讨论发现方法的一些作者是通过否认他们正在关注教导问题来解决这一困境的。

现代早期学术的学科结构所表明的三种一般范畴，即证明、或然性和说服，对思考现代早期的证明与说服理论是有帮助的。前两个范畴属于逻辑领域，它有时被划分成证明（或关于确定的证明的科学）和辩证法（或然性的逻辑）。[18] 第三类，说服，则是修辞的领域。（一种类似但不尽相同的三重结构可见于这一时期的认知理论，现代早期的托马斯主义者根据确定性的程度对人的理解作了区分。于是，确定的知识[scientia]、意见[opinio]和信仰[fides]都有自身确定性的形式：分别为形而上学的确定性、物理的确定性和道德的确定性。）[19]

不同的证明形式——证明、或然性和说服（demonstratio, probabilitas, persuasio）——在16世纪、17世纪写作、讲授和出版的数千部逻辑和修辞著作中得到广泛讨论，任何受教育程度超出基本拉丁语语法的自然哲学家都会遇到它们的某种形式。现代早期的哲学家——事实上是更一般的有学识的作者——在多大程度上将提供证明的三艺理论运用于他们自身的研究实践和写作中，是进一步的问题。在现代早期的欧洲，三艺学科有时被看成浮水圈在思想上的等价物，即在彻底学会技艺时需要抛掉的某种东西。[20] 有时，它们与经院学派的密切联系也使得在经院背景之外过分明显地求助于它们显得可疑。然而，所有这三种证明形式在现代早期哲学中都有使用，既有自然的，也有道德的。在最基本的层次，一部作品所要论证的主张可以由其标题来暗示：克里斯托夫·黑尔维希的《关于植物学研究高贵性的演说》（*De studii botanici*

140

[17] Jacobus Acontius，《论方法》（*De methodo ... Über die Methode*, Düsseldorf: Stern-Verlag/Janssen and Co., 1971），Lutz Geldsetzer 编，Alois von der Stein 译。

[18] 参看 Aristotle，《论题篇》（*Topica*），1.1；Pierre Gassendi，《逻辑要义》（*Institutio logica* [1658], Assen: Van Gorcum, 1981），Howard Jones 编译，第64页；E. Jennifer Ashworth，《历史导言》（Historical Introduction），载于《中世纪之后的语言和逻辑》（*Language and Logic in the Post-Medieval Period*, Dordrecht: Reidel, 1974），第1页～第25页，引文在第25页；Ashworth，"编者导言"（Editor's Introduction），载于 Robert Sanderson，《逻辑学纲要》（*Logicae artis compendivm* [1618], Instrumenta Rationis, 2, Bologna: Cooperativa Libraria Universitaria Editrice Bologna, 1985），E. Jennifer Ashworth 编，第 ix 页～第 lv 页，引文在第 xxxv 页～第 xxxvii 页。

[19] 例如参看 Roderigo de Arriaga，《关于逻辑学的讨论》（Disputationes logicae），载于《哲学课程》（*Cursus philosophicus*, Paris: Jacques Quesnel, 1639），第33页～第212页，引文在第200页；Peter Dear，《17世纪从真理到漠不关心》（From Truth to Disinterestedness in the Seventeenth Century），《科学的社会研究》（*Social Studies of Science*），22（1992），第619页～第631页，引文在第621页～第622页。

[20] 参看 Samuel Butler，《散文观察》（*Prose Observations*, Oxford: Clarendon Press, 1979），Hugh de Quehen 编，第128页："逻辑学家、语法学家和修辞学家只有把它们搁置一边，就像那些已经学会游泳的人抛掉学习时依靠的浮水圈那样，才能了解他们技艺的真正目的。"

nobilitate oratio,1666)表明,它的目的是说服其听众相信一种重要性在16世纪、17世纪稳步增长的自然知识的价值。英国医生威廉·吉尔伯特(1544～1603)的《论磁》(*De magnete*, 1600)的副标题是"由论证和实验所证明的一种新的自然哲学[physiologia]"。[21] 伽利略的《关于两门新科学的谈话和数学证明》(*Discorsi e dimostrazioni matematiche intorno a due nuove scienze*,1638)同样强调了他关于力学和位置运动的断言及其数学基础的可靠性。此外,同一部著作在不同地方使用不同种类的证明,这种情况并不少见。伽利略的另一部著作《关于两大世界体系的对话》(*Dialogo sopra i due massimi sistemi del mondo*,1632)可以说明这一点。在不同地方,它利用了证明、或然论证和修辞说服所有这三种策略。[22]

现代早期自然哲学家对提供证明的过程的最雄心勃勃的说明表现为"方法"学说。在16世纪,对方法问题(从理论上说明如何获得和证明知识)的兴趣大增。[23] 中世纪对方法的讨论集中在通过所谓的证明回溯(regressus)而进行的科学证明。这包括先通过归纳由果溯因,然后再由原因证明那个结果,从而获得关于现象的因果知识(从而是科学知识)。文艺复兴时期的哲学家对方法(methodus)的说明保持了这种对因果证明的关注,同时越来越多地用语文学的发现来影响它。但是在16世纪的学院派自然哲学中,对证明进行说明的基本语境依然存在,那就是亚里士多德的逻辑,特别是亚里士多德《后分析篇》(*Posterior Analytics*, II. 13)中对科学证明的说明。这一文本、对它的评注以及教科书和课程中对它的编写修订,促使现代早期的亚里士多德主义者普遍接受了一种观点,即一个证明要能被称为"科学的",只有当它能够由普遍的前提推导出来才行。这是通过一个三段论来实现的,它的中项表达了起作用的原因。[24] 这种形式的科学证明的目的是,通过"最不容置疑的证明(demonstratio potissima)"来获得关于现象的某些知识。这一般包括四个阶段:(1)观察,它为结果提供了"偶然"知识;(2)归纳,它允许作由果及因的证明(demonstratio quia);(3)思考(consideratio)(或协商[negotiatio]或沉思[meditatio]),通过它,思想把握了最接近的原因与结果之间的必然关联;(4)由因及果的证明(demonstratio propter quid),它最终提供了关于现象的确定知识(scientia)。一般规定,论证应当用三段论的第一式(芭芭拉[Barbara]式),它有一个全称的大前提和一个肯定的小前提。[25]

141

[21] William Gilbert,《论磁:由论证和实验所证明的一种新的自然哲学》(*De magnete, magneticisque corporibus, et de magno magnete tellure; Physiologia nova, plurimis & argumentis, & experimentis demonstrate*, London: Peter Short, 1600; facsimile repr. Brussels: Culture and Civilisation, 1967)。

[22] Nicholas Jardine,《伽利略〈对话〉中的证明、辩证法和修辞》(Demonstration, Dialectic, and Rhetoric),第101页～第121页。

[23] Neal W. Gilbert,《文艺复兴时期的方法概念》(*Renaissance Concepts of Method*, New York: Columbia University Press, 1960)。

[24] Dear,《学科与经验:科学革命的数学方法》,第36页。

[25] Nicholas Jardine,《诸学科的认识论》(Epistemology of the Sciences),载于Schmitt、Skinner和Kessler编,《剑桥文艺复兴哲学史》,第685页～第711页,尤其是第687页。亦可参看William A. Wallace,《伽利略及其思想来源:伽利略科学中罗马学院的遗产》(*Galileo and his Sources: The Heritage of the Collegio Romano in Galileo's Science*, Princeton, N. J.: Princeton University Press, 1984),第125页～第126页。

中世纪对方法的说明,例如14世纪的彼得罗·达巴诺在其《调解者》(*Conciliator*)中的说明,也往往试图调和医学传统与哲学传统。16世纪对"方法"的讨论继续从医学理论中汲取灵感,这种医学理论由于对盖仑原始希腊文本的语文学兴趣而得到复兴。人文主义医生尼科洛·莱奥尼切诺(1428～1524)在其《根据盖仑观点整理的三种学说》(*De tribus doctrinis ordinatis secundum Galeni sententiam opus*,1508)中讨论了盖仑在《医术》(*Ars medica*)序言中对"辩证法(didaskalia)"一词的用法,这一讨论尤其重要。在这部著作中,莱奥尼切诺提出,盖仑所关注的主要不是科学证明的方法(modus doctrinae),而是组织起整个科学来教导(ordo docendi)的方法。如前所述,16世纪的医生和哲学家广泛支持这种发现与教导的区分。[26] 在帕多瓦哲学家雅各布·扎巴瑞拉(1533～1589)的《论方法》(*De methodis*,1578)中,它以一种特别有影响的方式被提出来。扎巴瑞拉在发现问题中对"方法(methodus)"一词的使用,以及在教导和组织问题中对"组织(ordo)"一词的使用,决定了随后50年的争论术语。[27]

142

16世纪对科学证明理论的迷恋在整个17世纪一直持续着。对方法的说明一直在改变,但依然是普遍认同的一般传统的一部分。人们对严格的"回溯(regressus)"理论的兴趣正在逐步减小——虽然存在着清楚的连续性,比如托马斯·霍布斯(1588～1679)在《人论》(*De homine*,1658)中的方法论述与文艺复兴后期帕多瓦的亚里士多德主义者[28]的方法论述之间——相应地,人们对不是源于逻辑而是源于几何的方法概念有了更大的兴趣。特别是,欧几里得在《几何原本》(*Elements*)中对分析与综合的区分被赋予了更大的重要性(参看第28章)。勒内·笛卡儿(1596～1650)在标题意味深长的《方法谈》(*Discours de la méthode*,1637)中用这些术语来支持他对科学发现的说

---

[26] William F. Edwards,《尼科洛·莱奥尼切诺和关于方法的人文主义讨论的起源》(Niccolò Leoniceno and the Origins of Humanist Discussion of Method),载于Edward Mahoney编,《哲学和人文主义:保罗·奥斯卡·克里斯泰勒纪念文集》(*Philosophy and Humanism: Renaissance Essays in Honor of Paul Oskar Kristeller*, Leiden: E. J. Brill, 1976),第283页～第305页。关于莱奥尼切诺,参看Vivian Nutton,《医学人文主义的兴起:费拉拉(1464～1555)》(The Rise of Medical Humanism: Ferrara, 1464 - 1555),《文艺复兴研究学会学报》(*Bulletin of the Society for Renaissance Studies*),11(1997),第2页～第19页。

[27] Jacopo Zabarella,《论方法》(*De methodis libri quattuor. Liber de regressu*, Bologna: Cooperativa Libraria Universitaria Editrice Bologna, 1985),Cesare Vasoli编;John Herman Randall,《帕多瓦学院和近代科学的兴起》(*The School of Padua and the Emergence of Modern Science*, Padua: Editrice Antenore, 1961);Luigi Olivieri编,2卷本《威尼斯的亚里士多德主义与近代科学》(*Aristotelismo veneto e scienza moderna*, Padua: Editrice Antenore, 1983);Nicholas Jardine,《维持帕多瓦学院的秩序:雅各布·扎巴瑞拉和弗朗切斯科·皮科洛米尼论哲学的职能》(Keeping Order in the School of Padua: Jacopo Zabarella and Francesco Piccolomini on the Offices of Philosophy),载于Daniel Di Liscia、Eckhard Kessler和Charlotte Methuen编,《文艺复兴时期自然哲学中的方法和秩序:亚里士多德评注传统》(*Method and Order in Renaissance Philosophy of Nature: The Aristotle Commentary Tradition*, Aldershot: Ashgate, 1997),第183页～第209页;Irena Backus,《16世纪晚期两所新教学院的逻辑教育:斯特拉斯堡和日内瓦对扎巴瑞拉的接受》(The Teaching of Logic in Two Protestant Academies at the End of the 16th Century: The Reception of Zabarella in Strasbourg and Geneva),《宗教改革史资料》(*Archiv für Reformationsgeschichte*),80(1989),第240页～第251页。

[28] William F. Edwards,《帕多瓦的亚里士多德主义和近代方法理论的起源》(Paduan Aristotelianism and the Origins of Modern Theories of Method),载于Olivieri编,《威尼斯的亚里士多德主义与近代科学》,第1卷,第206页～第220页。

明。[29] 艾萨克·牛顿(1643～1727)也利用了几何术语,他在《光学》(*Opticks*,1721)第三版中断言:“和数学中一样,在自然哲学中,通过分析法(Method of Analysis)对困难事物的研究,在任何时候都应当先于合成法(Method of Composition)。”[30]一般来说,由于17世纪的自然哲学家不再寻求事物的本质属性,而是倾向于对自然作一种更加唯象的理解,他们也失去了对强调证明确定性的亚里士多德方法传统的兴趣。事实上,即使是在16世纪的亚里士多德主义内部,也有人反对把“回溯”作为对自然哲学中证明的最好说明。它被指责有循环论证之嫌。有人甚至提出——例如意大利哲学家阿戈斯蒂诺·尼福(约1469～1538)——自然哲学中的某些问题不可能获得证明的确定性,因为原因总是隐而不现。[31] 在这种情况下,自然哲学中的逻辑证明便离开了证明领域,进入了或然性领域。

143

生成或然性论证并对其进行掌控的学科是辩证法。如同对科学证明的论证一样,辩证法的论证一般通过三段论提出。但它们并不试图产生确定的知识。辩证法的结论仍然是或然性的,这或者因为前提不够确定,或者因为推理过程是猜测性的。在第一种情况下,前提可能由——正如亚里士多德提出的一个广为人知的公式——被“所有人,或者被大多数人,或者被智慧的人”所接受的“标准观点”来提供。[32] 在第二种情况下,辩证法的基本推理机制是所谓的论题三段论(topical syllogism),其中的中项由帮助阐明当前问题的一般“论题”或 locus(论题)来提供。这些论题通常包括像定义、属、种、原因、结果、前件、后件、更多、更少这样的范畴和权威论点。[33] 因此,辩证法的

---

[29] René Descartes,《方法谈》(*Discours de la méthod* [1637]),载于 Charles Adam 和 Paul Tannery 编,12卷本《笛卡儿全集》(*Oeuvres de Descartes*, Paris: J. Vrin, 1964 - 76),第6卷《〈方法谈〉及随笔》(*Discours de la méthode & Essais* [1973]),第1页～第151页,引文在第17页。另见 Stephen Gaukroger,《笛卡儿式逻辑:论笛卡儿的推理概念》(*Cartesian Logic: An Essay on Descartes's Conception of Inference*, Oxford: Clarendon Press, 1989),第72页～第102页;Benoît Timmermans,《笛卡儿作为发现的分析概念的原创性》(The Originality of Descartes's Conception of Analysis as Discovery),《思想史杂志》(*Journal of the History of Ideas*),60(1999),第433页～第448页。

[30] Isaac Newton,《光学》(*Opticks*, New York: Dover, 1979),第404页。

[31] Nicholas Jardine,《伽利略的真理之路和证明性回溯》(Galileo's Road to Truth and the Demonstrative Regress),《科学史与科学哲学研究》(*Studies in History and Philosophy of Science*),7(1976),第277页～第318页,引文在第290页～第291页;N. Jardine,《诸学科的认识论》,尤其是第689页;N. Jardine,《伽利略〈对话〉中的证明、辩证法和修辞》,第111页。

[32] Aristotle,《论题篇》,I. 1。

[33] 参看 Michael C. Leff,《从西塞罗到波伊提乌的拉丁语修辞理论中的论证发明主题》(The Topics of Argumentative Invention in Latin Rhetorical Theory from Cicero to Boethius),《修辞:修辞史杂志》,1(1983),第23页～第44页;F. Muller,《王港的亚里士多德修辞传统中阿格里科拉的〈发明的逻辑〉》(Le *De inventione dialectica* d'Agricola dans la tradition rhétorique d'Aristote à Port-Royal),载于 Akkerman 和 Vanderjagt 编,《鲁道夫·阿格里科拉·弗里修斯(1444～1485)》(*Rodolphus Agricola Phrisius* [*1444 - 1485*]),第281页～第292页。虽然有这样的标题,但这两篇文献讨论的辩证法要多于修辞。另见 Niels Jørgen Green-Pedersen,《中世纪的论题传统:亚里士多德和波伊提乌的〈论题篇〉评注》(*The Tradition of the Topics in the Middle Ages: The Commentaries on Aristotle's and Boethius' "Topics"*, Munich: Philosophia Verlag, 1984)。关于对所使用论题的分析,参看 Jean Dietz Moss,《亚里士多德的四因:文艺复兴时期修辞学中被遗忘的论题》(Aristotle's Four Causes: Forgotten *topos* of Renaissance Rhetoric),《修辞学会季刊》(*Rhetoric Society Quarterly*),17(1987),第71页～第88页;Angus Gowland,《〈忧郁的解剖〉的修辞结构和功能》(Rhetorical Structure and Function in the *Anatomy of Melancholy*),《修辞:修辞史杂志》,19(2001),第1页～第48页,引文在第29页～第31页。关于对论题传统的衰落的评论,参看 Ann Moss,《出版的普通论题书籍和文艺复兴思想的结构》(*Printed Commonplace-Books and the Structuring of Renaissance Thought*, Oxford: Clarendon Press, 1996),第255页～第281页。关于把“论题逻辑”重新纳入科学研究的现代尝试,参看 Lawrence J. Prelli,《科学的修辞:发明科学话语》(*A Rhetoric of Science: Inventing Scientific Discourse*, Columbia: University of South Carolina Press, 1989)。

或然论证有可能包括来自比较、类比和举例的论证。到了16世纪、17世纪，辩证法的推理也包括了符号推理问题，这在古代世界曾经主要是一个修辞问题。[34] 这在16世纪的自然哲学中是一个有争议的主题，在现代早期的学术医学中，症状学构成了医学研究的五个组成部分之一（另外四个部分是生理学、病因学、治疗学和卫生学），这一点尤其重要。[35]

在16世纪的自然哲学中，辩证法实际起作用的方式可以由劳奇茨（Lausitz）六城同盟（Sechsstädtebund）的公民马库斯·弗里茨基乌斯写的一部关于月下大气现象的论著来说明。弗里茨基乌斯的《论大气现象》（*Meteorum*）1563年在纽伦堡出版，它明显是通过辩证法的规则，特别是由"论题"组织起来的。例如，在他对彗星的讨论中，弗里茨基乌斯试图捍卫这样一种标准立场，即它们是地界现象而非天界现象。[36] 他通过将彗星（谓词）与星体（主词）区分开来的若干论证来证明这一点。接着，他用源自主词（星体）的八条论证来证明同一论点。第八条论证源自星体的固有本性：

> 任何天体或星体都没有尾巴。
>
> 彗星有尾巴，
>
> 所以彗星不是星体。[37]

弗里茨基乌斯用来证明彗星不是星体的最后一个论证并不依赖于推理，而是依赖于证词：它是来自权威的说法。"塞内卡引用了埃皮吉尼的话，后者说迦勒底人坚称彗星不是星体，塞内卡也证明彗星不是星体。这是有学识的人的共同判断。"[38] 单个看来，哲学论证并不是证明性的：它们并不符合"回溯"理论的严格要求。但合在一起来看，它

[34] Daniel Garber 和 Sandy Zabell，《论或然性的出现》（On the Emergence of Probability），《精密科学史档案》（*Archive for History of Exact Sciences*），21（1979），第33页～第53页；John Poinsot（John of St. Thomas），《论标准：约翰·普安索的符号学》（*Tractatus de signis*: *The semiotic of John Poinsot* [1632], Berkeley: University of California Press, 1985），John Deely 和 Ralph Austin Powell 编。John Deely，《现代早期哲学和后现代思想》（*Early Modern Philosophy and Postmodern Thought*, Toronto Studies in Semiotics, Toronto: University of Toronto Press, 1994）有时有启发性，但就历史而言不够平均。

[35] Ian Maclean，《自然符号的阐释：卡尔达诺的〈论精巧〉对斯卡利杰尔的〈关于精巧的通俗练习〉》（The Interpretation of Natural Signs: Cardano's *De subtilitate* versus Scaliger's *Exercitationes*），载于 Brian Vickers 编，《文艺复兴时期的神秘学和科学心智》（*Occult and Scientific Mentalities in the Renaissance*, Cambridge: Cambridge University Press, 1984），第231页～第252页；Brian K. Nance，《病人体质的诊断：17世纪医学症候学一览》（Determining the Patient's Temperament: An Excursion into Seventeenth-Century Medical Semiology），《医学史通报》（*Bulletin of the History of Medicine*），67（1993），第417页～第438页；Roger French，《从文艺复兴时期到19世纪初医学中的征兆概念》（Sign Conceptions in Medicine from the Renaissance to the Early Nineteenth Century），载于 Roland Posner、Klaus Robering 和 Thomas Albert Sebeok 编，《符号学：自然与文化的符号理论基础手册》（*Semiotik*: *Ein Handbuch zu den zeichentheoretischen Grundlagen von Natur und Kultur*, Berlin: Walter de Gruyter, 1998）。

[36] 关于16世纪的彗星理论，参看 Peter Barker 和 Bernard R. Goldstein，《彗星在哥白尼革命中的作用》（The Role of Comets in the Copernican Revolution），《科学史和科学哲学研究》，19（1988），第299页～第319页；以及 Tabitta van Nouhuys，《双面坚纽斯的时代：1577年、1618年的彗星和亚里士多德主义世界观在荷兰的衰落》（*The Age of Two-Faced Janus*: *The Comets of 1577 and 1618 and the Decline of the Aristotelian World View in the Netherlands*, Brill's Studies in Intellectual History, 89, Leiden: E. J. Brill, 1998）。

[37] Marcus Frytschius，《流星》（*Meteorum*, *hoc est*, *impressionum aerearum et mirabilium naturae operum*, *loci fere omnes*, *methodo dialectica conscripti*, *& singulari quadam cura diligentiaque in eum ordinem digesti ac distributi*, Nuremberg: Montanus and Neuber, 1563），fols. 99v - 102r，引文在 fol. 101v："Octavum argumentum. A proprie stellarum natura. Sydus sive stella non habet comam. Cometa habet comam. Ergo Cometa non est stella."

[38] 同上书，fols. 101v - 102r："Cometas non esse stellas, testator & Seneca, qui citat authorem Epigenem qui ait Chaldeos affirmare, quod Cometae non sint stellae. Et haec est usitata eruditorum sententia."

们都倾向于肯定所希望得到结论的可能性。当然,这些论证依赖于关于彗星本性的默会假设——这些假设被框定它们的三段论形式明白地显露出来。这些假设在16世纪、17世纪一直在变化,如皮埃尔·培尔著名的揭穿真相的《关于彗星的种种思考》(*Pensées diverses sur la comète*,1682)所示。但即使在培尔的书中,也仍然保持着论证的强烈的辩证法特征(如果不是它们被归结为三段论形式的话)。[39]

145 让我们从逻辑转向修辞。"逻辑(Logicke)证据和证明对所有人一视同仁,没有什么两样,"英国哲学家和普通法律师弗兰西斯·培根(1561～1626)在其《学术的进展》(*The Advancement of Learning*,1605)中说:"但修辞(Rhetoricke)的证据和劝说应当根据听者的不同而不同。"[40]可靠的逻辑,无论是证明性的还是或然性的,凭借其普遍有效的合理性,都被用来说服别人。而有效的修辞则相反,它心甘情愿利用局域知识。与逻辑的"论题"相比,修辞理论的"论题"较少抽象,更为具体,它们可能要包括对某个人的出生地、出身、信仰和个性因素等的考虑。由于自然哲学的目标被视为一般地展现自然,所以它的证明将是逻辑的。这与道德哲学和政治哲学截然不同,后者以人的活动为对象,因此采用了与修辞学和历史学科联系更加紧密的证明。然而实际上,现代早期的自然哲学家同样意识到有必要去迎合特定的听众。和道德哲学家一样,他们也关注有效的说服技巧。现代早期对科学修辞的学术研究从各种立场来切入这一

[39] Pierre Bayle,2卷本《关于彗星的种种思想》(*Pensées diverses sur la comète* [1682], Paris: Société des Textes Français Modernes, 1994),A. Prat编,Pierre Rétat修订,第1卷,也可参看Rétat的《第二版预告》(Avertissement de la deuxième edition),第11页,第21页。

[40] Francis Bacon,《学术的进展》(*The Advancement of Learning* [1605], The Oxford Francis Bacon, 4, Oxford: Clarendon Press, 2000),Michael Kiernan编,第129页。亦可参看Francis Bacon,《论学术的进展》(*De augmentis scientiarum*),载于James Spedding、Robert Leslie Ellis和Douglas Denon Heath编,7卷本《作品集》(*Works*, London: Longman, 1857),第1卷,第413页～第837页,引文在第673页;bk. 6, chap. 3:"Siquidem probationes et demonstrationes Dialecticae universis hominibus sunt communes; at probationibus et suasiones Rhetoricae pro ratione auditorum variari debent."

主题。有些人使用了多少有些时代误置的“修辞”理解。[41] 然而,从历史角度来看更为成功的研究都利用了现代早期的修辞观念来解释现代早期哲学和医学著作的构成、论证和接受等方面。[42] 特别是伽利略的著作,已被证明经得起用文艺复兴时期的修辞范畴所作的历史分析。[43]

146

[41] Richard Foster Jones,《17 世纪中期英格兰的科学修辞》(The Rhetoric of Science in England of the Mid-Seventeenth Century),载于 Carroll Camden 编,《复辟时代与 18 世纪文学》(*Restoration and Eighteenth-Century Literature*, Chicago: University of Chicago Press, 1963),第 5 页～第 24 页;James Stephens,《文艺复兴科学中的修辞问题》(Rhetorical Problems in Renaissance Science),《哲学和修辞》(*Philosophy and Rhetoric*),8(1975),第 213 页～第 229 页;John R. R. Christie,《导论:现代早期哲学和科学的修辞和写作》(Introduction: Rhetoric and Writing in Early Modern Philosophy and Science),载于 Benjamin 等编,《比喻的和字面的:哲学和科学史中的语言问题(1630 ～ 1800)》,第 1 页～第 9 页;Robert E. Stillman,《审视革命:现代早期英格兰新哲学中的意识形态、语言和修辞》(Assessing the Revolution: Ideology, Language and Rhetoric in the New Philosophy of Early Modern England),《18 世纪:理论和阐释》(*The Eighteenth Century: Theory and Interpretation*),35(1994),第 99 页～第 118 页;Michael Wintroub,《事实的镜子:罗伯特·玻意耳实验自然哲学中的收集、修辞和引用自身》(The Looking Glass of Facts: Collecting, Rhetoric and Citing the Self in the Experimental Natural Philosophy of Robert Boyle),《科学史》(*History of Science*),35(1997),第 189 页～第 217 页;K. Neal,《实用的修辞:通过收益和享受避免数学与神秘事物产生联系》(The Rhetoric of Utility: Avoiding Occult Associations for Mathematics through Profitability and Pleasure),《科学史》,37(1999),第 151 页～第 178 页;Maurice Slawinski,《修辞和科学/科学的修辞/作为科学的修辞》(Rhetoric and Science/Rhetoric of Science/Rhetoric as Science),载于 Stephen Pumfrey、Paolo Rossi 和 Maurice Slawinski 编,《中世纪欧洲的科学、文化和大众信仰》(*Science, Culture, and Popular Belief in Renaissance Europe*, Manchester: Manchester University Press, 1991),第 71 页～第 99 页。亦可参看 James Stephens,《弗兰西斯·培根和科学的风格》(*Francis Bacon and the Style of Science*, Chicago: University of Chicago Press, 1975);James P. Zappen,《从培根到霍布斯的科学和修辞:对雄辩问题的回应》(Science and Rhetoric from Bacon to Hobbes: Responses to the Problem of Eloquence),载于 Robert Brown, Jr. 和 Martin Steinman, Jr. 编,《修辞 78,修辞理论纪要:一次跨学科会议》(*Rhetoric 78, Proceedings of the Theory of Rhetoric: An Interdisciplinary Conference*, Minneapolis: University of Minnesota Center for Advanced Studies in Language, Style, and Literary Theory, 1979),第 399 页～第 419 页;Zappen,《弗兰西斯·培根和科学修辞的编史学》(Francis Bacon and the Historiography of Scientific Rhetoric),《修辞学评论》(*Rhetoric Review*),8(1989),第 74 页～第 88 页;John C. Briggs,《弗兰西斯·培根和自然的修辞学》(*Francis Bacon and the Rhetoric of Nature*, Cambridge, Mass.: Harvard University Press, 1989);David Heckel,《弗兰西斯·培根的新科学:印刷和修辞的转变》(Francis Bacon's New Science: Print and the Transformation of Rhetoric),载于 Bruce E. Gronbeck、Thomas J. Farrell 和 Paul A. Soukup 编,《媒介、意识和文化:沃尔特·翁思想研究》(*Media, Consciousness, and Culture: Explorations of Walter Ong's Thought*, Newbury Park, Calif.: Sage, 1991),第 64 页～第 76 页。

[42] 例如参看 Brian Vickers,《皇家学会和英国散文风格:一次重估》(The Royal Society and English Prose Style: A Reassessment),载于 Brian Vickers 和 Nancy Struever 编,《修辞和对真理的追求:17 世纪、18 世纪的语言变化》(*Rhetoric and the Pursuit of Truth: Language Change in the Seventeenth and Eighteenth Centuries*, Los Angeles: William Andrews Clark Memorial Library, 1985),第 1 页～第 76 页;Jean Dietz Moss,《17 世纪意大利科学和修辞的互动》(The Interplay of Science and Rhetoric in Seventeenth-Century Italy),《修辞:修辞史杂志》,7(1989),第 23 页～第 24 页;Moss,《天空的新事物:哥白尼争论中的修辞和科学》(*Novelties in the Heavens: Rhetoric and Science in the Copernican Controversy*, Chicago: University of Chicago Press, 1993);John T. Harwood,《科学写作和写作的科学:玻意耳和修辞理论》(Science Writing and Writing Science: Boyle and Rhetorical Theory),载于《重新思考罗伯特·玻意耳》,第 37 页～第 56 页;Gowland,《〈忧郁的解剖〉中的修辞结构和功能》。

[43] Brian Vickers,《伽利略〈对话〉中的赞咏修辞》(Epideictic Rhetoric in Galileo's *Dialogo*),《佛罗伦萨科学史博物馆及研究所年鉴》(*Annali dell'Istituto e Museo di Storia della Scienza di Firenze*),8(1983),第 69 页～第 102 页;Jean Dietz Moss,《伽利略的“致克里斯蒂娜的信”:一些修辞学上的思考》(Galileo's *Letter to Christina*: Some Rhetorical Considerations),《文艺复兴季刊》(*Renaissance Quarterly*),36(1983),第 547 页～第 576 页;Moss,《伽利略为哥白尼主义辩护的修辞策略》(Galileo's Rhetorical Strategies in Defense of Copernicanism),载于 Paolo Galluzzi 编,《美妙的消息与知识危机:伽利略研究国际会议记录》(*Novità celesti e crisi del sapere: atti del convegno internazionale di studi Galileiani*, Florence: Giunti Barbèra, 1984),第 95 页～第 103 页;Moss,《伽利略的哥白尼体系著作中的证明修辞》(The Rhetoric of Proof in Galileo's Writings on the Copernican System),载于 William A. Wallace 编,《重新诠释伽利略》(*Reinterpreting Galileo*, Washington, D. C.: Catholic University of America Press, 1986),第 179 页～第 204 页;A. C. Crombie 和 Adriano Carugo,《伽利略和修辞技艺》(Galileo and the Art of Rhetoric),《文学共和国的新闻》(*Nouvelles de la république des lettres*),2(1988),第 7 页～第 31 页,重印于 Crombie,《中世纪和近代思想中的科学、技艺和自然》(*Science, Art, and Nature in Medieval and Modern Thought*, London: Hambledon, 1996),第 231 页～第 255 页;Nicholas Jardine,《伽利略〈对话〉中的证明、辩证法和修辞》;Moss,《天空的新事物:哥白尼争论中的修辞和科学》,第 75 页～第 300 页。亦可参看 Maurice A. Finocchiaro,《伽利略和推理的技艺:逻辑和科学方法的修辞基础》(*Galileo and the Art of Reasoning: Rhetorical Foundations of Logic and Scientific Method*, Boston Studies in the Philosophy of Science, 61, Dordrecht: Reidel, 1980)。

从文艺复兴早期开始,作家、传教士和政治家怀着钟爱之情,把修辞术发展为最高的说服方法。文艺复兴对古代学术的复兴使人们着迷于古代的雄辩术。这种着迷受到了多方面的激励:拜占庭的修辞传统,1416年意大利人文主义者波焦·布拉乔利尼重新发现了昆体良《雄辩家的教育》(*Institutio oratoria*)的完整手稿,16世纪接连出现的亚里士多德《修辞学》(*Rhetoric*)的拉丁文译本的影响越来越大。[44] 中世纪的格言术(ars dictaminis)修辞传统朝多个方向发展,[45]特别是在书信写作(epistolography)、[46]布道术(ars praedicandi)、[47]赞咏(epideictic,关于赞颂和责备的修辞)[48]和文体(elocutio,对比喻和转义的研究)领域。[49] 此时出版了大量理论论著,涵盖了西塞罗演说术中构思(inventio)、布局(dispositio)、文体(elocutio)、记忆(memoria)和表达(pronuntiatio)所有这五个或其中的几个部分,以及赞咏(demonstrative 或 epideictic)、庭议(deliberative)和诉讼(forensic)这三个种类(genera),[50]以满足学校教师、大学学者、传教士和廷臣获得雄辩和说服方面技巧的极大渴望。[51] 修辞文化也鼓励不那么刻板地反思演说以及

147

[44] 参看 John Monfasani,《人文主义和修辞》(Humanism and Rhetoric),载于 Albert Rabil 编,3卷本《文艺复兴时期的人文主义:基础、形式和遗产》(*Renaissance Humanism: Foundations, Forms, and Legacy*, Philadelphia: University of Pennsylvania Press, 1988),第3卷《人文主义和学科》(*Humanism and the Disciplines*),第171页~第235页,尤其是第177页~第184页。

[45] James J. Murphy,《中世纪的修辞:从圣奥古斯丁到文艺复兴时期的修辞理论史》(*Rhetoric in the Middle Ages: A History of Rhetorical Theory from St. Augustine to the Renaissance*, Berkeley: University of California Press, 1974);Ronald Witt,《中世纪的格言术和人文主义的开始:问题的新形式》(Medieval *ars dictaminis* and the Beginnings of Humanism: A New Construction of the Problem),《文艺复兴季刊》,35(1982),第1页~第35页;Virginia Cox,《意大利的西塞罗式修辞(1260~1350)》(Ciceronian Rhetoric in Italy, 1260 - 1350),《修辞:修辞史杂志》,17(1999),第239页~第280页;Judith Rice Henderson,《瓦拉的〈优雅的拉丁语〉和人文主义者对格言术的攻击》(Valla's *Elegantiae* and the Humanist Attack on the *Ars dictaminis*),《修辞:修辞史杂志》,19(2001),第249页~第268页。

[46] Judith Rice Henderson,《伊拉斯谟论写信的技艺》(Erasmus on the Art of Letter-writing),载于 Murphy 编,《文艺复兴时期的雄辩:文艺复兴时期修辞学的理论和实践研究》,第331页~第355页;Henderson,《伊拉斯谟主义的西塞罗主义者:宗教改革的书信老师》(Erasmian Ciceronians: Reformation Teachers of Letter-writing),《修辞:修辞史杂志》,10(1992),第273页~第302页;Henderson,《论理解文艺复兴时期书信的修辞》(On Reading the Rhetoric of the Renaissance Letter),载于 Heinrich F. Plett 编,《文艺复兴时期的修辞》(*Renaissance-Rhetorik*, Berlin: Walter de Gruyter, 1993)。

[47] John W. O'Malley,《文艺复兴时期罗马的赞美和责备:教皇宫廷的神圣演说者的修辞、教条和改革(约1450~1521)》(*Praise and Blame in Renaissance Rome: Rhetoric, Doctrine, and Reform in the Sacred Orators of the Papal Court, c. 1450 - 1521*, Durham, N. C.: Duke University Press, 1979)。亦可参看 Debora Kuller Shuger,《神圣的修辞:英国文艺复兴时期的基督教大风格》(*Sacred Rhetoric: The Christian Grand Style in the English Renaissance*, Princeton, N. J.: Princeton University Press, 1988),上书并不局限于讨论英国的修辞学家;Harry Caplan 和 H. H. King 编,《论布道的拉丁论文:书目》(Latin Tractates on Preaching: A Booklist),《哈佛神学评论》(*Harvard Theological Review*),42(1949),第185页~第206页;King,《布道坛的雄辩:英语学理和历史研究书目》(Pulpit Eloquence: A List of Doctrinal and Historical Studies in English),《演讲专刊》(*Speech Monographs*),22(1955),第1页~第159页。

[48] O. B. Hardison,《持久的一刻:文艺复兴时期文学的理论和实践中的赞美观念研究》(*The Enduring Monument: A Study of the Idea of Praise in Renaissance Literary Theory and Practice*, Chapel Hill: University of North Carolina Press, 1962);John M. McManamon,《葬礼演讲和意大利人文主义的文化理念》(*Funeral Oratory and the Cultural Ideals of Italian Humanism*, Chapel Hill: University of North Carolina Press, 1989)。

[49] Brian Vickers,《修辞和反修辞的修辞:论文体史的写作》(Rhetorical and Anti-rhetorical Tropes: On Writing the History of *elocutio*),《比较批评》(*Comparative Criticism*),3(1981),第105页~第132页;Richard A. Lanham,《修辞术语手册》(*A Handlist of Rhetorical Terms*, 2nd ed., Berkeley: University of California Press, 1991)。

[50] 关于西塞罗修辞学的部分(partes)和种类(genera)的讨论,参看 Brian Vickers,《为修辞辩护》(*In Defence of Rhetoric*, rev. ed., Oxford: Clarendon Press, 1989),第52页~第82页。

[51] James J. Murphy,《一千位被忽视的作者:文艺复兴时期修辞的范围和重要性》(One Thousand Neglected Authors: The Scope and Importance of Renaissance Rhetoric),载于 Murphy 编,《文艺复兴时期的雄辩:文艺复兴时期修辞学的理论和实践研究》,第20页~第36页。

无数书信、颂词、布道、致词、辩护、抨击、序言等的性质和功能，[52]几乎所有这些都被认为可以以某种方式从修辞术那里得到知识。[53]

关于对证明与说服的修辞说明，有一个术语特别重要：那就是信任或信念（fides）的概念。根据一种在很大程度上取自西塞罗《论演说的分类》（*De partitione oratoria*）的表述中，修辞论证被说成是"一种看似可信的发明，以产生信念（probabile inventum ad faciendam fidem）"。[54] 此"信念"是两方面的。第一，演说家必须是可信的——他（在古代和文艺复兴时期的修辞理论中，演说家被认为是男性）拥有良好的精神气质。为获得这一精神气质而推荐的技巧包括：许诺给听众新颖性，强调个人正直笃实，说话温和，不带偏见，如果可能的话，不非难对手的品格。[55] 修辞理论一般建议在演说的开头确立演讲者的精神气质，因此，现代早期著作的序言中经常有这些策略。例如，培根一贯运用由这些精神气质概念所鼓励的谦逊的惯用语句来支持他的论点，即与以前的哲学家傲慢的系统化工作相比，许多谦逊的探索者（像他本人一样）的贡献更能推进知识的发展：

148

> 我的学说中也遵循了我对待发现的那种谦逊态度。要赋予这些发现以威信，我既不会通过炫耀论证的成功，也不会通过诉诸古人、僭用权威、含糊其辞来实现。但任何旨在使自己扬名争光，而非启迪他人心灵的人，都很容易这样做。[56]

第二，修辞"信念"的任务是逐渐灌输对修辞学家话语的信任，而不是对他本人的信任。为实现这一目标，演说者必须首先找到或发现（invenire）论证——这个修辞部分所属的范围被称为构思（inventio），广为流传的《修辞学》（*Rhetorica ad Herennium*）的不

---

[52] Rebhorn 编译的《文艺复兴时期的修辞学争论》是一部有用的文选。

[53] 关于对这一大批文献以及由此引出的一些问题的指导，参看 Murphy 编，《文艺复兴时期的雄辩：文艺复兴时期修辞学的理论和实践研究》，以及 Peter Mack 编，《文艺复兴时期的修辞学》（*Renaissance Rhetoric*, Basingstoke: Macmillan, 1994）中的文章。亦可参看 Vickers，《为修辞学辩护》（*In Defence of Rhetoric*）。关于文艺复兴时期修辞学的书目，参看 James J. Murphy，《文艺复兴时期的修辞学：从印刷术出现到公元 1700 年期间关于修辞理论的书籍简目》（*Renaissance Rhetoric: A Short-title Catalogue of Works on Rhetorical Theory from the Beginning of Printing to A. D. 1700*, New York: Garland, 1981）；Paul D. Brandes，《亚里士多德修辞学史：附有早期印刷品书目》（*A History of Aristotle's Rhetoric: With a Bibliography of Early Printings*, Metuchen, N. J.: Scarecrow Press, 1989）；James J. Murphy 和 Martin Davis，《修辞学早期刊本：截至 1500 年的印刷文本简目》（Rhetorical Incunabula: A Short-title Catalogue of Texts Printed to the Year 1500），《修辞：修辞史杂志》，15（1997），第 355 页～第 470 页；Heinrich F. Plett，《英国文艺复兴时期的修辞学和诗学：第一手、第二手文献的系统书目》（*English Renaissance Rhetoric and Poetics: A Systematic Bibliography of Primary and Secondary Sources*, Symbola et Emblemata, 6, Leiden: E. J. Brill, 1995）。

[54] Cicero，《论讲演术的细分》（*De partitione oratoria*），2.1，E. W. Sutton 和 H. Rackham 译，载于《论演讲者（三），论命运、斯多亚悖论，论讲演术的细分》（*De oratore III*, *De fato*, *Paradoxa stoicorum*, *De partitione oratoria*, Loeb Classical Library, London: Heinemann, 1948），第 305 页～第 421 页，引文在第 314 页。

[55] 参看 Skinner，《霍布斯哲学中的理性和修辞》，第 127 页～第 133 页。

[56] Francis Bacon，《〈新工具〉以及〈伟大的复兴〉的其他部分》（*Novum organum with Other Parts of the Great Instauration*, Chicago: Open Court, 1994），Peter Urbach 编，John Gibson 译，第 14 页（《伟大的复兴》[*Instauratio magna*]序言），翻译了 Francis Bacon，《新工具》（*Novum organum* [1620], 2nd ed., Oxford: Clarendon Press, 1889），第 166 页～第 167 页："Atque quam in inveniendo adhibemus humilitatem, eandem et in docendo sequuti sumus. Neque enim aut confutationum triumphis, aut antiquitatis advocationibus, aut authoritatis usurpatione quadam, aut etiam obscuritatis velo, aliquam his nostris inventis majestatem imponere aut conciliare conamur; qualia reperire non difficile esset ei, qui nomini suo non animis aliorum lumen affundere conaretur."另见 James S. Tillman，《培根的精神特质：谦逊的哲学家》（Bacon's *ethos*: The Modest Philosopher），《文艺复兴文稿》（*Renaissance Papers*, 1976），第 11 页～第 19 页。

知姓名的作者称它为“最重要和最困难的”修辞部分。[57] 文艺复兴时期的修辞理论中还有一些技巧可以用来“发现”可信(probabile)的论证。演说者可能会诉诸前面讨论辩证法时所说的“论题”,还可能会利用“普通论题(commonplaces,loci communes)”,它指的是一组可资利用的论证,无论是进行攻击还是辩护:例如,一个人可能会主张见证而反对论证,也可能相反。[58] 这反过来又强调了现代早期修辞的另一个重要方面,即它的两面性。修辞理论讲授从问题的两方面(in utramque partem)进行论证的技巧;这一点的经典论题(locus classicus)是拉克坦修在《神学原理》(*Institutiones divinae*,XV. 5)中对怀疑论者卡尼阿德斯的说明,后者前一天刚刚主张完正义,第二天又同样强烈地反对正义。

149

修辞和辩证法的构思,即发现可信或可能论题的技艺,当然也与发现新的真理有关。因此,构思是修辞和逻辑中对现代早期欧洲对自然研究的理论说明冲击最强烈的部分。[59] 意大利自然哲学家詹巴蒂斯塔·德拉·波尔塔(1535～1615)把亚里士多德修辞传统中的符号学理论运用于他的《论人的相貌》(*De humana physiognomonia*,1586)。[60] 德国宗教改革家菲利普·梅兰希顿(1497～1560)用自然哲学的论题(loci)来组织这一学科的教学。[61] 培根十分关注发现的过程,[62] 在其晚期作品中,他经常用“特殊论题”这个亚里士多德的修辞概念来组织他对自然现象的研究。[63] (“特殊论题”是指适合作具体研究的研究条目;它们与适合在任何学科中进行研究的“一般

[57] 《修辞学》(*Rhetorica ad Herennium*, 2. i. 1, Loeb Classical Library, London: Heinemann, 1954),Harry Caplan 译,第 58 页:“De oratoris officiis quinque inventio et prima et difficillima est.”

[58] 关于文艺复兴时期修辞中的“普通论题”理论,参看 Quirinus Breen,《梅兰希顿中的术语“普通论题”和“论题”》(The Terms “loci communes” and “loci” in Melanchthon),《教会史》(*Church History*),16(1947),第 197 页～第 209 页;Sister Marie Joan Lechner,《文艺复兴时期的普通论题概念》(*Renaissance Concepts of the Commonplaces*, New York: Pageant, 1962);Francis Goyet,《平凡之处的崇高:古代和文艺复兴的修辞发明》(*Le Sublime du lieu commun: L' Invention rhetorique dans l'Antiquité et à la Renaissance*, Paris: Honoré Champion, 1996);Moss,《出版的普通论题书籍和文艺复兴思想的结构》。

[59] 亦可参看 Theodore Kisiel,《开题术:当代科学哲学的古典资源》(Ars inveniendi: A Classical Source for Contemporary Philosophy of Science),《国际哲学杂志》(*Revue internationale de philosophie*),34(1980),第 130 页～第 154 页。

[60] Cesare Vasoli,《普遍类推:德拉·波尔塔作品中作为符号学的修辞》(L'analogia universale: La retorica come semiotica nell'opera del Della Porta),载于《詹巴蒂斯塔·德拉·波尔塔在他那个时代的欧洲》(*Giovan Battista della Porta nell' Europa del suo tempo*, Naples: Guida Editori, 1990),第 31 页～第 52 页。亦可参看 Giovanni Manetti,《希腊文化中的暗示与明证:符号暗示的有效性的标准和认识效力》(Indizi e prove nella cultura greca: Forza epistemica e criteri di validità dell'inferenza semiotica),《历史记录本》(*Quaderni storici*),85,no. 29(1994),第 19 页～第 42 页;Donald Morrison,《菲洛波诺和辛普里丘论基于符号的证据》(Philoponus and Simplicius on tekmeriodic Proof),载于 Di Liscia、Kessler 和 Methuen 编,《文艺复兴时期自然哲学中的方法和秩序:亚里士多德评注传统》,第 1 页～第 22 页。

[61] Sachiko Kusukawa,《自然哲学的转变:以菲利普·梅兰希顿为例》(*The Transformation of Natural Philosophy: The Case of Philip Melanchthon*, Cambridge: Cambridge University Press, 1995),第 151 页～第 153 页。

[62] Lisa Jardine,《弗兰西斯·培根:发现和对话的技艺》(*Francis Bacon: Discovery and the Art of Discourse*, Cambridge: Cambridge University Press, 1974);William A. Sessions,《弗兰西斯·培根和古典学:发现的发现》(Francis Bacon and the Classics: The Discovery of Discovery),载于 William A. Sessions 编,《弗兰西斯·培根的文本遗产:发现的技艺和发现一同增长》(*Francis Bacon's Legacy of Texts: “The Art of Discovery Grows with Discovery,”* New York: AMS, 1990),第 237 页～第 253 页。

[63] 参看 Francis Bacon,《论科学的发展》,载于《作品集》,第 1 卷,第 633 页～第 639 页;Bacon,《飓风史》(*Historia ventorum*, London: M. Lownes, 1622);Bacon,《生与死的历史》(*Historia vitae et mortis*, London: M. Lownes, 1623);更多的有,Paolo Rossi,《弗兰西斯·培根:从巫术到科学》(*Francis Bacon: From Magic to Science*, London: Routledge and Kegan Paul, 1968),Sacha Rabinovitch 译,第 157 页,第 216 页～第 219 页。

论题”相对。)[64]培根把这些特殊论题看成“逻辑与某一门科学所固有的材料本身的某种混合”。[65] 德国博学的戈特弗里德·威廉·莱布尼茨(1646～1716)将构思的技艺等同于“一般科学(la science generale)[原文如此]”。[66] 然而,正如我们将会看到的,那种认为修辞和逻辑本身可能有助于发现新的自然真理的观点,在17世纪越来越受到持续攻击。

学科的重构

150

在16世纪末和17世纪,随着自然哲学的范围、内容和社会背景的改变,证明与说服的技巧也发生了变化。在现代早期,不仅自然哲学的内容,而且它的解释也有了重大进展。就内容和解释而言,批判传统亚里士多德主义自然哲学的动力很大程度上在于文艺复兴晚期对于除亚里士多德以外的其他古代哲学学派的重新评价。新斯多亚主义,西塞罗和皮浪的怀疑论,以及17世纪的伊壁鸠鲁主义,都有助于使证明与说服的业已确立的形式受到质疑。[67] 伊壁鸠鲁主义的影响最大,它在17世纪初改变了自然哲学的内容,因为它的原子论学说帮助催生了更一般的微粒论和机械论哲学。[68] 然而,通过质疑业已接受的关于证明与说服的观点,在塞克斯都·恩披里柯的《皮浪主义概要》(*Outlines of Pyrrhonism*)的拉丁文译本于1569年出版后兴起的皮浪的怀疑论产生了最大的影响。皮浪断言没有什么东西可以确知,这深深地威胁着关于某些证明之可能性的传统看法。这种批判是在16世纪末由受过医学训练的作者弗朗西斯科·桑

---

[64] Aristotle,《修辞的“技艺”》(*The “Art” of Rhetoric*, Loeb Classical Library, London: Heinemann, 1926),John Henry Freese 译,第30页～第33页(I. ii. 21 - 2)。

[65] Bacon,《论科学的发展》,5.3,载于《作品集》,第1卷,第635页:“Illi autem mixturae quaedam sunt, ex Logica et Materia ipsa propria singularum scientiarum.”

[66] Gottfried Wilhelm Leibniz,《关于确定方式与发明艺术的演讲》(Discours touchant la méthode de la certitude et l’art d’inventer),载于 Carl Immanuel Gerhardt 编,7卷本《哲学作品集》(*Philosophische Schriften*, Berlin: Weidman, 1875 - 90),第7卷,第174页～第183页,引文在第180页。

[67] 参看 Gerhard Oestreich,《新斯多亚主义和现代早期国家》(*Neostoicism and the Early Modern State*, Cambridge: Cambridge University Press, 1982),Brigitta Oestreich 和 H. G. Koenigsberger 编,David McLintock 译;关于它对自然哲学的影响,参看 Peter Barker 和 Bernard R. Goldstein,《17世纪的物理学是否得益于斯多亚主义?》(Is Seventeenth-Century Physics Indebted to the Stoics?),《人马座》(*Centaurus*),27(1984),第148页～第164页;以及 Margaret J. Osler 编,《原子、普纽玛和宁静:欧洲思想中的伊壁鸠鲁和斯多亚主题》(*Atoms, Pneuma, and Tranquillity: Epicurean and Stoic Themes in European Thought*, Cambridge: Cambridge University Press, 1991)。关于西塞罗的怀疑论,参看 Charles B. Schmitt,《西塞罗的怀疑论:“学园”对文艺复兴时期的影响研究》(*Cicero Scepticus: A Study of the Influence of the “Academica” in the Renaissance*, Archives internationales d’histoire des idées, 52, The Hague: Martinus Nijhoff, 1972)。关于恩披里柯的《皮浪主义概要》(*Outlines of Pyrronism*)1562年(以及1569年的拉丁文译本)出版以后,皮浪主义的怀疑论的命运,参看 Richard H. Popkin,《从伊拉斯谟到斯宾诺莎的怀疑论史》(*The History of Scepticism from Erasmus to Spinoza*, 2nd ed., Berkeley: University of California Press, 1979)。关于怀疑论与自然知识的关系,参看 Nicholas Jardine,《文艺复兴时期天文学中的怀疑论:初步研究》(Scepticism in Renaissance Astronomy: A Preliminary Study),载于 Richard H. Popkin 和 C. B. Schmitt 编,《从文艺复兴时期到启蒙运动的怀疑论》(*Scepticism from the Renaissance to the Enlightenment*, Wiesbaden: Harrassowitz, 1987),第83页～第102页。关于伊壁鸠鲁主义,参看 Howard Jones,《伊壁鸠鲁主义传统》(*The Epicurean Tradition*, London: Routledge, 1989);以及 J. J. MacIntosh,《罗伯特·玻意耳论伊壁鸠鲁主义无神论和原子论》(Robert Boyle on Epicurean Atheism and Atomism),载于 Osler 编,《原子、普纽玛和宁静:欧洲思想中的伊壁鸠鲁和斯多亚主题》,第197页～第219页。

[68] Daniel Garber,《苹果、橙子和伽桑狄的原子论在17世纪科学中的作用》(Apples, Oranges, and the Role of Gassendi’s Atomism in Seventeenth-Century Science),《透视科学》(*Perspectives on Science*),3(1995),第425页～第428页。

切斯（约 1550 ～ 1623）在其《一无所知》（*Quod nihil scitur*）以及地方官员米歇尔·德·蒙田（1533 ～ 1592）在其《随笔集》（*Essais*，1580，1588，1593）中发展出来的。相比于用本国语写作的折中主义的人文主义者蒙田，桑切斯的论著更加彻底地攻击了关于证明性知识的哲学论断。桑切斯在书的结尾解释说："我并不担心犯下谴责别人的错误，即用牵强的、过分晦涩的、或许比所考察的问题更加可疑的论证来证明我的断言。"[69]

151 正是在回应这一怀疑论的挑战时，17 世纪初的哲学家阐述了自己的理论，特别是法国的修士马兰·梅森（1588 ～ 1648）和笛卡儿的自然哲学，以及胡戈·格劳秀斯（1583 ～ 1645）和爱德华——彻伯利（Cherbury）的赫伯特勋爵（1583 ～ 1648）——的道德哲学和形而上学哲学。[70]

无论是机械论的、实验的还是自然志的，建立在古代哲学学说基础之上的新型自然哲学都自认为有别于过去。然而，修辞证明，特别是逻辑，仍然与旧的经院哲学联系紧密。因此，随着 17 世纪的自然哲学家对大学的思想和体制束缚的批判声浪日益高涨，他们也批判了其提供证明的方法。因此，新哲学之为新的一个重要方面就在于，它深深地不满于（这种不满实际上到了引发危机的程度）证明与说服的业已接受的技巧。

正如我们所看到的，在占据统治地位的亚里士多德传统中，文艺复兴时期的大学自然哲学被视为一门建立在某些证明基础上的思辨科学。在理想情况下，这些证明由三段论组成。在这一认识中，自然哲学既逻辑地进行，又受到逻辑学说的支持。然而，16 世纪末以来发展起来的新型自然哲学的核心内容之一就是，抨击把一般的逻辑特别是三段论作为一种做出自然发现的手段。[71] 于是，自然哲学的亚里士多德传统解体的主要特征之一就是对业已接受的证明与说服方法的系统批判。

这种批判传统证明形式的意愿解释了为什么培根更倾向于格言，而不是倾向于亚里士多德的公理。在《新工具》（*Novum organum*，1620）中，他曾多次抨击三段论："我们拒绝用三段论来证明，因为它运作混乱，让自然从我们的手中溜走。"[72]所需要的并不是对命题的形式分析，而是研究使这些命题从中抽象出来的那些事物。三段论"并

152

---

[69] Francisco Sánchez，《一无所知》（*That Nothing is Known* [*Qvod nihil scitvr*]，Cambridge：Cambridge University Press，1988），Elaine Limbrick 编，Douglas F. S. Thomson 译，第 163 页，所译内容在第 289 页～第 290 页："Nec enim quod in aliis ego damno，ipse committere volui：ut rationibus a longe petitis，obscurioribus，& magis forsan quaesito dubiis，intentum probarem."关于蒙田的《随笔集》与技艺课程，特别是证明与说服技艺的关系，参看 Ian Maclean，《蒙田哲学》（*Montaigne philosophe*，Paris：Presses Universitaires de France，1996），尤其是第 39 页～第 53 页。

[70] 进一步参看 Peter Dear，《梅森与学校学习》（*Mersenne and the Learning of the Schools*，Ithaca，N. Y.：Cornell University Press，1988），第 23 页～第 47 页；Richard Tuck，《自然法的"近代"理论》（The "modern" Theory of Natural Law），载于 Anthony Pagden 编，《现代早期欧洲政治理论的语言》（*The Languages of Political Theory in Early-Modern Europe*，Cambridge：Cambridge University Press，1987），第 99 页～第 119 页；R. W. Serjeantson，《有神论之前的彻伯利的赫伯特：对〈论真理〉的早期接受》（Herbert of Cherbury Before Deism：The Early Reception of the *De veritate*），《17 世纪》（*The Seventeenth Century*），16（2001），第 217 页～第 238 页，引文在第 220 页。

[71] William Eamon，《科学与自然秘密：中世纪与现代早期文化中的秘著》（*Science and the Secrets of Nature：Books of Secrets in Medieval and Early Modern Culture*，Princeton，N. J.：Princeton University Press，1996），第 292 页～第 296 页。

[72] Francis Bacon，《学术的进展》，第 124 页；Bacon，《新工具》（Cambridge：Cambridge University Press，2000），Michael Silverthorne 译，Lisa Jardine 编，第 16 页，《作品分类》（*Distributio operis*）；另见第 83 页（bk. I，aphorism 104）和第 98 页（bk. I，aphorism 127）。

不足以应对自然的精微之处”;它“只就命题迫人同意,而不抓住事物本身”。[73] 笛卡儿以类似的心境主张,三段论的用处“更多在于向别人解释已经知道的事物,而不是了解事物”。[74] 玻意耳喜欢“强调实验而不是三段论”,将“经院学者常常运用于自然哲学奥秘的那些精妙的辩证法”比作“魔术师的把戏”。[75] 英国皇家学会的第二任秘书罗伯特·胡克(1635 ~ 1702)虽然认为逻辑不无长处,但声称它对于“研究自然的运作”“完全不够用”。[76] 其他许多学者也对作为自然哲学证明基础的逻辑发动了革新者(novatores)的攻击。[77]

然而,并非所有新哲学家都拒绝使用逻辑。霍布斯嘲笑英国天主教哲学家托马斯·怀特(1593 ~ 1676)的断言:“哲学绝不能用逻辑来处理。”[78]霍布斯和皮埃尔·伽桑狄仍然把三段论当作其哲学体系的一部分。[79] 其他学者,比如霍布斯的劲敌,牛津大学萨维尔天文学教授塞思·沃德(1617 ~ 1689),为逻辑可用于“一切真理的探究”辩护,甚至声称可以把三段论运用于近来被数学化的“物理学”。[80] 但是在整个17世纪,自然哲学家致力于尝试确立提供证明的程序,以取代日益受到怀疑的亚里士多德逻辑的说法。[81] 在现代早期的科学哲学中,一些最有名的论著体现了这种探索:培根的《新工具》——其标题就昭示了取代亚里士多德《工具论》(*Organon*)的雄心——和笛卡儿的《方法谈》(*Discours de la méthode pour bien conduire sa raison et chercher la vérité dans les sciences*)等著作都强调它在“方法”著作传统中的地位。莱布尼茨耗费巨

153

[73] Francis Bacon,《新工具》,第35页(bk. 1, aphorism 13)。另见L. Jardine,《弗兰西斯·培根》(*Francis Bacon*),尤其是第84页～第85页,及L. Jardine,“导言”(Introduction),载于Bacon,《新工具》,第vii页～第xxviii页。

[74] René Descartes,《方法谈》(Discourse on the Method),John Cottingham、Robert Stoothoff和Dugald Murdoch译,载于3卷本《笛卡儿哲学著作》(*The Philosophical Writings of Descartes*, Cambridge: Cambridge University Press, 1985 - 91),第1卷,第111页～第151页,引文在第119页,翻译了Descartes,《方法谈》,第17页:“pour la Logique, ses syllogismes & la pluspart de ses autres instructions seruent plutost a expliquer a autruy les choses qu'on sçait.”另见Carr,《笛卡儿和修辞的弹性》,第41页～第42页。

[75] Robert Boyle,《怀疑的化学家》(*The Sceptical Chymist* [1661]),载于Boyle,《罗伯特·玻意耳著作》,第2卷,第205页～第378页,引文在第219页。另见Jan V. Golinski,《罗伯特·玻意耳:17世纪化学话语中的怀疑论和权威》(Robert Boyle: Scepticism and Authority in Seventeenth-Century Chemical Discourse),载于Benjamin等编,《比喻的和字面的:哲学和科学史中的语言问题(1630 ～ 1800)》,第58页～第82页,引文在第67页。

[76] Robert Hooke,《一个一般方案,或对自然哲学当今状况的想法》(A General Scheme, or Idea of the Present State of Natural Philosophy),载于Hooke,《遗著》(*Posthumous Works*, London: Samuel Smith and Benjamin Walford, 1705; facsimile repr. London: Frank Cass, 1971),Richard Waller编,第1页～第70页,引文在第6页。

[77] Charles Webster编,《塞缪尔·哈特立伯和学术的进展》(*Samuel Hartlib and the Advancement of Learning*, Cambridge: Cambridge University Press, 1970),第77页;John Webster,《大学考试》(*Academiarum examen*, London: Giles Calvert, 1654);摹本重印于Allen G. Debus,《17世纪的科学和教育:韦伯斯特-沃德争论》(*Science and Education in the Seventeenth Century: The Webster-Ward Debate*, London: Macdonald, 1970),第32页～第40页。Eusebius Renaudot编,《法国大师言论集》(*A General Collection of Discourses of the Virtuosi of France*, London: Thomas Dring and John Starkey, 1664),sig. §4r - v。

[78] Thomas Hobbes,《审视托马斯·怀特的〈论世界〉》(*Thomas White's "De Mundo" Examined*, Bradford: Bradford University Press, 1976),Harold Whitmore Jones译,第26页,第1章,第4节。

[79] Gassendi,《逻辑要义》;Thomas Hobbes,《论物体》(*De corpore*),载于Sir William Molesworth编,11卷本《托马斯·霍布斯的英文著作》(*The English Works of Thomas Hobbes*, London: Bohn, 1839),第1卷。

[80] [Seth Ward],《大学的定论》(*Vindiciae academiarum*, Oxford: Thomas Robinson, 1654);摹本重印于Debus,《17世纪的科学和教育:韦伯斯特-沃德争论》,第25页。

[81] 关于对这一现象的案例研究,参看Stephen Clucas,《寻找“真逻辑”:“培根式改革者”的方法论折中主义》(In Search of "the true logick": Methodological Eclecticism among the "Baconian Reformers"),载于Mark Greengrass、Michael Leslie和Timothy Raylor编,《塞缪尔·哈特立伯和大学改革:思想交流研究》(*Samuel Hartlib and Universal Reformation: Studies in Intellectual Communication*, Cambridge: Cambridge University Press, 1994),第51页～第74页。

大努力来创造一种“发明的技艺(art of invention)”,[82]胡克试图提出一个“总体方案,或关于自然哲学现状的观念”,能够拥有证明的确定性。[83]

对修辞的类似的攻击的意义很难评价。事实上,如何刻画修辞在现代早期自然哲学中的地位改变,这是一个非常棘手的问题,对此很难作出确切的概括。虽然修辞一直被认为在自然哲学的某些方面有合法的位置——尤其是在像献词和序言这样的附属品(parerga)中——但它在关于自然本身的论证中的合法性却普遍受到质疑。[84] 特别是修辞的文体(elocutio)技巧被禁止,其中最著名的是英国皇家学会的受教会雇用的作家托马斯·斯普拉特(1635～1713)在其《伦敦皇家学会史》(*The History of the Royal Society of London*,1667)中所说的话:“看到这些徒有其表的转义和比喻给我们的知识带来了这么多迷雾和不确定性,谁能不表示愤慨呢?”[85]这种对修辞手段的攻击得到了现代早期“语词与事物(res et verba)”二分的许可:隐喻、明喻和夸张等修辞手段完全属于“语词”领域。基于这个理由,说你在研究事物,而你的对手只不过是在专注于语词,是现代早期争论中更加老套的攻击手段之一。然而,这并不能削弱这种指责的力量。[86] 特别是实验自然哲学家,喜欢赋予事物一种(在他们看来)词语永远不可能拥有的提供证明的力量:根据巴黎皇家科学院(Paris Académie Royale des Sciences)秘书贝尔纳·勒博维耶·德·丰特内勒(1657～1757)的说法:“物理学能够秘密地缩短因修辞而变得无限的无数论证。”[87]

154

16世纪、17世纪自然知识的创新者从经院学者转移到私人和学会会员,可能导致

---

[82] 例如参看 Leibniz,《谈谈确定性方法和发明的技艺》(Disourse touchant la méthode de la certitude et l'art d'inventer);Louis Couturat,《莱布尼茨的逻辑学》(*La Logique de Leibniz*, Paris: Félix Alcan, 1901)。

[83] Hooke,《一个一般方案,或对自然哲学当今状况的想法》。关于胡克的科学哲学,参看 D. R. Oldroyd,《罗伯特·胡克的科学方法论:以其〈论地震〉为例》(Robert Hooke's Methodology of Science as Exemplified in his "Discourse of Earthquakes"),《英国科学史杂志》(*British Journal for the History of Science*),6(1972),第109页～第130页;Oldroyd,《被归于罗伯特·胡克的“哲学杂论”》(Some "Philosophical Scribbles" Attributed to Robert Hooke),《伦敦皇家学会的记录及档案》(*Notes and Records of the Royal Society of London*),35(1980),第17页～第32页;Olroyd,《罗伯特·胡克论科学研究的操作过程,附有他的“研究自然志之所需的讲演”》(Some Writings of Robert Hooke on Procedures for the Prosecution of Scientific Inquiry, Including his "Lectures of Things Requisite to a Natural History"),《伦敦皇家学会的记录及档案》,41(1987),第146页～第167页;Lotte Mulligan,《罗伯特·胡克和确定的知识》(Robert Hooke and Certain Knowledge),《17世纪》,7(1992),第151页～第169页。

[84] 参看 J. D. Moss,《天空的新事物:哥白尼争论中的修辞和科学》,第3页;亦可参看 Hobbes,《审视托马斯·怀特的〈论世界〉》第26页,第1章,第4节:“因此,哲学应该用逻辑来研究,因为哲学研究者的目的不是使人印象深刻,而是确定地认识。所以哲学并不关注修辞。”

[85] Thomas Sprat,《伦敦皇家学会史》(*The History of the Royal Society of London*, London: J. Martyn and J. Allestry, 1667; facsimile repr. London: Routledge and Kegan Paul, 1958),第112页。关于斯普拉特对皇家学会公认的“演说方式”的评论,参看 Vickers,《皇家学会和英国散文风格:一次重估》;Werner Hüllen,《风格和乌托邦:重新思考斯普拉特对平实风格的要求》(Style and Utopia: Sprat's Demand for a Plain Style, Reconsidered),载于 Hans Aarsleff、Louis G. Kelly 和 Hans-Josef Niederehe 编,《语言学史报告》(*Papers in the History of Linguistics*, Amsterdam: John Benjamins, 1987),第247页～第262页;Hüllen,《“他们的谈话方式”:反思皇家学会内的语言》(*"Their Manner of Discourse": Nachdenken über Sprache im Umkreis der Royal Society*, Tübingen: Narr, 1989)。

[86] Wilber Samuel Howell,《词语和事物》(*Res et verba*: Words and Things),《英语文学史杂志》(*ELH: A Journal of English Literary History*),13(1946),第131页～第142页;Ian Maclean and Eckhard Kessler 编,《文艺复兴时期的事物和语词》(*Res et Verba in der Renaissance*, Wiesbaden: Harrassowitz, 2002);Roger Hahn,《对一所科学机构的剖析:巴黎科学院(1666～1803)》(*The Anatomy of a Scientific Institution: The Paris Academy of Sciences, 1666 - 1803*, Berkeley: University of California Press, 1971),第7页。

[87] Bernard le Bouvier de Fontenelle,《关于古代人与现代人的闲话》(*Digression sur les Anciens et les Modernes* [1688], Oxford: Clarendon Press, 1955),Robert Shackleton 编,第164页。

修辞意义的兴起而不是衰落。这种情况就类似于,此前人文主义者在攻击经院学者时发现,优雅的和有说服力的语言拥有论战的力量。[88] 几乎所有用本国语写作的新自然哲学家都很熟悉经院哲学的教科书和其他产物,但他们越来越拒斥它们的语言——拉丁语——以及更为程式化的表达习惯。也许现代早期的证明与说服技巧中最重要的改变是由另外两种并行的自然研究发展所带来的。第一种是将对连续量和非连续量的考虑——数学中的几何和算术——纳入自然研究;第二种是对经验如何有助于认识自然进行重构,即把实验纳入自然哲学。[89]

数 学 传 统

正如前面亚里士多德《尼各马科伦理学》的引文所表明的,数学,特别是几何学,在证明的确定性方面有特权地位。该确定性的本性是一个有争议的问题。在《论数学的确定性》(*Commentarium de certitudine mathematicarum*,1547)中,意大利哲学家亚历山德罗·皮科洛米尼(1508～1579)主张,数学的确定性并不是因为它的证明符合亚里士多德关于科学(scientia)的标准。[90] 有几位学者,特别是耶稣会士贝尼托·佩雷拉(1535～1610),发展了这一观点。他们认为,数学证明并不是最强的证明(demonstrationes potissimae),因为它们并未通过亚里士多德逻辑的四因来提供解释。[91] 对数学证明地位的挑战并非没有应对。另外两名耶稣会数学家,克里斯托夫·克拉维乌斯(1538～1612)和克里斯托夫·沙伊纳(1573～1650),重申了数学的科学地位,因为它是通过"公理、定义、公设和假定"来证明结论的。[92] (在1608年的《代数》[*Algebra*]中,克拉维乌斯甚至试图用三段论术语来描述数学。)这些论证被梅森继续了下去。[93] 意大利数学家弗朗切斯科·巴罗齐(1537～1604)和朱塞佩·比安卡尼(1566～1624),英国数学家艾萨克·巴罗(1630～1677)和约翰·沃利斯(1616～1703),也捍卫了数学是一门因果科学的说法。当巴罗著名的《数学讲演》(*Lectiones mathematicae*,1665)出版时,对数学确定性最紧迫的挑战已不再被认为来自像佩雷拉

155

---

[88] 例如参看 Rummel,《文艺复兴和宗教改革时期的人文主义 - 经院哲学争论》,尤其是第41页。

[89] 现代早期自然哲学中这两个传统的意义在下文中得到了强化,深具影响力,Thomas Kuhn,《物理科学发展中的数学传统和实验传统》(Mathematical versus Experimental Traditions in the Development of Physical Science),《跨学科历史杂志》(*Journal of Interdisciplinary History*),7(1976),第1页～第31页。

[90] N. Jardine,《诸学科的认识论》,第697页。

[91] Benito Pereira,《自然与情感所共有的原则》(*De communibus omnium rerum naturalium principiis et affectionibus libri quindecem*, Rome, 1576),第24页;Paolo Mancosu,《17世纪的数学哲学和数学实践》(*Philosophy of Mathematics and Mathematical Practice in the Seventeenth Century*, Oxford: Oxford University Press, 1996),尤其是第13页;Alistair Crombie,《16世纪意大利大学和耶稣会教育政策中的数学和柏拉图主义》(Mathematics and Platonism in the Sixteenth-Century Italian Universities and in Jesuit Educational Policy),载于Y. Maeyama和W. G. Saltzer编,《棱镜,科学史研究》(*Prismata, Naturwissenschaftsgeschichtliche Studien*, Wiesbaden: Franz Steiner Verlag, 1977),第63页～第94页,引文在第67页。

[92] Dear,《学科与经验:科学革命的数学方法》,第41页,引用了Christoph Scheiner,《数学调查》(*Disquisitiones mathematicae*, 1614)。

[93] Peter Dear,《梅森与学校学习》,第72页。

这样的学者,而是来自法国自然哲学家皮埃尔·伽桑狄(1592～1655)。在《反亚里士多德的悖论练习》(*Exercitationes paradoxicae adversos Aristoteleos*,去世后出版于1658年)的第二部分中,伽桑狄提出,所有科学,包括数学在内,都不能说提供了亚里士多德所谓的因果知识。[94]

然而,在自然哲学家看来,对数学地位的怀疑的重要性不及这样的问题,即是否把量纳入迄今为止仍然是定性的自然研究以及如何纳入。在17世纪,人们越来越普遍认为,自然在结构上是数学的,这一看法使从伽利略到牛顿的自然哲学家进一步认为,最可靠的自然证明形式就是数学证明。在16世纪的大多数时间里,伽利略帮助在自然哲学中合法化的数学传统是一种工匠传统,它的实践者把机械知识运用于建筑、防御工事、航海和机械制造中(参看第26章、第27章)。把"混合数学(mixed mathematics)"纳入自然哲学带来了这样一种看法,即宇宙在因果性上是决定论的。适当的严格证明可以揭示这种决定论。[95]

156

在很大程度上是因为成功地纳入了数学,更加机械论的自然哲学形式在17世纪之后仍然存在,它们关于确定性的断言并没有改变。不过,该确定性的本性不再用亚里士多德的方式来表达。事实上,几何学作为唯一真正的证明性科学的威望在这一时期增长起来,确切地说,从彼得罗·卡泰纳的《关于方法观念的演说》(*Oratio pro idea methodi*,1563)和彼得吕斯·拉米斯的《数学导论》(*Proemium mathematicum*,1567)到17世纪哲学家努力把它的方法拓展到几何学领域之外。霍布斯称几何学为"上帝迄今乐意赐予人类的唯一一门科学"。[96] 在《几何学精神与说服的技艺》(De l'Esprit géometrique et de l'art de persuader)中,布莱兹·帕斯卡(1623～1662)说,几何学"几乎是唯一一门能够提供无误证明的人类科学",因为它定义了它的所有术语,证明了它的

---

[94] Paolo Mancosu,《亚里士多德逻辑和欧几里得数学:〈关于数学确定性的问题〉在17世纪的发展》(Aristotelian Logic and Euclidean Mathematics: Seventeenth-Century Developments of the *Quaestio de certitudine mathematicarum*),《科学史和科学哲学研究》,23(1992),第241页～第265页。关于伽桑狄对亚里士多德主义的攻击,参看 Barry Brundell,《皮埃尔·伽桑狄:从亚里士多德主义到一种新自然哲学》(*Pierre Gassendi: From Aristotelianism to a New Natural Philosophy*, Synthèse Historical Library: Texts and Studies in the History of Logic and Philosophy, 30, Dordrecht: Reidel, 1987)。亦可参看 Wolfgang Detel,《关于事物隐秘本性的知识:伽桑狄物理学的方法论研究》(*Scientia rerum natura occultarum: Methodologische Studien zur Physik Pierre Gassendis*, Quellen und Studien zur Philosophie, 14, Berlin: Walter de Gruyter, 1978);Lynn Sumida Joy,《原子论者伽桑狄:科学时代的历史辩护者》(*Gassendi the Atomist: Advocate of History in an Age of Science*, Cambridge: Cambridge University Press, 1988);Margaret J. Osler,《神的意志和机械论哲学:伽桑狄和笛卡儿论受造世界的偶然性和必然性》(*Divine Will and the Mechanical Philosophy: Gassendi and Descartes on Contingency and Necessity in the Created World*, Cambridge: Cambridge University Press, 1994)。

[95] Lorraine Daston,《没有偶然的机会学说:17世纪的决定论、数学或然性和量化》(The Doctrine of Chances without Chance: Determinism, Mathematical Probability, and Quantification in the Seventeenth Century),载于 Mary Jo Nye、Joan L. Richards 和 Roger H. Stuewer 编,《物理科学的发明:17世纪以来数学、神学和自然哲学的交汇——埃尔温·N. 希伯特纪念文集》(*The Invention of Physical Science: Intersections of Mathematics, Theology and Natural Philosophy Since the Seventeenth Century: Essays in Honor of Erwin N. Hiebert*, Boston Studies in the Philosophy of Science, 139, Dordrecht: Kluwer, 1992),第27页～第50页,尤其是第34页和第47页。

[96] Thomas Hobbes,《利维坦》(*Leviathan* [1651], rev. ed,. Cambridge: Cambridge University Press, 1996),Richard Tuck 编,第4章,第28页。

所有命题。[97] 几何学,更具体地说是其公理化方法,也被广泛作为人文科学的典范。格劳秀斯在早期著作《论战利品法》(*De iure praedae*,1604～1605)中的自然法理论以及霍布斯的自然法理论,也受到准几何证明的强烈影响。[98] 最著名的也许是,贝内迪克特(巴吕赫)·德·斯宾诺莎(1632～1677)的《伦理学》(*Ethics*,1675年完成)也是"以几何学方式证明的"。[99]

157

实验

自然哲学对证明与说服技巧产生决定性影响的第二个主要发展是实验(参看第4章)。在17世纪,自然哲学家越来越诉诸特定实验的结果,而不像以前那样诉诸关于"在全部或大部分时间里"发生的事情的哲学共识。这种新的实验概念有几个后果。首先,三段论形式的论证不再受到青睐。其次,实验报告往往采取"历史的"或叙事的形式,从而使其读者成为"虚拟见证"。[100] 此外,出于一些我将要解释的理由,实验报告也远比以前更诉诸实际证人,强调他们的技巧、社会地位或哲学声誉。

新的悖论性的"实验自然哲学"在17世纪下半叶变得突出起来。但这并不意味着它获得了普遍赞同,关于其发现的争论是一个宝贵的机会,可以使我们看到它关于证明的主张以及说服能力。关于实验在自然哲学中的功能,最有名的争论发生在17世纪60年代的玻意耳与霍布斯之间。霍布斯基于若干理由挑战实验者关于证明的主张。他指出,公众并没有看到他们的会面以及努力证明的事实。他进而否认实验家所描述的现象在任何情况下都可以算作哲学的,因为它们既不是由原因证明出结果,也不是由结果推出原因。在霍布斯看来,观察或实验并没有证明现象,而只是说明了业已通过严格的哲学程序而达成的结论。[101] 斯宾诺莎也质疑玻意耳的结论。他认为,由于玻意耳在其《一些自然学随笔》(*Certain Physiological Essays*,1661)中试图表明所有触觉的性质都依赖机械状态时"并没有提出数学证明",所以"没有必要查究它们是否

---

[97] Blaise Pascal,《几何学精神与说服的技艺》(De l'esprit géometrique et de l'art de persuader),载于 L. Lafuma 编,《帕斯卡全集》(*Oeuvres complètes*, Paris: Éditions du Seuil, 1963),第348页～第356页,引文在第349页:"几乎是唯一一门能够提供无误证明的人类科学,因为它只遵守正确的方法,而所有其他科学都自然会有某种混乱。"

[98] Wolfgang Röd,《几何学的精神和自然法:17世纪、18世纪国家哲学的方法史研究》(*Geometrischer Geist und Naturrecht: Methodengeschichtliche Untersuchungen zur Staatsophilosophie im 17. und 18. Jahrhundert*, Munich: Verlag der Bayerischen Akademie der Wissenschaften, 1970);Ben Vermeulen,《西蒙·斯台文和〈论战利品法〉中的几何方法》(Simon Stevin and the Geometrical method in *De jure praedae*),《格劳秀斯研究》(*Grotiana*), n. s. 4 (1983),第63页～第66页;Tuck,《自然法的"现代"理论》(The "Modern" Theory of Natural Law)。

[99] 斯宾诺莎的《以几何方法证明的伦理学》(*Ethica ordine geometrico demonstrata*)首版于他的《遗著》(*Opera posthuma*, [Amsterdam?], 1677)。

[100] Shapin 和 Schaffer,《利维坦与空气泵:霍布斯、玻意耳与实验生活》,第60页～第65页。亦可参看 Golinski,《罗伯特·玻意耳:17世纪化学话语中的怀疑论和权威》,尤其是第68页。

[101] Shapin 和 Schaffer,《利维坦与空气泵:霍布斯、玻意耳与实验生活》,第111页～第154页。

完全令人信服”。[102]

158 于是,17世纪自然哲学不断变化的观念,特别是实验主义,带来了新的证明形式。也许这些新的形式中最重要的是事实。“事实(fait, Tatsache)”概念是现代早期自然科学与人文科学之间最重要的概念联系。[103] 事实源于法律话语,特别是源于事实问题(de facto)与法律问题(de jure)的区分。“事实”的词根是“行为”(拉丁语为factum),在早期的用法中,这个词甚至在法律以外的领域也保留了“事件”或“行动”的暗示。事实在自然科学中变得突出,似乎与自然志被赋予越来越多的方法论重要性同时发生。“事实(Matter of fact)”本来是历史和法律关注的东西,这些学科把凭借意志的人的活动当作研究对象。[104] 然而渐渐地,此前完全意指人的活动的一个词开始被用于自然事件和自然考察的对象。

培根强调自然志是此后任何理论说明所必需的基础,在这个过程中无疑很重要。培根的著作对英国产生了很大影响,在低地国家以及18世纪初启蒙运动的法国也很有影响。[105] 在这方面,培根受过律师的职业训练,并且在一生中的大部分时间里都做律师这个行当,也许并不是偶然的。[106] 尽管如此,在他对如何探索世界的持续的理论说明——拉丁语论著《新工具》中,培根写作时更多是用典型的16世纪术语“事物本身(res ipsae)”而不是用“事实”。[107] 在这方面,事实的兴起或许也与以下事实有关:17世纪越来越倾向于用本国语来写作自然哲学,从而避免了对经院拉丁语所造就的哲学

159

[102] 斯宾诺莎致奥尔登堡的信,1662年4月,载于A. Rupert Hall和Marie Boas Hall编,13卷本《亨利·奥尔登堡的通信》(*The Correspondence of Henry Oldenburg*, Madison/London: University of Wisconsin Press/Mansell/Taylor and Francis, 1965 - 86),第1卷,第452页~第453页(text),第462页(translation)。另见Shapin和Schaffer,《利维坦与空气泵:霍布斯、玻意耳与实验生活》,第253页;Golinski,《罗伯特·玻意耳:17世纪化学话语中的怀疑论和权威》,第75页。斯宾诺莎对玻意耳以下说法也有类似评论:“如果无法通过化学实验来确证,那么很难相信,[物体]的微小部分能够在多大程度上有利于它们被轻易地发动起来,并保持于其中。”参看Robert Boyle,《一些自然学随笔》(*Certain Physiological Essays* [1661, 1669]),载于Boyle,《罗伯特·玻意耳著作》,第2卷,第3页~第203页,引文在第122页。“我们永远无法通过化学实验或其他实验来证明这一点,”他写信给奥尔登堡,“而只能通过理性和计算。”(nunquam chymicis neque aliis experimentis, nisi mera ratione et calculo aliquis id comprobare poterit.)斯宾诺莎致奥尔登堡的信,1662年4月,载于Oldenburg,《亨利·奥尔登堡的通信》,第1卷,第454页(text),第463页(translation)。

[103] 关于英格兰的情形,参看Barbara J. Shapiro,《事实文化:英格兰(1550~1720)》(*A Culture of Fact: England, 1550 - 1720*, Ithaca, N. Y.: Cornell University Press, 2000)。

[104] Lorraine Daston,《启蒙运动中的奇特的事实、一般事实和科学经验的质地》(Strange Facts, Plain Facts, and the Texture of Scientific Experience in the Enlightenment),载于Suzanne Marchand和Elizabeth Lunbeck编,《证明和说服:权威、客观性和证据文集》(*Proof and Persuasion: Essays on Authority, Objectivity, and Evidence*, Turnhout: Brepols, 1996),第42页~第59页。

[105] 关于对培根著作的接受,参看Antonio Pérez-Ramos,《弗兰西斯·培根的科学理念和制造商的知识传统》(*Francis Bacon's Idea of Science and the Maker's Knowledge Tradition*, Oxford: Clarendon Press, 1988),第7页~第31页;Pérez-Ramos,《培根的遗产》(Bacon's Legacy),载于Markku Peltonen编,《培根剑桥指南》(*The Cambridge Companion to Bacon*, Cambridge: Cambridge University Press, 1996),第311页~第334页;Alberto Elena,《17世纪荷兰的培根主义》(Baconianism in the Seventeenth-Century Netherlands: A Preliminary Survey),《信使》(*Nuncius*),6(1991),第33页~第47页;Michel Malherbe,《培根,〈百科全书〉与革命》(Bacon, l'*Encyclopédie* et la Révolution),《哲学研究》(*Les études philosophiques*),3(1985),第387页~第404页;H. Dieckmann,《弗兰西斯·培根对狄德罗〈自然诠释〉的影响》(The Influence of Francis Bacon on Diderot's *Interprétation de la nature*),《罗马评论》(*Romanic Review*),24(1943),第303页~第330页。

[106] Julian Martin,《弗兰西斯·培根、国家和自然哲学的变革》(*Francis Bacon, the State and the Reform of Natural Philosophy*, Cambridge: Cambridge University Press, 1992)。

[107] Daston,《启蒙运动中的奇特的事实、一般事实和科学经验的质地》,第42页~第43页和注释3。

术语和论证的预期。[108]

这种新的"事实"话语最重要的方面之一是，它与我们讨论过的经院哲学关于证明与说服的典型看法相冲突。对事实的实验报告是关于具有特定时空的特殊事物的，因此不具有普遍性。因此，"事实"不属于逻辑证明的范围，因为它们缺乏亚里士多德传统中对此所需的普遍性标准。在16世纪末最重要的方法（methodus）理论家雅各布·扎巴瑞拉看来，它所包含的历史与事实是与哲学知识（scientia）不相容的："历史仅仅是对过去行为的叙述，缺乏一切技巧——也许除了雄辩。"[109]那么从这个角度来看，或者从它之后的一些更为严格的哲学来看，"事实"的地位很低，因为将它们纳入普遍的因果证明并不很容易。[110] 然而，17世纪许多新的实验自然哲学家发现，这种用本国语来逃避经院哲学的拉丁语方法论假设很有利，他们的继任者很快就认为新的语言是理所当然的。对于像玻意耳那样热衷于诋毁亚里士多德主义自然哲学的实验学者而言，自然"事实"提供了一种宝贵的论证同盟。它们为之提供了一种虚拟见证的新的"文学技术"：事实使玻意耳能够验证实验，并且在实验报告中劝诱别人相信。[111]

在自然哲学新的"历史"传统与亚里士多德对该学科的思想遗产之间的分裂有助于解释，17世纪50年代和60年代英国报告的与特定环境有关的、历史的和个人的实验，为什么不同于其他一些用更普遍的术语报道经验的实验者（比如帕斯卡）的实验。[112] 这些差异也应该提醒我们注意到用不同语言获得的不同事实概念：17世纪60年代和70年代的英语的"facts"似乎在哲学上要比同一时期法语的"faits"更确信无疑。[113] 事实话语提供了一种新的方式来谈论自然的奇迹、反常和怪物，这些东西吸引了17世纪末《哲学汇刊》（*Philosophical Transactions*）或《学者杂志》（*Journal des sçavants*）众多作者的注意力。现代早期的事实并非对现象的透明表述，而是构成了通

160

---

[108] 关于这一点，亦可参看 Geoffrey Cantor，《实验的修辞》（The Rhetoric of Experiment），载于 David Gooding、Trevor Pinch 和 Simon Schaffer 编，《实验的使用：自然科学研究》（*The Uses of Experiment: Studies in the Natural Sciences*, Cambridge: Cambridge University Press, 1989），第159页～第180页，引文在第170页。

[109] Jacopo Zabarella，《论逻辑的本性》（De natura logica），载于《逻辑学著作》（*Opera logica*, Basel: Conrad Waldkirchius, 1594），col. 100（bk. 2, chap. 24）："At Historia [...] est nuda gestorum narratio, quae omni artificio caret, praeterque fortasse elocutionis."另见 Anthony Grafton，《与经典著作的交流：古代书籍和文艺复兴时期的读者》（*Commerce with the Classics: Ancient Books and Renaissance Readers*, Jerome Lectures, 20, Ann Arbor: University of Michigan Press, 1997），第13页和注释16。关于扎巴瑞拉对"技艺"的说明，参看 Heikki Mikkeli，《对文艺复兴时期人文主义的一种亚里士多德主义回应：雅各布·扎巴瑞拉论技艺和科学的本性》（*An Aristotelian Response to Renaissance Humanism: Jacopo Zabarella on the Nature of Arts and Sciences*, Societas Historica Finlandiae Studia Historica, 41, Helsinki: SHS, 1992），尤其是第29页和第107页～第110页。

[110] Daston，《启蒙运动中的奇特的事实、一般事实和科学经验的质地》，第45页，引用了 Jean Domat，3卷本《民法及其自然秩序》（*Les Loix civiles dans leur ordre naturel*, 2nd ed., Paris: Jean Baptiste Coignard, 1691 - 97），第2卷，第346页～第347页。亦可参看 Lorraine Daston，《培根主义的事实、学术修养与客观性前史》（Baconian Facts, Academic Civility, and the Prehistory of Objectivity），《学术年鉴》（*Annals of Scholarship*），8（1991），第337页～第363页，引文在第345页。

[111] Steven Shapin，《空气泵和环境：罗伯特·玻意耳的文学技艺》（Pump and Circumstance: Robert Boyle's Literary Technology），《科学的社会研究》，14（1984），第481页～第520页；Shapin 和 Schaffer，《利维坦与空气泵：霍布斯、玻意耳与实验生活》，第60页。

[112] Peter Dear，《17世纪早期的耶稣会数学科学和经验重构》（Jesuit Mathematical Science and the Reconstitution of Experience in the Early Seventeenth Century），《科学史和科学哲学研究》，18（1987），第133页～第175页。

[113] Shapin 和 Schaffer，《利维坦与空气泵：霍布斯、玻意耳与实验生活》，尤其是第22页～第26页和第315页～第316页；Daston，《启蒙运动中的奇特的事实、一般事实和科学经验的质地》，尤其是第46页。

过语词来阐明的特殊的经验形式。法国皇家科学院《议事录》(*Mémoires*)中的 fait 并不单纯是一种现象(phénomène)或观察(observation)。尽管如此,17 世纪末的自然哲学家之所以会褒扬事实,是因为他们认为事实提供了一种展示经验的方式,而不必屈从于一个预先存在的解释框架。现代学者认为这种主张在哲学上是可疑的,当时也不乏批判者。[114]

把"事实"纳入自然哲学表明,这门学科的证明标准发生了根本变化。[115] 在经院哲学术语中,事实之所以无法提供"形而上学的确定性"或"数学确定性"(scientia),是因为它们是特殊的,而不是普遍的。严格说来,它们甚至不属于带有相应"物理确定性"的意见(opinio)领域。取而代之,由于事实依赖证词,它们属于信念(fides)领域,因此只拥有"盖然确定性(moral certainty)"。[116] 这种确定性的等级结构解释了为什么笛卡儿要在其《哲学原理》(*Principia philosophiae*,1644)的最后尽力去断言,他的解释拥有的不只是盖然确定性,并提醒他的读者,"有一些甚至与自然中的事物有关的事情,我们认为是绝对确定的,而不只是盖然确定"。[117] 这些在不同确定性程度之间所作的经院区分,根据其本身的性质,是以不同学科中存在着不同的提供证明的标准为前提的。161 但是,由于这个原因,它们有助于说明 17 世纪自然哲学中最重要的发展之一:将源于人文科学的证明形式纳入自然研究中。

"事实"提升的哲学地位引发了自然哲学中证明与说服观念的另一个决定性的变化,即从哲学上恢复了人的证词的作用。正是由于其独特性、特殊性和历史情境,事实才依赖于人的证词报告。这深刻地挑战了对提供证明的传统说明。迄今为止,证词论证在科学的论证设备中一直被视为一种弱武器。证词在很大程度上被等同于用权威进行论证。然而,在证明性科学领域,用权威进行论证是根本没有地位的,因为所寻求的并不是权威的观点,更不是"事实",而是关于事物本身的因果知识。甚至在辩证法的或然推理中,用权威进行论证也被认为是最后的,甚至是地位最低的"论题",最适合于确证业已达成的结论。用权威进行论证被认为主要对说服有用,而不是对证明有用;此外,较之在自然科学中,它被认为在道德和政治科学中有更大的作用。[118]

---

[114] Daston,《培根式事实、学院礼仪和客观性前史》,第 342 页,第 346 页,第 347 页和第 355 页;Lorraine Daston 和 Katharine Park,《奇事与自然秩序(1150 ~ 1750)》(*Wonders and the Order of Nature, 1150 - 1750*, New York: Zone Books, 1998),第 231 页~第 240 页;Daston,《启蒙运动中的奇特的事实、一般事实和科学经验的质地》,第 47 页;Descartes,《方法谈》,第 73 页。

[115] Daston,《培根式事实、学院礼仪和客观性前史》,第 346 页。

[116] 关于"盖然确定性"的概念,参看 Dear,《17 世纪从真理到漠不关心》;Barbara J. Shapiro,《17 世纪英格兰的或然性和确定性:自然科学、宗教、历史、法律和文学的关系研究》(*Probability and Certainty in Seventeenth-Century England: A Study of the Relationships between Natural Science, Religion, History, Law, and Literature*, Princeton, N. J.: Princeton University Press, 1983),第 31 页~第 33 页。

[117] René Descartes,《哲学原理》(*Principia philosophiae*),载于《笛卡儿全集》,第 8 卷,328 (4. 206):"Praeterea quaedam sunt, etiam in rebus naturalibus, quae absolute ac plusquam moraliter certa existimamus."译文来自 René Descartes,《哲学原理》(*Principles of Philosophy* [1644]),John Cottingham、Robert Stoothoff 和 Dugald Murdoch 译,载于《笛卡儿哲学著作》(*Philosophical Writings of Descartes*),第 1 卷,第 177 页~第 291 页,引文在第 290 页。

[118] R. W. Serjeantson,《现代早期英格兰的证词和证据》(Testimony and Proof in Early-Modern England),《科学史和科学哲学研究》,30(1999),第 195 页~第 236 页。

然而,对“事实”的新的强调改变了这一切。自然志和实验中必须用到人的证词,这迫使人们对其地位不断进行重新评价。在法庭上,证词是一种重要的证明形式,自然哲学家开始越来越多地利用法律方面的理论和实践。[119]（也正是在这一时期,法庭上出现了专家证人。）[120] 17 世纪的“新哲学”往往自称最终抛弃了自然探索中的权威原则。它把 16 世纪更加传统的自然哲学描绘成奴性地服从权威,而这是培根和笛卡儿等革新者拒不接受的。但无论在理论上还是实践上,这种描绘都是错误的,因为至少在更注重自然和历史的自然哲学中,17 世纪的发展在很大程度上是沿着相反的方向进行的。在 16 世纪、17 世纪,对人的证词的信任不是变小了,而是变大了。[121] 162

概率与确定性

从 17 世纪中叶起,数学与“事实”联合起来,为现代早期的证明与说服技能增加了一个全新的要素:数学概率。新的概率论者开始从理论上表述,如何能够从自然世界与道德世界的后验知识生成对未来事件的先验预期。[122] 16 世纪的一批自然研究者已经专注于预测未来事件。占星家利用算命天宫图和星辰的影响力来预测人的寿命和政治或社会成就。医学占星家把这些技术用于健康和疾病问题,有学识的医生用希波克拉底对疾病过程和症状的看法来预测病情。[123] 然而,数学概率论更多被认为起源于机会游戏(games of chance)中的预期收益问题。意大利医生和博学者吉罗拉莫·卡尔达诺(1501 ～ 1576)在《论骰子游戏》(*Liber de ludo aleae*)中提供了一些暗示。这本书大约于 1520 年写成,但直到 1663 年才出版。他成功地计算出了赔率,但没能成功地找到一种计算方式,能够适用于任何单次投掷,而不是投掷的平均趋势;在他的论述

---

[119] Barbara J. Shapiro,《“事实”概念:法律起源和文化传播》(The Concept “Fact”: Legal Origins and Cultural Diffusion),《英国》(*Albion*),26(1994),第 227 页～第 252 页。

[120] Catherine Crawford,《医学的合法化:现代早期的法律体系和医学 - 法律知识的发展》(Legalizing Medicine: Early Modern Legal Systems and the Growth of Medico-Legal Knowledge),载于 Catherine Crawford 和 Michael Clark 编,《历史上的法律医学》(*Legal Medicine in History*, Cambridge: Cambridge University Press, 1994),第 89 页～第 116 页;Carol A. G. Jones,《专家证人:科学、医学和法律实践》(*Expert Witnesses: Science, Medicine, and the Practice of Law*, Oxford: Clarendon Press, 1994),尤其是第 17 页～第 34 页;Nancy Struever,《利奥纳尔多·迪卡波阿的〈遵循〉(1681):关于亚里士多德应用于医学的法律观点》(Lionardo Di Capoa's *Parere* [1681]: A Legal Opinion on the Use of Aristotle in Medicine),载于 Sachiko Kusukawa 和 Constance Blackwell 编,《16 世纪、17 世纪的哲学:与亚里士多德对话》(*Philosophy in the Sixteenth and Seventeenth Centuries: Conversations with Aristotle*, Aldershot: Ashgate, 1999),第 322 页～第 336 页;Stephen Landsman,《百年公正:伦敦刑事法庭的医学证据(1717 ～ 1817)》(One Hundred Years of Rectitude: Medical Witnesses at the Old Bailey, 1717 - 1817),《法律和历史评论》(*Law and History Review*),16(1986),第 445 页～第 495 页;Robert Kargon,《历史视角下的专家证词》(Expert Testimony in Historical Perspective),《法律和人类行为》(*Law and Human Behaviour*),10(1986),第 15 页～第 20 页。

[121] Steven Shapin,《真理的社会史:17 世纪英格兰的修养与科学》(*A Social History of Truth: Civility and Science in Seventeenth-Century England*, Chicago: University of Chicago Press, 1994)。

[122] Antoine Arnauld 和 Pierre Nicole,《思考的逻辑或艺术》(*La logique ou l'art de penser* [1662 - 83], 2nd ed., Paris: J. Vrin, 1981),Pierre Clair 和 François Girbal 编,第 351 页～第 354 页(pt. IV, chap. 16)。亦可参看 Ian Hacking,《或然性的出现:或然性、归纳法和统计推理的早期观念研究》(*The Emergence of Probability: A Philosophical Study of Early Ideas about Probability, Induction, and Statistical Inference*, Cambridge: Cambridge University Press, 1975),第 73 页～第 101 页;Daniel Garber 和 Sandy Zabell,《论或然性的出现》(On the Emergence of Probability),《精密科学史档案》,21(1979),第 33 页～第 53 页。

[123] Maclean,《文艺复兴时期法律和医学中的证据、逻辑、规则和例外》,第 250 页～第 251 页。

中,运气是反复无常的。[124] 关于中断的机会游戏中公平收益的类似问题促使帕斯卡、皮埃尔·德·费马(1601 ～ 1665)和荷兰自然哲学家克里斯蒂安·惠更斯(1629 ～ 1695)对数学概率作了最早的计算。[125] 正如我们已经看到的,研究逻辑、灵魂以及——在 17 世纪越来越多——历史知识理论的学者都很关注确定性的程度。[126] 正是在后一领域,也许可以将确定性进行量化(而不是仅仅定性地说明它)这一新的观念得到了最热情的应用。在《王港逻辑》(*Logique de Port-Royal*,1662)中,安托万·阿尔诺(1612 ～ 1694)和皮埃尔·尼科尔(1625 ～ 1695)把新生的统计技巧应用于教会史上非常有争议的问题——君士坦丁大帝是否已经在罗马受洗——以及有着错误订约日期的(假想)情形中。[127] 新的数学概率极大地推动了 17 世纪这种越来越明显的倾向,即允许不确定性进入哲学。然而,以数学家雅各布·伯努利(1655 ～ 1705)的著作为顶峰的 17 世纪末的数学概率论和哲学概率论却是决定论的。[128] 它并不度量偶然性,而是度量人的不确定性。亚里士多德对"我们更好地了解的事物"和"自然更好地了解的事物"之间的区分变成了这样一种说明,它把概率计算看成一种接近自然界中事件的"客观确定性"的方式。[129]

163

于是,与在 19 世纪的影响相比,数学概率在 17 世纪对理解自然界的影响比较微弱。[130] 然而,其更广泛的思想冲击更为重要。新概率论被迅速应用到了各种不同领域。[131] 像英国数学家约翰·克雷格(1662 ～ 1731)的《基督教神学的数学原理》(*Theologiae Christianae principia mathematica*,1699)这样的论著证明,人们普遍希望将作为一种说服方法的新自然哲学的证明形式运用于远离它的领域——就克雷格的情况而言,是指为基督再临的必然期限作出辩护。[132] 人们希望,数学概率能够允许对证人

---

[124] Daston,《没有偶然的机会学说:17 世纪的决定论、数学或然性和量化》,第 38 页～第 40 页。亦可参看 Hacking,《或然性的出现:或然性、归纳法和统计推理的早期观念研究》,第 54 页～第 56 页。

[125] Pascal,《帕斯卡全集》,第 46 页～第 49 页;Christiaan Huygens,《论掷骰子游戏的性质》(*De ratione in ludo aleae* [1657])。另见 Hacking,《或然性的出现:或然性、归纳法和统计推理的早期观念研究》,第 57 页～第 62 页;Daston,《或然性和证据》,第 1124 页～第 1125 页。

[126] Carlo Borghero,《确定性和历史:笛卡儿主义、皮浪主义与历史知识》(*La certezza e la storia: Cartesianismo, pirronismo e conoscenza storica*, Milan: F. Angeli, 1983);Markus Völkel,《"历史皮浪主义"与"历史信仰":来自历史怀疑论观点的德国历史方法论的发展》(*"Pyrrhonismus historicus" und "fides historica": Die Entwicklung der deutschen historischen Methodologie unter dem Gesichtspunkt der historischen Skepsis*, Europäische Hochschulschriften, Reihe 3: Geschichte und ihre Hilfswissenschaften, 313, Frankfurt am Main: Peter Lang, 1987)。

[127] Antoine Arnauld 和 Pierre Nicole,《思考的逻辑或艺术》([1662], 2nd ed., Paris: J. Vrin, 1981),Pierre Clair 和 François Girbal 编,第 340 页～第 341 页,第 348 页～第 349 页。

[128] Daston,《或然性和证据》,尤其是第 1137 页～第 1138 页。

[129] Daston,《没有偶然的机会学说:17 世纪的决定论、数学或然性和量化》,第 28 页～第 29 页。

[130] Ian Hacking,《驯服偶然》(*The Taming of Chance*, Cambridge: Cambridge University Press, 1990)。

[131] Lorraine Daston,《启蒙运动中的经典概率》(*Classical Probability in the Enlightenment*, Princeton, N. J.: Princeton University Press, 1988)。

[132] Richard Nash,《约翰·克雷格的基督教数学原理》(*John Craige's Mathematical Principles of Christianity*, Carbondale: Southern Illinois University Press, 1991)。

的证词以及死亡率进行量化。[133]

于是,或然性知识在 17 世纪被彻底重新评价。[134] 然而,如果认为对自然界确定性的追求被完全放弃,那将是错误的。在整个 17 世纪,在包括自然哲学在内的所有形式的哲学中,对严格证明的愿望仍然很强烈。数学,尤其是欧几里得几何分析,日益成为严格确定性的典范。“混合数学”在自然哲学中的成功有助于解释,为什么莱布尼茨在 1685 年写道:“正是我们这个世纪才大规模地从事证明。”莱布尼茨引用了各类学者的话,无论是“打破坚冰”的伽利略,还是阿尔特多夫(Altdorf)的数学家阿布迪亚斯·特鲁(1597～1669),后者“将亚里士多德《物理学》(*Physics*)的八卷书归结为证明形式”。[135] 到了 17 世纪末,特别是因为牛顿的《自然哲学的数学原理》(*Philosophiae naturalis principia mathematica*,1687)迅速获得了权威地位,说自然哲学背后的原理是数学的,已经成为老生常谈。这种思想霸权有时会受到非议,英国随笔作家塞缪尔·帕克在 1700 年指出,“数和量的领域”无疑“非常大”,但他继而尖锐地问道:“因此它们就必须吞噬所有关系和属性吗?”[136]尽管有这些受自然和历史启发的怀疑,数的提供证明的效力越来越被认为优于——用政治算术家威廉·佩蒂(1623～1687)的话说——“只是用比较级和最高级的语词,以及思想上的论证”进行说服。[137] 语词的价值是不确定的,太容易被操纵;但人人都知道数是什么意思。[138] 到了 1700 年,文艺复兴时期对语词论证技艺的迷恋行将落幕。

164

[133] [George Hooper],《关于人类证词可信性的计算》(A Calculation of the Credibility of Human Testimony),《伦敦皇家学会哲学汇刊》(*Philosophical Transactions of the Royal Society of London*),21(1699),第 359 页～第 365 页;Jakob Bernoulli,《推测的艺术》(*Ars conjectandi* [1713]),载于 B. L. van der Waerden 编,3 卷本《作品集》(*Werke*, Basel: Birkhäuser, 1969 - 75),第 3 卷,第 107 页～第 259 页,尤其是第 241 页～第 247 页。另见 Daston,《启蒙运动中的古典或然性》,第 306 页～第 342 页;Daston,《没有偶然的机会学说:17 世纪的决定论、数学或然性和量化》,第 37 页;Daston,《或然性和证据》,第 1125 页～第 1126 页。

[134] Shapiro,《17 世纪英格兰的或然性和确定性》(*Probability and Certainty in Seventeenth-Century England*);Daston,《或然性和证据》;Aant Elzinger,《克里斯蒂安·惠更斯的研究理论》(Christiaan Huygens' Theory of Research),《坚纽斯》(*Janus*),67(1980),第 281 页～第 300 页。

[135] Gottfried Wilhelm Leibniz,《达到确定性的计划和测试以解决部分争论和提升发明技术》(Projet et Essais pour arriver à quelque certitude pour finir une bonne partie des disputes et pour advancer l'art de inventer),载于 Louis Couturat 编,《莱布尼茨的罕见作品和未完成作品》(*Opuscules et fragments inédits de Leibniz*, Paris: Presses universitaires de France, 1903),第 175 页～第 182 页。参看 Leibniz,《提升科学技术的规则》[Préceptes pour advancer les sciences],载于《哲学作品集》,第 7 卷,第 157 页～第 173 页,引文在第 166 页:“Abdias Trew, habile Mathematicien d'Altdorf, a reduit la physique d'Aristote en forme de demonstration.”

[136] Samuel Parker,《关于几个主题的六篇哲学随笔》(*Six Philosophical Essays upon Several Subjects*, London: Thomas Newborough, 1700), sig. A3r。另见 Mordechai Feingold,《数学家和自然志家:艾萨克·牛顿爵士和皇家学会》(Mathematicians and Naturalists: Sir Isaac Newton and the Royal Society),载于 Jed Z. Buchwald 和 I. Bernard Cohen 编,《艾萨克·牛顿的自然哲学》(*Isaac Newton's Natural Philosophy*, Cambridge, Mass.: MIT Press, 2000),第 77 页～第 102 页。

[137] Sir William Petty,《政治算术,或论土地、人民等等的范围和价值》(*Political Arithmetick; Or, a discourse concerning the extent and value of lands, people, ... &c.* ,London: Robert Clavel and Henry Mortlock, 1690),第 9 页。关于量化作为科学的道德经济的一个重要方面,参看 Lorraine Daston,《科学的道德经济》(The Moral Economy of Science),《奥西里斯》(*Osiris*),10(1995),第 2 页～第 24 页,引文在第 8 页～第 12 页。

[138] Quentin Skinner,《文艺复兴时期的道德模糊性和说服技艺》(Moral Ambiguity and the Art of Persuasion in the Renaissance),载于《证明和说服:权威、客观性和证据文集》,第 25 页～第 41 页;Daston,《科学的道德经济》,第 9 页。

印刷书籍中的证明与说服

有一个对象特别吸引了许多研究现代早期证明与说服的学者的注意：那就是印刷书籍。书籍是自然哲学家与同时代人交流发现的主要手段之一，是研究现代早期欧洲科学的史学家们最经常利用的资源。早期印刷书籍——以及像小册子和期刊这样的相关媒介——的格式和外观在说服其读者相信其内容的真实性方面发挥了重要作用（参看第10章、第15章）。这些读者对内容会有关于什么构成了貌似真实的期望，印刷商和出版商会顺应这种貌似真实并且有时故意充分利用它。[139] 体裁、格式、页面设计、插图、纸张、扉页的信息，以及个别副本的个性，都有助于提升印刷书籍的说服力。

体裁——或者更广泛地说文体——问题，对于证明与说服问题特别重要。不同的论证模式联系并鼓励着不同的解释形式。在16世纪、17世纪，讨论自然哲学的体裁形式激增。这一时期开始时的主要形式是评注。16世纪初的大学教学往往涉及对权威文本——比如盖仑的《医术》（*Ars medica*）或亚里士多德的那些自然学著作（libri naturales）——及其评注的研究。[140] 评注传统在16世纪日渐衰落，逐步被教科书（课程[cursus]、体系[systema]或概要[compendium]）所取代。对这一发展的解释非常复杂。这部分是因为人们对亚里士多德主义哲学越来越不满。天文学、光学、植物学等学科的发展超出了传统的自然学著作，对新综合的产生也是一个重要刺激。但教科书的兴起也是由于对权威教科书的解释模式感到不满，事实上也是对权威的原理本身感到不满，就此而言，它也关系到证明与说服观念的转变。[141] 评注会专注于对源文本的考察和争论，而教科书则可能以系统的方式涵盖整个学科或学科的某个领域。自然哲学教科书中的论证还可以遵循论辩的结构，以逻辑形式提出、反驳和解决物理观点，有时会在页边标明论证步骤。[142] 大学之外还有更大的体裁自由。自然哲学是现代早期百科全书著作的重要组成部分：卡尔达诺的《论精巧》（*De subtilitate*，1550）是一个很好的例

---

[139] Adrian Johns，《书的本性：印刷与制造中的知识》（*The Nature of the Book: Print and Knowledge in the Making*, Chicago: University of Chicago Press, 1998），尤其是第28页～第40页。

[140] Per-Gunnar Ottoson，《经院医学和哲学：盖仑〈医术〉评注研究》（*Scholastic Medicine and Philosophy: A Study of Commentaries on Galen's Tegni*, Uppsala: Institutionen för Idé-och Lärdomhistoria, Uppsala University, 1982）；R. K. French，《贝伦加里奥·达·卡尔皮和解剖教学对评注的运用》（Berengario da Carpi and the use of Commentary in Anatomical Teaching），载于A. Wear、R. K. French和I. Lonie编，《16世纪的医学文艺复兴》（*The Medical Renaissance of the Sixteenth Century*, Cambridge: Cambridge University Press, 1985），第42页～第74页。

[141] Patricia Reif，《一些17世纪早期经院教科书中的自然哲学》（Natural Philosophy in Some Early Seventeenth-Century Scholastic Textbooks, Ph. D. dissertation, St. Louis University, St. Louis, Mo., 1962）；Reif，《自然哲学中的教科书传统（1600～1650）》（The Textbook Tradition in Natural Philosophy, 1600 - 1650），《思想史杂志》，30（1969），第17页～第32页；Charles B. Schmitt，《伽利略和17世纪教科书传统》（Galileo and the Seventeenth-Century Text-Book Tradition），载于Paolo Galluzzi编，《美妙的消息与知识危机：伽利略研究国际会议记录》（Florence: Giunti Barbèra, 1984），第217页～第228页；Schmitt，《哲学教科书的兴起》（The Rise of the Philosophical Textbook），载于《剑桥文艺复兴哲学史》，第792页～第804页。

[142] 例如参看Eustachius a Sancto Paulo，《四部分哲学大全》（*Summa philosophiae quadripartita*, Paris, 1609），第三部分《论实体的物理学问题》（*De rebus physicis*）。这部著作在天主教和新教的欧洲地区都被广泛用作教科书。参看Charles H. Lohr，2卷本《拉丁亚里士多德评注》（*Latin Aristotle Commentaries*, Florence: Leo S. Olschki, 1988），第2卷《文艺复兴时期的作者》（*Renaissance Authors*），参看“Eustacius”。

子。这部著作又被人文主义者尤利乌斯·凯撒·斯卡利杰尔(1484～1558)以练习(exercitationes)的形式在其《关于精巧的通俗练习》(*Exotericae exercitationes de subtilitate*,1557)中逐点予以反驳。后者在德语国家的许多大学中被广泛用作教科书。[143]

在16世纪末和17世纪,对话成为传播自然哲学的一种特别重要的体裁。这种形式发源于能够同时从问题的两方面进行争论的修辞强调。然而在其他方面,正如我们所预料的,对话属于辩证法的或然性领域,意大利理论家斯佩罗内·斯佩罗尼(1500～1588)与托马斯主义的区分遥相呼应,认为严肃的对话因其"确定性"而属于意见(opinione)这一中间位置,介于严格三段论的知识(scienza)与修辞的"说服"之间。[144] 因此,辩证法对于对话形式也很重要。在16世纪的全盛时期,对话主要被用于道德和政治主题,无论是模仿西塞罗还是柏拉图。然而,在自然哲学中,这一形式在17世纪进入鼎盛时期,让·博丹(1530～1596)的《万有自然剧场》(*Universae naturae theatrum*,1596)、伽利略的《关于两大世界体系的对话》、玻意耳的《怀疑的化学家》(*The Sceptical Chymist*,1661),都做出了重要贡献。[145]

实验的兴起也有助于鼓励自然哲学发展出新的文体。[146] 有些是从其他领域吸纳进来的。随笔(essay)这种体裁最初也是道德和政治性质的,但后来成为新哲学的一个重要工具。随笔由蒙田基于以普鲁塔克为代表的古代样式所开创,这种体裁很快就与试验(Versuch)和研究(investigation)的概念关联了起来。为此,笛卡儿在《方法谈》后面所附的几篇随笔(Essais)中,以及玻意耳在他早期的《一些自然学随笔》中,都运用了这种体裁。[147] 这并不妨碍玻意耳的一些读者,比如莱布尼茨,希望他能以一种更加系统的形式来写作,并且提供"某种化学体系(corpus quoddam Chymicum)"。[148] 其中一

167

---

[143] 参看 Gabriel Naudé,《关于建造一所图书馆的建议》(*Instructions Concerning Erecting of a Library*, London: G. Bedle, T. Collins, and J. Crook, 1661; first published as *Advis pour dresser une bibliothèque*, 1644),John Evelyn 译,第27页:"斯卡利杰尔幸运地反对了卡尔达诺,因为目前在德国的某些地方,人们遵奉他要甚于亚里士多德本人。"

[144] Sperone Speroni,《关于对话的辩解》(*Apologia dei dialoghi* [1574 - 5]),在下书中有所讨论,Virginia Cox,《文艺复兴时期的对话:社会和政治语境中的文学对话,从卡斯蒂廖内到伽利略》(*The Renaissance Dialogue: Literary Dialogue in Its Social and Political Contexts, Castiglione to Galileo*, Cambridge Studies in Renaissance Literature and Culture, 2, Cambridge: Cambridge University Press, 1992),第72页～第73页,第176页,注释13。

[145] 关于博丹,参看 Ann Blair,《自然剧场:让·博丹与文艺复兴哲学》(*The Theater of Nature: Jean Bodin and Renaissance Science*, Princeton, N. J.: Princeton University Press, 1997)。关于玻意耳,参看 Golinski,《罗伯特·玻意耳:17世纪化学话语中的怀疑论和权威》,第61页。关于伽利略,参看 Cox,《文艺复兴时期的对话:社会和政治语境中的文学对话,从卡斯蒂廖内到伽利略》,尤其是第32页,第77页和第113页。

[146] Geoffrey Cantor,《实验的修辞》,第162页～第163页。

[147] Robert Boyle,《一些自然学随笔》(*Certain Physiological Essays*),载于 Boyle,《罗伯特·玻意耳著作》,第2卷,第3页～第203页。关于玻意耳对随笔形式的运用的意义,参看 Golinski,《罗伯特·玻意耳:17世纪化学话语中的怀疑论和权威》,第62页～第63页,第68页。

[148] 莱布尼茨致奥尔登堡的信,1674年7月5日,载于 Oldenburg,《亨利·奥尔登堡的通信》,第11卷,43(text),46(translation [modified])。亦可参看莱布尼茨致奥尔登堡的信,1675年5月10日,载于 Oldenburg,《亨利·奥尔登堡的通信》,第11卷,303(text),306(translation [modified]):"我希望[……]他能对哲学化学加以完善[……]。我请求你抽空强烈敦促他清楚而公开地写一写他对那门学科的看法。"另见 Golinski,《罗伯特·玻意耳:17世纪化学话语中的怀疑论和权威》,第75页～第76页。

些较新的或增补的文体并没有持续下去。培根主张把格言作为一种表达知识的手段。[149] 英国占星家约翰·迪伊(1527～1608)早先曾用格言传播其天文学工作,但培根对这一文体的热情并没有多少继承者。[150]

相比之下,期刊成为对于实验和自然志"事实"(特别是惊人的事实)具有持久意义的重要论坛。有几个实验学会创办了期刊来出版不成书的报告。英国皇家学会有《哲学汇刊》(自1665年起)和《哲学文集》(*Philosophical Collections*,1679～1682)。施韦因富特(Schweinfurt)的倾向于医学的自然珍奇学会(Academiae Naturae Curiosorum,成立于1652年)出版有《珍奇杂集》(*Miscellanea curiosa*)。起初,这些杂志的维系往往归功于个人的努力:皇家学会归功于亨利·奥尔登堡(约1618～1677)和罗伯特·胡克。[151] 其他期刊,比如《学者杂志》和《学者报告》(*Acta eruditorum*,《哲学汇刊》比它更纯粹是自然哲学的),都是在没有体制支持的情况下蓬勃发展起来的。[152] 然而,提交给这些刊物的文章仍然受修辞传统的书信体习惯的影响。[153]

168

在结束本节之前,还应提到印刷书籍之中和之外的另外两种证明与说服的形式。研究插图和图表的说服力仍是一个刚起步的领域,但发掘莱布尼茨以下评论的含义具

---

[149] Francis Bacon,《学术的进展》,第124页。关于培根对格言的偏爱,参看 Sister Scholastica Mandeville,《格言的修辞传统及其对弗兰西斯·培根爵士和托马斯·布朗爵士散文的影响》(The Rhetorical Tradition of the Sententia, with a Study of its Influence on the Prose of Sir Francis Bacon and of Sir Thomas Browne, Ph. D. dissertation, St. Louis University, St. Louis, Mo., 1960);James Stephens,《科学和格言:培根的哲学风格理论》(Science and the Aphorism: Bacon's Theory of the Philosophical Style),《演讲专刊》(*Speech Monographs*),37(1970),第157页～第171页;Margaret L. Wiley,《弗兰西斯·培根:归纳和/或修辞》(Francis Bacon: Induction and/or Rhetoric),《文学想象研究》(*Studies in the Literary Imagination*),4(1971),第65页～第80页;L. Jardine,《弗兰西斯·培根》,第176页～第178页;Alvin Snider,《弗兰西斯·培根和格言的权威》(Francis Bacon and the Authority of Aphorism),《散文研究:历史、理论和批评》(*Prose Studies: History, Theory, Criticism*),11(1988),第60页～第71页;Stephen Clucas,《"断裂的知识":弗兰西斯·培根的格言风格以及经院和人文主义知识系统的危机》("A Knowledge Broken": Francis Bacon's Aphoristic Style and the Crisis of Scholastic and Humanist Knowledge-Systems),载于 Neil Rhodes 编,《英国文艺复兴时期的散文:历史、语言和政治》(*English Renaissance Prose: History, Language, and Politics*, Medieval and Renaissance Texts and Studies, 164, Tempe, Ariz.: Medieval and Renaissance Texts and Studies, 1997),第147页～第172页;L. Jardine,"导言",载于 Francis Bacon,《新工具》,第xvii页～第xxi页。

[150] Wayne Shumaker 编译,《约翰·迪伊论天文学(1558年和1568年)》(*John Dee on Astronomy: Propaedeutica Aphoristica [1558 and 1568], Latin and English*, Berkeley: University of California Press, 1978)。

[151] 特别参看 Michael Hunter 和 Paul B. Wood,《走向所罗门宫:早期皇家学会改革的竞争策略》(Towards Solomon's House: Rival Strategies for Reforming the Early Royal Society),《科学史》,24(1986),第49页～第108页,引文在第59页～第60页。

[152] Augustinus Hubertus Laeven,《奥托·门克主编的〈学者学报〉:一份国际学术杂志的历史,从1682年到1707年》(*The Acta Eruditorum under the Editorship of Otto Mencke: The History of an International Learned Journal between 1682 and 1707*, Amsterdam: APA-North Holland University Press, 1990),Lynne Richards 译。

[153] Jean Dietz Moss,《〈哲学汇刊〉中的牛顿和耶稣会士》(Newton and the Jesuits in the *Philosophical Transactions*),载于 G. V. Coyne、M. Heller 和 J. Zycinski 编,《牛顿和科学的新方向:克拉科夫会议纪要,1987年5月25～28日》(*Newton and the New Direction in Science: Proceedings of the Cracow Conference 25 to 28 May 1987*, Vatican City: Vatican Observatory, 1988),第117页～第134页。

有巨大潜力,他说,几何图是用于识别、发现或证明那种真理的“最有用的字符”。[154]最后,还有哲学工具作为证明与说服的重要手段的意义这一重要问题。[155]

证明、说服与社会体制

除了印刷书籍,证明与说服技巧还处于各种各样的文化语境之中。研究现代早期欧洲的历史学家用各种方式考察它们:通过这些技巧起作用的“位置”;[156]其作者的社会角色(参看第6章);[157]文艺复兴晚期大学的专业学科;[158]17世纪实验学会非经院哲学或反经院哲学的抱负;造就这些学会的社会政治体制;[159]以及将谦恭和礼节的理念纳入自然哲学。[160] 169

在体制方面,现代早期最重要的发展是哲学学院的兴起,丰特内勒认为这一发展是他归于17世纪的“真正哲学之复兴”的必然结果。[161] 这些学院或明或暗把自己与

---

[154] Gottfried Wilhelm Leibniz,《关于物与词之间关系的对话》(Dialogue on the connection between things and words [1677]),载于Philip P. Wiener编,《莱布尼茨选集》(*Selections*, New York: Charles Scribner's Sons, 1951),第6页~第11页,引文在第9页,翻译了“Dialogus, August, 1677”(对话,1677年8月),载于Leibniz,《哲学作品集》,第7卷,第190页~第194页。关于对未来研究方向的建议,参看Shapin和Schaffer,《利维坦与空气泵:霍布斯、玻意耳与实验生活》,第146页;John T. Harwood,《〈显微图〉中的修辞和制图》(Rhetoric and Graphics in *Micrographia*),载于Michael Hunter和Simon Schaffer编,《罗伯特·胡克:新研究》(*Robert Hooke: New Studies*, Woodbridge: Boydell Press, 1989),第119页~第147页;Johns,《书的性质:孕育中的出版和知识》,第22页~第23页;Dennis L. Sepper,《把事物画出来:早期笛卡儿对作图问题的解决》(Figuring Things Out: Figurate Problem-Solving in the Early Descartes),载于Stephen Gaukroger、John Schuster和John Sutton编,《笛卡儿的自然哲学》(*Descartes' Natural Philosophy*, London: Routledge, 2000),第228页~第248页。

[155] 另见Michael Aaron Dennis,《绘图理解:罗伯特·胡克〈显微图〉中的仪器和阐释》(Graphic Understanding: Instruments and Interpretation in Robert Hooke's *Micrographia*),《语境中的科学》(*Science in Context*),3(1989),第309页~第364页;W. D. Hackmann,《科学仪器:黄铜模型和发现的帮手》(Scientific Instruments: Models of Brass and Aids to Discovery),《实验的使用:自然科学研究》,第31页~第65页,尤其是第33页~第34页;Stephen Johnston,《伊丽莎白一世时代英格兰的数学实践者与工具》(Mathematical Practitioners and Instruments in Elizabethan England),《科学年鉴》(*Annals of Science*),48(1991),第319页~第344页,尤其是第329页。

[156] Nicholas Jardine,《天文学在现代早期文化中的位置》(The Places of Astronomy in Early Modern Culture),《天文学史杂志》(*Journal for the History of Astronomy*),29(1998),第49页~第68页。

[157] Robert S. Westman,《16世纪天文学家的角色:初步研究》(The Astronomer's Role in the Sixteenth Century: A Preliminary Study),《科学史》,18(1980),第105页~第147页;Steven Shapin,《“学者和绅士”:现代早期英格兰科学从业者的身份认同问题》(“A scholar and a gentleman”: The Problematic Identity of the Scientific Practitioner in Early Modern England),《科学史》,29(1991),第279页~第327页;Adrian Johns,《现代早期宇宙论中的审慎和迂腐:阿尔·罗斯的生意》(Prudence and Pedantry in Early Modern Cosmology: The Trade of Al Ross),《科学史》,35(1997),第23页~第59页。

[158] Maclean,《文艺复兴时期法律和医学中的证据、逻辑、规则和例外》;亦可参看Maclean,《文艺复兴时期的阐释和意义:以法律为例》(*Interpretation and Meaning in the Renaissance: The Case of Law*, Cambridge: Cambridge University Press, 1992),第77页,第102页,第105页,第167页注释279。

[159] Shapin和Schaffer,《利维坦与空气泵:霍布斯、玻意耳与实验生活》;Mario Biagioli,《科学革命、社会拼凑物和礼节》(Scientific Revolution, Social Bricolage, and Etiquette),载于Roy Porter和Mikuláš Teich编,《国家语境中的科学革命》(*The Scientific Revolution in National Context*, Cambridge: Cambridge University Press, 1992),第11页~第54页。

[160] Daston,《培根式事实、学院礼仪和客观性前史》。

[161] Bernard le Bovier de Fontenelle编,9卷本《皇家科学院史》(*Histoire de l'Académie Royale des Sciences*, Paris: Gabriel Martin, 1729 - 33),第1卷,第5页:“le renouvellement de la vraye Philosophie a rendu les Académies de Mathematique & de Phisique ... necessaires.” 另见Hahn,《对一所科学机构的剖析:巴黎科学院(1666~1803)》,第1页。

大学对立起来——即使它们否认自己对既定的教育模式有任何威胁。[162] 自20世纪70年代以来,一些研究已经强调,在现代早期的自然研究中,大学的作用并不像有时认为的那样是微不足道的甚至是负面的。[163] 然而,新的哲学学院使新型证明得以发展,并且鼓励了对早先形式的拒斥——有意忽视证明与说服、修辞、逻辑等传统学科也促进了这一过程,这与学院渴望避免政治和宗教问题有关。[164]

170

这些新的证明形式中最重要的表现之一与如何发表实验报告有关。但在这方面,就像在大多数其他事项中一样,并非所有实验学会都遵从同样的模式。德拉·波尔塔的《自然魔法》(*Magia naturalis*,1558;增订版,1589)中所展示的一些自然奥秘也许归功于他是自然奥秘学会(Accademia dei Segreti)的成员,但这本书不无道理地作为德拉·波尔塔本人的著作问世。[165] 然而,正如我们所看到的,较早的几个实验学会开始出产数卷的"文集(recueils)""随笔(saggi)""大事记(ephemerides)"或"会刊(Transactions)"。在以特奥弗拉斯特·勒诺多(1586～1653)为中心的巴黎地址办公室(Bureau d'Adresse)那里,这些采取了对道德和自然等方面的各种主题的疑问作简短讨论的形式。虽然"疑问(question)"形式也许可以看成经院哲学的残留物,但讨论方式却并非如此。[166] 大家对勒诺多的疑问作匿名辩论。同样的匿名性流行于1667年出版的《自然实验随笔》(*Saggi di naturali esperienze*)中,它出自1657年成立的实验学会

[162] Mordechai Feingold,《传统与新颖:现代早期的大学和科学学会》(Tradition versus Novelty: Universities and Scientific Societies in the Early Modern Period),载于P. Barker和R. Ariew编,《革命和连续性:现代早期科学史和科学哲学研究文集》(*Revolution and Continuity: Essays in the History and Philosophy of Early Modern Science*, Washington, D. C.: Catholic University of America Press, 1991),第45页～第59页;Michael Hunter,《建立新科学:早期皇家学会的经验》(*Establishing the New Science: The Experience of the Early Royal Society*, Woodbridge: Boydell Press, 1989),第2页～第3页;Hunter,《英格兰复辟时代的科学与学会》(*Science and Society in Restoration England*, Cambridge: Cambridge University Press, 1981),第145页～第147页。

[163] John Gascoigne,《重新评价大学在科学革命中的作用》(A Reappraisal of the Role of the Universities in the Scientific Revolution),载于《重估科学革命》,第207页～第260页;Charles Schmitt,《16世纪意大利大学的哲学和科学》(Philosophy and Science in Sixteenth-Century Italian Universities),载于André Chastel、Cecil Grayson、Marie Boas Hall、Denys Hay、Paul Oskar Kristeller、Nicolai Rubinstein、Charles B. Schmitt、Charles Trinkhaus和Walter Ullmann编,《文艺复兴:阐释文集》(*The Renaissance: Essays in Interpretation*, London: Methuen, 1982),第297页～第336页;David A. Lines,《文艺复兴时期意大利的大学自然哲学:亚里士多德主义的衰落?》(University Natural Philosophy in Renaissance Italy: The Decline of Aristotelianism?),载于Cees Leijenhorst、Christoph Lüthy和Johannes M. M. H. Thijssen编,《亚里士多德主义传统(及其他)中自然哲学的动力:学说和制度的视角》(*The Dynamics of Natural Philosophy in the Aristotelian Tradition [and Beyond]: Doctrinal and Institutional Perspectives*, Leiden: E. J. Brill, 2002);Mordechai Feingold,《数学家的学徒身份:英格兰的科学、大学和社会(1560～1640)》(*The Mathematicians' Apprenticeship: Science, Universities, and Society in England, 1560 - 1640*, Cambridge: Cambridge University Press, 1984);John Gascoigne,《大学和科学革命:以牛顿和复辟时代的剑桥为例》(The Universities and the Scientific Revolution: The Case of Newton and Restoration Cambridge),《科学史》,23(1985),第391页～第434页;Christine Shepherd,《17世纪苏格兰大学技艺课程中的哲学和科学》(Philosophy and Science in the Arts Curriculum of the Scottish Universities in the Seventeenth Century, Ph. D. dissertation, University of Edinburgh, Edinburgh, Scotland, 1975)。

[164] 例如1663年法国科学与艺术学会(Compagnie des Sciences et des Arts)寄给惠更斯的提议,参看22卷本《惠更斯全集》(*Oeuvres complètes de Huygens*, The Hague: Martinus Nijhoff, 1888 - 1950),第4卷,第325页～第329页。

[165] 关于德拉·波尔塔,参看《詹巴蒂斯塔·德拉·波尔塔在他那个时代的欧洲》中收集的文章,以及Eamon,《科学与自然秘密:中世纪与现代早期文化中的秘著》,第194页～第232页。

[166] Théophraste Renaudot,《巴黎地址办公室会议讨论问题全集》(*Recueil general des questions traictees és conferences du Bureau d'Adresse*, Paris: G. Loyson, 1655 - 6)。关于"疑问"作为经院哲学研究的一种典型形式,参看Brian Lawn,《经院哲学"论辩疑问"的兴衰:特别侧重于它在医学和科学教学中的使用》(*The Rise and Decline of the Scholastic "Quaestio Disputata": With Special Emphasis on Its Use in the Teaching of Medicine and Science*, Leiden: E. J. Brill, 1993)。

(Accademia del Cimento)。该文集出版时,实验学会已经停止了活动。[167] 它由洛伦佐·马加洛蒂伯爵编辑而成,扉页上突出显示了其赞助人托斯卡纳(Tuscany)的利奥波德亲王的授权。这避免了为了说服而诉诸实验者的个人信誉,消除了学会会士们的私人通信中可能出现的不一致。[168] 作为局部的对比,法国皇家科学院的早期出版物在任何意义上都不是匿名的,但其关于动植物自然志的《议事录》或数学论著文集却强调,对内容的责任既在于作为机构的科学院,又在于被称为院士的个人。[169]

17 世纪早期的实验学会给了它们赞助或冠名的出版物以出版许可(imprimatur),这种许可大学也曾提供,但较少系统性。无论是英国皇家学会还是法国皇家科学院,都出版了带有自己名称的书籍。有些书,比如胡克的《显微图》(*Micrographia*,1665),可以说是名利双收;其他一些得到赞助的出版物则可能在一个或两个方面不够成功。[170] 法国皇家科学院发展出了一种准法律程序,允许作者在著作开头的审查员许可一栏添加"经科学院批准"字样,以证明某些出版物受到学会的信任。在英国,任何皇家学会会员作者都可以在扉页宣传这一事实——许多人的确如此;但在巴黎,只有被整个科学院审查的著作才能冠以"院士"称号。[171]

171

然而,实验学会自然哲学中最重要的发展也许是在礼俗上。在 16 世纪末和 17 世纪新创立的私人学院大都包含礼节教育。[172] 单凭这一点本身也许说明不了什么——毕竟,现代早期的大学章程大都涉及行为和纪律。尽管如此,文艺复兴晚期意大利高贵的人文主义学院的精神特质都自觉地是礼貌、对话和共识,这种精神特质为 17 世纪末更大的、最终更稳定的、拥有更纯粹自然哲学倾向的北欧学院所拥有。被视为大学教育不可分割组成部分的正式论辩常常明确遭到谴责——即使取代它们的争吵有时也好不到哪去。最重要的是,随着论辩遭到贬斥,它背后的证明与说服的形式化程序

---

[167] Accademia del Cimento,《自然实验散文》(*Saggi di naturali esperienze fatte nell'Accademia del Cimento sotto la protezione del Serenissimo Principe Leopoldo di Toscana e descritte dal Segretario di essa Accademia*, Florence: Giuseppe Cocchini, 1667)。亦可参看后来乔万尼·塔希奥尼·托泽蒂(Giovanni Targioni Tozzetti)编辑的实验文集,3 卷本《实验学会未发表记录》(*Atti e memorie inedite dell'Accademia del Cimento*, Florence, 1780)。关于实验学会,参看 W. E. K. Middleton,《实验者:实验学会研究》(*The Experimenters: A Study of the Accademia del Cimento*, Baltimore: Johns Hopkins University Press, 1971);M. L. R. Bonelli 和 Albert Van Helden,《迪维尼与坎帕尼:实验学会史中被遗忘的一章》(*Divini and Campani: A Forgotten Chapter in the History of the Accademia del Cimento*, Florence: Istituto e Museo di Storia della Scienza, 1981)。

[168] Biagioli,《科学革命、社会修补和礼节》,第 27 页~第 31 页。

[169] Hahn,《对一所科学机构的剖析:巴黎科学院(1666 ~ 1803)》,第 26 页。

[170] 由官方资助出版的斯普拉特的《皇家学会史》(*The History of the Royal Society of London*,1667)也许是事与愿违的。参看 Paul B. Wood,《方法论和护教学:托马斯·斯普拉特的〈皇家学会史〉》(Methodology and Apologetics: Thomas Sprat's *History of the Royal Society*),《英国科学史杂志》,13(1980),第 1 页~第 26 页;Hunter,《英格兰复辟时代的科学与社会》,尤其是第 148 页;Hunter,《神学自由主义和早期皇家学会的"意识形态":重新思考斯普拉特的〈皇家学会史〉[1667]》(Latitudinarianism and the "Ideology" of the Early Royal Society: Thomas Sprat's *History of the Royal Society* (1667) Reconsidered),载于 Hunter,《建立新科学:早期皇家学会的经验》,第 45 页~第 71 页。资助约翰·雷(John Ray)的遗著《鱼类志》(*Historia piscium*)的出版几乎使学会破产;参看 Sachiko Kusukawa,《〈鱼类志〉(1686)》(The *Historia piscium* [1686]),《伦敦皇家学会的记录及档案》,54(2000),第 179 页~第 197 页。

[171] Hahn,《对一所科学机构的剖析:巴黎科学院(1666 ~ 1803)》,第 22 页~第 29 页。Biagioli,《科学革命、社会修补和礼节》,第 37 页指出:"实验哲学家……只有是一个(像皇家学会那样)彬彬有礼的团体的成员,才能是合法的作者。"

[172] Daston,《培根式事实、学院礼仪和客观性前史》,第 351 页。

也遭到贬斥。这些程序被一些不那么僵化的技巧和程序所取代，它们更多要归功于在学院和更广的学会中所获得的条件，以及从法律实践、礼节手册或书信习惯中得到的技巧。

如果情况合适，实验的皇家科学院会心甘情愿地公开其活动，从而暗自与据称孤独的大学学术追求相对比。[173] 在《伦敦皇家学会史》（*The History of the Royal Society of London*）中，斯普拉特问“所有清醒的人”，“如果得到60人或100人的赞同，他们是否会认为，在涉及知识方面，自己没有受到公平对待？”[174] 诉诸共识和信任取代了形式化的辩论术和意见（opiniones）表达。但事实上，这些学会都不像自然哲学教学在18世纪变得公开的方式那样公开。其成员资格受到限制，不论是法定的还是非正式的。不仅如此，一些学会有强烈的保密倾向。实验学会的情况是，利奥波德亲王希望不损害他的社会地位，控制会士之间的争论——会士们不能透露自己的身份。皇家学会的情况是，对保密的要求源于一种说服会员们透露发现的欲望，源于胡克本人关注正确确立思想优先权的问题。[175]

早期实验学会中经常遇到的另一个问题是解释原则所扮演的角色。实验是直接证明了“事实”，还是应当被置于一种解释性的哲学框架中？皇家学会章程的第一条就规定：“在所有提交到学会的实验报告中，事实应当不加遮掩地陈述出来，不带任何序言、致歉或修辞的装点，并记入登记册。”如果会员想就他们所提供的现象猜测一个因果解释，他们就必须脱离对实验的说明来做。[176] 同样，丰特内勒强调，在皇家科学院，“我们应该试探性地提出关于原因的猜测——但它们只是猜测而已”。[177] 在皇家学会存在的前40年里，存在着大量对其进行指导或改革的早期尝试。这些意见书很快就不再考虑哲学权威的地位，但它们的确使观察、实验、原因、假说以及（也许与笛卡儿相呼应）“哲学原理”被赋予了相对的重要性。[178]

然而，如果把实验置于一个哲学框架中，那将是哪个框架呢？亚里士多德、培根、笛卡儿和伽桑狄的相互竞争的遗产遮蔽了17世纪末学院和学会的许多实验自然哲

[173] 例如参看 Steven Shapin，《“自在的心灵”：17世纪英格兰的科学和孤独》（“The Mind Is Its Own Place”: Science and Solitude in Seventeenth-Century England），《语境中的科学》，4（1990），第191页～第218页。然而，现代早期的大学在公开展示其活动方面贡献甚多。参看 Giovanna Ferrari，《解剖公开课和狂欢节：博洛尼亚的解剖剧场》（Public Anatomy Lessons and the Carnival: The Anatomy Theatre of Bologna），《过去与现在》（*Past and Present*），117（1987），第50页～第106页；Kristine Louise Haugen，《想象的大学：现代早期牛津的公开羞辱和“大地之子”》（Imagined Universities: Public Insult and the *Terrae filius* in Early Modern Oxford），《大学史》（*History of Universities*），16（2000），第1页～第31页。

[174] Sprat，《伦敦皇家学会史》，第100页。

[175] Shapin 和 Schaffer，《利维坦与空气泵：霍布斯、玻意耳与实验生活》，第113页；Biagioli，《科学革命、社会修补和礼节》，第27页～第28页；Hunter 和 Wood，《走向所罗门宫：早期皇家学会改革的竞争策略》，第74页～第75页。

[176] 《皇家学会促进自然知识的记录》（*The Record of the Royal Society for the Promotion of Natural Knowledge*, 4th ed., London: The Royal Society, 1940），第290页；Hunter，《建立新科学：早期皇家学会的经验》，第24页～第25页讨论了这个问题。

[177] Bernard le Bovier de Fontenelle，“《皇家科学院史》序言”（“Preface” to the *Histoire de l'Académie royale des sciences. Année M. DC. XX*, Paris: Jean Boudot, 1702), sig. ĩ2r: “On ne laisse pas de hasarder des conjectures sur les causes, mais ce sont des conjectures.”另见 Hahn，《对一所科学机构的剖析：巴黎科学院（1666～1803）》，第33页～第34页。

[178] Hunter and Wood，《走向所罗门宫：早期皇家学会改革的竞争策略》，第66页。

学。一些群体,如雅克·罗奥(1618～1672)协调的一些笛卡儿主义者,公开宣称信奉唯一的哲学权威。与此相反,实验学会则着手检验亚里士多德自然哲学的各种信条。而较大的学会则倾向于避开个体的哲学权威。[179] 蒙莫尔学会(Académie Montmort)的杰出人士萨米埃尔·索尔比耶(1615～1670)声称,皇家学会的早期会员被划分成效忠于(受数学家青睐的)笛卡儿和效忠于(受"一般学术[General Learning]人士"青睐的)伽桑狄的人。斯普拉特否认存在这种划分,但强调(也许有点误导)学会的培根精神。[180] 与此同时,耶稣会在整个17世纪都坚持托马斯主义-亚里士多德主义的权威。[181]

173

关于由新的哲学和实验学会培育起来的不断变化的证明与说服的做法,最意味深长的解释也许是,它们很少把教学包括在情况的简要介绍之中。[182] 在17世纪中叶,人们为讲授实验自然哲学的新教育机构提出了许多计划,当时大学还做不到这一点。[183] 但教育青年人却是早期学会的名流极力回避的一项任务。不过,即使实验者在很大程度上设法避免了现代早期施教者挥舞的鞭子,他们也没能成功避免更具象征性的暴力。虽然文学界及其相关机构肯定喜欢把自己设想为文明社团中最文明的,但其礼节、礼貌的理念从根本上说非常脆弱。16世纪关于自然知识的争论达到了怨恨谩骂的程度。[184] 尽管有向文明化迈进的命令,应该说,新的自然哲学礼节并不比原先更爱有意进行争辩的礼节更能成功地控制争论。[185]

174

[179] Hahn,《对一所科学机构的剖析:巴黎科学院(1666～1803)》,第31页。对哈恩关于早期学院论述的一个方面的修正,参看Robin Briggs,《皇家科学院与追求实用》(The Académie Royale des Sciences and the Pursuit of Utility),《过去与现在》,131(1991),第38页～第87页。

[180] Thomas Sprat,《对索尔比耶先生游历英格兰的观察》(*Observations on Monsieur de Sorbier's Voyage into England*, London: John Martyn and James Allestry, 1668),第144页。关于"一般学术"的概念,参看Meric Casaubon,《通识:一部关于形成一般学者的17世纪论著》(*Generall Learning: A Seventeenth-Century Treatise on the Formation of the General Scholar*, Renaissance Texts from Manuscript, 2, Cambridge: RTM, 1999),Richard Serjeantson编。

[181] Marcus Hellyer,《"因为我上级权威的要求":审查、物理学和德国耶稣会士》("Because the authority of my superiors commands": Censorship, Physics, and the German Jesuits),《早期科学和医学》,1(1995),第319页～第354页。

[182] 佩蒂建议皇家学会开设自然哲学课程,每月收取1英镑的费用,这一建议必须等到像惠斯顿这样的实验讲师在18世纪初出现才能实现。参看Hunter,《建立新科学:早期皇家学会的经验》,第2页,第202页;S. D. Snobelen,《威廉·惠斯顿:自然哲学家、先知和原始基督徒》(William Whiston: Natural Philosopher, Prophet, Primitive Christian, Ph. D. dissertation, University of Cambridge, 2001)。

[183] Abraham Cowley,《为实验哲学的进展献言》(*A Proposition for the Advancement of Experimental Philosophy*, London: Printed by J. M. for Henry Herringman, 1661);摹本重印为《实验哲学的进展》(*The Advancement of Experimental Philosophy*, Menston: Scolar Press, 1969);1659年9月3日,约翰·伊夫林(John Evelyn)致玻意耳的信中将他的计划称为一所"学院",载于Michael Hunter、Antonio Clericuzio和Lawrence M. Principe编,6卷本《罗伯特·玻意耳的通信(1636～1691)》(*The Correspondence of Robert Boyle, 1636 - 91*, London: Pickering and Chatto, 2001),第1卷,第365页～第369页;Hunter,《建立新科学:早期皇家学会的经验》,第157页,第181页～第184页;Webster,《伟大的复兴》(*Great Instauration*),第88页～第99页。

[184] 斯卡利杰尔与卡尔达诺之间的争论就是一例。参看Anthony Grafton,《卡尔达诺的宇宙:一位文艺复兴时期巫师的世界和作品》(*Cardano's Cosmos: The Worlds and Works of a Renaissance Magician*, Cambridge, Mass.: Harvard University Press, 1999),第4页,Maclean,《自然符号的阐释:卡尔达诺的〈论精巧〉对斯卡利杰尔的〈关于精巧的通俗练习〉》,第231页～第252页。

[185] Daston,《培根式事实、学院礼仪和客观性前史》,第353页;Anne Goldgar,《粗鲁的学问:文学界中的操行和共同体(1680～1750)》(*Impolite Learning: Conduct and Community in the Republic of Letters, 1680 - 1750*, New Haven, Conn.: Yale University Press, 1995);Anthony Grafton,《让·阿杜安:被社会遗弃的古物收藏者》(Jean Hardouin: The Antiquary as Pariah),《沃伯格和考陶德研究所杂志》(*Journal of the Warburg and Courtauld Institutes*),62(1999),第241页～第267页;Hahn,《对一所科学机构的剖析:巴黎科学院(1666～1803)》,第30页～第31页。

结　论

现代早期欧洲的证明与说服问题不能脱离当时对它们的理论说明。如果没能向其最初的听众证明，那么声称一个论证彻底证明了某种东西，并非直截了当的简单之事。[186] 关于证明的断言必须在当时的证明与说服程序的语境下来理解。尽管这提供了一个必要的起点，但不能直接用当时关于证明与说服如何起作用的说明来解释当时自然论证的所有实际表现。出版、语言、插图、销售等其他因素必然会起作用。更明显的是，社会、政治和体制上的承诺也深刻地影响了个别论证如何被接受以及为何会被接受。[187]

详细考察这些局域承诺如何以各种方式影响证明与说服的问题，超出了本研究的范围。然而，更长期的和更大规模的发展可以更清楚地看到。这些发展中最重要的因素是教育。现代早期欧洲的证明与说服问题与教学密切相关，因为教学是证明与说服发生的主要舞台。正如我们所看到的，有关证明与说服的基本假设在现代早期的学校及大学中是通过逻辑和修辞训练来传授的。这些学科的教学在整个 16 世纪、17 世纪一直没有改变，因此在这一时期，证明与说服的做法有明显的连续性。它们在自然哲学中的应用受到了强大压力，遭到了怀疑论、数学技巧和新的实验观念的挑战。

此外，对自然界的研究越来越多地由个人来进行，他们与大学很少或根本没有联系，甚至经常明显对大学怀有敌意。这些个人的自由以及因为必须向年轻人系统地传授他们的研究而成立的机构的独立，也许是最重要的因素，使他们能够从学校的提供证明的习惯中摆脱出来，并使表述的技巧、方法和形式在这一时期明显增多。一旦 16 世纪、17 世纪的自然研究者——无论是自然哲学的、数学的、天文学的还是医学的——不再需要去教学，他们也就摆脱了（通常完全）由学校支配的证明与说服的传统。

175

然后，对现代早期自然界的研究也与表述它的种种方式息息相关。证明与说服的形式不可能与 16 世纪、17 世纪自然知识的内容分割开来；这些内容的变化反过来又对证明与说服的形式产生了重大影响。这些变化的提供证明的观念可能也对现代早期的“科学”观念产生了深远的影响。[188] 对于一个 16 世纪的亚里士多德主义者来说，“科学”在于能够确定地证明所观察结果的原因。然而，自然哲学这些新的数学和实验

---

[186] 参看 R. H. Naylor，《伽利略的实验话语》（Galileo's Experimental Discourse），载于《实验的使用：自然科学研究》，第 117 页～第 134 页，引文在第 130 页。

[187] 例如参看 Nicholas Jardine，《维持帕多瓦学院的秩序：雅各布·扎巴瑞拉和弗朗切斯科·皮科洛米尼论哲学的职能》（Keeping Order in the School of Padua: Jacopo Zabarella and Francesco Piccolomini on the Offices of Philosophy），载于 Di Liscia、Kessler 和 Methuen 编，《文艺复兴时期自然哲学的方法和秩序：亚里士多德评注传统》，第 183 页～第 209 页。

[188] 关于这一主题，参看 Ernan McMullin，《科学革命中的科学观》（Conceptions of Science in the Scientific Revolution），载于《重估科学革命》，第 27 页～第 92 页。

的分支质疑了这一预设。随着自然哲学的任务在16世纪、17世纪从解释变为描述，[189]对自然界"科学"知识的要求就变得成问题了。17世纪末，英国哲学家约翰·洛克（1632～1704）敏锐地意识到了新的实验自然哲学对此前"科学"观念的影响。在《人类理解论》（*Essay Concerning Human Understanding*，1690）中，洛克指出，关于自然物的知识的获取和提高"只有通过经验和史志"。但他又接着说，这"让我怀疑，自然哲学无法成为一门科学"。[190] 但无论如何，洛克的继任者并没有听他的话。到了20世纪，自然哲学完全成为"科学"，其说服力超出了以往任何时候的自然哲学。

（张卜天　译）

---

[189] 关于这一发展，参看 Peter Dear，《科学的革命化：欧洲知识及其野心（1500～1700）》（*Revolutionizing the Sciences: European Knowledge and Its Ambitions, 1500 - 1700*, Princeton, N. J.: Princeton University Press, 2001），尤其是第3页～第4页，第13页～第15页，第44页，第65页和第170页。

[190] John Locke，《人类理解论》（*An Essay Concerning Human Understanding* [1690], Oxford: Clarendon Press, 1975），Peter H. Nidditch 编，第645页（4.12.10）。另见 Margaret J. Osler，《约翰·洛克和变动中的科学知识理想》（John Locke and the Changing Ideal of Scientific Knowledge），《思想史杂志》，31（1970），第3页～第16页，引文在第15页；McMullin，《科学革命中的科学观》，第75页～第76页。比较一个类似说法，John Locke，《关于教育的一些思考》（*Some Thoughts Concerning Education*, The Clarendon Edition of the Works of John Locke, Oxford: Clarendon Press, 1989），第245页。

第二部分

自然知识的人物和场所

6

科 学 人

179

史蒂文·夏平

论及现代早期研究科学的人，只有使用“科学家”以外的词语，才不会产生困难。因为这些人还不能称为“科学家”，“科学家(scientist)”一词直到19世纪才出现在英文中，法文中相应的词(un scientifique)直到20世纪才普遍使用。现代早期也不存在今日科学家在社会和文化当中所占据的明确位置。在现代早期文化当中，科学人不担任某一特定而一致的角色，不存在支持他们科学活动的社会基础。甚至于任何对科学人进行分析的最小的组织原则——他是从事自然研究的人——经过反思，也是有很大问题的。那么，各种不同的文化活动当中都暗含着什么样的关于自然的概念以及自然知识呢？须知，自然哲学、自然志、数学、化学、天文学和地理学等各不同学科是在截然不同的社会环境当中发展起来的。

不过，“科学人”当中的“人”几乎总是指男性，而除了这一有性别指向的词语，用其他任何词语来指称现代早期这些有关的人物都将引来史学上的麻烦。科学人是一个封闭体系，既不包含众多目不识丁者，也不包含除少数妇女之外的其他女性。重新获取关于少数参与科学的妇女的资料固然重要，却不是这篇简述的主题[1](与性别有关的问题参看本卷以下诸章：第7章、第9章、第32章)。

所有关于现代早期科学人的可靠的历史论述都应该包含一种分裂的倾向，并且拒绝形成过于轻率的概括的尝试。[2] 过去形式上的多样性应该被坚持，而这种坚持并不是一种学究气。就连那些重视并以实际行动推动形成对科学人的更为一致、专业角色看法的历史参与者，也清楚地意识到当时存在着多样性。弗兰西斯·培根(1561～

180

[1] 在启蒙运动时期，妇女出席哲学沙龙已经相当常见，例如参看 Dena Goodman，《启蒙运动沙龙：女性与哲学抱负的交会点》(Enlightenment Salons: The Convergence of Female and Philosophic Ambitions)，《18世纪研究》(*Eighteenth-Century Studies*)，22(1989)，第329页～第350页。这一章的主体部分是作者作为加州斯坦福行为科学高级研究中心成员(Fellow of the Center for Advanced Study)时撰写的，在此作者感谢该中心以及 Andrew W. Mellon 基金的大力支持。

[2] 对这样分裂的倾向的辩护，参看 Thomas S. Kuhn，《物理科学发展中的数学传统与实验传统》(Mathematical versus Experimental Traditions in the Development of Physical Science)，载于 Thomas S. Kuhn 编，《必要的张力：科学传统与变革论文选》(*The Essential Tension: Selected Studies in Scientific Tradition and Change*, Chicago: University of Chicago Press, 1977)，第31页～第65页，以及关于学科和角色的考古学的讨论，参看 Robert S. Westman，《16世纪天文学家的角色：初步研究》(The Astronomer's Role in the Sixteenth Century: A Preliminary Study)，《科学史》(*History of Science*)，18(1980)，第105页～第147页。

1626)写道:“自然科学,尤其在最近时期,即使对那些十分关注它的人来说,也很少占据一个人的全部的时间……它仅仅被当作通往他途的道路和桥梁。”[3]

因此,科学人并不是现代早期文化与社会图景当中的“天然”特征:我们使用“科学人”这个词,也意识到它不够精准,不过这个词本身倒也并不包含什么重大的史学错误。尽管“我们如何穿越历史来到当下”是一个正当的历史学问题,但同时切忌把今日某些社会角色所具有的一致性特征搬回到遥远的年代。我们可以问,现代科学家相对稳定的职业角色是如何从16、17世纪多种不同的准备条件当中产生的?但是如果仅仅按照今天对于“起源故事”的兴趣去提出历史问题,或者把历史研究单纯视为对当下情况的形成轨迹的追溯,那将会令人误解。[4]

现代早期无论何种形式的科学活动,都是由众多传统上已经确立的社会角色所从事的。要理解该时期科学人的社会特征,就要理解这些既有角色的期望、所遵循的规范及归属给它们的特性,以及它们那时正在经历的变化过程和它们之间的相互关系。现代早期保存和扩展自然知识的是既有的多个不同的社会角色,坚持这一点很关键,但本文因篇幅所限只讨论少数几个重要角色:大学学者或教授、医生和上流人士。

181 更加全面的研究就可以讨论包含这一时期其他各类角色在内的整个范围及其各自对于科学活动的意义。比如神职人员,这一角色与大学学者这一角色颇值得注意地、不过仅是部分地交叉,而几位重要人物都在宗教机构里完成了全部或大部分研究活动,或者依靠教会的工作谋生。这类例子很多,比如尼古拉斯·哥白尼(1473～1543)在他的埃姆兰德教士礼拜堂(Ermland chapter house),马兰·梅森(1588～1648)在巴黎的米尼姆会(the order of Minims),皮埃尔·伽桑狄(1592～1655)作为迪涅(Digne)的教会成员而保证了其经济自主。神职人员对当时人们在自然知识与宗教之间建立起一种恰当关系起到了举足轻重的作用,这一点无论怎样强调都不为过。17世纪当一些专业人士宣传自然哲学家是“自然之传教士”的观念时,他们意在表明“自然之书”与《圣经》在神学上地位相当,并且将正规宗教角色的神圣光环授予科学研究。[5]

---

[3] Francis Bacon,《新工具》(*The New Organon* [1620], bk. 1, aphorism 80, Indianapolis: Bobbs-Merrill, 1960),Fulton H. Anderson 编,第77页。

[4] 一本著名的关于“科学家这一社会角色的出现和发展”的、有着强烈的结构功能主义社会学假设和所谓的专业化模型特色的书,Joseph Ben-David,《科学家的社会角色》(*The Scientist's Role in Society* [1971], Chicago: University of Chicago Press, 1984),尤其是第4、5章(关于现代早期论题)。注意这一章和前一章的否定性结论是直接反对本－戴维的如下断言的(第45页,参考第56页注释20):只是到了17世纪“某些人……才第一次视自己为科学家,并将科学任务视为一项独一无二的、特殊的职责和可能的事业”。约瑟夫·本－戴维的解释中的无历史记载的假设的明断的批评,参看 Thomas S. Kuhn,《科学的发展:对本－戴维的“科学角色”的反思》(Scientific Growth: Reflections on Ben-David's "Scientific Role"),《密涅瓦》(*Minerva*),10(1972),第166页～第178页;参看 Roy Porter,《绅士与地质学:科学职业的出现(1660～1920)》(Gentlemen and Geology: The Emergence of a Scientific Career, 1660－1920),《历史期刊》(*The Historical Journal*),21(1978),第809页～第836页,引文在第809页～第813页。

[5] 例如,参看 Harold Fisch,《身为牧师的科学家:关于罗伯特·玻意耳的自然神学的注释》(The Scientist as Priest: A Note on Robert Boyle's Natural Theology),《爱西斯》(*Isis*),44(1953),第252页～第265页;以及 Simon Schaffer,《虔诚的男人们和机械论哲学家:复辟时代的自然哲学之灵魂与精神》(Godly Men and Mechanical Philosophers: Souls and Spirits in Restoration Natural Philosophy),《语境中的科学》(*Science in Context*),1(1987),第55页～第85页。

对科学和哲学产生重要影响的人所从事的职业还包括抄写员、文书、家庭教师，以及为贵族家庭提供各种各样服务的家臣。家臣是文艺复兴时期一些国家的人文主义知识分子通常从事的职业。其中，托马斯·霍布斯（1588～1679）大半生为卡文迪什家族处理各类事物，而约翰·洛克（1632～1704）的第一份工作是私人医生，后来任沙夫茨伯里伯爵的秘书长。科学活动和君主及富有的上流人士的支持之间的关系非常普遍且意义重大，例如，大量研究表明托斯卡纳宫廷的扶持对伽利略确立"社会职业身份"以及对他科学研究的方向都产生过重要影响。而现代早期的保护和委托关系对其他多位著名科学人的职业、地位及科学成果确立权威地位所产生的重要作用，值得深入研究。[6] 最后要提到，对于现代早期科学人的描述还可以涉及众多小人物，比如从事与数学有关职业的人、制造仪器的人、研磨透镜的人以及各种"高级工匠"。20世纪30和40年代马克思主义史学家强调，正是这些人推动了科学的实际研究过程以及经验方法的发展，而观念论历史学家却坚决否定这一点。[7]

大学学者

182

科学人，或者说科学人所涉及的各种特定身份的人群，都属于现代早期的知识阶层。当我们把研究自然视为一种学术文化活动时，可以将现代早期欧洲社会划分为有文化的人与文盲，或者接受过正规学校教育的人与没有接受过正规教育的人。欧洲不同文化当中的人受教育程度和识字率有差异，但是识字人数占总人口的比例普遍偏

---

〔6〕 Mario Biagioli,《廷臣伽利略：专制政体文化中的科学实践》(*Galileo, Courtier: The Practice of Science in the Culture of Absolutism*, Chicago: University of Chicago Press, 1993)；同时参看 Bruce T. Moran 编，《资助与机构：欧洲宫廷的科学、技术和医学（1500～1750）》(*Patronage and Institutions: Science, Technology, and Medicine at the European Court, 1500 - 1750*, Woodbridge: Boydell Press, 1991)。

〔7〕 一个经典的对手工业者在近代科学的出现中的关键意义的强调，参看 Edgar Zilsel,《科学的社会学根源》(The Sociological Roots of Science),《美国社会学期刊》(*American Journal of Sociology*), 47(1942), 第544页～第562页。对受柯瓦雷启发的对任何这类思想的反驳，参看 A. Rupert Hall,《科学革命中的学者与工匠》(The Scholar and the Craftsman in the Scientific Revolution)，载于 Marshall Clagett 编，《科学史的关键问题》(*Critical Problems in the History of Science*, Madison: University of Wisconsin Press, 1959)，第3页～第23页。关于对数学工作者的角色和身份的研究兴趣的再度回升，可参看 Mordechai Feingold,《数学家的学徒身份：英格兰的科学、大学和社会（1560～1640）》(*The Mathematicians' Apprenticeship: Science, Universities, and Society in England, 1560 - 1640*, Cambridge: Cambridge University Press, 1984)；J. A. Bennett,《力学哲学与机械论哲学》(The Mechanics' Philosophy and the Mechanical Philosophy),《科学史》, 24(1986)，第1页～第28页；Bennett,《应用数学的挑战》(The Challenge of Practical Mathematics)，载于 Stephen Pumfrey、Paolo L. Rossi 和 Maurice Slawinski 编，《文艺复兴时期欧洲的科学、文化与大众信仰》(*Science, Culture, and Popular Belief in Renaissance Europe*, Manchester: Manchester University Press, 1991)，第176页～第190页；Mario Biagioli,《意大利数学家的社会地位（1450～1600）》(The Social Status of Italian Mathematicians, 1450 - 1600),《科学史》, 27(1989)，第41页～第95页；Richard W. Hadden,《站在商人的肩膀上：现代早期欧洲交易与自然的数学概念》(*On the Shoulders of Merchants: Exchange and the Mathematical Conception of Nature in Early Modern Europe*, Albany: State University of New York Press, 1994)；Frances Willmoth,《乔纳斯·穆尔爵士：应用数学与复辟时代的科学》(*Sir Jonas Moore: Practical Mathematics and Restoration Science*, Woodbridge: Boydell Press, 1993)；Amir Alexander,《伊丽莎白一世时代数学的帝国主义空间》(The Imperialist Space of Elizabethan Mathematics),《科学史与科学哲学研究》(*Studies in History and Philosophy of Science*), 26(1995)，第559页～第591页；Stephen Johnston,《伊丽莎白一世时代英格兰的数学实践者与工具》(Mathematical Practitioners and Instruments in Elizabethan England),《科学年鉴》(*Annals of Science*), 48(1991)，第319页～第344页；以及 Katherine Hill,《"变戏法的人或学者？"：探讨数学实践者的角色》("Juglers or Schollers?": Negotiating the Role of a Mathematical Practitioner),《英国科学史杂志》(*British Journal for the History of Science*), 31(1998)，第253页～第274页。

低，学者所占的比例就更低了。[8] 对知识精英阶层的特点的理解，也就是对科学人当中的学者这一群体的理解，两者差别不大。

现代早期声名显赫的科学人当中，并非所有人都接受过正规的大学教育。像布莱兹·帕斯卡（1623～1662）、罗伯特·玻意耳（1627～1691）和勒内·笛卡儿（1596～1650）等人都不曾正式上过大学，尽管笛卡儿在拉弗莱什（La Flèche）耶稣会士学校所受的教育对其思想的影响相比于玻意耳在伊顿公学（Eton College）的经历对其思想的影响要更大一些。处于社会的不同阶层而后来成为科学人的那些人都可能逃避大学教育——那些生来就注定要成为手艺人或商人，比如陶艺匠人兼自然志家贝尔纳·帕利西（1510～1590）、商人兼显微镜创制者安东尼·范·列文虎克（1632～1723），因为没有条件或缺乏兴趣而没上大学；[9]而如玻意耳等贵族没有接受正规大学教育，则可能因为他们更倾向于私人教育以及缺乏职业或者物质上的动机促使他们一定要接受正式教育。对于其他多数科学人来说，大学教育是为在市民生活中担任各式角色所做的准备，而真正获取专业科学知识（至少是使其功成名就的专业知识），则是在大学以外。如数学家皮埃尔·德·费马（1601～1665）和天文学家约翰内斯·海韦留斯（1611～1687）以及很多后来的科学人都在大学主修法律；《论磁》（*De magnete*，1600）作者威廉·吉尔伯特（1544～1603）和数学家兼物理学家伊萨克·贝克曼（1588～1637）在大学修医学，约翰内斯·开普勒（1571～1630）主修神学。

183

但是，16、17世纪有很多科学人的成熟职业生涯的确是在大学或者相关高等教育机构里完成的，尽管人们可能过高估计了这一人群在所有著就现代早期科学经典的伟大人物当中所占的比例。[10] 安德烈亚斯·维萨里（1514～1564）、伽利略和艾萨克·牛顿（1642～1727）是大学教授（至少他们生涯的一个阶段是这样），而哥白尼、开普勒、培根、笛卡儿和梅森、帕斯卡、玻意耳、第谷·布拉赫（1546～1601）和克里斯蒂安·惠更斯（1629～1695）等人则不是。而且，教授这一角色很不稳定。20世纪后期科学家若在大学获得终身教职，也算是登上了事业的顶峰，但是现代早期的科学人则不一样。他们可能拥有某大学教席或成员资格，但这只不过是职业生涯的一段插曲，而在他们的职业当中还会包含其他各类社会角色。其实现代早期有一种做法是，将大学里的工作当作跳板，借以得到其他更好的由宫廷保护者直接支持的职位。像数学家兼天文学家克里斯托夫·克拉维乌斯（1538～1612）那样几乎整个职业生涯都做教授

[8] 关于对现代早期精英与世俗文化之间的变化的关系的分析，参看 Peter Burke，《现代早期欧洲的流行文化》（*Popular Culture in Early Modern Europe*，London：Temple Smith，1978），尤其是第2、9章；同时参看 Paul J. Bagley，《论秘传的实践》（On the Practice of Esotericism），《思想史杂志》（*Journal of the History of Ideas*），53（1992），第231页～第247页；以及 Carlo Ginzburg，《高与低：16、17世纪中被禁止的知识主题》（High and Low：The Theme of Forbidden Knowledge in the Sixteenth and Seventeenth Centuries），《过去与现在》（*Past and Present*），73（1976），第28页～第41页。

[9] 实验主义者 Robert Hooke 是牛津基督教教堂的一个唱诗班歌手，而他是否受过正式的大学教育这点并不清楚。

[10] 这个简略的调查并不致力于现代早期科学人以及他们的体制性关系的群体特质研究。这样的研究首先需要建立评判谁是科学人的社会及智性标准，然而这一章的主要目的就是强调这种有问题的特性，即现在的历史学家们可能得出的任何一组相互一致的标准。

（在耶稣会罗马学院）的人并不常见。剑桥大学卢卡斯数学教授艾萨克·巴罗（1630～1677）和他的接替者牛顿都在他们还颇为年轻时便放弃了这一职位——巴罗去做了宫廷牧师，这是一个更有前途的差事，后来他返回剑桥大学担任三一学院院长和剑桥大学副校长，而牛顿在健康出问题后去皇家造币厂做了一名官员。同时代的牛津大学萨维尔（Savilian）天文学教授塞思·沃德（1617～1689）刚到中年就放弃了教职去做几项教会工作，后来成为埃克赛特市（Exeter）的主教。

托马斯·威利斯（1621～1675）为了伦敦一份收入可观的医生工作放弃了牛津的自然哲学塞德雷（Sedleian）教授一职。维萨里先在帕多瓦大学教书，后来做了御医。天文学家吉安·多梅尼科·卡西尼一世*（1625～1712）开始既是博洛尼亚大学教授，又为主教做工程技术工作，后来为了新建立的巴黎皇家科学院的薪金，把两样都舍弃了。法国胡格诺派发明家德尼·巴本（1647～1712）毫不留恋地放弃了马堡（Marburg）大学数学教席，因为这个工作薪酬低，负担重。与此类似，丹麦天文学家奥勒·勒默尔（1644～1710）不再做哥本哈根大学的数学教授，而是成了一名有权势的官员，开始担任市长，后来位至州议员。因此，在现代早期，用教授生涯来识别科学工作是重要的，但也是不足和不调和的。也就是说，如果一个人既是神职人员也是大学教授，或者既是内科医生也是教授，那么当收入更高的或者更受尊重的神职或者从医机会摆在面前时，他很自然地要选择放弃教授一职，放弃科学研究。

184

科学人在职业上与高等教育机构和传授知识相关联，首先意味着这三点。第一，显示出科学与基督教各组织形式之间的联系。整个现代早期，意大利之外的大学基本为教会所控制，宗教改革虽然分裂了这种控制的体制化本质，但除了少数例外，它并没有削弱这种控制。大学的主要目标还是将个人培养成神职人员，而且具备神职人员资格或者正式同意基督教教义是大学入学、毕业以及成为研究员和教授的基本条件。

第二，大学的职责在于保存文化和再造文化两个方面，人们首先从这一角度看待大学教授的活动与身份。大学既负责保管过去传下来的知识，又将知识可靠地传递给下一代。尽管有相当多的教授敢于从事挑战正统观念的研究，但是在现代早期任何地方都不会在观念上树立起这样一种教授典范。也就是说，大学教授进行开创性研究并非出于职业需要。

第三，与大学的从属关系将科学人与特定的社会等级形式联系在一起：大学教师被理解为经传统积累起来并确证的知识的掌握者，他们的体制性目的就是将知识传给下一代。赋予这一等级形式的价值暗示着赋予传统知识形式的价值。须知，对学校知识的“现代”抨击，主要针对学校里的等级社会形式以及在这些形式当中教授的角色。大学体制确保了专业性、权威性和正统性，以及那些与此处所储存的知识相一致的特性。但是对那些想要批评大学设置的人来说，与同样的地方和角色相联系的则是专断

---

* 原籍意大利，1673年入籍法国，改名为让·多米尼克·卡西尼（Jean Dominique Cassini）。——责编注

185 主义、教条主义、学究气、好口舌之争,以及脱离市民生活和现实世界的无病呻吟。

实际上,17 世纪中期开始出现一些新的科学社团,他们有意与大学分道扬镳,即建立一个不爱辩论而务实的学术团体,与由学校掌握的分裂而不合理的堡垒相抗衡。[11] 伦敦皇家学会是表达这一想法的出名的地方。而在德国,戈特弗里德·威廉·莱布尼茨(1646～1716)曾筹建一个由国家支持的学会,这一学会强调入选的会员不仅要学识渊博,"还要品行高洁,不明争暗斗,不嫉妒他人,不用可鄙的途径窃取他人成果,不拉帮结派,不一心想当学派创始人;他们因热爱知识、而不是出于野心和利欲而辛勤工作"。[12] 在这些科学社团中,对教授的负面评价可以说从反面促进了科学界自由的学会会员的出现。但是,这些会员之间只有一个非常宽泛的有关精诚合作或者至少是共同努力探索自然的承诺,除此之外,17 世纪科学社团在建立过程和结构中并没有出现单独而一致的形式。在这些社团中,巴黎皇家科学院的院士享有数量可观的皇家津贴,他们有效促进了国家权力向新自然知识和技术领域的渗透。而英国伦敦的皇家学会则不然,尽管会员时不时表达希望建立培根在《新大西岛》(*New Atlantis*,1627)中所描述的乌托邦式研究机构的科学帝国梦想,英国皇室也没有给会员发半厘薪金,财政

---

[11] 这些问题中有一些在英国背景中分析过,参看 Allen G. Debus,《17 世纪的科学与教育:韦伯斯特与沃德的争论》(*Science and Education in the Seventeenth Century: The Webster - Ward Debate*, London: Macdonald, 1970);Michael R. G. Spiller,《"关于自然实验哲学":梅里克·卡索邦与皇家学会》("*Concerning Natural Experimental Philosophie*": *Meric Casaubon and the Royal Society*, The Hague: Martinus Nijhoff, 1980);以及 James R. Jacob,《亨利·斯图贝,激进的新教和早期的启蒙运动》(*Henry Stubbe, Radical Protestantism and the Early Enlightenment*, Cambridge: Cambridge University Press, 1983),尤其是第 5 章。这一章的后面部分简略地处理了伦敦皇家学会和上流社会习俗之间的关系问题。对于起源于欧洲 15 世纪中叶的学术体制形式的发展的一般性勾勒,参看 Ben-David,《科学家的社会角色》,第 59 页～第 66 页。

[12] Gottfried Wilhelm Leibniz,《论自然科学的基础》(On the Elements of Natural Science),载于 Leibniz,《哲学论文与信件》(*Philosophical Papers and Letters* [ca. 1682 - 4], 2nd ed., Dordrecht: Reidel, 1969),Leroy E. Loemker 编译,第 277 页～第 290 页,引文在第 282 页。关于莱布尼茨建立科学社团计划的环境及其结果,参看 Ayval Ramati,《遥远的协调:莱布尼茨的科学社团》(Harmony at a Distance: Leibniz's Scientific Academies),《爱西斯》,87(1996),第 430 页～第 452 页。

支持少之又少,查理二世甚至嘲笑会员们将时间浪费在小聪明上面。[13]

因此,17 世纪,科学社团或者学会的会员资格对于鉴定科学人的身份并没有一种稳定的意义。只有到了 18 世纪,特别在法国,学会会员的资格才对科学人的身份产生了日益重要的影响。[14] 17 世纪的科学院院士可以视为由旧有社会角色转变而来的,即原来的官员和受到皇室保护的人,或者在科学社团和国家之间联系薄弱的地方由原来的绅士与学者社交圈而产生。在前一种情况下,科学院院士的身份对于公认的科学人角色的出现有着实实在在的贡献,后一种情况则可归入绅士角色对于科学人角色的重要性当中。

186

医职人员

医生这一职业也可以将探求自然知识的活动与现代早期多个被公认的权威性社会角色联系起来。很多行医之人以大学教授的身份从事科学研究,例如,维萨里在帕多瓦大学,马尔切洛·马尔比基(1628 ～ 1694)在博洛尼亚大学。原有的内科和外科

---

〔13〕 有大量的关于 17 世纪科学社团的二手文献,也有一些试图确定它们的集体的意义,例如参看 Sir Henry Lyons,《皇家学会(1660 ～ 1940):其章程下的行政管理史》(*The Royal Society, 1660 - 1940: A History of Its Administration under Its Charters*, Cambridge: Cambridge University Press, 1944),第 1 章～第 4 章;Dorothy Stimson,《科学家与业余爱好者:皇家学会的历史》(*Scientists and Amateurs: A History of the Royal Society*, New York: Henry Schuman, 1948);Sir Harold Hartley 编,《皇家学会:其起源和创始人》(*The Royal Society: Its Origins and Founders*, London: The Royal Society, 1960);Margery Purver,《皇家学会:概念与创造》(*The Royal Society: Concept and Creation*, Cambridge, Mass.: MIT Press, 1967);Michael Hunter,《建立新科学:早期皇家学会的经验》(*Establishing the New Science: The Experience of the Early Royal Society*, Woodbridge: Boydell Press, 1989);Hunter,《皇家学会及其会员(1660 ～ 1700):早期科学机构的结构》(*The Royal Society and Its Fellows, 1660 - 1700: The Morphology of an Early Scientific Institution*, British Society for the History of Science Monographs, 4, Chalfont St. Giles: British Society for the History of Science, 1982);Roger Hahn,《对一所科学机构的剖析:巴黎科学院(1666 ～ 1803)》(*The Anatomy of a Scientific Institution: The Paris Academy of Sciences, 1666 - 1803*, Berkeley: University of California Press, 1971);Claire Salomon-Bayet,《科学机构与生活经验:皇家科学院的方法与经验(1666 ～ 1793)》(*L'Institution de la science et l'expérience du vivant: Méthode et expérience à l'Académie Royale des Sciences, 1666 - 1793*, Paris: Flammarion, 1978);Alice Stroup,《科学家团队:17 世纪巴黎皇家科学院的植物学研究、资助与社团》(*A Company of Scientists: Botany, Patronage, and Community at the Seventeenth-Century Parisian Royal Academy of Sciences*, Berkeley: University of California Press, 1990);W. E. Knowles Middleton,《实验者:实验学会研究》(*The Experimenters: A Study of the Accademia del Cimento*, Baltimore: Johns Hopkins University Press, 1971);Knowles Middleton,《罗马的科学(1675 ～ 1700)及乔瓦尼·朱斯蒂诺·钱皮尼的物理数学学院》(Science in Rome, 1675 - 1700, and the Accademia Fisicomathematica of Giovanni Giustino Ciampini),《英国科学史杂志》,8(1975),第 138 页～第 154 页;David S. Lux,《17 世纪法国的资助与皇家科学:卡昂的物理学院》(*Patronage and Royal Science in Seventeenth-Century France: The Académie de Physique in Caen*, Ithaca, N. Y.: Cornell University Press, 1989);Daniel Roche,《外省的启蒙世纪:学院与外省学院(1680 ～ 1789)》(*Le siècle des lumières en province: Académies et académiciens provinciaux, 1680 - 1789*, 2 vols., Paris: Mouton, 1978);K. Theodore Hoppen,《18 世纪的公共科学家:关于都柏林哲学学会的研究(1683 ～ 1708)》(*The Common Scientist in the Eighteenth Century: A Study of the Dublin Philosophical Society, 1683 - 1708*, London: Routledge and Kegan Paul, 1970);Harcourt Brown,《17 世纪法国的科学组织(1620 ～ 1680)》(*Scientific Organizations in Seventeenth Century France [1620 - 1680]*, Baltimore: Williams and Wilkins, 1934);Martha Ornstein,《17 世纪科学学会的作用》(*The Role of Scientific Societies in the Seventeenth Century*, Chicago: University of Chicago Press, 1928);R. J. W. Evans,《17 世纪德国的学术社团》(Learned Societies in Germany in the Seventeenth Century),《欧洲研究评论》(*European Studies Review*),7(1977),第 129 页～第 151 页;以及 James E. McClellan III,《重组的科学:18 世纪的科学学会》(*Science Reorganized: Scientific Societies in the Eighteenth Century*, New York: Columbia University Press, 1985),第 1、2 章。同时参看注释 17 ～ 24 中所引的文献。

〔14〕 对 18 世纪的发展的分析,参看 Steven Shapin,《科学人的形象》(The Image of the Man of Science),载于 Roy Porter 编,《剑桥科学史·第四卷·18 世纪科学》(*The Cambridge History of Science*, vol. 4: *Eighteenth-Century Science*, Cambridge: Cambridge University Press, 2003),第 159 页～第 183 页。同时参看注释 24 中所引文献。

医师学院也有些准学术角色，比如外科讲师，威廉·哈维（1578～1657）就在伦敦皇家内科医生学院（London Royal College of Physicians）做了多年的讲师。但是行医者这一角色原则上在大学以外提供对自然知识的权威性研究，或者更确切地说在大学知识体系以外。一个人要成为内科医生，得先通过高等教育机构，这种通过有时候有名无实，但是只要他通过了，便可以占据这个位置，也就可以积极投身于科学研究，而不需要成为哪一所大学的教员或者受聘于哪一家医疗机构。[15]

187

与普通大学学者不同，医生这一社会角色将自然知识与现实干预紧密联系起来。无论人们对于内科医生（不是外科医生和药剂师）是否属于上流社会和纯学术界这一点的看法有多么不同，人们仍认定内科医生所拥有的知识具有价值，因为这种知识既能够解释人体变化过程，又能指导保健和治病等实践过程。[16] 尽管人们通常嘲笑内科医生给人治病时摆出一副不合常理的做作样子，但是这个角色的存在本身证明了人们足够尊重正规医学知识，完全承认这类知识的效用。因此医学是这样一个重要的领域，这个领域的自然知识已经在社会上建立起权威性与可信度。

另外与教授不同的是，医生这一职业主要关注描述、解释和控制自然物。尽管现代早期的众多哲学家十分强调人的灵魂和身体双重性质，医生这一角色还是倾向于将其干预侧重于人的身体方面。因此医生经常研究与人体构造和功能紧密相关的科学问题。出于职业需要，有些医生自然而然地去研究解剖学和生理学，例如哈维、马尔比基、威利斯、圣托里奥·圣托里奥（1561～1636）、奥洛夫·伦德贝克（1630～1702）、理查德·洛厄（1631～1691）、弗朗切斯科·雷迪（1626～约 1697），以及雷尼尔·德·赫拉夫（1641～1673）。类似的职业上的考虑则将其他人的兴趣吸引到自然志上，比如康拉德·格斯纳（1516～1565）、扬·斯瓦默丹（1637～1680），以及尼赫迈亚·格鲁（1641～1712），或者到化学上，例如格奥尔格·阿格里科拉（1494～1555）和约翰·梅奥（1641～1679）。[17] 但是医生从事科学研究并不限于与医学实践直接相关的问题，例如，医师吉尔伯特研究磁，尼古劳斯·斯泰诺（1638～1686）研究地质学，亨利·鲍尔（1623～1668）研究实验自然哲学。又如约翰·洛克以心理学与政治哲学成就出名之前，曾获医学学位，而托马斯·西德纳姆（1624～1684）的主要成就可以说

188

[15] 在许多中世纪和现代早期的大学中，自然哲学和自然志的训练是获得医学学位的一个关键的必要条件。这就是为什么那么多在自然哲学和自然志方面受过训练的人是医师的一个原因，这也是早期科学团体的成员为何如此看重从医人员的原因。

[16] 保持"专业化"的书本式训练的医师与转向生意或手艺身份的外科医生和药剂师之间的文化和社会界限是难以划出的。在英国，无论如何，更为开放和有包容性的"医学专业"观念在 17 世纪晚期至 18 世纪早期出现，随之而来的是医学与科学文化之间的更为有趣的结果。例如参看 Geoffrey Holmes，《安妮女王时代的英格兰：职业、地位与学会（1680～1730）》（*Augustan England: Professions, State, and Society, 1680 - 1730*, London: Allen and Unwin, 1982），第 6、7 章。

[17] 例如参看 Harold J. Cook，《医师与自然志》（Physicians and Natural History），载于 Nicholas Jardine、James A. Secord 和 Emma C. Spary 编，《自然志文化》（*Cultures of Natural History*, Cambridge: Cambridge University Press, 1996），第 91 页～第 105 页。Cook 注意到了药物学是怎样提供了一个自然志、化学和医疗目的之间的实质性的联系；同时参看 Paula Findlen，《拥有自然：现代早期意大利的博物馆、收藏和科学文化》（*Possessing Nature: Museums, Collecting, and Scientific Culture in Early Modern Italy*, Berkeley: University of California Press, 1994），第 6 章。

是引入一种广泛适用的科学方法。此外并不只有内科医生或外科医生才对与医学有关的问题感兴趣，培根、笛卡儿和玻意耳等人虽没有专业行医资格，却都提出过医学理论，研究过治疗方法和营养学。

上流人士

与学者和医生一样，上流人士这一角色对于改变“如何获取自然知识”这一观念，既提出了问题又提供了机会。一方面，虽然16世纪至17世纪早期，人文主义作者竭力主张高尚和文雅的知识“理应”成为正统的有教养概念的核心，但是传统上绅士的角色显然并不由获取和追求正规知识的活动来定义。尽管绅士阶层和知识阶层两类角色明显有部分重合，但是绅士文化不大接纳这样一种观念，即认为出身高贵的人应该把探索正规知识当成一种职业活动，无论是为了获取报酬还是为了得到社会身份，这一点在英格兰甚于在意大利和法国。多数情况下学者们在绅士社交圈当中受到尊重，但是这类社交圈明显区别对待绅士和职业学者，或者指出学者特有的缺点从而有碍于他们与上流社会的谈话，尤其批评学者们的传统的孤僻，“乖僻”或“抑郁”的气质，好争辩，以及他们的学究气。[18]

另一方面，上层人士普遍有文化，往往受过良好教育，愿意支持科学人的活动，在欧洲大陆尤为如此。如绅士们赞助“复合的”数学科学的研究，因为这类知识被公认为对战争技术、获取财富和加强政治控制具有实用性。绅士们和贵族还赞助天文学或自然志等领域，因为掌握这些知识能让他们面上有光，让他们在文雅交谈时妙语珠玑。[19]因此，贵族和上流人士控制着一种非常重要的资源来支持科学人的研究活动，尽管文化取向和社会态度在两者之间设有界限，即赞助或业余爱好是一回事，而专门的科学研究或制度内的科学人身份则是另外一回事。在16世纪和17世纪早期，这种界限划分的影响不大，一些著名科学人都出身贵族，但是当时的文化当中几乎没有什么资源来欣赏和支持职业学者和绅士两角色之间的实质性结合。

189

---

[18] Steven Shapin，《“学者与绅士”：现代早期英格兰科学从业者的成问题的身份》（“A Scholar and a Gentleman”: The Problematic Identity of the Scientific Practitioner in Early Modern England），《科学史》，29（1991），第279页～第327页；Shapin，《真理的社会史：17世纪英格兰的修养与科学》（*A Social History of Truth: Civility and Science in Seventeenth-Century England*, Chicago: University of Chicago Press, 1994），第2章～第4章；Adrian Johns，《现代早期宇宙论中的审慎和迂腐：阿勒罗斯的职业》（Prudence and Pedantry in Early Modern Cosmology: The Trade of Al Ross），《科学史》，35（1997），第23页～第59页。

[19] 例如参看Biagioli，《廷臣伽利略：专制政体文化中的科学实践》；Mario Biagioli，《王子和科学家：17世纪的科学文明》（Le prince et les savants: La civilité scientifique au 17e siècle），《年鉴：历史、社会科学》（*Annales: Histoire, Sciences Sociales*），50（1995），第1417页～第1453页；Biagioli，《17世纪科学中的礼仪、相互依赖和社会性》（Etiquette, Interdependence, and Sociability in Seventeenth-Century Science），《批评性调查》（*Critical Inquiry*），22（1996），第193页～第238页；Willmoth，《乔纳斯·穆尔爵士：应用数学与复辟时代的科学》；Findlen，《拥有自然：现代早期意大利的博物馆、收藏和科学文化》；Moran编，《资助与机构：欧洲宫廷的科学、技术和医学（1500～1750）》；Stroup，《科学家团队：17世纪巴黎皇家科学院的植物学研究、资助与社团》；以及Pamela H. Smith，《炼金术的生意：神圣罗马帝国的科学与文化》（*The Business of Alchemy: Science and Culture in the Holy Roman Empire*, Princeton, N. J.: Princeton University Press, 1994）。

这种文化资源不久开始出现，它是伴随着对于科学人的社会角色以及对于科学知识本身的看法的改变而出现的。16 世纪晚期，英国贵族和大法官培根积极主张：改变研究自然的方式以及组织制度，知识可以很快成为国家政权的有效武器以及致力于国民事务的绅士们的理想追求。学者们传统的私密的研究方式使科学成为只爱争辩、废话连篇和空洞乏味的活动，应该将自然知识拽出这种私密状态，置于真实世界万象和公民实际生活的光辉之下。[20] 培根设想：改革之后的科学人将积极能动地工作，而科学研究能够在公共场所进行。[21]

培根设想由置身于公民生活的学者来从事与国民事务有关的科学研究，这一想法后来在 17 世纪 60 年代通过皇家学会的成立得以发展。伦敦皇家学会成立之时，那里的政评作家诸如亨利·奥尔登堡（1618 ～ 1677）、托马斯·斯普拉特（1635 ～ 1713）和约瑟夫·格兰维尔（1636 ～ 1680）等人评论说，皇家学会已经颠覆了自然哲学传统的演绎方法，通过将具体事实置于因果和形而上学体系之前，从而克服了旧式科学争论不休、迂腐、片面、专断以及空洞乏味等缺陷。而当新的研究方法对社会的好处以及在智识上的优点由一位身世显赫的爱尔兰系英国贵族、被称为“尊敬的罗伯特·玻意耳”的人展现出来时，皇家学会宣布培根的梦想已经实现，即新科学与科学人的新社会角色结合了起来。这个角色不是职业学者，不是教师，不受旧哲学体系的束缚，不是一个专职神职人员，不是一个内科医生，而是一个自由、独立、谦逊、高尚、追寻上帝所赐自然之真相的人。皇家学会声言，科学已经变成一种既文雅又实用的活动，它适合绅士参与，可以用来巩固并扩大国家的权力。[22]

190

正是科学人这一不断变化着的社会角色的绅士模式使传统的“专业化模式”研究方法面临最大的挑战。采用这一模式的历史学和社会学研究者，查找历史档案是为了回溯现在状况形成的过程，特别是有关科学具有特殊性和自主性的评价是如何逐渐形成的，以及有偿科学研究出现的基础是什么。但是上流文化更倾向于质疑知识的专门化和学者们的与世隔绝，尤其在英格兰，上流人士有时认为：用智力劳动换取报酬的人

---

〔20〕 参看 Julian Martin，《弗兰西斯·培根、国家和自然哲学的改革》（*Francis Bacon, the State, and the Reform of Natural Philosophy*, Cambridge: Cambridge University Press, 1992）。

〔21〕 现代早期关于科学生活是应该“活跃”还是应该“静思”的争论，参见 Owen Hannaway，《实验室设计与科学目标：安德烈亚斯·利巴菲乌斯与第谷·布拉赫》（Laboratory Design and the Aim of Science: Andreas Libavius versus Tycho Brahe），《爱西斯》，77（1986），第 585 页～第 610 页；以及 Steven Shapin，《17 世纪英格兰的实验所》（The House of Experiment in Seventeenth-Century England），《爱西斯》，79（1988），第 373 页～第 404 页。

〔22〕 关于一些欧洲大陆科学人的特殊的教养模式的意义，参看 Stephen Gaukroger，《笛卡儿：一位知识分子的传记》（*Descartes: An Intellectual Biography*, Oxford: Oxford University Press, 1995），尤其是第 28 页～第 67 页；Peter Dear，《机械论的微观世界：身体的欲望、良好的礼仪与笛卡儿机械论》（A Mechanical Microcosm: Bodily Passions, Good Manners, and Cartesian Mechanism），载于 Christopher Lawrence 和 Steven Shapin 编，《科学的化身：自然知识的历史体现》（*Science Incarnate: Historical Embodiments of Natural Knowledge*, Chicago: University of Chicago Press, 1998），第 2 章；Albert Van Helden，《对比天文学的职业：惠更斯与卡西尼》（Contrasting Careers in Astronomy: Huygens and Cassini），《17 世纪》（*De zeventiende eeuw*），12（1996），第 96 页～第 105 页；以及 Victor E. Thoren，《天堡的主人：第谷·布拉赫传》（*The Lord of Uraniborg: A Biography of Tycho Brahe*, Cambridge: Cambridge University Press, 1990）。

其实牺牲了智力活动的独立性和完整性，而这对于获取可靠的知识至关重要。[23] 当与大学学者、神职人员、内科医生等其他社会角色相联系的社会资源不能够有力地支持探求自然知识的活动时，这种活动便要靠累积资本来支持而得以实现，现代早期其他学术活动莫不如此。继承祖业而无须工作的独立性为探索自然活动最大程度地提供了现实资源，同时这种独立性也可以被视为科学研究者确保正直无私的有力象征，即他们作为真正的业余人士探索自然知识纯粹出于热爱而不为赚钱。

科学人这一新社会角色的上流人士概念对于科学人的自我评价以及新学术活动的合理性很重要。但是无论在英格兰还是在欧洲大陆，这一概念更为宽泛的文化合法性却受到限制。英格兰一些有影响的学者和廷臣嘲笑皇家学会的实用主义主张，并认为新成立的学会与原来迂腐、好辩的形式之间并无本质区别。在皇家学会内部，玻意耳式谦逊文雅的经验主义与或然论很快受到来自牛顿主义以及牛顿自然哲学纲领的挑战，后者意味着重新回到从前那种学院式的封闭和哲学权威的观念。早期皇家学会关于科学研究的适当途径以及科学人适当角色的说法在欧洲大陆广受欢迎，但是在法国、意大利和德国，对于相应的社会模式的理解并不稳定。不同地方科学人所担任的社会角色很不一样，科学研究以各种各样的方式与业已存在的社会角色保持着偶然、松散的联系，这些角色包括专业学者、医生和绅士以及一般学术文化产生过程中涉及的其他角色。[24]

191

（李文靖　译）

[23] 关于胡克和玻意耳的研究，分析了有酬劳的科学的一些问题，参看 Stephen Pumfrey,《超出他的地位的想法：胡克实验管理者职务的社会研究》(Ideas above His Station: A Social Study of Hooke's Curatorship of Experiments),《科学史》29(1991)，第 1 页～第 44 页；Steven Shapin,《谁是罗伯特·胡克?》(Who Was Robert Hooke?)，载于 Michael Hunter 和 Simon Schaffer 编,《罗伯特·胡克：新研究》(*Robert Hooke: New Studies*, Woodbridge: Boydell Press, 1989)，第 253 页～第 285 页；以及 Shapin,《真理的社会史：17 世纪英格兰的修养与科学》，第 8 章。

[24] 18 世纪早期至中叶形成了关于文雅和实用的更为精细的文化，以及关于科学人在这些文化中的角色的更富于争议的观念。关于文雅，参看 Anne Goldgar,《粗鲁的学问：文学界中的操行和共同体(1680 ～ 1750)》(*Impolite Learning: Conduct and Community in the Republic of Letters, 1680 - 1750*, New Haven, Conn.: Yale University Press, 1995)；Geoffrey V. Sutton,《上流社会的科学：性别、文化与启蒙运动的论证》(*Science for a Polite Society: Gender, Culture, and the Demonstration of Enlightenment*, Boulder, Colo.: Westview Press, 1995)；以及 Alice N. Walters,《风俗画：18 世纪英国的科学与优雅》(Conversation Pieces: Science and Politeness in Eighteenth-Century England),《科学史》,35(1997)，第 121 页～第 154 页。关于科学和实用，参看 Larry Stewart,《公众科学的兴起：牛顿时代英国的修辞学、技术和自然哲学(1660 ～ 1750)》(*The Rise of Public Science: Rhetoric, Technology, and Natural Philosophy in Newtonian Britain, 1660 - 1750*, Cambridge: Cambridge University Press, 1992)；Jan Golinksi,《作为公众文化的科学：英国的化学与启蒙运动(1760 ～ 1820)》(*Science as Public Culture: Chemistry and Enlightenment in Britain, 1760 - 1820*, Cambridge: Cambridge University Press, 1992)，尤其是第 4 章；以及 Shapin,《科学人的形象》。

7

192

自然知识中的女性

隆达·席宾格

“思想不分性别”,1673 年弗朗索瓦·普兰·德拉·巴尔(1647～1723)致力于消除“所有偏见当中最为突出的一个”,即男女不平等时提出这样的说法。[1] 这位忠实的笛卡儿主义者试图证明:心灵没有性别之分,这一点不同于身体。普兰等人表达出的对女性态度的转变引出了女性参与科学研究的问题,这一崭新事物本质上是在既有等级制度下赢得新的认可的努力。16、17 世纪科学研究与教会、国王、家族(无论显赫或卑微)的关系,与王侯们的资产、全球或地方市场之间的关系都处于不断的变动之中。有关自然知识的重要问题——它的理想与方法、适当的界限以及应当由谁形成这些知识,仍有待回答。[2] 松散的体制结构、开放的态度,使得女性可以通过很多非正式关系参与科学活动,并且在有些情况下对自然知识做出重大贡献。

这一时期参与探索自然的活动在很大程度上受到社会地位的影响,而想要了解自然的人们(无论男女)主要来自学术精英和手工业者这两个截然不同的社会阶层(参看第 6 章)。人文主义者在宫廷、科学学会和沙龙之中活动,而掌握技术的男女工匠们则制造出望远镜和星盘、绘制地图、改进各项技术以捕获自然现象中最精微的细节。除了这两个群体,还有欧洲的农夫、渔夫、女采药人以及为自然志家提供信息的人。威廉·埃蒙在本卷第 8 章当中就谈到了乌利塞·阿尔德罗万迪(1522～1605)在鱼市上学习鱼的名称、习性和特点这件事。哈罗德·库克反对编史学过于强调手脑分立,他认为尤其在荷兰(德国也大抵如此),书本知识与手工技术的结合引发了知识的激剧增

193

---

〔1〕 François Poullain de la Barre,《两性平等:关于身体的和道德的论述》(*De l'égalité des deux sexes: Discours physique et moral*, Paris: Jean du Puis, 1673 年),序言。这一章的部分材料来源于 Londa Schiebinger,《心灵无性? 现代科学诞生中的女性》(*The Mind Has No Sex? Women in the Origins of Modern Science*, Cambridge, Mass.: Harvard University Press, 1989),第 1 页～第 101 页。

〔2〕 Alexandre Koyré,《从封闭世界到无限宇宙》(*From the Closed World to the Infinite Universe*, Baltimore: Johns Hopkins University Press, 1957);Robert Merton,《17 世纪英格兰的科学、技术与社会》(*Science, Technology, and Society in Seventeenth Century England* [1938], New York: H. Fertig, 1970);A. Rupert Hall,《科学中的革命(1500～1750)》(*The Revolution in Science, 1500 - 1750*, New York: Longmans, 1983);H. Floris Cohen,《科学革命的编史学研究》(*The Scientific Revolution: A Historiographical Inquiry*, Chicago: University of Chicago Press, 1994);S. A. Jayawardene,《科学革命:一本有注释的书目》(*The Scientific Revolution: An Annotated Bibliography*, West Cornwall: Locust Hill Press, 1996)。对大学妨碍新科学的发展这一观点的挑战,参看 Mordechai Feingold,《数学家的学徒身份:英格兰的科学、大学和社会(1560～1640)》(*The Mathematicians' Apprenticeship: Science, Universities, and Society in England, 1560 - 1640*, Cambridge: Cambridge University Press, 1984)。

长，这一增长有时仍然颇有启发性地被称为“科学革命”。[3] 不过，强调手工作坊里提供的非学院式教育对下层妇女和男子的帮助这一点是很有用的。

本文所研究的是始于16、17世纪科学革命时期中不断变化着的自然知识的体制性基础，以及女性在这些体制中不断变化着的命运。我们首先讨论学术精英，涉及大学、宫廷、非正式的人文主义者圈子、学院与学会以及巴黎的沙龙；然后讨论完全不同于文人学士圈的人群，即有关手工作坊里的男女技术工匠；最后跳出欧洲范围对游历的自然志家进行论述。

学术精英

任何人如果没有接受正规教育、不能利用图书馆和各种工具仪器、无法进入交流网络，都很难对知识有所贡献。这一点与此人的性别、地位以及是不是欧洲人无关。欧洲历史上的知识制度一直没有为女性提供良好的机会。大学从12世纪建立开始就在原则上不接纳女性。大学与宗教机构不同，宗教机构对于男性和女性来说都是知识中心，而大学提供神学、法学和医学方面正规教育的目的在于为年轻男性从事教会、政府和教学工作做准备。由于这些与知识有关的职业不接纳女性，因此人们也不认为女性应该上大学。[4]

194

今天任何人上不了大学都很难从事科学研究，但是现代早期的情况却不然。如夏平在本卷第6章论述，现代早期“科学人”是在各种不同的环境下发展了自然知识，比如伽利略·伽利莱（1564～1642）长期担任美第奇家族的御用天文学家，弗兰西斯·培根（1561～1626）和戈特弗里德·威廉·莱布尼茨（1646～1716）既为文人又为政府要员，而勒内·笛卡儿（1596～1650）、克里斯蒂安·惠更斯（1629～1695）和罗伯特·玻意耳（1627～1691）则属于有钱有闲的业余科学爱好者。

当教育和学历认证尚缺乏明确而完善的条件要求时，人们参与科学活动主要受到君王、贵族和教会提供的支持的影响。宫廷与私人资助关键在于权力，这种权力不是单纯的军事实力，而是体现一种才能与地位的颇为仪式化的交换。当一个宫廷用陈列品来赞颂自己并作为对国王称号和权力的肯定时，像数学家和哲学家伽利略这样的廷臣则更加会使其面上有光。反过来，廷臣从保护人那里也得到好处。这种交换在约翰

[3] Harold Cook，《低地国家的新哲学》（The New Philosophy in the Low Countries），载于 Roy Porter 和 Mikuláš Teich 编，《国家语境中的科学革命》（*The Scientific Revolution in National Context*, Cambridge: Cambridge University Press, 1992），第115页～第149页。对“科学革命”这一概念的批评，参看 Steven Shapin，《科学革命》（*The Scientific Revolution*, Chicago: University of Chicago Press, 1996）。

[4] Paul Kristeller，《现代早期意大利博学的女性：人文主义者和大学学者》（Learned Women of Early Modern Italy: Humanists and University Scholars），载于 Patricia Labalme 编，《超越了她们的性别：欧洲历史上博学的女性》（*Beyond Their Sex: Learned Women of the European Past*, New York: New York University Press, 1984），第117页～第128页；David Noble，《没有女性的世界：西方科学的基督教牧师文化》（*A World without Women: The Christian Clerical Culture of Western Science*, Oxford: Oxford University Press, 1993）。

内斯·开普勒(1571～1630)的《鲁道夫星表》(*Tabulae Rudolphinae*,1627)卷首插图当中表现出来:图中象征鲁道夫二世皇帝的雄鹰从口中吐出银币,并展开双翼将开普勒的"天文学殿堂"置于保护之下。[5] 这种非正规学术圈的发展有利于出身豪门的女性,她们因为身处上流社会而能够在学术以及其他文化领域发挥影响力。上流社会女性以资助或公开推崇的方式得到同那些出身平民阶层但学识出众的男性交谈的机会,由此逐渐融入由有知识的男性组成的网络。

在宫廷以及因宫廷而形成的其他非正式学术圈当中,女性是重要的资助人、对话者、女主人以及热衷自然知识与各种奇珍异宝的主顾,而由于该历史时期资助通常决定了科学研究者的身份和职业,这些关系显得十分重要。[6] 在这一体系的交换特质下,17 世纪 40 年代瑞典女王克里斯蒂娜(1626～1689)邀请笛卡儿担任她的自然哲学和数学老师,并为她的科学院草拟章程。17 世纪 90 年代,勃兰登堡侯爵之妻、后来的普鲁士王后索菲娅·夏洛特(1668～1705)支持莱布尼茨创立柏林学会(Societas Regia Scientiarum)并在柏林建立该学会的天文台。[7] 但是,据我所知,恐怕还没有出现任何一位女宫廷哲学家,也就是说,没有一位像伽利略那样得到君主支持而专职研究自然哲学的女性。[8] 尽管有些女性证明自己是敏锐的自然哲学家和道德哲学家,如波希米亚公主伊丽莎白(1618～1680)在与笛卡儿通信当中表现出才华,但是绝大多数女性仍然只是支持研究活动而不是创造出自然知识。

195

17 世纪末,知识的权杖从宫廷转移到学会。科学史学家将欧洲各个学会的成立视为近代科学产生中的至为关键的一步,这些学会有罗马的山猫学会(Accademia dei Lincei)、佛罗伦萨的实验学会(Accademia del Cimento)、伦敦的皇家学会(Royal Society)以及巴黎的皇家科学院(Académie Royale des Sciences)。[9] 这些皇家学会为尚不成熟的科学在社会上树立起威信并为其在宗教和政治上提供保护。国家认可自然知识的地位,同时女性也被更加严苛地排除在科学机构之外。[10] 不过,这种对女性的排斥并不是一个注定的现象,需要给出解释。

---

[5] I. Bernard Cohen,《科学像册:从莱奥纳尔多到拉瓦锡(1450～1800)》(*Album of Science: From Leonardo to Lavoisier, 1450 - 1800*, New York: Scribner, 1980),第 53 页,注 68;Bruce Moran 编,《资助与机构:欧洲宫廷的科学、技术和医学(1500～1750)》(*Patronage and Institutions: Science, Technology, and Medicine at the European Courts, 1500 - 1750*, Rochester: Boydell Press, 1991);以及 Mario Biagioli,《廷臣伽利略:专制政体文化中的科学实践》(*Galileo, Courtier: The Practice of Science in the Culture of Absolutism*, Chicago: University of Chicago Press, 1993)。

[6] 关于身份的产生,参看 Stephen Greenblatt,《文艺复兴的自我塑造:从莫尔到莎士比亚》(*Renaissance Self-Fashioning: From More to Shakespeare*, Chicago: University of Chicago Press, 1980);关于这一时期会谈特质的经济研究,参看 Anne Goldgar,《粗鲁的学问:文学界中的操行和共同体(1680～1750)》(*Impolite Learning: Conduct and Community in the Republic of Letters, 1680 - 1750*, New Haven, Conn.: Yale University Press, 1995),第 12 页～第 53 页。

[7] Adolf von Harnack,3 卷本《柏林皇家科学院史》(*Geschichte der Königlich Preussischen Akademie der Wissenschaften zu Berlin* [1900], Hildesheim: Georg Olms, 1970),第 1 卷,第 124 页。

[8] 在法国宫廷里,Christine de Pizan(约 1363～约 1431)在 15 世纪写了好几部委托的作品。

[9] David Lux,《17 世纪法国的资助与皇家科学:卡昂的物理学院》(*Patronage and Royal Science in Seventeenth-Century France: The Académie de Physique in Caen*, Ithaca, N. Y.: Cornell University Press, 1989);以及 Alice Stroup,《科学家团队:17 世纪巴黎皇家科学院的植物学研究、资助与社团》(*A Company of Scientists: Botany, Patronage, and Community at the Seventeenth-Century Parisian Royal Academy of Sciences*, Berkeley: University of California Press, 1990)。

[10] Joan Landes 编,《女性主义、公众与私人》(*Feminism, the Public and the Private*, Oxford: Oxford University Press, 1998)。

17世纪的科学团体来自两个不同的传统:中世纪的大学和文艺复兴时期的宫廷。就科学团体来源于大学而言,因为传统上大学里只有男性,所以很容易解释为什么科学团体排斥女性。但是科学团体还可以视为源自宫廷圈以及与之相伴的非正式学术团体。[11] 如果强调各个学会与文艺复兴时期宫廷文化之间的继承性,而女性是后者的积极参与者,那么就很难解释为什么科学团体不接纳女性了。

以巴黎皇家科学院为例。16世纪末和17世纪初女性广泛参与流行于巴黎的聚会、沙龙和科学交流活动。[12] 如每周一在巴黎西岱岛(Ile de la Cité)赫耳墨斯派人士特奥弗拉斯特·勒诺多(1586～1653)的大公鸡之家(Maison du Grand Coq),女子们与其他人一道怀着好奇心观看他做实验。笛卡儿主义者的活动也有女性参加,“无论男女老少、各行人士”每周三聚在雅克·罗奥(1620～1675)家中看他做实验证明笛卡儿的物理学理论。[13] 巴黎科学院成立之前的几年,展示两性美丽精神的珍贵宫殿(Palais Précieux pour les Beaux Esprits des Deux Sexes)、塞维尼侯爵夫人(1626～1696)和迈内公爵夫人(1676～1753)的沙龙都有很多女性参加。参与非正式科学活动的女性如此快速地增长,以至于17世纪80年代皮埃尔·里什莱(1626～1698)编著他的著名辞典时专门加入“女学者(académicienne)”一词并解释为:这一新词语意指文人学士团体当中的女性。当时恰逢德祖利埃夫人(1638～1694)当选为阿尔勒皇家学会(Académie Royale d'Arles)院士。[14]

女性在非正式科学交流活动当中占有重要位置,然而却没有成为巴黎科学院的院士。原因何在?法国学院制度的某些方面本可以鼓励贵族女性入选。17世纪的各个学会保留了文艺复兴时期那种学识与文雅相联系、知识为生活增添优雅和为心灵带来美的传统。巴黎科学院有举办欢庆活动的惯例,要求社交礼节,常有晚宴和音乐会,而所有这些都有可能模糊后来使得学会从沙龙分离出去的界限。[15] 科学院的气氛本该是让贵族女性如鱼得水的一种气氛。与此同时,科学院还是君主统治和划分等级的。最上层是12位名誉院士,但他们很少参与实际工作;做实际工作的自然研究者们是拥

---

[11] Frances Yates,《16世纪的法国学术团体》(*The French Academies of the Sixteenth Century*, London: Warburg Institute, 1947),第1页;以及 Martha Ornstein,《17世纪科学学会的作用》(*The Role of Scientific Societies in the Seventeenth Century*, Chicago: University of Chicago Press, 1928)。关于妇女作为文化大使,参看 Susan Groag Bell,《中世纪拥有图书的女性:宗教行为的仲裁者和文化大使》(Medieval Women Book Owners: Arbiters of Lay Piety and Ambassadors of Culture),载于《符号》(*Signs*),7(1982),第742页～第768页。

[12] G. Bigourdan,《17世纪巴黎的第一个科学社团》(Les premières sociétés scientifiques de Paris au XVIIe siècle),载于《科学院会刊》(*Comptes rendues de l'Académie des Sciences*),163(1916),第937页～第938页。

[13] Claude Clerselier 编,6卷本《笛卡儿先生的信札》(*Lettres de Mr. Descartes* [1659], Paris: Charles Angot, 1724),第2卷序言。关于勒诺多的聚会,参看 Howard Solomon,《17世纪法国的公众福利、科学以及宣传活动:特奥弗拉斯特·勒诺多的革新》(*Public Welfare, Science, and Propaganda in Seventeenth Century France: The Innovations of Théophraste Renaudot*, Princeton, N. J.: Princeton University Press, 1972)。

[14] Pierre Richelet,3卷本《法语词典,古代及现代》(*Dictionnaire de la langue françoise, ancienne et moderne*, Lyon, 1759),第1卷,第21页。

[15] Harcourt Brown,《17世纪法国的科学组织(1620～1680)》(*Scientific Organizations in Seventeenth-Century France, 1620 - 1680*, Baltimore: Williams and Wilkins, 1934);以及 Roger Hahn,《对一所科学机构的剖析:巴黎科学院(1666～1803)》(*The Anatomy of a Scientific Institution: The Paris Academy of Science, 1666 - 1803*, Berkeley: University of California Press, 1971)。

有才干的新贵，地位却比名誉院士要低。尽管如此，贵族女性也无法凭借出身在科学院获得一席之地，哪怕是名誉席位也不行。科学院的封闭性和正规性阻碍了女性入选院士。科学院的院士席位是国家的、有薪酬的职位，能够得到王室所提供的保护和特别待遇。[16] 虽然有薪酬的职位本身也许并不会将女性排除在外，如杰出的古尔奈(Gournay)的玛丽·勒雅尔(1565～1645)在她1645年去世之前一直从黎塞留那里领取中等水平的薪金，但是巴黎科学院会员人数限制在40人，有一个女性入选便会占据一个男子的名额。

197 英国女性的情况也没有好到哪里去。1662年皇家学会在伦敦成立时，至少在思想观念上是向各类人敞开的。这个学会的第一个史学家托马斯·斯普拉特(1635～1713)强调有价值的贡献既来自学者，也来自粗人，“来自工匠的作坊、商人的旅途、农夫的耕耘以及绅士的运动场、鱼池、草地和花园”。[17] 而实际上皇家学会关于欢迎社会各阶层人士入会的主张根本没有实现，单是入会费和每周缴纳的费用就让低收入的人们望而却步了。皇家学会会员当中商人只占到4%；其主要成员来自绅士阶层，或者是对新自然知识感兴趣的出身高贵的鉴赏者(在17世纪70年代至少是50%)。[18] 皇家学会依靠会员缴纳会费，而却没有慷慨解囊的贵族女性入会，这一点是令人费解的。

有一位女性特别值得一提。纽卡斯尔公爵夫人玛格丽特·卡文迪什(1623～1673)是合格的会员候选人，她大约写了8本有关自然哲学的书。会员的贵族身份可以为新成立的皇家学会增加声望，而男爵以上不需要达到皇家学会对会员学识的要求便可以入会。然而当卡文迪什公爵夫人提出对皇家学会进行一次访问的要求时，便引起了轩然大波。她现在为人所知的一次访问是在1667年。当时，罗伯特·玻意耳做了“测空容器中空气重量的实验……以及肉在特定溶液中溶解的实验”。[19] 公爵夫人由女侍陪伴观看了实验。实验给她留下深刻印象，据一位观察者所言她离去时“满怀

---

[16] 成员们除每年2000里弗(livre)的中等收入外，还有私人基金作为补充。Charles Gillispie，《旧体制末期法国的科学与政体》(*Science and Polity in France at the End of the Old Regime*, Princeton, N. J.: Princeton University Press, 1980)，第81页～第82页。

[17] Thomas Sprat，《伦敦皇家学会史》(*The History of the Royal Society of London*, London: Printed by T. R. for J. Martyn and J. Allestry, 1667)，第62页～第63页，第72页，第435页。

[18] 学会要求新成员付10先令的入会费，后来涨到20先令。(贵族则要求支付5英镑。)会员们还需每周支付1先令的会费。参看Michael Hunter，《皇家学会及其会员(1660～1700)：早期科学机构的结构》(*The Royal Society and Its Fellows, 1660 - 1700: The Morphology of an Early Scientific Institution*, Chalfont St. Giles: British Society for the History of Science, 1982)，第15页，第24页，第5表～第7表。

[19] Thomas Birch，4卷本《伦敦皇家学会史》(*The History of the Royal Society of London*, London: Printed for A. Millar, 1756 - 7)，第2卷，第175页。

着赞赏之情”。[20] 不过当被问及是否要为皇家学会捐赠基金时她拒绝了。[21]

玛格丽特·卡文迪什与皇家学会会员一次短暂的相遇实际上似乎成为一个先例——一个反例,因为直到1945年也没有女性被选为正式会员。整个欧洲的情形则不尽相同。巴黎科学院直到20世纪70年代才允许女性进入,但是意大利的博洛尼亚、帕多瓦、罗马和其他地方的学会则接纳少数有成就的女性,如17世纪的马德莱娜·德·斯屈代里(1607～1701)、18世纪的劳拉·巴西(1711～1778)和埃米莉·迪沙特莱(1706～1749)。柏林的科学与纯文学皇家学院(Académie Royale des Sciences et Belles-Lettres)(按照它在18世纪的风格)也容许名人作为名誉院士,包括俄国叶卡捷琳娜大帝(1729～1796)和诗人及女文人尤利亚妮·焦瓦内公爵夫人。[22]

198

历史学家们对学会比较关注,却忽视了上层科学圈的另一个合法继承者——沙龙。法国沙龙是一种独特的现象,它与意大利沙龙那种大规模公开接待的形式大不相同,是一种由女性主持的知识团体。这是在有社会地位的女性的客厅里进行的知识分子的亲密聚会,这种有各种人物出席的高尚聚会与学会争相吸引着有学识的人。沙龙与法国的学会一样在有学问的精英之间建立了凝聚力,比如,巴黎科学院的常务秘书贝尔纳·德·丰特内勒(1657～1757)就是朗贝尔夫人(1647～1733)的沙龙的主持人。沙龙对于富有且有才华的人进入法国贵族圈也很重要。[23] 讨论自然知识在斯屈代里的沙龙以及在罗什富科夫人和唐森夫人(1685～1749)的沙龙十分流行,比如他

[20] Samuel Pepys,11卷本《塞缪尔·佩皮斯词典》(*The Diary of Samuel Pepys*, London: Bell, 1970 - 83),Robert Latham和William Matthews编,第8卷,第243页。同时参看Samuel Mintz,《纽卡斯尔公爵夫人参观皇家学会》(The Duchess of Newcastle's Visit to the Royal Society),载于《英语和德语语言学杂志》(*Journal of English and Germanic Philology*),51(1952),第168页～第176页;Douglas Grant,《玛格丽特一世:纽卡斯尔公爵夫人玛格丽特·卡文迪什传(1623～1673)》(*Margaret the First: A Biography of Margaret Cavendish, Duchess of Newcastle, 1623 - 1673*, London: Hart-Davis, 1957);Kathleen Jones,《显赫之名:纽卡斯尔公爵夫人玛格丽特·卡文迪什传(1623～1673)》(*A Glorious Fame: The Life of Margaret Cavendish, Duchess of Newcastle, 1623 - 1673*, London: Bloomsbury, 1988)。关于其他女性,参看Lynette Hunter,《皇家学会的姐妹们:拉内勒勋爵夫人凯瑟琳·琼斯的圈子》(Sisters of the Royal Society: The Circle of Katherine Jones, Lady Ranelagh),载于Lynette Hunter和Sarah Hutton编,《妇女、科学与医学(1500～1700)》(*Women, Science, and Medicine, 1500 - 1700*, Gloucestershire: Sutton, 1997),第178页～第197页。

[21] Michael Hunter,《建立新科学:早期皇家学会的经验》(*Establishing the New Science: The Experience of the Early Royal Society*, Woodbridge: Boydell Press, 1989),第167页,第171页。

[22] Kathleen Lonsdale和Marjory Stephenson在1945年被选为皇家学会会员(*Notes and Records of the Royal Society of London*, 4 [1946], 39 - 40)。也可参看Joan Mason,《伦敦皇家学会对第一位女性的接纳》(The Admission of the First Women to the Royal Society of London),《伦敦皇家学会的记录及档案》(*Notes and Records of the Royal Society of London*),46(1992),第279页～第300页。关于迪沙特莱,参看Mary Terrall,《埃米莉·迪沙特莱与科学的性别化》(Emilie du Châtelet and the Gendering of Science),载于《科学史》(*History of Science*),33(1995),第283页～第310页;以及Terrall,《性别化空间,性别化听众:巴黎科学院内外》(Gendered Spaces, Gendered Audiences: Inside and Outside the Paris Academy of Sciences),载于《结构》(*Configurations*),3(1995),第207页～第232页。关于巴西,参看Paula Findlen,《意大利启蒙运动时期的科学职业:劳拉·巴西的策略》(Science as a Career in Enlightenment Italy: The Strategies of Laura Bassi),载于《爱西斯》(*Isis*),84(1993),第441页～第469页;以及Beate Ceranski,《“她无所畏惧”:女物理学家劳拉·巴西(1711～1778)》(*“Und Sie Fürchtet sich vor Niemandem”: Die Physikerin Laura Bassi, 1711 - 1778*, Frankfurt: Campus Verlag, 1996)。也可参看Paula Findlen,《一个被遗忘的牛顿主义者:意大利教区的女性和科学》(A Forgotten Newtonian: Women and Science in the Italian Provinces),载于William Clark、Jan Golinski和Simon Schaffer编,《科学在启蒙的欧洲》(*The Sciences in Enlightened Europe*, Chicago: University of Chicago Press, 1999),第313页～第349页。

[23] Carolyn Lougee,《女性的天堂:女人、沙龙和17世纪法国的社会分层》(*Le paradis des femmes: Women, Salons, and Social Stratification in Seventeenth Century France*, Princeton, N. J.: Princeton University Press, 1976),第41页～第53页;以及Dena Goodman,《书信共和国:法国启蒙运动的文化史》(*The Republic of Letters: A Cultural History of the French Enlightenment*, Ithaca, N. Y.: Cornell University Press, 1994),第3章。

们检查由亚历山大领事送给斯屈代里的两只蜥蜴的具体特性。[24] 尽管沙龙的特点是非正式和私人的，但是它也影响着公共事务：在自然知识靠高度私人化的资助制度所组织的当时，朗贝尔夫人等女性曾一度成为知识分子的可靠经纪人。

199 沙龙女主人的权力与这一时期其他出身高贵的女性一样受到限制，尽管她们有办法让幸运的男性候选者登上高位，但无法让女性也这样。因为女性被挡在了如伦敦的皇家学会和巴黎的科学院这样的科学文化中心之外，她们与知识的关系不可避免地要以某个男性为中介，这个男性可能是她们的丈夫、同伴或家庭教师。

有些历史学家将女性作为自然知识的消费者视为女性参与自然研究的典型例子。然而这种将女性降到女主人或业余爱好者地位的做法，抹煞了如玛丽亚·西比拉·梅里安(1647～1717)这样的女性对自然知识的贡献。并非现代早期欧洲所有的知识探寻都是在精英的社会环境中进行的。在工匠作坊的平凡世界，女性的贡献(像男性的一样)与学术讨论的关系不大，而是主要与画图、计算和观察方面的实际创新有关。

工 匠

社会学家埃德加·齐塞尔首先提出"高级工匠(artist-engineers)"的技术对近代自然知识的发展意义重大。[25] 将对工匠贡献的研究污蔑为马克思主义编史学的产品是很常见的(在20世纪30和40年代情况的确如此)。然而今天人们可以将这一领域的研究与实验室研究结合起来(参看第13章)。确实，如彭布鲁克(Pembroke)伯爵夫人玛丽·悉尼·赫伯特(1561～1621)等上层女性在私人宅邸建立了精密的实验室，并雇用出身较低微的人，如沃尔特·雷爵士(1552～1618)的同父异母兄弟阿德里安·吉尔伯特做她的"实验员"，协助她配制家庭药物，比如"阿德里安·吉尔伯特兴奋水"。[26] 同样地，君主们欢迎宫廷工程师和宫廷建筑师。这些人不通学术，但却掌握相当的专业知识，这些知识可以建造豪华花园、水利工程和雄伟宫殿，手艺和技术还可用来增强防御工事和发展弹道学。[27] 独立的男女工匠们则在家族作坊中采用高超的观

---

[24] Madeleine de Scudéry 写《两条变色龙的故事》(*Histoire de deux caméléons*)作为对 Claude Perrault 的《变色龙的解剖学描述》(*Description anatomique d'un caméléon*)的反驳。她的论文最终发表在皇家科学院的《关于动物的自然志论文集》(*Mémoires pour servir à l'histoire naturelle des animaux*, 1671 - 6)中。参看 Erica Harth,《笛卡儿派妇女：旧体制下的理性话语的形式与颠覆》(*Cartesian Women: Versions and Subversions of Rational Discourse in the Old Regime*, Ithaca, N. Y.: Cornell University Press, 1992),第98页～第110页;Gillispie,《旧体制末期法国的科学与政体》,第7页,第94页。

[25] Edgar Zilsel,《科学的社会学根源》(The Sociological Roots of Science),载于《美国社会学期刊》(*American Journal of Sociology*),47(1942),第545页～第546页;Arthur Clegg,《工匠和科学的起源》(Craftsmen and the Origin of Science),载于《科学与社会》(*Science and Society*),43(1979),第186页～第201页。

[26] Margaret Hannay,《"我如此珍视这些研究":彭布鲁克伯爵夫人与伊丽莎白一世时代的科学》("How I These Studies Prize": The Countess of Pembroke and Elizabethan Science),载于 Hunter 和 Hutton 编,《妇女、科学与医学(1500～1700)》,第108页～第121页。

[27] William Eamon,《宫廷、学院与印刷厂:意大利文艺复兴晚期的赞助和科学职业》(Court, Academy, and Printing House: Patronage and Scientific Careers in Late-Renaissance Italy),载于 Moran 编,《资助与机构:欧洲宫廷的科学、技术和医学(1500～1750)》,第25页～第50页,尤其是第31页～第32页。

测技术,为天文学和自然志等领域赢得了一种经验基础。在绅士的实验室里女性至多是旁观者(即使作为观众,她们也与地位卑微的男"实验员"或"操作者"一样很少能够作为"适当的证人",以签字在现代早期的英格兰证实实验的有效性)。而在手工业者的作坊里女性的作用是重要的,尤其在欧洲大陆(参看第9章)。[28]

200

这一时期赋予手工业者传统技术的新价值有助于解释这一时期女性作为天文学家取得的成就。1650年至1710年,德国有14%的天文学家是女性(这个比例甚至高于今天)。[29] 天文学从来没有正式的有组织的行会,但是塑造了现代早期欧洲多种行业的手工业传统也存在于大量天文学活动中,尤其是在德国、低地国家和波兰的一些地方。比如,天文学家通过类似制订通用年历和日历等活动而获取收入,莱布尼茨称他们为"普通人的图书馆"。柏林的皇家科学院(Royal Society of Sciences)为了独占这份收益,有意选择以制作日历出名的天文学家,并且垄断了日历的销售。[30]

由于女性被大学拒之门外,她们对天文学的参与也受到限制。比如玛丽亚·玛格丽特·温克尔曼(1670～1720)发现一颗重要彗星,但这却被认为是她丈夫的贡献,这部分是由于她没有学过拉丁文,不容易在当时德国首屈一指的自然知识期刊《学者报告》(*Acta eruditorum*)上公布她的发现。[31] 不过,这一时期真正天文观测的实际工作多在大学之外进行,并且多在一位师傅悉心指导下习得。例如德国顶尖天文学家之一戈特弗里德·基尔希(1639～1710)就在约翰内斯·海维留斯(1611～1687)的私人天文台学习,这是建于1640年位于但泽(Danzig)的一座建在三栋毗邻的房子屋顶上的天文台,这段学习经历与其在耶拿大学(University of Jena)进行的数学研究相比,对他的天文学生涯同等重要。

通常情况下,男性在行业中所从事的工作由他们的职业地位(学徒、熟练工、师傅)来决定,女性却不同,通常由她们的家庭和婚姻状况所决定。[32] 按照一种典型的行会形式,一名女性由她的父亲培养(偶尔由母亲),从父亲的助手变成丈夫的助手。但泽的伊丽莎白·科普曼(1647～1693)与这一时期其他女性一样,为了确保自己在天文学领域的地位而谨慎地选择婚姻。1663年她嫁给了比自己大36岁的顶尖天文学家海维留斯。海维留斯是一位职业的酿酒人,1641年他接管了有利可图的家族啤酒生意。

201

---

[28] Steven Shapin,《真理的社会史:17世纪英格兰的修养与科学》(*A Social History of Truth: Civility and Science in Seventeenth-Century England*, Chicago: University of Chicago Press, 1994);Donna Haraway,《第二个千年的谦恭的见证人》(*Modest_Witness@Second_Millennium*, New York: Routledge, 1997),第29页～第32页。

[29] 这个估计来自 Joachim von Sandrart,《德国杰出的建筑、雕塑和绘画艺术学院》(*Teutsche Academie der edlen Bau-, Bild- und Mahlerey-Künste*, Frankfurt: J. P. Miltenberger, 1675);Friedrich Lucae,《西里西亚王冠或对上西里西亚和下西里西亚的真实描述》(*Schlesische Fürsten-Kron oder eigentliche, wahrhaffte Beschreibung Ober-und Nieder-Schlesiens*, Frankfurt am Main: Knoch 1685);Frederick Weidler,《天文学史》(*Historia astronomiae*, Wittenberg: Gottlieb Heinrich Schwartz, 1741)。

[30] Harnack,《柏林皇家科学院史》,第1卷,第48页～第49页。

[31] Schiebinger,《心灵无性?现代科学诞生中的女性》,第82页～第98页。

[32] Margaret Wensky,《中世纪晚期女性在科隆城市经济中的地位》(*Die Stellung der Frau in der stadtkölnischen Wirtschaft im Spätmittelalter*, Cologne: Bohlau, 1981);以及 Merry Wiesner,《文艺复兴时期德国的工作女性》(*Working Women in Renaissance Germany*, New Brunswick, N. J.: Rutgers University Press, 1986)。

他的第一个妻子凯瑟琳娜·雷比施克(1613～1662)管理家族酿酒生意,这让他有时间在市政府服务并从事业余爱好天文学。1662年妻子去世,1663年海维留斯娶了多年热衷于天文学的科普曼。按照合适的行会方式,伊丽莎白·海维留斯在家族生意和家庭天文台上都是丈夫的主要助手。在她开创性的著作中,玛格丽特·罗西特曾形容19世纪和20世纪的科学(尤其在天文学领域)中"女性的工作"通常包括乏味的计算、终身做助手等,所有这些都是行会中妻子们的遗产。[33] 然而,行会里女性的作用不可被简单缩减为助手的作用,她们对于生产很重要,甚至法律规定每一个行会师傅应有一个女性助手,至少在德国是这样。[34] 现代早期作坊的不同组织结构允许妻子担任一个更加综合性的角色。伊丽莎白·海维留斯与她的丈夫一起工作27年,寒冷的夜晚在他的身旁共同进行天文观测。[35]

殖民地的联系

历史学家已经充分关注了大学、君主的宫廷、学院和学会、沙龙,以及作为现代早期欧洲知识酝酿之地的手工业者的作坊。今天人们开始关注现代早期自然知识的另一个方面——海外科学探索。在这一语境下,国内和殖民地的植物园(以及后来的动物园和博物馆)是展示王侯热忱的地方,是经济和医用园艺实验地,是航海者的收藏品集结地,也是新自然志的创新机构。[36] 可以说,1635年巴黎皇家药用植物园(Jardin

---

[33] 参看 Margaret Rossiter,《在科学中"妇女的工作"(1880～1910)》("Women's Work" in Science, 1880 - 1910),载于《爱西斯》,71(1980),第381页～第398页;以及 Rossiter,《美国女性科学家:直到1940年的斗争与策略》(*Women Scientists in America: Struggles and Strategies to 1940*, Baltimore: Johns Hopkins University Press, 1982),第51页～第72页。

[34] Merry Wiesner,《在变化的城市经济中的妇女的工作(1500～1650)》(Women's Work in the Changing City Economy, 1500 - 1650),载于 Marilyn Boxer 和 Jean Quataert 编,《联结领域:西方世界的妇女,1500年至今》(*Connecting Spheres: Women in the Western World, 1500 to the Present*, New York: Oxford University Press, 1987),第64页～第74页,尤其是第66页。

[35] 在她的丈夫死后,Elisabetha Hevelius 编辑出版了他们的合著:《恒星目录》(*Catalogus stellarum fixarum*, 1687);《索别斯基的支持》(*Firmamentum Sobiescianum*, 1690),包括56幅星图;以及《天文学史》(*Prodromus astronomiae*, 1690),一个包括1564颗星星以及它们的位置的目录。

[36] Lucile Brockway,《科学与殖民扩张:英国皇家植物园的作用》(*Science and Colonial Expansion: The Role of the British Royal Botanic Gardens*, New York: Academic Press, 1979);Alfred Crosby,《生态学的帝国主义:欧洲的生物学扩张(900～1900)》(*Ecological Imperialism: The Biological Expansion of Europe, 900 - 1900*, New York: Cambridge University Press, 1986);Nicholas Jardine、James A. Secord 和 Emma C. Spary 编,《自然志文化》(*Cultures of Natural History*, Cambridge: Cambridge University Press, 1996);David Miller 和 Peter Reill 编,《帝国的梦想:航海、植物学和对自然的描述》(*Visions of Empire: Voyages, Botany, and Representations of Nature*, Cambridge: Cambridge University Press, 1996);Marie-Noëlle Bourguet 和 Christophe Bonneuils 编,《从世界货物清单到全球发展:植物学和殖民》(*De l'inventaire du monde à la mise en valeur du globe: Botanique et colonisation*),特刊,《法国海外史回顾》(*Revue française d'histoire d'Outre-Mer*),86(1999);Tony Rice,《航行:自然志探索三百年》(*Voyages: Three Centuries of Natural History Exploration*, London: Museum of Natural History, 2000);Emma C. Spary,《乌托邦的花园:从旧体制到大革命之法国国家史》(*Utopia's Garden: French National History from the Old Regime to Revolution*, Chicago: University of Chicago Press, 2000);Richard Drayton,《自然的管理:科学、不列颠帝国与世界的"进步"》(*Nature's Government: Science, Imperial Britain, and the "Improvement" of the World*, New Haven, Conn.: Yale University Press, 2000);Roy MacLeod 编,《自然与帝国:科学与殖民计划》(*Nature and Empire: Science and the Colonial Enterprise*),特刊,《奥西里斯》(*Osiris*),15(2000);Pamela Smith 和 Paula Findlen 编,《商人与奇迹:现代早期欧洲的商业、科学与艺术》(*Merchants and Marvels: Commerce, Science, and Art in Early Modern Europe*, New York: Routledge, 2002);以及 Londa Schiebinger 和 Claudia Swan 编,《殖民植物学:现代早期世界的科学、商业和政治》(*Colonial Botany: Science, Commerce, and Politics in the Early Modern World*, Philadelphia: University of Pennsylvania Press, 2005)。

Royal des Plantes Médicinales)的开放对新自然知识的意义,与更富有盛名的皇家科学院的成立相比一样重大。植物从海外用船运到巴黎、比萨(Pisa)、莱顿(Leiden)、蒙彼利埃(Montpellier)、海德堡(Heidelberg)等地的花园,人们试图将全世界植物都微缩在这里,以便移植有用的草药,辨识有经济价值的木材和农作物,满足大众对于有异国情调的装饰性植物的需求,并发展出适用于全世界范围的植物分类原则。

202

16、17 世纪欧洲人探索自然和接触国外科学传统的活动缘自不同背景。天主教耶稣会传教士的活动是科学知识进入欧洲的重要渠道(但是新教徒经常对这样传入的知识持怀疑态度,如早先被称为"耶稣会士的树皮"的奎宁的例子)。[37] 保罗·赫尔曼(1640～1695)等内科医生在服务于分散在世界各地的印度公司不同分支时进行收集,赫尔曼后来成为莱顿大学的植物学教授。甚至像雅各布·布雷内(1637～1697)这样的商人有时也参与这一时期所特有的狂热的珍稀植物和动物毛皮交易。

但是在欧洲人了解异域的热潮中很少出现女自然志家。道德和身体上的规则限制了女性去未知的地方旅行,内科医生警告说,白种女性被送到炎热气候中将会死于"月经不止导致短时间内子宫大出血"。[38] 还有一种被经常提到的恐惧,即女性在热带地区生出的孩子有可能长得像当地的土著。[39]

203

生于德国的玛丽亚·西比拉·梅里安是这一时期自行研究(昆虫)并在独立旅行时进行自然志研究的极少数女性之一。梅里安是著名艺术家马托伊斯·梅里安的女儿,自幼便在继父的作坊里学习插图和铜盘雕刻技术(亲生父亲在她出生后不久亡故)。[40] 1665 年,她嫁给她继父最赏识的学生约翰·安德烈亚斯·格拉夫。夫妇二人在纽伦堡(Nuremberg)建立了自己的家族作坊,她的丈夫出版了玛丽亚·西比拉·格拉芬(此时的姓)的《花卉集》(*Blumenbuch*,1675～1680),这部图集成为画家和刺绣工人的样本。

1699 年,离开丈夫并改回父姓之后,梅里安乘船来到当时的荷兰殖民地苏里南。她通过经商的女婿以及在荷兰及其殖民地都有地产的实验宗教团体虔信派社团,与苏里南有一些联系。不过她既不像约瑟夫·皮顿·德·图内福尔(1656～1708)那样是经过训练后被派往野外工作,也不像这一时期许多自然志家那样由某家贸易公司、科学社团或者国王委派作旅行。她出于自身的兴趣并且自筹大部分资金,她毕生的一个

---

[37] Cromwell 认为金鸡纳树皮是"教皇的疗方"。Saul Jarcho,《奎宁的前身:弗朗切斯科·托尔蒂与金鸡纳皮的早期史》(*Quinine's Predecessor: Francesco Torti and the Early History of Cinchona*, Baltimore: Johns Hopkins University Press, 1993),第 46 页。

[38] Johann Blumenbach,《人类的自然种类》(*The Natural Varieties of Mankind* [1795], New York: Bergman, 1969),Thomas Bendyshe 译(1865),第 212 页,注 2。Blumenbach 系统整理了长久流行于欧洲的观念。

[39] Marie Helene Huet,《怪异的想象》(*Monstrous Imagination*, Cambridge, Mass.: Harvard University Press, 1993);Londa Schiebinger,《自然的身体:现代科学历程中的性别》(*Nature's Body: Gender in the Making of Modern Science*, Boston: Beacon Press, 1993)。

[40] 妇女作为插图画家长期活跃;修女为手稿配插图,其他妇女则是画家协会的活跃成员。参看 Ann Sutherland Harris 和 Linda Nochlin,《女性艺术家(1550～1950)》(*Women Artists, 1550 - 1950*, Los Angeles: Los Angeles County Museum of Art, 1976);Madeleine Pinault,《作为自然志家的画家:从丢勒到勒杜泰》(*The Painter as Naturalist: From Dürer to Redouté*, Paris: Flammarion, 1991),Philip Sturgess 译,第 43 页～第 46 页。

追求就是找到与蚕具同等经济价值的一种毛虫。她在苏里南地区对昆虫和植物进行采集、研究和临摹达两年之久。[41]

尽管她作为女自然志家是绝无仅有的,但是梅里安在这一领域的活动却与男同行们基本相似。她喜欢从当地人那里搜集有关自己看到的异域植物和昆虫的资料,这一点与1687年至1689年英国驻牙买加总督的医生、后来的英国皇家学会会长汉斯·斯隆(1660～1753)很像。[42] 她同几个美洲印第安人结下深厚友谊并且替换了苏里南地区的非洲人,这些人作为向导带她寻找想要的样本并帮助她进入危险且通常无路可走的地区,这一点与在好望角写下早期的非洲人种学著述的德国天文学家彼得·科尔布(1675～1726)一样。[43] 她像男性一样有助手:跟随她学习的21岁的女儿,还有作为向导为她"披荆斩棘"的奴隶。[44] 梅里安还按照那个时代常见的做法,保留所研究动植物的当地名称,并记录下当地人讲述的其他很多东西。在其自称为"完成于美洲的杰出和奇异之作"的著作《苏里南昆虫变形记》(*Metamorphosis insectorum Surinamensium*,1705)的导言中,她这样写道:"我保留了土著和美洲印第安人给出的植物名称。"[45]

204

尽管梅里安朴实的事业心与斯隆等在加勒比地区工作的许多男自然志家有很多相似之处,但是却与军人和殖民地行政官亨德里克·范雷德·托特·德拉肯斯坦(1636～1691)截然不同,后者对植物学的兴趣来自保护军队的需要,当时军队受到脚气、痢疾、霍乱、黄疸、疟疾等热带疾病的侵扰。[梅里安和范雷德被后来人联系到一起是缘于卡尔·林奈(1707～1778)对两人的植物命名法都不以为然]。[46] 范雷德是1670年至1770年荷兰东印度公司(Dutch East India Company)在马拉巴尔(Malabar)海岸的行政官,他编纂了一部庞大的12卷《马拉巴尔植物》(*Hortus Malabaricus*,1678～1693),书中描述了当地740种植物。为了完成复杂的文本内容,范雷德汇集了来自不

[41] 关于梅里安,参看 Elisabeth Rücker,《玛丽亚·西比拉·梅里安(1647～1717)》(*Maria Sibylla Merian, 1647 - 1717*, Nuremberg: Germanisches Nationalmuseum, 1967);Margarete Pfister-Burkhalter,《玛丽亚·西比拉·梅里安:生活与工作(1647～1717)》(*Maria Sibylla Merian: Leben und Werk, 1647 - 1717*, Basel: GS-Verlag, 1980);Natalie Zemon Davis,《处在边缘的妇女:三个17世纪的生命》(*Women on the Margins: Three Seventeenth-Century Lives*, Cambridge, Mass.: Harvard University Press, 1995);Helmut Kaiser,《玛丽亚·西比拉·梅里安传》(*Maria Sibylla Merian: Eine Biographie*, Düsseldorf: Artemis and Winkler, 1997);以及 Kurt Wettengl 编,《玛丽亚·西比拉·梅里安(1647～1717):艺术家与自然志家》(*Maria Sibylla Merian, 1647 - 1717: Artist and Naturalist*, Ostfildern: G. Hatje, 1998),John Southard 译。

[42] Hans Sloane,2卷本《马德拉岛、巴巴多斯岛、涅韦斯岛、圣克里斯托弗岛和牙买加岛的旅行记;与自然志……》(*A Voyage to the Islands Madera, Barbadoes, Nieves, St. Christophers, and Jamaica; with the Natural History ...*, London: Printed by B. M. for the author, 1707 - 25);以及 Maria Sibylla Merian,《苏里南昆虫变形记》(*Metamorphosis insectorum Surinamensium* [1705], Leipzig: Insel-Verlag A. Kippenberg, 1975),Helmut Decker 编,导言,第38页。

[43] Peter Kolb,《好望角现状》(*The Present State of the Cape of Good Hope*, London: W. Innys, 1731),Guido Medley 译。

[44] Merian,《苏里南昆虫变形记》,对图版的评论,编号36。

[45] Merian,《苏里南昆虫变形记》,导言,第38页。同时参看 Londa Schiebinger,《植物与帝国:大西洋世界中的殖民生物勘探》(*Plants and Empire: Colonial Bioprospecting in the Atlantic World*, Cambridge, Mass.: Harvard University Press, 2004)。

[46] Carolus Linnaeus,《植物学批判》(*Critica botanica*, Leiden: Conrad Wisshoff, 1737),编号218。

同文化、种性、阶级和两个洲至少25人的成果。[47] 也只有像范雷德这样的行政官才能够掌握完成这一庞大工程所需的资源、关系和人员。

欧洲自然知识与外国自然知识传统之间的协商过程是一个有待讲述的复杂故事。在许多情况下为自然志家提供信息的人是不识字的女性，她们将辛苦得来的知识传递给有学问的自然志家，自然志家将这些知识系统化，使原本地域性的知识变得普遍适用。如历史学家理查德·格罗夫就认为，加西亚·达奥尔塔（1500～1568）著名的《关于印度草药和药物的对话》（*Coloquios dos simples e drogas... da India*，1563）一书中，部分收集工作和大部分编目工作就是由一个康卡尼（Konkani）女奴完成的，人们只知道她名叫安东尼娅。[48] 夏尔·克吕斯（1526～1609，他也是达奥尔塔的翻译）曾称赞乡村里"割草的女性"，是她们提供了关于他自己的国家所产的植物的药用特性的信息。[49] 在巴达维亚（Batavia，即雅加达）为荷兰东印度公司工作的赫尔曼·巴斯乔夫（1625～1672）写过一篇关于一位"印度女医生"的文章，这位女医生用土法治疗他的痛风。[50] 总之，女性在科学旅行中的作用是一个有待研究的领域。

205

现代早期欧洲的科学文化处于一种很不稳定的状态，这为革新提供了空间。新机构的成立和要求平等的呼声在学术文化中打开了缺口，使得一些女性得以对自然知识的积累做出贡献。女性尽管在大学这样的传统学术机构中境遇不佳，却能够立足于（尽管不稳固）宫廷、知识沙龙、手工业者的作坊以及其他催生近代科学的环境中。16、17世纪，许多女性研究植物的药用性，收集外来昆虫，研究天体运动。在许多情况下，她们的努力得到笛卡儿、弗朗索瓦·普兰和莱布尼茨等自然哲学家的支持。这一时期对于科学场所和界限的持续不断的调整为女性辟出一方舞台，使她们可以在启蒙科学的边缘领域发挥作用，而启蒙科学是20世纪之前女性对自然知识做出贡献的一个高潮。

（李文靖　译）

---

[47] Hendrik Adriaan van Reede，《马拉巴尔植物》（*Hortus Malabaricus*, Amsterdam: Johan van Someren and Johan van Dyck, 1678 - 93）；van Reede 在第3卷第iii页～第xviii页对如何编辑文本提供了详尽的描述。也可参看 J. Heniger，《亨德里克·阿德里安·范雷德·托特·德拉肯斯坦与〈马拉巴尔植物〉》（*Hendrik Adriaan van Reede tot Drakenstein and Hortus Malabaricus*, Rotterdam: Balkema, 1986）；以及 K. S. Manilal 编，《植物学与〈马拉巴尔植物〉史》（*Botany and History of Hortus Malabaricus*, Rotterdam: Balkema, 1980）。

[48] Richard Grove，《绿色帝国主义：殖民扩张、热带岛屿乐园与环境保护主义的起源（1600～1860）》（*Green Imperialism: Colonial Expansion, Tropical Island Edens, and the Origins of Environmentalism, 1600 - 1860*, Cambridge: Cambridge University Press, 1995），第81页。

[49] Charles de l'Ecluse，《珍稀植物在匈牙利、奥地利及其邻地的历史》（*Rariorum aliquot stirpium, per Pannoniam, Austriam, et vicinas ... historia*, Antwerp: C. Plantin, 1583），第345页。也可参看 Jerry Stannard，《克吕斯的〈潘诺尼亚世系史〉中经典与乡村风格》（Classici and Rustici in Clusius' *Stirp. Pannon. Hist.* [1583]），Stefan Aumüller 编，《纪念夏尔·克吕斯潘诺尼亚地区的科学活动400周年》（*Festschrift anlässlich der 400 jährigen Widerkehr der wissenschaftlichen Tätigkeit von Carolus Clusius [Charles de l'Escluse] im pannonischen Raum*, Burgenländische Forschungen herausgegeben vom Burgenländischen Landesarchiv, Sonderheft 5, Eisenstadt: Amt der Bürgenländischen Landesregierung, Landesarchiv, 1973），第253页～第269页。我要感谢 Claudia Swan 提供这一参考书目。

[50] Herman Busschof，《两篇论文》（*Two Treatises*, London: Printed by H. C. and are to be sold by Moses Pitts, 1676）。我要感谢 Roberta Bivins 提供这一参考书目。

8

206

市场、广场和乡村

威廉·埃蒙

天然物在成为实验室的研究对象之前，早已是市场上交易的商品。现代早期，伴随欧洲商船在地中海以外的大片区域探险，市场迅速扩大，市场上的商品种类和地区多样性也因而增加。[1] 仓库里囤积着准备批发的商品，博物馆和珍宝室陈列和摆放着越来越多的来自国外的天然物和人造物，所有这些都鲜明地反映出这一时期的变化。从阿姆斯特丹（Amsterdam）和海牙（Hague）的巨型仓库到马赛（Marseille）和威尼斯（Venice）熙熙攘攘的港口，现代早期的收藏家们忙着收集来自世界各地的珍稀动植物标本、贝壳、珊瑚等物品。

交易速度的大幅加快，人口的增长，信用贷款的出现，所有这些促成了销售网络的扩张，尤其是店铺的数量和种类都有所增长。1606 年，洛佩·德韦加记述马德里（Madrid）"每一样东西都进了商店"，不过丹尼尔·笛福却哀叹店铺"可怕地"遍布 17 世纪的伦敦。[2] 店铺的经营蒸蒸日上，不但可供顾客选择的商品种类增加了，而且也开辟出谈话和获得关于天然物和人造物的信息的空间。在现代早期，手工业者的店铺也是作坊，所以也是提供自然知识和技术信息的重要来源。

为了响应人文主义者的教育理想，拉伯雷的《巨人传》（*La vie très horrifique du grand Gargantua, père de Pantagruel*, 1534）里的年轻的巨人拜访了珠宝商、金匠、炼金术士、织工、染匠、仪器制造者以及其他手工业者以了解各种东西的性质。为了研究草药的药性，他"参观药铺，拜访种植草药的人以及药剂师，并且仔细研究了果实、根、叶、树胶以及国外的膏药"。[3]

207

人们越来越认识到市场是自然知识所在之处，这意味着对于知识以及谁是懂知识的人的界定发生了重要的转变。这也提出了一个现代早期不曾解决的关于基础的问题，即谁的知识可以被视为有效的和权威的。16 世纪某些人文主义者和自然哲学家认

---

〔1〕 Fernand Braudel，《商业之轮》（*The Wheels of Commerce*, New York: Harper and Row, 1982），Siân Reynolds 译，第 1 章。通常参看 Pamela H. Smith 和 Paula Findlen 编，《商人与奇迹：现代早期欧洲的商业、科学与艺术》（*Merchants and Marvels: Commerce, Science, and Art in Early Modern Europe*, New York: Routledge, 2002）。

〔2〕 关于店铺的繁荣，参看 Braudel，《商业之轮》，第 68 页～第 75 页。

〔3〕 François Rabelais，《卡冈都亚与庞大固埃史》（*The Histories of Gargantua and Pantagruel*, London: Penguin Books, 1955），J. M. Cohen 译，第 93 页。

为，通过市场和作坊对自然的理解比来自书本的理解更加真实。[4] 17 世纪早期弗兰西斯·培根（1561～1626）在《伟大的复兴》（*Instauratio Magna*）中提出他哲学纲领中的核心观念。尽管培根的哲学在 17 世纪中期受到欢迎，该世纪晚期的自然哲学家整体上却不大接受手工知识是了解自然的途径这一观点。伦敦皇家学会的手艺史项目的失败，说明其放弃了最初的将自然哲学与手艺结合起来的培根式观念。但是，手工业者的知识向自然哲学渗透的过程对于推动对自然物的探索，以及对其性质的实验研究产生了持久的影响。

市场和店铺

现代早期商业资本家的业务遍及世界各地，由此引发了对于亚洲、非洲、中东和美洲大陆自然志的兴趣。威尼斯是欧洲与君士坦丁堡（Constantinople）、叙利亚和埃及商贸往来的中心，这一独特地位使其成为医药研究的独一无二的中心。16 世纪 40 年代，植物学家彼得罗·安德烈亚·马蒂奥利敦促威尼斯参议院从其船只所停靠的每个地区收集配置传统药物所需的草药、溶液和矿物。[5] 研究古代万灵药（最初由盖仑描述的万能解毒剂）的成分是很有特点的方式，它体现了资本主义连同关注古代资料的新人文主义者，对植物学和药物学的改革所做的贡献（参看第 19 章）。[6] 同样地，欣欣向荣的异域产物贸易提供给医学界一套全新的药物材料。[7] 有了新的药物学，医生和药剂师甚至宣称合成的药物能够在传统药物无能为力的地方发挥作用。德国的富格尔（Fugger）商行开创了繁荣的愈创树脂贸易，愈创树脂是一种广受欢迎的可以治疗梅毒的药品，它由美洲大陆的一种名为愈创木（Guaiacum officinale）的树木制得。由于对愈创树脂需求量巨大，加之富格尔商行实际上垄断了这种药品市场，这种“神木”的售

208

[4] Paolo Rossi，《现代早期的哲学、技术与技艺》（*Philosophy, Technology, and the Arts in the Early Modern Era*, New York: Harper and Row, 1970），S. Attanasio 译，第 3 页及以后；Edgar Zilsel，《科学的社会学根源》（The Sociological Roots of Science），载于《美国社会学期刊》（*American Journal of Sociology*），47（1941/2），第 544 页～第 562 页。也可参看 Smith 和 Findlen 所编《商人与奇迹：现代早期欧洲的商业、科学与艺术》中的文章。

[5] Pier Andrea Mattioli，《佩达乔·迪奥斯科里德的六本书中的演讲》（*I discorsi nei sei libri di Pedacio Dioscoride*, Venice: Vincenzo Valgrisi, 1559），介绍性文字。

[6] Giuseppe Olmi，《古代药典与现代医学：博洛尼亚 16 世纪关于药物的争议》（Farmacopea antica e medicina moderna: La disputà sulla teriaca nel Cinquecento bolognese），载于《自然》（*Physis*），19（1977），第 197 页～第 245 页。另外，参看 Richard Palmer，《文艺复兴时期意大利北部的药用植物学》（Medical Botany in Northern Italy in the Renaissance），载于《英国皇家医学会杂志》（*Journal of the Royal Society of Medicine*），78（1985），第 149 页～第 157 页；Karen Reeds，《中世纪和文艺复兴时期大学的植物学》（*Botany in Medieval and Renaissance Universities*, New York: Garland Press, 1991）。

[7] José María Lopez-Piñero 和 José Pardo Tomás，《弗朗西斯科·埃尔南德斯（1515～1587）对于建立现代植物学和医学的影响》（*La influencia de Francisco Hernández [1515 - 1587] en la constitución de la botánica y la materia médica modernas*, Cuadernos Valencianos de Historia de la Medicina y de la Ciencia, 51, Valencia: University of Valencia/C. S. I. C., 1996）；José Pardo Tomás 和 María Luz López Terrada，《关于美洲植物在印度旅行和编年史报告中的第一个新闻（1493～1553）》（*Las primera noticias sobre plantas americanas en las relaciones de viajes y crónicas de Indias [1493 - 1553]*, Cuadernos Valencianos de Historia de la Medicina yde la Ciencia, 40, Valencia: University of Valencia/C. S. I. C., 1996）；以及 Simon Varey 编，《墨西哥文库：弗朗西斯科·埃尔南德斯博士的著作》（*The Mexican Treasury: The Writings of Dr. Francisco Hernández*, Stanford, Calif.: Stanford University Press, 2000）。

价据说高达每磅 7 个金币。[8]

通过开发全球经济的潜能,欧洲各国便利化了新自然知识的传入。西班牙腓力二世为了将他的大美洲帝国的经济潜力化为现实,热切希望得到关于美洲大陆的地理学和自然志信息。1571 年,他任命胡安·洛佩斯·德·贝拉斯科为新设立的印度群岛宇宙志学者兼年代记编者,命他编纂地图,宇宙志大纲,潮汐和日食、月食记录以及印度群岛的自然志资料。洛佩斯·德·贝拉斯科为了获取这些信息,草拟了一份调查表并于 1577 年分发给新西班牙在当地的各委员会。一份"地理报告(Relaciones Geográficas)"提供给腓力二世一个其本人难以看到的疆域辽阔的帝国的详细信息。这种让遥远的、看不见的世界"呈现于眼前"的活动尽管由政治和经济利益所驱动,却与新哲学揭示不可见的秘密这一目标相契合。[9] 17 世纪中期英国学者约瑟夫·格兰维尔(1636 ~ 1680)宣称打开一个"神秘的美洲和未知的自然秘鲁"是"真正的哲学的宏伟目标"。[10]

209

为了从预期的未来需求中获利,商业资本家在巨型仓库中囤积货物。[11] 历史学家们已经论证了囤积物质产品的商业活动推动了自然志收藏的增长。有证据支持这一结论。奥格斯堡(Augsburg)商人和收藏家菲利普·海因霍弗在法兰克福(Frankfurt)市场上从荷兰商人那里购得贝壳作为他的藏品;马赛港口为收藏家们提供来自东印度群岛和西印度群岛的珊瑚、贝壳及艺术品。[12] 博物馆里展品增加,珍宝室成为时尚,这些与市场经济在西欧的繁荣并不是巧合。风格主义时代特有的珍宝室既见证了现代早期的贪婪,也见证了当时的好奇心。[13] 1636 年至 1637 年荷兰的郁金香热尽管是异域

[8] Robert S. Munger,《愈创木,来自新世界的神木》(Guaiacum, the Holy Wood from the New World),载于《医学与相关科学史杂志》(*Journal of the History of Medicine and Allied Sciences*),4(1949),第 196 页~第 229 页。

[9] David C. Goodman,《权力和贫困:腓力二世时期西班牙的统治、技术与科学》(*Power and Penury: Government, Technology and Science in Philip II's Spain*, Cambridge: Cambridge University Press, 1988);以及 Barbara E. Mundy,《新西班牙的测绘:本土绘图与地理报告地图》(*The Mapping of New Spain: Indigenous Cartography and the Maps of the Relaciones Geográficas*, Chicago: University of Chicago Press, 1996)。

[10] Joseph Glanvill,《教条化的虚荣》(*The Vanity of Dogmatizing*, London: Printed by H. C. for Henry Eversden, 1661),第 178 页。

[11] Braudel,《商业之轮》,第 94 页~第 97 页。

[12] Lorraine Daston 和 Katharine Park,《奇事与自然秩序(1150 ~ 1750)》(*Wonders and the Order of Nature, 1150 - 1750*, Cambridge, Mass.: Zone Press, 1998),第 265 页;Hans-Olof Böstrom,《菲利普·海因霍弗与古斯塔夫·阿道夫的珍宝室》(Philipp Hainhofer and Gustavus Adolphus' *Kunstschrank*),载于 Oliver Impey 和 Arthur MacGregor 编,《博物馆的起源:16 世纪和 17 世纪欧洲的珍宝室》(*The Origins of Museums: The Cabinet of Curiosities in Sixteenth- and Seventeenth-Century Europe*, Oxford: Clarendon Press, 1985),第 90 页~第 101 页;Antoine Schnapper,《巨人、独角兽和郁金香:17 世纪法国的藏品与收藏家》(*Le géant, la licorne et la tulipe: Collections et collectionneurs dans la France du XVIIe siècle*, Paris: Flammarion, 1988),第 220 页~第 221 页。

[13] Harold J. Cook,《荷兰黄金时代的自然志与医学的道德体系》(The Moral Economy of Natural History and Medicine in the Dutch Golden Age),载于 William Z. Shetter 和 Inge Van der Cruysse 编,《对低地国家文化的当代探索》(*Contemporary Explorations in the Culture of the Low Countries*, Publications of the American Association of Netherlandic Studies, 9, Lanham Md.: American Association of Netherlandic Studies, 1996),第 39 页~第 47 页;以及 Pamela Smith,《炼金术的生意:神圣罗马帝国的科学与文化》(*The Business of Alchemy: Science and Culture in the Holy Roman Empire*, Princeton, N. J.: Princeton University Press, 1994)。关于论文集,参看 Paula Findlen,《拥有自然:现代早期意大利的博物馆、收藏和科学文化》(*Possessing Nature: Museums, Collecting, and Scientific Culture in Early Modern Italy*, Berkeley: University of California Press, 1994);Findlen,《现代早期意大利的科学交流体系》(The Economy of Scientific Exchange in Early Modern Italy),载于 Bruce T. Moran 编,《资助与机构:欧洲宫廷的科学、技术和医学(1500 ~ 1750)》(*Patronage and Institutions: Science, Technology, and Medicine at the European Court, 1500 - 1750*, Bury St. Edmunds: Boydell Press, 1991),第 5 页~第 24 页;Impey 和 MacGregor 编,《博物馆的起源:16 世纪和 17 世纪欧洲的珍宝室》;以及 Daston 和 Park,《奇事与自然秩序(1150 ~ 1750)》,第 4 章和第 7 章。

物品投机生意的一个极端例子,却例证了新经济是如何带来了一种“收藏文化”。[14]

对自然更为敏锐的观察者是工匠、店主和小贩们,他们在作坊和市场上加工和买卖天然物品。16 世纪之前自然哲学家很少想获得这类“有经验”的人的专业知识。如彼得·迪尔(第 4 章)指出的那样,对于中世纪的哲学家来说经验是依赖感觉的粗俗知识,但是它的真则不依赖于特定的例子。根据定义,奇特之事不能够揭示自然如何运转,而只能被当作反常甚至是“奇迹”。[15] 然而,到了现代早期,经验的意义改变了。经验不再是指一般的经验陈述(如“重的物体向下落”),而是意味着对自然现象的特殊的、通常是独特的描述。[16] 尽管认同亚里士多德的不存在关于个别事物的确定知识的观点,人文主义者让·博丹(1530～1596)却竭力建议自然志家们“寻找自然奇事中的财富”。[17] 在现代早期自然哲学中,关于经验“事实”的知识作为“从理论中分离出来的珍贵的经验”,具有高度的重要性。[18]

210

与大自然本身一样,市场也是经验知识的储藏室。博洛尼亚(Bologna)自然志家乌利塞·阿尔德罗万迪在他 1586 年所著的自传中写道,他于 1549 年至 1550 年期间对罗马鱼市的一次参观激发了他对自然志的兴趣。正如一个世纪后的勒内·笛卡儿观察和解剖巴黎肉铺的动物一样,阿尔德罗万迪到鱼贩那里学习鱼的名称、习性和特点。[19] 同样地,现代早期自然志家期望从香料商、冶金家、珠宝商、染匠等手工业者的作坊里得到理解物质的各种性质的商业秘诀。锡耶纳(Siena)的一个矿物主管万诺乔·比林古乔于 1540 年写道,金匠们拥有重要的炼金术秘诀。[20]《论磁》(*De magnete*,1600)的作者威廉·吉尔伯特承认工匠和仪器制造商对他有帮助,罗伯特·玻意耳(1627～1691)认为染匠提供的信息促使他发现了有色化学指示剂。[21]

药剂师和酿制者的店铺也是自然知识所在之处。16 世纪下半叶,弗朗切斯科·卡

[14] Simon Schama,《财富的尴尬:对黄金时代荷兰文化的解读》(*The Embarrassment of Riches: An Interpretation of Dutch Culture in the Golden Age*, Berkeley: University of California Press, 1988),第 350 页～第 366 页。

[15] Lorraine Daston,《培根主义的事实、学术修养与客观性前史》(Baconian Facts, Academic Civility, and the Prehistory of Objectivity),载于《学术年鉴》(*Annals of Scholarship*),8(1991),第 337 页～第 363 页。

[16] Peter Dear,《专业与经验:科学革命中的数学方法》(*Discipline and Experience: The Mathematical Way in the Scientific Revolution*, Chicago: University of Chicago Press, 1995),第 13 页～第 14 页。

[17] Jean Bodin,《万有自然剧场》(*Universae naturae theatrum* [1596]),引自 Ann Blair,《自然剧场:让·博丹与文艺复兴科学》(*The Theater of Nature: Jean Bodin and Renaissance Science*, Princeton, N. J.: Princeton University Press, 1997),第 99 页。

[18] Lorraine Daston,《事实的敏感性》(The Factual Sensibility),载于《爱西斯》(*Isis*),79(1988),第 452 页～第 467 页,引文在第 465 页。

[19] René Descartes,《论人》(*Treatise of Man*, Cambridge, Mass.: Harvard University Press, 1972),Thomas S. Hall 编,第 xii 页～第 xiii 页;以及 Findlen,《拥有自然:现代早期意大利的博物馆、收藏和科学文化》,第 175 页。

[20] Vannoccio Biringuccio,《冶炼技术》(*Pirotechnia*, Cambridge, Mass.: MIT Press, 1959; orig. publ. 1942),Cyril Stanley Smith 和 Martha Teach Gnudi 译,第 367 页。关于作为自然的观察者的工匠更广泛的讨论,参看 Pamela H. Smith,《工匠团体:科学革命中的艺术与经验》(*The Body of the Artisan: Art and Experience in the Scientific Revolution*, Chicago: University of Chicago Press, 2004)。

[21] 玻意耳在他的《涉及颜色的实验与思考》(*Experiments and Considerations Touching Colours*, 1664)中发表了他的发现;参看 William Eamon,《关于罗伯特·玻意耳与颜色指示剂发现的新解释》(New Light on Robert Boyle and the Discovery of Colour Indicators),载于《炼金术史和化学史学会期刊》(*Ambix*),27(1980),第 204 页～第 209 页。关于 Gilbert,参看 Edgar Zilsel,《威廉·吉尔伯特科学方法的起源》(The Origins of William Gilbert's Scientific Method),载于《思想史杂志》(*Journal of the History of Ideas*),2(1941),第 1 页～第 32 页。

尔佐拉里在维罗纳(Verona)的药店以及费兰特·因佩拉托在那不勒斯(Naples)的药店都有博物馆,学者们在此观看和讨论珍奇物品。[22] 药剂师们也开酿制厂。乔治·梅利基奥在威尼斯的鸵鸟(Struzzo)药店中就有一家,而外科医生莱奥纳尔多·菲奥拉万蒂在圣玛丽亚·福尔莫萨广场的熊(Orso)药店配置蒸馏得来的药。内科医生们依靠药剂师和酿制者来提供关于草药的信息。[23] 多明我会教士们在威尼斯的弗拉里(Frari)广场开了一家酿制厂,这里成为一个活跃的医学讨论中心。世俗的人们也开始从事这个行业。在德国,白兰地酿制厂成为主要由妇女管理的家族产业。尽管有些城市的政府试图控制白兰地贸易,而妇女们仍旧用简单的厨房蒸锅制造出白兰地产品。[24] 尽管大学学者受缚于神学对炼金术的谴责,但手工业者却自由地采用类似蒸馏这样的炼金术技术,而不必关心哲学上的辩护理由(参看第 21 章)。确实,16 世纪的人文主义者和自然志家康拉德·格斯纳写道,江湖医生比内科医生更容易接受通过蒸馏方式制出的药物。[25]

211

竞争对医药行业的改变不亚于更加宽广的经济领域。当医疗服务提供者之间竞争加剧时,人们对于特定类型服务的需要更加迫切,相较于传统上由接受过大学教育的医生所开出的包含饮食、行为和卫生的复杂的养生法,人们对于治疗特定疾病的各种特效药的需求尤为迫切。不断变化的流行风尚带来对新药的需求。在海报和大众医药小册子上登的各种“帕拉塞尔苏斯式的”治疗法、蒸馏药物和“秘方”广告变得越来越流行,江湖医生们拥入露天市场兜售他们的独门秘方。菲奥拉万蒂借助医药这种流行趋势开发市场,他给自己的“秘方”起了颇具诱惑的商品名,如“天使药糖”“福油”和“芬芳女神”,对几乎所有遇到的病症他都要开“芬芳女神”作为首选药。[26] 江湖医生越来越多,官方医疗机构开始注意对他们进行管理。[27] 理论上,有学问的医生和江湖游医之间的冲突在于两种直接对立的医学本体论和医疗策略。“高级的”医学传统认为疾病由体液不平衡引发,治疗就是保持和恢复体液平衡。江湖游医则不同,他们

[22] Paula Findlen,《拥有自然:现代早期意大利的博物馆、收藏和科学文化》,第 31 页~第 32 页,第 245 页~第 246 页。

[23] Richard Palmer,《16 世纪威尼斯共和国的药房》(Pharmacy in the Republic of Venice in the Sixteenth Century),载于 Andrew Wear、R. K. French 和 Ian M. Lonie 编,《16 世纪的医学复兴》(*The Medical Renaissance of the Sixteenth Century*, Cambridge: Cambridge University Press, 1985),第 100 页~第 117 页。

[24] 弗拉里酿制厂的活动由涉及 Fra Antonio Volpe、Archivio di Stato、Venice、Sant'Uffizio 的审讯的证词而揭示,信封 23。关于德国的情况,参看 Robert James Forbes,《蒸馏技术简史》(*A Short History of the Art of Distillation*, Leiden: E. J. Brill, 1948),第 90 页~第 91 页,第 102 页~第 103 页。

[25] Conrad Gessner,《珍宝》(*Schatz* [1582]),由 Joachim Telle 引用,《帕拉廷图书馆》(*Bibliotheca Palatina: Katalog zur Ausstellung vom 8. Juli bis 2. November 1986, Heiliggeistkirche Heidelberg*, 2 vols., Heidelberg: Braus, 1986),Elmar Mittlar 编,第 1 卷,第 337 页。另外参看 Joachim Telle 编,《药房和普通人:现代早期德国著作中的家庭疗法和药房》(*Pharmazie und der gemeine Mann: Hausarznei und Apotheke in deutschen Schriften der frühen Neuzeit*, Austellungskataloge der Herzog August Bibliothek, 36, Braunschweig: Waisenhaus, 1982)。

[26] William Eamon,《“生命的规则与灌肠”:莱奥纳尔多·菲奥拉万蒂的医学原始主义》(“With the Rules of Life and an Enema”: Leonardo Fioravanti's Medical Primitivism),载于 J. V. Field 和 F. A. J. L. James 编,《文艺复兴与革命:现代早期欧洲的人文主义者、学者、工匠和自然哲学家》(*Renaissance and Revolution: Humanists, Scholars, Craftsmen, and Natural Philosophers in Early Modern Europe*, Cambridge: Cambridge University Press, 1993),第 29 页~第 44 页。

[27] David Gentilcore,《“庸医、骗子及一丘之貉”:现代早期意大利游医的角色与规约》(“Charlatans, Mountebanks, and Other Similar People”: The Regulation and Role of Itinerant Practitioners in Early Modern Italy),载于《社会史》(*Social History*),20(1995),第 297 页~第 314 页。

认为疾病是一种导致病痛的东西,而治疗是一种用药物攻击和驱逐疾病的积极干涉过程。[28] 然而实际上,是医治者的内在特质而不是江湖游医的药方将医生和其他医治者区分开来。从而,1606 年英国医生埃利埃泽·邓克写道,有学问的医生与江湖游医之间的区别在于后者是"无知的"和"夸夸其谈的",在查明病因之前就草率地保证能够治好病。[29] 医生们认为,由于没有过硬的诊断能力,这些越来越多的大量江湖游医对公众构成了威胁,应予以相应的管制。 212

市场经济还为正规的科学教育创造了新的场所。数学教师们在他们的露天广场上的工作室里教商人家的孩子们实用数学知识。到了 16 世纪,意大利绝大多数城市里已有私人算盘师建立起自己的工作室。佛罗伦萨的算盘师傅基本上是中低阶层的从业者。大多数人居住并将工作室设在工人阶级住的奥尔特拉诺(Oltrarno)街区,尽管至少还有一个人,乔瓦尼·迪·巴尔托洛将他的学校开在更时髦的圣三一广场。这些算盘师傅采用莱奥纳尔多·斐波纳奇在 13 世纪早期设计的教学体系,使阿拉伯数字体系不仅在意大利传播,而且在整个欧洲普及开来。1530 年至 1586 年期间,至少有 6 位计算大师住在法国斯特拉斯堡(Strasbourg)市,教算术、几何和会计学。到了 1613 年,德国纽伦堡(Nuremberg)市为有 48 所这样的学校而感到骄傲。[30] 尽管在大学里算术作为七艺的一部分也在教授,但是教授的是理论,没有实用性,所以商人和公务员更愿意把孩子送到算盘师傅那里去。早期算术学校的很多学生如尼科洛·塔尔塔利亚(1499 ~ 1557)日后成为著名的数学家(参看第 28 章)。

文艺复兴时期的自然志家们要求脱离不切实际的哲学,并赞赏作坊实践中的经验主义。培根高度赞扬"制造者的知识",认为它优于思辨,并敦促哲学家们编写制造工艺的历史。[31] 然而无论是从社会角度还是从认识论角度,容许这种知识成为自然哲学是有问题的。伽利略·伽利莱(1564 ~ 1642)虽然称赞威尼斯兵工厂是经验信息的源 213

---

[28] David Gentilcore,《现代早期意大利的治疗者和治疗》(*Healers and Healing in Early Modern Italy*, Manchester: Manchester University Press, 1998),第 182 页。另外参看 Gianna Pomata,《签约治疗:现代早期博洛尼亚的患者、治疗者和法律》(*Contracting a Cure: Patients, Healers, and the Law in Early Modern Bologna*, Baltimore: Johns Hopkins University Press, 1998),由作者在 R. Foy 和 A. Taraboletti-Segre 的帮助下翻译,第 129 页~第 136 页。

[29] Eleazar Dunk,《一封信的复制品》(*The Copy of a Letter written by E. D. Doctour of Physicke to a Gentleman, by whom it was published*, London, 1606),被引用于 Harold J. Cook,《忠告多给药少:现代早期医师的专业权威》(Good Advice and Little Medicine: The Professional Authority of Early Modern Physicians),载于《英国研究杂志》(*Journal of British Studies*),33(1994),第 1 页~第 31 页,引文在第 19 页。另外,参看 Cook,《斯图亚特王朝时期伦敦旧医学体制的衰落》(*The Decline of the Old Medical Regime in Stuart London*, Ithaca, N. Y.: Cornell University Press, 1986)。

[30] Paul F. Grendler,《意大利文艺复兴时期的学校教育:读写能力与学习(1300 ~ 1600)》(*Schooling in Renaissance Italy: Literacy and Learning, 1300 - 1600*, Baltimore: Johns Hopkins University Press, 1989),第 22 页~第 23 页,第 306 页~第 323 页;Warren Van Egmond,《文艺复兴时期佛罗伦萨的商业革命和西方数学的起源(1300 ~ 1500)》(The Commercial Revolution and the Beginnings of Western Mathematics in Renaissance Florence, 1300 - 1500, Ph. D. dissertation, Indiana University, Bloomington, Ind., 1976);以及 Miriam Chrisman,《世俗文化、学术文化:斯特拉斯堡的书籍和社会变革(1480 ~ 1599)》(*Lay Culture, Learned Culture: Books and Social Change in Strasbourg, 1480 - 1599*, New Haven, Conn.: Yale University Press, 1982),第 183 页。也可参见 Frank J. Swetz,《资本主义与算术:15 世纪的新数学》(*Capitalism and Arithmetic: The New Math of the 15th Century*, La Salle, Ill.: Open Court, 1987),它包含 1478 年特雷维索(Treviso)算术的一个英文版本。

[31] Antonio Pérez-Ramos,《弗兰西斯·培根的科学理念和制造商的知识传统》(*Francis Bacon's Idea of Science and the Maker's Knowledge Tradition*, Oxford: Clarendon Press, 1988)。

泉,却并不怎么怀疑几何证明比机械工的技术要更具确定性。[32] 尽管在作坊里也能获得一种在实验室里可获得的经验,但是这种信息在得到某种权威形式的认可之前,不会被当作知识。1673 年当代尔夫特(Delft)布料商安东尼・范・列文虎克与伦敦皇家学会联系介绍他最初的显微镜观察成果时,将这些成果报告放在雷金纳德・德・赫拉夫医生所写的一封信下面,信中介绍列文虎克是"一个确实富有创造力的人"。[33] 手工业信息成为文字的一种媒介是"秘籍",这些书将行业秘诀描述为"实验"。那些编写这些书的"秘诀的宣称者"创造了自然哲学是对"自然之秘密"的一种探寻的象征,这与经院哲学家将自然哲学作为对日常现象的逻辑证明形成鲜明对比。[34] 另一种类似的媒介是由手工艺者用本国语写的技术文章,如一位法国制陶工贝尔纳・帕利西(1510～1590)写的文章以及人文主义者格奥尔格・阿格里科拉(1494～1555)用拉丁语写的采矿方面的文章。[35] 无论哪种方式,从正规科学和医学学科的观点来看,读写能力——不管是拉丁语还是本国语——标志着提供经验信息和创造科学知识这两类人之间的本质区别(参看第 6 章)。

广场上的自然知识

现代早期欧洲作坊和商行的大门从没有完全敞开。例如,算盘师傅索要的高昂学费将其服务对象只限于富裕商人和公务员的子弟,而把穷学生关在门外。手工艺人在封闭的作坊里保守他们的行业机密,这是出了名的。卡尔佐拉里的坐落于他住宅上、他的药房旁边的博物馆只对他想向其展示收藏品的鉴赏者开放。

214 与之相反,广场本身是一个开放和公共的场所,这个场所只受到建筑物的限制,而这些建筑物临街的一面是商人和手工业者的店铺。[36] 这不是一个连通的空间,而是由独立的、相互连接的小铺子所组成的一个网络,每一个小铺子由表演娱乐节目的人和小贩搭起卖货的临时台子和长凳所围绕。广场也是公开展示自然知识的场所,每个人都能够看到这种展示。江湖游医正是在这里表演喜剧、展示奇观、证明自然的奇妙,以吸引人们来买他们的秘方和小册子。

戏剧化的因素成为由广场所限定的市场上的一个本质要素。为了吸引人们购买秘方,江湖游医用普通角色表演常规滑稽节目,这些表演后来(在上流圈子中)被称为

[32] Galileo Galilei,《两门新科学》(*Two New Sciences*, Madison: University of Wisconsin Press, 1974),Stillman Drake 译,第 11 页～第 12 页。

[33] Steven Shapin,《真理的社会史:17 世纪英格兰的修养与科学》(*A Social History of Truth: Civility and Science in Seventeenth-Century England*, Chicago: University of Chicago Press, 1994),第 304 页。

[34] William Eamon,《科学与自然秘密:中世纪与现代早期文化中的秘著》(*Science and the Secrets of Nature: Books of Secrets in Medieval and Early Modern Culture*, Princeton, N. J.: Princeton University Press, 1994),第 8 章;Eamon,《科学是一种狩猎》(Science as a Hunt),载于《自然》,31(1994),第 393 页～第 432 页。

[35] Rossi,《现代早期的哲学、技术与技艺》。

[36] 关于现代早期意大利广场建筑,参看 Donatella Calabi 编,《工厂、广场、市场:文艺复兴时期的意大利城市》(*Fabbriche, piazze, mercati: La città italiana nel Rinascimento*, Rome: Officina Edizioni, 1997)。

"即兴喜剧(commedia dell'arte)"。[37] 荒诞无稽和笑声是江湖游医的惯用手法,因为人们越快乐,就越可能掏钱。江湖游医的取笑对象通常是医生,但是他们的成功在于把自己也变成蠢人。一位英国庸医长篇大论地把德国医生瓦尔托·范·克拉图尔班克描述成一个曾上过12所大学的"化学家和磨牙者":他治疗过瘫痪、伊力克氏热、母鸡瘟、公猪瘟以及妓女疹痘,卖一种"再造处女"的止血药,同时也卖他的"三重王国的迦太基魔液",这种药两滴即可令任何"碰巧被打得脑浆迸裂或头被砍去"的人恢复健康。[38] 江湖游医是表演娱乐节目的人还是卖药方的人?显然两者都是。他的成功不是取决于药方的有效性,而是取决于他的观众与他共同参与,取决于观众心甘情愿将不信任搁置一旁。[39]

广场也是展示异域珍宝和自然奇观的场所。16世纪一位自称"波斯人(il Persiano)"的江湖游医宣称他掌握了来自波斯的"灵异的自然之秘密";一个威尼斯酿酒商为一种珍宝室作广告说,它有"十只令人叹为观止的巨兽,其中七只是新生下来的,六只活的一只死的,另三只已经怀了幼仔"。历史学家注意到,正如作为宫廷文化的一部分那样,异域和珍奇作为广场文化的一部分所产生的吸引力是人们感受现代早期科学的一个重要方面。[40]

215

广场是全社会的平等的空间,并非只有"普通人"聚集在那儿。所有社会阶层的人都见证和参与了城市广场上进行的文化表演。像很多去意大利旅行的英国人一样,英国学者约翰·伊夫林(1620～1706)兴致勃勃地观看了江湖游医的表演。1671年在皇家学会进行的一次磷的实验,令他想起他在罗马那佛纳广场(Piazza Navona)看到一个江湖游医变戏法,他用一个发着磷光的圆环吸引观众,并且"在用这种令人惊讶的花样将一大群人聚在他身旁后,他开始卖他的假药"。[41] 伊夫林说,他从前没有以后也再没

---

[37] K. M. Lea,2卷本《意大利的流行喜剧:关于即兴喜剧的研究(1560～1620)》(*Italian Popular Comedy: A Study in the Commedia dell' Arte, 1560 - 1620*, New York: Russell and Russell, 1962; orig. publ. 1934),尤其是第1卷,第17页～第128页。也可参看Gentilcore,《现代早期意大利的治疗者和治疗》,第4章。

[38] Roger King,《在舞台上治疗牙痛?在语境中研究图片的重要性》(Curing Toothache on the Stage? The Importance of Reading Pictures in Context),载于《科学史》(*History of Science*),33(1995),第396页～第416页,引文在第407页。

[39] Alison Klairmont Lingo,《现代早期法国的经验主义者与庸医:医学实践中"他者"分类的起源》(Empirics and Charlatans in Early Modern France: The Genesis of the Classification of the "Other" in Medical Practice),载于《社会史杂志》(*Journal of Society History*),19(1986),第583页～第603页;以及Roy Porter,《英格兰庸医的语言(1660～1800)》(The Language of Quackery in England, 1660 - 1800),载于Peter Burke和Roy Porter编,《语言社会史》(*The Social History of Language*, Cambridge: Cambridge University Press, 1987),第73页～第103页。

[40] Benedetto, detto il Persiano,《灵异的自然秘密》(*I maravigliosi, et occulti secreti naturali*, Rome, 1613);Giulielmo Germerio Tolosano,《珍贵的宝物……它为最有用和最必要的理智服务》(*Gioia preciosa... Opera à chi brama la sanità utilissima & necessaria*, Venice, 1604);Tomaso Garzoni,2卷本《展示世界上所有职业的大众广场》(*La piazza universale di tutte le professioni del mondo*, Turin: Einaudi, 1997),Paolo Cherchi和Bieatrice Collina编,第2卷,第1188页～第1197页;Eamon,《科学与自然秘密:中世纪与现代早期文化中的秘著》,第7章;以及Lorraine Daston,《现代早期欧洲的奇事异迹》(Marvelous Facts and Miraculous Evidence in Early Modern Europe),载于《批判性调查》(*Critical Inquiry*),18(1991),第93页～第124页。关于宫廷中对奇珍异物的着迷,参看Daston和Park,《奇事与自然秩序(1150～1750)》,第100页～第108页。

[41] John Evelyn,6卷本《约翰·伊夫林日记》(*The Diary of John Evelyn*, Oxford: Oxford University Press, 1955),E. S. De Beer编,第4卷,第253页。关于在皇家学会中的磷实验,参看Jan Golinski,《高贵的展示:磷与早期皇家学会的公共科学文化》(A Noble Spectacle: Phosphorus and the Public Culture of Science in the Early Royal Society),《爱西斯》,80(1989),第11页～第39页。

有看到如此明亮的磷光。他一直后悔没有买下这种药方。

在市镇的广场上与江湖游医同时出现的是预言者,他们身着麻衣,宣讲关于灾难性和奇异的事情。通过解释自然现象和天体活动以及怪胎,他们预言死亡、饥饿和战争,并竭力劝说老百姓悔改。[42] 反常的现象和占星术里正常的现象都有着奇妙的魔力,包含着隐晦的意义,而受欢迎的预言者和历书制作者许诺要弄明白这些意义。伴随新印刷技术的出现,类似于拉韦纳怪物(Ravenna monster)征兆的新闻(据报道发生于1512年的一次流产)通过小册子和海报飞快地传播开来,迎合了大众对奇闻逸事的贪婪胃口。[43] 历书和占星术的预言也以通俗版本大量出版。[44] 但是,还不清楚城市人有多严肃地看待占星术。正如江湖游医通过卖他们自己的廉价"秘方"手册来讽刺医生,模仿"秘诀宣称者",叙事诗歌手们在宴会歌曲中讽刺占星术士,如意大利有一首"天马海神学者大师(Doctor Master Pegasus Neptune)"所唱的,它预言了"干酪和烤宽面条的结合"以及"达尔马提亚(Dalmatian)葡萄酒之洪水",随之而来的是"如从大炮中射出的飓风发出剧烈恶臭"。[45]

216

广场上最为生动的展示是对罪犯的处决和惩罚。行刑者需要有相当的解剖学知识。当裁定采用哪一种刑罚并需要在审讯后让犯人恢复健康的时候,他必须判断犯人的身体条件。因为公开解剖演示所需的尸体主要由行刑者提供,所以他们必须了解怎样行刑能够对身体损伤最小。[46] 因为行刑者具有出自实践的解剖学知识,所以有时候同屠夫和外科医生一样,他们也被唤去在内科医生的监督下验尸。有意思的是,研究表明行刑者有时候也扮演治疗者的角色。在现代早期的德国,人们向他们咨询有关骨折、扭伤及其他损伤的疗法。行刑者所开药物是由人体各个部分组成的,包括人体脂肪和血液。在行刑仪式上,被处决的犯人的尸体获得了一种神圣的力量,这种力量在

---

[42] Ottavia Niccoli,《预言与文艺复兴时期意大利的人民》(*Prophecy and the People in Renaissance Italy*, Princeton, N. J.: Princeton University Press, 1990),Lydia G. Cochrane 译;以及 Sara Schechner Genuth,《彗星、大众文化与现代宇宙学的诞生》(*Comets, Popular Culture, and the Birth of Modern Cosmology*, Princeton, N. J.: Princeton University Press, 1997)。

[43] 关于怪物以及它们在现代早期欧洲的意义,参看 Daston 和 Park,《奇事与自然秩序(1150 ~ 1750)》,第5章。关于拉韦纳怪物和流行的预言,参看 Niccoli,《预言与文艺复兴时期意大利的人民》,第35页~第46页。

[44] Bernard Capp,《英国历书(1500 ~ 1800):占星术与大众出版》(*English Almanacs, 1500 - 1800: Astrology and the Popular Press*, Ithaca, N. Y.: Cornell University Press, 1979);Patrick Curry,《预言与力量:现代早期英格兰的占星术》(*Prophecy and Power: Astrology in Early Modern England*, Princeton, N. J.: Princeton University Press, 1989);Paola Zambelli,《宣传的结束或是开始? 占星学、历史哲学和政治——关于1524年联合辩论中的宗教信仰》(Fino del mondo o inizio della propaganda? Astrologia, filosofia della storia e propaganda politico-religiosa nel dibattito sulla congiunzione del 1524),载于《科学、神秘的信仰与文化水平》(*Scienze, credenze occulte, livelli di cultura*, Florence: Leo S. Olschki, 1982),第291页~第368页;以及 Zambelli 编,《"占星家的幻觉":路德时代的星星与世界末日》('*Astrologi hallucinati*': *Stars and the End of the World in Luther's Time*, Berlin: Walter de Gruyter, 1986)。

[45] 《预言》(*Prognostico: over diluvio consolatorio composto per lo eximio Dottore Maestro Pegaso Neptunio: el qual dechiara de giorno in giorno que che sarà nel mese de febraro; Cosa belissima & molto da ridere*, n. p., n. d., [Venice?, 1524年]),被引用于 Niccoli,《预言与文艺复兴时期意大利的人民》,第158页。

[46] 参看 Andrea Carlino,《身体工厂:文艺复兴时期的书籍与解剖》(*La fabbrica del corpo: Libri e dissezione nel Rinascimento*, Turin: Einaudi, 1994),第2章;以及 Katharine Park,《罪犯与神圣的身体:意大利文艺复兴时期的尸检和解剖》(The Criminal and the Saintly Body: Autopsy and Dissection in Renaissance Italy),载于《文艺复兴季刊》(*Renaissance Quarterly*),47(1994),第1页~第33页。

行刑者处理尸体的时候可以被他利用。[47]

人体各部分作为药物使用在民间传说里有很深的渊源。在德国民间医学中,人的头骨经过烤干碾碎可以治癫痫,妇女分娩时带一条晒干的人皮做的带子可以减轻分娩时的痛苦。据称人血对治疗癫痫非常有用,以至于癫痫病人在犯人被砍头的时候等候在断头台旁,就是为了喝上热而新鲜的"可怜的死刑犯的血"。[48] 然而,不只民间医学认为人体各部分有药用价值,1618 年出版的《伦敦药典》(*Pharmacopoeia Londinensis*)中也推荐人头骨的粉末来治疗癫痫。[49] 1662 年,内科医生约翰·约阿希姆·贝歇尔竭力主张药剂师应至少备有 24 种人体材料。[50]

217

来自广场的自然知识提出了关于经验事实如何被掌握的基本问题。如有关磷的演示所显示的那样,即使是在相对比较临近伦敦皇家学会的地方,实验也很容易降格为表演性的展示。为了防止这一点发生,有些学者建议皇家学会应区分实验"事实"和江湖游医炫耀性的展示。如皇家学会的一名会员所说:"一位有学问的人或实验者,不应被当作平衡环的制造者,一位自然观察者也不应被当作奇观贩子。"[51]尽管珍奇物品和奇特现象的演示是扩展大众科学文化的重要资源,危险也总是出现,即实验可能迷惑观众们而不是启蒙他们。[52]

乡间和村庄的自然知识

16 世纪有一种常见的说法认为,普通人掌握的"秘密"构成了学者所不知道的一些知识。莱奥纳尔多·菲奥拉万蒂研究了意大利卡拉布里亚(Calabria)区的农民观察得到的"生命规律",而 1571 年丹麦的帕拉塞尔苏斯主义者彼得鲁斯·塞韦里努斯敦促自然志家们"学习农民的天文学和大地哲学"。[53] 17 世纪法国法学家勒内·肖邦赞同一个常听到的比喻,他惊叹于"有多少医学界的学者不及一个普通的老年农妇,她只

---

[47] Kathy Stuart,《刽子手的治疗之触:现代早期德国医学实践中的健康与荣誉》(The Executioner's Healing Touch: Health and Honor in Early Modern German Medical Practice),载于 Max Reinhart 编,《无限的边界:现代早期德国文化中的秩序、失序与复序》(*Infinite Boundaries: Order, Disorder, and Reorder in Early Modern German Culture*, Sixteenth Century Essays and Studies, 40, Kirksville, Mo.: Thomas Jefferson University Press, 1998),第 349 页~第 379 页。

[48] Stuart,《刽子手的治疗之触:现代早期德国医学实践中的健康与荣誉》,第 360 页。

[49] William Brockbank,《特效药:伦敦药典的严重贬值》(Sovereign Remedies: A Critical Depreciation of the London Pharmacopoeia),载于《医学史》(*Medical History*),8(1964),第 1 页~第 14 页,引文在第 3 页。

[50] Stuart,《刽子手的治疗之触:现代早期德国医学实践中的健康与荣誉》,第 360 页。

[51] Michael Hunter 和 Paul B. Wood,《走向所罗门宫:早期皇家学会改革的竞争策略》(Towards Solomon's House: Rival Strategies for Reforming the Early Royal Society),载于《科学史》,24(1986),第 49 页~第 108 页,引文在第 81 页;Steven Shapin 和 Simon Schaffer,《利维坦与空气泵:霍布斯、玻意耳与实验生活》(*Leviathan and the Air-Pump: Hobbes, Boyle, and the Experimental Life*, Princeton, N.J.: Princeton University Press, 1985),第 112 页~第 115 页;以及 Steven Shapin,《17 世纪英格兰的实验所》(The House of Experiment in Seventeenth-Century England),载于《爱西斯》,79(1988),第 373 页~第 404 页,引文在第 388 页~第 390 页。

[52] Golinski,《高贵的展示:磷与早期皇家学会的公共科学文化》,第 38 页~第 39 页。

[53] Leonardo Fioravanti,《异想天开的药物》(*Capricci medicinali*, Venice: Lodovico Avanzo, 1561),第 53 页~第 54 页;Petrus Severinus (Peder Sørensen),《医学与哲学思想》(*Idea medicinae philosophicae*, The Hague: Adrianus Ulacq, 1660),第 39 页,被引用于 Allen G. Debus,《英格兰的帕拉塞尔苏斯主义者》(*The English Paracelsians*, New York: Franklin Watts, 1965),第 20 页。

用一棵树或一株草儿就找到了令内科医生们束手无策的疾病的疗方。”[54] 当学者们研究了乡间和村庄里的“自然哲学”后,他们将会发现什么呢?

园艺工人、果园管理者、农夫和养蜂人积累了大量关于动植物的经验知识,但是只有在特殊情况下他们才用文字记录这些资料。[55] 古典时期的农业著作连续重印,但是现代早期的自然志家们对这些著作越来越怀疑。17 世纪英国学者拉尔夫·奥斯汀认为古代资料里“都是危险有害的指导,以及众所周知错误的事情”。17 世纪的改良者如加布里埃尔·普拉特斯和塞缪尔·哈特立伯响应培根的主张,认为有必要汇编已被经验检验过的当前的实践以替换传统农业著作。[56] 伦敦皇家学会为了实现这一重要建议,成立了一个“农业委员会”。但是这个委员会只活动了几年就解散了。[57]

218

如同城市一样,乡间行医的特点是一种自然主义的、宗教的和魔法的治疗方式的结合。乡村里有些“博学的女人”因具备辨别植物及其药用性的经验技巧而受到尊重,就连内科医生也在其药典中写下了女采药人的药方。植物学家彼得罗·安德烈亚·马蒂奥利(1501～1577)观察到,牧羊人、农民和女采药人在大量的实际经验中掌握了内科医生所不知道的植物学知识。葡萄牙植物学家阿马托·卢西塔诺曾于 16 世纪中期待在费拉拉(Ferrara),他回忆说,为博尔索·德斯特公爵采集植物标本的草药医生通过向女采药人请教而受益良多。[58]

乡间的行医者很少区分自然的、魔法的和宗教的治疗方法。1599 年一位 66 岁的寡妇迪亚曼特·迪·比萨被摩德纳(Modena)异端裁判所审问时,辩解说那是为了治疗新生的婴儿:

> 我将胡桃油、芸香、白菊、唾液和野麝香草放在一个陶土罐中一起煮了,然后涂在生病孩子的脐带、喉咙、腰上和脉搏处,用手画十字,并说:“以圣父、圣子、圣灵之名,阿门。”然后我说三次圣父和三次圣母,向上帝和圣三一请求让孩子恢复

219

---

[54] 被引用于 Natalie Zemon Davis,《公认的智慧与流行的谬误》(Proverbial Wisdom and Popular Errors),载于 Davis,《现代早期法国的社会与文化》(*Society and Culture in Early Modern France*, Stanford, Calif.: Stanford University Press, 1984),第 261 页。

[55] 一个很重要的例外是 14 世纪由弗兰科尼亚(Franconia)的 Gottfried 记载,Gerhard Eis 编辑的关于嫁接和管理果园的小册子,《戈特弗里德的皮书:中高级德国技术文献的影响范围与持续时间的研究》(*Gottfrieds Pelzbuch: Studien zur Reichweite und Dauer der Wirkung des mittelhochdeutschen Fachschriftums*, Südosteuropäische Arbeiten, 38, Munich: Callwey, 1944),15 世纪的英文版由 Willy Braekman 编译,《弗兰科尼亚的杰弗里的农书》(*Geoffrey of Franconia's Book of Trees and Wine*, Scripta, 24, Brussels: UFSAL, 1989)。

[56] Charles Webster,《伟大的复兴:科学、医学和改良运动(1626～1660)》(*The Great Instauration: Science, Medicine, and Reform, 1626 - 1660*, New York: Holmes and Meier, 1976),第 470 页～第 471 页。

[57] Reginald Lennard,《查理二世时期的英国农业:皇家学会“调查”的证据》(English Agriculture under Charles II: The Evidence of the Royal Society's “Enquiries”),载于《经济史评论》(*Economic History Review*),4(1932),第 23 页～第 45 页。

[58] Albano Biondi,《女采药人和植物的魔力》(La signora delle erbe e la magia della vegetazione),载于《艾米利亚 - 罗马涅区的流行文化:草药和魔法》(*Cultura popolare nell'Emilia Romagna: Medicina erbe e magia*, Milan: Silvana Editoriale, 1981),第 185 页～第 203 页;Katharine Park,《医学与魔法:治疗技术》(Medicine and Magic: The Healing Arts),载于 Judith Brown 和 Robert Davis 编,《意大利文艺复兴时期的性别与社会》(*Gender and Society in Renaissance Italy*, London: Longmans, 1997);Jole Agrimi 和 Chiara Crisciani,《医学知识与宗教人类学:兽医的表现形式和功能》(Savoir médical et anthropologie religieuse: Les représentations et les fonctions de la *vetula* [XIIIe - XVesiècle]),载于《年鉴:经济、社会、文明》(*Annales: Economies, Sociétés, Civilisations*),48(1993),第 1281 页～第 1333 页。

健康。[59]

异端裁判所强有力地打击诸如"画十字"治病（正如这一过程被称呼的那样）的"迷信"活动，认为这是非法侵占了它的精神领域。[60] 尽管迪亚曼特也经常开出草药让内科医生用来治疗婴儿和分娩的妇女，非教会人士将祈祷和宗教仪式用于医疗让宗教权威们感到不安，尤其是在反宗教改革时期。

内科医生们也与迪亚曼特·迪·比萨这样的行医者保持距离，后者因为被假定为无知、迷信和邪恶而遭到谴责。然而自然主义的治疗方法和魔法的治疗方法之间的界限模糊，甚至在医生眼中也是如此。他们不仅拒绝抹杀魔法治疗的有效性，而且有丰富知识的魔法让他们对于神秘力量的治疗作用越来越感到好奇。[61] 比如，医学团体对护身符的热情非常高，甚至到了 17 世纪末，德国内科医生雅各布·沃尔夫写下了长达 400 页的疾病目录，这些疾病被认为能用护身符治疗。[62] 对于乡村行医者的贬低主要不是攻击魔法治疗方法，而是内科医生要对竞争进行控制，正如 15 世纪的内科医生安东尼奥·瓜伊内里所说的，要"在他们自身和行医的粗人之间拉开距离"。[63]

然而如果说乡间行医者和有知识的内科医生之间在哲学和法律上的距离很大，就实践而言他们有很多相同之处。不管是大众的还是学者的行医过程，都是根据普通生理学，关注维持身体中体液的正常流动。相应地，治疗方法主要是通过放血、催吐、发汗、通便等排出过多的体液。[64] 内科医生和乡村行医者采用相似的技术来促使女性怀孕以及改变或预言婴儿的性别。一位 16 世纪内科医生配制的促使怀孕的药方（包括蛋黄、山羊奶以及从公羊和猪身上取下的右睾丸），与异端裁判所对乡村的智慧妇女进行审讯时揭露出来的药方相比，除后者通常与违法的祈祷结合起来以外，两者看起来并没有很大差别。[65] 这种相似性使得那不勒斯自然志家和占星学家詹巴蒂斯塔·德拉·波尔塔在其未出版的《隐语》（*Criptologia*，约 1604）一书中得出结论说，流行魔法

220

[59] Mary O'Neil，《辨别迷信：16 世纪晚期意大利的流行谬误与正统回应》（Discerning Superstition: Popular Errors and Orthodox Response in Late Sixteenth Century Italy, Ph. D. dissertation, Stanford University, Stanford, Calif., 1981），第 75 页（略作修订）。关于来自威尼斯的相似的例子，参看 Guido Ruggiero，《约束激情：文艺复兴结束时的魔法、婚姻和权力的故事》（*Binding Passions: Tales of Magic, Marriage, and Power at the End of the Renaissance*, Oxford: Oxford University Press, 1993），第 3 章；以及 Marisa Milani 编，《异端裁判所判定的流行医学的古代实践》（*Antiche pratiche di medicina popolare nei processi del S. Uffizio* [*Venezia, 1572 - 1591*], Padua: Centrostampa Palazzo Maldura, 1986）。

[60] Mary O'Neil，《魔法治疗：爱情魔法与 16 世纪晚期摩德纳的异端裁判所》（Magical Healing: Love Magic and the Inquisition in Late Sixteenth-Century Modena），载于 Stephen Haliczer 编，《现代早期欧洲的异端裁判所与社会》（*Inquisition and Society in Early Modern Europe*, Totowa, N. J.: Barnes and Noble, 1967），第 88 页～第 114 页。

[61] Nancy G. Siraisi，《中世纪和文艺复兴早期的医学：知识与实践引论》（*Medieval and Early Renaissance Medicine: An Introduction to Knowledge and Practice*, Chicago: University of Chicago Press, 1990），第 152 页。

[62] Jacob Wolff，《好奇的护身符搜索者》（*Curiosus amuletorum scrutator*, Frankfurt: F. Groschuffius, 1692）。关于护身符的医学争论，参看 Martha Baldwin，《蟾蜍与瘟疫：17 世纪医学中的护身符疗法》（Toads and Plague: Amulet Therapy in Seventeenth-Century Medicine），载于《医学史通报》（*Bulletin of the History of Medicine*），67（1993），第 227 页～第 247 页。另外，参看 Keith Thomas，《宗教与魔法的衰落》（*Religion and the Decline of Magic*, New York: Charles Scribner's Sons, 1971），第 177 页～第 192 页。

[63] Park，《医学与魔法：治疗技术》，第 9 页。

[64] Pomata，《签约治疗：现代早期博洛尼亚的患者、治疗者和法律》，第 129 页～第 132 页；Eamon，《生命的规则与灌肠：莱奥纳尔多·菲奥拉万蒂的医学原始主义》，第 29 页～第 34 页。

[65] Giovanni Marinello，《治疗女性体弱的药物》（*Le medicine partenenti alle infermità delle donne*, Venice: Francesco de' Franceschi, 1563），第 70 页。

里包含着重要的真理,虽然真理被大众迷信给歪曲了。他说,女巫和变戏法的人所制造出的效果实际上是由自然的力量实现的,他们的仪式、符咒和祈祷没有用。[66]

乡村魔法是学术魔法的一种低级形式,还是后者来自前者?异端裁判所的审讯揭示出,有些博学的妇女和变戏法的人持有魔法、占卜和相面术的通俗手册。然而,另有一些证据表明,知识有可能是以相反的方向传递的。17 世纪英国的文物研究者约翰·奥布里记录民间活动,因为他相信这些活动能够得出有用的知识。他认为牧羊人对天气的预测方法值得研究,民间风俗是“自然魔法的遗迹”。德拉·波尔塔做关于魔法的试验是为了“揭穿他们骗人的诡计”,并揭示出其中暗含的自然原因。[67] 德拉·波尔塔与很多同时代人一样,相信魔法中的现象是自然原因引起的真实结果,但是认为这个原因被魔法虚假的表象给掩盖了。

一个来自意大利普里亚(Puglia)区的捕蛇人巴托洛梅奥·里乔在威尼斯的经历,展示了知识传递的另一个方面,即乡村医学传统进入城中集市所发生的知识传递。里乔是一个信奉萨满教的江湖游医,声称是圣保罗的子孙。[68] 为了得到在威尼斯出售他的“圣保罗之恩赐”的许可,他必须向健康委员会证明他的药方的价值。于是 1580 年,他手里拿着大毒蛇出现在委员会面前,一边走一边“证明”,让蛇咬他的胸部。他的伤口肿胀和变黑了,他敷了他那种马耳他泥药膏,让内科医生们吃惊的是他很快就恢复了。作为一个抓毒蛇卖给药剂师做万灵药配方的捕蛇人,他必须成为圣马可广场的一个可看的景观。“让所有人称奇的是”,他能够赤手空拳抓住并杀死毒蛇而自己安然无恙。里乔没有费力便让内科医生们相信他的药有效,并得到了从业许可,即要蛇表演吸引观众来买他的药。[69] 威尼斯健康委员会的决定反映了既有医学团体的一种普遍观点。学院派出身的内科医生们不反对圣保罗泥膏具有解毒药的效验。相反,他们指责江湖游医伪造马耳他泥膏,并用各种保护他们免受毒蛇咬伤的诡计来骗人。[70]

221

如果说有些学者对民间习俗感到好奇,学术团体总的来说越来越对这种大众文化持批评的态度。在一系列关于“通俗的错误”的著作中,内科医生们和学者们猛烈抨击

---

[66] Giambattista della Porta,《隐语》(*Criptologia*, Edizione Nazionale dei Classici del Pensiero Italiano, ser. 2, 37, Rome: Centro Internazionale di Studi Umanistici, 1982),Gabriella Belloni 编,第 158 页。

[67] John Aubrey,《非犹太教与犹太教的残余》(Remaines of Gentilisme and Judaisme),载于 John Buchanan-Brown 编,《三本散文著作》(*Three Prose Works*, Carbondale: Southern Illinois University Press, 1972),第 132 页;della Porta 著,《隐语》,第 158 页;以及 Thomas,《宗教与魔法的衰落》,第 228 页～第 229 页。

[68] Garzoni,《展示世界上所有职业的大众广场》,第 2 卷,第 1195 页～第 1196 页。

[69] 相关的文档收于 Archivio di Stato, Venice, Provveditori alla Sanità, Reg. 734, c. 177v (1580)和 Reg. 735, c. 135v (1583)。

[70] 例如,Mattioli 和 Martin Del Rio。参看 Brizio Montinaro,《圣保罗与蛇:分析传统》(*San Paolo dei serpenti: Analisi di una tradizione*, Palermo: Sellerio, 1996),第 78 页～第 80 页;Angelo Turchini,《咬啮、疾病与死亡:狼蛛在医学文化与民间疗法中》(*Morso, morbo, morte: La tarantola fra cultura medica e terapia popolare*, Milan: Franco Angeli, 1987),第 152 页～第 153 页;Thomas Freller,《“蛇舌”“瓶尔草”与“舌骨”:对现代早期流行的“魔法疗法”医学史的强调》(“Lingue di serpi”, “Natternzungen” und “Glossopetrae”: Streiflichter auf die Geschichte einer populären “kultischen” Medizin der frühen Neuzeit),载于《医学史档案》(*Sudhoffs Archiv*),81(1997),第 63 页～第 83 页。为了防止伪造马耳他泥膏,一些医师推荐带有对这些泥膏的真实性签封的马耳他证明序号。

"迷信",特别对博学的妇女和寡妇怀有恶意。[71] 英国内科医生托马斯·布朗爵士在他 1646 年所著的《通俗之错误》(*Pseudodoxia epidemica*)一书中,不但贬低通俗的行医活动,而且贬低整个通俗知识。在布朗看来,通俗文化中充斥着迷信、无知和曲解。[72]

结论:通俗文化和新哲学

自然知识"走向大众"的观点与知识阶层对通俗文化的贬抑两者之间的张力在 17 世纪 60 年代英国皇家学会的合作工作"手艺志"中显示出来。[73] 受到培根的作坊作为一种"揭开自然物的面具和面纱"的实验室这一观念的鼓舞,手艺志项目的目标既致力于改进技术,也致力于为自然哲学提供实验。[74] 1675 年巴黎皇家科学院也进行了相似的工作,国王的首席大臣让-巴蒂斯·柯培尔命科学院对各种工艺进行综合性描述。[75]

222

然而从一开始编写手艺志,学者们就遇到无数障碍。手工业者自然不愿公布他们的秘方,因为他们要靠对特定技术保持垄断来生存。此外,编写手艺志的工作太过庞大而无法完成,哪怕是这些被培根的热情鼓舞起来的人也无法做到。毕竟,提倡者们是学者,他们对任何事情都有兴趣,天真地认为自己可以很快掌握任何手艺知识,并完全能够成为手工业者的指导者。但是手艺志不是业余爱好者能够胜任的,它需要几代人长时间投入地工作。而且,手艺志这一工作要求绅士们去一些他们往往不愿去的地方。约翰·伊夫林尽管热心支持这一工作,却将自己的努力范围限于"贵族式"的手艺,如版画、油画、微缩画、退火、上釉和大理石装饰等。可是即使是这些工艺对于伊夫林来说也太过低级了,他将一部分工作完全放弃了,因为那些工作需要"同呆板、反复无常的人打交道"。[76]

---

[71] Peter Burke,《现代早期欧洲的流行文化》(*Popular Culture in Early Modern Europe*, New York: Harper and Row, 1978),第 8 章。关于"流行的谬误"的书籍的例子,包括 Laurent Joubert,《流行的谬误》(*Popular Errors*, Tuscaloosa: University of Alabama Press, 1989),Gregory David de Rocher 译;以及 Scipione Mercurio,《来自意大利的流行的谬误》(*De gli errori populari d'Italia*, Verona: Rossi, 1645)。另外,参看 Eamon,《科学与自然秘密:中世纪与现代早期文化中的秘著》,第 259 页~第 266 页。

[72] Thomas Browne,《通俗之错误》(*Pseudodoxia Epidemica*),载于 Geoffrey Keynes 编,4 卷本《托马斯·布朗爵士作品集》(*The Works of Sir Thomas Browne*, Chicago: University of Chicago Press, 1964),第 2 卷。

[73] Walter E. Houghton, Jr.,《手艺志:与 17 世纪思想的关系》(The History of Trades: Its Relation to Seventeenth Century Thought),载于《思想史杂志》,3(1942),第 51 页~第 73 页,第 190 页~第 219 页;以及 Kathleen H. Ochs,《伦敦皇家学会的手艺志计划:应用科学的早期事件》(The Royal Society of London's History of Trades Programme: An Early Episode in Applied Science),载于《伦敦皇家学会的记录及档案》(*Notes and Records of the Royal Society of London*),39(1985),第 129 页~第 158 页。

[74] Francis Bacon,《预备》(*Parasceve*),载于 James Spedding、Robert Leslie Ellis 和 Douglas Denon Heath 编,14 卷本《弗兰西斯·培根全集》(*The Works of Francis Bacon, Baron of Verulam, Viscount of St. Alban, and Lord Chancellor of England*, [1857 - 74], New York: Garrett Press, 1968),第 4 卷,第 257 页。

[75] Roger Hahn,《对一所科学机构的剖析:巴黎科学院(1666 ~ 1803)》(*The Anatomy of a Scientific Institution: The Paris Academy of Sciences, 1666 - 1803*, Berkeley: University of California Press, 1971),第 68 页。

[76] John Evelyn,《约翰·伊夫林日记及书信》(*The Diary and Correspondence of John Evelyn*, London: Charles Scribner's Sons, 1903),William Bray 编,第 590 页。

知识阶层对通俗文化所持的怀疑态度是构建手艺志过程中的另一障碍。[77] 在巴黎科学院,手工业者与科学家之间的信息交流绝不像培根所设想的那样。巴黎科学院的院士们不是将手工艺视为自然知识的来源,而是欲将"科学"标准强加于手工艺。[78] 这种精英态度在英国皇家学会也显露出来。在他为手工艺学制定的大纲中,伊夫林对手工艺进行了等级式的划分,最开始是"有用和纯机械的",然后升至"文雅和更自由的",再到"不寻常的",最后是"奇妙的、绝无仅有的秘制"。[79] 最终,伊夫林选择了不公布他的这一判定,因为他担心这样会"因将其变成俗物而大大降低它们的地位"。[80]

最后还要提到,现代早期科学团体的会员中精英分子越来越多。虽然皇家学会声称其倡导"有用的知识",但是 1672 年会员中手工业者只占到 3%。[81] 皇家学会的实验管理员罗伯特·胡克(1635 ~ 1703)将皇家学会看作一个很小、纪律严明、投身于探寻自然知识的团体。胡克将皇家学会比作征服墨西哥的西班牙统治者,他写道:"这片新发现的土地(指自然)必须由虽人数不多但纪律严明的西班牙军队所征服。"[82] 到了 17 世纪末,伴随皇家学会最初的培根理想的衰落,手艺志的工作悄无声息地停止了。

223

关于科学的社会实用价值的争论没有结束,但是关于这种争论的表达,越来越多是在精英文化与大众文化逐渐产生的分裂这一语境下。胡克的看法只是预示着专业人员的出现的许多信号之一。对伽利略来说,哥白尼主义预设了对《圣经》的更为深入和微妙的理解,而这只有自然哲学家才能胜任。[83] 尽管它强调"事实",新哲学的有效性还是在于宣称"素朴的"经验知识内在地就是不可信的。新哲学家们在最终的分析中,坚持认为宇宙的奥秘不是以普通人的能力所能掌握的。通过重新定义科学所在之处和取消大众所提供证据的有效性,新哲学取消了普通人在产生自然知识的舞台上的资格。

(李文靖 译)

---

[77] Daston 和 Park,《奇事与自然秩序(1150 ~ 1750)》,第 9 章;以及 Eamon,《科学与自然秘密:中世纪与现代早期文化中的秘著》,第 259 页~第 266 页。

[78] Hahn,《对一所科学机构的剖析:巴黎科学院(1666 ~ 1803)》,第 185 页~第 194 页。工匠们被这些措施激起的愤怒在法国大革命期间膨胀为一场反抗学院"专制"的暴动。

[79] 皇家学会,分类论文,III(i), fol. 1。对比 Robert Hooke 的更多"培根主义"的纲领,参看 Richard Waller 编,《罗伯特·胡克的遗作》(*The Posthumous Works of Robert Hooke*, New York: Johnson Reprint Corp., 1969),第 24 页~第 26 页。关于这些计划,参看 Michael Hunter,《英格兰复辟时代的科学与学会》(*Science and Society in Restoration England*, Cambridge: Cambridge University Press, 1981),第 99 页~第 101 页。

[80] Evelyn 致 Boyle 的信,1659 年 8 月 9 日,载于 Robert Boyle,6 卷本《尊敬的罗伯特·玻意耳作品集》(*The Works of the Honourable Robert Boyle* [1772], Hildesheim: Georg Olms, 1966),Thomas Birch 编,第 6 卷,第 287 页~第 288 页;以及 Evelyn,《约翰·伊夫林日记及书信》,第 578 页。

[81] Michael Hunter,《皇家学会及其会员(1660 ~ 1700):早期科学机构的结构》(*The Royal Society and Its Fellows, 1660 - 1700: The Morphology of an Early Scientific Society*, Chalfont St. Giles: British Society for the History of Science, 1982),第 40 页。

[82] 《为皇家学会的利益的计划》(Proposalls for the Good of the Royal Society, Royal Society, Classified Papers, xx. 50, fols. 92 - 4),被引用于 Hunter 和 Wood,《走向所罗门宫:早期皇家学会改革的竞争策略》,第 87 页。

[83] Galileo Galilei,《致大公夫人克里斯蒂娜的信》(*Letter to the Grand Duchess Christina*),载于 Galileo,《伽利略的发现与观点》(*Discoveries and Opinions of Galileo*, New York: Anchor Books, 1957),Stillman Drake 译,第 181 页~第 182 页。

9

家和家庭

224

阿利克斯·库珀

现代早期对自然的探究在哪里进行？科学史学家的研究逐渐表明，对于科学革命至关重要的活动不仅仅发生在那些人所共知的新场所，如植物园、解剖剧场、实验室和科学团体所在地，也同时发生在自然探究者的家和家庭这些看似粗陋和平凡的场所。这些家庭的空间中实际上有各种各样自然知识产生，因为居住者不单纯将它们当作睡觉的地方，还将它们作为对自然现象进行思考、写作、计算、观测和实验的地方。此外，在做这些事情的同时，他们常常最终争取到家庭成员加入这一事业。这样，家和家庭的空间成为现代早期欧洲探究自然知识活动的重要场所。

很少有科学史学家注意这些“私人”空间。一个重要原因在于，过去的几个世纪中已经逐渐形成关于科学研究在家之外的观念。这一特殊预设本身是历史的产物，来自在更大范围内近代的工作组织形式的变化。尤其在整个19世纪，随着越来越多的人离开了以家庭为基础的作坊来到新的工作场所，新近被称为“科学家”的人同样也逐渐来到家庭之外、不带有宗教倾向和感情色彩的公共机构的场所工作。在这一过程中，职业与家庭、公共场所与私人空间之间的观念上明显的分界线已经建立起来，这一分界线持续不断地塑造着现代人的思想。[1]

225

然而，倘若我们想要了解现代早期的自然探究活动究竟如何展开，就有必要将现代人的预设放在一旁，并进入现代早期家庭的世界当中，因为在现代早期的欧洲甚至欧洲以外的地方，那确实是一个各类生产、手工艺和其他类似活动大量进行的地方，并且如本篇所要显示的，家庭是产生关于自然世界的知识的地方。只有考察这一重要的环境，才能够理解现代早期欧洲人实际上所涉入的自然探究事业的广阔范围。对现代

[1] 例如，参看 Dorinda Outram,《在客观性之前：19世纪早期法国科学中的妻子、赞助和文化再生产》(Before Objectivity: Wives, Patronage, and Cultural Reproduction in Early Nineteenth-Century French Science)，载于 Pnina G. Abir-Am 和 Dorinda Outram 编，《不稳定的职业与亲密的生活：科学研究中的女性(1789～1979)》(*Uneasy Careers and Intimate Lives: Women in Science, 1789 - 1979*, New Brunswick, N. J.: Rutgers University Press, 1987)，第1页～第30页；以及 Londa Schiebinger,《心灵无性？现代科学诞生中的女性》(*The Mind Has No Sex? Women in the Origins of Modern Science*, Cambridge, Mass.: Harvard University Press, 1989)。需要注意的是，关于现代早期科学中的家和家庭，很多我们现在所知道的东西来源于研究妇女在科学中的生涯的历史学家的工作，他们发现她们的家庭地位——作为妻子、女儿或者寡妇——在很大程度上塑造了这些生涯。

早期科学家庭的粗略一瞥即可揭示，参与研究自然活动的不仅是有学问的人和专业人士，还有各种各样不被承认的和（以我们现代人的目光）看不到的家庭当中的协作者，从主妇和孩子们到家庭仆人。探究自然知识的活动因此不仅是只属于“伟人们”的个人事业，而且是一个协作性的、在很多情况下集体性的事业。尽管个人的贡献很难被记录下来——很多妇女和仆人，没有人教给他们基本的读写能力，所以他们没有留下多少日常的文书，而现代早期的写作习惯一般避免在出版的著作中提及家庭成员——还是有大量手写的实验室记录、家庭配方书以及类似的手稿证据保留下来，为我们了解这些人参与现代早期自然探究活动打开了一扇窗，不过很多研究仍有待进行。

本章将考察现代早期欧洲家和家庭所提供的积累自然知识的重要框架的不同方式。我将表明，大量的科学活动有完成于家庭之中的（在住所的空间范围内进行），也有在更宽泛的意义上由家庭成员来完成的，这个范围既包括男性家长，也包括妻子、孩子、女儿、其他亲戚和家中的仆人。因此，现代早期欧洲的自然探究活动通常被称为一个家庭的事业，多位家庭成员参与这一事业，他们提供重要支持，并在缺乏正规体制性支持的时期保持了科学活动的连续性。实际上，自然探究活动的家庭模式一直延续至19世纪，由此显示出它的持久力。然而在科学革命关键性年份中，它作为一种探求自然知识的方式尤其显示出重要性。

226

家庭空间

为考察现代早期家庭为科学提供的某些条件，我们简单参观一下家庭内部的建筑结构。我们要考察的多半不是乡间或农民家的建筑结构，乡间或农民家中一般工作、吃饭和睡觉都在一个房间中；我们要考察的是更宽敞、更富足的城市居民的住所。在这里可以找到各种各样的地方，其间进行着今天称之为“科学”的活动。比如，书房就是这样的一个地方。它通常在卧室旁边，一方面给学者提供私人的安全地带，供其独自思考，另一方面给学者提供一个半公共空间，供其向高贵的来访者介绍藏书、地球仪、数学工具，以及墙上（甚至天花板上）排列的手工艺珍品和自然物品。法国的博学者皮埃尔·博雷（约1620～1671）将他的书房称为一个“家中的世界”[2]（参看第12章）。书房也逐渐被称为沉思之地，是一个有着多种作用的、体现和激发其主人灵感的空间，比如像安布鲁瓦兹·帕雷（约1510～1590）这样的外科医生，其书房摆满了为他

---

〔2〕 引自 Paula Findlen，《男性特权：现代早期博物馆中的性别、空间和知识》（Masculine Prerogatives: Gender, Space, and Knowledge in the Early Modern Museum），载于 Peter Galison 和 Emily Thompson 编，《科学的建筑》（*The Architecture of Science*, Cambridge, Mass.: MIT Press, 1999），第36页。关于这一研究的组织和理想，也可参看 Dora Thornton，《书房中的学者：意大利文艺复兴时期的所有权和经验》（*The Scholar in His Study: Ownership and Experience in Renaissance Italy*, New Haven, Conn.: Yale University Press, 1997）；以及 Steven Shapin，《“思想是自己的住所”：17世纪英格兰的科学与孤独》（“The Mind Is Its Own Place”: Science and Solitude in Seventeenth-Century England），载于《语境中的科学》（*Science in Context*），4(1990)，第191页～第218页。当然，鉴于诸如气候、社会地位、职业等其他因素，居处的设计因时因地而不同。关于这一时期的住宅内部的发展的介绍，参看 Witold Rybczynski，《家庭：一种观念的简史》（*Home: A Short History of an Idea*, London: Penguin, 1986），第11页～第75页。

的书《论怪异之物》(*On Monsters*)做插图的奇形怪状的动植物标本,或者是像约翰·迪伊(1527～1608)这样的数学家,躲到他的有两层门的"私人书房"之内做天宫图以及与天使们交流。[3]

然而,科学并没有隐居在书房里,而是蔓延至家中的其他地方。文艺复兴时期的解剖学家安德烈亚斯·维萨里(1514～1564)因为在自己的卧室里解剖死尸、有时候将死尸连着放数星期而臭名昭著。[4] 显然这种活动不少见。1519年已有意大利医科学生蒙泰雷亚莱(Montereale)的伊波利托欣欣然地报告说,他在老师乔瓦尼·洛伦佐家中观察动物解剖。"这样我们可以看到神经的内部各部分以及源头。"[5]然而,有些人希望研究活的生物而不是死尸,他们去别人的家中观察卧室里生病的人。在这里,医生、助产士和其他行医者与病人商量并开出治病的精细药方。尽管医院总有患各种各样疾病的穷人(他们几乎没有能力自行治疗),从而成为临床研究的主要场所,内科医生和外科医生们还是在家中治疗大部分病人。

227

另外,店铺和工场一般紧靠手工业者家中的起居区,在这里人们绘制插图、配制药方、设计并完善科学仪器。[6] 厨房、地下室或地窖则构成了妇女们的临时实验室,她们修改或记录药方,这些药方可能是盖仑式以草药为基础的,也可能是帕拉塞尔苏斯式以化学品为基础的。在有些英国妇女中间很流行在厨房用蒸馏器和蒸锅制造"精华";像格雷丝·迈尔德梅夫人(1552～1620)等妇女则将整个房子变成了蒸馏室,并真正在家中开起了药房,英国学者约翰·伊夫林评论他年轻时遇到的贵妇说:"她们在蒸馏器中自娱自乐。"[7]还有像罗伯特·玻意耳(1627～1691)这样富有的实验者,不是将一个房间而是将许多房间置备了蒸馏器和其他必要的设备,来进行"试验"和"定量分析"。[8]

---

[3] 参看 Ambroise Paré,《论怪物与奇迹》(*On Monsters and Marvels*, Chicago: University of Chicago Press, 1982),Janis L. Pallister 译,第49、52、134、141、150页;以及 Deborah Harkness,《管理实验家庭:莫特莱克的迪伊家和自然哲学的实践》(Managing an Experimental Household: The Dees of Mortlake and the Practice of Natural Philosophy),载于《爱西斯》,88(1997),第259页。

[4] C. D. O'Malley,《布鲁塞尔的安德烈亚斯·维萨里(1514～1564)》(*Andreas Vesalius of Brussels, 1514 - 1564*, Berkeley: University of California Press, 1964),第64页,第112页。也可参看第44页～第45页关于文艺复兴时期解剖学家为了给他们的解剖操作找到合适的地点所遇到的困难。

[5] Dorothy M. Schullian,《萨索费拉托的乔瓦尼·洛伦佐的解剖演示》(An Anatomical Demonstration by Giovanni Lorenzo of Sassoferrato, 19 November 1519),载于《为纪念路易吉·费拉里而撰写的书目和博学著作的杂记》(*Miscellanea di scritti di bibliografia ed erudizione in memoria di Luigi Ferrari*, Florence: Leo S. Olschki, 1952),第489页,第494页。

[6] Schiebinger,《心灵无性? 现代科学诞生中的女性》,第66页～第118页;也可参看 Pamela H. Smith,《工匠团体:科学革命中的艺术与经验》(*The Body of the Artisan: Art and Experience in the Scientific Revolution*, Chicago: University of Chicago Press, 2004),第95页～第96页。

[7] Lynette Hunter,《妇女与家庭医学:有身份的女性实验者》(Women and Domestic Medicine: Lady Experimenters, 1570 - 1620),载于 Lynette Hunter 和 Sarah Hutton 编,《妇女、科学和医学(1500～1700):皇家学会中的母亲和姐妹》(*Women, Science and Medicine, 1500 - 1700: Mothers and Sisters of the Royal Society*, Stroud: Sutton, 1997),第89页～第107页,尤其是第95页～第96页;Linda Pollock,《信念与医学:都铎王朝时期的贵妇格雷丝·迈尔德梅夫人传(1552～1620)》(*With Faith and Physic: The Life of Tudor Gentlewoman Lady Grace Mildmay, 1552 - 1620*, London: Collins and Brown, 1993),第98页～第102页;以及 Leonard Guthrie,《塞德利夫人的收据簿(1686)和其他17世纪的收据簿》(The Lady Sedley's Receipt Book, 1686, and other Seventeenth-Century Receipt Books),载于《英国皇家医学会会刊》(*Proceedings of the Royal Society of Medicine*),6(1913),第165页。

[8] Steven Shapin,《17世纪英格兰的实验所》(The House of Experiment in Seventeenth-Century England),载于《爱西斯》,79(1988),第373页～第404页。

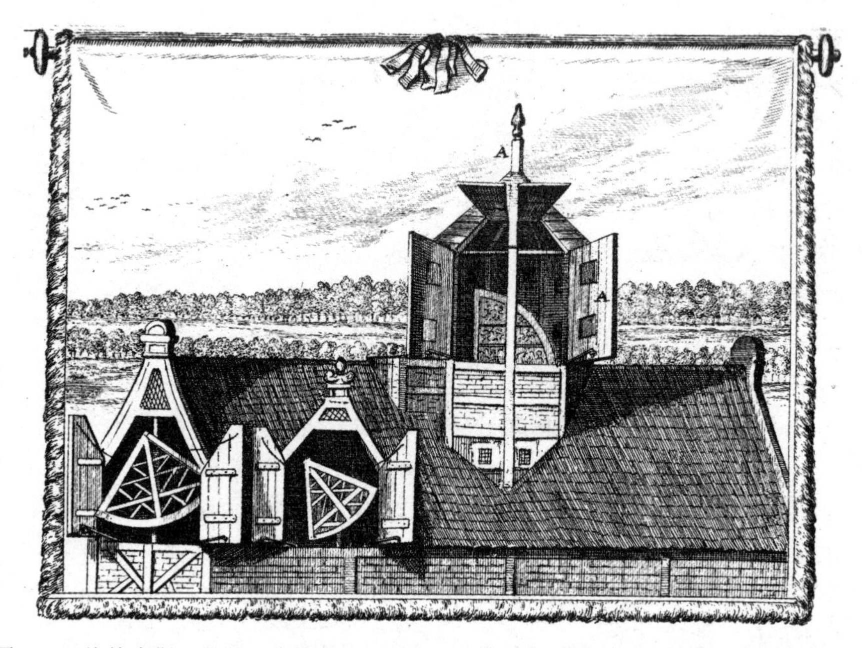

图 9.1　约翰内斯·海维留斯在但泽的房屋。In Johannes Hevelius, *Machinae coelestis pars prior* (Danzig: Simon Reiniger, 1673). Reproduced by permission of the Department of Printing and Graphic Arts, Houghton Library, Harvard College Library. Typ 620.73.451F

探究自然的活动也可以并确实也是在室外如火如荼地展开。菜园里种植医用植物样本,进行关于植物的各种各样的"实验",而后院则成为研究本地动植物的"剧场"。[9] 连房子的天花板在需要时也可使用。天文学家约翰内斯·海维留斯(1611～1687)在他但泽(Danzig)的房子的天花板上,先是建了一个小瞭望塔,接着又建了一个大的平台来放置望远镜、象限仪和六分仪,并从这里观察星辰。他在其所写的《天文器械》(*Machinae coelestis*,1673)一书中不无骄傲地告诉读者,好几个临时天文台都便利地"设置在我家中,甚至无须离开家门或穿过马路,即可到达另一所天文台"。(图 9.1)他的书房也不远,就在楼下,十分便利,配有版画设备的印刷所更近,就在楼下二层。他得意扬扬地得出结论说,他的多个天文台由于正好便利地坐落在他的房子上面,所以他做"任何类型的观测"所需要的东西都不缺少。[10]

228

但是必须强调,探究自然知识的活动并非仅限于富裕的城市家庭。在社会阶层的最底层,农民家庭仔细地收集草药。尽管科班出身的内科医生一再表示出他们对家庭疗法的蔑视,然而非正规的行医者们有时候也用语言回击他们,比如 16 世纪有一个叫

〔9〕 Alix Cooper,《创造本土:现代早期德国领土的地方知识与自然志》(Inventing the Indigenous: Local Knowledge and Natural History in the Early Modern German Territories, Ph. D. dissertation, Harvard University, Cambridge, Mass., 1998)。

〔10〕 Johannes Hevelius,《天文器械》(*Machinae coelestis*, Danzig: Simon Reiniger, 1673),第 446 页～第 447 页。

安·温莎的人说:"我相信厨房医术强过医生拙劣的医术。"[11]与此同时,在社会阶层的最高层,王公贵族的家中或宫廷中通常上演着规模庞大且复杂的探究自然的冒险活动,这些活动有资助者提供更多的实质性资源(参看第11章)。[12] 例如,在丹麦的汶(Hven)岛上,出身贵族的天文学家第谷·布拉赫(1546~1601)巧妙地设计了一个完整的宫殿,即著名的天堡(Uraniborg),这不仅仅是家庭居所,也是第谷的天文台以及炼金术实验室,其规模远比当时其他一流科学家的实验室都要引人注意。[13] 然而,即使有这样庞大的规模,对于自然世界的研究仍然受相似的模式的影响:家庭成员之间的互动、空间结构、劳动分工以及家庭事务的管理。

229

探索自然作为一项全家事业

为了充分理解现代早期家庭作为科学活动的场所的意义,有必要超出家庭作为一个居住地所提供的单纯的物理空间——它的房间、寝室,而将家庭本身作为一个机构来考察。社会史学家长期以来一直强调家庭作为一个经济生产和延续单位在现代早期的欧洲的核心地位。在"公共"和"私人"之间的差别尚未如其在现代这样分明、工作空间尚未从家庭中迁出去的文化中,大家庭既要对家庭成员的物质生活负责,也要为更一般的文化再生产负责,即风俗习惯的代代相传。[14]

而且,家庭一般来说一直被当作一种社会关系模式,它支配着各种角色,年老者与年轻者、男性和女性、上级和下级。亚里士多德(前384~前322)曾称家庭是社会秩序的基础。所以很明显地,在现代早期欧洲,家庭是一种政治和管理模式。人们相信,各种形式的家庭权威构成了统治者和人民之间关系的基础,君主或王侯不仅在他自己的

230

---

〔11〕 引自 Pollock,《信念与医学:都铎王朝时期的贵妇格雷丝·迈尔德梅夫人传(1552~1620)》,第94页。

〔12〕 参看 Mario Biagioli,《廷臣伽利略:专制政体文化中的科学实践》(*Galileo, Courtier: The Practice of Science in the Culture of Absolutism*, Chicago: University of Chicago Press, 1993);以及 Bruce T. Moran 编,《资助与机构:欧洲宫廷的科学、技术和医学(1500~1750)》(*Patronage and Institutions: Science, Technology, and Medicine at the European Court, 1500 - 1750*, Woodbridge: Boydell Press, 1991)。

〔13〕 关于天堡的设计,参看 Owen Hannaway,《实验室设计与科学目标:安德烈亚斯·利巴菲乌斯与第谷·布拉赫》(Laboratory Design and the Aim of Science: Andreas Libavius versus Tycho Brahe),载于《爱西斯》,77(1986),第585页~第610页。也可参看 Jole Shackelford,《第谷·布拉赫、实验室设计与科学目标:语境中的阅读计划》(Tycho Brahe, Laboratory Design and the Aim of Science: Reading Plans in Context),载于《爱西斯》,84(1993),第211页~第230页;以及 William R. Newman,《炼金术的象征主义与伪装:利巴菲乌斯的化学之家》(Alchemical Symbolism and Concealment: The Chemical House of Libavius),载于 Galison 和 Thompson 编,《科学的建筑》,第59页~第77页。

〔14〕 关于这一话题的文献非常多而且有颇多争议。关于编史学的介绍,可参看 Michael Anderson,《关于西方家庭历史的研究进路(1500~1914)》(*Approaches to the History of the Western Family, 1500 - 1914*, New York: Cambridge University Press, 1980)。从多种方法论的和民族的视角对这一领域的一般性考察,包括 Steven Ozment,《父亲当家:宗教改革时期欧洲的家庭生活》(*When Fathers Ruled: Family Life in Reformation Europe*, Cambridge, Mass.: Harvard University Press, 1983);Edmund Shorter,《现代家庭的形成》(*The Making of the Modern Family*, New York: Basic Books, 1975);Lawrence Stone,《英格兰的家庭、性别与婚姻(1500~1800)》(*The Family, Sex, and Marriage in England, 1500 - 1800*, New York: Harper and Row, 1977);Jean-Louis Flandrin,《从前的家庭》(*Families in Former Times*, Cambridge: Cambridge University Press, 1979),Richard Southern 译;以及 Michael Mitterauer 和 Reinhard Sieder,《欧洲家庭:从中世纪到现在的父权制与伙伴关系》(*The European Family: Patriarchy and Partnership from the Middle Ages to the Present*, Chicago: University of Chicago Press, 1982),Karla Oosterveen 和 Manfred Hörzinger 译。关于将"文化再生产"应用到科学史的早期重要的讨论,参看 Outram,《在客观性之前:19世纪早期法国科学中的妻子、赞助和文化再生产》。

家族或宫廷内是家长和施与恩惠的人，而且在更大范围的整个社会内也是如此。[15] 同样地，家庭模式固定化了现代早期很多经济活动观念，尤其是伴随重商主义经济哲学的兴起。后者认为国家是一个家庭，需要正确的管理才能保证其经济繁荣和自给自足。[16]

现代早期很多较为正规的科学机构所在的学术圈，也同样反映出这种家庭模式。君主的宫廷的例子可能是最为明显的，它就像一个规模庞大的家族，见证了为争得家长（在这个例子中是君主）的喜爱而进行的竞争产生了探索自然奇观的相当大的兴趣（参看第 2 章）。[17] 例如，著名物理学家和天文学家伽利略·伽利莱（1564 ～ 1642）通过其引人注目的望远镜制造技术成功赢得了美第奇宫廷的支持，而当他以柯西莫二世的哲学家和数学家身份来到佛罗伦萨时，也使他自己穷困卑微的家庭得到提升。[18]

家族模式的统治在现代早期的大学教育中也有体现，在此源于牧师和修道士的独身生活理想的学者形象让位给一种新的学者形象，即已婚的、作为家长理应充分参与社会的学者形象。[19] 现代早期大学教授通常履行着类似父亲的角色，因为招收的学生是寄宿生，故而通常学生吃住在教授家中，扮演儿子的角色（参看第 10 章）。[20] 蒙泰

231

[15] 例如，参看 Jean Bethke Elshtain 编，《政治思想中的家庭》（*The Family in Political Thought*, Amherst: University of Massachusetts Press, 1982）；Ernst H. Kantorowicz，《国王的两个身体：中世纪政治神学研究》（*The King's Two Bodies: A Study in Medieval Political Theology*, Princeton, N. J.: Princeton University Press, 1957）；Joan B. Landes，《法国大革命时代的女性和公共领域》（*Women and the Public Sphere in the Age of the French Revolution*, Ithaca, N. Y.: Cornell University Press, 1988），第 17 页～第 22 页；Simon Schama，《财富的尴尬》（*The Embarrassment of Riches*, Berkeley: University of California Press, 1988），第 375 页～第 398 页；以及 Lynn Hunt，《法国大革命的家庭浪漫史》（*The Family Romance of the French Revolution*, Berkeley: University of California Press, 1992）。

[16] 参看 Albion W. Small，《重商主义经济学者：德国社会政策的先驱》（*The Cameralists: The Pioneers of German Social Policy*, Chicago: University of Chicago Press, 1909）；Erhard Dittrich，《德国与奥地利的重商主义经济学者》（*Die deutschen und österreichischen Kameralisten*, Darmstadt: Wissenschaftliche Buchgesellschaft, 1973）；Kurt Zielenziger，《旧时代的德国重商主义经济学者》（*Die alten deutschen Kameralisten*, Jena: Gustav Fischer, 1914）；以及 Keith Tribe，《重商主义经济学者与管理科学》（Cameralism and the Science of Government），载于《现代史杂志》（*Journal of Modern History*），56（1984），第 263 页～第 284 页。关于重商主义与科学的交叉，参看 Pamela H. Smith，《炼金术的生意：神圣罗马帝国的科学与文化》（*The Business of Alchemy: Science and Culture in the Holy Roman Empire*, Princeton, N. J.: Princeton University Press, 1994）；R. Andre Wakefield，《好警察的提倡者：科学、重商主义和中欧的行政文化（1656 ～ 1800）》（The Apostles of Good Police: Science, Cameralism, and the Culture of Administration in Central Europe, 1656 – 1800, Ph. D. diss., University of Chicago, 1999）；以及 Alix Cooper，《"土地的潜力"：现代早期德国领土的"自然财富"清单》（"The Possibilities of the Land": The Inventory of "Natural Riches" in the Early Modern German Territories），载于 Margaret Schabas 和 Neil DeMarchi 编，《牛顿时代的经济学》（*Oeconomies in the Age of Newton*, Durham, N. C.: Duke University Press, 2003），第 129 页～第 153 页。

[17] 参看注释 13。

[18] Biagioli，《廷臣伽利略：专制政体文化中的科学实践》。

[19] Gadi Algazi，《家庭中的学者：重新配置学术习惯（1400 ～ 1600）》（Scholars in Households: Reconfiguring the Learned Habitus, 1400 – 1600），载于《语境中的科学》，16（2003），第 9 页～第 42 页。也可参看 A. A. MacDonald，《作为学习中心的文艺复兴时期的家庭》（The Renaissance Household as Centre of Learning），载于 Jan Willem Drijvers 和 A. A. MacDonald 编，《学习中心：前现代欧洲和近东的学习与场所》（*Centres of Learning: Learning and Location in Pre-Modern Europe and the Near East*, Leiden: E. J. Brill, 1995），第 289 页～第 298 页。我要感谢 Algazi 博士提醒我加上这个参考文献。

[20] William Clark，《从中世纪大学学者到德国研究型大学：德国学术界的社会起源》（From the Medieval Universitas Scholarium to the German Research University: A Sociogenesis of the German Academic, Ph. D. dissertation, University of California, Los Angeles, 1986），第 257 页；Rainer Müller，《学生教育，学生生活》（Student Education, Student Life），载于 Hilde de Ridder-Symoens 编，《现代早期欧洲的大学（1500 ～ 1800）》（*Universities in Early Modern Europe, 1500 – 1800*, Cambridge: Cambridge University Press, 1996），第 345 页～第 346 页。关于林奈和他的学生们的例子，参看 Lisbet Koerner，《林奈：自然与民族》（*Linnaeus: Nature and Nation*, Cambridge, Mass.: Harvard University Press, 1999）。

雷亚莱的伊波利托除在他的老师洛伦佐位于佩鲁贾(Perugia)的家中解剖绵羊以外,还同老师住在一起;而伽利略在幸运地获得美第奇家族的资助之前,不得不靠收寄宿生来维持收入。[21] 甚至是17世纪最终得以成立的科学学会本身也可以视为遵循了一种家庭模式,例如,在艾萨克·牛顿(1643～1727)主持期间,皇家学会会员的行为有时候像是争吵的兄弟,从这位领导者开始都被公开地指责。[22] 简而言之,家庭模式——社会、情绪或情感以及身体意义上——是现代早期欧洲的一种基本模式,它与其他很多种包括但不仅限于皇室、大学和学会的"虚拟家庭"或代用家庭是交叠并存的。

这种模式被证明在很多方面非常适合产生自然知识。其中最为重要的一个方面是可以完成一些单凭个人无法完成而需要合作和相互支持的事情,很多新生的经验科学都属于这种情况,如自然志和观测天文学。家庭模式通过在家庭成员之间进行分工,保证了知识和技艺的连续性,使其能够传递给下一代。例如,当普鲁士内科医生和植物学家克里斯蒂安·门采尔(1622～1701)决定教他的儿子自然志的时候,他"命"儿子把建立一个多语言全球植物索引这一耗时的工作当成"练习"来完成。他相信儿子正值青春年华,较适于工作。结果证明他的想法是对的,他出版了儿子所做的极其详尽的索引,并相信他也为将自己的技艺流传于世做出了贡献。[23]

通常这种科学事业从一代人传递给下一代人的过程,既可发生于所谓的物质平台之上,也可发生于智力平台之上。儿女们继承的不仅包括父母所从事的活动,以及继续操持此业所需的技巧和社会关系网的熟悉——这些可以称为某一家族事业的"智力资本",还包括物质资本。作坊、工具、科学仪器、收集的自然物和珍品以及藏书,这些通常是私人财产,只有到了18世纪启蒙时期,将它们借给图书馆或公共博物馆才成为常事;在此之前,几乎没有大学、宫廷和学会堪称拥有馆藏丰富的图书馆,更不要说进行科学操作的特殊工具和设备了(参看第10章)。所以在整个现代早期,以个人身份从事自然哲学和自然志的人,如果没有说服一个资助人拿出自己或家中的资源与他们共享,则不得不利用自己家庭的资源,无论是智力资源还是物质资源。[24]

232

参与现代早期自然研究的家庭所具有的绝对数量和突出作用,证明家庭是科学的中心。比如,在天文学领域,卡西尼家族在巴黎天文台几乎开创了一个王朝,从17世

[21] Dava Sobel,《伽利略的女儿》(*Galileo's Daughter*, New York: Penguin, 2000),第23页。关于伊波利托,参看注释5。

[22] 例如,参看John Heilbron,《牛顿主持期间皇家学会的物理学》(*Physics at the Royal Society during Newton's Presidency*, Los Angeles: William Andrews Clark Memorial Library, 1983),第16页,第35页～第36页。

[23] Christian Mentzel,《多语言全球植物索引》(*Pinax botanonymos polyglottos katholikos*, Berlin: Runge, 1682),sig.(a)。

[24] 伽利略(1564～1642)又一次成为佐证。在他成功吸引到美第奇家族作为赞助人之前(参看Biagioli的《廷臣伽利略:专制政体文化中的科学实践》),他确实以多种形式将他的家变成了工作室:利用他父亲的数学训练来发展自己的天赋;自己出版书籍来兜售他所发明的地理罗盘和军事罗盘,其出版地标明是"在作者的家里";以及雇用一个住在他家里的全职机械工来生产这些罗盘。参看Sobel,《伽利略的女儿》,第18页,第26页,以及第27页。

纪末开始,直到1789年巴士底狱被攻陷,卡西尼家族几代人掌控着法国的天文观测;[25]再如,在18世纪初的普鲁士,天文学也同样成为一种“家族事业”,戈特弗里德·基尔希(1639～1710)和妻子玛丽亚·温克尔曼(1670～1720)、儿子克里斯特弗里德(1694～1740)和女儿克里斯蒂娜(约1696～1782)与玛格丽塔(生卒年不详)都从事这一事业。[26] 同时期的自然志同样因为科学导向的家庭而著作颇丰,诸如神圣罗马帝国的卡梅拉留斯(Camerarius)家族和福尔卡默(Volckamer)家族,瑞士的鲍欣(Bauhin)家族,而最值得注意的大概要算著名瑞典自然志家卡尔·林奈(1707～1778)一家了,他的女儿发表了关于旱金莲花(nasturtiums)发光的独立观察结果。[27] 233 医疗职业也明显趋向于“由家庭操持”,这一点可由16世纪巴塞尔(Basel)的普拉特王朝的情况所见证。[28]

这也许部分是因为大学教授越来越倾向于组织家庭,尤其是从17世纪开始。这些家庭通过联姻而紧密联系,教授席位和其他职位通常由父亲传给儿子,或较为间接地传给女婿。[29] 不论是对专职人员还是对业余爱好者,这都构成了一个更为一般的传统继承模式的一部分,这种方式不限于科班出身的精英阶层,其在手工业者家庭中更为普遍。例如莱顿的马森布鲁克(Musschenbroek)家族,几代人都制造空气泵和显微

---

[25] 有如此多的卡西尼家族的人要凸显,为了避免可能的混淆,作者有时采用给予他们Cassini I、II、III以及IV这样的标签的形式;例如,参见Charles Coulton Gillispie编,《科学传记辞典》(*Dictionary of Scientific Biography*, New York: Scribner, 1981),第3卷,第100页～第109页。有一点值得注意,卡西尼家族又与另一个显赫的天文学家族马拉尔迪(Maraldi)家族通婚,从而产生了另一种两代人之间的合作(参看Gillispie编的《科学传记辞典》,第9卷,第89页～第91页)。

[26] Schiebinger,《心灵无性?现代科学诞生中的女性》,第82页～第99页。这一形式对19世纪影响颇深,正如威廉·赫舍尔(1738～1822)著名的天文学贡献所见证的,他的妹妹卡罗琳·赫舍尔(1750～1848),因她对彗星的观察而深受赞誉,以及他的儿子约翰·弗雷德里克·威廉·赫舍尔(1792～1871)。参看Rob Iliffe和Frances Willmoth,《天文学与家庭领域:作为助理天文学家的玛格丽特·弗拉姆斯蒂德和卡罗琳·赫舍尔》(Astronomy and the Domestic Sphere: Margaret Flamsteed and Caroline Herschel as Assistant-Astronomers),载于Hunter和Hutton编,《妇女、科学与医学(1500～1700)》,第235页～第265页;在赫舍尔的家里,正如卡罗琳·赫舍尔注意到的,威廉·赫舍尔将“几乎每间房间都变成了作坊”(第258页)。

[27] 参看Ann B. Shteir,《培养女性,培养科学:花神的女儿们与英格兰的植物学(1760～1860)》(*Cultivating Women, Cultivating Science: Flora's Daughters and Botany in England, 1760 to 1860*, Baltimore: Johns Hopkins University Press, 1996),第51页。

[28] 参看Emmanuel Le Roy Ladurie,《乞丐和教授:16世纪的家庭传奇》(*The Beggar and the Professor: A Sixteenth-Century Family Saga*, Chicago: University of Chicago Press, 1997),Arthur Goldhammer译,尤其是第48页～第49页,第114页～第117页,第342页,以及第344页～第346页。尽管老托马斯·普拉特起初只是从一个不识字的乡下小孩开始他的职业生涯的,但他的儿子费利克斯和小托马斯充分满足了他们父亲在医学方面的渴望,前者成为16世纪巴塞尔最著名的内科医师之一。三人都留下一份日志。例如,参看Sean Jennett译,《爱子费利克斯:费利克斯·普拉特的日志,16世纪蒙彼利埃的医科学生》(*Beloved Son Felix: The Journal of Felix Platter, a Medical Student in Montpellier in the Sixteenth Century*, London: Muller, 1961)。

[29] 参看Friedrich W. Euler,《德意志学者世代的兴起与发展》(Entstehung und Entwicklung deutscher Gelehrtengeschlechter),载于Helmuth Rössler和Günther Franz,《大学和学术水平(1400～1800)》(*Universität und Gelehrtenstand, 1400 - 1800*, : C. A. Starke Verlag, 1970),第183页～第232页;Clark,《从中世纪大学学者到德国研究型大学:德国学术界的社会起源》,第372页～第373页;以及Algazi,《家庭中的学者:重新配置学术习惯(1400～1600)》,第25页。

镜,后来终于以此获取了物理教授的职位。[30] 在现代早期欧洲由家庭构成的社会中,这种方式以现代眼光看来是裙带关系,实际上则是传递有价值的传统和技术的正当方式;如前面所举的例子,那个时代有些最著名的人物既不是通过机构这种非私人方式,也不是通过著述来传递他们的知识,而是通过这种最为"个人化"的方式传递知识。

科学之家的劳动分工

那么,现代早期的家庭是如何进行探索自然的活动的?为研究这一问题需要进一步考察在不同时期家庭成员的不同角色。一个现代早期的家庭不仅是由父母和子女组成的"核心家庭",还可能有其他一些成员。在这一时期的任何时候,家庭成员都有可能包括近亲和其他亲戚,还可能包括各种不同类型的人,从寄宿者、寄宿生、客人、熟人、顾客到家里的仆人,如厨师、农场工人、女仆、马夫、园丁、男仆、学徒工、店员以及私人秘书,这取决于家庭的财富和地位。[31] 家庭仆人在近代意义上通常不被当作自由的"雇员",他们生活在家庭之中,被视为家庭的一部分,服从家中共同的权威,通常具有准家庭成员的地位。[32] 他们是地位较低的家庭成员,被指派去做各种各样一般是低微的和体力上的工作。而这些助手中的一些人,由于具备机械制造或者其他有用的技能而被雇用,成为"看不见的技术人员",其劳动在一种新兴的观察和实验文化中是不可缺少的。[33] 当还很少有大学或学会能够夸口说自己拥有宽裕的(或任何)实验空间时,玻意耳等一些富有的自然哲学家已经在自己家中设立了实验室,并为其配备了"操作者",他们是能够进行各种各样的体力劳动(如实验)而被特别挑选出来的仆人,这些

234

[30] Maurice Daumas,《17 世纪和 18 世纪的科学仪器》(*Scientific Instruments of the Seventeenth and Eighteenth Centuries*, New York: Praeger, 1972),Mary Holbrook 编译,第 84 页~第 85 页。关于数学从业者、科学器械制造者、植物插图画家以及制图师的更进一步的例子,参看 E. G. R. Taylor,《都铎王朝和斯图亚特王朝时期英格兰的数学实践者》(*The Mathematical Practitioners of Tudor and Stuart England*, Cambridge: Cambridge University Press, 1954),第 166 页~第 167 页,第 169 页,第 171 页,第 173 页,第 176 页,第 177 页,第 185 页,第 192 页~第 193 页,第 199 页,第 200 页,第 201 页,第 203 页~第 204 页,第 207 页;Daumas,《17 世纪和 18 世纪的科学仪器》,第 64 页,第 65 页,第 67 页~第 68 页,第 68 页~第 69 页,第 70 页,第 73 页,第 75 页~第 76 页,第 77 页~第 78 页,第 83 页,第 84 页,第 85 页,第 87 页;Wilfrid Blunt 和 William T. Stearn,《植物学的插图艺术》(*The Art of Botanical Illustration*, Kew: Royal Botanic Garden, 1994),第 94 页,第 108 页~第 112 页,第 128 页,第 145 页,第 151 页~第 153 页;以及 Norman J. W. Thrower,《地图与文明:文化与社会中的制图》(*Maps and Civilization: Cartography in Culture and Society*, 2nd ed., Chicago: University of Chicago Press, 1999),第 120 页,第 279 页,注释 45。

[31] 相较于其他家庭形式,例如现代早期欧洲的较大的"主干家庭",人口统计学家仍然在争论"核心家庭"的潮流。然而,这一点是没有争议的,现代早期的家庭,尤其是家族很兴旺的,会比现在的家庭包括更多的个体。关于这一问题的讨论,参看 Anderson,《关于西方家庭历史的研究进路(1500 ~ 1914)》,第 4 页~第 24 页。

[32] 关于家庭中的仆人在现代早期欧洲的生活和角色,可参看,Marjorie McIntosh,《伊丽莎白一世时代英语社会的仆人和家庭单位》(Servants and the Household Unit in an Elizabethan English Community),载于《家庭史杂志》(*Journal of Family History*),9(1984),第 3 页~第 23 页;Cissie Fairchilds,《家庭的敌人:旧政体时期法国的仆人及其主人》(*Domestic Enemies: Servants and Their Masters in Old Regime France*, Baltimore: Johns Hopkins University Press, 1984);以及 Ann Kussmaul,《现代早期英格兰的家政仆人》(*Servants in Husbandry in Early Modern England*, Cambridge: Cambridge University Press, 1981)。

[33] 参看 Steven Shapin,《看不见的技师》(The Invisible Technician),载于《美国科学家》(*American Scientist*),77(1989),第 554 页~第 563 页,关于这些思想的进一步的发展,参看他的《真理的社会史:17 世纪英格兰的修养与科学》(*A Social History of Truth: Civility and Science in Seventeenth-Century England*, Chicago: University of Chicago Press, 1994),第 355 页~第 407 页。

体力劳动在他们的主人看来是不应由"绅士"来从事的(参看第 13 章)。在玻意耳等人在家中进行实验的过程中,他们的居室远非私人空间,上流社会的"见证者"被邀请来观看实验,不过这种见证一般只有在仆人们能够熟练地完成实验之后才进行。[34] 因此,家并不只是一处固定不变的房屋面积的乏味的代名词;家中进行的实验反映了主人所拥有的资源,伴随技术人员的"不可见性"而直接产生的是他们在家中的地位:他们并不是独立自主的重要的个人,而是为家庭事业做出贡献的人。

妻子和其他女眷,如姐妹和女儿,同样在现代早期的科学之家中扮演了重要的角色,这一点通常为现在的历史学家们所忽视(参看第 7 章)。妻子们并不一定如维多利亚后期人们区分公共空间和私人空间那样,让自己与丈夫的工作保持距离;相反,每个妻子都希望能做丈夫的"伙伴"或共事者,帮助丈夫完成事业。[35] 妻子们以这种身份经常在家庭事业中扮演积极的角色,这种角色一般与劳动的性别分工一致。其中最重要的一个方面是"操持"家务。正如已表明的那样,16 世纪英国占星家、与天使交谈者约翰·迪伊的妻子简·迪伊通过管理来访者和潜在资助者进入他的工作间,以及应付丈夫带入家中的那些各种各样的古怪和不可靠的助手,从而保证了她丈夫事业上的成功。[36] 由 17、18 世纪法国精英阶层女性所管理的沙龙或社交聚会也可以视为这一传统的延续,沙龙的形式可以使妻子们在开创家中知识空间的同时为丈夫的事业募集资助。[37]

女性在其他方面也为家庭事业做出贡献。在手工业环境中,师傅的妻子和女儿被期望参与共同的事业。[38] 在这里,劳动的性别分工再次出现。例如,在自然志领域,家庭中的妻子、女儿和其他女性成员所担任的工作,通常是学会用绘画或其他方式对植物等标本进行图解,而不是正式地用拉丁文"描述"这些标本,后者是分配给父亲和兄弟们做的事情。在但泽波罗的海的海滩上,18 世纪早期的内科医生、自然志家约翰·菲利普·布赖内(1680 ~ 1764),其作为一位自然志家之子,让女儿们为自己收集的珍奇标本画插图。[39] 与此同时,在大西洋的对面,简·科尔登(1724 ~ 1766)在其父亲的

235

[34] 参看 Shapin,《17 世纪英格兰的实验之家》。

[35] 有相当多的关于妻子在现代早期家庭中的角色的争论。许多欧洲家庭变迁的历史记录已经证明了现代世界(各种不同的时间)的出现也见证了"伴侣式婚姻"的兴起,以及家庭从一个经济生产场所转变为一个为了爱情、关爱和"感情"的场所。例如,参看 Shorter,《现代家庭的形成》;Stone,《英格兰的家庭、性别与婚姻(1500 ~ 1800)》;以及 Flandrin,《从前的家庭》。也可参看 Ozment,《父亲当家:宗教改革时期欧洲的家庭生活》,他挑战这一观点,他认为伴侣式婚姻和关爱的迹象甚至在先前的"家长式的"家庭中也可以看到。

[36] Harkness,《管理实验家庭:莫特莱克的迪伊家和自然哲学的实践》。

[37] Dena Goodman,《书信共和国:法国启蒙运动的文化史》(*The Republic of Letters: A Cultural History of the French Enlightenment*, Ithaca, N. Y.: Cornell University Press, 1994);以及 Outram,《在客观性之前:19 世纪早期法国科学中的妻子、赞助和文化再生产》。

[38] Merry E. Wiesner,《文艺复兴时期德国的工作女性》(*Working Women in Renaissance Germany*, New Brunswick, N. J.: Rutgers University Press, 1986),第 152 页~第 157 页。

[39] 关于作为插图画家的妻子和女儿们,参看 Shteir,《培养女性,培养科学:花神的女儿们与英格兰的植物学(1760 ~ 1860)》,第 178 页~第 182 页。关于更一般性的女性所绘的植物学图画,参看 Madeleine Pinault,《作为自然志家的画家》(*The Painter as Naturalist*, Paris: Flammarion, 1991),Philip Sturgess 译,第 43 页~第 46 页。Shteir 指出,在女性于 18 世纪和 19 世纪早期开始发表的"植物学的对话"中,她们通常将虚构的会话安排在家里的客厅或早餐厅(参看第 81 页~第 83 页,第 110 页,第 174 页)。

支持下，凭其艺术素养绘制出首批北美大陆地方植物志中的一部。[40] 在天文学领域，这一时期性别分工不太明显，天文观测活动本身似乎被当作适合女性做的事情。比如，学者们已经注意到，英国天文学家约翰·弗拉姆斯蒂德（1646～1719）的笔记本上很多观测记录是他的妻子玛格丽特的笔迹，类似的例子很多。[41] 还有一种方式，妻子们通过自己从事各种职业而补贴家用，比如做助产士和从事其他医学工作，这样的女性通常会使女儿继承自己的职业。[42] 当一个妇女的丈夫亡故，她变成寡妇时，通常她会继续家庭手艺或营生（比如，绘画或制药业），这有时候会遭到行会官员的排斥，但是她也从男性控制中获得了一定程度的自由，而这种自由对于现代早期欧洲手工业者阶层的妇女是无论如何都几乎不可企及的[43]（参看第7章）。

236

最后，儿子们在科学之家的工作中担任自己的角色。前面已提到，他们很有可能“继承”父亲的职业，这不仅发生在大学也发生在手工业或者行会的环境下。这体现在他们所受的正规或非正规的教育上，儿子从很小就经常接触父亲的工作，并接受必要的技术训练。比如现代早期初期，卡尔皮（Carpi）的雅各布·贝伦加里奥（约1460～约1530）在成为博洛尼亚大学的知名解剖学家之前，给父亲当见习外科医生；再如现代早期后期，瑞士知名内科医生约翰·雅各布·绍伊希策（1672～1733）和父亲以及同样也是内科医生的祖父一道，多次去野外考察植物，并参与父亲和祖父的很多日常工作。[44] 虽然一个父亲可以收一个学徒或其他学生，但在很多情况下儿子是他最重要的学生，儿子将被指望学会如何养家，并且在父亲亡故后维系家庭的声誉。为保证这一

---

[40] Shteir，《培养女性，培养科学：花神的女儿们与英格兰的植物学（1760～1860）》，第52页。

[41] Lesley Murdin，《在牛顿的阴影下：17世纪的天文学实践》（*Under Newton's Shadow: Astronomical Practices in the Seventeenth Century*, Bristol: Adam Hilger, 1985），第64页；Iliffe和Willmoth，《天文学与家庭领域：作为助理天文学家的玛格丽特·弗拉姆斯蒂德和卡罗琳·赫舍尔》，244页～第257页。也可参看本卷第7章关于天文学家Johannes Hevelius的妻子Elisabetha Koopman的讨论，由Londa Schiebinger撰写，以及她在《心灵无性？现代科学诞生中的女性》中对Maria Winckelmann的描述，第82页～第99页。关于在1573年帮助她哥哥Tycho观察月食的Sophie Brahe的一个案例，参看John R. Christianson，《在第谷的岛上：第谷·布拉赫和他的助手（1570～1601）》（*On Tycho's Island: Tycho Brahe and His Assistants, 1570 - 1601*, Cambridge: Cambridge University Press, 2000），第57页，第258页～第264页。

[42] Wiesner，《文艺复兴时期德国的工作女性》，第37页～第73页，讨论了在医疗行业中的妇女。她注意到，例如，当被召集到权威人士之前以辩护她们的医疗操作时，妇女会展示她们的“女性技能”（第54页）；在一个关于医疗人员的分配的更进一步的例子里，在她们被庸医驱逐之前，犹太妇女在德国南部城市里作为“眼科专家”或眼科医生获得了特别的成功（第50页）。

[43] 参看Olwen Hufton，《没有男人的女人：18世纪英国和法国的寡妇和未婚妇女》（Women Without Men: Widows and Spinsters in Britain and France in the Eighteenth Century），载于《家庭史杂志》，9（1984），第355页～第376页，以及她的《她面前的景色：西欧的女性历史（1500～1800）》（*The Prospect Before Her: A History of Women in Western Europe, 1500 - 1800*, New York: Alfred A. Knopf, 1995），第221页～第254页；也可参看Wiesner，《文艺复兴时期德国的工作女性》，第157页～第163页。尽管单身或离婚的妇女在现代早期欧洲常受到污蔑，但她们也可能有类似的结局。关于Maria Sibylla Merian的一个例子，参看Natalie Zemon Davis，《处在边缘的妇女：三个17世纪的生命》（*Women on the Margins: Three Seventeenth-Century Lives*, Cambridge, Mass: Harvard University Press, 1995）；以及本卷中Schiebinger所写的第7章。

[44] Vittorio Putti，《贝伦加里奥·达·卡尔皮：传记和书目及〈关于颅骨或颅骨骨折〉的译文》（*Berengario da Carpi: Saggio biografico e bibliografico seguito dalla traduzione del "De fractura calvae sive cranei"*, Bologna: L. Cappelli, 1937）；Hans Fischer，《约翰·雅各布·绍伊希策，自然志家与医生》（*Johann Jakob Scheuchzer [2. August 1672 - 23. Juni 1733], Naturforscher und Arzt*, Zürich: Leemann, 1973），第14页～第15页；以及Rudolf Steiger，《约翰·雅各布·绍伊希策（1672～1733）》（*Johann Jakob Scheuchzer [1672 - 1733]. 1. Werdezeit [bis 1699]*, Zürich: Leemann, 1927），第21页。

237 过程能够顺利进行,儿子将逐步接触父亲工作的各个方面,而且一般都会在他离开家接受进一步的教育或者去别处做学徒的前后,他已经能够帮着做这些工作。孩子们(包括女儿)与仆人的情况相似,可被唤去专门做体力和琐碎的活计,如费利克斯·普拉特和乌尔苏拉·普拉特为父亲的印刷所折纸,"一直到手指流血了"。[45]

最后,儿子可能被召去完成去世的父亲未竟的事业。比如,在自然志领域,因为信息越来越多,地方植物志、草药和其他百科全书式出版物无限期延迟出版是非常普遍的现象,主要编撰者病倒或者亡故后,他的儿子显然会选择完成这项工作,从而让计划中拖延许久的各类记录能够进入公共自然知识领域。所以在17世纪的哥尼斯堡(Königsberg),当内科医生和自然志家约翰·勒泽尔(1607～1655)病倒不能出版本地植物志著作时,他让儿子代他出版,一年后老勒泽尔去世了。[46] 这样的安排确保前人毕生的工作不会遗失,而是传给下一代。

由于现代早期对于科学活动的支持往往是不持续、财力匮乏和分配不平衡的,所以在这一时期家和家庭便成为一个提供连续性的重要基础。只有家庭的鼎力支持,特别是家庭成员的参与,现代早期科学的很多艰苦的、"培根式的"工作才能够取得成就,这些工作往往需要收集大量信息和付出多年努力。伴随着17世纪后半叶科学学会和其他这样的机构的兴起,家庭模式逐渐衰落,让位于其他专业化研究机构中较为显著的产生自然知识的场所。但是,这一过程十分缓慢,甚至在19世纪认为科学是一种公共的而非家庭私有的创造这一中产阶级观念产生之后,家庭环境仍然为科学研究提供有用的、常常是很重要的资源。[47]

(李文靖　译)

---

[45] Le Roy Ladurie,《乞丐和教授:16世纪的家庭传奇》,第133页。

[46] Johann Loesel,《普鲁士植物志》(*Plantas in Borussia sponte nascentes e manuscriptis Parentis mei divulgo*, Königsberg: Mensenius, 1654),献词。同时参看Alix Cooper,《自然志家之死:现代早期自然志中的遗著出版工作》(The Death of the Naturalist: The Labor of Posthumous Publication in Early Modern Natural History, paper presented at the History of Science Society annual meeting, Pittsburgh, Pennsylvania, November 1999)。

[47] 关于科学家庭在现代的延续,参看Abir-Am和Outram编,《不稳定的职业与亲密的生活:科学研究中的女性(1789～1979)》;以及Helena M. Pycior、Nancy G. Slack和Pnina G. Abir-Am编,《科学中有创造力的夫妻》(*Creative Couples in the Sciences*, New Brunswick, N.J.: Rutgers University Press, 1996)。当然,科学后来又被恢复到家庭的"私人领域",这既是通过在19世纪晚期到20世纪的致力于将妇女约束在烹调、家务中以及其他女性规范的"家政学"运动,也是甚至更早地,通过将科学普及到妇女和儿童而完成的。关于后者,参看James A. Secord,《幼儿园里的牛顿:汤姆·泰勒斯科普与陀螺和球的哲学》(Newton in the Nursery: Tom Telescope and the Philosophy of Tops and Balls),载于《科学史》(*History of Science*),23(1985),第127页～第151页。

10

图书馆与演讲厅

238

安东尼·格拉夫顿

教室与图书馆在16、17世纪作家心目中有着完全不同的印象。像德西迪里厄斯·伊拉斯谟(约1466～1536)等教师所描述的理想的教室具体体现在大学和学院的公用房间、教授自己家中教课的房间以及宫廷和贵族别墅里家庭教师的房间,它是一个中等大小的空间,像亨利·福特的工厂一样经过系统的设计和装备,其目的是生产出一种产品:有教养的基督教绅士。一个高高的讲坛,周围是带着长凳的课桌,生动地表现出教师及其所提供的知识所具有的核心地位。用希腊语和拉丁语写的公理、动植物图画和配有教化意义的说明的古代英雄肖像,帮助学生记忆并且消化老师所讲的课程。理论上,唯一能被听到的声音是教师讲解一篇指定的课文的声音。而且所传授的知识只能是课文上的知识,即见多识广和诚实正派的教师从真理和道德的角度所介绍的那些经由悠久年代和文化权威所验证的古代知识。[1]

理想中的图书馆正好相反,它提供了一种完全不同的有关知识的形象。正如约安尼斯·默尔修斯在1625年祝贺莱顿大学(Leiden University)成立时所描述的,好图书馆是一个宽敞的房间,从巨大的窗户射入明亮的光线(图10.1)。按照主题分类摆放在书架上的书籍覆盖了知识之海岸线,它们涉及近代史、数学、天文学以及古典时代的文学与历史。理想的图书馆不止有书籍。如图10.1所描绘的,其中有奥朗日(Orange)君主的肖像、地球仪以及一个上锁的书柜,里面装着约瑟夫·斯卡利杰珍藏的东方手稿;一幅巨大的君士坦丁堡城市风景画,象征着很多道路通向有用知识的王国。图画上还有严肃、蓄须的绅士们,他们大部分人戴着帽子,有一人带着狗,大步穿过过道,加入激烈的讨论之中。也就是说,默尔修斯设想的图书馆是一个公共讲堂,同等水平的人们在此进行富有卓识而文雅的交谈,在这里许多想象的和真实的声音都能够被听到。[2]

239

[1] 参看 Desiderius Erasmus,《一位基督教巨子的教育——伊拉斯谟的文集》(*The Education of a Christian Prince*; *Collected Works of Erasmus*, 86 vols., Toronto: University of Toronto Press, 1986),Michael Cheshire 和 Michael Heath 译,第27卷,第210页。

[2] Ioannes Meursius,《荷兰的雅典》(*Athenae Batavae*, Leiden: Elzevier, 1625)。关于这一著作以及它的意图,参看 Anthony Grafton,《荷兰的雅典:莱顿的研究规则(1575～1650)》(*Athenae Batavae*: *The Research Imperative at Leiden, 1575 - 1650*, Scaliger Lectures, 1, Leiden: Primavera Pers, 2003)。

图 10.1 莱顿的公共图书馆。In Johannes van Meurs, *Athenae Batavæ*, *Sive*, *De urbe Leidensi*, & *Academia*, *virisque claris*... (Leiden: Apud A. Cloucquium et Elsevirios, 1625), p. 36. Reproduced by permission of the Department of Rare Books and Special Collections, Princeton University Library

伊拉斯谟和默尔修斯都对一个纷乱复杂的现实勾勒出一个理想的景象。然而,他们也都提供了对知识场所真正生动鲜明的一瞥,这些场所在16、17世纪欧洲的知识图景的每一个角落可以以多种形式被发现。这些理想图景——以及它们背后的枯燥、常规的事实和活动——在现代早期科学史中占有一席之地。这一时期的思想史和文化史已经恰当地强调了本卷其他章所讨论的知识场所:解剖剧场、样品花园和实验室(参看第12章、第13章)。这样做时,他们采用了当时的范畴。现代早期知识的改良者通常将自己表现为无畏的反抗者,要推翻书本知识的暴政。然而,最有影响的研究自然的学生掌握了人文和自然知识的要素,而且许多人学会了一些重要的习惯,他们在成年后将通过这两种书本式但截然不同的背景来研究自然界。

240

教　　室

当德国医学改革者特奥夫拉斯特·邦巴斯图斯·冯·霍恩海姆,即有名的帕拉塞尔苏斯(约1493～1541)欲表明他获得关于人体和疾病知识的新方法所具有的激进主义时,他挑战了几个世纪以来学院和大学中通用的教学方法。1527年,他公开烧毁了阿维森纳(伊本·西那)的《医典》(*Canon*),这是医学课上的一本核心课本。而且,他在不止一篇文章中,强调医生们须抛弃"学校教给他们的空洞知识",并"向老妇人、埃及人等人学习,因为他们对于这些问题的经验远超过所有的学者"。[3] 在帕拉塞尔苏斯看来,真正的医生不应求教于人写的书,而须求教于更宏大的自然之书。[4] 帕拉塞尔苏斯自称是激进主义者,他实际上同情 1525 年德国农民反抗地主的斗争。然而,那些完全拒绝他的社会主张的人,却接受了他对传统知识的批判。例如,马丁·路德赞成普林尼,希望从新教课程中完全删除亚里士多德的作品;[5] 还有帕多瓦大学(University of Padua)的解剖学教授安德烈亚斯·维萨里(1514 ~ 1564)——深入研究了盖仑的希腊语著作——以书名《人体的构造》(*De humani corporis fabrica*, 1543)来说明他将自己的论述建立在根据自己解剖得到的人体骨骼和肌肉的专业知识上。[6] 一些 17 世纪最有影响的作者在讨论教育时,特别是托马索·康帕内拉(1568 ~ 1639)和约翰·阿莫斯·夸美纽斯(1592 ~ 1670),延续了对这个词的突出地位的争论。他们说,一个基于图解和标本的直接知识的教育体系相当于丰富易得的收藏,它在城市或学校里推行,将使人文学科从对旧权威的不死阴魂的屈从中解放出来。[7]

半个世纪的学术研究表明,这类预言很少能够成为现实。几乎所有教师都发现在实际过程中不可能废弃过去核心课程的课本。当菲利普·梅兰希顿(1497 ~ 1560)开始设立不再承担过去的思想和神学上的罪过的新教中学和大学课程时,他发现有必要让高级中学成为直接学习希腊和拉丁经典的中心,使大学成为学习亚里士多德的中心——即使他采用一种新颖、颇有影响的方式在课本中将人文主义者的方法和经院哲学的方法融合起来。[8] 16 世纪末,莱顿大学的加尔文学院作为欧洲最新式的大学,有西蒙·斯台文(1548 ~ 1620)在此用荷兰语教实用数学,而在哲学上它依旧牢牢地抓住亚里士多德,并且有关于其著作的拉丁语讲座。[9]

随着时间的流逝,古典课本在教室里获得了新同伴。近代课本讨论的核心主题有诸如辩证法和修辞学——梅兰希顿自己编著了具有开创意义的教学用修辞学和神学

241

[3] Paracelsus,《关于至高无上的自然之谜》(*Of the Supreme Mysteries of Nature*, London, 1655),R. Turner 译,被引用于 Allen G. Debus,《英格兰的帕拉塞尔苏斯主义者》(*The English Paracelsians*, New York: Franklin Watts, 1965),第 22 页。

[4] 参见 James Bono,《上帝的话语与人的语言》(*The Word of God and the Languages of Man*, vol. 1: *Ficino to Descartes*, Madison: University of Wisconsin Press, 1995)。

[5] Sachiko Kusukawa,《自然哲学的转变:以菲利普·梅兰希顿为例》(*The Transformation of Natural Philosophy: The Case of Philip Melanchthon*, Cambridge: Cambridge University Press, 1995)。

[6] Andrea Carlino,《身体之书:解剖仪式与文艺复兴时期的知识》(*Books of the Body: Anatomical Ritual and Renaissance Learning*, Chicago: University of Chicago Press, 1999),John Tedeschi 和 Anne Tedeschi 译。

[7] Tommaso Campanella,《太阳城:一场诗意的对话》(*The City of the Sun: A Poetical Dialogue*, Berkeley: University of California Press, 1981),Daniel Donno 编译;以及 Charles Webster,《伟大的复兴:科学、医学和改良运动(1626 ~ 1660)》(*The Great Instauration: Science, Medicine, and Reform, 1626 - 1660*, London: Duckworth, 1975)。

[8] Kusukawa,《自然哲学的转变:以菲利普·梅兰希顿为例》。

[9] 参看 Th. H. Lunsingh Scheurleer 和 G. H. M. Posthumus Meyje 编,《17 世纪的莱顿大学:学术交流》(*Leiden University in the Seventeenth Century: An Exchange of Learning*, Leiden: E. J. Brill, 1975);Anthony Grafton,《莱顿市民人文主义与科学学术》(Civic Humanism and Scientific Scholarship at Leiden),载于 Thomas Bender 编,《大学与城市:从中世纪起源到现在》(*The University and the City: From Medieval Origins to the Present*, New York: Oxford University Press, 1988);以及 W. Otterspeer,《一位女士的组像》(*Groepsportret met Dame*, vol. 1: *Het bolwerk van de vrijheid: de Leidse universiteit, 1575 - 1672*, Amsterdam: Bert Bakker, 2000)。

著作——不久其范围扩大至阅读历史的最好方法以及宇宙的本质等多种多样的学科。[10] 新数学和新天文学,新的马基雅维利式政治和新的塔西佗式历史,逐渐融入最传统的讲堂,如果尚未纳入指定的课本或正式报告,就在教师们的插入语中出现。[11] 新式的学术活动也改变了教学。在 16、17 世纪,阿尔特多夫杰出学院(Illustrious Academy of Altdorf)的学生发现,在他们的毕业典礼上因为受到印有象征图案的奖章的鼓舞,他们能发表精彩的演说。[12] 从基辅(Kiev)到科英布拉(Coimbra)的耶稣会学院的天主教学生,以及他们在牛津大学和剑桥大学的对应的新教徒学生,则发现他们为有欣赏能力的观众创作和表演古典和现代戏剧,通常包括皇室成员。[13]

242

然而,任何人若想被视为一个有学问的人,都得逐字逐句地学习课本,而且这是在讲堂里习得的。教师对学生大声朗读课文原文,然后进行一系列的解释,通常包含几个不同的层面。一般情况下他从介绍课文开始,简要说明其作者及文体。然后他会用简单的拉丁文逐字逐句解释课文,将复杂的诗歌词序转变成散文语言,并且解释诸如塔西佗或李维等用词考究的散文作家。在绝大多数教室里,只有在这个时候他才会辨别、解释课文中艰涩难懂的段落,阐明关于神秘的神话人物和历史事件的隐喻,解决似是而非的难题和矛盾。授课缓慢进行,经常 1 小时不超过 30 或 40 行。但是教师放在他书上的一层丰富的实物让每一次课都变成一个小型的百科全书式活动。[14]

学生们坐在长凳上,在通常是由这一教学活动的印刷工所准备的需要被讨论的古代与现代文献的印刷副本上,记下这些按层级排序的信息。印刷的行与行之间留有空白,以便学生们在此记下老师对课文所作的散文式解释。页边大的空白处和页间空白页,或独立的笔记本,使得学生至少可以记录下老师对神话和隐喻的注释的一个样本。这些课堂笔记通常非常整洁,足可显示是在教师的指导下完成的,它们成为存储知识的宫殿,充满隐晦的、多样的、对于教师所讲解的那些值得纪念的古代文本来说颇为关键的信息。[15]

---

[10] 例如,参看 Mary Suzanne Kelly,《威廉·吉尔伯特的〈论世界〉》(*The De mundo of William Gilbert*, Amsterdam: Hertzberger, 1965);以及 Patricia Reif,《自然哲学中的教科书传统(1600 ~ 1650)》(The Textbook Tradition in Natural Philosophy, 1600 - 1650),载于《思想史杂志》(*Journal of the History of Ideas*),30(1969),第 17 页~第 32 页。

[11] Mordechai Feingold,《人文学科》(The Humanities),载于 Nicholas Tyacke 编,《牛津大学史·第四卷·17 世纪的牛津》(*The History of the University of Oxford*, vol. 4: *Seventeenth-Century Oxford*, Oxford: Clarendon Press, 1997),第 211 页~第 357 页;以及《数学科学与新哲学》(The Mathematical Sciences and New Philosophies),同上书,第 359 页~第 448 页。

[12] F. J. Stopp,《阿尔特多夫学院的徽章:奖章与奖章演说(1577 ~ 1626)》(*The Emblems of the Altdorf Academy: Medals and Medal Orations, 1577 - 1626*, London: Modern Humanities Research Association, 1977)。

[13] François de Dainville,《耶稣会教育:16 ~ 18 世纪》(*L'Éducation des jésuites: XVIe - XVIIIe siècles*, Paris: Éditions de Minuit, 1978),Marie-Madeleine Compère 编。

[14] 一般性的,参看 Anthony Grafton 和 Lisa Jardine,《从人文主义到人文学科:15 世纪和 16 世纪欧洲的教育与人文科学》(*From Humanism to the Humanities: Education and the Liberal Arts in Fifteenth- and Sixteenth-Century Europe*, London: Duckworth, 1986),第 1 章和第 7 章;以及 Kristine Haugen,《法国耶稣会士关于维吉尔的讲座(1582 ~ 1583):雅克·西尔蒙在文学、历史和神话之间》(A French Jesuit's Lectures on Vergil, 1582 - 1583: Jacques Sirmond between Literature, History, and Myth),载于《16 世纪杂志》(*Sixteenth Century Journal*),30(1999),第 967 页~第 985 页。

[15] Ann Blair,《奥维德的系统化:16 世纪巴黎学院中的奥维德〈变形记〉》(*Ovidius methodizatus*: The *Metamorphoses* of Ovid in a Sixteenth-Century Parisian College),载于《大学史》(*History of Universities*),9(1990),第 73 页~第 118 页。

尽管教室进行的是书本式的教育，它除了给学生提供历史和道德伦理方面的教育，也提供数量大的惊人的自然知识。关于众多古典作家的课程——不仅是其百科全书对于现代早期理解自然世界具有中心地位的普林尼，也包括奥维德、卢克莱修以及马尼利乌斯等诗人——自然而然地变成关于自然志和宇宙论的课程。当 15 世纪末人文主义者保罗・马尔西在罗马大学（University of Rome）讲授关于奥维德的《年表》（*Fasti*）课程时，他必须向学生们说明罗马人 1 月 1 日烧毁的"基利家穗状花序（Cilician spica）"。他详细地解释说，这不像有些人说的是藏红花，而是甘松，并向听众们展示他在基利家拾得的甘松的穗状花序。[16] 当他不得不在讲堂上讨论泉水仙女的健康之泉时，解释说他在那里曾收过一个学生并治愈了他的皮炎，以此支持其对健康之泉的确认。[17] 一个世纪之后，巴黎丽雪学院（Collège de Lisieux）的董事校长路易・戈德贝尔仍旧将其关于奥维德《变形记》（*Metamorphoses*）的课程变成了对气候带（寒冷、适宜居住和炎热地带）、星座、地震成因和大洪水产生机制高度细节化的（虽然是完全传统式的）说明。[18] 学生们在人文教室里认识的自然是旧式的，但是他们所吸收的知识以及他们所形成的独有的思考方式，都在其成年后一直伴随他们，那时正是他们着手改革课程及其哲学基础的时候。基于文本传统的授课形式在即使像勒内・笛卡儿（1596～1650）这样典型的近代思想家那里也有颇多残余，笛卡儿在拉弗莱什（La Flèche）耶稣会学院进行的关于昆体良（Quintilian）论修辞的古代论文的对话中形成了他关于"清楚明白"的思想的观念。[19]

243

更为重要的是，初看之下似乎持续、统一的教学模式随着时间的推移实际上发生了改变，对文本的细致研究被证明能够适应很多不同的兴趣背景。例如，在 16 世纪中期，巴黎皇家学院的数学教授皮埃尔・德拉・拉梅（1515～1572）极大地挑战了诸如亚里士多德这样的古代重要作者的权威，他传奇式地认为后者的观点是彻底错误的。尽管拉梅在文本范围内破坏偶像，但他完全接受正规教育应首先立足于书本学习这一中心观点。他只是坚持，每一部古典文本都有一个可以通过摘要或图表而显示出来的辩证式的论证中心，以及一个有待识别和澄清的由暗讽、隐喻和演讲形式所组成的修饰性外壳。拉梅坚持认为如马尼利乌斯和维吉尔等古代诗人提供了精确和有价值的信息，从而强调教授经典对于研究自然所具有的中心地位。[20] 分散在巴塞尔、莱顿和剑桥等地的大学中的有影响力的教师们都应用他的方法诠释经典。通过这种方式，他们将教授拉丁诗歌和散文的课堂教学转变成一种关于形式辩论的训练，并赋予诸如农

---

〔16〕 Ovid，《年表》（*Fasti*, Venice, 1482），Pietro Marsi 编，[sig. a viii r]。

〔17〕 同上书，[sig. e vi r]。

〔18〕 Blair，《奥维德的系统化：16 世纪巴黎学院中的奥维德〈变形记〉》。

〔19〕 Stephen Gaukroger，《笛卡儿：一位知识分子的传记》（*Descartes: An Intellectual Biography*, Oxford: Clarendon Press, 1995）。

〔20〕 J. J. Verdonk，《皮埃尔・德拉・拉梅与数学》（*Petrus Ramus en de wiskunde*, Assen: Van Gorcum, 1966）；以及 Nelly Bruyère，《德拉・拉梅工作中的方法和辩证法》（*Méthode et dialectique dans l'oeuvre de La Ramée*, Paris: J. Vrin, 1984）。

业、天文学等领域的古代作家们一种新的权威。

在专业化研究的最高级别上,学者们也找到一些方法将文本教学转变为对新的研究方法的训练,这种新研究方法可以像应用于人文学科一样容易地应用于自然科学,他们甚至也将教室本身变成一种可激发独立研究的讨论班。在后期人文主义世界没有哪两位学者像牛津学者亨利·萨维尔(1549～1622)和莱顿学者约瑟夫·斯卡利杰(1540～1609)这样讨厌对方,而且各自都有自己的理由。萨维尔正是斯卡利杰所不喜的那类数学家,萨维尔相信自己能够比斯卡利杰更为熟练地解释古代数学和天文学文本。斯卡利杰也正是萨维尔最讨厌的那类人文主义者,他认为自己可以证明,他那个时代所有天文学家都误解了岁差(precession)问题,所有的数学家都错误地理解了求圆的面积问题。当然在技术问题的争论上萨维尔是正确的。但是两个人在更具实质性的方面所具有的一致性多于他们之间的分歧。萨维尔将其在牛津的几何学课程变成一种对古希腊数学的实际发展状况的精密复杂的哲学、语言学和科学研究。[21] 而斯卡利杰则完全拒绝讲座。但是他允许年轻学生与他共同进餐并经常出入他的工作台,并最终给诸如胡戈·格劳秀斯(1583～1645)这样的学者进行古代年代学和天文学的私人授课。后来当他还是在斯卡利杰指导下的十几岁的年轻人的时候,因为与老师的密切交流,格劳秀斯写成了他自己的古代科学课本。[22] 上述以及其他有影响的教师的例子说明,他们都坚持一个苛严的传统,都坚持课本的首要地位,以课本为基础的教学不仅是旧知识领域的遗物。在整个现代早期,那些实践者尽可能地跟上学科发展的步幅,并且在不止一些孤立的例子中成功地表明,对于文本的评注能够适应方法上的变化以及关于自然和社会的新的知识。

图　书　馆

图书馆与演讲厅一样在16、17世纪受到可怕的攻击。英国的哲学改革家弗兰西斯·培根(1561～1626)精通书本式文化,他认为图书馆就是知识的储藏室,比起他所主张的那些知识,它们既老旧又无力。的确,书籍提供了伟大作家们的真实的"心灵图像",而阅读也确如培根所写的,造就了完整的人。但是培根最终认为图书馆与他所设想的未来知识图景中的学习空间完全不同——诸如他在《新大西岛》(*New Atlantis*, 1627)中为本塞伦居民所设想的实验室、幻觉屋、发明长廊。培根说,在这些知识的温室中,人们可以摆脱继承得到的知识,而迫使自然呈现它的秘密。与之相对,培根将图

[21] Mordechai Feingold,《数学家的学徒身份:英格兰的科学、大学和社会(1560～1640)》(*The Mathematicians' Apprenticeship: Science, Universities, and Society in England, 1560 - 1640*, Cambridge: Cambridge University Press, 1984);Robert Goulding,《亨利·萨维尔爵士与求圆的面积问题》(Sir Henry Savile and the Quadrature of the Circle, doctoral dissertation, Warburg Institute, University of London, 1998)。

[22] Anthony Grafton,2卷本《约瑟夫·斯卡利杰:古典学术史研究》(*Joseph Scaliger: A Study in the History of Classical Scholarship*, Oxford: Clarendon Press, 1983 - 93),第2卷。

书馆比作供奉"古代圣贤"遗物的祠堂,权威们在此只会受到尊敬,而不会遭到批评。[23]

培根的同时代人当然认为他是一个传统知识模式的批判者。1605年,他将《学术的进展》(*The Advancement of Learning*)送给托马斯·博德利(1545～1613),后者捐赠给牛津大学一座壮丽而实用的图书馆,以取代长期分散摆放的格罗斯特(Gloucester)的汉弗莱公爵赠给学校的藏书,从而使自己成为图书馆的守护神。在附带的信中,培根赞扬博德利"建造了一艘从洪水中拯救知识的方舟"。但是后来当培根问起博德利对自己的《所见与所思之物》(*Cogitata et visa*,1612)手稿的意见时,这位牛津大学最大的捐赠者不得不承认他们不属于同一阵营:"不止我一个人说,您的科学中存在的确定性比您的论说中似乎承认的多得多。"博德利承认,他"就像一匹驮马",不可能"不走它必须要走的路"。[24]

这两个伟大的英国新教知识分子之间的对立似乎体现了某种更深层的东西:关于最好的知识的原则的分歧。培根深信"时间顺序上的古代是世界的童年时期",[25]他呼吁同时代的人抛弃或改变获取关于世界知识的传统方式。他认为,应当赞美的是发明家而不是作家,写满新的观察记录以及从观察中总结的规律的笔记本,最终应替换掉那些充斥着从保留旧知识传统的早期文本中摘录的篇章的笔记本。而博德利则许诺给虔诚的图书管理员,他希望提供给牛津大学的教师和学生们"我们新教作家的最优秀的那部分作品",不过他也着手收集大量其他著作,从古希腊、古罗马时期经典作品的最好版本到近东和远东最隐晦的手稿。他还特别重视编制已知书籍的准确而详细的印刷目录和清单。[26] 培根强调发现,博德利强调传递;培根推崇新的东西,博德利坚持旧的方式。当人们考察他们两个的知识体系时,以及将这些与诸如博洛尼亚的乌利塞·阿尔德罗万迪(1522～1605)博物馆以及牛津的伊莱亚斯·阿什莫尔(1617～1692)博物馆等新型学习和社交空间相比较时,情况至少看起来是这样的。[27]

246

毕竟,图书馆是藏书之地,装满了传统流派以及古代传递下来的知识。的确,在整

---

[23] Francis Bacon,《论学术的进展》(*De augmentis scientiarum*),载于 James Spedding、Robert Ellis 和 Douglas Heath 编,7卷本《著作集》(*Works*, London: Longmans, 1857 - 9),第1卷,第483页,第486页～第487页,被引用于 Paul Nelles,《作为发现工具的图书馆:加布里埃尔·诺代和历史的使用》(The Library as an Instrument of Discovery: Gabriel Naudé and the Uses of History),载于 Donald Kelley 编,《历史与学科:现代早期欧洲知识的重新分类》(*History and the Disciplines: The Reclassification of Knowledge in Early Modern Europe*, Rochester, N. Y.: University of Rochester Press, 1997),第43页。

[24] Ian Philip,《17世纪和18世纪的博德利图书馆》(*The Bodleian Library in the Seventeenth and Eighteenth Centuries*, Oxford: Clarendon Press, 1983),第3页。

[25] Francis Bacon,《学术的进展》(*The Advancement of Learning*, 1),载于2卷本《作品集》(*Works*, London: William Ball, 1838),第1卷,第11页。

[26] Philip,《17世纪和18世纪的博德利图书馆》,第2页;以及 Ian Philip,《博德利图书馆的第一本印刷书目(1605):摹写本》(*The First Printed Catalogue of the Bodleian Library, 1605: A Facsimile*, Oxford: Clarendon Press, 1987)。

[27] 参看 Paula Findlen,《拥有自然:现代早期意大利的博物馆、收藏和科学文化》(*Possessing Nature: Museums, Collecting, and Scientific Culture in Early Modern Italy*, Berkeley: University of California Press, 1994);以及 Lorraine Daston 和 Katharine Park,《奇事与自然秩序(1150～1750)》(*Wonders and the Order of Nature, 1150 - 1750*, New York: Zone Books, 1998)。

个15世纪,它们呈现出一种新的形式和重要性,就像有些名门望族建立的新型图书馆——非宗教机构,占据了大而狭窄的、通过高高的窗户采光的房间,摆满了有统一的漂亮镶边的书籍,这样的设计不是为了缓慢地将引文编入文集,而是为了快速地富有卓识地研究和辩论。例如在15世纪的佛罗伦萨,美第奇家族资助了两个为特定目的而建造的图书馆,即圣马可图书馆,这里储存着狂热的藏书家尼科洛·尼科利(1363～1437)的大量收藏,这位暴躁却热心的学者慷慨地将自己的收藏提供给朋友们和同事们,还有一个是圣劳伦佐图书馆。[28] 在16世纪的意大利以及北欧类似的地方,王公贵族争相用类似的收藏来装备自己的宫殿和大学。[29]

然而,很多新的公共图书馆最终成为统治者炫耀财富、权力和文化的地方,他们更加重视为这些图书馆添加装备而不是满足学者需要。意大利很多一流的图书馆,从马尔恰纳(Marciana)图书馆到梵蒂冈图书馆,由于难以进入和更难于在里面工作而声名狼藉。一位凶恶的图书管理员将学者们挡在法国国王的宏伟的图书馆之外数十年。直至这位凶恶而古板的人从椅子上摔到火炉里被烧死后,英国学者伊萨克·卡索邦(1559～1614)才得以从藏书中取出一本拜占庭时期的世界编年史的重要原稿,并将其送给他在莱顿的朋友约瑟夫·斯卡利杰。然而即使是热衷巴黎丰富的藏书的卡索邦,也不想编制它的目录,尽管缺少目录时时阻碍他寻找珍贵原稿并将它们借给其遍及整个欧洲的博学通信者的计划。[30]

大学里的图书馆也并不总是更容易进入。克洛德·德·索迈瑟,一个极其博学的文献学家,自认为——尽管并非他的所有同事都同意——是莱顿的约瑟夫·斯卡利杰选定的继任者。由于他打算继承斯卡利杰对于古代和近代近东天文学和占星术的兴趣,便索要了图书馆及存放斯卡利杰的原稿等特殊藏书的上锁书柜的钥匙,并且得到了应允。更好的是,学校图书馆馆长给他一所通向位于图书馆中的修道院的房子,这样他就可以穿着睡袍,在任何时间进行研究。然而,事实证明,图书馆是一个无法进入的乐园。图书管理员丹尼尔·海因修斯是索迈瑟的死敌,最后,他用一种富有想象力且行之有效的办法让他的对手——如索迈瑟愤愤地抱怨的那样——成为莱顿大学实际上唯一一个没有图书馆钥匙的学者。由于图书馆一周只向大学的师生们开放两次,每次两三个小时,索迈瑟发现他自己其实是被关在门外的。因而默尔修斯对于莱顿大学图书馆的想象(图10.1)并没有反映真实的图书馆,那其实是一个世界性的博物馆,它的存在是为了通过展示其文化投资的物质成果而非运行着的学术机构来提高城市和

247

---

[28] Anthony Hobson,《伟大的图书馆》(*Great Libraries*, New York: Putnam, 1970);B. L. Ullman和Philip Stadter,《文艺复兴时期佛罗伦萨的公共图书馆》(*The Public Library of Renaissance Florence*, Padua: Antenore, 1972);以及Guglielmo Cavallo编,《古代和中世纪的图书馆》(*Le biblioteche nel mondo antico e medievale*, Rome: Laterza, 1988)。

[29] André Vernet gen. 编,4卷本《法国图书馆的历史》(*Histoire des bibliothèques françaises*, Paris: Promodis, 1988),Claude Jolly编,《旧体制下的图书馆(1530～1789)》(*Lesbibliothèques sous l'Ancien Régime, 1530 - 1789*),第2卷。

[30] Mark Pattison,《伊萨克·卡索邦(1559～1614)》(*Isaac Casaubon, 1559 - 1614*, London: Longmans, Green, 1875),第194页～第208页。

大学的声望。[31] 将图书馆贬为过时的、仅为传统所认可的信息体系的倾向颇为强烈。整体而言,学生们甚至包括老师们在自己的私人图书馆中收藏着他们用的最多的书籍。[32]

然而在16、17世纪,图书馆不止是旅游者关于想象的文明欧洲的精神地图(mental maps)上的首选之地。王公贵族、城镇委员会和大学图书馆馆长、教会人士和富有的学者们创立、扩大并有时候资助他们认为可能长久保留、公众可获取的书籍收藏。而且,从一开始,他们做这些是作为他们视为一种更大的反对无知和蒙昧的运动的一部分——图书馆在这一运动中起到特殊的智识作用。比如,圣马可的佛罗伦萨图书馆就不仅具有收藏作用。在15世纪末,它是诸如皮科·德拉·米兰多拉和马尔西利奥·菲奇诺这样的劳伦佐文化的前沿工作者们的一个中心会场,他们博大精深的作品反映出他们能够获得有时是特别为他们而收集的珍贵资料。菲奇诺的《论生命》(*De vita*, 1489)是一本关于占星术和自我医学护理的学术造诣极深的书,皮科的《驳占星术》(*Disputationes contra astrologiam divinatricem*, 1496)是一部对古典占星术有力而尖锐的批判。这两部著作在很多观点上相对立,但是两者都极大地影响了以后几代医生、占星家和医学人文主义者之间的争论。两部著作都穿插有深奥的原稿材料,并都例证了自然哲学和人文主义可以在适当的图书馆中以富有成果的方式产生碰撞。[33] 即使是将古代天文学变成真正意义上的新科学并憎恶在其称作"文献学任务"上花费时间的约翰内斯·开普勒(1571～1630),也熟悉这些文本并在自己的职业生涯中运用其中的方法。[34]

248

15世纪意大利学者的这些活动实际上在1500年前后数十年间转移到北欧。博学的施蓬海姆(Sponheim)和维尔茨堡(Würzburg)本笃会修道士约翰内斯·特里塞米尔斯(1462～1516),将他建立的两所图书馆变成了历史(尤其是德语世界的文学史)和自然(尤其是早期著作家对于科学和巫术的理解)研究中心。他的关于巫术作品的庞大参考书目《巫术之敌》(*Antipalus maleficiorum*, 1605),成为在欧洲鬼神学的最繁荣的时代对学术性的和非法的巫术文献的标准导读。[35] 他的例子和著作启发了英国数学学者约翰·迪伊(1527～1608),他在莫特莱克(Mortlake)的富丽堂皇的图书馆也被设

---

[31] E. Hulshoff Pol,《图书馆》(The Library),载于 Lunsingh Scheurleer 和 Meyjes 编,《17世纪的莱顿大学》(*Leiden University in the Seventeenth Century*),第395页～第459页。

[32] E. S. Leedham-Green,2卷本《剑桥库存书籍》(*Books in Cambridge Inventories*, Cambridge: Cambridge University Press, 1986)。

[33] Eugenio Garin,《圣马可图书馆》(*La biblioteca di San Marco*, Florence: Le Lettere, 1999);Paola Zambelli,《魔法的暧昧本质》(*L'Ambigua natura della magia*, 2nd ed., Venice: Marsilio, 1996);Anthony Grafton,《与经典著作的交流:古代书籍和文艺复兴时期的读者》(*Commerce with the Classics: Ancient Books and Renaissance Readers*, Ann Arbor: University of Michigan Press, 1997),第2章;以及 Darrel Rutkin,《占星术、自然哲学与科学史(约1250～1700)》(Astrology, Natural Philosophy, and the History of Science, c. 1250 - 1700, Ph. D. dissertation, Indiana University, Bloomington, 2002)。

[34] Grafton,《与经典著作的交流:古代书籍和文艺复兴时期的读者》,第5章。

[35] Johannes Trithemius,《巫术之敌》(*Antipalus maleficiorum*, Mainz: Lippius, 1605)。参看 Klaus Arnold,《约翰内斯·特里塞米尔斯(1462～1516)》(*Johannes Trithemius [1462 - 1516]*, 2nd ed., Würzburg: Schöningh, 1991)。

计成历史学和巫术的研究所，那里包括很多部特里塞米尔斯自有藏书的副本，其书页空白处写满了迪伊准确而精彩的注释。[36] 在迪伊的屋中，对于自然的研究依赖于联合王国最大的手稿和印刷书籍收藏，以及大量的仪器和标本。[37] 在迪伊的莫特莱克，就像在阿尔德罗万迪的博洛尼亚，书籍和自然物品收藏占据了的毗连的空间，自然志家和哲学家们通过仔细阅读书架上堆积如山的手稿、打造植物学和动物学同事间的国际关系网、在当地市场搜寻特异的标本而开展其研究。

假设伽利略·伽利莱（1564～1642）给出了新型自然哲学的模式，有人的确从中找到了给出证据并从中得出论点的新规范，开普勒和萨维尔、皮埃尔·伽桑狄（1592～1655）和马兰·梅森（1588～1648）、阿塔纳修斯·基歇尔（1602～1680）和戈特弗里德·威廉·莱布尼茨（1646～1716）在整个17世纪都不间断地发现富有成果的研究领域。在图书馆中被灌输的博学式工作习惯很大程度上说明了人文主义研究模式的持续，就像在阿尔德罗万迪的“象征式自然志”，以及培根将古代神话解释为对自然过程的寓言式描述的努力中所体现的那样。[38]

249

在一个更深的层次上，图书馆所倡导的博学模式塑造了研究自然的想象与实践。在16世纪，图书馆成为一种新式的基督教派别之争的武器——在其中早期基督教的文档是首要的争夺领域。在新教的马格德堡（Magdeburg）和牛津、后来在罗马和米兰，敌对的教派不仅逐步扩大教派史的系统收藏，还逐步扩大合作的研究团队。年轻的学者做整理和摘录文本和碑文等低级的工作。[39] 有经验的学者将最后收集得到的材料转变为记叙文，其他人还要核对和修改这些文章。培根——他作为研究者做了大量摘录工作，而摘录的结果完全发展为他对经验观察的收藏品——在其《新大西岛》中，将马格德堡团队作为他对合作性研究的宏伟设计即所罗门宫的模型，它具备专业知识研

---

[36] 关于迪伊的注释，参看 Julian Roberts 和 Andrew G. Watson 编，《约翰·迪伊的藏书目录》（*John Dee's Library Catalogue*, London: Bibliographical Society, 1990），以及缩微胶卷《文艺复兴人：重建的文艺复兴学者图书馆（1450～1700）》（*Renaissance Man: The Reconstructed Libraries of Renaissance Scholars, 1450 - 1700*, ser. I: *The Books and Manuscripts of John Dee, 1527 - 1608*, Marlborough: Adam Matthew, 1991 - ）。

[37] William Sherman，《约翰·迪伊：英国文艺复兴时期的阅读和写作政治》（*John Dee: The Politics of Reading and Writing in the English Renaissance*, Amherst: University of Massachusetts Press, 1995）；以及 Deborah Harkness，《约翰·迪伊与天使的对话：神秘教义、炼金术和自然的终结》（*John Dee's Conversations with Angels: Cabala, Alchemy, and the End of Nature*, Cambridge: Cambridge University Press, 1999）。

[38] William Ashworth，《自然志与象征世界观》（Natural History and the Emblematic World View），载于 David C. Lindberg 和 Robert Westman 编，《重估科学革命》（*Reappraisals of the Scientific Revolution*, New York: Cambridge University Press, 1990），第303页～第332页；Ashworth，《文艺复兴时期的象征自然志》（Emblematic Natural History of the Renaissance），载于 Nicholas Jardine、James A. Secord 和 Emma C. Spary 编，《自然志文化》（*Cultures of Natural History*, Cambridge: Cambridge University Press, 1995），第17页～第37页；Findlen，《拥有自然：现代早期意大利的博物馆、收藏和科学文化》；Charles Lemmi，《培根对经典神灵的解释：神话象征主义研究》（*The Classic Deities in Bacon: A Study in Mythological Symbolism*, Baltimore: Johns Hopkins University Press, 1933）；以及 Paolo Rossi，《弗兰西斯·培根：从魔法到科学》（*Francis Bacon: From Magic to Science*, Chicago: University of Chicago Press, 1968），Sacha Rabinovitch 译。

[39] Pamela Jones，《费代里科·博罗梅奥与安布罗斯图书馆：17世纪米兰的艺术、赞助和改革》（*Federico Borromeo and the Ambrosiana: Art, Patronage, and Reform in Seventeenth-Century Milan*, Cambridge: Cambridge University Press, 1993）；Simon Ditchfield，《特兰托会议后意大利的礼拜仪式、神圣与历史：彼得罗·马里亚·坎皮和特例的保存》（*Liturgy, Sanctity, and History in Tridentine Italy: Pietro Maria Campi and the Preservation of the Particular*, Cambridge: Cambridge University Press, 1995）；以及 Gregory Lyon，《博杜安、弗拉齐乌斯和马格德堡世纪计划》（Baudouin, Flacius and the Plan for the Magdeburg Centuries），载于《思想史杂志》（*Journal of the History of Ideas*），(64) 2003，第253页～第272页。

究者的梯队等级。培根生动地表现了对于耐心的团队合作和智力功能的专业化的需要，这不是因为他曾经看到的幻象并梦到了卡文迪许实验室的梦想，而是因为他看到在他自己的时代历史学家们类似的实践所产生的影响。[40] 同时，培根自己的观点则开始塑造从加布里埃尔·诺代（1600～1653）到莱布尼茨这样的图书馆员的收藏实践。学术图书馆成为研究培根著名的学科志（historia litteraria）——对学科历史以及它们成败原因的系统研究——的最佳场所。[41] 从这一点及其他方面来看，培根自身的实践与收藏丰富的图书馆紧密相连，其密切程度毫无疑问可令他的朋友及批评者博德利吃惊。

这样，人文主义学校和大图书馆并不是新自然哲学这出戏剧上演的中央舞台。但是直到1700年以及之后，它们在知识和教学的体系中一直发挥着至关重要的作用。而且更为出人意料的是，在某些方面，相较于对亚里士多德自然哲学和盖仑医学的传统教学形式的支持来说，它们对16、17世纪的新自然哲学的启发和支持显得更加有效和连续。 250

（李文靖　译）

[40] 参看 Anthony Grafton,《所罗门宫在哪里？教会史与培根〈新大西岛〉的思想起源》（Where was Salomon's House? Ecclesiastical History and the Intellectual Origins of Bacon's *New Atlantis*），载于 Herbert Jaumann 编,《宗派主义时代的欧洲共和国学者》（*Die europäische Gelehrtenrepublik im Zeitalter des Konfessionalismus*, Wiesbaden: Harrassowitz, 2001），第21页～第38页。关于这些实践在培根的大环境中的一个例子，参看 George William Wheeler 编,《托马斯·博德利致托马斯·詹姆斯的信件》（*Letters of Sir Thomas Bodley to Thomas James*, Oxford: Clarendon Press, 1926）。

[41] Wilhelm Schmidt-Biggemann,《世界主题》（*Topica Universalis*, Hamburg: Meiner, 1983）；以及 Martin Gierl,《虔诚与启蒙：17世纪末的神学论战与科学传播改革》（*Pietismus und Aufklärung: Theologische Polemik und die Kommunikationsreform der Wissenschaft am Ende des 17. Jahrhunderts*, Göttingen: Vandenhoeck and Ruprecht, 1997）。

11

251

宫廷与学会

布鲁斯·T. 莫兰

一位12世纪的英格兰廷臣哀叹道:“我处在宫廷中,我谈论着宫廷,然而宫廷是什么,上帝知晓,我不知道。”[1]同样的困难影响了宫廷研究,没有一个关于宫廷式“地点”的定义对所有时期、地方和历史环境都能同等适用。现代早期政治性资助和委托关系网作为政府管理的有效方式而发挥作用,[2]这使得宫廷成为发生在统治者和那些试图影响宫廷或贵族权力方向的人之间运营中的交易所和政治举措的一个“接触点”,而不是一个物理意义上的地点。有些宫廷成员住在距离统治者本人较远的地方,作为宫廷圈的一部分而在更为遥远的地方出现。宫廷因此不仅是一个家族、一群建筑物或者基于法律或礼数的仪式活动,它也是一个“抽象总体”,一个由个人组成的服务于但不一定直接参与君主政权的团体。[3]

宫廷既是一个机构,也是一种“气质(ethos)”,[4]特定的宫廷产生特定类型的文化,各有其态度和习惯,各有其自身判断美德和价值的体系,各有其自身指导成员行为的社会机制和符号机制。不同语言地区的宫廷在规模、相对数量上都有所不同。政治上分裂的地区,宫廷数量较多但是管辖范围较小。公爵的宫廷支配着德语地区,而更加富有的意大利宫廷,包括罗马的教廷在内,能够远超出其地理区域而赐予地位和权力。英格兰、法国和西班牙等更为集权式的国家,较大的皇室宫廷遮掩住了较小的贵族家族。1522年,法国国王法兰西斯一世(1494～1547)的直系家属由被分成60支的

252

[1] 引自 Ralph A. Griffiths,《玫瑰战争期间的国王宫廷:不连续时代的连续性》(The King's Court during the War of the Roses: Continuities in an Age of Discontinuities),载于 Ronald G. Asch 和 Adolf Birke 编,《君主、赞助人和贵族:现代初期的宫廷(约1450～1650)》(*Princes, Patronage, and the Nobility: The Court at the Beginning of the Modern Age, c. 1450 - 1650*, Oxford: Oxford University Press, 1991),第67页。

[2] Sharon Kettering,《17世纪法国的赞助人、经纪人和受保护者》(*Patrons, Brokers and Clients in Seventeenth Century France*, New York: Oxford University Press, 1986)。

[3] Ronald G. Asch,《导论:从15世纪到17世纪的宫廷与家族》(Introduction: Court and Household from the Fifteenth to the Seventeenth Centuries),载于 Asch 和 Birke 编,《君主、赞助人和贵族:现代初期的宫廷(约1450～1650)》,第1页～第38页。

[4] 参看 R. J. W. Evans,《宫廷:一个变化多端的机构和一个难以捉摸的主体》(The Court: A Protean Institution and an Elusive Subject),载于 Asch 和 Birke 编,《君主、赞助人和贵族:现代初期的宫廷(约1450～1650)》,第481页～第491页。

540 名官员组成。[5] 相反，德国诸侯的地方宫廷的气势要小得多（1500 年巴伐利亚宫廷的总人数约 160 人），[6]并且在更大程度上依赖于有契约的扈从的服务。

一个宫廷无论是大是小，其统治者的性格和兴趣都主导着宫廷生活，并将其活力组织为文化场所。从这一点来看，文艺复兴和现代早期的宫廷与中世纪的宫廷在形式上有很多共同之处。例如，瓦罗亚国王查理五世（1364 ～ 1380 年当政）和他的兄弟贝里伯爵因其对技艺和文学的兴趣而出名。查理尤喜神秘技艺，他于 1371 年在巴黎大学建立了一所占星术和医学学院（College of Astrology and Medicine），死后留下了一座藏书逾千卷的图书馆，其中很多藏书都与占星术、泥土占卜、手相术和巫术有关，还有超过 70 卷书是关于天文学的。[7] 巫术、占星术和炼金术依靠对方法的掌握以及对特定步骤的应用，王族们通常出于经济和政治动机支持它们，并且希望从这些作为宫廷技术形式的神秘科学中发掘社会效益。同样的动机，以及拥有相对其他宫廷的文化优越性的愿望，保证了在现代早期应用技术领域内的神秘传统受到关注。同时，随着王族们争相支持其他各种领域，鼓励技术创新，并支持军事工程、精密力学、观测天文学和医学方面的创造，对应用技艺本身的资助也增长了（参看第 14 章）。

哪里有宫廷，哪里就有廷臣，对于后者的描述十分不一致，从出身高贵追求美德的有修养的顾问，到“卑劣的阿谀奉承之人”和“蚕食的寄生虫”。费拉拉（Ferrara）的枢机主教*焦万・弗朗切斯科・比安德拉特的秘书洛伦佐・杜奇在其《宫廷艺术》（*L'Arte aulica*，1601）一书中，区分了两种“荣誉”：一种被他定义为“对他人美德的评价”；一种是“作为廷臣追求目标的荣誉”，他将之描述为“身份、尊严、权力、财富以及由之产生的名誉”。[8] 他注意到正如一个裁缝了解他的布料，医生了解人体的机能一样，廷臣们琢磨他们的君主的品性以便为个人利益而“逐渐从君主心中获取荣宠”。[9] 另外，意大利贵族、作家和宫廷外交官巴尔达萨雷・卡斯蒂廖内（1478 ～ 1529）所描述的廷臣则是一个精通军务和文字工作的人。正如卡斯蒂廖内在《廷臣》（*Il cortegiano*，1528）中所

253

[5] R. J. Knecht，《法兰西斯一世：君主和北方文艺复兴的赞助人》（Francis I：Prince and Patron of the Northern Renaissance），载于 A. G. Dickens 编，《欧洲宫廷：政治、赞助与皇室（1400 ～ 1800）》（*The Courts of Europe*：*Politics*，*Patronage*，*and Royalty*，*1400 - 1800*，New York：McGraw-Hill，1977），第 99 页～第 120 页。

[6] Maximilian Lanzinner，《君主、议员和庄园：巴伐利亚州中央政府的出现（1511 ～ 1598）》（*Fürst*，*Räte und Landstände*：*Die Entstehung der Zentralbehörden in Bayern*，*1511 - 1598*，Veröffentlichungen des Max-Planck-Instituts für Geschichte，61，Göttingen：Vandenhoeck und Ruprecht 1980）；以及 Dieter Stievermann，《1500 年左右德国南方的宫廷》（Southern German Courts around 1500），载于 Asch 和 Birke 编，《君主、赞助人和贵族：现代初期的宫廷（约 1450 ～ 1650）》，第 157 页～第 172 页。

[7] Hilary M. Carey，《中世纪晚期英国宫廷的占星术》（Astrology at the English Court in the Later Middle Ages），载于 Patrick Curry 编，《占星术、科学与社会：历史论文集》（*Astrology*，*Science*，*and Society*：*Historical Essays*，Bury St. Edmunds：Boydell Press，1987），第 41 页～第 56 页。

* 在我国亦称红衣主教。——责编注

[8] Lorenzo Ducci，《宫廷艺术》（*Arte aulica di Lorenzo Ducci*，*nella quale s'insegna il modo*，*che deve tenere il cortigiano per devenir possessore della gratia del suo principe*，Ferrara：Lorenzo Baldini，1601）；它的一个英文译本出现于 1607 年，《宫廷艺术》（*Ars Aulica*；*or*，*the Courtiers Arte*，London：Melchior Bradwood for Edward Blount，1607），Edward Blount 翻译，第 17 页。

[9] Ducci，《宫廷艺术》，第 100 页。参看 Sydney Anglo，《廷臣：文艺复兴与不断变化的理想》（The Courtier：The Renaissance and Changing Ideals），载于 Dickens 编，《欧洲宫廷：政治、赞助与皇室（1400 ～ 1800）》，第 51 页～第 52 页。

强调的，廷臣的口才不是一种权谋手段，而是通过正统教育而获得的真正知识的表达；杰出的廷臣以优雅而轻描淡写的方式运用这种知识，以掩饰特定行动中的困难。卡斯蒂廖内为他的廷臣－学者设定了高贵的出身，然而他所描述的行动、文雅和谋划的综合品质也鼓动非贵族们基于他们的聪明才智，努力提高他们君主的名望。就像莎士比亚所注意到的自然秩序，宫廷社会也持续地注意到“地位、特权和处境”；[10]竞争、野心、依附和对抗持续不断地被阿谀者和伪君子公平地分享。被人文主义者、诗人和皇家骑士乌尔里希·冯·胡滕（1488～1523）写入文学作品的不幸的廷臣“米绍尔乌斯（Misaulus）”，抱怨宫廷中的监禁生活，在那里他所戴的金锁链是奴役和囚禁的标志。[11]

宫廷中的科学

但是，同一股社会力量，既可使得宫廷生活成为一种竞技比赛，也可选择性地聚焦和激发个人天分，赋予创新以高贵地位，有时还能促成探索自然的新课题和方向。在这一方面，宫廷是引进新观点和技术、批判旧思想的重要的社会场所。[12] 它还为摆脱其他社会机构（特别是大学）对思想的束缚提供了一定程度的自由，并允许那些为传统场所和学术职业所排斥的人参与。尽管有时候被视为主要是为了消遣娱乐，个别宫廷在一些特别的公开展示项目中鼓励技术上的独创性以及理论思考，并在这些以及其他情况下提供专业人士和外行之间的技术交流的机会。自动机器、精密的钟表、对自然世界的幻觉式模拟、瓷器、硬石或水晶石制品、戏剧演出机械、焰火展示，以及与艺术收藏室有关的收集传奇故事，所有这些将艺术、自然和科学等诸方面（有时候是为了展示控制力量，有时候是修辞竞赛的一部分）结合进宫廷生活中的仪式、节日和华丽的礼仪中。[13]

254

---

〔10〕 William Shakespeare，《特罗伊罗斯与克雷西达》（Troilus and Cressida），I. iii. 85 – 86。

〔11〕 Ulrich von Hutten，《米绍尔乌斯在大厅中的对话》（*Misaulus qui et dicitur Aula Dialogus*），载于 Ernst Hermann Joseph Münch 编，3 卷本《条顿骑士乌尔里希·冯·胡滕全集》（*Des teutschen Ritters Ulrich von Hutten sämmtliche Werke*，Berlin：G. Reimer Verlag，1823），第 3 卷，第 18 页。

〔12〕 参看 Bruce T. Moran 编，《资助与机构：欧洲宫廷的科学、技术和医学（1500～1750）》（*Patronage and Institutions：Science，Technology and Medicine at the European Court，1500 – 1750*，Rochester，N. Y.：Boydell Press，1991）中的文章，尤其是 Paula Findlen，《现代早期意大利的科学交流体系》（The Economy of Scientific Exchange in Early Modern Italy），第 5 页～第 24 页；William Eamon，《宫廷、学院与印刷厂：意大利文艺复兴晚期的赞助和科学职业》（Court，Academy，and Printing House：Patronage and Scientific Careers in Late-Renaissance Italy），第 25 页～第 50 页；Lesley B. Cormack，《卷起狮子的尾巴：威尔士王子亨利宫廷的实践和理论》（Twisting the Lion's Tail：Practice and Theory at the Court of Henry Prince of Wales），第 67 页～第 83 页；Harold Cook，《生活在革命时代：在威廉和玛丽统治下的医疗变革》（Living in Revolutionary Times：Medical Change under William and Mary），第 111 页～第 135 页；Bruce T. Moran，《资助与机构：概述德国的宫廷、大学与学院（1450～1700）》（Patronage and Institutions：Courts，Universities，and Academies in Germany：An Overview，1450 – 1700），第 169 页～第 183 页；Pamela H. Smith，《治愈国家：宫廷的化学和商业（1664～1670）》（Curing the Body Politic：Chemistry and Commerce at Court，1664 – 70），第 195 页～第 209 页；以及 Alice Stroup，《路易十四世统治下的政治理论和技术实践》（The Political Theory and Practice of Technology under Louis XIV），第 211 页～第 234 页。

〔13〕 Thomas DaCosta Kaufmann 编，《对自然的支配：文艺复兴时期的艺术、科学和人文主义的面貌》（*The Mastery of Nature：Aspects of Art，Science，and Humanism in the Renaissance*，Princeton，N. J.：Princeton University Press，1993）。

资助和委托关系是宫廷最为重要的工具，而且在男性统治的教廷和教职家族之外，这种工具的使用也一样延伸至妇女（参看第7章）。曼图亚（Mantua）侯爵夫人伊莎贝拉·德斯特在16世纪早期委托艺术家佩鲁吉诺绘画，她轻而易举地使后者接受了她关于鸟、树以及特殊背景的要求，尽管这些对成品可能并无促进。[14] 在英格兰和法国，现代早期的贵族妇女特别渴望运用贵族关系网来探求自然哲学、数学和医学问题。在自然哲学仍然作为精英文化的一部分的地方，特权和资助成为杠杆，借此诸如瑞典的克里斯蒂娜（1626～1689）、丹麦的安娜（1574～1619）、斯图亚特王室航海家亲王亨利的母亲以及纽卡斯尔公爵夫人玛格丽特·卡文迪什等女性确立了自己在科学团体的边缘地位，并参与科学辩论中来。[15] 然而，即使在这样的贵族背景下，也存在一定程度的"身份不和谐"，[16]在这里能力和成就仍然不被承认也没有回报。男爵以上的男子无须经过多少考察就可以成为皇家学会的会员，而贵族妇女却难以进入皇家学会的名册，当卡文迪什要求列席皇家学会的一个工作会议时，就引发了一场大争议。[17]

255

资助的形式，无论是以津贴、职位的方式，还是以礼物式的"恩赐"，不仅反映了资助者个人的喜好、兴趣和政治状况，而且反映了资助者本身参与特定活动的程度。在佛罗伦萨的美第奇家族以及罗马教廷的例子中，有证据证明那些显赫的资助人选择避开专家标记以避免被视为技术人员而失去社会地位和权力。[18] 然而一种不同形式的资助活动使得其他宫廷富于生气，并且允许某些统治者如德国的黑塞-卡塞尔（Hesse-Kassel）威廉四世伯爵（1532～1592）、法国国王法兰西斯一世以及哈布斯堡神圣罗马帝国皇帝鲁道夫二世（1552～1612）沉溺于自己的研究，并作为专业人员、收藏家和学者来追求自己的事业。在这种背景下，那些为宫廷服务的人通常被引导接受一种社会和职业角色的合并。有时候合作性努力将学者和手工业者（例如数学家和仪器制造者）结合起来，并以贵族的合法化形式将社会声望赋予与化学和机械作坊相关的劳动者。

当职业定位与宫廷期望相一致的时候，新的职业形式出现了。不受传统经典教条的束缚，不受大学课程的思想束缚，选择在宫廷工作的天文学家们开始更为直接地参

---

〔14〕 Charles Hope，《意大利文艺复兴时期的艺术家、资助人和顾问》（Artists, Patrons, and Advisers in the Italian Renaissance），载于 Guy Fitch Lytle 和 Stephen Orgel 编，《文艺复兴时期的资助》（*Patronage in the Renaissance*, Princeton, N. J.: Princeton University Press, 1981），第293页～第343页，尤其是第307页及其后。

〔15〕 Leeds Barroll，《丹麦的安娜、英格兰王后：文化传记》（*Anna of Denmark, Queen of England: A Cultural Biography*, Philadelphia: University of Pennsylvania Press, 2002）；Susanna åkerman，《瑞典女王克里斯蒂娜和她的圈子：17世纪哲学自由思想者的转变》（*Queen Christiana of Sweden and Her Circle: The Transformation of a Seventeenth-Century Philosophical Libertine*, Leiden: E. J. Brill, 1991）；以及 Londa Schiebinger，《心灵无性？现代科学诞生中的女性》（*The Mind Has No Sex? Women in the Origins of Modern Science*, Cambridge, Mass.: Harvard University Press, 1989），第44页及其后。

〔16〕 这一术语是由 Werner Gundersheimer 在他的文章《文艺复兴时期的资助：探索性方法》（Patronage in the Renaissance: An Exploratory Approach）中使用的，载于 Lytle 和 Orgel 编，《文艺复兴时期的资助》，第3页～第23页，引文在第18页。

〔17〕 Schiebinger，《心灵无性？现代科学诞生中的女性》，第25页。

〔18〕 Mario Biagioli，《廷臣伽利略：专制政体文化中的科学实践》（*Galileo, Courtier: The Practice of Science in the Culture of Absolutism*, Chicago: University of Chicago Press, 1993），第73页及其后。

图 11.1　弗拉迪斯拉夫大厅，赫拉察尼城堡，布拉格。Aegidius Sadeler, 1607, engraving. Reproduced by permission of The Metropolitan Museum of Art, Harris Brisbane Dick Fund, 1953. [53. 601. 10 (1)]

与天文研究的实践和经验方面，他们参加由宫廷出资的观测计划，搭建设备，投入对自然哲学的批判性讨论中。[19] 在鲁道夫二世皇帝（1576～1612 年在位）的布拉格宫廷，科学、艺术、人文主义和技术交织在一起，这在很大程度上归因于宫廷成员在兴趣和背景上的多样性。在那里其他兴趣也同样出现。鲁道夫的私人画家埃吉迪乌斯·扎德勒（1570～1629）于 1607 年创作的关于赫拉察尼城堡（Hradschin Castle）的皇家接待大厅一个著名场景，描绘了在宫廷里商业、艺术和社会的交融（图 11.1）。在这样一个空间中，各种各样的贵族和非贵族来访者（注意中间偏左的波斯代表团）可以有机会从知识交流中获利，或者建立可能带来将来收益的非正式关系。

256

在布拉格，有些研究自然的人成为有薪金的雇员，还有一些人得到任命，使得他们能够在实践化的宫廷环境中继续自己的研究兴趣。[20] 以这种方式，植物学家夏尔·

[19] Robert S. Westman，《16 世纪天文学家的角色：初步研究》（The Astronomer's Role in the Sixteenth Century: A Preliminary Study），载于《科学史》（*History of Science*），18（1980），第 105 页～第 147 页。

[20] R. J. W. Evans，《鲁道夫二世及其世界：思想史研究（1576～1612）》（*Rudolf II and His World: A Study in Intellectual History, 1576 - 1612*, Oxford: Oxford University Press, 1973）；以及 Erich Trunz，《鲁道夫二世圈子里的科学与艺术（1576～1612）》（*Wissenschaft und Kunst im Kreise Rudolfs II, 1576 - 1612*, Kieler Studien zur deutschen Literaturgeschichte, 18, Neumünster: Wachholtz, 1992）。

德·莱克吕兹(1526～1609)于16世纪70年代开始管理维也纳的皇家花园。通过他的众多熟人,尤其是奥吉耶·吉塞林·德·比斯贝克,包括郁金香(有些是原产于欧洲)等稀有的种子和球茎来到马克西米连二世(1527～1576)的花园,[21]而莱克吕兹连同皮耶尔·安德烈亚·马蒂奥利、朗贝尔·多东斯、胡戈·布洛蒂乌斯以及奥利弗·比斯贝克等几位植物学家,组成了被称为与皇室宫廷相联系的"宫廷学会"。莱克吕兹尤为出名,他的肖像连同其他植物学家的肖像,构成了毗连由英国日记作家和皇家学会早期的发起人约翰·伊夫林(1620～1706)于17世纪40年代所描绘的比萨花园的画廊的一部分。在这里,一如在其他意大利花园,植物的布置与珍奇天然物品——奇石、珍宝、贝类和其他珍奇物——的展览极为近似,这些天然雕刻、岩洞与古董展览将花园与装有奇珍异品的收藏室联系起来。[22] 在帝国的宫廷中,园林包含珍稀植物并由当时最富于经验的自然志家管理,它的艺术性引发了关于艺术创造和自然控制的讨论,同时也提供了另一个反映皇帝自身政治和文化志向的机会。

257

有一位皇室的"有学问的名人"保卢斯·法布里蒂乌斯(约1519～1589),也在宫廷中担任多重角色,当为皇帝斐迪南、马克西米连二世以及鲁道夫二世担任私人医生期间,他接受了皇帝的数学教师这一任命。法布里蒂乌斯参与建造了两座欢迎鲁道夫二世1577年进入维也纳的凯旋门,他的参与利用了宫廷内的职业和文化交换,使得这场宫廷盛会变成了对哥白尼理论的一个重要的技术方面的公共展示。一个拱门装饰着写有诗歌的花和叶,一个代表欧洲的女性雕像,跪在皇帝面前。由石头制成的天球和地球分别位于马克西米连和鲁道夫的塑像下面,当国王经过的时候各自绕轴线旋转。旋转的地球上呈现出"来自本都(Pontus)的赫拉克勒斯、毕达哥拉斯派的埃克凡特斯(Ekphantes)以及尼古拉斯·哥白尼的观点"。[23] 法布里蒂乌斯与皇室的其他人一起协助进行天文观测、编写天文著作并讨论新理论。研究新天文学思想的传统从而在第谷·布拉赫(1546～1601)和约翰内斯·开普勒(1571～1630)来到鲁道夫宫廷的时候已很好地建立了起来。

从布拉格开始,第谷将自己的贵族地位放在与天文学研究相关的活动上,并对包括开普勒在内的其他人非常热情,他认为开普勒的才能有利于支持他自己的宇宙观。尽管开普勒接替了第谷宫廷数学家兼天文学家的位置,他来布拉格的目的在于获取第谷系统的行星观测资料。开普勒花了好多年工夫收集这些资料,并且直到第谷和鲁道夫都去世后很久的1627年才出版,为了纪念鲁道夫皇帝,它以《鲁道夫星表》(*Tabulae Rudolphinae*)为题。获取观测资料是一项复杂的宫廷事务,这迫使开普勒首先维护第

258

---

[21] Anna Pavord,《郁金香》(*The Tulip*, London: Bloomsbury, 1999),第57页～第60页。

[22] John Dixon Hunt,《"装饰珍宝室和花园的奇物"》("*Curiosities* to Adorn *Cabinets* and *Gardens*"),载于Oliver Impey和Arthur MacGregor编,《博物馆的起源:16世纪和17世纪欧洲的珍宝室》(*The Origins of Museums: The Cabinet of Curiosities in Sixteenth-and Seventeenth-Century Europe*, Oxford: Clarendon Press, 1985),第193页～第203页。

[23] Thomas DaCosta Kaufmann,《鲁道夫二世进入维也纳后的天文学、技术、人文主义和艺术(1577)》(Astronomy, Technology, Humanism, and Art at the Entry of Rudolf II into Vienna, 1577),载于Kaufmann编,《对自然的支配:文艺复兴时期的艺术、科学和人文主义的面貌》,第5章,尤其是140页～第144页。

谷观点的优先权，为此与另一位皇家数学家尼古拉斯·莱默斯·拜尔（也被称作乌尔苏斯，死于1600年）展开了争辩。[24] 第谷死后，开普勒获得了宫廷职位，并将他的《天文学的光学部分》（*Astronomiae pars optica*，1604）和《新天文学》（*Astronomia nova*，1609）都献给皇帝。后者在扉页上有皇室出版的标志，这本书被描述为"奉罗马鲁道夫二世皇帝之命和慷慨，由他的神圣皇帝陛下的数学家约翰内斯·开普勒历经多年辛勤研究完成于布拉格"。[25] 这部书的发行在技术上是留给鲁道夫私人出售；开普勒为了重获已经许诺但并未支付的资金而将版权卖给印刷商，尽管如此，它仍然具有重要的意义：天文学史上最有影响的书可被视为一个宫廷产品。

将书籍献给皇帝或其他宫廷资助人的做法，能够带来相当的社会认可。对皇室资助的追求，早先已使得布鲁塞尔出生的医生安德烈亚斯·维萨里（1514～1564）将其著名的解剖学著作《人体的构造》（*De humani corporis fabrica*，1543）献给查理五世皇帝，并将其中的《摘要》（*Epitome*）卷献给查理之子腓力二世。在这种情况下，献书的意义在于恢复了整个家族在宫廷中的地位。虽然维萨里的几位祖先曾是御医，他父亲的私生身份只允许他升至御用药剂师的位置。安德烈亚斯在其卓越的著作中恢复了家族传统地位，在《人体的构造》著名的扉页插画上高高地突显着浮雕纹章图案（三只鼬），这曾是皇帝赐予他曾祖父的。献书具有意料中的效果。虽然《人体的构造》的第一版将维萨里称作"帕多瓦医学院的教授"，但第二版（1555年）就称其为"无敌的查理五世皇帝的御医"。[26]

很多医生同时也是数学家，宫廷数学家一个重要的工作是解释星象。占星术作为某种形式的"天文工程"与医疗活动联系起来。特别当病人是皇室成员、高级神职人员或上层贵族时，准确地算命成为医疗诊断和治疗的重要部分，影响着医生对食谱和药物的选择，并决定放血、危险期和关键日子的时间表。[27] 当医学哲学越来越强调个人与更大的世界的融合，占星术同炼金术一样作为宫廷生活中的一种技艺而获得了更多

259

[24] Nicholas Jardine，《科学史与科学哲学的诞生：开普勒的〈为第谷反对乌尔苏斯辩护〉及关于其出版与重要性的随笔》（*The Birth of History and Philosophy of Science*: *Kepler's "A Defence of Tycho against Ursus" with Essays on its Provenance and Significance*, Cambridge: Cambridge University Press, 1984）；Owen Gingerich 和 Robert Westman，《维蒂希的联系：16世纪晚期宇宙学的冲突与优先权》（*The Wittich Connection*: *Conflict and Priority in Late Sixteenth-Century Cosmology*, Transactions of the American Philosophical Society, 78, p. 7, Philadelphia: American Philosophical Society, 1988），尤其是第42页～第76页。

[25] Johannes Kepler，《全集》（*Gesammelte Werke*, vol. 3: *Astronomia Nova*, Munich: C. H. Beck, 1937），Max Caspar 编，扉页；同时参看 Johannes Kepler，《新天文学》（*New Astronomy*, Cambridge: Cambridge University Press, 1992），William H. Donahue 译。

[26] C. D. O'Malley，《布鲁塞尔的安德烈亚斯·维萨里（1514～1564）》（*Andreas Vesalius of Brussels*, *1514–1564*, Berkeley: University of California Press, 1964）；以及 Andrew Cunningham 和 Tamara Hug，《关注维萨里的〈人体的构造〉的扉页》（*Focus on the Frontispiece of the Fabrica of Vesalius*, *1543*, Cambridge: Cambridge Wellcome Unit for the History of Medicine, 1994）。

[27] Lynn White, Jr.，《医学占星师与中世纪晚期的技术》（Medical Astrologers and Late Medieval Technology），载于《旅行者》（*Viator*），6（1975），第295页～第308页，尤其是第296页；Nancy G. Siraisi，《中世纪和文艺复兴早期的医学：知识与实践引论》（*Medieval and Early Renaissance Medicine*: *An Introduction to Knowledge and Practice*, Chicago: University of Chicago Press, 1990），尤其是第128页及其后。

的实用性。[28] 在布拉格宫廷,鲁道夫二世成为占星术爱好者,并且支持一大批秘法家、炼金术士和自称为巫师的人。不过占星师预测一直以来都吸引着很多国王和贵族,成为宫廷文化的共同特征之一。[29] 在意大利,贡萨加、维斯孔蒂和斯福尔扎家族的图书馆,以及乌尔比诺(Urbino)和费拉拉的公爵们的图书馆在 14 世纪和 15 世纪显示出对占星术的强烈兴趣,[30]还有西班牙的腓力二世(维萨里的《摘要》的奉献对象)除鼓励医学、建筑、航海和军事技术领域的实用性的探险活动以外,也鼓励天文学和炼金术研究。[31] 炼金术关系王朝的雄心,参与围绕这种朝廷所关注的写作活动和象征性的谈话,是赢得一个有权势的资助者的关注和支持的一种方式。

有观点认为,使自己的发现适应美第奇宫廷的浮夸的宣传成为伽利略·伽利莱(1564 ~ 1642)达成社会化的自我塑造和合法化计划的重要手段之一。[32] 从这一点来看,伽利略同时还是数学家、自然哲学家和宫廷战略家。虽然他留心通过对其智慧的生动展示而获得提升社会地位的可能性,他也意识到一种在宫廷中推广自己发现的方法,也许也看到那里有一种传播手段可以提高他自己理论的可信度。通过将他发现的围绕木星的 4 颗卫星称为"美第奇星"(以柯西莫大公以及他的 3 个弟弟命名),伽利略将一件与科学有关的事情转变为与"国家有关的事情"。托斯卡纳驻布拉格、巴黎、伦敦和马德里的大使们被允诺获得伽利略的《星际使者》(*Sidereus Nuncius*,1610)的印刷副本,并期盼那些由伽利略制造却由美第奇宫廷国库出资的望远镜的到来。[33] 在这种情况下,由宫廷的关系和大使的渠道提供的社会关系网产生出一种观测验证的有力工具,也激发了宇宙论问题的讨论。

260

在评价宫廷作为现代早期自然知识活动的场所时,很重要的一点是不要将讨论仅局限于知名人物和那些最有权势的统治者。较小的宫廷中所扶植的事业同样也有助于建立新的社会条件,它们允许自然志家以新的方式接触和描述自然。特别是在某些地方,关于地域性权力的考虑与对合法管辖权限的要求,将政治和经济上的雄心与对包括应用数学在内的各个项目的资助联系起来,精密仪器制造(包括航海装置、比例规、三角测量仪器和勘测工具)在宫廷中获得了一席之地。在这方面,一种被称为"功利主义"的资助在伊丽莎白一世和詹姆士一世时期的英格兰占据主要地位。在这种宫

[28] William Newman,《中世纪晚期的技术与炼金术争论》(Technology and Alchemical Debate in the Late Middle Ages),载于《爱西斯》(*Isis*),80(1989),第 423 页~第 445 页。

[29] Hilary M. Carey,《招致灾难:中世纪晚期占星术与英国宫廷和大学》(*Courting Disaster: Astrology and the English Court and University in the Later Middle Ages*, New York: St. Martin's Press, 1992)。

[30] Pearl Kibre,《14、15 世纪图书馆所反映的知识兴趣》(The Intellectual Interests Reflected in Libraries of the Fourteenth and Fifteenth Centuries),载于《思想史杂志》(*Journal of the History of Ideas*),7(1946),第 257 页~第 297 页,尤其是第 285 页~第 287 页;以及 Hilary Carey,《英格兰宫廷中的占星术》(Astrology at the English Court),载于 Curry 编,《占星术、科学与社会:历史论文集》,第 47 页。

[31] David C. Goodman,《权力和贫困:腓力二世时期西班牙的统治、技术与科学》(*Power and Penury: Government, Technology, and Science in Philip II's Spain*, Cambridge: Cambridge University Press, 1988)。

[32] Biagioli,《廷臣伽利略:专制政体文化中的科学实践》,第 1 章。

[33] Albert van Helden 在他对 Galileo Galilei 所著的《星际使者》(*Sidereus Nuncius, or The Sidereal Messenger*, Chicago: University of Chicago Press, 1989)的译本中的最后评论,第 100 页。

廷环境中,威廉·塞西尔(伯利男爵,1520～1598)家族尤为突出,在历史学家斯蒂芬·庞弗里和弗朗西斯·道巴恩看来,其"构成16世纪下半叶和17世纪初英格兰无与伦比的文化、艺术和智识资助关系网的重要核心"。伯利男爵的资助范围广泛,涉及农业和手工艺等多项事业以及炼金术方法,包括参与一个短期存在的以转化方式制造铜和水银的工艺社团。与现代早期英格兰资助制度的功利性目标相一致,伊丽莎白宫廷中另一位红人罗伯特·达德利(莱斯特伯爵,1532～1588),为著名天文学家托马斯·迪格斯(约1545～1595)提供资助。但是,达德利所想要的并非新天文学。他对迪格斯的资助是出于更为实用的数学的考虑,尤其是迪格斯在军事工程和勘测上的才能。[34]

精密工程在技术上的成绩产生了机械自动装置,还有发条装置驱动的天球和天文钟。16世纪末德国黑塞-卡塞尔伯爵威廉四世宫廷拥有这种最好的自动天体装置,这些装置是宫廷审美装饰的一部分,它强调技术上的精细,并反映出公爵热心于通过更加精密的观测方法和仪器来进行的天文学测量上的改革。[35]

261 威廉是一位真正的王族天文学家,他在卡塞尔的宫廷成为一个突出的从事严肃的天文学观测事业的地方。那些为卡塞尔的事业做出贡献的人们,如机械师约斯特·比尔吉(1552～1632)和天文学家兼机械师克里斯托夫·罗特曼(死于1597年之后),由公爵亲自选定而成为其重要的合作者。宫廷之间的通信提供了观测和意见交流的途径,这种途径对于罗特曼特别重要,他与第谷·布拉赫在16世纪80年代的通信,包括关于天体物质的讨论以及支持哥白尼假设的论证。[36] 在威廉的儿子莫里茨(1572～1632)的宫廷中,君主对于炼金术和神秘哲学的资助遍及马堡大学(University of Marburg)各机构,在此莫里茨设立了新的化学医学教授职位。他为这个职位选定马堡大学的一位数学教授约翰内斯·哈特曼(1568～1631),后者的职业诉求使其兴趣转向了医学和化学,这正符合卡塞尔君主的资助方向。[37]

---

〔34〕 Stephen Pumfrey 和 Frances Dawbarn,《英格兰的科学与资助(1570～1625):初步研究》(Science and Patronage in England, 1570 - 1625: A Preliminary Study),载于《科学史》,42(2004),第137页～第188页。

〔35〕 Bruce T. Moran,《德国君主实践者:文艺复兴时期宫廷的科学、技术和规程发展的面貌》(German Prince-Practitioners: Aspects in the Development of Courtly Science, Technology, and Procedures in the Renaissance),载于《技术与文化》(*Technology and Culture*),22(1981),第253页～第274页。

〔36〕 Bernard R. Goldstein 和 Peter Barker,《罗特曼在天球解体中的作用》(The Role of Rothmann in the Dissolution of the Celestial Spheres),载于《英国科学史杂志》(*British Journal for the History of Science*),28(1995),第385页～第403页。

〔37〕 Bruce T. Moran,《德国宫廷的炼金术世界:黑森的莫里茨圈子中的神秘哲学与化学医学(1572～1632)》(*The Alchemical World of the German Court: Occult Philosophy and Chemical Medicine in the Circle of Moritz of Hessen [1572 - 1632]*, Stuttgart: Franz Steiner Verlag, 1991);Moran,《化学制药进入大学》(*Chemical Pharmacy Enters the University: Johannes Hartmann and the Didactic Care of Chymiatria in the Early Seventeenth Century*, Madison, Wis.: American Institute of the History of Pharmacy, 1991);Heiner Borggrefe、Vera Lüpkes 和 Hans Ottomeyer 编,《欧洲文艺复兴时期的君主学者莫里茨》(*Moritz der Gelehrte, Ein Renaissancefürst in Europa*, Eurasburg: Edition Minerva, 1997);Heiner Borggrefe,《学者莫里茨在卡塞尔林中别墅的炼金术实验室》(Das alchemistische Laboratorium Moritz des Gelehrten im Kasseler Lusthaus),载于 Gerhard Menk 编,《学者莫里茨伯爵:政治和科学之间的加尔文主义者》(*Landgraf Moritz der Gelehrte: Ein Calvinist zwischen Politik und Wissenschaft*, Marburg: Trautvetter und Fischer, 2000),第229页～第252页;Hartmut Broszinski,《莫里茨伯爵的炼金术图书馆:伯爵与书籍》(Die alchemistische Bibliothek des Landgrafen Moritz: Der Landgraf und die Bücher),载于 Menk 编,《学者莫里茨伯爵:政治和科学之间的加尔文主义者》,第253页～第262页。

尽管有些谋求宫廷职位的人将自己的才能奉献于资助者的兴趣，还有一些人则试图通过影响资助人的决定或改变以往的资助形式来塑造那些兴趣。在莫里茨的黑塞－卡塞尔的宫廷之中，宫廷医生雅各布·莫萨努斯（1564～1616）力争将君主对炼金术的资助转变成有利于化学药品的配制。[38] 在有详细记载的德国宫廷的例子中，医生和数学家约翰·约阿希姆·贝歇尔（1635～1682），他接受着巴伐利亚宫廷的资助，并试图将其君主的兴趣由炼金术和化学事业转向更加可靠的商业和技术探险。[39]

在很多宫廷，尤其是意大利和北欧的宫廷，君王对炼金术的兴趣与对巫术和神秘技艺的兴趣结合起来，由此带来对非传统医学观念和手段的支持。帕拉塞尔苏斯式的医生尤其经常依赖用宫廷职位来建立其医学理论和实践的可信性，正如在佛罗伦萨的柯西莫二世和唐·安东尼奥·美第奇的宫廷中表现的那样。[40] 事实表明，英国宫廷成员促进了17世纪60年代中期那些试图建立化学医生协会的人的主张。[41] 更早的时候，法国帕拉塞尔苏斯派医生约瑟夫·迪歇纳（凯尔塞塔努斯）（约1544～1609）能够列出一个支持化学医学的君王的名录。这其中包括波兰国王和皇帝，还有科隆大主教，萨克森公爵、黑塞伯爵、勃兰登堡伯爵、布伦瑞克和巴伐利亚公爵以及安哈尔特王族。[42] 帕拉塞尔苏斯（特奥夫拉斯特·邦巴斯图斯·冯·霍恩海姆，1493～1541）的著作的最初出版人之一，亚当·冯·博登施泰因，是后来成为奥特海因里希的帕拉廷选帝侯的德国诺伊堡公爵的宫廷医生。后来，丹麦医学教授和皇家医生彼得鲁斯·塞韦里努斯（1542～1602）在他献给国王弗雷德里克二世的一本书中消除了帕拉塞尔苏斯观点的"激进色彩"，而将其变得易于被学术团体接受。[43] 奥斯瓦尔德·克罗尔（约1560～1608）的化学研究所导致的展示帕拉塞尔苏斯疗法的最为重要的作品之一，《皇家化学》（*Basilica chymica*，1609），是在加尔文宗王族安哈尔特－贝恩堡的克里斯蒂安一世的资助下完成的。被国王任命为首席医学代表的克罗尔，在他的《皇家化学》

262

[38] Moran，《德国宫廷的炼金术世界：黑森的莫里茨圈子中的神秘哲学与化学医学（1572～1632）》，第70页及其后。

[39] Pamela H. Smith，《炼金术的生意：神圣罗马帝国的科学与文化》（*The Business of Alchemy: Science and Culture in the Holy Roman Empire*, Princeton, N. J.: Princeton University Press, 1994）。

[40] Paolo Galluzzi，《柯西莫二世和唐·安东尼奥·美第奇与托斯卡纳的帕拉塞尔苏斯式的图景：炼金术、"化学"医学和知识改革》（Motivi paracelsiani nella Toscana di Cosimo II e di Don Antonio dei Medici: Alchimia, medicina "chimica" e riforma del sapere），载于《科学、神秘的信仰、文化的层次：国际研究会议》（*Scienze, credenze occulte, livelli di cultura: Convegno internazionale di studi* [*Firenze*, 26－30 *giugno* 1980], Florence: Leo S. Olschki, 1982），第31页～第62页。

[41] Harold J. Cook，《斯图亚特王朝时期伦敦旧医学体制的衰落》（*The Decline of the Old Medical Regime in Stuart London*, Ithaca, N. Y.: Cornell University Press, 1986），第145页及其后。

[42] Hugh Trevor-Roper，《宫廷医生与帕拉塞尔苏斯主义》（The Court Physicians and Paracelsianism），载于Vivian Nutton编，《欧洲宫廷的医学（1500～1837）》（*Medicine at the Courts of Europe, 1500－1837*, London: Routledge, 1990），第79页～第94页，引文在第89页。

[43] Jole Shackelford，《现代早期丹麦的帕拉塞尔苏斯主义和资助》（Paracelsianism and Patronage in Early Modern Denmark），载于Moran编，《资助与机构：欧洲宫廷的科学、技术和医学（1500～1750）》，第85页～第109页；Shackelford，《对帕拉塞尔苏斯理论的早期接受：塞韦里努斯与伊拉斯图斯》（Early Reception of Paracelsian Theory: Severinus and Erastus），载于《16世纪杂志》（*Sixteenth Century Journal*），26（1995），第123页～第136页；Ole Peter Grell，《帕拉塞尔苏斯主义的可接受的面貌：〈哲学医学的理想〉的遗产与丹麦现代早期的帕拉塞尔苏斯主义的引入》（The Acceptable Face of Paracelsianism: The Legacy of *Idea Medicinae* and the Introduction of Paracelsianism into Early Modern Denmark），载于Ole Peter Grell编，《帕拉塞尔苏斯：其人与其声誉，他的思想及其转变》（*Paracelsus: The Man and His Reputation, His Ideas and Their Transformation*, Leiden: E. J. Brill, 1998），第245页～第267页。

的序言中感谢克里斯蒂安；他也是宫廷的政治代理人，在与波希米亚的新教徒的政治交往中代表安哈尔特处理宗教和政治事务。[44]

由宫廷医生发起的医学争论不但重申了宫廷作为产生新发现之地的可能性，而且也激发了那些自身远离宫廷这一“场所”的感兴趣的旁观者的学术水平的进一步提升。最出名的争论是在巴黎。3 位与法国国王亨利四世的宫廷有联系的帕拉塞尔苏斯派医生——里维埃骑士让·里比（约 1571 ～ 1605）、迪歇纳以及泰奥多尔·德·马耶尔纳（1573 ～ 1655），在巴黎与医学院的教员们展开辩论；[45]在路易十三统治期间（1610 ～ 1643）始终有宫廷人物（尤其是方济各会的加布里埃尔·卡斯塔涅，他将一本关于可饮用的黄金的书献给玛丽·美第奇，他自称是国王的咨询师、牧师，还有医生及化学和金属疗法的倡导者弗朗布瓦西耶骑士尼古拉·亚伯拉罕）加入这场围绕化学药品的用途的争论。[46]

263

宫廷中对于化学药品的兴趣部分是意识形态上的——如亨利四世的侍从中有好几位胡格诺教徒医生——部分则是对新疗法治疗过程更短且副作用更小的诉求等实用方面的。特别地，迪歇纳和由学监让·里奥朗（老里奥朗，1539 ～ 1606）所领导的巴黎医学院之间的争论，引起了德国化学家和教师安德烈亚斯·利巴菲乌斯（约 1555 ～ 1616）的注意。利巴菲乌斯担心对宫廷医生的责难也是对实用炼金术的责难。同时，想到帕拉塞尔苏斯派的医生有可能利用宫廷权力来重新定义医学领域的话语权威的资格，并可能用他们自己的著述来代替包括医学术语的传统的希腊文献，他也感到恼火。[47] 然而最后，更为迫切的保护化学在医学领域的实用价值的需要，使得利巴菲乌斯站在宫廷医生一边。在这一例子中，一场聚焦于宫廷的由于政治、宗教和医学错综复杂的交织而变得十分复杂的争论，有助于说明宫廷的局外人在盖仑、希波克拉底和

---

[44] Owen Hannaway，《化学家及术语：化学教学的起源》（*The Chemists and the Word: The Origins of Didactic Chemistry*, Baltimore: Johns Hopkins University Press, 1975），第 2 页及其后；以及 Wilhelm Kühlmann 和 Joachim Telle 编，《奥斯瓦尔德·克罗尔，书内签名：拉丁语第一版（1609）和德语第一次翻译（1623）》（*Oswald Crollius, De signaturis internis rerum: Die lateinische Editio princeps (1609) und die deutsche Erstübersetzung [1623]*, Stuttgart: Franz Steiner Verlag, 1996），导论，第 6 页及其后。

[45] 参看 Hugh Trevor-Roper，《帕拉塞尔苏斯运动》（The Paracelsian Movement），载于 Hugh Trevor-Roper 编，《文艺复兴文集》（*Renaissance Essays* [1961], Chicago: University of Chicago Press, 1985），第 149 页～第 199 页；Allen G. Debus，《法国的帕拉塞尔苏斯主义者：在现代早期法国化学对医学和科学传统的挑战》（*The French Paracelsians: The Chemical Challenge to Medical and Scientific Tradition in Early Modern France*, Cambridge: Cambridge University Press, 1991），第 46 页～第 65 页；以及 Didier Kahn，《法国与日内瓦的乱伦、谋杀、迫害和炼金术（1576 ～ 1596）：约瑟夫·迪·谢森与马丁维尔小姐》（Inceste, assassinat, persécutions et alchimie en France et à Genève [1576 – 1596]: Joseph Du Chesne et Mlle. de Martinville），载于《人文主义与文艺复兴图书馆》（*Bibliothèque d'humanisme et renaissance*），63（2001），第 227 页～第 259 页。

[46] Stephen Bamforth，《路易十三宫廷中的帕拉塞尔苏斯主义和化学药物》（Paracelsisme et médecine chimique à la cour de Louis XIII），载于 Heinz Schott 和 Ilana Zinguer 编，《帕拉塞尔苏斯与现代早期对他的国际性接受》（*Paracelsus und seine internationale Rezeption in der Frühen Neuzeit*, Leiden: E. J. Brill, 1998），第 222 页～第 237 页。

[47] Bruce T. Moran，《帕拉塞尔苏斯派的利巴菲乌斯？怪诞的新奇事物、制度和社会美德规范》（Libavius the Paracelsian? Monstrous Novelties, Institutions, and the Norms of Social Virtue），载于 Allen G. Debus 和 Michael T. Walton 编，《阅读自然之书：科学革命的另一面》（*Reading the Book of Nature: The Other Side of the Scientific Revolution*, Kirksville, Mo.: Sixteenth Century Journal Publishers, 1998），第 67 页～第 79 页；Moran，《医学、炼金术和语言控制：安德烈亚斯·利巴菲乌斯对新帕拉塞尔苏斯主义者》（Medicine, Alchemy, and the Control of Language: Andreas Libavius Versus the Neoparacelsians），收于 Grell 编，《帕拉塞尔苏斯：其人与其声誉，他的思想及其转变》，第 135 页～第 149 页。

赫耳墨斯医学哲学之间所采取的个人立场。

珍宝室和作坊

宫廷也是早期博物馆和珍宝室的所在地,这里收集着艺术品、古玩、自然物和精巧的机械制品,而且还提供了另一种将人们的注意力吸引到王族财富和权势上的宫廷胜景。早先的中世纪珍奇物品的收藏往往与朝廷和宗教机构有关,14 世纪、15 世纪则见证了个人的更加纯自然类型的收藏的崛起,特别是那些上层贵族和精英阶层的富有者们的藏品。[48] 16 世纪和 17 世纪早期最著名的珍宝室在佛罗伦萨的美第奇和曼图亚的贡萨加的宫殿中,还包括哈布斯堡王朝大公斐迪南二世的安布拉斯堡中的藏品,以及维也纳马克西米连二世皇帝和布拉格鲁道夫二世的藏品。[49] 较小的宫廷中也收集了相当的藏品,其中很多是德国王族捐赠的,尤其是萨克森的奥古斯特、巴伐利亚公爵威廉四世和阿尔布雷希特五世,布伦瑞克 - 吕讷堡的奥古斯特,以及黑塞 - 卡塞尔的君主。[50] 勃兰登堡的弗里德里希 - 威廉和弗雷德里克三世的柏林艺术品与自然珍宝室(Kunst-und Naturalienkammer),以及法国始自路易十三的王家陈列室(Cabinet du Roi)在 18 世纪尤为出名。有时候整个自然物的私人藏品都由皇室控制,它们的陈列是由审美和历史标准而不是自然哲学的原则主导的。从而,丹麦医生、大学教师和宫廷顾问奥劳斯 · 沃尔姆(1588 ～ 1654)所收集的许多自然物和人工制品的命运

264

---

〔48〕 Lorraine Daston 和 Katharine Park,《奇事与自然秩序(1150 ～ 1750)》(*Wonders and the Order of Nature, 1150 - 1750*, New York: Zone Books, 1998),第 86 页及其后。

〔49〕 Giuseppe Olmi,《科学—荣誉—隐喻:16 和 17 世纪的意大利珍宝室》(Science - Honor - Metaphor: Italian Cabinets of the Sixteenth and Seventeenth Centuries),第 5 页～第 16 页;Elisabeth Scheicher,《安布拉斯堡的大公斐迪南二世的藏品:其目的、构成与演变》(The Collection of the Archduke Ferdinand II at Schloss Ambras: Its Purpose, Composition, and Evolution),第 29 页～第 38 页;Rudolf Distelberger,《17 世纪期间在维也纳的哈布斯堡藏品》(The Hapsburg Collections in Vienna during the Seventeenth Century),第 39 页～第 46 页;以及 Eliska Fucíková,《布拉格鲁道夫二世的藏品:奇物珍宝室或科学博物馆?》(The Collection of Rudolf II at Prague: Cabinet of Curiosities or Scientific Museum?),第 47 页～第 53 页;以上文章均载于 Impey 和 MacGregor 编,《博物馆的起源:16 世纪和 17 世纪欧洲的珍宝室》。也可参看 Thomas DaCosta Kaufmann,《布拉格学院:在鲁道夫二世的宫廷中绘画》(*The School of Prague: Painting at the Court of Rudolf II*, Chicago: University of Chicago Press, 1988);Paula Findlen,《拥有自然:现代早期意大利的博物馆、收藏和科学文化》(*Possessing Nature: Museums, Collecting, and Scientific Culture in Early Modern Italy*, Berkeley: University of California Press, 1994);以及 Daston 和 Park,《奇事与自然秩序(1150 ～ 1750)》,第 135 页～第 172 页。

〔50〕 Julius von Schlosser,《文艺复兴晚期的艺术与奇珍室:对收藏史的贡献》(*Die Kunst-und Wunderkammern der Spätrenaissance: Ein Beitrag zur Geschichte des Sammelwesens*, Leipzig: Klinkhardt und Biermann, 1908);Gerhard Händler,《德国的君主资助人和收藏家(1500 ～ 1620)》(*Fürstliche Mäzene und Sammler in Deutschland von 1500 - 1620*, Strassburg: Heitz und Cie, 1933);Werner Arnold 编,《收藏家、君主与学者:布伦瑞克 - 吕讷堡的奥古斯特公爵(1579 ～ 1666)》(*Sammler, Fürst, Gelehrter: Herzog August zu Braunschweig und Lüneburg, 1579 - 1666*, Wolfenbüttel: Herzog August Bibliothek, 1979);Joachim Menzhausen,《选帝侯奥古斯特的艺术室:对 1587 年的库存分析》(Elector Augustus's *Kunstkammer*: An Analysis of the Inventory of 1587),第 69 页～第 75 页;Lorenz Seelig,《慕尼黑艺术珍宝室(1565 ～ 1807)》(The Munich *Kunstkammer*, 1565 - 1807),第 76 页～第 89 页;Franz Adrian Dreier,《卡塞尔的黑森伯爵的艺术珍宝室》(The *Kunstkammer* of the Hessian Landgraves in Kassel),第 102 页～第 109 页;以及 Christian Theuerkauff,《柏林的勃兰登堡艺术珍宝室》(The Brandenburg *Kunstkammer* in Berlin),第 110 页～第 114 页;以上文章均载于 Impey 和 MacGregor 编《博物馆的起源:16 世纪和 17 世纪欧洲的珍宝室》;以及 Thomas DaCosta Kaufmann,《宫廷、修道院与城市:中欧的艺术与文化(1450 ～ 1700)》(*Court, Cloister, and City: The Art and Culture of Central Europe, 1450 - 1700*, Chicago: University of Chicago Press, 1995)。

就是于1650年被合并入丹麦国王弗雷德里克三世在哥本哈根的艺术珍宝室(Kunstkammer)。[51]

265 然而,在很多这类宫廷或皇室的藏品中,人的巧夺天工的技艺也得以在强调自然的复杂性的展览上获得一席之地。王族的藏品强调异域珍奇以及世界奇妙非凡的一面,神秘与实用工艺在普通的作坊中融为一体。在这些藏品中,自然奇趣与人类的精湛技术结合起来,在一件工艺品中同时体现着技艺的神秘和自然的神秘。[52]

作坊与珍宝室的关系十分密切,当自然的作品被奇迹般地转变为艺术品时,有些展示品将创作的和自然的元素结合起来,传递着王朝或私人信息。1588年,枢机主教大公费迪南多一世命罗马贵族埃米利奥·卡瓦列里负责佛罗伦萨宫廷中的艺术品监制,委任状要求他监管所有"珠宝工人、各种雕刻匠人、宇宙志学者、金匠、微缩品制作者、画廊园丁、车工、糖果匠、钟表匠、瓷器工匠、酿酒人、雕刻师、画匠以及制作珠宝的人"。[53] 这一技术的联合创造了技师之间的合作,并且恢复了专家的融合。他们在美第奇别墅(Casino Mediceo)为大公弗朗切斯科一世(1541～1587)服务,在那里,炼金术士与医用蒸馏师的工作地点很近,有时候就是同一个人。弗朗切斯科喜欢巡视宫廷作坊,而且对专业技术知识和"秘诀书"传统很感兴趣。法国散文作家米歇尔·德·蒙田(1533～1592)在他的游记中写道:"同一天我们看到了公爵的宫殿,公爵本人喜好仿造东方宝石和切割水晶,因为他是一位对炼金术和工艺颇感兴趣的君主。"[54]

对于弗朗切斯科的继任者费迪南多来说,他对用斑岩等坚硬石头进行艺术创作的个人兴趣则为另一种类型的合作提供了审美上的基础,这种合作将冶金术、植物学以及蒸馏专业技术结合了起来,因为蒸馏师创造了草药回火剂,用它可以硬化创作石头镶嵌物的铁质工具。在这种情形下,宫廷的价值就不仅仅在于为人们提供接触珍稀物品机会的矿物和石头的藏品及展示,还在于对它们进行处理的能力——使用专门回火的工具来切割硬石,将水晶变成玻璃,将大块石头改成其他形状,或者用其他材料来装饰白色大理石。技术与宫廷内部作坊之间的合作创造了美第奇宫廷医生的作为公共健康保证人的有力形象。在对抗坚硬石头的过程中,这种合作产生了身体硬度、道德

266

[51] H. D. Schepelern,《自然哲学家和君主收藏家:沃尔姆、帕卢达努斯、戈托普和哥本哈根的藏品》(Natural Philosophers and Princely Collectors: Worm, Paludanus, and the Gottorp and Copenhagen Collections),载于Impey和MacGregor编,《博物馆的起源:16世纪和17世纪欧洲的珍宝室》,第121页～第127页;以及Jole Shackelford,《为真实物品和人工制品提供证明:奥劳斯·沃尔姆与公共知识》(Documenting the Factual and the Artifactual: Ole Worm and Public Knowledge),载于《努力》(*Endeavour*),23(1999),第65页～第71页。

[52] William Eamon,《科学与自然秘密:中世纪与现代早期文化中的秘著》(*Science and the Secrets of Nature: Books of Secrets in Medieval and Early Modern Culture*, Princeton, N. J.: Princeton University Press, 1994),第221页及其后。

[53] 引自Suzanne B. Butters,《"石头不只是石头":16世纪佛罗伦萨的硬石与美第奇商店》("Una pietra eppure non una pietra": Pietre dure e botteghe medicee nella Firenze del Cinquecento),载于Franco Franceschi和Gloria Fossi编,《佛罗伦萨艺术:伟大的工艺史》(*Arti fiorentine: La grande storia dell'artigianato*, vol 3: *Il Cinquecento*, Florence: Giunti Gruppo Editoriale, 2000),第144页。

[54] 引自Paolo Rossi,《潇洒不羁、资助与命运:本韦努托·切利尼与语言世界》(*Sprezzatura*, Patronage, and Fate: Benvenuto Cellini and the World of Words),载于Philip Jacks编,《瓦萨里的佛罗伦萨:美第奇宫廷的艺术家与文人》(*Vasari's Florence: Artists and Literati at the Medicean Court*, Cambridge: Cambridge University Press, 1998),第55页～第69页,引文在第64页。

透明度和精神控制的隐喻。[55]

在一些例子中,藏品引发人们对于本地自然现象的重新思考,在另一些例子中则促使人们承认怪异、异域和稀有事物是自然完美性的一部分。在任一种情况下,观察者的注意力都被引向自然中独特的方面,并且直接面对被设定的自然秩序的中断。那些目睹这类神奇现象的人可以宣布拥有建立在经验基础而非书本上的一种权威性,并且在有关自然哲学的争论中,坚持以经验为基础的论证,反对以断言为基础的推理。[56]收集活动也是令人愉快的事情,对愉快事情的追求不会被放弃,无论它是宫廷内所进行科技项目的动机还是结果。在珍奇物品催生出好奇之心的地方,情感成为认知的方式。以适当的事情为乐一直以来被视为品德高尚的人的习惯。在宫廷环境中,情感将好奇之心、愉悦甚至是有助于形成或改变关于自然观念的恐惧联系起来,它包含足够的要素让人们去感受自然秩序,而不只是思辨。[57]

与自然哲学家一样,商人与传教士也想方设法通过献上自然珍宝取悦宫廷而获取恩宠。其中有些人是现代早期最出名的自然物品收集者。尽管不常出现在佛罗伦萨,美第奇宫廷的自然志家乌利塞·阿尔德罗万迪(1522～1605)成为大公弗朗切斯科的亲信,大公对他的赞颂和忠诚的回报是,帮助阿尔德罗万迪在博洛尼亚议院获得财政特权。[58] 另一位成功的宫廷宠臣、耶稣会士阿塔纳修斯·基歇尔(1602～1680),将收集和发布作为一种参与宫廷讨论的途径。[59] 他与宫廷医生、自然志家和公爵药房督办弗朗切斯科·雷迪(1626～约1697)之间关于所谓蛇石(snakestone,斐迪南二世的托斯卡纳宫廷的众多珍奇收藏品之一)的效用的争论,成为他们为争夺佛罗伦萨美第奇家族资助的激烈竞争的一部分。争论中的一部分集中于实验和证言的可信性,并质疑廷臣目击者的权威性,其与远方的(耶稣会士)观察者的陈述形成了对比。[60] 的确,托斯卡纳宫廷的药房实际上是一个积极探索自然物更多相关性的地方。在宫廷这个特别的地方,个人经历有时候与文学的、历史的和诗化的自然的其他文化功能融合在一起,正如雷迪试图发现毒蛇的致命力量和埃及女王克娄巴特拉自杀的方式。[61]

267

[55] Suzanne B. Butters,2卷本《伏尔甘的胜利:雕塑家的工具、斑岩和公爵领地佛罗伦萨的君主》(*The Triumph of Vulcan: Sculptors' Tools, Porphyry, and the Prince in Ducal Florence*, Florence: Leo S. Olschki, 1996),第1卷,第215页～第277页,第333页～第350页;以及Butters,《"石头不只是石头":16世纪佛罗伦萨的硬石与美第奇商店》,载于Franceschi和Fossi编,《佛罗伦萨艺术:伟大的工艺史》,第3卷,第144页～第163页。

[56] Lorraine Daston,《事实的敏感性》(The Factual Sensibility),载于《爱西斯》,79(1988),第452页～第467页。

[57] Daston和Park,《奇事与自然秩序(1150～1750)》,第144页及其后。关于情感和理智,参看Jon Elster,《心灵的炼金术:理性与情感》(*Alchemies of the Mind: Rationality and the Emotions*, Cambridge: Cambridge University Press, 1999);以及John M. Cooper,《理性与情感:关于古代道德心理学与伦理理论的论文集》(*Reason and Emotion: Essays on Ancient Moral Psychology and Ethical Theory*, Princeton, N. J.: Princeton University Press, 1999)。

[58] Findlen,《拥有自然:现代早期意大利的博物馆、收藏和科学文化》,第352页～第375页,尤其是第359页及其后。

[59] 同上书,第78页及其后,第217页及其后,第346页及其后。

[60] Martha Baldwin,《蛇石实验:现代早期医学辩论》(The Snakestone Experiments: An Early Modern Medical Debate),载于《爱西斯》,86(1995),第394页～第418页;Paula Findlen,《控制实验:修辞、宫廷资助与弗朗切斯科·雷迪的实验方法》(Controlling the Experiment: Rhetoric, Court Patronage, and the Experimental Method of Francesco Redi),载于《科学史》,31(1993),第35页～第64页。

[61] Jay Tribby,《(与)克利俄和克莱奥一起烹饪:17世纪佛罗伦萨的雄辩和实验》(Cooking [with] Clio and Cleo: Eloquence and Experiment in Seventeenth Century Florence),载于《思想史杂志》,52(1991),第417页～第439页。

从宫廷到学会

在探索自然过程中推崇精密观察、合作、实际经验和专业技术知识的价值等科学理想在宫廷环境中找到了肥沃的土壤,而且统治者们有助于促进他们的被保护人的观点和新发现。然而,新科学组织和学会的出现,尤其是在17世纪晚期,促成了获得权威资格的转换,即从求助于个人关系和社会特权阶层转向获得公共机构的会员身份。在此,可靠性来自共同的努力,并与实验活动和共同判定的"事实"相结合。[62] 然而从"现实的资助人"到"社团法人"的转变并不突然。[63] 宫廷贵族成员塑造并影响了早期的科学学会并参与其中,以他们的贵族身份来提升学会的名望。宫廷的纽带也使得有些人,诸如17世纪早期法国学者、资助人尼古拉-克洛德·法布里·德·佩雷斯克(1580～1637),形成双重关系(基于友谊和忠诚的关系)以提拔自然探索人士中有希望成功的人——在德·佩雷斯克的例子中,有托马索·康帕内拉(1568～1639)、马兰·梅森(1588～1648)、伽利略以及皮埃尔·伽桑狄(1592～1655)。[64]

268

在个人资助形式下,王族对学会建设的参与是基于其特殊的兴趣和个人特质的。有时在同一个宫廷中,不同人的不同个性会导致对自然探索的意义和目标的完全相反的观点。年轻的蒙蒂切洛侯爵费代里科·切西(1585～1630),于1603年在罗马建立了山猫学会(Accademia dei Lincei),但是却看着这一学会被他的父亲解散,因为他对他所认为的儿子的神秘事业越来越怀疑。只是到了后来,在老公爵去世而费代里科继承了阿夸斯巴达公爵领地之后,学会才再度成立并运作起来。[65]

另一个早期科学学会,成立于1657年的实验学会(Accademia del Cimento)直接依赖于莱奥波尔多·美第奇的组织与财政支持。这个学会以实验为导向,但是它的成员却在一个以资助为根基的私人团体中服务于王族,并仍然依靠王族权威来建立他们的社会声望。[66] 莱奥波尔多指导学会工作并确定他们的集会时间,但是当学会成员们意

---

[62] Steven Shapin 和 Simon Schaffer,《利维坦与空气泵:霍布斯、玻意耳与实验生活》(*Leviathan and the Air-Pump: Hobbes, Boyle, and the Experimental Life: Including a Translation of Thomas Hobbes, Dialogus physicus de natura aeris by Simon Schaffer*, Princeton, N. J.: Princeton University Press, 1985);Mario Biagioli,《科学革命、社会拼凑物和礼节》(Scientific Revolution, Social Bricolage, and Etiquette),载于 Roy Porter 和 Mikulas Teich 编,《国家语境中的科学革命》(*The Scientific Revolution in National Context*, Cambridge: Cambridge University Press, 1992),第11页～第54页。

[63] Biagioli,《廷臣伽利略:专制政体文化中的科学实践》,结语。

[64] Lisa T. Sarasohn,《17世纪尼古拉-克洛德·法布里·德·佩雷斯克与对新科学的资助》(Nicolas-Claude Fabri de Peiresc and the Patronage of the New Science in the Seventeenth Century),载于《爱西斯》,84(1993),第70页～第90页;Sarasohn,《托马斯·霍布斯与纽卡斯尔公爵:皇家学会建立前资助的相关性研究》(Thomas Hobbes and the Duke of Newcastle: A Study in the Mutuality of Patronage before the Establishment of the Royal Society),载于《爱西斯》,90(1999),第715页～第737页。

[65] Giuseppe Gabrieli,《山猫费代里科·切西》(Federico Cesi Linceo),载于《新选集》(*Nuova antologia*), ser. 7, 277(1930),第352页～第369页。

[66] W. E. Knowles Middleton,《实验者:实验学会研究》(*The Experimenters*, Baltimore: Johns Hopkins University Press, 1971);Paulo Galluzzi,《实验学会:君主的"品味"、实验哲学与意识形态》(L'Accademia del Cimento: "Gusti" del principe, filosofia e ideologia dell'esperimento),载于《历史笔记》(*Quaderni storici*),16(1981),第788页～第844页;以及 Michael Segre,《仿效伽利略》(*In the Wake of Galileo*, New Brunswick, N. J.: Rutgers University Press, 1991),第127页～第140页。

见不同时则不插手干预，而是让他们自己在面对相互竞争的观点时自由地做决定。后来会员们为他们远离学院派争论所特有的针对个人的激烈争吵而自豪。然而，私人野心仍然在合作的地方鼓动着冲突。当资助者不在或对他们建立的组织感到疲倦时，竞争就形成了。不过，至少在他们集会时，会员们似乎还是承认文明行为的必要性，以及一定程度的理论和事实的公正性，并且认为它们是在集体的基础上创造自然知识的最佳方式。[67]

在相当的程度上，新出现的科学学会反映出宫廷的好恶。宫廷礼节影响着它们的礼节，[68]新学会自身有时展现出明显的宫廷风采。尽管注意保持礼貌并关注去个性化的事实，他们仍然不断为社会地位上的不同而烦恼，保守着他们的商业秘密，并对外来者保持着根本的怀疑。[69] 而且，科学学会只是现代早期所形成的学术社团的一个例子。文献学、文学及神学早已先于宫廷中的自然探索而成为牢牢吸引资助者的领域，推动这些领域内的文化活动的学术团体在科学学会成立之前很久就已经存在了。在这一方面，我们仍然不知道 16 和 17 世纪自然探索方面的新发展实际上在诸如德拉·波尔塔的非常私人的自然奥秘学会（Accademia Secretorum Naturae，约 1560）以及切西的山猫学会这些组织中所造成的变化的程度，或者说使它们自己适应既定的社会形式的程度。的确，一些历史学家现在反对一种新的社会形式（如学会）简单地取代了另一种（宫廷）这种观点，而是主张，例如，随后的巴黎皇家科学院（Académie Royale des Sciences，1666）的成立并不是由于私人赞助的失败，而是资助风格的转变，即由一种围绕着个人而组织的形式，转变为一种注重资源更为丰富的合作型机构的形式。[70]

269

显然，曾被认为是区分宫廷和其他科学“场所”的分界线现在似乎不那么明显了。即使当王族们变得远离学会工作的时候，宫廷氛围仍然流行。一个很好的例子就是德国的一个自然学会，在施韦因富特（Schweinfurt）于 1652 年成立的自然奇珍学会或学院（Academia or Collegium Naturae Curiosorum），它后来被称为利奥波尔迪纳（Leopoldina）。尽管最初是一个由主要对自然的各组成部分的医药特性感兴趣的医师们组成的社团，这个学会在修订其条例并将对奇异现象的实验作为其正式计划的一部分之后获得了国家资助。学会杂志的社长和编辑从而被任命为宫廷官吏（Pfalzgrafen），并根据他们的等级和地位在一个广泛的社会范围内赋予其法律权力。他们拥有任命公证人和法官、将私生子宣布为合法、对较低的贵族赐予头衔、承认收养、释放奴隶、恢复荣誉、授

[67] Lorraine Daston，《培根主义的事实、学术修养与客观性前史》（Baconian Facts, Academic Civility, and the Prehistory of Objectivity），载于《学术年鉴》（*Annals of Scholarship*），8（1991），第 337 页～第 363 页。

[68] Mario Biagioli，《17 世纪科学中的礼仪、相互依赖和社会性》（Etiquette, Interdependence, and Sociability in Seventeenth-Century Science），载于《批评性调查》（*Critical Inquiry*），22（1996），第 193 页～第 238 页。

[69] Alice Stroup，《科学家团队：17 世纪巴黎皇家科学院的植物学研究、资助与社团》（*A Company of Scientists: Botany, Patronage, and Community at the Seventeenth-Century Parisian Royal Academy of Sciences*, Berkeley: University of California Press, 1990），第 199 页及其后。

[70] David S. Lux，《17 世纪法国的资助与皇家科学：卡昂的物理学院》（*Patronage and Royal Science in Seventeenth-Century France: The Académie de Physique in Caen*, Ithaca, N. Y.: Cornell University Press, 1989）；以及 Stroup，《科学家团队：17 世纪巴黎皇家科学院的植物学研究、资助与社团》。

予徽章、表彰诗人，以及对医生、领有开业证书的人、教师、哲学、法律和医学学士授予学位的权力。国家的宣布合法化的权力以及官方认可的授予权通过资格授予而为学会所拥有。[71]

270 在伦敦皇家学会和法国皇家科学院出现后很久，德国医生、诗人、格丁根教授阿尔布雷希特·冯·哈勒尔(1708～1777)继续坚持王族和学会之间的密切关系。在他看来，君主是学会工作的道德见证人，并能够为实验科学的空间和器械获取方面提供财政支持。哈勒尔认为，更为重要的是，君主作为科学社团的首领这一图景有助于在学会成员之间保持秩序和礼节。[72] 哈勒尔的言论可能部分由个人野心所鼓动，然而他还是强调了在授予科学断言以知识声望以及某种程度的社会合法性中王族象征性的社会价值。

伦敦皇家学会和法国皇家科学院代表着以集体化、系统化的专题探索为导向的新式机构的出现，它们基本上都有其自身方法论上的偏好，并有着自己通过正式出版机构报告其结论和发现的方式。尽管宫廷的而不是学者的鉴赏力的人文模式促进了新机构中的文明会谈的理想，但它们的形式、成员、目标以及在选择论题时的独立性程度，仍然在一些个别例子中与国家资助的背景噪声产生共鸣。不过，这里仍然有很大差异。由国家资助的巴黎科学院不仅有年度财政预算，还有一份其成员完成的项目的清单。另外，伦敦皇家学会相对来说则要穷困一些，即使是在1662年它获得皇家特许状之后。结果是学会很快变成了类似绅士俱乐部的地方，而不是它所声称的"动态的实用主义的动力室"。在这一情形中，一旦它的成员能够将新学问推广为学术判断的合适的和必不可少的成分，贵族的注意力就转向了社团。[73]

在其他地方，科学和国家之间的更为直接的连接是由德国哲学家、数学家以及神学理性主义者戈特弗里德·威廉·莱布尼茨(1646～1716)所推动的。在他为维也纳

---

[71] Rolf Winau,《关于自然奇珍学会的早期历史》(Zur Frühgeschichte der Academia Naturae Curiosorum)，载于 Fritz Hartmann 和 Rudolf Vierhaus 编，《17 和 18 世纪的学院思想》(*Der Akademiegedanke im 17. und 18. Jahrhundert*, Wolfenbütteler Forschungen, 3, Bremen: Jacobi Verlag, 1977)，第117页～第138页；《1687年8月7日利奥波尔迪纳的帝国特权》(Das Kaiserliche Privileg der Leopoldina vom 7. August 1687)，载于《1687年8月7日利奥波尔迪纳的帝国特权》(*Das Kaiserliche Privileg der Leopoldina vom 7. August 1687*, Acta Historica Leopoldina, 17, Halle: Deutsche Akademie der Natur Forscher Leopoldina, 1987)，Siegfried Kratzsch 译，第57页～第67页；以及 Georg Uschmann，《利奥波尔迪纳的历史的转折点》(Ein Wendepunkt in der Geschichte der Leopoldina)，载于《1687年8月7日利奥波尔迪纳的帝国特权》，第7页～第13页。

[72] Otto Sonntag，《阿尔布雷希特·冯·哈勒尔论学会与科学的进步：以哥廷根为例》(Albrecht von Haller on Academies and the Advancement of Science: The Case of Göttingen)，载于《科学年鉴》(*Annals of Science*)，32(1975)，第379页～第391页。

[73] Michael Hunter，《皇权、公众和新科学》(The Crown, the Public and the New Science, 1689 - 1702)，载于 Michael Hunter 编，《科学与正统的形式：17世纪晚期英国理性的变迁》(*Science and the Shape of Orthodoxy: Intellectual Change in Late Seventeeth-Century Britain*, Rochester, N. Y.: Boydell Press, 1995)，第151页～第166页，尤其是第153页；Hunter，《建立新科学：早期皇家学会的经验》(*Establishing the New Science: The Experience of the Early Royal Society*, Rochester, N. Y.: Boydell Press, 1989)。关于普及、语言以及皇家学会的贵族，也可参看 Steven Shapin，《真理的社会史：17世纪英格兰的修养与科学》(*A Social History of Truth: Civility and Science in Seventeenth-Century England*, Chicago: University of Chicago Press, 1994)；Jan V. Golinski，《高贵的展示：磷与早期皇家学会的公共科学文化》(A Noble Spectacle: Phosphorus and the Public Cultures of Science in the Early Royal Society)，载于《爱西斯》，80(1989)，第11页～第39页；以及 Peter Dear，《千言万语：早期皇家学会的修辞与权威》(*Totius in Verba*: Rhetoric and Authority in the Early Royal Society)，载于《爱西斯》，76(1985)，第145页～第161页。

学会所做的设计中，莱布尼茨希望智慧和权力的统一能够服务于社会变革。[74] 他认为学术团体为政治团体的统治者提供导致理性的社会变迁所必需的知识。在另一个设计中，对柏林学会（1700 年成立的皇家科学院［Societas Regia Scientiarum］）而言，科学成为国家的仆人，而莱布尼茨就是其首任管家。尤其在普鲁士的腓特烈大帝统治期间（1740～1786 年），腓特烈大帝亲自指导学会的一些项目，学会成员在“国家理性（raison d'état）”的宏伟蓝图中扮演着他们的角色，在这一蓝图中，社会的每个机构的活动都对一个自治的、超人的（meta-personal）“国家”实体的安全和福利做出贡献。[75] 虔诚、声誉和快乐，对早期文艺复兴时期的资助人来说最为重要的三项动机，[76]现在被吸收进了一个利维坦式的政治实体的意识形态内容和道德自我意识之中。

271

宫廷资助人促进了创新和好奇心，宫廷场所则对科学探索中的建设性因素做出了贡献。较之于大学，专业技术知识、新的程序以及对古典传统的批判作为一种寻求自然知识的适当手段在宫廷环境中尤为突出。宫廷环境有时与诸如学会、学校、行会等其他机构设置相冲突，从而产生重要的社会和智力结果。有观点认为，与宫廷相联系的以及从被行会强加的工匠身份中解放出来的能工巧匠们，同样也从对城市的服务这一期望中解放出来，并能够成为富于想象力的、具有审美能力的局外人，因而也具有更多批判的反省能力。[77] 同样的意识形态上的转变将智力事务的彬彬有礼带给机械之艺*（在此过程中，可能牢牢抓住对待文人学士态度友好的传统的资助统治集团），它可被认为是文艺复兴后期宫廷文化的主调。宫廷里对于创造性的喜爱同样也在教育学上开花结果。在德国王族黑塞的莫里茨对化学－医学感兴趣的例子中，宫廷的资助力度有时延及大学，从而带来重要的学科变迁。即使当法律上的理事会团体（学会）和管理当局主要在宫廷之外行使职权时，统治者（如今是更具象征性的法人装扮）的权力也继续具有权威性的要求，也继续影响着致力于实验科学的学会的规约和组织。

（李文靖　译）

---

[74] Richard Meister，《维也纳科学学会史》（*Geschichte der Akademie der Wissenschaften in Wien*，Vienna：Adolf Holzhausens，1947）；Werner Schneiders，《上帝的国度与学术团体：G. W. 莱布尼茨的两种政治模式》（Gottesreich und gelehrte Gesellschaft：Zwei politische Modelle bei G. W. Leibniz），载于 Hartmann 和 Vierhaus 编，《17 和 18 世纪的学院思想》，第 47 页～第 62 页。

[75] Adolf Harnack，《柏林皇家科学院史》（*Geschichte der Königlich Preussischen Akademie der Wissenschaften zu Berlin*，Berlin，1900；repr.，Hildesheim：Georg Olms，1970），第 317 页～第 394 页；Ronald S. Calinger，《腓特烈大帝与柏林科学院（1740～1766）》（Frederick the Great and the Berlin Academy of Sciences［1740－1766］），载于《科学年鉴》，24（1968），第 239 页～第 249 页；以及 Hans Aarsleff，《腓特烈大帝统治时期的柏林科学院》（The Berlin Academy under Frederick the Great），载于《人文科学史》（*History of the Human Sciences*），2（1989），第 193 页～第 206 页。

[76] Peter Burke，《意大利文艺复兴时期的文化与学会（1430～1540）》（*Culture and Society in Renaissance Italy，1430－1540*，New York：Charles Scribner's Sons，1972），第 4 章。

[77] Martin Warnke，《宫廷艺术家：论现代艺术家的前辈》（*The Court Artist：On the Ancestry of the Modern Artist*，Cambridge：Cambridge University Press，1993），David McLintock 译。

* 参看第 3 页译者注。

12

272

解剖剧场、植物园和自然志藏品

保拉·芬德伦

16 世纪末,英国律师和自然哲学家弗兰西斯·培根(1561 ~ 1626)开始思考,知识产生于何处。被认为由培根创作的《格雷学院记》(*Gesta Grayorum*,1594)中记录了献给伊丽莎白一世女王的宫廷狂欢,书中描述了一个想象的研究机构,它包含"一个最为完备的综合图书馆",以及"一个宽广而美丽的花园",满园栽种着野生植物和人工栽培植物,四周环绕着兽笼和鸟舍、淡水湖和咸水湖。除了生物活动的空间,还有一所科学、艺术与技术展览馆——"一个优美的大珍宝室",其中摆放着人工物品("凡由精湛手工艺或者机器制出之物")、珍稀天然物("凡自然形成的异常、偶然及混乱之物")、宝石、矿物和化石("凡自然形成的缺乏生命且需要被保存之物")。第四和第五部分是研究自然的地方,"一座安静的房屋,设有研磨机、各种工具、火炉和各种器皿,从而可以成为安放哲人之石的宫殿"。培根最后说,所有这些设施将是"被私人化的普遍自然的模型"。[1] 这句话暗示了一种经验主义的新观点,这一观点认为人类的发明和实证优于单纯的观察,而且相对于孤独的观察者那种勇敢行为,共同观察自然更值得提倡。自然必须被重建于微观世界之中,需要创造一个知识的人工世界,在此学者们对自然进行探索、解剖和试验,以期对其有更好的了解。

大约 30 年后,出于对一个以知识为中心的社会的长久梦想,培根写下著名的乌托邦作品《新大西岛》(在他去世后于 1627 年发表),希望以此来展现一种经验主义世界观如何能够改变整个社会。培根乌托邦社会的核心本塞伦(Bensalem),是一个被叫作"所罗门宫"的建筑物,它是王国里生产知识的核心。它周围有人造的矿山、湖泊,一所植物园和一个动物园,由"高塔……豪华宽敞的房屋……几座会所"组成,它详尽地将科学展现为一种使自然脱离自然以对它进行更好的研究的活动。通过隔离自然物与自然过程,培根对这一独特的科学空间进行了不同寻常的布置,反映出人们可以拥有关于自然的各种各样可能的经验。本塞伦的居民们自豪地告诉来自英国的访客:通过

273

[1] Francis Bacon,《格雷学院记》(*Gesta Grayorum*),载于 John Nichols,3 卷本《伊丽莎白女王的出巡与公众游行》(*The Progresses and Public Processions of Queen Elizabeth*, London: John Nichols and Son, 1823),第 3 卷,第 290 页。

这样，他们“用技术制出了优于其原有品质的自然物”。[2] 他们不仅了解自然，而且利用自己的知识去改造自然。这一描述集中体现出培根对好的科学的界定——好的科学是人类心灵在思索自然过程中的一种创造。

培根对于获取自然知识的特定地方的痴迷并非无中生有。与他的自然哲学的很多方面一样，它是建立在对之前半个世纪欧洲科学发展的敏锐洞见之上的。16世纪30年代至90年代，解剖剧场、植物园和珍宝室成为探索科学知识的常见特征。[3] 所有这些建筑都拥有共同的目标，即为特殊目的而建造的空间，学者在此可以利用最先进的智性的、仪器的和手工的科学技术，以获取关于自然世界的知识。实际上，这些设施的运行方式与培根的科学乌托邦相似；在不同程度上，他们将自然物从原先的地方移走，置于为特定研究目的而设置的新地方，以期增进自然知识。解剖剧场、植物园和博物馆激增的数量，反映出对自然的诠释已经完全与雄心勃勃的研究自然的经验主义计划紧密联系起来，它伴随着收集和存储物质的所有困难，而同时也鼓励尝试通过创造人工实验条件来理解自然的某一方面的小型经验计划（参看第4章）。

如果没有先前半个世纪的观察自然的工作，培根不可能将其著名的所罗门宫描绘成一个经验活动的拥挤忙碌的蜂窝。文艺复兴时期，直接接触自然的观点在医学教育中变得越来越重要（参看第18章）。在整个中世纪末期只偶尔剖开人体的内科医生们，此时重新燃起对解剖技术的兴趣，开始与外科医生交往甚密，后者切割人体的技能使其更像手工艺人而非研究自然的哲学家。[4] 内科医生们还重新开始对可入药的自然物质感兴趣，努力与药剂师合作以获取关于植物的实用知识，不过偶然也与他们产生冲突。[5] 培根正确地指出，他们渴望经验的最初目标范围有几分狭窄，反映内科医生所能胜任的医学领域的不断扩展。虽然有些受过大学教育的内科医生编纂百科全书，研究一切事物以及与人这个小宇宙有关的任何事物，但是这并不表明他们已完全认同为了自然本身去研究自然这一需要，而不是仅仅出于医学用途。

274

---

[2] Francis Bacon，《〈伟大的复兴〉与〈新大西岛〉》（*The Great Instauration and New Atlantis*, Wheeling, Ill.: Harland Davidson, 1980），Jerry Weinberger 编，第72页～第74页。

[3] 图书馆、天文台和实验室都是以可在其中获得知识为特定目的而建造的空间（参看第10章、第13章）。

[4] 关于解剖实践的恢复以及它们与涉及经验的医药观念的关系，尤其参看 Vivian Nutton，《人道主义的外科医生》（Humanistic Surgery），载于 Andrew Wear、Roger French 和 I. M. Lonie 编，《16世纪的医学文艺复兴》（*The Medical Renaissance of the Sixteenth Century*, Cambridge: Cambridge University Press, 1985），第75页～第99页；Andrea Carlino，《身体之书：解剖仪式与文艺复兴时期的知识》（*Books of the Body: Anatomical Ritual and Renaissance Learning*, Chicago: University of Chicago Press, 1999），John Tedeschi 和 Anne C. Tedeschi 译；Giovanna Ferrari，《过去的经历：语言学家和人道主义医生亚历山德罗·贝内代蒂》（*L'Esperienza del passato: Alessandro Benedetto filologo e medico umanista*, Florence: Leo S. Olschki, 1996）；以及 Andrew Cunningham，《解剖的复兴：古人的解剖项目的恢复》（*The Anatomical Renaissance: The Resurrection of the Anatomical Projects of the Ancients*, Brookfield: Scolar, 1997）。

[5] 关于植物的经验观念，参看 Agnes Arber，《草药书，它们的起源与发展：植物学史上的一章（1470～1670）》（*Herbals, Their Origin and Evolution: A Chapter in the History of Botany, 1470 - 1670*, 3rd ed., Cambridge: Cambridge University Press, 1986）；Karl H. Dannenfeldt，《莱昂哈德·劳沃尔夫：16世纪的内科医生、植物学家和旅行者》（*Leonhard Rauwolf: Sixteenth-Century Physician, Botanist, and Traveler*, Cambridge, Mass.: Harvard University Press, 1968）；Karen Reeds，《中世纪和文艺复兴时期大学的植物学》（*Botany in Medieval and Renaissance Universities*, New York: Garland, 1991）；以及 Reeds，《文艺复兴时期的人文主义和植物学》（Renaissance Humanism and Botany），载于《科学年鉴》（*Annals of Science*），33（1976），第519页～第542页。

解剖剧场、植物园和博物馆都是16世纪早期医学界对经验所产生的兴趣的直接结果。所有这些形式最初都产生于16世纪30年代那些有着悠久的医学教育传统的欧洲城市。它们在16世纪和17世纪早期的逐渐制度化，为理解现代早期的学者们如何将对自然物质世界的研究整合进他们对于科学的界定中去，提供了一种重要的途径。解剖、植物研究和标本收集在1500年不是常规的自然哲学。但一个世纪以后，不采用这些研究技术来研究自然已不再可能。16、17世纪的很多杰出的自然志家，从16世纪50年代的康拉德·格斯纳到17世纪90年代的约翰·雷，构建了一门新的基于广泛的野外考察、收集并整理标本的自然科学。而这些事情只有在确定了探究自然的新场所之后才能够进行。于是，为特定目的而建造的空间在为自然探索提供了观察样本的确定场所（既在大学内也在大学外）之外，还提供了新的方向和热情。它们实际上是知识的储藏室。

解 剖 化

建立一个特定的、封闭的空间来研究自然，这一思想在人体解剖领域很早就出现了。中世纪晚期，不定期地进行人体解剖已经成为诸如博洛尼亚、帕多瓦和蒙彼利埃等大学中的医学教育的常规部分，手术成为医学课程的一部分。对此类正式解剖的首次文字记载见于1341年的帕多瓦，尽管很明显这一活动很早就出现了；博洛尼亚大学医学教授蒙迪诺·德·柳齐所著的《解剖学》（*Anatomia*，1316），肯定是以实际的解剖过程为基础编著而成的。[6] 这种活动在15世纪下半叶开始增多。印刷领域的新发明直接导致了古代和中世纪关于解剖的论著广为流传，加上人们对验尸这一了解死亡原因的过程越来越感兴趣，这些都使得医学教授和他们的学生们需要更为频繁的解剖操作实践。[7]

275

为了应对医学教育和实践领域内的这些变化，许多欧洲城市的冬季出现了一种不寻常的新建筑物：临时解剖剧场。作为由木头搭建的临时建筑，它颇像文艺复兴早期大学所需要的被设计用来进行不定期解剖的剧场。这些临时的剧场可建在报告厅这样的既有空间内，像教堂、公共广场这种设计成可容纳数百名观众的地方，则是更好的选择。（在此之前，只有少数学生观众在上课过程中站在一张桌子周围观看尸体。）15世纪末在博洛尼亚大学执教的意大利内科医生亚历山德罗·贝内代蒂，在他的《解剖学：或者，关于人体历史的五部书》（*Anatomice: sive, de historia corporis humani libri quinque*，1502）一书中提供了对这种新建筑的最早和最详尽的描述：

---

〔6〕 Andrea Carlino，《书、尸体和解剖刀》（The Book, the Body, the Scalpel），载于《实体》（*RES*），16（1988），第31页。

〔7〕 Katharine Park，《罪犯与神圣的身体：意大利文艺复兴时期的尸检和解剖》（The Criminal and Saintly Body: Autopsy and Dissection in Renaissance Italy），载于《文艺复兴季刊》（*Renaissance Quarterly*），47（1994），第1页～第33页；Carlino，《身体之书：解剖仪式与文艺复兴时期的知识》；以及Cunningham，《解剖的复兴：古人的解剖项目的恢复》。

> 临时剧场应建在宽敞通风的地方，座位排成环形，就像在罗马圆形大剧场和维罗纳竞技场一样，空间足以容纳大量的观众而不会给教师带来不便……尸体应放在教室中间的台子上，这是一个被抬高的、干净的地方，并让解剖的人很容易够得着。[8]

在接下来的几十年中，临时剧场成为医学教学的一个普遍特征。到了16世纪20年代，就连比萨和帕维亚的一些不大出名的医学院也有了解剖剧场。到了16世纪40年代，解剖剧场的概念已经完全融入医学训练，以至法国内科医生夏尔·艾蒂安（约1505～1564）认为，若没有专供解剖的地方，解剖就无法正确传授。[9] 他将人体比作"因需要被观察而在剧场内展示的重要事物"。[10] 解剖剧场的结构对于将注意力引向新解剖活动的视觉教学方面，起到了举足轻重的作用。它让解剖成为一种戏剧表演式的、通常是高度公开化的事件，面向医学院的学生、内科医生、外科医生以及对人体秘密好奇的普通人。

276

关于实际解剖过程的叙述与关于解剖剧场的理想化的描述相当符合。16世纪30年代至1543年之间进行过很多次实验、足迹遍及整个欧洲的著名佛拉芒人解剖学家安德烈亚斯·维萨里（1514～1564）便通常在临时木头剧场中工作。他于1540年冬在博洛尼亚大学发表的引发争议的解剖学演讲，就发生在圣弗朗切斯科教堂里临时用木头搭建的圆形剧场内。听过此次演讲的德国医科学生巴尔达萨·黑泽勒将这一建筑描述为：在四条木长椅上容纳了两百名观看者，有医学院学生、大学教授及一般公众。[11] 维萨里利用了当时的戏剧演出手法，他让观众触摸他从人体取出的器官，从而拉近了报告人与观众之间的距离。他强调最终共享的经验："当然了，诸位，他说道，如果你们没有亲自用手触摸器官，那么你们从单纯的展示中只能学到皮毛。"[12] 17世纪荷兰解剖剧场中的解剖过程延续了由维萨里开创的传统，即在最高那一排的观众中传递尸体的器官好给每一个人一种对于尸体的触觉和直接视觉体验。[13]

---

[8] 参看 Arturo Castiglione，《文艺复兴末期解剖剧场的起源与发展》（The Origin and Development of the Anatomical Theater to the End of the Renaissance），载于《汽巴座谈会》（*Ciba Symposia*，3 May 1941），第831页。也可参看 Ferrari，《过去的经历：语言学家和人道主义医生亚历山德罗·贝内代蒂》，特别是第166页～第173页。

[9] E. Ashworth Underwood，《帕多瓦的早期解剖教学，特别参考帕多瓦解剖剧场的模型》（The Early Teaching of Anatomy at Padua, with Special Reference to a Model of the Padua Anatomical Theatre），载于《科学年鉴》，19（1963），第1页～第26页，引文在第7页。对解剖剧场的兴起最全面的记述见于 Gottfried Richter，《解剖剧场》（*Das anatomische Theater*, Berlin：Ebering，1936）。

[10] Charles Estienne，《关于人体部位解剖的三本书》（*De dissectione partium corporis humani libri tres*, Paris：S. Colinaeum，1545），引自 Giovanna Ferrari，《解剖公开课和狂欢节：博洛尼亚的解剖剧场》（Public Anatomy Lessons and the Carnival: The Anatomy Theater of Bologna），载于《过去与现在》（*Past and Present*），117（1987），第50页～第106页，引文在第85页。

[11] Baldasar Heseler，《1540年安德烈亚斯·维萨里在博洛尼亚的第一次公开解剖》（*Andreas Vesalius' First Public Anatomy at Bologna*, *1540*, Uppsala：Almquist and Wiksells，1959），Ruben Eriksson 编，第85页。

[12] 同上书，第291页。我稍微修改了一点翻译。维萨里的标准传记参看 Charles D. O'Malley，《布鲁塞尔的安德烈亚斯·维萨里（1514～1564）》（*Andreas Vesalius of Brussels*, *1514 - 1564*, Berkeley：University of California Press，1964）。

[13] Jan C. C. Rupp，《米歇尔·福柯，身体政治与现代解剖学的兴起与扩张》（Michel Foucault, Body Politics and the Rise and Expansion of Modern Anatomy），载于《历史社会学杂志》（*Journal of Historical Sociology*），5（1992），第31页～第60页，引文在第47页。

表 12.1 解剖剧场

1556	蒙彼利埃	1617	巴黎
1557	伦敦	1619	阿姆斯特丹
1588	费拉拉	1623	牛津
1589	巴塞尔	1642	鹿特丹
1593	莱顿	1643	哥本哈根
1594	帕多瓦	1654	格罗宁根
1595	博洛尼亚	1662	乌普萨拉
1614	代尔夫特		

在维萨里的《人体的构造》(*De humani corporis fabrica*,1543)出版后的几十年,解剖成为文艺复兴时期医学教育更加常规的部分。1554 年 10 月,一个来自巴塞尔的年轻的医科学生费利克斯 · 普拉特表述了他对纪尧姆 · 龙德莱在蒙彼利埃的解剖的热情,很多次解剖都是在为迎合当时人们对解剖的热情而建造的新场所中完成的:"我从未错过大学里的任何人体和动物解剖……"[14]普拉特一定于 1554 年至 1556 年在木头搭建的解剖室中观看了这些场景。与为教育大学系统以外的从医人员而设立的伦敦理发师与外科医生行会以及皇家内科医生学院(Royal College of Physicians)的解剖教室相似,蒙彼利埃的解剖剧场代表了解剖剧场从临时建筑向永久建筑发展过程中的一个早期阶段。

277

到了 16 世纪 90 年代,解剖剧场已经在大学的内科医生培养中获得了新的合法性地位。在这一时期,欧洲所有顶尖的医学院都建立了永久的解剖剧场(表 12.1)。1595 年,蒙彼利埃的一所用砖石建造的解剖剧场,替代了原先的木结构剧场。[15] 1589 年,那时已成为巴塞尔大学著名医学教授的普拉特建议大学购置一处带有小块土地的房屋,好让新来的解剖学和植物学教授卡斯帕 · 鲍欣(1560 ～ 1624)和他的学生们能够在同一个地方冬天进行解剖,而夏天研究植物。对鲍欣职位的规定强调了此职位与这一新的科学建筑的密切关系。巴塞尔医学院宣布:"他授课不应以太多概念,而应凭借直观的演示。"[16]遗憾的是,这一富于远见的观念没有得到大学长久的支持。到了 17 世纪 20 年代,在解剖剧场和植物园工作的上一代内科医生退休之后,这些设施就废弃了。

---

〔14〕 Felix Platter,《爱子费利克斯:费利克斯 · 普拉特的日志,16 世纪蒙彼利埃的医科学生》(*Beloved Son Felix: The Journal of Felix Platter, a Medical Student at Montpellier in the Sixteenth Century*, London: Frederick Muller, 1961),Seán Jennett 译,第 88 页。

〔15〕 Thomas Platter,《弟弟的日志:16 世纪末医科学生托马斯 · 普拉特在蒙彼利埃的生活》(*Journal of a Younger Brother: The Life of Thomas Platter as a Medical Student at Montpellier at the Close of the Sixteenth Century*, London: Frederick Muller, 1963),Seán Jennett 译,第 36 页:"在学院中有一间专门的解剖房间,用切割好的石块建成圆形剧场(解剖剧场)的形式,并被设计得能让尽可能多的人都看到解剖操作。"

〔16〕 Reeds,《中世纪和文艺复兴时期大学的植物学》第 95 页,第 111 页(引文),第 116 页,第 130 页。

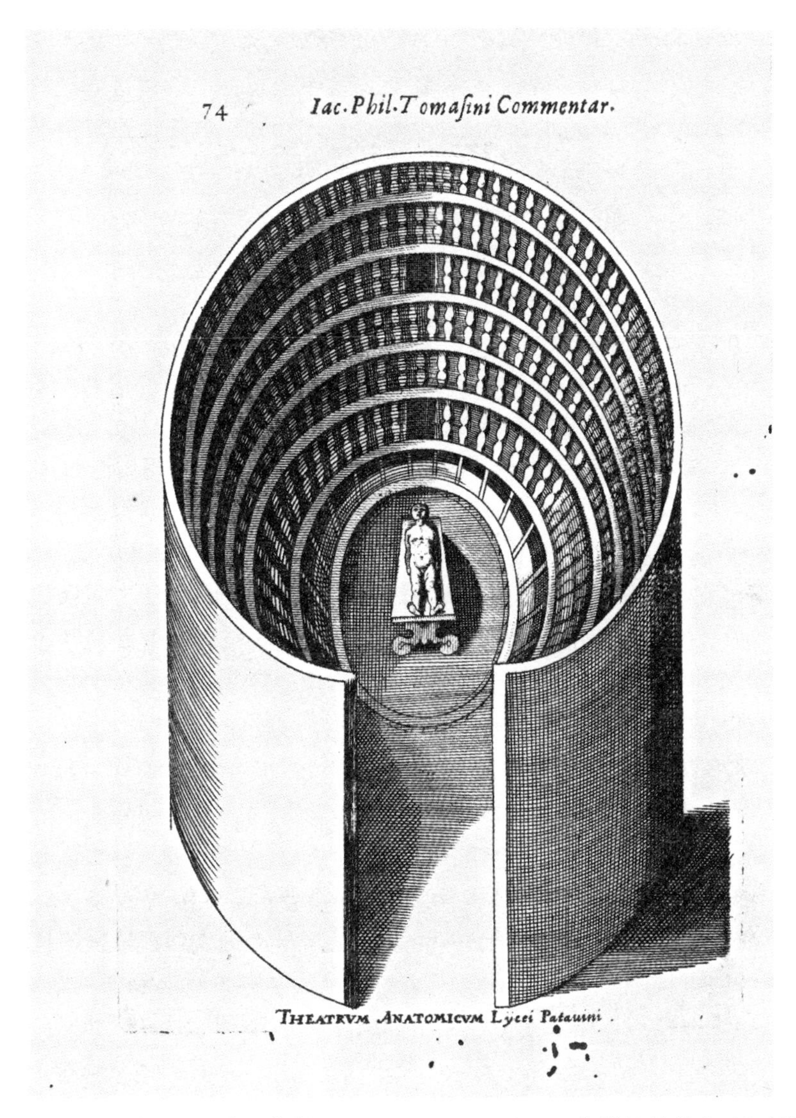

图 12.1 希罗尼穆斯·法布里修斯(Hieronymus Fabricius)1595 年设计的帕多瓦解剖剧场。In Giacomo Filippo Tomasini, *Gymnasium Patavinum* (Udine: Nicolaus Schirattus, 1654). Reproduced by permission of the Houghton Library, Harvard University

然而,在意大利以帕多瓦和博洛尼亚为首的古老的大学城,对医学教育中的解剖之地的新的热情推动了一些解剖剧场的建造,这些教室一直保存到今天。年轻的英国医科学生威廉·哈维(1578～1657)通过观察吉罗拉莫·法布里修斯(约 1533～1619)教授的工作过程来学习解剖学,法布里修斯设计并促成了帕多瓦椭圆形解剖剧 278

场的建立(图 12.1)。[17] 哈维来自伦敦,在那里,早期的解剖剧场不是由大学而是由伦敦的医学协会建造的,旨在培养内、外科医生。法布里修斯与其博洛尼亚的同行们看法一致,他们于 1595 年提出:“不希望每年都得建一个新的剧场而在解剖完成之后将其拆除。”[18]他们建成了一所长方形解剖室,这是模仿了帕多瓦椭圆解剖剧场的构思,但采取不同外形,因为他们认为长方形房屋提供了更为开阔的空间,而在螺旋向上的帕多瓦椭圆解剖剧场,站在密集的木长椅间就感觉十分逼仄。

帕多瓦模式的成功不仅传到邻近的博洛尼亚市,还向北传到了新建的荷兰莱顿大学(建于 1575 年),它在 17 世纪开创了很多医学和自然哲学研究的新方法。法布里修斯的另一位学生彼得·帕夫,在他 1589 年成为解剖学教授之后,为他的大学设计了一所气派的解剖剧场。这个解剖剧场像荷兰的很多解剖剧场一样,建在原先的教堂里(宗教战争之后这个教堂被天主教徒放弃了),这里同时还有大学图书馆。[19] 荷兰的解剖剧场与意大利的不同,其更多地与解剖的宗教意义相关联,即解剖是一种通过观察死亡来探明生命的秘密的技术。帕夫用连接好的人和动物骨骼装饰解剖剧场,骨骼上放置着表达人生短暂的拉丁文格言,以及对其尸体被用来解剖、其骨骼被陈列于解剖剧场的死刑犯的道德说教。他的继任者很快将莱顿大学的解剖剧场变成一个珍宝室,摆满了中国的卷轴、瓷茶具、埃及神像和珍稀植物。[20] 这种装饰方式体现出这样一种理念:解剖剧场作为一所公共机构,不仅供医学院的教授和学生们使用,而且作为更广泛的公共场所展示天然和人工的珍宝。

279 当莱顿大学成为北欧医学教育的中心,它很快超越了作为被仿效典型的帕多瓦大学。在德国、英国和荷兰,新教解剖学者为大学、内科医生学院和外科医生行会中的解剖剧场的增建做出了贡献。解剖剧场出现在医学协会中,这进一步强调了解剖的实用诉求,它不仅是作为大学医学教育的一种重要的特征,而且是一种界定现代早期内科 280 医生和外科医生的职业生涯的活动。斯堪的纳维亚半岛卓越的解剖学家们,如奥洛夫·伦德贝克(1630～1702),分享了将解剖剧场视为宗教神殿的虔信的、作为内科医

---

[17] Jerome Bylebyl,《帕多瓦学院:16 世纪的人道主义医学》(The School of Padua: Humanistic Medicine in the Sixteenth Century),载于 Charles Webster 和 Margaret Pelling 编,《16 世纪的健康、医学和死亡率》(*Health, Medicine and Mortality in the Sixteenth Century*, Cambridge: Cambridge University Press, 1979),第 335 页～第 370 页;Andrew Cunningham,《法布里修斯与帕多瓦的解剖教学和研究中的“亚里士多德项目”》(Fabricius and the “Aristotle Project” in Anatomical Teaching and Research at Padua),载于 Andrew Wear、Roger French 和 Ian Lonie 编,《16 世纪的医学文艺复兴》,第 195 页～第 222 页;以及 Roger French,《威廉·哈维的自然哲学》(*William Harvey's Natural Philosophy*, Cambridge: Cambridge University Press, 1994),第 59 页～第 68 页

[18] Castiglione,《文艺复兴末期解剖剧场的起源与发展》,第 842 页。关于博洛尼亚的解剖剧场,参看 Ferrari,《解剖公开课和狂欢节:博洛尼亚的解剖剧场》。

[19] Th. H. Lunsingh Scheurleer,《道德化解剖学的一个圆形剧场》(Un amphithéâtre d'anatomie moralisé),载于 Th. H. Lunsingh Scheurleer 和 G. H. M. Posthumus Meyjes 编,《17 世纪的莱顿大学》(*Leiden University in the Seventeenth Century*, Leiden: E. J. Brill, 1975),第 217 页～第 277 页。由医生行业协会建立的代尔夫特(Delft)解剖剧场位于原来的抹大拉的圣马利亚女修道院中。

[20] William Schupbach,《欧洲学术机构中的一些珍宝室》(Some Cabinets of Curiosities in European Academic Institutions),载于 Oliver Impey 和 Arthur MacGregor 编,《博物馆的起源:16 世纪和 17 世纪欧洲的珍宝室》(*The Origins of Museums: The Cabinet of Curiosities in Sixteenth-and Seventeenth-Century Europe*, Oxford: Clarendon Press, 1983),第 170 页～第 171 页。

生的新教徒的兴奋。[21] 伦德贝克确定了淋巴管,在 1653 年至 1654 年就读于莱顿大学之后,于 1662 年在古斯塔夫教学楼(Gustavianum)中设计了乌普萨拉解剖剧场。哈维所说的尸体的“视觉实证”就是来自 17 世纪中期的解剖剧场。[22] 但是,它是一种不断拥有高度象征性和形而上学关联的经验。

植 物 研 究

除外科医生的解剖剧场具有比较细致的专业功能之外,大多解剖剧场都是与大学的植物园一起出现的。虽然植物园不比永久性解剖剧场出现得早,但是很快就成为文艺复兴时期欧洲科学体制文化的一部分。16 世纪早期私人植物园十分兴盛,它不但是栽种药用植物的“医园”,也是供贵族和城市精英玩赏的花园。到了 16 世纪 30 年代,医科教授和学生总是在暑假期间进行植物研究。费拉拉城作为早期自然志复兴的中心,拥有一座公爵花园,可供大学教授和学生做研究。[23]

16 世纪 30 和 40 年代,不断有新发现的草药被公布,所有这些都显示出植物学的不完备,使人们开始清楚对于植物还有多少有待了解。然而大自然如此丰富,人们不可能知其全部,只能了解植物世界的一隅。解决这个难题的一种方式是建立公共植物园。公共植物园作为活的自然宝库,主要与大学联合,有时候也与皇室联合。1545 年 6 月 29 日,威尼斯共和国批准在帕多瓦大学建立一座植物园,以使“学者们和其他绅士能够在夏天的任何时候来到花园,可以躺在树荫下面手执书卷对植物进行学术讨论,也可以逍遥自在地一边行走一边研究自然。”[24]托斯卡纳大公柯西莫一世,经商议决定于 7 月在比萨大学修建一所植物园,12 月又决定在佛罗伦萨的圣马尔科的女修道院再建一所。[25] 1555 年,西班牙皇家内科医生安德烈斯·拉古纳认为,可以利用意大利的

281

[21] Gunnar Eriksson,《大西岛幻想:奥洛夫·伦德贝克和巴洛克式的科学》(*The Atlantic Vision: Olaus Rudbeck and Baroque Science*, Canton, Mass.: Science History Publications, 1994),第 1 页,第 2 页,第 10 页;以及 Karin Johannisson,《学习生活:乌普萨拉大学五百年》(*A Life of Learning: Uppsala University during Five Centuries*, Uppsala: Uppsala University Press, 1989),第 31 页～第 32 页。关于丹麦的解剖剧场,参看 V. Maar,《托马斯·巴托兰时代的解剖剧场》(The Domus Anatomica at the Time of Thomas Bartholinus),载于《坚纽斯》(*Janus*),21(1916),第 339 页～第 349 页。

[22] Andrew Wear,《威廉·哈维与“解剖学家的方式”》(William Harvey and the “Way of Anatomists”),载于《科学史》(*History of Science*),21(1983),第 223 页～第 249 页,引文在第 230 页。

[23] Vivian Nutton,《医学人文主义的兴起:费拉拉(1464 ～ 1555)》(The Rise of Medical Humanism: Ferrara, 1464 - 1555),载于《文艺复兴研究》(*Renaissance Studies*),11(1997),第 2 页～第 19 页,引文在第 18 页。

[24] Marco Guazzo,《历史……在世界上值得记住的所有事实》(*Historie ... di tutti i fatti degni di memoria nel mondo*, Venice: Gabriele Giolito, 1546),引自 Margherita Azzi Visentini,《文艺复兴时期的花园与帕多瓦植物园》(*L'Orto botanico di Padova e il giardino del Rinascimento*, Milan: Edizioni il Polifilo, 1984),第 37 页。

[25] Lionella Scazzosi,《户外自然博物馆的根源:植物园、花园、动物园、公园和自然保护区》(Alle radici dei musei naturalistici all'aperto: Orti botanici, giardini, zoologici, parchi e riserve naturali),载于 Luca Basso Peressut 编,《神奇之物的房间:历史和项目之间的自然博物馆》(*Stanze della meraviglia: I musei della natura tra storia e progetto*, Bologna: Cooperativa Libraria Universitaria Editrice Bologna, 1997),第 91 页～第 93 页。也可参见 Fabio Garbari、Lucia Tongiorgi Tomasi 和 Alessandro Tosi,《草药园:从 16 世纪到 19 世纪的比萨植物园》(*Giardino dei semplici: L'Orto botanico di Pisa dal XVI al XIX secolo*, Pisa: Cassa di Risparmio di Pisa, 1991);Alessandro Minelli 编,《帕多瓦植物园(1545 ～ 1995)》(*The Botanical Garden of Padua, 1545 - 1995*, Venice: Marsilio, 1995);以及 Else M. Terwen-Dionisius,《帕多瓦植物园的年代与设计》(Date and Design of the Botanical Garden of Padua),载于《植物园史杂志》(*Journal of Garden History*),14(1994),第 213 页～第 235 页。

表 12.2 植物园

1545	帕多瓦	1589	巴塞尔
1545	比萨	1593	蒙彼利埃
1545	佛罗伦萨	1597	海德堡
1550s	阿兰胡埃斯	1623	牛津
1563	罗马	1638	墨西拿
1567	巴伦西亚	1641	巴黎
1568	博洛尼亚	1650s	乌普萨拉
1568	卡塞尔	1670s	爱丁堡
1577	莱顿	1673	切尔西
1580	莱比锡		

先例来说服腓力二世在阿兰胡埃斯(Aranjuez)资助修建一所皇家医药园。"意大利所有王族和大学都以拥有许多卓越的、栽种有世界各地的各种植物的花园为荣,"他在翻译古希腊内科医生迪奥斯科瑞德斯的《药物论》(*De materia medica*)时写道,"因此若陛下下令我们西班牙至少拥有一座这样的由皇家定期拨款支持的花园,就再好不过了。"[26]

到16世纪末,推动现代早期这一学术规划的绝大多数有较强医学院的大学,以及很多有较强内科医生学院的城市都拥有了植物园(表12.2)。[27] 这些种满了美洲以及欧洲的各种植物的植物园,声称要将自然世界收纳于微观世界之中。秘鲁的向日葵,黎凡特(地区)的郁金香,来自"西印度群岛"的玉米、马铃薯、番茄、烟草以及数百种植物,所有这些让植物园成为另一座伊甸园,园中不但种满了希腊和罗马药典中提到的古代近东地区的草药,还有新近在美洲发现的奇葩异草。[28] 自然志教授、1568年博洛尼亚植物园的创建者乌利塞·阿尔德罗万迪(1522～1605)在思考关于植物园的意义时这样写道:"这些公共和私人的植物园,连同(与之相关的)演讲,是阐述自然事物以及我们仍需继续探索的美洲大陆的前提。"[29]

植物园具有几项重要的功能。内科医生有时候称之为瘟疫横行时的大众药房,尽

---

[26] Andrés Laguna,《佩达乔·迪奥斯科瑞德斯关于本草和致命毒药的注释》(*Pedacio Dioscórides Anazarbeo acerca de la materia medicinal y de los venonos mortíferos* [1555]),引自José M. López Piñero,《波马尔药典(约1590年):欧洲的动植物与埃尔南德斯美洲探险带回的动植物》(The Pomar Codex [ca. 1590]: Plants and Animals of the Old World and from the Hernandez Expedition to America),《信使》(*Nuncius*),7(1992),第35页～第52页,引文在第38页。

[27] Andrew Cunningham,《花园文化》(The Culture of Gardens),载于Nicholas Jardine、James A. Secord和Emma C. Spary编,《自然志文化》(*Cultures of Natural History*, Cambridge: Cambridge University Press, 1996),第38页～第56页。

[28] John Prest,《伊甸园:植物园与重建天堂》(*The Garden of Eden: The Botanical Garden and the Re-Creation of Paradise*, New Haven, Conn.: Yale University Press, 1981)。

[29] Biblioteca Universitaria, Bologna,《阿尔德罗万迪》(*Aldrovandi*),MS 70, fol. 62r。参看Antonio Baldacci,《乌利塞·阿尔德罗万迪与博洛尼亚植物园》(Ulisse Aldrovandi e l'orto botanico di Bologna),载于《关于乌利塞·阿尔德罗万迪的生活和工作的方方面面》(*Intorno alla vita e alle opere di Ulisse Aldrovandi*, Bologna: L. Beltrami, 1907),第161页～第172页。

管有人怀疑单凭一所花园来阻止疾病蔓延的现实可能性。更为重要的是，植物园是新型的医学教授，即植物学（或通常称为"药用植物学"）教授向学生们讲授自然知识和植物功用的地方。最后，植物园还是植物学研究室，学者们在此开始了最早的形态学和分类的工作，他们试图将植物作为一种自然物而不是药物来加以研究。意大利内科医生安德烈亚·切萨尔皮诺（1519～1603）在比萨大学任教，比邻大学里品种丰富的植物园，写下重要著作《论植物》（*De plantis*，1583）。著名的瑞士自然志家鲍欣在成为巴塞尔大学的一名植物学教师之前，曾于1577年至1578年游历帕多瓦、博洛尼亚的植物园。他写下了《植物学教室索引》（*Pinax theatri botanici*，1623），这是最早试图提供一个全面的植物名对照和改进植物分类的著作之一，是有关欧洲植物园中植物研究的翘楚之作。[30]

282

公共植物园所显示出的关键制度特征，使其不同于贵族私人花园。有严格的规定详细说明园中的正当行为，提醒游览者可以看和闻，但不能采摘或者践踏植物，或者未经管理人允许而把枝条、花、种子、球茎和根带回家。[31] 植物学教授很喜欢与其他植物学家、内科医生和药剂师互换植物，这样可以使他们的植物园保持丰富性和多样性，同时也可以取悦作为新植物重要来源的王室资助者和在海外的商人。无论哪一种情况，其目的都在于维护和提高植物园所展示的自然所具有的多样性和实用性。

当植物园成为一种重要的科学研究机构时，出现了一个迫在眉睫的问题，即植物园如何组织知识。以帕多瓦植物园为例，该园最初的设计，在外围的植物布置上强调美学和高度的象征意义，而内部的布置则趋于实用性。[32] 在前一种情况下，植物园设计要比任何关于怎样划出一小片土地好让植物长势旺盛等实际考虑更重要；按照后一种情况，功用胜于形式，狭长的矩形花床成为植物园的一个重要特征（图12.2）。最初，大多数的大学所采用的权威教材、1世纪希腊内科医生迪奥斯科瑞德斯所著的《药物学》规定了哪些植物应在园中栽种。然而，古代植物学分类不可能包括所有的北欧、美洲和亚洲地区的植物，因为这些植物不是古代地中海地区土生土长的，没有被迪奥斯科瑞德斯描述。对于自然的新思考方式影响着植物园本身的结构。逐渐地，最为实际的方案是将植物园布置成一个微型世界，按照地理位置将其划分，这样任何替代的布局方式都会因新物种的出现而产生问题。

283

到了16世纪90年代，植物园突出了这种实用的布置。建于1577年的莱顿植物园，在夏尔·德·莱克吕兹任职期间，进行了重新布局；在彼得·帕夫任职期间，进行

[30] Reeds，《中世纪和文艺复兴时期大学的植物学》，第110页～第130页；以及Scott Atran，《自然志的认知基础：朝向科学人类学》（*Cognitive Foundations of Natural History: Towards an Anthropology of Science*, Cambridge: Cambridge University Press, 1990），第135页～第142页。

[31] 1601年莱顿规则见于F. W. T. Hunger，2卷本《夏尔·德·莱克吕兹》（*Charles de l'Escluse*, The Hague: Martinus Nijhoff, 1927），第1卷，第249页。关于帕多瓦的类似的规则，参看Minelli，《帕多瓦植物园（1545～1995）》，第48页。

[32] Andrea Ubrizsy Savoia，《圭兰迪诺时代的帕多瓦植物园》（The Botanical Garden in Guilandino's Day），载于Minelli，《帕多瓦植物园（1545～1995）》，第173，第181页；以及Terwen-Dionisius，《帕多瓦植物园的年代与设计》，第220页。

284

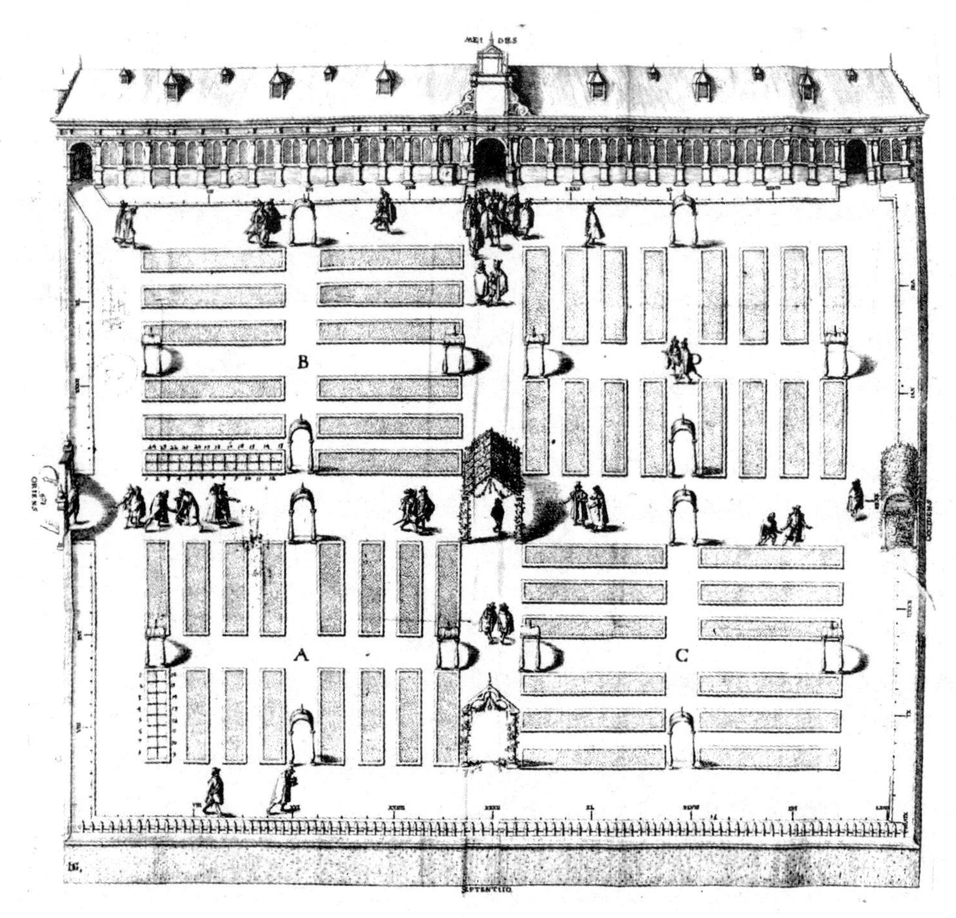

图 12.2 莱顿大学植物园。Jacques de Ghein II, 1601. Reproduced by permission of the Nationaal Herbarium Nederland, Leiden

了一次彻底的重新布局。[33] 莱克吕兹简化了设计，划分出4个分别代表欧、亚、非、美四大洲的区域，每个区域又分为16个圃。他按照植物的种类而不是药用价值来布局，反映了植物学地位的改变。植物学成为一个独立的研究领域，而不再是医学的分支。蒙彼利埃的皇家花园（Jardin du Roi）是由解剖学和植物学教授皮埃尔·里歇尔·德·贝勒瓦尔创建在城墙外侧的皇家花园，它也偏爱基本的几何图形式的设计，将植物按其自然习性分类。[34] 这些例子说明了17世纪大多数植物园的设计中显示的趋势，设计者逐渐在科学和商业的意义上而不是在象征意义上来看待植物，这与文艺复兴时期的意大利出现的植物园的设计者的想法很不相同。植物园与解剖剧场一样成为体验

---

[33] Hunger，《夏尔·德·莱克吕兹》，第一卷，第217页～第249页；以及 W. K. H. Karstens 和 H. Kleibrink，《莱顿花园，植物遗产》（*De Leidse Hortus, een Botanische Erfenis*, Zwolle: Uitgeverij Waanders, 1982）。

[34] Reeds，《中世纪和文艺复兴时期大学的植物学》，第80页～第90页。

和理解自然的标准方式。

藏　品

16世纪90年代至17世纪初到过帕多瓦、比萨和莱顿植物园的人都惊喜地发现，自然志博物馆，或当时普遍叫作“珍宝室”的，成为植物园的重要特征。在他1591年对帕多瓦植物园的描述中，吉罗拉莫·波罗讨论了当时帕多瓦正在修建的研究设施，这一设施的风格完全占先于培根关于一个真正整合式的科学设施的理想。他描述了一系列修建在植物园边缘上的房间。一些会被“用来进行各式各样的制药实验，以及……铸造、蒸馏等等”。剩下的一些房间用来陈列矿物、海洋生物、喂养陆地动物及鸟类。波罗写道：“这些丰富多样的陈列品将形成一个精彩奇妙的博物馆，从而能让这一稀有领域的学者满意，并有助于他们的教育。”[35]

285

正如我们已经看到的那样，许多大学的植物园都是研究和教学综合体的一部分，这个综合体包括一个解剖剧场和医学院搜集的各式各样的科学藏品。1595年，比萨大学为它的植物园增添了一个蒸馏间和一个铸造间，从而学者们可以在实验室中检验自然——这意味着炼金术的原料和工具对自然志领域同样有用。然后紧接着是一个陈列天然物品的长廊，比萨大学也是一样，珍宝室占据了通往植物园入口长廊的最顶层。[36] 这些不同的检验自然的方式之间的相互联系意味着现代早期学者们所探寻的是关于物质世界的一般性经验，它高于也超越了其他任何理解自然的单一方式。装饰着莱顿解剖剧场的动物皮、填充好的食蚁兽和尼罗河的鳄鱼标本使得它在不进行解剖的时候就成为一个珍宝室。[37] 因为类似的原因，基于假设冬天的解剖技术能够顺利地过渡到夏天的植物学陈列技术，通常可以只雇用一个同时擅长解剖学和植物学的人。[38]

然而正如培根指出的那样，将自然隶属于人工技术绝不是一个统一的过程。如果

[35] Girolamo Porro，《帕多瓦草药植物园》（*L'Horto de i semplici di Padova* [1592]）。我使用的译文见于 Vittorio Dal Piaz 和 Maurizio Rippa Bonati，《帕多瓦草药植物园的设计与形式》（The Design and Form of the Paduan *Horto Medicinale*），载于 Minelli，《帕多瓦植物园（1545～1995）》，第42页～第43页。

[36] Lionella Scazzosi，《户外自然博物馆的根源》（Alle radici dei musei naturalistici all'aperto），载于 Peressut 编，《神奇之物的房间：历史和项目之间的自然博物馆》，第102页。参看 Lucia Tongiorgi Tomasi，《关于比萨草药植物园的研究：16世纪和17世纪之间的藏品、科学与形象》（Il giardino dei semplici dello studio pisano: Collezionismo, scienza e immagine tra Cinque e Seicento），载于《里窝那与比萨：两个城市与美第奇的政治领域》（*Livorno e Pisa: Due città e un territorio nella politica dei Medici*, Pisa: Nistri-Lischi e Pacini, 1980），第514页～第526页；以及 Tongiorgi Tomasi，《16世纪到17世纪之间的比萨草药植物园的画廊和图像研究活动清单》（Inventari della galleria e attività iconografica dell'orto dei semplici dello Studio pisano tra Cinque e Seicento），载于《佛罗伦萨科学史博物馆及研究所年鉴》（*Annali dell'Istituto e Museo di Storia della Scienza*），4（1979），第21页～第27页。

[37] Jan C. C. Rupp，《生死问题：解剖剧场兴起的社会文化条件，特别是17世纪的荷兰》（Matters of Life and Death: The Social and Cultural Conditions of the Rise of Anatomical Theatres, with Special Reference to Seventeenth Century Holland），载于《科学史》，28（1990），第272页。

[38] 这当然就是蒙彼利埃、巴伦西亚（Valencia）、巴塞尔、莱顿和乌普萨拉的情况。这一决定部分地依赖于医学院的所有教学职位的数量。诸如那些在博洛尼亚、帕多瓦和比萨的拥有更大规模的学院的大学，就能够给他们提供更为专业化的职位设置。

一个人工的自然在一个微观世界中被造出来,它就在许多处理关于知识的各种不同问题的不同方式上变得人为化。例如,解剖剧场展示标准的尸体。维萨里曾推荐人们为公共解剖选择尽可能标准的男性的尸体,与之对照的是在私底下的解剖中,为了理解疾病的需要,"任何尸体"都可能有价值。尽管他及他的许多同时代人乐于研究人的差异性,他们将解剖剧场首先用于创造最人为化的人——一个典型的男性——像一个削开的洋葱似的希腊雕塑,以及伴随他的一个完全用其生殖器官来定义的标准的女性。[39] 与之对照,植物园则声称是对自然的全面描绘——作为一个人工的伊甸园,它不再具有许多符号化的意义,因为它力图收容其数目永远不断增长的所有植物。珍宝室则不同于任何一个这样的人工化自然的范例。它提供了关于自然的一个极其异质的图景。有时收集者将他们的珍宝室呈现为对这个世界的真实的微观化模型,有时则将它们表现为一个对物品的有选择的积累。然而,绝大多数情况下,收集者们遵循这样一个由 16 世纪米兰内科医生吉罗拉莫·卡尔达诺(1501 ~ 1576)精心总结的哲理,他强调自然的微妙性和多样性。通过将这个世界上的所有稀奇、绚丽、珍贵的东西收集到一起,珍宝室成为一个解剖剧场和植物园永远都无法成为的奇妙之屋。[40]

286

在 16 世纪后期,收藏品成为理解自然的一个重要途径。[41] 与由市政府和公共团体资助的解剖剧场和植物园这样的制度化场所不同,博物馆(起源于珍宝室的近代机构)的兴起首先是出于内科医生和自然志家个人的努力,他们提倡在探究知识时将自然物品和书本视为同等重要这样一种研究自然的经验化途径。内科医生的档案中充满了关于收藏品的记录,正如 1596 年在蒙彼利埃,在刚去世的医学院院长洛朗·茹贝尔的家里,作为学生的老托马斯·普拉特所看到的。普拉特记载了诸如鹈鹕、变色龙、鳄鱼以及传说中的鲫鱼(remora)这样的珍奇动物,但是也有"一些值得注意的畸形物":一头 8 只脚的猪、一只 2 个头的鹅,以及从茹贝尔的病人体内排出的大量结石。在底层是一个鲸的骨架。[42] 对自然的奇异之物的不可遏制的迷恋成为文艺复兴时期收藏品的典型特征。[43]

---

[39] Andreas Vesalius,《人体的构造》(*De humani corporis fabrica* [1543]),载于 O'Malley,《布鲁塞尔的安德烈亚斯·维萨里(1514 ~ 1564)》,第 343 页;以及 Nancy Siraisi,《维萨里与〈人体的构造〉中人的多样性》(Vesalius and Human Diversity in "De humani corporis fabrica"),载于《沃伯格和考陶德研究所杂志》(*Journal of the Warburg and Courtauld Institutes*),57(1994),第 60 页~第 88 页。

[40] Lorraine Daston 和 Katharine Park 著,《奇事与自然秩序(1150 ~ 1750)》(*Wonders and the Order of Nature, 1150 - 1750*, New York: Zone Books, 1998)。

[41] Krzysztof Pomian,《收藏者与奇异物品:巴黎与威尼斯(1500 ~ 1800)》(*Collectors and Curiosities: Paris and Venice, 1500 - 1800*, London: Polity, 1990),Elizabeth Wiles-Portier 译;Antoine Schnapper,《巨形物、独角兽、郁金香:17 世纪的法国收藏品》(*La géant, la licorne, la tulipe: Collections françaises au XVIIe siècle*, vol. I: *Histoire et histoire naturelle*, Paris: Flammarion, 1988);Giuseppe Olmi,《关于世界的清单:现代早期自然与知识场所的编目》(*L'Inventario del mondo: Catalogazione della natura e luoghi del sapere nella prima età moderna*, Bologna: Il Mulino, 1992);Paula Findlen,《拥有自然:现代早期意大利的博物馆、收藏和科学文化》(*Possessing Nature: Museums, Collecting, and Scientific Culture in EarlyModern Italy*, Berkeley: University of California Press, 1994);以及 Horst Bredekamp,《古代的诱惑与机器崇拜》(*The Lure of Antiquity and the Cult of the Machine*, Princeton, N. J.: Markus Weiner, 1995),Allison Brown 译。

[42] Thomas Platter,《弟弟的日志:16 世纪末医科学生托马斯·普拉特在蒙彼利埃的生活》,第 105 页~第 108 页。

[43] 关于奇异之物这一主题,参看 Joy Kenseth 编,《珍奇之物的时代》(*The Age of the Marvelous*, Hanover, N. H.: Hood Museum of Art, 1991);以及 Daston 和 Park,《奇事与自然秩序(1150 ~ 1750)》。

自然物品收藏者的主体是内科医生、药剂师以及自然哲学家,尽管实际上任何人只要受过一点教育,有一些旅行经历,或者对学者们通常交易物品的网络有过一些接触,就可以声称自己是一个收藏家(参看第 11 章)。相当典型的是,那些在提倡解剖剧场和植物园中扮演重要角色、在这些机构中任教的拥有私人的收藏品的学者。博洛尼亚内科医生阿尔德罗万迪就是一个典型的例子。到 16 世纪 60 年代,阿尔德罗万迪作为一个自然物品的收集者而闻名。在接下来的几十年中,他的家成为自然志的重要研究中心之一。通过一个广泛的朋友、同事、资助者的圈子,他使得他的私人收藏转变为这样一个重要的公共资源,以至在 1603 年,也就是他去世的前两年,他劝服了博洛尼亚参议院将它作为市博物馆而保存下来。[44]

287

阿尔德罗万迪的博物馆于 1617 年开放,它成为第一个公共的科学博物馆,比开放于 1683 年的牛津的阿什莫尔博物馆还要早,这个博物馆是热心的炼金术士、实验家、早期皇家学会成员伊莱亚斯·阿什莫尔的遗赠。参观解剖剧场、植物园、私人收藏品以及王室宝库的人已经习惯于将查看珍奇事物作为观察自然的一部分。他们检测在罗马梵蒂冈矿物收藏品中的化石,好奇于神圣罗马帝国皇帝鲁道夫二世在布拉格的关于新世界动物群的收藏品,漫步在皇家园丁约翰·特雷德斯坎特在伦敦兰贝斯区(Lambeth)的博物馆,凝视着挂在药剂师费兰特·因佩拉托在那不勒斯的著名博物馆的墙壁和天花板上的尼罗河鳄鱼,就像在他的《自然志》(*Dell'historia naturale*,1599)(图 12.3)中的木刻画中所展示的那样。博物馆促使学者们将自然设想为一个物品的群,其物质特性对于理解它们非常重要。相较于将自然作为一个抽象的共相来思考,收藏家们则热衷于它的殊相。[45] 这些东西是源于经验的事实。

收藏家们认为最有吸引力的这些特定个体在现代早期通常与自然的商业价值直接相关。并不奇怪诸如因佩拉托这样的药剂师在收藏文化中占有重要位置。他们收藏自然物并以之为生。珍奇的收藏品,诸如由东方和新世界的肉桂制得的纯正香脂(哥伦布在 1492 年认为它能为他的西班牙资助者带来利润从而进口到欧洲),也是现代早期药典的重要配方;在他们处于底层商店之上的房间里,药剂师们陈列这些香料,从而使顾客进一步相信他们的药品源于对自然世界的渊博知识。收藏活动的扩张与欧洲和美洲之间新贸易网络的扩张成正比,也与联系黎凡特(地区)的旧贸易路线相关联(参看第 16 章)。尽管收藏家们很少买卖标本,更喜欢以物易物,然而他们对于在一个由商业和贸易塑造的世界中自然不同部分的价值有着相当精确的理解。

288

随着 17 世纪欧洲科学学会的兴起,博物馆成为科学的新体制化文化的一部分。

---

[44] Findlen 著,《拥有自然:现代早期意大利的博物馆、收藏和科学文化》,第 24 页～第 31 页;以及 Cristiana Scappini 和 Maria Pia Torricelli,《关于阿尔德罗万迪公共博物馆的研究》(*Lo Studio Aldrovandi in Palazzo Pubblico [1617 - 1742]*, Bologna: Cooperativa Libraria Universitaria Editrice Bologna, 1993),Sandra Tugnoli Pattaro 编。

[45] Lorraine J. Daston,《事实的敏感性》(The Factual Sensibility),《爱西斯》(*Isis*),79(1988),第 452 页～第 470 页;以及 Daston,《培根主义的事实、学术修养与客观性前史》(Baconian Facts, Academic Civility, and the Prehistory of Objectivity),载于《学术年鉴》(*Annals of Scholarship*),8(1991),第 337 页～第 363 页。

图 12.3　16 世纪晚期那不勒斯的费兰特·因佩拉托自然博物馆。In Ferrante Imperato, Dell'historia naturale (Naples: Constantino Vitali, 1599). Reproduced by permission of the Rare Books Division, The New York Public Library, Astor, Lenox and Tilden Foundations

1681 年，自然志家尼赫迈亚·格鲁发表了一个关于伦敦皇家学会贮藏室的藏品目录。他在目录中宣称自 1660 年建立以来学会收集的“不仅包括奇珍异物，还有那些最为我们熟知的、最普通的东西”。[46] 这样一种方式标志着收藏的一个新的目标，它很快衍变成强调收藏全部自然的重要性，而不是仅收藏它最不寻常和最稀少的部分。巴黎的皇家科学院同样强调收藏自然所有部分的可取性，以此标志着对体验自然之含义的普通方面的新兴趣，即从最低级的原植体直到最大的哺乳动物。

289

在接下来的一个世纪中，像贯穿整个欧洲的科学学会那样，科学博物馆逐渐获得成功，以至它不再是一个“珍宝室”，而是一系列的贮藏室。它们配备了诸如望远镜、显微镜、空气泵、气压计直至实验物理学的机械这样的工具，以及一些人工物品。通过把科学工具视为一个场所，在这里可以用无法在自然中做的实验来检测自然，每一件这样的工具都将一个人工化的自然这个想法往前推进了一步（参看第 27 章）。诸如因其

[46] Nehemiah Grew,《英国皇家学会博物馆，或属于皇家学会并在格雷欣学院保存的自然和人工稀有物的目录与描述》(*Musaeum Regalis Societatis, or a Catalogue & Description of the Natural and Artificial Rarities Belonging to the Royal Society and Preserved at Gresham College*, London: W. Rawlins, 1681)，序言部分。参看 Arthur MacGregor,《17 世纪不列颠的珍宝室》(The Cabinet of Curiosities in Seventeenth Century Britain)，以及 Michael Hunter,《珍宝室制度化：英国皇家学会的“仓库”及其背景》(The Cabinet Institutionalized: The Royal Society's "Repository" and Its Background)，均收于 MacGregor 和 Impey 编，《博物馆的起源：16 世纪和 17 世纪欧洲的珍宝室》，第 147 页～第 158 页，第 159 页～第 168 页。

自然物和工具贮藏室而著名的伦敦皇家学会这样的学会，明确地将它们的团体称作现实中的所罗门宫。直到 18 世纪早期，人们普遍认为最像在《新大西岛》中描述的那样为科学研究目的而设的地方，是在诸如巴黎皇家科学院和博洛尼亚科学院（Instituto delle Scienze）这样的机构的房间里。一时间，学会而不是大学，成了统合所有那些关于构建一座知识大厦的不同思想的地方。[47]

培根关于一个多维化的研究设施的理想提供了重要的基础，在此基础上后人可以坚持科学训练和工作需要在适合于特定的科学目的的地方进行。它提供了一套体系，可以统一从文艺复兴以来出现的探究自然的各种不同的而且常常是特别的活动。如果理解自然曾经是一种人工技术，那么在完善对自然世界的完整的理解过程中，所有那些能将自然人工化的方式都变得很重要了。这就是诸如早期皇家学会的两位领军人物罗伯特·玻意耳（1627～1691）和罗伯特·胡克（1635～1703）这样的实验哲学家在他们的探索中完全吸取的一个经验。他们在器械、房间和贮藏室中探索自然的并非显而易见的面貌，这使得他们的团体变得科学化了。

（李文靖　译）

[47] Paula Findlen，《建造知识的殿堂：文艺复兴后期欧洲的思想结构》（Building the House of Knowledge: The Structures of Thought in Late Renaissance Europe），收于 Töre Frangsmyr 编，《知识结构：文艺复兴以来科学与学问的分类》（*The Structure of Knowledge: Classifications of Science and Learning since the Renaissance*, Berkeley: Office for History of Science and Technology, University of California, 2001），第 5 页～第 51 页。

13

290

实　验　室

帕梅拉·H. 史密斯

1603年，经过6年的修建，沃尔夫冈二世伯爵冯·霍恩洛厄在其魏克尔斯海姆城堡(Schloss Weikersheim)的居所里的一座两层实验室终于竣工了。[1] 他实验室中很多基本要素都可以在一本由内科医生、炼金术士海因里希·昆拉特(1560～1605)所著的《永恒智慧之场所》(*Amphitheatrum sapientiae aeternae*，1609)的神智学炼金术著作的卷首画中看到(图13.1)；这张图虽然突显炼金术的精神层面(如炼金术士下跪的形象)，但也表现出了炼金术实验室实际使用的工具，想必是昆拉特在中欧的贵族和炼金术士那里工作时了解了这些工具。

正如图中所表现的那样，在沃尔夫冈二世宽敞的实验室中，窗户巨大而明亮，窗台探伸出来的部分摆放器皿，小窗户则用来通风，把烟雾和蒸汽放出室外。实验室的一角，放着有浮雕的石质壁炉或熔炉(类似于铁匠使用的那种)，壁炉上方赫然耸立着一个排烟的烟罩，像画中所用的那样。(不过这不能保证在实验室工作的人不受侵害，因为在操作过程中整个房子经常弥漫着毒气。)[2]炉壁一侧是一大套固定风箱，在熔炉里烧煤时起鼓风作用，并对熔炉里可能有的较小的炉子起加热作用。在魏克尔斯海姆的实验室中，与主烟罩相连接的有4个砖砌的炉：其中一个叫作"懒鬼"，上面可以同时进行很多蒸馏操作；一个是试金炉，用来分析经过提纯的金银的纯度以及矿石的金属含量；还有一个大约是升华炉，物质在这里加热变为气体，然后再经迅速降温冷凝成固体。蒸馏炉和试金炉见图13.1右前，烟罩下面。沃尔夫冈二世的实验室的装备更加齐全，有小型、轻便的铜炉，而且还一定有"哲人炉"，用来寻找哲人之石(将贱金属转变为金和银的物质)。墙中至少嵌有4个大壁橱，里面满是架子和抽屉，用来放蒸馏用的按规格制作的玻璃器皿；[3]金属、石头和陶制的熔炼器皿，曲颈瓶、研钵和杵，还有实验

291

〔1〕 下列描述来自 Jost Weyer，《沃尔夫冈二世伯爵冯·霍恩洛厄与炼金术：魏克尔斯海姆城堡的炼金术研究(1587～1610)》(*Graf Wolfgang II von Hohenlohe und die Alchemie: Alchemistische Studien in Schloß Weikersheim, 1587 - 1610*, Sigmaringen: J. Thorbeke, 1992)，第94页～第103页。

〔2〕 关于一个金属加工作坊的陈设的描述，参看 Robert Barclay，《小号制造者的技艺：17世纪和18世纪纽伦堡的材料、工具和技术》(*The Art of the Trumpet-Maker: The Materials, Tools, and Techniques of the Seventeenth and Eighteenth Centuries in Nuremberg*, Oxford: Clarendon Press, 1992)，第100页～第101页。

〔3〕 Weyer，《沃尔夫冈二世伯爵冯·霍恩洛厄与炼金术：魏克尔斯海姆城堡的炼金术研究(1587～1610)》，第153页。

图 13.1　炼金术实验室的理想化形式。Paul van der Doort after Jan Vredeman de Vries, engraving. In Heinrich Khunrath, Amphitheatrum sapientiae aeternae , 2nd ed. (Hanau: G. Antonius, 1609). Reproduced by permission of the Research Library, The Getty Research Institute, Los Angeles

室器具,包括漏斗、搅拌器、钳和天平;以及化学物质,包括金属、矿石、各种盐,从附近药剂师和商人那里买来的各种酸。在昆拉特的想象中,还有一些器皿和工具放在屋子的别处,在架子上或者在桌上,还有可能在炉边。沃尔夫冈二世还有 2 个暖脚炉(在寒冷的冬天或某些小型蒸馏过程中使用),一张床供实验室的操作者休息,看护炉火保持其不灭以进行长时间的化学操作(有些过程需要慢火加热 40 天)。最后还有一大排水沟贯穿整个实验室,将废水排入城堡的护城河。

292

在这样一所实验室有从事各种各样工作的仆人,他们从事繁重的工作(如研磨矿石、拖运木材和木炭、清洗器皿和器具),以及更加专业的工人,如蒸馏师、药剂师,他们制造出酒精和各种酸,还有其他各式各样的人;在魏克尔斯海姆,实验室的工作有时甚至还需要一位公证人。沃尔夫冈伯爵雇用了一名实验室长期工人或实验员,他负责实验室的主要工作,长达 16 年。他的职责包括不分黑夜和白日地执行实验操作,维持秩序,尤其是保证实验室活动的秘密进行,并且任何时候都亲自看管实验室的大门。与魏克尔斯海姆实验室里只有数名工人的情况不同,与沃尔夫冈伯爵就炼金术有密切书信往来的通信者之一、斯图加特(Stuttgart)的符腾堡(Württemberg)的弗雷德里克公爵的实验室1608年雇用了10名"实验员",而在1593年至1608年期间共有33名实验员。[4] 沃尔夫冈伯爵自己也在实验室进行操作,显然有时候也与其夫人玛格达莱娜一道,[5]他们尝试研制哲人之石,还尝试配置简单药物,这些药物在很多炼金术书籍和宫廷图书馆手稿中有记述。[6]

虽然沃尔夫冈伯爵称自己这个17世纪的工作场所为实验室,但是它却更像药剂师、金属加工者、染料工人以及其他手工业者的作坊,而且它的很多要素都与金属熔铸工、玻璃工和制陶人的工作场所一样。与之相对照,到了17世纪末,实验室成为新科学的标志之一,在这里理论和假设要由实验检验,并从中得出新发现和有用的知识。实验室何时以及如何由手工业者的作坊转变为中心"科学场所",这一点告诉我们现代早期出现的自然哲学中的一种新的活跃的认识论是如何来界定一种新科学的。[7]

293

理论与实践

在古代,动手的工作一般分派给奴隶来完成,所以在认识论上的地位很低。在希腊人的观念中,手工劳动不能够带来"科学知识"或理论知识(参看第27章)。此外,手工劳动还与以商业或以谋生为目的的商品制造过程联系在一起,在希腊哲学家看来,这使得它难以成为一种公正而高尚的探索真理的行为。而且手艺与其他形式的技艺(technē)涉及感觉而不是推理,所以永远无法与变化不息的世界分离开来。于是,尽管从一个宽泛的意义上来讲,柏拉图和亚里士多德认为手工艺是知识的一部分,[8]但是它们并不属于对美德的追求,也不能成为适合那些独立的、悠闲的自由民的适当活动。[9]

---

[4] 关于实验室工作者,参看 Weyer,《沃尔夫冈二世伯爵冯·霍恩洛厄与炼金术:魏克尔斯海姆城堡的炼金术研究(1587～1610)》,第186页～第199页。

[5] 同上书,第395页。

[6] 同上书,第200页及其后。

[7] 自从17世纪晚期以来,实验室的实际活动几乎总是包含某种形式的劳动,它涉及人的身体,而且实验室的最终结果也已经形成文字,从而使得经验公共化并允许其他科学家可以来重复这些文本所展示的实验。参看 Bruno Latour,《行动中的科学:如何通过社会理解科学家和工程师》(*Science in Action*: *How to Follow Scientists and Engineers through Society*, Cambridge, Mass.: Harvard University Press, 1987);以及 Peter Dear,《叙事、逸事和实验:在17世纪将经验转化为科学》(Narratives, Anecdotes, and Experiments: Turning Experience into Science in the Seventeenth Century),载于 Peter Dear 编,《科学论证的文学结构:历史研究》(*The Literary Structure of a Scientific Argument*: *Historical Studies*, Philadelphia: University of Pennsylvania Press, 1991),第135页～第163页。

[8] Carl Mitcham,《哲学与技术史》(Philosophy and the History of Technology),载于 George Bugliarello 和 Dean B. Doner 编,《技术的历史与哲学》(*The History and Philosophy of Technology*, Urbana: University of Illinois Press, 1979),第163页～第201页,引文在第173页～第177页。

[9] Elsbeth Whitney,《重建天堂:从古代到13世纪的机械技艺》(*Paradise Restored*: *The Mechanical Arts from Antiquity through the Thirteenth Century*, Transactions of the American Philosophical Society, 80, Philadelphia: American Philosophical Society, 1990),第23页～第32页。

在塑造16世纪知识分子态度的亚里士多德式的知识体系中，理论与实践是分离的。理论（theôria）是对于事物原因的抽象思辨，而实践（praxis）分为两类：人为之事（things done）和人造之事（things made）。“人为之事”是历史学、政治学、伦理学和经济学等学科的对象。它（通过经验累积）研究个别，不能形成一个演绎体系，因此没有理论可靠。另一类实践即技艺（technē）与确定性毫无关系，而是关于如何制造东西或产生结果的由动物、奴隶和手工业者来完成的低级知识。这是唯一的生产性知识领域。

与亚里士多德对理论的看重不同的一种新的对待实践的态度出现了，它首先出现在罗马人对政治生活的关切中；知识的这种实用形式（“人为之事”）是服务于公众所必需的。与此同时，早期基督教既作为这一古代思想的继承者，又作为一种崭新和特殊文化的孕育者，逐渐将手工劳动视为人堕落之后凡俗生活的标志，以及人类赎罪的必要部分。这种对待劳动的矛盾态度在希波的奥古斯丁（354～430）的著作中尤为突出，他认为技艺是人们为自己创造出“第二本性”的途径，但同时也与神圣事物背道而驰。[10]

294

中世纪早期的修道院运动反映出奥古斯丁的矛盾，将劳动视为一种忏悔。然而，这种劳动的目的不在于生产物品或得到成果，而是维持修道士团体的生活，以及在灵与肉的持续斗争中压制欲念。因此古典时期的有闲阶层阻碍了拯救人类的劳动。在努西亚（Nursia）的圣本笃（约480～547）所著的《规则》（*Rule*）一书中，修道院起着灵魂加工场的作用，手工劳动被置于“上帝工作”的中心位置。[11] 所以修道院的建筑包括写字间、演说室、宿舍、讲堂、餐厅，有时候还有进行蒸馏和制药的实验室。这种用体力劳动来赎罪的观点一直到17世纪在欧洲都占据重要位置。

进入第一个千年之后，由于人们逐渐熟知阿拉伯作者的著作以及他们改编的古代文本，一种对于手艺以及它们所需的劳动的不同的理解方式开始进入欧洲。与亚里士多德不同，在阿拉伯人的科学分类系统中，手工艺占据一个重要的位置。在伊斯兰社会，很多学者同时也制造仪器，动手的工作并不会使人丧失较高的地位。与阿拉伯文化的接触对于与实验室关联最为紧密的技艺即炼金术尤为重要。从东方传入欧洲的大部分炼金术著作被认为是8世纪的炼金术作家贾比尔·伊本·哈扬（拉丁文名为Geber）所著，还有9世纪的波斯人拉齐（Rhazes）所著的《秘典》（*Book of Secrets*）。[12] 阿拉伯炼金术既包括一套公开的操作过程，即制出药物、蒸馏物以及其他产物，也包括一种隐秘的传统，即在物质材料中寻找神圣的精神。炼金术实验室中摆满了用火来分离

---

[10] 这一趋势被古代晚期普通教育课程和中世纪大学的发展加强，这种教育体系着重强调自由之艺的系统化，排斥机械之艺，因为它们不属于相同的分类；一般性的描述，可参看 A. Geoghegan，《基督教与古代文化关于劳动的态度》（*The Attitude toward Labor in Christianity and Ancient Culture*，Washington，D. C.：The Catholic University of America Press，1945）；以及 Whitney，《重建天堂：从古代到13世纪的机械技艺》。

[11] George Ovitt，《完美的复兴：中世纪文化中的劳动与技术》（*The Restoration of Perfection：Labor and Technology in Medieval Culture*，New Brunswick，N. J.：Rutgers University Press，1987），第104页～第105页。

[12] William R. Newman，《伪贾比尔的〈完美大全〉》（*The "Summa perfectionis" of pseudo-Geber*，Leiden：E. J. Brill，1991），此书表明 Jābir ibn Ḥayyān 并不等同于拉丁文 Geber，正如先前人们认为的那样。

295 和分析的工具——炉、蒸馏器和坩埚，在此这两种研究结合在一起。这种炼金术传统对于欧洲人来说是新事物，因为它兼具手工和文本两种传统，从而统一了理论和实践，而这种统一的方式是中世纪欧洲其他研究领域很少具备的。炼金术的活动从而将成为现代早期自然哲学中实践与理论新关系的一种主要形式。

转向新认识论

尽管有大阿尔伯特(1206～1279)和罗吉尔·培根(约1220～1292)这样的学者怀着浓厚的兴趣阅读阿拉伯著作并且倡导科学实验(scientia experimentalis)的活动，还有炼金术士们为实践操作争取地位，[13]但是基于有产出的体力劳动的新认识论直到文艺复兴末期才发展起来。这种新观念产生的一个重要动因是15世纪赫耳墨斯文集被引入西欧。赫耳墨斯派认为人类是"小上帝"，能够通过"自然魔法"来改变自然。由于学者们认为这一批著作与摩西是同时代的，是神启的另一种来源，所以它对西方人如何看待人与自然的关系产生了深远的影响。亚里士多德认为人类技艺是对自然的模仿，赫耳墨斯著作中却提升了人类技艺的形象，技艺并不单纯是模仿自然，而是超越自然。在技艺理论和炼金术两个领域中，技术逐渐被视为能够使自然更加完善，甚至能够替代自然。[14] 到了17世纪，这一观点被弗兰西斯·培根(1561～1626)和罗伯特·玻意耳(1627～1691)等人进一步发挥，融会进了技术能够在实验室的这一学科化的空间中"控制"和"审问"自然这一观点中(参看第4章、第27章)。

对于人类的技艺(亚里士多德所谓technē)的新态度，还有一个同等重要的来源，296 即中世纪末手工业行会的出现以及这些行会越来越突出的经济意义和政治力量。手工业者和他们所从事的劳动的地位由此大大提高。人文主义者对知识所进行的改革，以及他们对中世纪大学和修道院内典型的思辨的生活的反对，复兴了罗马人对于积极

---

[13] William R. Newman，《中世纪晚期的技术与炼金术争论》(Technology and Alchemical Debate in the Late Middle Ages)，载于《爱西斯》(*Isis*)，80(1989)，第423页～第445页。被认为是Albertus Magnus所著的《炼金术之书》(*Libellus de alchimia*)中写道，(在炼金术士必须保持沉默和隐伏的禁令公布之后)炼金术的第二项规则是炼金术士必须有"为旁人所不知的一块地方和一个特殊的有两三间房间的屋子"，在那里进行炼金术的活动。这里的用词是camerae而不是laboratorium。参看Sister Virginia Heines译，《炼金术之书》(*Libellus de alchemia*，Berkeley：University of California Press，1958)，第12页。

[14] William R. Newman，《中世纪晚期的技术与炼金术争论》，第424页；以及Newman，《伪贾比尔的〈完美大全〉》。例如，参看Giambattista della Porta，《自然的神奇，性质或奇观》(*Magiae naturalis，sive de miraculis rerum naturalium*，Naples，1558)。Leon Battista Alberti的《绘画》(*Della pittura*)(成书于1435～1436)，Leonardo da Vinci、Michelangelo Buonarotti和Giorgio Vasari都表达过类似的观点。同时参看Jan Bialostocki，《文艺复兴时期的自然与古代概念》(The Renaissance Concept of Nature and Antiquity)，载于《文艺复兴与风格主义：西方技艺研究》(*The Renaissance and Mannerism：Studies in Western Art*，Acts of the Twentieth International Congress of the History of Art，2，Princeton，N. J.：Princeton University Press，1963)，第19页～第20页，第23页～第30页；以及R. Hooykaas，《自然与技艺》(La Nature et l'art)，载于《科学史论文选》(*Selected Studies in History of Science*，Coimbra：Act a Universitatis Conimbricensis，1983)，第192页～第213页，尤其第197页～第206页。

生活的价值的理解。[15] 与此同时,人造之事的实践知识成为一种权力的来源,并引发了那些关注城市和国家体制的人的巨大兴趣。学者和人文主义者恳请支持他们改革的人走进手工业者的作坊并学习他们的实践活动。如 1531 年教育改革家胡安·路易斯·比韦斯(1492 ~ 1540)鼓励学者们"走进商铺和工厂,无须羞惭,要向工匠们请教,以了解他们工作的细节"。[16] 比韦斯等人认为与手工业者的这种接触是知识全面改革的一部分,也是目睹实践活动对社会有益的机会。[17]

然而,对于自然哲学中新的认识论的发展最为重要的是,这些人认为对手工业操作的观察是一种获取自然的新"科学"知识的途径,因为他们相信,手工业者凭借他们对于物质以及天然原料的精通生产出物品,而这种精通能够被整合进自然哲学改革的理论框架中去。如人文主义者奇普里亚诺·皮科尔帕索写的《制陶工艺三篇》(*I tre libri del'arte del vasaio*,约 1558),让制陶这一工艺从"只限于寥寥数人变得在宫中传开,在那些有崇高精神和思辨头脑的人中间流行"。[18] 与此同时,列奥纳多·达·芬奇(1452 ~ 1519)、阿尔布雷希特·丢勒(1471 ~ 1528)、本韦努托·切利尼(1500 ~ 1571)以及贝尔纳·帕利西(约 1510 ~ 1590)等多位工匠兼艺术家与人文主义学者之间有活跃的交流,因此他们认为自己地位高于普通行会中的手工业者。文艺复兴时期学术文化与手工艺文化之间的这种相互作用,是价值观转变的最主要原因,由此导致对在特定空间中进行的体力劳动的认可,它被视为生产科学知识的一种途径。[19]

伴随着整个欧洲领主权力的扩大以及政治分裂格局的加剧,一种推动学者和具体职业人的交流的新因素出现了。君主和贵族关注技术,尤其是涉及军事、建筑、领土受益产品、自我表现和展示的技术,他们雇用并表彰了很多手工业者(参看第 27 章、第 14

297

[15] 一般性的讨论,可参看 Anthony Grafton 和 Lisa Jardine,《从人文主义到人文学科:15、16 世纪欧洲的教育与自由之艺》(*From Humanism to the Humanities: Education and the Liberal Arts in Fifteenth-and Sixteenth-Century Europe*, Cambridge, Mass.: Harvard University Press, 1986),序言。有关 praxis 含义的例子,可参看 Lisa Jardine 和 Anthony Grafton,《"研究行动":加布里埃尔·哈维如何阅读他的李维》("Studied for Action": How Gabriel Harvey Read His Livy),载于《过去与现在》(*Past and Present*),129(1990),第 30 页~第 78 页。

[16] Juan Luis Vives,《论教育》(*De tradendis disciplinis* [1531], Totowa, N. J.: Rowman and Littlefield, 1971),Foster Watson 译,第 209 页。

[17] Eugenio Garin,《意大利文艺复兴时期的科学与城市生活》(*Science and Civic Life in the Italian Renaissance*, New York: Doubleday, 1969),Peter Munz 译;R. Hooykaas,《人文、科学与改革:皮埃尔·德拉·拉梅(1515 ~ 1572)》(*Humanisme, science et Réforme: Pierre de la Ramée [1515 - 1572]*, Leiden: E. J. Brill, 1958);以及 Paolo Rossi,《现代早期的哲学、技术与技艺》(*Philosophy, Technology, and the Arts in the Early Modern Era*, New York: Harper and Row, 1970),Salvator Attanasio 译。

[18] Cipriano Piccolpasso,2 卷本《制陶工艺三篇》(*The Three Books of the Potter's Art* [ca. 1558], London: Scholar Press, 1980),Ronald Lightbown 和 Alan Caiger-Smith 译,第 2 卷,第 6 页~第 7 页。

[19] 关于这一主题,参看 Antonio Pérez-Ramos,《弗兰西斯·培根的科学理念和制造商的知识传统》(*Francis Bacon's Idea of Science and the Maker's Knowledge Tradition*, Oxford: Clarendon Press, 1988);Pamela O. Long,《建筑学作家对 15、16 世纪"科学"观的贡献》(The Contribution of Architectural Writers to a "Scientific" Outlook in the Fifteenth and Sixteenth Centuries),载于《中世纪与文艺复兴研究杂志》(*Journal of Medieval and Renaissance Studies*),15(1985),第 265 页~第 298 页;William Eamon,《科学与自然秘密:中世纪与现代早期文化中的秘著》(*Science and the Secrets of Nature: Books of Secrets in Medieval and Early Modern Culture*, Princeton, N. J.: Princeton University Press, 1994);J. V. Field 和 Frank A. J. L. James 编,《文艺复兴与革命:现代早期欧洲的人文主义者、学者、工匠和自然哲学家》(*Renaissance and Revolution: Humanists, Scholars, Craftsmen and Natural Philosophers in Early Modern Europe*, Cambridge: Cambridge University Press, 1993);以及 Pamela H. Smith,《工匠团体:科学革命中的艺术与经验》(*The Body of the Artisan: Art and Experience in the Scientific Revolution*, Chicago: University of Chicago Press, 2004)。

章)。这类新机会鼓励了各种行业的手工业者(不过突出的仍是制枪炮的人、修筑防御工事的人、建筑学著书人、建造机器的人以及炼金术士)撰写技术书籍,这样做在某种程度上是为自己的技术秘诀做广告。[20] 1420年出版的《烟花书》(*Feuerwerkbuch*),是一位不知名的枪炮制造人所写,作者写这本书是为了寻找一位需要火药制造技术,使用枪炮、飞弹和烟火的德国资助人,这本书是1400年左右开始出现的众多此类论述之一。[21] 其他手工业者如金匠洛伦佐·吉贝尔蒂(约1378～1455)、安东尼奥·阿韦利诺(约1400～约1462,被称为菲拉雷特),他们著书立说的目的既是宣传自身技能,也是为自己的技术经验提供一种理论阐述。尽管这些手工业者中有很多人为了不危及自身生计,通常只公开他们"秘诀"中的一部分,然而他们的著述活动仍然在书本和技术之间建立了一个崭新的联系,意味着除了通过特定的学徒期和模仿师傅,手工艺技术也可以从书本上学到。可重复过程和技术的公之于众,成为17世纪中期实验室活动的一个标志(但是即便在现代的科学实验室中,自由、开放地进行交流的理想与为建立优先权和为竞争研究资金而保守秘密这两者之间,仍然有一种张力)。

16世纪早期,宗教改革和知识改革都越来越提倡直接接触自然以获取知识。如马丁·路德(1483～1546)认为:

> 我们现在开始重新拥有因为亚当的堕落而失去的生物知识。现在我们正确地观察生物,远胜于天主教徒……无论如何,因为上帝的荣耀,我们开始看到他辉煌杰作与奇迹,即使是在花朵中……我们从生物那里看到上帝之言的力量。因为他说了,从而有了,即使是在一个桃核中。[22]

298

炼金术实验室是接触自然的深层活动的最好所在,因为在这里自然过程得到重现。实际上路德直接赞美炼金术:

> 我对炼金术这一学科颇为热爱,它的确是门古老的哲学。我喜爱炼金术,不但在于它通过熔炼金属,通过煎熬、混合、萃取和蒸馏草药等过程带来收益,还在于其关于死后复生的极好的寓意和隐秘的内涵。[23]

对自然中的个例——以及对个别的和不可重复的而非普遍的和可论证的实践和经验——的兴趣部分来自唯名论思想,这一思想助长了马丁·路德的信念:人绝对没有能力以完全而确定的方式来认识上帝,还有部分来自使徒保罗对通过上帝的造物来认

---

[20] Pamela O. Long,《权力、赞助与〈技艺〉的作者》(Power, Patronage, and the Authorship of *Ars*),载于《爱西斯》,88(1997),第1页～第41页;以及Bert S. Hall,《师父也应该懂得如何阅读和写作:关于约1400年至约1600年期间的技术的著作及其文化意义》(Der Meister sol auch kennen schreiben und lesen: Writings about Technology ca. 1400 - ca. 1600 A. D. and their Cultural Implications),载于Denise Schmandt-Besserat编,《早期技术》(*Early Technologies*, Malibu, Calif.: Undena Publications, 1979),第47页～第58页。

[21] Long,《权力、赞助与技艺之书的作者》,第18页。

[22] Martin Luther,《席间漫谈》(*Tischreden*, vol. 1, item 1160),被引用于James J. Bono,《上帝的话语与人的语言:现代早期科学与医学对自然的解释》(*The Word of God and the Languages of Man: Interpreting Nature in Early Modern Science and Medicine*, Madison: University of Wisconsin Press, 1995),第71页。

[23] Martin Luther,《席间漫谈》(*Table Talk*, London: Bell, 1902),William Hazlitt译,第326页。

识上帝的强调,这种倾向在加尔文宗中尤为强烈。[24]

特奥夫拉斯特·邦巴斯图斯·冯·霍恩海姆,又被称为帕拉塞尔苏斯(1493～1541),他的经历代表着那些将实践和实验室放在宗教改革中心位置的人所走的道路。这位医学改革者将从事具体职业的人和手工业者采用的方法当作获取知识过程的理想模式,因为手工业者直接以自然物质为对象。帕拉塞尔苏斯认为,由于手工业者进行这种无中介的劳动,而且对自然有亲身经验,无论是在精神上还是在知识上他们都高于学者。由于手工业者在其对天然原料的加工过程中模拟了自然过程,因此更加了解自然,而且因为他们接触上帝的创造物,因此还掌握着关于神启的更好的知识。[25]帕拉塞尔苏斯呼吁理论与实践的结合,他相信经验是获取自然知识的至关重要的环节。经验不是通过推理的过程获得的——在这一点上他与路德一致,相信救赎不是通过推理而是通过笃信——而是通过灵魂与肉体的神圣力量与物质中神圣精神的结合,[26]这一观点部分来自赫耳墨斯的经典。通过经验和手工劳动得到自然知识成为一种崇拜的形式,导致对上帝造物的理解,达成世界和人类的救赎。[27]

299

所有这些救赎的知识中最重要的典型是炼金术。炼金术的原理构成了帕拉塞尔苏斯医学化学理论的基础,并且他认为炼金术在实验室的操作过程是对自然中有生产能力的精神的寻找以及通过技艺模仿它的方法。[28] 在实验室这一微观世界中完成的产出和催熟等炼金术过程,是对上帝创造宏观世界的模仿,而炼金术的精炼技术,则在一个小的范围内模仿了人自堕落后的赎罪行为。实验室的工作从而被用来模拟自然,并且成为所有自然知识的基础。16 世纪 60 年代帕拉塞尔苏斯的著作一经出版,便产生了深远的影响。他的思想启发了医学领域从业者和各种宗教改革者,促使他们认为,实验室中的炼金术和自然"解剖学"即自然世界最深处的秘密以及它的革新的关键。[29] 帕拉塞尔苏斯既有奥斯瓦尔德·克罗尔(约 1560～1609)这样的热情支持者,也有安德烈亚斯·利巴菲乌斯(约 1560～1616)这样的批评者,利巴菲乌斯除了担心

---

[24] 关于表达这一信念的加尔文宗的实践者的例子,参看 Bernard Palissy,《真正的配方》(*Recepte veritable*, Geneva: Librairie Droz, 1988),Keith Cameron 为他这一版所写的导言,第 15 页～第 16 页。以及 Catharine Randall,《建筑规范:现代早期欧洲的加尔文主义美学》(*Building Codes: The Aesthetics of Calvinism in Early Modern Europe*, Philadelphia: University of Pennsylvania Press, 1999)。

[25] 这一点 Paracelsus 在很多著作中都说过,但是比较清楚的是在《伟大的天文学》(*Astronomia Magna: oder die gantze Philosophia sagax der grossen und kleinen Welt/ des von Gott hocherleuchten/ erfahrnen/ und bewerten teutschen Philosophi und Medici* [finished 1537 - 8, orig. publ. 1571]),载于 Paracelsus,14 卷本《全集:医学、科学和哲学著作》(*Sämtliche Werke: Medizinische, naturwissenschaftliche und philosophische Schriften*, Munich and Berlin: R. Oldenbourg and O. W. Barth, 1922 - 33),第 12 卷(Munich: Oldenbourg, 1929),Karl Sudhoff 和 William Matthiessen 编,第 11 页。也可参看 Kurt Goldammer,《帕拉塞尔苏斯:自然与启示》(*Paracelsus: Natur und Offenbarung*, Hanover: Theodor Oppermann Verlag, 1953)。

[26] Paracelsus,《内科医生的错误与困惑》(*Das Buch Labyrinthus medicorum genant* [1538, orig. publ. 1553]),载于《作品集》,第 11 卷(Munich: R. Oldenbourg, 1928),第 192 页。

[27] Walter Pagel,《帕拉塞尔苏斯:文艺复兴时期哲学医学导论》(*Paracelsus: An Introduction to Philosophical Medicine in the Era of the Renaissance*, 2nd ed., Basel: Karger, 1982),尤其是第 50 页～第 65 页。

[28] 载于《事物的本质九篇》(*Die neun Bücher de natura rerum* [1537]),载于《作品集》,第 11 卷。Paracelsus 将炼金术和发生(generation)等同,并且他认为自然的所有原则和过程都是炼金术式的。

[29] B. J. T. Dobbs,《牛顿炼金术的基础;或〈绿色里昂的狩猎〉》(*The Foundations of Newton's Alchemy; or, "The hunting of the greene lyon"*, Cambridge: Cambridge University Press, 1975);以及 CharlesWebster,《伟大的复兴:科学、医学和改良运动(1626～1660)》(*The Great Instauration: Science, Medicine, and Reform, 1626 - 1660*, London: Gerald Duckworth, 1975)。

帕拉塞尔苏斯书中固有的对社会和知识的挑战，更担心其间的宗教热情。[30] 尽管如此，不管是克罗尔还是利巴菲乌斯都认为，实验室不仅是一个以某种方式促进世界全面变革的地方，而且是发现新的、宝贵的知识的场所。

到了 16 世纪中期，实验室被正式称为工作室（officina）或实验室（laboratorium），大量有关实际和理想实验室的绘画出版，这些绘画有的出现在关于采矿和熔炼的技术著述中，[31]也有的出现在精神炼金术的著作里，如前文提及的海因里希·昆拉特的画，画中炼金术士在结合理论与实践的实验室里祈求神的启示（图 13.1）。到这一时期，实验室出现在学者和内科医生（参看第 9 章）的家中，出现在贵族宅邸、修道院、女修道院和手工业者的作坊中。[32]

300

实验室空间的演变

帕拉塞尔苏斯式的炼金术改革世界的思想促使很多贵族建立起炼金术实验室，尤其是德国境内的贵族。美第奇、西班牙和奥地利的哈布斯堡、霍亨索伦等很多家族以及一些势力较弱的贵族都供养炼金术士，建立实验室，甚至在实验室亲自动手操作。[33] 在有些宫廷里，这种实验室与药剂师、工匠和仪器制造者的作坊没什么区别，但是在其他宫廷，人们则狂热地追求金子。然而，在鲁道夫二世皇帝（1576 ～ 1612 年在位）、黑塞 - 卡塞尔的莫里茨伯爵（1572 ～ 1632）的宫廷，人们则认为实验室的炼金过程能够

---

[30] Owen Hannaway，《化学家及术语：化学的教学起源》（*The Chemists and the Word: The Didactic Origins of Chemistry*, Baltimore: Johns Hopkins University Press, 1975）。

[31] 例如，Georg Agricola，《论金属的性质》（*De re metallica*, Basel: H. Froben and N. Episcopus, 1556）；Alvaro Alonso Barba，《金属冶炼技艺》（*El arte de los metales*, Madrid, 1640）；Vannoccio Biringuccio，《烟花制造术》（*De la pirotechnia*, Venice: Venturino Rossinello, 1540）；Lazarus Ercker，《关于所有矿物和矿场类型的描述》（*Beschreibung aller fürnemsten mineralischen Ertzt unnd Bergwercksarten*, Prague: G. Schwartz, 1574）。

[32] 例如，参看 Owen Hannaway，《实验室设计与科学目标：安德烈亚斯·利巴菲乌斯与第谷·布拉赫》（Laboratory Design and the Aim of Science: Andreas Libavius versus Tycho Brahe），载于《爱西斯》，77（1986），第 585 页～第 610 页；Weyer，《沃尔夫冈二世伯爵冯·霍恩洛厄与炼金术：魏克尔斯海姆城堡的炼金术研究（1587 ～ 1610）》；R. W. Soukup、S. von Osten 和 H. Mayer，《蒸馏器、葫芦形蒸馏瓶、小玻璃瓶、坩埚：奥地利出土的 16 世纪检测实验室》（Alembics, Cucurbits, Phials, Crucibles: A 16th-Century Docimastic Laboratory Excavated in Austria），载于《炼金术史和化学史学会期刊》（*Ambix*），40（1993），第 25 页；以及他们对以下书籍的全面考察，Rudolf Werner Soukup 和 Helmut Mayer，《炼金术》（*Alchemistisches Gold: Paracelsistische Pharmaka: Laboratoriumstechnik im 16. Jahrhundert. Chemiegeschichtliche und archäometrische Untersuchungen am Inventar des Laboratoriums von Oberstockstall/Kirchberg am Wagram*, Perspektiven der Wissenschaftsgeschichte, 10, Vienna: Böhlau Verlag, 1997），Helmuth Grössing、Karl Kadletz 和 Marianne Klemun 编。

[33] Giulio Lensi Orlandi，《美第奇家族的炼金术士柯西莫与弗朗切斯科》（*Cosimo e Francesco de'Medici alchimisti*, Florence: Nardini Editore, 1978）。关于鲁道夫二世，参看 R. J. W. Evans，《鲁道夫二世及其世界：知识史研究（1576 ～ 1612）》（*Rudolf II and His World: A Study in Intellectual History, 1576 - 1612*, Oxford: Oxford University Press, 1984）。关于其他君主实践者，参看 A. Bauer，《直到 19 世纪初奥地利的化学和炼金术》（*Chemie und Alchymie in Österreich bis zum beginnenden XIX Jahrhundert*, Vienna: R. Lechner, 1883）；Cristoph Meinel 编，《欧洲文化和科学史上的炼金术》（*Die Alchemie in der europäischen Kultur-und Wissenschaftsgeschichte*, Wiesbaden: O. Harrassowitz, 1986）；Bruce T. Moran，《德国宫廷的炼金术世界：黑森的莫里茨圈子中的神秘哲学与化学医学（1572 ～ 1632）》（*The Alchemical World of the German Court: Occult Philosophy and Chemical Medicine in the Circle of Moritz of Hessen [1572 - 1632]*, Sudhoffs Archiv, Beiheft 29, Stuttgart: Franz Steiner Verlag, 1991）；Bruce T. Moran 编，《资助与机构：欧洲宫廷的科学、技术和医学（1500 ～ 1750）》（*Patronage and Institutions: Science, Technology, and Medicine at the European Court, 1500 - 1750*, Rochester, N. Y.: Boydell Press, 1991）；Heiner Borggrefe、Thomas Fusenig 和 Anne Schunicht-Rawe 编，《莫里茨伯爵：欧洲文艺复兴时期的君主》（*Moritz der Gelehrte: Ein Renaissancefürst in Europa*, Eurasburg: Edition Minerva, 1997）；以及 Weyer，《沃尔夫冈二世伯爵冯·霍恩洛厄与炼金术：魏克尔斯海姆城堡的炼金术研究（1587 ～ 1610）》。

制造出一种普遍的原料并带来知识的变革，这一变革能够弥合欧洲基督教教徒分崩离析的状况。作为其辖区内宗教和知识改革的一部分，黑塞－卡塞尔的莫里茨在马堡大学设置一个化学医学（chymiatria）教授职位，并任命一位帕拉塞尔苏斯派学者约翰内斯·哈特曼（1568～1631）担任这一教职，直到1621年它被取消。哈特曼把实验室教学排入课程表。[34] 一本留存下来的1615年至1616年实验室笔记表明，学生们学习实验室技能和制药技术，哈特曼本人则利用实验室试图复制帕拉塞尔苏斯更多的神秘配方。关于实验室里进行实验的描述，尽管有很多是实验室活动的纲要，而不是对于理论的明确验证，但还是含蓄地检验了关于物质本性的假定。[35]

301

在某些德国君主建立实验室的过程中，宗教改革可能是最重要因素，但是，就16、17世纪出现的一些学术团体所建立的实验室而言，宗教改革的重要性则不及知识改革。16世纪在那不勒斯设立或筹划设立实验室的学术团体有两个：吉罗拉莫·鲁谢利的奥秘学会（Accademia Segreta）以及詹巴蒂斯塔·德拉·波尔塔（1535～1615）的自然奥秘学会。[36] 17世纪最初几年，贵族费代里科·切西（1585～1630）的山猫学会成立，紧接着又有很多团体于该世纪成立，其中最重要的莫过于德国境内的自然奇珍学会（Academia Naturae Curiosorum，1652）、佛罗伦萨的实验学会（1657）、伦敦的皇家学会（1660）和路易十四在巴黎的皇家科学院（1666）。所有这些学术团体都坚持用新的积极的方法来进行哲学探讨，这种新方法尽管不能被清楚说出或严格执行，却是以主动实践为基础，包括为验证假说而在实验室进行尝试和检验。于是，到17世纪中叶，亚里士多德将知识划分为理论、实践和技艺（technē）的观点已经被彻底抛弃。在实验室中，产生的效果和实际事物首先开始验证理论的确定性。

后面这些学术团体的出现，部分得到17世纪早期的一些著作的鼓舞，其中以倡导“新哲学或积极的科学”（《伟大的复兴》，1620）的弗兰西斯·培根的著作最为突出。用英国内科医生和自然哲学家威廉·吉尔伯特（1544～1603）的话来说，开创这种“新的哲学探讨”的人，将是“那些真正的哲理家、诚实的人，即那些从事物本身探索知识而不囿于书本的人”。[37] 培根的乌托邦遗著《新大西岛》（1627）以及与培根同时代的乌托邦著作——托马索·康帕内拉的《太阳城》（*City of the Sun*，写于1602年，首次发表于1623年）和约翰·瓦伦丁·安德烈埃的《基督之城》（*Christianopolis*，1619）中，实验室都是一个经过改革的社会的中心，在这个社会中人类恢复了对自然世界的控制。这些作家认为实验室以微缩的方式重复了自然过程，因此揭示了事物产生的原因并获得

[34] Moran，《德国宫廷的炼金术世界（1572～1632）》，第57页～第67页。

[35] 关于16、17世纪实验室实践活动目的之间的对照，参看 Ursula Klein，《化学作坊的传统和实验实践：连续性的中断》（The Chemical Workshop Tradition and the Experimental Practice: Discontinuities within Continuities），载于《语境中的科学》（*Science in Context*），9（1996），第251页～第287页。Newman，《伪贾比尔的〈完美大全〉》，以及 William R. Newman 和 Lawrence M. Principe，《试火中的炼金术：斯塔基、玻意耳和赫耳蒙特化学的命运》（*Alchemy Tried in the Fire: Starkey, Boyle, and the Fate of Helmontian Chymistry*, Chicago: University of Chicago Press, 2002），试图论证炼金术士的配方融合了对假说的检验。

[36] Eamon，《科学与自然秘密：中世纪与现代早期文化中的秘著》，第148页～第151页，第199页～第200页。

[37] William Gilbert，《论磁》（*De magnete*, London: Peter Short, 1600），序言。

控制自然的力量。17 世纪很多其他作家发展了这一观点,如约翰·阿莫斯·夸美纽斯(1592 ~ 1670) 和塞缪尔·哈特立伯(逝于 1662 年),他们对实践和实验室在宗教和知识改革中所占据的核心地位深信不疑。西奥法斯特·雷诺多(1584 ~ 1653)将实验室纳入他在巴黎的办公室(建于 1633 年),以公开有价值的操作工艺和制药方法。[38] 在 17 世纪下半叶出现的约翰·约阿希姆·贝歇尔(1635 ~ 1682)、约翰·鲁道夫·格劳贝尔(1604 ~ 1670)以及约翰·韦伯斯特(1610 ~ 1682)等"化学哲学家"的著作中,可看到的只有对这一公开的精神改革的共鸣,因为化学实验室开始被视为尤其与世界的物质变革相关。实验室也与物质产品联系起来,物质产品对公共利益有益,并且通常以贸易和奢侈品的形式对新出现的民族国家有益。[39] 如 1668 年,约瑟夫·格兰维尔在《进一步超越》(*Plus Ultra*)中写道:"自然已开始被认识,它可能被控制、管理和利用,从而为人类生活服务。"[40]

实验室中的实验

17 世纪下半叶,一种在实验室可控制的空间内进行可重复实验的新观念开始被建构出来。在实验室中积累的经验知识——正如在天文台、植物园、珍宝室、解剖剧场和医生的病历中所积累的知识一样——先前储存在大量已有著述之中,包括亚里士多德主义。[41] 然而现在,却在一些机构的成员的实践中呈现出一种新形式,如巴黎的皇家植物园(建造于 1626 年)的药剂师,[42]以及科学社团,如巴黎皇家科学院、伦敦皇家学会。"证明"一词获得了它的现代意义,即不是通过演绎推理而是诉诸感觉来进行论证。在知识团体的实验室及其成员私人的实验室中,实验都不再只是按照配方描述的过程来完成,而是依照培根所说,改为潜心"拷打"和"操纵"自然,通常借助火、酸和气

[38] Howard M. Solomon,《17 世纪法国的公众福利、科学以及宣传活动》(*Public Welfare, Science, and Propaganda in Seventeenth Century France*, Princeton, N. J.: Princeton University Press, 1972),第 56 页,第 74 页。

[39] Allen G. Debus,2 卷本《化学哲学》(*The Chemical Philosophy*, New York: Science History Publications, 1977);Pamela H. Smith,《炼金术的生意:神圣罗马帝国的科学与文化》(*The Business of Alchemy: Science and Culture in the Holy Roman Empire*, Princeton, N. J.: Princeton University Press, 1994);以及 Smith,《重要的精神:现代早期欧洲的炼金术、救赎和手工艺》(Vital Spirits: Alchemy, Redemption, and Artisanship in Early Modern Europe),载于 Margaret J. Osler 编,《反思科学革命》(*Rethinking the Scientific Revolution*, Cambridge: Cambridge University Press, 2000),第 119 页~第 135 页。

[40] Joseph Glanvill,《进一步超越》(*Plus Ultra*, London: James Collins, 1668),第 87 页。尽管实验室在 17 世纪有多样化的用途,但将实验室视为一个训诫和道德教育的地方这种教育学观点将稍微变换之后再度出现(在某种程度上作为教育[Bildung]的一个组成部分而代替文献学研究),因为在 19 世纪,实验室中的科学研究在德国、北美洲和日本的大学都体制化了。参看 Larry Owens,《纯粹和健全的政府:19 世纪的实验室、运动场和体育馆寻求秩序》(Pure and Sound Government: Laboratories, Playing Fields, and Gymnasia in the Nineteenth-Century Search for Order),载于《爱西斯》,76(1985),第 182 页~第 194 页。

[41] Peter Dear,《专业与经验:科学革命中的数学方法》(*Discipline and Experience: The Mathematical Way in the Scientific Revolution*, Chicago: University of Chicago Press, 1995)。

[42] Ursula Klein,《联系与亲和:17、18 世纪之交的近代化学基础》(*Verbindung und Affinität: Die Grundlegung der neuzeitlichen Chemie an der Wende vom 17. zum 18. Jahrhundert*, Basel: Birkhauser, 1994)。

泵(抽真空)等工具来让自然说出隐藏的秘密。[43] 1667年由托马斯·斯普拉特发表的皇家学会辩解书,以及罗伯特·玻意耳(1627～1691)和罗伯特·胡克(1635～1703)的著作中,都明显发展出一种观点:实验室是这样一个地方,通过在公共(但秩序井然)的空间里在一群可信赖的证人面前进行的证明和演讲,"事实"在此被评判并最终确定。[44] 特别是玻意耳和胡克试图提供给读者"真正见证"的机会,甚至还在实验室重复他们的实验过程。[45]

这些事实被认为构成了最终可以从中归纳出理论原理的基本素材,尽管新哲学家们并没有积极地发展他们称之为"思辨"的理论。1667年发行的实验学会学报也用普通散文体和清晰的插图公布院士们所做的实验。[46] 这些插图显示出他们使用的一些工具,如真空泵、气压计、温度计、望远镜、显微镜以及火炉、坩埚、化学蒸馏器——这一新的术语说明该时期实验活动的范围扩大了(参看第21章)——这些仪器和工具成为实验室的标准配备。在实验学会关于实验室操作的报告以及17世纪其他实验报告当中,实验与理论的关系是被设定的,尽管并不总是被说出来。

一般而言,尽管到了17世纪末实验室已经被认为居于产生自然知识的中心位置,但实际上它同时也是一个教学、娱乐和生产商品的地方。[47] 比如,尼古拉·莱默里(1645～1715)在巴黎以实验室为中心组织了一系列化学课程,课上他主张既证明理论,也证明实践,然而他的课程包括配制各种各样他随后拿去出售的化学药品。[48] 在莱默里之前,还有17世纪早期巴黎的让·贝甘(约1550～约1620)的讲座和为巴黎的药剂师开设的课程,讲授的重点是实验室的配制操作,而这些实验室至少从16世纪就开始存在。[49] 贝歇尔和胡克等自然哲学家认为,[50]在实验室中可以检验手工业者的技术和配方并能够使其为整个国家所用;实际上,这成为巴黎皇家科学院的明确目标之一,也是一部分皇权向包括行会在内的自主实体扩张的过程。

304

---

[43] Peter Pesic,《与普罗透斯的斗争:弗兰西斯·培根和"拷问"自然》(Wrestling with Proteus: Francis Bacon and the "Torture" of Nature),载于《爱西斯》,90(1999),第81页～第94页。

[44] Thomas Sprat,《伦敦皇家学会史》(*The History of the Royal Society of London*, London: Printed by T. R. for J. Martyn, 1667),第99页～第100页;Steven Shapin,《17世纪英格兰的实验所》(The House of Experiment in Seventeenth-Century England),载于《爱西斯》,79(1988),第373页～第404页,引文在第378页、第390页、第399页。

[45] Steven Shapin 和 Simon Schaffer,《利维坦与空气泵:霍布斯、玻意耳与实验生活》(*Leviathan and the Air-Pump: Hobbes, Boyle, and the Experimental Life*, Princeton, N. J.: Princeton University Press, 1985),第2章;Steven Shapin,《空气泵和环境:罗伯特·玻意耳的文学技艺》(Pump and Circumstance: Robert Boyle's Literary Technology),载于《科学的社会学研究》(*Social Studies of Science*),14(1984),第481页～第520页。也可参看 Shapin,《真理的社会史:17世纪英格兰的修养与科学》(*A Social History of Truth: Civility and Science in Seventeenth-Century England*, Chicago: University of Chicago Press, 1994)。

[46] Accademia del Cimento,《自然实验散文》(*Saggi di naturali esperienze fatte nell'Accademia del Cimento sotto la protezione del serenissimo principe Leopoldo di Toscana e descritte dal segretario di essa accademia*, Florence: Giuseppe Cocchini, 1667)。

[47] J. L. Heilbron,《17、18世纪的电学》(*Electricity in the* 17th and 18th *Centuries*, Berkeley: University of California Press, 1979),尤其是第140页～第152页。

[48] Charles Bedel,《化学室》(Les cabinets de chimie),载于 René Taton 编,《18世纪法国科学的教育与传播》(*Enseignement et diffusion des sciences en France au XVIIIe siècle*, Paris: Hermann, 1964),第42页。

[49] Charles Bedel,《药学教学》(L'Enseignement des sciences pharmaceutiques),载于《18世纪法国科学的教育与传播》,第238页。

[50] Michael Hunter,《建立新科学:早期皇家学会的经验》(*Establishing the New Science: The Experience of the Early Royal Society*, Woodbridge: Boydell Press, 1989),第213页。

实验室的学术建制

17世纪末，与实验室的使用密切相关的自然知识的新认识论仅在很少的几所大学里形成制度，其中最著名的是莱顿大学。它创办于1575年，正值荷兰为从西班牙独立出来而进行的八十年战争期间，这个例子说明，新科学出现以及实验室在新科学中的中心地位的确立，是很多不同因素共同作用的结果。莱顿大学被认为是在一个正规的加尔文宗环境中培养联省共和国的公民的地方，它关注共和国的共同利益。莱顿大学创办文件设置了古代研究作为教学的基础，尤其是亚里士多德学说，但同时也强调了实践的价值，它希望培养的学生能在共和国事务中担当积极的角色。这一点体现在1575年医学院一份拟定的课程表中，其课程不仅包括报告和辩论，还包括“对活体、植物和金属进行观察、解剖、溶解、转化”这样的实际操作训练。[51] 正如意大利和德国的很多医学院一样，莱顿大学也于16世纪90年代初期修建了植物园和解剖剧场，并且于1636年开办临床教学（帕多瓦大学数年前已经开设这一课程）。然而，莱顿大学1669年设立了化学实验室，这走在所有这些大学的前面。[52]（此前教授们在自己的私人实验室进行这类指导。）

305 上述所有实现新认识论的场所都首先与医学院有联系（参看第12章），这一点正说明了医学从业者在新哲学发展和体制化过程中所处的中心位置。直到1674年，布尔夏德·德沃尔代为了辅助他在莱顿大学的物理理论讲座开始教物理实验，医学院以外的学院才开始设立实验室。用来证明牛顿力学原理并以教学为背景发展起来的物理实验课，到了18世纪在一些大学课程中已被设立，在大学之外广受欢迎的讲演人做演示也有实验课，很多演讲人也都有自己的实验“珍宝室”。[53] 莱顿大学的实践倾向，首先在赫尔曼·布尔哈夫（1668～1738）的教学中被延续，还影响了18世纪大学的创办理想，如哈雷、哥廷根、爱丁堡等地的大学。于是到了18世纪末，实验室不仅在学术团体成员集合的地方、在贵族和王室的住所（在这里实验室开始对国家的议事日程具有重要性）稳固地扎下根来，而且也逐渐体制化而成为精英和大众启蒙事业的一个中

---

[51] 神学教授 Gulielmus Feugueraeus 的话，被引用于 Harm Beukers，《从开始到18世纪末莱顿的临床教学》（Clinical Teaching in Leiden from Its Beginning until the End of the Eighteenth Century），载于《医学史》（*Clio Medica*），21（1987－8），第139页～第152页，引文在第139页。

[52] Harold J. Cook，《低地国家的新哲学》（The New Philosophy in the Low Countries），载于 Roy Porter 和 Mikuláš Teich 编，《国家语境中的科学革命》（*The Scientific Revolution in National Context*, Cambridge: Cambridge University Press, 1992），第115页～第149页；以及 Harm Beukers，《西尔维于斯实验室》（Het Laboratorium van Sylvius），载于《医学、自然科学、数学和技术史杂志》（*Tijdschrift voor de geschiedenis der geneeskunde, natuurwetenschappen, wiskunde en techniek*），3（1980），第28页～第36页。

[53] 关于物理实验珍宝室，参看 Gerard l'Estrange Turner，《实验哲学的珍宝室》（The Cabinet of Experimental Philosophy），载于 Oliver Impey 和 Arthur Macgregor 编，《博物馆的起源：16世纪和17世纪欧洲的珍宝室》（*The Origins of Museums: The Cabinet of Curiosities in Sixteenth-and Seventeenth-Century Europe*, Oxford: Clarendon Press, 1985），第214页～第222页，引文在第222页。也可参看 Simon Schaffer，《18世纪的自然哲学与公开展示》（Natural Philosophy and Public Spectacle in the Eighteenth Century），载于《科学史》（*History of Science*），21（1983），第1页～第43页。

心部分。[54]

实验室绝非古代科学活动的场所，相反地，它位于一种新的积极方式的核心，这种积极方式属于现代早期形成的实际操作哲学。它首先从炼金术的环境、后来从化学背景中发展而来，它的方向、重点和目标是根植于手工作坊的活动和生产能力中的。所以，实验室作为近代科学活动场所出现的过程，很好地阐释出新认识论和新科学所具有的特殊元素，即新科学将直接接触自然视为“科学”知识或确定知识的来源。获得这种知识的方式是在实验室直接接触和感觉自然。对自然的主动接触带来了一个不断增长的知识量，通过这类知识，自然隐藏的运转机制和自然法则将得到揭示，这类知识将带来有助于人类实现控制自然这一目标的有用产品和工艺过程。

（李文靖　译）

---

〔54〕 关于科学研究和国家的议事日程之间的联系的开端，参看 Solomon 著，《17 世纪法国的公众福利、科学以及宣传活动》；Debus，《化学哲学》；以及 Smith，《炼金术的生意：神圣罗马帝国的科学与文化》。关于作为启蒙的一个部分的实验室研究，参看 Jan Golinski，《作为公众文化的科学：英国的化学与启蒙运动（1760 ～ 1820）》（*Science as Public Culture: Chemistry and Enlightenment in Britain, 1760 - 1820*, Cambridge: Cambridge University Press, 1992）；Christoph Meinel，《学历教育的顶点：化学在 18 世纪和 19 世纪初大学的地位》（*Artibus academicis inserenda*: Chemistry's Place in Eighteenth and Early Nineteenth Century Universities），载于《大学史》（*History of Universities*），7（1988），第 89 页～第 115 页；Lisa Rosner，《改良时期的医学教育：爱丁堡的学生和学徒（1760 ～ 1826）》（*Medical Education in the Age of Improvement: Edinburgh Students and Apprentices, 1760 - 1826*, Edinburgh: Edinburgh University Press, 1991）；以及 Larry Stewart，《公众科学的兴起：牛顿时代英国的修辞学、技术和自然哲学（1660 ～ 1750）》（*The Rise of Public Science: Rhetoric, Technology, and Natural Philosophy in Newtonian Britain, 1660 - 1750*, Cambridge: Cambridge University Press, 1992）。

14

306

军事科学与技术的产生之地

凯利·德弗里斯

一个令人遗憾的历史事实是:文艺复兴时期这一欧洲历史上思想领域最多产、最活跃的阶段,也是整个欧洲大陆战事不断的时期。其中,英格兰对苏格兰、英格兰对法国、英格兰对勃艮第和西班牙以及英格兰内部(玫瑰战争)均发生战争;法国内部、法国对勃艮第、法国对意大利、法国对德意志以及法国对葡萄牙均有战事;勃艮第与瑞士、与德意志交战,勃艮第人与他们在低地国家的臣民更是交战无数;德意志与意大利交战、德意志内战;意大利内战;伊比利亚半岛各个王国之间交战以及这些王国的人与西班牙穆斯林之间发生战争;丹麦与瑞典交战,以及丹麦、瑞典一同与挪威交战;条顿骑士与立窝尼亚人、与俄罗斯人交战;以及每一个人都试图(但没有实现)与奥斯曼土耳其人交战。[1] 上述战事在整个现代早期始终零星发生,最终达到顶点,进入1688年至1815年欧洲连年战争时期,这对应于思想上丰产活跃的启蒙运动时期。[2]

连年战事自然使得军事技术在理论和实践上都孕育出丰硕果实,军事技术也得到政治领袖和军事领袖的鼓励和支持。实际上在这一被某些历史学家称为"军事革命"的时期,[3]发展军事技术对于这些领袖站稳脚跟是必不可少的。这一时期战争和主战者们使得大量重要的技术发明与创造应运而生,由此战争方式改变了,而由掌握新技

307

---

[1] Kelly DeVries,《战争中有文艺复兴吗?人文主义与技术决定论(1300～1559)》(Was There a Renaissance in Warfare? Humanism and Technological Determinism, 1300 - 1559),即将出版。

[2] 参看John A. Lynn,《国际对抗与战争》(International Rivalry and Warfare),载于T. C. W. Blanning编,《18世纪:欧洲(1688～1815)》(*The Eighteenth Century: Europe, 1688 - 1815*, Oxford: Oxford University Press, 2000),第178页～第217页。

[3] 军事革命论题起源于Michael Roberts在皇后大学(Queen's University)1955年的演讲,次年以小册子出版,《军事革命(1560～1660)》(*The Military Revolution, 1560 - 1660*, Belfast: Marjory Boyd, 1956)。后来,Geoffrey Parker扩展了这一论题,《军事革命:军事革新与西方的兴起(1500～1800)》(*The Military Revolution: Military Innovation and the Rise of the West, 1500 - 1800*, Cambridge: Cambridge University Press, 1988),现在,这本书已出第二版(1995)。同时也有小部分历史学家,包括我自己,反对技术决定了军事革命这一观念。例如参看,Kelly DeVries,《争论——弩炮不是原子弹:对前现代军事技术中"有效性"的重新定义》(Debate — Catapults Are Not Atomic Bombs: Towards a Redefinition of "Effectiveness" in Premodern Military Technology),载于《历史上的战争》(*War in History*),4(1997),第454页～第470页;DeVries,《火药武器与现代早期国家的兴起》(Gunpowder Weaponry and the Rise of the Early Modern State),《历史上的战争》,5(1998),第127页～第145页;以及Bert S. Hall,《欧洲文艺复兴时期的武器与战争:火药、技术和战术》(*Weapons and Warfare in Renaissance Europe: Gunpowder, Technology, and Tactics*, Baltimore: Johns Hopkins University Press, 1997)。关于由军事革命论题激发的从正反两方面争论这一主题的作品的书目,参看Kelly DeVries,《中世纪军事史与军事技术文献汇编》(*A Cumulative Bibliography of Medieval Military History and Technology*, Leiden: E. J. Brill, 2002),第578页～第587页。

术的专业技术人员组成的团体也发展壮大起来。这类专业人员当中有很多人相当于日后的科学家或工程师,因为他们在枪炮技术、防御工程、火药制造和军事外科学等不同领域发明出新工艺、掌握了新的实用技术,而掌握这些技术需要长期专业训练,需要用物质材料、机器甚至人体来做实验;不仅如此,其中很多人以技术专著的形式对此类工作进行系统讨论。这类著作当中有一些完全属于应用性的,但是其他则采用数学术语对军事技术的不同方面进行更加概括性的论述。实际上战场为现代早期这些新兴的科学提供了最富于挑战性且硕果累累的一些课题,其中突出的便是抛物体问题。在此意义上,现代早期战争不但提供了一种进行各种新式军事设备与技术实验的实验室,而且也提供了对运动进行数学分析的一种动因(参看第 27 章)。

攻击性技术:火药与枪炮

13 世纪中期,黑色火药(以下简称火药)已从亚洲(最有可能是从中国)传入西欧,经由谁人传入尚有待证实。这类易燃物质属于更一般的炼金术的一部分,而当时炼金术主要制造染料和药物等有用物质。现存最早火药配方见于英国自然哲学家罗吉尔・培根(约 1219 ～约 1292)写于 1248 年至 1267 年之间的《论技艺和自然的隐蔽力量以及论魔法之无效性的信札》(*Epistola de secretis operibus artis et naturae, et de nullitate magiae*)。[4] 相似的制法见于德国自然哲学家大阿尔伯特(约 1193 ～ 1280)所著的《关于世界之奇观》(*De mirabilibus mundi*,约 1275),以及以笔名马库斯・格雷库斯出版的《关于焚毁敌人之火的书籍》(*Liber ignium ad comburendos hostes*,约 1300)。这些火药制法稍有差异,但均是以硝石、硫黄和木炭混合,燃烧时伴有猛烈爆炸。罗吉尔・培根和马库斯・格雷库斯虽都提出如何使用这一混合物的想法,认为若有一"器具"封闭一端,则装入其中的火药爆炸后会产生"飞火",但是两人以及大阿尔伯特的书中却都没有对一种使用火药的武器进行描述。[5] 最终这种武器在欧洲被发明出来,它是一种使用火药发射飞弹的管状物体,很快被称为"炮(cannon)",来自法语当中"炮(canon)"一词(由"管子[tube]"衍生而来);或被称为"枪(gun)",来自英语"枪(gynne

308

---

[4] 《论技艺和自然的隐蔽力量以及论魔法之无效性的信札》(*Epistola de secretis operibus artis et naturae, et de nullitate magiae*)可见于 Roger Bacon,《全集》(*Opera*, London: Rolls Series, 1859),J. S. Brewer 编,附录 I,第 550 页～第 551 页。培根的黑色火药配方同样出现于他后来的作品《大著作》(*Opus majus*,约 1267 年),载于 J. H. Bridges 编,2 卷本《罗吉尔・培根的〈大著作〉》(*The Opus Majus of Roger Bacon*, London: Rolls Series, 1900),第 2 卷,第 217 页～第 218 页;以及 Roger Bacon,《第三本著作》(*Opus tertium*, ca. 1268),载于 A. G. Little 编,《〈第三本著作〉之片段》(Part of the Opus tertium),载于《英国方济各会研究学会》(*British Society of Franciscan Studies*),4(1912),第 51 页,重印于《英国方济各会历史研究》(*Studies in English Franciscan History*, Manchester: Manchester University Press, 1917),第 206 页。

[5] 在《火药与早期火器》(Gunpowder and Early Gunpowder Weapons)一文中,我翻译了这些配方,并更细致地讨论了它们,该文载于 Brenda Buchanan 编,《火药:一项国际技术的历史》(*Gunpowder: The History of an International Technology*, Bath: University of Bath Press, 1996),第 123 页～第 125 页。Marcus Graecus 是个笔名这一点似乎并无疑义,尽管其并不知名。

或者 gunne)”(由“机械[engine]”衍生而来)。[6]

很难确定第一尊炮何时产生于欧洲。14 世纪早期的文字记录寥寥无几,而且争议颇多。争议较少的是两个有关工艺的原始资料:英国政治理论家瓦尔特·德·迈尔米特 1326 年的手稿《关于国王的威信、智慧和见识》(*De notabilibus, sapientiis et prudentiis regum*)当中的一幅插图,另一个是假借亚里士多德之名所写的《秘密之秘密》(*De secretis secretorum*)中的一幅插图。这两本书均于约 1326 年出版于伦敦。[7] 从这一时期到整个 14、15 世纪,有关火药的记载缓慢而稳步地增加着,关于火药在欧洲战争中发挥作用的证据也是如此。到 1377 年,口径不明的攻城炮已被勃艮第公爵好人腓力成功地用于打破加来(Calais)附近的奥德吕克(Odruik)的防御工事的壁垒,迫使其投降。[8] 而到 1382 年,根特的军队(Ghentenaars)在中世纪布鲁日堡垒之外的贝弗豪特费尔德(Bevershoutsveld)战场使用的火器,足可击败他们的布鲁日敌人。[9]

309

火器发展的早期阶段技术也不断变革。在前面提到两幅插图中火炮长度为 1 米至 1.5 米,实际制造的火炮规格则可大可小,最后可以手持。制造途径也发生了变化,更多时候在铸工场而不是在煅工场完成。运输方式、冶炼技术以及火药组分经不断试验而得到改进。

这些火器要派上用场,除了需要开战前后安装和发射火炮所需的铁匠、木匠、泥瓦匠、铸工、蹄铁匠、运货车夫等人,还需要能够装填弹药和开火的专业人员。[10] 早期的专业人员经验不足,对自己操作的火炮缺乏信心。他们在操作过程中常犯错误,就像很多接受了旧式军事战略战术训练的指挥者未能认识到这一新式武器的威力,没能有效地使用它。此类事情即使到 1472 年当勃艮第军队包围博韦(Beauvais)时仍有发生,这支军队装备有最精良的火炮,在促进火器技术改革上也走在前列。勃艮第编年史作者菲利普·德·科米纳(约 1447 ~ 1511)记述道:

---

[6] 关于早期火器的术语,参看 Hall,《欧洲文艺复兴时期的武器与战争:火药、技术和战术》,第 43 页~第 45 页;以及 Henry Brackenbury,《欧洲古代的大炮》(Ancient Cannon in Europe, Part I: From Their First Employment to a. d. 1350),载于《皇家炮兵学会学报》(*Proceedings of the Royal Artillery Institution*,),4(1865),第 288 页~第 289 页。

[7] Christ Church College, Oxford, MS no. 92, fol. 70v (Walter de Milemete); British Library, London, Additional Manuscript 47680, fol. 44v (Pseudo-Aristotle)。参看 Kelly DeVries,《重新评估瓦尔特·德·迈尔米特与伪亚里士多德手稿中画出的枪》(A Reassessment of the Gun Illustrated in the Walter de Milemete and Pseudo-Aristotle Manuscripts),载于《军械学会杂志》(*Journal of the Ordnance Society*),15(2003),第 5 页~第 17 页。

[8] 关于这次围攻的原始描述见于 Jean Froissart,10 卷本(12 册)《编年史》(*Chroniques*, 10 vols. in 12, Paris: Mme. Ve. J. Renouard, 1869 - 97),S. Luce 编,第 8 卷,第 249 页。

[9] 关于这次战役以及它在早期火器的历史上的地位,参看 Kelly DeVries,《被遗忘的贝弗豪特费尔德战役(1382 年 5 月 3 日):技术革新与军事意义》(The Forgotten Battle of Bevershoutsveld, May 3, 1382: Technological Innovation and Military Significance),载于 Matthew Strickland 编,《中世纪英国和法国的军队、骑士制度和战争》(*Armies, Chivalry, and Warfare in Medieval Britain and France*, Harlaxton Medieval Studies, 7, Stamford, Lincolnshire: Paul Watkins Publishing, 1998),第 289 页~第 303 页;重印于 Kelly DeVries,《中世纪欧洲的枪炮和人(1200 ~ 1500):军事史与军事技术研究》(*Guns and Men in Medieval Europe, 1200 - 1500: Studies in Military History and Technology*, Variorum Collected Studies, Aldershot: Ashgate, 2002),论文 VIII。

[10] 这些黑色火药大炮的辎重队伍的规模实际上相当大。参看 Robert D. Smith,《可靠又勇敢:15 世纪晚期的火炮的辎重队伍》(Good and Bold: A Late 15th-Century Artillery Train),载于《皇家军械库年鉴》(*The Royal Armouries Yearbook*),6(2001),第 98 页~第 105 页;以及 Robert D. Smith 和 Kelly DeVries,《勃艮第公爵的大炮(1363 ~ 1477)》(*The Artillery of the Dukes of Burgundy, 1363 - 1477*, Woodbridge: Boydell Press, 2005)。

科尔德阁下(勃艮第领袖之一)……以两门火炮对城门开火不过两次,城门豁然现一巨洞。倘若他以更多石头持续开火,定能攻下整个城堡。然而他本无意完成如此功绩,因此并未做充足的准备。[11]

缺乏经验的炮手因不够熟练(和不懂化学)操作失误,也会带来问题。早期火器常发生爆炸,有时候还有异事发生。1453 年 7 月,当佛兰德斯的哈弗尔(Gavere)城堡被困时,前来解围的佛兰德斯救兵却因阵脚大乱而自溃而去,因为一名炮手一时疏忽,点火时将一颗火星落到了敞开的火药袋里导致火花四射,周围炮手皆惊慌失措、四散奔逃,军队中其他士兵看到这番情景,也纷纷逃走。[12] 310

尽管最初使用火器时遇到一些问题,可是某些人革新的劲头丝毫不减,这些人向各个军队提供这类武器,并且显然也有责任对其进行改进。这主要以匿名方式进行,有时候还可能秘密地进行,至少没有很多论述这一过程的记载。[13] 然而有一点是明确的,整个现代早期有关火器和火药的试验不曾中断过。其中主要是关于火药 3 种主要成分硝石、硫黄和木炭的相对配比的试验。较早的罗吉尔·培根提到的配方是 7 份硝石、5 份硫黄和 5 份木炭,这一配方保证一定能够燃烧,但是不容易点燃。后来的配方通过增加硝石分量、降低硫黄和木炭的分量而使混合物容易点燃。3 种物质的百分比在接下来的一个世纪里经常变化,一直到 18 世纪研究火药的化学家才将最高效的混合比例定成标准(75%硝石、12.5%硫黄、12.5%木炭)。[14]

还有一些试验是关于 3 种成分本身的。进口和国产的硫常常被要求用于不同配方,有时候这些提法的理由是相互矛盾的,有些配方则说明最好选择椴木、榛木或柳木制成的木炭。[15] 而有关硝石的问题似乎最受关注。由于大部分硝石易溶,所以存放在潮湿地方或者靠近海边的火药很快就失效了。为了缓解这个问题,人们对各种硝石化合物如硝酸钾、硝酸钠和硝酸钙进行试验,并且尝试各种技术令硝石保持干燥,从与木炭和硫黄分开运输到在硝石中混合富含碳酸钾的草木灰。[16]

虽然硝石在早期火药制作过程中非常重要,但最早的硝石从何而来以及怎样产出却不为人知。至少在最初的年代,所有地方都自己生产硝石,产出量可能逐渐增长以 311

---

[11] Philippe de Commynes,2 卷本《菲利普·德·科米纳回忆录》(*The Memoirs of Philippe de Commynes*, Columbia: University of South Carolina Press, 1969),Samuel Kinser 编,Isabelle Cazeaux 译,第 1 卷,第 236 页。

[12] Richard Vaughan,《好人腓力:勃艮第的权力顶峰》(*Philip the Good: The Apogee of Burgundy*, London: Longmans, 1970),第 34 页。关于对这次围攻的更为详尽的讨论,参看 Smith 和 DeVries,《勃艮第公爵的大炮(1363 ~ 1477)》。

[13] 尽管一些历史学家认为技术革新自从这个时代开始就被秘密地隐藏起来了,找到并分析支持这一点的证据显然是很难的。参看 Pamela O. Long,《公开、保密、作者:从古代到文艺复兴的专门技艺与知识文化》(*Openness, Secrecy, Authorship: Technical Arts and the Culture of Knowledge from Antiquity to the Renaissance*, Baltimore: Johns Hopkins University Press, 2001)。

[14] 参看 Philippe Contamine,《中世纪的战争》(*War in the Middle Ages*, Oxford: Blackwell, 1984),Michael Jones 译,第 196 页;以及 Hall,《欧洲文艺复兴时期的武器与战争:火药、技术和战术》,第 67 页~第 75 页。

[15] DeVries,《火药与火器》(Gunpowder and Gunpowder Weapons),第 121 页~第 136 页,重印于 DeVries,《中世纪欧洲的枪炮和人(1200 ~ 1500):军事史与军事技术研究》,论文 XI。

[16] DeVries,《火药与早期火器》;以及 Bert S. Hall,《文艺复兴时期火药的颗粒化与火器的发展》(The Corning of Gunpowder and the Development of Firearms in the Renaissance),载于 Buchanan 编,《火药:一项国际技术的历史》,第 87 页~第 120 页。

满足各自的军事需要。但是到15世纪初,伴随火器使用日益增多,硝石需求量逐年提高,从而开始进口硝石以补充国产。同一时期,对硝石生产技术的文字描述出现了,不过尚不清楚生产者是否真正知晓硝石实际如何用于火药。关于生产硝石的地点的规模也不十分清楚。到16世纪中期才有历史资料提及“硝石床”或“硝石场”,在此对动物、人类废弃物和植物材料进行分解处理。[17] 现代早期硝石生产确实是非常有利可图的行业,这无疑鼓励了很多生产者加入此行业。但还是某些国家的军事需求带来了这一行业的标准化,并最终形成有关生产和所有权的法规。[18]

最终,人们尝试将火药粉做成“颗粒”。使用硝酸钾和添加草木灰两种方式虽然能令硝石尽可能保持干燥,但是这种方法制得的火药(后来被称为蛇形火药)依然容易受潮。而且受到干火药颗粒大小的影响,火药燃烧很慢,因为颗粒间隙的氧气太少,无法助燃。要解决这两个问题,火药颗粒需要增大。最初的做法是在火药上浇上一种液体,早期多使用白兰地、醋或“饮酒者”的尿液,将火药做成块状,到用的时候再碾碎。但到了16世纪中期,经验证明采用这种方式得到的大火药颗粒过多,而大颗粒影响了推进过程。于是火药“颗粒”的筛选过程代替了原来的碾压过程,这个过程是采用不同规格的筛子以使火药颗粒大小符合标准要求。尽管如此,整个现代早期几种火药形式仍然同时存在,即干粉蛇形火药(serpentine powder)、大颗粒火药(碾压后的火药粉末)和经过精细加工的火药颗粒,它们用在不同规格的火炮上,用于不同的目的。[19]

312

现代早期进行这些技术革新的人绝大多数没有留下名姓,他们发明和试验的过程也没有记录,不为人知。实际上提供火药这一任务被指派给很多不同的行当,至少最初是如此。14世纪为军队供应火药的是药剂师,而15、16世纪提供火药的是制造枪炮的师傅,但不清楚他们实际上是自己制造火药还是从转包商那里得到。[20] 直到16世纪末17世纪初,军械部才在欧洲各地建立起来,这些部门专门负责国家火药储备的获

---

[17] Hall,《欧洲文艺复兴时期的武器与战争:火药、技术和战术》,第74页~第75页。也可参看Alan R. Williams,《中世纪硝石的生产》(The Production of Saltpetre in the Middle Ages),载于《炼金术史和化学史学会期刊》(*Ambix*),22(1975),第125页~第133页。

[18] 关于中世纪晚期和现代早期的硝石产品的全面研究尚未出现。地方性的研究包括:Stephen Bull,《来自粪堆的珍宝:英国的硝石生产(1590~1640)》(Pearls from the Dungheap: English Saltpetre Production, 1590 - 1640),载于《军械学会杂志》,2(1990),第5页~第10页;Surirey de Saint-Rémy,《法国火药制造(1702)》(The Manufacture of Gunpowder in France [1702], Part I: Saltpetre, Sulphur, and Charcoal),载于《军械学会杂志》,2(1993),D. H. Roberts译,第47页~第55页;以及Thomas Kaiserfeld,《战争机器中的化学:18世纪瑞典的硝石生产》(Chemistry in the War Machine: Saltpeter Production in 18th Century Sweden),载于Brett Steele编,《阿基米德的继承人:技术、科学与战争(1350~1800)》(*The Heirs of Archimedes: Technology, Science and Warfare, 1350 - 1800*, Cambridge, Mass.: MIT Press, 2005),第275页~第292页。同时参看Hall,《欧洲文艺复兴时期的武器与战争:火药、技术和战术》,第75页~第79页。

[19] Hall,《文艺复兴时期火药的颗粒化与火器的发展》,第94页~第107页;以及Hall,《欧洲文艺复兴时期的武器与战争:火药、技术和战术》。

[20] DeVries,《火药与早期火器》,第125页~第127页。这些师傅能够获得这项技术似乎要么是因为他们制造武器和火药,要么是因为在军事环境中使用武器获得了经验。尽管一些师傅的名字都为人所知,但在当时的文献中被广泛讨论的仅有两个:法国的让·比罗和加斯帕尔·比罗兄弟,他们两人因在百年战争的后期对法国火炮辎重队伍的管理和战术使用上的整顿而赢得声誉。关于比罗兄弟的权威的文章(H. Dubled的文章)里的很多说法难以被确定。参看H. Dubled,《查理七世和路易十一统治时期(1437~1469)的法国皇家炮兵:比罗兄弟》(L'Artillerie royale Française à l'époque de Charles VII et au début du règne de Louis XI [1437 - 1469]: Les frères Bureau),载于《法国炮兵编年史》(*Memorial de l'artillerie française*),50(1976),第555页~第637页。

取、标准化和机密。[21]

当时大多数革新火器的工程人员和冶炼者也未留下名姓。这类技术革新数不胜数，在此不再论述，只需提及这一点：这一时期出现了各种不同规格的火器，发展出手持火器，建造了专门用于大型舰只的火器（零部件易于互换），引入并持续使用可拆卸药室（使开火更加迅速、安全），[22]发明出各种新型的投射物体（如箭矢、石球、金属球、火球，最后是各种奇特的炮弹，如罐状或条状炮弹），并且还发展出各种不同的炮底座、瞄准装置和运输方法（最后以融合了三方面技术的有轮炮架达到顶峰）。[23]

操作火炮的人同样也没有留下名姓，作为进攻者和防守者，他们战斗或包围的经验都越来越丰富。与传统武器相比，操作火器面临失误和危险的可能性更大，所以炮兵的饷银高于其他士兵，实际与高级骑兵水平相当。但是整个16、17世纪，火器存在的问题是越来越不严重。火器操作者们也开始接受更多训练，学习如何开炮以及火炮在战术上如何使用。最后，在荷兰教官雅各布·德·海因（1565～1629）用本国语撰写的附有插图的手册《火绳枪、滑膛枪以及长矛训练指要》（*Wapenhandlingen van roers, musquetten end spiessen*）当中，这个问题也得到了解决。这本手册于1607年出第一版，后多次重印，并被翻译传至相邻两个国家。它图文并茂，详细说明了火器的操作、装填和发射技术，识字和不识字的人都可以阅读。[24]

313

防御性技术：铠甲与防御工事

火器发展后，战争形式发生变化，其他军工行业也被迫改变。有些传统武器的生产者尤其是那些制造盔甲的人，试图跟上火器发展的步伐。他们对铠甲的改良，最初是在大多数士兵穿着的传统锁子甲上加金属板，后来到15世纪中期开始制造一整套铠甲，可以对穿者提供全面的保护。[25] 制出这种一般被称为铁板甲的铠甲，需要高超

---

[21] Richard Winship Stewart，《英国军械局（1585～1625）：官僚机构案例研究》（*The English Ordnance Office, 1585 - 1625: A Case Study in Bureaucracy*, London: Royal Historical Society, 1996）。

[22] 参看 Kelly DeVries 和 Robert D. Smith，《早期火器中的可拆卸药室》（Removable Powder Chambers in Early Gunpowder Weapons），载于 Brenda Buchanan 编，《火药、爆炸物和国家：技术史》（*Gunpowder, Explosives, and the State: A Technological History*, Aldershot: Ashgate, 2005）。

[23] Kelly DeVries，《中世纪军事技术》（*Medieval Military Technology*, Peterborough: Broadview Press, 1992），第157页～第158页；以及 Robert D. Smith，《16世纪铸造的炮弹》（Casting Shot in the 16th Century），载于《军械学会杂志》，12（2000），第88页～第92页。关于这些问题的更全面的讨论，也可参看 Smith 和 DeVries，《勃艮第公爵的大炮（1363～1477）》。

[24] Jacob de Gheyn，《火绳枪、滑膛枪以及长矛训练指要》（*Wapenhandelinghe van roers, musquetten ende spiessen, achtervolgende de ordre van Sÿn Excellentie Maurits, Prince van Orangie, Graue van Nassau, etc.*, *Gouverneur ende Capiteÿn Generael ouer Gelderlant, Hollant, Zeelant, Vtrecht, Overÿssel, etc.*, The Hague, 1607）；其英文版本参看 J. B. Kist 编，《武器的练习：来自17世纪经典军事手册的全部117幅版画》（*The Exercise of Armes: All 117 Engravings from the Classic 17th-Century Military Manual*, Mineola, N. Y.: Dover, 1999）。也可参看 Geoffrey Parker，《军事革命：军事革新与西方的兴起（1500～1800）》，第20页～第21页。

[25] 关于铠甲史，最好的著作是 Claude Blair，《欧洲的铠甲：约1066～约1700》（*European Armour: circa 1066 to circa 1700*, London: B. T. Batsford, 1958）。

的冶炼技术。[26]

一般认为，火器的使用导致了铠甲的衰落。[27] 但是1989年在奥地利格拉茨(Graz)的军械库，博物馆馆长们进行了一次实验，用现代早期火器原件对抗胸甲原件，结果表明这些胸甲可以抵御18世纪几乎所有形式的火器。[28] 这可能意味着现代早期铠甲衰落另有非技术的原因，例如能找到的熟练工匠或冶炼原料不足，或者是铠甲造价高昂，因此面对同一时期军队的庞大规模，铠甲最终被废弃了。有证据可支持后一种可能性：接近15世纪末，很多铠甲制造者便已经开始培育奢侈品市场，尤其在意大利，他们的手工技术与艺术才华结合，制出既能防身又精致的铠甲。[29]

314

同样地，修筑防御工事的技术人员也不得不考虑火器对传统中世纪堡垒所具备的破坏性力量。最初他们只是简单地改变既有结构，先是在工事围墙或大门等容易受到攻击的地方加设炮口，后来在中世纪的防御工事上加筑大路和炮楼。这些大小和形状不同的大型建筑上布满火器，准备在遭受对方火炮攻击的时候从侧翼提供火力来反击。[30] 但是有些地方建造出一种全新的防御工事结构，专门用来防御对方的火器。这一革新过程始于建造多炮楼结构，后来发展为有矮墙的、倾斜的有棱堡垒，最后棱堡发展为一种全新的、富于创意的防御工事，即意大利式棱堡体系(trace italienne)。这一革新代价极为高昂，这类工事建筑的耗资远大于中世纪堡垒。尽管如此，意大利式棱堡体系仍是现代早期堡垒设计的主流，只是常常需要改变，以适应地理条件和限制或应

---

[26] Matthias Pfaffenbichler，《中世纪的工匠：铠甲制造者》(*Medieval Craftsmen: Armourers*, Toronto: University of Toronto Press, 1992)。

[27] 关于铠甲工业的衰落的著作太多，这里不能一一列举。对这一问题感兴趣的读者首先应该看的是Blair的《欧洲的铠甲：约1066～约1700》的相关章节，以及Ewart Oakeshott，《欧洲的武器与铠甲：从文艺复兴到工业革命》(*European Weapons and Armour: From the Renaissance to the Industrial Revolution* [1980], Woodbridge: Boydell Press, 2000)；以及作为一个案例分析的著作，Stuart Pyhrr、José-A. Godoy和Silvio Leydi，《意大利文艺复兴时期英雄的盔甲：菲利波·内格罗利与他的同时代人》(*Heroic Armor of the Italian Renaissance: Filippo Negroli and His Contemporaries*, New York: The Metropolitan Museum of Art, 1998)。

[28] 这些实验的原始结果记载在Peter Krenn编，《来自古代的火枪：发展、技术、性能》(*Von alten Handfeuerwaffen: Entwicklung, Technik, Leistung*, Graz: Landeszeughaus, 1989)；对它们的总结可参看Peter Krenn，《古代火枪做了什么？格拉茨军械库展览的结果》(Was leisteten die alten Handfeuerwaffen? Ergebnisse einer Ausstellung des Landeszeughauses in Graz)，载于《武器与装束》(*Waffen-und Kostümkunde*)，32(1990)，第35页～第52页；以及Peter Krenn、Paul Kalaus和Bert Hall，《材料文化与军事史：试验现代早期小型武器》(Material Culture and Military History: Test-Firing Early Modern Small Arms)，载于《材料史评论》(*Material History Review*)，42(Fall 1995)，第101页～第109页。令人惊奇的是，对铠甲最有穿透性冲击力量的是小型手持火器(手枪)。

[29] 关于对此的案例研究，参看Pyhrr、Godoy和Leydi，《意大利文艺复兴时期英雄的盔甲：菲利波·内格罗利与他的同时代人》。

[30] 关于现代早期的防御工事的文献很多。关于早期的变化，参看Kelly DeVries，《百年战争中火器对包围战的影响》(The Impact of Gunpowder Weaponry on Siege Warfare in the Hundred Years War)，载于Ivy A. Corfis和Michael Wolfe编，《被包围的中世纪城市》(*The Medieval City under Siege*, Woodbridge: Boydell Press, 1995)，第227页～第244页，重印于DeVries，《中世纪欧洲的枪炮和人(1200～1500)：军事史与军事技术研究》，论文XIII；以及Kelly DeVries，《面对新军事技术：非棱堡体系对火器的防御(1350～1550)》(Facing the New Military Technology: Non-*Trace Italienne* Anti-Gunpowder Weaponry Defenses, 1350 - 1550)，载于Steele编，《阿基米德的继承人：技术、科学与战争(1350～1800)》，第37页～第71页。读者参考Parker的《军事革命：军事革新与西方的兴起(1500～1800)》时应当小心，因为他怀疑中世纪的防御工事及其早期对火器的防御，而同时却过多地相信棱堡体系防御工事，这一点缺乏当时证据的支持。

对新技术的威胁。[31] 通常防御工事的分析和设计所需要考虑的地理问题并非微不足道,这些问题促进了综合几何学的发展。这在18世纪建立的军事工程学校中卓有成果,如成为这一领域研究中心的法国综合理工学院(French École Polytechnique)。[32]

315

修筑此类大型防御工事虽然令国库银钱不断外流,却是用于保护普通大众,因此最终赢得美誉。也许由于这一点,我们通常知道那些设计、建造工事的人和技术人员姓甚名谁,不像那些默默无闻地研究火药配方和设计火炮的人。几乎所有参与建造防御工事的人都学习过自由之艺,都既懂拉丁文,又懂几种地方语言。他们还作为建筑师而备受尊重,地位相当于宗教建筑和国有建筑设计者,他们当中很多人写下有关防御工事和其他类型建筑的专著。其中以15、16世纪在意大利工作的设计者声名最为显赫:莱昂·巴蒂斯塔·阿尔贝蒂(1404～1472)、安东尼奥·弗朗切斯科·阿韦利诺(也被称作菲拉雷特,约1400～1469)、弗朗切斯科·迪·乔治·马丁尼(1439～1502)、博纳科尔索·吉贝尔蒂(1451～1516)、列奥纳多·达·芬奇(1452～1519)、安东尼奥·达·圣加洛(1484～1546),以及詹巴蒂斯塔·阿莱奥蒂(1546～1636)。[33] 实际上,17世纪被路易十四倚重,既能为法国建造堡垒又能摧毁对方堡垒

316

---

[31] 对意大利式棱堡体系防御工事之发展的权威作品是John R. Hale,《堡垒的早期发展:意大利年表》(The Early Development of the Bastion: An Italian Chronology),载于J. R. Hale编,《中世纪晚期的欧洲》(*Europe in the Late Middle Ages*, Evanston, Ill.: Northwestern University Press, 1965),第466页～第494页;也可参看他的其他研究:《文艺复兴时期的防御工事:技术或工程?》(*Renaissance Fortification: Art or Engineering*?, London: Thames and Hudson Press, 1977)。关于这种类型的防御工事的花费以及它对火器防御力的杰出研究,参看Simon Pepper和Nicholas Adams,《火器和防御工事:16世纪锡耶纳的军事建筑学和包围战》(*Firearms and Fortifications: Military Architecture and Siege Warfare in Sixteenth-Century Siena*, Chicago: University of Chicago Press, 1986)。

[32] Ken Alder,《设计革命:法国的武器与启蒙(1763～1815)》(*Engineering the Revolution: Arms and Enlightenment in France, 1763 - 1815*, Princeton, N.J.: Princeton University Press, 1997)。

[33] 关于这些防御工事的设计者和工程师的一般性研究可参看Horst de La Croix,《意大利文艺复兴时期的防御工事文献》(The Literature on Fortification in Renaissance Italy),载于《技术与文化》(*Technology and Culture*),4(1963),第30页～第50页;以及Hale著,《文艺复兴时期的防御工事:技术或工程?》。关于Alberti、Filarete、Martini和Ghiberti的可得到的论文,参看Leon Battista Alberti,2卷本《莱昂·巴蒂斯塔·阿尔贝蒂的建筑学》(*L'Architettura* [*De re aedificatoria*] *Leon Battista Alberti*, Milan: Edizioni Il Polifilo, 1966),Giovanni Orlandi编译,由J. Rykwert、Neil Leach和Robert Tavernor翻译为《建筑技术十书》(*On the Art of Building in Ten Books*, Cambridge, Mass.: MIT Press, 1988);Filarete,2卷本《建筑论文集》(*Trattato di architettura*, Milan: Il Polifilo, 1972),Anna Maria Finoli和Liliana Grassi编,由John R. Spencer译为2卷本《建筑论文集》(*Treatise on Architecture, Being the Treatise by Antonio di Piero Averlino, known as Filarete*, New Haven, Conn.: Yale University Press, 1965);Francesco di Giorgio Martini,2卷本《建筑技术与军事技术论文集》(*Trattati di architettura ingegneria e arte militare*, Milan: Electa, 1967);以及Buonaccorso Ghiberti,《博纳科尔索·吉贝尔蒂的〈杂集〉中对维特鲁威的翻译与古代晚期图画的复制品》(*A Translation of Vitruvius and Copies of Late Antique Drawings in Buonaccorso Ghiberti's Zibaldone*, Philadelphia: American Philosophical Society, 1979),Gustina Scaglia译。关于Leonardo da Vinci、Sangallo和Aleotti的文章必须通过研究他们的军事建筑的二手资料才能获得。参看Renzo Manetti,《安东尼奥·达·圣加洛:佛罗伦萨要塞中的防御工事的技术与新柏拉图式的象征意义》(Antonio da Sangallo: Arte fortificatoria e simbolismo neoplatonico nella fortezza di Firenze),载于Carlo Cresti、Amelio Fara和Daniela Lamberini编,《16世纪欧洲的军事建筑:1986年11月25日至28日在佛罗伦萨举行的研究会议记录》(*Architettura militare nell'Europa del XVI secolo: Atti del Convegno di Studi, Firenze, 25 - 28 Novembre 1986*, Siena: Edizioni Periccioli, 1988),第111页～第120页;Pietro C. Marani,《在传统、革新和反思之间的列奥纳多·达·芬奇的军事建筑》(L'Architettura militare di Leonardo da Vinci fra tradizione, rinnovamento e ripensamento),载于Cresti、Fara和Lamberini编,《16世纪欧洲的军事建筑:1986年11月25日至28日在佛罗伦萨举行的研究会议记录》,第49页～第59页;Simon M. Pepper,《制订计划对防御工事:圣加洛防守罗马的计划》(Planning Versus Fortification: Sangallo's Plan for the Defence of Rome),载于《建筑评论》(*Architectural Review*),159(1976),第163页～第169页;以及Paolo Zermani,《"防御工事":焦万·巴蒂斯塔·阿莱奥蒂建筑理论中的"进攻"和"防守"》("Delle fortificazioni": "Offensa" e "difesa" nella teoria architettonica di Giovan Battista Aleotti),载于Cresti、Fara和Lamberini编,《16世纪欧洲的军事建筑:1986年11月25日至28日在佛罗伦萨举行的研究会议记录》,第37页～第50页。

的塞巴斯蒂安·勒普雷斯特·德·沃邦(1633～1707),以最高荣誉葬于荣军院中拿破仑·波拿巴的旁边。[34]

因火器使用而改变的职业还有军医。一直以来,只要有军队,就有随军外科医生。虽然这些医务人员能做的不过是清洗和缝合刀伤或者取出投射物并缝补弓箭和投石机造成的伤口,但却似乎对这类工作游刃有余。这一点从挖掘出的战场伤亡人员在躯体、四肢和头骨部位的旧伤可以得到清楚的证明,如维斯比(Visby,1361)和陶顿(Towton,1461)古战场。[35] 然而,伴随火药推进发射武器越来越多的使用,出现了新的、更可怕的伤情,需要特殊护理。起先,军医们采用与其他类型伤口一样的救治方式,先清洗伤口,然后缝合或者拔脓。[36] 但到15世纪末,有人发明了用热油治疗枪炮伤口的方法(无须清洗或取出碎片)。这种新方法似乎受到一种新观念的影响,这种观念认为枪炮导致的伤口是中了毒的,灼烧是最好的消毒方法,教皇的外科医生乔瓦尼·达维戈(约1450～1525)在其所著的一部广为流传的军事医学著述《外科技术的广泛实践》(*Practica in arte chirugica copiosa*)中为这一观点辩护。[37] 法国军医安布鲁瓦兹·帕雷(约1510～1590)在1536年都灵被围时对这种方法提出的批评广为人知,但是它没有因此废弃,直到18世纪被截肢方法替代之前,它始终用于不幸的受害者。[38] 317 外科医生还得治疗枪炮带来的其他伤害,最严重的是使用手持式火炮的炮手因为强大的后坐冲击波而被火药烧伤。实际上这样的病例数不胜数,15世纪一位名为奥利维耶·德拉马尔什的人士评论勃艮第军队时,认为大胆的查理公爵须增加军医人数以治疗炮手的烧伤和其他伤情。[39]

---

[34] Vauban的关于军事建筑的文章已经被译为英文,George A. Rothrock译,《围攻技术与防御工事手册》(*A Manual of Siegecraft and Fortification*, Ann Arbor: University of Michigan Press, 1968)。关于现代早期的较晚阶段的一般性的防御工事工程,参看Christopher Duffy,《沃邦时代的堡垒与腓特烈大帝(1660～1789)》(*The Fortress in the Age of Vauban and Frederick the Great, 1660 - 1789*, London: Routledge and Kegan Paul, 1985);以及Duffy,《火与石:堡垒战的科学(1660～1860)》(*Fire and Stone: The Science of Fortress Warfare, 1660 - 1860*, Newton Abbot: David and Charles, 1975)。

[35] 关于维斯比战役,参看Bengt Thordemann,《来自维斯比战役的铠甲》(*Armour from the Battle of Wisby, 1361* [1939], [Highland City, Tx.]: Chivalry Bookshelf, 2001)。关于陶顿战役,参看Veronica Fiorato、Anthea Boylston和Christopher Knüsel,《血红的玫瑰:来自陶顿战役的集体坟墓的古物》(*Blood Red Roses: The Archaeology of a Mass Grave from the Battle of Towton, A. D. 1461*, Oxford: Oxbow Books, 2000)。

[36] Kelly DeVries,《军事外科实践与火器的出现》(Military Surgical Practice and the Advent of Gunpowder Weaponry),载于《加拿大医学史公报》(*Canadian Bulletin of Medical History*),7(1990),第131页～第146页,重印于DeVries,《中世纪欧洲的枪炮和人(1200～1500):军事史与军事技术研究》,论文XVII。

[37] 没有关于Giovanni da Vigo的外科文本的现代版本,但是可以参看1543年的英文译本的重印本,《乔瓦尼·达维戈:最优秀的外科学作品》(*Joannes da Vigo: The Most Excellent Workes of Chirurgerye* [1543], Amsterdam: Da Capo Press Theatrum Orbis Terrarum, 1968)。14世纪末和15世纪初发表的各种版本和译本的数量表明了这一著作的流行。参看DeVries,《军事外科实践与火器的出现》,第140页～第142页。

[38] Ambroise Paré,《道歉与论文》(*The Apologie and Treatise*, Chicago: University of Chicago Press, 1952),Geoffrey Keynes编译,第138页。帕雷对火炮伤口的处理在他的后期著作中讨论得更为详尽,《外科学十书及所需手术器械》(*Ten Books of Surgery with the Magazine of the Instruments Necessary for It*, Athens: University of Georgia Press, 1969),Robert White Linker和Nathan Womack编译,第1页～第47页。关于帕雷在后期外科史上的影响的讨论,参看J. F. Malgaigne,《外科学与安布鲁瓦兹·帕雷》(*Surgery and Ambroise Paré*, Norman: University of Oklahoma, 1965),Wallace B. Hamby译;以及下文中的参考书目,DeVries,《军事外科实践与火器的出现》,第143页,注释3。

[39] Olivier de la Marche,《大胆的查理的公国的情况》(*Estat de la maison de Charles le Hardi*),载于M. Petitot编,《法国历史回忆录全集》(*Collection complète des mémoires relatifs à l'histoire de France*, vols. 9 and 10, Paris: Foucault, 1820),第10卷,第493页。

宫廷工程师和上流社会的实践者

前面提到,除了设计和修筑防御工事的人,大多掌握军事技术的工匠和操作者都没有留下姓名。从现存的社会经济资料来看,他们中的大多数人是手工业者或来自更低阶层,大多没有接受过正规教育。他们的发明创造无疑给自身带来名誉和财富,但是与现代早期其他手工业者一样,鲜有历史资料记载。然而,一群知识分子开始依靠保护人生活,并且将寻求保护与火器的出现和繁荣联系在一起。这些知识分子最早生活于15世纪和16世纪初,当代历史学家通常称他们为"宫廷工程师"(参看第26章、第27章)。因为他们寻求保护人时需要自我推荐,因此名字常为人所知,如15世纪的康拉德·屈埃瑟(1366～约1405)、马里亚诺·塔科拉(1381～约1458)、罗伯托·瓦尔图里奥(1405～1475),以及弗朗切斯科·迪·乔治·马丁尼,16世纪的达·芬奇、阿戈斯蒂诺·拉梅利(1531～约1600),以及雅克·贝松(活跃期为1550～1580)。与米格尔·德·塞万提斯·德·萨韦德拉(1547～1616)、弗朗索瓦·拉伯雷(1490～约1553)等激烈排斥火器、认为它缺乏骑士精神且非常邪恶的知识分子不一样,他们热情欢迎火器的问世。

除了达·芬奇等少数人,从16世纪开始大多数军事书籍的作者都利用新发明的印刷机来出版作品。有时候这类出版物让一些原本错误的观念深入人心,如前面提到的军医乔瓦尼·达维戈的著作,或者传播对新军事技术的保守反对之声。后一种情况当中包括佛罗伦萨的作者尼科洛·马基雅维利(1469～1527)的有关论述,其中流传甚广的《战争艺术》(*Arte della guerra*,1521)、《论李维》(*Discorsi sulla prima deca di Tito Livio*,1531)和《君主论》(*Il principe*,1532)都对火器使用提出警告,这些著述由于是印刷出版,因此与早前手写书籍相比拥有更大的读者群,在全欧洲广为流传。[40] 但更多时候印刷机的使用使得很多创新成果得以有效地传播,其中涉及战略战术、修筑堡垒、军事医学、攻击性和防御性军事技术方面,以及最终指导了19世纪军事理论与实践的

318

[40] 关于达维戈的著作的参考书目,参看脚注36。马基雅维利的军事著作——我将《论李维》和《君主论》也算在内,因为它们用了大量篇幅来讨论意大利的战争和火器——以多种版本和译本在意大利和欧洲广泛流传。现在《论李维》和《君主论》有许多版本可用;《战争艺术》最容易获得,Niccolò Machiavelli,《战争艺术》(*The Art of War*, New York: Da Capo Press, 1965),Neal Wood 编译。在对 Machiavelli 的军事著作的许多研究中,参看 M. Hobohm,2卷本《马基雅维利的战争艺术的复兴》(*Machiavellis Renaissance der Kriegkunst*, Berlin: Curtius, 1913);以及 Sydney Anglo,《军事权威马基雅维利:一些早期资料》(Machiavelli as a Military Authority: Some Early Sources),载于 P. Denley 和 C. Elam 编,《佛罗伦萨和意大利:纪念尼古拉·鲁宾斯坦的文艺复兴研究》(*Florence and Italy: Renaissance Studies in Honour of Nicolai Rubinstein*, London: Westfield College, University of London, Committee for Medieval Studies, 1988),第321页～第324页。关于 Machiavelli 对火器的观点的讨论,参看 Ben Cassidy,《马基雅维利与进攻意识形态:〈战争艺术〉中的火药武器》(Machiavelli and the Ideology of the Offensive: Gunpowder Weapons in *The Art of War*),载于《军事史杂志》(*Journal of Military History*),67(2003),第381页～第404页。

火器使用与防卫技术成果。[41]

宫廷工程师科学的和技术的设计与想法尽管有缺陷,甚至如达・芬奇的飞行器那样纯属幻想,但却在整个16、17世纪颇具影响,不仅如此,他们还赢得一类新的拥护者和后继人。继承宫廷工程师的思想成果和军事技术的人当中,有一些按照他们前辈的方式通过著述来获得聘用或资助,而另外一些却并非为此目的而来。后者作为社会和经济上的精英阶层,无须这样求得一官半职,对他们来说,让战争以及相关技术成为知识、成为科学,是提高身份、离开安静的书桌去参战的途径。军事技术著述者当中还有一些是军人,他们希望以此跨入绅士阶层,而这单凭他们自身掌握的军事技术是实现不了的。例如,仅举出几个英国的作者,托马斯・哈里奥特(1560～1621)、彼得・怀特霍恩(活跃年份为1588年)、威廉・伯恩(死于1583年)、伦纳德・迪格斯(1588～1635),以及托马斯・迪格斯(死于1595年)等人的著作表现出对科学技术的兴趣以及教学能力,讨论有关火器制造、火药配方、弹道学、枪炮操作和后勤保障。他们在讨论中不仅用到传统的化学、冶炼术语和哲学,而且增加了大量有关战术、演习、培训和开火时运用的数学和几何学的论述。[42]

319

很多这类著述大受欢迎,被当作训练士兵特别是培养军官的指导工具书。从16世纪晚期至17和18世纪,军官所接受的教育当中,既有战略战术,也有战争的技术细节,还有这些实践和技术中的普遍原理。这种教育不仅创造了一个新的军事课程体系(这一体系除了法国大革命时期遭到破坏一直被沿用,直到20世纪才完全废弃),而且还带来了科学技术与军事的结合,这一结合至今不曾被打破。[43]

现代早期欧洲绵延不绝的战火繁荣了军事技术的市场,枪炮和火药的引入产生了许多重大的发明,所有这些影响不限于军事教育和实践,它们对于探究自然的活动也有重要意义。在所谓"机械之艺"(与机械打交道的各门应用学科)当中,制造枪炮、军

---

[41] 直到目前,尚无关于军事技术和科学的激增与印刷之间关系的全面研究,尽管某些既有地理分布又有作者分布的案例研究指出这可能是一个内容极为丰富的研究方向。例如参看 John R. Hale,《印刷与文艺复兴时期威尼斯的军事文化》(Printing and the Military Culture of Renaissance Venice),载于 Hale,《文艺复兴时期的战争研究》(*Renaissance War Studies*, London: Hambledon, 1983),第429页～第470页;Hale,《火药与文艺复兴:思想史上的一篇论文》(Gunpowder and the Renaissance: An Essay in the History of Ideas),载于 Charles H. Carter 编,《从文艺复兴到反宗教改革:纪念加勒特・马丁利的论文》(*From Renaissance to Counter-Reformation: Essays in Honour of Garrett Mattingly*, London: Cape, 1966),第113页～第144页;以及 Henry J. Webb,《伊丽莎白一世时代的军事科学:图书与实践》(*Elizabethan Military Science: The Books and the Practice*, Madison: University of Wisconsin Press, 1965)。

[42] 目前,关于这一主题的最为全面的研究是 Webb 所著的《伊丽莎白一世时代的军事科学:图书与实践》,但是下面这本即将出版的书更全面,Steven A. Walton,《军事科学的绅士:现代早期英国的科学知识、军事技术与学会》(*The Scientific Military Gentleman: Scientific Knowledge, Military Technology, and Society in Early Modern England*)。也可参看 A. Rupert Hall,《17世纪的弹道学》(*Ballistics in the Seventeenth Century*, Oxford: Oxford University Press, 1965)。

[43] John R. Hale,《现代早期欧洲军官阶层的军事教育》(The Military Education of the Officer Class in Early Modern Europe),载于 C. H. Clough,《意大利文艺复兴的文化方面:纪念保罗・奥斯卡・克里斯特勒的论文》(*Cultural Aspects of the Italian Renaissance: Essays in Honor of Paul Oskar Kristeller*, Manchester: Manchester University Press, 1976),第440页～第461页,还载于 Hale,《文艺复兴时期的战争研究》,第225页～第246页;以及 Hale,《17世纪初威尼斯共和国主体疆域内的军事院校》(Military Academies on the Venetian Terrafirma in the Early Seventeenth Century),载于《威尼斯研究》(*Studi veneziani*),15(1973),第273页～第295页,还载于 Hale,《文艺复兴时期的战争研究》,第285页～第308页。关于在法国大革命期间的工程学职业的变化,参看 Alder,《设计革命:法国的武器与启蒙(1763～1815)》。

用机械和设计防御工事最为重要。从 16 世纪末到整个 17 世纪，包括宫廷工程师、有业余爱好的上流人士，以及地位卑微的靠商讨、辩论和写作这些军事主题提高职业地位的专业人员在内的军事技术的著者们，为军事活动发展出了更加系统的概念基础，既提高了效率，也成就了自己的兴趣爱好和职业生涯。他们在弹道几何学和应用数学领域（参看第 27 章）所建立的理论基础很快对力学本身产生了深远的影响。

（李文靖　译）

15

320

咖啡馆和印刷所

阿德里安·约翰斯

实验哲学的知名度是由一股咖啡的浪潮引发的。17 世纪 50 年代中期，一群有抱负的牛津学者定期在一种新地方碰面。这里有些像没有酒的小酒馆，由一位名叫阿瑟·蒂利亚德的药剂师主持。在这里，在一杯杯大剂量的浓稠的黑色液体刺激之下，他们争论改造自然哲学和数学科学的新思想。彼得·施特尔，罗伯特·玻意耳(1627～1691)的德国化学家，在相同的地方进行过实验演示。这个学者俱乐部于 1660 年迁至伦敦，再次出现后不久就被称为皇家学会。大约在同一时期，这些聚会最初发生的新奇的地方——咖啡馆——也迁移到伦敦，并且在那里迅速流行开来。咖啡馆和皇家学会一道成为复辟时期英格兰可能是最具特色的两个社会场所。它们出现的意义超越了英格兰本身的范围。牛津和伦敦出现的新事物将逐渐影响整个西欧科学的未来。

实验不是唯一由咖啡馆的风行所推动的有争议的研究活动。1659 年，政治哲学家詹姆斯·哈林顿(1611～1677)——他的《大洋》(*Oceana*,1656)基于循环的粒子自然哲学建立了共和主义——在威斯敏斯特的迈尔斯咖啡馆(Miles' Coffeehouse)组织定期的辩论。在这里，士兵、政治家和普通市民参与令人愉快的交流，交流内容涉及历史和管理哲学的广泛领域。这个被哈林顿称为"罗塔(Rota)"的集会场所，既能产生新知识，更为重要的，又可以示范一种新的提出、争论和解决问题的一般方式。不久它因为斯图亚特君主政体复辟日渐增长的必然性而解散。但是它所示范的这种社交方式展现了更强的复原能力。哈林顿的社会实验已经揭示了一种将重新定义辩论本身的新的、生气勃勃的市民社会的到来。[1]

321

如果咖啡馆及其顾客仅限于牛津和伦敦，那么它们在这种新社会形式中的意义就不大。然而，它们早就出现在英格兰所有的大城镇当中。在欧洲大陆，这些咖啡馆也已经建立并且十分兴旺。巴黎咖啡馆据说是真正高雅的典范，阿姆斯特丹的咖啡馆作为闲谈和交流的中心可与伦敦的媲美。咖啡馆到处都大受欢迎。到了 1700 年，英格兰、法国连同荷兰每年进口约 300 万磅咖啡，当时这一庞大的数量显示了咖啡馆本身已经成为巨大国际贸易网络的终端。然而，咖啡馆在伦敦尤为流行，在这里它们代表着一种新的社交方

---

〔1〕 James Harrington,《政治著作》(*Political Works*, Cambridge: Cambridge University Press, 1977),John Pocock 编，第 112 页～第 117 页。关于 Harrington 和自然哲学，参看 J. H. Scott,《运动的喜悦：詹姆斯·哈林顿的共和主义》(The Rapture of Motion: James Harrington's Republicanism)，载于 Nicholas Phillipson 和 Quentin Skinner 编，《现代早期英国的政治对话》(*Political Discourse in Early Modern Britain*, Cambridge: Cambridge University Press, 1993)，第 139 页～第 163 页。

式，以至北美殖民地第一家开张的咖啡馆起名“伦敦”来引发人们对此的联想。在那时，任何人要想了解政治、聆听大师最新的创意、计划出版书籍或做新机器试验，都最好常光顾咖啡馆。这些合适的公共场所能够重构谈话，提供一个公共社交圈的核心。[2]

然而，仅靠咖啡几乎不能够产生如此显著的影响。在阿姆斯特丹、巴黎和伦敦的咖啡馆，它遇到了另外一种黏稠、黑色的液体：墨水。两者在文化上都是爆炸性的，因而它们的混合物既有力又危险。咖啡馆很快为新式交流提供了经济基础。它们欢迎各种各样能够引起话题的东西，尤其欢迎可以在座位上被消费的小册子和期刊。咖啡馆为阅读这样的材料提供了机会（一个人安静地阅读或是大声读给别人听），并提供了对所读内容进行交流的机会。这种阅读甚至能够改变传统著作的意义。（“他们对博丹、马基雅维利和柏拉图做了怎样的破坏！”一位旁观者这样惊呼道。）这种被广泛认为是史无前例的阅读，很快成为文化生活当中不可或缺的通常特征。英国皇家出版业警长罗杰·莱斯特兰奇爵士（1616～1704）可能为小册子出版物内在的不遵从传统而不满，但是他不得不对小册子和杂志适合于咖啡馆阅读的形式表示遗憾。其实莱斯特兰奇自己的部门就是由一家对“新闻”法定垄断的机构提供经费，“新闻”便是来自咖啡馆和印刷所的主要的认识论的新鲜事物。[3]

322

咖啡与印刷的联盟改变了著述、交流和谈话。不仅如此，这一联盟还重塑了资料，通过这些资料，历史学家现在找出了这类问题的真相。它们的意义绝不限于政治类主题。咖啡馆阅读预示着或显示出要改变所有创造性的讨论，从主题到场合。尤其是在伦敦，人们最为强烈地感受到它对于自然哲学的影响，这主要归功于实验哲学在皇家学会的正式

---

[2] 关于咖啡贸易、咖啡馆以及公共社交圈的起源，参看 Fernand Braudel，《文明与资本主义（15 世纪～18 世纪）·第一卷·日常生活的结构》（*Civilization and Capitalism*, 15th - 18th *Century*, vol. 1: *The Structures of Everyday Life*, London: Fontana, 1985），S. Reynolds 译，第 256 页～第 260 页（关于贸易的发展）；B. Cowan，《咖啡的社会生活：英国咖啡馆的出现》（*The Social Life of Coffee*: *The Emergence of the British Coffeehouse*, New Haven, Ct: Yale University Press, 2005）；J. Leclant，《咖啡与巴黎的咖啡馆（1644～1693）》（Le café et les cafés à Paris［1644 - 1693］），《年鉴：经济、社会、文明》（*Annales*: *Économies*, *Sociétés*, *Civilisations*），6（1951），第 1 页～第 14 页；Daniel Roche，《启蒙运动中的法国》（*France in the Enlightenment*, Cambridge, Mass.: Harvard University Press, 1998），Arthur Goldhammer 译，第 627 页～第 630 页（关于巴黎）；Margaret C. Jacob，《激进的启蒙运动：泛神论者、共济会会员和共和党人》（*The Radical Enlightenment*: *Pantheists*, *Freemasons and Republicans*, London: Allen and Unwin, 1981），第 183 页（关于海牙）；David S. Shields，《英属美洲优雅的语言和纯文学》（*Civil Tongues and Polite Letters in British America*, Chapel Hill: University of North Carolina Press, 1997），第 18 页～第 22 页，第 55 页～第 57 页（关于费城，这一参考书目我要感谢 Margaret Meredith）；以及 Deric Regin，《商人、艺术家、城市居民：17 世纪阿姆斯特丹的文化史》（*Traders*, *Artists*, *Burghers*: *A Cultural History of Amsterdam in the Seventeenth Century*, Amsterdam: Van Gorcum, 1976），第 137 页～第 138 页（关于阿姆斯特丹）。

[3] Thomas St. Serfe，《塔鲁戈的诡计；或咖啡馆》（*Tarugo's Wiles*; *Or*, *The Coffee-House*, London: H. Herringman, 1668），第 20 页。现在关于咖啡馆的文献非常多，对长期存在于伦敦的咖啡馆的调查可参看 Bryant Lillywhite，《伦敦咖啡馆：17、18、19 世纪咖啡馆的参考书》（*London Coffee Houses*: *A Reference Book of Coffee Houses of the Seventeenth*, *Eighteenth and Nineteenth Centuries*, London: Allen and Unwin, 1963），也可参看 Aytoun Ellis，《便士大学：咖啡馆的历史》（*The Penny Universities*: *A History of the Coffee-Houses*, London: Secker and Warburg, 1956）。关于它们对罗伯特·胡克的重要性，尤其参看 Rob Iliffe，《材料的疑问：胡克、17 世纪 70 年代伦敦的工匠文化和信息交流》（Material Doubts: Hooke, Artisan Culture and the Exchange of Information in 1670s London），《英国科学史杂志》（*British Journal for the History of Science*），28（1995），第 285 页～第 318 页。关于新闻的新奇性，参看 Joad Raymond，《报纸的发明：英文新闻书（1641～1649）》（*The Invention of the Newspaper*: *English Newsbooks*, *1641 - 1649*, Oxford: Clarendon Press 1996）（将报纸置于比咖啡馆稍早一点的时间）；James Sutherland，《复辟时代的报纸及其发展》（*The Restoration Newspaper and its Development*, Cambridge: Cambridge University Press, 1986）；以及 Charles John Sommerville，《英格兰的新闻革命：日常信息的文化动力》（*The News Revolution in England*: *Cultural Dynamics of Daily Information*, New York: Oxford University Press, 1996），尤其是第 75 页～第 84 页。关于 L'Estrange 的新闻垄断，参看 George Kitchin，《罗杰·莱斯特兰奇爵士：对 17 世纪新闻史的贡献》（*Sir Roger L'Estrange*: *A Contribution to the History of the Press in the Seventeenth Century*, London: Kegan Paul, 1913），第 139 页～第 146 页。

引入。没有其他任何一个大城市以如此的程度或以如此的潜在影响鼓励了咖啡、印刷和实验的相互作用。到了18世纪初,咖啡与印刷的联合确立了一个前所未有的时代的基础,这个时代的特色不再是宫廷假面舞会、皇家特权和宗派斗争,而是牛顿主义、公众理性和人口衰落但仍有选举权的市镇。

印 刷 业

咖啡馆出现于伦敦的时候,伦敦的印刷业已有近200年历史了。伦敦至少有150家书店,书籍由40至60家印刷所提供。它们的经营者原则上都是作为出版商会(Stationers' Company)的成员而联合起来,出版商会是17世纪中期得到特许的一个手工业组织。实际上不是所有人都加入,有数目不可知的非法"私人"印刷所存在,而且很多书籍销售商并不是出版商会会员。然而,商会的存在意义重大。它为图书贸易成功构造了一个社会、伦理和经济秩序,并在法律上和政治上维护这一秩序。它每月一次的裁决能够施加实质性的力量,在会员之间的争端有可能分裂商会的时候进行协调。甚至非商会会员也愿意遵守商会的协议,而且商会会员和非商会会员最后都按规矩被认作"出版商"。任何一种可能被称作印刷文化的真正存在,都依赖于这些协议,就像依赖于印刷业本身那样。[4]

323

出版商会在伦敦的地位相当于其他印刷和销售书籍的商社在欧洲大陆各城市的地位。这些商社蓬勃发展,从而需要规范。15世纪中期印刷机发明之后仅仅一代人,印刷工人就已经开始在德意志、尼德兰、英格兰、法国和意大利城邦的各城市工作(图15.1)。到了16世纪中期,印刷已经改变了书籍本身的特点。两个印刷工人使用一台印刷机,每天可以印刷约1000页,较大的印刷所有几台印刷机同时工作。因此这种操作过程印刷出的书籍数量空前。书籍历史学家亨利-让·马丁提供的众多统计数据之一显示,到了1500年左右,当时每5个欧洲人已经有1本印刷书籍。在科隆(Cologne)、莱比锡,尤其是在法兰克福(Frankfurt),每年都举办大型书展,书展的交易数量庞大,1564年至1649年交易的图书达到75,000种,总计约6000万至1亿册(取决于印刷操作并考虑到没有在印刷记录中的小型图书)。1564年至1569年,2000种图书被广而告之,1610年至1619年,书展达到极盛时期,共计交易图书超过15,500种。学者们通过浏览法兰克福书展的书目跟上最新的思想潮流。[5]

---

〔4〕 Adrian Johns,《书的本性:印刷与制造中的知识》(*The Nature of the Book: Print and Knowledge in the Making*, Chicago: University of Chicago Press, 1998),第187页～第265页。

〔5〕 Lucien Febvre 和 Henri-Jean Martin,《图书的到来:印刷的影响(1450～1800)》(*The Coming of the Book: The Impact of Printing, 1450 - 1800*, London: Verso, 1984),David Gerard 译,第248页～第249页。关于法兰克福及其他书展,参看 A. H. Laeven,《法兰克福和莱比锡书展以及17和18世纪荷兰图书贸易史》(The Frankfurt and Leipzig Book Fairs and the History of the Dutch Book Trade in the Seventeenth and Eighteenth Centuries),载于 Christiane Berkvens-Stevelinck、H. Bots、P. G. Hoftijzer 和 O. S. Lankhorst 编,《世界商店:作为欧洲图书贸易中心的荷兰共和国》(*Le magasin de l'univers: The Dutch Republic as the Centre of the European Book Trade*, Leiden: E. J. Brill, 1992),第185页～第197页。(我从第191页的表格中计算得到总数是75,000)。关于图表和分析,参看 James Westfall Thompson 编,《法兰克福书展:亨利·艾蒂安的法兰克福市场》(*The Frankfort Book Fair: The Francofordiense Emporium of Henri Estienne*, New York: Franklin, 1968);A. Dietz,《法兰克福书展的历史(1462～1792)》(*Zur Geschichte der Frankfurter Büchermesse, 1462 - 1792*, Frankfurt: 1921);H.-J. Martin,《17世纪法国的印刷业、权力和人民》(*Print, Power, and People in Seventeenth-Century France*, Metuchen, N. J.: Scarecrow Press, 1993),David Gerard 译,第198页～第200页;以及 Martin,《写作的历史与力量》(*The History and Power of Writing*, Chicago: University of Chicago Press, 1994),Lydia G. Cochrane 译,第247页～第251页。

图 15.1　荷兰的印刷所。In Samuel Ampzing, *Beschryvinge ende lof der Stad Haerlem in Holland* (Haarlem: Adriaen Rooman, 1628). Reproduced by permission of the Bodleian Library. Douce A 219

但随即发生的“印刷革命”不单纯表现在数量方面，也表现在质量和实际影响方面。印刷机得以革新，同时学者及工匠的生活发生改变。[6] 一些倡导自然志、医学和 324

[6] 关于“数学”（诸如勘测和导航等事业的旧称）著作的出现及其影响，参看 T. R. Adams，《英格兰海事出版的开端（1528～1640）》（The Beginning of Maritime Publishing in England, 1528 - 1640），《图书馆》（*The Library*），6th ser., 14(1992)，第 207 页～第 220 页，更一般性的介绍，参看 S. Johnston，《伊丽莎白一世时代英格兰的数学实践者与工具》（Mathematical Practitioners and Instruments in Elizabethan England），《科学年鉴》（*Annals of Science*），48(1991)，第 319 页～第 344 页。

数学的人早在印刷机问世之初便意识到它的潜在力量，如德国天文学家约翰内斯·雷吉奥蒙塔努斯（1436～1476）著名的有关出版古代数学文集的大胆提议，实际上早于今天所熟知的人文主义学者兼印刷商的活动。雷吉奥蒙塔努斯的想法最终落空，但是 325 16世纪，类似于他的专业人士成功地通过印刷物来吸引新读者、提出新观点，甚至重塑了研究自然者的身份。[7]

自然哲学开始脱离大学环境，先来到皇家宫廷，后进入自主或半自主的机构团体，如詹巴蒂斯塔·德拉·波尔塔（1535～1615）的自然奥秘学会（那不勒斯）、费代里科·切西（1585～1630）的山猫学会（罗马）、实验学会（佛罗伦萨）、特奥弗拉斯特·勒诺多（1586～1653）的地址办公室，以及后来的皇家科学院（巴黎）和伦敦的皇家学会。由于地点变化，自然知识的内容与形式均不同了。[8] 在这些学会的领导者的推动下，印刷业催生了关于信息公开、知识产权、著作权以及相互合作的协议。德拉·波尔塔的社团曾因行动诡秘而声名不佳，而切西的学会则有计划地集体行动。他们在各部门之间进行自然知识交流，并自行印刷将其公之于众。它的《山猫学会备忘录》（*Gesta Lynceorum*）是此类学会最早的印刷形式的报告。实验学会创建伊始便筹划定期公布实验报告，它最终实现了该计划，将所有投稿者的作者身份归于君主一人。勒诺多则更进一步，印刷出版学会会员的对话实录摘要，只是略去了对话者名姓。这样做是出于谦虚和礼貌。每一位会员提出观点后都不附上姓名，因为“他决不愿将观点据为己有；思想一旦产生，就属于集体，不再为个人私产，真理亦如此”。而伦敦皇家学会从第二代会员开始在公之于众的思想观点上加上作者名字，只不过常免不了附上为署名本身

[7] 一般地，参看 Elizabeth L. Eisenstein，《作为变化原动力的印刷业：现代早期欧洲的交流与文化转型》（*The Printing Press as an Agent of Change: Communications and Cultural Transformations in Early Modern Europe*, Cambridge: Cambridge University Press, 1979），第520页～第635页。关于雷吉奥蒙塔努斯，参看 Noel M. Swerdlow，《文艺复兴时期的科学与人文主义：雷吉奥蒙塔努斯关于数学科学的高贵与效用的演讲》（Science and Humanism in the Renaissance: Regiomontanus's Oration on the Dignity and Utility of the Mathematical Sciences），载于 Paul Horwich 编，《世界的改变：托马斯·库恩与科学的本质》（*World Changes: Thomas Kuhn and the Nature of Science*, Cambridge, Mass.: MIT Press, 1993），第131页～第168页；以及 Lisa Jardine，《世间的商品：文艺复兴的新历史》（*Worldly Goods: A New History of the Renaissance*, London: Macmillan, 1996），第348页～第350页。关于“神秘教授”对印刷的创新性的使用，参看 William Eamon，《科学与自然秘密：中世纪与现代早期文化中的秘著》（*Science and the Secrets of Nature: Books of Secrets in Medieval and Early Modern Culture*, Princeton, N. J.: Princeton University Press, 1994），第234页～第266页。关于数学科学，同时参看以下导论性文章，G. J. Whitrow，《为什么数学在16世纪开始大受欢迎？》（Why did Mathematics begin to take off in the Sixteenth Century?），载于 Cynthia Hay 编，《数学从手稿到印刷物（1300～1600）》（*Mathematics from Manuscript to Print, 1300 - 1600*, Oxford: Clarendon Press, 1988），第264页～第269页。

[8] Mario Biagioli，《科学革命、社会拼凑物和礼节》（Scientific Revolution, Social Bricolage, and Etiquette），载于 Roy Porter 和 Mikuláš Teich 编，《国家语境中的科学革命》（*The Scientific Revolution in National Context*, Cambridge: Cambridge University Press, 1992），第11页～第54页。关于 della Porta，参看 Eamon，《科学与自然秘密：中世纪与现代早期文化中的秘著》，第151页。关于 Renaudot，参看 Howard M. Solomon，《17世纪法国的公众福利、科学以及宣传活动：特奥弗拉斯特·勒诺多的革新》（*Public Welfare, Science, and Propaganda in Seventeenth Century France: The Innovations of Théophraste Renaudot*, Princeton, N. J.: Princeton University Press, 1972），第60页～第99页；Geoffrey V. Sutton，《上流社会的科学：性别、文化与启蒙运动的论证》（*Science for a Polite Society: Gender, Culture, and the Demonstration of Enlightenment*, Boulder, Colo.: Westview, 1995），第19页～第52页；以及 Jeffrey K. Sawyer，《印刷的毒药：17世纪早期法国的小册子宣传、派系政治和公共领域》（*Printed Poison: Pamphlet Propaganda, Faction Politics, and the Public Sphere in Early Seventeenth-Century France*, Berkeley: University of California Press, 1990），第136页～第137页。

可能引来的猜忌所做的辩解之词。[9] 通过上述所有形式,自然哲学家利用印刷资料记录和传播即将成为科学知识的信息,一如他们首先通过各种形式的社会活动来获取知识。他们之所以成功并不是必然的,而且也非单纯印刷书籍的数量使然。印刷机的巨大影响不一而足:利用印刷机,现代早期欧洲的自然哲学家、内科医生和数学家们除了发展了特定学科的新知识,还重塑了印刷文化本身。 326

最好的书店和印刷所一般集中在几个主要城市的个别地方,如伦敦的圣保罗教堂周围或巴黎的圣雅克大街。[10] 其他书店和印刷所则分散于各个城市。走进这里,既有商业气息,又有家常的感觉。尤其在伦敦,印刷所门面很小,很多印刷商的印刷机不过一两台。由于没有现代信贷制度,这类印刷商需要定期周转才能生存。所以他们多承揽小册子一类的本地小生意,越来越多的是期刊,即定期重复生产的小册子。他们有时印刷经典著作这类更加精美的书籍,但这种活计要冒风险。经典著作至少还能保证有市场,地图集和数学论文则不行。相应地,出版商则不愿在出版物上多投入,而可能更愿意把自己定位于中间印制,为了生计生产一些只有极短期吸引力的印刷品。之所以做出这一决定更可能是由于未经授权进行印刷的威胁,到了 17 世纪这一行为被叫作"盗版"。此时法律上的著作权尚未出现,只有君主授权的特许权。行会协议是不允许盗印的,但特许权和协议的有效性都仅限于国内或对海外影响甚微。盗版进而危及学术著作的前景,[11]尽管有时也会有好处。不少学者牵涉进来而为看似冒犯作者的行为辩解,他们要么宣称自己情非所愿地被盗版所害,要么为获取优先权而宣称自己已独家出版此书。上述方式与其说是打击印刷商和书商文化不如说是加入其中。[12] 327

印刷文化在现代早期欧洲占据主流,正是由于这类观念。因此,它与现代印刷文化截然不同。它界定的参与者是书商和印刷商,而不是作者。这些参与者并非只是提供可能条件而不左右传播的中立媒介。据说,他们为保证销量至少积极地鼓励针锋相对的论战。据称,书商与印刷商在发现"辩论的激情带来销量"后,培养了一批新的落

---

[9] Martha Ornstein,《17 世纪科学学会的作用》(*The Role of Scientific Societies in the Seventeenth Century*, Hamden: Archon, 1963),第 74 页~第 76 页;William Edgar Knowles Middleton,《实验者:实验学会研究》(*The Experimenters: A Study of the Accademia del Cimento*, Baltimore: Johns Hopkins University Press, 1971),第 65 页~第 66 页;Théophraste Renaudot,《一个问题》(*A Question*, series of three pamphlets, London: J. Emery, 1640);Renaudot,《法国大师言论集》(*A General Collection of Discourse of the Virtuosi of France*, London: T. Dring and J. Starkey, 1664),尤其是 sig. § 4r - v;Renaudot,《另一部哲学会议全集》(*Another Collection of Philosophical Conferences*, London: T. Dring and J. Starkey, 1665);Steven Shapin,《真理的社会史:17 世纪英格兰的修养与科学》(*A Social History of Truth: Civility and Science in Seventeenth-Century England*, Chicago: University of Chicago Press, 1994),第 177 页~第 180 页。

[10] Martin,《17 世纪法国的印刷业、权力和人民》,第 219 页~第 226 页。关于法国贸易的总体情况,参看权威研究,Roger Chartier 和 Henri-Jean Martin 编,4 卷本《法国出版史》(*Histoire de l'édition française*, 2nd ed., Paris: Fayard, 1989 - 91),第 1 卷~第 2 卷。

[11] 关于伦敦,参看 Johns,《图书的本质:发展中的印刷物与知识》,第 58 页~第 186 页。关于巴黎,参看 Martin,《17 世纪法国的印刷业、权力和人民》,第 193 页~第 238 页。关于阿姆斯特丹,参看 Berkvens-Stevelinck、Bots、Hoftijzer 和 Lankhorst,《世界商店:作为欧洲图书贸易中心的荷兰共和国》。关于荷兰的盗版的描述,参看 P. G. Hoftijzer,《"一把割取邻居谷物的镰刀":荷兰共和国的图书盗版》("A Sickle unto thy Neighbour's Corn": Book Piracy in the Dutch Republic),《中世纪手稿杂志》(*Quaerendo*),27(1997),第 3 页~第 18 页。

[12] D. F. McKenzie,《从演讲到手稿再到印刷》(Speech - Manuscript - Print),载于 Dave Oliphant 和 Robin Bradford 编,《文本研究的新方向》(*New Directions in Textual Studies*, Austin, Tex.: Harry Ransom Humanities Research Center, 1990),第 87 页~第 109 页。

魄文人,他们要求这些文人不要放过“培根、哈维、迪格比、布朗等任何人”。英国清教徒弗朗西斯·奥斯本进一步证实他们“即便没有雇用,也是怂恿某些人恶意攻击学术精英”,这类书能卖出不过是因为“印在扉页上的该书佯称要驳倒的人的名字”。[13]

印刷商为印小册子而将有价值的大部头作品撇在一旁,这一名声不佳的做法影响更糟,因为至少学术见解的公布因此延迟,而且还可能被完全阻断。这一做法产生了微妙的影响——在整体上贬低了印刷媒介,降低了已经印出的书籍的可信度。据说做图书生意的人不让图书作者分得利润,而且因为按照行会协议他们对出版的文字拥有永久所有权,所以他们认为自己有权更改文字内容。一句话,书商们不但影响着准作家们的名气,还影响着他们所持观点的价值。学术著述者们面对着一个盛行着小册子大战的陌生领域。在这种情况下很难知晓写书是否明智,或是否可行。所以毫不奇怪“抄写出书”,即有组织地销售全手写书籍依然有市场,这种有信誉的不同于印刷的方式一直延续到17世纪,有的书直到1700年仍采用这种方式。[14]

然而印刷出版物用于沟通和组织一个学术共同体的潜在好处仍具吸引力。如何得到这一好处?一般说来,最佳的选择是与一个能够进入法兰克福、莱比锡和科隆的大书市的有信誉的印刷商或书商合作。结果要印书通常要找外地最重要的印刷商洽谈。如帕多瓦的解剖学教授安德烈亚斯·维萨里(1514～1564)找到巴塞尔的约翰内斯·赫布斯特(欧珀瑞纳斯)来印刷出版他的《人体的构造》,赫布斯特著名的印刷所还接待过帕拉塞尔苏斯(1493～1541),英国女王玛丽一世时期的流亡者约翰·福克斯(1516～1587)也在这里做过校对工作。帕拉塞尔苏斯的著作是在其去世后在斯特拉斯堡、法兰克福和科隆印刷的,这些地方的印刷商与帕拉塞尔苏斯同样推动了帕拉塞尔苏斯主义的兴起。约翰内斯·彼得雷乌斯在约阿希姆·雷蒂库斯(1514～1576)的监督下在纽伦堡(Nuremburg)印刷了哥白尼的《天球运行论》,当时哥白尼本人躺在遥远的弗劳恩堡(Frauenburg)的病榻上。及至后来,约翰内斯·开普勒(1571～1630)意欲出版《鲁道夫星表》(1627)时,却发现得不到这一便利条件,于是踏遍硝烟弥漫的欧洲寻找合适的印刷商。17世纪20年代末,内科医生罗伯特·弗拉德(1574～1637)以及后来的威廉·哈维(1578～1657)仍在寻找好的印刷条件,最后他们找到了法兰

328

[13] Richard Whitlocke,《动物解剖学;或对英国人当前行为的观察》(*Zootomia; or, Observations on the Present Manners of the English*, London: Printed by T. Roycroft, 1654),sig. Q4v;Francis Osborne,《各种杂文、悖论和有疑问的对话的杂集》(*A Miscellany of Sundry Essayes, Paradoxes, and Problematicall Discourses*, London: Printed by J. Grismond for R. Royston, 1659),sig. (a)4r - v。

[14] Harold Love,《17世纪英格兰的抄写出版物》(*Scribal Publication in Seventeenth-Century England*, Oxford: Oxford University Press, 1993)。关于在荷兰出版的小册子,参看 Craig E. Harline,《早期荷兰共和国的小册子、印刷和政治文化》(*Pamphlets, Printing, and Political Culture in the Early Dutch Republic*, Dordrecht: Martinus Nijhoff, 1987);关于法国,参看 Sawyer,《印刷的毒药:17世纪早期法国的小册子宣传、派系政治和公共领域》。

克福的威廉·普菲策尔。[15]

不管怎样，找远在外地的印刷商出书也有其自身的问题。盗版就是其中之一。还有，因为按惯例主印刷商有责任对原作进行新的创作，因此一般认为作者亲临印刷所对于保证文字准确尤为重要。这在大多数情况下做不到，所以大批当地中间人被聘请来解决这类问题。雷蒂库斯便是早期的一个出名的中间人。[16] 当开普勒发现哥白尼的《天球运行论》那篇起了保护作用的序言其实是出自路德宗牧师安德烈亚斯·奥西安德(1498～1552)之手时，他也寻找这种在印刷领域必然会出现的方式来调整原文。[17]

最终有些人找到一种从根本上来改善图书交易所产生的文化环境的方法。赫耳蒙特派的内科医生威廉·兰德对教育改革家及情报员塞缪尔·哈特立伯(约1600～1662)说出了他们的想法。"我常想，学者们怎样才能不被出版商所欺。"兰德说道。他接着提议说："学者们团结起来，组成一个学术团体，征得地方官员许可后印刷自己的作品(这是一个谦恭的请求)，凭着这样的方式及对正确率的保证，再没有人能够印刷这些书籍。"兰德的提议是，自然哲学家集体行动来改变本身是一种集体创造物的印刷文化。[18]

329

这一想法在皇家学会等机构得到了实现。皇家学会素以在实验哲学上的先驱地位而闻名。然而其成就主要来自它所采取的与印刷业结合的策略，这一点在今天鲜为人知。皇家学会在一定程度上实现了类似于兰德的计划。它通过指定自己的"印刷者"(其中包括书商)，以皇家权力来干预出版商们的活动。然而学会做的更多的是努力建立规范的流程以掌控出版过程的每个环节：自著述者的写作，经传递手稿、登记、审读，再到印刷、出版、销售和反馈。

学术界和出版业均有特别的先例。法国勒诺多的地址办公室曾试图以印记来扩大影响并抵制盗版，17世纪60年代中期它的一些会议记录曾在伦敦翻译印刷，当时皇家学会正不断完善自己的出版流程。英国的出版商会有一个长期登记簿，通过它在每

[15] Eisenstein,《作为变化原动力的印刷业：现代早期欧洲的交流与文化转型》，第489页～第490页，第535页，第569页～第570页(关于欧珀瑞纳斯)；Roger French,《威廉·哈维的自然哲学》(*William Harvey's Natural Philosophy*, Cambridge: Cambridge University Press, 1994)，第227页；Hugh R. Trevor-Roper,《文艺复兴文集》(*Renaissance Essays*, Chicago: University of Chicago Press, 1985)，第152页～第153页；以及Max Caspar,《开普勒》(*Kepler*, New York: Dover, 1993)，Owen Gingerich 编，第311页～第312页。

[16] Anne Goldgar,《粗鲁的学问：文学界中的操行和共同体(1680～1750)》(*Impolite Learning: Conduct and Community in the Republic of Letters, 1680 - 1750*, New Haven, Conn.: Yale University Press, 1995)，第30页～第53页。

[17] 开普勒的发现记载于以下著作中，Johannes Kepler,《新天文学》(*New Astronomy*, Cambridge: Cambridge University Press, 1992)，William H. Donahue 译，第28页；关于序言本身，参看 Robert Westman,《证据、诗学和赞助：哥白尼为〈天球运行论〉所作的序言》(Proof, Poetics and Patronage: Copernicus' Preface to *De revolutionibus*)，载于 Robert Westman 和 David C. Lindberg 编，《重估科学革命》(*Reappraisals of the Scientific Revolution*, Cambridge: Cambridge University Press, 1990)，第167页～第205页。

[18] W. Rand 致 S. Hartlib 的信，1652年2月14日，Sheffield University, Hartlib Papers, 62/17/1A - 2B。

月的例会上核对关于著作正当性的声明。[19] 皇家学会也有类似的登记，但在很大程度上它开创了一条新的途径。它的章程很快影响了所有活动，实际上，从它与哲学家托马斯·霍布斯（1588～1679）的阐释性的论战，到牛顿（1642～1727）担任皇家学会会长期间，皇家学会的早期历史是由一系列学报构成的，这些学报要么来自这些章程，要么来自对违反章程的人的声讨。[20]

皇家学会希望会员定期参与学会活动。会员参与的方式是提交机械、实验，最多的还是报告。送来的报告由两个评判人来"审阅"，或者有时当众"宣读"（"当众"一词过于简单而易起歧义，实际上是接近于一种令人压抑的仪式）。这两种方式都将阅读过程视为"登记"，文章将注上日期再抄入登记簿。这种登记簿（实际上很快按照主题分为多卷）将成为学会阅读活动和文章收录的决定性的记录。它的出现颇具意义，因为它标志着一种原创作者的可靠档案的出现，由于图书交易中的登记保护着书商而非著述者的利益，从而以其他方式难以获取这些信息。登记为进一步的实验、交流和写作提供了令人满意的环境。由此印刷物和手稿等材料的流通为皇家学会保持长久活力奠定了基础。

330

但是，通过建立学会中不断对话的基础，登记制度还定义出观点不一致的特质。当争论和对抗发生时，它通常以原创作者为基础。实验领域最具特点的辩论形式是有关优先权之争，这一点在巴黎、伦敦和欧洲其他任何地方都一样。机械哲学家罗伯特·胡克（1635～1703）因爱争优先权而出名，但其实他不过在参与此类纷争的人当中地位显赫罢了。几乎所有知名的学者都涉及这类纠纷，包括玻意耳、克里斯托弗·雷恩（1632～1723）、克里斯蒂安·惠更斯（1629～1695），当然还有牛顿。[21]

皇家学会的章程没有终结于登记以及由登记引来的内部争论。登记后的文章还可以由作者推荐出版，或由首发于 1665 年的《哲学汇刊》（*Philosophical Transactions*）刊

---

[19] George Havers 译，《法国大师言论集》（*A General Collection of Discourse of the Virtuosi of France*, London: Printed for T. Dring and J. Starkey, 1663）；以及 G. Havers 和 J. Davies 译，《另一部法国大师哲学会议全集》（*Another Collection of Philosophical Conferences of the French Virtuosi*, London: Printed for T. Dring and J. Starkey, 1665）。关于出版商的注册，参看 Johns，《图书的本质：发展中的印刷物与知识》，第 213 页～第 230 页。

[20] 霍布斯声称他的《物理学对话录》（*Dialogus physicus*）是由于皇家学会滥用它的注册制度而写的。参看 Steven Shapin 和 Simon J. Schaffer，《利维坦与空气泵：霍布斯、玻意耳与实验生活》（*Leviathan and the Air-Pump: Hobbes, Boyle, and the Experimental Life*, Princeton, N. J.: Princeton University Press, 1985），第 348 页。

[21] 关于玻意耳，参看 Johns，《图书的本质：发展中的印刷物与知识》，第 504 页～第 510 页。关于 Wren，参看 Thomas Sprat，《伦敦皇家学会史，关于自然知识的改进》（*The History of the Royal Society of London, For the Improving of Natural Knowledge*, London: printed by T. R. for J. Martyn and J. Allestry, 1667），第 311 页～第 319 页；以及 Christopher Wren，《灵节；或雷恩家族的回忆录》（*Parentalia; or, Memoirs of the Family of the Wrens*, London: printed for T. Osborn and R. Dodsley, 1750），S. Wren 编，第 199 页。关于惠更斯，参看 Rob C. Iliffe，《"在仓库里"：早期皇家学会的隐私权、财产权以及优先权》（"In the Warehouse": Privacy, Property and Priority in the Early Royal Society），《科学史》（*History of Science*），30(1992)，第 29 页～第 68 页。关于牛顿，参看 Alfred Rupert Hall，《论战的哲学家：牛顿与莱布尼茨之间的争论》（*Philosophers at War: The Quarrel Between Newton and Leibniz*, Cambridge: Cambridge University Press, 1980）。关于注册和优先权在巴黎皇家科学院的重要性，参看 Roger Hahn，《对一所科学机构的剖析：巴黎科学院（1666～1803）》（*The Anatomy of a Scientific Institution: The Paris Academy of Sciences, 1666 - 1803*, Berkeley: University of California Press, 1971），第 21 页～第 24 页，第 27 页～第 28 页。

登。任何由这些工作所带来的通信都将为学会每周的会议增加更多的材料。[22] 在此有必要特别指出《哲学汇刊》的作用。[23] 该刊物由学会书记亨利·奥尔登堡(1618～1677)创办。奥尔登堡想通过这一刊物获得一份稳定的收入,并将学会的文化带入更广泛的文人学者圈。至少就后一个目标而言,《哲学汇刊》很快成功了,尽管奥尔登堡没能按照最初计划以拉丁文版本在欧洲大陆发行。《哲学汇刊》虽在第一代会员那里没有得到可靠的财政保障,却成为独一无二的学术权威刊物。它成为众多学术期刊效仿的典范(参看第5章)。这类刊物迅速涌现:如1665年创办于巴黎的《学者杂志》(*Journal des sçavans*),它是《哲学汇刊》的样板;1682年创办于莱比锡的《学者学报》(*Acta eruditorum*),1666年创办于巴黎的《皇家科学院史》(*Histoire de l'Académie Royale des Sciences*),而哲学家、历史学家皮埃尔·培尔(1647～1706)于1684年在阿姆斯特丹创办的《文学界新闻》(*Nouvelles de la République des Lettres*)在所有学报中是最成功的。[24] 在这种环境下,《哲学汇刊》的胜利尽管微不足道,却表明皇家学会涉足出版业是成功的。实际上,皇家学会希望自己成为一种新的书刊文化的典型。

331

皇家学会拥有其他学术团体所没有的指定印刷商并给予出版牌照的权力,这意味着在出版时它可以合理地期望保护其会员的著作权。主教托马斯·斯普拉特(1635～1713)在他辩护性的《伦敦皇家学会史》(*The History of the Royal Society of London*,1667)当中强调了这一点,特别以登记制度为例赞扬了雷恩的成就。而最能说明问题的还是后来牛顿的《自然哲学的数学原理》(1687),这部书是所有在学会资助下出的书中最重要的一本。其出版过程完全反映出学者们利用印刷技术出书时所面临的不确定性和需要做出的妥协。

学会自身没有出版《自然哲学的数学原理》。一年以前,即1686年,它曾承包印刷自然志家弗朗西斯·威卢比(1635～1672)的遗著《鱼志》(*Historia piscium*,1686),这

---

[22] 这些过程的记录见于 Thomas Birch 编,4卷本《伦敦皇家学会史》(*The History of the Royal Society of London*, London: Printed for A. Millar, 1756 - 7)。关于注册,也可参看 Shapin,《真理的社会史:17世纪英格兰的修养与科学》,第302页～第304页。关于这样调查的谈话方面,参看 Jay Tribby,《(与)克利俄和克莱奥一起烹饪:17世纪佛罗伦萨的雄辩和实验》(Cooking [with] Clio and Cleo: Eloquence and Experiment in Seventeenth-Century Florence),《思想史杂志》(*Journal of the History of Ideas*),52(1991),第417页～第439页。

[23] 关于奥尔登堡的重要性,参看 John Henry,《现代科学的起源:亨利·奥尔登堡的贡献》(The Origins of Modern Science: Henry Oldenburg's Contribution),《英国科学史杂志》,21(1988),第103页～第110页;以及 Michael Hunter,《推广新科学:亨利·奥尔登堡与早期皇家学会》(Promoting the New Science: Henry Oldenburg and the Early Royal Society),《科学史》,26(1988),第165页～第181页。关于《哲学汇刊》,参看 E. N. da C. Andrade,《〈哲学汇刊〉的诞生与早期岁月》(The Birth and Early Days of the *Philosophical Transactions*),《皇家学会的记录及档案》(*Notes and Records of the Royal Society*),20(1965),第9页～第22页;以及 D. A. Kronick,《关于早期〈哲学汇刊〉印刷史的记录》(Notes on the Printing History of the Early *Philosophical Transactions*),《图书馆与文化》(*Libraries and Culture*),25(1990),第243页～第268页。关于杂志的一般性的历史,参看 Arthur J. Meadows 编,《欧洲科学出版的发展》(*Development of Science Publishing in Europe*, Amsterdam: Elsevier, 1980);以及 David A. Kronick,《科技期刊的历史:科技出版业的起源与发展(1665～1790)》(*A History of Scientific and Technical Periodicals: The Origins and Development of the Scientific and Technical Press, 1665 - 1790*, New York: Scarecrow Press, 1962)。

[24] 关于这些期刊的精彩记录,参看 Goldgar,《粗鲁的学问:文学界中的操行和共同体(1680～1750)》,第54页～第114页。关于拉丁文的《哲学汇刊》,参看 Adrian Johns,《混杂的方式:现代早期英格兰的作者、团体与期刊》(Miscellaneous Methods: Authors, Societies and Journals in Early Modern England),《英国科学史杂志》,33(2000),第159页～第186页。

本内含大量插图、价格昂贵的大部头作品其实是皇家学会在17世纪出版的唯一一本书。一开始,学者们希望它的出版标志着皇家学会开始掌握印刷技术。但是《鱼志》后来在自然志上没有成功,在经济上也完全失败了。这一失败导致了皇家学会的财政困难,无法再资助印刷出版新的有价值的著作,即使有这样一贯的政策。在这件事上,学会采用当时通行的做法,找到天文学家埃德蒙·哈雷(1656～1742)出版这本书。哈雷所做的事情便是劝说牛顿拿出完整的原稿并与书商商量尽可能谈到最好的条件。开始哈雷准备直接雇用印刷商自己出版这本书。他计划亲自监督这项工作并减少费用。牛顿表示同意,他告诉哈雷他准备接受《自然哲学的数学原理》这一标题以扩大销售(这一书名让他觉得过于宏大),"我不应该缩小,现在它是你的。"但是哈雷最后还是不得不找一个书商。"我愿意他们分担费用,"他对牛顿说,"但您的杰出作品不会因他们的加入而受压制。"此书像通常那样在几个印刷所印刷,由因非法翻印和出版色情书籍而声名狼藉的印刷商约瑟夫·斯特里特负责监管。承包商是国际经销商塞缪尔·史密斯。通过史密斯与欧洲大陆的贸易合同,牛顿的《自然哲学的数学原理》销售到欧洲各中心城市,并很快被视为当时最伟大的自然哲学著作。[25]

然而在欧洲取得的成功却不意味着在伦敦大街上的成功。一个组织很难在一夜之间改变200多年形成的印刷文化,正如《哲学汇刊》不稳定的收入所显示的那样。皇家学会能够开创一种新的科学文化,却不能轻易越过格雷欣学院的围墙来推广对其著作的阅读。这留给了咖啡馆。

咖　　啡

在复辟时期的英国,有三个地方是整个政治国家被视为结合在一起的。其一是议会,它将国王、领主和平民联系在一起,被认为代表着国家令人尊崇的本质。其二是皇家学会,它的支持者含蓄地指出学会是以议会为榜样建立的,它的会议被认为代表着整个国家(在更专制的国家建立的学院就并非如此,如巴黎的皇家科学院)。[26] 其三便是咖啡馆,它在某些方面是最为真实的代表。当时的人说,在咖啡馆能够找到"人类的完美的典型"。[27] 与议会和皇家学会不同,城市的咖啡馆里有着男男女女不同阶层

[25] I. Bernard Cohen,《牛顿〈原理〉导读》(*Introduction to Newton's Principia*, Cambridge: Cambridge University Press, 1971),第132页~第133页,第136页~第137页;A. N. L. Munby,《牛顿〈原理〉第一版的发行》(The Distribution of the first edition of Newton's *Principia*),《皇家学会的记录及档案》,10(1952),第28页~第39页;Bodleian Library, Oxford, Smith correspondence, MS Rawl. Letters 114。牛顿的著作的第二版在剑桥印刷,关于这一版有相当多的记录保留下来;有关的分析,参看Donald F. McKenzie,2卷本《剑桥大学出版社(1696～1712):书目研究》(*The Cambridge University Press, 1696 - 1712: A Bibliographical Study*, Cambridge: Cambridge University Press, 1966),第1卷,第73页,第77页,第100页,第313页~第314页,第330页~第336页;第2卷,第24页。

[26] 关于皇家学会代表政治国家(所有有参政权的绅士)这一观念,参看Michael Hunter和P. B. Wood,《走向所罗门宫:早期皇家学会改革的竞争策略》(Towards Solomon's House: Rival Strategies for Reforming the Early Royal Society),《科学史》,24(1986),第49页~第108页,尤其是第68页,第83页。它并不代表人民——一个的确不同的且大的多的群体。

[27] 《咖啡馆的幽默》(*The Humours of a Coffee-House*, 1, 25 June 1707)。

图 15.2 伦敦的咖啡馆。In E. Ward, *The Fourth part of Vulgus Britannicus*; *or*, *British Hudibras* (London: James Woodward and John Morphew, 1710), frontispiece. Reproduced by permission of The Huntington Library, San Marino, California

的顾客。高层的教士和不信奉国教者、绅士、商贩和技工,都聚集在咖啡馆里。

准确地说,不是真的聚集在一起。一般人们聚在咖啡馆内的几张桌周围(图15.2)。不久不同的桌子分为不同的话题,或不同“派别”。所以有托利党人嘲讽辉格党人所在的邻桌为“叛徒桌”,聪明人根据讨论的主题(绘画、经院哲学[“萨拉曼卡之桌”]以及新兴的自然哲学)区分围坐在桌子周围的人。[28] 尽管咖啡馆内的谈话是杂

[28] St. Serfe,《塔鲁戈的诡计;或咖啡馆》,第21页~第24页。

乱无章的闲聊,但它实际上提供了一种文化上的异质性——沿着崭新的路线。而且,不大可能那么多主题都能真正吸引到所有类型的人。任何一个具体的咖啡馆都会有当地人所说的一种“特质”。它以主要吸引特定的一类人而出名。比如,伦敦的内科医生去加拉威咖啡馆(Garraway's Coffeehouse),而在蔡尔德咖啡馆(Child's Coffeehouse)则常见到哈雷及其朋友们,“因为那里的某些人的确引导着他们的生活”。每过一段时间必有一群人从托利党人常去的咖啡馆走出来去辉格党人所在的咖啡馆寻衅闹事。简言之,将咖啡馆社团的概念作为一种衡量标准和典型代表,不能专指某些特定的咖啡馆,而是总体上的咖啡馆。它们意味着一种新的分布式集合的观念,它们集中在从威斯敏斯特到伦敦塔的多个地点。而且,咖啡馆也很快开始在全国各地的市镇上出现。[29]

三件事集中到一起:传播对象、对它们的分享活动以及最终的产物。这些对象是印刷文字或手稿,活动就是阅读和谈论,产物则是重要的精神上的存在,它们被称为“思想”和“新闻”。显然,顾客们来到咖啡馆喝咖啡,但是他们还阅读和争论。这是印刷后的主张与读者们首次见面的“会面地”。实际上,早期的咖啡馆经常与书商的店面毗邻,而且直到18世纪咖啡馆读者的经济实力还有力地影响着他们团体的产物。它至少影响了任何既有争论的形式,这是像法庭宣判那样确定,而且它也很有可能决定其结果。

334 与它最初的地点相适应,这个法庭表现出矛盾的特点。某一天它可以相信占星术的预言和耶稣会士在夜里集合要推翻君主政体的传言。第二天它可以推出一位极端爱挑剔的智者,他的那些明显具有霍布斯思想的拥护者嘲笑有关灵魂的说法,并将任何相信非物质的本质的人都认定为“无法与之交谈”。这样咖啡馆就成了既树立信念又破坏信念的地方。例如,拍卖活动在咖啡馆首次出现。为衣服、书籍、土地和房子、古董和画(也是安东尼·凡·戴克和彼得·保罗·鲁本斯的杰作)竞相出价。在咖啡馆中,这些参与者甘于拿出大量钱财投在他们认定的目标和代理人身上。订购业务扩展了这一原则。在一个咖啡馆里人们可以入股最新的海运保险公司,在另一个咖啡馆里能订阅最新的学术出版物。很多例子表明,学术出版物的生存能力依赖于它能吸引到咖啡馆的顾客。项目策划者借咖啡馆来公布自己的设想,如权威的百科全书、不沉船、动物医院以及经线划分等,聪明人也在咖啡馆里嘲笑这些想法。[30] 同样地,绅士们

335

[29] Pierre Bayle 编,10 卷本《通用词典》(*A General Dictionary*, London: J. Bettenham, 1734 - 41),第7卷,第608页~第609页注释;Pierre Bayle,《两个索西阿斯》(*The Two Sosias*, London: J. Bettenham, 1719),第9页;以及 John Byrom,2卷本《私人日记和文学遗稿》(*Private Journal and Literary Remains*, 2 vols. in 4, Manchester: Chetham Society, 1854 - 7),Richard Parkinson 编,第1卷,第42页。

[30] Guildhall Library, London: Broadsides 8.147, 11.49, 13.54, 20.36; Fo. Pam. 5121; Andrew Yarranton,2卷本《英格兰的改良》(*England's Improvement*, London: T. Parkhurst, 1698);《经过证明的英格兰的改良》(*England's Improvements Justified*, n. p., n. d.);《咖啡馆对话续篇,在Y船长和一位年轻的男爵之间》(*A Continuation of the Coffee-House Dialogue, between Captain Y. and a young Baronet*, n. p., n. d.);《咖啡馆的幽默》,4(16 July 1707),5(23 July 1707),6(30 July 1707);以及《每周喜剧》(*The Weekly Comedy*),19(19 December 1707),20(26 December 1707)。

长期收藏在自家珍宝室的珍奇物品也能在咖啡馆让“老百姓”一饱眼福。在切尔西(Chelsea)的唐索尔特罗咖啡馆(Don Saltero's Coffeehouse),人们可见到250件珍奇物品,真名为詹姆斯·索尔特的唐索尔特罗,曾是自然志家汉斯·斯隆(1660～1753)的仆从,并保留了一些斯隆多余的珍奇品收藏。这些藏品当中有些是真的,很有价值,有些则不一定,如唐索尔特罗不无骄傲地展示鲁宾孙·克鲁索的衣服和本丢·彼拉多的妻子的女佣的姐姐的姐姐的帽子。总的说来,真假掺杂,宫廷物品、神秘物品与大众商品、平凡无奇的物品兼有。咖啡馆的顾客试图作出可行的区分来评判这些展示。可这种努力会让他们头痛,不过没有关系,他们总会去另外一家咖啡馆,用“尊敬的R. 玻意耳的最好的锭剂”来治愈自己。[31]

虽然以上的例子可能令他们看起来容易受骗,但咖啡馆评判的通常特点是毁灭性的怀疑论。那些可与哈林顿的“罗塔”相媲美、具有体制化氛围的咖啡馆评判倾向于支持表现。如理查德·利的“咖啡学院”,致力于它的“公报式哲学”以摧毁约翰·德莱顿。不过情况并不总是如此,最突出的一个咖啡馆学院的例子是在挑错上的独创性。这是出版商约翰·邓顿(1659～1733)的雅典学会。以它比其他刊物都畅销的期刊《雅典的墨丘利》(*Athenian Mercury*),邓顿的学会成为印刷业与咖啡馆结合的缩影。该社团实际由三四人组成,他们在史密斯咖啡馆的楼上碰面,但它自称是第二个皇家学会,并宣布志在建立一个“实验哲学的新体系”。《雅典的墨丘利》号召读者致力于实验以帮助它实现成为“玻意耳再世”的目标。今天看来这明显是虚伪的陈述。然而它成功地骗过了乔纳森·斯威夫特,而斯威夫特永远不会原谅邓顿的欺骗。总之,雅典学会独一无二地、成功地成为“咖啡的崇高精神”的典范。[32]

336

咖啡馆与印刷业的结合产生出雅典学会这类新事物,既暗示着希望,也暗示着危险。其实真正的皇家学会与咖啡馆的关系并不稳定。学会会员个人经常光顾咖啡馆,而每周会议后他们都会在咖啡馆相聚。胡克是他们当中最痴迷于此的一个,在乔纳森咖啡馆热心的听众面前,他谈论实验、印刷、售书以及他最新的与牛顿对立的观点。然而咖啡馆总体上表现为一种怀疑论的源头,也表现为一种批评主义的源头,这种批评主义甚至能够指向玻意耳的空气理论如此具体的目标。[33] 因此完成格雷欣学院和加拉威或乔纳森等咖啡馆之间的转换成为一件微妙的事情。托马斯·圣瑟夫有关咖啡馆里争论输血问题的模仿滑稽作品很贴切,也令人忧虑。在圣瑟夫的描述当中,一个喝咖啡的人声言自己在皇家学会见证了一次伤风败俗的荒唐的输血实验,还道出了愚

---

[31] 《在唐索尔特罗咖啡馆看到的稀有物品的目录》(*A Catalogue of the Rarities to be seen at Don Saltero's Coffee-House*, London: T. Edlin, 1729),第9页,第15页;以及《每周喜剧》,18(12 December 1707)。

[32] Richard Leigh,《罗塔的谴责》(*The Censure of the Rota*, Oxford: F. Oxlad, 1673),第1页;Elkanah Settle,《新雅典喜剧》(*The New Athenian Comedy*, London: Printed for Campanella Restio, 1693),第2页;Charles Gildon,《雅典学会史》(*The History of the Athenian Society*, London: Printed for J. Dowley, n. d. [1691]),第32页～第33页;以及G. D. McEwen,《咖啡馆的预言:约翰·邓顿的〈雅典的墨丘利〉》(*The Oracle of the Coffee House: John Dunton's Athenian Mercury*, San Marino, Calif.: Huntington Library, 1972),第33页～第35页。

[33] [Anon.],《一本书的摘录,展示流体不在泵中上升》(*An Excerpt out of a Book, Shewing, That Fluids rise not in the Pump*, n. p., n. d.),BL 536. d. 19(6)。

蠢的学者的想法，希望通过此过程使他自己"获得永生"。实际上，当皇家学会试图观察对阿瑟·科革进行的输血实验所产生的结果时，在科革一离开房间的时候他们就发现其宏大预期落空了。当科革返回时，任何实验结果已经无效了，因为他已经饮下大量白酒。正如菲利普·斯基庞所评论的："咖啡馆已竭力贬低会员，并因此使皇家学会失去信誉，使实验变成笑料。"咖啡馆成功了，很快实验便停止了。[34]

这类转换也可以被皇家学会的会员利用。如胡克借用它对付皇家天文学家约翰·弗拉姆斯蒂德（1646～1719）。1681 年，胡克在加拉威咖啡馆就一个有关望远镜透镜的问题当面向弗拉姆斯蒂德挑战。弗拉姆斯蒂德被问住了，胡克宣称自己发明出一架机器从机械方面解决了这个问题，这让弗拉姆斯蒂德颜面扫地。之后胡克将这一论题带回皇家学会，并在学会也大获全胜，他还实际展示出这样的机器。弗拉姆斯蒂德狠狠抱怨胡克的做法，指责胡克总是在咖啡馆里提出刻薄的问题，好把有水平专业人士的论证变成自己的，再拿到学会会议上去。而且至少在咖啡馆里从未见过胡克吹嘘的机器。弗拉姆斯蒂德抓住一点：在这件事中，胡克的机器在哪里也没有成功，甚至在皇家学会也没有。然而不管怎样，胡克赢了，因为他成功采用了具有明显差异的两个策略：咖啡馆里的故作神秘和在学者面前的谨慎展示。他采用这一技巧促进讨论，肯定他的数学见解，并巩固自己的名望。[35]

337

咖啡缘何会产生这些影响？当时的人们对这个问题已有浓厚兴趣，认为这种饮品可能具有一些特殊性质。他们相信咖啡能够缓解瘰疬、丘疹等大量病症。有关哈维"惯常"饮咖啡的传言有助于确立咖啡的药用价值（传言不虚，哈维临终时确实将一些咖啡送给医学界友人）。咖啡对小文人也大有裨益。"用咖啡的热气来熏眼，"一个雇佣文人对自己的同伴说道，"于脑有益。"这种液体的好处在于明显促进了写作、社交和深入思考。嘲笑这一想法的聪明人只是对狂饮咖啡表现出一种玩世不恭的幽默，因为他们相信过度饮用导致阳痿。这类争论是当时自然哲学领域流行的有关感觉、营养学和智力活动相联系的典型例子，[36]因此 17 世纪就要结束时约翰·霍顿在皇家学会论述这类问题便是理所当然的事情，他是药剂师、茶和巧克力商人，并与咖啡商联营，他

---

[34] St. Serfe，《塔鲁戈的诡计；或咖啡馆》，第 18 页～第 20 页；以及 William Derham 编，《已故的博学的雷先生和他的几位聪敏的通信者之间的哲学信件》（*Philosophical Letters between the Late Learned Mr. Ray and several of his Ingenious Correspondents*, London：W. and J. Innys, 1718），第 27 页～第 28 页。

[35] Cambridge University Library, Cambridge, Royal Greenwich Observatory Archive, Ms. RGO 1.50.K, fols. 251r - 255v；Thomas Birch 编，4 卷本《伦敦皇家学会史》（London：A. Millar, 1756 - 7），第 4 卷，第 100 页～第 101 页；Adrian Johns，《弗拉姆斯蒂德的光学与天文观测者的身份》（Flamsteed's Optics and the Identity of the Astronomical Observer），载于 F. Willmoth 编，《弗拉姆斯蒂德的星星》（*Flamsteed's Stars*, Woodbridge：Boydell and Brewer, 1997），第 77 页～第 106 页。

[36] 例如，Adrian Johns，《英格兰复辟时代的阅读生理学》（The Physiology of Reading in Restoration England），载于 James Raven、Helen Small 和 Naomi Tadmor 编，《英格兰的阅读习惯与表现》（*The Practice and Representation of Reading in England*, Cambridge：Cambridge University Press, 1996），第 138 页～第 161 页；Steven Shapin，《哲学家与鸡块：论无实体的知识的营养学》（The Philosopher and the Chicken：On the Dietetics of Disembodied Knowledge）；以及 Peter Dear，《机械论的微观世界：身体的欲望、良好的礼仪与笛卡儿机械论》（A Mechanical Microcosm：Bodily Passions, Good Manners, and Cartesian Mechanism），载于 Christopher Lawrence 和 Steven Shapin 编，《科学的化身：自然知识的历史体现》（*Science Incarnate：Historical Embodiments of Natural Knowledge*, Chicago：University of Chicago Press, 1998），分别在第 21 页～第 50 页和第 51 页～第 82 页。

338

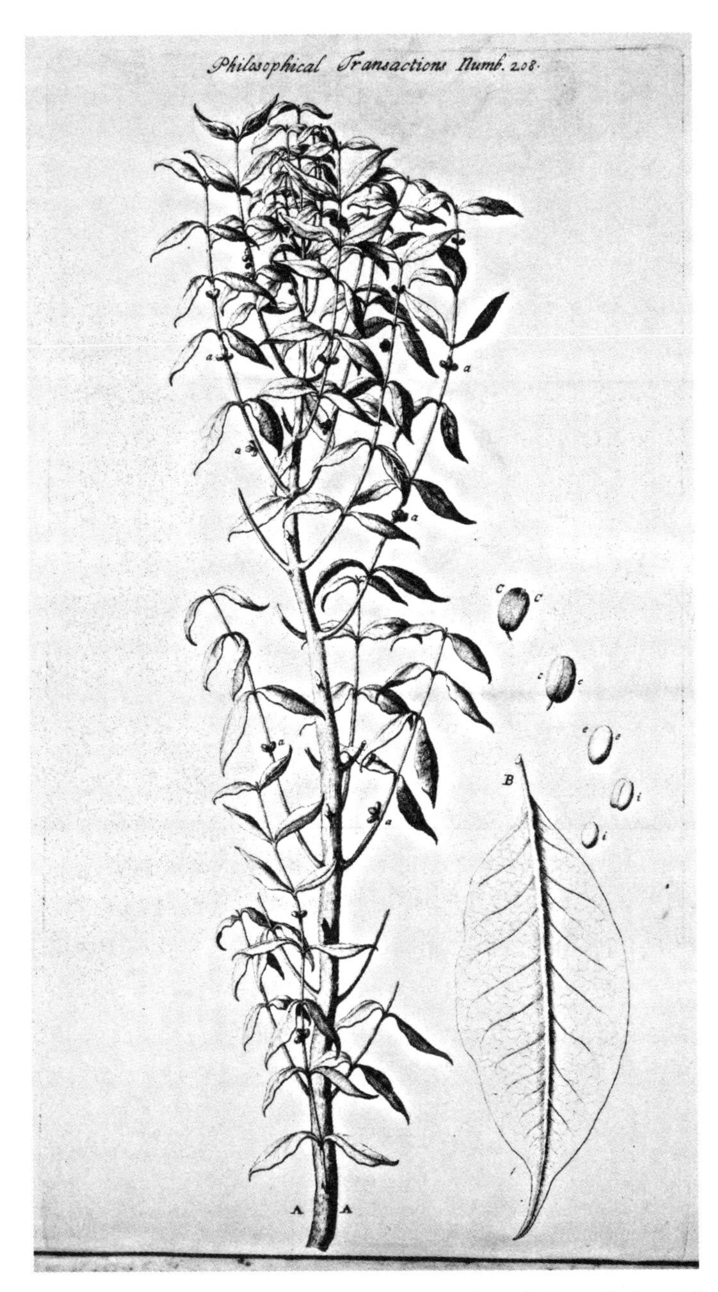

图 15.3　咖啡植株。In Hans Sloane, "An Account of a Prodigiously Large Feather of the Bird *Cuntur*, brought from *Chili*, and Supposed to be a Kind of Vultur; and of the *Coffee-Shrub*," *Philosophical Transactions of the Royal Society*, 208 (February 1693 /4), pp. 61 - 64. Reproduced by permission of The Huntington Library, San Marino, California

率先用印刷品登广告(图 15.3)。霍顿得出结论说,咖啡像白酒一样,由一种"潜热"控制，能够“使发酵液体的沉重部分具有活力”，并有助于人体的血液循环。这样从而形成了一个循环：咖啡对于实验哲学的影响现在被咖啡的实验哲学所解释。[37]

339

读者与争论

霍顿将咖啡馆归结为“促进了艺术、商业以及其他所有知识”。很多人会同意这个看法。咖啡馆内阅读和谈话所产生的评判性质的分散论坛，标志着一种与以往社交活动的明确的断裂，也可以恰当地被认为是 17 世纪末欧洲社会的现代化元素之一。今天历史学家们研究咖啡馆和期刊，不是将之与专制主义、宿命论神学和巫术这些在更早时期吸引人注意的事物联系起来，而是与股票买卖、实验哲学和新奇事物联系起来。这些事物标志着哲学家于尔根·哈贝马斯所说的“公共理性”的来源。[38]

印刷业和咖啡的联合无疑促进了政治文化和思想文化的重要转变。然而须注意分清这些变化的特点。草率接受公共理性的说法可能会掩藏那些极其重要的区别。例如，新哲学、咖啡馆读者群与印刷商和书商之间绝不会自动协调。而且当这种协调关系形成后，它也不能自我维持，尤其是它没有这种条件。不仅如此，胡克和科革的例子暗示着我们至少要像将公共理性当作原因那样也将其当作结果，并转向处理文化断裂所带来的机遇以理解它的出现。毕竟，胡克对在加拉威咖啡馆听众面前挑衅性的自我推销的需求是可以理解的，这在历史上可以与较早的天文学家的夸大其词联系起来，这些天文学家被期望定期为君主提供新的发现（参看第 11 章）。当然，弗拉姆斯蒂德倾向于认定廷臣们以及喝咖啡的人所具有的谄媚和虚荣品性，认为两者都被迫为满足出资人对立竿见影的展示的渴望而牺牲自己的事业。托利党人也是很快称咖啡馆里的批判性判断为“武断的力量”。从这一点来说，胡克可能被认为占据了一个特别好理解的位置，它恰好位于一个历史轨迹上，联结着文艺复兴时期像吉罗拉莫·卡尔达诺（1501～1576）这样的数学斗士和复辟时期的“机械”设计师，再到 18 世纪剑桥大学参与学位考试的首批数学家。[39] 这里与过去的学术活动有明显区别：咖啡馆读物的全

---

[37] Richard Bradley，《咖啡的效力与用途》（*The Virtue and Use of Coffee*, London: E. Matthews and W. Mears, 1721），第 23 页～第 25 页；Sheffield University, Sheffield Hartlib Papers 42/4/4A；《汤姆和迪克的对话》（*A Dialogue between Tom and Dick*, 1680），第 2 页；St. Serfe，《塔鲁戈的诡计；或咖啡馆》，第 17 页；《妇女反对咖啡的请愿书》（*The Women's Petition against Coffee*, London, 1674），第 3 页～第 4 页；J. Houghton，《关于咖啡的对话》（A Discourse of Coffee），《哲学汇刊》（*Philosophical Transactions*），256（1699），第 311 页～第 317 页。关于更多的对咖啡的生理效应的现代早期的评论，参看 W. Schivelbusch，《天堂的味道：香料、兴奋剂和麻醉品的社会史》（*Tastes of Paradise: A Social History of Spices, Stimulants, and Intoxicants*, New York: Pantheon, 1992），第 34 页～第 49 页。

[38] J. Habermas，《公共领域的结构转变》（*The Structural Transformation of the Public Sphere*, Cambridge: Polity, 1989），T. Burger 和 F. Lawrence 译。关于公共理性起源于复辟时代的咖啡馆这一特殊地点的讨论，参看 Steven Pincus，《“咖啡创造政治家”：咖啡馆和复辟时代的政治文化》（“Coffee Politicians Does Create”: Coffeehouses and Restoration Political Culture），《现代史杂志》（*Journal of Modern History*），67（1995），第 807 页～第 834 页。

[39] 参看 Molyneux 和 Flamsteed 所提出的比较，载于 Bayle 编，10 卷本《通用词典》，第 7 卷，第 607 页～第 609 页注释。关于在文艺复兴时期的数学争斗，参看 Oystein Ore，《卡尔达诺：赌博的学者》（*Cardano: The Gambling Scholar*, Princeton, N. J.: Princeton University Press, 1953），关于早期参加剑桥大学荣誉学位考试的学生相互挑战，参看 J. Gascoigne，《数学与精英：剑桥数学荣誉学位考试的产生》（Mathematics and Meritocracy: The Emergence of the Cambridge Mathematical Tripos），《科学的社会研究》（*Social Studies of Science*），14（1984），第 547 页～第 584 页。

体读者代替了君主这一单独人物，而且尽管胡克技术纯熟，也不可能使自己成为第二个伽利略。但是变化并没有彻底到让当时的人们感觉不到咖啡馆文化中存在的传统遗风，也没有彻底到使他们被迫认为咖啡馆与宫廷不能相提并论。 340

这为当代历史学家如何再现 17 世纪末出现的公共理性文化给出了提示。建设性的哲学化与破坏性的怀疑主义共存于咖啡馆，与此同时还有高教会派的托利党主义、激进的辉格党原则以及务实的原始资本主义。有关千禧年的预言与保险统计估算的结果为赢得听众一争短长。就这些辩论的各式主题以及辩论行为本身来看，很难划分清楚。问题变成如何阐释这样一个地方，在这里前现代与现代颇为明显的因素同时存在、紧密联系，而被接受的整体表现却是协调一致的理性。公共理性被认为是由一个藐视教派和政治分裂的团体所进行的平和的、不囿于门户之见的讨论所产生的结果，这个团体由其所阅读的印刷期刊来定义。这种情况是如何出现的？

答案之一当然是这种表现不仅仅是描述性的，而且明确地道出了一个目的。学者们不仅试图利用公共理性，不仅在面对使用公共理性的批评者时为自己辩护，而且还以公共理性本身的力量塑造、维持和改善它。因此公共理性的表现的作用就不仅在于描述，还在于构建。保证公共领域形成的不是印刷术本身，而是印刷术被用于特定方式和特定环境。因此本章标题当中“和”字与其他词语同等重要。正是阅读印刷作品与咖啡馆交流的共同作用产生了深远影响。科学著述与现代印刷文化，甚至还有现代争论模式本身，可能都源自这一共同作用。

（李文靖　译）

16

341

交通、通信和贸易网络

史蒂文·J. 哈里斯

现代早期科学与技术多发展于一些本地环境,包括由国家扶持的科学院和天文台,到植物园、贵族的收藏室、药剂商店。本地面对面的交流对于创造这些社会小环境特有的“生活方式”,也十分重要。但是还须认识到一个事实:本地知识往往处于交通和贸易所形成的广阔地域网络当中。这类网络形式不一,时常重合,既直接推动了本地知识的传播,还促进了信息的累积和自然物质的采集收藏。实际上从 15 世纪到 18 世纪,欧洲人的自然知识越来越来源于一些专业人士,他们接受委托,在穿越广阔荒蛮之地时提供可靠信息和自然物质的标本样品。就专业人士接受正规训练的人数和活动的地域范围而言,现代早期科学活动的规模总体上获得了前所未有的大幅增长。

知识视野的扩展

中世纪晚期,人们游历和通信的网络已逐渐扩展,但是仍然局限于欧洲大陆和地中海地区。即便在这有限的范围内,交流网络也达不到后来的密集程度。其中穿越国界的邮政服务只能够联系几个主要的首都,多限于国家(尤其是神圣罗马帝国)和教廷的政务通信和外交通信。[1] 中世纪大学之间虽时常有手抄本交流、通信,教授和学生也持续流动,但是 1500 年之前全欧洲大学不超过 80 所,其中只有三分之一称得上是学术中心。[2] 朝圣者和十字军虽超越了欧洲海岸线,但几乎都没有超出地中海。[3] 13 世纪虽然有威尼斯旅行家马可·波罗(约 1254 ~ 1324)和方济各会修士鲁不鲁乞

342

---

〔1〕 Fernand Braudel,《商业之轮》(*The Wheels of Commerce* [1973], New York: Harper and Row, 1979),第 409 页~第 410 页。

〔2〕 Charles Homer Haskins,《大学的兴起》(*The Rise of Universities*, Ithaca, N. Y.: Cornell University Press, 1957),第 29 页~第 31 页。

〔3〕 Annie Shaver-Crandell 和 Paula Gerson 编,《朝圣者去孔波斯特拉的圣地亚哥指南:地名辞典》(*The Pilgrim's Guide to Santiago de Compostela: A Gazetteer*, London: Harvey Miller Publishers, 1995)。

(约 1215 ～ 1270)到过远东,但由欧洲人控制的常规路线终没有形成。[4]

中世纪的科学活动也受到交通和交流条件的限制。比较中世纪和现代早期绘制的地图,容易看出这一点。实用地图用于指导、记录实际旅程或者收集物理空间内的观测资料,这种地图与旅行相辅相成。翔实可靠的地图既是旅行的先决条件,也是这一活动的标记。中世纪绘制的路线图引导朝圣者沿着平坦的道路去往罗马、孔波斯特拉的圣地亚哥(Santiago de Compostela)、耶路撒冷等圣地朝圣,很少或没有注意道路周围的区域。14 世纪和 15 世纪早期绘制的航海图虽然包括丰富的海岸线细节并且往往相当准确,但是却局限于地中海地区和不列颠群岛南部的大西洋海岸一带。[5] 中世纪绘制的世界地图,即使包括晚至威尼斯人弗拉·毛罗于 1459 年完成那一幅典范样本,但却首先是形象化的百科全书,它们来源于文学作品,而并非经由对大西洋和地中海以外区域的直接观察绘制而成。[6] 另外,16 世纪末由佛兰德斯地理学家赫拉尔杜斯·墨卡托(格哈德·克雷默,1512 ～ 1594)或由荷兰绘图师亚伯拉罕·奥特柳斯(1527 ～ 1598)绘制的地图集当中,既有包含大量细节的欧洲地区勘测图,也有对世界主要大陆海岸线(澳洲和南极洲除外)相当准确描述的世界地图。[7]

343

类似地,中世纪最雄心勃勃的天文学项目《阿方索星表》(Alfonsine Tables),这个由卡斯提尔的国王智者阿方索(1221 ～ 1284)资助汇编的星历表完成于 1270 年左右。即便可以认为阿方索创建了一个天文学学会或者学院,参与编制过程的犹太学者、穆斯林学者和基督教学者总共不到 12 人。这本星历表本身只以很少的原始数据为基础,所有数据都是在托莱多(Toledo)一地观测得到。[8] 相比而言,16、17 世纪出现了几

---

[4] 参看 Christopher Dawson,《去亚洲的传教团》(*Mission to Asia*, Toronto: University of Toronto Press, 1995),第 vii 页～第 xviii 页;以及 Ronald Latham,《马可·波罗之旅》(*The Travels of Marco Polo*, New York: Penguin, 1958),第 7 页～第 15 页。关于中世纪航海图的严格的范围,参看 Michel Mollat du Jourdin,《欧洲与海洋》(*Europe and the Sea*, Oxford: Blackwell, 1993),第 24 页～第 38 页。关于中世纪的地理范围的界限的概论,参看 Seymour Phillips,《中世纪欧洲的外部世界》(The Outer World of the European Middle Ages),载于 Stuart B. Schwartz 编,《含蓄的理解:观察、报道和反思现代早期欧洲人与其他民族的邂逅》(*Implicit Understanding: Observing, Reporting, and Reflecting on the Encounters between Europeans and Other Peoples in the Early Modern Era*, Cambridge: Cambridge University Press, 1994),第 23 页～第 63 页,以及他对这一问题的详尽的分析,J. R. S. Phillips,《欧洲的中世纪扩张》(*The Medieval Expansion of Europe*, 2nd ed., New York: Clarendon Press, 1998)。

[5] J. B. Harley 和 David Woodward 编,《欧洲史前、古代、中世纪的制图法与地中海》(*Cartography in Prehistoric, Ancient, and Medieval Europe and the Mediterranean*, Chicago: University of Chicago Press, 1987),第 503 页:"在中世纪,航海图和地方、区域地图都集中在相对而言很少的区域里。"因为它们首要的功能是协助航海,中世纪航海图一般很少包含关于内陆的一手信息。参看 Michel Mollat du Jourdin 和 Monique de la Roncière 编,《早期探险者的海图,13 ～ 17 世纪》(*Sea Charts of the Early Explorers, 13th to 17th Centuries*, New York: Thames and Hudson, 1984),L. Le R. Dethan 译,第 11 页～第 17 页。

[6] Peter Whitfield,《世界的形象》(*The Image of the World*, London: The British Library, 1994),第 32 页。

[7] Gerardus Mercator,《地图集,或世界地理描述》(*Atlas, or Geographicke Description of the World* [1636], Amsterdam: Theatris Orbis Terrarum, 1968),Henry Hexham 英译摹本;以及 Abraham Ortelius,《世界剧场》(*Theatrum orbis terrarum* [1570], Amsterdam: N. Israel, 1964),R. A. Skelton 译本,并附有导言。

[8] Pierre Duhem,10 卷本《世界体系》(*Le système du monde*, Paris: Librairie Scientifique Hermann, 1954),第 2 卷,第 259 页～第 266 页;Charles Homer Haskins,《中世纪科学史研究》(*Studies in the History of Mediaeval Science*, London: Ungar, 1955),第 16 页～第 18 页;以及 J. L. E. Dreyer,《从泰勒斯到开普勒的天文学史》(*A History of Astronomy from Thales to Kepler*, New York: Dover, 1953),第 247 页～第 248 页。这一时期还有一个著名的观察项目,即让·德·利尼埃(Jean de Linières)对 47 颗恒星位置的测量。参看 A. C. Crombie,《从奥古斯丁到伽利略的科学史》(*The History of Science from Augustine to Galileo*, New York: Dover, 1995),第 109 页。

十个新星历表，其中由天文学家吉安·多梅尼科·卡西尼一世（1625～1712）分别于17世纪60和70年代完成的行星和卫星星历表，所采用的观测数据来自法国、丹麦、埃及、卡宴（Cayenne）和安的烈斯群岛（the Antilles）。他的1696年的星座图要求有更庞大网络的专业观测者来完成。[9]

现代早期相对于中世纪在实践活动范围上的拓展，很大程度上是伴随着海外航路的日臻成熟，这些航路由大量松散联系着的、得到国家支持的团体开辟。开辟海外航路的驱动因素当然首先在于长途贸易——历史学家费尔南·布罗代尔称之为这一时期的"真正大生意"。[10] 但是除了海外团体，殖民地管理部门和天主教修道会也肩负着海外使命。不管一个团体的使命是什么，远涉重洋这一举动必然伴有大量问题，这些问题相互交织，不但涉及造船和航运技术以及与仪器和航海有关的科学，而且有赖于与管理、交通有关的社会科学以及被遣往遥远地区的代理人的训练和约束。管理海外网络所必需的有关社会或团体的知识，立即在地理学、制图学等与航海直接联系的学科领域中被意识到，如当领航员带着远方海岸线地图返回的时候。往来频繁的海外旅行也推动了植物学和自然志活动，不但带来各式各样天然珍奇之物，而且提高了欧洲收藏者们收集和运输动植物标本的能力。[11] 到了17世纪末，英国自然志家约翰·雷（1627～1705）在提供给读者一个所有已知动植物物种编目时，含蓄地承认他的活动范围遍及全世界，目录包括150种四足动物、500种鸟、1000种鱼、6000种植物和10,000种昆虫。[12]

344

在天文学领域，专业知识可以在不同地域之间传递，不同的天文观测可以在工具仪器上相互支持，这为解决旧问题提供了可能的新方法。例如，1672年卡西尼在巴黎、让·里歇尔（1630～1696）在卡宴对火星视差的同时观测产生了对日地距离的首次精确测量。[13] 绘制赤道以南的星座和以风、洋流、磁差和磁偏角为主体的地图绘制，也有赖于活动范围的拓展，专业仪器的使用在这些领域举足轻重。[14] 所以说，现代早期众

---

[9] Dreyer，《从泰勒斯到开普勒的天文学史》，第345页，第404页；René Taton，《吉安·多梅尼科·卡西尼》（Gian Domenico Cassini），Charles Gillispie 编，《科学传记辞典》（*Dictionary of Scientific Biography*, vol. 2, New York: Scribners, 1970），第101页～第103页；以及 Lloyd A. Brown，《让·多米尼克·卡西尼与他的1696年世界地图》（*Jean Dominique Cassini and His World Map of 1696*, Ann Arbor: University of Michigan Press, 1941）。

[10] Braudel，《商业之轮》，第403页。

[11] 关于对扩展至自然珍奇之物的商业的讨论，参看 Paula Findlen，《科学的朝圣》（Pilgrimages of Science），载于 Findlen，《拥有自然：现代早期意大利的博物馆、收藏和科学文化》（*Possessing Nature: Museums, Collecting, and Scientific Culture in Early Modern Italy*, Berkeley: University of California Press, 1994），第155页～第192页。

[12] John Ray，《在创造物中彰显出的上帝的智慧》（*The Wisdom of God Manifested in the Works of the Creation*, London: Samuel Smith, 1691），第5页～第8页。

[13] 参看 Taton，《吉安·多梅尼科·卡西尼》，第103页。

[14] 关于绘制赤道以南的星座的例子，参看 Alan Cook，《埃德蒙·哈雷：绘制天空与海洋》（*Edmond Halley: Charting the Heavens and the Seas*, Oxford: Clarendon Press, 1998），第72页～第79页，第439页～第441页；以及 Deborah J. Warner，《天空探索：天体制图（1500～1800）》（*The Sky Explored: Celestial Cartography, 1500 – 1800*, New York: Alan R. Liss, 1979），第26页～第27页，第52页～第55页，第100页～第101页，第194页，第196页～第197页，第255页。磁偏角图的例子，参看 Cook，《埃德蒙·哈雷：绘制天空与海洋》，第256页～第291页以及图 IX。关于阿塔纳修斯·基歇尔对哈雷想要在几十年内绘制一幅洋流图以及他试图与他的同事耶稣会士合作绘制一幅磁偏角地图的预期，参看 Michael John Gorman，《科学的反宗教改革：耶稣会文化中的数学、自然哲学和实验主义（1580～约1670）》（The Scientific Counter-Reformation: Mathematics, Natural Philosophy and Experimentalism in Jesuit Culture, 1580 – c. 1670, Ph. D. dissertation, European University Institute, Florence, 1998），第106页～第115页。

多科学分支都通过扩大它们与自然世界接触的范围，而变得与其古代和中世纪的前身截然不同了。

科学活动的衡量标准

所谓“范围”，或通常说的科学活动范围可以用一个三维垂直坐标系来定义：（1）资料收集或观测的空间范围或地理区域；（2）某一观测、收集、绘图活动进行的时间范围；（3）参与活动的人数以及专业知识水平或专业训练程度。这些维度在实际活动中如何表现取决于不同的领域和科学活动。然而它们全都指示着可以被称作科学活动的衡量标准的关键因素。跨越三个维度的大范围科学活动的典型例子是制图学。精确绘制南美洲海岸线需要多次航行到远方海岸，还需要一套复杂的技术，这些技术的贡献者是数学家、地图绘制者、领航员、造船者，甚至是让船能够开动起来的普通水手。为获取地图上稳定可靠的南美洲形状要花去数代人的心血。[15] 与此相比，现代早期科学最著名的几件事看上去都是在狭小空间进行的小范围的活动，历时短暂，参与者不过寥寥数人。例如，安德烈亚斯·维萨里（1514～1564）的解剖学工作、伽利略（1564～1642）用望远镜获得的发现、罗伯特·玻意耳（1627～1691）的空气泵实验，这些活动大都发生于房间大小的空间范围内，历时数周或数月，而且解剖者、制造仪器者和实验者各自完全掌握着自己的专业知识。当然这些发现并不是孤立、唯我式的事件。当时正在进行的绘制人体解剖图集、精确描述天体特征和运行轨迹以及系统分析“托里拆利空间”的性质等活动都是规模浩大的，它们需要在广阔的土地上进行，需要经年累月工作以及多领域的专业知识。

345

在其身后出版的乌托邦短篇文章《新大西岛》（*New Atlantis*，1627）中，弗兰西斯·培根（1561～1626）抓住（但绝不是发明）了大规模科学活动的精神。培根笔下的“所罗门宫”作为一种研究中心，以探求“关于原因的知识……和扩大人类帝国的边界”为目标。在描述所罗门宫的活动时，培根指派给“光的商人”的任务是从世界各地收集“书籍、论文（或摘要）以及各种实验的模型”；光的商人收集到典籍财富后，所罗门宫内便有“劫掠者”“收集所有这些书中记载的实验”；“编纂者”将“上述实验冠之以标题、绘制成图表”。[16] 在其他地方培根倡导通过“来回穿越于遥远而异质的事例中”来扩大人的认识范围，并且他主张远航海外对于揭示“思想世界”具有重要意义。[17]

---

〔15〕 例如，参看 Uta Lindgren，《现代早期绘制美洲地图中的尝试与误差》（Trial and Error in the Mapping of America during the Early Modern Period），载于 Hans Wolf 编，《美洲：新世界的早期地图》（*America: Early Maps of the New World*, Munich: Prestel-Verlag, 1992），第 145 页～第 160 页；以及 Eviatar Zerubavel，《美洲的精神发现》（The Mental Discovery of America），收于《认识大地：美洲的精神发现》（*Terra Cognita: The Mental Discovery of America*, New Brunswick, N. J.: Rutgers University Press, 1992），第 36 页～第 66 页。

〔16〕 Francis Bacon，《新大西岛》（*New Atlantis*），载于 Jerry Weinberger 编，《〈新大西岛〉与〈伟大的复兴〉》（*New Atlantis and The Great Instauration*, Wheeling, Ill.: Harlan Davidson, 1989），第 71 页，第 81 页。

〔17〕 Bacon，《新工具》（*The New Organon*），aphorisms 47, 84，载于 Fulton H. Anderson 编，《〈新工具〉与相关著作》（*The New Organon and Related Writings*, Indianapolis: Bobbs-Merrill, 1960），第 51 页，第 81 页。

346 伴随活动范围的扩大,活动密度,即对于一个特定问题或者事业的集体关注的集中程度也普遍增长。卡尔·马克思曾经观察到,人口稀少但拥有密集交流体系的国家,相对于人口众多但交流不发达的国家,实际人口密度更高。[18] 据此观点我们可以推论,某一科学领域的"人口密度"不同程度地取决于在这个领域活动的人数和领域内有效交流程度。由于很多因素,不可能对实际从业的人数进行简单记数。谈及现代早期,不管用"科学共同体"这个指示一致性团体的词语,还是用职业名称"科学家",都犯下时间误置的错误(参看第6章)。如气象学和自然志这样的领域,虽然明确被视为广义上讲的自然哲学中有地位的部分,但是仍然不具备独立的建制,没有成为独立职业。另外,数学、宇宙志、天文学、医学(包括植物学)的确具备大学提供的制度上的支持,在这些领域接受过正规培训的人也享有很高的社会地位。[19] 在这里使用"科学实践者"这个伞状术语来泛指自然科学和数学领域所有受过正规教育或训练、从事观察、描述和控制自然界的活动以及用笔记录这类活动的人。这个概念不但包括内科医生、数学家这类受过大学教育的精英阶层,而且还包括药剂师、领航员和地图绘制者这样的行会成员。这个术语不包括不识字的农民、矿工、助产士或水手,这些人为求生存肯定是懂得如何利用自然力量,但是他们没有能力(实际上的确没有)记录下他们的经验。那么,作为一个便利的术语,科学实践者只指那些具备一定程度专业知识,试图以符号、图画或文字方式记录下他们的自然知识的人。

无论如何定义实践者,我们都缺少关于现代早期科学实践者的详尽的人口统计。[20] 然而,近期获得的部分证据显示16、17世纪实践者的绝对人数普遍增长。社会学家罗伯特·默顿在对17世纪英国清教徒的研究中所认识到的自然科学中的职业增长看起来是整个欧洲存在的现象。[21] 至少有一项对主要活动于欧洲大陆的天主教组织耶稣会的成员数量调查表明,一系列科学领域的参与人数都呈现出相似的上升趋势。[22] 同一时期流通于法兰克福书市的数学和自然科学出版物稳定增长,这表明那些 347

---

[18] Karl Marx,2卷本《资本论:政治经济学批判》(*Capital: A Critique of Political Economy*, London: J. M. Dent and Sons, 1930),Eden 和 Cedar Paul 译,第1卷,第372页。

[19] 参看 Mario Biagioli,《意大利数学家的社会地位(1450～1600)》(The Social Status of Italian Mathematicians, 1450－1600),《科学史》(*History of Science*),27(1989),第41页～第95页。

[20] 对现代早期科学的定量调查情况的概述,参看 John L. Heilbron,《教会中的科学》(Science in the Church),《语境中的科学》(*Science in Context*),3(1989),第3页～第28页,相关内容在第12页～第15页。

[21] Robert K. Merton,《17世纪英格兰的科学、技术与社会》(*Science, Technology & Society in Seventeenth Century England*, Brighton, England: Harvester Press, 1970),第40页～第54页。

[22] 关于耶稣会,参看 Steven J. Harris,《改变默顿论题:使徒的灵性和耶稣会科学传统的建立》(Transposing the Merton Thesis: Apostolic Spirituality and the Establishment of the Jesuit Scientific Tradition),《语境中的科学》,3(1989),第29页～第65页,相关内容在第39页～第45页。一个更为类似的增长模型在《科学传记辞典》中所反映的 Richard S. Westfall 对欧洲科学共同体的成员的调查中表现得很明显,参看 Richard S. Westfall,《科学革命中的科学与技术:一种实验方法》(Science and Technology during the Scientific Revolution: An Empirical Approach),载于 Judith V. Field 和 Frank A. J. L. James 编,《文艺复兴与革命:现代早期欧洲的人文主义者、学者、工匠和自然哲学家》(*Renaissance and Revolution: Humanists, Scholars, Craftsmen and Natural Philosophers in Early Modern Europe*, Cambridge: Cambridge University Press, 1993),第63页～第72页。

能够将自己的自然知识载于印刷物的作者人数增加了。[23] 更多间接的证据来自各种各样科学机构的增加。16世纪出现了解剖剧场、植物园、自然陈列室、大学里的数学教席[24]和天文台,[25]17世纪它们的数量日见增长,这证明不同形式的自然研究中建制基础扩大了。根据推测,供职于这些机构的解剖学家、自然志家、数学家和天文学家的人数也增加了,同时增加的还有为这些机构提供数据和样品的辅助性合作者。

还有其他证据支持马克思人口统计警句所强调的"实质的"或交流的方面。在日见扩大的人群中有一些群体,他们通过发展有效的交流方式,成功地协调了自己作为学习自然科学的学生和操纵利用自然的人所做的工作,从而有效地增加了人数。尽管这种"实际人口"的总计人数并不存在,但是却有可能辨认出这些成功利用存在的交流可能性的群体。不过在辨认这些群体之前,我们先简要回顾一下可实现交流方式的变化的实质。

通信网络、远程旅行和印刷

概括地讲,现代早期交流方式发生的根本变革依赖于邮政业务、海外旅行和印刷三方面的革新。这三方面的发展虽然在起源上以及在技术特质上都相互独立,但是它们之间的相互作用对于科学活动的扩展起到了至关重要的作用。这些发展无论是单独作用还是共同作用,都为科学实践者个人提供了一套丰富的资源,对于那些想理解和控制自然界的群体更是如此。这些发展作为现代早期交流的基本设施的关键组成部分,使得(但不是迫使)书信共和国的出现成为可能。 348

书信共和国最平常无奇的组成部分也是构成它的必要条件,便是常规、可靠的信件往来。罗马教皇和国家派出越来越多的外交使团,因此需要快速、安全的通信往来,这构成一部分因素。另外一部分是常规信使业务的出现,比如奥格斯堡的富格尔商行这样的跨国商旅和商行中,也有像在德国南部公国图尔恩与塔克西斯那样的独立的邮

---

[23] Franz Zarncke,《1564年至1765年德国图书贸易统计图表的解释》(Erläuterung der graphischen Tafeln zur Statistik der deutschen Buchhandels in den Jahren 1564 bis 1765),参看以下图书中的附录,Friedrich Kapp,《德国图书贸易史》(*Geschichte der deutschen Buchhandels*, Leipzig: Verlag des Berufvereins der Deutschen Buchhandler, 1886),第786页~第809页。

[24] 对在英格兰大学的数学教授职位的讨论,参看 Mordechai Feingold,《数学家的学徒身份:英格兰的科学、大学和社会(1560~1640)》(*The Mathematicians' Apprenticeship: Science, Universities and Society in England, 1560 – 1640*, Cambridge: Cambridge University Press, 1984),尤其是第445页~第485页。关于在耶稣会大学的数学教授职位,参看 Steven J. Harris,《数学教席》(Les chaires de mathématiques),载于 Luce Giard 编,《文艺复兴时期的耶稣会士:教育系统和知识生产》(*Les jésuites à la Renaissance: Système éducatif et production du savoir*, Paris: Presses Universitaires de France, 1995),第239页~第262页。

[25] Derek Howse,《格林尼治天文台名单:天文台、仪器和时钟的世界清单(1670~1850)》(The Greenwich List of Observatories: A World List of Astronomical Observatories, Instruments, and Clocks, 1670 – 1850),《天文学史杂志》(*Journal of the History of Astronomy*),25(1994),第207页~第218页。

政业务。[26] 整个文艺复兴时期商人之间通信的数量和范围迅速增加，对于商业信息的需求与最早的时事通讯的出现是分不开的。[27] 然而，书信共和国的另一部分是几个重要宗教团体的行政通信，尤其是耶稣会，耶稣会使团从海外发回的"大有裨益的报告"广为流传，远超出本会范围。[28] 由外交、贸易和传教活动构成的通信网络虽然是独立形成的并且主要为满足团体自身的需要，但它们常常交叉重叠。例如，富格尔时事通讯上的内容一方面得益于富格尔家族和哈布斯堡王朝之间紧密的联盟关系，另一方面还得益于富格尔商行对耶稣会的赞助。[29] 所以说，海外贸易、殖民地管理和传教活动为一个真正的全球书信交流网络奠定了基础，同时也为欧洲商业和行政中心交流密度的提高奠定了基础。[30]

349 最初，能够将自己的学术和文学兴趣与国家和商业邮政业务所提供的建立书信共和国的现实可能性结合起来的，主要是意大利的人文学者。[31] 书信共和国一部分是乌托邦构想，一部分是政治上的意识形态，而且总是高度适应性的，在整个现代早期它是一个精英阶层进行知识交换的市场，不过约 1600 年以后这个市场的效能才日见增长。人文主义者对于经典和文学的兴趣使他们乐于研究一系列广泛的学术问题，其中包括对自然的研究以及更加技术性的数学和实验哲学问题。16 世纪，自然志家康拉德·格斯纳（1516 ～ 1565）和乌利塞·阿尔德罗万迪（1522 ～ 1605）发现通信联系是最有效的交流动植物信息的媒介，对于实际的标本和有关自然界的书籍来说也是如此（参看第 19 章）。在 17 世纪的第二个四分之一世纪中，米尼姆会修士马兰·梅森（1588 ～ 1648）发展了一个超过 70 个联系人的通信网络，他的联系人中有声名显赫的法国数学家勒内·笛卡儿（1596 ～ 1650）、吉勒·德·罗贝瓦尔（1602 ～ 1675）、皮埃尔·德·费马（1601 ～ 1665）、布莱兹·帕斯卡（1623 ～ 1662）。他与他们讨论富于挑战性的几

---

[26] Victor von Klarwill，《富格尔时事通讯》（*The Fugger News-Letters*, London: John Lane, 1924），第 xviii 页～第 xxix 页。尽管富格尔商行的《新报纸》（*Neue Zeitungen*）的出版早于印刷术的发明，然而它们最多产的时候是在 1500 年以后。直至 1600 年，富格尔公司的分支从马德里、伦敦、安特卫普的市镇延伸到但泽、威尼斯以及无数的海滨村落。参看 Wolfgang Behringer，《图尔恩与塔克西斯：其邮局与公司的历史》（*Thurn und Taxis: Die Geschichte ihrer Post und ihrer Unternehmen*, Munich: Piper, 1990）。

[27] Braudel，《商业之轮》，第 409 页～第 412 页；以及 Jürgen Habermas，《公共领域的结构转变》（*The Structural Transformation of the Public Sphere*, Cambridge, Mass.: MIT Press, 1991; orig. publ. 1962），Thomas Burger 译，第 16 页～第 18 页。

[28] Steven J. Harris，《基督教团体的建立、长途网络与耶稣会科学组织》（Confession-Building, Long-Distance Networks, and the Organization of Jesuit Science），《早期科学与医学》（*Early Science and Medicine*），1（1996），第 287 页～第 318 页，尤其是第 303 页～第 308 页。

[29] Klarwill，《富格尔时事通讯》，第 xiv 页～第 xv 页。存留下来的富格尔"时事通讯"由大概 35,000 页组成。

[30] 时事作家（Zeitunger）的出现，绝不是德国富格尔公司所独有的；还有写作由威尼斯政府发行的《书面新闻》（*Notizie scritte*）的 scrittori d'avisi、gazettani 以及耶稣会的 hijuela 和罗马的 hebdomadarius、巴黎的 nouvellistes、奥格斯堡的 Nouvellanten 以及伦敦的时事作家。参见 Jürgen Habermas，《公共领域的结构转变》，第 253 页，注释 32；Klarwill，《富格尔时事通讯》，第 xiv 页，第 xviii 页；以及 Harris，《基督教团体的建立、长途网络与耶稣会科学组织》，第 299 页～第 301 页。

[31] Dena Goodman，《书信共和国：法国启蒙运动的文化史》（*The Republic of Letters: A Cultural History of the French Enlightenment*, Ithaca, N. Y.: Cornell University Press, 1994），第 15 页～第 23 页。同时参看 Lorraine Daston，《启蒙运动中书信共和国的理想与现实》（The Ideal and the Reality of the Republic of Letters in the Enlightenment），《语境中的科学》，4（1991），第 367 页～第 386 页。

何与解析难题。[32] 到了17世纪中叶，住在罗马的耶稣会士阿塔纳修斯·基歇尔（1602～1680）已经建立起一个约760人的庞大通信网络，大多是他与耶稣会的会友以及与海外使团建立的联系。他们交流的很多问题是有选择性的科学问题，如磁偏角、天文观测和动植物的药用价值等。[33] 到了17世纪末，德国的博学者戈特弗里德·威廉·莱布尼茨（1646～1716）建立了约400人的通信网络，他认为其中包括法国人、意大利人、英国人甚至中国官员（由耶稣会士作为中间人）是理所当然的事情。18世纪书信共和国进入黄金时期，这一词语在修辞上具有的合理性强调了讨论的普遍性以及它的"公民们"对高雅文化的追求。[34] 尽管如此，这个"国家"的常规运转最终有赖于商业和行政事务所提供的现实基础。 350

在通信网络快速扩展的同时，旅行的范围也从欧洲沿海地区扩展到非洲、亚洲和美洲的沿海地区。[35] 尽管海外旅行的最初目的绝大多数在于贸易和占领殖民地，达到这些目标却需要一整套科学知识。其中地理学和制图学最为重要，因为首先需要可靠的航海图。葡萄牙和西班牙统治者都设立了皇家制图所，这构成他们众多的开发和贸易商行中的基本部分。[36] 为了保证旅行往来的持续性，还需要观察和记录盛行风和洋流信息。为了保住海外的哨所和殖民地，欧洲人也要学习遥远地区的气候、植被、地形以及民族等知识。在绝大多数地方，最初接触的几十年内，探险家、西班牙征服者和唯利是图的商人那种短暂的冒险活动让位于殖民地行政官、传教士和代理人（商务代表）那种不同程度地留于原地的工作。

伴随货物从殖民地周边地区有规律地商业运输和国内信件业务不断发展，海外报

[32] 关于梅森的通信，参看 Bernard Rochet，《梅森神父的科学通信》（*La correspondance scientifique du Père Mersenne*, Paris: Palais de la Découverte, 1966）。

[33] 基歇尔收到的信件中有2000多封被保留下来，现存于罗马的梵蒂冈图书馆。全部收藏的数字版本现在可以在佛罗伦萨科学史学会和博物馆的网站上获得。（网站链接是 http://archimede. imss. fi. it/kircher）也可参看 John E. Fletcher，《耶稣会士阿塔纳修斯·基歇尔（1602～1680）未发表的通信概览》（A Brief Survey of the Unpublished Correspondence of Athanasius Kircher, S. J. [1602 - 1680]），《手稿》（*Manuscripta*），13（1969），第150页～第160页；Fletcher，《阿塔纳修斯·基歇尔生活与通信中的天文学》（Astronomy in the Life and Correspondence of Athanasius Kircher），《爱西斯》（*Isis*），61（1970），第52页～第67页；以及 Fletcher，《阿塔纳修斯·基歇尔通信中医师与医学》（Medical Men and Medicine in the Correspondence of Athanasius Kircher），《坚纽斯》（*Janus*），56（1970），第259页～第277页。

[34] Daston，《启蒙运动中书信共和国的理想与现实》，第367页～第369页，第377页。同时参看以下文章：Françoise Waquet，《书信共和国的空间》（L'Espace de la République des Lettres），以及 Willem Frijhoff，《知识分子的流通：波兰人、机构、流动与数量》（La circulation des hommes de savoir: Pôles, institutions, flux, volumes），载于 Hans Bots 和 Françoise Waquet 编，《贸易文献：共和国的交流形式（1600～1750）》（*Commercium litterarum: Forms of Communication in the Republic of Letters, 1600 - 1750*, Amsterdam: APA-Holland University Press, 1994）。

[35] Fernand Braudel，《日常生活的结构》（*The Structures of Everyday Life* [1973], New York: Harper and Row, 1979），第402页～第415页。

[36] 早在1415年，葡萄牙人就在里斯本建立了休达商行（Casa da Ceuta，休达是非洲边缘直布罗陀海峡的一个港口）以和北非进行海外贸易。到15世纪中叶，亨利亲王创建了一个姊妹机构——在拉各斯后来迁至里斯本的几内亚商行（Casa da Guiné）。到15世纪末，两个商行合并到一起，并被重新命名为印度商行（Casa da India）。参看 Donald F. Lach，3卷本《在欧洲发展过程中的亚洲》（*Asia in the Making of Europe*, Chicago: University of Chicago Press, 1965），第1卷，第92页～第93页；以及 Francisco P. Mendes da Luz，《印度理事会》（*O Conselho da India*, Lisbon: Divisaão de Publicaçoes e Biblioteca, Agência Geral do Utramar, 1952），第30页～第39页。西班牙的贸易机构在这一章的后面将会讨论。关于葡萄牙和西班牙的开发和贸易商行的制图活动，参看 Mollat du Jourdin 和 de la Roncière 编，《早期探险者的海图，13～17世纪》。

告和异国物品进入国内的流通体系成为相对容易的事情。例如,身在印度的耶稣会士最初在耶稣会创建者依纳爵·罗耀拉的鼓励下记录并报告稀奇罕见的自然现象。[37] 351 到了17世纪,耶稣会士已经有规律地运送成船的稀有物品,这些物品通常是愈创树脂、牛黄和蛇石等天然珍贵药材。[38]

在欧洲人旅行范围扩大的同时,书信共和国繁荣,珍宝室增多,这其实不是巧合,因其彼此提供条件。学者想求知,殖民地行政官想得到书写的资料,这带来了对于"东西印度群岛的新闻"的需求。本身通常受过人文主义教育的殖民地管理者、商务代表和传教士在履行职责过程中撰写的报告很容易满足这一需求。富格尔公司的报纸偶尔登载自然奇观报道和地理方面的公告,比如公布克里斯托弗·哥伦布(约1451～1506)写于1493年的信。[39] 以塞维利亚(Seville)为基地的西班牙皇家东西印度群岛理事会的首脑,给"新西班牙"的殖民地管理官员送去问卷,询问从地形到植物的各方面信息。绝大部分信息都出现在已出版的《东西印度群岛编年史》(*Chronicles of the Indies*)一书中。[40] 除行政官所作的机密报告之外,耶稣会也收集、整理和传播了"大有裨益的信息",目的在于鼓舞本会内部的士气以及宣传本会对会外人士的好处。这些报告构成耶稣会《年度信札》(*Annuae litterae*)的基础,它从1550年开始不定期出版,18世纪耶稣会士编辑发行了各种各样的期刊,如《特雷武杂志》(*Journal de Trévoux*, 1701～1762)、《有教益的及珍奇事物信札》(*Lettres édifiantes et curieuses*, 1702～1776),以及《新世界信使》(*Neuer Welt-Bott*, 1726～1758)。[41] 由此,正如欧洲人知晓了越来越多的自然现象一样,他们交流这些现象的途径也越来越多。

现代早期信息交流方式发生的第三个变化,同时也是在很多方面渗透力最强的变化来自印刷业。印刷业在自然知识增长过程中所起的作用可以讲很多,但是这里专门讲它在科学活动范围扩大、密度增加方面所起的作用。最为明显的一点是印刷书籍起

---

[37] 早在1547年,我们发现依纳爵·罗耀拉催促在印度的传教士发回关于"天气、饮食、风俗和印度当地民族的性格等"的信息。他的意图在1554年他授权耶稣会士在果阿的优越地位时变得明显:"这个城市[罗马]的一些领导人物读到了一些来自印度的信件,眼界大开,他们常常想要并不断要求我提供一些关于我们[耶稣会士]居住的那些地区的宇宙志。例如,他们想要知道,夏天和冬天的白天有多长,夏天什么时候开始,阴影是向左边还是向右边移动。最后,如果有什么东西是看起来很不寻常的,都要记录下来,例如,关于从没见过或其大小很不寻常的动植物的详细信息,等等。这些新闻——刺激了人们的好奇心,这些好奇心并不邪恶,也是人所共有的——可以写在同一封信里,或者单独寄来。"参看 Harris,《基督教团体的建立、长途网络与耶稣会科学组织》,第304页～第305页。

[38] Martha Baldwin,《蛇石实验:现代早期医学辩论》(The Snakestone Experiments: An Early Modern Medical Debate),《爱西斯》,86(1995),第394页～第418页,尤其是第396页～第398页。

[39] Klarwill,《富格尔时事通讯》,第XX页。

[40] Antonio de Herrera y Tordesillas,《海洋中铁拉菲尔梅岛上的卡斯提尔人的行为通志》(*Historia general de los hechos de los castellanos en las Islas de Tierra Firme del mar océano*, Madrid: Emplenta Real 1601 - 15)。而且,似乎 José de Acosta 的《印度群岛的自然志与道德志》(*Historia natural y moral de las Indias*, Seville: Juan de Leon, 1590)同样得益于理事会的调查表;参看 Gonzalo Menendez-Pidal,《1570年前后的世界形象:根据东西印度群岛理事会和西班牙作家委员会的消息》(*Imagen del mundo hacia 1570: Segun noticias del Consela de Indias y de los tratadistas españoles*, Madrid: Gráficas Ultra, 1944),第15页～第16页。关于对西班牙调查表的详细解释,参看 Clinton R. Edwards,《通过问卷调查绘图:西班牙早期确定新世界地理位置的尝试》(Mapping by Questionnaire: An Early Spanish Attempt to Determine New World Geographical Positions),《世界图像》(*Imago Mundi*),23(1969),第17页～第28页;以及 Barbara E. Mundy,《新西班牙的测绘:本土绘图与地理报告地图》(*The Mapping of New Spain: Indigenous Cartography and the Maps of the Relaciones Geográficas*, Chicago: University of Chicago Press, 1996),第18页～第19页。

[41] Harris,《基督教团体的建立、长途网络与耶稣会科学组织》,第303页～第308页。

着信息贮存和交流的作用。数表(如星历表、地理位置表、三角函数表、对数表)的可靠性逐渐提高,这些数表比起手抄的数表越来越实用,这一切使得它们在国内和海外都大有用武之地。[42] 印刷书籍普遍易于携带,这使得图书馆有了迁移的可能,或准确地说,使得在全世界任意一处欧洲人的殖民地上组建图书馆成为可能,而在手抄文化中这几乎无法想象。再有,文本的标准化对于技术的标准化有所贡献,尽管绝不能保证技术的标准化。这一点在基本几何定理用于一些彼此相异的领域时最值得注意,这些领域如测量、天文学、军事工程及制图,这些混合数学的分支几乎在每一次远涉重洋时都能派上用场。[43] 例如,耶稣会在北京、利马(Lima)和日本的图书馆不但拥有尼古拉斯·哥白尼(1473～1543)的《天球运行论》(*De revolutionibus orbium coelestium*,1543),还有克里斯托夫·克拉维乌斯(1538～1612)、笛卡儿和牛顿的著作。[44] 荷兰人将欧几里得的《几何原本》(*Elements*)带到日本,英国人教授印度邦主的仆人勘探这一科学。[45]

352

印刷书籍成为一个知识宝库不仅仅由于这些批量生产的字词。通过将形象与文本结合起来的方式,"图画书"也从标准化、容易获取和便于携带这些特点当中获利(偶

[42] 例如,参看 Elizabeth Eisenstein,《作为变化原动力的印刷业:现代早期欧洲的交流与文化转型》(*The Printing Press as an Agent of Change: Communications and Cultural Transformations in Early Modern Europe*, Cambridge: Cambridge University Press, 1979),第 580 页～第 588 页。然而,单独机械式的复制并不能保证可靠性。作者的警觉对于防止印刷者和校对者产生大量错误是很关键的。参看 Adrian Johns,《书的本性:印刷与制造中的知识》(*The Nature of the Book: Print and Knowledge in the Making*, Chicago: University of Chicago Press, 1998),第 4 页～第 5 页,第 358 页。

[43] 参看 J. L. Heilbron,《文明的几何:历史、文化与技术》(*Geometry Civilized: History, Culture, and Technology*, Oxford: Clarendon Press, 1998),第 18 页～第 24 页;以及 Alfred Crosby,《现实的测量:量化与西方社会(1250～1600)》(*The Measure of Reality: Quantification and Western Society, 1250 - 1600*, Cambridge: Cambridge University Press, 1997),第 95 页～第 108 页。

[44] 关于耶稣会使团图书馆所藏的丰富的科学论文,参看 Nathan Sivin,《哥白尼在中国》(Copernicus in China),《哥白尼研究》(*Studia Copernicana*),6(1973),第 63 页～第 122 页,尤其是第 63 页～第 66 页;J. Laures, S. J.,《北京耶稣会北堂老图书馆》(Die alte Missionsbibliothek im Pei-t'ang zu Peking),《日本遗迹》(*Monumenta Nipponica* [Tokyo]),2(1939),第 124 页～第 139 页,尤其是第 128 页～第 131 页;Shigeru Nakayama,《日本天文学史:中国背景和西方影响》(*A History of Japanese Astronomy: Chinese Background and Western Impact*, Cambridge, Mass.: Harvard University Press, 1969),第 82 页～第 85 页;以及 Luis Martín, S. J.,《对秘鲁的思想征服:圣巴布罗的耶稣会士学院(1568～1767)》(*The Intellectual Conquest of Peru: The Jesuit College of San Pablo, 1568 - 1767*, New York: Fordham University Press, 1968),第 95 页～第 97 页。

[45] 关于在日本的"荷兰学问",参看 Nakayama,《日本天文学史:中国背景和西方影响》,第 165 页～第 187 页。关于英国人将同时代的欧洲科学介绍到印度,参看 S. N. Sen,《18～19 世纪西方科学在印度的传入》(The Introduction of Western Science in India during the 18th and the 19th Century),载于 Surajit Sinha 编,《印度的科学、技术和文化》(*Science, Technology, and Culture in India*, New Delhi: Research Council for Cultural Studies Indic International, 1970),第 14 页～第 43 页,尤其是第 14 页～第 17 页。

353 尔也会负债)。[46] 加插图的解剖学著作[47]、植物学和动物学手册[48]以及地理[49]和天文[50]图集,所有这些最初出现于16世纪的书籍,其数量的迅速增加不但显示出文本与图画之间的配合过程,而且也表示某些学科的书籍出版的发展。这些领域最为人熟知的出版物分别是维萨里的《人体的构造》(*De humani corporis fabrica*,1543、1555)、格斯纳的《植物志》(*Catalogus plantarum*,1542)、约安·布劳(约1599～1673)的《大地图集》(*Atlas maior*,1662)。在这些书中,插图丰富而精美,图画与文本的安排井然有序,两者的结合形成对各领域非常出色的概括。

出版业的公开世界与个人通信的私人世界通过多重方式而交叉。前面已提到,由"东西印度群岛理事会"通过向新西班牙发送问卷收集的地理和人文信息最终被收入安东尼奥·德·埃雷拉(1549～1625)多卷本的《通志》(*Historia general*,1601～1615),派往海外的耶稣会士的信件既为耶稣会出版的《年度信札》也为耶稣会18世纪定期出版的文献提供了原始资料。[51] 基歇尔之所以声名鹊起,不但因为在耶稣会内他提供的信息最多,而且因为他在耶稣会内出版的作品最多。基歇尔所出版的20多卷关于自然和数学科学的著作中,许多是大量利用了他的传教士通信者对"遥远而异质"的异域奇观的报道所构成的百科全书式著作。[52]

17世纪60年代伴随国家支持的科学院的成立以及完全专注于科学问题的学术期刊的出现,通信与出版之间的短暂联系最终获得了一种制度化的表现方式。[53] 亨利·奥尔登堡(1618～1677)的职业生涯很好地表现了这一点。在1660年伦敦皇家学会

---

[46] Walter Ong, S. J. ,《口述性与识字:词语的技术化》(*Orality and Literacy: The Technologizing of the Word*, London: Methuen, 1982),第117页～第134页。尤其参看Eisenstein,《作为变化原动力的印刷业:现代早期欧洲的交流与文化转型》,第108页～第113页,第266页～第270页,第566页～第574页。在文本可靠性的情形中,木刻和雕版技术本身并不能保证表现的完整性。雕版不像木刻版,它是脱离了原文印刷的,只有作者仔细控制才能避免插图错放位置或错放图注的混乱。做工不好或不够完善的图版,图像颠倒(或错位)、技术低劣以及赤裸裸的剽窃(最值得注意的是解剖学著作中"容易抽出的纸张"的情形)仅仅是其中一些可能降低表现的保真度的危险。参看Johns,《图书的本质:发展中的印刷物与知识》,第434页～第441页。

[47] K. B. Roberts和J. D. W. Tomlinson,《身体的结构:解剖插图的欧洲传统》(*The Fabric of the Body: European Traditions of Anatomical Illustration*, Oxford: Clarendon Press, 1992),第7页～第10页,第34页～第43页,第69页～第96页,第125页～第346页;以及K. B. Roberts,《解剖插图的上下文》(The Contexts of Anatomical Illustration),载于Mimi Cazort、Monique Kornell和K. B. Roberts编,《精巧的自然机器:艺术和解剖学的400年》(*The Ingenious Machine of Nature: Four Centuries of Art and Anatomy*, Ottawa: National Gallery of Canada, 1996),第71页～第103页。

[48] Agnes Arber,《草药书》(*Herbals*, Cambridge: Cambridge University Press, 1938);以及Gill Saunders,《描绘植物:植物插图的分析史》(*Picturing Plants: An Analytical History of Botanical Illustration*, Berkeley: University of California Press, 1995)。

[49] 参看Adolf Erik Nordenskiöld,《早期制图史上的复制地图集与15和16世纪已印刷的最重要地图的复制品》(*Facsimile-Atlas to the Early History of Cartography with Reproductions of the Most Important Maps Printed in the XV and XVI Centuries*, New York: Dover, 1973);以及Mollat和de la Ronciére编,《早期探险者的海图,13～17世纪》。

[50] Deborah J. Warner,《被探索的天空:天体制图(1500～1800)》(*The Sky Explored: Celestial Cartography, 1500 - 1800*, New York: Alan R. Liss, 1979)。

[51] 参看注释39和40。

[52] Paula Findlen,《巴洛克罗马的科学奇观:阿塔纳修斯·基歇尔和罗马学院博物馆》(Scientific Spectacle in Baroque Rome: Athanasius Kircher and the Roman College Museum),《现代和当代罗马》(*Roma moderna e contemporanea*), 3(1995),第625页～第665页。

[53] David A. Kronick,《科技期刊的历史:科技出版业的起源与发展(1665～1790)》(*A History of Scientific and Technical Periodicals: The Origins and Development of the Scientific and Technical Press, 1665 - 1790*, Metuchen, N. J.: Scarecrow Press, 1976),第77页～第112页。

成立之前，他是“提供信息的个人”，即作为个人而不是正式机构的职员进行通信，就像他的上一代导师塞缪尔·哈特立伯（约1600～1662）那样。1665年《哲学汇刊》创刊时，奥尔登堡作为其第一任编辑而工作卓有成效。现在私人通信可以有规律地进入公共领域，即首先通过像奥尔登堡这样的编辑的把关，然后成功地获得其他出版著作要求的持续性和可读性。反过来，读者征订这些海报上宣传的“出版的通信”，通常能够激发进一步的通信，无论是私人通信还是后来出版的通信，从而促进思想的交流。[54]

354

总而言之，旅行和通信网络在整个现代早期发展起来，这些网络相互交叠，地域范围不断扩大，成为那个时代最突出的特点。正如德国哲学家于尔根·哈贝马斯以及其他学者所认为的那样，“早期资本主义远程贸易创造的商品运输和信息流通”是“一个新社会秩序”的一部分。[55] 伴随这一新秩序的是“公共领域”的发展，在其中信息、思想和意见的交流成为市民生活结构的一部分。交叉往来于这个新出现的公共领域并将它的各部分捆绑在一起的，是提供信息的人和地址管理局的半公开通信以及各种类型的出版材料，从早期的报纸、小册子到海报和学术期刊。这些新的交流方式为书信共和国打下了基础结构，而书信共和国可以被简单理解为这样一个公共领域，里面主要是非生产性的知识精英——这当然不是在“知识生产”的意义上，而是在严格的经济意义上来说的。这些人对“公共知识”“公众利益”的歌颂，“超然”于赚取和消费等琐碎之事，这些不能够掩盖他们对于远程旅行和进行信息交流这些世俗现实的依赖。实际上，书信共和国的组成部分——可能最好的例子是由托马斯·斯普拉特（1635～1713）主教于1667年为新成立的皇家学会所作的辩护——愉快地声明了“新科学”对于商业和制造业具有的种种好处。

在与自然知识产生和利用有关的活动领域当中，远程旅行和交流的机会也表现出了特殊的挑战。简单来说，“本地的”科学活动如何能够延伸至遥远的地方？[56] 若要在科学活动的范围内实现这个扩展，首先需要设定社会和认识上的规范，这个规范超越了研究所处的秩序井然的社会空间、实验室、制图室或天文台，并要创造出大范围科学活动的虚拟空间。然后，扩大科学活动的规模，需要找到途径以保证（或至少是促使）专业技术和远方观察者用于评估证据的标准的流动性。

355

---

〔54〕 A. Rupert Hall 和 Marie Boas Hall 编，13卷本《亨利·奥尔登堡的通信》（*The Correspondence of Henry Oldenburg*, vols. 1－9, Madison: University of Wisconsin Press, 1965－73），vols. 10－11（London: Mansell, 1975－6），vols. 12－13（London: Taylor and Francis, 1986）。也可参看 Michael Hunter，《推广新科学：亨利·奥尔登堡与早期皇家学会》（Promoting the New Science: Henry Oldenburg and the Early Royal Society），《科学史》，26（1988），第165页～第181页。

〔55〕 Habermas，《公共领域的结构转变》，第14页～第15页。作为比较，布罗代尔主张“远程贸易无疑在商业资本主义的产生中起到领导作用，并且在很长一段时间内是它的主要支柱”，《商业之轮》，第403页。

〔56〕 关于“使科学旅行”的问题的讨论，参看 Steven Shapin，《无处不在：科学知识社会学》（Here and Everywhere: Sociology of Scientific Knowledge），《社会学年度评论》（*Annual Review of Sociology*），21（1995），第307页。

虚拟空间及其扩展

大量研究已经集中详述了关于加在特定建筑空间上的社会规则的细节，在这些空间中不同形式的自然知识被议定。[57] 科学活动规模的扩大提出这样的问题：这些社会关系如何能够覆盖极度分散的实践者，并在他们身上仍然有效？没有一个具体的建筑空间作为通过面对面的互动以制定社会规则的舞台，知识制造的社会契约，即社会性、义务、信任、可靠性和专业知识如何能够被维持？换句话说，投入自然知识制造过程的那些场所如何能够在远处获得社会性？

如科学史学家戴维·勒克斯和哈罗德·库克认为，游学形式的私人旅行增多，或由富裕的年轻绅士和他们的老师遍及欧洲各国首都"教育旅行"的增多，扩大了私人接触的圈子，而且由此推动了报告在可信赖的熟人之间的传播。[58] 这样的接触除了建立友情，还逐渐提高了主人和旅行者双方品评人物的能力。个人交往允许一方观察另一方的衣着、性格、风度、礼仪以及谈话能力，并且由此品评对方的品性。实际上，对品性的评价甚至在第一次照面之前就开始了，因为介绍信常常先于（或同时伴随着）旅行者，这些介绍信或是来自主人的朋友，或是间接已被证明是品性正直的熟人。[59] 这样，信赖的圈子可以扩大至社会亲密关系的两至三倍。

356

与这些非正规交往途径同等重要的，是已经建立的可信赖的信息提供者网络，机构和社团扮演了更加重要的角色。这里区分地理空间和虚拟空间是有用的。早期的探险旅行和后来的贸易往来、殖民地旅行大幅度增加了欧洲人活动的地理空间。另外，虚拟空间是社会空间这一比喻或"空间构成"的延伸。[60] 在这里这个词表示这样一些社会关系，这些社会关系使得人员、报告和物体在物理空间内可控地流通，特别是指以代理者身份"穿越"那个空间的能力。检验与一个特定地理场所——比如说塞维利亚的一个制图室或巴黎的一个天文台——相联系的虚拟场所的完整性，在于安坐家

---

[57] 例如，参看 Steven Shapin 和 Simon Schaffer，《利维坦与空气泵：霍布斯、玻意耳与实验生活》（*Leviathan and the Air-Pump: Hobbes, Boyle, and the Experimental Life*, Princeton, N. J.: Princeton University Press, 1985），与玻意耳实验室相联系的社会及实验空间，以及夏平对皇家学会的社会空间的讨论，参看他的《17 世纪英格兰的实验所》（The House of Experiment in Seventeenth-Century England），《爱西斯》，79（1988），第 373 页～第 404 页。伽利略在托斯卡纳宫廷的社会空间的活动，参看 Mario Biagioli，《廷臣伽利略：专制政体文化中的科学实践》（*Galileo, Courtier: The Practice of Science in the Culture of Absolutism*, Chicago: University of Chicago Press, 1993）；以及 Biagioli，《徽章制造者伽利略》（Galileo the Emblem Maker），《爱西斯》，81（1990），第 230 页～第 258 页。对耶稣会罗马学院（Collegio Romano）的数学和实验空间的讨论，参看 Gorman，《科学的反宗教改革：耶稣会文化中的数学、自然哲学和实验主义（1580～约 1670）》，第 160 页～第 197 页。对社会空间和建筑空间的交叉的研究，参看 Peter Galison 和 Emily Thompson 编，《科学的建筑》（*The Architecture of Science*, Cambridge, Mass.: MIT Press, 1999）。

[58] David S. Lux 和 Harold J. Cook，《封闭的圈子或开放的网络？科学革命期间的远距离交流》（Closed Circles or Open Networks? Communicating at a Distance During the Scientific Revolution），《科学史》，43（1998），第 180 页～第 211 页，尤其是第 184 页～第 185 页。也可参看 Justin Stagel，《好奇心的历史：旅行理论（1550～1800）》（*A History of Curiosity: The Theory of Travel, 1550 - 1800*, Chur: Harwood, 1995）。

[59] Lux 和 Cook，《封闭的圈子或开放的网络？科学革命期间的远距离交流》，第 186 页～第 187 页。

[60] Nigel Thrift，《论空间与时间中社会行为的确定》（On the Determination of Social Action in Space and Time），载于《空间构成》（*Spatial Formations*, London: Sage, 1996），第 63 页～第 95 页。

中的实践者是否能够获得来自遥远地方的报告或者物品，就“好似”这些东西就在手边。这种对远处实践活动虚拟的参与主要取决于以下因素：长距离旅行与通信能够持续不断地进行，培训和派遣可靠的代理人，以及观察方法的标准化和约定的表现方式。扩大科学活动的范围其实正是扩展与生产知识的本地化场所相联系的虚拟空间。

最有希望找到这种结构的地方是获得特许权的从事海外活动的团体，因为在这里专业知识、社会秩序和旅行活动合起来构成强大的远程网络。[61] 很多组织属于这类团体，其中包括像荷兰和英国东印度公司这样的海外贸易公司、殖民地管理局、从事海外使命的宗教团体，最后是国家支持的大型科学院，这些科学院自创建之日就怀抱海外科学探险之梦想。[62]

尽管这些团体所接受的指令和组织方式迥异，却具有很多相同的结构特征。它们都是合法组织的团体，由君主、议会或罗马教皇的至高权威所建立。它们都享有在一个指定领域活动的法律权限，因此有资格制定一些章程来管理内部事务，通过执行规定来控制成员的活动。[63] 尽管这些团体权力的分配和转移很不相同，它们大多数都是等级制的组织，具有集中的管理结构和固定的总部。团体的成员资格是明确的，成员为成文和不成文的行为规定所约束，领导者则根据其所好设置了社交和认知上培训和约束其成员的机制。

357

当然，各个团体之间在招收新成员的方式、能力水平和约束机制上很不相同。耶稣会可能是在其成员中享有最高的可信度，因为它吸收新会员要经过严格选拔，还有较长时间的教育。然而，与荷兰东印度公司（Verenigde Oostindische Compagnie，VOC）或西班牙贸易商行相比，它对运输线路的控制最乏力，因为它没有船只，只能使用“外部”资源来安排传教士和货物的通路。这种在吸收新成员、训练、约束和物质资源上的差异使我们想到，有大量不同的方式来操纵长途网络的运行，而或多或少成功的长途策略的多样性又证明社会技术的灵活性，这些社会技术对于约束个人行为而致力于集体目标是非常必要的。

海外贸易公司、殖民地管理局和传教士团体与现代早期其他团体的显著区别在于，特许权令前者必须从事地理上扩展和时间上延续的活动，并且因此控制远程网络

[61] Steven J. Harris，《远距离的团体、大科学与知识地理》（Long-Distance Corporations, Big Sciences, and the Geography of Knowledge），《结构》（*Configurations*），6（1998），第 271 页，第 276 页～第 279 页。

[62] 在其建立的这一年，1660 年，皇家学会发布了指令，让到加那利群岛的商人在特内里费山脉上重做托里拆利实验；这一计划似乎没有被执行。参看 Thomas Birch，4 卷本《伦敦皇家学会史》（*The History of the Royal Society of London*, New York: Johnson Reprint Corp., 1968），第 1 卷，第 1 页～第 2 页。在 1667 年 1 月，仅在其首次会议之后 3 周，法国皇家科学院重新审查了阿德里安·奥祖（Adrien Auzout）到马达加斯加做天文学探险的计划，与荷兰的战争破坏了这一计划。参看 John W. Olmstead，《让·里歇尔对卡宴的科学考察》（The Scientific Expedition of Jean Richer to Cayenne），《爱西斯》，34（1942），第 118 页～第 119 页。后来的探险计划则比较成功。

[63] Toby Huff，《现代早期科学的兴起：伊斯兰世界、中国和西方》（*The Rise of Early Modern Science: Islam, China, and the West*, Cambridge: Cambridge University Press, 1993），第 136 页～第 137 页。

的运行。[64] 换句话说,如果一个远程团体要实现它的目标,就必须在核心区域定义并执行它的"行动方式",并且将这些方式扩大到行动的周边地区。具体来说,这意味着团体的领导者必须吸收和培养可靠的代理人,把他们送到遥远的地区去完成团体的事情,并且保证通信往来顺畅,这些通信包括总部的指示和野外的信息报告。各团体之间采取的策略会有很大差异。有些团体善于对其成员灌输一种深植于其内心的献身于团体事业的信念,如耶稣会。其他团体,如荷兰东印度公司,利用财富或"对财富的承诺"来刺激它的上层官员的忠诚,并且(有时候)对普通船员采取身体上的强迫。[65] 358 没有一种策略能够完美地发挥作用,而且所有策略都一度遭受到信任危机、交流中断或者目标分歧。然而,这些团体的整体效力是不用怀疑的。总的来说,它们大部分成功地达到了海外贸易、殖民地化和改变信仰这些交织在一起的目标。

尽管无私地追求科学知识绝不是这些团体的首要目标,然而任何一种对于远程网络的控制都需要关于自然世界某几个部分的知识。做运输生意的公司需要获取有关风、洋流和海岸线的知识,正如西班牙和荷兰制图学所留下的丰厚传统所证明的那样。传教士团体的会长和管理王室遥远土地的殖民地事务局的头脑,都必须了解有关气候、地形和当地人的一些情况,这些被当时的人合在一起放在"自然志与道德志"这一标题之下。[66] 因为需要在野外工作的健康的代理人,所有的团体都关注饮食、疾病和可能的当地的治疗方法。[67]

远程团体的活动所包含的科学活动可以列出一个很长的清单,此处我们通过三个例子来了解一下。1503 年,西班牙王室在塞维利亚建立了贸易商行(Casa de la Contratación),这是最早负责海外运输的管理部门。贸易商行培养了一些领航员并颁发给他们许可证,颁布并推行航海法令,并且保存海外航行的原图。[68] 驾船出海的领航员们绘出原图副本,并且被给出详细的用法说明,教他们如何在其手中的副本和航海日记上记录纬度和着陆点。在对原图进行任何修改和增补之前,首席宇宙志学者与返回的领航员交换意见。这样,在贸易商行的授权和指导之下,产生了一些 16 世纪早期最好的海图。

到了 17 世纪,荷兰东印度公司的海图室收集和校对了它的领航员所提供的关于南部非洲、印度、印度尼西亚和日本的海图信息。荷兰东印度公司作为 17 世纪运输生

[64] 对作为社会学模型的远途网络的讨论,参看 John Law,《论远程控制的方法:船舶、航海与葡萄牙通往印度的路线》(On the Methods of Long-Distance Control: Vessels, Navigation and the Portuguese Route to India),《社会学评论专论》(*Sociological Review Monographs*),32(1986),第 234 页~第 263 页;以及 Latour,《行动的科学》(*Science in Action*),第 223 页~第 232 页。

[65] C. R. Boxer,《荷兰的海运帝国(1600 ~ 1800)》(*The Dutch Seaborne Empire, 1600 - 1800*, New York: Penguin, 1973),第 79 页。

[66] 埃雷拉的《东西印度群岛编年史》和德·阿科斯塔(de Acosta)的《印度群岛的自然志与道德志》都归于这一范畴下。参看注释 40。

[67] Harris,《远距离的团体、大科学与知识地理》,第 285 页~第 294 页。

[68] Edward L. Stevenson,《贸易商行的地理活动》(The Geographical Activities of the *Casa de la Contratacíon*),《美国地理学家协会年刊》(*Annals of the Association of American Geographers*),17(1927),第 39 页~第 59 页。也可参看 Menendez-Pidal,《1570 年前后的世界形象:根据东西印度群岛理事会和西班牙作家委员会的消息》,第 4 页~第 5 页。

意的优胜者,也成为运输各种药材、经济植物和天然珍奇物品的主要渠道之一。大量荷兰东印度公司的内科医生受雇于董事们,照顾公司代理人的健康,收集药方、采集标本、兴建花园,同时也编辑了一些本世纪最好的植物手册。[69] 这一点毫不奇怪:阿姆斯特丹和莱顿的植物园成为汇集植物标本以及有关植物知识的宝库,它们是由荷兰东印度公司设在远方前哨上工作的官员所获取的。

359

在从事海外传教活动的天主教宗教团体当中,耶稣会最为精通远程科学。金鸡纳皮在当时众所周知是"耶稣会士树皮",这是为了感谢耶稣会士最早让欧洲医生注意到这种退热药,据说也是因为耶稣会士在早期商品流通中有着一种接近垄断的权力。[70] 在南美洲执行使命的耶稣会药剂师很快利用了当地人的医学知识,而且到了 18 世纪,已经发展出一个从墨西哥一直到阿根廷的供应网络。[71] 耶稣会还因大量其他植物类商品而著名,包括耶稣会士滴剂(一种大蒜、秘鲁香脂和撒尔沙根的调和物)、耶稣会士坚果(中国菱角的种子)、耶稣会士茶(巴拉圭茶)和依纳爵豆(该名称既用来指有毒的吕宋果,也指可入药的费氏三叶草[*Fevillea trilobata*]的种子)。作为旅行至遥远国度的腹地寻找新的民族以使其改宗的传教士,耶稣会士通常也被迫担任起探险者、自然志家和制图师的角色。罗马教廷的高层要求找到一条从印度通往中国的陆路,结果迫使安东尼奥·德·安德拉德(1580～1634)和鄂本笃(1562～1607)艰难地翻越了喜马拉雅山脉。[72] 罗马教廷所提出的类似寻找"祭司王约翰"(传说中的非洲基督王)的要求,促使佩德罗·派斯(1564～1622)旅行穿越了阿比西尼亚,最远到达尼罗河上游。[73] 雅克·马凯特(1636～1675)的密西西比河的局部探险、[74]欧西比乌斯·基诺(1644～1711)对新西班牙西北地区的探险[75]以及萨穆埃尔·弗里茨(1654～1728)沿着亚马孙河和奥里诺科河旅行。[76] 这些探险旅行活动都是出于同一初衷。所有这些活动产生了手绘地图,地图被送到罗马或耶稣会士大学,并且所有都作为耶稣会士

360

[69] VOC 的医师的植物学和药物学著作清单,参看 Peter van der Krogt 编,《VOC:与荷兰东印度公司有关的出版物目录(1602～1800)》(*VOC: A Bibliography of Publications Relating to the Dutch East India Company, 1602 - 1800*, Utrecht: HES Publishers, 1991),第 364 页～第 380 页。

[70] 关于耶稣会与金鸡纳皮贸易的牵连,参看 Saul Jarcho,《奎宁的前身:弗朗切斯科·托尔蒂与金鸡纳皮的早期史》(*Quinine's Predecessor: Francesco Torti and the Early History of Cinchona*, Baltimore: Johns Hopkins University Press, 1993),第 4 页～第 5 页,第 14 页～第 17 页;以及 Jaime Jaramillo-Arango,《对金鸡纳皮历史中的基本事实的批判性回顾》(A Critical Review of the Basic Facts in the History of Cinchona),《林奈学会杂志》(*Journal of the Linnaean Society* [*London*]),53(1949),第 272 页～第 309 页。

[71] 对在南美洲的耶稣会传教士与药剂师的概述,参看 Renée Gicklhorn,《传教士药剂师:17 和 18 世纪拉丁美洲的德国药剂师》(*Missionsapotheker: Deutsche Pharmazeuten im Lateinamerika des 17. und 18. Jahrhunderts*, Stuttgart: Wissenschaftliche Verlagsgesellschaft, 1973),第 33 页～第 88 页。

[72] Cornelius Wessels, S. J.,《在中亚的早期耶稣会旅行者(1603～1721)》(*Early Jesuit Travelers in Central Asia, 1603 - 1721*, The Hague: Martinus Nijhoff, 1924; repr. New Delhi: Asian Educational Services, 1992),第 1 页～第 68 页。

[73] Philip Caraman,《被忘却的帝国:阿比西尼亚耶稣会士的故事(1535～1634)》(*The Lost Empire: The Story of Jesuits in Ethiopia, 1535 - 1634*, London: Sidgwick and Jackson, 1985)。

[74] Joseph P. Donnelly, S. J.,《耶稣会士雅克·马凯特(1637～1675)》(*Jacques Marquette, S. J., 1637 - 1675*, Chicago: Loyola University Press, 1985),第 204 页～第 229 页。

[75] Herbert Bolton,《基督教世界的边缘:欧西比乌斯·F. 基诺的传记》(*The Rim of Christendom: A Biography of Euschio F. Kino*, New York: Macmillan, 1936)。

[76] Josef Gicklhorn 和 Renée Gicklhorn,《在为亚马孙河而战:研究人员 P. 萨穆埃尔·弗里茨的命运》(*Im Kampf um den Amazonas: Forscherschicksal des P. Samuel Fritz*, Prague: Noebe, 1943)。

地理学著作的一部分而发表。[77]

结　论

本文并非认为所有或绝大多数现代早期的科学都发源自某些团体的远程活动。更确切地说，是进行远程活动的团体成功应对了将社会习俗和认知习惯从本地环境向外扩展所必需的社会、管理和技术方面的挑战。在这个过程中，这些团体极大地扩展了科学活动的范围。然而，活动密度的增长首先来自——虽然并不仅仅来自——成功采用了新的交流方式，尤其是书信共和国的信件往来和印刷机用于科学著作出版。国内的信件往来、书籍出版与海外旅行之间没有截然分开。其实这些从事远程活动的团体的行政依赖于国内、私人以及有时机密的频繁通信。尽管各种形式的行政方面的通信一般不算在书信共和国的书信交往当中，但是相比之下便利的通信方式（如有关国外药物等自然珍品的报告）通常是通过团体的渠道往来，并且流向满足书信共和国需要的出口。

两者之间的关键区别在于社会结构。所谓"共和国"，与其说指一个国家，不如说是一个由不牢固的社会联系组成的松散的联邦，很大程度上是靠某一个通讯员的能力和献身精神而聚拢在一起，因而在此人死后很有可能分崩离析。加入这个通信网络是自愿的、非正式的和偶然的。而且，这个共和国公民所陈述的目标绝大多数是知识和文化上的，至少原则上是这样。由团体作为媒介传递的自然知识无论有多么重要，终究是商业、领土和神职事宜的附带产物。通信圈缺少明确的决定成员资格的评判标准，而且在社交性的劝导和礼仪之外也没有一些让成员们遵从的机制。尽管在从事远程活动的团体中遵守纪律和服从命令的情况也不完美，但是它们远远超过与书信共和国相联系的松散的通信网络。然而，与团体僵硬的结构相反，这种非正式的组织方式能够成为一种力量来源，通信网络既可以收缩也可以扩展，话题既可以提起也可以放下，要求既可以被热心地答复也可以被礼貌地忽略，而且书信共和国的高贵（含糊地说）修辞可以维持该时期某些最杰出的文学和科学心灵的忠诚。[78] 书信共和国可能是一个人口稀少的国家，然而由于其交流密度，它对欧洲的思想产生了相当大的影响。从事远程活动的团体与交叠的通信网络形成的联盟合在一起，起到两个有力的、相互联系的引擎的作用：前者将不同国家、不同领域的学者和专家联系在一起，后者将一个不断扩展的国外交流网络与国内交流网络联系在一起。

361

科学活动范围的扩展在认识上所产生的结果是多方面的，这里只展开说两个最宽

---

[77] 派斯到蓝色尼罗河源头的旅行，是欧洲人首次到达此区域，记载在以下书中，Athanasius Kircher，《埃及的俄狄浦斯》（*Oedipus aegyptiacus*, Rome: Vitalis Mascardi, 1652 - 4），以及卫匡国对中国的探险，记录参看 Kircher，《中国记录……有插图》（*China monumentis . . . illustrata*, Amsterdam: Jacob à Meurs, 1667）。基诺对墨西哥西北部的地理勘查，记录参看 Heinrich Scherer，《自然地理》（*Geographia naturalis*, Munich: Rauchin, 1703）。

[78] Daston，《启蒙运动中书信共和国的理想与现实》，第 375 页～第 381 页。

泛的趋势。在宇宙学领域,以等角航线(在所限制的区域内连接海岸点的一组罗盘方向)为基础的中世纪航海图转变为以托勒密坐标系(以纬线和经线环绕地球)为基础的航海图和世界地图,这促进了空间概念的变化以及各种空间定位方式的发展。朝圣者的地图和路线图所具有的“窄道视野”的特点,即只绘制所穿越的陆地和海洋的狭窄路径,为扩大的“周围视野”所代替,后者包含整个地球表面,包括它未经开发的地区,因此会有在地图上给不知名的地方确定位置这一表面上矛盾的可能性。一旦地图表面被认为是一个可以构图的空间,有关测量和坐标的约定稳定下来(实际上此事非同小可),大陆和地点可以用临时的名称添加上去,同时能够保留关于位置和距离的绘图学概念。而且,在星图与天球仪上系统绘制可见恒星——不仅仅是那些与占星术中的黄道十二宫有关的恒星——与绘制地球表面或多或少同时发生并非巧合。将“周围视野”扩展至天宇取决于到南半球的旅行,也取决于仪器使用、测量和绘图的惯例的建立。天球与地球一样,成为一个可以图示的空间,这个空间可以容纳数目不明确的新物体,所有物体可以找到其位置和彼此之间的距离(角距离)。

在自然志领域,从海外运来的新鲜物件数量大大增加,包括植物、动物、矿物标本、草药和复合药物以及外国手工艺品,因此传统分类体系很快衰落。在被科学史学家威廉·阿什沃斯称为文艺复兴时期的“象征自然观”中,大多数国内或熟知的动植物被嵌入一个丰富的文学传统。这一传统引用历史故事、神话、与《圣经》有关的和道德上的典故,还利用许多假定的自然类同、相似性,以及将它们彼此相互联系、将它们与人类相联系(如与人体某部分或人性情的一些方面),甚至与星座相联系的鲜明特征。阿什沃斯令人信服地论证了欧洲自然志家直接接触国外的珍稀天然物迫使他们将自然物视为朴素的,也就是说,全无那种吸引其他欧洲自然志家注意力的象征意义。[79] 以文学和道德联想为基础的组织框架转变为以对“事物本身”的仔细描述、详尽编目和最终的系统分类(如18世纪瑞典自然志家卡尔·林奈的工作),因此这一转变在很大程度上被越来越多的自然物目录推动,而且这种目录随着自然志活动范围的扩展可被利用。

362

(李文靖 译)

[79] William Ashworth,《自然志与象征世界观》(Natural History and the Emblematic World View),载于 David C. Lindberg 和 Robert S. Westman 编,《重估科学革命》(*Reappraisals of the Scientific Revolution*, Cambridge: Cambridge University Press, 1990),第303页~第333页,第318页~第319页,第322页~第324页。

第三部分

自然研究的划分

17

自 然 哲 学

365

安·布莱尔

“自然哲学”通常被科学史家作为一个伞状术语来使用，当对自然的研究还不能被很容易地鉴定成为我们今天所说的“科学”时，它便被冠以此名。这样做的目的，是为了避免“科学”这一术语中所包含的现代含义，以及潜在的时代误置的含义。但是，“自然哲学”（以及它在各种语言中的对等词）也同样是一个行动者的范畴，是一个在整个现代早期被普遍使用的术语，它被广泛接受的典型定义就是“对自然物的研究”。自然哲学的中心原则是揭示自然现象的原理和原因，它在现代早期经历了重大的变化。它在中世纪的形式，是一种在大学里制度化了的书本上的亚里士多德哲学原理，但是在16世纪、17世纪，自然哲学逐渐与新权威、新实践和新机构联系在一起，我们可以从它的一些新的表达方式的出现中清楚地看到这点，例如罗伯特·玻意耳（1627～1691）的“实验的自然哲学”，以及伦敦的皇家学会，或者艾萨克·牛顿（1643～1727）的《自然哲学的数学原理》（*Philosophiae naturalis principia mathematica*，1687）。[1]

传统的自然哲学（即书斋式的自然哲学，主要指亚里士多德派的那种自然哲学）在17世纪的大部分时间里还继续在大学的教育中盛行（参看第10章），但是，它也在这一时期的革新中得到了改造，当然了，这些革新不仅引发了改造的企图，同时也激发了顽固的抵制。到了1700年，除了最保守的大学，传统的自然哲学差不多在所有大学中都明显地屈从于笛卡儿主义和牛顿主义的机械的、数学化的自然哲学。[2] 然而，“自然哲学”这一术语继续流行于整个18世纪（尤其在英语中），通过转变其方法以及解释原则，它的广阔领域仍然完整无缺。直到19世纪早期，由于我们今天所熟悉的专门的科学学科（从生物学和动物学到化学和物理）的出现以及专业化，这个观念和术语才开始

366

在此，我谨向 Roger Ariew、Laurence Brockliss、Mordechai Feingold、Anthony Grafton、James Hankins 以及本书的编辑致以谢意，他们对本章早期草稿的意见使我颇受教益。

[1] 参看 Robert Boyle，《关于实验自然哲学实用性的几点思考》（*Some Considerations Concerning the Usefulnesse of Experimental Natural Philosophy*, Oxford: Printed by Henry Hall for Richard Davis, 1664）。

[2] 亚里士多德派自然哲学的基本原则和策略还存在于20世纪有限的基督教派别中。例如，参看 Charles Frank, S. J.，《自然哲学》（*Philosophia naturalis*, Freiburg: Herder, 1949）。

被取代。[3]

自然哲学的大学背景

拉丁语的“自然哲学(philosophia naturalis)”乃是对亚里士多德所使用的一个词——希腊语的“自然知识”的翻译(φῠσικός ἐπιστημη, physikē ēpistēmē),它在拉丁语中也可以被称为“physica”或者“physice”(与philosophia naturalis所表达的意思相同,只不过形式上更简短些而已)。[4] 它最初是被用来指明亚里士多德所描述的三门沉思性哲学中的一门,是与数学和形而上学相并列的。[5] 随着自然哲学从13世纪起在中世纪基督教世界的大学中被体制化,它的内容就开始由对亚里士多德的有关自然的书籍的研究和注释构成。其中包括亚里士多德的《物理学》(*Physics*)、《论天》(*On the Heavens*)、《气象学》(*Meteorology*)、《论灵魂》(*On the Soul*)、《论生灭》(*On Generation and Corruption*)、《动物志》(*History of Animals*)、《动物的构造》(*Parts of Animals*),较短的一些著作是通过合集为众所知的,如《自然短论》(*Parva naturalia*)——包括了《论睡和醒》(*On Sleep and Waking*)、《论记忆和回忆》(*On Memory and Remembering*)、《论生命与死亡》(*On Life and Death*)——以及两本其真实性遭到怀疑的小册子,即《论原因》(*On Cause*)和《论植物》(*On Plants*)。[6] 但是,由于中世纪的课程对逻辑特别关注,自然哲学在实践中通常一方面被缩减至《物理学》(此外对《论天》和《气象学》亦略有涉及),另一方面被缩减至《论灵魂》(此外对《自然短论》也稍有提及)。[7] 例如,在巴黎

367

〔3〕 有关1800年后自然哲学作为一个概念消亡的描述,参看Simon Schaffer,《科学发现与自然哲学的终结》(Scientific Discoveries and the End of Natural Philosophy),《科学的社会研究》(*Social Studies of Science*),16(1986),第387页～第420页。关于新术语的出现,参看Sydney Ross,《“科学家”:一个词语的故事》(*Scientist*: The Story of a Word),《科学年鉴》(*Annals of Science*),18(1962),第65页～第85页。在不同的语言中,“自然哲学”有不同的含义。在法语中,“philosophie naturelle”并没有被广泛使用,因为“physique”被西皮翁·迪普莱(Scipion Dupleix)等传统主义者和笛卡儿等创新者所青睐。当用于标题时,“philosophie naturelle”倾向于表示具有赫耳墨斯派兴趣或炼金术兴趣的书籍,如Jean d'Espagnet,《自然哲学的复兴》(*Philosophie naturelle restituée*, Latin 1623, French translation 1651),或Pierre Arnaud编,《对自然哲学的三种处理……知道非常古老的哲学家阿特菲斯的秘密书》(*Trois traitez de philosophie naturelle . . . ascavoir le secret livre du tres ancien philosophe Artephius*, 1612),或匿名者的《自然哲学的火炬》(*Flambeau de la philosophie naturelle*)。在德语中,拉丁语作为科学语言延续了更长时间,“Naturphilosophie”首次出现在18世纪末的书名中,并随着谢林(Schelling)、歌德(Goethe)和在自然界中寻找统一的基本力量的其他哲学而蓬勃发展。

〔4〕 “Physiologia”,字面意思是关于自然(physis)的解释(logos),是这些术语的另一个近似同义词;关于一些例子和讨论,参看Roger Ariew和Alan Gabbey,《经院哲学的基本情况》(The Scholastic Background),载于Daniel Garber和Michael Ayers编,2卷本《剑桥17世纪哲学史》(*The Cambridge History of Seventeenth-Century Philosophy*, Cambridge: Cambridge University Press, 1998),第1卷,第425页～第453页,尤其是第427页～第428页。

〔5〕 参看Aristotle,《形而上学》(*Metaphysics*),6. 1. (1026a)。沉思性哲学与实践哲学形成了鲜明对比,后者包含伦理学和机械技艺。

〔6〕 《巴黎大学档案》(*Chartularium universitatis Parisiensis*), vol. 1, no. 246,在以下文章中被引用和讨论,Pearl Kibre和Nancy Siraisi,《机构背景:大学》(The Institutional Setting: The Universities),载于David Lindberg编,《中世纪科学》(*Science in the Middle Ages*, Chicago: University of Chicago Press, 1978),第131页。关于更普遍的中世纪大学的情况,参看Hilde de Ridder-Symoens编,《中世纪大学》(*Universities in the Middle Ages*, Cambridge: Cambridge University Press, 1992)。

〔7〕 关于自然哲学关注灵魂的那部分,它在16世纪末被称为“psychologia”(我将较少讨论),参看Katharine Park和Eckhard Kessler撰写的各章,载于Charles B. Schmitt、Quentin Skinner、Eckhard Kessler和Jill Kraye编,《剑桥文艺复兴哲学史》(*Cambridge History of Renaissance Philosophy*, Cambridge: Cambridge University Press, 1988),第453页～第534页。

大学,亚里士多德的著作曾在13世纪的中期成为核心课程,一位学士学位的申请者需要把主要精力放在逻辑上,而对自然哲学只需有最低程度的了解。学士为了获得教学许可证或者进一步深造(譬如学习法学、医学或者神学),需要获得硕士学位,这就要学习为期两年的附加课程,自然哲学的学习主要就是在这期间进行的。[8] 尽管各个机构之间有所差异,例如其中有些是在"四艺"(算术、几何、天文和音乐这四门数学性学科)上为未取得学位的大学生提供了更多的教育,但是基本的模式还是遵从上述标准的,这种情况在欧洲一直延续到17世纪末。

大致说来,中世纪大学的制度结构在整个现代早期还是原封不动地保留了下来,但是到了1500年左右,高等教育迅速扩张,新的印刷技术也促进了新的教学法的发展。在16世纪整个欧洲有大量的学生进入大学;入学人数曲线图中峰值所对应的日期随着地点的不同而不同,从大约1590年的卡斯提尔到1660年的卢万。[9] 从1500年到1650年,大约有100所新的大学建立起来(虽然在这同一时期有10所已有的大学被关闭、迁移或者合并)。这些新建立的大学往往和宗教的攻击有所关联。在16世纪上半叶,它们群聚在西班牙,肯定"重新争夺"的效果——也就是把西班牙从穆斯林和犹太居住者那里"重新争夺"回来。在《奥格斯堡和约》(1555)确立了宗教领土的原则后,东欧和中欧的公国中新的大学数量增加,因为每个地方都需要学校以适应其统治者的宗教选择。[10]

不断增加的政府机关同样需要更多受过教育的社会精英来任职,这就促使了新教育机构的形成。这包括了巴黎大学的专项技能培训学院(collèges de plein exercice)和遍布整个欧洲的耶稣会学院,它们提供独立于文科的教育,而文科教育是把中等教育和大学水准的哲学上的工作结合在一起,中等教育是学习拉丁文和基本的希腊语法和修辞学,而哲学上的工作要进行两年或者更多的时间。学生进这些学院学习,可以作为大学里学士课程的辅助,同时也可以完全取代大学里的学士课程,虽然学位只能由大学来授予(这些学院附近通常会有大学)。[11] 另外也有为投合贵族子弟而设立的专门学校(比如在神圣罗马帝国的骑士学院[Ritterakademien],意大利的贵族学院[collegi dei nobili],在荷兰北部联省荣誉体校[gymnasia illustria],以及类似在法国的普吕维内

368

---

[8] Edward Grant,《行星、恒星和天球:中世纪的宇宙(1200 ~ 1687)》(*Planets, Stars, and Orbs: The Medieval Cosmos, 1200 - 1687*, Cambridge: Cambridge University Press, 1994),第20页。

[9] Maria Rosa di Simone,《入学》(Admission),载于 Hilde de Ridder-Symoens 编,《欧洲大学史 · 第二卷 · 现代早期欧洲的大学(1500 ~ 1800)》(*A History of the University in Europe*, vol. 2: *Universities in Early Modern Europe [1500 - 1800]*, Cambridge: Cambridge University Press, 1996),第285页~第325页,尤其是第299页。

[10] Willem Frijhoff,《模式》(Patterns),载于 de Ridder-Symoens 编,《现代早期欧洲的大学(1500 ~ 1800)》,第43页~第110页,尤其是第71页。关于德国的机构,参看 Peter Baumgart 和 Notker Hammerstein 编,《论现代早期的德意志大学建立问题》(*Beiträge zu Problemen deutscher Universitätsgründungen der frühen Neuzeit*, Nendeln: KTO Press, 1978)。

[11] Laurence Brockliss,《17世纪、18世纪的法国高等教育》(*French Higher Education in the Seventeenth and Eighteenth Centuries*, Oxford: Clarendon Press, 1987),第19页~第26页。

尔[Pluvinel]学院的那些专科学校)。[12] 最终,各种修道会和在俗教士经营着僧侣学校和神学院以便培养他们的同门。

在宗教和政治的压力下,为了更快地培养更多的学生(尤其是将来可担任传教士和官吏的学生),16 世纪欧洲的一般趋势是把本来后期才修的学科塞进早期的学习中去。[13] 于是,更多的学生接受了自然哲学的教育,尤其是要拿学士学位的学生。这种趋势与印刷术的推广结合起来,促使出现了大量的各种自然哲学的书籍,尤其促使出现了多种教学法。[14] 而对于教授来说,就有了众多的版本、翻译、注释和专题论文,不管是传统经院式的还是较新的人文主义式的。[15] 人文主义的版本和翻译力求清除中世纪时由阿拉伯传入的遗产,以便能直接把希腊语原作翻译成为典雅的西塞罗式拉丁语。人文主义者深入地钻研新近重新获得的从古希腊晚期以来的对亚里士多德著作的注释,例如塞米斯丢斯的注释(1481 年第一次以拉丁语出版),阿芙罗狄西亚的亚历山大的注释(1495 年第一次以拉丁语出版),以及辛普里丘的注释(1499 年第一次以希腊语出版),但是中世纪经院哲学家所钟爱的阿威罗伊(阿拉伯名为伊本·路西德)的注释,对于许多大学教授来说都还是标准的版本。[16]

369 对学生们学习亚里士多德的自然哲学有所帮助的是,拉丁语版本一方面删除了比较棘手的注释,另一方面加强了概要、二分表和索引之类的修饰性内容。这种给自然哲学提供一个简洁纲要或者说指南的哲学教科书,在 16 世纪十分盛行。[17] 天主教的教科书常常是围绕着传统的中世纪的问题集(quaestio)来编排的,围绕这种关于“是不是”的问题(例如,世界是不是永恒的?)人们搜集了主张、异议和对异议的回答,在得到结论之前有利于形成一种二择一的解决方案。[18] 而新教的教科书,则轻易地偏离了中世纪的习惯而去模仿菲利普·梅兰希顿(1497 ～ 1560),他是第一个将亚里士多德引

---

[12] Hilde de Ridder-Symoens,《流动》(Mobility),载于 de Ridder-Symoens 编,《现代早期欧洲的大学(1500 ～ 1800)》,第 416 页～第 448 页,相关内容在第 432 页。关于普吕维内尔学院,参看 Ellery Schalk,《从英勇到血统:16、17 世纪法国贵族的观念》(*From Valor to Pedigree: Ideas of Nobility in France in the Sixteenth and Seventeenth Centuries*, Princeton, N. J.: Princeton University Press, 1986),第 8 章。

[13] Richard Tuck 在《机构背景》(The Institutional Setting)中讨论了这个趋势在不同大学中的不同形式,载于 Garber 和 Ayers 编,《剑桥 17 世纪哲学史》,第 9 页～第 32 页,尤其是第 16 页～第 17 页。

[14] 关于文艺复兴时期亚里士多德著作集的不同种类的详细介绍,参看 Charles B. Schmitt,《亚里士多德与文艺复兴》(*Aristotle and the Renaissance*, Cambridge, Mass.: Harvard University Press, 1993),第 2 章。

[15] 我遵循格兰特对经院哲学家的定义:他在欧洲大学接受学术训练,可能在一个大学教了一段时间书,并且注释过亚里士多德的关于自然的书籍。我也遵循格兰特对亚里士多德派学者相对宽泛的定义:他注释过亚里士多德的书籍,其注释并非完全打算驳倒他。参看 Grant,《行星、恒星和天球:中世纪的宇宙(1200 ～ 1687)》,第 21 页～第 23 页。大家可以在中世纪的和现代早期的经院哲学之间作出区分,正如我在这里做的不同程度的尝试;我保留用“neoscholastic”来描述 19 和 20 世纪托马斯主义复兴运动的权利。

[16] Jill Kraye,《意大利文艺复兴时期的哲学》(The Philosophy of the Italian Renaissance),载于 G. H. R. Parkinson 编,《文艺复兴与 17 世纪的理性主义》(*The Renaissance and Seventeenth-Century Rationalism*, Routledge History of Philosophy, 4, London: Routledge, 1993),第 16 页～第 69 页,相关内容在第 24 页～第 25 页。

[17] Charles Schmitt,《哲学教科书的兴起》(The Rise of the Philosophical Textbook),载于 Schmitt、Skinner 和 Kraye 编,《剑桥文艺复兴哲学史》,第 792 页～第 804 页,尤其是第 796 页及其后。关于这个类型的调查和书目,参看 Mary Richards Reif,《一些 17 世纪早期经院教科书中的自然哲学》(Natural Philosophy in Some Early Seventeenth-Century Scholastic Textbooks, Ph. D. dissertation, Saint Louis University, St. Louis, Mo., 1962)。

[18] 关于这种形式的一些例子,参看 Domingo de Soto,《亚里士多德物理学 8 本书》(*Super octo libros physicorum Aristotelis*, Venice: Franciscus Zilettus, 1582),或 Franciscus Piccolomini,《五个相关部分的性质的知识与图书》(*Librorum ad scientiam de natura attinentium partes quinque*, Frankfurt: Wecheli haeredes, 1597)。

入路德宗课程体系的人,倾向于提出简化的问题(比如"世界是什么?"),这种问题所要求的是定义和说明而不是精细的论证,并且可以用一系列有限的命题来回答。[19]

加尔文宗的教师因为在教学法上缩减了复杂的素材而声名狼藉,他们追随的是法国教育改革家彼得吕斯·拉米斯(皮埃尔·德拉·拉梅,1515～1572)。加尔文宗的教师偏爱于使用二分表,这种倾向的由来在于希望学生能够掌握任何一个主题。例如,威廉·斯克里博尼乌斯的教科书,在1600年已经出了第4版,给出了大量的主题,这些主题,比如说动物这个主题,是通过指出其正确的亚门而不是通过任何描述和解释给出的。斯克里博尼乌斯把动物分为理性的和非理性的,后者又分为生活在水里的和生活在陆地的,陆地动物接着分为爬行动物和四足动物,四足动物继续分为卵生的和胎生的,胎生的分为偶蹄的和奇蹄的,等等。这些各种各样的教科书保证了亚里士多德物理学的基本原理在学生中得到广泛的传播。[20]

虽然大学文本的流行,从学位论文和教科书到注释和专题论文,一直延续到18世纪都是以拉丁文写就的,但是亚里士多德自然哲学第一本地方语言的教科书,在1595年就出现了,这证明了寻求大学式教育的读者群的拓展。这些书可能是用来私底下教授贵族的,以及那些拉丁语太差劲了以至于需要一个地方语的替代品的学生,还有那些好学的理发师兼外科医生或者手艺人(比如制陶匠贝尔纳·帕利西,约1510～1590),另外有人提出过建议说还有女性。[21] 这些著作的作者都抱怨他们的工作十分困难,因为这需要构想出新的本国术语以便与拉丁语中的专门术语相匹配,但毫无疑问的是,他们也是自豪的,比如假设某人是个流利的法语翻译者,他就可以自豪地去满足那些"努力学习法语书籍……经常乞求(他)给他们一些法语书籍以便获得关于自然秘密的知识"的人的要求,并且这样做的话他就"遵照古代的榜样,丰富、装饰和美化了

370

[19] Philip Melanchthon,《自然元素学说》(*Doctrinae physicae elementa*, Lyon: Jean de Tournes and Gul. Gazeius, 1552)。关于使用"文句"来构建他的教科书,参看 Sachiko Kusukawa,《自然哲学的转变:以菲利普·梅兰希顿为例》(*The Transformation of Natural Philosophy: The Case of Philip Melanchthon*, Cambridge: Cambridge University Press, 1995),第174页。

[20] Guilelmus Adolphus Scribonius,《物理学学习》(*Physica et sphaerica doctrina*, 4th ed., Frankfurt: Palthenius, 1600),由英国医生托马斯·布赖特(Thomas Bright)注释,第188页～第189页。从1576年至1583年,斯克里博尼乌斯在科尔巴赫的学校教书。关于这件事的背景,参看 Joseph Freedman,《宗教改革时期在中欧的学校和大学中亚里士多德与哲学教育的内容(1500～1650)》(Aristotle and the Content of Philosophy Instruction at the Central European Schools and Universities during the Reformation Era [1500 - 1650]),《美国哲学协会会刊》(*Proceedings of the American Philosophical Society*),137(1993),第213页～第253页。关于拉米斯哲学,参看 Joseph Freedman,《彼得吕斯·拉米斯手稿在中欧的传播(约1570～1630)》(The Diffusion of the Writings of Petrus Ramus in Central Europe, c. 1570 - 1630),《文艺复兴季刊》(*Renaissance Quarterly*),46(1993),第98页～第152页。

[21] 第一本法语的亚里士多德自然哲学教科书献给了一位名叫雅凯特·德·蒙布罗(Jacquette de Montbron)的女士,她拥有许多子爵和男爵头衔。参看 Jean de Champaignac,《法国物理学》(*Physique françoise*, Bordeaux: S. Millanges, 1595)。尚佩尼亚克(Champaignac)的作品很快就被17世纪初的其他人的作品仿效了,包括西皮翁·迪普莱的作品(1603),特奥夫拉斯特·布瑞的作品(1614),勒内·德·塞里西耶(René de Ceriziers)的作品(1643);参看 Ann Blair,《文艺复兴末期拉丁语作为科学语言的持久性》(La persistance du latin comme langue de science à la fin de la Renaissance),载于 Roger Chartier 和 Pietro Corsi 编,《欧洲的科学和语言》(*Sciences et langues en Europe*, Paris: Ecole des Hautes Etudes en Sciences Sociales, 1996),第21页～第42页,相关内容在第40页。

我们的语言”。[22] 尽管如此，没有一本亚里士多德的关于自然的著作被翻译成地方语言。一系列给出了关于人体和健康的疑问和答案的问题集，比如《亚里士多德问题集》(*Problemata Aristotelis*)，以拉丁语还有德语、法语和英语的译本形式流行于 16 和 17 世纪，但这个文本是写作于中世纪的，并且和古代的《难题集》(*Problems*)没有什么联系，现在被确认为是伪亚里士多德的东西。[23] 这部著作是亚里士多德主义最流行的外延部分，此外亚里士多德的格言集或者简短的摘录也是人们可以获得的，无论是拉丁语还是地方语言的版本，比如雅克・布舍罗的《亚里士多德的精华》(*Flores Aristotelis*，于 1560 年第一次出版)或者威廉・鲍德温的《智者之言》(*Saying of the Wise*，于 1547 年第一次出版)。[24]

自然哲学在文艺复兴时期的大学里传播中所发生的形式上的变化，究竟使得这门学科在多大程度上对新观念更加开放，还没有定论。虽然中世纪的作者更倾向于掩饰他们的革新而不是表明这点，中世纪的问题集毕竟完美地偏离了亚里士多德原初的关注点和论证。[25] 文艺复兴时期的注释确实为其作者的革新意图创造了一个巨大的契机，因为这使得他们可以发表游离于所探讨的原初章节或主张之外的议论。[26] 教科书是作者借以建构一套自己的系统陈述的东西，虽然这还是在一种亚里士多德派的框架下进行的，但它已经被声称为“一场重大革命在教学法上的表现，正是它产生了笛卡儿”。[27] 所有这些形式既为他们提供了传播传统的机会，也为他们提供了修改传统的机会。

371

从 20 世纪 70 年代起，相比于挑出文艺复兴时期作为亚里士多德主义衰落或者折中的时期，他们已经开始强调亚里士多德哲学在它占优势地位时期的差不多 500 年里(约 1200 ～ 1690)所具有的活力和多样性。那确实从来都不应该被刻画成为这样一个

---

[22] François de Fougerolles，《万有自然剧场》(*Le théâtre de la nature universelle*, Lyon: Pillehotte, 1597)，sig. ++3r，++1v，可参看以下书中的讨论，Ann Blair，《自然剧场：让・博丹与文艺复兴科学》(*The Theater of Nature: Jean Bodin and Renaissance Science*, Princeton, N. J.: Princeton University Press, 1997)，第 205 页～第 206 页。

[23] 参看 Ann Blair，《流行的〈亚里士多德问题集〉的作者身份》(Authorship in the Popular "Problemata Aristotelis")，《早期科学与医学》(*Early Science and Medicine*)，4(1999)，第 1 页～第 39 页；Blair，《作为自然哲学类型的〈问题集〉》(The *Problemata* as a Natural Philosophical Genre)，载于 Anthony Grafton 和 Nancy Siraisi 编，《自然的特例：现代早期欧洲的自然与学科》(*Natural Particulars: Nature and the Disciplines in Early Modern Europe*, Cambridge, Mass.: MIT Press, 1999)，第 171 页～第 204 页。

[24] Schmitt，《亚里士多德与文艺复兴》，第 54 页。

[25] 参看 Edward Grant，《中世纪时期从亚里士多德自然哲学的偏离》(Medieval Departures from Aristotelian Natural Philosophy)，载于 Stefano Caroti 编，《中世纪自然哲学研究》(*Studies in Medieval Natural Philosophy*, Florence: Leo S. Olschki, 1989)，第 237 页～第 256 页，相关内容在第 255 页。

[26] 关于文艺复兴时期对阿维森纳作品的注释范围的研究，参看 Nancy Siraisi，《阿维森纳在文艺复兴时期的意大利：1500 年后意大利大学的〈医典〉与医学教学》(*Avicenna in Renaissance Italy: The Canon and Medical Teaching in Italian Universities after 1500*, Princeton, N. J.: Princeton University Press, 1987)，第 177 页。《圣经》注释也可以作为讨论自然哲学问题的机会，可参看 Francisco Vallès，《关于〈圣经〉中的物理学或一种新哲学》(*De iis quae scripta sunt physice in libris sacris, sive de sacra philosophia*, Turin: haeredes Nicolae Bevilacquae, 1587)。关于更普遍的注释的类型，参看 Jean Céard，《论注释类型的转变》(Les transformations du genre du commentaire)，载于 Jean Lafond 和 André Stegmann 编，《文艺复兴之秋(1580 ～ 1630)》(*L'Automne de la Renaissance, 1580 - 1630*, Paris: J. Vrin, 1981)，第 101 页～第 116 页。

[27] François de Dainville，《人文主义者的地理学》(*La géographie des humanistes*, Paris: Beauchesne, 1940)，第 222 页～第 223 页。

时期,即传播和强迫人们接受亚里士多德庞大而完整的阐释的时期。中世纪的亚里士多德主义所包含的立场的范围总是很大的,从阿威罗伊的学说到略带柏拉图主义色彩的立场,比如托马斯·阿奎那关于灵魂的学说,司各脱主义和奥卡姆主义中那些对理性界限的唯名论的探究;问题集本身就是一种鼓励人们知晓多种可能的论证和解答的形式。按照科学史家爱德华·格兰特的分析,灵活性是亚里士多德主义作为一个哲学体系的主要特征,也是它能长期存在的关键。亚里士多德自己的隐晦和含糊使得任何一个解释都不会被一致认同,因此多样性就必然地成为解释的准则。此外,有着普遍适用性的亚里士多德的原理,能够被用于产生新的理论并且能对新的时代焦点进行回答(比如在中世纪的神学里)。另外,由于自然哲学被拆分成数百个独立的问题(如关于亚里士多德的《物理学》第四卷:处所是不动的吗?月亮凹下去的表面是火的天然处所吗?是否所有存在都在一个处所里?虚空的存在是否可能?运动的物体里是否必须有一个阻碍的媒介?),这就掩盖了因那种灵活性而带来的不一致以及亚里士多德哲学体系作为一个整体而引发的令人气馁的争论。[28]

在文艺复兴时期,由于那个时期是建立在对其他可供选择的古代哲学的知晓、宗教异议的复兴、新近经验上的观察和发现上的,亚里士多德的自然哲学因而面临着许多挑战,我以后会对此做出描述。但是这个结果很难说就是对亚里士多德的背离。正如查尔斯·洛尔已经指出的那样,"写作于 1500 到 1650 年期间[在各个领域中]的亚里士多德著作的拉丁语注释的数量,超过了从波伊提乌到彭波那齐一千年间的总和。"[29]在那些有关亚里士多德著作的注释所关注的所有领域中,就创作出来的注释数量相比较而言,自然哲学仅在逻辑之后,排在第二位;亚里士多德著作的注释者中至少有三分之一所写的是关于自然哲学的一个或多个方面——远比那些写形而上学、伦理学、修辞学或者政治学的总和多。[30] 印刷术和高等教育的发展毫无疑问导致了亚里士多德著作集的爆炸性增长,[31]但是这些人物也可以作为有力的证据,证明亚里士多德仍然是那个被印刷、教授和学习的哲学家。

372

---

[28] Edward Grant,《亚里士多德主义与中世纪世界观的长久性》(Aristotelianism and the Longevity of the Medieval World View),《科学史》(*History of Science*),16(1978),第 93 页~第 106 页。这些问题的例子摘自 Albert of Saxony (ca. 1316 - 1390),《关于亚里士多德的 8 本〈物理学〉的问题》(Questions on the Eight Books of Aristotle's *Physics*),Edward Grant 译,载于 Edward Grant 编,《中世纪科学原始资料集》(*A Source Book in Medieval Science*, Cambridge, Mass.: Harvard University Press, 1974),第 199 页~第 203 页,相关内容在第 201 页。

[29] Charles Lohr,《文艺复兴时期关于亚里士多德著作的拉丁语注释:作者 A—B》(Renaissance Latin Aristotle Commentaries: Authors A - B),《文艺复兴研究》(*Studies in the Renaissance*),21(1974),第 228 页~第 289 页,引文在第 228 页。

[30] 此估算基于已确定作者的统计,载于 Charles Lohr,《文艺复兴时期关于亚里士多德著作的拉丁语注释:作者 A—B》,它的续篇载于《文艺复兴季刊》,28(1975),第 689 页~第 741 页("C");29(1976),第 714 页~第 745 页("D - F");30(1977),第 681 页~第 741 页("G - K");31(1978),第 532 页~第 603 页("L - M");32(1979),第 529 页~第 580 页("N - Ph");33(1980),第 623 页~第 734 页("Pi - Sm");35(1982),第 164 页~第 256 页("So - Z")。也可参看 Lohr,《亚里士多德著作的拉丁语注释》(*Latin Aristotle Commentaries*, Florence: Olschki, 1998),第 2 卷和第 3 卷。

[31] Charles Schmitt 估计,在 1600 年之前,印刷了 3000 ~ 4000 种版本的亚里士多德著作集,而柏拉图著作集大约有 500 种版本。参看 Schmitt,《亚里士多德与文艺复兴》,第 14 页。关于柏拉图著作集的书目,参看 James Hankins,2 卷本《文艺复兴时期的柏拉图》(*Plato in the Renaissance*, Leiden: E. J. Brill, 1990),第 2 卷,第 669 页~第 796 页。

唯独亚里士多德的著作经过数百年争论和反思,具有了精雕细琢出来的解释性阐述,这使得他的哲学能够顺应正统基督教的需要和意向。正是因为有了亚里士多德,各个层次的学生才拥有了一个巨大的武器库,使得他们能获得相适应的教育方式和工具,教授们也能够无须从零开始来构建它们。一句话,由于亚里士多德主义的灵活性,它具备了回应众多新挑战的资本。结果就是,这些挑战导致了更多的阐释和改编的产生而不是亚里士多德主义的衰败。制度上和智力上的因素共同导致了亚里士多德主义自然哲学在17世纪上半叶持久的活力和增长的产出率。亚里士多德主义仍然是文艺复兴共同的哲学基础,由这点可以引申出来的是,任何一个新的哲学必须证明它的合理性。[32]

亚里士多德主义和文艺复兴的革新

查尔斯·施米特已经概括出了亚里士多德主义自然哲学中两种不同的折中主义,或者说对革新的开放态度。第一种在中世纪就已经被提出过,即对于在传统之外出现的新发展的开放态度。第二种包含一种利用那种传统之外的原始资料的热情,它在现代早期是亚里士多德主义的一个显著的特征。[33] 在最初的情况中,文艺复兴的大学继承了亚里士多德学派在中世纪创立的所有立场,其中展现了大量的内部折中主义:托马斯主义者和司各脱主义者遍布整个欧洲;意大利的大学因为它们的阿威罗伊主义者闻名于世;在德国则有阿尔伯特主义者;16世纪在波兰的克拉科夫大学(University of Krakow)里,亚里士多德的著作"仍然以让·布里丹的眼光被阅读";而在16世纪早期的巴黎,诸如胡安·德·塞拉亚(1490~1558)和路易斯·科罗内尔(生于1531年)等西班牙学者还是遵循着14世纪牛津大学的计算传统。[34] 不仅在这些"派别"之间有意见上的分歧,在一个流派的内部同样也有重大的分歧,因为作为一个"托马斯主义者"或者"阿威罗伊主义者"是有多种方式的。[35]

此外,在文艺复兴时期,亚里士多德学派的自然哲学家面临着许多来自大学之外和亚里士多德学派传统之外的新挑战——譬如人文主义者和由于他们才得到利用的新近发现的古代资料,新教和天主教的改革和他们对如何让哲学更好地为宗教服务的

[32] Eckhard Kessler,《亚里士多德主义的变化》(The Transformation of Aristotelianism),载于 John Henry 和 Sarah Hutton,《关于文艺复兴思想的新观点:科学史、教育史和哲学史中的随笔》(*New Perspectives on Renaissance Thought: Essays in the History of Science, Education, and Philosophy*, London: Duckworth, 1990),第137页~第147页,相关内容在第146页。

[33] Schmitt,《亚里士多德与文艺复兴》,第92页。

[34] 参看 John Murdoch,《从中世纪到文艺复兴的亚里士多德》(From the Medieval to the Renaissance Aristotle),《关于文艺复兴思想的新观点:科学史、教育史和哲学史中的随笔》,第163页~第176页,引文在第167页。

[35] Christia Mercer,《现代早期亚里士多德主义的活力和重要性》(The Vitality and Importance of Early Modern Aristotelianism),载于 Tom Sorell 编,《现代哲学的兴起:从马基雅维利到莱布尼茨的新旧哲学间的紧张关系》(*The Rise of Modern Philosophy: The Tension between the New and Traditional Philosophies from Machiavelli to Leibniz*, Oxford: Clarendon Press, 1993),第33页~第67页,相关内容在第45页~第46页。

关注,以及新的经验观察资料和数学方法的出现。亚里士多德学派的自然哲学家对此的回应不可一概而论,从选择性地采用某些特定的革新,一直到保守地对公认的观点进行捍卫,都是有的。

人文主义者鼓励对一个"新亚里士多德"进行研究,这种研究的根基便在于新的、更文雅的拉丁语译本,例如莱奥纳尔多·布鲁尼(1369～1444)和特奥多尔·加扎(1400～1476)的译本,还有对亚里士多德的伦理学和政治学著作的一种新的强调,以及新近发现的古代注释(例如塞米斯丢斯或者辛普里丘的注释)。意大利人文主义者也复兴了一大批古代的其他哲学权威,包括柏拉图到三重伟大的赫耳墨斯,传说中的埃及祭司,伊壁鸠鲁和怀疑论者塞克斯都·恩披里柯。虽然柏拉图的各种著作,包括对世界起源进行阐述的《蒂迈欧篇》(*Timaeus*),在中世纪时就可以找到拉丁语的版本,但在15世纪意大利,拜占庭流亡者的到来使得柏拉图作为一个哲学家的研究重新获得了某种重视。乔治·杰米斯图·普莱索(约1360～1454)在发扬柏拉图上尤为突出,因为他想通过重建异教性质的古希腊多神教信仰来达到这一目的。[36] 大多数人文主义者把柏拉图视为基督教的辅证者,并且举出了新柏拉图主义者的著作来支持这一看法,尤其是普罗提诺(约205～270)和普罗克洛(约410～485)。柏拉图早期的支持者并不必然地会攻击亚里士多德。虽然特拉布宗的乔治在他的《柏拉图和亚里士多德的比较》(*Comparatio Platonis et Aristotelis*,1458)一书中先发制人地针对柏拉图主义者为亚里士多德作了辩护,但是其他人文主义者却跟随着拜占庭人的立场试图调和两者,因为他们认为在根本上两者是一致的。[37]

374

佛罗伦萨哲学家马尔西利奥·菲奇诺(1433～1499)是第一个把柏拉图主义发展成为一个足以与亚里士多德哲学体系相匹敌的完整体系的人。菲奇诺就柏拉图和赫耳墨斯的文本著出了卷帙浩繁的翻译和注释,并且在他的《柏拉图的神学》(*Theologia Platonica*,创作于1474年左右,并于1482年出版)一书中综合了基督教和柏拉图主义。他拿这种"敬神的哲学"和他认为不敬神的经院的亚里士多德主义进行对比。[38] 柏拉图的辩护者声称由于柏拉图信仰个体不朽和世界是由一个完美的造物主创造出来的,这使得他的哲学更容易与基督教相调和,但是批评家指出了其中的难点,即柏拉图信仰灵魂轮回,并且《蒂迈欧篇》中描述创世也并不是从无到有的创造,而是以先前就存在的质料为基础的创造。柏拉图主义在整个现代早期四处寻找支持,例如从自库萨的尼古拉(1401～1464)到雅各布·波墨(1575～1624)的德国神秘主义者那里,或者从孤立的个人那里,譬如法国的桑福里安·尚皮耶(约1470～1539)和葡萄牙的莱奥·埃布雷奥(约1460～1523),直至亨利·摩尔(1614～1687)和拉尔夫·卡德沃思

---

[36] 这一段要感谢 Jill Kraye,《意大利文艺复兴时期的哲学》,第26页～第37页。更一般的情况参看 Hankins,《文艺复兴时期的柏拉图》。

[37] 特别是特奥多尔·加扎(1400～1476)和枢机主教贝萨里翁(Bessarion,1403～1472)。

[38] James Hankins,《经院哲学的评论者马尔西利奥·菲奇诺》(Marsilio Ficino as a Critic of Scholasticism),《在世之人》(*Vivens Homo*),5(1994),第325页～第334页。

(1617～1688)。后两人在剑桥大学是同道,都用柏拉图主义向新机械哲学的唯物主义解释开战。[39] 仅仅是在意大利的大学,在通常都是教授亚里士多德主义的教席之外,为柏拉图主义的教授开辟了少数教授席位,如在比萨(1576)、费拉拉(1578)和罗马(1592),后两者是专门为弗朗切斯科·帕特里齐(1529～1597)开设教席的。[40]

文艺复兴时期柏拉图主义和赫耳墨斯主义对科学发展有怎样的影响一直都在争论之中。弗朗西丝·耶茨主张,新柏拉图主义者对从一个完美的存在到日益增多的较低等级的存在间连续的发射的强调,有助于激发起对日心说的热情,因为日心说正是把太阳作为必不可少的光和热的发射物而置于中心位置[41](参看第22章)。但是大多数受柏拉图主义和赫耳墨斯主义影响的思想家却仍然对哥白尼学说怀有敌意。[42] 最著名的例外情况,是乔尔达诺·布鲁诺(1548～1600)和约翰内斯·开普勒(1571～1630),但是他们选择日心说各自有其他动机。布鲁诺信奉哥白尼学说有其无限论者的宇宙论背景,因为他辩护说这种宇宙论把神圣的全能者从标准的宇宙论和物理学的假设中解放出来,这正是对神圣的全能者的赞颂。[43] 约翰内斯·开普勒为哥白尼学说而欢呼是把它作为一种数学上的优胜者,因为它确立了行星之间的次序和距离,并且有助于他阐明这些关系里面固有的几何上和音乐上的和谐。[44] 柏拉图主义对伽利略的影响长久以来都是一个争论中的问题;近来的工作已经强调了在这一争论中

375

[39] 参看 Brian Copenhaver,《桑福里安·尚皮耶与对文艺复兴时期法国神秘主义者传统的接受》(*Symphorien Champier and the Reception of the Occultist Tradition in Renaissance France*, The Hague: Mouton, 1978)。关于17世纪对柏拉图的接受尚无综合著作,但可参看 Christia Mercer,《17世纪德国的人文主义者的柏拉图主义》(Humanist Platonism in 17th Century Germany),载于 Jill Kraye 和 M. W. F. Stone 编,《人文主义与现代早期哲学》(*Humanism and Early Modern Philosophy*, London: Routledge, 2000),第238页～第258页。也可注意 Mercer 对"新柏拉图主义者(Neoplatonist)"一词的评论,第251页～第252页。关于亨利·摩尔的自然哲学,参看 Alan Gabbey,《胜利的笛卡儿哲学:亨利·摩尔(1646～1671)》(Philosophia Cartesiana Triumphata: Henry More [1646 - 71]),载于 Thomas Lennon、John M. Nicholas 和 John W. Davis 编,《笛卡儿主义的问题》(*Problems of Cartesianism*, Kingston: McGill-Queen's University Press, 1982),第171页～第249页。

[40] Kraye,《意大利文艺复兴时期的哲学》,第47页。

[41] 详情参看 Frances Yates,《乔尔达诺·布鲁诺与赫耳墨斯传统》(*Giordano Bruno and the Hermetic Tradition*, Chicago: University of Chicago Press, 1964)。

[42] 这点在以下文中很有说服力,Robert Westman,《魔法改革与天文学改革:重新考虑耶茨的论文》(Magical Reform and Astronomical Reform: The Yates Thesis Reconsidered),载于 Robert Westman 和 J. E. McGuire,《赫耳墨斯主义与科学革命》(*Hermeticism and the Scientific Revolution*, Los Angeles: The William Andrews Clark Memorial Library, 1977),第3页～第91页。关于定义"赫耳墨斯主义"的困难,参看 Westman 的文章,第70页,更一般的情况,参看 Brian Copenhaver,《现代早期科学中的自然魔法、赫耳墨斯主义和神秘学》(Natural Magic, Hermetism, and Occultism in Early Modern Science),载于 David Lindberg 和 Robert Westman 编,《重估科学革命》(*Reappraisals of the Scientific Revolution*, Cambridge: Cambridge University Press, 1990),第261页～第302页。

[43] 参看 Westman,《魔法改革与天文学改革:重新考虑耶茨的论文》,第30页。

[44] 参看 Judith V. Field,《开普勒的几何宇宙学》(*Kepler's Geometrical Cosmology*, Chicago: University of Chicago Press, 1988);Bruce Stephenson,《天界的音乐:开普勒的和谐天文学》(*The Music of the Heavens: Kepler's Harmonic Astronomy*, Princeton, N. J.: Princeton University Press, 1994)。最近关于开普勒的工作倾向于强调他的思想的宗教起源,参看 Job Kozhamthadam,《开普勒定律的发现:科学、哲学和宗教的相互作用》(*The Discovery of Kepler's Laws: The Interaction of Science, Philosophy and Religion*, Notre Dame, Ind.: University of Notre Dame Press, 1994)。关于开普勒的缺乏柏拉图主义的大学环境,参看 Charlotte Methuen,《开普勒的图宾根:对神学数学的刺激》(*Kepler's Tübingen: Stimulus to a Theological Mathematics*, Aldershot: Ashgate, 1998),第222页。

需要考虑柏拉图主义在文艺复兴时期是如何被理解的。[45] 就这点而言，似乎还差强人意地可以把促进几何与数学方法的兴趣的恢复归功于柏拉图主义，这种方法正是由于可以替代枯燥的亚里士多德的逻辑主义而受到少数意大利哲学教授的欢迎。[46] 另外，柏拉图主义提供了第一批可与亚里士多德学派自然哲学相提并论的替代品中的一个，并且有助于对亚里士多德学派的自然哲学中的一些特殊的假定提出质疑，例如，亚里士多德第五元素的概念，即为了把月上天和月下天区别开来的月上天专有的第五种元素。[47]

亚里士多德和柏拉图之外可供选择的哲学也因为人文主义者对长久遗失的手稿的发现而得以重现于世。例如，古代的原子论就因为波焦・布拉乔利尼于 1417 年在瑞士的修道院图书馆里发现了卢克莱修的《物性论》(*De natura rerum*)而开始得以复活。安布罗焦・特拉韦尔萨里对第欧根尼・拉尔修的《名哲言行录》(*Lives of Eminent Philosophers*，于 1533 年第一次出版)的英文本翻译使得许多古代人物的观点重新流行开来，包括伊壁鸠鲁，他之前一直被当作一个放荡者而长期不为人所接受。[48] 以于斯特斯・利普修斯(1547 ～ 1606)为代表的甚至认为斯多亚学派提供了一个比亚里士多德主义更加虔诚、自然和道德的可供选择的哲学。[49] 前苏格拉底和毕达哥拉斯派的哲学也同样具有吸引力，尤其是对于那些具有柏拉图气质的哲学家。

376

在 16 世纪晚期的意大利，有一帮哲学家因为重视自然哲学而被称为"自然哲学家"，他们对亚里士多德的敌意特别普遍(参看第 2 章)。[50] 虽然他们的哲学是革新型的，但是它们保留了不带有经验或者数学成分的玄思，并且受到反宗教改革的教会的

---

〔45〕 有一种评价，参看 James Hankins，《伽利略、菲奇诺与文艺复兴时期的柏拉图主义》(Galileo, Ficino, and Renaissance Platonism)，载于 Kraye 和 Stone 编，《人文主义与现代早期哲学》，第 209 页～第 237 页。

〔46〕 特别是朱塞佩・比安卡尼(1566 ～ 1624)和雅各布・马佐尼(Jacopo Mazzoni，1548 ～ 1598)；参看 Paolo Galluzzi，《16 世纪末的"柏拉图主义"与伽利略的哲学》(Il "Platonismo" del tardo Cinquecento e la filosofia di Galileo)，载于 Paola Zambelli 编，《现代意大利文化研究》(*Ricerche sulla cultura dell'Italia moderna*, Bari: Laterza, 1973)，第 39 页～第 79 页。

〔47〕 James Hankins，《柏拉图主义，文艺复兴》(Platonism, Renaissance)，载于 Edward Craig 编，10 卷本《劳特利奇哲学百科全书》(*Routledge Encyclopedia of Philosophy*, London: Routledge, 1998)，第 7 卷，第 439 页～第 447 页，相关内容在第 446 页。

〔48〕 参看 Charles L. Stinger，《人文主义与教父：安布罗焦・特拉韦尔萨里(1386 ～ 1439)和意大利文艺复兴时期的基督教文物》(*Humanism and the Church Fathers: Ambrogio Traversari [1386 – 1439] and Christian Antiquity in the Italian Renaissance*, Albany: State University of New York Press, 1977)，第 79 页；也可参看 Gian Carlo Garfagnini 编，《安布罗焦・特拉韦尔萨里诞辰 600 周年》(*Ambrogio Traversari nel VI centenario della nascita*, Florence: Leo S. Olschki, 1988)。

〔49〕 Peter Barker，《斯多亚派哲学家对现代早期科学的贡献》(Stoic Contributions to Early Modern Science)，载于 Margaret Osler 编，《原子、灵魂与宁静：欧洲思想中的伊壁鸠鲁主题和斯多亚主题》(*Atoms, Pneuma, and Tranquility: Epicurean and Stoic Themes in European Thought*, Cambridge: Cambridge University Press, 1991)，第 135 页～第 154 页。

〔50〕 关于这些作者的情况，参看 Alfonso Ingegno，《关于自然的新哲学》(The New Philosophy of Nature)，载于 Schmitt、Skinner 和 Kraye 编，《剑桥文艺复兴哲学史》，第 236 页～第 263 页，尤其是第 247 页～第 263 页；以及 Paul O. Kristeller，《意大利文艺复兴时期的八位哲学家》(*Eight Philosophers of the Italian Renaissance*, Stanford, Calif.: Stanford University Press, 1964)。关于这一时期哲学家不同类型的更一般的介绍，参看 Paul Richard Blum，《哲学家的哲学与学校哲学：现代哲学的类型》(*Philosophenphilosophie: und Schulphilosophie: Typen des Philosophierens in der Neuzeit*, Stuttgart: Franz Steiner Verlag, 1998)。

阻挠，因为它在特兰托会议（1545～1563）之后偏好亚里士多德和托马斯的综合物。[51]这些亚里士多德的批评家中最早的是意大利的医师和博学者吉罗拉莫·卡尔达诺（1501～1576），例如，他把亚里士多德的四种元素减至三种，把火元素剔除了。尽管因为在1570年以占星术为基督算命而被谴责为异端者，并且遭到为亚里士多德辩护的尤利乌斯·凯撒·斯卡利杰尔的严厉批评，卡尔达诺关于自然哲学的书以及他在医学和占星术方面的实践为他赢得了世界性的声誉。[52] 弗朗切斯科·帕特里齐在他的《新宇宙哲学》（*Nova de universis philosophia*，1591）一书中发展出一个更系统化的新哲学以代替亚里士多德主义，这种哲学建立在柏拉图主义上，把上帝描绘成为一种无形体的、智慧的光，向外流溢出光和热以创造世界，连续不断地生成较低等级的存在。尽管最初受到过教皇克雷芒八世的赞赏，这本书还是于1594年被列入了禁书的目录；帕特里齐继续教授柏拉图主义的哲学，开始在费拉拉，然后在罗马，一直到1597年他去世为止，但正是在那点上，罗马天主教会的一个神学家，也就是后来激烈地反对伽利略的枢机主教罗伯特·贝拉明，断定柏拉图主义比亚里士多德主义对基督教的危害更大，并且建议封禁帕特里齐那个教授柏拉图哲学的教席。[53]

377

贝尔纳迪诺·特勒西奥（1509～1588）提供了另一种可供选择的哲学，认为亚里士多德主义是与感觉和《圣经》经文相冲突的，因此对它进行抵制，取而代之的是用热和冷的交互作用来解释自然界。为了把复兴的前苏格拉底自然主义进行基督教化，他引进了一种充满世界的普遍精神（令人想起斯多亚学派的pneuma［灵魂］），并且由此对时间和空间作出一种新的定义。特勒西奥的著作在他死后的1593年遭到了查禁。[54]

---

〔51〕 Stuart Brown，《意大利以外的文艺复兴时期的哲学》（Renaissance Philosophy Outside Italy），载于Parkinson编，《文艺复兴与17世纪的理性主义》，第70页～第103页，相关内容在第75页。

〔52〕 关于和斯卡利杰尔的冲突，特别参看Ian Maclean，《自然符号的阐释：卡尔达诺的〈论精巧〉对斯卡利杰尔的〈关于精巧的通俗练习〉》（The Interpretation of Natural Signs: Cardano's *De Subtilitate* vs. Scaliger's *Exercitationes*），载于Brian Vickers编，《文艺复兴时期的神秘学和科学心智》（*Occult and Scientific Mentalities in the Renaissance*, Cambridge: Cambridge University Press, 1984），第231页～第252页。关于卡尔达诺所受到的欢迎，参看Kristian Jensen，《卡尔达诺与他的16世纪的读者》（Cardanus and His Readers in the Sixteenth Century），以及Ian Maclean，《卡尔达诺与他的出版商（1534～1663）》（Cardano and His Publishers, 1534 - 1663），载于Eckhard Kessler编，《吉罗拉莫·卡尔达诺：哲学家、自然志家和医生》（*Girolamo Cardano: Philosoph, Naturforscher, Arzt*, Wiesbaden: Harrossowitz, 1994）。关于卡尔达诺在占星术和医学方面的工作，可分别参看Anthony Grafton，《卡尔达诺的宇宙：一位文艺复兴时期占星家的世界和作品》（*Cardano's Cosmos: The Worlds and Works of a Renaissance Astrologer*, Cambridge, Mass.: Harvard University Press, 1999），以及Nancy G. Siraisi，《钟表和镜子：吉罗拉莫·卡尔达诺与文艺复兴时期的医学》（*The Clock and the Mirror: Girolamo Cardano and Renaissance Medicine*, Princeton, N. J.: Princeton University Press, 1997）。

〔53〕 参看Luigi Firpo，《沉思性哲学的兴衰——意大利哲学与反宗教改革：对弗朗切斯科·帕特里齐的谴责》（The Flowering and Withering of Speculative Philosophy — Italian Philosophy and the Counter Reformation: The Condemnation of Francesco Patrizi），载于Eric Cochrane编，《意大利文艺复兴末期（1525～1630）》（*The Late Italian Renaissance, 1525 - 1630*, London: Macmillan, 1970），第266页～第286页，相关内容在第278页。有关帕特里齐的最新研究，参看Luc Deitz，《弗朗切斯科·帕特里齐的〈新宇宙哲学〉（1591）中的空间、光和灵魂》（Space, Light, and Soul in Francesco Patrizi's *Nova de universis philosophia* [1591]），载于Grafton和Siraisi编，《自然的特例：现代早期欧洲的自然与学科》，第139页～第169页，以及在其中引用的文献。

〔54〕 也可参看D. P. Walker，《神灵魔法与恶魔魔法》（*Spiritual and Demonic Magic*, Notre Dame, Ind.: University of Notre Dame Press, 1975），第189页～第192页。要了解最新的论述，参看Martin Mulsow，《现代早期的自我保护：特勒西奥与文艺复兴时期的自然哲学》（*Frühneuzeitliche Selbsterhaltung: Telesio und die Naturphilosophie der Renaissance*, Tübingen: Max Niemeyer Verlag, 1998）。

特勒西奥的门徒托马索·康帕内拉(1568～1639)把世界精神这一观念发挥到了极致,他把整个宇宙看作一个活的动物,上帝于其中无所不在(一种被称为“泛心论”的立场)。宇宙里充满了对应关系和神圣消息,自然哲学家可以对它们解释,尤其是通过占星术。康帕内拉于1599年在意大利南部的卡拉布里亚被投进了监狱,因为他反对西班牙在当地的统治而煽动暴乱,在之后的30年里他基本上都是在监狱里度过的;直到1629年才被教皇乌尔班八世释放出来,之后就跟随教皇从事有关星体巫术的工作以抵挡邪恶天体的影响。在1634年当西班牙威胁要将他引渡的时候,他就逃到了法国。在那里他受到一帮“放荡的”哲学家的拥护,并且逐渐地不再执迷于抱怨要求获得更大的认可。[55] 最终是乔尔达诺·布鲁诺广泛地利用各种资源,包括原子论者卢克莱修,还有他同时代的特勒西奥,以及诸如普罗提诺和库萨的尼古拉之类的新柏拉图主义者,来表明所有的物质都充满了灵魂。[56] 布鲁诺的解决方案与菲奇诺的不同,后者是提出一种敬神的宗教,而前者是要把宗教纳入某种理性主义的世界观下,很可能正是这种自然主义而并非其理论中任何特定的方面(如哥白尼日心说),才使得他于1600年被当作异端者而烧死在火刑柱上。[57]

378

虽然这些意大利的自然哲学家没有成功地把亚里士多德从哲学统治者的宝座上拉下来,并且由于遭受到迫害,他们也没有聚集很多信徒,但他们确实给他们同时代的人以及他们的接班人留下了遗产,那就是越来越关注于如何发展出能替代亚里士多德主义的可行的哲学。由于亚里士多德作品的晦涩和内部的不一致而在特定问题上对他进行批评变得越来越普遍。[58] 有鉴于此,有些人试图在亚里士多德之外的某位古代权威的基础上发展出一套完整的哲学,还有些人将最近重新发现的不同思想家进行杂糅,把由此而形成的立场和亚里士多德主义融合起来。[59] 哲学的多样性同样促发了两种新的回应:一方面是调和论,一方面是怀疑论。

乔瓦尼·皮科·德拉·米兰多拉(1463～1494)为调和论的立场设立了标准,他

[55] 参看 John M. Headley,《托马索·康帕内拉与世界的转变》(*Tommaso Campanella and the Transformation of the World*, Princeton, N. J.: Princeton University Press, 1997),第162页～第163页,引文在第104页及其后。关于康帕内拉跟随教皇从事有关星体魔法的工作,参看 Walker,《神灵魔法与恶魔魔法》,第7章。关于康帕内拉在法国受到的欢迎,参看 Michel-Pierre Lerner,《托马索·康帕内拉在17世纪的法国》(*Tommaso Campanella en France au XVIIe siècle*, Naples: Bibliopolis, 1995)。

[56] 关于最新的工作,参看 Hilary Gatti,《乔尔达诺·布鲁诺和文艺复兴科学》(*Giordano Bruno and Renaissance Science*, Ithaca, N. Y.: Cornell University Press, 1999),尤其是第6章～第8章。

[57] Kraye,《意大利文艺复兴时期的哲学》,第49页～第50页。关于对布鲁诺的审判,参看 Luigi Firpo,《对乔尔达诺·布鲁诺的审判》(*Il processo di Giordano Bruno*, Rome: Salerno, 1993),Diego Quaglioni 编。据约翰·博西(John Bossy)推测,布鲁诺于16世纪80年代在英格兰积极地暗中破坏天主教传教工作,并为强烈反对罗马教皇而写作,但他都以化名从事这些活动,宗教法官们对此并不了解,这些事在他的审判中也没有起到作用;参看 John Bossy,《乔尔达诺·布鲁诺与使团事件》(*Giordano Bruno and the Embassy Affair*, New Haven, Conn.: Yale University Press, 1991),尤其是第179页～第180页。若要全面了解围绕布鲁诺的争议,参看 Michele Ciliberto,《在神话与历史之间的乔尔达诺·布鲁诺》(Giordano Bruno tra mito e storia),《塔蒂研究》(*I Tatti Studies*),7(1997),第175页～第190页。

[58] 参看 Charles B. Schmitt,《作为墨鱼的亚里士多德:文艺复兴时期隐喻的起源和发展》(Aristotle as a Cuttlefish: The Origin and Development of a Renaissance Image),《文艺复兴研究》(*Studies in the Renaissance*),12(1965),第60页～第72页。

[59] 例如关于让·博丹的折中主义,对其讨论可参看 Blair,《自然剧场:让·博丹与文艺复兴时期的科学》,第107页～第115页。

从哲学传统中广泛地收集了900个论题,从中世纪阿拉伯人的文本到赫耳墨斯的文本都是他取材的范围,其基本的观念就是每个哲学传统都是唯一一个(基督教的)真理的不完全的显现。虽然这本著作(《结论》[*Conclusiones*,1486])在1488年遭到教皇英诺森八世的查禁,但是它在文艺复兴时期被广泛地阅读和引用,部分地是由于它的古希腊哲学思想汇编(例如它对哲学观点的收集),部分地是由于它所使用的调和方法,正是弗朗切斯科·乔治(1460～1540)和阿戈斯蒂诺·斯托伊科(1497～1548)使得这本书获得了不朽的地位。[60] 与此相对照的是,乔瓦尼·皮科的侄子詹弗朗切斯科·皮科·德拉·米兰多拉(1469～1533)从同样的多种哲学观点出发得出了他的结论,即其他哲学都是错误的,只有基督教的信仰提供了确定性。在这种怀疑论持久的呼吁下,包括从亨里克斯·科尔内留斯·阿格里帕·冯·内特斯海姆(1486～1535)到米歇尔·德·蒙田(1533～1592)和弗朗西斯科·桑切斯(约1550～1623)[61]等创作者在内的16世纪信仰主义的立场,激励了勒内·笛卡儿(1596～1650)、马兰·梅森(1588～1648)和弗兰西斯·培根(1561～1626)连同其他人一起在17世纪早期为自然知识寻找一个比哲学权威更坚实的基础。

宗教改革的影响和宗教的关注

对已被普遍接受的亚里士多德主义的第二个挑战来自道德异议和宗教异议的复兴。弗朗切斯科·彼特拉卡,或者称为彼特拉克(1304～1374),是第一批嘲笑亚里士多德主义枯燥乏味并且和生命中更重要的伦理和宗教的关怀并不相干的人之一。彼特拉克强烈地抗议那些由于他不像别人那样尊敬亚里士多德而攻击他的人,他将宗教沉思所带来的回报与哲学知识相比较,并指出后者的局限性:

> 由此我们回到了马克罗比乌斯所说的……"对我而言,似乎没有什么是这个伟人[亚里士多德]无法知道的"。而我正好只承认这句话的反面。我认为任何人都不可能只通过人类的学习来获得所有事物的知识。这也是我为什么被撕成碎

[60] 能替换早期有问题的版本的,目前有S. A. Farmer编译,《调和论在西方:皮科的900个论题(1486)——传统宗教与哲学体系的演变》(*Syncretism in the West: Pico's 900 Theses [1486]: The Evolution of Traditional Religious and Philosophical Systems*, Tempe, Ariz.: Medieval and Renaissance Texts and Studies, 1998)。也可参看Charles B. Schmitt,《永久的哲学:从阿戈斯蒂诺·斯托伊科到莱布尼茨》(Perennial Philosophy: From Agostino Steuco to Leibniz),《思想史杂志》(*Journal of the History of Ideas*),27(1966),第505页～第532页;以及Wilhelm Schmidt-Biggemann,《永久性哲学:古代、中世纪和近代西方精神史概述》(*Philosophia perennis: Historische Umrisse abendländischer Spiritualität in Antike, Mittelalter und Früher Neuzeit*, Frankfurt: Suhrkamp, 1998)。

[61] 参看Richard H. Popkin,《从伊拉斯谟到斯宾诺莎的怀疑论史》(*The History of Scepticism from Erasmus to Spinoza*, rev. ed., Berkeley: University of California Press, 1979);José R. Maia Neto,《现代早期哲学中的学院派怀疑论》(Academic Skepticism in Early Modern Philosophy),《思想史杂志》,58(1997),第199页～第220页;Zachary Sayre Schiffman,《论现代性的开端:法国文艺复兴时期的相对主义》(*On the Threshold of Modernity: Relativism in the French Renaissance*, Baltimore: Johns Hopkins University Press, 1991);Francisco Sánchez,《一无所知》(*That Nothing Is Known*, Cambridge: Cambridge University Press, 1984),Elaine Limbrick编,Douglas Thomson译;Agrippa von Nettesheim,《关于技艺和科学的无价值与不确定》(*Of the Vanitie and Uncertaintie of Artes and Sciences* [first published in Latin, 1526], Northridge: California State University Press, 1974),Catherine Dunn编。

> 片的原因……这就是所谓的理由：我并不崇拜亚里士多德。但是我有其他崇拜对象。他不允许我对没有任何用处也没有任何基础支撑的虚假事情做出空洞和草率的推测。他向我承诺让我学习他自身的知识。[62]

由此彼特拉克提出了经典的对亚里士多德的基督教式反对，当它在 13 世纪第一次被引进大学的时候激发起了人们对亚里士多德的谴责。[63]

虽然亚里士多德迅速且有效地被基督教化了（通过托马斯·阿奎那以及其他人的工作），并且到了 1325 年他已经成为大学里标准的哲学权威，但在文艺复兴时期对亚里士多德的宗教异议再一次成为对他的权威地位进行攻击的强大战线。[64] 尤其是亚里士多德关于世界永恒、自然法则的必要性以及灵魂不死的讨论，显然和基督教关于创世、例外于自然法则的奇迹的可能性以及个体灵魂死后的存留和审判这些教义并不一致。在整个现代早期，自然哲学家不得不表明亚里士多德主义或者其他任何他们更喜欢的哲学体系在这些问题上能够与基督教教义相调和。结果，世界的永恒和灵魂的不死在现代早期的自然哲学中常常是标准的主题。[65]

380

在人文主义者将责难对准了经院哲学的同时，教会也逐渐对经院哲学在哲学和神学之间的分隔而不满，因其使得哲学家们在文科院系里拥有制度上的身份和思想上的独立。在第五届拉特兰会议（1512 ～ 1517）上，教会号召哲学要积极地支持宗教教义，并且尤其要对在许多意大利的大学里出现的亚里士多德主义的阿威罗伊派发动攻势。会议还制定训令要求哲学家去论证灵魂不死，而许多经院哲学家很早就对此得出过结论，即这个问题不能只在哲学的基础上得以解决。

意大利帕多瓦大学的教授彼得罗·彭波那齐（1462 ～ 1525）为了反对这种宗教训令而保卫哲学的独立性，在他的《论灵魂不死》（*De immortalitate animae*，1516）一书中嘲弄了拉特兰会议上的教令，在书中他断定可以在纯粹的理性基础上表明灵魂是会死的而不是不死的。在 1518 年罗马教皇颁布禁令之后，彭波那齐出版了一本包含了对灵魂不死的正统证明的书《辩护者》（*Defensorium*），并且停止出版他的其他关于命运和

381

---

[62] Petrarch，《论他自己和其他许多人的无知》（On His Own Ignorance and That of Many Others），Hans Nachod 译，载于 Ernst Cassirer、Paul Oskar Kristeller 和 John Herman Randall, Jr. 编，《文艺复兴时期关于人的哲学》（*The Renaissance Philosophy of Man*, Chicago: University of Chicago Press, 1948），第 101 页。

[63] 最多的谴责来自巴黎主教艾蒂安·唐皮耶，发生在 1277 年。参看 J. M. M. H. Thijssen，《1277 年 3 月 7 日究竟发生了什么？唐皮耶主教的谴责及其制度背景》（What Really Happened on 7 March 1277? Bishop Tempier's Condemnation and Its Institutional Context），载于 Edith Sylla 和 Michael McVaugh 编，《古代和中世纪科学的文本和语境：纪念约翰·E. 默多克七十寿辰论文集》（*Texts and Contexts in Ancient and Medieval Science: Studies on the Occasion of John E. Murdoch's Seventieth Birthday*, Leiden: E. J. Brill, 1997），第 84 页～第 105 页。

[64] 对亚里士多德的宗教异议在中世纪的作用已经有了很好的研究，但在现代早期的则很少。对于文艺复兴时期的哲学的描述，该哲学将后来的宗教反亚里士多德主义置于首位，参看 Stephen Menn，《思想背景》（The Intellectual Setting），载于 Garber 和 Ayers 编，《剑桥 17 世纪哲学史》，第 1 卷，第 33 页～第 86 页。

[65] 约翰·默多克得出中世纪晚期的结论："在很大程度上，自然哲学与自然无关。"这一观察同样适用于现代早期的大多数传统自然哲学，这使中世纪科学典型的沉思性讨论得以延续。参看 John Murdoch，《中世纪后期知识的分析性：没有自然的自然哲学》（The Analytic Character of Late Medieval Learning: Natural Philosophy without Nature），载于 Lawrence D. Roberts 编，《中世纪研究自然的方法》（*Approaches to Nature in the Middle Ages*, Binghamton, N. Y.: Center for Medieval and Renaissance Studies, 1982），第 171 页～第 213 页，相关内容在第 174 页。

奇迹的强烈的自然主义著作。[66] 尽管如此,帕多瓦的亚里士多德主义者因致力于自然主义的亚里士多德哲学继续闻名于世。例如切萨雷·克雷莫尼尼(1550～1631)就不希望在世界永恒这点上把自己对亚里士多德立场的阐释基督教化,并且否认上帝对月球以下的范围有干涉作用;为此他受到了异端裁判所的调查,但他保住了在帕多瓦大学的高薪职位。[67] 但是之后克雷莫尼尼仍然保留了他的异议。在整个16世纪,大多数亚里士多德派自然哲学家都顺应了宗教的原则或者避免神学含义的问题,而把它们留给形而上学。[68]

然而更通常的情况是,由于亚里士多德的缺陷新近被人们知晓了,甚至连亚里士多德主义者也意识到了,这使得他们像越来越多的独立哲学家那样对自己进行思考。例如,德国的哲学教授巴托洛梅乌斯·凯克曼(1571～1609)区分开了"坏的逍遥派门徒"和"好的逍遥派门徒",前者只关注于亚里士多德说过的东西,而后者追求超出亚里士多德所确立的东西之上的真理,比如他自己或者帕多瓦哲学家雅各布·扎巴瑞拉(1533～1589)。[69] 确实,扎巴瑞拉描述过他的目标是追求理性而不是亚里士多德的典籍。在他关于逻辑和方法的论文中,他利用了那个时代所有方面的资源,包括中世纪的和新近发现的古代注释,同样也包括亚里士多德传统之外的资源。[70] 许多后来的亚里士多德主义者也证明了自由地选取典籍是正当的,并且通过各种方式重申亚里士多德为了对自己不受约束地追寻真理进行辩解而首先创造出来的格言:"柏拉图是我的朋友,但是真理是我更要好的朋友。"[71]例如,天主教多明我会的会长,以作为枢机主教卡耶坦而闻名的托马斯·德·维奥,更喜欢把托马斯·阿奎那当作哲学权威,而不是那个被阿奎那按自己推测加以阐释的亚里士多德。为了响应彭波那齐对亚里士多

382

---

[66] 参看 Martin L. Pine,《彼得罗·彭波那齐:文艺复兴时期的激进哲学家》(*Pietro Pomponazzi: Radical Philosopher of the Renaissance*, Padua: Editrice Antenore, 1986)。

[67] Kraye,《意大利文艺复兴时期的哲学》,第42页。有关1604年以克雷莫尼尼没有教导灵魂的不朽为理由指控他的新文件,参看 Antonino Poppi 编,《对克雷莫尼尼和伽利略1604年在帕多瓦的调查:新的档案文件》(*Cremonini e Galilei inquisiti a Padova nel 1604: Nuovi documenti d'archivio*, Padua: Editrice Antenore, 1992)。关于他的思想的更一般的情况,参看 Heinrich C. Kuhn,《在亚里士多德世界尽头的威尼斯人的亚里士多德主义:切萨雷·克雷莫尼尼的世界观和思想(1550～1631)》(*Venetischer Aristotelismus am Ende der aristotelischen Welt: Aspekte der Welt und des Denkens des Cesare Cremonini [1550 - 1631]*, Frankfurt: Peter Lang, 1996);以及《切萨雷·克雷莫尼尼(1550～1631):其思想及时代》(*Cesare Cremonini [1550 - 1631]: Il suo pensiero e il suo tempo*, Documenti e Studi, 7, Cento: Baraldi, 1990)。

[68] 关于形而上学在提供宗教教义的哲学验证中的作用,参看 Charles Lohr,《形而上学》(Metaphysics),载于 Schmitt、Skinner 和 Kraye 编,《剑桥文艺复兴哲学史》,第537页～第638页,尤其是第614页及其后。

[69] 正如文中所讨论的,Mercer,《现代早期亚里士多德主义的活力和重要性》,第41页～第42页。

[70] Schmitt,《亚里士多德与文艺复兴》,第11页。更一般的情况,参看 Heikki Mikkeli,《对文艺复兴时期人文主义的一种亚里士多德主义回应:雅各布·扎巴瑞拉论技艺和科学的本性》(*An Aristotelian Response to Renaissance Humanism: Jacopo Zabarella on the Nature of Arts and Sciences*, Helsinki: SHS, 1992)。关于现代早期方法的论文,参看 Daniel A. di Liscia、Eckhard Kessler 和 Charlotte Methuen 编,《文艺复兴时期自然哲学中的方法和秩序:亚里士多德评注传统》(*Method and Order in Renaissance Philosophy of Nature: The Aristotle Commentary Tradition*, Aldershot: Ashgate, 1997),以及 Neal Ward Gilbert,《文艺复兴时期的方法概念》(*Renaissance Concepts of Method*, New York: Columbia University Press, 1960)。

[71] 参看 Leonardo Taran,《柏拉图是我的朋友,但是真理是我更要好的朋友:从柏拉图到亚里士多德再到塞万提斯》(Amicus Plato sed magis amica veritas: From Plato to Aristotle to Cervantes),《古代与西方》(*Antike und Abendland*),30(1984),第93页～第124页;Henry Guerlac,《一位朋友柏拉图与其他朋友》(Amicus Plato and Other Friends),《思想史杂志》,39(1978),第627页～第633页。

德无宗教色彩的阐释，卡耶坦断定亚里士多德已经偏离了哲学的真正原则，尤其是在灵魂不死这一问题上。[72]

在新教徒中，那种摆脱中世纪经院哲学遗产的要求，使得他们在开始的时候就对亚里士多德怀有一种蔑视，马丁·路德在这点上表现得尤为突出。但是在早期尝试了使用关于普林尼和自然哲学史的讲稿来介绍自然哲学之后，菲利普·梅兰希顿（1497～1560）返回到了亚里士多德派的范畴和经院哲学的方法，以此来设计路德宗的课程。[73] 在加尔文宗中，有些人企图将《圣经》作为主要基础来发明出一套“基督教的物理学”，在这点上法国的神学家朗贝尔·达内奥（1530～1595）表现得十分显著。[74] 但是达内奥也努力地使亚里士多德的观点和《圣经》里的说法相调和。[75] 大体上说，在新的德国大学里的加尔文宗哲学教授所撰写的亚里士多德派的教科书中，通常的主题都被按照拉米斯派的原则“简化”了。路德宗和加尔文宗的亚里士多德注释者欣然地信赖或者引用诸如苏亚雷斯和扎巴瑞拉的天主教权威的著作。[76] 虽然反面的情况相比之下十分少见（大概是因为天主教的审查制度），这种宗派间的交叉联系表明了天主教亚里士多德主义和新教亚里士多德主义之间在根本上是相似的。

在恢复对基督教（而不是某个特定教派）虔诚的关注的显赫位置方面，新教和天主教的宗教改革也对自然哲学的调整产生了影响。所有基督教派别的教科书都是作为一种虔诚的训练来构建自然哲学。被方济各会的弗兰斯·蒂特尔曼斯自夸为第一本这种著作的《自然哲学纲要》（*Compendium naturalis philosophiae*，1542），开始用了 3 页的散文体“赞美诗献给造物主，唯一的和三位一体的上帝”，并且他这本 400 页的著作分成 12 卷，每一卷都用了类似的赞美诗来结尾。这种把赞美诗的虔诚与对亚里士多德的教育学展现混合的方式，并不会成为这种教育类型的教科书的长久特征，但这揭

383

---

〔72〕 Charles H. Lohr，《亚里士多德自然哲学在 16 世纪的转变》（The Sixteenth-Century Transformation of the Aristotelian Natural Philosophy），载于 Eckhard Kessler、Charles H. Lohr 和 Walter Sparn 编，《亚里士多德主义与文艺复兴：纪念查尔斯·施米特》（*Aristotelismus und Renaissance*: *In memoriam Charles Schmitt*, Wiesbaden: Harrassowitz, 1988），第 89 页～第 99 页，相关内容在第 90 页～第 91 页。

〔73〕 See Kusukawa，《自然哲学的转变：以菲利普·梅兰希顿为例》，第 175 页；Charlotte Methuen，《16 世纪末蒂宾根的有关亚里士多德的教学内容》（The Teaching of Aristotle in Late Sixteenth-Century Tübingen），载于 Constance Blackwell 和 Sachiko Kusukawa 编，《16、17 世纪的哲学：与亚里士多德对话》（*Philosophy in the Sixteenth and Seventeenth Centuries*: *Conversations with Aristotle*, Aldershot: Ashgate, 1999），第 189 页～第 205 页。

〔74〕 Lambert Daneau，《基督教的物理学》（*Physica Christiana*, Geneva: Petrus Santandreanus, 1576）；关于这个待议事项更一般的情况，参看 Ann Blair，《摩西物理学与文艺复兴后期以宗教名义进行的自然哲学的探索》（Mosaic Physics and the Search for a Pious Natural Philosophy in the Late Renaissance），《爱西斯》（*Isis*），91（2000），第 32 页～第 58 页。

〔75〕 关于达内奥，参看 Olivier Fatio，《方法论与神学：朗贝尔·达内奥与经院哲学改革的开端》（*Méthode et théologie*: *Lambert Daneau et les débuts de la scolastique réformée*, Geneva: Droz, 1976）；Max Engammare，《神的雷声和“呼气旋涡笼罩在云端”：围绕文艺复兴时期傍晚的雷声和雷声的争论》（Tonnerre de Dieu et “courses d'exhalations encloses es nuées”: Controverses autour de la foudre et du tonnerre au soir de la Renaissance），载于《科学和宗教：从哥白尼到伽利略（1540～1610）》（*Sciences et religions*: *de Copernic à Galilée* [*1540 - 1610*], Rome: École Française de Rome, 1999），第 161 页～第 181 页。后一册更普遍地包含了 16 世纪和 17 世纪初有关科学和宗教的最新工作的丰富样本。

〔76〕 对于加尔文宗教授的引用模式的详细研究，参看 Joseph Freedman，2 卷本《16 世纪末和 17 世纪的欧洲学院哲学：克莱门斯·廷普勒（1563/4～1624）的生平、重要性和哲学》（*European Academic Philosophy in the Late Sixteenth and Seventeenth Centuries*: *The Life*, *Significance*, *and Philosophy of Clemens Timpler* [*1563/4 - 1624*], Hildesheim: Georg Olms, 1988）。扎巴瑞拉是在廷普勒的自然哲学中被引用最多的近代作者；参看 Freedman《16 世纪末和 17 世纪的欧洲学院哲学：克莱门斯·廷普勒（1563/4～1624）的生平、重要性和哲学》，第 1 卷，第 276 页，第 2 卷，第 642 页注释 180。

示了作者在“直率地”展现亚里士多德时的不安，尤其是在面对广大毫无经验的读者的时候，而这些读者恰好是这种介绍性教科书所锁定的目标。蒂特尔曼斯打算通过这些赞美诗以具体的方式表达他的目标，这些目标在一个世纪里一直是自然哲学教科书和论文的重复主题：

> 我以为物理学科如果被按照其尊贵的身份正确地加以对待，对于庄严的神学和对于上帝的全知是具有最伟大意义的；它不仅以一种令人赞美的方式介绍了上帝的知识，并且还激发了上帝的爱：这两件东西（也就是上帝的知识和爱）必定是所有值得尊敬的学习的最后的和主要的结果。[77]

类似地，新教的教科书追随着梅兰希顿的领导，赞美自然哲学可以激发起人们虔诚地去揭示上帝仁慈的眷顾。自然哲学在实际的实践中并不怎么受这些重复之语的影响，但是它们重新突显了自然神学的目的论证明，这些证明捍卫了上帝的存在和崇拜，抵御了同时代的人所感觉到的无神论兴起的威胁。[78]

由于自然哲学普遍的神学用途，它不仅仅在基督教内部获得了跨越教派界限的相当广泛的赞同，在集中在意大利的城市和中欧以及东欧的犹太民族那里也同样如此。[79] 尽管在现代早期犹太教徒并不经常被纳入基督教徒间对自然哲学的讨论之中，但是文艺复兴的晚期（约 1550 ～ 1620）是一个基督教的科学发展对犹太教思想家相对开放的时期。[80] 其突出的表现，是达维德·甘斯（1541 ～ 1613），他住在布拉格，在鲁道夫二世的宫廷里一直与第谷·布拉赫（1546 ～ 1601）和约翰内斯·开普勒等人保持联系，试图在他同时代的犹太教徒那里发扬自然哲学，以期加强犹太教徒和基督教徒的联系。他发现在自然哲学里包含这一个神学的中立立场，通过学习它，犹太教徒可以改善他们在基督教徒那里的声望。[81] 虽然甘斯的著作在他的时代没有得到出版，并且对科学的学习在犹太教的教育中始终只是处于外围，诸如在波兰克拉科夫的摩西·伊塞莱斯和在布拉格的马哈拉尔（朱达·勒夫·本·贝扎莱尔）之类的拉比鼓励自然主义的工作，并且承认自然哲学是在神圣知识之外合法的知识领域。此外，从 16 到 18

384

---

[77] 这段引文的拉丁文为“Videbam physicam disciplinam, si recte pro sua dignitate tractaretur, ad sacram Theologiam plurimum omnino habere momenti, et ad Dei pleniorem cognitionem: neque ad Dei tantum cognitionem, verumetiam ad Dei excitandum amorem, mirum in modum conducere: quae duo (nempe Dei cognitio et amor) omnium debent esse honestorum studiorum ultimus atque praecipuus finis.”。Frans Titelmans，《自然哲学概要》（*Compendium philosophiae naturalis* [1542], Paris: Michael de Roigny, 1582），第 4 页。关于这本著作，参看 Schmitt，《哲学教科书的兴起》，第 795 页～第 796 页。

[78] 关于这一时期无神论者存在的棘手问题的讨论，参看 Michael Hunter 和 David Wootton 编，《从宗教改革到启蒙运动时期的无神论》（*Atheism from the Reformation to the Enlightenment*, Oxford: Clarendon Press, 1992）。

[79] 对于自然哲学的促进和解作用的简短讨论，是值得进一步研究的主题，参看 Blair，《自然剧场：让·博丹与文艺复兴时期的科学》，第 26 页和第 147 页～第 148 页。

[80] 关于这一时期犹太人对自然哲学的态度的编史学和历史的清晰介绍，参看 David B. Ruderman，《现代早期欧洲犹太民族的思想与科学发现》（*Jewish Thought and Scientific Discovery in Early Modern Europe*, New Haven, Conn.: Yale University Press, 1995），尤其是第 2 章及第 370 页～第 371 页。

[81] Noah Efron，《和平主义与自然哲学在鲁道夫二世的布拉格：达维德·甘斯的例子》（Irenism and Natural Philosophy in Rudolfine Prague: The Case of David Gans），《语境中的科学》（*Science in Context*），10（1997），第 627 页～第 649 页。也可参看 André Neher，《犹太民族的思想与 16 世纪的科学革命：达维德·甘斯（1541 ～ 1613）与他的时代》（*Jewish Thought and the Scientific Revolution of the Sixteenth Century: David Gans [1541 - 1613] and His Times*, Oxford: Oxford University Press, 1986），David Maisel 译。

世纪，在意大利帕多瓦学习医学的犹太教徒的数量稳步增长，这保证了世俗的医学训练被传播到了犹太教徒那里，因为他们学完之后就会回到自己的原籍开业行医。[82] 尽管如此，一方面由于犹太神秘哲学(kabbalah)因其截然不同的思想所具有的吸引力，另一方面由于已经被很好地建立起来的犹太教徒赖以生存的文化隔离方式的压力，限制了自然哲学在犹太教圈里的广泛传播。[83]

新的观察和实践

亚里士多德主义的自然哲学家对新的科学观察和实践，诸如天文学、自然志或者磁学这样一些起源于大学之外的领域作出反应。在文艺复兴时期科学实践的新场地的发展，比如天文台、实验室、君主的宫廷、国外的旅行，或者提供航海教育的技术学校，以及其他数学性技艺，开发出了很多探索自然的新方法，而这些和亚里士多德主义自然哲学家们书斋式和争辩式的方法是截然不同的。[84] 由于打破了大学曾经对科学讨论牢固的垄断，这还是多亏了印刷术，才使得16世纪的自学者和工匠得以对广泛传播的对自然的讨论进行学习或者做出自己的贡献(参看第27章)。例如，尼科洛·塔尔塔利亚(约1499～1557)是一个骑马的邮差的儿子，他自学了数学，从基本原理开始一直到三次方程的解法都是自学，后来在威尼斯当了一名数学老师；他在赞助人乌尔比诺公爵弗朗切斯科·马里亚·德拉·罗韦雷的悬赏下投身于弹道学的研究，以便确定能让大炮射程最远的仰角是多少。[85] 贝尔纳·帕利西(1510～1590)是一个受雇于法国王后喀德琳·美第奇的陶匠，在他用本国语写的对话中，清楚地表达出他对水和黏土交互作用的工匠知识的自豪，在这个对话中，具有经验思想的"实践"总是能嘲弄和击败那些学术上自命不凡的"理论"。[86] 这些创造了自然哲学新研究模式的作者所进行的工作是独立于大学的，甚至经常是敌视大学的。尽管如此，还是有少数在大学之外发展出来的革新被有选择地纳入了大学的教学之中。

385

可以确定的是，对亚里士多德自然哲学诸多挑战中有一个是起源于天文学中理论

---

[82] Ruderman，《现代早期欧洲犹太民族的思想与科学发现》，第3章。

[83] 关于犹太神秘哲学与自然哲学互动的例子，参看 David B. Ruderman，《犹太神秘哲学、魔法与科学：16世纪犹太医师的文化体系》(*Kabbalah, Magic, and Science: The Cultural Universe of a Sixteenth-Century Jewish Physician*, Cambridge, Mass.: Harvard University Press, 1988)。关于17世纪犹太民族的思想更一般的介绍，参看 Isadore Twersky 和 Bernard Septimus 编，《17世纪犹太民族的思想》(*Jewish Thought in the Seventeenth Century*, Cambridge, Mass.: Harvard University Press, 1987)；David Ruderman 和 Giuseppe Veltri 编，《文化中介：现代早期意大利的犹太知识分子》(*Cultural Intermediaries: Jewish Intellectuals in Early Modern Italy*, Philadelphia: University Press, 2004)。

[84] 例如参看 E. G. R. Taylor，《都铎王朝和斯图亚特王朝时期英格兰的数学实践者》(*The Mathematical Practitioners of Tudor and Stuart England*, Cambridge: Cambridge University Press, 1967)。

[85] 参看他的《新科学》(*Nova scientia* [1537])译本，载于 Stillman Drake 和 I. E. Drabkin 编译，《16世纪意大利的力学》(*Mechanics in Sixteenth-Century Italy*, Madison: University of Wisconsin Press, 1969)。

[86] Bernard Palissy，《关于令人赞叹的水与喷泉的演讲》(*Discours admirable des eaux et fontaines*, Paris: M. le Jeune, 1580)。关于帕利西的详情以及这个主题更一般的情况，参看 Paolo Rossi，《现代早期的哲学、技术与技艺》(*Philosophy, Technology, and the Arts in the Early Modern Era*, New York: Harper and Row, 1970)，Benjmain Nelson 编，Salvator Attanasio 译，第1页～第4页。

和观测上的革新的积累。哥白尼主义虽然被讨论,但是在1640年前却几乎全部被驱逐出了大学;不过一个重要的例外是16世纪60年代和70年代维滕贝格大学里一帮乐意把哥白尼主义当作一个有用的假说来接受的学者。[87] 尽管如此,从17世纪早期开始,这个理论还是逐渐地受到了更谨慎的关注。[88] 在巴黎大学和其他天主教机构中,直到笛卡儿哲学或者牛顿学说被接受(前者是在17世纪90年代的巴黎大学,后者是在18世纪40年代罗马的自由化思潮下)之前,第谷的宇宙体系普遍地更受欢迎。罗马教皇对阐述日心说著作的禁令最终于1757年撤销。[89] 虽然没有受到天主教对伽利略判罪的影响,但新教徒也在物理学和《圣经》的基础上对哥白尼发起了责难。例如克里斯蒂安·武斯蒂森(1544～1588),他从1564到1586年期间在瑞士的巴塞尔大学教授数学时传授哥白尼主义,之后遭到了禁止。[90]

386

对于新教徒来说,同样地天主教徒也类似,要接受日心说,就需要抛弃很多亚里士多德物理学的基本原则,并且还会让自己处于相当大的宗教责难之中。尤其是,亚里士多德物理学规定了土是最重的元素,它天然地就要待在宇宙的中心,只有由完美的第五元素构成的天体才能以永恒的圆形运动方式旋转不息。而在《圣经》的篇章中,比如《约书亚记》(Joshua)第10章第12段,约书亚要求太阳"停留在基遍"以便让他拥有更多的时间来解决战斗,这看上去对很多人都是一个强有力的责难——从天主教徒比如枢机主教贝拉明,他看出在伽利略的论证中没有取代教会创始者们的传统解释的根据,到比如第谷·布拉赫这样的新教徒,他觉得《圣经》上这样关于哲学的叙述应该被

[87] 参看 Robert Westman,《梅兰希顿圈子、雷蒂库斯和维滕贝格大学对哥白尼理论的阐释》(The Melanchthon Circle, Rheticus, and the Wittenberg Interpretation of the Copernican Theory),《爱西斯》,66(1975),第165页～第193页。

[88] 例如,巴黎的一位教授在1618年至1619年的物理学课程中迅速摒弃了哥白尼主义,并在1628年后期对这些异议以及对其可能的回应进行了更仔细的考虑;参看 Ann Blair,《17世纪早期的自然哲学教育:以让-塞西尔·弗赖为例》(The Teaching of Natural Philosophy in Early Seventeenth-Century Paris: The Case of Jean Cécile Frey),《大学史》(*History of Universities*),12(1993),第95页～第158页,相关内容在第126页。在1636年阿姆斯特丹大学的卡斯帕·巴莱乌斯(Caspar Barlaeus)的一次物理讲座中,人们可以找到关于论据和相反论据的类似讨论,但没有最终结论;参看 Paul Dibon,《黄金时代的荷兰哲学·第一卷·前笛卡儿时代的大学哲学教学(1575～1650)》(*La philosophie néerlandaise au siècle d'or, vol. 1: L'Enseignement philosophique dans les universitiés à l'époque précartésienne [1575 - 1650]*, Amsterdam: Elsevier, 1954),第234页。

[89] 关于法国的情况,尤其是巴黎的情况,参看 Laurence Brockliss,《哥白尼在大学:法国经历》(Copernicus in the University: The French Experience),载于 John Henry 和 Sarah Hutton 编,《关于文艺复兴思想的新观点:科学史、教育史和哲学史中的随笔》(London: Duckworth, 1990),第190页～第213页,尤其是第191页～第197页。关于其他天主教环境,包括南部法国、意大利、西班牙和葡萄牙,参看 W. G. L. Randles,《中世纪基督教宇宙的消失(1500～1760):从坚固的天堂到无边的以太》(*The Unmaking of the Medieval Christian Cosmos, 1500 - 1760: From Solid Heavens to Boundless Aether*, Aldershot: Ashgate, 1999),第7章～第8章。关于禁令的解除,参看 Pierre-Noël Mayaud,《对哥白尼著作的禁令以及未公开的撤销文件》(*La condamnation des livres coperniciens et sa révocation à la lumière de documents inédits*, Rome: Editrice Pontificia, 1997)。

[90] Wolfgang Rother,《17世纪巴塞尔大学的哲学史》(Zur Geschichte der Basler Universitätsphilosophie im 17. Jahrhundert),《大学史》,2(1982),第153页～第191页,相关内容在第169页。

认为是权威的和毫不含糊的。[91]

尽管如此,在天文学中还是有一些与日心说相比不太激进的革新,亚里士多德的自然哲学也被证明对它们更有渗透性。其中包括第谷·布拉赫利用他在丹麦的汶(Hven)岛上装备良好的天文台所获得的发现,即1577年的彗星没有观察视差。他断言这颗彗星出现在天空的最高区域,要在月亮天球之上。如同1572年他已经测绘出的新恒星,这颗彗星因此而成为在天空的局部是有变化的一个例子,而对于亚里士多德的宇宙学来说,天空是永恒不变的。自然哲学家对这个对亚里士多德天空理论的特殊挑战的回应是多种多样的。例如在巴黎大学,一位教授否认第谷·布拉赫对视差的测量(虽然这显然是能获得的最好的测量);另一位教授讨论彗星或者讨论支持或者反对月上天本性的证据却没有得出这样或者那样的结论;还有一位教授允许有两种彗星——一种位于月下天,正如亚里士多德所描述的,另一种位于月上天,譬如第谷·布拉赫所观察到的,有着超自然的起源;更有其他教授抛弃了传统的月下天和月上天的区分,而追随着第谷·布拉赫和斯多亚学派去赞成一种流质的天空(参看第24章)。[92] 亚里士多德派的自然哲学家能够通过各种方式把这个观测结果吸纳进他们的哲学方案之中而不至于威胁到他们对亚里士多德学说的忠诚。上述情况同样适用于通过伽利略的望远镜而观察到的太阳黑子和月亮的不规则,因为这些观测结果同样违反了亚里士多德关于月上天永恒不变性的原则。[93] 由此可以看出,许多亚里士多德派的自然哲学家有意识地或者乐意地接受了一些新近天文学上的革新。

387

在文艺复兴时期,到新大陆去旅行,以及关于外地或当地的动植物的文件不断增长,这些都促使了自然志知识的爆炸性增长。虽然亚里士多德本人就是一个对自然个体敏锐而热心的观察者,并且写作了很多自然志著作,但是自然志在亚里士多德自然哲学的标准课程中并没有获得多大的关注。一位大学哲学教授解释为什么在17世纪早期自然志很少被讲授时说道,这是因为自然志的话题并不是论证性的,或者说十分困难,需要专门老师的指导,另外也因为哲学的课程体系中也没有很多的时间把它们适当地纳入进去。[94] 自然哲学的教科书通常只简单地列举自然志的众多范畴(例如

---

[91] 关于由哥白尼学说所引起的《圣经》的解释问题,参看 Richard Blackwell,《伽利略、贝拉明与〈圣经〉》(*Galileo, Bellarmine, and the Bible*, Notre Dame, Ind.: University of Notre Dame Press, 1991);Gary B. Deason,《约翰·威尔金斯和伽利略·伽利莱:新教和天主教传统中的哥白尼学说与〈圣经〉解释》(John Wilkins and Galileo Galilei: Copernicanism and Biblical Interpretation in the Protestant and Catholic Traditions),载于 Elsie Anne McKee 和 Brian G. Armstrong 编,《探究改革的传统:纪念小爱德华·A. 杜威的历史论文》(*Probing the Reformed Tradition: Historical Essays in Honor of Edward A. Dowey, Jr.*, Louisville, Ky.: Westminster/John Knox Press, 1989)。也可参看 Ann Blair,《第谷·布拉赫对哥白尼及哥白尼体系的批判》(Tycho Brahe's Critique of Copernicus and the Copernican System),《思想史杂志》,51(1990),第355页~第377页。

[92] 参看 Roger Ariew,《彗星理论在巴黎(1600~1650)》(The Theory of Comets at Paris, 1600 - 50),《思想史杂志》,53(1992),第355页~第372页。

[93] 参看 Roger Ariew,《中世纪月球理论背景中伽利略的月球观测》(Galileo's Lunar Observations in the Context of Medieval Lunar Theory),《科学史与科学哲学研究》(*Studies in History and Philosophy of Science*),15(1984),第213页~第226页。

[94] Gilbert Jacchaeus,《机构物理学》(*Institutiones physicae*, 1.4, 4th ed., Schleusingen: Petrus Schmit, 1635),第13页,引文载于 Reif,《一些17世纪早期经院教科书中的自然哲学》,第66页。

鸟、四足动物、蛇和昆虫）而没有费精力去辨别各个物种的详细特征，因为这会减损自然哲学中知识的普遍性品质。[95] 大学之外的作者由于不受一系列课程的时间限制，并且通常更容易接受更广泛的自然志或者旅行记录中新近的工作，因此一般而言会对自然的个体投入更多的关注，比如在吉罗拉莫·卡尔达诺的《论精巧》（*De subtilitate rerum*，1550）和《论事物的多样性》（*De rerum varietate*，1557）或者让·博丹的《万有自然剧场》（*Universae naturae theatrum*，1596）。

尽管如此，从新大陆和其他地方获得的观察资料以各种方式进入了大学里的亚里士多德自然哲学之中（参看第19章、第20章）。例如，所有的注释者都承认近期的经验已经反驳了古代关于热带地区不适合人居住的看法。例如，在葡萄牙的科英布拉大学的耶稣会士注释者（活跃于1592～1598），在他们经常再版的亚里士多德注释中争论大洲的数量以及陆海的比例，引证了古代、中世纪和近代作者的著作，但在这些问题上明确地表明了经验相对于被公认的权威而言具有优先权。[96] 这些耶稣会士同样以他们地理学方面的课程而闻名，这些课程既包括远方传教士的报告，也包括用当地的地理和水文地理来辅导不同国家未来的统治精英——这些很难说是亚里士多德派的主题。[97] 也许是出于耶稣会士的好胜心，也许是出于对由于被指定了去往新的行政部门任职而对此感兴趣的学生的响应，大学教授可以把远远超出亚里士多德教科书规定内容的自然志和地理学的主题纳入课程之中。例如，从现存的学生笔记的手稿或者出版物中，我们可以看到，17世纪20年代在巴黎的一个教授让-塞西尔·弗赖，如何在1618年的一门物理课上，在给出了更多关于《论天》和《论生灭》标准的注释之后讨论了新大陆。教授们可以在课外的指导中介绍各种各样的话题，这种情况在牛津和巴黎的住宿式学院中尤为普遍。弗赖的课程之所以不同寻常，最有可能就是因为这些——督伊德教的哲学和“高卢人令人羡慕的东西”（包括当时法国人先天自然上的特征和后天人性上的特征）或者关于从旅行知识中挑选出五花八门的“有关世界的新奇陈述”。[98]

388

由于耶稣会士对经验的和数学的方法具有开明态度，这使得他们在众多亚里士多德派自然哲学家中备受关注。虽然他们并不实际地进行试验或者观察特殊事物、特定时刻的事件，但是在把日常经验的证据融进自然哲学的理论化过程中他们还是颇具声誉的。[99] 耶稣会士庇护了诸如尼科洛·卡贝奥（1586～1650）和阿塔纳修斯·基歇尔（1602～1680）这样采用了威廉·吉尔伯特（1544～1603）经验主义的磁学家，而耶稣

---

[95] 有一个例子，参看 Wilhelm Scribonius，《物理学与球体学说》（*Physica et sphaerica doctrina*, Frankfurt: Palthenius, 1600），第189页及其后。

[96] Dainville，《人文主义者的地理学》，第25页～第35页。

[97] 同上书，第343页～第374页。

[98] 参看 Blair，《17世纪早期的自然哲学教育：以让-塞西尔·弗赖为例》，尤其是第124页～第127页。

[99] 参看 Peter Dear，《专业与经验：科学革命中的数学方法》（*Discipline and Experience: The Mathematical Way in the Scientific Revolution*, Chicago: University of Chicago Press, 1995），第2章。

会在1651年正式禁止传播吉尔伯特的一些主张。[100] 尤其是在培养耶稣会知识分子精英的罗马学院，例如克里斯托夫·克拉维乌斯（1537～1612）这样的教授，始终站在物理现象（比如说运动）数学化的新发展的前沿，而对于大多数传统的亚里士多德主义者来说，由于受学科界限的制约，似乎不可能做到这点。[101] （参看第26章、第27章）在整个17世纪，尽管耶稣会士还继续效忠于亚里士多德和第谷的宇宙体系，但他们之中也产生出了以观测才能而著称的卓越天文学家。[102]

389

甚至在大学里，也有一些新的方法渗透进来了。从16世纪晚期开始，植物园和解剖剧场成为整个欧洲大学的特色，这些一般而言是与医学院和（在17世纪）天文台以及化学实验室相关的。[103] 在牛津大学和剑桥大学，教授职位是按照数学学科来设立的。几何学和天文学上的萨维尔教授职位分别于1619年和1621年在牛津大学设立，数学上的卢卡斯教授职位于1663年在剑桥大学设立。[104] 学生的笔记和书籍所有权记录为牛津大学和剑桥大学正式和非正式的地理学教育提供了证据。[105] 学生也可以在由他们的朋友或者辅导老师在其寓所经营的实验室里从事课外的科学活动。[106] 虽然许多新哲学家抱怨他们的学习时光都虚度了，[107]但现代早期大学所讲授知识的范围十分广泛，并且能整合理论和实践上的新元素。正式的课程，比如大多数大学的规章或者耶稣会的研究准则，一般只提到亚里士多德的著作或者在某些情况下明确地提倡忠

[100] Stephen Pumfrey，《新亚里士多德主义与磁哲学》（Neo-Aristotelianism and the Magnetic Philosophy），载于Henry和Hutton编，《关于文艺复兴思想的新观点：科学史、教育史和哲学史中的随笔》，第177页～第189页，尤其是第184页。

[101] Dear，《学科与经验：科学革命中的数学之路》，第33页～第42页。

[102] 最近有关耶稣会士的编史学强调耶稣会士参与科学的多样性，特别载于John W. O'Malley、Gauvin Alexander Bailey和Steven J. Harris编，《耶稣会士：文化、科学和艺术（1540～1773）》（*The Jesuits: Cultures, Sciences, and the Arts, 1540 - 1773*, Toronto: University of Toronto Press, 1999），尤其是Rivka Feldhay、Michael John Gorman、Steven J. Harris、Florence Hsia和Marcus Hellyer的文章。也可参看Steven J. Harris，《基督教团体的建立、长途网络与耶稣会科学组织》（Confession-Building, Long-Distance Networks, and the Organization of Jesuit Science），《早期科学与医学》，1（1996），第287页～第318页，以及关于"耶稣会士与自然知识"的特刊的其余部分；Rivka Feldhay，《耶稣会文化中的知识与超度》（Knowledge and Salvation in Jesuit Culture），《语境中的科学》，1（1987），第195页～第213页。

[103] 例如，参看讨论莱顿大学的案例，Th. H. Lunsing Scheurleer和G. H. M. Posthumus Meyjes编，《17世纪的莱顿大学》（*Leiden University in the Seventeenth Century*, Leiden: E. J. Brill, 1975）。关于阿尔特多夫大学的案例，参看Olaf Pedersen，《传统与创新》（Tradition and Innovation），载于de Ridder-Symoens编，《欧洲大学史·第二卷·现代早期欧洲的大学（1500～1800）》，第451页～第488页，相关内容在第473页。关于意大利大学中的植物园，参看Paula Findlen，《拥有自然：现代早期意大利的博物馆、收藏和科学文化》（*Possessing Nature: Museums, Collecting, and Scientific Culture in Early Modern Italy*, Berkeley: University of California Press, 1994），第256页～第261页。

[104] 关于英格兰的科学教授之职的一个便利的名单可在以下书中找到，Robert Merton，《17世纪英格兰的科学、技术与社会》（*Science, Technology, and Society in Seventeenth Century England*, Atlantic Highlands, N. J.: Humanities Press, 1970），第29页。

[105] Lesley B. Cormack，《绘制帝国：英格兰大学中的地理学（1580～1620）》（*Charting an Empire: Geography at the English Universities, 1580 - 1620*, Chicago: University of Chicago Press, 1997），第27页及其后。

[106] 关于牛津大学和剑桥大学的学生经历的详细研究，参看Mordechai Feingold，《数学家的学徒身份：英格兰的科学、大学和社会（1560～1640）》（*The Mathematicians' Apprenticeship: Science, Universities, and Society in England, 1560 - 1640*, Cambridge: Cambridge University Press, 1984）；关于大学在科学革命中的作用的全面评估，参看John Gascoigne，《欧洲的科学、政治和大学（1600～1800）》（*Science, Politics, and Universities in Europe, 1600 - 1800*, Aldershot: Ashgate, 1998）。

[107] 例如，关于抱怨的讨论，可参看Mercer，《现代早期亚里士多德主义的活力和重要性》，第34页～第38页。

实于这些著作。[108] 但是正式的课程并没有让我们看到一幅学生实际上所接受的教育的全景图。还有更多值得研究的教授论文、学生笔记及平常的书本,展现了学生所遇到的主题的多样性,从剑桥大学一些学院房间中的私人实验室,到弗赖课外的巴黎教育中的督伊德教祭司,或者在17世纪40年代一位帕多瓦大学的教授在教学中对前苏格拉底哲学的赞颂。[109] 尽管如此,虽然新方法和主题的出现使得可供选择的情况得以保留,但是它们永远不会像课程体系中更传统的部分那样占据主流或者不可或缺。

390

对激进革新的抵抗

由于现代早期的亚里士多德自然哲学所包含的观点是多种多样的,于是人们就不能简单地用一系列哲学命题来对它加以规定。[110] 一位学者曾经得出过这样的结论:“几乎没有一条亚里士多德的教条,是被所有现代早期的学者所共同接纳的。”[111]然而毫无疑问的是,大多数亚里士多德派哲学家都坚持着一系列核心的信仰。形式、质料和缺失(privation)这三种本原构成了亚里士多德实体和变化理论的基石(所谓的形式-质料说[hylemorphism])(参看第3章)。质料是被动的,但是有成为实体的潜能,如果它被赋予了一个实体的形式的话。形式是主动的本原,它将属性赋予实体,并且经历变化。而缺失,或者说形式的缺失,对解释质料尚未成为实体之前的状态是必需的,但是它的重要性在晚期的亚里士多德主义者那里衰退了。[112]

众所周知,亚里士多德主义者都坚持月下天是由气、土、水、火四元素构成的这一观念,但是晚期的亚里士多德主义者甚至对这个中心原则都全体一致地不再坚持了。例如,一个叫特奥夫拉斯特·布瑞的人,是皇家顾问和施赈吏,在1614年声称他对四因哲学的本国语报的介绍是关于亚里士多德的权威著作,然而他却拒绝把火作为一种

---

[108] 关于耶稣会在自然哲学等领域追随亚里士多德的训令文本,参看 Roger Ariew,《笛卡儿与经院哲学:笛卡儿思想的知识背景》(Descartes and Scholasticism: The Intellectual Background to Descartes' Thought),载于 John Cottingham 编,《剑桥笛卡儿指南》(*The Cambridge Companion to Descartes*, Cambridge: Cambridge University Press, 1992),第58页~第90页,相关内容在第64页~第65页。关于1671年的法国皇家政令,它要求讲授“根据大学的规则和条例所颁布的学说”,除此之外,不得讲授其他学说,参看 Roger Ariew、John Cottingham 和 Tom Sorell 编,《笛卡儿的沉思:基本情况的原始资料》(*Descartes' Meditations: Background Source Materials*, Cambridge: Cambridge University Press, 1998),第256页。

[109] 关于克洛德·博勒加尔(Claude Bérigard,卒于1663年),他在1627年至1639年在比萨大学任教,然后在帕多瓦大学任教直到1663年,还有意大利教授偏离官方课程的其他例子,参看 Brendan Dooley,《社会控制与意大利大学:从文艺复兴到光明会》(Social Control and the Italian Universities: From Renaissance to Illuminismo),《现代史杂志》(*Journal of Modern History*),61(1989),第205页~第239页,例子在第229页。

[110] Edward Grant,《在中世纪和文艺复兴时期的自然哲学中如何阐释“亚里士多德的”和“亚里士多德主义”》(Ways to Interpret the Terms "Aristotelian" and "Aristotelianism" in Medieval and Renaissance Natural Philosophy),《科学史》,25(1987),第335页~第358页。

[111] Roger Ariew,《17世纪的亚里士多德主义》(Aristotelianism in the Seventeenth Century),载于 Edward Craig 编,《劳特利奇哲学百科全书》(vol. 1, London: Routledge, 1998),第386页~第393页,引文在第386页。

[112] 更详细的讨论,参看 Roger Ariew 和 Alan Gabbey,《经院哲学的基本情况》,载于 Garber 和 Ayers 编,《剑桥17世纪哲学史》,第429页~第432页。

元素。[113] 这也是意大利内科医生吉罗拉莫·卡尔达诺的立场,他在16世纪中期的哲学和医学著作中夸赞自己对公认权威的拒绝,具体说来分别针对的是亚里士多德和盖仑。[114] 布瑞和卡尔达诺的主要区别并不在于他们拒绝把火作为一种元素这样的立场,而在于他们表达这种立场所采用的方式:布瑞声称自己是个亚里士多德主义者,而卡尔达诺认为自己是并且也被同时代的人认为是一个反亚里士多德主义的革新者——这在当时是一个承载着极大的否定意味的词语,与今天大不相同。由于"亚里士多德主义"在学说上的灵活性,当要把亚里士多德的折中论者和亚里士多德的批评者区分开来的时候,自我定义是历史学家所要考虑的一个关键因素,因为两者虽然在对立的阵营里,但是可能持有相同的立场。[115]

391

虽然现代早期的亚里士多德派自然哲学家自夸他们自身的新颖性,并且随意对待被广泛接受的亚里士多德哲学,但是若有人明确地攻击亚里士多德,他们却会为此怒发冲冠。从被称为帕拉塞尔苏斯(1493～1541)的特奥夫拉斯特·邦巴斯图斯·冯·霍恩海姆,他曾于1527年在瑞士的巴塞尔大学号召把权威文本都付之一炬,到巴黎大学的3个青年哲学家,他们于1624年大肆宣扬"反对亚里士多德、帕拉塞尔苏斯和犹太神秘哲学家",为14个原子论命题做公开辩护。这些公开反对亚里士多德的人很快就受到惩罚,帕拉塞尔苏斯被轰出了巴塞尔大学,而1624年的争论,由于被索邦神学院(巴黎大学的前身)在一项由巴黎最高法院执行的禁令中禁止,尚未萌芽就被扼杀了。[116] 在这两个例子中,对亚里士多德进行的攻击都被意识到会通过社会自身加以扩大,从而对稳固的体制化大学等级造成威胁。事实上当时在较不正规或私人性的聚会上,与会者都欣然地讨论类似的对亚里士多德的挑战,而这3个青年哲学家之所以会激起如此强烈的反应,是因为他们并不被认为是公正的真理探求者,而是被当作了傲慢的惹是生非之徒,因为他们有意地吸引广大人民群众来听他们攻击较年长哲学家的正统学说。大学和国内的权威之所以对此进行严厉镇压,也主要是由于在此之前发生过一场宗教战争(1562～1598),人们对这种因教义之争而带来的流血后果还保留着

[113] Theophraste Bouju,《分为两部分的哲学》(*Corps de toute la philosophie divisé en deux parties*, vol. 1, Paris: Charles Chastellain, 1614),第18章,第405页～第408页,被引用于Roger Ariew,《彗星理论在巴黎(1600～1650)》,《思想史杂志》,53(1992),第355页～第372页,相关内容在第360页。关于布瑞对虚无和空间的看法,参看Ariew和Gabbey,《经院哲学的基本情况》,第436页,第438页。作为活跃于大学之外的亚里士多德著作的注释者,布瑞尤其摆脱了传统的解释约束。

[114] 参看Siraisi,《钟表和镜子:吉罗拉莫·卡尔达诺与文艺复兴时期的医学》,第56页～第58页和第138页～第142页。

[115] 在明显的反亚里士多德主义者但却是传统主义者的让·博丹和虽然是明显的亚里士多德主义者但又是创新者的让-塞西尔·弗赖的案例中,面对他们实际依赖亚里士多德主义的范畴对亚里士多德所作的陈述时,这也是我得出的结论;参看Ann Blair,《现代早期自然哲学中的传统与创新:让·博丹和让-塞西尔·弗赖》(Tradition and Innovation in Early Modern Natural Philosophy: Jean Bodin and Jean-Cécile Frey),《透视科学》(*Perspectives on Science*),2(1994),第428页～第454页。

[116] 关于对帕拉塞尔苏斯的接受,参看Heinz Schott和Ilana Zinguer编,《帕拉塞尔苏斯及在现代早期对其国际性接受:帕拉塞尔苏斯主义的历史贡献》(*Paracelsus und seine internationale Rezeption in der Frühen Neuzeit: Beiträge zur Geschichte des Paracelsismus*, Leiden: E. J. Brill, 1998)。

鲜活的记忆。[117]

明确的反亚里士多德主义,尤其是当它造成了在大学里闹罢课的威胁的时候,激发起了对信奉亚里士多德的重申,有人在官方档案里发现了这点。[118] 当一批反亚里士多德主义的著作在17世纪20年代出现的时候,大学教授并不是攻击亚里士多德的唯一一帮人。维持着一个庞大的国际通信网的米尼姆会修士马兰·梅森召集且参与了各种非正式集会,参会人士对新的哲学格外感兴趣,然而对于那些写书反对亚里士多德的人,他却做出了十分苛刻的评价:

> [亚里士多德]超越了所有可感觉和可想象的东西,而其他人就像小可怜虫一样爬行在泥土上:亚里士多德是哲学天空中的神鹰,而其他人只不过是还没长出翅膀就想飞行的小鸟。[119]

晚期的亚里士多德派自然哲学家可能对于他们所信奉的立场变得越来越折中,并且开始对自身进行思考,这使得他们更像独立的哲学家,而不太像亚里士多德的注释者,但是他们同样越来越高声地叫嚷着他们对亚里士多德矢志不渝的忠诚,并且越来越刺耳地为亚里士多德进行辩护以对抗那些贬低亚里士多德的人。这种矢志不渝的忠诚正是他们所共同拥有且最没有分歧的东西。

虽然经验的和数学的新方法在大学里一定程度上是存在的,但是亚里士多德派自然哲学家并不能响应这种号召,即把已经被接受的哲学以及古代的权威著作仅仅当作意见而加以拒绝,以在数学和经验基础上建构确定的知识来取而代之。亚里士多德派自然哲学的定义是,通过演绎的因果式说明而不是经验的或者数学的描述来追求确定的知识;17世纪的新哲学将分享因果式说明这一目标,但是提出了完全不同于亚里士多德主义者所实施的哲学讨论的书本循环模式。相比之下,16世纪的哲学家,虽然他们用某个可供选择的古代哲学家作为胜出者(例如柏拉图、伊壁鸠鲁或斯多亚派哲学家)来替代亚里士多德,但这是通过亚里士多德派自然哲学的方法来进行的,这个过程也同时使得这些方法得以存续下去。这些传统自然哲学家的原始资料几乎压倒性地都是书本上的,他们是从权威文本而非从自然或者试验的观察资料中提取出他们想要加以解释的问题。他们的解释依赖辩证的论证,而非数学的证明,他们的动机完全都

---

[117] 参看 Daniel Garber,《在17世纪初的巴黎捍卫亚里士多德/捍卫社会》(Defending Aristotle/Defending Society in Early Seventeenth-Century Paris),载于 Claus Zittel 和 Wolfgang Detel 编,《现代早期的知识理想与知识文化》(*Wissenideale and Wissenkulturen in der Frühen Neuzeit*, Berlin: Akademie-Verlag, 2002),第135页~第160页。在开始反驳这些论点之前,让-巴蒂斯·莫兰(Jean-Baptiste Morin)生动地描述了1624年关于论点进行辩论的场景,载于《驳斥安托万·维永和艾蒂安·德·克拉韦的错误论点,称前者为士兵哲学家,后者为医生化学家》(*Refutation des thèses erronées d'Anthoine Villon dit le soldat philosophe et Estienne de Claves medecin chimiste*, Paris: Printed by the author, 1624)。

[118] 例如,参看让-塞西尔·弗赖的《哲学论》(*Cribrum philosophorum* [1628])中对批评亚里士多德的大点与小点的驳斥,对它的讨论载于 Blair,《在17世纪早期的巴黎讲授自然哲学》(Teaching Natural Philosophy in Early Seventeenth-Century Paris),第117页~第120页。

[119] Marin Mersenne,《科学的真相》(*La vérité des sciences*, 1 [1625], facsimile Stuttgart-Bad Cannstatt: Friedrich Frommann Verlag, 1969),第5章,第109页~第110页。关于梅森,参看 Peter Dear,《梅森与学校学习》(*Mersenne and the Learning of the Schools*, Ithaca, N. Y.: Cornell University Press, 1988)。关于相当严格的米尼姆会,它在17世纪产生了许多重要的法国哲学家,参看 P. J. S. Whitmore,《17世纪法国的米尼姆会》(*The Order of Minims in 17th-Century France*, The Hague: Martinus Nijhoff, 1967)。

是纯理论上的,而丝毫不考虑实际应用的可能性。相比之下,在17世纪末占据了上风的机械论哲学家,提倡用实验来获取数据或者验证理论,努力寻求作为自然现象之理想表达的数学定理,并且承诺(虽然其根据经常是极其薄弱的)在未来的实际应用(参看第4章)。亚里士多德主义一直到17世纪中期都成功地挺过了替代性的传统自然哲学的威胁,并且与机械论哲学家尖锐的谴责一直争辩到17世纪70年代,但最终还是先屈从于机械论哲学,而后屈从于牛顿学说。 393

机械论哲学具有足够的灵活性以同时容纳实验和数学的方法,并且彻底离开了试图调和两者却没能取得很大成功的亚里士多德主义(在哲学中绰号"新古董")。笛卡儿主义在17世纪90年代就首次进入了法国大学,那是亚里士多德主义最后的重要阵地之一,然而在巴塞罗那附近学生们却依然在旧式的口授课程上进行创作,他们在整个18世纪还都一直在对《物理学》和《论天》进行注释。[120] 不过到了1668年后,亚里士多德著作就再也没有新的拉丁语版本出版了,这一状况一直延续到19世纪,由于古典学者的工作的活跃才结束。[121]

17世纪变革的力量

有鉴于亚里士多德主义者控制着大学,"新哲学家们"只得依靠各种新的机构发展他们的观念并赢得一批追随者。这些正式程度不一的集会,包括了从受君主庇护的"学院"到个人家中的非正式聚会。这些团体通常仿照文学社团的模式来建立,所关注的是用本国语研究科学问题。第一个这样的团体可能就是一群好奇的人,由詹巴蒂斯塔·德拉·波尔塔(1535~1615)于16世纪60年代在那不勒斯聚集起来的,这个团体叫自然奥秘学会;会员资格是预备给那些能在观察上做出新贡献的人。以伽利略作为其会员而闻名于世的罗马山猫学会,是由一个名叫费代里科·切西的贵族于1603年建立起来的,而于1657年建立起来的佛罗伦萨的实验学会,专门定位于收集观察资料和做实验这两方面。[122] 394

在神圣罗马帝国,科学学会出现得较晚,直到17世纪中期才开始出现,它们尤其关注如何去建构一种通达一切的哲学,以对抗由于"三十年战争"而得以巩固的帝国所

---

[120] 例如,参看切尔瓦连西斯学院(Academia Cervariensis,或切尔韦拉大学[University of Cervera],从1714年至1821年取代巴塞罗那大学)幸存下来的学生笔记本,保存在巴塞罗那的加泰罗尼亚图书馆,诸如以下这些,Jaume Puig,《亚里士多德物理学8本书中的论文》(Tractatus in octo libros physicos Aristotelis, MS 1647 [1741 - 2]),Joseph Vallesca,《亚里士多德的课程》(Cursus aristotelicus, MS 2521 [18th century]);Josephus Osset,《哲学新老机构》(Philosophiae novo-antiquae institutiones, MS 602 [1779]),在这篇文章中,尽管起了这个标题,但人们仍然可以找到对亚里士多德的辩护,尤其是对斯多亚派和柏拉图的反对。这种很晚期的亚里士多德主义,很可能也可以在其他地方找到,它当然值得系统地描绘。

[121] Lohr,《文艺复兴时期关于亚里士多德著作的拉丁语注释:作者A—B》,第230页。

[122] 关于德拉·波尔塔,参看William Eamon,《科学与自然秘密:中世纪与现代早期文化中的秘著》(*Science and the Secrets of Nature: Books of Secrets in Medieval and Early Modern Culture*, Princeton, N. J.: Princeton University Press, 1994),第6章。关于切西的事业,参看Brendan Dooley编译,《巴洛克时期的意大利:精选读物》(*Italy in the Baroque: Selected Readings*, New York: Garland, 1995),第23页~第37页。

面临的宗教和政治上的分裂。短命的研究学会(Societas Ereunetica)自然珍奇学会于1652年在施韦因富特成立(在皇帝的赞助下以利奥波尔迪纳学会之名重建于1677年,但是没有固定的场所),还有实验学院(Collegium Experimentale)于17世纪70年代在阿尔特多夫建立起来以分别促进玫瑰十字会教义、炼金术还有对奇迹的研究,这些着重点上的不同突出了东欧和西欧日益增长的文化分歧。[123] 在赢得全欧洲范围的读者上更为成功的是《学者报告》(*Acta eruditorum*),这是一份于1682年在德国莱比锡创刊的学术杂志,而戈特弗里德·威廉·莱布尼茨(1646 ~ 1716)为了实现他关于科学和哲学上的国际性合作这一乌托邦式的构想,从其他众多的方案中酝酿出了"科学家学会(Societas scientiarum)"计划。这个计划号召在勃兰登堡选帝侯的庇护下成立一个学会,以柏林为基地吸纳会员,并且吸纳从外地发来报告的通信者,它分为物理部、数学部、德语部和文学部。虽然这个计划于1700年被采用了,并且莱布尼茨做了这个学会的主席,但是由于在保证收入充足上的困难,柏林科学院(Berliner Sozietät der Wissenschaften)直到1711年才举行成立典礼。[124] 在英格兰和法国,一系列非正式的集会从17世纪30年代逐渐开始盛行,以1662年皇家学会的成立以及1666年皇家科学院的成立达到高潮,这两者都是追随着弗兰西斯·培根的观念,强调科学的功利主义目的。[125]

在17世纪早期这些形形色色的集会中,对亚里士多德的攻击不断增长,并且人们意识到怀疑论是一个有待反驳的颇具危险性的威胁,这就创造了一种似乎人人都可以提出一种"新哲学"的气氛。例如,特奥弗拉斯特·勒诺多的地址办公室从1633年到1642年每周举行邀请公众参与的哲学论坛,它要求参与者要遵从一定秩序,以便让大家在任何一个哲学话题上有逻辑且友善地交换意见,而政治和宗教的话题被排除在外。[126] 从那些已出版的关于这些会议的记录来看(其中的参与者目前为止还姓氏不明),在法国所辩论的问题范围十分广泛,围绕着亚里士多德和新的哲学——从关于运动的起源、蒸汽,或者打雷,或者灵魂不死这些传统的问题,到一些有关诸如日心说以及机械论的和化学论的哲学之类较近出现的问题。在黎塞留支持下,地址办公室得以

395

---

[123] 关于德国的学会,参看R. W. J. Evans,《17世纪德国的学术学会》(Learned Societies in Germany in the 17th Century),《欧洲研究评论》(*European Studies Review*),7(1977),第129页~第152页;Fritz Hartmann和Rudolf Vierhaus编,《17和18世纪的学院思想》(*Der Akademiegedanke im 17. und 18. Jahrhundert*, Bremen: Jacobi Verlag, 1977),尤其是R. Winau,《论珍奇学会的早期历史》(Zur Frühgeschichte der Academia Curiosorum),第117页~第138页;Pedersen,《传统与创新》,第484页。

[124] 参看Ayval Ramati,《遥远的协调:莱布尼茨的科学社团》(Harmony at a Distance: Leibniz's Scientific Academies),《爱西斯》,87(1996),第430页~第452页,尤其是第449页~第451页;Hans-Stephan Brather编,《莱布尼茨和他的学院:柏林科学院历史精选资料(1697 ~ 1716)》(*Leibniz und seine Akademie: Ausgewählte Quellen zur Geschichte der Berliner Sozietät der Wissenschaften, 1697 - 1716*, Berlin: Akademie Verlag, 1993)。

[125] 关于这两个学会的前身,分别参看Charles Webster,《伟大的复兴:科学、医学和改良运动(1626 ~ 1660)》(*The Great Instauration: Science, Medicine, and Reform, 1626 - 60*, New York: Holmes and Meier, 1975);Harcourt Brown,《17世纪法国的科学组织(1620 ~ 1680)》(*Scientific Organizations in Seventeenth-Century France, 1620 - 80*, New York: Russell and Russell, 1967)。

[126] Garber,《论科学反革命的前线》(On the Front-Lines of the Scientific Counter-Revolution)。

存在，他还很可能发起了关于航海还有如何测定经度这类实践性问题的讨论。[127] 1628年，在巴黎一个严格选择会员但也不太正式的集会地点，也就是一个在巴黎的教皇公使的家中，正进行着一个演讲，有一个名叫西厄尔·德·尚杜的人在吹嘘自己的哲学体系，笛卡儿起来反驳他，这给枢机主教贝律尔留下了深刻的印象，以至他后来嘱咐笛卡儿继续他对新哲学的探索。[128] 笛卡儿从这个法国反宗教改革的领袖人物那里获得的指令是，通过建构出一种新的哲学来与怀疑主义进行斗争，这种新哲学既是确定的，能够反驳怀疑论，又是信神的，能够反驳那些取代亚里士多德理论的不信神的观点。

机械论哲学的产生

在17世纪20年代，一批欧洲范围内的反亚里士多德主义的著作像洪水般涌来，其中较为突出的是法国人塞巴斯蒂安·巴索（活跃期为约1560～1621）和奥拉托利会会员皮埃尔·伽桑狄（1592～1655），还有荷兰人戴维·范·霍尔（生于1591年），以及英国人尼古拉斯·希尔（约1570～1610），这些人都是原子论者。[129] 除了作为一种哲学，原子论关于物质是由不可分的原子组合起来构成的观念，还隐约地指定了许多不同的理论假设。[130] 一些原子论者，比如德国维滕贝格大学的教授丹尼尔·森纳特（1572～1637），热切渴望着把这个观念追溯到亚里士多德那里去，他借助阿威罗伊的注释中讨论最小实体单元或者说最小的自然（minima naturalia）之存在的章节去努力实现这点；[131]能够立足于大学环境的原子论最普遍的样子就是这样。[132] 其他人则是以驳斥亚里士多德物理学的方式来表达他们的理论，把自己的基础建立在物质的"种子"这一炼金术的概念之上（例如帕拉塞尔苏斯和约翰内斯·巴普蒂丝塔·范·赫耳蒙

396

---

[127] Howard M. Solomon，《17世纪法国的公众福利、科学以及宣传活动：特奥弗拉斯特·勒诺多的革新》（*Public Welfare, Science, and Propaganda in Seventeenth-Century France: The Innovations of Théophraste Renaudot*, Princeton, N. J.: Princeton University Press, 1972），第72页～第73页；Simone Mazauric，《17世纪上半叶在巴黎的知识与哲学：特奥弗拉斯特·勒诺多的地址办公室会议》（*Savoirs et philosophie à Paris dans la première moitié du XVIIe siècle: Les Conférences du Bureau d'Adresse de Théophraste Renaudot [1633 - 42]*, Paris: Publications de la Sorbonne, 1997）。

[128] 正如在以下书中所描述的，Adrien Baillet，《笛卡儿先生的一生》（*La vie de Monsieur Descartes* [1691], 1.14, New York: Garland, 1987），第160页～第165页。

[129] Pintard，《自由思想学者》（*Le libertinage érudit*），第42页～第43页。关于巴索，参看 Christoph Luethy，《塞巴斯蒂安·巴索的思想与境遇：分析、微观历史和问题》（Thoughts and Circumstances of Sébastien Basson: Analysis, Micro-History, Questions），载于《早期科学与医学》，2（1997），第1页～第73页。

[130] 参看 Daniel Garber、John Henry、Lynn Joy 和 Alan Gabbey，《物体及其力、位置和空间的新学说》（New Doctrines of Body and Its Powers, Place, and Space），载于《剑桥17世纪哲学史》，第1卷，第553页～第623页；Stephen Clucas，《卡文迪什圈子中的原子论：重新评估》（The Atomism of the Cavendish Circle: A Reappraisal），《17世纪》（*The Seventeenth Century*），9（1994），第247页～第273页，其质疑作为统一学说的"原子论"的概念。

[131] E. J. Dijksterhuis，《世界图景的机械化，从毕达哥拉斯到牛顿》（*The Mechanization of the World Picture, Pythagoras to Newton*, Princeton, N. J.: Princeton University Press, 1961），3.5.C；《对亚里士多德主义的背叛》（The defection from Aristotelianism），第282页。

[132] 参看对哈佛大学的讨论，William R. Newman，《地狱之火：乔治·斯塔基的生平，科学革命中的美国炼金术士》（*Gehennical Fire: The Lives of George Starkey, an American Alchemist in the Scientific Revolution*, Cambridge, Mass.: Harvard University Press, 1994），尤其是第20页～第32页。

特）或者建立在伊壁鸠鲁学说之上。[133]

伽桑狄对伊壁鸠鲁学说进行了全方位的复兴，伊壁鸠鲁这位古代的哲学家，由于他解释世界的基础在于原子的随机碰撞，在很长时间里都被斥责为反宗教的。为了使伊壁鸠鲁学说和基督教相融合（甚至如伽桑狄所声称的，要表现得比亚里士多德主义更加“虔诚”），他抛弃了伊壁鸠鲁学说中原子永远不被创造这一观念。取而代之的是，他主张原子是被上帝神圣地创造出来的，并且被上帝赋予了运动，他还把非物质性的存在引进了严格的伊壁鸠鲁自然主义体系之中，其中包括天使还有理性灵魂，但这并不对物质具有原子结构造成威胁。[134] 伽桑狄把他的体系用来反对亚里士多德主义者，但是到了17世纪中叶，逐渐明确的是亚里士多德主义的最大敌手是来自另一个革新者——勒内·笛卡儿（1596～1650）。伽桑狄的著作从来没有从拉丁语翻译过来，而笛卡儿的理论则广泛流行，尤其是在法国。[135] 进一步说，笛卡儿的追随者确实更有才能，他们将笛卡儿原初的哲学加以改造以回应反对意见，使得它更轻易地传播到大学里去。[136]

笛卡儿的哲学可以被视为一种原子论，虽然笛卡儿在某些问题上和伽桑狄持有不同观点，例如伽桑狄否认无限可分，笛卡儿否认虚空的存在。在《方法谈》（*Discours de la méthode*，1637）一书中，笛卡儿描述了他如何通过系统的怀疑把之前所有的哲学约定当作仅仅是意见而消解掉了，而从零开始只在“清晰和明白”的观念之上建构一个坚固的哲学。[137] 从思考者自身的存在（我思故我在）出发，并且通过进一步理性的演绎推理，这是建构一个完整的宇宙论大厦所需的砖瓦，笛卡儿确定了作为清晰和明白的观念之真实性的保证者——上帝的存在。从物质是广延这一基本原则出发，所有现象都能够作为运动的物质加以解释，并且第二性质能够被还原到诸如大小、形状和运动这

397

---

[133] 参看 Clucas，《卡文迪什圈子中的原子论：重新评估》，第251页～第252页。关于帕拉塞尔苏斯，参看 Walter Pagel，《帕拉塞尔苏斯》（*Paracelsus*, 2nd ed., Basel: Karger, 1982），第85页。

[134] Garber、Henry、Joy 和 Gabbey，《物体及其力、位置和空间的新学说》，第569页～第573页。参看 Pierre Gassendi，《反亚里士多德派的悖论练习》（*Exercitationes paradoxicae adversus Aristoteleos* [1624], Paris: J. Vrin, 1959），Bernard Rochot 编译。参看 Margaret Osler，《为伊壁鸠鲁的原子论施洗：皮埃尔·伽桑狄论灵魂不朽》（Baptizing Epicurean Atomism: Pierre Gassendi on the Immortality of the Soul），载于 Margaret J. Osler 和 Paul Lawrence Farber 编，《宗教、科学和世界观：纪念理查德·S. 韦斯特福尔的文集》（*Religion, Science, and Worldview: Essays in Honor of Richard S. Westfall*, Cambridge: Cambridge University Press, 1985），第163页～第184页；更一般的情况，可参看 Lynn Joy，《原子论者伽桑狄：科学时代的历史辩护者》（*Gassendi the Atomist: Advocate of History in an Age of Science*, Cambridge: Cambridge University Press, 1987）。

[135] 关于笛卡儿的写作策略，参看 Jean-Pierre Cavaillé，《“最近阶段最有说服力的哲学家”：勒内·笛卡儿的写作策略》（“Le plus éloquent philosophe des derniers temps”: Les stratégies d'auteur de René Descartes），《年鉴：历史、社会科学》（*Annales: Histoire, Sciences Sociales*），2（1994），第349页～第367页。

[136] 关于两位思想家更详细的比较，参看 Thomas Lennon，《神与巨人之战：笛卡儿与伽桑狄的遗产（1655～1715）》（*The Battle of Gods and Giants: The Legacies of Descartes and Gassendi, 1655–1715*, Princeton, N. J.: Princeton University Press, 1993）；Laurence Brockliss，《笛卡儿、伽桑狄与法国全职学院对机械论哲学的接受（1640～1730）》（Descartes, Gassendi, and the Reception of the Mechanical Philosophy in the French Colleges de Plein Exercice, 1640–1730），《透视科学》，3（1995），第450页～第479页。更一般的情况可参看名为《笛卡儿对伽桑狄》（*Descartes versus Gassendi*）的此杂志完整的特刊。

[137] 这些主张不可避免地被夸大了。关于笛卡儿经院哲学的遗产研究，参看 Etienne Gilson，《中世纪思想在笛卡儿系统形成中的作用研究》（*Études sur le rôle de la pensée médiévale dans la formation du système cartésien*, Paris: J. Vrin, 1930）；Roger Ariew，《笛卡儿与最后的经院学者》（*Descartes and the Last Scholastics*, Ithaca, N. Y.: Cornell University Press, 1999）。

些第一性质上来。笛卡儿把这个世界设想为由大小不一的物质微粒构成的全体，这些微粒在上帝的设置下处于运动之中，然而自此之后就能使自身永远地存在下去。这些微粒间的相互作用遵从各种碰撞法则，并且产生出所有的自然现象——从行星和它们的圆形旋涡运动到身体里的味觉或嗅觉这些感觉。笛卡儿的哲学是对既存哲学的一次全面检查，不管是亚里士多德主义还是原子论。由于他的哲学包含了对日心说的承诺，笛卡儿害怕他的著作会像1633年惩罚伽利略那样被列入禁书的名录，结果他在生前一直没有出版他宇宙论上的专题论文《论世界》(*Le mond*)。

要解释清楚笛卡儿主义的成功并不是一件容易的事情。[138] 像其他新理论一样，它主要抓住了青年人的想象力，激发了他们非比寻常的热情。例如，克里斯蒂安·惠更斯(1629～1695)在晚年时带着些许困惑描述了他在十五六岁时如何迷醉于微粒旋涡模型——那是笛卡儿宇宙论中新奇而令人兴奋的方面。[139] 青年人的热情支持和同时代哲学家的草率的确没有增强笛卡儿主义对其他哲学团体的诉求。在当时刚成立的乌得勒支大学(University of Utrecht)，亨里克斯·雷吉乌什(1589～1679)鲁莽的教导于1641年促成了对笛卡儿主义的官方禁止，为此他永远都得不到笛卡儿的谅解。[140] 乌得勒支大学的教授被禁止传授笛卡儿主义，因为它破坏了传统哲学的基础以及那些被传统作者普遍使用的技术性术语，并且因为“各种错误和荒谬的观点，要么可以从这个新哲学中直接得出，要么能被青年人轻率地推演出来”。[141] 虽然笛卡儿主义在荷兰的莱顿大学也被禁止了，但是低地国家也同样庇护了大学中最早的一些对笛卡儿主义感兴趣的人，尤其是在格罗宁根(Groningen)的新机构中。[142]

398

在法国，笛卡儿主义受到了国王的禁止，并且追随笛卡儿试图对圣餐改革进行说明的大学(在1671年)也被罗马教皇于1663年关闭了。[143] 但是在大学之外，笛卡儿主

---

[138] 这个术语(Cartesianism)是剑桥大学的柏拉图主义者亨利·摩尔在1662年创造的，它是个贬义词。参看Brian Copenhaver,《神秘主义者的传统及其批评者》(The Occultist Tradition and Its Critics)，载于Garber和Ayers编，《剑桥17世纪哲学史》，第1卷，第485页。

[139] 克里斯蒂安·惠更斯于1693年2月26日写给培尔的信的附录，载于《全集》(*Oeuvres*)，10. 403，引文载于Dijksterhuis,《世界图景的机械化，从毕达哥拉斯到牛顿》，第408页。

[140] 例如，雷吉乌什坚持认为，人不是实质性的统一体，而是偶然的存在(ens per accidens)；笛卡儿评论道：“你几乎说不出什么更令人反感的东西了。”参看Descartes，12卷本《笛卡儿全集》(*Oeuvres de Descartes*, Paris: Le Cerf, 1897 - 1910)，Charles Adam和Paul Tannery编，第2卷，第460页，引文载于Geneviève Rodis - Lewis,《笛卡儿的一生及其哲学的发展》(Descartes'Life and the Development of His Philosophy)，载于Cottingham编，《剑桥笛卡儿指南》，第43页和第55页。最近的学界一直强调雷吉乌什脱离笛卡儿的独立性；参看Paul Dibon,《荷兰的笛卡儿主义》(Der Cartesianismus in den Niederlanden)，载于Jean-Pierre Schobinger编，4卷本《17世纪的哲学》(*Die Philosophie des 17. Jahrhunderts*, Basel: Schwabe, 1992)，第2卷，第357页～第358页。

[141] 引文载于Nicholas Jolley,《对笛卡儿哲学的接受》(The Reception of Descartes' Philosophy)，载于《剑桥笛卡儿指南》，第395页。关于这次“乌得勒支大学的争吵”，参看Theo Verbeek编，《乌得勒支大学的争吵：勒内·笛卡儿和马丁·舒克》(*La querelle d'Utrecht: René Descartes et Martin Schoock*, Paris: Impressions Nouvelles, 1988)。

[142] Theo Verbeek,《笛卡儿与荷兰人：对笛卡儿哲学的早期回应(1637～1650)》(*Descartes and the Dutch: Early Reactions to Cartesian Philosophy, 1637 - 1650*, Carbondale: Southern Illinois University Press, 1992)，第85页～第86页。关于低地国家对笛卡儿主义和哥白尼主义的接受的悠久历史，参看Rienk Vermij,《加尔文宗的哥白尼主义者：荷兰共和国对新天文学的接受(1575～1750)》(*The Calvinist Copernicans: The Reception of the New Astronomy in the Dutch Republic 1575 - 1750*, Amsterdam: Koninklijke Nederlanse Akademie van Wetenschappen, 2002)。

[143] 参看Roger Ariew,《咎由自取：笛卡儿主义者与审查制度(1663～1706)》(Damned If You Do: Cartesians and Censorship, 1663 - 1706)，《透视科学》，2(1994)，第255页～第274页。

义激起了詹森教派信徒安托万·阿尔诺(1612～1694)友好的批评,这标志着那个时代很多人都见证了笛卡儿主义和詹森教派(一个宗教和政治上的反对派)的联合。[144] 笛卡儿同样激发了奥拉托利会会员尼古拉·马勒伯朗士(1638～1715)的偶因论,并且最有效地激起了雅克·罗奥(1618～1672)在普及上所做的努力。罗奥在巴黎每周举行讲座来详细阐述笛卡儿的物理学,甚至还包括实验。他的《物理学论著》(*Traité de physique*,1671)一书成为笛卡儿物理学的标准教科书,并且开始以拉丁语,后来以英语翻译本形式在整个欧洲大陆使用,连牛津大学和剑桥大学也不例外。[145] 罗奥的成功,就像罗贝尔·舒埃的成功一样,后者于1669年在日内瓦学院(Academy of Geneva)推行笛卡儿主义并且没有招致争议,都建立在极力减小笛卡儿主义和亚里士多德主义自然哲学之间差别的策略之上。[146]

笛卡儿哲学的折中主义者乐于在那些使亚里士多德主义者十分厌烦的观点上(其中有笛卡儿对形式-质料说的拒斥,日心说的宇宙论,以及他对动物的机械论解释)进行妥协,这毫无疑问有助于他们的成功。例如,在大学里举行笛卡儿哲学讲座的人都乐意通过在诸如"质料"和"形式"之类经院式的标题下组织他们的讨论,以把他们的观点纳入亚里士多德的哲学框架中;有些人甚至用笛卡儿的观点对亚里士多德的哲学进行阐释,还声称早期的注释者都误解了亚里士多德。[147] 他们同样避免了声称日心说是无懈可击的事实,而只说它不过是一个假说;由于抛弃了笛卡儿物理学的形而上基础,他们把笛卡儿关于运动物体的物理学局限在无机界,因此回避了那些关于有感觉的存在的棘手问题。[148] 进一步讲,哲学和神学在体制上的巨大的分裂(比如在日内瓦就存在这种情况)使得笛卡儿的物理学能够被人们接纳而不用害怕由于反宗教而带来的后果。在德国哲学和神学分离的传统十分弱,笛卡儿主义的传播进行得较为缓慢,尽管有约翰·克劳贝格(1622～1665)在杜伊斯堡所进行的突破。[149] 在意大利,笛卡

399

[144] 参看 Tad Schmalz,《笛卡儿主义与詹森主义有什么关系?》(What Has Cartesianism to Do with Jansenism?),《思想史杂志》,60(1999),第37页～第56页;Brockliss,《笛卡儿、伽桑狄与法国全职学院对机械论哲学的接受(1640～1730)》,第473页。

[145] 关于罗奥、他的继承者皮埃尔-西尔万·雷吉斯(Pierre-Sylvain Régis)和马勒伯朗士,参看 P. Mouy,《笛卡儿物理学的发展(1646～1712)》(*Le développement de la physique cartésienne, 1646 - 1712*, Paris: J. Vrin, 1934),尤其是第108页～第116页;关于他的教科书,参看 G. Vanpaemel,《罗奥的〈论物理学〉与笛卡儿物理学教学》(Rohault's "Traité de physique" and the Teaching of Cartesian Physics),《坚纽斯》(*Janus*),71(1984),第31页～第40页。

[146] 参看 Michael Heyd,《在正统学说和启蒙运动之间:让-罗贝尔·舒埃和笛卡儿科学在日内瓦科学院的传入》(*Between Orthodoxy and the Enlightenment: Jean-Robert Chouet and the Introduction of Cartesian Science in the Academy of Geneva*, The Hague: Martinus Nijhoff, 1982),第116页～第117页。

[147] 参看 Roger Ariew 和 Marjorie Grene,《形式与质料的笛卡尔哲学的命运》(The Cartesian Destiny of Form and Matter),《早期科学与医学》,2(1997),第302页～第325页,相关内容在第321页～第322页。

[148] Brockliss,《笛卡儿、伽桑狄与法国全职学院对机械论哲学的接受(1640～1730)》,第469页。更一般的情况,参看 Dennis Des Chene,《自然哲学:晚期亚里士多德主义和笛卡儿思想中的自然哲学》(*Physiologia: Natural Philosophy in Late Aristotelian and Cartesian Thought*, Ithaca, N.Y.: Cornell University Press, 1996)。

[149] 参看 Francesco Trevisani,《笛卡儿在德国:杜伊斯堡的哲学系和医学系对笛卡儿主义的接受(1652～1703)》(*Descartes in Germania: La ricezione del cartesianesimo nella facoltà filosofica e medica di Duisburg [1652 - 1703]*, Milan: Franco Angeli, 1992),第13页。

儿主义作为"机械论者的调和主义"的一部分而于 17 世纪 60 年代首先出现在那不勒斯。[150]

虽然柯培尔以笛卡儿主义者过于教条的理由,拒绝让他们成为皇家科学院的早期成员,但是在他 1683 年死后,皇家科学院和笛卡儿主义之间的联合变得日益紧密,在马勒伯朗士和贝尔纳·勒博维耶·德·丰特内勒(1657 ~ 1757)于 1699 年成为皇家科学院的成员(后者还担任了科学院的秘书)之后更是如此。巴黎大学仿效它,笛卡儿主义于 17 世纪 90 年代在那里成为典范。而耶稣会士由于被禁止传授新的哲学,很快就使得他们自己成为笑柄,并且在 18 世纪早期他们的课无人问津。[151] 具有讽刺意义的是,亚里士多德主义在法国屈从于笛卡儿主义的时候,正是笛卡儿的宇宙学被惠更斯和牛顿的工作拆穿西洋镜的时候;但是法国的自然哲学家们由于不愿意舍弃他们民族的巨人,直到 50 年后于 18 世纪 40 年代才抛弃了笛卡儿而转向牛顿。[152]

通过经验和数学的方法对自然哲学进行的革新

在英格兰,机械论哲学的传播由于与伽桑狄哲学和笛卡儿哲学的接触而得以加强,这种接触并不仅仅通过印刷品才得以进行,而且还包括 17 世纪 40 年代内战期间流亡者在法国的旅行。例如托马斯·霍布斯和威廉·卡文迪什,带着对机械论的热情返回了英格兰。[153] 虽然霍布斯喜爱笛卡儿的理性主义方法,但是大多数英国的机械论哲学家都把弗兰西斯·培根提倡的实验和观察的实践结合到基本的运动物体的原则上去。[154] 培根自己并没有提出过一套哲学体系来取代亚里士多德的体系,在他的一生中也从来没有成功地赢得他所寻求的支持,以通过对自然哲学的改革来达到对社会进行改革的目的。[155] 尽管如此,在他 1626 年去世后(确切地说,如同那个时代的故事所

400

[150] 关于意大利的笛卡尔主义,参看 Claudio Manzoni,《意大利的笛卡儿主义者(1660 ~ 1760)》(*I cartesiani italiani [1660 - 1760]*, Udine: La Nuova Base, 1984);Mario Agrimi,《17 世纪后期笛卡儿在那不勒斯》(Descartes nella Napoli di fine Seicento),载于 Giulia Belgioioso、Guido Cimino、Pierre Costabel 和 Giovanni Papuli 编,2 卷本《笛卡儿:方法与随笔(〈方法谈〉及所附随笔出版 350 周年大会论文集)》(*Descartes: Il Metodo e i Saggi [Atti del Convegno per il 350 anniversario della pubblicazione del Discours de la méthode e degli Essais]*, Florence: Istituto della Enciclopedia Italiana, 1990),第 2 卷,第 545 页~第 586 页;Giulia Belgioioso,《那不勒斯文化和笛卡儿主义》(*Cultura a Napoli e cartesianesimo: Scritti su G. Gimma, P. M. Doria, C. Cominale*, Galatina: Congedo Editore, 1992);《17 世纪末那不勒斯的亚里士多德哲学和笛卡儿机械论》(Philosophie aristotélicienne et mécanisme cartésien à Naples à la fin du XVIIe siècle),《文学共和国的新闻》(*Nouvelles de la République des Lettres*),1(1995),第 19 页~第 47 页;《意大利哲学评论杂志》(*Giornale critico della filosofia italiana*)特刊,16(1996)。

[151] Brockliss,《笛卡儿、伽桑狄与法国全职学院对机械论哲学的接受(1640 ~ 1730)》,第 464 页。

[152] 关于这些转变的描述载于 Brockliss,《17 世纪、18 世纪的法国高等教育》。

[153] Robert Hugh Kargon,《从哈里奥特到牛顿的英格兰原子论》(*Atomism in England from Hariot to Newton*, Oxford: Clarendon Press, 1966),第 63 页和第 69 页。

[154] 关于霍布斯反对玻意耳的情况,参看 Steven Shapin 和 Simon Schaffer,《利维坦与空气泵:霍布斯、玻意耳与实验生活》(*Leviathan and the Air-Pump: Hobbes, Boyle, and the Experimental Life*, Princeton, N. J.: Princeton University Press, 1985)。

[155] 参看 Julian Martin,《弗兰西斯·培根、国家和自然哲学的变革》(*Francis Bacon, the State, and the Reform of Natural Philosophy*, Cambridge: Cambridge University Press, 1991)。

说的那样，是在观察冬天被冻住的一只小鸡时感染肺炎去世[156]），他的著作影响了自然哲学家，尤其是在英格兰也包括在欧洲大陆，他的理论在18世纪流行起来。培根号召通过对自然进行系统的观察（无论是在自然状态下还是“在拷问架上”，也就是说通过设计人工实验来凸显那些隐蔽的特征）来综合地探究自然知识。在他有意要取代亚里士多德逻辑学的《工具论》（*Organon*）的《新工具》（*Novum Organum*，1620）一书中，培根描述了一种如何积累自然志的细节然后通过归纳仔细推导出结论的方法。[157]

英国的机械论哲学家如罗伯特·玻意耳（1627～1691）和罗伯特·胡克（1635～1703）坚持所有事情都可以用运动物体来加以解释的原则。但是他们避免了他们所认为的笛卡儿的教条主义，即笛卡儿先天的唯理论者的假定，比如他对虚空可能性的否定。取而代之的是他们支持新的实验方法，它不同于流行在亚里士多德的折中论者和欧洲大陆的新哲学家中的“经验”概念，他们包括伽利略、笛卡儿和布莱兹·帕斯卡（1623～1662）。对于英国的实验家们来说，与其毫无问题地援引那些在自然中发生且广为人知的“经验”，并且把它作为一个马上成立的理由来达到一般原则，还不如去精确地描述那些不同的实验条件下在自然中真实发生的特殊事件，这些实验条件正是被设计出来以得到不寻常现象的（比如说空气泵），并且他们在为已观察到的现象给出因果解释上也十分谨慎小心。[158] 玻意耳拒绝那种把道德上的品质赋予自然（比如说亚里士多德那里的“惧怕虚空”）的解释，于是他引进了与物体的微粒相关的性质，比如说空气微粒的弹性（以后被称为“玻意耳定律”的发现），虽然他并不能根据微粒的形状和大小来解释弹性自身。[159] 玻意耳仍然留心着人类要理解所有自然原因在能力上所受到的限制，并且像大多数其他英国实验家一样，他能够满足于他所认为可能的东西，而不追求从实验研究中得出确定知识。[160]

401

在此之外，还有一条与之相平行但更为数学化的传统，也就是欧洲大陆的自然哲学家凭借着作为自然哲学中确定性之关键的数学来进行研究，譬如伽利略和他的追随者们。虽然伽利略可能做过斜面实验，但他经常把“经验”理想化，使得它们在完美的

---

[156] 对于培根去世的当时的叙述和重新诠释，参看 Lisa Jardine 和 Alan Steward，《听天由命：弗兰西斯·培根不安的一生》（*Hostage to Fortune: The Troubled Life of Francis Bacon*, London: Victor Gollancz, 1998），第502页～第511页。

[157] 有关培根的大量文献，参看 Antonio Pérez-Ramos，《弗兰西斯·培根的科学理念和制造商的知识传统》（*Francis Bacon's Idea of Science and the Maker's Knowledge Tradition*, Oxford: Clarendon Press, 1988）；Markku Peltonen 编，《培根剑桥指南》（*The Cambridge Companion to Bacon*, Cambridge: Cambridge University Press, 1996）。

[158] 关于“经验”问题的有用的简要说明，参看 Steven Shapin，《科学革命》（*The Scientific Revolution*, Chicago: University of Chicago Press, 1996），第80页～第96页。

[159] 关于机械论解释和实验结果之间的差距，参看 Christoph Meinel，《17世纪初的原子论：理论、认识论和实验的缺乏》（Early Seventeenth-Century Atomism: Theory, Epistemology, and the Insufficiency of Experiment），《爱西斯》，79（1988），第68页～第103页。

[160] 参看 Jan Wojcik，《罗伯特·玻意耳与理性的局限》（*Robert Boyle and the Limits of Reason*, Cambridge: Cambridge University Press, 1997）；Rose-Mary Sargent，《胆怯的自然主义者：罗伯特·玻意耳与实验哲学》（*The Diffident Naturalist: Robert Boyle and the Philosophy of Experiment*, Chicago: University of Chicago Press, 1995）；Steven Shapin，《真理的社会史：17世纪英格兰的修养与科学》（*A Social History of Truth: Civility and Science in Seventeenth-Century England*, Chicago: University of Chicago Press, 1994），第4章和第7章。

条件下在自然中发生(比如没有阻力的自由落体运动)。[161] 他发展出了用数学法则来表达的关于运动的新物理学,这不仅激发了克里斯蒂安·惠更斯对它的修正,并且还是后来牛顿能把新物理学和新天文学综合起来的先决条件。[162] 这也标志着传统上把物理学视为关于真实物体的知识,而把数学看作对抽象和非真实实体的研究这种区分的终结。其实在一些圈子里面,由于研究诸如光学和天文学之类的"混合数学"学科,这种区分早已逐渐被淡化了。在数学化分支中,开普勒已经发现了数学化的关于行星运动的三个定律,他的方法的基础一方面在于他深信上帝是根据"数量、重量和尺寸"来创造这个宇宙的,因此这种创造也是合乎数学法则的;另一方面还在于他十分用心地关注经验的精度,正是这样才使得他能够巧妙地处理第谷·布拉赫所搜集的数据。[163]

伽利略和开普勒都是在君主的赞助之下才完成他们在数学和观察上的创新工作。他们在事业的初期都是在大学或者同类机构中教授数学,伽利略先在比萨大学,然后从 1592 年到 1610 年在帕多瓦大学,而开普勒从 1594 年到 1600 年在格拉茨的新教神学院,1600 年作为第谷·布拉赫的助手到了神圣罗马帝国皇帝鲁道夫二世在布拉格的宫廷,后来在 1601 年由于第谷的逝世成为皇家数学家。[164] 在 1610 年,伽利略被佛罗伦萨的托斯卡纳大公柯西莫二世·美第奇封为宫廷数学家。[165] 通过跳槽到宫廷的职位,伽利略和开普勒从通常是低薪的教学工作并且必须教授传统观念的束缚中解脱了出来。在哥白尼的理论还被其他人视为最多只是一个有用的计算工具的时候,他们俩都在从事支持日心说观念的工作了;他们质疑使用数学来处理关于运动或者宇宙本质这类物理问题的科目之间的传统区分和等级。[166] 类似的,那些主要是对机械论哲学的发展有贡献的人大多数都依赖类似皇家学会这样的新机构。虽然罗伯特·玻意耳于 1656 年定居在牛津,但他是一个独立而富有的上流绅士,和大学并没有什么联系。艾萨克·牛顿从 1669 到 1701 年担任了卢卡斯数学教授之职,但是在他由于被任命为伦敦造币厂的监督而离开剑桥大学的 1696 年之前,他的教学工作都没有受到学生们或

402

[161] 有关伽利略实验方法的大规模编史学的介绍,参看 Stillman Drake,《工作中的伽利略:他的科学传记》(*Galileo at Work: His Scientific Biography*, Chicago: University of Chicago Press, 1978);William Shea,《伽利略的思想革命》(*Galileo's Intellectual Revolution*, London: Macmillan, 1972)。关于伽利略的追随者,参看 Michael Segre,《仿效伽利略》(*In the Wake of Galileo*, New Brunswick, N. J.: Rutgers University Press, 1991)。

[162] 参看 I. B. Cohen,《新物理学的诞生》(*The Birth of a New Physics*, rev. ed., New York: W. W. Norton, 1985)。

[163] 参看注释 44 中所引用的参考资料,以及 Bruce Stephenson,《开普勒的物理天文学》(*Kepler's Physical Astronomy*, New York: Springer, 1987)。

[164] 关于这个环境,参看 R. W. J. Evans,《鲁道夫二世及其世界:思想史研究(1576～1612)》(*Rudolf II and His World: A Study in Intellectual History, 1576 - 1612*, Oxford: Clarendon Press, 1973)。

[165] 参看 Mario Biagioli,《廷臣伽利略:专制政体文化中的科学实践》(*Galileo, Courtier: The Practice of Science in the Culture of Absolutism*, Chicago: University of Chicago Press, 1993)。

[166] 关于这次跳槽的意义,参看 Robert Westman,《16 世纪天文学家的角色:初步研究》(The Astronomer's Role in the Sixteenth Century: A Preliminary Study),《科学史》,18(1980),第 105 页～第 147 页。

者同时代人的注意。[167] 与之相对照的是,牛顿在1671年给皇家学会寄出了他的第一件主要成果——反射望远镜,在1672年就被推选为皇家学会的会员,在1703年则被选举为皇家学会的主席。尽管和其他形形色色的会员之间有着争论,最为瞩目的是他和实验主管罗伯特·胡克的争论,但是皇家学会毕竟还是成为他最早的具有科学水准的听众。

牛顿在他的《自然哲学的数学原理》中只给出数学定理,没有给出因果解释,这使得同时代的许多人感到迷惑;他在数学的确定性基础上进行计算,以预防他十分厌恶的自然哲学家之间的好辩之风。但是这种策略还是使他卷入了争辩之中,其中莱布尼茨指责他把"神秘的性质"又重新引进来了(参看第22章),因为虽然他的万有引力理论为潮汐、月球和行星的运动以及抛射运动提供了一个强有力的解释,但是牛顿并没有给出能对万有引力自身进行解释的原因,而是在他的"总释"中这样结尾:

403

> 我不杜撰假说;因为,凡是并非来源于现象的,都应称其为假说;而假说,不论它是形而上学的还是物理学的,也不论它是关于神秘性质的还是关于机械论的,在实验哲学中都没有地位。[168]

牛顿在他1706年版的《光学》(*Opticks*)一书中增加了疑问25-31,里面包含了他对光和引力的本质进行的思索,在这之中可看出他上述的态度变得缓和了。

除了他以数学和物理学为主题的著作,牛顿还保持了对传统话题的全方位的关注,他手稿中丰富的关于神学和炼金术的著述可以证明这点。[169] 虽然他决定性地把物理学转变成为它的近代形式——一门专门的数学性学科,牛顿还是被描绘成为最后的文艺复兴自然哲学家。他有着各种不同的兴趣,但这恰好是一种追求的不同方面,即努力在世界之中去理解上帝的作品——例如在自然中是通过由上帝调整和维系的行星运动,在历史中是通过实现《圣经》的预示。[170] 现代早期的自然哲学之所以和在后来取代它的各种"科学"有所不同,其中有一点就是,自然哲学探究的是如何更好地理解上帝,即理解神圣的万物(在自然志学科中)和神圣的法则(在数学性学科中),以此为宗旨而取得了自身的统一。[171]

---

[167] 参看 Richard Westfall,《永不止息:艾萨克·牛顿传记》(*Never at Rest: A Biography of Isaac Newton*, Cambridge: Cambridge University Press, 1980),第210页。关于牛顿研究的全面介绍,参看 John Fauvel、Raymond Flood、Michael Shortland 和 Robin Wilson 编,《要有牛顿!》(*Let Newton Be!*, Oxford: Oxford University Press, 1988)。

[168] Isaac Newton,"总释",载于 I. Bernard Cohen 和 Richard Westfall 编,《牛顿:文本、背景和注释》(*Newton: Texts, Backgrounds, Commentaries*, New York: W. W. Norton, 1995),第339页~第342页,引文在第342页。

[169] 参看 Betty Jo Teeter Dobbs,《天才的两面:炼金术在牛顿思想中的作用》(*The Janus Faces of Genius: The Role of Alchemy in Newton's Thought*, Cambridge: Cambridge University Press, 1991);James E. Force 和 Richard Popkin 编,《关于艾萨克·牛顿的神学的背景、性质和影响的文集》(*Essays on the Context, Nature, and Influence of Isaac Newton's Theology*, Dordrecht: Kluwer, 1990)。

[170] Betty Jo Dobbs,《作为终极因和第一推动者的牛顿》(Newton as Final Cause and First Mover),《爱西斯》,85(1994),第633页~第643页。

[171] 参看 Andrew Cunningham,《〈原理〉何以得名;或重视自然哲学》(How the *Principia* Got Its Name; or, Taking Natural Philosophy Seriously),《科学史》,29(1991),第377页~第392页,相关内容在第384页。

新自然哲学的社会约定

到了17世纪晚期,伦敦的皇家学会和巴黎的皇家科学院在对自然哲学的实践进行规定和对大学进行改革这两方面上都占据了领导地位,全欧洲都在日益效仿它们对自然哲学实践的规定。培根哲学的理想对这两个机构都有影响,因为它们都带着功利的野心通过不同的方式去追求一种自然哲学的合作模式。[172] 由于缺少它所希望的皇家赞助,皇家学会让自己的会员订阅年刊以募集经费,并且积极地招收杰出人物以增加它的名望。由于会员分布广泛,那些从来都不参加会议的会员,可以通过信件投来他们的观察报告,但是学会日常的活动是由少于20个会员的核心小组来控制的。[173] 皇家科学院的等级则更为严密(逐渐递减的等级是名誉院士、领薪院士、合作院士、学生),并且它的核心是由22位精英院士组成,这22位院士开始是由柯培尔挑选的,后来由院士们在会议上选出;他们作为国王的官员会收到每年的薪金,同时也要完成特殊的任务,比如管理专利和各种奖项。[174] 若不考虑它们在形式上的不同,皇家学会和皇家科学院都希望动员自然哲学家们从事集体性的自然志工作,以便增进社会的物质福利。

404

柯培尔给皇家科学院指派了一项拟订一份全国机器清单的任务,虽然皇家科学院收集了各种机器模型和大量仔细绘制的图表,但这项计划从来没有完成过。接着,皇家科学院又在克洛德·佩罗(1613～1688)的鼓动下着手进行大量的植物志工作,让不同的院士轮流进行指导;虽然这个计划的一些成果得以出版,但是计划本身从来没有按照它原初的抱负被实现,这里面的原因有资金的缺乏、个人的抵触还有意见上的分歧,其中较为突出的意见分歧在于如何适当地平衡以下两方面的问题:一方面是描述和插图,另一方面是因果解释和化学分析。[175] 虽然这个工作结束了,但是它的记录在《议事录》(*Mémoires*)上发表出来了。在皇家学会,那些活跃的核心会员经常参加会议,以讨论实验总监的实验结果。由于缺乏一个专门的议程,这些结果通过合作聚集

---

[172] 参看 Robin Briggs,《皇家科学院与追求实用》(The Académie Royale des Sciences and the Pursuit of Utility),《过去与现在》(*Past and Present*),131(1991),第38页～第88页;关于这个世纪初培根在法国的影响,参看 Michèle LeDoeuff,《培根跻身路易十三时期的伟大人物》(Bacon chez les grands au siècle de Louis XIII),载于 Marta Fattori 编,《弗兰西斯·培根:18世纪的术语和财富》(*Francis Bacon: Terminologia e fortuna nel XVIII secolo*, Seminario Internazionale, Rome, 11 - 13 March 1984, Rome: Edizioni dell'Ateneo, 1984),第155页～第178页。

[173] Michael Hunter,《皇家学会及其会员(1660～1700):早期科学机构的结构》(*The Royal Society and Its Fellows, 1660 - 1700: The Morphology of an Early Scientific Institution*, Oxford: British Society for the History of Science, 1994),第1章。

[174] 关于等级结构,参看 Pedersen,《传统与创新》,第484页。参看 Roger Hahn,《对一所科学机构的剖析:巴黎科学院(1666～1803)》(*The Anatomy of a Scientific Institution: The Paris Academy of Sciences, 1666 - 1803*, Berkeley: University of California Press, 1971);David J. Sturdy,《科学与社会地位:科学院院士(1666～1750)》(*Science and Social Status: The Members of the Académie des Sciences, 1666 - 1750*, Woodbridge: Boydell Press, 1995)。

[175] Alice Stroup,《科学家团队:17世纪巴黎皇家科学院的植物学研究、资助与社团》(*A Company of Scientists: Botany, Patronage, and Community at the Seventeenth-Century Parisian Royal Academy of Sciences*, Berkeley: University of California Press, 1990)。

了起来，它在一个范围广泛的素材之中被实现，《哲学汇刊》之中就包含了这些素材；于是从其中就发展出一套独特的文辞，为那些不能参与实验和不能作为这些现象的“有效证人”提供支持的会员描述实验。[176] 自然哲学家有着绅士般的风范，例如罗伯特·玻意耳就是他们的代表，他们强调把谈话的礼节而不是热烈的争论作为皇家学会会员之间相互影响和鼓励的理想模式，强调以对事实不偏不倚的观察以及对理论主张十分谨慎的涉及来提出他们的发现。[177]

405

不论是皇家学会还是皇家科学院，都明确地禁止宗教和政治上的讨论以及任何形式上的教条主义（耶稣会士和笛卡儿主义者也因为这个理由被柯培尔拒于皇家科学院的门外）。皇家学会和皇家科学院赋予了自然哲学一个新的制度的和思想的自治。在这些设置中，受人尊敬的贵族的评论和赞同构成了接受的标准，由此而取代了对由教会和国家预先制定的结论的坚持。[178] 进一步而言，使传统自然哲学变得声名狼藉的好争论的特点，被认为是一个最好能在新的学术环境中被抛弃掉的恶习。虽然其结果并没有达到预期的目标，并且也许从培根的研究纲领滋生出来的第一个功能上有用的项目是本杰明·富兰克林的避雷针（1750），但是皇家学会和皇家科学院成功地传播了科学可以有益于国家和社会的观念。[179]

结　　论

自然哲学从1500年到1700年期间的演变能够在百科全书式的参考著作里被简要地描绘出来。格雷戈尔·赖施的《哲学珍宝》（*Margarita philosophica*，1503），两本关于自然事物的原则和起源的小书，总结了亚里士多德的《物理学》并且概述了他的《形而上学》和自然志（增加了一些来自普林尼的资料）。自然哲学表现为一个被古代权威论及的巨大的静态领域。一个世纪之后，约翰·海因里希·阿尔施泰德（1588～1638）的《百科全书》（*Encyclopedia*，1630）使得文艺复兴的许多发展变得明确了。在第八部分中，物理学按照亚里士多德的理解来进行划分（本原、元素和天象理论），但是用新的通常也是近代的甚至是反亚里士多德的权威来加强了一下。阿尔施泰德杜撰了新的术语并且对新的分支学科寄予了信任；所涉及的大多数是传统的主题（mictologia、

[176] Peter Dear，《千言万语：早期皇家学会的修辞与权威》（*Totius in Verba*：Rhetoric and Authority in the Early Royal Society），《爱西斯》，76（1985），第145页～第161页。

[177] Shapin，《真理的社会史：17世纪英格兰的修养与科学》，第308页～第309页。

[178] 然而这些贵族团体的组成形式多种多样。皇家学会会员选出他们的新会员，巴黎皇家科学院仍然由法国国王的一位大臣管理，并由其选出院士。对比Hunter，《皇家学会及其会员（1660～1700）：早期科学机构的结构》，第10页；Hahn，《对一所科学机构的剖析：巴黎科学院（1666～1803）》，第59页。

[179] 关于避雷针，参看I. Bernard Cohen，《科学中的革命》（*Revolution in Science*，Cambridge，Mass.：Belknap Press，1985），第325页。关于牛顿之后科学的合法化更全面的介绍，参看Larry Stewart，《公众科学的兴起：牛顿时代英国的修辞学、技术和自然哲学（1660～1750）》（*The Rise of Public Science*：*Rhetoric*，*Technology*，*and Natural Philosophy in Newtonian Britain*，*1660 - 1750*，Cambridge：Cambridge University Press，1992）。

phytologia、empsychologia 和 therologia[180]),但同样也包括混合了帕拉塞尔苏斯主义者的鲜明特征和新柏拉图主义的对应物的“physiognomia(面相术)”。《百科全书》的每一部分用来结尾的结束语,都在吹嘘那个领域对于虔诚和对于上帝的伟大荣耀所做出的贡献。虽然亚里士多德仍然规定了物理学的框架,但是新的权威,独立的哲学化的新观念,以及重新对宗教虔诚的关注激发了综合的工作,这种工作是如此折中和无所不包,以至于处于丧失一致性的边缘。[181]

406

在阿尔施泰德之后的不到一百年,约翰·哈里斯的《技艺辞典》(*Lexicon Technicum*, 1708～1710)在定义中仍然使用同样的术语和元素:“物理学或者自然哲学是对所有自然物的沉思性知识……以及它们正确的本质、构造、动力和运转。”但是获得对自然的理解的方法不再和亚里士多德的物理学有任何关系。取而代之的是,电、气体、弹性、磁和光成为反复涉及的主题;权威著作都是围绕着牛顿、埃德蒙·哈雷、尼赫迈亚·格鲁和玻意耳来引用的。传统的哲学虽然没有完全从记忆里消失,但是被按照历史的/等级的类别重新加以定位,这种定位使得新出现的机械论自然哲学的优越性得以凸显出来。首先出现的是依靠符号的毕达哥拉斯主义者和柏拉图主义者,接着是工具箱里带有原理、性质和引力的逍遥学派信徒,他们的“物理学是一种形而上学”。实验哲学家中化学家占据着支配地位,他们有很多发现,但是陷于理论和假说之中。最后的团体是“用物质和运动……或用气体或精微的粒子等……或者用已知的和已确立的运动法则和力学来解释所有自然现象的机械论哲学家和技工:他们是与[实验哲学家]协力合作唯一正确的哲学家”。[182] 在哈里斯的时代,自然哲学还对自然规律性的因果理解保留有大量沉思性的探究,就像亚里士多德定义的那样,但是变革的力量,加速了亚里士多德主义在文艺复兴时期的转化,并且围绕着新的前提、新的实践和新的机构,引发了这个学科在17世纪的彻底重建。

(肖　磊　译)

---

[180] Mictologia 是金属科学;phytologia 是植物科学;empsychologia 是精神科学;therologia 是野生动物学。参看 Johann Heinrich Alsted,《百科全书》(*Encyclopedia*, vol. 2, Herborn, 1630; facsimile Stuttgart-Bad Cannstatt: Frommann-Holzboog, 1989)。

[181] 关于阿尔施泰德的折中主义,尤其是他不经整合就将冲突的观点并列的倾向,参看 Howard Hotson,《约翰·海因里希·阿尔施泰德(1588～1638):在文艺复兴、宗教改革和普遍改革之间》(*Johann Heinrich Alsted [1588 - 1638]: Between Renaissance, Reformation, and Universal Reform*, Oxford: Clarendon Press, 2000),第223页～第224页。

[182] John Harris,《技艺辞典》(*Lexicon technicum*, London: Dan Brown [and 9 others], 1704),“physiology”。哈里斯致谢说,他的原始资料来源于 John Keill,《自然哲学简介》(*Introductio ad veram physicam*, Oxford: Sheldonian Theatre, at the expense of Thomas Bennet, 1702)。

18

407

医　　学

哈罗德·J. 库克

如果一个人以医生的眼光,去看待人们在理解自然中所经历的变化,那么在 16 和 17 世纪,就会有几个基本的主题凸显出来。那时的医生们是一个很有文化的团体,他们能够用论文来表达自己,并且这其中也同时展现出他们对变化的高度敏感——这种变化既在科学中,也在他们的学科技艺之中。在当时的大学里,有三个学院的等级较高,能授予博士学位,他们就是在其中之一的医学院接受教育的(另外两个分别是法学院和神学院)。那些拿到了医学博士学位的人在提到自己时会把自己称为医生(physician),这时的他们是把自己和对自然的学习联系在一起的,因为“自然”这个词是从古希腊语翻译到拉丁语中的,古希腊语的“自然”一词是“physis”,看上去很像现代英语中的“physics”一词(参看第 17 章)。大多数的大学都接受把“physic(医学)”作为三个等级较高的学院之一,因为哪怕医疗技术并不值得在学院里进行研究,但是医学科学还是值得研究的。[1] 那时的医学就像亚里士多德对它的定位一样(他把医学当作一门科学),它“只是把这类现象进行了理论化,而并没有深入到个体”。[2] 此外,正如亚里士多德曾经清晰地表达过的那样,科学的严格普遍化是和因果推理相关联的,也就是说,在其科学性方面,医学不仅需要进行普遍化,还需要提供因果性的说明。正是因果性的本质说明具有了确定性,才使得医学成为一门科学。

然而,到了 17 世纪末,医学科学已经发生了彻底的改变。当杰出的医师塞缪尔·加思(1661～1719)为了纪念威廉·哈维(1578～1657)而向他的同僚们进行演讲时,他谈到了他们共同的职业“physick”,另外还表露出一种与亚里士多德十分不同的观点。加思并不是以讨论事物的原因来开始的,而是用医生们能够实施的新近著名的治疗案例来开头,而不在乎他们是否已经了解了其中的原因。当他开始拓宽他的讨论范围以包括自然知识在其中具有确定性的那些领域时,他并没有谈及普遍化的推理,而是谈到了对特例的考察:他谈到了植物学(“数目无限的植物的形状和味道”)、矿物

408

[1] Faye Marie Getz,《1500 年之前的医学院》(The Faculty of Medicine before 1500),载于 J. I. Catto 和 Ralph Evans 编,《牛津大学史·第二卷·中世纪晚期的牛津》(*The History of the University of Oxford*, Oxford: Clarendon Press, 1984－2000, vol. 2: *Late Medieval Oxford* [1992]),第 373 页～第 405 页。

[2] Artistotle,《修辞学》(*Rhetoric*),1.2(1356b)。

学，以及所有其他对自然进行描述的方面。医学“通过百折不挠的努力去探究自然；地球的中心逃脱不出它的视野，大海里的任何事物在它面前也无所遁形”。这是一项神圣的技艺。它不仅包括一套完整的自然知识，还包括对新的和更深的自然知识所进行的积极追寻。[3] 医生们通常都会努力将他们的知识运用于健康保持以及疾病治疗，但是医学本身依赖对自然以及自然奥秘的积极考察。医学的自然哲学基础变得越来越不像16世纪早期的情况了，即对事物的原因进行学术上的争辩，而是更积极和紧密地对物质世界进行描述。这项神圣的技艺并不是变得像山峰一样高远玄妙，而是变得像海洋一样博大深沉。与其说是这种变化影响了医学和医生，还不如说医生也同样影响了这些变化。

医学科学

在16世纪初，医学科学既包括理论也包括实践。但是两者都依赖理性的练习，而甚于对付疾病的技艺。11世纪阿维森纳（伊本・西那）所著的伟大的《医典》（*Canon*）就是这样说的，它依然是特别基本的且被广泛教授的医学概要。[4] 阿维森纳解释说医学科学像哲学一样既具有理论部分也具有实践部分。但是很少有人认为它与哲学可以相提并论，他们常常错误地理解医学的“实践”这一观念：

> 当我们说实践源自理论，我们并不是说医学中有一个部分，我们借助它去理解，而借助区别于它的另一部分去行动——就像许多分析这个问题的人假设的。我们的意思是这两方面都是科学——只不过一个处理的是知识的基本问题，而另一个处理这些原则的操作模式。前者是理论，后者是实践。[5]

在这段重要的文字中，阿维森纳继续论证（和普通的哲学观点一致）说医学的理论提供了确定性，因为它是建立在完全被接受的普遍原则之上的，而实践处理的是特例，它只提供意见或者判断。尽管如此，两者都是建立在理性的基础之上，而甚于在行动的基础之上。因此，医学的实践所关注的是这样一种本领，即能够从扎根于确定性之中的知识出发，在知识上转移到以那种确定性为基础的意见，即从普遍性到特殊性。医生这样做所依赖的是他对自然的理性知识，而甚于临床的经验，哲学家们是以同样的方式来处理理论和实践的。哪怕一个医生从来没有医治过病人，他也能够“实践”他的科学。

409

在阿维森纳的头脑中，学院式研究确立的第一个目标便是在保持健康和延长寿命

---

〔3〕 Frank H. Ellis，《加思纪念哈维的演讲》（Garth's Harveian Oration），《医学史杂志》（*Journal of the History of Medicine*），18（1963），第8页～第19页。

〔4〕 Nancy Siraisi，《阿维森纳在文艺复兴时期的意大利》（*Avicenna in Renaissance Italy*，Princeton，N. J.：Princeton University Press，1987）。

〔5〕 Avicenna，《医典》（*Canon*），O. Cameron Gruner 译，Michael McVaugh 校注，载于 Edward Grant 编，《中世纪科学原始资料集》（*A Source Book in Medieval Science*，Cambridge，Mass.：Harvard University Press，1974），第716页。

方面给出学术性建议。理想的情况是,医生能给别人提出建议,让他/她知道如何调整自己的生活,以使得他/她那独一无二的体质或者气质能和世界保持和谐。因此医学的原理不仅是被打算用来治疗疾病,还被打算用来服务于健康。[6] 结果,学术性的医学是和"养生法(regimen)"(这是一个表示控制、引导、规范、管理等意思的拉丁词语)相联系的,并且人们在整个现代早期提到它时,一般把它视为一种"预防性的"和"食疗性的(dietetic)"医学(来自古希腊词语 diaita,意为生活方式)。因此,医学研究所承担的远远不只是知道如何对付疾病。它还可以让医生们去斟酌任何一个病人的气质和境遇中违反自然规则的独特个性,以便按照个体的具体情况给出一个关于什么是对什么是错的因果说明,并且用权威人物的语言表达出来,以便预测一个人未来的健康状况,并且通过推荐一种正确的生活方式来保持和延长寿命。

虽然当时许多课本可能被用于学习和教授医学的理论和实践,但是到了现代早期,用五个部分去阐明其总括性摘要变得十分普遍(到了 17 世纪这被称作医学"概要",就像罗马法概要和基督教概要一样*)。首先是自然的基本本原:元素、气质、体液、精神、身体的部分、技能和举动。医学概要的第一部分中非常基本的一个要点是从一个常识出发的,即一个人能够把事物的原因划分成四种:质料因、形式因、动力因和目的因(参看第 3 章)。例如一个碗,可以根据它的质料组成、它的形状、它的制作者、制作它的目的来加以讨论。虽然可能所有的碗都共享有确定的特征,但是它们每一个都是不相同的。一个人想要分析复杂得多的人类的生理机能,就要从每个人的特性开始。医生能够以对关于病人的祖先和生命的意志的讨论来结束,但是在开始的时候,却要判断在他/她的气质或者体质之中相结合的质料因和形式因。身体可以根据"自然的东西"(组成身体的各部分,其中的每一个都依次具有它自身的意志和生命的功能,或者说本领,以实现它的意志)和"违背自然的东西"(违背身体和其部分之一般功能的东西,例如遗传缺陷)来加以分析。在这些"自然的东西"里包括四种体液,其中每一种都结合了四种性质中的两种:黄胆汁包含了干和热,黑胆汁包含了干和冷,黏液包含了湿和冷,血液包含了湿和热。虽然要对一个人的气质进行学术性说明可能需要对人的所有组成进行说明,但是人们常常过分简单地仅用那种占支配作用的体液来进行说明:一个人或是胆汁质,或是抑郁质,或是黏液质,或者多血质。头发的颜色、身体的类型、主要的行为,还有心情,都把一个人内在的本性在外部世界中展露出来了。学医的学生同样也学习占星术,而类似亚里士多德的《气象学》这样的基本著作,由于它描

[6] Vivian Nutton,《运动与健康:吉罗拉莫·梅尔库里亚利与医学体操》(Les exercices et la santé: Hieronymus Mercurialis et la gymnastique médicale),载于 Jean Céard、Marie-Madeleine Fontane 和 Jean-Claude Marselu 编,《文艺复兴时期的尸体:1987 年第 30 届巡回研讨会论文集》(*Le corps à la Renaissance: Actes du XXXe Colloque de Tours 1987*, Paris: Aux amateurs de livres, 1990),第 295 页~第 308 页;Gianna Pomata,《签约治疗:现代早期博洛尼亚的患者、治疗者和法律》(*Contracting a Cure: Patients, Healers, and the Law in Early Modern Bologna*, Baltimore: Johns Hopkins University Press, 1998),Gianna Pomata 译,Rosemarie Foy 和 Anna Taraboletti-Segre 协助翻译,尤其是第 135 页~第 139 页。

* 这里的"概要"指一个学科的原则或基础的摘要。——译者注

述了自然的周期过程，包括衰败的过程，也经常被用来理解原因。[7]

在概要的第一部分里也同样要对六种非自然物进行说明，身体外面的事物可以影响它，把它推向疾病或者让它保持健康：空气，食物和饮品，运动和休息，睡和醒，保留和排泄，以及大脑的激情。[8] 如果一个人按照自己特殊的气质去过一种正确的生活，那么疾病就得到预防而健康得以保持；如果不自然的东西使得一个人天生的气质变得不自然了（比如使一个天生多血质的人通过不正确的饮食变得太冷或者太干），那么疾病毫无疑问会随之而来。

在讨论了自然的元素以及它们如何结合起来构成人的生理机能之后，概要的第二部分补充了诊断方面的内容（疾病的原因和症状），第三部分是预后*，第四部分是卫生（保持健康和预防疾病），最后一部分则是治疗（如何使身体恢复健康）。这五个里面的最后一个通常情况下是很难从其他四个推导出来的，除它以外，学生们要掌握医学的这五个部分，就需要了解自然的知识和它的原因。

因此，我们就不会对此而感到奇怪，即医学的基本原理在16世纪初被到处教授，并且教授的方式和所有其他学院型的学科一样，都是通过注释权威文本还有辩论的方式来进行（参看第17章和第10章）。学生们可能具有医学实践的知识——甚至可能在他们获得医学博士学位之前就要求给出拥有这种知识的证据——但是他们是按照通常的方式去学习如何处理病人的，也就是在一个执业医生那里或者在医院里面做学徒，并且这种学习只是个人的安排，大学里面通常并不提供。医学科学是用来增进学术性知识和加强学生的理性的，以及在对事物原因的考察中得出确定的东西。并且由于教授们是通过注释和辩论的方式来上课的，没有人能够通过自己阅读书本来掌握医学科学：他不得不进入一个医学学院然后逐渐形成口头提问以及争论的习惯。于是理所当然的是，大学里演讲和辩论的规矩也影响了医学课本的结构。[9] 只有少数人能最

---

[7] 例如，参看 Michael MacDonald，《神秘的疯人院：17世纪的英格兰的疯狂、焦虑与治疗》（*Mystical Bedlam: Madness, Anxiety, and Healing in Seventeenth-Century England*, Cambridge: Cambridge University Press, 1981）；Sachiko Kusukawa，《占卜作品的外表：梅兰希顿与路德宗医生的占星术》（*Aspecto divinorum operum*: Melanchthon and Astrology for Lutheran Medics），载于 Ole Grell 和 Andrew Cunningham 编，《医学与宗教改革运动》（*Medicine and the Reformation*, London: Routledge, 1993），第33页～第56页。

[8] "非自然物"（res non naturales）一词最初是在将阿拉伯语医学文本（大约13世纪）翻译为拉丁语期间出现的，尽管该概念可以在盖仑的《医疗技术》（*Technē iatrikē*）中找到。参看 L. J. Rather，《"非自然的六件事"：关于学说和惯用语的起源和命运的记录》（The "Six Things Non-Natural": A Note on the Origin and Fate of a Doctrine and a Phrase），《医学史》（*Clio Medica*），3（1968），第337页～第347页。也可参看 Jerome J. Bylebyl，《盖仑论脉搏变化的非自然原因》（Galen on the Non-Natural Causes of Variation in the Pulse），《医学史通报》（*Bulletin of the History of Medicine*），45（1971），第482页～第485页；P. H. Niebyl，《非自然物》（The Non-Naturals），《医学史通报》，45（1971），第486页～第492页；Nancy G. Siraisi，《钟表和镜子：吉罗拉莫·卡尔达诺与文艺复兴时期的医学》（*The Clock and the Mirror: Girolamo Cardano and Renaissance Medicine*, Princeton, N. J.: Princeton University Press, 1997），第70页～第90页。

* 对疾病的发作和结果作出预言。——译者注

[9] Roger K. French，《贝伦加里奥·达·卡尔皮和解剖教学对评注的运用》（Berengario da Carpi and the Use of Commentary in Anatomical Teaching），载于 Andrew Wear、Roger K. French 和 Ian M. Lonie 编，《16世纪的医学文艺复兴》（*The Medical Renaissance of the Sixteenth Century*, Cambridge: Cambridge University Press, 1985），第42页～第74页，第296页～第298页；Roger French，《威廉·哈维的自然哲学》（*William Harvey's Natural Philosophy*, Cambridge: Cambridge University Press, 1994），第58页～第70页。

终拿到医学博士学位，他们为自己赢得了博学者的称号，所谓博学者，正是有能力解释事物的真正原因，并且能在这些理解的基础之上给出建议或者做出治疗的人。

直到16世纪初，医学人文主义的出现为考察阅读、演讲和辩论增添了其他方法。就像许多同时代的其他人一样，医学人文主义者们深信，通过借助哲学上艰难的实践，来恢复古代文本的纯粹性，就能够重新获取真的和有效的智慧。和希望复兴罗马文化的早期人文主义者不同，医学人文主义者试图恢复所有哲学型医学原始资料的最可信的档案，尤其是古希腊的资料。这些希腊文化的研究者在文本的收集、编辑和印刷上十分积极。他们编辑和翻译了亚里士多德、[10]柏拉图和其他哲学家的作品。但是诸如迪奥斯科瑞德斯和盖仑这些医学作者的一批新版的并且通常是要好得多的著作，而且很快包括希波克拉底的新版著作，也一起从著名的人文主义者印刷厂里源源不断地出版，比如说威尼斯人阿尔杜斯·马努蒂乌斯的印刷厂。[11]

412 医学方面的希腊文化研究者研究了很多与医学科学基础相关的主题。[12] 诸如著名的赫耳墨斯主义兼新柏拉图主义的哲学家和内科医生马尔西利奥·菲奇诺(1433～1499)通过使用自然魔法的技艺去理解和控制精神王国，以寻找一把能解开自然奥秘的钥匙。菲奇诺和其他人都致力于重新获得古典时期以前关于占星术、护身符、法宝、仪式和音乐的知识，以便能够治愈灵魂和身体，以及能够诠释包含了宇宙真正知识的神秘的特性。其他人则采用了更为数学化的立场。例如，卢万(Louvain)的赖纳·杰马·弗里修斯(1508～1555)于1529年出版了彼得·阿皮安的《宇宙志》(*Cosmography*)的一个新版本，为哥白尼体系辩护，并且培养了一代杰出的天文学家、数学家、测量员和制图师。在1536年，他获得医学博士学位的时候，已被任命为医学教授3年了，他担任这个职位直至去世。他在那里一直教授新的宇宙志和天文学，还有医学。[13] 与他同时代的意

---

[10] Charles B. Schmitt,《亚里士多德在医生中》(Aristotle Among the Physicians)，载于 Wear 等编,《16世纪的医学文艺复兴》，第1页～第15页，第271页～第279页。

[11] R. J. Durling,《对文艺复兴时期盖仑作品的版本与译作的编年调查》(A Chronological Census of Renaissance Editions and Translations of Galen),《沃伯格和考陶德研究所杂志》(*Journal of the Warburg and Courtauld Institutes*), 24(1961)，第230页～第305页；Durling,《莱昂哈德·富克斯及其对盖仑作品的注释》(Leonhard Fuchs and His Commentaries on Galen),《医学史杂志》(*Medizinhistorisches Journal*), 24(1989)，第42页～第47页；Francis Maddison、Margaret Pelling 和 Charles Webster 编,《关于托马斯·利纳克尔(约1460～1524)的一生和作品的随笔》(*Essays on the Life and Works of Thomas Linacre, c. 1460 - 1524*, Oxford: Clarendon Press, 1977)；Ian M. Lonie,《"巴黎的希波克拉底派"：16世纪下半叶在巴黎的教学与研究》(The "Paris Hippocratic": Teaching and Research in Paris in the Second Half of the Sixteenth Century)，载于 Wear 等编,《16世纪的医学文艺复兴》，第155页～第174页，第318页～第326页；Vivian Nutton,《文艺复兴时期的希波克拉底》(Hippocrates in the Renaissance)，载于 Gerhard Baader 和 Rolf Winau,《希波克拉底的流行：从理论到实践再到传统》(*Die Hippokratischen Epidemien: Theorie-Praxis-Tradition*, Sudhoffs Archiv, Beiheft 27, Stuttgart: Franz Steiner Verlag, 1989)，第420页～第439页。

[12] D. P. Walker,《从菲奇诺到康帕内拉的神灵魔法与恶魔魔法》(*Spiritual and Demonic Magic from Ficino to Campanella*, London: Warburg Institute, 1956)；James J. Bono,《上帝的话语与人的语言：现代早期科学与医学对自然的解释·第一卷·从菲奇诺到笛卡儿》(*The Word of God and the Languages of Man: Interpreting Nature in Early Modern Science and Medicine*, vol. 1: *Ficino to Descartes*, Madison: University of Wisconsin Press, 1995)；William Eamon,《科学与自然秘密：中世纪与现代早期文化中的秘著》(*Science and the Secrets of Nature: Books of Secrets in Medieval and Early Modern Culture*, Princeton, N. J.: Princeton University Press, 1994)，第91页～第266页。

[13] George Kish,《医学、测量、数学：杰马·弗里修斯(1508～1555)和生平与作品》(*Medicina, Mensura, Mathematica: The Life and Works of Gemma Frisius, 1508 - 1555*, Minneapolis: Publication of the Associates of the James Ford Bell Collection, 1967)。

大利人吉罗拉莫·卡尔达诺(1501～1576)也因为在类似领域里的贡献而声名鹊起。[14] 而其他人还在纠缠随着古代著作新版本的剧增而显露出来的文本中的矛盾。例如,尼科洛·莱奥尼切诺(1428～1524)陷入了一场关于普林尼的《自然志》(*Historia naturalis*)的争论之中,他声称即使那本自然的百科全书最好的版本,也包含着归于普林尼自己的医学错误,无论谁拿迪奥斯科瑞德斯的药物学来比较一下便可以看出这点。[15]

至于治疗的建议,由于传统的和古希腊文化研究者的文本的重新发现,人们弄清了中世纪拉丁人所改造的"阿拉伯"医学和古希腊的医疗建议是不一样的。例如,在巴黎工作的皮埃尔·布里索(1478～1522),在1514年流行胸膜炎时期抵制同时代人关于静脉切开术的教条,而赞同他认为应归功于盖仑的方法,即让病人放出足够多的血,而不考虑放血术是做在左边还是右边。这在博学的医生们那里引起了轰动,当布里索把他的方法带到葡萄牙,并且于1518年成功实施了他的治疗时,就更加激怒了他们,引起了好辩者的攻击。当布里索的回应在他死后的1525年得以出版时,这个问题被加入进来,有助于区别人文主义者和阿拉伯学者。[16] 医生们同样也从古代的文本中搜寻可信而有效的治疗法,认为那些都是希腊人曾经知道的,只是后来被遗忘或者破坏了。一开始是对新近重新获得的文本进行严格的研究,然后对古典的单味药物(独个的、非混合的物质,大多数是草药)的寻求很快扩展到花园和田野。例如,一种很有效的防腐和解毒的"万灵药"已经被盖仑和其他人介绍过,但是一些关于万灵药的古代处方混合了81种单味药物,其中的药物并没有全部得到清楚的鉴定。热烈追求古代可信的治疗法的后果是,药用植物学里发生了一场"静悄悄的革命",在以后将进一步对

413

[14] Siraisi,《钟表和镜子:吉罗拉莫·卡尔达诺与文艺复兴时期的医学》。

[15] Vivian Nutton,《爱国主义的危险:普林尼与罗马医学》(The Perils of Patriotism: Pliny and Roman Medicine),载于R. French和F. Greenaway编,《罗马帝国早期的科学:老普林尼,他的原始资料与影响》(*Science in the Early Roman Empire: Pliny the Elder, His Sources and Influence*, Totowa, N. J.: Barnes and Noble, 1986),第30页～第58页;Roger K. French,《普林尼与文艺复兴时期的医学》(Pliny and Renaissance Medicine),载于French和Greenaway编,《罗马帝国早期的科学:老普林尼,他的原始资料与影响》,第252页～第281页;Steven Eardley,《意大利杂记与罗马再造:人文主义藏品与古代崇拜》(Italian Miscellanies and the Refabrication of Rome: Humanist Collections and the Cult of Antiquity, Ph. D. dissertation, University of Wisconsin - Madison, 1998),第194页～第209页;Anthony Grafton,《公布你的死亡:作为启示的过去》(*Bring Out Your Dead: The Past as Revelation*, Cambridge, Mass.: Harvard University Press, 2001),第2页～第10页。

[16] John B. de C. M. Saunders和Charles Donald O'Malley编,《布鲁塞尔的安德烈亚斯·维萨里,1539年的放血信:带注释的翻译和对维萨里的科学发展的演变的研究》(*Andreas Vesalius Bruxellensis, The Bloodletting Letter of 1539: An Annotated Translation and Study of the Evolution of Vesalius's Scientific Development*, New York: Henry Schuman, 1947)。

此加以探讨(参看第19章)。[17]

到了16世纪30年代,不止一个医学人文主义者提出,虽然恢复古代医学文本的纯粹性是必要的,而且这能解决许多急迫的问题,但也许不仅普林尼会犯错误,即使是最有智慧的希腊医生有时候也会犯错误。在最著名的那些科目中,人们开始对古代的解剖学知识表示怀疑。古人中有些人指出,对健康和疾病的理解,来源于对身体中一般的自然过程(即生理学)的理解,并且指出通过对身体各部分进行研究(即解剖学),人们可以有次序地获得对生理学的最好理解,医学教授们对此是赞同的。解剖学在字面上的意思是把身体"分解剖开",这很显然需要进行某种手工操作。在此之前的中世纪晚期,从意大利开始(也许因为流行着灵魂在死后马上离开身体这一观点),就有了公开进行的人体解剖,以便向地方官员、医学和神学的学生还有感兴趣的旁观者展示人体的各个部分。[18] 在这样重大的场合,一个教授对解剖学课本进行朗读和讲解,而其他人,比如说外科医生,实际进行解剖,这看上去是很平常的事情。这样的解剖实践很难对如下观点提出质疑,即人们要搜集到更好的解剖学知识,可以通过获得编译希腊和古代其他文本所必需的哲学技巧来达到。但是把词语和身体的部分对应起来并不是一件容易的工作。为了解开很多谜团,教授们和学生们——也包括列奥纳多·达·芬奇(1452～1519)这样的艺术家——偷偷地进行需要自己亲自动手的私人性解剖。当安德烈亚斯·维萨里(1514～1564)著书以解释如何解剖人体时,他不仅仅写出了如何进行公开的解剖,还表达了私人解剖的重要性,"这些解剖是经常在做的"。[19]

在那些把自己的探究延伸到解剖学知识,并且在这一过程中怀疑诸如盖仑这样的权威人物是否完全正确的人之中,维萨里是最值得注意的。他曾经在卢万(正是在这个地方他第一次开始独立地进行解剖学研究)和巴黎(在此他和一些最早的医学上的希腊文化研究者一起,继续他的解剖学工作)学习过,而后他于1537年在帕多瓦担任了解剖学和外科学教师的职位。正是在那里,他发展了他的研究,使得他在1534年得

[17] 引文来自 Richard Palmer,《16世纪威尼斯共和国的药房》(Pharmacy in the Republic of Venice),载于 Wear 等编,《16世纪的医学文艺复兴》,第110页;也可参看 Palmer,《文艺复兴时期意大利北部的药用植物学》(Medical Botany in Northern Italy in the Renaissance),《英国皇家医学会杂志》(*Journal of the Royal Society of Medicine*),78(1985),第149页～第157页;Gilbert Watson,《万灵药与万应解毒剂:治疗学研究》(*Theriac and Mithridatium: A Study in Therapeutics*, London: Wellcome Historical Medical Library, 1966);Jay Tribby,《(与)克利俄和克莱奥一起烹饪:17世纪佛罗伦萨的雄辩和实验》(Cooking [with] Clio and Cleo: Eloquence and Experiment in Seventeenth-Century Florence),《思想史杂志》(*Journal of the History of Ideas*),52(1991),第417页～第439页;Paula Findlen,《拥有自然:现代早期意大利的博物馆、收藏和科学文化》(*Possessing Nature: Museums, Collecting, and Scientific Culture in Early Modern Italy*, Berkeley: University of California Press, 1994),第241页～第256页。关于寻找万灵药的有效成分的例子,参看 Clifford M. Foust,《大黄:奇妙的药物》(*Rhubarb: The Wondrous Drug*, Princeton, N. J.: Princeton University Press, 1992)。

[18] Katharine Park,《罪犯与神圣的身体:意大利文艺复兴时期的尸检和解剖》(The Criminal and the Saintly Body: Autopsy and Dissection in Renaissance Italy),《文艺复兴季刊》(*Renaissance Quarterly*),47(1994),第1页～第33页;Park,《对尸体的记述:中世纪晚期欧洲的分割与解剖》(The Life of the Corpse: Division and Dissection in Late Medieval Europe),《医学史杂志》,50(1995),第111页～第132页;Roger K. French,《欧洲文艺复兴时期的解剖与活体解剖》(*Dissection and Vivisection in the European Renaissance*, Aldershot: Ashgate, 1999)。

[19] Charles D. O'Malley,《布鲁塞尔的安德烈亚斯·维萨里(1514～1564)》(*Andreas Vesalius of Brussels, 1514 - 1564*, Berkeley: University of California Press, 1964),第343页;Andrea Carlino,《身体之书:解剖仪式与文艺复兴时期的知识》(*Books of the Body: Anatomical Ritual and Renaissance Learning*, Chicago: University of Chicago Press, 1999)。

以出版著名的《人体的构造》(*De humani corporis fabrica*)一书。维萨里的书给出证据以表明人体某些部分(比如大脑中的网状覆盖物)是虚构的,还有对于其他部分(比如说心脏中的隔膜),以前的相关描述是错误的。维萨里断定说,盖仑更像是在动物身上做的解剖,而不是在人体上,因此他得到的很多东西都是错误的。维萨里以他自己的经验为基础对文本进行批评,并且他采用了全新的展现方式来让别人分享自己的研究成果:《人体的构造》以图文并茂而著称于世,其中的插图都是由当时一些技艺最高的画家和木版雕刻师制作的。这本书也对维萨里实施解剖的步骤之细节进行了详细的描述,还详细描述了他所使用的工具,附有插图,以便让其他人也能按照相同的方式进行操作。[20]

维萨里声称自己比熟知古代文本的人或者甚至古代的作者本人要更加权威,因为他的这些知识是通过亲眼看见而得来的。解剖学和这种眼见为实之间的联系,在近代的语言中仍然可以找到,例如英语中的"实地观察(autopsy)"一词,到了17世纪中期这个词逐渐普遍地用来表示进行尸体检查的解剖。[21] 拉丁语的autopsia一词来源于希腊语的autoptēs一词,意思是见证人。当它以修辞的手法被使用时,指的是人们所求助的权威乃是一个事件的在场者。这种诉求必然是要使用第一人称单数的:"我看见"或一个类似的语法结构。人们发现从17世纪中叶以来就开始出现在从事于有关"新大陆"写作者的著作之中的"亲眼所见的形象(autoptic imagination)"这一词语,在那些撰写自己医学的经验和观察结果的人那里出现的时间甚至要更长。[22] 此外,在某些人的著作中,例如在集医生、数学家和自然哲学家于一身的卡尔达诺的著作中,"非个人化之学术和科学的讨论与个人经历"之间的界限"经常和持久地"被突破。[23] 卡尔达诺于1575年还出版了一本很有名的书——《关于我自己生活的书》(*Liber de vita propria*),它是最早出现的自传之一。

因此,对于维萨里和其他医生来说,解剖学是他们以亲眼观察人体的方式来对自身知识进行探究的最深刻的表现之一。那句著名的神秘格言"认识你自己"不仅在很长时间里和医学紧密联系在一起,也和道德哲学联系在一起。在切开死者尸体的行为中,解剖者越过了许多日常的感觉界限以获取有关人体结构的知识——这既是他自己身体结构的知识,也是其他人身体结构的知识。与此同时他们还传达了一种惊叹之意,惊叹于上帝和自然的伟大计划,竟然将这样一个肉体赋予了人类。另外解剖学课

415

---

[20] O'Malley,《布鲁塞尔的安德烈亚斯·维萨里(1514～1564)》;Vivian Nutton,《"古代的解剖学老师":希腊文本与文艺复兴时期的解剖学家》("Prisci dissectionum professores": Greek Texts and Renaissance Anatomists),载于A. C. Dionisotti、Anthony Grafton和Jill Kraye编,《希腊语与拉丁语的使用:历史随笔》(*The Uses of Greek and Latin: Historical Essays*, London: Warburg Institute, 1988),第111页～第126页;Glenn Harcourt,《安德烈亚斯·维萨里与古代雕塑的解剖学》(Andreas Vesalius and the Anatomy of Antique Sculpture),《表象》(*Representations*),17(1987),第28页～第61页。

[21] 《牛津英语词典》(*Oxford English Dictionary*, 2nd ed., rev., Oxford: Oxford University Press, 1991),s. v.,"autopsy"。

[22] Anthony Pagden,《欧洲人与新大陆的相遇》(*European Encounters with the New World*, New Haven, Conn.: Yale University Press, 1993),第51页～第87页。

[23] Siraisi,《钟表和镜子:吉罗拉莫·卡尔达诺与文艺复兴时期的医学》,第9页。

程也传达了关于死亡和必死性的潜在信息。因此公开的解剖课程的参加者通常是重要的显贵人物，同时也包括神学和医学的学生。[24] 在解剖教室未被使用的时候，它就可能变成一个对这个世界进行沉思的场所，或者以其他方式变成任何别的场所。莱顿大学的解剖剧场里摆放着人的皮肤和骨骼，它们通常摆成象征着善与恶的姿态或者著名人物（比如亚当和夏娃）的样子，或者挂着书写了拉丁箴言的横幅，提醒着读者准备好回归尘土，另外还展示了各种解剖工具，悬挂着关于世界和天堂的图画，即使在夏天上课，也让人感到一股寒意。[25]

在整个16世纪，人们试图把道德和自然的知识建立在对自然现象的密切研究之上，而不是在基本原理之上，这变得越来越普遍。帕多瓦大学、蒙彼利埃大学和莱顿大学的医学院，由于在教学中对自然的个别情况比对一般情况给予了更大的关注，享有格外的声誉。除亚里士多德主义者和解剖家之外，前者例如激进的自然哲学家和医生彼得罗·彭波那齐（1462～1525），后者例如维萨里，帕多瓦大学还聘用了詹巴蒂斯塔·达·蒙特（1498～1552），他以在大学体系里最先开始教授临床医学而闻名于世，具体时间是1543年。帕多瓦大学和比萨大学同样在16世纪40年代中期为它们的医学院建立了医学植物园，其他大学相继效仿。[26] 意大利博洛尼亚大学的第一位单味药物教授卢卡·吉尼，也是比萨大学植物园第一个管理者，他为了植物鉴定的需要发展出一种在纸上压制和干燥植物的方法（植物标本的制作），使得植物学研究有时全年都可以进行。[27] 莱顿大学是在16世纪70年代晚期被建立起来的，它那时便明显地仿效了帕多瓦大学，有一个植物园、一个解剖剧场，甚至在几十年后设立了一个校内医院以提供病床边的临床教学。莱顿大学医学院的最早成员都是在帕多瓦大学或蒙彼利埃大学接受教育的，其中很多人都凭着他们的才能成为知名自然志家。因此，很多16世纪最重要的植物学家和自然志家都是医生，这就没什么值得奇怪的了。例如纪尧姆·龙德莱（1507～1566），他从1545年起在蒙彼利埃大学担任皇家医学教授直至去世，是一个热情、活跃的解剖家和植物学家，还是好几本医学著作的作者，并且以他的研究鱼类的大部头著作而闻名，在100多年里这本著作一直保持着权威性。他激发起他的学生和其他学者把自然志当作医学研究中本质的部分来进行研究。

416

---

[24] Giovanna Ferrari，《解剖公开课和狂欢节：博洛尼亚的解剖剧场》（Public Anatomy Lessons and the Carnival: The Anatomy Theatre of Bologna），《过去与现在》（*Past and Present*），117（1987），第50页～第106页；Jonathan Sawday，《被颂扬的身体：文艺复兴时期文化中的解剖与人体》（*The Body Emblazoned: Dissection and the Human Body in Renaissance Culture*, London: Routledge, 1995）。

[25] Th. H. Lunsingh Scheurleer，《道德化解剖学的一个圆形剧场》（Un amphithéâtre d'anatomie moralisée），载于Th. H. Lunsingh Scheurleer和G. H. M. Posthumus Meyjes编，《17世纪的莱顿大学：学术交流》（*Leiden University in the Seventeenth Century: An Exchange of Learning*, Leiden: Universitaire Pers Leiden/E. J. Brill, 1975），第217页～第277页。

[26] Jerome J. Bylebyl，《帕多瓦学院：16世纪的人道主义医学》（The School of Padua: Humanistic Medicine in the Sixteenth Century），载于Charles Webster编，《16世纪的健康、医学和死亡率》（*Health, Medicine, and Mortality in the Sixteenth Century*, Cambridge: Cambridge University Press, 1979），第335页～第370页。

[27] Karen Meier Reeds，《中世纪和文艺复兴时期大学的植物学》（*Botany in Medieval and Renaissance Universities*, New York: Garland, 1991），尤其是第35页～第36页。

在学院派医生的著作中,有明显的证据表明:那些越来越多地从事对自然的考察,并在此过程中证实了精确的医学细节的博学的作者,成为核心人物。[28] 那个中世纪经典的假定(医学科学来源于基本原理的确定性)逐渐受到损害,有利于对个别事物的描述。

新大陆、新疾病和新药物

学院派医学除了要应对大学内部的变化,还不得不应对产生于大学殿堂之外的变化。积极地把所学应用于实践(不管是用于预防还是治疗)的行动,会使博学的医生们紧密地、有时候是过度紧密地和其他人进行对话。虽然医生们的实践是在穷人以及其他人之间或者之上进行的,但他们主要还是生活在受过教育的城市居民之中:精英或者技术高超的手艺人、商人、律师、地方行政官、绅士、贵族、廷臣、高级军官、海军军官、枢机主教和法官,以及他们的妻子、女儿和女同伴。医生们活动于其中的市民社会这一上层领域要求有礼貌并取得了统治权。而在医生经过的时候,仆人、极少数的家奴、工人、店主和其他普通百姓要像接受命令一样站在一边表达恭敬之意——或者推测他们将要经过的时候。但是医生确实比大多数人要更经常地来往于城市中的各个社会阶层之间。

417

就像很多其他城市里受过教育的人一样,医生和其他在城市里有身份的执业医生,对那个时代流行的医学观点的态度已经变复杂了,但是主要是轻蔑的态度。这种态度的根源在于他们处于民众的生活之中。在那种低头不见抬头见的小乡村和家庭中,人们的大多数知识都是从家庭和邻居那里获得的,比如说通常只受过一点教育的牧师和教师,或者地主、女士和侍从(参看第 8 章)。农村各阶层人们通常拥有共同的娱乐和观点。植物、动物和地方被认为有特殊的力量,或者有特别的精灵居住于其中,它们可以为善也可以为恶。与被处死的犯人的尸体、分娩、身体的排泄物有关的物质,或者昆虫和寄生虫,可能同样具有巨大的力量;物体和人就是这样和基督教的圣礼发生联系的。特殊的人(例如,草药婆、第七个儿子或遗腹子)可能比其他人更懂得如何使用或控制这些力量,他们能制造出人们渴望的及时雨,也能制造出酿成灾害的冰雹,他们能影响他人的身体健康和爱欲,能制造恶意甚至死亡。因此乡村世界不仅充满了有用的人和资源,同样也蕴藏着许多精神和肉体上的危险。城市受过教育的人和富有的人倾向于把这些“大地上的黑暗角落”当作无知的乡巴佬、迷信的庄稼汉或者更糟糕的人居住的地方。调查乡村事件的牧师、法院的审问官和医生有时把它们解释为与魔

[28] Andrew Wear,《威廉·哈维与“解剖学家的方式”》(William Harvey and the “Way of the Anatomists”),《科学史》(*History of Science*),21(1983),第 223 页～第 249 页。

鬼有关,魔鬼常常被认为在自然中扮演活跃的角色。[29] 而医生们也是第一批把巫术归因于患有妄想性疾病的人。[30]

418 如果对于城市居民来说危险和好处都潜藏在农村的矮树丛中,那么它们也能在城市环境的灌木丛中被找到。许多在街坊四邻和市场中巡诊的执业医生,不管是白内障摘除师、治疝师、接骨师还是秘药的制造师,都以出售他们的技艺或商品来赚取酬金。由于印刷机越来越普及,以及很多城市居民都有文化能识字,许多执业医生并不仅仅直接去让人们知道自己,即通过向人群喊话来推销自己,还间接地通过海报和传单来宣传自己,并且在17世纪中期报纸发展起来之后,还借助于它们达到宣传的目的。这些人——通常被称为走江湖卖假药的或者江湖游医,或者简单地叫作"庸医"——是非常普遍的,他们能够从匈牙利走到大不列颠岛,然后又回到他们医学旅行的起点。庸医对人们来说是如此熟悉,以至于这个时期的戏剧和文学经常把他们作为塑造的对象。例如,1668年H. J. C. 冯·格里美豪生的传奇式流浪冒险小说《痴儿西木传》*(*Simplicius Simplicissimus*),小说主人公西木是个出于对"三十年战争"的恐惧而离开了他的农村家庭的孩子,他在经历了各种奇遇之后,长大成人;西木有一段时间也做过庸医,欺骗淳朴的小镇居民相信他的药糖剂和其他药物有很大的健康效用。通过这种办法,他才得以购置食物和马匹,"在路上赚了很多钱,因此他得以安全地抵达德国边境"。[31]

这类庸医的有些药物,比起西木的来说还是要更为可靠和真实的。例如著名的法国外科医生安布鲁瓦兹·帕雷(1510～1590),从一个以其神效的止痛药膏而闻名的都灵外科医生那里,获得了一种针对枪伤的药膏处方。[32] 许多新、老处方出现在"Sachliteratur(有用的信息手册)"以及所谓的秘诀书之中。[33] 巴塞尔城里产生过好几代著名医学教授的普拉特家族,就和他们通常都使用传统药物的农村亲戚们保持着密切的联系。[34] 市民社会的成员,不管是男人还是女人,都自己收藏着医学处方的书籍,

---

[29] 例如,参看 Keith Thomas,《宗教与魔法的衰落》(*Religion and the Decline of Magic*, New York: Charles Scribner's Sons, 1971);Peter Burke,《现代早期欧洲的流行文化》(*Popular Culture in Early Modern Europe*, London: Temple Smith, 1978);Carlo Ginzburg,《夜战:16和17世纪的巫术和土地崇拜》(*The Night Battles: Witchcraft and Agrarian Cults in the Sixteenth and Seventeenth Centuries*, Baltimore: Johns Hopkins University Press, 1983),John Tedeschi 和 Anne Tedeschi 译;Brian P. Levack,《现代早期欧洲的猎巫》(*The Witch-Hunt in Early Modern Europe*, London: Longmans, 1987)。

[30] 参看 Johann Weyer 著名的《论魔鬼的诡计》(*De praestigiis daemonum* [1563], Binghamton, N. Y.: Medieval and Renaissance Texts and Studies, 1991),John Shea 译。在书中,魏尔认为,巫术中的大多数要归于自然原因,但是在那些由恶魔力量所引起的情况中,医生应该让牧师来处理。切萨尔皮诺更强有力的论点是,医生和自然原因应该优先于神职人员和超自然现象。参看 Mark Edward Clark 和 Kirk M. Summers,《安德烈亚·切萨尔皮诺的〈亚里士多德派的恶魔研究〉中的希波克拉底医学与亚里士多德科学》(Hippocratic Medicine and Aristotelian Science in the *Daemonum investigatio peripatetica* of Andrea Cesalpino),《医学史通报》,69(1995),第527页～第541页。

* 也译为《痴儿辛普里丘传》。——译者注

[31] H. J. C. von Grimmelshausen,《西木历险记》(*The Adventurous Simplicissimus*, Lincoln: University of Nebraska, 1962), A. T. S. Goodrick 译,尤其是第252页～第254页。

[32] Ambroise Paré,《道歉与论文》(*The Apologie and Treatise*, [1951], New York: Dover, 1968),Geoffrey Keynes 编译,第24页。

[33] Eamon,《科学与自然秘密:中世纪与现代早期文化中的秘著》。

[34] Emmanuel Le Roy Ladurie,《乞丐和教授:16世纪的家庭传奇》(*The Beggar and the Professor: A Sixteenth-Century Family Saga*, Chicago: University of Chicago Press, 1997),Arthur Goldhammer 译。

并且相互之间通过信件交流药物信息。罗伯特·玻意耳(1627～1691)是唯一把他的部分藏书出版以帮助普通百姓的最有声望的人物。[35]

博学的内科医生通常竭力地反对那些没有学问的人或"江湖医生"的实践活动。[36] 419 但是比起世界上的西木们的秘药来说,对学术医学造成更大挑战的,是城市的精英分子中没有拿到医学博士学位的外科医生、药剂师和其他有文化的执业医生。欧洲许多大的镇子和城市部分地或者全部地是由行会或其他团体的成员来管理的,作为行会的成员,药剂师和外科医生属于具有政治权力的那些人,其中一些还变得十分富有。药剂师已经开始变成各类物种和其他有销路的商品的批发进口商,因此他们可能不只是属于他们自己的行会,还是杂货商和其他交易商的同行。随着零售活动在16和17世纪的市镇里变得越来越普遍,许多药剂师都自己开店,然后从店里配制各种药物。尽管有反对的禁令,但在药剂师很多的地方,他们常常向患者给出医学忠告,甚至走进患者家中去这样做。[37]

到了16世纪,外科医生已经从理发师兼外科医生的同行那里脱离了出来。理发师兼外科医生使用工具来剪发、刮胡子,或者割开静脉以放血。而真正的外科医生通常是理发师兼外科医生行会中的精英分子,他们不仅割开静脉,还处理断骨、疝气、白内障、溃疡的或长了疱疹的皮肤,或者使身体外表出现了显著问题的疾病。他们也可能截肢,切除生长的肿瘤、取出膀胱中的结石、修复瘘管、把皮肤移植到鼻子上、制作假体。他们还经常治疗更为一般的病患。船上和军队中的大多数医疗援助都是由外科医生和他们的学徒提供的,由此他们为政府和贸易做出了贡献。在意大利和其他一些地方,例如蒙彼利埃和莱顿,外科学被纳入了学院式学科教育范围内,并且在整个欧洲,外科医生都日益与学术医学相关,日益与促进医学人文主义相关。[38]

城市执业医生和医学实践的多样性常常使得内科医生们心神不宁。他们不仅设法防止他们的病人被抢走,还坚持公众的健康和安全需要秩序。因此,取得合法授权的内科医生团体经常试图禁止或者规范其他人的实践活动。他们联合了市民中的权威人物来这样做,这些人物主要是市政长官,但有时也包括贵族甚至王室的官员。内科医生们经常获得司法上的权力来检查药剂师的店铺,并在外科医生和药剂师的学徒 420

---

[35] Robert Boyle,《论特殊药物与微粒哲学的一致性》(*Of the Reconcileableness of Specifick Medicines to the Corpuscular Philosophy*, London: Printed for Samuel Smith, 1685);Boyle,《药物实验》(*Medicinal Experiments*, London: Samuel Smith, 1692 - 3)。也可参看 Barbara Beigun Kaplan,《"泄露医学中有用的真相":罗伯特·玻意耳的医学议程》("*Divulging of Useful Truths in Physick*": *The Medical Agenda of Robert Boyle*, Baltimore: Johns Hopkins University Press, 1993)。

[36] 当时的文学作品非常多;关于早期当地语言的例子,参看 Laurent Joubert,《关于医学和健康饮食的流行的错误》(*Erreurs populaires au fait de la médecine et régime de santé*, Bordeaux: S. Millanges, 1579)。

[37] 在英格兰,"普通执业医生"来自外科医生兼药剂师,尽管他们在别处受到更严格的控制。参看 Irvine Loudon,《医疗护理和普通执业医生(1750～1850)》(*Medical Care and the General Practitioner, 1750 - 1850*, Oxford: Oxford University Press, 1986)。

[38] Vivian Nutton,《人文主义外科学》(Humanist Surgery),载于 Wear 等编,《16世纪的医学文艺复兴》,第75页～第99页,第298页～第303页;Mary C. Erler,《盖仑的第一本英文印刷品:理发师兼外科医生团体的形成》(The First English Printing of Galen: The Formation of the Company of Barber-Surgeons),《亨廷顿图书馆季刊》(*Huntington Library Quarterly*),48(1985),第159页～第171页。

成为行会自由人之前对他们进行审查,禁止那些没有他们的许可证的人进行医学实践,甚至对坏的实践进行惩罚。作为协助内科医生的回报,市民中的权威人物也在改善瘟疫情况、治疗穷人、维持城市的健康环境方面得到内科医生们的大力合作。[39]

对那些反对内科医生的人来说,他们声称医学只是一种毫无用处的学院式的训练,它们在治疗患者时毫无价值。内科医生的反对者还声称,即使他们对古人所描述的疾病有某些了解,新的更厉害的疾病已经出现了。在这点上经常被举出的例子就是梅毒:许多人都相信它是一种新病,是哥伦布的船员从"新西班牙"传进来的。[40] 但是其他新病也出现了,例如在16世纪中期席卷波罗的海和北海周围地区的汗热症(sweating sickness)。[41] 于是他们接下去主张应该允许新的实践和执业医生来对付这些有重要影响的疾病。例如在梅毒这个案例中,因为损伤出现在皮肤上,这就使得外科医生们声称自己有权处理这种疾病。

更有说服力的例子也许是这样一种常识,即上帝已经为每种疾病都创造了一种药物,就看人类有没有这个才能去找到它。关于植物外形特征的学说就是这种信念的一个例子:地钱(liverwort,直译为肝脏草)肝脏形的叶子就表明了它在肝脏疾病中的功效。从更一般的角度看,梅毒源于新大陆这一观点加强了人们对愈创木(guaiac wood)这种药物效用的信任,因为据说这种药物就被新大陆的当地人用来治疗梅毒。于是愈创木成了从新西班牙进口的一种重要商品。[42] 而其他新药也很快在欧洲市场上站稳了脚跟。其中最著名的是从新大陆来的烟草、巧克力、撒尔沙根、檫木和金鸡纳皮,还有咖啡、茶叶、樟脑、鸦片等其他从东印度群岛来的东西。[43] 那些不情愿用新药的内科医生常常由于病人希望使用新药而在开处方时采用进口药(通常较贵);另一方面,那些推销新药的内科医生通常已经被药剂师收买了。

421

[39] Andrew W. Russell,《从中世纪到启蒙运动时期欧洲城镇与政府的内科医生》(*The Town and State Physician in Europe from the Middle Ages to the Enlightenment*, Wolfenbüttel: Herzog August Bibliothek, 1981);Katharine Park,《文艺复兴早期佛罗伦萨的医生与医学》(*Doctors and Medicine in Early Renaissance Florence*, Princeton, N. J.: Princeton University Press, 1985);John T. Lanning,《皇家御医:西班牙帝国关于医疗职业的规定》(*The Royal Protomedico: The Regulation of the Medical Profession in the Spanish Empire*, Durham, N. C.: Duke University Press, 1985),John J. TePaske 编;Harold J. Cook,《监管伦敦的健康:内科医生学院与早期的斯图亚特王朝》(Policing the Health of London: The College of Physicians and the Early Stuart Monarchy),《医学社会史》(*Social History of Medicine*),2(1989),第1页~第33页;Frank Huisman,《荷兰共和国的巡回执业医生:格罗宁根案例》(Itinerant Medical Practitioners in the Dutch Republic: The Case of Groningen),《曳物线》(*Tractrix*),1(1989),第63页~第83页。

[40] F. Guerra,《关于梅毒的争论,欧洲对美洲》(The Dispute Over Syphilis, Europe Versus America),《医学史》,13(1978),第39页~第61页;Frank B. Livingstone,《关于梅毒的起源:另一种假设》(On the Origin of Syphilis: An Alternative Hypothesis),《当代人类学》(*Current Anthropology*),32(1991),第587页~第590页;Jon Arrizabalaga、John Henderson 和 Roger French,《杨梅大疮:欧洲文艺复兴时期的法国病》(*The Great Pox: The French Disease in Renaissance Europe*, New Haven, Conn.: Yale University Press, 1997)。

[41] John A. H. Wylie 和 Leslie H. Collier,《英国汗热症:重新评估》(The English Sweating Sickness [Sudor Anglicus]: A Reappraisal),《医学史杂志》,36(1981),第425页~第445页。

[42] Sigrid C. Jacobs,《愈创木:一种药物的历史;一篇批判性分析论文》(Guaiacum: History of a Drug; a Critico-Analytical Treatise, Ph. D. dissertation, University of Denver, 1974)。

[43] 例如,参看 Saul Jarcho,《奎宁的前身:弗朗切斯科·托尔蒂与金鸡纳皮的早期史》(*Quinine's Predecessor: Francesco Torti and the Early History of Cinchona*, Baltimore: Johns Hopkins University Press, 1993);Sophie D. Coe 和 Michael D. Coe,《巧克力的真实历史》(*The True History of Chocolate*, London: Thames and Hudson, 1996);M. N. Pearson 编,《印度洋世界的香料》(*Spices in the Indian Ocean World*, Aldershot: Variorum, 1996)。

许多内科医生对民间药、秘药、新药、非正统理论和对毫无控制地声称拥有专门知识的担忧一起聚焦在了帕拉塞尔苏斯和他的追随者身上。特奥夫拉斯特·邦巴斯图斯·冯·霍恩海姆(约 1493 ～ 1541),更多以"帕拉塞尔苏斯"(意为"超过塞尔苏斯",塞尔苏斯是罗马的医学百科全书编撰者)闻名于世,成了 16 世纪早期最为声名狼藉的巡回执业医生;他的名字至今在说德语的地区还能引起人们或尊敬或蔑视的情绪。他已经变成了炼金术和医学开始结合的一个象征:虽然在这个舞台上有比他更早的先驱,但是在帕拉塞尔苏斯之后,由于他巨大的声望,这个方面的工作都逐渐受到他的影响。至于炼金术,它一部分是种手艺,一部分是种哲学,试图解释与四元素说不太相符的现象,还有一部分是种神秘的宗教。但是炼金术与采矿业和类似漂白和染色这样的行业联系起来,这也可以变成一种重要的途径,通过这种途径,实践的分析方法就可以被运用到医学中去。例如,蒸馏法对于现代早期炼金术技术的发展来说是至关重要的:到了 13 世纪,蒸馏设备已经有足够的能力从葡萄酒中提取"aqua vitae(生命之水,即酒精)"。到了 16 世纪,许多事物的精华都能够被提取出来(像"烈酒"),并且冶金术已经发展出更好的方法把金银从矿石中提取出来,比如通过加热或者利用汞。

炼金术士们通常利用以上这些或者其他方法,去寻找宇宙的基质,即所谓的"哲人之石",它能够把贱金属转化成为贵金属或者能够制造出一种让人长生不老且包治百病的药。对炼金术工作的许多过程和结果的解释,都涉及小宇宙和大宇宙的观念(人体的物质和精神上的东西是更大宇宙中的事物的缩小的对应物),以及同感作用和反感作用(爱与恨,吸引与排斥,雄性与雌性)的观念。帕拉塞尔苏斯把这些观点与强大的并且大众化了的基督教精神和民间传说结合在一起。[44] 对于某些人来说,尤其是德语地区的人,帕拉塞尔苏斯的著作就是对一种全新而深刻的智慧的承诺。丹麦内科医生彼得鲁斯·塞韦里努斯(1540 ～ 1602)使他的观点被更广泛地知晓,并且通过拉丁语对这些观点进行概括和解释,使得它们在学术上也受到尊重。[45] 到了 16 世纪末期,甚至连受过良好教育的内科医生们在提到帕拉塞尔苏斯都可能流露出赞赏之意,虽然这些人一直处于正统的天主教、安立甘宗、路德宗和加尔文宗的主流之外。

422

在这同一时期,医疗化学家们(有时称作"化学疗法者")已经更广泛地在欧洲成为一股强大的力量,无论他们是赞同还是不赞同帕拉塞尔苏斯所提出的基本原理。就像他们同时代博学的一些人一样,这些化学家激烈地批判逻辑和辩证法,以便反对内科医生和使"自然之光"变模糊。他们声称他们的实验方法将通过发现新的和有效的

---

[44] 例如,参看 Walter Pagel,《帕拉塞尔苏斯:文艺复兴时期哲学医学导论》(*Paracelsus: An Introduction to Philosophical Medicine in the Era of the Renaissance*, New York: S. Karger, 1958);Allen G. Debus,《化学哲学:16 和 17 世纪帕拉塞尔苏斯主义的科学和医学》(*The Chemical Philosophy: Paracelsian Science and Medicine in the Sixteenth and Seventeenth Centuries*, New York: Science History Publications, 1977);Charles Webster,《从帕拉塞尔苏斯到牛顿:魔法与现代科学的形成》(*From Paracelsus to Newton: Magic and the Making of Modern Science*, Cambridge: Cambridge University Press, 1982);Z. R. W. M. von Martels 编,《重返的炼金术》(*Alchemy Revisited*, Leiden: E. J. Brill, 1990)。

[45] Jole Shackelford,《16 和 17 世纪帕拉塞尔苏斯主义在丹麦和挪威》(Paracelsianism in Denmark and Norway in the 16th and 17th Centuries, Ph. D. dissertation, University of Wisconsin - Madison, 1989),第 1 页～第 186 页。

治疗法而导致出现一种改良的医学。帕拉塞尔苏斯主义者也鼓吹三条非物质性的“本原”——但不是四元素——以此作为物质变化的根本原因：盐（固体性本原）、硫（易燃性本原）和汞（流动性本原，包括冒烟性）。他们也反对解剖尸体，而相信他们自己对活的小宇宙和大宇宙的“化学解剖”更有优越性。许多人也采用了帕拉塞尔苏斯的观念，即每一种疾病都有本体论的原因：有一种“元气”或者精灵进入了人体，于是对原处的元气——它对人体正常运行来说是必不可少的——造成了冲击。借助军事上的比喻，化学疗法者把外来的“元气”或者精灵描述成入侵者，而为了保护身体自身的元气，需要用“特效的”药物去征服它。许多特效药是用重金属（包括汞和锑）制成，通过在水或酒精中清洗或通过氧化作用来去除它们的毒性。帕拉塞尔苏斯的追随者也试图以液态万能溶剂的形式制出能治百病的万灵丹（panacea）或万能药（cure-all），其中万能溶剂是一种能够把阻塞人体管道的固体（牙结石）溶解掉的通用溶剂。医疗化学家组成了一个有时结合得比较松散的执业医生团体，出版了很多东西，并且所使用的经常是当地语言，这使得其他执业医生、公众和皇室对他们的看法有了转变。到了17世纪10年代，几乎没有哪位博学的内科医生会完全反对在分析和治疗中使用化学方法，虽然他们中的大多数人还是坚定地对这些化学家进行激烈的批评。[46]

423 17世纪最有影响力的一位医疗化学家是约翰内斯·巴普蒂丝塔·范·赫耳蒙特（1579～1644）。范·赫耳蒙特来自佛兰德斯地区，是一个受过良好教育的贵族，在对学院式医学的教学丧失信心之后，转而从事医学炼金术。在1621年他出版了自己的第一本著作后便陷入了与西班牙统治下的尼德兰的耶稣会士们以及天主教异端裁判所的激烈争论之中，这本书是关于武器药膏的。他推广的药膏利用同感作用治疗，不是敷于伤口而是敷于制造伤口的武器上。对于权威人士来说，这是带有巫术色彩的，甚至带有异端色彩。范·赫耳蒙特的观点在1623年受到卢万大学医学院的谴责，并且在1627年经过异端裁判所的审问之后，他被迫承认了自己的错误，1630年他再一次被迫交代错误，并且于1634年被逮捕起来软禁了两年（这段经历与伽利略所遭遇的不太一样）。他的大多数著作都是在他死后由他儿子出版的。范·赫耳蒙特提倡化学药物，其中许多药物都是以矿物为基础，但是他并不接受帕拉塞尔苏斯的三种本原。他同样以坚定的实验主义提倡者而著称于世。他做过的最著名的一个实验便是柳树实验。即在一个桶里种了一棵小树苗，称它的重量，接着在之后的日子里只给它浇水。

---

[46] 例如，参看 Allen G. Debus，《英格兰的帕拉塞尔苏斯主义者》（*The English Paracelsians*, New York: Franklin Watts, 1966）；Debus，《法国的帕拉塞尔苏斯主义者：现代早期法国化学对医学和科学传统的挑战》（*The French Paracelsians: The Chemical Challenge to Medical and Scientific Tradition in Early Modern France*, Cambridge: Cambridge University Press, 1991）；Bruce T. Moran，《德国宫廷的炼金术世界：黑森的莫里茨圈子中的神秘哲学与化学医学（1572～1632）》（*The Alchemical World of the German Court: Occult Philosophy and Chemical Medicine in the Circle of Moritz of Hessen [1572 - 1632]*, [*Sudhoffs Archiv*, Beiheft 29], Stuttgart: Franz Steiner Verlag, 1991）；Mar Rey Bueno，《火之王：奥地利宫廷中的蒸馏器与炼金术士》（*Los señores del fuego: Destiladores y espagiricos en la corte de los Austrias*, Madrid: Ediciones Corona Borealis, 2002）；Miguel López Pérez，《重生的阿斯克勒庇俄斯：现代西班牙的炼金术与医学（1500～1700）》（*Asclepio renovado: Alquimia y medicina en la España moderna [1500 - 1700]*, Madrid: Ediciones Corona Borealis, 2003）。

最后,小树苗长大了,重量增加了不少,但是所提供的除了水别无他物。范·赫耳蒙特认为这加强了他关于水的原初特性的论证。范·赫耳蒙特还有一个论证使他赢得了人们的称赞,即当一个东西被迫放弃它的稳定状态,会释放出来一种"原始精气(wild spirits)"——现在把它们叫作"气态"。[47] 到了17世纪中期,由于他的著作广泛流传,赫耳蒙特学说的魅力可以在很多地方被感觉到。

因此,不仅有医学的希腊文化研究者在内部对医学的传统理解造成挑战,在外部还有药剂师、外科医生、化学家,甚至庸医和民间执业医生对它造成挑战。于是内科医生们不得不去理解和消除或者改变别人的观点。在这样做的同时,为保持他们监督医学各方面的权利,他们不得不去吸收或拒斥对手在理论上和经验上的主张,尤其是经验上的主张。正如一位著名的博学的法国内科医生所说的:"认识、收集、选择、剔除、保留、准备、调整、混合单味药的工作全部都属于药剂师;然而对于内科医生来说,成为精通这些事情的专家是尤其必要的。事实上,如果他希望在从事这些技艺的仆人之中保持和捍卫他的尊严和权威,他就应该教给他们这些事。"[48]一两代人之后,提出这种主张的人——让·费尔内(约1497～1558)将不得不把化学也增加进来。

朝向唯物主义

424

虽然医学越来越集中在对身体细节的积累和严格检查之上,但是许多内科医生还是不情愿放弃因果解释。根据经典的原则,正是在解剖学中——以及基于解剖学的生理学中——内科医生们继续为个体的健康和疾病寻求了许多因果解释。在此之中他们所采取的方式,既包括对人体的物质和运行越来越精细的考察,也包括对新发现中的因果关系进行争论。由于诸如四元素、四体液,以及形式因和终极因这样的基本原理所具有的公理确定性有所减弱,只对身体细节进行严格描述大有成为自然知识之全部内容的趋势。

让·费尔内所著的关于医学的权威文本,强调了观察在16世纪中期学术医学中的重要性。但是费尔内的书也保留了那些努力寻找意义的工作,即通过对文本和事物进行诠释,去发现那些不能只凭借关于事物的知识来获得的隐藏着的原因。他这样做无非是一种宗教上的追求,像同时代许多其他博学的人一样。结果导致他坚定地拒斥异教的——或者至少是不合公众标准的——帕拉塞尔苏斯主义者或其他人的学说。例如,在他完善自己的论证的过程之中,费尔内把生命和理性这种非物质的迹象看得很

---

[47] Charles Webster,《水是自然界的终极本原:玻意耳的〈怀疑的化学家〉的背景》(Water as the Ultimate Principle in Nature: The Background to Boyle's *Skeptical Chymist*),《炼金术史和化学史学会期刊》(*Ambix*),13(1966),第96页～第107页;Walter Pagel,《让·巴普蒂丝塔·范·赫耳蒙特:科学与医学的改革者》(*Jean Baptista Van Helmont: Reformer of Science and Medicine*, Cambridge: Cambridge University Press, 1982)。

[48] Jean Fernel,《论治疗方法》(*Methodo medendi*),被引用于Reeds,《中世纪和文艺复兴时期大学的植物学》,第25页～第26页。

重，他认为正是它们使身体充满了能量，而如果身体只是由无生命的元素构成的话，就不能拥有这些能量。[49] 费尔内二元论的观点，即认为一个半神圣的精气（spiritus）与物质性的身体结合在一起的观点，虽然并不是唯一可能的生理学理论，但是大多数正统的理论都继续假定这样一个二元论的框架。若要提出一元论的理论，那就要么把身体转变成一个非物质的潜在能量的集合（就像帕拉塞尔苏斯主义那样），要么把它转变成为一个十分协调的物理机械。各种宗教狂热分子和持有非正统见解的人，都与世界是由神圣或邪恶的能量组成这一观念有联系。他们明确地威胁到教会和政府的传统基础，因此经常受到镇压。在另一方面，唯物主义的威胁总是与声名狼藉的马基雅维利之类的犬儒主义者和无神论者联系在一起。

哲学上的唯物主义同样可以在那些接受阿威罗伊学说主题的意大利哲学家那找到，例如切萨雷·克雷莫尼尼和彼得罗·彭波那齐（他认为即使一个理性的灵魂也需要物质化然后才能思考）。帕多瓦是一个特别著名的地方，在那里亚里士多德主义者和阿威罗伊主义者的教学被公开地争论或支持，并且在那里对身体细节的考察一直在进行下去。医学教授圣托里奥·圣托里奥（或者圣托里，1561～1636）发明了很多工具用来测量或处理物质的身体，如体温计，并且通过仔细和频繁地称量自己，以及所有他吃的、喝的和排泄的东西，来找出在这种过程中消失的重量，以此来研究身体内“难以察觉的呼吸作用”。

425

正是帕多瓦人中的一个学生，最明确最清晰地拒斥了许多关于精神和其他非物质性身体因素的学术语言，他就是以发现了血液的循环而备受称赞的威廉·哈维（1578～1657）。哈维最初在肯特大学和剑桥大学上学，在1590年到1604年期间则成为帕多瓦大学的几名英格兰学生之一，那个时期英格兰与西班牙正好缔结了一个和平条约，才使得哈维的游历成为可能。从1599年到1602年，当他获得硕士学位，就和教授们一起工作，例如圣托里和著名的阿夸彭登泰的吉罗拉莫·法布里修斯（1537～1619），后者是加布里埃莱·法洛皮奥的学生，后来又成为维萨里的学生。哈维同样形成了一种亚里士多德主义的立场。[50] 在帕多瓦，他不仅在哲学、辩论和人体解剖上提高了自身的能力——这些他在英格兰的时候就已经学过了[51]——还学会了使用其他实验技术，例如活体解剖和比较解剖。他一回到英格兰，就加入了伦敦皇家内科医生学院（London College of Physicians），并且在1615年担任了解剖学的拉姆利讲师（Lumleian Lecturer）一职。

在为这些每年度的公开讲座做准备期间，哈维发展出了他关于血液循环的想法，

[49] James J. Bono，《改革与文艺复兴时期理论医学的语言：哈维对费尔内》（Reform and the Languages of Renaissance Theoretical Medicine: Harvey Versus Fernel），《生物学史杂志》（*Journal of the History of Biology*），23（1990），第345页～第364页。

[50] Walter Pagel，《威廉·哈维的生物学思想：选择的角度与历史背景》（*William Harvey's Biological Ideas: Selected Aspects and Historical Background*, New York: Hafner, 1967）。

[51] Peter Murray Jones，《托马斯·洛金的解剖（1564/5和1566/7）》（Thomas Lorkyn's Dissections, 1564/5 and 1566/7），《剑桥书目学会汇刊》（*Transactions of the Cambridge Bibliographical Society*），9（1988），第209页～第229页。

并于 1628 年发表在他的《心血运动论》(*De motu cordis et sanguinis*)一书中。他可能是通过研究心肺运动之间的关系开始的,盖仑曾经从营养和赋予生气的能力的角度来对这些运动加以描述。通过对活的和死的动物研究对象进行仔细观察,哈维建立起了"小循环"的观念,事实上中世纪的伊本·纳菲斯和一些 16 世纪的欧洲人比如米格尔·塞尔韦图斯(1509 ~ 1553)和安德烈亚·切萨尔皮诺(1519 ~ 1603)已经都知道它。这一观念认为心脏把血液输送到主动脉和肺动脉,接着进入了肺脏,然后又从肺脏经由腔静脉和肺静脉流回心脏。因为按照亚里士多德和许多其他古代人的观点,完美的运动是循环的,哈维可能把他的观点当作了对上帝造物之完美的论证。

哈维所依赖的不仅有古代的学说,还包括严格的经验分析,其中至少有两条基本的事实是支持他的:一是静脉瓣膜使得血液除了流向心脏不能流向其他任何地方;二是心脏的主动运动是心脏的舒张运动(它的挤压运动),而不是它的收缩运动(它的充血)。正是舒张运动才使得血液向外涌出。* 如果有人从这里的第二个运动得出结论(就像哈维那样),即除小循环之外,心脏迫使血液流入动脉,以便为身体的其他部分提供营养,估算一下一小时内心脏将血液推入动脉的量(与实际的相比还偏低了),那么心脏输出的血液的重量看上去要比人体自身的重量还要大。这样的情况是不能维持下去的,除非血液单向流动,从动脉经由静脉又回到了心脏。[52]

426

《心血运动论》一书的出版在整个欧洲引起了许多争议,虽然哈维似乎已经很快用他的观点说服了他的大多数英国同行;在那代人中,无论在哪儿都几乎没有博学的内科医生会坚持反对血液循环论。但是,即使有人采纳了哈维的理论,要让他接受其中全部的内涵,也需要更为漫长的时间。血液循环论对基本的生理学理论造成了挑战。例如,中世纪和现代早期的饮食医学是建立在这样的观念之上的,即一个人吸收的东西在不同的器官中得到调和,然后从这些器官经由静脉、动脉和神经流向身体的各个部分,按需要加以利用,就像灌溉的水渠把水输往生长中的庄稼一样。如果现在有人断定,例如,静脉并不是发源于肝脏之中,也不向外伸展到身体的所有部位,而是让所有血液从身体的各个部分流回心脏,那么,营养是如何出现的?肝脏或者任何其他器官或器官组织的目的是什么?从哈维的发现中所引发的这种没有答案的问题几乎是无穷无尽的。

还有一组更为基本的问题出现了。在一封信中,哈维使用了"水泵"的类比来描述心脏的动作。难道一个人能就此打住,而不讨论那引起它跳动的生命能量吗?这样一

---

* 原文如此。作者刚好把心脏的收缩运动和舒张运动颠倒了。心脏的收缩运动是挤压,舒张运动是充血。——责编注

[52] 特别参看 Geoffrey Keynes,《威廉·哈维传记》(*The Life of William Harvey*, Oxford: Clarendon Press, 1966);Gweneth Whitteridge,《威廉·哈维与血液循环》(*William Harvey and the Circulation of the Blood*, London: Macdonald, 1971);Jerome J. Bylebyl,《哈维的〈心血运动论〉的发展》(The Growth of Harvey's *De Motu Cordis*),《医学史通报》,47(1973),第 427 页~第 470 页;Robert G. Frank, Jr.,《哈维与牛津生理学家:科学观念与社会互动研究》(*Harvey and the Oxford Physiologists: A Study of Scientific Ideas and Social Interaction*, Berkeley: University of California Press, 1980);French,《威廉·哈维的自然哲学》,第 94 页~第 113 页。

台水泵被人们制造并发动起来了;心脏“像泵一样作用”背后的原因是什么？当有人在哈维的描述中寻找其他类似的对原因的沉默,立刻就会发现,在哈维的观点中,对于把静脉血混入动脉血,以及在心脏中注入动物灵魂等这些东西的谈论并不是必需的,就像古代哲学曾经有过的态度一样。难道是这些非物质的能力居住在器官之中,并且使得它们能够执行它们适当的生理功能？为了针对巴黎的内科医生让·里奥朗而为他的血液循环论进行辩护,同时也为了做进一步的研究,哈维于1651年出版了《论动物的生殖》(*De generatione animalium*),书中明确地拒绝先前对精气的讨论,而论证说,身体的生命活力包含在它的物质性血液之中。[53] 不管哈维是有意的还是无意的,曾经一度是一组关于身体如何运作的有组织的原则,已经被他砸成了碎片。在这个过程中,他对基督教的二元论学说也造成了威胁。(哈维是学术医学的坚定维护者,他反对那些对它进行挑战的人,在英国内战中,他是站在他的国王这边,并且在宗教上很可能是一个劳德大主教的追随者[Laudian];也就是说,在其生活的其他方面,他远不具备革命的气质。)许多亟待研究的问题便是:每个器官都需要更仔细地检查,另外还有血液的目的,血液循环本身的目的,以及呼吸的目的,都需要有新的解答。[54]

427

哈维的一元论和活力论可能曾对例如托马斯·哈林顿*这样的政治理论家产生过影响。[55] 也许哈维同样对他的朋友托马斯·霍布斯(1588～1679)产生过影响,[56]这个人是那个时代最声名狼藉的一元论唯物主义者,他曾以最高的赞誉来描述哈维。霍布斯在他1634年到1637年游历法国的时候转向了对原子论和微粒说的研究,在那里,他成为梅森圈子的成员,并且从其他人那里了解到笛卡儿和伽桑狄的著作。在之后的几年里,他严密地发展他关于以下问题的思想,即为何“无论我们经历到什么,不管那是在睡着的时候还是醒着的时候,或是由一个恶魔所操纵,都是由一个或一些物质对象冲击我们而引起的”。[57] 到了他的《利维坦》(*Leviathan*,1651)出版的时候,霍布斯已经有能力在人的物质本性的基础之上建立一套公民社会理论,即把人当作自我运动和自我指导的存在,另外还涉及自我保护和激情的驱动。霍布斯把这种人类本性的观点植根于一种新的哲学观点之上,即所有东西都可还原为物质和运动:“生命只不过是四肢的运动。”他在《利维坦》中的第二个句子就是这样声称的。[58]

---

[53] James J. Bono,《改革与文艺复兴时期理论医学的语言:哈维对费尔内》;Thomas Fuchs,《心脏的机械化:哈维与笛卡儿》(*The Mechanization of the Heart: Harvey and Descartes*, Rochester, N. Y.: University of Rochester Press, 2001), Marjorie Grene 译。

[54] Frank,《哈维与牛津生理学家:科学观念与社会互动研究》。

* 原文如此。应为詹姆斯·哈林顿(James Harrington,1611～1677),英格兰政治理论家。——责编注

[55] I. Bernard Cohen,《哈林顿与哈维:基于新生理学的国家理论》(Harrington and Harvey: A Theory of State Based on the New Physiology),《思想史杂志》,55(1994),第187页～第210页。

[56] 根据奥布里(Aubrey)的说法,哈维在遗嘱中将10英镑留给了霍布斯。

[57] Richard Tuck,《霍布斯与笛卡儿》(Hobbes and Descartes),载于G. A. J. Rogers和Alan Ryan编,《关于托马斯·霍布斯的看法》(*Perspectives on Thomas Hobbes*, Oxford: Clarendon Press, 1988),第11页～第41页,引文在第40页。关于对Tuck的回复,参看Perez Zagorin,《霍布斯的早期哲学发展》(Hobbes's Early Philosophical Development),《思想史杂志》,54(1993),第505页～第518页。

[58] Thomas Hobbes,《利维坦》(*Leviathan*, Cambridge: Cambridge University Press, 1991),Richard Tuck编,第9页。

尽管如此,到底还是勒内·笛卡儿(1596～1650)的著作才使得生理学中的唯物主义一元论的威胁变得既简单又明白。具有讽刺意味的是,这违背了笛卡儿所声称的二元论。他在他的体系中为理性灵魂(也包括意志)所保留的位置是如此的小,以至于实际上对人类生命没什么必要。笛卡儿在发展他的哲学体系时极大地依赖于他在新生理学上的知识。[59] 他在开始从事他的智力探索时,即在《方法谈》(*Discours de la méthode*,1637)中声称:在探究有用的知识的过程中,"保持健康毫无疑问是主要的好事,并且是生命中其他好事的基础"。[60] 在1645年笛卡儿回复纽卡斯尔侯爵道:"维系健康一直是我的研究之首要目标。"[61]而在1646年他写信给埃克托尔-皮埃尔·沙尼说,正因为如此,相比较于道德哲学和物理学来说,在医学主题上"我已经花费了多得多的时间"(虽然他也进一步承认他还没有发现保护生命的正确方法)。[62] 他的"荷兰熟人"的研究使得他走上了自己的道路。很显然,数学家和物理学家伊萨克·贝克曼(1588～1637),现代早期原子论的最重要的促进者之一,带领年轻的笛卡儿认识了这个微粒论的学说。[63] (似乎是贝克曼对费尔内攻击原子论的解读使得他做出了一个对原子论详细的辩护。[64])笛卡儿同时还花时间去跟弗朗索瓦·德勒·博埃·西尔维于斯(1614～1672)学习,在1639和1640年西尔维于斯在莱顿大学开设解剖学和生理学的私人讲座,成为欧洲大陆第一批演示血液循环的人之一。[65] (西尔维于斯和他的学生后来通常都保持了亲笛卡儿的状态;虽然他们并不接受笛卡儿的所有学说,他

428

---

[59] 关于笛卡儿毕生的医学兴趣,参看 Gary Hatfield,《笛卡儿的生理学及其与他的心理学的关系》(Descartes' Physiology and its Relation to his Psychology),载于 John Cottingham,《剑桥笛卡儿指南》(*The Cambridge Companion to Descartes*, New York: Cambridge University Press, 1992);Thomas S. Hall,《笛卡儿的生理学方法:位置、原理和例子》(Descartes' Physiological Method: Position, Principle, Examples),《生物学史杂志》,3(1970),第53页～第79页;G. A. Lindeboom,《笛卡儿与医学》(*Descartes and Medicine*, Amsterdam: Rodopi, 1979);Richard B. Carter,《笛卡儿的医学哲学:身心问题的系统解决》(*Descartes' Medical Philosophy: The Organic Solution to the Mind - Body Problem*, Baltimore: Johns Hopkins University Press, 1983)。

[60] John Cottingham、Robert Stoothoff 和 Dugald Murdoch 编译,3卷本《笛卡儿哲学著作》(*The Philosophical Writings of Descartes*, Cambridge: Cambridge University Press, 1985 - 91),第1卷,第142页～第143页。Anthony Levi,《法国的道德家:激情理论(1585～1649)》(*French Moralists: The Theory of the Passions, 1585 to 1649*, Oxford: Clarendon Press, 1964),第248页,谈到"在他的《方法谈》中,笛卡儿似乎……将人的精神完善性设想为医学的一种功能,即一种精确推理物理学的实际应用。"

[61] Letter of October 1645,载于《笛卡儿哲学著作》,第3卷,第275页。

[62] Letter of 15 June 1646,载于《笛卡儿哲学著作》,第3卷,第289页。

[63] Jean Bernhardt,《伊萨克·贝克曼的观念在托马斯·霍布斯的思想形成以及在他的"短文"发展中的作用》(Le rôle des conceptions d'Isaac Beeckman dans la formation de Thomas Hobbes et dans l'élaboration de son "Short Tract"),《科学史评论》(*Revue d'histoire des sciences*),40(1987),第203页～第215页;H. H. Kubbinga,《"分子"的语言前提——伊萨克·贝克曼(1620)和塞巴斯蒂安·巴松(1621):"大量个体"和"大量物种"的概念》(Les premièories théculaires "moléculaires": Isaac Beeckman [1620] et Sébastien Basson [1621]: Le concept d'"individu substantiel" et d'"espèce substantielle"),《科学史评论》,37(1984),第215页～第233页;Kubbinga,《伊壁鸠鲁原子论的首个所谓的"分子"规范:伊萨克·贝克曼(1620)和实质自我的概念》(La première spécification dite "moléculaire" de l'atomisme épicurien: Isaac Beeckman [1620] et le concept d'individu substantiel),《档案》(*Lias*),11(1984),第287页～第306页。

[64] 关于贝克曼的生平明确的记述,载于 Karel van Berkel,《伊萨克·贝克曼(1588～1637)与世界观的机械化》(*Isaac Beeckman [1588 - 1637] en de mechanisering van het wereldbeeld*, Amsterdam: Rodopi, 1983)。

[65] 关于哈维的理论在荷兰的接受情况,参看 M. J. van Lieburg,《萨查里亚斯·西尔维于斯(1608～1664),哈维的〈心血运动论〉首版鹿特丹版(1648)的序言的作者》(Zacharias Sylvius [1608 - 1664], Author of the "Praefatio" to the First Rotterdam Edition [1648] of Harvey's "De motu cordis"),《坚纽斯》(*Janus*),65(1978),第241页～第257页;van Lieburg,《伊萨克·贝克曼与其关于威廉·哈维血液循环理论的日记》(Isaac Beeckman and His Diary-notes on William Harvey's Theory on Blood Circulation),《坚纽斯》,69(1982),第161页～第183页。

们倾向于一个类笛卡儿式的生理学的机械论，其中化学反应提供能量以驱动许多生理过程。）笛卡儿在他定居于荷兰的数年中似乎一直定期地回到解剖学上去。

尽管如此，尤其是在17世纪40年代中后期，当他向波希米亚的伊丽莎白公主提医学建议的时候，笛卡儿又重新用能量和注意力来思考他的生理学观点。在这过程中，他减小了他早期曾做出的关于理性灵魂和物理存在之间（著名的）区分，并且注释说只有当一个人克制住了哲思的时候，他才能够最清楚地理解灵魂和身体的统一性："对我而言，人类心灵似乎无法（同时）对灵魂和身体之间的区分及其结合形成一个很清晰的概念。"[66]从17世纪40年代中期开始，由于受到伊丽莎白的问题以及她的病（他把这追溯到家人的不幸使她失去激情[67]）的刺激，笛卡儿开始发展出关于怎样唯物地对待身体以及它的激情的有力论证。在这同一时间，乌得勒支大学爆发了关于笛卡儿主义的激烈辩论，医学教授雷吉乌什及其学生在那里以一种极强的唯物主义方式引进笛卡儿主义。[68] 在他的最后两本书《灵魂的激情》（*Les passions de l'âme*，1649）和《论人类》（*De homine*，1662）中——后一本书由莱顿大学医学教授弗洛伦蒂乌斯·斯许伊尔在他死后从手稿和笔记中整理发表出来[69]——他继续为理性灵魂保留了一小块地方，但是另外也表达了一种人类生理学的唯物主义观点。

429

笛卡儿提出了他著名的观点，即动物身体的所有功能，包括灵魂的所有能力，除了理性和意志，都能够从运动中物质的角度来加以描述。当谈及血液循环的时候，不同于哈维的活力论解释，他提出了一种基于无活力的物质的解释。笛卡儿声称，当血液进入心脏的心房和心室，这个器官的热量使得血液迅速地发酵，引发一种受控爆炸式的动作，驱使血液涌入动脉之中。他认为所有其他必需的活动都能被类似地加以解释，而不用求助于任何把活力置于物质自身之中的主张。同时，他也论证说身体能够从松果腺那里获得控制——松果腺是一个当时新近发现的大脑的构成物，处于大脑的中心。这是比哈维的理念更激进的一种唯物主义，哈维至少还把活力能量置于血液之中，虽然和霍布斯比起来，笛卡儿的唯物主义还不是那样彻底。

对身体结构和它们的功能的研究迅速地积累起来了。例如，乳糜管在17世纪20年代早期被加斯帕罗·阿塞利发现，其他几个相关研究也在1651到1653年被让·佩凯、奥洛夫·伦德贝克和托马斯·巴托兰发表出来，以纠正和澄清乳糜管在身体中的

---

[66] Letter of 28 June 1643，载于《笛卡儿哲学著作》，第3卷，第226页～第229页，尤其是第227页。

[67] 他通常认为，激情极大地影响了心脏与其他器官的活动，从而导致血液中的腐败现象，由此引起发烧。参看 Theo Verbeek，《激情与发烧：笛卡儿与一些荷兰的笛卡儿主义者的疾病观念》（Les passions et la fièvre: L'Idée de la maladie chez Descartes et quelques Cartésiens néerlandais），《曳物线》，1（1989），第45页～第61页。

[68] Theo Verbeek 编译，《乌得勒支大学的争吵：勒内·笛卡儿和马丁·舒克》（*La querelle d'Utrecht: René Descartes et Martin Schoock*, Paris: Les impressions nouvelles, 1988）；Verbeek，《笛卡儿与无神论问题：乌得勒支危机》（Descartes and the Problem of Atheism: The Utrecht Crisis），《荷兰教会历史档案》（*Nederlands archief voor kerkgeschiedenis*），71（1991），第211页～第223页；Verbeek，《笛卡儿与荷兰人：对笛卡儿哲学的早期回应（1637～1650）》（*Descartes and the Dutch: Early Reactions to Cartesian Philosophy, 1637 - 1650*, Carbondale: Southern Illinois University Press, 1992）；Verbeek 编，《笛卡儿与雷吉乌什》（*Descartes et Regius*, Amsterdam: Rodopi, 1994）。

[69] G. A. Lindeboom，《弗洛伦蒂乌斯·斯许伊尔（1619～1669）及其对笛卡儿主义在医学上的意义》（*Florentius Schuyl [1619 - 1669] en zijn betekenis voor het Cartesianisme in de geneeskunde*, The Hague: Martinus Nijhoff, 1974）。

430

路线,并且它们的瓣膜也在1665年被弗雷德里克·勒伊斯发现。在显微镜被伦敦的罗伯特·胡克(1635～1703)、代尔夫特的安东尼·范·列文虎克(1632～1723)和博洛尼亚的马尔切洛·马尔比基(1628～1694)出色地使用之后,许多研究都在严格的解剖工作中使用了显微镜作为辅助。胰管在1642年被格奥尔格·维尔松鉴定出来;毛细血管在1661年被马尔比基发现;肾脏的精细结构在1662年被洛伦佐·贝利尼发现;腮腺管在1662年被尼古劳斯·斯泰诺发现;人类子宫和卵泡的微小细节在17世纪70年代早期被扬·斯瓦默丹和赖尼尔·德·赫拉夫在莱顿大学发现;小肠的淋巴滤泡在1677年被约翰·康拉德·佩耶发现;唾液腺和泪腺在17世纪80年代被安东·努克发现;神经系统的细微解剖由雷蒙·维厄桑斯完成(在1685年发表);"突起物"(指蛛网膜粒)在1697年被安东尼奥·帕基奥尼发现;等等。许多发现都在解剖学术语中留下了它们的印记,仅以英国研究者为例,有纳撒尼尔·海默尔的"窦(antrum)"(1651),弗朗西斯·格利森的"囊(capsule)"(1654),托马斯·沃顿的"管(duct)"(1656),托马斯·威利斯的"环(circle)"(1664),克洛普顿·哈弗斯的"管道(canals)"(1691),威廉·考珀的"腺(glands)"(1694)。大多数这些解剖学上的发现,还有其他更多的东西,都是由内科医生们做出来的,虽然到了这个世纪晚期,外科医生在解剖学教材的写作上正开始取代内科医生。到了17世纪晚期,大多数新式的内科医生也已经把身体看作细微的管道和腺体紧密编织的结构,流体(而不是传统的体液)正是通过它们才得以流动,然后通过化学作用转变成为一个又一个的物体。[70]

此外,到了17世纪中期,在很多学校里化学已经融入学院式医学之中。例如莱顿大学的医学院,于1669年在生物园的一个角落建立了一个化学实验室,使得化学不再像以前很长时间里那样,必须在通常正规课程之外才能学到。居伊·德拉布罗斯于17世纪30年代在枢机主教黎塞留的资助下在植物园(Jardin des Plantes)建立一个化学实验室之后,巴黎大学也有了非正式的化学课程,一直持续了很多年。[71] 蒙彼利埃大学使得化学研究繁荣起来,而其中的一个毕业生,特奥弗拉斯特·勒诺多(1588～1653),也在黎塞留的资助之下在巴黎举办了一系列公开讨论化学医学的会议。[72] 在17世纪50年代,化学教学甚至在牛津大学都变得普遍起来。[73] 一些历史学家猜测17

[70] Edward G. Ruestow,《荷兰脉管分泌学说的兴起》(The Rise of the Doctrine of Vascular Secretion in the Netherlands),《医学史杂志》,35(1980),第265页～第287页。

[71] Rio Howard,《居伊·德拉布罗斯:科学革命初期的植物学和化学》(Guy de La Brosse: Botanique et chimie au début de la Révolution Scientifique),《科学史评论》,31(1978),第301页～第326页;Howard,《医疗政治与巴黎植物园的建立》(Medical Politics and the Founding of the Jardin des Plantes in Paris),《自然志参考书目学会杂志》(*Journal of the Society for the Bibliography of Natural History*),9(1980),第395页～第402页;Howard,《居伊·德拉布罗斯与巴黎植物园》(Guy de la Brosse and the Jardin des Plantes in Paris),载于Harry Woolf编,《分析的精神》(*The Analytic Spirit*, Ithaca, N. Y.: Cornell University Press, 1981),第195页～第224页。

[72] Howard Solomon,《17世纪法国的公众福利、科学以及宣传活动:特奥弗拉斯特·勒诺多的革新》(*Public Welfare, Science, and Propaganda in Seventeenth Century France: The Innovations of Théophraste Renaudot*, Princeton, N. J.: Princeton University Press, 1972);Kathleen Wellman,《使科学具有社会性:特奥弗拉斯特·勒诺多会议》(*Making Science Social: The Conferences of Théophraste Renaudot*, Norman: University of Oklahoma Press, 2003)。

[73] Guy Meynell,《洛克、玻意耳与彼得·斯塔尔》(Locke, Boyle and Peter Stahl),《皇家学会的记录及档案》(*Notes and Records of the Royal Society*),49(1995),第185页～第192页。

431 世纪晚期的内科医生们可能分为两派，一派是那些使用化学解释的人（化学疗法者），另一派是那些使用机械论解释的人（机械论疗法者或数学疗法者），但从上述情况来看，这多半只是我们自己概念范畴的产物而已，而没有真实地反映出在当时内科医生们工作中两者是普遍结合的情况。事实上当内科医生们对身体的总体功能进行著述的时候，他们的描述会把化学和解剖学的发现都结合进来。[74]

然而正是一种唯物主义的（通常被描述成为“机械论的”）化学和生理学被普遍地传播。托马斯·威利斯（1621～1675）使用发酵的观念来解释身体和疾病的许多物质作用。然而即便如此他还是在他的生理学方案中为灵魂保留了一个角色，他把思考的场所放在大脑的物质结构中而不是脑室的中空处，而大多数医学著述者在很长时间里都是把思考的无形过程放置于后者之中。[75] 其他经常被列举——和盗用——的例子便是乔瓦尼·阿方索·博雷利（1608～1679）和乔治·巴利维（1668～1706）的观点。博雷利曾经向伽利略学习过，并且和马尔比基有着密切的工作关系。[76] 在他的《论动物的运动》（*De motu animalium*，1680～1681）一书中，博雷利试图把数学描述运用到身体的运动之中，通过用普遍的发酵的化学理论去解释肌肉动作来把这两者结合起来（论证说神经释放出一种流体到肌肉中，几乎刹那发酵就产生了，并且使得肌肉充气膨胀起来）。马尔比基的学生巴利维同样把身体的动作描述成为一系列唯物主义的相互作用，把它们看作类似于风箱、烧瓶、筛子的机械装置。[77] 尽管有威利斯和其他许多人 432 的明确表述，这种对身体的新的评价预示着一个过去的谣言又要重新出现了：“三个内科医生中必有两个是无神论者。”

结 论

到了17世纪晚期，对于阿维森纳来说还是不明确的身体“物质”，通过表达为尿、

[74] Harm Beukers，载于他的《机械原理与弗朗索瓦·德勒·博埃·西尔维于斯》（Mechanistiche principes bij Franciscus dele Boë, Sylvius），《医学、自然科学、数学与技术史杂志》（*Tijschrift voor de geschiedenis der geneeskunde, natuurwetenschappen, wiskunde en teckniek*），5（1982），第6页～第15页，强调“化学疗法的”哲学和“机械疗法的”哲学这两个术语是在17世纪之后提出的，因此试图将诸如西尔维于斯之类的医学思想归类为一个阵营或另一个阵营，就是以错误的二分法为前提。

[75] Robert G. Frank, Jr.，《托马斯·威利斯与他的圈子：17世纪医学中的大脑和心灵》（Thomas Willis and His Circle: Brain and Mind in 17th-Century Medicine），载于G. S. Rousseau编，《心灵的语言：启蒙思想中的心灵与身体》（*The Languages of Psyche: Mind and Body in Enlightenment Thought*, Berkeley: University of California Press, 1990），第107页～第146页；John P. Wright，《洛克、威利斯与17世纪的伊壁鸠鲁精神》（Locke, Willis, and the Seventeenth-Century Epicurean Soul），载于Margaret J. Osler编，《原子、元气与宁静：欧洲思想中的伊壁鸠鲁主题与斯多亚主题》（*Atoms, Pneuma, and Tranquillity: Epicurean and Stoic Themes in European Thought*, Cambridge: Cambridge University Press, 1991），第239页～第258页；Robert L. Martensen，《“理性习惯”：英格兰复辟时代的解剖学与圣公会信仰》（“Habit of Reason”: Anatomy and Anglicanism in Restoration England），《医学史通报》，66（1992），第511页～第535页。

[76] 参看Domenico Bertoloni Meli编，《马尔切洛·马尔比基：解剖学家与内科医生》（*Marcello Malpighi: Anatomist and Physician*, Florence: Leo S. Olschki, 1997）；Bertoloni Meli，《阴影与欺骗：从博雷利的理论到实验随笔》（Shadows and Deception: From Borelli's Theoricae to the Saggi of the Cimento），《英国科学史杂志》（*British Journal for the History of Science*），31（1998），第383页～第402页。

[77] Maria Pia Donato，《举证责任：圣职、原子论与罗马医生》（L'Onere della prova: Il Sant'Uffizio, l'atomismo e i medici romani），《信使》（*Nuncius*），18（2003），第69页～第87页。

屎、血液和黏液的流动,已经明确地变得物质化了。身体的细微结构已经被区分开来,并且它们的运动、生长和变化都正被画成图。同时,阿维森纳曾经使用的原因分析在根本上受到了挑战。在这一过程中,有许多东西都发生了改变:体液消失了,然而身体的流体,甚至是淋巴,吸引了人们的注意力;一个人的气质是多血质的还是胆汁质的已经不再重要,因为她的生理机能和她的邻居完全相同。由于提出了新的研究问题,不只是医学的基本原理被逐渐地破坏了,确定性也逐渐地建立在物质细节的知识之上。一种似乎可以真正被称为研究传统的东西已经在医学界兴起。此外,那种希望——认为植根于细节之中对自然新的理解也许能够导致人类状况的改善,已经很显然地在医学中占了上风。

赫尔曼·布尔哈夫(1668 ~ 1738)著名的《医学原理》(*Institutiones Medicae*,初版1706年)精细地描绘了确定性是如何存在于物质事物之中而不是原因性的基本原理之中。在莱顿大学,布尔哈夫教育了新一代的临床和化学方向的医学教授和内科医生,他们来自整个欧洲大陆以及英国。他所持的观点便是,医学的真理只能通过观察再辅佐以理性才能发现。这意味着所有真正的医学知识都是建立在感觉经验的基础之上的。因此医学只能够说明那些"人类身体中纯粹物质性的东西,通过机械和医学上的实验"。基本原因"既不是可行的、有用的,也不是一个内科医生研究中所必需的"。回顾他所崇拜的希波克拉底,布尔哈夫解释道:"医术在古代就是通过对所观察到的事实的忠实累积而建立起来的,其结果随后得以解释,而结果的诸多原因是在理性的协助下被指派的;结果是确定的,无可争议;没有什么比从经验得来的证明更确定了,但是原因更为可疑和不确定。"[78]

布尔哈夫同时代的巴利维完全赞成:医学知识中的确定性仍然是终极目标,"因为医术是由得到了充分调查并且能够直接理解的事物,以及那些不受意见摆布的感知所组成的。它产生具有适当秩序的确定的理性,并且绘制出确定的路径,来保证它的子孙不会误入歧途。那么有什么是比假设具有更大不确定性的?"只要"观察还是理性必须指向的线索",所有的事情都会进展得很好。但"很显然,不仅医学的本原,还有所有所谓的可靠知识,都主要源自经验中"。[79] 如今存在于观察和对事物的经验之中的确定性也同样被与布尔哈夫和巴利维同时代的英国人汉斯·斯隆(1660 ~ 1753)清楚地表达过,他后来成为伦敦皇家学会的主席以及伦敦皇家内科医生学院的院长。关于为何知识不再是建立在基本原理之上,而是建立在自然的观察之上,斯隆也写道:

> 知识以对事实的观察为基础,是比以大多数其他东西为基础要更具有确定性

433

[78] [Herman Boerhaave],《布尔哈夫医生关于医学理论的学术讲演集》(*Dr. Boerhaave's Academical Lectures on the Theory of Physic*, London: W. Innys, 1743 - 51),引文在第63页,第71页和第42页。

[79] [Giorgio Baglivi],《医学的实践,还原为古老的观察方式》(*The Practice of Physick, Reduc'd to the Ancient Way of Observations*, London: Andr. Bell, Ral. Smith, Dan. Midwinter, Tho. Leigh, Will. Hawes, Will. Davis, Geo. Strahan, Bern. Lintott, Ja. Round, and Jeff. Wale, 1704),第5页,第9页,第15页,其首版为Giorgio Baglivi,《论医学实践:恢复最初的观察传统》(*De praxi medica: Ad priscam observandi rationem revocanda*, Rome: Typis Dominici Antonii Herculis, 1696)。

的,并且依照在下之愚见,它比起理性、假设和演绎来,更加不容易导向错误……只要我们的感觉不是那么容易犯错误,这些就是我们所能确信的东西;并且在相同的条件下(即和我们现在发现它们的条件相同),它们可能从创世以来就一直如此,而且将会持续到世界的终结。[80]

所以,理论和实践的关系也已经发生了变化。例如弗朗索瓦·范登·齐佩(或齐佩乌斯)的教科书是来源于卢万大学的课程的,它依旧要求在阿维森纳的基础上进行教学。[81] 但是齐佩乌斯的《医学的生理解剖基础》(*Fundamenta medicinae physico-anatomica*,1683)则在几个重要的方面和阿维森纳的《医典》有所不同。[82] 像许多同时代的教科书作者,齐佩乌斯在少量的一般性评论之后抛弃了阿维森纳所说的理论,即对元素、性质、四因、形式和质料、自然、非自然和反自然的描述。他谈到先前的学说已经由于"在法国众多学院中的希波克拉底的学说"的复兴而发生了改变,"(以及)被化学家的实验"改变。医学则进一步"带着最大的痛苦在改进,其方式是通过在机械学、自然哲学和化学中所进行的观察,而不用考虑任何特定的宗派"。这种折中主义观点意味着关于自然结构的特殊理论没有被提出。取而代之的是,教科书立即从阿维森纳的科学转变成为他所轻视的技艺。它提到医学技艺是通过"观察和理性"的方式学到的。观察必须是"人体中的所有东西,并且人体还包括健康的、病的、临死的和死的各种状态"。推理自身已经仅仅成为"一种精确的观察",能够了解"那些不能用感官觉察到的流通于人体的东西"。[83] 此外,对应于阿维森纳的实践,齐佩乌斯描述了多种疗法(其中阿维森纳没有将其视为"科学"的一部分而只是医学"技艺")。换言之,在齐佩乌斯的教科书中,人们保持健康的原则(旧的实践)已经变成了新的理论,并且仅仅是治疗的经验细节变成了新的实践。

434

因此,到了18世纪初期,永恒性和确定性只能在对自然事物的细致研究之中才能找到——也就是对"事实"的研究。关于因果关系的推理之确定性已经极大地衰落了,这也意味着医学不再拥有亚里士多德哲学意义上的科学所必备的品质。尽管有理论上的争论,但没有单一的观点能够取代盖仑或阿维森纳的综合工作。所以,"希波克拉底"成为典范。这个希波克拉底已经不是那个首先介绍诸如四体液说的人了;现代早

[80] Hans Sloane,《马德拉岛、巴巴多斯岛、涅韦斯岛、圣克里斯托弗岛和牙买加岛的旅行记,与草药和树木、四足兽、鱼类、鸟类、昆虫、爬行动物等的自然志》(*A Voyage to the Islands Madera, Barbados, Nieves, S. Christophers and Jamaica, with the Natural History of the Herbs and Trees, Four-footed Beasts, Fishes, Birds, Insects, Reptiles, &c.*, London: Printed by B. M. for the author, 1707), sig. Bv。也可参看 G. R. De Beer,《汉斯·斯隆爵士与不列颠博物馆》(*Sir Hans Sloane and the British Museum*, London: Oxford University Press, 1953)。

[81] 16世纪制定的法规继续要求五所医疗机构"通过一系列阿维森纳的学说"进行医学教学。参看 Léon van der Essen,《卢万大学(1425～1940)》(*L'Université de Louvain* [*1425 - 1940*], Brussels: Éditions Universitaires, 1945),第253页~第254页。

[82] 《医学的生理解剖基础》于1687年和1693年在布鲁塞尔重印,1692年在里昂出版了第4版,1737年在布鲁塞尔出版了第五版。

[83] 《医学的生理解剖基础》(第二版)英文译本由 Johannes Groenevelt 译,《清晰和准确地描述和解释的医学基础》(*The Rudiments of Physick Clearly and Accurately Describ'd and Explain'd*, Sherborne: R. Goadby, and London: W. Owen, 1753),第22页~第23页。

期的希波克拉底象征着对各种迹象和事物进行细致的观察和研究。[84] 人们很自豪地谈论荷兰的新希波克拉底(布尔哈夫),或者英格兰的新希波克拉底(托马斯·西德纳姆,1624～1689)。当人们这么做的时候,他们尊敬的不是那些宏大的理论,而是那些从细节的观察和研究得来的对医学知识所进行的仔细的综合工作,以及对治疗的有效性的关注。医学的经典定义是"保持健康和延长生命",或有时是"保持健康和在失去健康时恢复它"。[85] 然而对于现代人来说,治疗疾病才是首位的。在内科医生们看来,科学中确实发生了一场革命。

(肖 磊 译)

---

[84] Wesley D. Smith,《希波克拉底的传统》(*The Hippocratic Tradition*, Ithaca, N. Y.: Cornell University Press, 1979)。

[85] 这段引文的原文是"Finis remotus Medicinae est corporis humani sanitas, quae sit praesens, per medicinam est conservanda, si absens, restauranda": Françoise Zypaeus,《医学基础》(*Fundamenta Medicinae*, Brussels: Aegidium T' Serstevens, 1687),第3页。

19

435

自 然 志

保拉·芬德伦

在自然志家康拉德·格斯纳(1516～1565)伟大的《动物志》(*Historia animalium*, 1551～1558)一书的中间部分,这个瑞士裔德国人对知识的创造过程给出了如下的思考。"理性和经验是科学工作的两根支柱,"他确定地说,"我们的理性来自上帝;经验取决于人的意志。科学诞生于两者的合作。"[1]格斯纳在16世纪中期为自然的新历史收集材料的那些经验,使得他在理性和经验相结合的问题上具有一种直接的洞察力。他所发现的材料越多,要把自然世界组织成为一个清晰的逻辑式样就越困难。由于对经验特别强调,格斯纳已经积聚了足够多的材料来写他四卷厚厚的著作,这部著作远远超出了之前已知的任何人关于动物的著作。但是他承认经验本身是一种不规范的知识。只有理性才使他能够让自然表现得有些规则,并且能够解释他在世界的自然事物中所看到的各种相似和差异。

格斯纳在他的文艺复兴时期的动物学之中的方法论课程提醒了我们,自然科学是一个重要的舞台,在这个舞台上,由于人们对经验越来越重视,各种新的对知识的定义也涌现出来。在现代早期,自然志是一种重要的、有争议的,并且被广泛讨论的知识。自然志是一种真正的百科全书式的科学,广泛的社会部门都参与其中,尽管在这个意义上这些部门并非一个统一的组织。博学的学者热衷于术语学的问题,因为这能够让他们使用他们那丰富的语言知识,为自然世界发展出一套更精确的词汇,以配合他们对自然世界的经验。哲学家沉迷于分类的悖论之中。旅行家则提供了大量新鲜的观察结果,让那些待在家中的热切的听众知晓了自然的广阔。内科医生和药剂师把他们研究植物的药效上的专业才智,转向对自然的全方位的观察。那些为新生的欧洲帝国服务的公务员,则思考着自然物品如何可能有益于政府。君主和贵族喜爱栽培并热衷于炫耀他们花园和家中的新奇事物。画家与内科医生和哲学家亲密无间地一起工作,以便确定他们的技艺如何才可能正确地传达出观察和分类的成果,并且在他们自己的作品中使用自然物体。当欧洲海外帝国的激增进一步扩大了自然志的范围的时候,对

436

[1] Conrad Gessner,《动物志》(*Historia animalium*),被引用于 Lucien Braun,《康拉德·格斯纳》(*Conrad Gessner*, Geneva: Editions Slatkine, 1990),第15页。布朗并未指出该引文所在的版本。

于自然志在17世纪晚期和18世纪成为一门“大的”科学,就几乎不会感到惊讶了。[2]它是一个巨大的,具有知识、政治和经济含义的集体事业。

直到20世纪90年代初,科学史家并不强调自然志是16、17世纪期间发生的知识变革的一部分,而更加关注物理和天文学。[3] 自然志确实不能很好地符合在其他学科的研究中发展起来的科学模式。它既没有发现产生之时那一独特的瞬间,也没有我们可以将它和某个人联系在一起的智性上的戏剧性变换。它既没有产生像哥白尼天文学那样与宗教权威的猛烈的对抗,在收集阿尔卑斯山上的植物和地中海中的动物这样的故事中,也不会产生什么违法的诉求,不像安德烈亚斯·维萨里那样,需要给出夸张的理由,来为夜间抢尸(给解剖提供死尸)进行辩护。[4]

我们与其下结论说自然志是一种较为不重要或较少创新的科学,就像早期的科学史家有时候提出的那样,也许还不如考虑一下自然志在现代早期的重要性如何反映了科学思想成长的另一种思想模式。自然志描绘了一种从古代和中世纪百科知识中直接形成的不断增加的(和革命性的正好相反)知识。它既包括了文艺复兴时期医学中一些最根本的发展,也显著地体现了感觉证据越来越受重视的状况,还包括这样一种深深的信念,即自然世界的知识为理解人类身体提供了决定性的基础,因为身体就是地球世界包含的一切事物的一个缩影。最终,自然志是学者们就新知识的问题进行公开竞争的场所。与从地球的各个角落发来的大量报告相比较而言(这些报告涉及一个人在地球的自然界中所能发现的各种新奇事物),新恒星的目录似乎在它们的数量和

437

[2] 关于18世纪自然志的指数式增长,以下著作提供了很好的介绍:Tore Frängsmyr 编,《林奈:其人及其工作》(*Linnaeus: The Man and His Work*, Canton, Mass.: Science History Publications, 1994; orig. publ. 1983);Mary Pratt,《帝国的眼睛:旅行手记与跨文化》(*Imperial Eyes: Travel Writing and Transculturation*, London: Routledge, 1992);Londa Schiebinger,《自然的身体:现代科学构建中的性别》(*Nature's Body: Gender in the Making of Modern Science*, Boston: Beacon Press, 1993);Richard H. Grove,《绿色帝国主义:殖民扩张、热带岛屿乐园与环境保护主义的起源(1600～1860)》(*Green Imperialism: Colonial Expansion, Tropical Island Edens and the Origins of Environmentalism, 1600 - 1860*, Cambridge: Cambridge University Press, 1995);Nicholas Jardine、James A. Secord 和 Emma C. Spary 编,《自然志文化》(*Cultures of Natural History*, Cambridge: Cambridge University Press, 1996),第127页～第245页。

[3] 此研究方法的一些早期例外包括 Karen Reeds,《文艺复兴时期的人文主义和植物学》(Renaissance Humanism and Botany),《科学年鉴》(*Annals of Science*),33(1976),第519页～第542页;Barbara Shapiro,《16、17世纪英格兰的历史与自然志》(History and Natural History in Sixteenth-and Seventeenth-Century England),载于 Barbara Shapiro 和 Robert G. Frank, Jr.,《16、17世纪英格兰的科学学者》(*English Scientific Virtuosi in the Sixteenth and Seventeenth Centuries*, Los Angeles: William Andrews Clark Memorial Library, 1979);Joseph M. Levine,《自然志与科学革命》(Natural History and the Scientific Revolution),《克利俄》(*Clio*),13(1983),第57页～第73页。关于此问题的全面评述可在 Jardine、Secord 和 Spary 编的《自然志文化》中找到。在下面文章中,自然志的地位在有关科学革命的记述范围内有了提高,Harold J. Cook,《一场革命的前沿? 北海海岸附近的医学和自然志》(The Cutting Edge of a Revolution? Medicine and Natural History Near the Shores of the North Sea),载于 J. V. Field 和 Frank A. J. L. James 编,《文艺复兴与革命:现代早期欧洲的人文主义者、学者、工匠和自然哲学家》(*Renaissance and Revolution: Humanists, Scholars, Craftsmen and Natural Philosophers in Early Modern Europe*, Cambridge: Cambridge University Press, 1993),第45页～第61页。

[4] 不必说,这些其他学科的历史学家发现,这种较旧的研究方法在解释物理学、数学、天文学和解剖学等领域的发展方面也不能令人满意。在科学革命的描述中,自然志当前的意义反映了历史解释的这种广泛变化,在以下综合的著作中很好地体现了这一点,Steven Shapin,《科学革命》(*The Scientific Revolution*, Chicago: University of Chicago Press, 1996)。例如参看 Brian Ogilvie,《现代早期自然志中的观察与实验》(Observation and Experience in Early Modern Natural History, Ph. D. dissertation, University of Chicago, 1997);Alix Cooper,《创造本土:现代早期德国的地方知识与自然志》(Inventing the Indigenous: Local Knowledge and Natural History in Early Modern Germany, Ph. D. dissertation, Harvard University, Cambridge, Mass., 1998);Antonio Barrera,《科学与国家:16世纪西班牙的自然与帝国》(Science and the State: Nature and Empire in Sixteenth-Century Spain, Ph. D. dissertation, University of California, Davis, 1999)。

范围上都不太重要。“有多少最稀罕的事物在新近发现的大陆上被找到!”意大利自然志家乌利塞·阿尔德罗万迪(1522～1605)在1573年惊叹道。[5] 这些不同的因素结合起来,便形成了16和17世纪的自然志。

一种古老传统的复兴

自然志是科学知识的一种古代形式,很容易与罗马百科全书编纂者普林尼(约23～79)* 的著作联系起来。他在文辞丰富和文风机智的《自然志》(*Historia naturalis*)**一书中给这一学科下了一个宽泛的定义。普林尼的自然志广泛地描述了自然中所能找到的所有实体,或者说源于自然的所有实体,这里的自然指的是可以在罗马世界里或者在罗马的书籍里看到的自然;所涉及的包括技艺、制作品、人以及动物、植物、矿物。[6] 因此,普林尼对“自然”的定义包括了一切自然物和一切人工物,而“志”这一观念强调“描述”在理解自然中的重要性,而没有任何特指“过去”的意思。[7] 普林尼把自然志的统一体设想为他所谓的“事实(factum)”,这不是任何一种现代意义上的事实,而是早期的一个术语,指通过按照当时的各种标准来说可靠的技术收集的信息(其中包括可信的传闻,权威的言辞,以及其他形式的间接证据)。通过个人的观察,其他人的报告,以及100位作者的著作,他在他的书里汇编了20,000条独立的信息。[8]

438

普林尼并没有把自己视为一个全新事业的开创者。此外,他为这些在古代就可以获得的关于自然世界的数量极其巨大的信息,编撰了一个易于理解且组织合理的指南。普林尼为自然志所提供的智力上的系谱,其源头可以追溯到他的希腊前辈的著作,最著名的便是亚里士多德(前384～前322)及其信徒特奥夫拉斯特。对自然世界的所有细节进行描述和分类,从而提出关于解剖学、生理学、繁殖和习性、有生命的事

---

[5] Ulisse Aldrovandi,《论自然》(*Discorso naturale*),载于 Sandra Tugnoli Pattaro,《乌利塞·阿尔德罗万迪思想中的科学方法和系统》(*Metodo e sistema delle scienze nel pensiero di Ulisse Aldrovandi*, Bologna: Cooperativa Libraria Universitaria Editrice Bologna, 1981),第205页。

* 即老普林尼(Pliny the Elder)。——责编注

** 也译为《自然史》或《博物志》。——责编注

[6] Roger French 和 Frank Greenaway 编,《罗马帝国的早期科学:老普林尼,他的原始资料与影响》(*Science in the Early Roman Empire: Pliny the Elder, His Sources and Influence*, London: Croom Helms, 1986);Mary Beagon,《罗马的自然:老普林尼的思想》(*Roman Nature: The Thought of Pliny the Elder*, Oxford: Clarendon Press, 1992)。

[7] 在其最初的用法中,historia 意味着一种无历史的描述观念,而不是将事件按时间顺序排列,这解释了为什么在17世纪后期,直到关于历史的观念开始改变,地质学和古生物学等学科才出现。

[8] Pliny,10卷本《自然志》(*Natural History*, preface 17 - 18, Cambridge, Mass.: Harvard University Press, 1938 - 63), H. Rackham 译,第1卷,第13页。关于事实的讨论,参看 Lorraine J. Daston,《培根主义的事实、学术修养与客观性前史》(Baconian Facts, Academic Civility, and the Prehistory of Objectivity),《学术年鉴》(*Annals of Scholarship*), 8(1991),第337页～第363页。

物的普遍原则，这样一种努力的最早的和鲜活的展现，便是他们关于动物和植物的著述。[9] 在这一方面，亚里士多德派探究自然的方式和普林尼的方式明显不同。亚里士多德派对自然的奇观进行贬低，有助于为研究自然建立一个原因的基础而不是描述性的基础，而普林尼为了描述代表自然一般法则的标本的结构和功能，就很注重这些奇观。所有这些古代的研究者都试图得出关于自然本性的基本结论。

普林尼同时代的人，希腊内科医生迪奥斯科瑞德斯（约 40 ～ 80）提供了自然志的另外一种模式。《药物论》（*De materia medica*）是古代最成功和延续时间最长的一本草药书，其中强调了通过草药的医用功效去理解自然世界的重要性。[10] 迪奥斯科瑞德斯的书描述了大约 550 种植物，并且简洁地描述了地中海植物在治疗各种疾病上的效用。它还暗示了任何对自然的描述都要为医学服务，获得更多的自然知识是提高健康水平的先决条件。在后一个世纪里，通过写作大量关于药物学的著作，多产的罗马医生盖仑进一步强调了这一观念。[11] 关于自然的医学用途的古代写作传统一直延续到中世纪，这时基督教对动物象征性质的迷恋，有时也包括植物，引发了一种新的写作方式，例如旨在进行道德说教的中世纪动物寓言集。

439

因此，那些仔细阅读古典作家著作的现代早期的学者，有许多思考自然的方法。他们可以像迪奥斯科瑞德斯那样全身心地投入医学发展中，15 世纪晚期和 16 世纪早期大多数人就是这么做的。他们也可以扩大或批判亚里士多德派的事业，继续用原因理解自然世界或对自然世界进行分类；也可以采用普林尼的观念，通过对自然的描述去理解世界。

尽管如此，有抱负的自然志家首先不得不同书籍的海洋做斗争。随着 15 世纪中叶印刷机的出现，并且很大程度上因为自然志在中世纪和文艺复兴早期科学的手稿文化中所具备的活力，自然志轻易地完成了从手写稿到印刷品的转变。[12] 普林尼的《自

---

〔9〕 G. E. R. Lloyd，《科学、民俗学与意识形态：古希腊生命科学研究》（*Science, Folklore, and Ideology: Studies in the Life Sciences in Ancient Greece*, Cambridge: Cambridge University Press, 1983）。有关此问题的全面评述，参看 Roger French，《古代自然志》（*Ancient Natural History*, London: Routledge, 1994）。此类著作中最重要的是亚里士多德的《动物志》（*History of Animals*）、《动物的生殖》（*Generation of Animals*）和《动物的构造》（*Parts of Animals*），还有特奥夫拉斯特的《植物研究》（*Enquiry into Plants*）。

〔10〕 John Riddle，《迪奥斯科瑞德斯论制药与医学》（*Dioscorides on Pharmacy and Medicine*, Austin: University of Texas Press, 1985）。关于迪奥斯科瑞德斯这本著作后来的情况，参看 Riddle，《迪奥斯科瑞德斯》（Dioscorides），载于 Paul O. Kristeller 和 F. Edward Cranz 编，8 卷本《译作与注释目录：中世纪和文艺复兴时期的拉丁语译作和注释》（*Catalogus translationum et commentariorum: Mediaeval and Renaissance Latin Translations and Commentaries*, Washington, D. C.: Catholic University Press, 1960 – ），vol. 4（1980），第 1 页～第 143 页；Jerry Stannard，《迪奥斯科瑞德斯与文艺复兴时期的药物》（Dioscorides and Renaissance Materia Medica），载于 M. Florkin 编，《16 世纪的药物》（*Materia Medica in the XVIth Century*, Analecta Medico-Historica, 1, Oxford: Pergamon, 1966），第 1 页～第 21 页。

〔11〕 关于盖仑对医学和自然哲学的贡献的讨论，参看 Owsei Temkin，《盖仑主义：医学哲学兴起与衰落》（*Galenism: The Rise and Decline of a Medical Philosophy*, Baltimore: Johns Hopkins University Press, 1973）。

〔12〕 关于中世纪的自然志，参看 Jerry Stannard，《自然志》（Natural History），载于 David C. Lindberg 编，《中世纪科学》（*Science in the Middle Ages*, Chicago: University of Chicago Press, 1976），第 429 页～第 466 页；David C. Lindberg，《自然志》（Natural History），载于 Lindberg，《西方科学的起源》（*The Beginnings of Western Science*, Chicago: University of Chicago Press, 1992），第 348 页～第 353 页。

然志》的第一个印刷版本出现在1469年。到了1600年,不少于55个版本被印刷出来了。[13] 在这同一时期,亚里士多德的动物学著作开始以原始的希腊文版本出版了,而甚于中世纪阿拉伯语注释的拉丁语翻译版。特奥夫拉斯特的植物学著作的手稿版本,在15世纪之前人们只是间接地知道它,这时也出现在教皇尼古拉五世的罗马城。作为一个伟大的学术支持者,尼古拉五世从15世纪40到70年代,不仅委托出版了亚里士多德关于动物的三本书的优良希腊语手稿译本,而且还不止一种而是两种,并且要求拉丁语版本"不能逊于希腊语版本所具有的优雅与准确"。[14] 特奥夫拉斯特的《论植物》(*De plantis*)和《论植物的起因》(*De causis plantarum*)的拉丁语译本,由特奥多尔·加扎于1454年为这位教皇完成了。这引起了人们更大的兴奋,因为特奥夫拉斯特的著作自从古代晚期以来就一直没有任何人直接阅读过。[15] 这些拉丁语译本也很快就在15世纪90年代付诸印刷。紧接着1478年的拉丁语版本,一个迪奥斯科瑞德斯著作的希腊语版本在1499年也出现了。[16]

440

这些大量出版的自然志著作导致了两个直接的结果,一是在西欧使得古代对自然的叙述更容易获得了,二是使得学者能够把各种文本进行比较。当亚里士多德作品的译者特拉布宗的乔治在1450年左右祈求一个"正确"文本的标准时,他建议要对翻译方式越来越警惕,正是在这些方式中,翻译问题使得人们很难知道古典作家关于自然真正说了些什么。希腊词语经常受到拉丁语和阿拉伯语译者的损害,并且由于多个世纪的重复抄写,同一文本中也不可避免地会出现错误,由此而造成了进一步的误解。词语的世界如同自然本身,它的变化是无穷而微妙的。文艺复兴早期的学者对古典作家的著作研究得越多,恢复原初意思的工作所受到的阻碍似乎就越大。

而古典作家自己,跟他们中世纪和文艺复兴早期的译者一样,也是这种阻碍的一个根源。就以普林尼为例,他的《自然志》的基础在于对希腊和罗马作者的广泛阅读之上,到了15世纪90年代,普林尼的有洞察力的读者已经发现关于他们喜爱的百科全

---

[13] Albert Labarre,《文艺复兴时期普林尼〈自然志〉的传播》(Diffusion de l'*Historia naturalis* de Pline au temps de la Renaissance),载于《纪念克劳斯·尼森》(*Festschrift für Claus Nissen*, Wiesbaden: Guido Pressler, 1973),第451页。也可参看Martin Davies,《在15世纪理解普林尼》(Making Sense of Pliny in the Quattrocento),《文艺复兴研究》(*Renaissance Studies*),9(1995),第240页～第257页;John Monfasani,《首次要求出版审查:尼科洛·佩罗蒂、乔瓦尼·安德烈亚·布西、安东尼奥·莫雷托与普林尼的〈自然志〉的编辑》(The First Call for Press Censorship: Nicolò Perotti, Giovanni Andrea Bussi, Antonio Moreto, and the Editing of Pliny's *Natural History*),《文艺复兴季刊》(*Renaissance Quarterly*),41(1988),第1页～第31页。

[14] Nancy G. Siraisi,《文艺复兴世界的生命科学与医学》(Life Sciences and Medicine in the Renaissance World),载于Anthony Grafton编,《罗马重生:梵蒂冈图书馆与文艺复兴时期的文化》(*Rome Reborn: The Vatican Library and Renaissance Culture*, Washington, D. C.: Library of Congress, 1993),第174页。此处的引文来自特拉布宗的乔治翻译的亚里士多德的《动物志》《动物的构造》《动物的生殖》的1449～1450年拉丁语译本的前言。第二个译本由特奥多尔·加扎在1473年或1474年完成。关于亚里士多德在这段时期的命运,参看Charles Schmitt,《文艺复兴时期的亚里士多德》(*Aristotle in the Renaissance*, Cambridge, Mass.: Harvard University Press, 1983)。

[15] Charles Schmitt,《特奥夫拉斯特》(Theophrastus),载于Kristeller和Cranz编,8卷本《译作与注释目录:中世纪和文艺复兴时期的拉丁语译作和注释》,vol. 2(1971),第239页～第322页。

[16] 威尼斯的印刷商阿尔杜斯·马努蒂乌斯(Aldus Manutius)于1497年出版了特奥夫拉斯特作品的希腊语版本,在1495～1498年期间他还出版了亚里士多德的所有已知作品。迪奥斯科瑞德斯作品的1499年版也来自阿尔杜斯的印刷所,这表明在印刷术出现的前50年中,这个出版商对传播古代科学文献有多么重要。

书编纂者的一个令人心烦的事实:他对希腊语资源的掌握是不可信的,这已经是众所周知的。例如,他所说的关于植物的内容,很少有能够和迪奥斯科瑞德斯的论述有所关联。接着便是一场似乎与自然的实际事物几乎无关的,而只和语言有关的辩论。这些错误是普林尼的吗?或其中的过错在于之后的抄写者和编辑者?他是否知道,诸如密密的草莓丛(strawberry bush)与不结这种美味果实的具有相似叶子的植物变种之间的区别?

最先发难的是意大利医生尼科洛·莱奥尼切诺(1428～1524),他在费拉拉教授医学,费拉拉后来成为这种人文主义学术的中心,这种学术被深深地卷入关于文本批判和精确语言学的争论之中。他的《论普林尼和其他许多执业医生的医学中的错误》(*De Plinii et plurium aliorum medicorum in medicina erroribus*,1492)记录了普林尼20,000条事实中的大量错误,其中许多是由普林尼对他的希腊语资源的错误翻译造成的。[17]如果普林尼懂希腊语的话,莱奥尼切诺提出,他肯定知道草莓。

441

对莱奥尼切诺攻击普林尼进行回应的,最早的是意大利北部当地的知识团体,之后那里就变成了医学教育和人文主义研究的领导中心。随着这场争论持续到16世纪,它也引起了北欧学者的注意。[18] 这些人的职业多种多样,反映了自然志广泛的吸引力。这场公开争论的参与者决不能限定为一个自然志家的专业团体。潘多尔福·科莱努乔在他的《普林尼主义者的辩护》(*Pliniana defensio*,1493)一书中回应了莱奥尼切诺的著作。他是一个律师和人文主义者。属于威尼斯主要家族之一的成员,并且也是个重要的人文主义者的埃尔莫拉奥·巴尔巴罗(1454～1493),在他的《普林尼主义者的批评》(*Castigationes plinianae*,1492)中声称已经发现了《自然志》中近5000处错误,但他觉得其中没有一处是普林尼犯的,都是早期手稿的差劲的抄写者和希腊语资源中错误信息的过错。亚历山德罗·贝内代蒂在博洛尼亚教授医学。尽管他们的职业五花八门,但他们都觉得有资格就莱奥尼切诺关于普林尼的准确性所提出的问题发表评论,因为没有一个组织能够声称自己独占了评价自然志所需的各种专门知识。

---

[17] 关于对普林尼的争论,参看 Lynn Thorndike,《对普林尼的攻击》(The Attack on Pliny),载于 Thorndike,8卷本《魔法与实验科学史》(*A History of Magic and Experimental Science*, New York: Columbia University Press, 1923 - 58),第4卷,第593页～第610页;Arturo Castiglioni,《费拉拉的学校与关于普林尼的争论》(The School of Ferrara and the Controversy on Pliny),载于 E. Ashworth Underwood 编,《科学、医学与历史》(*Science*, *Medicine*, *and History*, vol. 1, Oxford: Oxford University Press, 1953),第269页～第279页;Charles G. Nauert,《人文主义者、科学家与普林尼:变化中的通往经典作者的道路》(Humanists, Scientists, and Pliny: Changing Approaches to a Classical Author),《美国历史评论》(*American Historical Review*),84(1979),第72页～第85页;Giovanna Ferrari,《普林尼的错误:亚历山德罗·贝内代蒂与尼科洛·莱奥尼切诺的冲突中的古典文献和医学》(Gli errori di Plinio: Fonti classiche e medicina nel conflitto tra Alessandro Benedetti e Niccolò Leoniceno),载于 A. Cristiani 编,2卷本《知识和/或权力》(*Sapere e/è potere*, Bologna: Istitute per la Storia di Bologna, 1990),第2卷,第173页～第204页;Ogilvie,《现代早期自然志中的观察与实验》,第89页～第112页。关于发生这些争论的智力环境的一般说明,参看 Vivian Nutton,《医学人文主义的兴起:费拉拉(1464～1555)》(The Rise of Medical Humanism: Ferrara, 1464 - 1555),《文艺复兴研究》(*Renaissance Studies*),11(1997),第2页～第19页;Daniela Mugnai Carrara,《尼科洛·莱奥尼切诺的图书馆》(*La biblioteca di Niccolò Leoniceno*, Florence: Leo S. Olschki, 1991)。

[18] Peter Dilg,《1500年左右意大利的植物评论及其对德意志的影响》(Die botanische Kommentarliteratur Italiens um 1500 und ihr Einfluss auf Deutschland),载于 August Buck 和 Otto Herding 编,《文艺复兴时期的评论》(*Der Kommentar in der Renaissance*, Bonn: Harald Boldt, 1975),第225页～第252页。

这场争论的结果就是越来越多的大众认识到自然志的古代文本远不那么完美。大量的学术工作还有待进行，去检查一些重要作者的各种版本的著作，以便确定他们所说的实际上是什么。例如巴尔巴罗，他就根据特奥夫拉斯特和迪奥斯科瑞德斯的著作去读普林尼的著作。不管怎样，书本的比较很快就成为知识中一项不完美的练习。科莱努乔论证道，"阅读书本，看植物图片，盯着希腊语词汇表"是不够的。[19] 观察似乎比词语具有更大的确定性。就在这重要的一点上，事实上所有这场关于普林尼的争论的参与者都同意这点，即使他们在其他事情上大吵大闹地争辩。莱奥尼切诺从一开始就论证说，自然志的写作"不是来自词语，而是来自事物"。[20] 对普林尼分析到最后，他和任何他的批评者都不只相信词语。

442

对于16世纪早期的经验主义实践的增长，自然志给我们提供了一个反面的教训。在许多例子中，学者更密切地观察自然，是因为他们已经决定更仔细地阅读古代的科学著作，并更好地理解它们。一个人对动物或植物进行检查，是否为了证明古典作家的正确或论证他们是错误的，这在根本上是无关紧要的。最初的目的只是通过对自然的观察来改正普林尼的文字，而不是观察本身。相比之下，到了16世纪晚期，普林尼的注释者能够更准确地被称为自然志家了。在1572年，德国自然志家梅尔希奥·威兰把他对普林尼的批评建立在多年在近东的旅行上，以及他作为帕多瓦大学著名的植物园的管理者的工作上。[21] 虽然他在希腊语上的能力与导致莱奥尼切诺在80年前猛烈批评的那种水平差不多，但是威兰已经能够不再被他的批评者指责为缺乏自然知识。他把自然志的新形象表达为观察实践。

词语和事物

对于少数人文主义注释者来说，提出检查自然将解决他们关于古代文本的问题是很重要的。这为特定范围的学者获得自然的经验提供了一个特别的理由，但是对于观察将如何普遍运用到实践中去，以及它的灵感的其他来源可能是什么，它只字未提。在16世纪30和40年代，在自然界的研究中，观察开始发挥系统性的作用。由于药用植物学和医学的密切关系，它成为自然志中最完善的部分，而它的实践者在这场转变中走在了最前沿。他们把他们的工作视为一门古代科学的复兴。德国草药学家奥托·布伦费尔斯写了《植物写真》(*Herbarum vivae eicones*, 1530)一书，希望"使一门几

[19] Pandolfo Collenuccio,《普林尼主义者的辩护》(*Pliniana defensio*)。被引用于 Edward Lee Greene,2卷本《植物学史的里程碑》(*Landmarks of Botanical History*, Stanford, Calif.: Stanford University Press, 1983),Frank N. Egerton 编,第2卷,第551页。

[20] Niccolò Leoniceno,《论普林尼和其他许多执业医生的医学中的错误》(*De Plinii et plurium aliorum medicorum in medicina erroribus*, Basel: Henricus Petrus, 1529),第215页。

[21] Nauert,《人文主义者、科学家与普林尼:变化中的通往经典作者的道路》,第84页~第85页;Anthony Grafton,《修辞学、语言学与16世纪70年代的埃及狂热:J. J. 斯卡利杰对M. 吉利安德努斯的〈纸草〉的抨击》(Rhetoric, Philology and Egyptomania in the 1570s: J. J. Scaliger's Invective Against M. Guilandinus's *Papyrus*),《沃伯格和考陶德研究所杂志》(*Journal of the Warburg and Courtauld Institutes*),42(1979),第167页~第194页。

乎灭绝的科学重新获得生机”。[22] 类似地，费拉拉大学的第一位药用植物学教授加斯帕雷·加布里埃利 1543 年在他的就职演说中评论道：“草药医学被所有人藐视和忽略。”[23]这两个评论反映了对这样一个观念的不断增加的理解，即传播知识的新信息和新技术，最为显著的便是使得文字和图像更广泛地传播开来的印刷术的使用，将使植物学复兴，并且通过自然志的发展壮大，植物学将作为一门有学问的人所应该学习的学科。

443

由于指出普林尼错误的言论大量出现，并且许多精力都花费在了制作亚里士多德和特奥夫拉斯特的质量上乘的新版本上，自然志作为一块被忽略的领域的状况，看上去并没有持续到 16 世纪中叶。然而正是这些文本的问题广为人知，才可能使得自然志的复兴成为一件迫在眉睫的事情。自然志家拥有几十年对自然界的更新过的观察成果作为构建的基础。虽然他们关于欧洲之外（事实上是地中海之外）的自然知识还是很少，但那些更加关注北欧的关于欧洲自然的新陈述，另外还有对新大陆的自然界蜻蜓点水式的记述，已经提供了充足的信息，让他们想象古代的自然地理实际上具有怎样的局限性。如果古典作家只描述了少于世界上百分之一的植物，就像一位医生于 1536 年估计的那样，那么自然志家就还有很多新的知识可以奉献给社会。[24]

新注入的自然知识有两个不同的来源：医学教育中的改变，以及对美洲和东印度群岛的征服和探险。在第一种情况中，一个受过大学训练的医生中的直言不讳者强烈要求在大学里实行一种新的医学教育，以便使得药用植物学成为医学专门知识的一个前提条件。在《植物志之非凡纪事》（*De historia stirpium commentarii insignes*，1542）的序言中——这是第一本把插图当作描述自然的重要部分的植物学课本，德国医生莱昂哈特·富克斯（1501～1566）痛惜很少有医生能洞晓植物。他评论道：“他们似乎认为这种信息不属于他们的专业范围之内。”[25]作为新近成立的蒂宾根大学的医学教授，富克斯能够改变医学教学法。他属于把迪奥斯科瑞德斯的《药物学》引进课程体系的那代人。到了 16 世纪 40 年代晚期，人们不仅能够在历史悠久的蒙彼利埃大学医学院里听到关于《药物学》的讲座，法国内科医生纪尧姆·龙德莱从 1545 年开始在那里教授《药物学》，而且在新的大学里，如维滕贝格大学里也能听到，它在 1546 年把《药物学》正式

---

[22] Greene，《植物学史的里程碑》，第 1 卷，第 244 页。格林引自 1532 年版。

[23] Gaspare Gabrieli，《1542 年加斯帕雷·加布里埃利在费拉拉担任单味药导师的就职演说》（*Oratio habita Ferrariae in principio lectionum de simplicium medicamentorum facultatibus anno MDXLII per me Gasparem Gabrielum*）。这篇讲稿的现代版可在以下文章中找到，Felice Gioelli，《加斯帕雷·加布里埃利：费拉拉研究所的单味药的第一位讲师》（Gaspare Gabrieli：Primo lettore dei semplici nello studio di Ferrara [1543]），《费拉拉省历史学会代表会议录》（*Atti e memorie della Deputazione Provinciale Ferrarese di Storia Patria*），ser. 3，vol. 10（1970），第 31 页。

[24] 所说的医生是安东尼奥·穆萨·布拉萨沃拉（Antonio Musa Brasavola），他在费拉拉教授医学和药用植物学，直到 1541 年。他的《对单味药的考察》（*Examen omnium simplicium medicamentorum*，1536）是以研究野外自然的观察者之间对话的方式教授植物学的尝试的早期实例。

[25] Leonhart Fuchs，《植物史》（*De historia stirpium*，1542），《奉献信》（Epistola nuncupatoria），第 v 页。我使用了以下著作中的译文，Greene，《植物学史的里程碑》，第 1 卷，第 276 页。

加入它的课程体系。[26]

444 意大利的大学在制定自然志新的制度文化上处于领导地位,这是他们在医学教育上的强大实力的直接结果(参看第 10 章)。在 1533 年,帕多瓦大学设立了第一个“医用单味药”的永久教授职位,它的主要内容是植物学知识。[27] 一年之后博洛尼亚大学授予卢卡・吉尼一个类似的职位,他在那讲授特奥夫拉斯特的著作。到了 1545 年比萨和帕多瓦都有了植物园,如果教授们在夏季里没有带学生做植物学旅行的话,他们就在植物园里向学生讲解植物。[28] 在 16 世纪后期,对自然研究感兴趣的学者们都认为有必要去意大利旅行或学习,不仅因为那里有许多古典作家所描述的地中海植物,还因为那里的大学促进了一种强调感性证据的新的自然志。

观察逐渐地在教学法中担当了一个重要的角色,这使得一些自然志家把自然志重新定义为“感官自然志”,以便于把自然的文本传统与它现代早期的对应物区分开来。[29] 用这种方式来教授药用植物学的教授,例如富克斯和吉尼,都会获得其他大学提供的丰厚待遇,它们希望通过引进一位著名的自然志教授来提高它们医学院的声望。这些职位大多数都出现在意大利。随着自然志逐渐成为医学课程体系更加完整的一部分,欧洲重要的医学中心从 16 世纪 70 年代到 17 世纪 60 年代都纷纷效仿它们的榜样。巴塞尔大学于 1589 年创立了药用植物学教授职位;蒙彼利埃大学于 1593 年正式把药用植物学纳入其课程体系中。445 较新的大学,如莱顿大学(1575 年创立),积极地吸纳著名的自然志家,在 1594 年说服了不太情愿的卡罗勒斯・克鲁修斯(1526～1609,又名夏尔・德・莱克吕兹)回到故乡来帮助发展它的植物园,之前他已

---

[26] Karen Reeds,《中世纪和文艺复兴时期大学的植物学》(*Botany in Medieval and Renaissance Universities*, New York: Garland, 1991),第 57 页;Karl H. Dannenfeldt,《16 世纪维滕贝格的自然志家》(Wittenberg Botanists During the Sixteenth Century),载于 Lawrence P. Buck 和 Jonathan W. Zophy 编,《宗教改革的社会史》(*The Social History of the Reformation*, Columbus: Ohio State University Press, 1972),第 226 页。维滕贝格也是一个有趣的地方,但最终未能成功将普林尼的著作加入到 1543 年的课程;对于这些和其他课程改革,参看 Sachiko Kusukawa,《自然哲学的转变:以菲利普・梅兰希顿为例》(*The Transformation of Natural Philosophy: The Case of Philip Melanchthon*, Cambridge: Cambridge University Press, 1995)。

[27] 1513 年罗马大学设立了一个临时的教授职位,但没有延续几年。

[28] 关于这些发展的详细记述,参看 Charles Schmitt,《16 和 17 世纪意大利大学中的科学》(Science in the Italian Universities in the Sixteenth and Seventeenth Centuries),载于 Maurice Crosland 编,《科学在西欧的出现》(*The Emergence of Science in Western Europe*, New York: Macmillan, 1975),第 35 页～第 56 页;Schmitt,《16 世纪意大利大学中的哲学与科学》(Philosophy and Science in Sixteenth Century Italian Universities),载于 Schmitt,《亚里士多德传统与文艺复兴时期的大学》(*The Aristotelian Tradition and the Renaissance Universities*, London: Variorum, 1984),第 15 章,第 297 页～第 336 页;Paula Findlen,《科学共同体的形成:16 世纪意大利的自然志》(The Formation of a Scientific Community: Natural History in Sixteenth-Century Italy),载于 Anthony Grafton 和 Nancy Siraisi 编,《自然的特例:文艺复兴时期欧洲的自然与学科》(*Natural Particulars: Nature and the Disciplines in Renaissance Europe*, Cambridge, Mass.: MIT Press, 1999),第 369 页～第 400 页;Findlen,《拥有自然:现代早期意大利的博物馆、收藏和科学文化》(*Possessing Nature: Museums, Collecting, and Scientific Culture in Early Modern Italy*, Berkeley: University of California Press, 1994)。植物园的兴起在以下图书中被讨论,Margherita Azzi Visentini,《文艺复兴时期的花园与帕多瓦植物园》(*L'Orto botanico di Padova e il giardino del Rinascimento*, Milan: Edizioni il Polifilo, 1984);Alessandro Minelli 编,《帕多瓦植物园(1545～1995)》(*The Botanical Garden of Padua, 1545 - 1995*, Venice: Marsilio, 1995);Fabio Garbari、Lucia Tongiorgi Tomasi 和 Alessandro Tosi,《草药园:从 16 世纪到 19 世纪的比萨植物园》(*Giardino dei Semplici: L'Orto botanico di Pisa dal XVI al XIX secolo*, Pisa: Cassa di Risparmio, 1991)。

[29] 这句话来自乌利塞・阿尔德罗万迪的文章,他是 16 世纪下半叶可感或感官事物之志类研究的最积极的倡导者之一。Biblioteca Universitaria, Bologna,《阿尔德罗万迪》(*Aldrovandi*, MS. 21, vol. IV, c. 36)。

经作为神圣罗马帝国皇帝马克西米连二世在维也纳的宫廷自然志家,有过一段不错的职业生涯。[30] 到了17世纪,大多数医学学生都能在毕业前接受一些基本的植物学和比较解剖学的训练。

然而这种新的对观察的强调并没有取代书本,就在法国自然志家纪尧姆·龙德莱(1507～1566)刚去世的时候,他忠实的学生们就开玩笑说没有人“能耗尽迪奥斯科瑞德斯,因为他有如此多的用处”。[31] 阅读和讨论古代文本仍然还能产生出看待事物的新方式,德意志自然志家瓦勒留斯·科尔杜斯(1515～1544)为了创造新的描述植物的方法到意大利去旅行,这些植物是迪奥斯科瑞德斯已经从活标本中鉴定出来的。[32] 科尔杜斯参与到把野外旅行作为自然志的一个基础部分的创新中——而其他革新在很大程度上则要归功于文艺复兴的自然志家们的一种追求,即希望找到使用古代文本的新方法。在短短几十年里,野外旅行本身就变成了权威知识的来源,虽然书本依然在它的陈述体系中扮演重要角色。这些书本包括袖珍本的标准植物学,旅行者可以在其中记录他们自己的野外观察结果。“我已经到各种地方做过远游。”路易吉·安圭拉拉声称。作为帕多瓦植物园的管理者之一,他在1561年告知他的读者他不是一个书斋式的自然志家。[33] 自然志家的形象日益强调其作为世界的积极观察者的角色。显然,那些偶尔只在夏季到阿尔卑斯山旅行,主要在家里收集标本的自然志家,和那些常年在远地旅行的自然志家相比,在自然实际上意味什么这点上的经验区别是很大的。但是这两方面的工作对于编写新的自然百科全书来说都是必要的。

野外旅行成为文艺复兴时期的自然志家们集体活动的一个重要标志。它在训练医学学生中所具有的教学法的作用,对于它把自然志定义为一种收集性的观察和描述的科学是重要的补充。要创作有关自然的新书,就需要艰苦地收集第一手资料,并且把它们与旧有的描述相比较,最终还要与原有的典范作品进行比较。最终,典范作品的重要性使得学术词语的角色变得复杂起来,因为作为观看自然的结果,有很多新的词语被书写出来。也许法国的鱼类学家和鸟类学家皮埃尔·贝隆就像他的同代人所

446

[30] Reeds,《中世纪和文艺复兴时期大学的植物学》,第83页,第111页。关于克鲁修斯,其佛拉芒语名字为夏尔·德·莱克吕兹,参看 F. W. T. Hunger,2卷本《夏尔·德·莱克吕兹》(*Charles de l'Escluse*, 's-Gravenhage: Martinus Nijhoff, 1927)。

[31] Joannes Posthius,《纪尧姆·龙德莱的去世》(*De obitu D. Guillelmi Rondeletii*),载于 Reeds,《中世纪和文艺复兴时期大学的植物学》,第66页。

[32] Greene,《植物学史的里程碑》,第1卷,第375页～第376页;A. G. Morton,《植物学的历史》(*History of Botanical Science*, London: Academic Press, 1981),第126页。关于这些实践的早期发展及其与文艺复兴时期人文主义的关系的讨论,参看 Peter Dilg,《人文主义研究或商业化的草药:作为人文主义者和植物学家的奥伊里修斯·科尔杜斯》(Studia humanitatis et res herbaria: Euricius Cordus als Humanist und Botaniker),《自然科学的结构史》(*RETE*),1(1971),第71页～第85页。最后一篇文章讨论的是瓦勒留斯的父亲奥伊里修斯的工作。

[33] Luigi Anguillara,《出色的M. 路易吉·安圭拉拉的单味药,写给其他贵族作家的更多的观点》(*Semplici dell'Eccellente M. Luigi Anguillara, liquali in piu pareri a diversi nobili huomini scritti appaiono*, Venice: Vincenzo Valgrisi, 1561),第15页。这种对自然的研究方法在以下作品中被讨论,Findlen,《拥有自然:现代早期意大利的博物馆、收藏和科学文化》,第155页～第192页;Brian Ogilvie,《16世纪的旅行与自然志》(Travel and Natural History in the Sixteenth Century),载于 Brian Ogilvie、Anke te Heesen 和 Martin Gierl,《现代早期的收藏》(*Sammeln in der Frühen Neuzeit*, Max-Planck-Institut für Wissenschaftsgeschichte, Preprint 50, Berlin: Max-Planck-Institut für Wissenschaftsgeschichte, 1996),第3页～第28页。

说的那样连"普林尼著作的两行字"也读不懂，但这并不重要。[34] 当他 1546 ～ 1549 年在近东旅行，用丰富的法国本地语来描写他的旅行，把他的经历直接告诉他同时代的人，就表明了他在自然中所见到的，要比大多数同时代的人更多。到了 16 世纪 60 年代，自然志家谈起他们的同事能有机会到欧洲之外旅行，并且因此获得了自然界这一部分的直接知识，都有欣羡之色。"如果我有幸能找到一位资助人，或者如果我的财产不是如此有限的话，"格斯纳在他的《动物志》中写道，"在我强烈的求知欲的驱使下，我将到最远的大陆去旅行。"[35]

文艺复兴时期的自然志家所留下的上千页未出版的观察记录，表明了这项活动对于他们定义科学来说是何等重要。即使把旅行限制在欧洲之内，他们也能发现自然中许多可以描述的新奇和有启发性的东西。例如由于 1544 年在意大利采集和研究植物时过早去世，从而受到自然志家团体颂扬的瓦勒留斯・科尔杜斯，遗留给后代大量对植物精确描述的记录，当它们被格斯纳精心编辑后于他死后的 1561 年出版时，它们确立了一个新的标准。科尔杜斯试图写下关于一棵植物的完整描述，不仅考虑诸如叶子和花的外观之类的表面细节，还包括更细微的特征，比如结果的性质和时间，以及种子、根和子囊腔的外观。[36] 这一级别的特征没有任何古代的自然志给出过。

讲授药用植物学以及自然志的大学教授，通过在夏季带学生去野外旅行使观察的角色正式化。佛兰德斯的自然志家克鲁修斯对法国朗格多克（Languedoc）的植物的细致研究，乃是他在蒙彼利埃大学受教于龙德莱的直接结果，龙德莱正是以他的野外旅行而著名，弗朗索瓦・拉伯雷在自己的《巨人传》（*Gargantua*，1534）一书中略带讽刺地描绘了他。[37] 1595 年，瑞士的医科学生托马斯・普拉特记录了蒙彼利埃大学解剖学和植物学教授按照正式的要求，在夏季带学生进行的短途旅行。[38] 到了这个世纪末，人们对欧洲最主要的医科大学附近的植物已经了解了很多，比如博洛尼亚大学、帕多瓦大学、巴塞尔大学和蒙彼利埃大学。类似的著名地点有卢塞恩（Lucerne）附近的皮拉图斯山（Mount Pilatus），以及维罗纳（Verona）附近的巴尔多山（Mount Baldo）——苏黎世的内科医生格斯纳和意大利维罗纳的药剂师弗朗切斯科・卡尔佐拉里（1521 ～约

447

[34] Pierre Belon，《鸟类自然志》（*L'Histoire de la nature des oyseaux*, Geneva: Librairie Droz, 1997），Philippe Glardon 编，第 xxiii 页。关于贝隆世界有趣的讨论，参看 George Huppert，《巴黎的风格：法国启蒙运动的文艺复兴起源》（*The Style of Paris: Renaissance Origins of the French Enlightenment*, Bloomington: Indiana University Press, 1999）。

[35] Conrad Gessner，《动物志》（*Historia animalium*），第 1 卷，载于 Braun，《康拉德・格斯纳》，第 60 页。Karl H. Dannenfeldt，《莱昂哈德・劳沃尔夫：16 世纪的内科医生、植物学家和旅行者》（*Leonhard Rauwolf: Sixteenth-Century Physician, Botanist, and Traveler*, Cambridge, Mass.: Harvard University Press, 1968），这部作品是对 16 世纪末期为数不多的广泛旅行的自然志家之一的极好的记述。

[36] Morton，《植物学的历史》，第 126 页。

[37] F. David Hoeniger，《在 16 世纪中叶动物和植物是如何被研究的》（How Plants and Animals Were Studied in the Mid-Sixteenth Century），载于 John W. Shirley 和 F. David Hoeniger 编，《文艺复兴时期的科学与技艺》（*Science and the Arts in the Renaissance*, Washington, D. C.: Folger Shakespeare Library, 1985），第 139 页。关于龙德莱的教学法对许多北方自然志家的影响，参看 Reeds，《中世纪和文艺复兴时期大学的植物学》，尤其是第 55 页～第 72 页。

[38] Thomas Platter，《弟弟的日记：作为 16 世纪末蒙彼利埃大学医科学生的托马斯・普拉特的生活》（*Journal of a Younger Brother: The Life of Thomas Platter as a Medical Student at Montpellier at the Close of the Sixteenth Century*, London: Frederick Muller, 1963），Seán Jennett 译，第 36 页。

1600）描述过这两座山，他们俩定期带队到它们各自的山顶，一边走一边讲解植物。[39]他们都为自然界的考察创建了一个本地实验室。

自然志家对本地的自然观察得越多，就越意识到对标本的有限接触并不能产生足够的知识去描述和比较药用植物。他们需要把自然带回家。到了16世纪40年代，植物标本集（干植物的收藏品）在自然志中扮演了一个重要的角色，它的使用受到卢卡·吉尼的有力提倡，他曾经是最早开始野外旅行的自然志家之一。龙德莱可能是1549年在一次去意大利的旅行中从吉尼那里学会了干燥植物的技术，然后把它传给了他的许多学生。例如作为一名蒙彼利埃大学的医科学生，费利克斯·普拉特在1554年描述他怎样"收集植物，然后把它们正确地摆放到纸上"。[40] 当米歇尔·德·蒙田在1580年10月在巴塞尔拜访他的时候，很惊讶地看到在普拉特的书房中20年之久的标本被粘在9个册子中。[41]

植物标本集为自然志家提供了一个便利的工具，他们利用它来编排标本，用近代的样本来修改古代的分类理论，并且针对特殊样本来检测关于植物本性的一般性理论。它为自然志促进了一项重要的新工程：利用那些补充了和最终取代了古代资料的近代资料，去创作关于自然的新书。类似地，收集自然物体的新的激情，在博洛尼亚的乌利塞·阿尔德罗万迪（1522～1605）的例子中尤为特别，他的博物馆直到16世纪70年代还是欧洲最大和访问量最高的博物馆之一，创建了大量人工制作品的仓库，从中去写作新的动物学和矿物学书。[42] 逐渐地，相比较于这些热切的观察者手中的笔所喷涌而出的词语之流而言，古代的描述显得苍白了。 448

没有名字的事物

撰写新的自然志的一个根本的理由，在于美洲以及普遍的远途旅行对有关自然界

[39] Conrad Gessner，《描述瑞士卢塞恩附近的皮拉图斯山或弗拉克特山》（Descriptio Montis Fracti sive Montis Pilati, ut vulgo nominant, iuxta Lucernam in Helvetia），载于 Gesner，《关于罕见的、奇妙的植物的注释，它们在夜间发光而被发现，或者有其他原因，命名为银扇草》（*De raris et admirandis herbis, quae sive quod noctu luceant, sive alias ob causas, Lunariae nominantur, Commentariolus*, Zurich: Andreas Gesner and Jakob Gesner, 1555）；Francesco Calzolari，《巴尔多山的旅行》（*Il viaggio di Monte Baldo*, Venice: Vincenzo Valgrisi, 1566）。

[40] Felix Platter，《爱子费利克斯：费利克斯·普拉特的日志，16世纪蒙彼利埃的医科学生》（*Beloved Son Felix: The Journal of Felix Platter, a Medical Student in Montpellier in the Sixteenth Century*, London: Frederick Muller, 1961），Seán Jennett 译，第88页。也可参看 Walther Rytz，《费利克斯·普拉特植物标本集：对16世纪植物学历史的贡献》（Das Herbarium Felix Platters: Ein Beitrag zur Geschichte der Botanik des XVI. Jahrhunderts），《巴塞尔自然研究学会的谈判》（*Verhandlungen der Naturforschenden Gesellschaft in Basel*），44（1932 - 33），第1页～第222页。这个主题在以下作品中被描述得很有趣，Ogilvie，《现代早期自然志中的观察与实验》，第200页～第271页。

[41] Michel de Montaigne，《蒙田游记》（*Montaigne's Travels*, San Francisco: North Point Press, 1983），Donald M. Frame 译，第14页。

[42] 关于阿尔德罗万迪的收集活动，参看 Giuseppe Olmi，《关于世界的清单：现代早期自然与知识场所的编目》（*L'Inventario del mondo: Catalogazione della natura e luoghi del sapere nella prima età moderna*, Bologna: Il Mulino, 1992）；Findlen，《拥有自然：现代早期意大利的博物馆、收藏和科学文化》。关于博物馆特有的自然志出版物（博物馆目录）演变的有趣讨论，参看 Alix Cooper，《博物馆与书籍：现代早期意大利〈矿物学〉与百科全书式自然志的历史》（The Museum and the Book: The *Metallotheca* and the History of an Encyclopaedic Natural History in Early Modern Italy），《收藏史杂志》（*Journal of the History of Collections*），7（1995），第1页～第23页。

的思想造成了巨大的冲击。[43] 文字描述的和实际上经验得到的世界变得越大，亚里士多德、迪奥斯科瑞德斯以及普林尼所描绘的自然的形象就越显得具有局限性。古典作家究竟知道什么？地中海，他们肯定知道，以及近东和北非的一部分。他们对于北欧知道得很少，而对美洲和亚洲则一无所知。随着哥伦布在圣萨尔瓦多岛登陆以来，对西印度群岛（或拉丁美洲）的报道充斥着欧洲——恰好在这同一年里关于普林尼的争论开始了——文艺复兴时期的自然志家发现自己被淹没在不确定的主张和未经证实却令人陶醉的关于自然的新事实的海洋中。

起初对新大陆的报道强调的是它那些令人惊奇的性质。用心读过普林尼作品的哥伦布，以纯粹的普林尼的方式打量着他所看到的出乎其预料的自然界，依其所述，随着一个人旅行到越远离已知世界的中心的地方，那里的自然界就越不寻常和令人惊讶。他在 1493 年记录了他因为没有看到人形怪物而感到惊奇，表明他并没有期待过美洲的自然会很平常。美洲自然的其他方面则满足了他的期待，使得他在一开始见到在欧洲必然见不到的动物和植物的时候无法用语言来表达。哥伦布关于伊斯帕尼奥拉岛（Hispaniola）上的树木这样写道："我不能鉴定它们，这使得我非常伤心，因为我十分确定它们都是很有价值的，因此我带着它们的样本，以及各种植物的样本。"[44] 当词语不够用时，事物本身就变得更加重要。它们论证了自身的存在，而挑战着那些看见它们而要捕获它们的实体的人。最终，哥伦布和跟随他到西印度群岛的人找到了词语去描述这些未知的事物，熟悉它们，并且最终把许多令人惊奇的事物变成了普通的自然结构的一部分。

449

哥伦布最初对美洲自然的反应，包含了一个过程的各种要素，这个过程变成了现代早期自然志的一个普遍特征。他并不认为描述自然的所有方面有什么意义——他只描述了那些他当下最关心的方面。收集和描述自然变成了与新大陆相关的两种最基本的科学活动。[45] 在 15 世纪 90 年代，航船装满了鹦鹉、猴子、鬣蜥、金刚鹦鹉和其

[43] Henry Lowood，《新世界与欧洲自然目录》（The New World and the European Catalog of Nature），载于 Karen Ordahl Kupperman 编，《欧洲意识中的美洲》（*America in European Consciousness*，Chapel Hill：University of North Carolina Press，1995），第 295 页～第 323 页。

[44] J. M. Cohen 编译，《克里斯托弗·哥伦布的四次航行》（*The Four Voyages of Christopher Columbus*，London：The Cresset Library，1969），第 69 页～第 70 页。哥伦布航海日志中的这些条目分别来自 1492 年 10 月 19 日和 21 日。以下作品对于研究哥伦布与大自然的相遇特别有用，Antonello Gerbi，《新世界中的自然》（*Nature in the New World*，Pittsburgh，Pa.：University of Pittsburgh Press，1985），Jeremy Moyle 译，第 12 页～第 26 页；Mary B. Campbell，《见证以及其他世界：欧洲人的异国旅行写作（400～1600）》（*The Witness and the Other World：Exotic European Travel Writing，400 - 1600*，Ithaca，N. Y.：Cornell University Press，1988），第 165 页～第 209 页；Stephen Greenblatt，《奇妙的领地：新世界的奇迹》（*Marvelous Possessions：The Wonder of the New World*，Chicago：University of Chicago Press，1991），第 52 页～第 85 页。对于科学和发现的隐喻的一般性讨论，参看 Paula Findlen，《新哥伦布：欧洲文艺复兴时期的知识与未知之物》（Il nuovo Columbo：Conoscenza e ignoto nell'Europa del Rinascimento），载于《16 世纪异质性的文学表现》（*La rappresentazione letteraria dell'alterità nel Cinquecento*，Lucca：Pacini-Fazzi，1997），Lina Bolzoni 和 Sergio Zatti 编，第 219 页～第 244 页。

[45] 讨论美洲自然与欧洲自然相比较的早期模型的瓦解，在以下作品描述得很好，Richard White，《在北美洲发现自然》（Discovering Nature in North America），《美洲史杂志》（*Journal of American History*），79（1992），第 874 页～第 891 页；Raquel Álvarez Peláez，《征服美洲的自然》（*La conquista de la naturaleza americana*，Madrid：Consejo Superior de Investigaciones Científicas，1993）。

他稀奇物回到家乡。[46] 这些样本的到达对关于自然的传统叙述造成了新的压力，使得观察作为信息的一种来源的重要性更为显而易见。美洲自然的许多方面，从奇异的犰狳到平凡的马铃薯，在欧洲的自然志传统中都缺乏文本的记录。它们要求在自然志著作密集的书页中占有新的空间，并且提供了这样一种信息，对于亚里士多德和普林尼的作品的注释不能完全适合它们。很快，美洲自然的这些方面需要它们自己的自然志。[47]

这些自然志造成了独一无二的挑战，因为它们缺乏对自然样本进行权威描述的标准要素，也就是缺少一些权威人物，其词语在许多个世纪里已经将对象的意思固定下来。以玉米为例，当它最初于 16 世纪 40 年代在欧洲自然志中出现时，被许多自然志家称为“土耳其谷物(turcicum frumentum)”；有关玉米的近代本地语中，例如意大利语的“granturco”，依然带有这种误解的痕迹。阅读新大陆报道的人很清楚地意识到它并不是来自土耳其，但是对于旧的东方的印度群岛和在西方新出现的印度群岛，其他人则显示出一种十分典型的迷惑。到了 1570 年，意大利自然志家皮耶尔·安德烈亚·马蒂奥利(1501 ～ 1577)指出了这一错误，虽然其他自然志家在整个 16 世纪一直都不赞同他。[48] 其中的问题就在于看见过美洲玉米(maize)的自然志家太少了而无法为它给出一个可信的记录。只要玉米被描述成为一种欧洲以外的产物，被传播的便是它的新奇性而不是准确产地。

450

征服和发现的年代创造了一种不同类型的自然志：印度群岛的自然志(包括东印度群岛和西印度群岛)。在那个对异域自然充满强烈的好奇心的时代，撰写旅行记录和自然志成为一项赚钱的事业。诸如公证人贡萨洛·费尔南德斯·德·奥维多(1478 ～ 1557)的《印度群岛的通志和自然志》(*Historia general y natural de las Indias*, 1535 ～ 1549)，医生加西亚·达奥尔塔的《关于来自印度的单味药和药物的谈话》(*Coloquios dos simples e drogas he cousas mediçinais da India*, 1563)和耶稣会士何塞·德·阿科斯塔的《印度群岛的自然志与道德志》(*Historia natural y moral de las Indias*, 1590)满足了欧洲人渴求美洲和亚洲的自然信息的强烈愿望。他们期望复兴这样一种热情，即把产地作为研究自然的概念参数之一，复兴古代希波克拉底那种把地点当作理解自然的一条重要途径的兴趣。“印度群岛”在自然的研究中变成了有着最强定义的地理实体之一。[49] 它是一个理想的场所，里面生长着数以百计的新奇的植物和动

---

[46] Wilma George,《16 和 17 世纪新动物发现的原始资料与背景》(Sources and Background to Discoveries of New Animals in the Sixteenth and Seventeenth Centuries),《科学史》(*History of Science*), 18(1980), 第 79 页～第 104 页。

[47] 这种转变的结果可在以下作品中看到, William J. Ashworth,《自然志与象征世界观》(Natural History and the Emblematic World View), 载于 David C. Lindberg 和 Robert S. Westman 编,《重估科学革命》(*Reappraisals of the Scientific Revolution*, Cambridge: Cambridge University Press, 1990), 第 303 页～第 332 页; Ashworth,《持久的兽类：动物学插图中反复出现的图像》(The Persistent Beast: Recurring Images in Zoological Illustration), 载于《自然科学与技艺》(*The Natural Sciences and the Arts*, Uppsala: S. Academiae Ubsaliensis, 1985), 第 46 页～第 66 页。

[48] Lowood,《新世界与欧洲自然目录》, 载于 Kupperman 编,《欧洲意识中的美洲》, 第 300 页。

[49] 对强调外部自然的反应可以在欧洲当地自然志的自我意识传统的发展中找到, 特别是在德国和英国; 参看 Cooper,《创造本土：现代早期德国的地方知识与自然志》。

物，自然志家能够用它们来训练他们新近发展的观察技能。

奥维多作为一个金矿视察者于1514年第一次到达美洲，他通过如下的话语来自豪地声称他违背了对古典作家作品进行注释的自然志写作传统："我的注意力并不是那些已经被其他作者写过的事物，而是在我们的印度群岛引起我关注的那些突出的事物。"[50]他的许多描述——烟草植株、橡胶树和不计其数的其他稀奇物——第一次给欧洲读者提供了关于这类事物的记录。奥维多的《印度群岛的通志和自然志》和许多随后类似的著作，在之后的一个世纪里用各种语言出版了。

奥维多面临的至关重要的问题之一与知识的可信度有关。尽管普林尼的批评者已经投身观察，把它作为改正文本的一种手段，奥维多却仍旧抓住原来的问题不放：如何使用词语才能让事物更为可信？普林尼曾经就是主要在自己收集的事实中提出可靠知识的问题，奥维多从普林尼那里得来灵感，使用他公证员的技能来强调好的证据的重要性。[51] 只要有可能，他就亲自观察自然。当所描述的事物是他从没见过的，他更愿意以同一现象大量确证的记录为根据，而不是优先采用个人的报道。这些技术还是不能产生绝对确定的报道，因此现代早期的自然志家们花费了大量的笔墨相互纠正对方的夸大之处和错误的鉴定。尽管如此，这些技术的作用仍很大，使读者相信，奥维多并不是一个简单地向人们传播东方奇迹的吹牛者，而是一位观察家，他在美洲的个人经历以及对信息的仔细处理，使得他成为一个值得信赖的知识来源。[52] 在发展有关好的证据的性质与知识的可靠性之间的关系这些重要观念上，他是弗兰西斯·培根的一位很有价值的先驱者。

451

极少有自然志家去过美洲。然而，他们依靠研究欧洲人的收藏品中的新大陆的标本，以及阅读新大陆的记录，来扩展他们对自然的描述。例如格斯纳拥有且注释了诸如安德烈·泰韦的《南极法国的奇物》(*Les Singularitez de la France antarctique*, 1558)这样的著作，他在它的卷首插图里写道："我记录和绘制[它的]动物和植物。"[53]他在一本1542年的植物目录中把玉米包括进去了，并且直到16世纪50年代一直在他的花园里栽种烟草和番茄。格斯纳对于新自然的报道的谨慎、探索的态度，使得他在他的《动物志》(1551)的第五卷只收录了一种美洲动物——负鼠(opossum)。到了1558年他完成这部著作的时候，其他新大陆的动物样本在他的百科全书中也占据了一席之地，尽

[50] Gonzalo Fernández de Oviedo,《印度群岛的通志和自然志》(*Historia*, 5.3)，载于Gerbi,《新世界中的自然》，第226页。

[51] 对于提供证据在现代早期科学中的作用最著名的讨论为以下作品，Steven Shapin 和 Simon Schaffer,《利维坦与空气泵：霍布斯、玻意耳与实验生活》(*Leviathan and the Air-Pump: Hobbes, Boyle, and the Experimental Life*, Princeton, N. J.: Princeton University Press, 1985)，这部作品也关注17世纪中叶英国实验团体的发展。奥维多的例子表明，在有关印度群岛的早期描述中，远距离沟通的问题是如何引发了可信性和确定性问题(参看第16章)。

[52] 关于东方的奇异之物，参看 Lorraine Daston 和 Katharine Park,《奇事与自然秩序(1150～1750)》(*Wonders and the Order of Nature, 1150 - 1750*, New York: Zone Books, 1998)，第21页～第66页。

[53] Urs B. Leu,《康拉德·格斯纳与新世界》(Konrad Gesner und die Neue Welt),《格斯纳》(*Gesnerus*), 49(1992)，第285页。关于格斯纳对新世界的兴趣的后续信息均来自这篇文章。

管它们的内容与旧大陆的内容相比还非常少。[54]

新一代的自然志家更有激情地和系统地从事关于美洲自然的工作。例如阿尔德罗万迪把自己想象为一个新的哥伦布,再三地试图让各种统治者对资助他去印度群岛的旅行产生兴趣。[55] 在他失败的地方,其他为在海外拥有领地的君主而工作的人取得了成功。在1570年西班牙腓力二世命令他的皇家内科医生弗朗西斯科·埃尔南德斯(1517～1587)航行到新西班牙,命令他完成撰写新西班牙自然志的任务。埃尔南德斯在新西班牙待了7年,主要探索墨西哥的植物和动物。在那段时期,他和他的欧洲助手广泛地接触当地的画家和信息提供者,以编撰一部墨西哥自然的目录,从而把欧洲的和美洲的知识的精华集中在一起。埃尔南德斯不仅学习纳瓦特尔语(Nahuatl)以便和当地提供信息的人讨论他所观察到的事物,还把他的著作翻译为纳瓦特尔语,因为它同时使用西班牙语和这门最重要的本土语言,它对所有新西班牙的居民来说都是有用的。[56] 他于1577年2月回到了西班牙,带着满满一船的种子和根,各种各样的植物标本集以及38卷的记录和插图。不幸的是腓力二世对新西班牙的自然志的兴趣已经消退了,因此埃尔南德斯的著作几乎无法付诸印刷。这些著作的出版主要受到罗马的科学学会——山猫学会(Accademia dei Lincei,1603～1630)的资助,这个学会懂得他的著作的价值。原稿于1671年在埃斯科里亚尔(Escorial)的一场火灾中烧毁。[57] 尽管埃尔南德斯的著作有其内在价值,但它太依赖皇室的支持了,以至于没有了西班牙国王持续的兴趣,它便进行不下去。在他的案例中,那使得这样一件雄心勃勃的工程得以实施的可能因素,也同样是它没能结出果实的原因。

同样的命运也落到去弗吉尼亚探险的雷的头上。1584年,画家约翰·怀特陪伴沃尔特·雷爵士、英国天文学家托马斯·哈里奥特(1562～1621),以及其他殖民者到了

452

---

[54] George,《16和17世纪新动物发现的原始资料与背景》,第81页～第83页,第87页。她估计,新世界的内容占格斯纳动物学总内容的9%。

[55] Mario Cermenati,《乌利塞·阿尔德罗万迪与美洲》(Ulisse Aldrovandi e l'America),《植物学年鉴》(*Annali di botanica*),4(1906),第3页～第56页;Olmi,《"大校园":16世纪面对美洲的意大利自然志家》("Magnus campus": I naturalisti italiani di fronte all'America nel secolo XVI),载于Olmi,《关于世界的清单:现代早期自然与知识场所的编目》,第211页～第252页;Findlen,《新哥伦布:欧洲文艺复兴时期的知识与未知之物》。

[56] 关于这次迷人的探险的全部故事还有待书写,但人们对埃尔南德斯和他的世界的兴趣一直在提升。参看German Somolinos d'Ardois,《弗朗西斯科·埃尔南德斯医生:在美洲的第一次科学探险》(*El Doctor Francisco Hernández: La primera expedicion cientifica en America*, Mexico City: Secretaría del Educación Pública, 1971);Jacqueline de Durand-Forest和E. J. de Durand,《在新西班牙探索自然志》(À la découverte de l'histoire naturelle en Nouvelle Espagne),《历史、经济与社会》(*Histoire, Economie et Société*),7(1988),第295页～第311页;José M. López Piñero,《波马尔药典(约1590年):欧洲的动植物与埃尔南德斯美洲探险带回的动植物》(The Pomar Codex [ca. 1590]: Plants and Animals of the Old World and from the Hernández Expedition to America),《信使》(*Nuncius*),7(1992),第35页～第52页;Simon Varey和Rafael Chabráu,《文艺复兴时期的医学自然志:弗朗西斯科·埃尔南德斯的不同寻常的例子》(Medical Natural History in the Renaissance: The Strange Case of Francisco Hernández),《亨廷顿图书馆季刊》(*Huntington Library Quarterly*),57(1994),第125页～第151页。关于西班牙帝国与其自然观之间关系的更广泛的描述,参看Barrera,《科学与国家:16世纪西班牙的自然与帝国》。

[57] 2000年出版的编辑和翻译项目将使埃尔南德斯全集的各个部分得到更广泛的利用。参看Simon Varey编,Rafael Chabrán、Cynthia Chamberlin和Simon Varey译,《墨西哥名作集:弗朗西斯科·埃尔南德斯医生的作品》(*The Mexican Treasury: The Writings of Dr. Francisco Hernández*, Stanford, Calif.: Stanford University Press, 2000);Simon Varey、Rafael Chabrán和Dora B. Weiner编,《探寻自然的秘密:弗朗西斯科·埃尔南德斯医生的生活和著作》(*Searching for the Secrets of Nature: The Life and Works of Dr. Francisco Hernández*, Stanford, Calif.: Stanford University Press, 2000)。

罗阿诺克。哈里奥特描述，怀特绘画。虽然他们试图出版一本弗吉尼亚的自然志，但这项工程难以继续下去，如同这块殖民地一样。国王的不稳定的兴趣、资金问题以及建立殖民地的困难，这一切都导致了它的终结。最终哈里奥特出版了《对新发现的弗吉尼亚之地简要和真实的报告》(*A Briefe and True Report of the New Found Land of Virginia*,1590)，有些基于怀特画作的版画也在书中出现了。其他画作则成为托马斯·彭尼的《昆虫剧场》(*Theatrum insectorum*)中昆虫图画的基础，在他去世后于1634年被托马斯·莫菲特编辑和出版。[58] 怀特的动物进入了其他到新大陆的英国探险队的记录中。但是没有一本完整的自然志出版过。相比之下巴西的自然志是一次成功的合作，其结果就是格奥尔格·马克格拉夫的《巴西自然志》(*Historia naturalis Brasiliae*)由威廉·皮斯编辑并于1648年出版。[59]

453

把对非欧洲的自然的描述整合进自然志中，其最为系统的工作是由克鲁修斯完成的。在1564年，在一次为了观察伊比利亚植物而到西班牙和葡萄牙的旅途中，克鲁修斯到了里斯本的一家书店，找到了达奥尔塔的《关于来自印度的单味药和药物的谈话》的复制本。他买下了它，由于意识到这么重要的信息如果一直保持葡萄牙语将永远不会被广泛阅读，于是他开始把它翻译为拉丁语，对它进行节选以便让它更直接地提供信息。[60] 他也相继对尼古拉斯·莫纳德斯和克里斯托瓦尔·阿科斯塔的著作做了相同的工作。[61]

同一时候，克鲁修斯仔细积累的新大陆的植物和动物，在16世纪末将成为任何一位自然志家的羡慕之物。他受益于他待在维也纳皇宫，更主要地是在布拉格皇宫的那段时期，在那里神圣罗马帝国皇帝马克西米连二世和鲁道夫二世喜欢收集美洲的人工制作品作为法宝，使他们能够控制地球每一个角落(参看第33章)。皇家对自然志的资助，在促进对自然的研究和表现的特定方向上，再一次扮演了重要角色。鲁道夫二世关于新大陆的巨大的动物园和藏书量可观的图书馆，有助于解释为什么在布拉格的自然志家似乎拥有很多关于美洲的知识，因为布拉格离诸如塞维利亚、威尼斯和阿姆斯特丹这样的交易中心很远，在这些地方才充斥着新大陆的制造品。[62] 一回到荷兰，克鲁修斯就试图指导它

---

[58] Paul Hulton,《1585年的美洲：约翰·怀特画作全集》(*America 1585: The Complete Drawings of John White*, Chapel Hill: University of North Carolina Press, 1984)。

[59] E. van den Boogaart、H. R. Hoetink 和 P. J. P. Whitehead 编,《拿骚-锡根的约翰·毛里茨(1604～1679)：在欧洲和巴西的人文主义君主》(*Johan Maurits van Nassau-Siegen, 1604 - 1679: A Humanist Prince in Europe and Brazil*, The Hague: The Johan Maurits van Nassau Stichting, 1979);P. J. P. Whitehead 和 M. Boeseman,《17世纪荷兰所属巴西的画像：拿骚的约翰·毛里茨的画家所绘的动物、植物与人物》(*A Portrait of Dutch 17th Century Brazil: Animals, Plants and People by the Artists of Johan Maurits of Nassau*, Amsterdam: North Holland, 1989)。

[60] Garcia da Orta,《在印度发现香料和药用植物的记录》(*Aromatum et simplicium aliquot medicamentorum apud Indos nascentium historia*, Antwerp: Plantinus, 1567),Carolus Clusius 编译。这件事情在以下作品中有所讨论,Grove,《绿色帝国主义：殖民扩张、热带岛屿乐园与环境保护主义的起源(1600～1860)》,第77页～第81页;Hunger,《夏尔·德·莱克吕兹》,第1卷;Ogilvie,《现代早期自然志中的观察与实验》,第372页～第378页。

[61] Nicolas Monardes,《来自新世界的信息提供者的单味药物》(*Simplicium medicamentorum ex Novo Orbe delatorum*, Antwerp: Plantinus, 1579),Carolus Clusius 编译;Cristobal Acosta,《产自东印度的香料和药用植物的记录》(*Aromatum & medicamentorum in orientali India nascentium liber*, Antwerp: Plantinus, 1582),Carolus Clusius 编译。

[62] Eliska Fucíková,《鲁道夫二世与布拉格：宫廷与城市》(*Rudolf II and Prague: The Court and the City*, New York: Thames and Hudson, 1997)。

的医生和药剂师在旅行中采集什么，充分利用荷兰东印度公司了解异域的自然。尽管如此，他抱怨道，他们看上去并没有充分领会到他的事业的价值，虽然在交易中获得的一些动物和植物成为他的收藏品。[63] 荷兰的收藏家，如医生贝尔纳德·帕卢丹乌斯(1550～1633)，他的博物馆没有阿尔德罗万迪的大，但是在美洲和亚洲的人工制作品上的确很丰富，按照通过交易渠道直接进入他的博物馆的东西数量来评价的话，他似乎更成功。 454

克鲁修斯在莱顿植物园里种植他努力获得的印度群岛的新奇植物，并且与朋友及自然志家广泛联系，在信中提醒他们送来礼物以补充他的工程。他同样从他雇作园丁的人的更为日常的知识中获益不少——他们的植物知识不是来自关于自然的书本或学术争论，而是来自他们作为实践的园艺家的经验，因为他们是作为工匠而不是自然的学者照料着欧洲花园。[64] 克鲁修斯的《关于异域事物的十本书》(*Exoticorum libri decem*, 1605)展现了所有他所读过的、看过的和讨论过的关于欧洲以外的自然。[65] 对于人们寻找词语以描述1492年之前从未见过的事物的探索来说，它是一个最大的证据。

分享信息

到了17世纪中叶，自然志家定期地分享信息。科学信件在自然志的发展中成为最重要的交流工具(参看第16章)。[66] 比较和收集标本的技术对于植物来说比动物要应用得更好些，因为植物很容易运输和保存。然而所有的信息都潜在地可以运输，只要词语和图像足够的话。信件旅行了几百英里，经常折叠在种子中，或者附着一位朋友一件很好的植物标本集。例如克鲁修斯在1569年获得了一些他在荷兰见到的第一批郁金香鳞茎，他写信给维也纳的朋友，从哈布斯堡王朝大使送给奥斯曼帝国苏丹的郁金香鳞茎中要一件样品，他的朋友从伊斯坦布尔把它们带回来。[67] 这样一次次的交换累积多年，就能创建整个植物园、自然志藏品和最终出版的自然志，大多数自然志家感到受惠于他们的赞助人和同事太多，因为后者为生产一种图解的自然志花费了大量的费用和心血，所以成果出版的时候自然志家毫不吝啬地对他们进行感谢。当阿尔德罗万迪在他全部著作的扉页上签下Ulyssis Aldrovandi et amicorum(乌利塞·阿尔德罗万迪及其友人)时，也许把这发挥到了 455

---

[63] Ogilvie，《现代早期自然志中的观察与实验》，第390页～第392页。

[64] Claudia Swan，《克鲁修斯的植物水彩画：文艺复兴时期的植物与花卉》(*The Clutius Botanical Watercolors: Plants and Flowers of the Renaissance*, New York: Abrams, 1998)。

[65] 完整的书名是《关于异域事物的十本书：关于动物、植物、香料及其他作物的描述》(*Exoticorum libri decem: quibus animalium, plantarum, aromatum, aliorumque peregrinorum fructuum historiae describuntur*)。

[66] 关于交换，参看Paula Findlen，《现代早期欧洲科学交流的体系》(The Economy of Scientific Exchange in Early Modern Europe)，载于Bruce Moran编，《资助与机构：欧洲宫廷的科学、技术和医学(1500～1750)》(*Patronage and Institutions: Science, Technology, and Medicine at the European Courts, 1500 - 1750*, Woodbridge: Boydell Press, 1990)，第5页～第24页；Giuseppe Olmi，《"许多地方的朋友"：16世纪自然与通信研究》("Molti amici in varii luoghi." Studio della natura e rapporti epistolari nel secolo XVI)，《信使》(*Nuncius*)，6(1991)，第3页～第31页；Ogilvie，《现代早期自然志中的观察与实验》，第166页～第170页。

[67] Ernest Roze，《夏尔·德·莱克吕兹·达拉斯，16世纪马铃薯的繁殖者》(*Charles de l'Escluse d'Arras, le propagateur de la pomme de terre au XVIe siècle*, Paris: J. Rothschild, 1899)，第53页。

极致。[68] 因为仅仅出版他的自然志第一卷，就耗去了他大半生的时间，在1599年阿尔德罗万迪已经77岁高龄的时候它才印刷出版，他亏欠了很多人情，因而需要感谢。

这种词语和事物的定期交换，表明了在自然志研究中合作是多么重要。它也是这个团体中较年轻的成员把自己介绍给著名自然志家的一种方法。格斯纳在已经完成他权威的《动物志》后回到了植物学研究，《动物志》是自亚里士多德著作和他中世纪伟大的注释者大阿尔伯特以来最广博的动物学著作，作为蒙彼利埃大学1563年的一名医科学生，小让·鲍欣在知道这一情况之后，给受人尊敬的格斯纳寄了一些他最好的干草药并附上了自己的描述。几个月后在苏黎世，鲍欣的草药标本在格斯纳手上凋谢了，格斯纳试图安慰他年轻的朋友，作为对暂时失去他的标本的补偿，答应以他的名字来命名一种植物。最终，在1565年7月，格斯纳写道："现在我手上又有了你的干草药了，并且很快，在上帝帮助下，我将结束我对它们的研究并且把它们送还给你，正如你所要求的那样。"[69] 可以确信的是，只有格斯纳对于发现鲍欣在这次经历之后对年长的同僚不再如此慷慨而感到惊奇。对于如何应付比他们年长的人，许多年轻的自然志家学会了一课，年长的人并不总是慷慨地回报他们的礼物。[70]

像格斯纳这样的自然志家是如何处理学者们寄给他的材料呢？"我在头脑中有更多的记录，比纸上记的要多。"他于1556年向富克斯坦白道。[71] 然而纸上的信息对于格斯纳的记录信息的系统来说是至关重要的。像许多文艺复兴时期的学者一样，他将所收到的所有信息——来自书本、信件或观察——重新整理成为这样一种形式，它允许他逐渐地创造跟信息一样完整的对单个对象的描述，这样的话这些描述就变得可用了。"我已经把你所描述的那些[植物]的名字都记录下来了，我也在笔记本中将它们分类，因此当我准备[去写]它们的历史的时候，我就在细节上对你的描述进行检查。"他这样告诉鲍欣。[72] 他对由威廉·特纳和约翰·凯厄斯提供的英国自然的信息也是这样处

456

[68] 例如，参看 Ulisse Aldrovandi，《鸟类学，关于鸟的记录》(*Ornithologiae, hoc est de avibus historiae libri*, Bologna: Franciscus de Franciscis Senensis, 1599 - 1603)。关于阿尔德罗万迪，参看 Giuseppe Olmi，《乌利塞·阿尔德罗万迪：16世纪下半叶意大利的科学与自然》(*Ulisse Aldrovandi: Scienza e natura nel secondo Cinquecento*, Trent: Libera Università degli Studi di Trento, 1976)；Sandra Tugnoli Pattaro，《乌利塞·阿尔德罗万迪科学思想的方法与系统》(*Metodo e sistema delle scienze nel pensiero di Ulisse Aldrovandi*, Bologna: Cooperativa Libraria Universitaria Editrice Bologna, 1981)；Findlen，《拥有自然：现代早期意大利的博物馆、收藏和科学文化》。

[69] Conrad Gessner，《致让·鲍欣的20封信(1563～1565)》(*Vingt lettres à Jean Bauhin fils [1563 - 65]*, Saint-Étienne: Publications de l'Université de Saint-Étienne, 1976)，Augustin Sabot 译，第88页。

[70] 关于这个主题更全面的研究，参看 Findlen，《科学共同体的形成：16世纪意大利的自然志》。

[71] John L. Heller 和 Frederick G. Meyer，《康拉德·格斯纳致莱昂哈特·富克斯的信，1556年10月18日》(Conrad Gesner to Leonhart Fuchs, October 18, 1556)，《亨蒂亚》(*Huntia*)，5(1983)，第61页。我稍微修改了一下译文。关于格斯纳，参看 Hans Wellisch，《康拉德·格斯纳：人物传记文献》(Conrad Gesner: A Bio-Bibliography)，《自然志参考书目学会杂志》(*Journal of the Society for the Bibliography of Natural History*)，7(1975)，第151页～第247页；Braun，《康拉德·格斯纳》；Udo Friedrich，《自由之艺与现代早期科学之中的自然志：康拉德·格斯纳的〈动物志〉及其对本地语言的吸收》(*Naturgeschichte zwischen artes liberales und frühneuzeitlicher Wissenschaft: Conrad Gesners "Historia animalium" und ihre volkssprachliche Rezeption*, Tübingen: Max Niemeyer, 1995)。

[72] Gessner，《致让·鲍欣的20封信(1563～1565)》，第81页。有关文艺复兴时期科学中备忘录使用的更详细的讨论，参看 Ann Blair，《自然哲学中的人文主义方法：备忘录》(Humanist Methods in Natural Philosophy: The Commonplace Book)，《思想史杂志》(*Journal of the History of Ideas*)，53(1992)，第541页～第551页。

理的。[73] 简而言之,信件这种交流方式促进了收集和分类信息的百科全书化过程。它使得都市里的医生,比如在 1546 年之后就很少离开苏黎世(除了爬上阿尔卑斯山去采集和研究植物)的格斯纳,去指挥全世界。它很好地例证了在自然的研究中词语与事物的混合。

相比较于植物而言,动物的大小、花费和相对的脆弱,意味着它们比起容易运输的植物和无生命的石头来说,在流通的数量上更为有限。虽然一些信件偶尔会附带装着皮毛、骨头、动物标本的箱子,人们更经常用词语和图像去描述动物。格斯纳和阿尔德罗万迪,这两位 16 世纪的自然志家都对写作一部完整的动物志这一想法十分迷恋,出版了描述他们个人并没有看到过的许多动物的图书,虽然他们对那些他们有能力解剖的动物提供了更多的信息,如同他们通过阅读了解的那些动物。当克鲁修斯希望接触到第一批带着脚进入欧洲的天堂鸟——在 16 世纪的前 2/3 个世纪里,人们都相信它们没有脚,因为当地的猎人为欧洲的交易者准备这些猎物时把它们的脚都砍掉了[74]——他很气恼地发现所有的样本都在鲁道夫二世的要求下送到布拉格去了。[75] 田鼠、蛇和类似的普通动物在供应上十分充足,但是更多的外来动物通常只能在王室的动物园中看见活的,或在许多学者、贵族和显贵拥有的珍宝室里能看到动物标本。当查理四世的巨嘴鸟(toucan,又名犀鸟)在经历了从巴西到巴黎的很长一段旅程之后,最终死了(这是大多数新大陆动物的典型命运),国王便把尸体交给他的王室外科医生安布鲁瓦兹·帕雷,对其进行防腐处理并展示出来。[76] 即使它开始发霉了,帕雷仍继续向参观者展示它,因为这种标本是稀少的,尽管它不完美。 457

动物的获得和保存的困难,使得插图对于动物学来说比植物学要重要得多。它们经常是唯一的视觉信息来源,并且经常是和自然志家以及他们的资助人的交换信件附在一起的。印刷的图像通常是由画家或自然志家的绘画作品制作而成。随着奥托·布伦费尔斯在 1530 年把他的植物标本集作为"逼真的图像"的储藏所的广告发布——

[73] Vivian Nutton,《康拉德·格斯纳与英国自然志家》(Conrad Gesner and the English Naturalists),《医学史》(*Medical History*),29(1985),第 93 页~第 97 页。

[74] Wolfgang Harms,《论 16 世纪的自然志和象征》(On Natural History and Emblematics in the Sixteenth Century),载于《自然科学与技艺:从文艺复兴时期到 20 世纪互动的方方面面》(*The Natural Sciences and the Arts: Aspects of Interaction from the Renaissance to the Twentieth Century*, Acta Universitaria Upsaliensis, nova ser., 22, Uppsala: Almquist and Wiksell, 1985),第 67 页~第 83 页。

[75] Ogilvie,《现代早期自然志中的观察与实验》,第 383 页。关于鲁道夫二世宫廷中自然的作用,参看 Thomas DaCosta Kaufmann,《对自然的支配:文艺复兴时期的艺术、科学和人文主义的面貌》(*The Mastery of Nature: Aspects of Art, Science, and Humanism in the Renaissance*, Princeton, N. J.: Princeton University Press, 1993),第 100 页~第 128 页,第 174 页~第 194 页;Fucíková,《鲁道夫二世与布拉格:宫廷与城市》。

[76] Ambroise Paré,《论怪物与奇迹》(*On Monsters and Marvels*, Chicago: University of Chicago Press, 1982),Janis L. Pallister 译,第 139 页。若要了解这一时期更多的收藏文化,参看 Kryzsztof Pomian,《收藏者与奇异物品:巴黎与威尼斯(1500 ~ 1800)》(*Collectors and Curiosities: Paris and Venice, 1500 – 1800*, London: Polity, 1990),Elizabeth Wiles-Portier 译;Joy Kenseth 编,《珍奇之物的时代》(*The Age of the Marvelous*, Hanover, N. H.: Hood Museum of Art, 1992);Olmi,《关于世界的清单:现代早期自然与知识场所的编目》;Findlen,《拥有自然:现代早期意大利的博物馆、收藏和科学文化》;Horst Bredekamp,《古代的诱惑与机器崇拜》(*The Lure of Antiquity and the Cult of the Machine*, Princeton, N. J.: Markus Weiner, 1995),Allison Brown 译;Luca Basso Peressut 编,《珍宝室:自然博物馆的历史与项目》(*Stanze delle meraviglie: I musei della natura tra storia e progetto*, Bologna: Cooperativa Libraria Universitaria Editrice Bologna, 1997);Daston 和 Park,《奇事与自然秩序(1150 ~ 1750)》,第 135 页~第 172 页。

从活的事物中选择的代表物——图像作为传达自然的重要信息的方法的观念具有了明确的形式。富克斯在 1542 年声称："自然是以这样的一种方式形成的，即所有的东西都可以在图像中被我们把握。"[77]他强烈地赞成每幅图像的特殊性，批评之前的插图画家把图像一般化而不是特殊化。把一幅在观察的基础上绘制精美的图像与和一个特殊的植物或动物相关的名录配合起来，变成了对事物本身的一种有效的速记法。在 16 世纪下半叶，插图在数量上和重要性上都有所增长。格斯纳的《动物志》是图文并茂的百科全书，木版画总数约 1200 幅，其中既包括了之前的自然志和宇宙志中的插图，又包括了专门为格斯纳的动物学绘制的图像。阿尔德罗万迪有一支画家和雕刻工的队伍，从他的自然图像档案中制作了近 3000 幅木版画。[78]

截至 16 世纪 50 年代，大多数自然志家把他们的出版物宣传为充满"选自自然的肖像"。[79] 他们把图像作为词语的保证者，因为两者之间的一致构成了证据的两种形式。"如果古典作家把他们描述的所有的事物都画出来并涂上颜色的话，"阿尔德罗万迪写道，"人们就不会在这些作者的作品中发现如此多的疑问和无穷无尽的错误。"[80]这种乐观的论调掩盖了许多复杂性，阿尔德罗万迪从自己多方努力创建自然的视觉档案的过程中很清楚地知道这点。虽然许多图像是个人观察的产物，但任何一位自然志家想要写一部无所不包的自然志，为了建立足够的信息的供应，就不得不依赖别人的报告。弄清这些材料的可靠性是一项很艰难的工作，这也是普林尼为何建议他的读者们绝不要相信图像的原因。插图尽管有帮助，却不能必然记录自然的真实性，虽然它们对于记录自然的多样性做了很大的努力，因为把知识从眼睛传送到手上本身就会产生特有的错误。一幅图并不能产生关于自然的简单真理，更不用说一件由一幅图制作的印刷品了(参看第 31 章)。

458

---

[77] Leonhart Fuchs,《植物志之非凡纪事》(*De historia stirpium commentarii insignes* [1542], sig. B1r),载于 Sachiko Kusukawa,《莱昂哈特·富克斯论图像的重要性》(Leonhart Fuchs on the Importance of Pictures),《思想史杂志》,58(1997),第 411 页。我对富克斯的附加的评论以这篇文章为基础。

[78] William J. Ashworth,《文艺复兴时期的象征自然志》(Emblematic Natural History in the Renaissance),载于 Jardine、Secord 和 Spary 编,《自然志文化》,第 18 页,第 27 页～第 29 页;Braun,《康拉德·格斯纳》,第 68 页;Giuseppe Olmi,《乌利塞·阿尔德罗万迪的艺术作坊》(La bottega artistica di Ulisse Aldrovandi),载于 Enzo Crea 编,《鱼市:乌利塞·阿尔德罗万迪的艺术作坊》(*De piscibus: La bottega artistica di Ulisse Aldrovandi*, Rome: Edizioni dell'Elefante, 1993),第 19 页。关于自然志插图,也可参看 Olmi,《关于世界的清单:现代早期自然与知识场所的编目》,第 21 页～第 117 页;《图像与自然:15 ～ 17 世纪的埃斯特图书馆和大学图书馆的法规和印刷书籍中的自然志图像》(*Immagine e natura: L'Immagine naturalistica nei codici e libri a stampa delle Biblioteche Estense e Universitaria, Secoli XV - XVII*, Modena: Mucchi, 1984);Brian Ogilvie,《自然志中的图像与文字(1500 ～ 1700)》(Image and Text in Natural History, 1500 - 1700),载于 Wolfgang Lefèvre、Jürgen Renn 和 Urs Schöpflin 编,《现代早期科学中图像的力量》(*The Power of Images in Early Modern Science*, Basel: Birkhäuser, 2003),第 141 页～第 166 页。

[79] 这个短语来自 Pierre Belon 的《鸟类自然志》(*L'Histoire de la nature des oyseaux, avec leurs descriptions, & naïfs portraicts retirez du naturel*, Paris: Guillaume Cauellat, 1555)。其他例子包括 Guillaume Rondelet 的《海洋鱼类之书以及其中的鱼的图像》(*Liber de piscibus marinis in quibus verae piscium effigies expressae sunt*, Lyon: Matthew Bonhomme, 1554)和他的《所有水生动物志及其图像》(*Universae aquatilium historiae pars altera cum veris ipsorum imaginibus*, Lyon: Matthew Bonhomme, 1555)。Lucia Tongiorgi Tomasi 也指出了 vivae eicones、verae effigies 和 vrais portraicts 这些短语在她的《乌利塞·阿尔德罗万迪与自然志图像》(Ulisse Aldrovandi e l'immagine naturalistica)中出现的频率,载于 Crea 编,《鱼市:乌利塞·阿尔德罗万迪的艺术作坊》,第 38 页。

[80] Ulisse Aldrovandi,《阿尔德罗万迪医生的警告》(Avvertimenti del Dottor Aldrovandi),载于 Paola Barocchi 编,3 卷本《16 世纪意大利的艺术论文》(*Trattati d'arte del Cinquecento*, Bari: Laterza, 1960 - 2),第 2 卷,第 513 页。

由于知道要对所有公开的信息进行最终判断是多么困难，自然志家希望自然志的公共工程将最终产生出一个普遍的真理。"如果每个人都为公共的利益贡献他的观察结果，"格斯纳于 1556 年写道，"那么我们就拥有这样的希望，即在某一天，从这些观察中，一个统一的、完美的工作将会由某人在最后的关头完成。"[81] 到了 1565 年格斯纳去世时，撰写一部新的自然志的工程正在良好地进行着，但远没有完成。几十年之后，弗兰西斯·培根（1561～1626）将回到自然志作为一项集体事业的观念上，为了让人们意识到格斯纳在几十年前就曾想象的这种工程的必要性而写下大量文章。[82]

直到 16 世纪晚期在欧洲自然志家之间持续的材料流动，凸显了对格斯纳梦想的热烈的信仰，即完成自然志的工程是一个需要严肃对待的目标。[83] 即使 17 世纪开端的科学信件开始流露出关于这项工程可行性的确定的怀疑主义，它们仍然保持了收集和分享信息的结构，这种结构已经被用于实现一个百科全书理想了（参看第 16 章）。"自从如此多著名的人物都全力投入这项工作中，我们可以期待的是，对植物知识的研究将不得不进步。"克鲁修斯于 1566 年给他的一位通信者回复道。[84] 这个预言最终被证明是对由自然志所促进的科学的一个准确的评价——知识的逐渐积累最终使得自然志家能够从中得出一般的原则。卡斯帕·鲍欣的《植物图解》（*Pinax theatri botanici*）于 1623 年出版，这是在约翰·雷和卡尔·林奈的工作之前最重要的一次尝试：为所有已知的植物创造一套统一的语言和结构，它描述了超过 6000 个物种并将其分类。[85] 这些发现（比一个世纪之前已知的增加了十倍）中属于鲍欣的极少。就像在格斯纳和阿尔德罗万迪的大拉丁文对开本著作中的动物，它们体现了一个科学团体的集体知识。

459

---

[81] Heller 和 Meyer，《康拉德·格斯纳致莱昂哈特·富克斯的信，1556 年 10 月 18 日》，第 67 页。

[82] 参看 Francis Bacon 的《林中林》（*Sylva sylvarum*），它可作为 17 世纪早期重回该项工程的种种努力的一个例子。

[83] 许多文艺复兴时期的自然志家都相信，被设想为百科全书式工程的自然志一定会完成。当格斯纳在 1565 年去世时，阿尔德罗万迪基本上取代了他，成为热衷于模仿古典作家撰写自然通志的自然志家。后来的自然志家，例如克鲁修斯和鲍欣，将自己局限于更有限的项目中，但是我们还应该认为 17 世纪晚期的自然志家约翰·雷及其 18 世纪继任者卡尔·林奈在研究全部自然的目标上是格斯纳和阿尔德罗万迪的合格继任者。

[84] Roze，《夏尔·德·莱克吕兹·达拉斯，16 世纪马铃薯的繁殖者》，第 40 页。

[85] André Cailleux，《从 1500 年至今增加的被描述植物的数量》（Progression du nombre d'espècrites des plantes décrites de 1500 à nos jours），《科学史评论》（*Revue d'Histoire des sciences*），6（1953），第 44 页。自然志中分类法的发展受到植物学领域的极大关注。对其最广泛的论述，可参看 Scott Atran，《自然志的认知基础：朝向科学人类学》（*Cognitive Foundations of Natural History: Towards an Anthropology of Science*, Cambridge: Cambridge University Press, 1990）。这本著作是对米歇尔·福柯关于分类兴起的描述的明确回应，并反对福柯在《词与物——人文科学考古学》（*The Order of Things: An Archaeology of the Human Sciences*, New York: Random House, 1970）中将分类解释为回到文艺复兴时期的植物外形特征学说。关于鲍欣的贡献，参看 Reeds，《中世纪和文艺复兴时期大学的植物学》；Reeds，《文艺复兴时期的人文主义和植物学》；Brian Ogilvie，《文艺复兴时期植物学的百科全书主义：从〈植物志〉到〈植物图解〉》（Encyclopedism in Renaissance Botany: From *Historia* to *Pinax*），载于《前现代百科全书文本：第二届 COMERS 大会论文集》（*Pre-Modern Encyclopedic Texts: Proceedings of the Second COMERS Congress, Groningen, 1 - 4 July 1996*, Leiden: E. J. Brill, 1997），第 89 页～第 99 页。

自然志家的出现

但是谁属于那个团体？就此而言，什么定义了它？[86] 自然志家的身份从各种不同的因素中浮现出来。他更像一个训练出来的内科医生，而并不必然是具有医疗技术的执业医生——之所以这里只用代表男性的“他”，是因为除了比如17世纪德国画家和昆虫学家玛丽亚·西比拉·梅里安（1647～1717）这样的女性，在18世纪以前似乎没有女性积极地进行采集、描述和绘制自然的工作，除了作为一项家庭的工程（参看第9章），更别说以她们自己的名字来出版其研究成果了。[87] 例如，费利克斯·普拉特关于他的同学克鲁修斯曾经这样写道，他“从来不进行医学实践”。[88] 这点对于阿尔德罗万迪来说同样适合，他曾激怒了博洛尼亚的一些内科医生和药剂师，因为他声称自己的自然知识使得他是一位比他们更好的药物鉴定人，尽管他从来没有看过一个病人。简而言之，医学教育虽然提供了相关技能，但并不必然限定许多欧洲最主要的自然志家的职业。[89]

460

由于自然志越来越流行，这为有抱负的自然志家创造了各种机会进行实地的自然研究。当然，在他们投入自然的研究之前，一些人就已经确立了内科医生和药剂师的专业身份。[90] 其他人则由于对自然的兴趣，被吸引到医学研究中。在格斯纳的案例中——在1554年成为一名市镇内科医生之前，他给苏黎世的男学生们讲授希腊语的和拉丁语的语法，然后在当地的一个学院里教数学、自然哲学和伦理学——例证了这种其他的可能性。[91] 然而另一群人放弃了医学研究，由于他们遇到一代充满激情和活力的大学教授，这些大学教授鼓励他们把兴趣投向动物学、植物学和矿物学。

直到16世纪晚期，受过大学教育的自然志家一直享有不断增加的职业机会。他

---

〔86〕 这个问题在以下文章中有特别说明，Findlen，《科学共同体的形成：16世纪意大利的自然志》；Ogilvie，《现代早期自然志中的观察与实验》，第131页～第170页。

〔87〕 Kurt Wettengl编，《玛丽亚·西比拉·梅里安（1647～1717）：艺术家与自然志家》（*Maria Sibylla Merian: Artist and Naturalist, 1647 - 1717*, Frankfurt am Main: Gert Hatje, 1998）；Natalie Zemon Davis，《处在边缘的妇女：三个17世纪的生命》（*Women on the Margins: Three Seventeenth-Century Lives*, Cambridge, Mass.: Belknap Press, 1995），第140页～第202页。妇女在其他情况下也作为自然志的插图者出现。参看Agnes Arber，《16世纪草药植物的着色》（The Colouring of Sixteenth-Century Herbals），重印于她的《草药书》（*Herbals*），第317页～第318页；J. D. Woodley，《安妮·李斯特，马丁·李斯特的〈贝类志〉的插图作者》（Anne Lister, Illustrator of Martin Lister's *Historiae conchyliorum*），《自然志年鉴》（*Annals of Natural History*），21（1994），第225页～第229页。

〔88〕 Platter，《爱子费利克斯：费利克斯·普拉特的日志，16世纪蒙彼利埃的医科学生》，第74页。

〔89〕 在其他情况下，讲授药用植物学成为获取教授职位的一种手段，但显然对实践医学的渴望是次要的。解剖学家加布里埃莱·法洛皮亚（Gabriele Falloppia）严厉批评阿尔德罗万迪在他认为有损于内科医生尊严的事情上花费太多时间，他的做法例证了另外一种模式；参看Findlen，《拥有自然：现代早期意大利的博物馆、收藏和科学文化》，第255页。鲍欣家族培养了几代研究自然的内科医生，也提供了一些内科医生的例子，他们认为自己作为自然志家的工作有时与其医学实践相冲突。参看Reeds，《中世纪和文艺复兴时期大学的植物学》。甚至连一生中大部分时间都在写作和出版自然志的格斯纳也抱怨说，他需要靠自己的出版物谋生，这与他作为内科医生的工作相矛盾；参看Wellisch，《康拉德·格斯纳：人物传记文献》，第164页。

〔90〕 药剂师型的自然志家很少发表自然志著作，尽管他们为信息交流做出了贡献。在这方面，那不勒斯的费兰特·因佩拉托和维罗纳的弗朗切斯科·卡尔佐拉里是重要的例外。

〔91〕 Wellisch，《康拉德·格斯纳：人物传记文献》，第153页～第163页。

们是医学院里的药用植物学教授和大学植物园示范师之类职位最主要的候选人(后一类则包括很多没有大学学位的自然志家)。[92] 许多人在诸如马德里、佛罗伦萨、曼图亚(Mantua)、费拉拉、布拉格和维也纳这些城市里还获得宫廷的任命——那里的统治者重视研究自然、收集外国新奇事物和促进医学的发展。[93] 在1554年皮耶尔·安德烈亚·马蒂奥利对迪奥斯科瑞德斯的《药物学》的注释的拉丁语版本出版之前,他只是意大利北部一个市镇的内科医生,没有强大的资助人网络。在他这本书取得了最初的成功之后,他成为皇家内科医生,通过支配哈布斯堡王朝的资源,他的工作变得更加宏伟和出色。在维也纳的皇家画家、雕刻工和马蒂奥利一起工作以优化他的注释,直到他去世,其中包含了近1200幅图像。[94] 神圣罗马帝国皇帝马克西米连二世十分慷慨地奖赏了马蒂奥利,把他的整个家族封为贵族。

461

但是,正如我们在许多情况下看到的那样,一些重要的自然志家根本没有接受过医学训练。奥维多在新生的西班牙帝国担任过各种不同的职位。他是一位有文化素养的公务员,运用自己的能力来撰写和评估证据,以创造印度群岛的自然志。1532年,他被任命为"印度群岛编年史官",这是他通过成为西班牙帝国的普林尼使自己与美洲其他众多官僚区分开来的努力的合乎逻辑的高潮。就他而言,正是他已被证明的为国家修志的能力,导致查理五世及其议员们为他已经做的工作建立了正式的职位。

类似于公证人的职业,法律研究同样被证实是盛产自然志家的一块沃土。最为著名的案例便是弗兰西斯·培根,他的法律训练和法庭经历明显地塑造了他关于证据的观念。[95] 但是并非只有他发现了在法律和自然志之中存在的训练心智的相容方法。在16世纪晚期的那不勒斯,在这个满是有趣的学者和哲学家的城市里,最伟大的自然志家之一是当律师的贵族法比奥·科隆纳(1567～1650)。直到16世纪90年代,科隆纳还是一个法官,他的职责使得他在意大利南部到处旅行。在处理两个案子的空隙

---

[92] Azzi Visentini,《文艺复兴时期的花园与帕多瓦植物园》;Tongiorgi Tomasi和Tosi,《草药园:从16世纪到19世纪的比萨植物园》,第27页～第114页,其他各处;L. Tjon Sie Fat和E. de Jong编,《可信的花园:花园讨论会》(*The Authentic Garden: A Symposium on Gardens*, Leiden: Clusius Foundation, 1991),第3页,第37页～第69页,提供了工作于植物园的人员的良好案例研究。

[93] 关于自然志在宫廷中蓬勃发展的概述,参看Moran,《资助与机构:欧洲宫廷的科学、技术和医学(1500～1750)》;Dario A. Franchini、Renzo Magonar、Giuseppe Olmi、Rodolfo Signorini、Attilio Zanca和Chiara Tellini Perina,《宫廷科学:文艺复兴时期和风格主义时期曼图亚有选择的自然和图像收藏》(*La scienza a corte: Collezionismo eclettico natura e immagine a Mantova fra Rinascimento e Manierismo*, Rome: Bulzoni, 1979);Kaufmann,《对自然的支配:文艺复兴时期的艺术、科学和人文主义的面貌》;Fucíková,《鲁道夫二世与布拉格:宫廷与城市》。

[94] Findlen,《科学共同体的形成:16世纪意大利的自然志》。

[95] 关于培根与自然志,文献会持续增多。尤其参看Julian Martin,《弗兰西斯·培根、国家和自然哲学的变革》(*Francis Bacon, the State, and the Reform of Natural Philosophy*, Cambridge: Cambridge University Press, 1992);Antonio Pérez-Ramos,《弗兰西斯·培根的科学理念和制造商的知识传统》(*Francis Bacon's Idea of Science and the Maker's Knowledge Tradition*, Oxford: Clarendon Press, 1988);Findlen,《弗兰西斯·培根与17世纪的自然志改革》(Francis Bacon and the Reform of Natural History in the Seventeenth Century),载于Donald Kelley编,《历史与学科:现代早期欧洲知识的重新分类》(*History and the Disciplines: The Reclassification of Knowledge in Early Modern Europe*, Rochester, N. Y.: University of Rochester Press, 1997),第239页～第260页。关于培根的证据观念的法律和文化环境,参看Daston,《培根主义的事实、学术修养与客观性前史》;Barbara Shapiro,《"事实"概念:法律起源和文化传播》(The Concept "Fact": Legal Origins and Cultural Diffusion),《英国》(*Albion*),26(1994),第1页～第26页;Shapiro,《超出"合理怀疑"和"可能原因":英美证据法》(*Beyond "Reasonable Doubt" and "Probable Cause": The Anglo-American Law of Evidence*, Berkeley: University of California Press, 1991)。

时，他就观察这个地区的植物和化石。他的《植物的检验标准》(*Phytobasanos*,1592)一书鉴别并仔细描述了26种在迪奥斯科瑞德斯的《药物学》中的植物的活样本。它还包括6种之前从来没有人描述过的意大利南部的植物，并且将"petal(花瓣)"这一术语引进植物学以作为一个标准的描述词。[96]

科隆纳在后来的著作中，使用在他的《植物的检验标准》一书中宣传的"法律证词"这一相同的原则，描述了超过200个植物物种。他提倡一种相当激进的经验主义，462 强调直接的感觉证据要超过其他任何知识形式。"可观察到的东西完美地给出了一种方法。"他在1618年写道。[97] 通过观察动物和动物状的化石，科隆纳逐渐相信化石是动物的残骸或者印痕，相比较于占主流的解释，即它们只不过是被顽皮的自然弄在石头上的动物图像，这种解释是一种有机成因论。[98] 其他人在17世纪60和70年代也通过不同的方法得出了相似的结论，而到了18世纪这种新理论已经成为主流。然而最早论证这个观点的是一位律师，他提供了相关的支撑证据，甚至绘制和雕刻他自己的图像以让他的每个表达过程都统一起来。在做这件事的过程中，他模仿了诸如列奥纳多·达·芬奇(1452～1519)这样的工匠兼自然志家和16世纪法国的制陶师贝尔纳·帕利西(约1510～1590)，这两个人对于化石都提倡一种类似的观点，并且还把他们所看见的东西画了下来。[99]

许多自然志家在教育训练和职业路线上都存在分歧，在这种分歧背后，存在着一些核心的理智原则，只不过它们逐渐被侵蚀了。在某种程度上，自然志家的身份继续由他和古典作家作品的关系来界定。许多文艺复兴时期的自然志家为能获得"新亚里士多德"和"新普林尼"这样的绰号而引以自豪。阿尔德罗万迪在他的《鸟类学》(*Ornithologia*,1599)第一卷的开端，让雕刻工在他的肖像底下记下这样的话语："这并不是你，亚里士多德，而是乌利塞的一张画像：虽然有着不同的面孔，但是有着同样的

---

[96] 对于科隆纳的研究一直以来都不够全面。参看 Greene，《植物学史的里程碑》，第2卷，第835页～第846页；Nicoletta Morello，《古生物学在17世纪的诞生：科隆纳、斯泰农和希拉》(*La nascita della paleontologia nel Seicento: Colonna, Stenone e Scilla*, Milan: Franco Angeli, 1979)；Martin J. Rudwick，《化石的意义：古生物学史上的趣事》(*The Meaning of Fossils: Episodes in the History of Paleontology*, 2nd ed., Chicago: University of Chicago Press, 1985)，第42页～第44页。

[97] Fabio Colonna，《等音大键琴》(*La sambuca lincea*, Naples: C. Vitale, 1618)。这段被引用于 Giuseppe Olmi，《那不勒斯的山猫学会会员》(La colonia lincea di Napoli)，载于 F. Lomonaco 和 M. Torrini 编，《伽利略与那不勒斯》(*Galileo e Napoli*, Naples: Guida, 1987)，第54页，它将科隆纳的工作置于那不勒斯的山猫学会会员的背景中。

[98] 关于这种科隆纳反对的看待自然的象征主义方式，参看 Foucault，《词与物——人文科学考古学》，第17页～第45页；Ashworth，《自然志与象征世界观》；Findlen，《自然的笑话和知识的笑话：现代早期欧洲科学讨论中的玩笑》(Jokes of Nature and Jokes of Knowledge: The Playfulness of Scientific Discourse in Early Modern Europe)，《文艺复兴季刊》，43(1990)，第292页～第331页。

[99] Stephen Jay Gould，《列奥纳多的蛤山与虫食》(*Leonardo's Mountain of Clams and the Diet of Worms*, New York: Harmony, 1998)，第17页～第44页；Bernard Palissy，《绝妙的谈话》(*Admirable Discourses*, Urbana: University of Illinois Press, 1957)，Aurèle La Rocque 译。

天分。"[100]过去对于现在而言仍然是一种多产的隐喻。奥维多和埃尔南德斯对普林尼极为认同,毫不怀疑地认定自己是普林尼的帝国自然描述工程的后继者——后者的例子中仅一点就能证明:他完成了16世纪晚期关于普林尼作品的最伟大的翻译和注释之一。[101]

463

随着由药用植物学占据支配地位的自然志之医学模式在16世纪末逐渐衰落,自然志的包括各种学科的前提变得越发重要了。"我对自然的所有新奇事物都有着强烈的好奇心。"克鲁修斯在1566年声称,虽然他最初是全心投入对植物的研究。[102] 阿尔德罗万迪断然写道,他研究自然,"不是作为一个医生,那样的话就有更多普通的实践,而是作为一个哲学家"。[103] 在这种声明中,他强调了他对自然志与众不同的贡献,把它拔高到自然哲学的地位(一种亚里士多德的理想,到17世纪20年代,当培根把自然志变成所有自然哲学的基础时,他部分地赞同这点),并且把自然志从专有的医学学科扩展成为对自然更全面的说明。他毕竟是唯一的自然志教授,他拥有的职位被明确地重新定义:从1543年的单味药高级讲师到1559年有关化石、植物和动物的自然哲学常任高级讲师。[104] 这种名称的改变反映了使自然志成为一门从医学中独立出来的学科的积极尝试。"然而在这些问题上,我与其说是一个医生,倒不如说是个自然哲学家。"英格兰伟大的自然志家约翰·雷(1627～1705)在一个世纪后这样写道,重复了阿尔德罗万迪、克鲁修斯和鲍欣的传统。[105] 自然志在整个18世纪将继续和医学密切地联系在一起。但是自然志中最重要的从事自然研究的人与医学渐行渐远。

然而专门化并不是16和17世纪早期自然志家的标记。格斯纳和阿尔德罗万迪仿效着诸如亚里士多德和普林尼这样的古代作者,树立了自然志家的形象:他是热切渴望描述整个自然的人。虽然对于描述自然最好的起点应该是动物还是植物,是化石还是昆虫,以及如何组织和解释这些细节,许多自然志家并没有达成一致意见,但是他们在其学科的百科全书性这点上不会产生任何疑问。诸如弗兰西斯·培根广泛流行的

---

[100] Ulisse Aldrovandi,《鸟类学》(*Ornithologiae*, Bologna: Franciscus de Franciscis Senensis, 1599), n. p. 。锡耶纳的医生皮耶尔·安德烈亚·马蒂奥利写了关于迪奥斯科瑞德斯作品的16世纪最流行的注释之一,也表达了与他的古代作家之间类似亲属的关系;参看 Findlen,《科学共同体的形成:16世纪意大利的自然志》;Jerry Stannard,《P. A. 马蒂奥利:16世纪迪奥斯科瑞德斯作品的注释者》(P. A. Mattioli: Sixteenth Century Commentator on Dioscorides),《书目集,堪萨斯大学图书馆》(*Bibliographic Contributions*, *University of Kansas Libraries*), 1(1969),第59页～第81页。

[101] Gerbi,《新世界中的自然》,第386页～第387页;Varey 和 Chabráu,《文艺复兴时期的医学自然志:弗朗西斯科·埃尔南德斯的不同寻常的例子》。

[102] Roze,《夏尔·德·莱克吕兹·达拉斯,16世纪马铃薯的繁殖者》,第43页。克鲁修斯作为自然志家的身份在下文中进行了广泛讨论,Ogilvie,《现代早期自然志中的观察与实验》。

[103] Ulisse Aldrovandi,《致科斯坦佐·费利奇的信》(*Lettere a Costanzo Felici*, Urbino: Quattro Venti, 1982), Giorgio Nonni 编,第79页。

[104] Findlen,《拥有自然:现代早期意大利的博物馆、收藏和科学文化》,第253页～第256页。

[105] Charles E. Raven,《自然志家约翰·雷:他的一生和著作》(*John Ray*, *Naturalist*: *His Life and Works*, 2nd ed., Cambridge: Cambridge University Press, 1986; orig. publ. 1950),第157页。当然,这样的努力并没有切断自然志在医学上的可能用途,许多现代早期的自然志家积极建立这种联系,反对阿尔德罗万迪和克鲁修斯。参看 Harold J. Cook,《自然志与17世纪荷兰的和英国的医学》(Natural History and Seventeenth-Century Dutch and English Medicine),载于《治疗的任务:英国与荷兰的医学、宗教与性别(1450～1800)》(*The Task of Healing*: *Medicine*, *Religion*, *and Gender in England and the Netherlands*, *1450 - 1800*, Rotterdam: Erasmus, 1996),第253页～第270页。

著作《新工具》(*Novum organum*)和《伟大的复兴》(*Instauratio magna*),都是在1620年出版的,它们在17世纪下半叶被学术团体广泛阅读,进一步深化了自然志家作为参与自然一般性研究的采集者、试验者和体系创建者的形象。"给世界一部自然通志",1684年一位朋友在给约翰·雷的信中这样写道,用这一简练的措辞体现这一事业的规模之大。[106]

464 到了17世纪晚期,随着雷的数量众多的出版物加入许多其他学者的著作中,在一个格斯纳从来没有想象到的更精确和更详细的层次上,它们重新定义了自然世界,自然志的背景已经发生了戏剧性的变化。正当通志的观念依然重要的时候,自然志家们在完成这一目标的最好方法上却产生了分歧。如果16世纪的特征是对古代书籍和新鲜事物兼而有之的迷恋的话,那么17世纪可以被描述为这样一个时代,即当时的自然志对自己在研究自然中的历史地位更加清醒,另外对工具和实验的作用更加敏感,并且更加依赖用以提供研究素材的欧洲的海外帝国。当雷的《植物志》(*Historia plantarum*)在1686年出版的时候,他觉得没有必要重复书写在他之前的完整植物志,因为"鲍欣兄弟已经把它做得很彻底了",他评论说。[107] 雷暗指的这种历史意识至少在两个不同的方面塑造了自然志。其一,它使得自然志作为一个累积性学科的形象显现出来,通过发展出更好的分类方案和方法去确立动物、植物和矿物决定性的特征,例如最早的根据植物的繁殖特征而不是它们的叶子形状去给它们进行分类的工作,一代代人勇敢地去驯服大量没有规矩的信息。到了雷的时代,卡斯帕·鲍欣的《植物图解》在植物学中成为任何一个后继工作的出发点,因为它对1623年前所知道的所有有关植物的信息,相互参照名字和特征给出了一个权威的综合。

虽然雷赞赏这些分类著作的效用,并且也努力使它们变得更加完善,但是对于自然志家长期以来梦寐以求的东西——寻求一种完美的方法,通过它使得自然的一切都能够被还原为一些简单的特征集合,他已经不抱有那么大的热情了。在17世纪,对通用的和人工的语言的迷恋,将自然志和各种把知识还原成为一系列简单的统一原则的解决方案紧密联系在了一起。在雷自己的工作中,他向刚加入的自然志家提倡分类法,但是又觉得要对所有的自然多样性进行说明,分类法最终还是有其局限性的。[108] 他不希望自然志家在研究不同物种决定性的特征中过分地简化自然而犯明显的分类错误,例如把鲸分在鱼类——这是雷在他开始改造类似"四足动物"这样的类别时抓住的一个错误,这些类别按照动物的肢的性质和排列来对它们进行分类,于是他把"四足动物"改造成了林奈的"哺乳动物"的观念。[109] 历史,从它根本的意义上讲,提醒了自

---

[106] Raven,《自然志家约翰·雷:他的一生和著作》,第212页。
[107] 同上书,第219页。
[108] 参看 John Ray,《植物的方法》(*Methodus plantarum*, London: Henry Faithhorne and John Kersey, 1682); M. M. Slaughter,《17世纪的通用语言与人工语言》(*Universal and Artificial Languages in the Seventeenth Century*, Cambridge: Cambridge University Press, 1982)。
[109] 关于这件事,参看 Schiebinger,《自然的身体:现代科学历程中的性别》,第40页~第74页。

然志家,解决了命名法的问题,并不等于理解了自然。

465 其二,它涉及对"自然志"的理解的转变,即把它理解为既是一个历史的事业也是一个描述的事业。在1660年之前,自然的一般形象是被描绘为一个无变化的自然而甚于一个动态的自然。所有物种虽非超越空间而存在,但却都是超越时间而存在。这些观念不仅在亚里士多德那里得到确认,也在《圣经》里获得了确认,它们都没有提到过自然从创世以来曾经有过改变。到了17世纪60年代,对化石形成问题的理解似乎开始侵蚀这个古代原则。欧洲各地的自然志家——从英格兰的罗伯特·胡克到移民意大利的丹麦学者尼古劳斯·斯泰诺——论证说化石是曾经存在的生物的遗骸。[110]随着有关化石知识的扩展,并不是所有的化石都对应一种活着的动物或植物这点已经十分明显了。这种化石的记录是一种历史的记录,它最终将会对与自然历史相关的人类历史的科学理解进行修正。早期的那代搜寻化石的自然志家确实都是历史学家——甚至到了这样一个地步,即他们经常同时撰写一个地方的自然志和人类史。[111]他们在《圣经》的时代勇敢地接纳自己的发现,同时为大洪水在化石形成中的角色发展出复杂而详细的论证。到了18世纪中叶,诸如乔治·勒克莱尔(即布丰伯爵)这样的自然志家开始提出自然的历史在时间上要远远早于人类的记录。

17世纪60年代,用于观察自然的新技术的发展还出现了一个重要的分水岭。新的工具和初生的实验文化使得观察的意义发生了深刻的改变。作为伽利略的望远镜的修改版而为罗马山猫学会的成员所知的显微镜,随着罗伯特·胡克的《显微图》(*Micrographia*,1665)一书的出版第一次在大众中流行开来,这本书把复显微镜与早期的皇家学会紧密地联系在一起。在诸如马尔切洛·马尔比基、扬·斯瓦默丹和安东尼·范·列文虎克这样的观察患者的人手上,手持显微镜和复显微镜都产生出无数令人惊奇的和从根本上说令人困扰的关于自然的事实。[112] 例如,胡克邀请他的读者观看昆虫眼睛的奇妙,跳蚤的复杂性,软木塞切片的图案,以及在放大情况下化石和类似的活生物之间的相似性。更有争议的是,当列文虎克声称在他的精子中看到了完美的成形生物时,他似乎证实了预成说的观点——另一些相信卵子中包含了一切的人同样提出了有力的反论据,使得显微镜在用于解决自然的一些最紧迫的奥秘时最多只是一种非决定性的工具。[113] 在对显微镜的最初热情消退下来之后,人们在显微镜出现的第一 466

[110] 参看 Rhoda Rappaport,《当地质学家是历史学家的时候(1665～1750)》(*When Geologists Were Historians, 1665-1750*, Ithaca, N. Y.: Cornell University Press, 1997),其中包含了非常好的参考书目。

[111] 这种类型的一个很好的例子是 Robert Plot 的《牛津郡自然志》(*Natural History of Oxford-shire*, Oxford: Printed at the Theatre, 1677)。

[112] Catherine Wilson,《不可见的世界:现代早期的哲学与显微镜的发明》(*The Invisible World: Early Modern Philosophy and the Invention of the Microscope*, Princeton, N. J.: Princeton University Press, 1995);Edward Ruestow,《荷兰共和国的显微镜:发现的形成》(*The Microscope in the Dutch Republic: The Shaping of Discovery*, Cambridge: Cambridge University Press, 1996);Marion Fournier,《生命的结构:17世纪的显微镜学》(*The Fabric of Life: Microscopy in the Seventeenth Century*, Baltimore: Johns Hopkins University Press, 1996)。

[113] Clara Pinto Correia,《夏娃的卵巢:卵子和精子与预成说》(*The Ovary of Eve: Egg and Sperm and Preformation*, Chicago: University of Chicago Press, 1997)。

个世纪里还不能肯定,它除了作为一种把自然志介绍给普通观众的令人愉快的玩具,是否会成为有更大价值的东西。[114]

与之相对照的是,17 世纪晚期对昆虫的实验研究提供了一个观察法发展得很好的例子:从简单描述到重复观察和对不同的自然现象进行检验。诸如托斯卡纳的医生弗朗切斯科·雷迪(1626 ~ 1687)著名的《昆虫生殖的实验》(*Esperienze intorno alla generazione degl' insetti*, 1668)和扬·斯瓦默丹的《昆虫通史》(*Historia insectorum generalis*, 1669)之类的著作使用裸眼观察和简单的放大镜胜过使用显微镜去反驳昆虫是自发生殖的古代观点。例如,雷迪创造了一系列的受到控制的实验来证明,只有当腐败的肉是暴露的并且有幼虫存在的情况下才会形成蛆,它绝不会自发地从动物自身形成。[115] 毫无疑问,正是由于受到对雷迪和斯瓦默丹工作的报道的刺激,玛丽亚·西比拉·梅里安才回忆起她于 1670 年(她在 13 岁的少年时)便开始对毛虫的研究。到了 1679 年,她的《关于毛虫的书》(*Raupenbuch*)撰写完毕——这是几本图解和描述昆虫变形的出版物中的第一本。梅里安对于鲜活的自然的研究是如此的忠诚,以至于她在 1672 年说人们赠送给她已死的昆虫对她的工作"毫无用处"。[116] 不能活动的样本无法提供她和她同时代的人在对毛虫的生命周期进行研究中所需要的那种观察资料。

梅里安对于鲜活的自然研究的献身精神导致她从 1699 年到 1701 年和她的小女儿多罗特娅·玛丽亚花了两年时间待在荷兰的殖民地苏里南,这样她就可以亲眼看到旅行家们带到阿姆斯特丹并且在其旅行记录中描述过的昆虫。她的《苏里南昆虫变形记》(*Metamorphosis insectorum Surinamensium*, 1705)提供了一个有关自然志发展方式的很好的例子,在这些方式中,欧洲人通过殖民更加坚持不懈地把自然志推出欧洲自身的边界之外,而对于自然志文化的形成有所裨益(参看第 33 章)。虽然甘蔗是当地的经济支柱,但梅里安对任何事物的兴趣都比甘蔗大,因此她受到荷兰殖民者的嘲笑。虽然受到嘲笑,她依然发现自己拥有了一个丰富的自然知识宝库,这些知识直接来自在殖民地工作的非洲奴隶和印度奴隶。正如前一个世纪里的西班牙内科医生埃尔南德斯一样,梅里安很快就理解到,通过和当地的信息提供者进行交流而使自然知识不断增长,以及使得欧洲读者能够获得这些信息,正是早期帝国主义重要的科学成果之一(参看第 7 章)。

467

到了 17 世纪末,自然知识的交流已经超出了旅行家偶然的报道,发展成为把商业活动和科学活动连接起来的复杂的信息经济。正如梅里安从在新大陆的荷兰人那里获益不少,英国的自然志家也开始把他们自己国家的海外活动视为一种无价的信息来源。在 1661 年,皇家学会指派了一个委员会草拟一份关于远方的重要问题的清单,这

[114] 罗伯特·玻意耳的空气泵也被提及相同的事情,也是 17 世纪 60 年代的产品。它成为一个重要的场所,可以在人工状态下检查自然,实验者抽出的每一点儿空气都将活着的生物推向死亡的边缘,展示了空气对生命的重要性。

[115] 关于此种工作的例子,参看 Francesco Redi,《昆虫生殖的实验》(*Experiments on the Generation of Insects*, New York: Kraus Reprint, 1969), Mab Bigelow 译。

[116] Wettengl 编,《玛丽亚·西比拉·梅里安(1647 ~ 1717):艺术家与自然志家》,第 21 页。

些问题是他们有可能向商人、水手和旅行家问到的。[117] 在之后的几十年里，个别的自然志家诸如医生约翰·伍德沃德出版小册子以指导旅行家如何对自己永远不能亲自见到的自然进行观察和采集。伍德沃德的《在全世界进行观察之简要手册》(*Brief Tract for Making Observations in All Parts of the World*)便例证了17世纪晚期自然志的更多的企业家文化，在这种文化中，自然志家通过让旅行家们分享一份为他们富有的赞助人采集外国自然事物而得到的利益，来鼓励他们成为自然的观察者。自然确实已经变成了一种全球化的商品。

从17世纪60年代直到90年代，自然志作为一个规定了整个科学共同体的普遍事业的培根式图景，似乎已经走到了胜利的边缘。法国和英国的初生的海外帝国，在更早的葡萄牙人、西班牙人和荷兰人把自然志变成帝国的科学的基础之上，创造了一个政治和经济的框架(参看第16章和第33章)。[118] 它们提供了一个便于收集信息的基础设施，这在1492年是不可思议的。同时，科学界机构的发展使得自然志的地位更加突出。早期的科学学会，从在罗马的山猫学会(1603～1630)到伦敦的皇家学会(1660年成立)再到巴黎的皇家科学院(1666年成立)，都计划把自然志当作它们共同的工程。在许多例子里我们都可以看到，培根的著作及其先驱的劳动成果激励了这些组织。[119]

一个瑞典牧师的儿子卡尔·林奈(1707～1778)于1728年在乌普萨拉大学开始学习医学，由于那里设施很好，拥有一个兴旺的植物园，他继承了一个漫长而又规定明确的研究自然的传统，这种传统已经存在了近两个世纪。[120] 他在植物园里当参观者的向导时，产生了写《自然系统》(*Systema naturae*，1735)一书的最早想法，正是在这本书里，他提出了双命名法的基本原则，以便不仅对那些已知事物进行分类，还对未来将知道的事物进行分类。林奈在海外旅行，专门去了荷兰，他在那里的一个荷兰银行家的花园里工作了好几年，回到故乡后成为乌普萨拉医学院里最重要的成员以及瑞典贵族的宠儿，那些贵族在周末和他一起采集植物。他把他的追随者派到全世界各地为他的自然志采集样本，并且急迫地一版再版他最重要的著作，直到它们扩增到无人赞赏为止——厚厚的书本充满了信息，十分博学的样子，但似乎只是前人一些问题的重复。

468

---

[117] Daniel Carey，《汇编自然的历史：早期皇家学会的旅行者与旅行记事》(Compiling Nature's History: Travellers and Travel Narratives in the Early Royal Society)，《科学年鉴》，54(1997)，第274页～第275页。

[118] 对此进程最重要的理论构想依然存在，参看Pratt，《帝国的眼睛：旅行手记与跨文化》，它关注18世纪。也可参看Grove，《绿色帝国主义：殖民扩张、热带岛屿乐园与环境保护主义的起源(1600～1860)》；Barrera，《科学与国家：16世纪西班牙的自然与帝国》。

[119] 在科学学会范围内关于自然志的最佳案例研究是Alice Stroup，《科学家团队：17世纪巴黎皇家科学院的植物学研究、资助与社团》(*A Company of Scientists: Botany, Patronage, and Community at the Seventeenth-Century Parisian Royal Academy of Sciences*, Berkeley: University of California Press, 1990)。

[120] Frängsmyr，《林奈：其人及其工作》；James Larson，《理性与经验：卡尔·冯·林奈的表示法与自然秩序》(*Reason and Experience: Representation and the Natural Order in Carl von Linné*, Berkeley: University of California Press, 1971)；Wilfrid Blunt，《有造诣的自然志家：林奈的一生》(*The Compleat Naturalist: A Life of Linnaeus*, London: Collins, 1971)；Schiebinger，《自然的身体：现代科学历程中的性别》；Lisbet Koerner，《林奈：自然与民族》(*Linnaeus: Nature and Nation*, Cambridge, Mass.: Harvard University Press, 1999)。

换句话说，虽然林奈以一种他的先驱们做梦才能想到的规模来从事自然志的工作，但是在实践上，他的工作在根本上仍然还是现代早期的水平，甚至当他回到诸如雷这样的自然志家所不满意的分类问题上亦是如此。

自然志到那时已经改变了很多吗？可以确定的是全世界范围内收集信息的步骤已经惯例化了，而在16世纪早期这还是一个十分棘手的问题。人们开始对命名法这一问题进行艰苦的探索，它与动物与植物的描述性特征有着直接关系——这便是一个好的例子，说明了为何对自然的分析最终不能和经验相脱离。术语和描述的问题才刚刚开始享有它们到18世纪中叶才获得的所谓突出地位，并且自然世界仍然还有很多东西有待了解和描述，对此林奈是深有体会的，因此他才训练他最好的学生到远方广泛旅行以便寻找稀少和未知的样本。

关于自然作为一个整体是如何运作的，自然志并没有提供一个简单或普遍的站得住的解释。它的成功在于实践者们把特权赋予关于自然的经验，把它当作科学所有其他方面的基础，这就不难理解为何一个有方法的思想家，比如笛卡儿，发现自然志家对物质世界的迷恋是如此混乱——那些超出头脑曾经希望知道的东西使得它混乱了起来，还有大量可见的需要被了解的其他东西，也使得头脑混乱。

（肖　磊　译）

20

宇 宙 志

469

克劳斯·A.福格尔 著 阿莉莎·兰金 译

在16世纪早期,“地理学”还不是一门根基稳固的科学。因此,当那个时代重要的神学家和人文主义者之一、鹿特丹的伊拉斯谟(约1466～1536)引进了托勒密(约100～170)的《地理学》(*Geography*)的第一个希腊语版本,于1533年在巴塞尔将它出版,并且声称“几乎没有任何一个其他的数学性学科比它更吸引人或更加必要”时,这在当时是多么引人注目的一件事。[1] 伊拉斯谟号召人们关注这新近出现的研究领域一直变化的状态,并且强调它的重要性。他论证说,只是在最近,知识的传统局限已经被超越了,并且学术的思辨已经转变成对地球的一种清晰的新观念:

> 在更早的时候,人们要面对重重的困难,因为对于天空是否有一个球状的形式还不是很清楚;也因为有些人相信世界浮在海中,就像一个球浮在水中一样,只有它的顶端露出来,而其他部分浸在水中;还因为那些在其著作中传播这种学问的人在其他许多事情上也犯了错误。然而现在这个思路已经被其他许多人提出来了,其中最突出的是托勒密。在他的指导下,任何一个人都能够轻易地找到其走出这一迷宫的道路,通往这门学问顶峰的路已经为你铺好,你可以迅速到达而不会有偏差。那些不关注它的人,必是经常在受人尊敬的作家们的阐释中,毫无希望地思索着。[2]

在伊拉斯谟撰写这个介绍的时候,第一批令人印象深刻的欧洲的海外发现对人们来说还记忆犹新。因为15世纪的最后10年,欧洲海员已经开始环绕非洲航行,并且在西边和南边的海洋中发现了许多巨大的岛屿以及美洲大陆。这些发现在宇宙志所已知的巨大领域的内容和外部轮廓上引发了一场革命。到了1533年,对于有教养和有兴趣的欧洲人来说,整个海洋能够航行,地球的所有部分都有人居住,陆地和水一起构成了一个地球,这些都是很显然的事情。

470

这些新的观念导致了宇宙志(cosmography)这一学科的重组,所谓的宇宙志是这样

---

〔1〕 [Ptolemy],《亚历山大城的哲学家克劳迪·托勒密……地理学八卷》(*Claudii Ptolemaei Alexandrini philosophi . . . De Geographia libri octo*, Basel: Io. Froben, 1533), fol. 3r。

〔2〕 同上。

一个术语,它一般涉及对整个宇宙的研究,其中包括了四元素(土、水、气、火)组成的中心球及行星和恒星组成的外围球。中世纪的宇宙志学者已经采用了经线和纬线组成的规则的网状系统来绘制宇宙地图,并把这个系统投射到地球上——最深处的宇宙元素和生命的场所。他们讨论这些元素的球状形式的证据;可居住世界的边界;气候带的位置;土圈和水圈的关系;对跖人(antipodes)的存在(对跖人即那些居住在地球另一面的人)。

尽管如此,在经历了15和16世纪之后,宇宙志学者开始逐渐把注意力聚集在其研究领域中的一个方面,即被托勒密称为"地理学"的这一新近出现的学科,它被定义为对希腊人所知道的定居地(oikumene,即已知的有人居住的土地)进行系统的描述。在发现之旅的进程中,地球被理解为陆地和水组成的一个球体(globus terraquaeus),从而取代了分离的元素圈的传统图景,并且成为地理学的基本模型和对象。但是宇宙志和地理学的关系最初并不清晰,并且这两个术语在使用上没有什么区别,因此,直到16世纪末,我们发现托勒密著名的著作既涉及宇宙志也涉及地理学。然而这个领域本身也逐渐地有所变化,从德国天文学家彼得·阿皮安(彼得·比内维茨,1501～1552)的企图中可清楚看到这点,他试图在他的《宇宙志》(*Cosmographicus liber*,1524)中引进更为精确的定义。在书中他对"宇宙志""地理学(geography)"和"地志学(chorography)"这三个术语做了如下的解释:"宇宙志"涉及天体的系统以及把星空投射到地球表面上,以天体坐标来描绘地球;"地理学"在诸如山脉、海洋和河流这样较大的特征基础上描述水陆圈;而"地志学"(或"地形学[topography]")提供诸如城市、乡镇和港湾这样的单个的、分离的区域的细节图。[3]

在经历了16世纪之后,与宇宙志相关的各领域之间的关系发生了改变。地理学获得了重要性和独立性,并且天文学和地理学分道扬镳了。到了这段时期的末端,包罗万象的术语"宇宙志"已经衰退了,而地理学和天文学被认为是独立的研究领域,相互之间的区别很大,它们肩并肩平等地站在一起。一些学者也认识到一个分离的学科"水文地理学",即对海洋的研究。尽管如此,仍值得指出的是,那些培育出了这些不同学科的人继续被一般地理解为"宇宙志学者"——我为了本章的目的将保持这个用法。

471

随着宇宙志领域的扩大和分化,它的实践者也随之壮大。在15世纪,宇宙志学者已经大部分都是受过大学教育的学者,他们关心世界的地图、地理学的描述和天文观测。在15世纪晚期和16世纪的海上扩张期间,宇宙志学者开始从事更多种多样的宇宙志活动,一些人更像工匠而另一些人更像学者。虽然还没有界限分明的专业或典型的职业,但我们还是可以对现代早期宇宙志学者的某些共同的贡献进行描述。定位于实践的宇宙志学者,他们大多数具有海上航行的经历,分布在欧洲的沿海地区,尤其是

[3] [Peter Apian],《彼得·阿皮安数学研究文集中的宇宙志》(*Cosmographicus liber a Petro Apiano mathematico studiose collectus*, Landshut: Johann Weißenburger, 1524), fol. 5r。

葡萄牙和西班牙。他们来自海员或商人家庭,在船上工作或在航海部门工作,例如在里斯本的几内亚和印度货栈(Almazém de Guiné e India)和在塞维利亚的贸易商行(Casa de Contratación)。他们的拉丁语和数学知识水平各不相同,但是都能用简单的方法确定地理纬度并且能使用地图和天体来给自己确定方向。

相比较而言,学术型的宇宙志学者,他们绘制地图、制作地球仪并且撰写宇宙志教科书,几乎都接受过大学教育。他们懂拉丁语(也许还会点希腊语)并且学过作为自由之艺的一部分的数学。在15世纪,他们中许多人是神学家——修道士甚至枢机主教,或大学学者——他们也同时从事宇宙志活动。尽管如此,在16和17世纪期间,宇宙志学者越来越多地来自数学家、自然哲学家和医生阶层。尽管在15世纪只有少数重要的欧洲宫廷雇用宇宙志学者,但从16世纪早期起,我们也能在少数宫廷,在较大的贸易公司,以及在大学和学院里找到他们的身影,虽然有些还是个人独立经营。他们像印刷工一样,在学术训练之外需要专门的技术知识以及工具来制作地图、地球仪和器械。他们有时把他们的知识、工具、学术上的熟人和商业合伙人传给下一代,从而创造了一些宇宙志学者的王朝,如阿皮安家族、墨卡托家族、布劳家族和卡西尼家族(参看第24章和第27章)。

这些16和17世纪的宇宙志学者(后来也被称作"地理学家")是一个年轻的新兴科学的代表。宇宙志结合了学术学者的自然哲学概念、海员和旅行家的经验以及制图法的手艺。它包括了很强的实践因素以及地图、地球仪的制作,还包括描述性叙述,在其中,美被视为与实际的功效具有同样高的价值。它从神学、历史和经典文献的研究中的获益,跟从数学、天文学和航海中的获益一样多。更进一步地说,地理学知识离不开新领土上的贸易和测量法的发展。地球仪和地图成为一个学科兴起的标志,它们受到牧师、君主、商人、学者和大众的尊重,并且新老精英都炫耀闪亮的地球仪和其他宇宙志的东西。汞齐化理论、经验方法和手艺人的手工活,地理学的出现为现代早期自然知识设定了新的走向并成为典型。

472

1490年之前的宇宙志

在15世纪,意大利是学术宇宙志的首要中心。[4] 在佛罗伦萨,雅各布·丹杰洛在1406年完成了托勒密《地理学》的第一个拉丁语译本,在这一年,他所在的城市达成了

〔4〕 依然有价值的是 O. Peschel 和 Sophus Ruge,《地理史,直至亚历山大·冯·洪堡和卡尔·里特尔》(*Geschichte der Erdkunde bis auf Alexander von Humboldt und Carl Ritter*,2nd ed.,Munich:R. Oldenbourg,1877)。关于此内容的较好的概括,参看 Numa Broc,《文艺复兴时期的地理学》(*La géographie de la Renaissance*,2nd ed.,Paris:Éditions du Comité des Travaux historiques et scientifiques,1986),附有书目。关于15世纪的意大利宇宙学的完整描述目前缺乏。关于更多的参考资料,参看以下重要研究,Patrick Gautier Dalché,《枢机主教的地理工作:发现初期对世界的表现和对地图的感知》(L'Oeuvre géographique du Cardinal Fillastre [m. 1428]:Représentation du monde et perception de la carte à l'aube des découvertes),《中世纪学术史和文学史档案》(*Archives d'histoire doctrinale et littéraire du Moyen Age*),59(1992),第319页~第383页。

通过占领比萨而通达地中海的长久心愿，并且一个人文主义者圈子的成员在佛罗伦萨的天使修道院（Convento degli Angeli）相聚以讨论地理学问题。这些成员包括帕拉·斯特罗齐（约 1373 ～ 1462），这个城市最富有的市民；莱奥纳尔多·布鲁尼（约 1369 ～ 1444），司法官和城市历史学家；乔治·安东尼奥·韦斯普奇，未来的探险家亚美利加·韦斯普奇的叔叔；保罗·达尔波佐·托斯卡内利（1379 ～ 1482），那个时代最重要的宇宙志学者。[5] 在这同一时期，卡马尔多利修会修道士弗拉·毛罗（1464 年卒）在威尼斯附近的一个修道院里建立了他著名的制图学校。[6]

意大利宇宙志是由学者和商人掌控着的，而葡萄牙宇宙志学者关注着实践的问题：如何使大西洋海岸易于接近，并且为追求这一目标而培养他们与意大利的关系。[7] 在 1428 年，佩德罗亲王，葡萄牙亲王航海家亨利的姐夫，旅行到佛罗伦萨和威尼斯，想为在萨格里什（Sagres）的学院获取地图和文件，并且在 1458 年，葡萄牙国王阿方索五世从弗拉·毛罗那里订购了一张世界地图，地图由威尼斯贵族斯特凡诺·特雷维桑派人送给他。反过来，最重要的葡萄牙人的发现也被告知友好的意大利君主、商人以及教皇。

473 15 世纪的宇宙志包括了知识和传统的三个不同领域：定居地的制图法表示，特定地方和地区的文字描述，对天体宇宙志的自然哲学注释。这三个方面相互之间联系得很松散，因为它们在不同的实践领域中被捆绑在一起，并且直到 1500 年之后它们才完全整合在一起。

在制图学的领域，宇宙志学者已经用传统方式为地中海海岸制作了航海指南图（portolan charts）；这些图把海洋距离的测量结果和罗盘方位结合在一起，在比较频繁绘制的海岸地区中达到了一个不错的精度，虽然在更大距离中精度会变低。为了解决这个问题，托勒密曾经提倡使用天文观测来检验边远地区以及尽可能多的地图上的地方。[8] 他使用了经线和纬线组成的网格，它使得局部地图的设计和整个定居地的表现同时成为可能。《地理学》的手稿和早期的印刷版本包括了托勒密的经度和纬度测量结果的一览表，以及从他的规范中导出的基本地图。15 世纪主要的宇宙志学者使用当时的观察结果去分析这些数据和改正它们。

追随着这一传统，15 世纪最主要的制图家弗拉·毛罗也选择了在一个圆形地图上绘制定居地，它于 1459 ～ 1460 年在他的作坊里制作出来并且至今依旧保存在威尼斯的马尔恰纳图书馆（Biblioteca Marciana）。这地图展现了地球上有人居住的半球，它由

---

[5] Roberto Almagià，《佛罗伦萨在 15 和 16 世纪的地理研究中的重要地位》（Il primato di Firenze negli studi geografici durante i secoli XV e XVI），《科学进步学会会刊》（*Atti della Società per il Progresso delle Scienze*），18（1930），第 60 页～第 80 页；Broc，《文艺复兴时期的地理学》，第 189 页。

[6] Placido Zurla，《卡马尔多利修会修道士弗拉·毛罗的世界地图》（*Il mappamondo di Fra Mauro Camaldolese*，Venice，1806）。

[7] Broc，《文艺复兴时期的地理学》，第 192 页；Peter Russell，《航海家亨利亲王》（*Prince Henry the Navigator*，New Haven，Conn.：Yale University Press，2000）。

[8] Hans von Mzik 编译，《克劳迪·托勒密的描述性地理简介：第一部分》（*Des Klaudios Ptolemäus Einführung in die darstellende Erdkunde*：*Erster Teil*，Vienna：Gerold and Co.，1938）。

三个大陆组成——欧洲、亚洲和非洲——并且被一小圈海洋包围着。弗拉·毛罗完整地绘制了斯堪的纳维亚、非洲和亚洲东部，加入了新近葡萄牙人到非洲西部的航行的信息，并且改正了托勒密把印度洋描绘成其南边完全被陆地包围的错误。通过指出来自古代一个可靠的资料提供者的说明和报道——他声称曾从印度航行到远至索法拉(Sofala，现代称为莫桑比克)，他坚持认为"毫无疑问"一个人可以绕着非洲航行。[9]

传统宇宙志知识的第二个关注点是研究经典中以及同时代人对世界的文字描述。这些文献的总量相对而言较小，但是种类非常多，从哈特曼·舍德尔(1440～1514)藏书的1498年手抄本形式的索引中所谓"宇宙志学者和地理学家"部分中就能看出这点。哈特曼·舍德尔是一位纽伦堡的医生和人文主义者，曾在意大利学习并写了一部著名的世界编年史(1493年)。他的目录中有11个条目：托勒密(《托勒密地理学》[*Cosmographica Ptolemei*])的2个版本；[10]古代晚期的3部地理学经典——斯特拉博(前44～23)的地理学，蓬波纽斯·梅拉(标明日期为44年)的宇宙志，以及狄奥尼修斯·佩里耶泰斯写的学术诗《世界的地方》(*De situ orbis*，约43年)；[11]2本当时的地理学著作——后来被选作教皇成了庇护二世的埃涅阿斯·西尔维乌斯·皮科洛米尼(1405～1464)所著的《亚洲》(*Asia*，未完成)和《欧洲》(*Europa*)；关于巴勒斯坦的3本描述——被认为是英格兰的著名人物可敬的比德(约673～735)的羊皮纸手稿，以及约翰内斯·图赫尔(1428～1491)和伯恩哈德·冯·布赖登巴赫(约1440～1497)所著的2本新近印出的德国人的旅行纪事。

474

最终，学术型宇宙志学者研究那些处理宇宙志之自然哲学基础的文本，比如约翰尼斯·德·萨克罗博斯科的《论天球》(*Tractatus de sphaera*，约1220)和关于亚里士多德的《气象学》(*Meteorology*)和《论天》(*On the Heavens*)的注释和问题。[12] 在这种背景下，他们争论诸元素的空间结构、土圈的可居住性，水圈的体积、位置和范围。

中世纪大多数伊斯兰教的和基督教的学者曾经论证过这样一个命题，即一个更小的土球偏离着球心静静地处在水球之中(参看图20.1)，它露在水面上的部分仅在有人居住的定居地的区域；结果，他们否认与已知世界相对的对跖人的存在。对这个安

---

〔9〕 Zurla，《卡马尔多利修会修道士弗拉·毛罗的世界地图》；关于完整的版本，参看 Tullia G. Leporace 编，《弗拉·毛罗的世界地图》(*Il mappamondo di Fra Mauro*，Venice：Istituto Poligrafico dello Stato，1954)。

〔10〕 Klaus A. Vogel，《宇宙志的新视野：宇宙志书籍清单中的哈特曼·谢德尔(约1498)和康拉德·皮廷格(1523)》(Neue Horizonte der Kosmographie：Die kosmographischen Bücherlisten Hartmann Schedels [um 1498] und Konrad Peutingers [1523])，《日耳曼国家博物馆公报》(*Anzeiger des Germanischen Nationalmuseums*)，67(1991)，第77页～第85页。

〔11〕 这个标题之下不包括普林尼的《自然志》(*Historia naturalis*，ca. 44 - 71)和索利努斯的地理学，他把它们放在其他地方。

〔12〕 Klaus A. Vogel，《中世纪土球与水球的相对位置问题与宇宙志革命》(Das Problem der relativen Lage von Erd-und Wassersphäre im Mittelalter und die kosmographische Revolution)，《奥地利科学史学会公告》(*Mitteilungen der Österreichischen Gesellschaft für Wissenschaftsgeschichte*)，13(1993)，第103页～第143页，所讨论的内容在第109页及其后；William G. L. Randles，《美洲发现后世界地理学的经典模型及其转变》(Classical Models of World Geography and Their Transformation Following the Discovery of America)，载于 Wolfgang Haase 和 Meyer Reinhold 编，《古典传统与美洲》(*The Classical Tradition and the Americas*，Berlin：Walter de Gruyter，1994)，第5页～第76页；也可参看 Klaus A. Vogel，《土球：中世纪地球的图像与宇宙志革命》(Sphaera terrae：Das mittelalterliche Bild der Erde und die kosmographische Revolution，Ph. D. dissertation，Universität Göttingen，1995)。

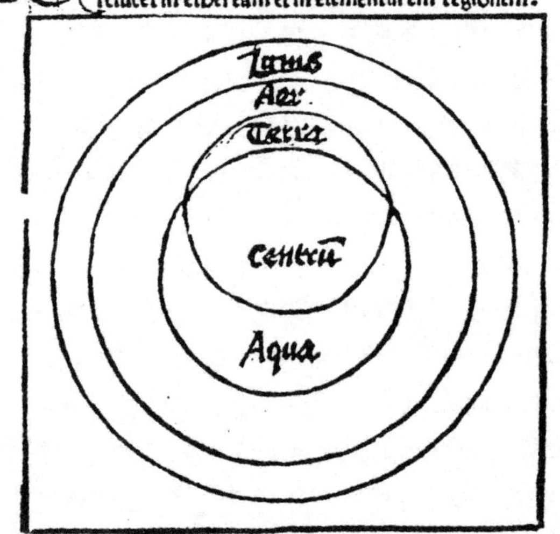

图 20.1　土球与水球。In Johannes de Sacrobosco, *Spericum opusculum* (Leipzig: Martin Landsberg, ca. 1489). Reproduced by permission of The Herzog-August-Bibliothek Wolfenbüttel. HAB. 101. 14 Qu (6). The common center (*Centrum*) of both spheres is in the lower part of the sphere of earth, whereas the sphere of water is concentric with the spheres of air (*Aer*) and fire (*Ignis*)

排有两个普遍的解释。一个是著名的巴黎自然哲学家让·布里丹(1300～约1358)在一本关于亚里士多德4卷本的《论天和地》(*De caelo et mundo*)的问题集中提出来的。在问题集中布里丹区分了地球的重力中心和体积中心。他论证说，一旦土球从水球中浮现出来，土球的重力中心就朝浸没部分的方向转移。因为太阳的热量以及其他影响，土球的可见表面保持着干燥和较小的密度。事实上，相比较于水球的重力中心，土球的重力中心永久地从体积中心转移开了，因为水是一种密度一致的液体，它的重心总是与它的体积中心完全相同。尽管如此，土球的重力中心和水球的重力中心都与作

475

为整体的球形宇宙的中心相一致。只要露在水面外的上半球持续干燥,这种状况就会保持不变。即使山的侵蚀也不能改变这种情况:当河流冲蚀了上半球的固体部分,随后的土球的重力中心转移导致相应的整个球体的上升运动,直到重力中心再次停在宇宙的中心(这个过程附带也解释了山脉的形成)。通过这种方式,土球可以持续地露出水球。[13] 476

在15世纪早期,西班牙人圣玛丽亚的保罗主教(布尔戈斯的保罗,1351～1435)在他给利拉的尼古拉的《注解》(*Postilla*,1322～1331)的第1481条补遗中,为土球在水球中的浮现提出了一个补充的神学基本原理,《注解》是被广泛使用的《圣经》注释。[14] 保罗引用《创世记》和《诗篇》,解释了诸元素的分离和土球干燥表面的出现,是上帝在创世第三天时的干预结果;上帝已经让水球永远地离开了宇宙的中心,只有一次违反了它,即大洪水的时期。

15世纪许多著名的世界地图采用了这些观点。弗拉・毛罗在其1460年的地图上,把两种解释都融合进来,他的地图右上角的题词中清晰地表明了这点。他在那里特别写道,上帝已经在土球和水球内不均匀地分布质量。结果可居住的土地半球从水球中浮现,这使得生物居住在陆地上成为可能。在这位受过宇宙志教育的卡马尔多利修会修道士的眼里,把定居地限制在一个半球内,这同时是上帝的意志和天上的物理学法则的结果。

当时几乎所有的欧洲学者都相信地球可居住的区域被限制在一个被海洋包围着的半球内,这种情况一直延续到15世纪的最后10年。皮科洛米尼在《论作为整体的世界》(*De mundo in universo*,约1450)中表达了这一观点,这是他的《论亚洲》(*On Asia*)一书的简短序言:"几乎所有人都同意世界的形状是圆的。并且他们同样认为它在万物的中心被围绕着,把所有重的事物拉向自身,并且大部分都浸没在水中。"[15]

环游世界:海上航行的发现和宇宙志革命(1490～1510)

欧洲探险家的海外发现,戏剧性地改变了学术宇宙志。首先并且最重要的是这些发现改变了对海洋的理解和观念。在古代和中世纪学者那里,海洋被理解为围绕着人类居住的定居地,他们把海洋的水当作一种外来元素——一个只有在思辨中才可被克服的界限。然而,在经历了14和15世纪之后,葡萄牙和西班牙海员的航行已经扩大了欧洲人可到达的世界的边界,这种观念受到了怀疑。在15世纪10年代,葡萄牙人在亲王航海家亨利的率领下,开始有组织地航行并抵达非洲西海岸。[16] 在15世纪40 477

---

[13] Ernest A. Moody,《让・布里丹论地球的可居住性》(John Buridan on the Habitability of the Earth),《窥镜》(*Speculum*),16(1941),第415页～第425页;Vogel,《中世纪土球与水球的相对位置问题与宇宙志革命》,第114页及其后。

[14] Nicolaus of Lyra, Postilla super totam Bibliam [1492], 4 vols. (Frankfurt am Main, 1971); Vogel,《中世纪土球与水球的相对位置问题与宇宙志革命》,第119页及其后。

[15] Piccolomini,《各处成就史》(*Historia rerum ubique gestarum*), fol. a1v.

[16] 关于葡萄牙人的发现,参看Charles R. Boxer,2卷本《葡萄牙的海上帝国(1415～1825)》(*The Portuguese Seaborne Empire, 1415 - 1825*, London: Alfred A. Knopf, 1969);J. H. Parry,《勘察的时代:发现、探索与殖民(1450～1650)》(*The Age of Reconnaissance: Discovery, Exploration, and Settlement, 1450 to 1650*, Berkeley: University of California Press, 1981);Bailey W. Diffie和George D. Winius,《葡萄牙帝国的基础(1415～1580)》(*Foundations of the Portuguese Empire, 1415 - 1580*, Europe and the World in the Age of Expansion, 1, Minneapolis: University of Minnesota Press, 1977)。

年代，迪尼斯·迪亚斯航行到佛得角附近，努诺·特里斯唐航行到冈比亚河的河口，而在1460年，佩德罗·德·辛特拉航行到塞拉利昂的山区。就在赤道的北边，探险家发现绿色而结满果实的土地上住着黑皮肤的人，一举推翻了那是不适合居住的“燃烧的地区”或“灼热的地区”的古代理论。不久之后，在1474年或1475年，洛佩·贡萨尔维斯和鲁伊·德·塞凯拉穿越了赤道，1486年巴尔托洛梅奥·迪亚斯（约1450～1500）回到了里斯本，他航行在非洲南部的海角附近时穿过了危险的西方风暴，后来这个海角被命名为好望角。

尽管那些最初感到他们沿着非洲海岸线航行只是海岸探险的葡萄牙海员，在开放的海面上变得更加有经验并且更加大胆，海洋还并没有被征服。航海家和同时代的学者依旧墨守着一种与一个可居住半球的观念相一致的宇宙志。从这种观点来看，向西航行到未知的海洋并且到达亚洲大陆，这种考察具有革命性的意义。从15世纪80年代早期，这个项目已经被克里斯托弗·哥伦布提出——哥伦布是来自热那亚的一位经验丰富的船长，娶了一位葡萄牙贵族女子——尽管这个项目遭到同时代受过更好教育的人的反对。他们的反对意见在当时的宇宙志知识背景下十分完美，格拉纳达的大主教费尔南多·迪·塔拉韦拉领导的学术委员会对反对意见概括如下：（1）向西边航行到亚洲将花费三年；（2）西边的海洋无边无际并且似乎不可能航行；（3）对跖人不存在，因为土球的大部分都浸没在水里；（4）在创世之后的如此多个世纪之后，似乎不太可能有人还能发现有价值的未知大陆。[17]

关于哥伦布的提议的争论并不只涉及定居地的西边和东边之间的距离，还涉及更广泛的问题，即土球和水球的相对大小和位置。[18] 为了反对这个被当时的宇宙志学者普遍接受的主张，即一个更小的土球浮在一个更大的水球之中——这种观念排除了任何向西方航行的可能——哥伦布提倡一种更简单的陆地的观念。正如他在法国神学家和宇宙志学者皮埃尔·达伊（约1350～1420）的《世界图景》（*Imago mundi*，约1410）一书中注释道：“土和水一起构成了一个圆球。”[19] 讨论和争论都不能决定这两种相对抗的地球形状的观念哪个是正确的。在这种背景下，哥伦布的航行可以被认为是现代早期科学历史中第一次伟大的实验。

478

这个实验有很多次几乎快失败了，但是最终它产生了未曾预料的结果，因为哥伦布并没有到达“印度”（虽然他直到临死之前还相信那是印度），也就是说，中国和远

---

〔17〕 Samuel Eliot Morison，《无垠大海中的舰队司令：克里斯托弗·哥伦布的生平》（*Admiral of the Ocean Sea*：*A Life of Christopher Columbus*，Boston：Little，Brown，1951），第95页及其后；Paolo Emilio Taviani，2卷本《克里斯托弗·哥伦布：伟大发现的起源》（*Cristoforo Colombo*：*La genesi della grande scoperta*，Novara：Istituto Geografico de Agostini，1974），第205页及其后；Felipe Fernandez-Armesto，《哥伦布》（*Columbus*，Oxford：Oxford University Press，1991），第23页及其后。

〔18〕 参看以下重要文章，William G. L. Randles，《葡萄牙和西班牙的宇宙志学者根据当时的地理科学对哥伦布的“印度”项目的评估》（The Evaluation of Columbus' “India” Project by Portuguese and Spanish Cosmographers in the Light of the Geographical Science of the Period），《世界图景》（*Imago Mundi*），42（1990），第50页～第64页，尤其是第51页及其后。

〔19〕 Edmund Buron编译，《皮埃尔·达伊的世界图景》（*Ymago mundi de Pierre d'Ailly*，Paris：Maisonneuve frères，1930），引文在第184页，旁注8：“aqua et terra simul facit corpus rotundum.”。

东。取而代之的是,他在西方发现了许多新的、未知的岛屿,它们作为"西方的对跖地"被西班牙皇家编年史家安吉埃拉(Anghiera)的彼得·马蒂尔(1457～1526)提到过,他是一个成为西班牙发现之旅的官方叙述者的意大利人。[20] 在最初的欣喜之后,对哥伦布首次西方航行的反应依然减弱,既因为在1493年以信件形式出版并且在整个欧洲广为传播的哥伦布自己的陈述没有详细说明他新发现的群岛的地理位置,[21]也因为他的航行还没有触及宇宙志的根基。

尽管如此,哥伦布的返回还是给了海外探险航行一个新的推动力。1499年,葡萄牙海员瓦斯科·达·伽马(约1460～1524)在绕过好望角到达印度西海岸的卡利卡特(Galicut,位于今喀拉拉邦)之后,返回了里斯本,因此打通了到达印度的海上路线。从那时起,葡萄牙在和印度的贸易中扮演了重要角色,而之前一直被威尼斯人垄断着。从宇宙志上来讲,环绕非洲的航行虽然很著名,但没有产生轰动;罗马的百科全书编纂者老普林尼(23～79)已经描述过汉诺和欧多克斯的旅行,他们曾经航行过同一路线。然而转折点在1500年来临了,13艘海船在佩德罗·阿尔瓦雷斯·卡布拉尔(约1460～1526)的领导下由1200多名船员驾驶驶向印度,意外地到达了当今的巴西海岸。之后一年,另外3艘船组成的探险队被派遣去勘探新近发现的海岸线,并且沿着今天的巴西和阿根廷海岸进一步南行。这次航行被随同这个探险队的一个学术型宇宙志学者、佛罗伦萨人亚美利加·韦斯普奇(1451～1512)记录在案。

479

韦斯普奇的报道以《新世界》(*Mundus novus*,1503)作为标题印刷出来,引起了一场轰动。由于在宇宙志上的准确,它毫不犹豫地批评了古典作家,而给出证据论证在已知的定居地之外的土地上也是可居住的。正如韦斯普奇所指出的那样,大多数古典作家曾经声称:

> 过了赤道往南就不会有大陆,而仅仅是他们称作大西洋的那个海;更进一步,如果他们中有人确实断定那有一块大陆,他们也会给出很多证据来否定那是一块可居住的陆地。但是我最近的这次航行已经证明了他们的观点是错误的,完全和真理相反。[22]

韦斯普奇用寥寥数语就把他的观点清晰地表达出来了:南方的对跖地已经被发现了,推翻了所有那些把人类居住的世界局限在欧洲、非洲和亚洲的理论,并且区分了一个"上"半球(没被水淹没)和一个"下"半球(被水淹没)。这是一场宇宙志的革命。对跖地的发现支持了哥伦布从15世纪80年代就提倡的一种简单的、球形的和综合的大

---

[20] Petrus Martyr d'Anghiera,《通信集》(*Opus epistolarum* [1530]),第130号,引用于 Guglielmo Berchet 编,《意大利发现新大陆的历史资料》(*Fonti italiane per la storia della scoperta del Nuovo Mondo*, Raccolta Colombiana, vol. 3, pt. 2, Rome: Ministero della Pubblica Istruzione, 1893),第39页。

[21] 《新发现的岛屿》(*De Insulis nuper inventis*, Basel: Bermann de Olpe, 1494), fol. dd6r; Christopher Columbus,《文字与完整的文件》(*Textos y documentos completos*, 3rd ed., Madrid: Alianza, 1989), Consuelo Varela 编。

[22] 《亚美利加·韦斯普奇、劳伦斯·彼得与弗朗西斯·美第奇……》(*Albericus Vespuccius Laurentio Petri Francisci de Medicis...*, Paris: F. Baligault/Jehan Lambert, 1503/04), fol. a2r; Amerigo Vespucci,《新世界》(Mundus Novus),载于 Luciano Formisano 编,《来自新世界的信件:亚美利加·韦斯普奇发现美洲》(*Letters from a New World: Amerigo Vespucci's Discovery of America*, New York: Marsilio, 1992), David Jacobson 译,第45页。

地的图景:现代意义上的地球,由土和水一起构成。

在1503到1506年期间,韦斯普奇的论述以各种语言出现,并且印刷了几十版。当人文主义者马蒂亚斯·林曼(约1481～约1511)和宇宙志学者马丁·瓦尔德塞弥勒(约1470～约1518,他来自洛林的圣迪耶)在1507年出版了他们的《宇宙志介绍》(*Cosmographiae introductio*)一书时,他们把韦斯普奇描绘成当代的托勒密,并且把新近在大西洋西南发现的陆地命名为"美洲(America)"以向其致敬。[23]

对跖地的发现和水陆球的证据依旧使地球处于宇宙的中心,并且行星的次序也没被触及。但是亚里士多德学派的重力原则不再像曾经设想的那样容易理解了。因为土和水一起构成一个完整的球,那么想象这个球处于运动中而离开宇宙的中心,也就变得更加容易了。这对于尼古拉斯·哥白尼(1473～1543)来说是一个重要的起点,他曾在克拉科夫和意大利学习,并且从1503年起在波兰王国的弗劳恩堡(Frauenburg)作为一名神父生活着。哥白尼著名的《天球运行论》(*De revolutionibus orbium coelestium*,1543)提出了宇宙的一个日心说模型,这是他于1507到1514年期间第一次简单陈述过的(参看第24章)。在它开始的数章中,有一章是"土如何与水一起构成一个完整的球(Quomodo terra cum aqua unum globum perficiat)",驳斥了亚里士多德的模型(土球和水球以及重性原则——亚里士多德曾经把它作为一种普遍的宇宙力)。"我们不应该留意特定的逍遥学派的信徒,他们断言土浮在水上,"他写道,"因为它的重量并不是均匀分布的,因为它的空腔,它的重力中心和它的量的中心是不同的。"[24]

480

哥白尼强调一个完整的水陆球体的存在已经被大多数最近的宇宙志上的发现所证明,他尤其提到了韦斯普奇:

> 如果再加上我们这个时代在西班牙和葡萄牙国王统治时期所发现的岛屿,尤其是美洲(America,以发现它的船长而得名,因其大小至今未明,被视为第二组有人居住的国家)以及许多闻所未闻的新岛屿,那么我们对于对跖地或对跖人的存在就没有理由感到惊奇。[25]

对于哥白尼的宇宙论改革,这些水陆球体的证据(由海外发现提供的)是至关重要的,甚至是必不可少的(参看图20.2)。哥白尼并不只研究过天文学经典著作和仔细地观察过天空,而且还积极地、恰当地且创造性地对宇宙志革命进行回应。[26]

---

[23] [Martin Waldseemüller],《〈宇宙志介绍〉与所需的天文学、几何学原理》(*Cosmographiae introductio, cum quibusdam geometriae ac astronomiae principiis ad eam rem necessariis*, St. Dié: G. and N. Lud, 1507), fol. a2v - a3r; Waldseemüller,《马丁·瓦尔德塞弥勒的〈宇宙志介绍〉》(*The Cosmographiae Introductio of Martin Waldseemüller*, New York: United States Catholic Historical Society, 1907), Joseph Fischer、Franz von Wieser 和 Charles George Herbermann 编, Edward Burke 译; Albert Ronsin 编,《一个名字的命运:AMERICA,在孚日的圣迪耶的新世界洗礼》(*La fortune d'un nom: AMERICA, Le baptême du Nouveau Monde à Saint-Dié-des Vosges*, Grenoble: Jérô me Millon, 1991), Pierre Monat 译。

[24] Nicholas Copernicus,《天球运行论》(*Nicolai Copernici Torinensis De revolutionibus orbium coelestium libri VI*, Nürnberg: Io. Petreius, 1543), fol. a1r。

[25] 同上书, sig. a2r。

[26] Vogel,《中世纪土球与水球的相对位置问题与宇宙志革命》,第135页～第138页,所附参考书目在第109页,注释17。

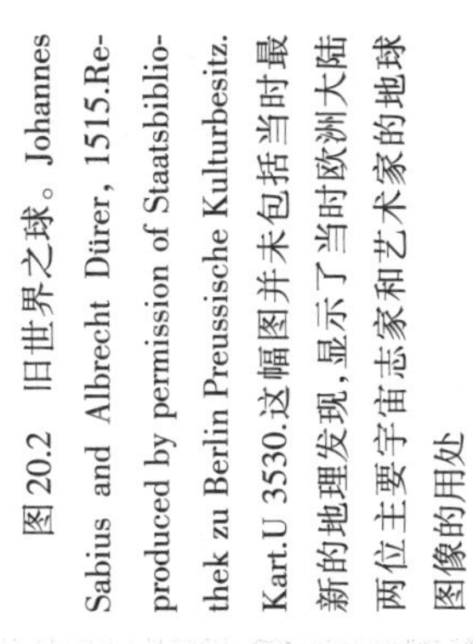

图 20.2 旧世界之球。Johannes Sabius and Albrecht Dürer, 1515. Reproduced by permission of Staatsbibliothek zu Berlin Preussische Kulturbesitz. Kart.U 3530.这幅图并未包括当时最新的地理发现，显示了当时欧洲大陆两位主要宇宙志家和艺术家的地球图像的用处

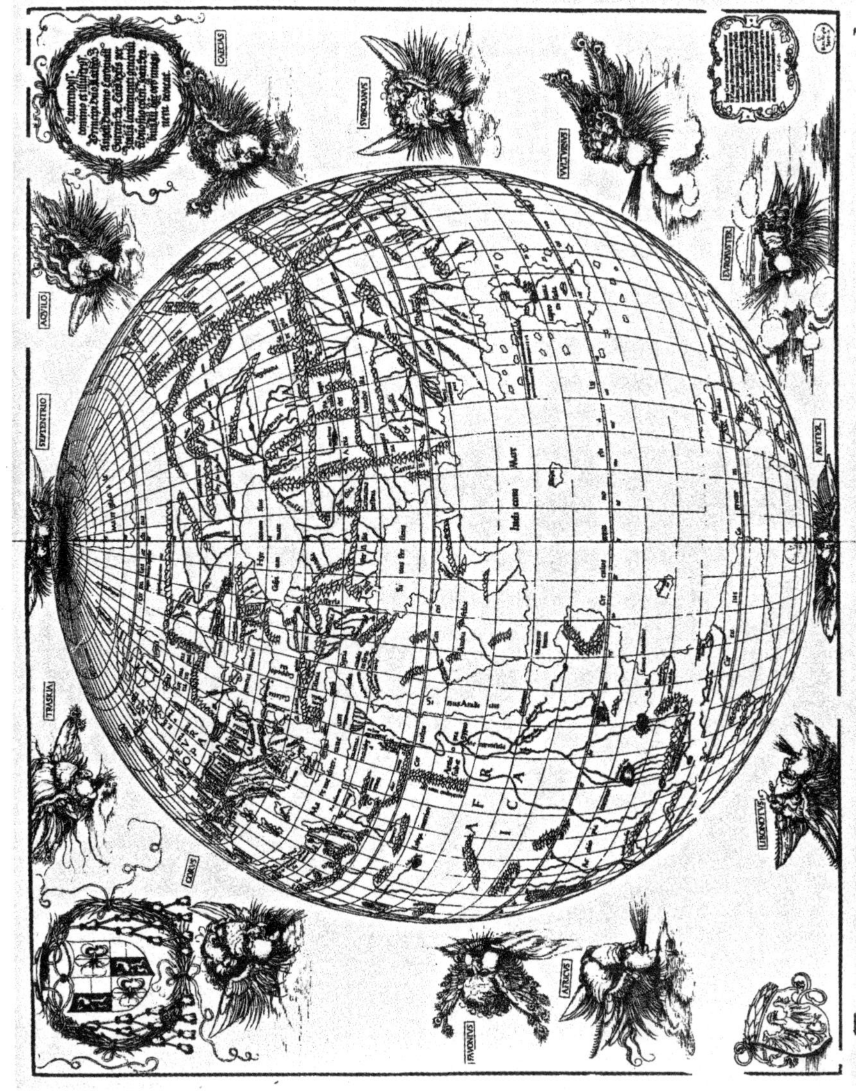

普遍的宇宙志：宇宙志作为一门主导性科学（1510～1600）

随着16世纪第一个10年里向一个新的、更简单的大地概念的转变，宇宙志的地位开始上升了。它赢得了来自教皇和欧洲君主的完全承认，也包括在国际范围内经营的商业家族的承认。主流学者专注于宇宙志，不管是在海港还是在内陆，并且它的影响还使得它进入了政治文学和宫廷绘画之中。英国人文主义者和政治家托马斯·莫尔（1478～1535）在他的《乌托邦》（*Utopia*，1516）中提到了韦斯普奇和葡萄牙人对新大陆的说明，这本书描绘了一个在南半球中美洲海岸外的虚构的岛。[27] 在小汉斯·霍尔拜因1533年的绘画《大使们》（*The Ambassadors*）（参看图20.3），陆地的范围被刻画为地位的标志，象征着政治精英的知识、现代性和权力。

482

同时，海外的发现和征服还在继续着。[28] 葡萄牙人已经从阿拉伯人那里夺取了印度洋的统治权，而西班牙人占领了加勒比海地区的海岛和海岸，并且向前穿过巴拿马到达了太平洋（巴尔博亚［Balboa］，1513）。数年后，费迪南德·麦哲伦（约1480～1521）率队进行了第一次环球航行的探险（1519～1521）。在16世纪的下半叶，法国、英格兰和尼德兰参与了这个探险和殖民的运动（参看第16章）。法国在1541～1543年期间试图在加拿大的魁北克建立殖民地，而英格兰于1577年建立了卡塞殖民地（Cathay Colony），并且于1583年在纽芬兰建立了数个殖民地。尼德兰在1594年创办了对外贸易公司，又在1602年创办了荷兰东印度公司（Verenigde Oostindische Compagnie）。

483

在里斯本和塞维利亚的殖民中心兴起的宇宙志这门新科学，在这些事业的促进下得到了进一步的发展。从15世纪末开始，里斯本的几内亚和印度货栈（Almazém de Guiné e India）控制着一个水文局，它由一个拥有almoxarife（店主）头衔（货物的接收者或保管者）的航海和宇宙志的专家领导，他的职责除了经营和管理货栈，还包括选择和审查皇家航船的船长。[29]（一个掌管过这个水文局的人是巴尔托洛梅奥·迪亚斯，他曾经绕非洲航行并且管理达·伽马船队的建造和武器设备。）1547年cosmógrapho-mor的职位，即首席皇家宇宙志家，被设立了——这个职位的职责包括管理政府的航海图

---

[27] Klaus A. Vogel，《无处存在的新世界？托马斯·莫尔“乌托邦”的地理和历史视野》（Neue Welt Nirgendwo? Geographische und geschichtliche Horizonte der “Utopia” des Thomas Morus），载于Klaus Vogel编，《思想视野和行动范围：鲁道夫·维尔豪斯诞辰70周年的历史研究》（*Denkhorizonte und Handlungsspielräume：Historische Studien für Rudolf Vierhaus zum 70. Geburtstag*，Göttingen：Wallstein，1992），第9页～第32页。

[28] 参看注释17。

[29] A. Teixeira da Mota，《19世纪初关于葡萄牙水文服务组织的一些正式文件》（Some Notes on the Organization of Hydrographical Services in Portugal before the Beginning of the Nineteenth Century），《世界图景》，28（1978），第51页～第60页；Kees Zandvliet，《为金钱绘图：地图、平面图和地形图及其在16和17世纪荷兰海外扩张中的作用》（*Mapping for Money：Maps，Plans and Topographic Paintings and their Role in Dutch Overseas Expansion During the 16th and 17th Centuries*，Amsterdam：Batavian Lion International，1998），第16页～第21页：“葡萄牙的地图生产”（Map Production in Portugal）。

图 20.3 《大使们》。Hans Holbein the Younger, 1533, oil on wood. Reproduced by permission of the National Gallery, London. 霍尔拜因的名画显示了宇宙志物体对于商业、政治和现代性的象征

(padrões),检查和批准政府的海图和航海设备制造商,训练和检查航海官员(领航员、初级领航员和船长),以及在官方的登记簿上记录他们的名字。第一任首席皇家宇宙志家是佩德罗·努涅斯(1492～1577),他从1537年起就一直是科英布拉大学的一位数学教授,同时也是一位有影响力的学者,他描述了球形的地理学对在航海中计算距离的用途。1577年努涅斯的职位由托马斯·多尔塔接任,而若昂·巴普蒂丝塔·拉万阿于1591年又接替了托马斯·多尔塔。

追随着葡萄牙人这个榜样,贸易商行(Casa de la Contratación)于1503年在塞维利亚建立起来了,它是一个管理中心,负责殖民地贸易和派遣西班牙船队到印度群岛,其领导者是巴达霍斯(Badajoz)和科尔多瓦的主教胡安·德·丰塞卡(1451～1524)。[30]

[30] Ernesto Schäfer, 2 卷本《印度群岛皇家最高理事会:其历史、组织和行政工作,直到奥地利商行终止运行》(*El Consejo Real y Supremo de las Indias: Su historia, organización y labor administrativa hasta la terminación de la Casa de Austria*, Sevilla, 1935, 1947); Ursula Lamb,《西班牙海洋帝国的宇宙志家与领航员》(*Cosmographers and Pilots of the Spanish Maritime Empire*, Variorum Collected Studies Series, 499, Aldershot: Ashgate, 1995)。

贸易商行成为宇宙志的知识中心，所有船长都被要求在返回之时报告他们的观察结果。1508年西班牙开始雇用4位皇家领航员，让韦斯普奇做首席领航员，去寻找通往印度的西方通道。首席领航员有责任对船长进行检查和发放许可证，也对政府的皇家海图负责。在韦斯普奇于1512年去世后，这一职位由迪亚斯·德·索利斯担任(至1515年)，之后是弗朗西斯科·科托(至1518年)、塞巴斯蒂安·卡博托担任，直至1522年由阿隆索·德·查韦斯(至1586年)和罗德里戈·萨莫拉诺(至1612年)接任。[31]

484

在马德里的皇家宫廷里，cosmógrafo-cronista mayor de las Indias的职位(首席印度群岛宇宙志家-年代记编者)在Consejo Real y Supremo de las Indias(皇家和最高印度群岛理事会)的赞助下设立了，并且由胡安·洛佩斯·德·贝拉斯科(1530～1603)担任直至1588年。[32] 他的职责是绘制精确的地图并且撰写关于西班牙美洲的志类、地理和人种学的详尽描述报告。为了获得精确的经度测量数据，贝拉斯科发出了一份简报，对在各殖民地观察月食进行详细的指导。在1577年及1584年，他给各殖民地分发了一份精心制作的印刷版问题集。这个问题集总括了地理、历史、可居住地的生活条件、自然资源和海岸状况等方面的50个问题，并且要求完成简单的地图。现存的对此要求的回应是西班牙人和当地人在1578到1586年之间制作出来的208份地理关系(Relaciónes geograficas)和92张地图，对于现在想要了解当时殖民地人们的生活和地理学知识的人来说，它们是独一无二的资源。[33]

在意大利，人们对海外发现的进程也一直抱有很大的兴趣，通过信件和个人的叙述，天主教教廷的主要成员、商业市镇的商人和学者在对宇宙志的新奇事物的了解上并不落伍。威尼斯、佛罗伦萨和罗马在这一时期是宇宙志著作产生的中心；[34]第一部重要的游记文集是在维琴察(Vicenza)于1507年出版的，题目是《佛罗伦萨的亚美利加·韦斯普奇新近发现的新世界和新大陆》(*Mondo Novo e paesi novamente ritrovati da Alberico Vespuzio fiorentino*)，由人文主义者和大学教授弗拉坎扎诺·达·蒙塔尔博多编辑，之后以拉丁语、德语和法语出版。[35] 在随后的几十年里，意大利人出版了一大批宇宙志著作，其中包括《关于宇宙志的三次对话》(*Cosmographia in tres dialogos distincta*, 1543)和《论航海和旅行》(*Delle navigazione e viaggi*)，前者的作者是一位本笃会的修道

---

[31] Zandvliet，《为金钱绘图：地图、平面图和地形图及其在16和17世纪荷兰海外扩张中的作用》，第23页～第25页："西班牙的地图生产"(Map Production in Spain)。

[32] Schäfer，《印度群岛皇家最高理事会：其历史、组织和行政工作，直到奥地利商行终止运行》，第147页及其后。

[33] Harold F. Cline，《西班牙所属的印度群岛的地理报告》(The Relaciones Geogràficas of the Spanish Indies, 1577 - 1648)，载于Harold F. Cline编，《中美洲印第安人手册》(*Handbook of Middle American Indians*, vol. 12 [Guide to Ethnohistorical Sources, 1], Austin: University of Texas, 1972)，第183页～第242页；Donald Robertson，《附有目录的地理报告的图画(地图)》(The Pinturas [Maps] of the Relaciones Geogràficas with a Catalog)，载于《中美洲印第安人手册》，第243页～第278页；Barbara E. Mundy，《本地制图法与地理报告地图》(*Indigenous Cartography and the Maps of the Relaciones Geográficas*, Chicago: University of Chicago Press, 1996)。

[34] 关于16世纪意大利的宇宙志/地理学没有综合作品；关于罗马的地理学，参看Broc，《文艺复兴时期的地理学》，第199页～第204页。

[35] Broc，《文艺复兴时期的地理学》，第27页。

士和数学家弗朗切斯科·毛罗利科(1494～1575),他在墨西拿教书;[36]后者的作者是威尼斯外交官詹巴蒂斯塔·赖麦锡(1485～1557),书的第一卷于1550年出版。[37] 从16世纪中期开始,随着耶稣会士开始在地理学信息的搜集和宇宙志教育中占据了领导性的地位,罗马再一次成为宇宙志知识的中心。在这种背景下最重要的人物之一是德国人克里斯托夫·克拉维乌斯(1537～1612)以及他的弟子利玛窦(1552～1610),前者是班贝格(Bamberg)的本地人,在耶稣会罗马学院教书,[38]后者则把欧洲的宇宙志带到了中国(参看第33章)。梵蒂冈图书馆的馆藏和1559～1583年期间由皮罗·利戈里奥和埃尼亚蒂奥·丹蒂画的梵蒂冈走廊的丰富的地理学壁画,都证明了16世纪晚期罗马宇宙志的繁盛。[39]

在16世纪,宇宙志在阿尔卑斯山以北也很兴盛,最初主要是在神圣罗马帝国。维也纳大学长久以来一直是数学科学(包括宇宙志)的一个重要中心。[40] 广泛流传的教科书《行星理论》(*Theorica planetarum*)的作者,数学家和天文学家格奥尔格·波伊尔巴赫(1423～1461),15世纪时就在那里教书,还有另一位维也纳主要的数学家和天文学家格奥尔格·坦施泰特尔(1482～1535),亦被称作科利米修斯,在1514年出版了他的《数学人物》(*Viri mathematici*)一书,书中的目录中提到了几位宇宙志学者的名字。[41] 科利米修斯的一些弟子,例如彼得·阿皮安,之后都活跃于宇宙志领域。维也纳大学的学者则为地理学的经典著作撰写了重要的注释,其中就包括瓦迪亚恩对蓬波纽斯·梅拉作品的注释(1518)和卡梅斯对索利努斯作品的注释(1520)。[42]

神圣罗马帝国16世纪最杰出的制图师之一是彼得·阿皮安,他是一个迅速成功的宇宙志学者家庭中的一员。[43] 阿皮安在维也纳跟随坦施泰特尔学习数学,于1521年获得了学士学位。一年之前,他就已经出版了一份现代世界地图《世界的形状》

---

[36] Francesco Maurolico,《关于宇宙志的三次对话》(*Dialoghi tre della Cosmographia*, ms. Rome, 1536), Giovanni Cioffarelli编(即将出版); Maurolico,《宇宙志……三次对话》(*Cosmographia... in tres dialogos distincta*, Venice: Heirs of Lucantonio Giunta, 1543)。

[37] Broc,《文艺复兴时期的地理学》,第37页及其后。

[38] Ugo Baldini编,《克里斯托夫·克拉维乌斯与伽利略时代耶稣会士的科学活动》(*Christoph Clavius e l'attività scientifica dei Gesuiti nell'età di Galileo*, Rome: Bulzoni, 1995)。

[39] Broc,《文艺复兴时期的地理学》,第202页。

[40] Lucien Gallois,《文艺复兴时期的德意志地理学家》(*Les géographes allemands de la Renaissance*, Paris: E. Leroux, 1890); Klaus A. Vogel,《亚美利加·韦斯普奇与维也纳的人文主义者:地理发现的接受以及约阿希姆·瓦迪亚恩和约安内斯·卡梅斯之间关于经典错误的争论》(Amerigo Vespucci und die Humanisten in Wien: Die Rezeption der geographischen Entdeckungen und der Streit zwischen Joachim Vadian und Johannes Camers über die Irrtümer der Klassiker),《皮克海姆年鉴》(*Pirckheimer-Jahrbuch*), 7(1992),第53页～第104页,尤其是第67页及其后。

[41] Franz Graf-Stuhlhofer,《宫廷与大学之间的人文主义:格奥尔格·坦施泰特尔[科利米修斯]及其在16世纪初在维也纳的科学环境》(*Humanismus zwischen Hof und Universität: Georg Tannstetter [Collimitius] und sein wissenschaftliches Umfeld im Wien des frühen 16. Jahrhunderts* [Schriftenreihe des Universitätsarchivs, 8], Vienna: WUV-Universitätsverlag, 1996),第156页～第171页。

[42] Joachim Vadian,《西班牙的蓬波纽斯·梅拉的三本地理书,另外有约阿希姆·瓦迪亚恩和索利努斯》(*Pomponii Melae Hispani, libri de situ orbis tres, adiectis Ioachimi Vadiani in eosdem Scholiis ...*, Vienna: Io. Singrenius, 1518); Johannes Camers, *In C. Iulii Solini Polyistora Enarrationes* (Vienna: Io. Singrenius, 1520); Vogel,《亚美利加·韦斯普奇与维也纳的人文主义者:地理发现的接受以及约阿希姆·瓦迪亚恩和约安内斯·卡梅斯之间关于经典错误的争论》,第77页及其后。

[43] Hans Wolff编,《菲利普·阿皮安与文艺复兴时期的制图法》(*Philipp Apian und die Kartographie der Renaissance* [Bayerische Staatsbibliothek, Ausstellungskataloge, 50], Munich: Anton H. Konrad, 1989)。

486 (*Typus orbis universalis*),这份地图是在瓦尔德塞弥勒的地图基础之上绘制出来的,美洲也被绘制出来了。在随后的一些年里,他制造地图和地球仪,和他的兄弟格奥尔格一起建立了一个作坊,并且在1524年出版了他的《宇宙志》(*Cosmographicus liber*)的第一版。从1526年开始,他在英戈尔施塔特大学(University of Ingolstadt)教书,而在1537年,巴伐利亚的阿尔布莱希特公爵的儿子被委托给他接受宇宙志、地理学和数学课程的教育。在1530年奥格斯堡会议之后,阿皮安和皇帝查理五世保持联系,在阿皮安的《帝国天文学》(*Astronomicum caesareum*)于1541年出版后,查理五世赐予他骑士爵位,以及宫廷伯爵(Pfalzgrave)的贵族称号,并且称他为宫廷数学家。在同一时期,彼得·阿皮安的儿子菲利普·阿皮安(1531～1589),他的14个孩子中最具天才的一个,被英戈尔施塔特大学录取,并且之后继承了他父亲一生的工作,担任了他父亲在大学里的教职,并且为阿尔布莱希特公爵指导一块新土地的测量,这个项目最终以由24块图版制成的巨大挂图(《巴伐利亚地势图》[*Chorographia Bavariae*,1563])而告终。

在这一时期,巴塞尔成为印刷宇宙志著作最主要的城市。在1532年,巴塞尔神学家和人文主义者西蒙·格里诺伊斯(1493～1541)出版了他的《古人所不知的地区和岛屿组成的新大陆》(*Novus orbis regionum ac insularum veteribus incognitarum*)一书,它是那时最为完整的游记。[44] 从1529年起在巴塞尔生活的犹太学者兼宇宙志学者塞巴斯蒂安·明斯特尔(1488～1552)于1544年在当地出版了他的《宇宙志》(*Cosmographia*),它迅速成为16世纪最流行的宇宙志著作,1544～1628年共发行了36个版本。[45]

通过与伊比利亚半岛的贸易城市联系得十分紧密的安特卫普,有关海外发现的消息首先到达了神圣罗马帝国的学者那里。[46] 因为在欧洲南部的海港,安特卫普的制图作坊是生产和出售航海指南图的重要中心。[47] 在16世纪下半叶,这些学者发展出了他们自己的宇宙志实践,这些实践之后在阿姆斯特丹被采用。宇宙志学者赫拉尔杜斯·墨卡托(1512～1594)就在附近的佛兰德斯的鲁佩尔蒙德(Rupelmonde)出生,[48] 他在卢万(Louvain)学习宇宙志和天球的结构,老师是阿皮安的学生赖纳·杰玛·弗里修斯(1508～1555),之后成了医学教授和在布鲁塞尔的查理五世皇帝宫廷中的皇家
487 宇宙志家。安特卫普也产生了有学问的商人亚伯拉罕·奥特柳斯(1527～1598),他

---

[44] Broc,《文艺复兴时期的地理学》,第29页～第31页。

[45] Karl Heinz Burmeister,《塞巴斯蒂安·明斯特尔:尝试概括其一生的传记》(*Sebastian Münster: Versuch eines biographischen Gesamtbildes*, Basel: Helbing and Lichtenhahn, 1969);Karl Heinz Burmeister 编译,《塞巴斯蒂安·明斯特尔的信》(*Briefe Sebastian Münsters, lat. -dt.*, Frankfurt am Main: Insel, 1964);Broc,《文艺复兴时期的地理学》,第77页～第84页。

[46] 1503年5月4日约翰·克劳尔(Johann Kollauer)从安特卫普写给康拉德·策尔蒂斯(Konrad Celtis)的信,载于 Hans Rupprich 编,《康拉德·策尔蒂斯的通信》(*Der Briefwechsel des Konrad Celtis* [Humanistenbriefe, 3], Munich: C. H. Beck, 1934),第530页及其后,第295号;Vogel,《亚美利加·韦斯普奇与维也纳的人文主义者:地理发现的接受以及约阿希姆·瓦迪亚恩和约安内斯·卡梅斯之间关于经典错误的争论》,第63页及其后,注释30。

[47] Broc,《文艺复兴时期的地理学》,第196页～第198页。

[48] Marcel Watelet 编,《赫拉德·墨卡托,宇宙志学者、时间和空间》(*Gérard Mercator cosmographe, le temps et l'espace*, Mariakerke: Vanmelle, 1994);Broc,《文艺复兴时期的地理学》,第173页～第186页。

是著名的《世界剧场》(*Theatrum orbis terrarum*,1570)一书的作者,在1575年被称作西班牙腓力二世的皇家宇宙志家。[49]

宇宙志在法国发展得要晚些,部分是因为巴黎这个学院派神学和自然哲学中心的保守主义。[50] 撰写过亚里士多德作品的注释并且翻译过《圣经》的埃塔普勒的雅克·勒费夫尔(约1455~约1536),探讨过几个宇宙志问题,但从没发表过一个总的普遍看法。奥龙斯·菲内(1494~1555)改变了这一局面,他是巴黎最有影响的学术型宇宙志学者,在1531年成了皇家学院的数学教授。菲内制作了许多重要的地图,也创作了一本宇宙志著作《论世界的范围,或宇宙志》(*De mundi sphaera sive cosmographia*,1542),并且培养了一些耶稣会士,他们后来在罗马学院(Collegio Romano)任教。[51] 在从事写作的人中值得注意的是安德烈·泰韦(1516~1592),他以到美洲的旅行家和《利凡得的宇宙志》(*Cosmographie de levant*,1554)、《南极法国的奇物》(*Les singularitez de la France Antarctique*,1557)的作者而闻名。在1559年,泰韦被召到了宫廷,并且之后很快被封为亨利三世的皇家宇宙志家。[52]

在16世纪的上半叶,英格兰在这一领域的活动仅限于翻译重要的宇宙志著作。[53] 因此,威廉·坎宁安(1521年生)所著的《宇宙志之窗》(*The Cosmographical Glass*,1559)在很大程度上是引自阿皮安和菲内的宇宙志。[54] 即便到了后来,英国的宇宙志还保持在最初的实践的定位上。在西班牙人和葡萄牙人的榜样之后,斯蒂芬·伯勒(1525~1584)于1564年被称作第一位"我们英格兰的首席领航员"。[55] 约翰·迪伊(1527~1608)以受过出色的数学教育而自豪,撰写了他那个时代航海方面最杰出的著作,4卷本的《不列颠人对完美航海技艺的补充》(*The British Complement of the Perfect Art of Navigation*),其中现存的只有第一卷(1577)。迪伊的老师和顾问包括5位欧洲最重要的宇宙志学者:努涅斯、杰玛·弗里修斯、墨卡托、奥特柳斯和菲内。[56] 最终这个世纪最杰出的游记文集是理查德·哈克卢特(1553~1616)的著作,他既是一个牧师,又是英格兰驻巴黎大使馆的职员,他的3卷本的《英格兰重要的航海、旅行和发现》(*Principal Navigations, Voyages, and Discoveries of the English Nation*)于1589年出版。这

488

[49] R. W. Karrow, Jr. 编,《亚伯拉罕·奥特柳斯(1527~1598),制图学者和人文主义者》(*Abraham Ortelius [1527 - 1598], cartographe et humaniste*, Turnhout: Brepols, 1998)。

[50] Broc,《文艺复兴时期的地理学》,第123页;François de Dainville,《人文主义地理学》(*La géographie des humanistes*, Paris: Beauchesne et ses fils, 1940; repr. Geneva: Slatkine, 1969),第7页及其后。

[51] Dainville,《人文主义地理学》,第36页。

[52] Frank Lestringant,《宇宙志学者的画室》(*L'Atélier du cosmographe*, Paris: Albin Michel, 1991),由David Fausett译,《绘制文艺复兴时期世界的地图》(*Mapping the Renaissance World*, Cambridge: Polity, 1994)。

[53] Eva G. R. Taylor,《都铎王朝时期的地理学(1485~1583)》(*Tudor Geography, 1485 - 1583*, London: Methuen, 1930); Taylor,《都铎王朝晚期和斯图亚特王朝早期的地理学(1583~1650)》(*Late Tudor and Early Stuart Geography, 1583 - 1650*, London: Methuen, 1934); Taylor,《都铎王朝时期和斯图亚特王朝时期英格兰的数学实践者》(*The Mathematical Practitioners of Tudor and Stuart England*, London: Methuen, 1954)。

[54] Taylor,《都铎王朝时期的地理学(1485~1583)》,第26页。

[55] David W. Waters,《伊丽莎白一世时代和斯图亚特时代早期的英格兰的航海技艺》(*The Art of Navigation in England in Elizabethan and Early Stuart Times*, London: Hollis and Carter, 1958),第515页。

[56] Taylor,《都铎王朝时期的地理学(1485~1583)》,第75页及其后。

一文集包括了200多条关于英国国土和海外旅行的报道，从亚瑟王直至最近到中国的旅行。[57] 在1625年，塞缪尔·珀切斯（约1577～1626）出版了一个新的哈克卢特书籍的扩充版，题目是《哈克卢特遗作，或珀切斯的游记》（*Hakluytus Posthumus, or Purchas his Pilgrimes*），它包括了来自英格兰的竞争对手西班牙和尼德兰的报道。[58]

16世纪整个欧洲的宇宙志学者生产了种类广泛的实物和文本。其中包括天球仪和地球仪，[59]世界和地区的地图，对约翰尼斯·德·萨克罗博斯科的《论天球》的注释，宇宙志的论文，对世界的历史－地理的描述，以及游记和各种收藏品。宇宙志学者也继续编辑和注释古代的地理学文本。其中最重要的（托勒密、斯特拉博、蓬波纽斯·梅拉、索利努斯和之后的狄奥尼修斯的著作）已经在15世纪被编辑过，但是第一批含有新的世界地图的托勒密的著作是于1507年和1508年在罗马出版的。瓦尔德塞弥勒和林曼在他们开创性的1513年版托勒密的《地理学》（*Geographia*）中包含了一个对地球更为完整的展示，这本书献给了皇帝马克西米连。这本书中除27张古代地图之外，还包括20张近代航海图：1张新的海图（Carta Marina），10张欧洲大陆地图，4张地区地图（瑞士、洛林、莱茵兰和克里特岛），以及5张非洲和亚洲的新地图。

宇宙志成功的一个标志是16世纪下半叶在地理学上大学教育的正规化。耶稣会在这个领域继续领先，主要是因为他们在全球的活动以及他们对科学的经验理解（参看第16章）。在罗马学院，地理学和天文学于1550年开始教授，校方以墨西拿大学为榜样，使用诸如菲内、波伊尔巴赫和约翰内斯·施特夫勒这样的作者写的教科书。学生们在第一年和第二年里学习关于“天体”“地理学”和“星盘”的课程，在第三年里开始学习关于“行星理论”的课程，比较有天分的学生也可能会读毛罗利科的《关于宇宙志的三次对话》（1543）。这些课程不仅在意大利教授，还同样在科英布拉、英戈尔施塔特、维也纳、科隆、维尔茨堡（Würzburg）、巴黎、里昂和阿维尼翁（Avignon）教授。[60]

489

意大利人安东尼奥·波塞维诺（1533～1611）也提出了一套教授地理学的详细计划，他是耶稣会的《研究计划》（*Ratio studiorum*, 1599）一书的作者之一。他的2卷本的《精选文库》（*Bibliotheca selecta*, 1593），描绘出了耶稣会的教育计划，包括了题为《地理学的教法》（*Methodus ad geographiam tradendam*）的一篇论文，它于1597年分别以拉丁文和意大利文在维也纳和罗马被单独重新印刷。[61] 在论述海外的发现和近代地理学家的著作之前（尤其是德国和意大利的地理学家），波塞维诺首先论述了托勒密和古代的地理学家们。他强调地理学在联系物理学、道德哲学和神学中的用处——这个背景

---

[57] Taylor，《都铎王朝晚期和斯图亚特王朝早期的地理学（1583～1650）》，第1页及其后；Broc，《文艺复兴时期的地理学》，第38页及其后。

[58] Taylor，《都铎王朝晚期和斯图亚特王朝早期的地理学（1583～1650）》，第53页及其后；Broc，《文艺复兴时期的地理学》，第39页及其后。

[59] 关于16和17世纪的地球仪，参看Elly Dekker和Peter van der Krogt，《来自西方世界的地球仪》（*Globes from the Western World*, London: Zwemmer, 1993）。

[60] 同上书，第36页，第42页。

[61] 同上书，第47页～第54页。

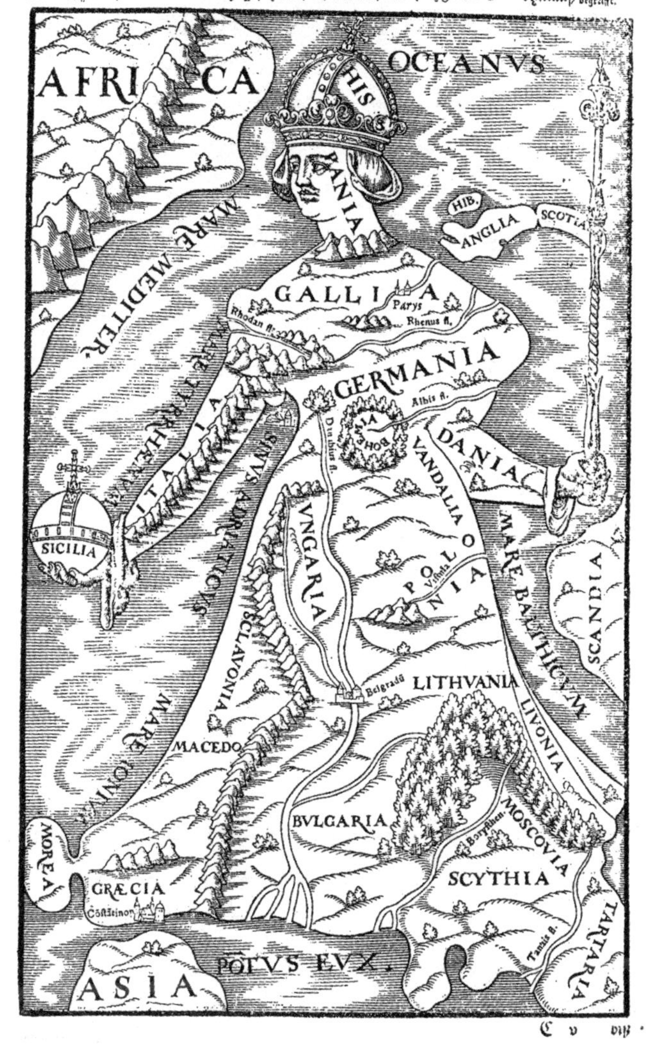

图 20.4　宇宙志中作为女王的欧洲，王冠是西班牙，统治着非洲与亚洲。In Sebastian Münster, *Cosmographey*（Basel：Henricpetri，1588；repr. Munich：Köbl，1977），p. 41. 这幅肖像画已知的首次出现是在 Johannes Putsch（Paris，1537）的木刻画中

对耶稣会来说十分重要。同时，波塞维诺看到地理学与历史著作联系得越来越紧密，因为他认为自己符合著名的法国法学家和学者让·博丹（1530～1596）所著《易于理解历史的方法》（*Methodus ad facilem historiarum cognitionem*，1566）的传统。[62]

[62]　[Jean Bodin]，《I. 博丹的〈易于理解历史的方法〉》（*I. Bodini methodus ad facilem historiarum cognitionem* [1566]，Amsterdam：Jo. Ravesteiny，1650；repr. Aalen：Scientia，1967）。

通过把新知识摆到有学问的人——不仅包括数学家也包括自然哲学家和神学家——面前,宇宙志成为一门主导性科学。同时,它获得了高贵性和威望,产生出一大批献给教皇、皇帝、国王、贵族和商人的著作。宇宙志的新地位和普遍野心的最显著的象征之一便是明斯特尔的《宇宙志》(1544)(参看图 20.4)。[63] 这本著作包括了创世简史、关于诸元素的论述、对数学性宇宙志的概括,以及最终是按大陆来安排的对所有国家的详尽陈述。明斯特尔尽可能地使用最新的描述并且制作最新的雕版。这本书的理念便是野心;通过面向广泛的读者,它成了一个非常成功的出版物,出版了拉丁语版和德语版(总共发行了 60,000 本),以及法语、捷克语、意大利语和英语等众多译本,并且激发了几个模仿者和后继者。

不过,为宇宙志在众多科学之中的主导地位进行系统的理论辩护的人,是墨卡托。墨卡托也许是他那个时代最有智慧、最有影响力的一位宇宙志家,他为查理五世和克莱沃公爵绘制地图和制造地球仪,并且写出了著名的《地图集,或关于世界结构的宇宙志思考》(*Atlas sive cosmographicae meditationes de fabrica mundi*,1595)。[64] 在他的《年代学》(*Chronologia*,1569)一书的序言中,墨卡托指出宇宙志可以正当地被称作所有自然哲学的起点和终点,因为它把天与地联系在一起了。宇宙志处理世界上最开始也是最为重要的部分,是所有其他事物的发展、实体和本性所依赖的东西。因为年代学组织了人类发展的历史经验的资料,墨卡托断定宇宙志和年代学一起构成了经验的自然科学和人类科学的包罗万象的基础。[65]

普通地理学:走向一门描述和测量的科学(1600～1700)

在 16 世纪的最后数十年里,海外发现的脚步开始放慢了,最终在 17 世纪中期停止下来。在这同一时期,学术的兴趣,之前一直集中在宇宙志的革命上,开始转向了天文学,它逐渐与地理学分离开来。"宇宙志"这个术语的使用逐渐变少了,或者等同于地理学,正如在来自阿奎莱亚(Aquileia)的主教安东尼奥·扎拉的《对天赋和科学的剖析》(*Anatomia ingeniorum et scientiarum*,1615)一书中所表现出来的那样。地理学从一个爆炸型扩展的研究领域变成了一个确立的领域。在同一时候,随着经典文本和人文主义解释方法的重要性降低,实践型描述的地位提高了。逐渐地,地理科学的主要目标变为获得关于地球表面更精确的测量数据,去描述它并且去讨论它的性质。

在地理学和天文学的不断分离中,伽利略的《论宇宙志的天球》(Trattato della sfera

---

[63] 参看注释 46。
[64] 参看注释 49。
[65] Gerardus Mercator,《年代学,确切时间从公元 1 年到公元 1568 年》(*Chronologia, hoc est Temporum demonstratio exactissima, ab initio mundi usque ad annum domini M. D. LXVIII* . . . ,1st ed. 1569;Cologne:A. Birckmannus,1579),fol. 2r;《致读者的序言》(Praefatio ad Lectorem)。

ovvero cosmografia，约1605～1606）跨立在这种分离上。[66] 伽利略的早期教科书由于是为帕多瓦大学的学生所写，它还是托勒密体系的，继续讲授那些“天球”。这本教科书虽然风格是新鲜的，并且所用的语言是意大利本地语，但是主题的次序和宇宙志的论证还是传统的。几乎没有什么论证是关于哥白尼的。这本教科书的功能很早就被限定在基本的大学教育上。只要谈到地理学，事实就是无可争论的。陆地和水的球体的存在已经成为常识，并且伽利略和其他主要的学者正逐渐地把问题集中到天上。[67]

17世纪，地理学实践分支在持续发展——制图学、航海学和测量。在尼德兰，制图学家彼得鲁斯·普兰修斯（1552～1622）已经使得葡萄牙人的制图学知识水平接近荷兰人了。随着荷兰东印度公司于1602年成立，荷兰的制图中心从安特卫普和卢万转移到了阿姆斯特丹，[68]而赫塞尔·赫里茨在1617年开始领导其新近成立的制图机构。在1620年，一个“制图站”在荷兰殖民地的首府巴达维亚建立起来了。在1633年，威廉·布劳（1571～1638）掌管阿姆斯特丹的制图局；他的继任者是大约安·布劳和小约安·布劳，他们掌管荷兰的制图事业直至1705年。

492

同时，航海的技术和知识在沿海地区继续发展。[69] 对于实用目的来说，虽然通过测量天极高度或计算太阳中天以确定纬度的方法已经足够了，但是经度的确定还是个问题。16世纪试图在船上使用计时器去计算经度以取代星盘——尤其是卢万的杰玛·弗里修斯（从1522年）和威廉·伯勒——已经失败了，因为在船上的摆钟完全不能规则地运行（参看第26章、第27章）。在17世纪，圣皮埃尔先生建议通过测量月亮的距离来确定经度——一个在中世纪晚期就已经被考虑过的办法。这要求月球相对于其他恒星和行星运动的精确观察资料，由此而导致1675年国王查理二世在格林尼治建立皇家天文台。人们相信精确的月球观察资料能够产生出精确的经度，这促进了月球运动的计算和天体角度测量两方面的改进。然而这种方法仍然太不精确了。直到18世纪初，这个在海上确定经度的问题才由于一种精密的天文钟在英格兰和法国的竞争中发展出来而得以解决。[70]

在这同一时期，凭借其综合性以及教科书，地理学的名称听起来像一门确立的科学。[71] 在阿姆斯特丹，伯恩哈德·瓦伦（1622～1650）出版了《普通地理学》（*Geographia generalis*，1650），它被艾萨克·牛顿（1643～1727）学习和广为传播。瓦

---

[66] Galileo Galilei，《论宇宙志的天球》（Trattato della sfera ovvero cosmografia），载于Giuseppe Saragat编，20卷本《伽利略·伽利莱全集》（*Le opere di Galileo Galilei*，Florence：G. Barbèra，1968），第2卷，第203页～第255页。

[67] Dainville，《人文主义地理学》，第19页及其后。

[68] Zandvliet，《为金钱绘图：地图、平面图和地形图及其在16和17世纪荷兰海外扩张中的作用》，第86页及其后。

[69] Eva G. R. Taylor，《寻找避风港的技艺：从奥德修斯到库克船长的航行史》（*The Haven-Finding Art：A History of Navigation from Odysseus to Captain Cook*，New York：Abelard-Schuman，1957）；Waters，《伊丽莎白一世时代和斯图亚特时代早期的英格兰的航海技艺》。

[70] Taylor，《寻找避风港的技艺：从奥德修斯到库克船长的航行史》，第245页及其后；《经度的解决》（The Longitude Solved）。

[71] Broc，《文艺复兴时期的地理学》，第93页及其后；Dainville，《人文主义地理学》，第276页及其后（关于瓦伦和弗朗索瓦），第445页及其后（关于里乔利）。

伦结合同时代自然哲学家诸如勒内·笛卡儿(1596～1650)的观点,将地理学的发展成果进行了杰出的综合。仅仅两年之后,法国耶稣会士让·弗朗索瓦出版了《地理科学》(*La science de la géographie*,1652)。在这本书中,他努力地让地理学合法地成为一门真正的科学,并且通过它的基本原则系统地将它展现出来。与之相对照的是意大利耶稣会士詹巴蒂斯塔·里乔利著的《改进的地理学和水文地理学》(*Geographia et hydrographia reformata*,1661),他强调的是实践的发展。在这本书中,里乔利比较了由世界各地的耶稣会士所做出的地理观测结果,它得到了天文学家和地理学家吉安·多梅尼科·卡西尼(卡西尼一世)(1625～1712)的高度评价,后者与他见过面。

493

虽然宇宙志学者们对人文主义地理学的阐释和对经典文本批判性补充的兴趣继续在17世纪下半叶减弱,[72]但他们逐渐把注意力集中到测量法的改进上。[73] 卡西尼是这个领域里最重要的实践者之一。[74] 他在博洛尼亚大学教授几何学之后(同时他也作为一个工程师而工作),在法国财政审计官让-巴蒂斯·柯培尔(1619～1683)的命令下重新返回巴黎,在那里他成为巴黎皇家科学院的一名成员,并且在1669年被任命为巴黎皇家天文台的管理者。除了做出显著的天文学发现,卡西尼继续着手由让·皮卡尔开始的大地测量,并且担任了皇家科学院最重要的工程的领导职务:巴黎的经线向南方延伸的绘制和地球直径的精确计算。之后他的儿子雅克·卡西尼(卡西尼二世)(1677～1756)开始辅助他,并且在1712年接管了他的工作和他在皇家科学院的成员资格,并且在他的《关于地球大小和形状的论文》(*Traité de la grandeur et de la figure de la Terre*,1723)中叙述了由他父亲开始的工程是如何完成的。

通过使用木星的卫星来计算精确的经度——一种在18世纪被证明是错误的方法,吉安·多梅尼科·卡西尼获得了他的部分数据(参看第24章)。[75] 由于发现摆在赤道比在两极摆动得更慢,正如让·里歇尔(1630～1696)1672年在卡宴岛上和埃德蒙·哈雷(约1656～1742)1675年在赫布拉(Hebre)岛上所注意到的,他的观测结果变复杂了。克里斯蒂安·惠更斯(1629～1695)和牛顿由此得出结论即地球在两极变平了——当1691年卡西尼对木星的观测结果显示了相同的扁平化,这一猜测才得到肯定。[76] 测量地球的尝试在1712年卡西尼去世后仍在继续。大多数宇宙志学者相信,精确的测量数据和从巴黎经线开始的全球协同的观测结果,将改正陆地地图和航

[72] Dainville,《人文主义地理学》,第398页及其后:《人文主义地理学的危机(1660～1700)》(La crise de l'humanisme en géographie,1660 - 1700)。

[73] Oscar Peschel 和 Sophus Ruge,在其《地理史》(*Geschichte der Erdkunde*,Munich:J. G. Cotta,1865)一书中将其解释概述如下:经院哲学时代(至1400年),大发现时代(1400～1650),测量法时代(从1650年始)。

[74] Josef W. Konvitz,《法国的制图学(1660～1848):科学、工程学和治国之道》(*Cartography in France,1660 - 1848:Science,Engineering,and Statecraft*,Chicago:University of Chicago Press,1987),第4页及其后。

[75] Taylor,《寻找避风港的技艺:从奥德修斯到库克船长的航行史》,第248页。

[76] Immanuel Kant,4卷本《伊曼纽尔·康德的自然地理》(*Immanuel Kant's Physische Geographie*,Mainz and Hamburg:G. Vollmer,1801),第1卷,第29页～第35页:《地球形状与球形的偏差》(Abweichung der Figur der Erde von der Kugelgestalt)(关于里歇尔、卡西尼、惠更斯和牛顿)。

海图中“危险的错误”，因为“使地理学和航海更完美”正与皇家科学院的箴言相一致。[77]

经验和进步：与地理学同时出现的观点

494

虽然有学问的欧洲人都清楚地认识到了16世纪有关大地的经验和理解以及地理学作为一门主导性科学出现的这场革命，但他们对这些发展的评价是多种多样的。有关新大陆的发现被知晓之后没多少年，学者们便开始去思考新旧知识之间的关系并讨论经典著作的错误。[78] 在约阿希姆·冯·瓦特(约1484～1551，被称为瓦迪亚恩)和约安内斯·卡梅斯(约1450～1546)之间的争论例证了这一新的发展。1515年，一位在维也纳大学的著名桂冠诗人和医学学者瓦迪亚恩出版了一本小册子，有力地论证了对跖地的存在，并且强调了古人和中世纪作者在这一领域的错误。[79] 3年之后，在蓬波纽斯·梅拉的《地理学》(*Geography*，1518)的扩充版本中，他给出了对这个最新的古代文本的第一个批判性的分析，并且抓住了重新提起的关于对跖地的问题。[80] 另一方面，比瓦迪亚恩年长的一个大学同事，来自意大利的神学家和人文主义者卡梅斯，与他的立场正相反。在卡梅斯的学术作品中，它同样也是另一本最新的古代经典——索利努斯的《地理学》(*Geography*，1520)——的扩充版本，他给出了这个地理学文本的一个哲学分析，而没有批判其内容，并且明显地避免提到近代的观念。[81] 随后这两位学者之间的方法论的争论，被注入了民族主义和改良主义的激情，并且从1522年起在两本出版物中得以阐述(虽然没有解决)，[82]可能代表了古今争论的开始，在其中，与古人进行的科学和批判的交往遇到了语言重建问题。这一争论如此广泛，一直延伸到17世纪，其根源在于一个宇宙志问题——如何评价最近的海外发现和是否批判长久以来

495

---

[77] Jacques Cassini，《论地球之巨大与外形，由皇家科学院的卡西尼先生著》(*Traité de la grandeur et de la figure de la Terre, par M. Cassini de l'Académie Royale des Sciences*, Amsterdam: Pierre de Coup, 1723)，第1页。

[78] Vogel，《亚美利加·韦斯普奇与维也纳的人文主义者：地理发现的接受以及约阿希姆·瓦迪亚恩和约安内斯·卡梅斯之间关于经典错误的争论》，第77页～第104页：《约阿希姆·瓦迪亚恩和约安内斯·卡梅斯之间关于经典错误的争论》(Der Streit zwischen Joachim Vadian und Johannes Camers über die Irrtümer der Klassiker)。

[79] 《致亲爱的读者：鲁道夫·阿格里科拉，桂冠诗人约阿希姆·瓦迪亚恩》(*Habes lector: hoc libello Rudolphi Agricolae Iunioris Rheti, ad Ioachimum Vadianum Helvetium Poetam Laureatam, Epistola, qua de locorum non nullorum obscuritate quaestio fit et percontatio* . . . , Vienna: Io. Singrenius, 1515)；Vogel，《亚美利加·韦斯普奇与维也纳的人文主义者：地理发现的接受以及约阿希姆·瓦迪亚恩和约安内斯·卡梅斯之间关于经典错误的争论》，第85页～第88页。

[80] Vogel，《亚美利加·韦斯普奇与维也纳的人文主义者：地理发现的接受以及约阿希姆·瓦迪亚恩和约安内斯·卡梅斯之间关于经典错误的争论》，第90页及其后。

[81] 同上书，第91页～第94页。

[82] Joachim Vadian，"Loca aliquot ex Pomponianis commentariis repetita, indicataque, in quibus censendis, et aestimandis Ioanni Camerti Theologo Minoritano, viro doctissimo, suis in Solinum enarrationibus, cum Ioachimo Vadiano non admodum convenit," in Pomponius Mela, *Pomponii Melae De orbis situ libri tres, acuratissime emendati, una cum Commentariis Ioachimi Vadiani Helvetii castigatoribus* . . . (Basel: A. Cratander, 1522)；[Joannes Camers], *Io. Camertis ordinis Minorum, sacrae Theologiae professoris Antilogia, idest, locorum quorundam apud Iulium Solinum a Ioachimo Vadiano Helvetio confutatorum, amica defensio* (Vienna: Io. Singrenius, 1522)；Vogel，《亚美利加·韦斯普奇与维也纳的人文主义者：地理发现的接受以及约阿希姆·瓦迪亚恩和约安内斯·卡梅斯之间关于经典错误的争论》，第95页～第102页。

的地理学传统——证明了宇宙志在现代早期的欧洲知识界中的重要地位。[83]

瓦迪亚恩和卡梅斯之间的争论表明,到了16世纪20年代末,新宇宙志已经越出了数学的范围而赢得了一个独立的科学地位。在随后200年,地球的新知识(既有理论的也有实践的)的令人吃惊的后果被一再阐述。法国人文主义者以及亚里士多德和柏拉图作品的翻译者路易·勒鲁瓦(约1510～1577),在《论宇宙中事物的变化无常或多样性》(*De la vicissitude ou variété des choses en l'univers*,1577)一书中强调了这点:

> 在我们的时代,卡斯提尔人已经航行到超过加那利群岛的地方,并且向西方航行,一直到我们的珀里亚人*那里,他们使其屈从于西班牙的统治,许多城市和大片的土地,满是黄金和其他被发现的货物。而葡萄牙,继续向南方越过了摩羯座的南回归线,到达了我们的安特人**那里,这表明了,与亚里士多德和古代诗篇的观点不同的是,整个中间地带都是有人居住的,也就是说,在两个回归线之间的地区都是有人居住的。在那之后,他们穿过印度继续旅行,并且到达了我们的对跖人那里,征服了他们……因此我们能够真正地相信今天的世界是完全一目了然的并且所有人类都已被知晓。所有人类现在都能够相互之间交换商品,以及相互之间提供对方所缺乏的,就像居住在一个城市或一个世界共和国的居民一样。[84]

40年后,弗兰西斯·培根(1561～1626)在《伟大的复兴》(*Instauratio magna*,1620)一书中,提出把宇宙志发现的过程作为自然哲学改革的榜样。通过强调理论和实践的互补作用,他论证说人类的精神必须准备一次"到外海的航行":

> 毫无疑问,古典作家在任何有关才智和抽象思考的东西上证明自己是完美的。但是由于在之前的年代,人们只通过观察恒星去航行,他们确实只能沿着旧大陆的海岸航行,或者穿过一些小海和地中海;但是在海洋能够被横越和新大陆被发现之前,指南针作为一个更可信和确定的向导的用途,一定会被发现;同样地,迄今为止,在技艺和科学中所产生的发现是可以由实践、沉思、观察、讨论生产出来的……但是在我们能到达自然中更远和更隐秘的部分之前,介绍一下关于人的头脑和智力更完美的用途和应用方法是必要的。[85]

496

---

[83] Hans Baron,《作为当前文艺复兴时期学术问题的古典作家与现代作家的争论》(The Querelle of the Ancients and the Moderns as a Problem for Present Renaissance Scholarship),《思想史杂志》(*Journal of the History of Ideas*),20(1959),第3页～第22页,在以下图书中略有补充,Baron,2卷本《寻找佛罗伦萨的城市人文主义:从中世纪到近代思想转变的随笔》(*In Search of Florentine Civic Humanism:Essays on the Transition from Medieval to Modern Thought*,Princeton,N. J.:Princeton University Press,1988),第72页～第100页,此书未涉及海外发现和地理学的出现。

* Perieces [Perioeciens],珀里亚人,指那些处于同一纬线但在相对经线上的人,所以这边是中午,另一边就是午夜。——责编注

** Anteces [Antisciens],安特人,指那些处于同一经线但在赤道南北等距纬线上的人。——责编注

[84] Louis Le Roy,《论宇宙中事物的变化无常或多样性》(*De la vicissitude ov variete des choses en l'vnivers ... Par Loys Le Roy,dict Regivs. Av Treschrestien Roy de France,et de Pologne Henry III. du nom*,Paris:Chez Pierre l'Huillier,1577),bk. 11,fol. 110 v。

[85] [Francis Bacon],《弗朗西斯·德·韦鲁拉米奥,英国最高法院大法官,伟大的复兴》(*Francisci de Verulamio,Summi Angliae Cancellarii,Instauratio magna*,London:Jo. Billius,1620);译文引自Francis Bacon,《伟大的复兴》(*The Great Instauration* [1620]),载于Jerry Weinberger编,《〈新大西岛〉与〈伟大的复兴〉》(*New Atlantis and The Great Instauration*,Wheeling,Ill.:Harlan Davidson,1989),第13页～第14页。

在夏尔·佩罗(1628～1703)的《关于古代人与现代人在技艺和科学上的相似之处》(*Parallele des Anciens et Modernes en ce qui regarde les arts et les sciences*,1688)一书中,他强调了现代人在“天文学、地理学、航海学、物理学、化学和力学”方面的优势。[86] 对他来说,与对于大多数16和17世纪自然哲学家一样,毫无疑问的是海外探险已经导致自然和人类世界知识的突破性进展。以稍后的观点来看,地理学在16世纪的出现仍然从整体上例证了现代早期科学的进步。正如荷兰历史学家赖耶尔·霍伊卡斯曾经正确地陈述过的,“组织了第一次伟大的发现之旅的航海家亨利,并不是一个科学家,并且他也没有科学目的。但是正是他的首创精神触发了一场运动,发展成为16世纪地理学中大量的剧变,为其他科学学科或早或晚的改革开通了道路”。[87] 海外发现对地理学重生和科学的改革的影响不仅是一个长期的过程,它还和发现本身同时发生作用。从一开始,现代早期欧洲学者对来自葡萄牙和西班牙的最新信息的反应就很迅速并且有了结果。第一个例子就是哥白尼。[88] 正如我们所看到的,他在1503年之后不久就形成的理论,与海外发现和“宇宙志革命”——现代地球的出现——有着紧密的联系。

(肖　磊　译)

---

〔86〕 Charles Perrault,4卷本《关于古代人与现代人在技艺和科学上的相似之处:对话》(*Paralelle des Anciens et des Modernes en ce qui regarde les arts et les sciences. Dialogues*,Paris:Jean Baptiste Coignard,1688 - 96,vol. 1,2nd ed. :fol. e4r)。

〔87〕 Reijer Hooykaas,《现代科学的兴起:何时? 为什么?》(The Rise of Modern Science:When and Why?),《英国科学史杂志》(*British Journal for the History of Science*),20(1987),第453页～第473页,引文在第473页。

〔88〕 参看注释25～27。

21

497

从炼金术到“化学”

威廉·R.纽曼

从中世纪全盛期到17世纪末，炼金术这门学科经历了一系列显著的变化，这既表现在它的内部结构上，又表现在它的外部传播上。总而言之，作为一门主要涉及矿物学、冶金学和化学技术之产物的学科，炼金术从一个十分边缘的位置，转移到了欧洲舞台的中心。它变成了关于物质的一个全面的理论基础，以及一种非正统的新医学的正当理由，并且吸引着那个时代最聪明的头脑。同样，炼金术在它中世纪的具体形式和现代早期的具体形式之间保持了一种惊人的连续性。直至启蒙运动开始，流行的新型的“化学教科书”的作者们还都歌颂三重伟大的赫耳墨斯——一位古代的神秘人物，被猜想为炼金术技艺的创始人(参看第22章)。[1] 直到17世纪最后的25年里，这些教科书的作者还没有对“炼金术”和“化学”进行严格的划分，并且(尽管有一种误解在历史学家中间流行)他们一般并不否认金属的嬗变。[2]

对炼金术和化学的现代区分(前者专指从贱金属到黄金的嬗变)，是一幅最先被法国启蒙运动的哲学家推广的漫画。在中世纪，炼金术通常被视为物理学的一门次要的、技艺的分支，一种“应用科学”，以自然哲学提供的普遍原理为基础。[3] 它被归类498到“气象学”的领域，也就是说，对月亮天球以下物质的研究。[4] 正如它的研究领域一样，中世纪的炼金术一般是以地下(因此也是月亮天球以下)物质为研究对象。作为这一传统的继承者，16和17世纪的炼金术已经超出了传统的转变金属的尝试，而从事于

---

[1] 三重伟大的赫耳墨斯，据推测是《赫耳墨斯文集》(*Corpus Hermeticum*)的作者，这部古代晚期的对话集写于希腊，据推测其中记载了古代埃及的智慧。参看 A.-J. Festugière，4卷本《三重伟大的赫耳墨斯的启示》(*La révélation d'Hermes Trismegiste*, Paris: Lecoffre, 1944 - 54)。尼古拉·莱默里，其《化学课程》(*Cours de chimie*)的扩充版直至18世纪还在重印，甚至认为赫耳墨斯是“化学”的创始人之一。参看 Lemery，《化学课程》(*Cours de chimie*, Paris: [Lemery], 1675)，第2页。

[2] 关于对现代早期“炼金术”与“化学”的同一性的持久辩护，参看 William R. Newman 和 Lawrence Principe，《炼金术对化学：一个编史学错误的词源学起源》(Alchemy versus Chemistry: The Etymological Origins of a Historiographic Mistake)，《早期科学与医学》(*Early Science and Medicine*)，3(1998)，第32页～第65页。

[3] Thomas Aquinas，《论波伊提乌的〈论三位一体〉》(*Super Boetium de trinitate*)，载于《圣托马斯·阿奎那作品集》(*Sancti Thomae de Aquino opera omnia*, Leonine edition, Rome: Commissio Leonina, 1992)，第140页～第141页。

[4] Petrus Bonus，《昂贵的玛加丽塔》(*Margarita pretiosa*)，载于 Lazarus Zetzner 编，《化学剧场》(*Theatrum chemicum*, vol. 5, Strasbourg: Eberhard Zetzner, 1660)，第511页～第713页，尤其是第508页，第513页和第528页。关于对特称(subalternatio)理论的简明描述，参看 Steven J. Livesey，《14世纪的神学与科学》(*Theology and Science in the Fourteenth Century*, Leiden: E. J. Brill, 1989)，第20页～第53页。也可参看 Dominicus Gundissalinus，《论哲学的划分》(*De divisione philosophiae*, Münster: Aschendorff, 1903)，Ludwig Baur 编，第20页～第24页。

范围更加广阔的研究和应用。这些活动包括冶金学的试金法，盐的精制，染料和涂料制作，玻璃和陶瓷的配方的改进，人工宝石的制造，燃烧武器的研究，化学冷光的研究，酿造技术的改进，诸多医学研究（比如对现存药物的分析和提纯），以及发现和制造全新药物。虽然上述研究中许多都已经在中世纪炼金术那里就有了，但当它们被广泛地视为对一个统一的炼金术理论的应用时（伴随着宇宙志和宗教的强大暗示作用），它们就在16世纪获得了崭新的地位。

同时，炼金术改变了它的机构所在地。虽然学术型的作者经常在炼金术和医学之间看到相似性，但是在中世纪大学里却并没有“炼金术系”，这门课也不是中世纪课程体系中的正式部分。文献和考古学的证据表明，中世纪炼金术最主要的栖身场所是修道院，虽然很显然炼金术士也在宫廷和医学圈里进行炼金活动。[5] 后两个场所在16世纪获得了一个大得多的重要性，并且到了17世纪，“化学（chymistry）”——使用了现代早期英语的表音法——已经正式进入了大学。在有学问的和未受教育的（没学问的）圈子里炼金术的逐渐流行，可以与四个主要的运动相关联：第一，这一话题由于文艺复兴的新柏拉图主义的兴起而被重新提出，它关注神秘哲学和巫术；第二，它形成了在16世纪开始的一个全面而有争议的医学改革的核心部分；第三，它的技术的和工业的潜能开始被广泛地认识，那时候人工制品恰好正在广泛的领域里获得了声誉；第四，它在欧洲现代早期大规模的教派剧变的高潮中，为非正统的宗教思考提供了一个自然的场所。相比较于中世纪炼金术而言，这个现代早期科目的学科范围和实践范围不断增加，在承认这点的基础上，接下来我将使用范围广泛的“化学”这个17世纪的术语，来指称整个化学和炼金术的技术和理论，因为它存在于现代早期的欧洲，尤其是在帕拉塞尔苏斯主义的冲击之后。

499

16世纪早期

从16世纪早期的情况来看，并没有迹象表明炼金术将很快成为有学问的人的固定观念。正如林恩·桑代克在很多年前指出的那样，炼金术的古版图书非常少，并且在16世纪上半叶相对来说几乎没有与这一主题相关的印刷书籍。[6] 如果我们考虑到大多数早期的人文主义作者都特别鄙视炼金术研究，就容易理解这种情况了。托斯卡

[5] 许多13和14世纪禁止修道士从事炼金术的禁令很好地证明了宗教团体对此的兴趣；参看 Robert Halleux，《炼金术文本》（*Les textes alchimiques*, Turnhout: Brepols, 1979），第127页。关于考古学的证据，参看 Stephen Moorhouse，《中世纪的玻璃和陶瓷蒸馏器》（Medieval Distilling-Apparatus of Glass and Pottery），《中世纪考古学》（*Medieval Archaeology*），16(1972)，第79页～第121页；Isabelle Rouaze，《中世纪的蒸馏作坊》（Un atelier de distillation du moyen âge），《历史与科学作品委员会考古学公报》（*Bulletin archéologique du Comité des Travaux Historiques et Scientifiques*），n. s. 22 (1989)，第159页～第271页。

[6] Lynn Thorndike，《魔法与实验科学史》（*A History of Magic and Experimental Science*, vol. 5, New York: Columbia University Press, 1941），第532页～第549页。也可参看 Rudolf Hirsch，《印刷术的发明与炼金术知识和化学知识的传播》（The Invention of Printing and the Diffusion of Alchemical and Chemical Knowledge），《化学》（*Chymia*），3(1950)，第115页～第141页。

纳诗人弗兰切斯科·彼特拉卡在14世纪晚期就已经嘲笑转变金属的尝试,并且他那讽刺的语调在德西代留·伊拉斯谟的《愚人颂》(*Encomium Moriae*,1511)中进一步得到了放大。15世纪的意大利人文主义者马费奥·韦吉奥、潘多尔福·科莱努乔、蒂托·韦斯帕夏诺·斯特罗齐和埃尔莫劳·巴尔巴罗都强调了炼金术的无用和低级,并且著名的博学者莱昂·巴蒂斯塔·阿尔贝蒂还补充说金属的转变"对人类来说是被禁止的"。[7] 这些作者之所以贬低炼金术,是因为他们从经验上观察到转变贱金属的尝试总是失败,还兼有一种在道德上对制造黄金所蕴藏的贪婪心态的厌恶。在一份中世纪反炼金术的声明中,为了把炼金术定罪为欺骗,许多人文主义作者寻求各种支持,他们错误地找来了亚里士多德,这份声明中就包含了"金属的种类不可转变"这一论断。[8]

尽管受到许多人文主义者的批评,炼金术仍在罗棱佐·美第奇的宫廷哲学家马尔西利奥·菲奇诺(1433～1499)的新柏拉图主义的巫术中找到了一个比较友好的氛围,他以把柏拉图和三重伟大的赫耳墨斯的希腊语著作翻译成拉丁语而著称于世。菲奇诺开启了有着极大影响的炼金术的重新定位,并被他的追随者延续下去,其中最重要的就是16世纪的"大巫师"亨里克斯·科尔内留斯·阿格里帕·冯·内特斯海姆(1486～1535)(参看第22章)。炼金术的标准观点中的几个主要变化都能够直接地追溯到菲奇诺和阿格里帕。首先,在他的《论使你的生命与天一致》(*De vita coelitus comparanda*),即他的《论生命》(*De vita*,1489)的第三卷,菲奇诺很明显地把宇宙的生命精气与炼金术的第五元素联系在一起,这是一种能通过蒸馏或其他技术手段提取出来的自然物质。菲奇诺使用了"万应灵药"(来自阿拉伯语 al-iksīr)这一术语来指称第五元素:这个词是被阿拉伯炼金术士当作"哲人之石"的一个同义词来使用的,"哲人之石"是一种能够把贱金属转变为贵金属的神奇物质。[9] 菲奇诺挪用这些炼金术术语来指称"世界的精气",将最终导致一个炼金术的新作用,即通过它,宇宙的生命本原可以被分离出来。正如菲奇诺自己所写的那样:

500

> 在世界上有形的并且在一定程度上是短暂的形体和它的灵魂之间(其本质远远与形体不同),存在无所不在的精气,就像我们的灵魂和肉体之间所存在的精气一样,假定生命无论在哪里总是由一个灵魂传送到一个更缺乏知觉的肉体……当这个精气被正确地分离开,并且一旦被分离开,它就被保存起来,它有一种类似种子的能力,可以产生与它相似的东西,只要它被用到同类的物质上去。勤奋的自

[7] Sylvain Matton,《人文主义对炼金术传统的影响》(L'influence de l'humanisme sur la tradition alchimique),《小逻辑》(*Micrologus*),3(1995),第279页～第345页。

[8] Matton,《人文主义对炼金术传统的影响》,第280页～第281页,第285页,第292页～第293页,第297页。尽管马东没有提及,但这些从塞巴斯蒂安·勃兰特(Sebastian Brandt)、伊拉斯谟和阿尔贝蒂那里引用的段落反映了伪亚里士多德用语的影响(实际上是由波斯哲学家伊本·西那所作,即阿维森纳),这通常由它的起始词语(sciant artifices)识别出来。关于炼金术士(sciant)的影响,参看 William R. Newman,《普罗米修斯的雄心:炼金术与对完美自然的追求》(*Promethean Ambitions:Alchemy and the Quest to Perfect Nature*,Chicago:University of Chicago Press,2004),第34页～第114页。

[9] Paul Kraus,2卷本《贾比尔·伊本·哈扬:其对伊斯兰科学思想史的贡献》(*Jābir ibn Hayyān:Contribution à l'histoire des idées scientifiques dans l'Islam*,Cairo:Institut Français d'Archéologie Orientale,1942),第2卷,第4页。

然哲学家，当他们通过在火上的升华作用分离出这种黄金的精气，就能够运用它们使得任何一种金属变成黄金。这种精气正是从黄金或其他东西中提取出来的并且加以保存，阿拉伯占星家称之为万应灵药。但是我们叫它世界的精气。世界通过它产生一切事物（因为所有事物的确是通过它们自己的精气产生出来的）；并且我们既可以把它叫作"天"，也可以称之为"第五元素"。[10]

菲奇诺在《论生命》中关于炼金术的信念，具有远远超出与其长度相应的影响力。[11]占有显著地位的新柏拉图主义者在炼金术的第五元素与世界精气之间构建的联系，赋予炼金术一种宇宙论的特性，在中世纪时在很大程度上它缺乏这种特性，那时它主要被视为一种关注金属、矿物和各种化学技术的事业，正如染色和药剂学。[12]

菲奇诺声称炼金术能够分离出世界的生命本原，这被后来的炼金术士热情地追捧。乔瓦尼·奥古雷利（1456～约1524）是最早的这批人之一，他认识波利齐亚诺，和菲奇诺是朋友，其《制造黄金的三本书》（*Chrysopoeiae libri tres*）首次出版于1515年。[13]奥古雷利的著作献给教皇利奥十世，以长诗形式写成，其中诸如金羊毛、赫拉克勒斯的任务，以及维纳斯的风流韵事这些神话都给出了炼金术的解释。[14] 奥古雷利明显采用了菲奇诺的理论，即世界的精气与炼金术的第五元素是完全相同的，因此他把这一观念汇入了炼金术作品的主流之中。

501

菲奇诺就这样把炼金术的第五元素与世界的精气联系在一起，这种做法也被他的追随者阿格里帕·冯·内特斯海姆采用和扩展，这体现在他著名的《论神秘哲学》（*De occulta philosophia*，1531～1533）一书中。[15] 但是阿格里帕在对炼金术的理解中添加了另一个重要特征，他以一种具有炼金术色彩的方式处理四元素，就像菲奇诺把第五元素与世界的精气联系在一起，用以加强这个学科的宇宙意义。在他的老师，也就是施蓬海姆修道院的院长约翰内斯·特里特米乌斯（1462～1516）的基础上，阿格里帕

〔10〕 Marsilio Ficino，《论生命的三本书》（*Three Books on Life*，Binghamton，N. Y.：Medieval and Renaissance Texts and Studies，1989），Carol V. Kaske 和 John R. Clark 编译，第255页～第257页。卡斯克和克拉克确定菲奇诺的"elixir"一词的原始材料就在《智者之目标》（*Picatrix*）中，这是一本阿拉伯巫术的著名作品，以拉丁语译本的形式流传于菲奇诺的时代。

〔11〕 Sylvain Matton，《马尔西利奥·菲奇诺与炼金术：其地位及影响》（Marsile Ficin et l'alchimie：sa position，son influence），载于 Jean-Claude Margolin 和 Sylvain Matton，《文艺复兴时期的炼金术与哲学》（*Alchimie et philosophie à la Renaissance*，Paris：J. Vrin，1993），第123页～第192页。

〔12〕 一个重要的例外是罗吉尔·培根，他认为炼金术士已经发现了一种分离世界的元物质的方法。参看 William R. Newman，《哲学家的蛋：罗吉尔·培根的炼金术的理论与实践》（The Philosophers' Egg：Theory and Practice in the Alchemy of Roger Bacon），《小逻辑》，3（1995），第75页～第101页。

〔13〕 Giovanni Augurelli，《乔瓦尼·奥古雷利的〈制造黄金的三本书〉之三》（*Ioannis Aurelii Augurelli P. Ariminensis chrysopoeiae libri III*，Basel：Johann Froben，1518）。

〔14〕 对古代神话的炼金术解释已经出现在中世纪的希腊文献中，例如11世纪的《历史百科全书》（*Suda*），在中世纪的拉丁作品中却很少见。参看 Robert Halleux，《从帕拉塞尔苏斯到博里奇的化学起源争议》（La controverse sur les origines de la chimie，de Paracelse à Borrichius），载于2卷本《图尔新拉丁语国际大会，第三届新拉丁语研究国际大会报告》（*Acta Conventus Neo-latini Turonensis*，*Troisième Congrès International d'Études Neo-latines*，Paris：J. Vrin，1980），Jean Margolin 编，第2卷，第807页～第819页。也可参看 Sylvain Matton，《神话的炼金术解释》（L'interprétation alchimique de la mythologie），《18世纪》（*Dix-huitième siècle*），27（1995），第73页～第87页。

〔15〕 Cornelius Agrippa，《论神秘哲学的三本书》（*De occulta philosophia libri tres*，Leiden：E. J. Brill，1992），V. Perrone Compagni 编，第113页～第114页。

论证说四元素中的每一个实际上都是“三重的”，在它的内部包含了比它更纯净和更简单的同性物。阿格里帕清楚地陈述了若没有这些更简单元素的直接知识，人们就不能在自然魔法中获得成功。[16] 在之后的章节里，阿格里帕甚至提出，通过火烧和水浇在内的方法，土元素（他赋予它显著地位，作为所有月下事物的“中心、根本和母亲”）能从普通土壤中提取和提纯。[17] 炼金术的宇宙意义在阿格里帕的第二本书《论神秘哲学》中进一步得到强调，他在其中提供了第一物或单子的对应物的一个名单。在元素的世界，阿格里帕论证说第一物由“哲人之石——所有自然的和超自然的力量的唯一的主体和工具”来表现的。[18] 在中世纪的冶金学炼金术中，哲人之石是转变金属的必需品。现在它变成了能使诸多自然魔法产生效用的工具。这种观点进一步受到随后文本的支持：

502

> 有一个东西是由上帝创造的，大地上的和天国里所有美好事物的主体：这东西其实就是动物、植物和矿物本身，它无处不在却鲜为人知，没人以它真正的名字来提到它，但却遮掩在无数的形体和谜语之中，没有它，炼金术和自然魔法都不能实现其最终目标。[19]

阿格里帕对“唯一之物”的描述完全是传统上用于哲人之石的语言，它加强了菲奇诺已经赋予炼金术的新地位。它同样使得以一种新方式解读炼金术传统的神圣文本之一——“三重伟大的赫耳墨斯”的《翠玉录》（*Tabula smaragdina* 或 *Emerald Tablet*）成为可能，虽然这个文本是阿格里帕从特里特米乌斯那里继承下来的。

《翠玉录》首次在《创世秘密之书》（*Kitāb sirr al-khalīqa*）中被发现，被认为是“巴利纳斯”（伪迪亚纳的阿波罗尼奥斯，约 8 世纪）创作的。[20] 赫耳墨斯在书中宣称“在上者与在下者是相同的”，这句含义模糊的言辞之后是更为晦涩的素材，其内容是“唯一之物”通过火和从天国降到大地的方式向土的转化。中世纪作者经常在这些字里行间发现一种已编码的炼金术配方，但是在 16 世纪《翠玉录》成为正在讨论中的炼金术和新柏拉图主义宇宙志的统一基础。阿格里帕追随的特里特米乌斯按字面意义把它作为关于世界精气的宇宙志陈述。

[16] Agrippa，《论神秘哲学的三本书》，第 91 页。关于这段的分析，参看 William R. Newman，《地狱之火：科学革命中的美洲炼金术士乔治・斯塔基的生平》（*Gehennical Fire: The Lives of George Starkey, an American Alchemist in the Scientific Revolution*, Cambridge, Mass.: Harvard University Press, 1994），第 213 页～第 221 页。

[17] Agrippa，《论神秘哲学的三本书》，第 93 页；Newman，《地狱之火：科学革命中的美洲炼金术士乔治・斯塔基的生平》，第 214 页。

[18] Agrippa，《论神秘哲学的三本书》，第 257 页。

[19] 同上书，第 256 页：“una res est a Deo creata, subjectum omnis mirabilitatis, quae in terris et in coelis est: ipsa est actu animalis, vegetalis et mineralis, ubique reperta, a paucissimis cognita, a nullis suo proprio nomine expressa, sed innumeris figuris et aenigmatibus velata, sine qua neque alchymia neque naturalis magia suum completum possunt attingere finem.”

[20] Julius Ruska，《翠玉录》（*Tabula smaragdina*, Heidelberg: Winter, 1926），第 6 页～第 38 页。

帕拉塞尔苏斯

炼金术作为一门与自然魔法和其他神秘的研究有着深层联系的基础科学的新形象,被攻击传统观念的瑞士医学作者帕拉塞尔苏斯(1493～1541)热情地采用了,他众多的著作在这个领域产生了深远的影响。帕拉塞尔苏斯以将炼金术重新定位而著称于世,即将原先的金属嬗变改为炼金术技术在制药上的应用。虽然诸如蒸馏这种"炼金术的"技术至少在12世纪就已经被内科医生采用过,帕拉塞尔苏斯进一步把身体当作一个"炼金术系统"。[21] 他不仅将身体的器官比作炼金术仪器,比如如此之多的蒸馏器、过滤器、桶和类似的东西,并且还基于历史悠久的大宇宙(整个宇宙)和小宇宙(人的身体)之间的对应,论证说外部世界的矿物可在身体里以一种不同的形式被找到。帕拉塞尔苏斯普遍提倡一种顺势疗法("同类治同类"),因此他强调从矿物来制药的重要性,他在这一努力中所获得的成功是如此地吸引人,以至于他的追随者为他的医学实践的形式杜撰出一个新术语——chymiatria(医疗炼金术)。尽管如此,帕拉塞尔苏斯和他的继承者并没有忘记传统炼金术的目标。"Chrysopoeia"和"argyropoeia",制造金子和银子,在16和17世纪依旧是"化学"的实质性组成部分。[22]

503 504

尽管其医疗炼金术的新奇性备受赞美,但其实这是帕拉塞尔苏斯从他的中世纪晚期的前辈那里借鉴的。《论对所有事物的第五元素的思考》(*De consideratione quintae essentiae omnium rerum*)是方济各会修道士鲁佩西萨(Rupescissa)的约翰(罗克泰拉德[Roquetaillade]的让,约1300～约1365)所著的,帕拉塞尔苏斯知道它。这本著作,也许是在1351年或1352年写成的,给出了蒸馏和提纯普通酒精的详尽配方,约翰将它等同于亚里士多德宇宙论中的"第五元素"。[23] 另外,约翰解释了为何第五元素能够从多种物质中提取出来,包括矿物,并且能够作为药物被吸收。这个特别流行的文本被改写并结合进伪拉蒙·勒尔的《自然奥秘之书》(*Liber de secretis naturae*)一书中,并得到了进一步的传播。对鲁佩西萨的约翰的和伪拉蒙·勒尔的传统都十分了解的帕拉塞尔苏斯,把这些材料都融进了他早期的《巫术符印》(*Archidoxis*)中,这是对他改写的炼金术的第一个系统的论述。即使帕拉塞尔苏斯对中世纪炼金术的评价一般是否定性的,但很显然,他自己的观点是从那种传统中进化出来的,虽然在一些例子中(蒸馏和烈水)融汇了同时代的著作。[24]

帕拉塞尔苏斯的物质理论是他与中世纪炼金术更进一步的接触点。他最直接的

---

[21] Robert Halleux,《炼金术文本》,第130页～第132页。

[22] Newman和Principe,《炼金术对化学:一个编史学错误的词源学起源》,第32页～第65页。

[23] Robert Halleux,《罗克泰拉德的让的炼金术》(Les ouvrages alchimiques de Jean de Rupescissa, Jean de Roquetaillade),载于《法国文学史》(*Histoire littéraire de la France*), vol. 41 (Paris, 1981),第241页～第284页。

[24] Udo Benzenhoefer,《鲁佩西萨的约翰的德语版〈论对所有事物的第五元素的思考〉一书》(*Johannes'de Rupescissa Liber de consideratione quintae essentiae omnium rerum deutsch*, Wiesbaden: Franz Steiner Verlag, 1989),第57页～第82页。

图21.1 赫耳墨斯《翠玉录》中的宇宙学。In Musaeum hermeticum reformatum et amplificatum (Frankfurt;H.à Sande,1678)

灵感来自中世纪的理论,即认为金属来源于土地中的硫和汞,这一点最远可以追溯到亚里士多德的《气象学》(*Meteorology*,378a–b)。但是帕拉塞尔苏斯在已有的两个本原上加进了第三个本原,即盐,并且论证说所有事物,不只是金属和矿物,都是由这三种成分组成的。促使帕拉塞尔苏斯产生如此想法的部分原因是神学上的考虑,因为他论证说,上帝创造世界所说的"要有光"必然是三部分的,以圣父、圣子和圣灵的形式来表达,并且宇宙自身因此也应该是三部分的。[25] 帕拉塞尔苏斯并不把他的三个本原视为可从各种混合物中提取出来、独特的、可分离的纯粹的物质,就像近代的化学家可能会说,相同的硫可以从分解铁的硫化物或硫酸铜中得到。取而代之的是,他论证说有很多硫、汞和盐,它们之间互不相同。然而物质世界正是以每一种物质都由这三种本原组成的方式显示出其创造者的印记。[26]

505

这种把"盐"作为帕拉塞尔苏斯派的第三个本原的选择确实反映了在现代早期技术中各种盐的角色的重要性在不断增加。因为帕拉塞尔苏斯很敏锐地意识到在一个对枪炮越来越依赖的时代,硝石,或者说硝酸钾,是黑色火药的一个关键成分(参看第14章)。[27] 普通的盐和硝石在保存死者肉身上有显著的效果,显示出意义深远的药用性质,并且硝石促进生长的力量也被用作肥料的事实证实。[28] 帕拉塞尔苏斯可能也曾希望把无机酸的技术融入他的三种本原的理论中去。无机酸在14世纪早期就已经以相当纯净的形式被发现,并且与"精气"或各种被视为"盐"的物质的多变的产物联系在一起,尤其是硫酸盐(硫酸铁或硫酸铜)、硝石和普通盐。在帕拉塞尔苏斯的头脑中,他的三种本原与传统四元素的关系并不清晰。在他的气象学著作中,他提到了四元素是"母亲",并且论证了它们发散出的物质组成了世界。另一方面,在他的药理学的《巫术符印》一书中,他谈到由蒸馏制得的元素的馏分时三种本原没有提到。除非帕拉塞尔苏斯著作全集按年代顺序的发展被更好地分类整理出来,否则这种不一致的理由还将是个未解之谜。[29]

与中世纪炼金术相关联的最后一点是帕拉塞尔苏斯的观念,即炼金术基本的过程是"Scheidung(分开)"或分离。帕拉塞尔苏斯想象的活动,从消化系统把营养和排泄

---

[25] Paracelsus,《论气象学》(*Liber meteororum*),载于 Karl Sudhoff 编,14 卷本《全集》(*Sämtliche Werke*, ser. 1, Munich: Barth, Oldenbourg, 1922 – 33),第13卷,第135页。参看 Andrew Weeks,《帕拉塞尔苏斯》(*Paracelsus*, Albany: State University of New York Press, 1997),第101页~第128页;Walter Pagel,《帕拉塞尔苏斯:文艺复兴时期哲学医学导论》(*Paracelsus: An Introduction to Philosophical Medicine in the Era of the Renaissance*, Basel: Karger, 1958),第100页~第105页。

[26] Paracelsus,《矿物之书》(*Das Buch de mineralibus*),载于《全集》,第3卷,第41页~第43页;Reijer Hooykaas,《元素的概念:其历史的和哲学的发展》(*The Concept of Element: Its Historical-Philosophical Development*, privately printed without date or place),H. H. Kubbinga 译,第79页~第80页。

[27] Bert Hall,《欧洲文艺复兴时期的武器与战争:火药、技术和战术》(*Weapons and Warfare in Renaissance Europe*, Baltimore: Johns Hopkins University Press, 1997)。

[28] Henry Guerlac,《约翰·梅奥与空气硝石》(John Mayow and the Aerial Nitre),《第七届国际科学史大会论文集》(*Actes du VIIe Congrès International d'Histoire des Sciences*, Paris: Académie Internationale d'Histoire des Sciences, 1953),第332页~第349页;Guerlac,《诗人的硝石》(The Poet's Nitre),《爱西斯》(*Isis*),45(1954),第243页~第255页。也可参看 Allen G. Debus,《帕拉塞尔苏斯的空气硝石》(The Paracelsian Aerial Nitre),《爱西斯》,55(1964),第43页~第61页。

[29] Weeks,《帕拉塞尔苏斯》,第36页~第47页。

506 物分离，到上帝自身的创造活动，其依据的就是蒸馏和在提纯金属过程中排除炉渣。《创世记》第1章（Gen. 1），指的是某种类似炼金术容器中的微小蒸馏过程，这个思想已经由伪拉蒙·勒尔在广为流传的《证据》（*Testmentum*，也许早在1332年就创作出来）中表达出来了。[30] 就像帕拉塞尔苏斯一样，伪拉蒙·勒尔强调物质"更纯粹的部分"是所有那些将在由《圣经》传统所预言的世界末日的大火灾中幸存之物。[31] 帕拉塞尔苏斯喜欢用一种具有生活气息的比喻来表达这点——在大火灾中的"分开"完成之后，这个世界将变得清澈而纯净，就像鸡蛋中的蛋清。[32]

对帕拉塞尔苏斯的回应以及帕拉塞尔苏斯的影响

帕拉塞尔苏斯并没有立即就获得赏识。他的书在他有生之年出版得很少，并且他的大多数威望都是基于传闻。尽管如此，在16世纪60和70年代，帕拉塞尔苏斯的德意志追随者，诸如亚当·冯·博登施泰因、米夏埃尔·托克希特斯和格哈德·多恩，开始出版他的著作。[33] 随着帕拉塞尔苏斯不朽的著作文集被约翰·胡泽编辑好，并以《作品集》（*Bücher und Schrifften*）为题目，这种出版的工作在16世纪90年代达到了一个顶峰。在这项冒险事业中，帕拉塞尔苏斯的追随者受到许多德意志君主的资助，其中最成功的是恩斯特·冯·拜恩（1554～1612），科隆的大主教和胡泽的赞助人。[34] 恩斯特这种对帕拉塞尔苏斯主义和炼金术的兴趣在欧洲宫廷中广泛存在，尤其是德语地区。巴拉丁选帝侯奥特海因里希（1502～1559）也对帕拉塞尔苏斯有浓厚的兴趣，并且此后的人物诸如皇帝鲁道夫二世、沃尔夫冈二世冯·霍恩洛厄，以及黑森的莫里茨都是帕拉塞尔苏斯炼金术的重要资助者。[35]

尽管他在宫廷圈有影响，帕拉塞尔苏斯对传统观念的激烈攻击，反映在比如1527年巴塞尔大学发生的公开烧毁医学教科书的行为上，仍激起了学术反对者对他形象的

---

[30] Michela Pereira 和 Barbara Spaggiari，《被认为是拉蒙·勒尔创作的炼金术作品〈证据〉》（*Il "Testamentum" alchemico attribuito a Raimondo Lullo*，Tavarnuzze：SISMEL，1999），尤其是第12页～第24页，第248页～第256页。关于伪拉蒙·勒尔的文集，参看 Michela Pereira，《被认为是拉蒙·勒尔创作的炼金术文集》（*The Alchemical Corpus Attributed to Ramon Lull*，London：Warburg Institute，1989）。

[31] Pereira 和 Spaggiari，《被认为是拉蒙·勒尔创作的炼金术作品〈证据〉》，第14页～第15页，第170页。

[32] Paracelsus，《伟大的天文学》（*Astronomia magna*），载于《全集》，第12卷，第322页。

[33] Karl Sudhoff，《帕拉塞尔苏斯的书目》（*Bibliographia Paracelsica*，Berlin：Georg Reimer，1898；repr. Graz：Akademische Druck，1958），第60页～第365页。

[34] Joachim Telle，《约翰·胡泽的信件》（Johann Huser in seinen Briefen），载于《帕拉塞尔苏斯的著作附件》（*Parerga Paracelsica*，Stuttgart：Franz Steiner Verlag，1991），第159页～第248页。

[35] Joachim Telle，《选帝侯奥特海因里希、汉斯·基利安与帕拉塞尔苏斯：关于16世纪巴拉丁的帕拉塞尔苏斯主义》（Kurfürst Ottheinrich，Hans Kilian und Paracelsus：Zum pfälzischen Paracelsismus im 16. Jahrhundert），载于《从帕拉塞尔苏斯到歌德和威廉·冯·洪堡》（*Von Paracelsus zu Goethe und Wilhelm von Humboldt*，Salzburger Beiträge zur Paracelsus Forschung，22，Vienna：Verband der Wissenschaftlichen Gesellschaften Oesterreichs，1981），第130页～第146页；R. J. W. Evans，《鲁道夫二世及其世界：知识史研究（1576～1612）》（*Rudolf II and His World：A Study in Intellectual History，1576 - 1612*，Oxford：Clarendon Press，1973）；Jost Weyer，《伯爵沃尔夫冈二世冯·霍恩洛厄与炼金术》（*Graf Wolfgang II von Hohenlohe und die Alchemie*，Sigmaringen：J. Thorbecke，1992）；Bruce Moran，《德国宫廷的炼金术世界：黑森的莫里茨圈子中的神秘哲学与化学医学（1572～1632）》（*The Alchemical World of the German Court：Occult Philosophy and Chemical Medicine in the Circle of Moritz of Hessen，1572 - 1632*，Stuttgart：Franz Steiner Verlag，1991）。

妖魔化。最早的反对者是托马斯·伊拉斯图斯(1524～1583),他是海德堡大学的一位医学教授,作为伊拉斯图斯主义(一种主张教会必须服从于国家的理论)的创始人,他广为近代历史学家所知。[36] 伊拉斯图斯的《关于菲利普·帕拉塞尔苏斯的新医学的争论》(*Disputationes de nova Philippi Paracelsi medicina*,1571～1573)是对帕拉塞尔苏斯持久的攻击,集中于他的著作中想象的那些亵渎神圣的、与魔鬼有关的和不诚实的成分。[37] 伊拉斯图斯并不局限在针对帕拉塞尔苏斯个人的批评上,还很明显地表达了他对传统植物学医学的偏好。然而帕拉塞尔苏斯的批评者并非总是这样:瑞士医生和自然哲学家康拉德·格斯纳(1516～1565)鄙视其同胞的自夸和晦涩,但是把许多相同的炼金术技术整合进他自己的《卫矛珍品》(*Thesaurus Euonymi*,1552)一书中。[38] 罗滕堡(Rothenburg)的中学校长安德烈亚斯·利巴菲乌斯(1540～1616)也同样反对帕拉塞尔苏斯的巫术和非正统的宗教观念,但是却以一名医疗炼金术的拥护者而闻名,并且他著名的《炼金术》(*Alchemia*,1597)因其对医疗炼金术的教科书式的论述而受到赞扬。最终,丹尼尔·森纳特(1572～1637),维滕贝格大学颇有影响力的医学教授,写了一本综合性著作《论炼金术士与亚里士多德主义者和盖仑主义者之间的一致与不同》(*De chymicorum cum Aristotelicis et Galenicis consensu ac dissensu*, 1619),此书像伊拉斯图斯的著作一样明确地贬低了帕拉塞尔苏斯,但却详细地为化学作辩护。[39] 一条共同的线索将这些作者串在一起,尤其是利巴菲乌斯和森纳特,那就是他们关于中世纪炼金术的知识,包括其药学方面的。因此有一种主张是可能的,正如利巴菲乌斯重复做的那样,即医疗炼金术中有价值的部分已经呈现在诸如伪拉蒙·勒尔这样的中世纪作者的作品中,帕拉塞尔苏斯主义是这一传统的低级改造版。[40] 事实上,这一指责在今天仍然没有答案,因为帕拉塞尔苏斯的作品的源头至今仍是个有争议的问题。[41]

507

其他帕拉塞尔苏斯主义的反对者较少涉及帕拉塞尔苏斯的令人不快的性格,他们更多的是从总体上批评化学。在17世纪初的法国,在化学的拥护者和巴黎医学院之

508

---

[36] Charles D. Gunnoe, Jr.,《托马斯·伊拉斯图斯与其反帕拉塞尔苏斯派的圈子》(Thomas Erastus and His Circle of Anti-Paracelsians),载于 Joachim Telle 编,《帕拉塞尔苏斯选集》(*Analecta paracelsica*, Stuttgart: Franz Steiner Verlag, 1994),第127页～第148页;Lynn Thorndike,8卷本《魔法与实验科学史》(*A History of Magic and Experimental Science*, New York: Columbia University Press, 1941),第5卷,第652页～第667页。

[37] Thomas Erastus,《关于菲利普·帕拉塞尔苏斯的新医学的争论……》(*Disputationum de medicina nova Philippi Paracelsi...*, Basel: Petrus Perna, 1572)。

[38] Conrad Gessner,《治疗秘本,或珍宝……》(*De secretis remediis liber aut potius thesaurus ...*, Zurich: Andreas Gesner, 1552)。

[39] Daniel Sennert,《论炼金术士与亚里士多德主义者和盖仑主义者之间的一致与不同……》(*De chymicorum cum Aristotelicis et Galenicis consensu ac dissensu ...*, Wittenberg: Zacharias Schurer, 1619)。

[40] 参看 Newman,《炼金术的象征主义与伪装:利巴菲乌斯的化学之家》(Alchemical Symbolism and Concealment: The Chemical House of Libavius),载于 Peter Galison 和 Emily Thompson 编,《科学的建筑》(*The Architecture of Science*, Cambridge, Mass.: MIT Press, 1999),第59页～第77页。

[41] Gundolf Keil,《帕拉塞尔苏斯与新疾病》(Paracelsus und die neuen Krankheiten),以及《帕拉塞尔苏斯医学中的中世纪概念》(Mittelalterliche Konzepte in der Medizin des Paracelsus),载于 Volker Zimmermann 编,《帕拉塞尔苏斯,作品与吸收》(*Paracelsus - Das Werk - Die Rezeption*, Stuttgart: Franz Steiner Verlag, 1995),第17页～第46页,第173页～第193页。但是,必须承认,凯尔对帕拉塞尔苏斯的否定态度很值得商榷,其原因是没有充分阅读帕拉塞尔苏斯的作品。

间爆发了一场言辞粗鲁又影响广泛的争论。[42] 约瑟夫·迪歇纳(约 1544 ～ 1609),又名凯尔塞塔努斯,法国国王亨利四世的医生,出版了他的著作《论古代哲学家的真正医学问题》(*De materia verae medicinae philosophorum priscorum*,1603),他在其中声称帕拉塞尔苏斯的三种本原引用了希波克拉底的观点。[43] 他的著作于当年受到巴黎医学院的谴责,这导致了迪歇纳的支持者与贬损者之间一场开放的争论。在后者之中,医学院的学监老让·里奥朗(1539 ～ 1606)以及他的儿子小让·里奥朗(1577 ～ 1657)尤为突出。他们对迪歇纳及其支持者的攻击遭到利巴菲乌斯的激烈回应,这些回应附在其 1606 年的《炼金术》(1597 年版的重印,补充了许多新材料)之中。随着巴黎医学院针对各种化学药物——尤其是锑——发布定期的公告(直到 17 世纪 60 年代),这场争论的范围继续扩大。

就在巴黎医学院正攻击化学药物的同时,一些帕拉塞尔苏斯的反对者也对转变金属发起了攻击。其中最有影响力的是尼古拉·吉贝尔(约 1547 ～约 1620),其 1603 年的《违背理性和经验的炼金术》(*Alchymia ratione et experientia... impugnata*)一书中把帕拉塞尔苏斯当作“过去、现在或将来的说谎者中最邪恶和绝对重要的人物,如果你把魔鬼排除之外”。[44] 吉贝尔的攻击,就像小里奥朗的攻击一样,都受到利巴菲乌斯的回击,他于 1604 年用自己的《对嬗变炼金术的清楚辩护和说明》(*Defensio et declaratio perspicua alchymiae transmutatoriae*)挫败了这次攻击。[45] 毫无疑问,利巴菲乌斯是金属嬗变的一个热情的拥护者,他 1606 年的《炼金术》包含了 4 篇论文,专门为将贱金属转变为黄金的传统主张辩护。[46]

帕拉塞尔苏斯主义运动的一个最重要的结果就是开创了化学教科书的传统并把化学纳入大学的课程体系中去。在巴黎医学院指责迪歇纳后不久,国王的施赈吏让·贝甘(约 1550 ～约 1620)写了一本《化学训练》(*Tyrocinium chymicum*,1610,1612)。[47] 这本书后来成为 17 世纪关于化学的最流行的著作之一,是以一段来自伪帕拉塞尔苏

509

[42] Allen G. Debus,《法国的帕拉塞尔苏斯主义者》(*The French Paracelsians*, Cambridge: Cambridge University Press, 1991),尤其是第 46 页～第 101 页。也可参看 Thorndike,《魔法与实验科学史》,第 6 卷,第 247 页～第 253 页。

[43] Joseph Du Chesne,《论古代哲学家的真正医学问题……》(*Liber de priscorum philosophorum verae medicinae materia...*, Geneva: Haeredes Eustathii Vignon, 1603)。

[44] N. Guibert,《违背理性和经验的炼金术》(*Alchymia ratione et experientia ita demum viriliter impugnata ...*, Strasbourg: Lazarus Zetzner, 1603),第 77 页。

[45] Andreas Libavius,《对嬗变炼金术的清楚辩护和说明》(*Defensio et declaratio perspicua alchymiae transmutatoriae ...*, St.-Ursel: Petrus Kopffius, 1604)。

[46] 面对欧文·汉纳威所赋予利巴菲乌斯的辉格党人的形象,必须强调他对转变金属的炼金术的长期辩护,参看 Owen Hannaway,《实验室设计与科学目标:安德烈亚斯·利巴菲乌斯与第谷·布拉赫》(Laboratory Design and the Aim of Science: Andreas Libavius versus Tycho Brahe),《爱西斯》,77(1986),第 585 页～第 610 页;Hannaway,《化学家及术语:化学的教学起源》(*The Chemists and the Word: The Didactic Origins of Chemistry*, Baltimore: Johns Hopkins University Press,1975)。关于对汉纳威描写利巴菲乌斯的评论,参看 Newman,《炼金术的象征主义与伪装:利巴菲乌斯的化学之家》。

[47] 关于贝甘的经典研究,参看 T. S. Patterson,《让·贝甘及其〈化学训练〉》(Jean Beguin and His *Tyrocinium chymicum*),《科学年鉴》(*Annals of Science*),2(1937),第 243 页～第 298 页。贝甘的《化学训练》有两个早期的修订版(1610 年和 1612 年),第一本由他的学生出版。在 1612 年版的序言中,他抱怨 1610 年的版本没有经过他的授权就出版了。

斯的著作《论哲学家的酒精溶液》(*De tinctura physicorum*)内容来开头的,这便直接显示出它对帕拉塞尔苏斯的借鉴。[48] 然后贝甘用如下术语来定义化学:

> Chymia 这个词是希腊语;它在拉丁语中的意思是与“制作液体的技艺”相同的,或者“把固体溶解进液体中”。也就是说 Chymia 既教授溶解的技艺(这是更为困难的)也教授凝结的技艺。如果有人称其为 Alchymia,他是以阿拉伯人的方式指它的优点。如果他称其为 Spagyria,他指的是它的主要操作,叫作 synkrisis(联合)与 diakrisis(分解)。如果他称其为“赫耳墨斯之技艺”,他指的是它的创造者和它的古代形式。如果他称其为蒸馏技术,他无疑指的是它最优秀和最主要的功能。[49]

通过解释 chymia 的各种同义词的意义,贝甘设法突出了这门技艺的不同的含义。其中最显著的也许是他对溶解和凝结这一对操作的强调:这些是化学的基本工具。通过强调帕拉塞尔苏斯的新词 spagyria(即化学的一个同义词)本身便暗示了 synkrisis 和 diakrisis 或“联合与分解”,贝甘再次提出了这个主张。诸如利巴菲乌斯这些向贝甘提供资料的人已经提出了这个主张,把 spagyria 解释成两个希腊语的单词 span(拉开)和 ageirein(放到一起)合并后的结果。[50] 又过了几行之后,贝甘把化学与物理学区分开来,说化学的主体是“混合和凝结”,正如它的对象是可溶解的和可凝结的,而物理学从运动的角度去研究它的对象。换句话说,化学研究物体的分解和合成,而物理学处理它们的“运动”,这是一个亚里士多德的范畴,主要包含了改变、增加或减少,以及位置运动。

贝甘把化学定义为溶解和凝结物体的技艺,它本身就是对帕拉塞尔苏斯的 spagyria 的说明,这个定义将带来许多意义深远的结果。它为把化学定义成为分析的和综合的科学铺垫了基础,这一定义将持续整个 18 世纪,并且在由安托万-洛朗·拉瓦锡(1743～1794)开创的化学革命之后很长时间内仍然很流行。[51] 这个定义之所以在近代更加流行,很可能得益于它给予化学的一个与物理学或自然哲学不同的学科空间。尽管如此,在 17 世纪,化学依旧一直在寻找进入大学的许可权,这一许可权只在它从

510

---

[48] Jean Beguin,《化学训练(修订和扩充版)》(*Tyrocinium chymicum recognitum et auctum . . .*, Paris: Matheus le Maistre, 1612),sig. [aiiv]。

[49] Beguin,《化学训练》,第 1 页～第 2 页:“Chymiae vocabulum Graecum est: Latinis idem, quod ars liquorem faciens: aut res solidas in liquorem solvens: dicta ita *kat' exochēn*, quod Chymia solvere (id quod difficilius) & coagulare doceat. Alchymiam si quis nuncuparit; Arabum more praestantiam eius: si Spagyriam; praecipua officia, *synkrisin* nempe & *diakrisin*: si artem Hermeticam; autorem & antiquitatem; si Destillatoriam; functionem eius praeclaram & facile principem insinuet.”

[50] Andreas Libavius,《炼金术的注释……第一部分》(*Commentariorum alchymiae . . . pars prima*),载于 Libavius,《炼金术》(*Alchymia*, Frankfurt: Joannes Saurius, 1606),第 77 页。

[51] 这个定义的例子非常多。参看 Georg Stahl,《化学的教条主义理性与实验基础》(*Fundamenta chymiae dogmaticorationalis experimentalis*, Nuremberg: Wolfgang: Mauritii Endteri Filiae, 1732),第一部分,第 1 页:“化学本身就是一种将天然物、无生命物、混合物和复合物溶解并将其转移到新的混合物或化合物中的技艺。[*In se autem Chymia est ars, corpora naturalia inanimata, mixta, & composita dissolvendi, et in novam mixtionem vel compositionem transferendi.*]”这也许能够与许多 19 世纪的化学教科书相比,例如 J. L. Comstock,《化学基础》(*Elements of Chemistry*, New York: Robinson, Pratt, 1838),第 9 页:“所有化学知识都以分析与合成为基础,即物体的分解,或将化合物分离为简单元素,或将单体重组为化合物。”

属于医学的时候才能找到。已知的第一个学术性的化学教职的获得者是约翰内斯·哈特曼(1568～1631),于1609年被著名的炼金术资助者伯爵领主黑森的莫里茨授予这个职位。哈特曼本人提出在马堡大学创立一个化学学院的想法。莫里茨对此积极响应,他设立的教职显然是医疗化学的——公共化学医学教授(professor publicus chymiatriae)。[52] 哈特曼接下来的工作与贝甘的工作有着密切的联系:这位德国医疗化学家出版了他自己的《化学训练》版本(写于1618年,出版于1634年),里面全是他自己的化学秘密和处方。在哈特曼的职位之后,其他化学职位出现了。例如扎哈里亚斯·布伦德尔,约1630年开始在耶拿大学开设一门公共讲座课程,在布伦德尔于1638年去世后由维尔纳·罗尔芬克继任。[53] 其他德国大学很快也相继效仿,到了18世纪,化学职位在欧洲大学的医学院里已经十分普遍了。[54]

嬗变和物质理论

尽管教科书的传统强调配药学,并且早期的学术职位在化学中,但我们不应该误以为chymiatria(化学医学)在17世纪早期已经从chrysopoeia(嬗变炼金术)中分离出来了。对哲人之石(嬗变介质)的追寻,本身就表现出一种医学因素,因为人们广泛地认为这种石头不仅能治愈有缺陷的金属,也能治愈患有病痛的人体。贝甘于1608年亲自编辑了著名的嬗变炼金术士米哈尔·塞奇沃(1566～1636)的《新化学之光》(*Novum lumen chemicum*),某些版本的《化学训练》是以描写贝甘的嬗变成就的书信体诗文来开头的。[55] 哈特曼同样十分专注于金属嬗变,在他被任命为公共化学医学教授之前和之后都是如此。[56] 甚至罗伯特·玻意耳(1627～1691)也支持嬗变的可能性,并且他个人的论文显示出寻找哲人之石的努力占据了他大约40年的时间。[57] 虽然有一些更早的医疗化学家不承认嬗变,比如吉贝尔和布伦德尔在耶拿大学的继承者维尔

511

[52] Bruce T. Moran,《化学制药进入大学》(*Chemical Pharmacy Enters the University*, Madison, Wis.: American Institute of the History of Pharmacy, 1991),第15页～第16页。

[53] Moran,《化学制药进入大学》,第10页。

[54] Christoph Meinel,《学历教育的顶点:化学在18世纪和19世纪初大学的地位》(Artibus academicis inserenda: Chemistry's Place in Eighteenth and Early Nineteenth Century Universities),《大学史》(*History of Universities*),7(1988),第89页～第115页。

[55] Michael Sendivogius,《新化学之光》(*Novum lumen chymicum*, Paris: Renatus Ruellius, 1608),sigs. aiir－[aiiiv]由贝甘的一封赞赏的信件组成,关于塞奇沃,他在信中写道:"到目前为止,我不认为任何哲学家就艺术和自然的力量写得更清晰、更简短。[*Nec ullum hactenus Philosophorum clarius & brevius de artis & naturae potestate scripsisse iudicarem.*]"也可参看Patterson,《让·贝甘及其〈化学训练〉》,第245页～第247页,第296页。

[56] Moran,《化学制药进入大学》,第14页。Moran,《德国宫廷的炼金术世界:黑森的莫里茨圈子中的神秘哲学与化学医学(1572～1632)》,第50页～第67页。

[57] 参看Lawrence Principe,《雄心勃勃的行家:罗伯特·玻意耳及其炼金术研究》(*The Aspiring Adept: Robert Boyle and His Alchemical Quest*, Princeton, N. J.: Princeton University Press, 1998)。也可参看Principe,《玻意耳的炼金术研究》(Boyle's Alchemical Pursuits),载于Michael Hunter编,《重新思考罗伯特·玻意耳》(*Robert Boyle Reconsidered*, Cambridge: Cambridge University Press, 1994),第91页～第105页。关于玻意耳与炼金术士乔治·斯塔基的复杂关系,参看Newman,《地狱之火:科学革命中的美洲炼金术士乔治·斯塔基的生平》,第54页～第91页,第170页～第175页;Newman和Principe,《试火中的炼金术:斯塔基、玻意耳和赫耳蒙特化学的命运》(*Alchemy Tried in the Fire: Starkey, Boyle, and the Fate of Helmontian Chymistry*, Chicago: University of Chicago Press, 2002)。

纳·罗尔芬克,"炼金术"与"化学"真正分离发生在17世纪晚期,即尼古拉·莱默里(1645～1715)有意识地从他特别流行的《化学课程》(*Cours de chimie*,1679)一书的第三版中剔除炼金术——他专门用它来指嬗变——的时候。[58] 莱默里对传统炼金术的嘲笑态度引发了许多有影响力的著作的回应,其中对炼金术猛烈攻击的有贝尔纳·勒博维耶·德·丰特内勒(1657～1757)1722年的《皇家科学院史》(*Histoire de l'Académie royale des sciences*)。[59] 丰特内勒在一篇对艾蒂安-弗朗索瓦·日夫鲁瓦的《关于哲人之石的一些骗局》(*Des supercheries concernant la pierre philosophale*)的简要介绍中,把所有炼金术士贬为骗子。这也是约翰·哈里斯重要的《技艺辞典》(*Lexicon Technicum*,1704)一书的立场,它十分依赖莱默里对炼金术的拒斥。

尽管莱默里的各种动机的发展依旧不太清晰,但是至少可以确定它们与他信奉的折中主义的微粒物质理论很少有关系或几乎没有关系。埃莱娜·梅斯热声称17世纪"微粒哲学与炼金术士的观念从根本上是不同的"和后者不能经受住"微粒哲学和机械哲学的攻击",这种断言的得出是由于对17世纪化学从中世纪炼金术中继承了一个发展得很好的微粒理论这一事实的无知(参看第3章)。[60] 这个理论已经出现在贾比尔所著的《完美大全》(*Summa Perfectionis*),大约在13世纪末写成的经典文本,并且在17世纪仍然被广泛阅读。贾比尔的理论的要点如下:四元素,用微粒论的术语来说,结合在一个"非常强的结构"中以形成更大的硫和汞的微粒,而它们继续结合在一起形成各种各样的金属。汞和硫的不损失其物质的完全蒸发和升华的能力是用这样一个假定来解释的,即它们是由性质相同的大量非常小的微粒构成的。较不易挥发的物质是由较大的粒子构成的,它们不那么容易随火上升。微观水平的尺度同样用来解释诸如蒸馏、煅烧这样的实验过程,以及烤钵冶金法和渗碳法这样的试金过程:无论在什么情况下用火使物质分离,它就是由更大和更小微粒之间缺乏同质性引起的。类似地,这些微粒填塞的松散和紧密解释了不同金属有其特定的重量。[61] 在所有这些例子中,理论与实验室的实践之间显著的相互影响证实了,"实验的微粒主义"这一表述很恰当地描述了贾比尔关于物质的观点。

512

被认为由贾比尔创造的微粒理论在17世纪依然十分流行。它为丹尼尔·森纳特的原子论提供了最初的灵感,这个理论根据微小的粒子在synkrisis(联合)和diakrisis(分解)的过程中结合和分离来解释物质世界。森纳特的理论接着又受到年轻的罗伯

---

[58] Newman和Principe,《炼金术对化学:一个编史学错误的词源学起源》,第59页～第63页。

[59] 《皇家科学院回忆录(1722年)》(*Mémoires de l'Académie Royale des Sciences, année MDCCXXII*),第1卷,第68页～第72页。

[60] Hélène Metzger,《法国17世纪至18世纪末的化学学说》(*Les doctrines chimiques en France début du XVIIe à la fin du XVIIIe siècle*, vol. 1, Paris: Les Presses Universitaires de France, 1923),第133页。也可参看第27页。

[61] William R. Newman,《伪贾比尔的〈完美大全〉》(*The "Summa perfectionis" of Pseudo-Geber*, Leiden: E. J. Brill, 1991),尤其是第143页～第192页。关于炼金术微粒论的概述,参看Newman,《亚里士多德炼金术中的实验性微粒理论:从贾比尔到森纳特》(Experimental Corpuscular Theory in Aristotelian Alchemy: From Geber to Sennert),载于Christoph Lüthy、John E. Murdoch和William R. Newman编,《中世纪晚期和现代早期的微粒物质理论》(*Late Medieval and Early Modern Corpuscular Matter Theory*, Leiden: E. J. Brill, 2001),第291页～第329页。

特·玻意耳的欣赏,他在其年轻时的著作《论原子哲学》(*Of the Atomicall Philosophy*,写于17世纪50年代中期)中拿它来为自己的目的服务。这一理论的踪迹还可以在玻意耳的成熟著作中找到,例如《怀疑的化学家》(*The Sceptical Chymist*,1661)和《形式和性质的起源》(*The Origin of Forms and Qualities*,1666)。[62] 贾比尔派微粒理论同样重新出现在比利时化学家约翰内斯·巴普蒂丝塔·范·赫耳蒙特(1579～1644)的著作中。流行于17世纪中期的化学疗法运动的奠基人范·赫耳蒙特,使自己远离了帕拉塞尔苏斯主义体系的几个关键特征,在一些情况下回到前帕拉塞尔苏斯主义炼金术士的观念。他拒绝帕拉塞尔苏斯对大宇宙—小宇宙类比的极度强调,并且否定帕拉塞尔苏斯的三种本原——汞、硫和盐的不可分解的地位。就像深受他影响的玻意耳一样,范·赫耳蒙特论证说在许多情况下,这三种本原是燃烧的产物。另外,范·赫耳蒙特以企图找到比火更为"精细"的分析介质而著名,这种介质不与其他物质结合,却能把它们"分解"为更小的成分后退出。他承认关于这一主题的想法来自他对汞的研究,并且他公开地承认他的一个资料提供者是贾比尔。[63] 范·赫耳蒙特的研究目标,所谓的alkahest(万能溶剂),被认为是由"自然中可能最小的原子"所构成的液体。因为它们极其微小,万能溶剂的原子可以渗进其他物质的深处并且把它们分开。正如贾比尔解释汞通过蒸发作用从不挥发的物质中分离出来那样,这些微粒之后将退出,因为它们有高度的同质性。范·赫耳蒙特的万能溶剂理论,事实上既包含了中世纪炼金术士的汞本原,又包含了帕拉塞尔苏斯派的sal circulatum(循环盐)的概念,它能把各种物质还原为它们的元物质。[64]

513

现代早期化学中的思想流派

汞在炼金术理论中的重要性由于这一事实而得到强调,即17世纪一个主要的炼金术思想流派相信,哲人之石应该是从这种物质中制得的。18世纪著名的化学家格奥尔格·施塔尔对炼金术的三个"著名体系"或流派进行了分类——那些希望从"硫酸盐"(主要是硫酸铜和硫酸铁)中制取哲人之石的人,那些使用"硝石"作为他们出发点的人,以及那些"希望找到操纵汞的秘诀"的人。[65] 按照施塔尔的说法,最后一个流派的领袖是"正直和坦率的创造者费拉莱萨",他在这里是指埃雷纽斯·费拉莱西斯,他也许是17世纪晚期最流行的炼金术作家。[66] 事实上,埃雷纽斯·费拉莱西斯就是乔

---

[62] William R. Newman,《罗伯特·玻意耳微粒哲学的炼金术来源》(The Alchemical Sources of Robert Boyle's Corpuscular Philosophy),《科学年鉴》,53(1996),第567页～第585页;Newman,《玻意耳对微粒炼金术的借鉴》(Boyle's Debt to Corpuscular Alchemy),载于Hunter,《重新思考罗伯特·玻意耳》,第107页～第118页。

[63] Newman,《地狱之火:科学革命中的美洲炼金术士乔治·斯塔基的生平》,第146页。

[64] 同上书,第146页～第148页。

[65] Georg Stahl,《普通化学的哲学原理》(*Philosophical Principles of Universal Chemistry* ..., London: Osborn and Longman, 1730),Peter Shaw 译,第395页。

[66] 同上书,第402页。

治·斯塔基(1628～1665),他出生于百慕大群岛,在哈佛学院接受教育,以笔名费拉莱西斯写作金属嬗变的炼金术著作,并且以他基督教的名字创作赫耳蒙特派的化学疗法教科书。斯塔基用锑、银和汞本身调制出“智慧汞”,他认为经过长时间的文火加热之后它会成熟为哲人之石。加入锑是为了清除汞的杂质,而银有助于把汞和锑合成一体。当黄金被放进这汞合金(混合物)中,它被认定会“发育”和成长为一棵树,并最终诞生出哲人之石。近代实验室的重复试验已经显示出斯塔基的配方确实产生了一株漂亮的晶体树,尽管它不是金属转变的介质。[67] 斯塔基的配方为玻意耳的著作《论含金之汞的升温》(*Of the Incalescence of Quick-silver with Gold*)提供了基础并且激发了玻意耳大多数的化学实践。[68] 它对艾萨克·牛顿(1643～1727)也有显著的影响:现在人们已经知道了曾经被认为是牛顿写作的嬗变炼金术的《关键》(*Clavis*)事实上是斯塔基的著作。[69] 斯塔基的赫耳蒙特派的和贾比尔派的物质理论痕迹同样能在牛顿的著作中找到,比如《光学》(*The Opticks*)中的疑问31。[70]

17世纪炼金术的汞学派最重要的竞争对手是另一个广泛流传的理论,它同样被施塔尔间接地提到过,这个理论主张哲人之石应该从“哲学硝石”中得到。正如帕拉塞尔苏斯所详细阐述的那样,这种硝石理论的起源从根本上说是菲奇诺和阿格里帕的具有炼金术色彩的自然魔法。在菲奇诺论证了炼金术士能够分离出生命的宇宙精气的同时,阿格里帕确认了它的物质基质——土元素。对于帕拉塞尔苏斯来说,他使“盐”成为物质的一个基本成分,即三种本原之一。当后来的炼金术作者观察到硝石从肥沃的腐殖土中结晶而出,立即就可以得出这一推论来,即这种物质(其神秘活性体现在以下几方面:用于黑色火药和硝酸,用作肥料,通过加热会释放一种“生命精气”[氧气])是阿格里帕“一种由上帝创造的事物”——哲人之石(它使得金属嬗变成为可能)——的正确来源。因为用普通的硝酸钾做实验并未产生哲人之石,尽管如此,炼金术士们断定他们的硝石必须在一种更“普遍”的形态中寻找。因此他们试图直接从大气、露水、排泄物以及从其他物质中得到一种“硝石精气”,在这些物质里它将会呈现为一种生命的普遍本原。《翠玉录》中谜一般的句子似乎已经找到了一个解决方案——这从天上降落到地下的“唯一之物”指的就是有活力的硝石精气,它可以充当哲人之石的原料。

因此,17世纪的许多炼金术士,比如米哈尔·塞奇沃和托马斯·沃恩,论证说哲人之石的来源应该在富含哲学硝石的物质中去寻找。虽然对于准确的来源是否应该是腐殖土、露

〔67〕 Newman 和 Principe,《试火中的炼金术:斯塔基、玻意耳和赫耳蒙特化学的命运》,第185页。

〔68〕 Lawrence Principe,《炼金术中的仪器和再现性》(Apparatus and Reproducibility in Alchemy),载于 Trevor Levere 和 Frederic L. Holmes 编,《化学史中的仪器与实验》(*Instruments and Experimentation in the History of Chemistry*, Cambridge, Mass.: MIT Press, 2000),第55页～第74页。也可参看 Principe,《雄心勃勃的行家:罗伯特·玻意耳及其炼金术研究》,第161页;Principe,《玻意耳的炼金术研究》,第96页～第97页。

〔69〕 William R. Newman,《牛顿的〈关键〉正如斯塔基的〈关键〉》(Newton's Clavis as Starkey's Key),《爱西斯》,78(1987),第564页～第574页。

〔70〕 William R. Newman,《牛顿化学的背景》(The Background to Newton's Chymistry),载于 I. Bernard Cohen 和 George Smith 编,《剑桥牛顿指南》(*The Cambridge Companion to Newton*, Cambridge: Cambridge University Press, 2002),第358页～第369页。

水、粪肥或其他一些物质还有许多反对意见,但这些硝石理论的支持者全都反对用普通的汞来制取哲人之石的主张。因此他们直接反对由斯塔基及其追随者代表的汞传统。[71]

在16世纪和17世纪不同嬗变炼金术流派的形成,正如炼金术教科书传统的创立一样,为现代早期化学领域中传统的越来越多的分叉提供了证据。其他亚传统也开始出现了,比如蒸馏方法类的书籍和16世纪早期实用的采矿和分析课本公开地展现了它们从中世纪炼金术借来的东西。[72] 对于例如格奥尔格·阿格里科拉这样的16世纪中叶冶金学图书的作者来说,对炼金术冷淡下来是可能的,这仅仅是因为更早的具有写作技艺手册传统的德国作者已经根据其冶金学内容去筛选炼金术论文,并且直接挪用了大量对他们有用的内容。[73] 这同种类型的挪用和抛弃在17世纪末科学团体的态度中特别明显。在诸如莱默里与其法国皇家科学院的同事攻击炼金术是愚民主义和骗子勾当的同时,他们也使用由炼金术士们发展出来的仪器、实验方法和技术去努力把植物和矿物分解为帕拉塞尔苏斯本原的成分,并且在一些例子中借用了在炼金术文本中倡导的相同的微粒理论。[74]

516 另外,很明显,总体上在17世纪受到关注的实验——在科学团体中尤其明显——借鉴了炼金术的很多传统(参看第4章和第13章)。由皇家学会实施的最早的一系列持续的实验,竟然试图在1664～1665年分解五月露水并且从中提取出塞奇沃的硝石。[75] 如果了解到硝石理论在英格兰复辟时代所占的统治地位的话,这也许就不奇怪了。[76] 尽管如此,在一个更加基础的水平上,炼金术通过强调使物质服从实验室的人工约束的必要性,引导了实验的风气,这是之后由弗兰西斯·培根(1561～1626)及其追随者所推广的一个理念。[77] 人工产品和自然物品的同一性在实验领域具有重要的

---

[71] Newman,《地狱之火:科学革命中的美洲炼金术士乔治·斯塔基的生平》,第209页～第227页。

[72] Paul Walden,《往昔化学的计量、数量和重量》(*Mass, Zahl und Gewicht in der Chemie der Vergangenheit*),载于《F. B. 阿伦斯创立的化学和化学技术讲座的文集》(*Sammlung chemischer und chemisch-technischer Vorträge begründet von F. B. Ahrens*, ed. H. Grossmann, Neue Folge, Heft 8, Stuttgart: Ferdinand Enke, 1931),第3页。关于德国技艺手册的现代早期类型的概述,参看 Ernst Darmstaedter,《采矿和实验技艺手册》(Berg-, Probir-und Kunstbüchlein),载于《慕尼黑对科学史、医学史与文学的贡献》(*Münchener Beiträge zur Geschichte und Literatur der Naturwissenschaften und Medizin*),2/3(1926),第101页～第206页。

[73] Georgius Agricola,《论金属的性质》(*De re metallica*, New York: Dover, 1950),Herbert Clark Hoover 和 Lou Henry Hoover 译,第xxvii～ix页,第607页～第615页。也可参看 William Eamon,《科学与自然秘密:中世纪与现代早期文化中的秘著》(*Science and the Secrets of Nature: Books of Secrets in Medieval and Early Modern Culture*, Princeton, N. J.: Princeton University Press, 1994),第112页～第120页。

[74] Frederic L. Holmes,《作为研究事业的18世纪化学》(*Eighteenth-Century Chemistry as an Investigative Enterprise*, Berkeley: University of California Press, 1989)。莱默里的《化学课程》的某些版本描述地下金属的形成方式与贾比尔的《完美大全》里的方式惊人地相似,一定是借鉴了炼金术微粒论的传统。参看 Nicolas Lemery,《化学课程》(10th ed., Paris: Delespine, 1713),第70页～第71页:"最硬、最致密和最重的金属是那些其成分发酵使较大的粒子分离得最有效的金属,因此,凝结的东西——微小粒子、分裂物体的集合,经过非常严密的结合,仅留下很小的孔。"这里我们遇到了较大的粒子、微小粒子、强组合和内部特殊孔等传统的微粒炼金术的概念。不用说,炼金术传统并不能完全说明莱默里的微粒论,因为他结合了关于粒子形状和轮廓的复杂思考——这种推测在较早的炼金术文字中是显著缺乏的。

[75] Alan B. H. Taylor,《五月露水事件》(An Episode with May-Dew),《科学史》(*History of Science*),22(1994),第163页～第184页。

[76] Robert G. Frank, Jr.,《哈维与牛津生理学家》(*Harvey and the Oxford Physiologists*, Berkeley: University of California Press, 1980),第115页～第139页,第221页～第245页。

[77] 关于这个主题,参看 Newman,《普罗米修斯的雄心:炼金术与对完美自然的追求》,第5章。也可参看 Newman,《炼金术、统治和性别》(Alchemy, Domination, and Gender),载于 Noretta Koertge 编,《沙上之屋》(*A House Built on Sand*, Oxford: Oxford University Press, 1998),第216页～第226页。

含义,因为它意味着炼金术士们并没有被迫把实验过程视为制造“非自然的”因此是无效的结果(参看第27章)。[78] 这从中世纪就已经很明显了,当时有大量辩护的文献产生出来,对用人工设备通过实验过程制造的炼金术之黄金以及其他产品的“自然的”(也就是真正的)特征进行辩护。当论证自然物品和人工产品的同一性的时候,培根和玻意耳的著作都利用了对炼金术传统的辩护,并且这一主题在艾萨克·牛顿的炼金术论文中还存在。[79]

到了17世纪末,炼金术已经分化为许多不同的传统并且依旧对其他学科具有影响作用。一方面,金属转变的炼金术现在被分成了清楚定义的实践流派,正如引自施塔尔的例子中那样。另一方面,在嬗变化学家和那些不承认嬗变者之间(例如丰特内勒和日夫鲁瓦),这一领域将经历一个决定性的破裂。许多准工业的研究(即使不是产生于化学,也是因它而壮大起来的)也同样形成于这一混合物——“强水”的蒸馏者、香料商、冶金学家和药剂师是这种技艺的最明显受益者,它曾经一度是一种奇异的和秘密的技艺。[80] 另外,炼金术对实验微粒理论的成长,以及对实验新的更普遍的强调都有显著的影响。虽然这些不同的传统之间的关系是复杂的,并且很难梳理清楚,但至少还有一件事情是很清楚的。一度很普遍的断言,即炼金术是一种非理性的骗局,它不利于科学革命的主题,并且它只局限在欧洲文化的边缘部分,也不能够长久维持下去。[81] 相反地,现在很清楚的是,炼金术不仅向17世纪强调微粒物质理论和实验贡献了重要的方法,而且对物质平衡(在一个化学反应中加入和放出的重量是相同的)进行了新的强调,它将在18世纪晚期的化学革命中具有主要影响。[82] 在它摇身一变成为化学之后,这一古老的学科已经以相同的方式抓住了学界和大众的文化想象力,并且成为现代早期科学和医学改革的中流砥柱。

517

(肖　磊　译)

---

[78] William R. Newman,《某些亚里士多德主义炼金术士的技艺、自然和实验》(Art, Nature, and Experiment among Some Aristotelian Alchemists),载于 Edith Sylla 和 Michael McVaugh 编,《古代和中世纪科学的文本和语境》(*Texts and Contexts in Ancient and Medieval Science*, Leiden: E. J. Brill, 1997),第305页~第317页。也可参看 Newman,《微粒炼金术与亚里士多德的〈气象学〉传统,尤其是关于丹尼尔·森纳特》(Corpuscular Alchemy and the Tradition of Aristotle's *Meteorology*, with Special Reference to Daniel Sennert),《科学哲学的国际研究》(*International Studies in the Philosophy of Science*),15(2001),第145页~第153页。

[79] William R. Newman,《关于人工/自然区分的炼金术观点和培根的观点》(Alchemical and Baconian Views on the Art/Nature Division),载于 Allen G. Debus 和 Michael T. Walton 编,《阅读自然之书》(*Reading the Book of Nature*, Kirksville, Mo.: Sixteenth Century Journal Publishers, 1998),第81页~第90页。关于牛顿对人工/自然区分的关心,参看 Betty Jo Teeter Dobbs,《天才的两面:炼金术在牛顿思想中的作用》(*The Janus Faces of Genius: The Role of Alchemy in Newton's Thought*, Cambridge: Cambridge University Press, 1991),第267页。

[80] 关于炼金术的更加普遍的工业含义,参看 Pamela H. Smith,《炼金术的生意:神圣罗马帝国的科学与文化》(*The Business of Alchemy: Science and Culture in the Holy Roman Empire*, Princeton, N.J.: Princeton University Press, 1994);Tara Nummedal,《神圣罗马帝国的实用炼金术和商业交换》(Practical Alchemy and Commercial Exchange in the Holy Roman Empire),载于 Pamela H. Smith 和 Paula Findlen 编,《商人与奇迹:现代早期欧洲的商业、科学与艺术》(*Merchants and Marvels: Commerce, Science, and Art in Early Modern Europe*, New York: Routledge, 2002),第201页~第222页。

[81] 参看 Lawrence Principe 和 William R. Newman,《炼金术的某些编史学问题》(Some Problems with the Historiography of Alchemy),载于 William R. Newman 和 Anthony Grafton 编,《自然的秘密:现代早期欧洲的占星术与炼金术》(*Secrets of Nature: Astrology and Alchemy in Early Modern Europe*, Cambridge, Mass.: MIT Press, 2001),第385页~第431页。

[82] Newman 和 Principe,《试火中的炼金术:斯塔基、玻意耳和赫耳蒙特化学的命运》,第35页~第155页,第273页~第314页。

22

518

魔　　法

布赖恩·P. 科彭哈弗

中世纪人们对待魔法的态度是很严肃的，虽然它对于欧洲那段历史时期来说不是一个关键的问题，正如它在古代晚期那样。事实上，许多中世纪神学家都恐惧或厌恶魔法，哲学家常常对它漠不关心。但是在15世纪晚期，魔法经历了一次重大的重生，它在这次重生中获得的能量，使它在文化关注的中心位置上保持了近两百年的时间，伟大的哲学家和占主流的自然主义者都努力去理解或者肯定或者拒绝它。在马尔西利奥·菲奇诺(1433～1499)踏出了复兴魔法的第一步之后，来自整个欧洲的主要人物唯其马首是瞻，其中包括乔瓦尼·皮科·德拉·米兰多拉(1463～1494)、约翰·勒赫林(1455～1522)、彼得罗·彭波那齐(1462～1525)、帕拉塞尔苏斯(约1493～1541)、吉罗拉莫·卡尔达诺(1501～1576)、约翰·迪伊(1572～1608)、乔尔达诺·布鲁诺(1548～1600)、詹巴蒂斯塔·德拉·波尔塔(1535～1615)、托马索·康帕内拉(1568～1639)、约翰内斯·巴普蒂丝塔·范·赫耳蒙特(1579～1644)、亨利·摩尔(1614～1687)，以及其他同等地位的人物。尽管如此，随着欧洲大多数富有创造力的思想家对它失去信心，魔法最终变得甚至比菲奇诺复兴它之前更加声名狼藉。在1600年左右，一些自然知识的改革者曾经希望可以从魔法中产生一个伟大的新的学问体系，但是不到一个世纪，它就成了一个废弃的世界观的陈旧残留物的同义词。[1] 519 在考察它在后中世纪时代的欧洲那不寻常的兴起和衰败之前，我们可以用它最健谈的鼓吹者之一，一位德国医生和哲学家亨里克斯·科尔内留

[1] D. P. Walker,《从菲奇诺到康帕内拉的神灵魔法与恶魔魔法》(*Spiritual and Demonic Magic from Ficino to Campanella* [1958], University Park: Pennsylvania State University Press, 2000); Frances Yates,《乔尔达诺·布鲁诺与赫耳墨斯传统》(*Giordano Bruno and the Hermetic Tradition*, London: Routledge and Kegan Paul, 1964); Brian P. Copenhaver,《占星术与魔法》(Astrology and Magic),载于 Charles Schmitt、Quentin Skinner、Eckhard Kessler 和 Jill Kraye 编,《剑桥文艺复兴哲学史》(*The Cambridge History of Renaissance Philosophy*, Cambridge: Cambridge University Press, 1987),第264页～第300页; Copenhaver,《现代早期科学中的自然魔法、赫耳墨斯主义和神秘学》(Natural Magic, Hermetism, and Occultism in Early Modern Science),载于 David C. Lindberg 和 Robert S. Westman 编,《重估科学革命》(*Reappraisals of the Scientific Revolution*, Cambridge: Cambridge University Press, 1990),第261页～第301页; Copenhaver,《科学有文艺复兴吗?》(Did Science Have a Renaissance?),《爱西斯》(*Isis*),83(1992),第387页～第407页; Copenhaver,《17世纪哲学中神秘主义传统及其批评者》(The Occultist Tradition and Its Critics in Seventeenth Century Philosophy),载于 Daniel Garber 和 Michael Ayers 编,2卷本《剑桥17世纪哲学史》(*The Cambridge History of Seventeenth-Century Philosophy*, Cambridge: Cambridge University Press, 1998),第1卷,第454页～第512页。

斯·阿格里帕·冯·内特斯海姆(1486～1535)的描述来开始。

阿格里帕的魔法手册

没有人比阿格里帕更了解魔法的危险和回报了,他那声名狼藉的手册《论神秘哲学》(*De occulta philosophia*),在1510年就已经以手抄本形式流传,虽然它是在1533年才越过多明我会审判官的控诉而付诸印刷。同时,他也已经写出了另一本著名的书《论科学的不确定和无用》(*De incertitudine et vanitate scientiarum*,1526),由于宗教的原因,他在书中宣布放弃信仰魔法,因为在宗教改革运动的早期,形势变得十分严峻。阿格里帕信仰上的转变——并不真的是一种理智上的转变——一点儿也没能消除《论神秘哲学》的巨大影响力。

阿格里帕的书对自然哲学极其重要,因为其中有对自然魔法的说明,他把它描述成:

> ……自然哲学的顶峰以及它最圆满的成就……在各种自然力量的帮助下,从它们相互和适时的应用中,它产生出不可思议的奇迹作品……观察所有自然的和天上的事物的力量,在艰苦的研究中探索这些相同力量的交感,它把贮存和隐藏在自然之中的力量释放出来。通过使用低级的事物作为诱饵,它把更高级事物的资源与它们联系到一起……因此令人惊奇的奇迹经常发生,与其说人工使然,不如说自然使然。[2]

阿格里帕的书的概要反映出他的宇宙的三重等级,其中因果关系从上到下,从上帝头脑中的理念向下通过圣灵天使和天体降到动物、植物和石头这些在月球天以下的东西。人类能够进入那载着神圣力量到达地面的魔法通道。魔法师能够通过操纵特性、数量和心灵去吸引高处的力量:物体的特性由在最低的元素世界中的土性物质构成;而在同样低级事物中和在更高贵的物体中的数量(算术和形状以及数字),则由天球的中间世界中的天上物质构成;而非物质的天使之心灵,则安住在最高的理智世界,它们摆脱了物体的特性或数量。这三个领域对应阿格里帕神秘哲学的三个部分:自然、数学和仪式。[3]

520

诸多力量之流把阿格里帕野心勃勃的魔法理论中的三个领域融合起来。正如从上帝头脑中流出的形式下达到最低级的物质性物体上,物质元素和特性也会向上延伸,不断地被提纯,弥漫在全部的等级。把这整体结合在一起的是一种叫作"精气"的

---

〔2〕 Heinrich Cornelius Agrippa von Nettesheim, *Opera quaecumque hactenus vel in lucem prodierunt vel inveniri potuerunt omnia*..., 2 vols. (Lyon: Beringi fratres, ca. 1600), 1: 526a (cited henceforth as *Opera*); Charles G. Nauert,《阿格里帕与文艺复兴思想的危机》(*Agrippa and the Crisis of Renaissance Thought*, Urbana: University of Illinois Press, 1965),第30页～第33页,第59页～第60页,第98页～第99页,第106页～第115页,第194页～第214页,第335页～第338页;Walker,《从菲奇诺到康帕内拉的神灵魔法与恶魔魔法》,第90页～第96页。

〔3〕 Agrippa, *Opera*, 1: 1 - 4, 153 - 6, 310 - 11; 2: 90 - 1 (for quoted passage).

精微物质，既不全是物质也不全是心灵，是在无形之物和有形之物之间交换能量的媒介。当一个整体在某种意义上通过交感或相似被赋予形体，在另一种意义上它也通过相同的力量被赋予灵魂。世界的灵魂不仅能够映现出人的灵魂，同样也能映现出天使和魔鬼的灵魂，它不受物体的妨碍，因此十分强大有力。为了加强在心灵、灵魂、精气和物体之间的纽带，魔法师从关于地面事物的自然魔法开始，通过数学的、精神的和心理的魔法向上运动，对他自身和其他事物产生影响，并且进入算术和诸多天界影响的中间世界，在那里，人类想象的力量与强烈的效果发生共鸣。[4]

直到这一点，神秘哲学对于一个虔诚的基督教徒来说还是可以接受的；它还没有包括精神的角色——天使和魔鬼——教会禁止在它自己的制度之外讨论它们。但是撒旦和他的仆人是狡猾的：一个魔法师，尽管他带着所有最好的意图，从自然物体开始，可能以违禁的仪式和邪恶的精神结束，从而引起教会的定罪。女巫既使用自然魔法也使用魔鬼魔法来发出它们具有伤害作用的咒语(maleficia)，这也是在阿格里帕的体系中大众魔法和学术魔法最具毁灭性的结合的地方。[5]

直到阿格里帕写作的时候，异教徒和基督教徒已经对自然魔法和魔鬼魔法之间的界限考察了2000年。阿格里帕知道其中的危险，这可以解释为何他变得如此热情地公开反对魔法。然而他为一种学术的、哲学的魔法所作的论证，远远压倒了他对它的攻击。他的神秘哲学是系统的、详尽的，并且以权威性和证据为基础，但是它不是独创的。它是由菲奇诺在15世纪复兴的古代魔法的普及版，古代魔法在他的《论生命的三本书》(*De vita libri tres*, 1489)中得到概括，并且之后被皮科、勒赫林和其他人发展——包括一个亚里士多德派的自然哲学家彼得罗·彭波那齐，他关于魔法效果之原因的著作写于(不是印刷于)阿格里帕的著作之前，并于1533年付诸印刷。[6]

521

菲奇诺的原始资料包括被拜占庭学者带到意大利的希腊手稿，有些甚至在1400年前就到达了，其他的在君士坦丁堡于1453年被土耳其人占领之后被带到了西方。这种来源的文本，在中世纪期间被汇编在一起，现在被称作《赫耳墨斯全集》(*Corpus Hermeticum*)，一直被认为是埃及的神托特(Thoth)创作的，希腊人称之为三重伟大的赫耳墨斯。这是赫耳墨斯派著作的祖先，并且是“赫耳墨斯主义”的祖先，不过自从弗朗西丝·耶茨声称文艺复兴时期的魔法是赫耳墨斯派的并且现代科学的起源将在那种

[4] Ibid., 1: 5 - 6, 18 - 19, 25 - 36, 40, 43 - 5, 68 - 70, 90 - 2, 128 - 38.

[5] Ibid., 1: 18 - 19, 40, 69 - 70, 90 - 2, 137 - 8, 268, 276, 361, 436 - 9.

[6] Marsilio Ficino,《论生命的三本书》(*Three Books on Life: A Critical Edition and Translation with Introduction and Notes, and the Disciplines in Renaissance Europe*, Cambridge, Mass.: MIT Press, 1999), Anthony Grafton 和 Nancy Siraisi 编，第25页～第76页；Copenhaver,《皮科〈演说〉的秘密：犹太神秘哲学与文艺复兴哲学》(The Secret of Pico's *Oration*: Cabala and Renaissance Philosophy),《中西部哲学研究》(*Midwest Studies in Philosophy*), 26(2002), 第56页～第81页；Copenhaver,《占星术与魔法》，第267页～第285页；Copenhaver,《科学有文艺复兴吗?》，第387页～第402页。

神秘的智慧中被发现，这些在科学史家中还是有争议的。[7]

自从耶茨的命题第一次被提出，学者们就挑战它。其中的一点，很久以前就被拜占庭抄写员所认识到，即赫耳墨斯派著作有两种类型，现在被称为“技术著作”和“理论著作”。主要的理论著作是拉丁语的《阿斯克勒庇俄斯》(*Asclepius*)和希腊语论文(被菲奇诺译为拉丁语的《牧人者篇》[*Pimander*])。它们的内容具有精神性——关于上帝、宇宙和人类状况的虔诚思考和规劝。但是这些因耶茨而在英语世界很出名的理论著作《赫耳墨斯文集》(*Hermetica*)，并不是关于魔法的理论或实践，这就证明了她关于现代科学是从赫耳墨斯派魔法中成长出来的断言在很大程度上是错误的。[8]

其他被认为是赫耳墨斯创作的文本一直被称为技术著作。这包括关于炼金术、占星术、天文学、植物学、魔法、医学、配药学和其他实践主题的几十种著作，从中世纪之前的古代，它们就已经以包括拉丁语和阿拉伯语在内的各种语言在地中海地区流传。与理论性文章不同，某些技术著作在中世纪的西方为人所知，传播着关于魔法的技术性信息，并且用赫耳墨斯这一名字来证明其有效性。这位赫耳墨斯，是中世纪实践性魔法手册的权威作者，并非菲奇诺的赫耳墨斯——一位神圣的神学家和心灵顾问。[9] 522 但是一旦菲奇诺发现了《牧人者篇》，使得赫耳墨斯成为像柏拉图(前427～约前348)或普罗提诺(约204～270)一样的权威，这位古老的神就只须在那里等着被新的魔法师们开发，他们阅读阿格里帕的作品并且比菲奇诺更加无所顾忌地运用赫耳墨斯的谱系。当阿格里帕列出魔法的第一批作者，他把赫耳墨斯放在“最杰出的大师”之中，把

---

[7] A. D. Nock 和 A. -J. Festugière，4卷本《赫耳墨斯全集》(*Corpus Hermeticum*, 3rd ed., Paris: Belles Lettres, 1972)，第1卷，第xi页～第xii页；Robert S. Westman，《魔法改革与天文学改革：重新考虑耶茨的论文》(Magical Reform and Astronomical Reform: The Yates Thesis Reconsidered)，载于《赫耳墨斯主义与科学革命》(*Hermeticism and the Scientific Revolution: Papers Read at a Clark Library Seminar, March 9, 1974*, Los Angeles: William Andrews Clark Memorial Library, 1977)，第5页～第91页；Ingrid Merkel 和 Allen G. Debus 编，《赫耳墨斯主义与文艺复兴》(*Hermeticism and the Renaissance: Intellectual History and the Occult in Early Modern Europe*, Washington, D. C.: Folger Shakespeare Library, 1988)；Brian Vickers 编，《文艺复兴时期的神秘学和科学心智》(*Occult and Scientific Mentalities in the Renaissance*, Cambridge: Cambridge University Press, 1984)；Brian P. Copenhaver，《赫耳墨斯文集》(*Hermetica: The Greek Corpus Hermeticum and the Latin Asclepius in English Translation, with Notes and Introduction*, Cambridge: Cambridge University Press, 1991)，第xl页～第xli页；Copenhaver，《魔法与人之尊严：去康德化的皮科〈演说〉》(Magic and the Dignity of Man: De-Kanting Pico's *Oration*)，载于 Allen J. Grieco、Michael Rocke 和 Fiorella Gioffredi Superbi 编，《20世纪意大利的复兴》(*The Italian Renaissance in the Twentieth Century: Acts of an International Conference, Florence, Villa I Tatti, June 9 - 11, 1999*, Florence: Leo S. Olschki, 2002)，第311页～第320页；Copenhaver，《现代早期科学中的自然魔法、赫耳墨斯主义和神秘学》，第261页～第266页，第289页～第290页。

[8] *Mercurii Trismegisti liber de potestate et sapientia dei: Corpus Hermeticum I - XIV, versione latina di Marsilio Ficino, Pimander*, ed. Sebastiano Gentile (Treviso, 1471; repr. Florence: Studio per Edizioni Scelte, 1989)；A. -J. Festugière，3卷本《三重伟大的赫耳墨斯的启示》(*La révélation d'Hermès Trismégiste*, Paris: Belles Lettres, 1981), vol. 1: *L'Astrologie et les sciences occultes*，第67页～第88页；Garth Fowden，《埃及的赫耳墨斯》(*The Egyptian Hermes: A Historical Approach to the Late Pagan Mind*, Cambridge: Cambridge University Press, 1986)，第1页～第11页；Copenhaver，《赫耳墨斯文集》，第xxxii页～第xl页。

[9] Festugière，《三重伟大的赫耳墨斯的启示》，第1卷，第89页～第308页；Fowden，《埃及的赫耳墨斯》，第1页～第4页；Copenhaver，《赫耳墨斯文集》，第xxxii页～第xxxvii页，第xlv页～第xlvii页；Copenhaver，《罗棱佐·美第奇、马尔西利奥·菲奇诺与通俗化的赫耳墨斯》(Lorenzo de'Medici, Marsilio Ficino, and the Domesticated Hermes), in *Lorenzo il Magnifico e il suo mondo: Atti di convegni*, ed. G. C. Garfagnini (Florence: Istituto Nazionale di Studi sul Rinascimento, 1994), pp. 225 - 57；Copenhaver，《赫耳墨斯神学：锡耶纳的墨丘利与菲奇诺的赫耳墨斯魔鬼》(Hermes Theologus: The Sienese Mercury and Ficino's Hermetic Demons)，载于 John O'Malley、Thomas M. Izbicki 和 Gerald Christianson 编，《文艺复兴时期与宗教改革时期的人性与神性》(*Humanity and Divinity in Renaissance and Reformation: Essays in Honor of Charles Trinkaus*, Leiden: E. J. Brill, 1993)，第149页～第182页。

他安置在菲奇诺重新发现的新柏拉图主义哲学家的旁边——普罗提诺、波菲利(约233～305)、扬布里科(约250～330)和普罗克洛(410～485)。但是达米杰龙、戈格·格雷库斯和热尔马·巴比洛尼库斯也在同一页出现了——这些是阿格里帕认为适合同赫耳墨斯相伴的外国人的名字。[10]

菲奇诺与阿格里帕不同,是一位研究神话和历史之间的边界地带的小心翼翼的探索者。通过对古代资料尤其是教会神父著作的深入阅读,他推理出宗教和思想历史的大纲,即古代神学(prisca theologia)。在这一故事中占主要地位的是菲奇诺的《牧人者篇》中的赫耳墨斯,与晦涩的戈格和热尔马不同的是,这位赫耳墨斯是一位令人尊敬的虔诚地献身于宗教事务的作者,任何一位阅读菲奇诺译文的读者都能看到这点。但是赫耳墨斯的谱系是骗人的,除埃及的三重伟大的赫耳墨斯之外,西塞罗已经清点了四位不同的神都叫赫耳墨斯(拉丁语是墨丘利[Mercurius])。这位神的多重身份——一些与魔法文本相关,一些则不相关——在16世纪很轻易地被合并为单一的赫耳墨斯的身份,直到伊萨克·卡索邦(1559～1614)证明《赫耳墨斯文集》远远不像菲奇诺曾想的那么古老。[11]

菲奇诺相信赫耳墨斯和摩西是同时代的人,并且相信他发现了一个与经典中的神圣启示并驾齐驱、并且导致了柏拉图和其后继者教义的人类智慧传统。通过重新鉴定赫耳墨斯派著作的时间为基督纪元早期,卡索邦在1614年贬低了它们的价值,在此之后,菲奇诺的古代神学失去了它的声望,但这是慢慢进行的。在17世纪90年代,艾萨克·牛顿(1643～1727)依然发现它对在神话传统中建立他关于上帝和空间观念的基础有用,虽然牛顿出版的著作显示出这一兴趣仅仅在微弱的暗示之中。同时,一旦菲奇诺复兴了它,古代神学通过有学识的欧洲人加强了信仰魔法的三个主要动机之一:一个受人尊敬的往日时光所具有的历史权威性。菲奇诺复兴的一些古代智慧,尤其是新近柏拉图化的亚里士多德主义,为神秘主义者的理论信仰的另一个基础提供了权威性和内容。不仅新柏拉图主义者,还包括盖仑(约129～约199)、阿维森纳(980～1037)、托马斯·阿奎那(约1225～1274)以及其他一流的思想家——异教徒和基督教徒,古代的和中世纪的——都对菲奇诺在1489年出版而之后被阿格里帕流传开来的魔法的哲学理论有所贡献。最终,许多发现这一理论在哲学上可信的读者,

523

[10] Agrippa, *Opera*, 1: 4.

[11] Cicero, *De natura deorum*, 3. 22. 56; Yates,《乔尔达诺·布鲁诺与赫耳墨斯传统》,第398页～第440页; D. P. Walker,《古代神学:从15到18世纪基督教柏拉图主义研究》(*The Ancient Theology: Studies in Christian Platonism from the Fifteenth to the Eighteenth Century*, London: Duck-worth, 1972); Frederick Purnell,《弗朗切斯科·帕特里齐与三重伟大的赫耳墨斯的评论者》(Francesco Patrizi and the Critics of Hermes Trismegistus),《中世纪与文艺复兴研究杂志》(*Journal of Medieval and Renaissance Studies*), 6(1976),第155页～第178页; Anthony Grafton,《文本的辩护者:科学时代的学术传统(1450～1800)》(*Defenders of the Text: The Traditions of Scholarship in an Age of Science, 1450 - 1800*, Cambridge, Mass.: Harvard University Press, 1991),第145页～第177页。

认为它在经验上也同样可信。经验的信息提供了神秘主义信仰的第三个基础。[12]

经验细节确实构成了阿格里帕的概要的主要部分，例证了他的理论并且使它更加具体。阿格里帕一次又一次地求助于长期被认为是神秘的自然物体的清单，因为它们的样子是奇特的，它们的作用机理是未知的，或者它们的效力是迅速的且异常强大的：磁石、红宝石、鸡血石、芍药、塔兰图拉毒蛛、蛇怪、龙、电鳐、鲫鱼，以及其他数百种东西。尽管如此，若没有一个理论去解释它们，阿格里帕长长清单中的有魔力的物体将毫无意义。百科全书、宝石收藏家和动物寓言集，以及关于炼金术、占星术和医学的著作提供类似的清单已经有好几个世纪了，但是它们背后的理论是脆弱的，因为它最强的声音（即古代的新柏拉图主义者）直到阿格里帕之前的那代人一直都很微弱，因为直到那时，菲奇诺、皮科和其他主要的思想家，才使用那个时代最权威的形而上学、物理学和宇宙论的观念，发展出魔法的哲学概念。阿格里帕是这种理论化的受益者。个人的经历和流行的文化同样坚定了他对魔法的信仰，它依然是一种学术的和哲学的事业—— 一种神秘哲学。[13]

通过声称把自然魔法从自然哲学中推导出来，阿格里帕从对物理学和物质理论的阐释开始——其术语和框架是亚里士多德派的，但也带有新柏拉图主义的成分。他的物理本原是四元素（火、气、水和土）和它们的触觉性质（热、冷、湿和干）。这些元素的第一性质产生了第二性质（可以解释对医师和自然哲学家来说很重要的物理过程：软和硬、保留和驱逐、吸引和排斥等）。第二性质则作用在物体的各部分上，以产生第三性质以及无数的奇迹，自然奇迹和人工奇迹，从不可扑灭的火到永恒的灯。这些性质产生于物质且容易被感知，它们被称作显现性质，然而，尽管这些性质很奇妙，却并不被认为有魔力。其他被叫作神秘性质的，它们并不是来自物质，而是来自特殊的或者实体的形式——非物质的形式解释了事物属于它的物种或种类的原因。除非它们来

524

[12] J. E. McGuire 和 P. M. Rattansi，《牛顿与"潘神之箫"》（Newton and the "Pipes of Pan"），《皇家学会的记录及档案》（*Notes and Records of the Royal Society*），21（1966），第 108 页～第 143 页；Copenhaver，《占星术与魔法》；Copenhaver，《现代早期科学中的自然魔法、赫耳墨斯主义和神秘学》；Copenhaver，《科学有文艺复兴吗？》；Copenhaver，《赫耳墨斯文集》，第 xlvii 页～第 xlviii 页；Copenhaver，《两条鱼的传说：从古代到科学革命时期自然志中有魔力的物体》（A Tale of Two Fishes: Magical Objects in Natural History from Antiquity through the Scientific Revolution），《思想史杂志》（*Journal of the History of Ideas*），52（1991），第 373 页～第 398 页。

[13] Agrippa, *Opera*, 1: 21 - 2, 25 - 6, 35 - 6, 39, 45, 47, 51, 57 - 8, 74, 77, 83, 334; Copenhaver，《占星术与魔法》；Copenhaver，《两条鱼的传说：从古代到科学革命时期自然志中有魔力的物体》；Copenhaver，《17 世纪哲学中神秘主义传统及其批评者》，第 454 页～第 465 页；Copenhaver，《现代早期科学中的自然魔法、赫耳墨斯主义和神秘学》，第 275 页～第 280 页；Copenhaver，《科学有文艺复兴吗？》，第 396 页～第 398 页；Copenhaver，《马尔西利奥·菲奇诺〈论生命〉中的经院哲学与文艺复兴时期的魔法》（Scholastic Philosophy and Renaissance Magic in the *De vita* of Marsilio Ficino），《文艺复兴季刊》（*Renaissance Quarterly*），37（1984），第 523 页～第 554 页；Copenhaver，《文艺复兴时期的魔法与新柏拉图哲学》（Renaissance Magic and Neoplatonic Philosophy: *Ennead* 4. 3 - 5 in Ficino's *De vita coelitus comparanda*），in *Marsilio Ficino e il ritorno di Platone: Studi e documenti*, ed. G. C. Garfagnini (Florence: Leo S. Olschki, 1986), pp. 351 - 69; Copenhaver, "Iamblichus, Synesius, and the *Chaldaean Oracles* in Marsilio Ficino'*De vita libri tres*: Hermetic Magic or Neoplatonic Magic?," in *Supplementum Festivum: Studies in Honor of Paul Oskar Kristeller*, ed. James Hankins, John Monfasani, and Frederick Purnell, Jr. (Binghamton, N. Y.: Medieval and Renaissance Texts and Studies, 1987), pp. 441 - 55；Copenhaver，《三重伟大的赫耳墨斯、普罗克洛与文艺复兴时期魔法哲学问题》（Hermes Trismegistus, Proclus, and the Question of a Philosophy of Magic in the Renaissance），载于 Merkel 和 Debus 编，《赫耳墨斯主义与文艺复兴》，第 79 页～第 110 页。

源于形式,神秘性质的原因是未知的,只有那些由它们引起的魔力现象是可感知的,而神秘性质自身是不可感知的。这些魔法力量的来源对于理性和感觉来说都是隐藏着的,这也就是为什么它们被称作神秘性质的理由。[14]

因为它们并不依赖物质,神秘性质产生出异常的或与包含它们的物体之尺寸极不相称的奇怪效力:石头在土地中歌唱,极小的鱼在水中阻止了巨大的船,空中的鸟吃铁,蜥蜴在火中生活。但是即使元素自身也是包括在魔法作用之中的。火对于仪式魔法是很有用的,因为它吸引好的光之精气。土地被神圣地注入了生殖形式,能够自发地生长出虫子和植物。空气则传送天上的影响并且反映自然物体的虚像(种类),运送阿格里帕自己声称已经掌握的心灵感应的能量。并且"水的奇迹是无穷无尽的",正如阿格里帕所注释的,甚至在福音书中也同样如此,因为里面讲到过一位天使搅动一池水以治疗那无药可救的人。[15]

产生神秘性质的形式是天上的,源自上帝的思想且播种在低级自然中。它们反映出了恒星的形象并且把这些形象作为特征、标志铭刻在自然物体上。"所有物种都有一个天上的形象与之相匹配,"阿格里帕说道,"一种异常行动的力量也正是从这种形象进入到物种之中。"因此有魔力的物体被它们天上本源的标记所标明了,而这正好能被魔法师探察到,正如天文学家能辨认出恒星和行星。在阿格里帕的行星之特征的目录之中,例如,一个来自土星的物体种类,它的元素是土和水,体液是抑郁质,与铅和金发生共鸣,带有蓝宝石和磁石,带有曼德拉草、鸦片、藜芦和龙蒿,带有"离群独居的爬行动物,孤独的、夜间活动的、忧郁的……慢慢移动的,以污秽之物为食,吞食其幼崽……鼹鼠、驴、狼、野兔、骡、猫、骆驼、熊、猪、猴子、龙、鬣蜥和蟾蜍"。[16]

525

在阿格里帕的书中,这些清单的重要性在于它们的实际用途。例如,那些知道天龙座和土星掌管龙蒿科植物的魔法师,就能够用这一信息吸引或抑制忧郁的影响。自然物体被众神印上形式,标上天上的印记,并且充满神秘的力量,当魔法师发现并使用它们的时候,即或者集中它们以吸引某一影响,或者分离它们以阻止另一影响,或者创造一致性或不一致性去引出所需形式或使物质易于接收它们,它们就变成有魔力的物体。直到这一点,魔法还是在自然范围内工作,这一范围在阿格里帕的世界中穿过了基本的和天上的层次。他的各种制造魔法效果的装置——护身符、指环、符咒、麻药、油膏、药剂、油灯、发光物和烟气——在理论上能够以更明智、更深刻和更秘密的方式去使用自然的物体,从而避免恶魔的心灵世界,因为它在神学和道德上是有危险的。[17]

但是阿格里帕的宇宙是一个连续的统一体,其中物体与心灵有着交感的联系,并且通过精气的媒介作用、想象的力量和形式的传递,自然合并到了超自然之中。在阿

[14] Agrippa, *Opera*, 1: 5 - 22.
[15] Agrippa, *Opera*, 1: 5 - 17; John 5:2 - 9.
[16] Agrippa, *Opera*, 1: 23 - 4, 50 - 1, 56 - 62.
[17] Ibid., 1: 57 - 67, 70 - 85.

图22.1 亨里克斯·科尔内留斯·阿格里帕·冯·内特斯海姆的月亮龙。In Agrippa, *De occulta philosophia*, in *Opera quaecumque hactenus vel in lucem prodie-runt vel inveniri potuerunt omnia*. 2 vols. (Lyon: Beringi fratres, n. d.), 1: 272

格里帕著作中的众多图片中,有一幅展示了一条龙(图22.1),它说明了魔法连续性的危险,因为它使得恶魔偷偷地溜进魔法师的实践中。通过总结更早期的关于占星术图像的文献,阿格里帕写道:它的作者们 526

> ……制作了具有头和尾的月亮龙的图像,它描绘了在火和气的圆圈之间的巨蛇……当木星和月亮龙的头统治着天空的中间区域时,他们制作了它……并且通过这一图像,他们想表明一个好的有运气的守护神,于是便用各种巨蛇来描绘它的形像。埃及人和腓尼基人认为这种动物比其他动物都要神圣……[因为]它的精气是更敏锐的,并且它的火更充足……但是当月亮被月亮龙的尾部遮住时或很糟糕地与土星和火星处在一起的时候,他们制作了一个与尾部相似的图像,它能够引起不安和脆弱并且带来坏运,他们把它称为一个邪恶的精灵。一个犹太人把一张与它类似的图像放在镶嵌着金子和珠宝的腰带上,波旁公爵的女儿布朗什把它送给了丈夫彼得,西班牙的国王……并且当他系上这条腰带时,他感觉有一条蛇缠着他。当被注入这条腰带中的魔法力量被发现时,他抛弃了妻子。[18]

因为天使和魔鬼统治着阿格里帕的交感宇宙的上层,尽管石头、植物和动物处于底层,但是仍然在它们可达到的范围内,那些召集自然事物隐秘力量的魔法师便冒有一定的风险,因为他们吸引来的天使或魔鬼的注意,可能是善的,也可能是恶的。

---

[18] Agrippa, Ibid., 1: 68 - 70, 272 - 3.

魔法的可信性：文本、图像和经验

词语、图像和经验，尤其是记录在书中的那些令人感同身受的经验，使得物理事物——诸如磁石、芍药、龙这样的自然物，以及诸如戒指、护身符和自动操作的机器这样的人工物——的魔力更加可信。这些事物的可信性是扎根于古代文本的，并且那些发现并保存这些文本的人文主义者使它们的魔力完整无损。例如，虽然普林尼的古代百科全书带有大量魔法的证据，但在面对这一点时，大多数文艺复兴的编辑者都是想要加强普林尼的权威性而不是减弱它。16 世纪的自然志家重新开始了中止的哲学工作时，从皮埃尔·贝隆（1517 ～ 1564）和汉斯·魏迪茨（活跃期是 16 世纪初）到夏尔·德·莱克吕兹（1526 ～ 1609）和乌利塞·阿尔德罗万迪（1522 ～ 1605），都引用过被人文主义学者改进了的文本，因此确立了使魔法信仰合法化的古代智慧的权威。由于依赖古代著作要多于新的观察，学问所能做的最好的事情就是展示出存在于经典作品之中的矛盾，这对信仰肯定有所削弱，只是比较慢而已。此外，一些对个人经验的诉求实际上用当时的例子加强了古代的故事。很少有人接受法国散文家米歇尔·德·蒙田（1533 ～ 1592）给出的建议，即在试图解释带有奇迹的事实之前去检验一下它们。[19]

527

由于在书内描绘的物体与自然中见到的物体之间没有一种严格的对应机制，有魔力的物体的文本表现不仅仅是再现证据，而且是建构证据，它是在词语之中显示出来的，并且越来越多地是在图像之中。魔法世界的连续性是被标记了的，并且它的力量被可见的标志激活——例如阿格里帕的龙图（图 22.1）。从古代起，这种图像就一直是魔法的一部分或一个局部，阿格里帕著作中的那些图像与词语一起作用以相互加强。在整个 16 世纪，新的印刷技术通过在印刷页上增加、稳定化处理和散布图像来加强图像和词语的这种合作关系。由于新的制图技术（比如透视法、描影法、木版画和雕版画）的产生，以前很少能见到的魔法景象，通过按自然志的方式绘制它们，并且在书中、宣传单和印刷品中去散播它们，开始让人们眼花缭乱。随着有魔力的事物在词语

---

[19] Montaigne，《随笔集》，3. 11；Charles G. Nauert，《人文主义者、科学主义者与普林尼：对古典作家的变化的研究路线》（Humanists, Scientists, and Pliny: Changing Approaches to a Classical Author），《美国历史评论》（*American Historical Review*），84（1979），第 72 页～第 85 页；G. E. R. Lloyd，《科学、民俗学与意识形态：古希腊生命科学研究》（*Science, Folklore, and Ideology: Studies in the Life Sciences in Ancient Greece*, Cambridge: Cambridge University Press, 1983），第 135 页～第 149 页；Lorraine Daston 和 Katharine Park，《奇事与自然秩序（1150 ～ 1750）》（*Wonders and the Order of Nature, 1150 - 1750*, New York: Zone Books, 1998），第 24 页，第 27 页，第 63 页，第 287 页；Copenhaver，《两条鱼的传说：从古代到科学革命时期自然志中有魔力的物体》；Copenhaver，《17 世纪哲学中神秘主义传统及其批评者》，第 457 页～第 463 页；Brian P. Copenhaver 和 Charles Schmitt，《文艺复兴哲学》（*Renaissance Philosophy*, A History of Western Philosophy, 3, Oxford: Oxford University Press, 1992），第 24 页～第 37 页，第 196 页～第 209 页，第 239 页～第 260 页。

和图像上的激增，新的学问和新的技艺使得它们更加可信。[20]

考虑一下这个声称于1496年出现于拉韦纳的怪物：一个没有手臂而带有翅膀的两性生物，头上长了一只角，膝盖上长了一只眼睛，一只鹰爪代替了脚。绘制着这种奇物（以及许多其他奇物）的宣传单已经在意大利和德国流传了许多年，最终在1512年引起一位佛罗伦萨的药剂师卢卡·兰杜奇的注意。这图像自身就能博得信仰。"我看见它被绘制，"兰杜奇声称，"并且任何一个人愿意的话都可以在佛罗伦萨看到这幅画。"——这些插图便是自然的恐怖和上帝那逼近的惩罚的证据。[21] 阿格里帕的世界充满了这种奇观。[22]

528

来自列奥纳多·达·芬奇（1452～1519）的笔记本、素描和油画中更为优雅的证据显示出绘画如何使得有魔力的事物更加可信。列奥纳多汇编了一本动物寓言集，一个宫廷画家贮藏的寓言和寓意画的文件，它包括了100多个物种，其中一些是有魔力的物种。它的一个来源是14世纪的一位占星家切科·达斯科利的著作《阿采尔巴》（*Acerba*），他描绘所有巨蛇中最巨大的且在魔法师中盛传的龙，它有一条有毒的尾巴并

---

[20] Agrippa, *Opera*, 1: 272; Hans Dieter Betz 编，《希腊人对纸草魔法文献的翻译，包括魔咒》（*The Greek Magical Papyri in Translation, Including the Demotic Spells*, Chicago: University of Chicago Press, 1986），第17页～第23页，第102页，第125页，第134页，第143页～第150页，第167页～第171页，第268页～第299页，第318页～第321页；Elizabeth Eisenstein，《作为变化原动力的印刷业：现代早期欧洲的交流与文化转型》（*The Printing Press as an Agent of Change: Communications and Cultural Transformations in Early Modern Europe*, Cambridge: Cambridge University Press, 1979），第67页～第70页，第254页～第272页，第467页～第470页，第485页～第488页，第555页～第556页；Brian P. Copenhaver，《举手表决》（A Show of Hands），载于 Claire Richter Sherman 编，《关于手的写作：现代早期欧洲的记忆与知识》（*Writing on Hands: Memory and Knowledge in Early Modern Europe*, Washington, D. C.: Folger Shakespeare Library, 2000），第46页～第59页。

[21] Daston 和 Park，《奇事与自然秩序（1150～1750）》，第177页～第190页；Ottavia Niccoli，《文艺复兴时期意大利的预言与人》（*Prophecy and People in Renaissance Italy*, Princeton, N. J.: Princeton University Press, 1990），Lydia Cochrane 译，第30页～第60页；Luca Landucci, *Diario fiorentino dal 1450 al 1516, continuato da un anonimo fino al 1542, pubblicato sui codici della Comunale di Siena e della Marucelliana*, ed. Iodoco del Badia (Florence: Studio Biblos, 1969), p. 314。

[22] Daston 和 Park，《奇事与自然秩序（1150～1750）》，第67页～第75页，第145页，第199页；Anthony Grafton，《鲁道夫时期布拉格的人文主义与科学》（Humanism and Science in Rudolphine Prague），载于 Grafton，《文本的辩护者：科学时代的学术传统（1450～1800）》，第178页～第203页；Copenhaver，《两条鱼的传说：从古代到科学革命时期自然志中有魔力的物体》；Keith Thomas，《宗教与魔法的衰落》（*Religion and the Decline of Magic*, New York: Charles Scribner's Sons, 1971），第212页～第252页；Jean Céard, *La Nature et les prodiges: L'Insolite au XVIe siècle*, 2nd ed. (Geneva: Droz, 1996)；Richard Kieckhefer，《中世纪的魔法》（*Magic in the Middle Ages*, Cambridge: Cambridge University Press, 1989），第16页～第17页，第56页～第94页；William B. Ashworth，《自然志与象征世界观》（Natural History and the Emblematic World View），载于 Lindberg 和 Westman 编，《重估科学革命》，第303页～第332页；Richard Gordon，《艾利安的芍药：古代希腊－罗马传统中魔法的定位》（Aelian's Peony: The Location of Magic in Graeco-Roman Tradition），《比较批评》（*Comparative Criticism*），9（1987），第59页～第95页；William Eamon，《科学与自然秘密：中世纪与现代早期文化中的秘著》（*Science and the Secrets of Nature: Books of Secrets in Medieval and Early Modern Culture*, Princeton, N. J.: Princeton University Press, 1994）；David Freedberg，《山猫之眼：伽利略、其友人与近代自然志的起源》（*The Eye of the Lynx: Galileo, His Friends, and the Beginnings of Modern Natural History*, Chicago: University of Chicago Press, 2002），第1页～第3页，第186页～第194页。

且异常残忍。[23] 列奥纳多不仅描述并且画出这条有魔力的龙，还建造了一条。

根据佛罗伦萨的画家和学会会员乔治·瓦萨里（1511～1571）的记录——写作了第一部伟大的艺术史的人，列奥纳多确实组装了一条活的小龙："在一条非常奇特的绿色蜥蜴上，他装上了从其他蜥蜴取来的鳞片制成的翅膀……当它爬行的时候，鳞片会因此而颤动；他还为它制作眼睛，一个角和一副胡子，驯服它并且把它养在一个盒子里，当他把它展示给朋友看的时候，他们全都吓跑了。"列奥纳多的步骤恢复了他虚构动物的图像时所留下的指导。"你不能制造出任何动物，除非它的肢体与其他动物的相似，"他写道，"因此，如果你希望使你已经设计出的一个动物看上去很自然——比方说一条龙——那么可以用獒或猎狗的头、猫的眼睛、豪猪的耳朵、灰狗的鼻子、狮子的前额、老公鸡的鬓角和乌龟的脖子。"[24]

这种龙出现在列奥纳多的素描中，其中一些是他画油画前的习作。例如那未完成的《东方三博士的朝拜》（*Adoration of the Magi*，约1481）的背景显示出两个人在战斗中骑着马，长期被称赞为马科动物解剖学的令人印象深刻的杰作。但是一个准备性的草图表明列奥纳多曾经设想这两个可信的动物与一条龙打斗。其他素描（图22.2）显示了龙的形态源于马和猫的图像，或与狮身鹰首兽和来自图案书上的图解有关。在这种图像中，有魔力的龙不仅仅通过与熟悉的动物如马并列在一起从而获取它的可信性，还从列奥纳多对解剖学谨慎细致的控制中获取它的可信性，正如在他创作过程的前期描绘的那样。[25] 列奥纳多式的技艺帮助人们习惯于阅读世界中的龙——虽然它们是一种文本——同样也习惯于去描绘它们，并且这种成为进入魔法世界的窗口的图画的可信性，与其他以良好技艺素描绘出或用油彩绘制出的自然物体的可信性是难以区分

529

---

[23] Jean Paul Richter，2卷本《列奥纳多·达·芬奇的文学作品》（*The Literary Works of Leonardo da Vinci*, 2nd ed., Oxford: Oxford University Press, 1939; orig. publ. 1883），1: 382 (670); 2: 262 (1224), 264 - 5 (1231 - 2), 266 - 8 (1234, 1239 - 40), 270 - 1 (1248 - 9)；Cecco d'Ascoli, *L'Acerba, secondo la lezione del Codice eugubino dell'anno 1376*, ed. Basilio Censori and Emidio Vittori (Verona: Valdonega, 1971), p. 125; Martin Kemp，《列奥纳多·达·芬奇：自然与人的杰作》（*Leonardo da Vinci: The Marvellous Works of Nature and Man*, Cambridge, Mass.: Harvard University Press, 1981），第152页～第157页，第164页～第167页，第281页；Martin Kemp和Jane Roberts，《列奥纳多·达·芬奇》（*Leonardo da Vinci*, New Haven, Conn.: Yale University Press, 1989），第155页～第157页；Wilma George和Brunsdon Yap，《为野兽命名：中世纪动物寓言集中的自然志》（*The Naming of the Beasts: Natural History in the Medieval Bestiary*, London: Duckworth, 1991），第66页～第68页，第89页～第90页，第192页～第193页，第199页～第203页；Lynn Thorndike，8卷本《魔法与实验科学史》（*A History of Magic and Experimental Science*, New York: Columbia University Press, 1923 - 58），第2卷，第948页～第968页；Daston和Park，《奇事与自然秩序（1150～1750）》，第39页～第43页，第52页，第76页；Pamela Gravestock，《想象的动物存在吗》（Did Imaginary Animals Exist），载于Debra Hassig编，《野兽的标志：艺术、生活和文学中的中世纪动物寓言集》（*The Mark of the Beast: The Medieval Bestiary in Art, Life, and Literature*, New York: Garland, 1999），第119页～第139页。

[24] Giorgio Vasari, *Le vite de'piu eccellenti pittori, scultori e architettori nelle redazioni del 1550 e 1568*, ed. Rosanna Bettarini and Paola Barocchi, 6 vols. (Florence: Studio per Edizioni Scelte, 1966 - 97), 4: 21, 34 - 5；Richter，《列奥纳多·达·芬奇的文学作品》。

[25] Vasari, *Vite*, 4: 22 - 5, 31; Pietro C. Marani，《列奥纳多·达·芬奇：画集》（*Leonardo da Vinci: The Complete Paintings*, New York: Abrams, 2003），A. L. Jenkens译，第101页～第117页；Kemp和Roberts，《列奥纳多·达·芬奇》，第23页～第65页，第54页，第66页，第96页，第145页；Arthur Ewart Popham，《列奥纳多·达·芬奇的素描作品》（*The Drawings of Leonardo da Vinci*, New York: Reynal and Hitchcock, 1945），第32页～第38页，第109页，第112页～第113页，第116页～第122页，第125页，插图62、80、86～88、104～114、125；Popham，《龙之战》（The Dragon-Fight），载于Achille Marazza，《列奥纳多：研究随笔》（*Leonardo: Saggi e ricerche*, Rome: Libreria dello Stato, 1954），第223页～第227页；Kemp，《列奥纳多·达·芬奇：自然与人的杰作》，第54页～第58页。

图 22. 2　龙、马与猫。Leonardo da Vinci, ca. 1517, drawing on paper. Reproduced by permission of the Royal Library, Windsor Castle, Windsor Leoni volume 12331. The Royal Collection © HM Queen Elizabeth II

的(参看第 31 章)。[26]

---

[26] Michel Foucault, *Les mots et les choses: Une archéologie des sciences humaines* (Paris: Gallimard, 1966), pp. 13 - 14, 34 - 59, 128 - 32; Copenhaver,《科学有文艺复兴吗?》,第 403 页～第 407 页。此处所用的描绘的概念,改写自以下书中对荷兰人技艺的描述,Svetlana Alpers,《描述的技艺:17 世纪荷兰人的技艺》(*The Art of Describing: Dutch Art in the Seventeenth Century*, Chicago: University of Chicago Press, 1983)。Freedberg,《山猫之眼:伽利略、其友人与近代自然志的起源》,第 5 页～第 6 页,第 284 页～第 286 页,强调了绘画的局限性及其对山猫学会的重要性;也可参看 David Freedberg,《图像的力量:响应的历史和理论研究》(*The Power of Images: Studies in the History and Theory of Response*, Chicago: University of Chicago Press, 1989),尤其是第 9 章和第 10 章;Caroline Jones 和 Peter Galison 编,《描绘科学,生产艺术》(*Picturing Science, Producing Art*, London: Routledge, 1998),尤其是 Daston、Freedberg、Koerner、Park、Pomian 和 Snyder 所写的论文。

审讯中的魔法

在列奥纳多的时代，魔法是如何被严肃对待的，其强有力的证据便是反对魔法的宗教热情。在很长时间内，人们一直都害怕那些把特定物体归结为有魔力的物体的文本，怕它们对信仰和道德构成威胁，这也就是为什么列奥纳多使用过的一本书（切科·达斯科利的《阿采尔巴》）和它的作者一起在1327年被焚烧。离这次双重死刑之后不久的1370年左右，在离它十分遥远的地方，另一个位于君士坦丁堡的索非亚大教堂的审判庭听取了福杜勒斯关于这些书的证词。由于被控告拥有“不干净”的书，福杜勒斯坦白并且说出一个名叫西罗普洛斯的医师作为他图书的来源。西罗普洛斯又把审判庭引向了另一位医师加布里埃洛普洛斯，于是他的住处被搜查，并且书箱被找到了。一本涉嫌的书叫作《基兰之书》(*Kyranides*)；另一本是由季米特里奥斯·克洛勒斯写的咒语书，他也像加布里埃洛普洛斯一样是一名教士和医师。当克洛勒斯声称他的魔法书与医学文本没有区别时，其他医师则痛恨地大喊克洛勒斯使医学技艺蒙受耻辱，他侮辱了他们的英雄——古代的医师希波克拉底和盖仑，因为他声称他们是魔法师。[27]

530

关于这些书，有什么令人如此惊恐的东西？《基兰之书》可能只是一部粗糙的自然志书，在希腊字母表下毫无危害地列出了植物、石头和动物，但是它被认为由三重伟大的赫耳墨斯创作，并且宣传有魔力的植物和动物，像阿格里帕的龙一样，它们有吸引魔鬼注意力的危险。当《基兰之书》告诉读者如何把东西放在一起以配成药物（例如，戴胜的心脏、海豹的毛发、碧玉和芍药根是一种很有价值的药物的成分），它向他们显示出带有令人惊恐的魔法力量的物体。[28]

531

另一本赫耳墨斯主义的书把普通的芍药描述成“神圣的植物，作为一种治疗人的药物，它是由上帝显示给三重伟大的赫耳墨斯的……正如埃及的圣书所记载的”。并把它推荐给热病患者和癫痫患者，还可作为一种熏蒸剂治疗被魔鬼附身的人：“不管谁有它的根的一部分，如果上帝那无法说出的名字被刻在它上面（带着魔力印记），就不需要惧怕魔鬼了。”对熏出魔鬼并不感兴趣的盖仑，也曾经见过一个小孩用芍药护身符治愈癫痫，这显示出在医学和魔法之间所能有的界限是多么模糊。不管怎样，肯定源

---

[27] Antonio Rigo, “Da Costantinopoli alla biblioteca di Venezia: I libri ermetici di medici, astrologi e maghi dell’ultima Bisanzio,” in *Magia, alchimia, scienza dal’400 al’700: L’Influsso di Ermete Trismegisto*, ed. Carlos Gilly and Cis van Heertum, 2 vols. (Venice: Centro Di, 2002), 1: 69 - 70.

[28] *Kyranides*, 21, in *Die Kyraniden*, ed. Dimitris Kamaikis (Beiträge zur klassischen Philologie, Heft 76) (Meisenheim: Anton Hain, 1976), 55.96 - 102; Festugière,《三重伟大的赫耳墨斯的启示》，第1卷，第214页～第215页。

自自然物体的魔法疗法成为对基督教信仰的一种攻击。[29]

然而，魔法的吸引力强大得足够诱使许多现代早期的作者去冒受宗教迫害的危险。即使在天主教异端裁判所的出现使得镇压更加有效之后，魔法的文献在威尼斯还是保持着增长的趋势，例如，异端裁判所于1547年到达那里，但是对魔法不怎么关心，直到16世纪80年代罗马教皇的反对增强。禁书的目录直到1559年还是适当的，但是它主要的效力是地区性的，针对的是在意大利范围内图书的印刷和出售。书依然在走私，并且手抄本依然在复制，魔法文本的贸易很繁荣：神职人员在交易中十分活跃，并且在威尼斯的上流社会中到处寻找顾客，人们由于爱或恨或仅仅是好奇而被打动。[30]

在16世纪以及之后的很长时间里，关于魔法的书（其中一些像阿格里帕的一样有插图）源源不断地从印刷厂输送出来。但是随着阿格里帕的书变老和出名，情况发生了变化——它开始被法国讽刺作家弗朗索瓦·拉伯雷（1494～1553）嘲笑，被英格兰剧作家克里斯托弗·马洛（1564～1593）搬上了舞台，被魔法的主流批评家所攻击，并且不断地被它最重要的提倡者复制。到了《论神秘哲学》的一个英语译本于1651年出版时，一门新科学的先驱已经转向反对传统的智慧以及阿格里帕从它那引导出的魔法原则。[31]

532

对于他们为何不着迷于魔法，其中有许多原因，但在这原因的清单上，较低的一条便是教会的指责。在教皇们依然想知道恒星为他们贮藏了什么的时代，对于伽利略·伽利莱（1564～1642）来说，与亚里士多德发生矛盾比用天宫图来算命要冒更大的危险。在某种程度上，对魔法信仰的侵蚀反映了质性物理学及其形而上基础的一个普遍衰落，而正是这种形而上基础，不管是亚里士多德的还是柏拉图的，在阿格里帕的书或其他16世纪的著作中为魔法打造了理论根基。[32] 尽管如此，在某种程度上，正是在形象化的诸多新形式中被表达出来的可理解性的新标准，使得有魔力的物体和图像失去了它们的可信性，并最终退出了人们的视野。

---

[29] *Catalogus codicum astrologorum graecorum*, 8.2, ed. C. A. Ruelle (Brussels: Lamertin, 1911), 169 - 70; Galen, *De simplicium medicamentorum temperamentis* (Kühn, 11: 792, 858 - 61); Festugière,《三重伟大的赫耳墨斯的启示》，第1卷，第77页，第157页；G. E. R. Lloyd,《亚里士多德之后的希腊科学》(*Greek Science after Aristotle*, London: Chatto and Windus, 1973)，第136页～第153页；Lloyd,《魔法、理性和经验：希腊科学的起源和发展研究》(*Magic, Reason, and Experience: Studies in the Origin and Development of Greek Science*, Cambridge: Cambridge University Press, 1979)，第42页～第49页。

[30] Federico Barbierato, "La letteratura magica di fronte all'inquisizione veneziana fra'500 e'700," in Gilly and van Heertum, eds., *Magia, alchimia, scienza*, 1: 135 - 75.

[31] Henry Cornelius Agrippa von Nettesheim,《关于神秘哲学的三本书》(*Three Books of Occult Philosophy Written by Henry Cornelius Agrippa of Nettesheim, Counsellor to Charles the Fifth, Emperor of Germany, and Judge of the Prerogative Court, Translated out of the Latin into the English Tongue by J. F.*, London: Gregory Moule, 1651)。载于桑代克的《魔法与实验科学史》(*A History of Magic and Experimental Science*)，2卷是写17世纪的，其余6卷是写16世纪的。关于魔法的声誉的衰落，参看Copenhaver,《17世纪哲学中神秘主义传统及其批评者》; see also François Rabelais, *Tiers livre*, 25, in Rabelais, *Oeuvres de François Rabelais*, ed. Abel Lefranc, 6 vols. (Paris: Honoré Champion, 1913 - 31; Geneva: Librairie Droz, 1955), 5: 188 - 200; and Christopher Marlowe, *Doctor Faustus*, I. i. 111。

[32] Walker,《从菲奇诺到康帕内拉的神灵魔法与恶魔魔法》，第205页～第212页；Copenhaver,《17世纪哲学中神秘主义传统及其批评者》；Stillman Drake,《工作中的伽利略：他的科学传记》(*Galileo at Work: His Scientific Biography*, Chicago: University of Chicago Press, 1978)，第35页～第36页，第55页，第169页～第190页，第236页，第278页～第288页，第313页。

麻醉力和视觉力

在伽利略之前，弗兰西斯·培根(1561～1626)和勒内·笛卡儿(1596～1650)已经逐渐地破坏了阿格里帕的魔法宇宙的根基，尽管如此，其他一些人正在把它支撑起来。这种努力的一个成果出现在1548年，并以其丰富的学识、尖锐的哲学探讨和解释的野心而著称，即《论隐秘的原因》(*De abditis rerum causis*)。[33] 这本由一位法国医师让·费尔内所写的影响广泛的书，在培根、伽利略和笛卡儿全都去世时，还能找到顾客买它并且很出名；从它第一次发行起的一个世纪之内就印了近30版。费尔内出生于15世纪晚期，并且在他接受教育的时候，巴黎还是晚期经院哲学的大本营。费尔内是医学的理论和实践上的一位伟大的革新者，并且使用新哲学去解读古代的医学文本。古代的权威人物说服了他，使他相信神秘性质是解释和治疗人类疾病强有力的工具。

因此，费尔内的书吹捧医学中的神秘力量，在从最好的经典资源——希波克拉底、柏拉图、亚里士多德、盖仑和许多其他人——那取来的原则的基础之上，他为神秘疗法的合理化营造了一个专业的框架。为了给神秘医学建构一个方法论，他抛弃了医学经验而提倡理性主义。费尔内不是病理学细节的耐心学生，因为这种病理学是通过积累观察以减弱魔法医学理论。相反地，他接受那个理论并且努力去拓展和改良它，而不是毁灭它。在这个过程中，他不仅为神秘性质辩护，还声称它们并不比它们明显的对应物更不易理解。[34]

533

显然希波克拉底是他的第一个灵感，费尔内知道，对元素和性质的医学信任只有同盖仑结合在一起，它才变得坚固，因为盖仑是在一个后亚里士多德的框架中发展了他的医学体系。在这个宇宙之中，一种湿的、冷的、清淡的药治愈一种干的、热的、红肿的病。这个宇宙是这样一个世界，即四元素构成并解释所有月下天的事物。费尔内意识到盖仑对亚里士多德和希波克拉底事业的拓展是不完全的，尽管如此，但盖仑自己不得不——战战兢兢地——超出四元素去看问题以解释普遍但又错综复杂的医学现象。(其中一个这样的难题是杀死了费尔内的皇室病人法兰西斯一世的“法国病”，它是一种新时代的微恙，盖仑那时并没有。)事实上，费尔内想通过从魔法理论所依据的质性物理学中导出一个更有效的疗法和一个更严格的疾病分类，从而对盖仑的理论加以改进。费尔内的关键信念，主要地说，是神秘力量——从形式得来，而不是从物质——可以治愈相反的神秘疾病，正如四种物质元素明显的力量可以治愈相反的明显

---

[33] Jean Fernel, *De abditis rerum causis libri duo* (Venice: Andrea Arrivabene, 1550).

[34] 关于费尔内的最新文献概要，参看 John M. Forrester 和 John Henry 编译，《让·费尔内的哲学[1567]》(*The Physiologia of Jean Fernel [1567]*, Philadelphia: American Philosophical Society, 2003)，第1页～第12页；关于费尔内作为反对魔法的改革者的老观点，参看 Charles Sherrington，《让·费尔内的努力》(*The Endeavour of Jean Fernel*, Cambridge: Cambridge University Press, 1946)。

的疾病。[35]

对于费尔内来说,明显的和质料因的范例是热的、干燥的和发光的火。我们对于火有这样的特征的观念来自感觉;尽管如此,我们真正感觉到的,却并不是物体的特征,而是它对我们施加的影响。“因为你已经感觉到火在燃烧,然后你判断它是热的,”他解释道,“同样的方式,因为你经常观察到磁石吸引铁,你将从你看到的结果中得出必定有什么东西在前面的结论。”[36]费尔内坚持这一通向所有种类性质的方法——在火的例子中是物质的或形式的,在磁石的例子中是明显的或神秘的——是通过推断而不是感觉得出的。若不是推断出一个燃烧的感觉是被物体的一个特征引起的,因此称这个特征为“热”,人们不能对感觉的原因说出更多的东西。

那么鸦片呢?我们感觉到它的神秘的麻醉力了吗?不,在费尔内的理论中,我们推断鸦片有这样一种效力是因为它使我们感到昏昏欲睡。我们既感知不到鸦片的麻醉力也感知不到火的热的性质。“如果我询问火燃烧的原因,”他解释道:

> ……你只能说它来自强烈的热和这是它的本性和性质。在已经给出这一自信的答案之后,你似乎已经完全地并且学术性地回答了问题。但是当我说磁石吸引铁或芍药阻止了癫痫,通过一种固有的性质,对你来说我还没有足够清楚地表达出原因,为什么会这样?为什么对两个例子同样普遍的东西却对一个特殊起来,就好像它被赋予特权一样?也许这是不同的:火的性质,因为它更为人们熟悉,是被专门的名字“热”和“光”定义好的,然而目前还没有名字被用来定义磁石、芍药和类似这种事物的各种性质……第一性质并不能解释所有的东西,并且……我们应该惊讶于神秘性质的特点多过于元素的特点……[这些]性质不是来自元素或物质而是来自形式本身。[37]

534

因此,对于费尔内来说,明显性质和神秘性质之间的区别仅仅是名义上的。神秘性质不同于明显性质,仅仅是因为我们更经常遭遇后者,并且给予它们诸如“热”这样日常的名字,而不是诸如“麻醉力”之类笨拙的标签,这种差别,并不造成真正的不同,而只是来自习惯、分类学和方法上的不同,而不是来自物理学、本体论或认识论上的不同。事实上,所有的性质都是不可感知的,不管它们被称作神秘性质还是明显性质。

但是费尔内并没有止步于否定明显性质和神秘性质之间的日常差别。他还试图通过援引神秘能力而不是神秘性质来取代认识论对临床资料的困惑。临床经验的平常事实是,鸦片使人昏睡,而毒芹能杀人。通过将能力分解为临床事实(包括药物和病

[35] Hippocrates, *De morbo sacro*, 1 - 5, 18; [Galen], *De affectuum renibus insidentium dignotione* (Kühn, 19: 643 - 98); Fernel, *De abditis*, pp. 5 - 7, 101, 109, 120, 153 - 6, 204 - 6, 217 - 23, 235 - 6, 249, 280 - 2, 292 - 3, 304 - 5; Julius Röhr, *Der okkulte Kraftbegriff im Altertum* (*Philologus*, Supplementband 17. 1) (Leipzig: Dieterich, 1923), pp. 96 - 133; Lloyd,《魔法、理性和经验:希腊科学的起源和发展研究》,第15页~第29页;Lloyd,《亚里士多德之后的希腊科学》,第136页~第153页。

[36] Fernel, *De abditis*, pp. 17 - 23, 64 - 5, 82, 149 - 50, 159, 173 - 9, 284, 294.

[37] Fernel, *De abditis*, pp. 285 - 7.

人两方面)的动力因,费尔内能够弄明白鸦片的效用,同时又回避了药物的麻醉性质和病人(主观的)被麻醉的经历之间的认识论的鸿沟。药物的能力只是在病人身上观察到的麻醉效果的动力因。对于能力,费尔内只能说它们是神圣形式的产物。[38]

只要这个争论与性质继续纠缠在一起,被费尔内探察到的认识论僵局就阻碍了在亚里士多德-盖仑框架下的进一步行动。在之后的那个世纪,伽利略、笛卡儿和其他人将沿着它的一个根本隐喻通过抛弃那个框架来消除这障碍,这个隐喻便是:性质(热、冷、湿和干)是触觉的而不是视觉的,是感觉到的而不是看到的。由于试图用同样的物理学和几何学去处理整个世界——从遥远的恒星到极小的微粒,笛卡儿用图画表示它最细微的部分,正如伽利略已经出版的围绕木星的卫星图片——它们对于裸眼来说是隐藏着的。为了显示所有的自然作品是同样质料因的效果——形状、尺寸和位置,以及最小部分的运动——笛卡儿描绘出了不可见的微观物体,如同它们可以出现535在宏观世界一样:例如特殊凹槽的微粒(图22.3),通过机械地调节它们穿过地球的路径,便可以解决磁力难题。[39] 许多诸如此类的解释图像,澄清了笛卡儿做出的机械论论证,否则它们更加难以被把握,并且视觉的语言(观念是清楚和分明的;自然之光照亮了理解)也同样充满了笛卡儿哲学。图像使得谈论在可见现象之下运行的不可见的机械论原理变得更加可行——包括平常被当作魔法的效果,比如磁力、交感和反感。[40] 尽管对笛卡儿来说知道就类似于看见,但费尔内一直致力于知道类似于触摸的隐喻。他所认为的物理上的本质不是形状、尺寸、位置和运动,而是火、气、水和土——是作为热、冷、湿和干被感觉到而不是被看到。[41]

随着图像澄清了词语和数字,当新的理论取代了古老的物理学,类似遭到取代的536是植根于直觉之中的古代神秘性质,这种直觉是更为触觉化而胜于视觉化的。在16世纪很好地服务于魔法的对图像的使用,也因此被17世纪的机械论哲学家用来反对魔法:微观粒子和导致宏观现象的机械原理。虽然有魔力的物体和它们可感知的效果能够被观察到,但这些效果的神秘的(字面上即隐藏的意思)原因却总是躲避观察。为了解释这些事情,在经验使它们具有真实性的范围内,机械论哲学的支持者使不可见的机械原理形象化,并出版它们的图像。因此,在现代早期的欧洲为支持和反对魔法

---

[38] Fernel, *De abditis*, pp. 151 - 6, 173 - 9; Lloyd,《亚里士多德之后的希腊科学》,第141页~第143页。

[39] René Descartes,《笛卡儿全集》(*Oeuvres*, 11 vols. in 13, Paris: J. Vrin, 1964 - 74),Charles Adam 和 Paul Tannery 编,8A: 283 - 315。

[40] J. F. Scott,《勒内·笛卡儿的科学工作》(*The Scientific Work of René Descartes*, London: Taylor and Francis, 1952),第71页~第81页;William R. Shea,《数字与运动的魔法:勒内·笛卡儿的科学生涯》(*The Magic of Numbers and Motion: The Scientific Career of René Descartes*, Canton, Ohio: Science History Publications, 1991),第129页~第147页,第205页~第218页,第228页~第249页;Copenhaver,《17世纪哲学中神秘主义传统及其批评者》,第469页~第473页。

[41] Aristotle, *De anima*, 435a11 - b25; cf. Aristotle, *De sensu*, 436b13 - 37a31; Aristotle, *Metaphysics*, 980a23 - 7; Fernel, *De abditis*, pp. 10 - 13; David Lindberg 和 Nicholas Steneck,《视觉科学与现代科学的起源》(The Science of Vision and the Origins of Modern Science),载于 Allen Debus 编,2卷本《文艺复兴时期的科学、医学和社会》(*Science, Medicine, and Society in the Renaissance: Essays to Honor Walter Pagel*, New York: Science History Publications, 1972),第2卷,第29页~第45页。

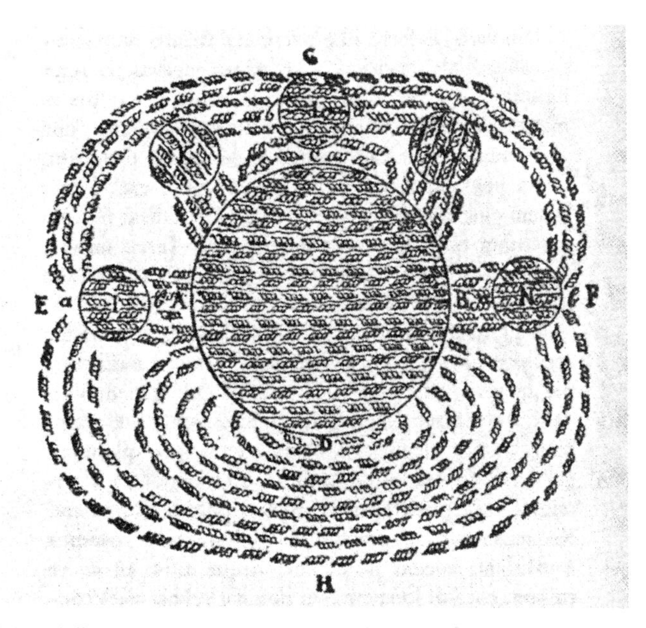

图 22.3　笛卡儿磁力作用图示。In René Descartes, *Principia philosophiae* (Amsterdam: Elzevir, 1644), p. 212. By permission of the Department of special collections, Charles E. Young Research Library, University of California, Los Angeles. [Q155D43 p 1644]

而服务的图像,在开始的时候促进了有魔力的物体的真实性,但是最终腐蚀掉了它们的理论基础。

在新的图像技术的帮助下,新的视觉模式最终被已经准备好对魔法的空洞进行狂欢式揭发的法国剧作家莫里哀(1622～1673)采用,他把魔法变得仅仅是一个奇观、一个幻觉。在戳破神秘性质之虚假性的喜剧《没病找病》(*Le malade imaginaire*, 1673)中,莫里哀给科学史带来了最好的一个笑话。最终,笑声是拆穿魔法这面西洋镜的一种强大力量——笑声标志着可理解性标准的根本转换。[42]

《没病找病》的一个主题是错误的学问,莫里哀发现,庸医们的装腔作势尤其可笑,那些医师让他们的病人为空谈付费。迪亚富瓦吕,这出戏里的有学问的医治者,把理想的医师描绘为这样一个人,他"不愿意改变观点……盲目地遵从古人的观点并且从不希望去理解……我们这个世纪在血液循环和其他这类观念上声称的发现。"[43]阿尔冈,这出戏中的疑病症患者,当他把他的药物分类为"一点暗示性的、预备性的和缓和的灌肠剂……一种养肝的糖浆药水,使人睡觉的催眠药……一种好的泻药……以便冲洗和排出胆汁",展示了他对古老神秘性质的信仰,而反对新的机械论观念。[44] 这出戏

[42] Molière, "Le malade imaginaire," I. i in *Oeuvres complètes* (Paris: Éditions du Seuil, 1962), p. 628.
[43] Molière, "Le malade imaginaire," II. v, pp. 642 - 3.
[44] Ibid., I. i, p. 628.

最后一幕(混合了本国语和拉丁语)是讽刺医学文凭授予的一首歌和一支舞蹈。那位首席博士问道:为什么鸦片会导致睡眠?考生回答道鸦片的效力来自它麻醉的力量:

而对于您的提问,
我的答案是
一种麻醉力,
它的本性是
削弱各种感觉。

“好答案——啊,好!好,好啊!”便是对这个回答的评议:这位考生已经从学术上回答了问题,对他的严峻考验已经结束了,而他的新同事们欢欣雀跃。[45]

537

被莫里哀嘲笑的传统哲学和医学曾经一直把物质的性质——它们的力量、颜色和其他特征——作为脱离物质的实体,但是机械论哲学家们只把它们视为物质的结构。事实上,因为他们不能真正看见这些结构,他们提出了不可见的微观结构,用视觉的隐喻在人工的宏观物体基础之上来描绘它们——球、棍、钥匙、螺丝、锁、钟——这模糊了在自然和技艺之间的界限,并且使性质的起源非神秘化。对于不能感觉到的物体,他们通过可见与不可见之间的类比去假定其特征。如果有些东西不能用这种方式来形象化,它就会被当作神秘之物而被打发掉,它对那些抛弃古代质性物理学的人来说,已经意味着“不可理解”而不是“隐藏”。[46]

罗伯特·玻意耳(1627～1691)的微粒理论,虽然被赋予了大小、形状和运动这样的可图像化的性质,并且把它们重新定义为第一性质,却和神秘性质一样是隐藏着的,并且也更不易于观察。玻意耳论证说可观察的性质只在这些东西按各种结构聚集起来时才能浮现;尽管如此,作为结果的第二性质,比如颜色或气味,并不是被莫里哀嘲弄的和被玻意耳发现的不易理解的学术实体。由于玻意耳从来没有完全逃脱魔法世界,他只不过是通过用其他觉察不到的细微物体取代了神秘性质,来发展神秘性质,这些细微物体被他赋予了日常物体的性质——例如玻璃粉的性质。医师们传统上把这种物质当作致命之物并给它贴上神秘之物的标签,正如拥有一种“有害的能力……一个特殊的和附加的实体”。但是对于玻意耳来说,“这些玻璃本身没有任何不同……其尖锐的点和锋利的边被这些机械属性加强得以刺穿或伤害……胃和肠子。”[47]

---

[45] Ibid., pp. 659 - 61.

[46] Keith Hutchison,《在科学革命中神秘性质发生了什么?》(What Happened to Occult Qualities in the Scientific Revolution?),《爱西斯》,73(1982),第233页～第253页;Hutchison,《麻醉力、学术性质与新哲学》(Dormitive Virtues, Scholastic Qualities, and the New Philosophies),《科学史》(*History of Science*),29(1991),第245页～第278页。Copenhaver,《17世纪哲学中神秘主义传统及其批评者》,第457页～第460页,第503页,它坚持神秘的性质在传统逍遥学派的框架中并非无法理解。关于技艺与自然,参看Daston和Park,《奇事与自然秩序(1150～1750)》,第260页～第265页,第280页～第293页,第298页～第299页,第314页。

[47] Thomas Birch编,6卷本《尊敬的罗伯特·玻意耳的作品》(*The Works of the Honourable Robert Boyle*, London: W. Johnston et al., 1772),第3卷,第4页,第11页,第13页,第18页～第25页,第46页～第47页;Peter Alexander,《观念、性质与微粒:洛克和玻意耳论外部世界》(*Ideas, Qualities, and Corpuscles: Locke and Boyle on the External World*, Cambridge: Cambridge University Press, 1985),第5页～第9页,第18页,第39页,第61页～第63页,第85页;Copenhaver,《17世纪哲学中神秘主义传统及其批评者》,第488页～第490页。

换句话来说，对于玻意耳来说，玻璃中的有害效力只是它的结构，而不是一个独立的能力或性质。用性质解释一种毒药的效果，仅仅能够假定其成分和把它们标上无法解释的特征，比如鸦片的麻醉力；用这种方法给观念的实体进行命名，实际上等于没有解释任何东西。“当我对原因还是完全无知的时候，知道那种存在于这样一种本原或元素中的性质，对于我来说意味着什么？”在《怀疑的化学家》(*Sceptical Chymist*，1661)中提出这一问题之后，玻意耳继续说：“如果化学家教给哲学家有关泻药的知识仅是药物的催泻力存在于它们的盐之中，那化学家所教的真是太少了！因为一件事是知道一个人的住所，而另一件事是和他相识。”在应该考察结构的时候去寻找物质和性质，就类似于通过告知一个时钟的机件是黄铜的还是铁的，而忽略它们的构造去解释一个时钟。[48]

538

根据机械论哲学家所说的，那些先前被认为是神秘现象背后的结构，并不是就其本性来说不可感知的，不像古代的神秘性质那样是从非物质的形式中产生出来的，从而排斥了观察。细微的结构不能被简单地感知到，因为人类的感觉很弱。因为我们不能看见或感觉到“物体细微部分的体积、结构和形状……我们不得不使用第二性质，它们并不是别的，而仅仅是力量。对于鸦片的颜色和味道，正如它的催眠和镇痛的效力，仅仅依赖其第一性质的力量”。这是玻意耳同时代人约翰·洛克(1632～1704)的观点，他在帮助玻意耳关上旧的质性物理学的大门的同时，使用图片的钥匙和锁去打开了通往对物质更清晰、视觉化的理解。[49]

通过把因果性还原为结构，洛克和玻意耳把神秘现象带进了新科学的视野中。玻意耳甚至提出一个理论，以容纳超距作用和它观察不到的媒介。他没有提出电学性质去解释琥珀在摩擦之后可以吸引稻草细末，而是论证说这种人们熟悉却感到困惑的效果由一种无形之物产生——一种不可感知的微粒的结构，除尺寸、形状和运动之外没有别的性质。虽然它们最小的部分最终并不比阿格里帕的神秘性质更具可感知性，但玻意耳的无形之物有两个优点：一种可归因的结构使得它们看上去很具体和易于理解；并且将它类比于可见的蒸汽也把它们带进日常经验的范围之中。[50]

---

[48] Robert Boyle,《怀疑的化学家》(*The Sceptical Chymist*, London: Dent, 1911),第178页～第183页; Alexander,《观念、性质与微粒:洛克和玻意耳论外部世界》,第37页～第40页,第50页～第52页。

[49] John Locke,《人类理解论》(*An Essay Concerning Human Understanding*, Oxford: Clarendon Press, 1975),Peter Nidditch编,2.8.8 - 10,第134页～第135页; 2.8.23,第140页～第141页; 2.23.8 - 9,第300页～第301页; 4.3.25,第555页～第556页; Alexander,《观念、性质与微粒:洛克和玻意耳论外部世界》,第48页,第55页～第59页,第61页～第88页,第115页～第125页,第131页～第134页,第139页,第150页～第151页,第162页～第174页; Copenhaver,《马尔西利奥·菲奇诺〈论生命〉中的经院哲学与文艺复兴时期的魔法》,第524页～第528页,第538页～第546页;Copenhaver,《占星术与魔法》,第274页～第287页;Copenhaver,《17世纪哲学中神秘主义传统及其批评者》,第454页～第460页,第490页～第493页。

[50] Boyle,《尊敬的罗伯特·玻意耳的作品》,第660页,第678页～第689页; Boyle,《怀疑的化学家》,第104页～第105页; Agrippa, *Opera*, 1: 25, 38, 45, 274, 465 - 6; Alexander,《观念、性质与微粒:洛克和玻意耳论外部世界》,第64页。Catherine Wilson,《不可见的世界:现代早期的哲学与显微镜的发明》(*The Invisible World: Early Modern Philosophy and the Invention of the Microscope*, Princeton, N. J.: Princeton University Press, 1995),第229页～第232页,强调了类比论证的弱点——它忽略了宏观物体与微观物体间的差异——正如某些机械论哲学家意识到的。

魔法离开视野

通过他的神秘力量的理论,费尔内期望机械论哲学家使用“力量”这一术语去区分一个物体的特征和它影响一个观察者或一个病人的能力。[51] 但是有几个东西使得机械论哲学和它微观的粒子比费尔内的神秘力量更为可信,并且因此削弱了魔法理论:新科学的长处之一,是它声称不可见的结构是可理解的,通过与自然的或人工的宏观现象的图画式类比就可以做到;长处之二是它的自信,即新的设备能展示那些因为太小或太远而从未被发现的世界的特征。

539

当伽利略、笛卡儿和他们的追随者寻找卫星或隐藏着的微观结构,他们的新工具——望远镜和显微镜要比费尔内的好得多。阿格里帕发现镜子和透镜仅仅是让人入迷的,但是德拉·波尔塔在他 1589 年的《自然魔法》(*Magia naturalis*,1558 年第一版的增补版)中已经开始思考光学仪器,虽然它们的科学使用还要等到下个世纪。人们对古代原子论者的文本发现始于 1417 年,并且开辟了几条攻击亚里士多德的战线,这时借助着光学仪器,原子论的影响力也增长起来,虽然原子论渗透进自然哲学还花了很长一段时间。在这个缓慢的过程接近尾声的时候,出现了伽利略在《试金者》(*Il Sagiatore*,1623)中对特殊物质的解释,这本书也提到一个放大的装置。然后伽利略建造设备,并且使用显微镜制作出第一幅科学插图——1625 年的一份展示了三只放大的蜜蜂的宣传单。其他的原子论者,比如皮埃尔·伽桑狄(1592 ~ 1655),通过显微镜来看水晶,看到了它们的几何结构,而笛卡儿则把放大镜和对不可见微观世界的想象图像进行了理论化处理。[52]

“借助于望远镜,”罗伯特·胡克(1635 ~ 1703)于 1665 年在他的《显微图》(*Micrographia*)中写道,“任何遥远的东西都可以呈现在我们的视野之中,借助于显微镜,没有任何细微的东西可以逃脱我们的研究。从此,一个新的视觉世界被发现了……还有自然所有秘密的运作。”受到他们的新仪器的鼓舞,并且错误地假定那些世界的图像可以一直受欢迎,机械论哲学家认为从触觉的本原转换到视觉本原是可能

---

[51] Locke,《人类理解论》, 2. 8. 2,第 7 页~第 10 页, 第 15 页, 第 17 页, 第 22 页~第 23 页, 第 26 页;Alexander,《观念、性质与微粒:洛克和玻意耳论外部世界》,第 115 页~第 122 页, 第 131 页~第 134 页, 第 150 页~第 167 页。

[52] Agrippa, *Opera*, 1: 12 - 13, 32 - 3, 153 - 4;cf. 2: 60 - 1; Galileo Galilei, *Opere*, ed. Ferdinando Flora (Milan: Ricciardi, 1953), pp. 171 - 2, 311 - 16; Descartes,《笛卡儿全集》,第 6 卷,第 93 页, 第 196 页~第 211 页; Locke,《人类理解论》, 2. 13. 19,第 175 页, 2. 23. 2,第 295 页; Daston 和 Park,《奇事与自然秩序(1150 ~ 1750)》,第 300 页,第 323 页;Freed-berg,《山猫之眼:伽利略、其友人与近代自然志的起源》,第 7 页, 第 33 页, 第 41 页, 第 71 页, 第 101 页~第 108 页, 第 114 页, 第 142 页, 第 151 页~第 154 页, 第 160 页~第 163 页, 第 219 页, 第 222 页~第 232 页, 第 276 页; Wilson,《不可见的世界:现代早期的哲学与显微镜的发明》, 第 57 页~第 79 页, 第 85 页~第 88 页, 第 216 页, 第 238 页~第 243 页; Norma E. Emerton,《对形式的重新科学阐释》(*The Scientific Reinterpretation of Form*, Ithaca, N. Y.: Cornell University Press, 1984),第 42 页~第 43 页, 第 129 页~第 135 页, 148 页~第 153 页, 第 248 页; Copenhaver 和 Schmitt,《文艺复兴哲学》,第 198 页~第 201 页; Copenhaver,《17 世纪哲学中神秘主义传统及其批评者》, 第 475 页~第 480 页; Howard Jones,《伊壁鸠鲁主义传统》(*The Epicurean Tradition*, London: Routledge, 1992),第 142 页~第 165 页。

的，至少在理论上如此。正如围绕木星之卫星的望远镜视野把天体物理学扩大到整个宇宙，细微结构在显微镜中的视野也引出了从宏观对象到微观对象的类比。通过描绘以前从未见过的真实事物，胡克在其插图十分丰富的《显微图》中用版画去展示乳酪霉菌，它对他来说看上去像“微型的蘑菇”，而蚋的触角看上去像“公牛的角”。[53] 540

到了胡克出版他的显微镜研究成果时，机械论哲学已经把自己确立为自然哲学解释中可理解性的新标准。对显微镜的着迷，比起通过将它们描绘出来去解释自然现象的诸多新方法，是更有效的原因。如果显微的仪器到来得太晚，以至不能解释从费尔内的触觉性质的神秘物理学到描绘出粒子的机械论物理学的转变，那我们应该看什么地方？我认为，在这过渡时期的欧洲人，可能会被关于神秘性质的医学争论所激励，被原子论者的唯物主义所鼓舞，并且受到为重大变化铺平道路的绘图技艺的引诱。但是这些因素的结合并没有使自然哲学摆脱诸多奇异之物——远离它，证据即是在显微镜下奇怪的新世界的展现。隐秘的原因也没被抛弃，只是受人尊敬的研究者不再称它们为神秘性质了。相反，力的物理学和预成说支持者的发生学给予不可见物体一个比以往更伟大的角色。[54] 但是关于魔法和神秘性质的争论也为解释自然世界找到了新的标准，它帮助自然哲学描绘了一条走出魔法的道路。

（肖　磊　译）

---

〔53〕 Robert Hooke，《显微图》（*Micrographia; or, Some Physiological Descriptions of Minute Bodies Made by Magnifying Glasses with Observations and Inquiries Thereupon*, London: Martyn and Allestry, 1665），sig. aii，第 125 页～第 126 页，第 185 页～第 186 页。注意差异，尽管并非完全相反，参看 Wilson，《不可见的世界：现代早期的哲学与显微镜的发明》，第 57 页～第 63 页，显微镜拿走了外观的特权。物体外表像什么并不代表它就是什么……各种事物内部没有相似性……即使我们必须用日常语言——绳子、纤维、水珠、森林、织机和儿童玩具——来描述它们。

〔54〕 Wilson，《不可见的世界：现代早期的哲学与显微镜的发明》，第 113 页～第 137 页；Copenhaver，《17 世纪哲学中神秘主义传统及其批评者》，第 493 页～第 502 页；Clara Pinto-Correia，《夏娃的卵巢：卵子和精子与预成说》（*The Ovary of Eve; Egg and Sperm and Preformationism*, Chicago: University of Chicago Press, 1997）。

23

541

占　星　术

H. 达雷尔・鲁特金

正如我们所知道的，在17、18世纪，占星术最终从合法的自然知识的领域中消失了，虽然这个故事的轮廓还依然是模糊的。但是有一点，尽管有许多文件清楚地证明了它，人们却对它所知甚少，即占星术从14世纪初就被当作一门技术和科学课程的重要部分而在中世纪和文艺复兴时期的著名大学里被讲授，这些大学包括帕多瓦大学、博洛尼亚大学和巴黎大学。在那里，占星术是在三个有着明确区分的科学学科内被讲授的——数学、自然哲学和医学，并且用于把古代几门高度发展的数学性科学——天文学、地理学和几何光学，同亚里士多德的自然哲学综合起来。这种占星术的亚里士多德主义，为前牛顿自然哲学提供了基本的解释和分析类型。因此，占星术的历史——尤其是它作为有学问的人认为是合法性知识的来源，它的长期被批判和最终被拒斥的故事——是理解从中世纪和文艺复兴自然哲学到启蒙科学这一转变的核心。占星术在这场转变中的角色既不是清晰的，也不是毫无问题的。确实，占星术在数学的庇护下对天文学和自然哲学的整合，与17世纪"新科学"的目标有很多相同之处。因此，去解释为什么这一有前途的占星术上的整合，会因为一个极为不同的数学的自然哲学而遭到拒斥，是十分必要的。

一些历史学家宣称，乔瓦尼・皮科・德拉・米兰多拉在他的《驳预测占星术》(*Disputationes adversus astrologiam divinatricem*)一书对占星术进行的广泛攻击，在1496年这本书出版的时候，就使得占星术者们信服了，并使其停止了实践活动。其他历史学家则强调哥白尼的《天球运行论》(*De revolutionibus orbium coelestium*，1543)在完成占星术未竟之事中所扮的角色。尽管如此，这两种主张都存在着误解。事实上，伽利略・伽利莱(1564～1642)和约翰内斯・开普勒(1571～1630)这两个为哥白尼主义而战斗的最重要的斗士，都是实践的占星术士。确实，由于受到皮科的《驳预测占星术》的影响，开普勒着手在更健全的自然哲学和数学基础上改良占星术，并且英国自然哲学家弗兰西斯・培根(1560～1626)也在他最后的科学著作之一《论学术的进展》(*De augmentis scientiarum*，1623)中提出了他自己对占星术的改造。

542

这些证据表明，占星术在16和17世纪有学问人的文化中的角色，以及它最终从智性体面上堕落的故事，比一般的思想要更复杂和更重要。本章将对这一角色和这个故事进行简要的叙述。在这个过程中，我将通过描述1500年左右占星术在知识地图中的位置——它与数学、自然哲学和医学的关系——来布置这个历史舞台，并且总结那些建构了占星术的理论和实践的观念，使它们处于最初的制度上的位置，即大学。之后我将描述在包括伽利略、培根和罗伯特·玻意耳（1627～1691）在内的科学革命之主要人物的著作中，占星术具有怎样的地位。最终，我将提出这样一个问题，即如何、何时以及究竟为何在17和18世纪的进程中，占星术在对自然的前现代的理解中失去了它的中心地位。[1]

1500年左右的占星术：思想的和制度的结构

1474年，米兰公爵加莱亚佐·马里亚·斯福尔扎给博洛尼亚大学的占星术、哲学和医学教授吉罗拉莫·曼弗雷迪写了一封威胁信。他强硬地表示：停止出版关于我或者我的领土的负面预测，否则我将会派两个人去把你撕成碎片。[2] 这种年度预测实际上是曼弗雷迪的职业工作中的一个正常部分，虽然它很少引起这种极端的反应。除了讲授正规的课程，占星术教授按其身份，要求每年至少参加三次公开的占星术辩论，并且以定期的方式免费给大学共同体提供预测和其他占星术的服务。到了1474年，年度预测定期付诸印刷，以便让更广泛的读者接触到它们，但这毫无疑问加剧了加莱亚佐·马里亚的担忧。[3]

543

正如医学（曼弗雷迪所从事的其他科目之一）一样，占星术既有理论的维度也有实践的维度，对于这一学科的定义和概要，若想知道它在1500年左右被讲授和实践的样子，我们可以去看看希腊天文学家和数学家托勒密（约100～约170）和德国自然哲学家大阿尔伯特（约1200～1280），他们俩是这一领域最有影响力的权威，尽管对此还有些争议。按照托勒密的《占星四书》（*Tetrabiblos*），有两种最初被他称为“贯穿星体科学的预知”。第一种——我们将称为天文学——用数学研究天国物体的运动，这是一门

---

[1] 关于本主题的各种有用但不完整的讨论，参看 Keith Thomas，《宗教与魔法的衰落：16和17世纪英格兰的大众信仰研究》（*Religion and the Decline of Magic: Studies in Popular Beliefs in Sixteenth and Seventeenth Century England*, New York: Scribners, 1971）；Patrick Curry，《预言与力量：现代早期英格兰的占星术》（*Prophecy and Power: Astrology in Early Modern England*, Princeton, N.J.: Princeton University Press, 1989）；Mary Ellen Bowden，《占星术中的科学革命》（The Scientific Revolution in Astrology, Ph. D. dissertation, Yale University, New Haven, Conn., 1975）；Elide Casali, *Le spie del cielo: Oroscopi, lunari e almanacchi nell'Italia moderna* (Turin: Einaudi, 2003). 关于本章中这个问题及许多其他问题的更详细的讨论（包括书目），参看 H. Darrel Rutkin，《占星术、自然哲学与科学史（约1250～1700）：关于乔瓦尼·皮科·德拉·米兰多拉的〈驳预测占星术〉研究》（Astrology, Natural Philosophy, and the History of Science, c. 1250 - 1700: Studies Toward an Interpretation of Giovanni Pico della Mirandola's *Disputationes adversus astrologiam divinatricem*, Ph. D. dissertation, Indiana University, Bloomington, 2002）。

[2] Ferdinando Gabotto, "L'Astrologia nel Quattrocento in rapporto colla civiltà: Osservazioni e documenti storici," *Rivista di filosofia scientifica*, 8 (1889), 373 - 413.

[3] Albano Sorbelli, "Il 'Tacuinus' dell' università di Bologna e le sue prime edizioni," *Gutenburg Jahrbuch*, 13 (1938), 109 - 14; Alberto Serra-Zanetti, "I pronostici di Girolamo Manfredi," in *Studi riminesi e bibliografici in onore di Carlo Lucchesi* (Faenza: Fratelli Legov, 1952), pp. 193 - 213.

精确的科学。第二种——占星术——考察天体对地面的影响；因为与物质相互作用而导致的纷乱，它的知识是不精确的。[4] 虽然这两个术语在现代早期逐渐变得不同，但拉丁语 astronomia（天文学）和 astrologia（占星术）（以及它们在各国语言中的变种）却经常可以同时指代星体的科学。尽管如此，为了清晰的缘故，我将追随现代的使用方式，除了当我使用“星体的科学（the science of the stars）”同时指称两者的时候。[5]

在托勒密的区分的基础上，大阿尔伯特在其《星体科学之镜》（*Speculum astronomiae*，约13世纪60年代）一书中描述了占星术的四种类型[6]：“神判占星（Revolutions）”涉及大尺度变化，最初用于预测气候，之后用于国家事务，这是可以在年历和其他地方找到的年度预测的重要特征，并且也正是它惹恼了加莱亚佐·马里亚；[7]“生辰占星（Nativities）”，指的是一个人出生时的星象构造；“卜卦占星（Interrogations）”所考虑的是人们所关注的问题，包括个人的、医学的和商业的事务；最后“择日占星（Elections）”确定开始一个事业或者执行一个行动的最吉祥的时日，诸如为统治者加冕，把令箭交给一位将军，或者放置一座重要建筑的奠基石[8]。

544

大阿尔伯特写作了《星体科学之镜》以区分占星术实践的合法形式和非法形式。对于像大阿尔伯特这样的基督教徒，择日占星尤其涉及了敏感问题，因为它们与幻像科学相关，而幻像科学正是魔法、科学和宗教相互交织的部分。一方面，大阿尔伯特所认为的正统的幻像科学，包括护符的制作，是属于占星术魔法的领域。这门科学是由阿拉伯人发展出来的，部分地以希腊资源为根基，并且相关的资料在12到13世纪被翻译成了拉丁文。它通过自然占星术的机制起作用，并且被假定包含在择日占星之

[4] Claudius Ptolemaeus, *Apotelesmatike*, 1.1, ed. Wolfgang Hübner (Stuttgart: Teubner, 1998). Claudius Ptolemaus,《占星四书》(*Tetrabiblos*, Cambridge, Mass.: Harvard University Press, 1940), Frank E. Robbins 译，现在依然有用。

[5] 关于术语的讨论，参看此书索引，Lynn Thorndike，8卷本《魔法与实验科学史》(*A History of Magic and Experimental Science*, New York: Columbia University Press, 1923 - 58)；Brian P. Copenhaver,《占星术与魔法》(Astrology and Magic)，载于 Charles B. Schmitt、Quentin Skinner、Eckhard Kessler 和 Jill Kraye 编，《剑桥文艺复兴哲学史》(*The Cambridge History of Renaissance Philosophy*, Cambridge: Cambridge University Press, 1988)，第264页～第300页。除非特别说明，所有译文都是我翻译的。

[6] 我接受大阿尔伯特是《星体科学之镜》(*Speculum astronomiae*)的作者；参看 Paola Zambelli,《〈星体科学之镜〉及其谜：大阿尔伯特及其同时代人的占星术、神学与科学》(*The Speculum astronomiae and Its Enigma: Astrology, Theology, and Science in Albertus Magnus and His Contemporaries*, Dordrecht: Kluwer, 1992)。

[7] 关于主要以年历方式印刷的年度预测，参看 Casali, *Le spie del cielo*, for Italy, Bernard Capp,《占星术和大众出版社：英国历书(1500～1800)》(*Astrology and the Popular Press: English Almanacs, 1500 - 1800*, London: Faber, 1979)，关于英格兰与美洲。

[8] 例如，参看 Mary Quinlan-McGrath,《1506年罗马圣彼得大教堂的奠基占星：选择时机，改变历史》(The Foundation Horoscope(s) for St. Peter's Basilica, Rome, 1506: Choosing a Time, Changing a *Storia*)，《爱西斯》(*Isis*)，92(2001)，第716页～第741页。Keith Thomas 关于占星术的各章在《宗教与魔法的衰落：16和17世纪英格兰的大众信仰研究》中，第283页～第385页，目前依然是以英语介绍这个主题的最好文章。关于占星术较好的概括性的学术论著有：Tamsyn Barton,《古代占星术》(*Ancient Astrology*, London: Routledge, 1994)；Jim Tester,《西方占星术史》(*A History of Western Astrology*, Woodbridge: Boydell Press, 1987)；J. C. Eade,《被遗忘的天空：英语文学中的占星术指南》(*The Forgotten Sky: A Guide to Astrology in English Literature*, Oxford: Clarendon Press, 1984)。关于文艺复兴时期占星术的重要文献包括，Anthony Grafton,《卡尔达诺的宇宙：一个文艺复兴时期占星家的世界与著作》(*Cardano's Cosmos: The Worlds and Works of a Renaissance Astrologer*, Cambridge, Mass.: Harvard University Press, 1999)，Steven vanden Broecke,《影响的界限：皮科、卢万与文艺复兴时期占星术的危机》(*Limits of Influence: Pico, Louvain, and the Crisis of Renaissance Astrology*, Louvain: E. J. Brill, 2003)，有丰富的最新书目。

中,因为护符需要在星象吉祥的时刻来制作。[9] 在另一方面,坏的幻像魔法,仅仅因为它与魔鬼有往来,因此越过了雷池而进入了可恶的和在神学上被视为可疑的实践。[10]

占星术化的自然哲学,在13世纪被大阿尔伯特以及其他欧洲学者确立为一门自然知识的合法分支,它在帕多瓦大学的医学教授彼得罗·达巴诺(1257～约1316)手上被发展成为一个连贯的系统的教育方案,并且这个教育方案带有医学目的。[11] 在他广为流传的教科书《调解者》(*Conciliator*)中——在15世纪末和16世纪出版了好几次——彼得罗声称,以希波克拉底和盖仑为榜样,一个受过完整教育的医师必须精通占星术。[12] 因此,在帕多瓦大学,占星术不仅仅在数学性课程体系中与数学天文学一同被教授,还在自然哲学课程中与亚里士多德的学说一同被教授,并且在医学的课程中也被教授。[13]

545

1464年,颇有影响力的数学家和天文学家约翰内斯·雷吉奥蒙塔努斯(1436～1476),在他为帕多瓦大学开设的数学天文学课程所做的就职演说中,赞颂天文学是数学性学科的皇后[14](参看第24章)。这开启了帕多瓦大学教授星体科学的卓越传统。雷吉奥蒙塔努斯继承了他的前辈同行德国人大阿尔伯特(一位13世纪20年代帕多瓦大学的学生)[15]以及彼得罗·达巴诺遗留下来的传统。雷吉奥蒙塔努斯同样也是早期科学出版中的一个重要人物;在1472至1475年期间,他以纽伦堡为基地,编排并印刷了星历表、历法,还有他维也纳的老师格奥尔格·波伊尔巴赫的《行星新理

---

[9] 参看 Charles Burnett,《护身符:作为科学的魔法? 自由之艺中的招魂术》(Talismans: Magic as Science? Necromancy among the Seven Liberal Arts),载于 Burnett,《中世纪的魔法与占卜:伊斯兰世界和基督教世界的文本和技巧》(*Magic and Divination in the Middle Ages: Texts and Techniques in the Islamic and Christian Worlds*, Aldershot: Variorum, 1996),第1页～第15页; David Pingree,《阿拉伯魔法文本在西欧的传播》(The Diffusion of Arabic Magical Texts in Western Europe), in *La diffusione delle scienze islamiche nel Medio Evo europeo* (Rome: Accademia Nazionale dei Lincei, 1987), pp. 57 – 102;Frank Klaassen,《魔法的英文手稿(1300～1500):初步调查》(English Manuscripts of Magic, 1300 – 1500: A Preliminary Survey),载于 Claire Fanger 编,《召唤精灵:中世纪仪式魔法的文本与传统》(*Conjuring Spirits: Texts and Traditions of Medieval Ritual Magic*, University Park: Pennsylvania State University Press, 1998),第3页～第31页。

[10] 关于现代早期魔鬼和魔鬼学的杰出的研究,可参看 Stuart Clark,《与魔鬼意见一致:现代早期欧洲的巫术观念》(*Thinking with Demons: The Idea of Witchcraft in Early Modern Europe*, Oxford: Clarendon Press, 1997),以及 Routledge 的丛书《欧洲的巫术与魔法》(*Witchcraft and Magic in Europe*),有丰富的书目。我避免把占星术置于所谓神秘科学之中,因为这个范畴基本上是年代误置的,并且基于太多的误导性假定,从而在概念上和历史上无效。

[11] 参看 Nancy G. Siraisi,《帕多瓦的艺术与科学:1350年之前帕多瓦的学习》(*Arts and Sciences at Padua: The Studium of Padua before 1350*, Toronto: Pontifical Institute of Medieval Studies, 1973)。关于相面术的相似研究,参看 Jole Agrimi, *Ingeniosa scientia nature: Studi sulla fisiognomica medievale* (Millennio Medievale 36, 8) (Florence: Sismel, 2002)。

[12] Pietro d'Abano,《调解者》(*Conciliator*), diff. 10. I used the facsimile of the Venice, Giunta edition of 1565: Pietro d'Abano, *Conciliator*, ed. E. Riondato and L. Olivieri (Padua: Editrice Antenore, 1985).

[13] 参看 Rutkin,《占星术、自然哲学与科学史(约1250～1700):关于乔瓦尼·皮科·德拉·米兰多拉的〈驳预测占星术〉研究》,第3章和第7章。相关问题,也可参看 Robert S. Westman,《16世纪天文学家的角色:初步研究》(The Astronomer's Role in the 16th Century: A Preliminary Study),《科学史》(*History of Science*),18(1980),第105页～第147页;Mario Biagioli,《意大利数学家的社会地位(1450～1600)》(The Social Status of Italian Mathematicians, 1450 – 1600),《科学史》,27(1989),第41页～第95页。

[14] Noel M. Swerdlow,《文艺复兴时期的科学与人文主义:雷吉奥蒙塔努斯关于数学科学的高贵与效用的演讲》(Science and Humanism in the Renaissance: Regiomontanus'Oration on the Dignity and Utility of the Mathematical Sciences),载于 P. Horwich 编,《世界的改变:托马斯·库恩与科学的本质》(*World Changes: Thomas Kuhn and the Nature of Science*, Cambridge, Mass.: MIT Press, 1993),第131页～第168页。也可参看 Paul L. Rose,《意大利数学的复兴:从彼特拉克到伽利略的人文主义者和数学家的研究》(*The Italian Renaissance of Mathematics: Studies on Humanists and Mathematicians from Petrarch to Galileo*, Geneva: Droz, 1975)。

[15] 雷吉奥蒙塔努斯认为大阿尔伯特是《星体科学之镜》的作者。

论》(*Novae theoticae planetarum*),以及一本古代的拉丁语天文学教科书——马尼利乌斯的六步格体的《天文学》(*Astronomica*)。[16] 雷吉奥蒙塔努斯死后,德国印刷商埃哈德·拉特多尔特继续在维也纳和奥格斯堡坚持这一科学出版的传统,但是更明显地定位于实践的占星术,出版了各种古代和中世纪的重要文本。[17]

帕多瓦大学在某种意义上是学院占星术的源泉,但其他大学也教授占星术。正如1405年博洛尼亚大学为艺学和医学制定的条例所规定的那样,四年的数学和占星学课程,以两年必要的算术、几何和天文学开始,包括关于欧几里得、萨克罗博斯科的《天球论》(*Sphere*)和《阿方索星表》的专题讲座。[18] 具备这一背景之后,学生们在第三年便可以阿尔卡比提乌斯的颇有影响力的教科书《关于占星术》(*Liber isagogicus*)和(伪)托勒密的《一百谚语》(*Centiloquiuni*)—— 一本针对医学开业者的基础占星术教科书——来开始他们的占星术学习。在第四年,学生们继续学习占星术和天文学中更高级的著作——托勒密的《占星四书》和《至大论》(*Almagest*)——以及《看不见的尿》(*De urinis non visis*),讲的是对医学问题的占星术处理。这个课程体系的框架构成雷吉奥蒙塔努斯和拉特多尔特的出版方案。

546

占星术同样在博洛尼亚大学的自然哲学课程中被讲授,它包括学习亚里士多德学派自然哲学的核心教材,包括那些为占星术提供了自然哲学基础的著作:亚里士多德的《论天》(*De caelo*)、《论生灭》(*De generatione et corruptione*)和《气象学》(*Meteorologia*)。最终,四年的医学课程集中在医学教科书上。这包括一些带有很强占星术色彩的著作,尤其是盖仑的《关键日子》(*De criticis diebus*),每个学生在开始的三年里都要学习它。正如在彼得罗·达巴诺指导下的帕多瓦大学,医学训练是首要的目标,在博洛尼亚的艺学和医学都是朝向它来定位的。[19]

正如1500年左右在意大利的大学中被讲授的那样,占星术体系关注于这一主题

---

〔16〕 参看 Ernst Zinner,《雷吉奥蒙塔努斯:其生平及工作》(*Regiomontanus: His Life and Work*, Amsterdam: North Holland, 1990),E. Brown 译。

〔17〕 参看 G. R. Redgrave,《埃哈德·拉特多尔特及其在威尼斯的工作》(*Erhard Ratdolt and His Work at Venice*, London: The Bibliographical Society, 1894 - 5)。

〔18〕 参看 Lynn Thorndike,《中世纪的大学记录与生活》(*University Records and Life in the Middle Ages*, New York: W. W. Norton, 1975),第279页～第282页。关于更全面的讨论,参看 Graziella Federici Vescovini, "I programmi degli insegnamenti del Collegio di medicina, filosofia e astrologia dello statuto dell'università di Bologna del 1405," in *Roma, magistra mundi: Itineraria culturae medievalis, Mélanges offerts au Père L. E. Boyle*, 2 vols. (Louvain: La Neuve, 1998), 1: 193 - 223.

〔19〕 参看 Nancy G. Siraisi,《塔代奥·阿尔德罗蒂及其学生:意大利医学学问的两代人》(*Taddeo Alderotti and His Pupils: Two Generations of Italian Medical Learning*, Princeton, N. J.: Princeton University Press, 1981)。

的三个主要方面:自然哲学、宇宙学和行星影响的一个几何光学模型。[20] 按照亚里士多德的说法,天体的运动,尤其是太阳,对于地上的生命是十分重要的。在《论生灭》一书中,[21]亚里士多德论证说,因为太阳在每年的进程中绕着黄道运行,它是宇宙动力原因,在本体论上先于生成和毁灭,并且对于生成和毁灭来说也是必要的;也就是说,对于事物进入存在和不再存在来说是必要的。因此,人以及其他事物生成的过程需要太阳作为直接的动力因;男性在他的种子中提供了形式因,而女性在她子宫的月经中提供了质料因。在他对这段的注释中,大阿尔伯特扩大了动力因的范围,除了太阳还包括其他行星。

在这种对天上行为的理解中,自然哲学的结构适合于一个基本的托勒密式的宇宙学框架,这个框架由数学天文学构成,并以数学地理学来标定。通过地平圈的方法,这一框架可以使行星运动在任何时候任何位置被独一无二地加以测定。这一点很重要,因为位置是分析天体影响在生成中所扮演之角色的本质,正如大阿尔伯特清晰写明的那样:

547

> 如果有人希望理解特殊位置的所有本质和性质,他将会知道任何一个位置都有其对应的星体特性……因为地平圈随动植物和石头的居住点的不同而有所不同;整个天空的定位也随地平圈的不同而不同。那导致了它们的本质、性质、习性、行为和种类(看上去是在相同的可感地点生长出来的)之原因,因为位置的不同而发生了变化,甚至到了这一程度,即不管是对于野蛮的动物还是对于人而言,因为定位不同,相同的种子也会产生不同的性质和习性。并且这是合乎理性的,因为人们已经知道天空把形式的特性源源不断地注入所有存在的事物之中。此外,它大多是通过星体的光所发出的射线注入它们的,并且因此它遵循这样一个规律,即射线的不同形式和角度都导致下界事物的不同特性。[22]

一旦行星的运动以这种方式确定,并且与地上每个地点联系起来,它们的影响就可以使用这一体系其他基本的特征来分析——一个被认为是行星影响的几何光学的模型。这些照射的影响被认为是以行星的其他影响模式——光——以直线的方式来施加的:这种行星相互之间的角度关系——行星方位——以及它们与地面上每一个地点的关系,便可以清晰地描绘。考虑到每一行星不同的性质,以及受黄道带影响的不同,加上它们不同的

---

[20] 关于更全面的重构,参看 Rutkin,《占星术、自然哲学与科学史(约 1250 ～ 1700):关于乔瓦尼·皮科·德拉·米兰多拉的〈驳预测占星术〉研究》,第 2 章,书中我讨论了 al-Kindi、Robert Grosseteste 和 Roger Bacon 对此体系的重要贡献。关于占星术与亚里士多德的自然哲学之间关系的不同解释,参看 Edward Grant,《行星、恒星和天球:中世纪的宇宙(1200 ～ 1687)》(*Planets, Stars, and Orbs: The Medieval Cosmos, 1200 - 1687*, Cambridge: Cambridge University Press, 1994),第 569 页～第 617 页;John D. North,《天体的影响:占星术的大前提》(Celestial Influence: The Major Premiss of Astrology),载于 Paola Zambelli 编,《"占星家的幻觉":路德时代的星星与世界末日》("*Astrologi hallucinati*": *Stars and the End of the World in Luther's Time*, Berlin: Walter de Gruyter, 1986),第 45 页～第 100 页;vanden Broecke,《影响的界限:皮科、卢万与文艺复兴时期占星术的危机》, index s. v. ,《占星术物理学》(astrological physics)。

[21] 《论生灭》(*De generatione et corruptione*), 2.9 - 10。

[22] *De natura locorum*, in Albertus Magnus, *Opera omnia* ... (Cologne: Aschendorff, 1951 -), vol. 5, pt. 2, p. 8, ll. 43 - 62.

角度关系而导致的不同效果,便产生了丰富和复杂的综合性的数学自然哲学。

占星术的改革

若不考虑它的优雅和力量,这一解释体系并不是无可非议的。15世纪对占星术最著名的攻击来自乔瓦尼·皮科·德拉·米兰多拉(1463～1494),他扩充的《驳预测占星术》一书写于1493～1494年,并于他死后的1496年出版。[23] 这攻击看上去至少是部分地针对马尔西利奥·菲奇诺颇有影响力的《论生命》(*De vita*,1489)。该书第三卷里有一个对占星术魔法的总结。[24] 皮科的目标是消除——或从希伯来神秘主义方向在根本上来重新定义——占星术这一上层建筑,传统上它是被树立在亚里士多德-托勒密基础上的,他接受这一基础并认为它是健全的。通过切除他看作过时的阿拉伯-拉丁的增加物,皮科希望把天空的影响限制在普遍有限的原因这一范围,正如在亚里士多德那原初的样子,因此也消除了特别预测的可能性。[25]

548

尽管如此,皮科的声音在很多方面是孤立的,在整个16世纪甚至直至17世纪,在博洛尼亚大学、比萨大学、帕多瓦大学和卢万大学(以及其他大学),大阿尔伯特和彼得罗·达巴诺所详细阐述的占星术体系继续风行于现代早期的欧洲。[26] 确实,菲利普·梅兰希顿

---

[23] Giovanni Pico della Mirandola,2卷本《驳预测占星术》(*Disputationes adversus astrologiam divinatricem*, Florence: Vallecchi, 1946 - 52),Eugenio Garin 编译。For their heavy editing, see Paola Zambelli, "La critica dell'astrologia e la medicina umanistica," in her *L'Ambigua natura della magia: Filosofi, streghe, riti nel Rinascimento*, 2nd ed. (Venice: Marsilio, 1996), pp. 76 - 118 (orig. publ. 1965).也可参看 Stephen A. Farmer,《调和论在西方:皮科的900个论题(1486)》(*Syncretism in the West: Pico's 900 Theses [1486]*,Tempe, Ariz.: Medieval and Renaissance Texts and Studies, 1998),第151页～第176页,他的重构要小心对待。

[24] 我吃惊地注意到两本书都把精神(Spiritus)用作联结地上生命和天界的自然学的准质料的实体。参看 Marsilio Ficino,《论生命的三本书》(*Three Books on Life*, Binghamton, N. Y.: Medieval and Renaissance Texts and Studies, 1989),Carol V. Kaske 和 John R. Clarke 编译,有重要的序言和注释。关于这本著作的经典讨论,参看 Daniel P. Walker,《从菲奇诺到康帕内拉的神灵魔法与恶魔魔法》(*Spiritual and Demonic Magic from Ficino to Campanella*,London: Warburg Institute, 1958)。

[25] 关于皮科思想复杂性的精彩介绍,参看 Anthony Grafton,《乔瓦尼·皮科·德拉·米兰多拉:杂家的尝试与胜利》(Giovanni Pico della Mirandola: Trials and Triumphs of an Omnivore),载于他的《与经典著作的交流:古代书籍和文艺复兴时期的读者》(*Commerce with the Classics: Ancient Books and Their Renaissance Readers*, Ann Arbor: University of Michigan Press, 1997),第93页～第134页,含有用的书目。

[26] 关于博洛尼亚,参看 Angus Clarke,《乔瓦尼·安东尼奥·马吉尼(1555～1617)与文艺复兴晚期的占星术》(Giovanni Antonio Magini [1555 - 1617] and Late Renaissance Astrology, Ph. D. dissertation, University of London, 1985)。关于比萨,参看 Charles B. Schmitt,《伽利略时代比萨的艺学院》(The Faculty of Arts at Pisa at the Time of Galileo)及《伽利略的前任,比萨的数学讲师菲利波·凡托尼》(Filippo Fantoni, Galileo Galilei's Predecessor as Mathematics Lecturer at Pisa),载于他的《文艺复兴时期的哲学与科学研究》(*Studies in Renaissance Philosophy and Science*,London: Variorum Reprints, 1981),第243页～第272页和第53页～第62页。关于帕多瓦,参看 Antonio Favaro, "I lettori di matematiche nella università di Padova dal principio del secolo XIV alla fine del XVI," *Memorie e documenti per la storia della università di Padova*, 1 (1922), 1 - 70.关于卢万(约1450～1580),参看 vanden Broecke,《影响的界限:皮科、卢万与文艺复兴时期占星术的危机》及其《迪伊、墨卡托与卢万的仪器制造:赫拉尔杜斯·墨卡托制造的不曾描述的占星盘》(Dee, Mercator, and Louvain Instrument Making: An Undescribed Astrological Disc by Gerard Mercator [1551]),《科学年鉴》(*Annals of Science*),58(2001),第219页～第240页。在特定地区有重建占星文化的卓越的学问。关于维也纳,参看 Helmut Grössing, *Humanistische Naturwissenschaft: Zur Geschichte der Wiener mathematischen Schulen des 15. und 16. Jahrhunderts* (Baden-Baden: Valentin Koerner, 1983); Michael H. Shank,《15世纪维也纳的学术商榷:以占星术为例》(Academic Consulting in Fifteenth-Century Vienna: The Case of Astrology),载于 Edith Sylla 和 Michael R. McVaugh 编,《古代和中世纪科学的文本和语境》(*Texts and Contexts in Ancient and Medieval Science*, Leiden: E. J. Brill, 1997),第245页～第271页。关于法国,参看 Jean Patrice Boudet's important introduction to his edition of Simon de Phares, *Le recueil des plus célèbres astrologues de Simon de Phares*, ed. J.-P. Boudet, 2 vols. (Paris: H. Champion, 1997 - 99); Pierre Brind'Amour, *Nostrodame astrophile: Astrologie dans la vie et l'oeuvre de Nostradamus* ([Ottawa]: Presses de l'Université d'Ottawa, 1993); and Hervé Drevillon, *Lire et écrire l'avenir: Astrologie dans la France du Grand Siècle, 1610 - 1715* (Seyssel: Champ Vallon, ca. 1996).

(1497～1560)精确地使用这一占星术化的亚里士多德主义去改革德国路德宗的大学,产生了许多实践的占星家,包括第谷·布拉赫(1546～1601)和约翰内斯·开普勒。[27] 此外,部分是为了回应皮科的批评,部分是出于他们自己的经验,第谷和开普勒花费了许多精力,去改革占星术的天文学和自然哲学的基础,以对这一体系加以改进。[28]

549

1563年8月,当16岁的第谷正在莱比锡大学——一所在梅兰希顿指引下进行改革的德国路德宗大学——学习的时候,他就已经观察到一个重大的占星术意义上的土星和木星的会合。第谷发现这一会合与星象表预测的时间相差了整整一个月,他决心去为星体科学建立更为坚固的观察基础,最终他建造了著名汶岛(Hven)的天文台。按照第谷的观点,更精确的观察基础将产生更精确的星象表,从而在年度星历表中更准确地标出行星的位置。在这一基础上,更精确的星占天宫图就可以绘制出来,它将因此被更精确地加以解释。第谷同样提出一个对天宫图进行改革的方案,这个带有占星术解释的中心要点是,它把一个带有十二个宫划分的方形变成了一个有八个宫的圆形。然而这一改革方案只被有限制地接受。[29]

虽然开普勒更以他1609年的《新天文学》(*Astronomia nova*)这本利用第谷对火星的观测而引入椭圆行星轨道的书而著名,他也同样是一个活跃的占星术士(参看第24章)。确实,他把这一划时代的著作献给他的赞助人,神圣罗马帝国皇帝鲁道夫二世(1552～1612),在其中把火星与鲁道夫出生时的星占天宫图联系起来。在开普勒的领引下,6个月后,伽利略在他的《星际使者》(*Sidereus Nuncius*,1610)一书中,把同样是划时代的发现了木星的四个卫星这一壮举,献给了他自己的赞助人柯西莫二世·美第奇,并且强调木星在柯西莫的出生星占天宫图中的重要位置。[30]

占星术在很长时间里一直都是廷臣的工具箱中一个关键的工具,[31]但这献与并不仅仅是向宫廷致敬的孤立的表示。作为帝国的数学家(以及其他不那么杰出的角色),

---

[27] 参看 Sachiko Kusukawa,《自然哲学的转变:以菲利普·梅兰希顿为例》(*The Transformation of Natural Philosophy: The Case of Philip Melanchthon*, Cambridge: Cambridge University Press, 1995)。梅兰希顿深受他在图宾根的受敬重的老师斯托弗勒的影响,后者在预测1524年大洪水中扮演了重要角色;参看 Zambelli, ed., "*Astrologi hallucinati.*" Stöffler himself was deeply influenced by Albertus Magnus and his astrologizing Aristotelianism; see Wilhelm Maurer, *Der junge Melanchthon zwischen Humanismus und Reformation*, 2 vols. (Göttingen: Vandenhoeck and Ruprecht, 1967 - 69), 1: 136。

[28] 关于更全面的分析,参看 Rutkin,《占星术、自然哲学与科学史(约1250～1700):关于乔瓦尼·皮科·德拉·米兰多拉的〈驳预测占星术〉研究》,第7章;Bowden,《占星术中的科学革命》。

[29] Victor Thoren,《天堡的主人:第谷·布拉赫传》(*The Lord of Uraniborg: A Biography of Tycho Brahe*, Cambridge: Cambridge University Press, 1990)。关于第谷的改革,参看 John D. North,《星象与历史》(*Horoscopes and History*, London: Warburg Institute, 1986),第175页～第177页;vanden Broecke,《影响的界限:皮科、卢万与文艺复兴时期占星术的危机》,第263页～第269页。

[30] 参看 Mario Biagioli,《廷臣伽利略:专制政体文化中的科学实践》(*Galileo, Courtier: The Practice of Science in the Culture of Absolutism*, Chicago: University of Chicago Press, 1993),第127页～第133页;H. Darrel Rutkin,《天空的礼物:伽利略的〈星际使者〉与开普勒的〈新天文学〉中的占星图》(Celestial Offerings: Astrological Motifs in Galileo's *Sidereus Nuncius* and Kepler's *Astronomia Nova*),载于 William R. Newman 和 Anthony Grafton 编,《自然的秘密:现代早期欧洲的占星术与炼金术》(*Secrets of Nature: Astrology and Alchemy in Early Modern Europe*, Cambridge, Mass.: MIT Press, 2001),第133页～第172页。

[31] 例如,参看 Frederick H. Cramer,《罗马的法律与政治中的占星术》(*Astrology in Roman Law and Politics*, Philadelphia: American Philological Association, 1954),关于帝国时代的罗马。

开普勒要从事各种占星术实践,从天气预测到为皇帝提供咨询。[32] 除了改革天文学的理论,开普勒同样为支撑占星术的自然哲学基础付出努力,这部分上是由于受到皮科批评的刺激。确实,开普勒对占星术领域的黄道十二宫和天宫图这些传统的占星术意义(及其导出的全部教义,包括行星的统治地位)的排斥,与他在数学天文学的领域中对匀速圆周运动的排斥一样,每一步都具有根本意义。[33]

550

如同开普勒一样,伽利略在他作为数学学科的学生、老师和实践者的大部分生涯中,都在占星术上十分活跃,虽然他看上去不像开普勒那样对占星术基础的改革有兴趣。[34] 我们对他的占星术实践的大多数证据,来自他在帕多瓦大学当数学教授的时期,在那里,他既为赞助者也为学生绘制和解释星占天宫图。[35] 他的一份手稿中包含了 27 张亲笔绘制的星占天宫图,其中有为他的一位王族赞助人焦万·弗朗切斯科·萨格雷多画的,也有为当时已经很出名的他自己的女儿维吉尼娅和利维娅画的,还有为他自己画的。[36] 确实,伽利略与异端裁判所的第一次冲突,是他被指控在他帕多瓦的家之外从事宿命占星活动——这个指控被威尼斯当局取消。[37]

弗兰西斯·培根在他的《学术的进展》(*Advancement of Learning*,1605)的一个拉丁语的增订版,即 1623 年的《论学术的进展》中,提出了一项重大的占星术改革,这是在他作为大法官受到弹劾而被强制卸任后写的。培根提出许多迷信和谎言应当从占星术的领域中移除,包括单个行星掌管一天之中的每一个时辰,以及为精确的时刻而建构的占星图。通过考察占星实践的四个类型——神判占星、生辰占星、择日占星和卜卦占星——他说后三个几乎没有什么依据,他认为神判占星更加合理,需要加以注意。[38]

551

为了使得神判占星的学说在实践上更加理想,培根提出了五条通则,其中最著名的是,天体的运行不是在所有种类的物体上的作用都很强而只在更优良的物体上,比如说体液、气和精气;天体的运行,是对事物群产生影响,而不是对单个事物,并且这种

---

[32] Max Caspar,《开普勒》(*Kepler*, New York: Dover, 1993),C. D. Hellman 译; Gérard Simon, *Kepler astronome astrologue* (Paris: Gallimard, 1979); and Barbara Bauer, "Die Rolle des Hofastrologen und Hofmathematicus als fürstlicher Berater," in *Höfischer Humanismus*, ed. August Buck (Weinheim: VCH, 1989), pp. 93 - 117.

[33] Judith V. Field,《路德宗占星家:约翰内斯·开普勒》(A Lutheran Astrologer: Johannes Kepler),《精密科学史档案》(*Archive for History of Exact Sciences*),31(1984),第 189 页~第 272 页; Sheila J. Rabin,《关于占星术的两种文艺复兴时期的观点:皮科与开普勒》(Two Renaissance Views of Astrology: Pico and Kepler, Ph. D. dissertation, City University of New York, 1987)。

[34] 伽利略在这一领域的兴趣看起来限于他对木星 4 颗卫星的发现以及他简短但有说服力的对它们影响的论辩。See his letter to Piero Dini, dated 21 May 1611, in Galileo Galilei, *Le opere di Galileo Galilei*, 20 vols. in 21 (Florence: Giovanni Barbéra, 1890 - 1909), 11: 105 - 116.

[35] H. Darrel Rutkin,《占星家伽利略:16 世纪末与 17 世纪初占星术与数学实践》(Galileo, Astrologer: Astrology and Mathematical Practice in the Late-Sixteenth and Early-Seventeenth Centuries),《伽利略研究》(*Galilaeana*),2(2005),第 107 页~第 143 页。也可参看 Noel M. Swerdlow,《伽利略的星象》(Galileo's Horoscopes),《天文学史杂志》(*Journal for the History of Astronomy*),35(2004),第 135 页~第 141 页。

[36] Biblioteca Nazionale Centrale, Florence, *Galilaeana* 2(2005), 107 - 143. MS Galileiana 81.

[37] Antonino Poppi, *Cremonini, Galilei e gli inquisitori del Santo a Padova* (Padua: Centro Studi Antoniani, 1993).

[38] Francis Bacon,《论学术的进展》(*De augmentis scientiarum*),载于 J. Spedding 等编,14 卷本《弗兰西斯·培根全集》(*The Works of Francis Bacon*, London: Longmans, 1857 - 74; repr. Stuttgart: Frommann, 1963),第 1 卷,第 554 页~第 560 页。

影响也只在很大的时间尺度上才能看出来，而不是在某一时刻上。通过保留行星的诸特质和各方面的传统学说（行星之间占星术意义的角度关系）——以及肯定天体自身除热和光以外还具有其他的影响这一原则[39]——培根转向了预测。他在政客生涯结束之后所得出的深思熟虑的观点是，引人注目的占星术预测有益于且可应用于自然和政治领域，包括天气、时疫和战争，但是仅限于一定的程度之内。培根在这个考虑中给出了两个要点：一是占星术可以应用的领域在实质上是无限的，二是人们关于天体结构的动力因的认识并不充足。[40] 人们必须对争论的主题有一个很深的认识，即活跃行星的影响对象。这种认识看上去正是培根更广的自然－志类研究计划试图要提供的。

在他讨论占星术的最后一部分中，通过展示这个研究计划应该如何实施，以便证明他早期的断言，培根回应了一个假想的挑战。他拒绝未来经验（把它当作无用的），建议用志类研究方法，去精确地考察那些已经发生的占星预测和择日对象的特征。尤其是，占星术士应梳理最好的史志以定位重要的事件，并把这些事件与当时的天象相比较。他下结论道，只要发现二者有清晰的关联，预测的法则就可以被推断出来，这样就可把他的归纳程序应用到占星术改革中去。

我没有见到过有关培根自己使用占星术的讨论，但是按照他的陈述的大意，他在宫廷地位不稳定的情况下，以及他热情的政治野心，看上去很可能会将占星术应用在许多他积极参与的领域中，因为他具有无人可比的洞察力，这是他的优点。[41] 以他作为一个学者的广度和深度，同样看上去很可能他会对这些他如此清晰和极力提倡的方面，大胆地用占星术作志类考察。很显然，其著作将在伦敦皇家学会的研究中具有巨大影响力的培根，为一个对改革的占星术进行科学研究的项目提供了巨大的支持，这种占星术在实践上具有广大空间。

552

培根对改革占星术的展望，进一步被英国自然哲学家和化学家、伦敦皇家学会的创立者之一罗伯特·玻意耳发展了。[42] 在他的《对空气的一些隐秘性质的怀疑》（Suspicions about some Hidden Qualities of the Air，1674）一文中，玻意耳采取了培根的立场，声称除了光和热，发光的天体，即行星和恒星会发射出细微但是有形的物质，到达我们的空中。在附录《关于天体和空中磁体》（Of Celestial and Aerial Magnets）中，玻意耳发展了这一观念，他建议用实验去检测外观良好的磁体，方法是考察空气在不同的时间、温度和行星的方位中的变化。用这种方法，即根据空气的不同性质，来发现地球

[39] 同上书，第1卷，第556页：" ... quod nobis pro certo constet, Coelestia in se habere alios quosdam influxus praeter Calorem et lumen ...."

[40] 此处他借鉴了托勒密的《占星四书》，1.2－3。

[41] 参看Lisa Jardine和Alan Stewart，《听天由命：弗兰西斯·培根不安的一生》（*Hostage to Fortune: The Troubled Life of Francis Bacon*，New York: Hill and Wang, 1999），其中有生动的描述，尽管没有提及占星术。

[42] 总体上可参看Rose-Mary Sargent，《胆怯的自然主义者：罗伯特·玻意耳与实验哲学》（*The Diffident Naturalist: Robert Boyle and the Philosophy of Experiment*，Chicago: University of Chicago Press, 1995）；Lawrence Principe，《雄心勃勃的行家：罗伯特·玻意耳及其炼金术研究》（*The Aspiring Adept: Robert Boyle and His Alchemical Quest*，Princeton, N. J.: Princeton University Press, 1998）。

与天体之间可能存在的对应关系。[43]

另一个文本很长时间里都被归为玻意耳，即他的《空气通志》（*General History of the Air*，1692）中的一封寄给塞缪尔・哈特利伯的信，题目是《关于天体影响或空气中的气体》（Of Celestial Influences or Effluviums in the Air），里面为占星术的自然哲学基础提供了更为详尽的论述。这一文本的作者——现在普遍认为是玻意耳的同事本杰明・沃斯利（约 1620 ～ 1673）—— 一开始便提出精确的天文学理论之目的是支持精确的占星术实践。在此之后，他讨论天体的影响，它们的光下降，到达地球大气圈中稀薄和细微的空气。[44] 他说，比起空气来人类的精气更像光，它是所有那些更深的印记并且受到天体的影响，因此影响到人的身体。正如我将展示的那样，这些观点将以玻意耳的名义继续保留在伊弗雷姆・钱伯斯具有广泛影响力的《百科全书》（*Cyclopedia*，1728）一书中。

占星术的命运

虽然占星术从重要的天文学家和自然哲学家那里获得了有力的改革建议，但在整个 16 和 17 世纪，这些最终都不起作用，并且这一领域在 18 世纪失去了它的知识合法性。然而人们对这一过程还没有充分的理解。一个可行的方法是检查学科类型的变化，以及它们在大学课程体系中的反映。因此，在这部分我将检视占星术在这一领域中的连续和断裂，开始是集中关注数学和自然哲学，然后简单地谈一下似乎更有活力的占星术医学。

553

对于数学，相似的类型可以在意大利和英国找到。占星术与天文学分离的一个重要时刻，是庞大的耶稣会教育帝国中数学课程的最初发展者和教科书撰写者，把占星术从数学教育中明显地剔除掉的时候。克里斯托夫・克拉维乌斯（1537 ～ 1612）在他颇有影响的萨克罗博斯科教科书版的《天球》（第一版出版于 1570 年，之后还有许多版本）中谈论了他剔除占星术的决定。[45] 应该提醒的是，虽然克拉维乌斯把占星术从数学课程中剔除了，但并不因此意味着他完全排斥它。另外，这也并不表明占星术在数学教育中的全面死亡，即使是在意大利。例如，乔瓦尼・安东尼奥・马吉尼

---

[43] ［Benjamin Worsley］，《对空气的一些隐秘性质的怀疑》（*Tracts：containing I. Suspicions about Some Hidden Qualities of the Air . . .*，London：W. G.，1674）。

[44] 《空气通志》由洛克编辑并在其死后出版。Clericuzio 已经指出本文实际上是沃斯利写于 1657 年，玻意耳同意他的观点。参看 Clericuzio，《对本杰明・沃斯利的自然哲学的新理解》（New Light on Benjamin Worsley's Natural Philosophy），载于 Mark Greengrass、Michael Leslie 和 Timothy Raylor 编，《塞缪尔・哈特立伯和大学改革：思想交流研究》（*Samuel Hartlib and Universal Reformation*，Cambridge：Cambridge University Press，1994），第 236 页～第 246 页。这封信以玻意耳的名义再版于他的 1744 年的全集中，T. Birch 编，5 卷本《尊敬的罗伯特・玻意耳全集》（*Works of Honorable Robert Boyle*，London：A. Millar，1744），第 5 卷，第 124 页～第 128 页。

[45] 参看 James M. Lattis，《在哥白尼与伽利略之间：克里斯托夫・克拉维乌斯与托勒密宇宙论的瓦解》（*Between Copernicus and Galileo：Christoph Clavius and the Collapse of Ptolemaic Cosmology*，Chicago：University of Chicago Press，1994）。

(1555～1617)就在博洛尼亚大学教授占星术,并且为数学和医学课程撰写颇有影响力的教科书,直到1617年去世。安德烈亚·阿格利从1622年到1627年在罗马一大教授占星术,之后从1632年到1656年在帕多瓦大学教授占星术,在那里,他也撰写数学教科书以及编辑星历表。[46]

这些相互冲突的类型也出现在英国,牛津大学1619年的萨维尔条例,明确禁止新任命的天文学教授讲授算命天宫图或神判占星术的结构。[47] 尽管如此,有明显的证据表明,在这一时期及这一时期之后,占星术并没有马上离开英国大学的课堂。[48] 占星术在大学以外的数学课本中同样也能找到,查理二世的水文地理学家约瑟夫·莫克森在他的著作《天文学和地理学指导》(*A Tutor to Astronomy and Geography*,1674)一书便讲了星占的简易结构。[49]

这些矛盾冲突在约翰·弗拉姆斯蒂德(1646～1719)的活动中得到了体现,他是皇家格林尼治天文台的第一位皇家天文学家和天文学的钦定教授。[50] 在他1673年完成了一个对占星术详细深入的批判后不久——十分引人注目的是他从未发表过它——弗拉姆斯蒂德就为格林尼治天文台的建立(1675)绘制了一个占卜天宫图。事实上,在17世纪90年代,他和埃德蒙·哈雷一起,为乔治·帕克流行的星占年鉴上印刷的星历表,提供了最精确的天文学数据。[51]

554

我们同样可以通过一个重要的印刷类型——星历表,即行星表的长年收集,去追踪占星术从数学学科中的剔除事件。因为16和17世纪的星历表压倒性地都是占星术的——包括(尤其是)扩充的占星术指导,一年的占卜天宫图(对做一年的预测很有用)以及行星方位的表——可能有人会问这些占星术成分是何时消失的。[52] 我已经检查过的整个1666年的几个博洛尼亚星历表都是占星术的,如同阿格利为罗马和帕多瓦制作的一样,他的星历表一直都提供带有占卜天宫图的表,直到1700年。

---

[46] See Clarke,《乔瓦尼·安东尼奥·马吉尼(1555～1617)与文艺复兴晚期的占星术》。关于阿格利,参看此文, s. v., *Dizionario biografico degli Italiani* (Rome: Treccani, 1960 -), 4 (1962), pp. 132 - 4。

[47] Mordechai Feingold,《英国大学的神秘学传统》(The Occult Tradition in the English Universities),载于 Brian Vickers 编,《文艺复兴时期的神秘学和科学心智》(*Occult and Scientific Mentalities in the Renaissance*, Cambridge: Cambridge University Press, 1984),第73页～第94页,相关内容在第78页(及注释25)。

[48] 例如,参看 Hilary M. Carey,《招致灾难:中世纪晚期占星术与英国宫廷和大学》(*Courting Disaster: Astrology at the English Court and University in the Later Middle Ages*, Houndsmill: Macmillan, 1992); Mordechai Feingold,《数学家的学徒身份:英格兰的科学、大学和社会(1560～1640)》(*The Mathematicians' Apprenticeship: Science, Universities, and Society in England, 1560 - 1640*, Cambridge: Cambridge University Press, 1984)。

[49] Joseph Moxon,《天文学和地理学指导》(*A Tutor to Astronomy and Geography*, London: Thomas Roycroft, 1674)。我使用的是此书的重印版: New York: Burt Franklin, 1968,第122页～第135页。1678年成为皇家学会会员的莫克森于1682～1683年简单地复活了占星术士学会,该学会在全盛期之后的间歇期处在垂死状态。参看 Curry,《预言与力量:现代早期英格兰的占星术》,第77页。

[50] 弗拉姆斯蒂德与占星术复杂而又矛盾的关系之研究见 Michael Hunter,《17世纪英格兰的科学与占星术:约翰·弗拉姆斯蒂德的未发表的争论》(Science and Astrology in Seventeenth-Century England: An Unpublished Polemic by John Flamsteed),载于 P. Curry 编,《占星术、科学与社会:历史论文集》(*Astrology, Science, and Society: Historical Essays*, Woodbridge: Boydell Press, 1987),第261页～第300页。

[51] Hunter,《17世纪英格兰的科学与占星术:约翰·弗拉姆斯蒂德的未发表的争论》,第250页～第251页。

[52] 在此我关注意大利星历表,其主要来自博洛尼亚。其他我已经检查过的来自法国、德国、英国和意大利其他地方的星历表都证实了这个描述。我使用了哈佛赫顿图书馆、迪布纳研究所的邦迪图书馆的藏书,尤其是金格里奇教授的私人藏书。真诚感谢金格里奇教授允许我使用他的天文学和占星术的重要收藏。

尽管如此，在18世纪的头25年里，出现了变化的征兆。欧斯塔基奥·曼弗雷迪在对他的《天体运动的星历表》(*Ephemerides motuum coelestium*, 1715～1725)所做的介绍中，表明他正有意地从他的星历表中消除占星术这一污点，而不像他的前辈雷吉奥蒙塔努斯、马吉尼和开普勒那样保留它。他仅仅在其中保留了行星方位表。[53] 但是这也并不意味着占星术在博洛尼亚大学的终结，正如我们可以看到安东尼奥·吉西列里的《天体运动的星历表》(1721～1756)，是从德拉·伊雷、斯特里特和弗拉姆斯蒂德(1720)的表格中提取出来的。[54] 吉西列里的星历表为日食和月食及一年中四个主要的点(即两个至点和两个分点)提供占卜天宫图，以及完整的行星方位表。尽管如此，吉西列里给读者的扩充的介绍信很有趣，在其中他概括了自己对占星术的革新，以及对笛卡儿、牛顿以及其他人的讨论。到了1750年，在我所检查的博洛尼亚星历表中，仅存的占星术的痕迹是行星方位表，[55]而第一个英国海军星历表(1767)，其中没有任何占星术的东西。[56] 进一步的研究应该去澄清这里所展示出来的年代上的轮廓。

555

占星术从自然哲学课程体系中剔除也是复杂的，从由新教徒约翰内斯·马吉鲁斯写的流行教科书(第一版在1597年出版)中，和科英布拉的耶稣会士对亚里士多德做的注释中，尤其是《论天》(第一版1592年)中，我们能够看到，两者都以合乎亚里士多德的立场讨论了天上的影响。在整个17世纪都具有影响力的马吉鲁斯的《亚里士多德自然哲学》(*Physiologia peripatetica*)到1642年共出现了16个版本，而科英布拉版的对《论天》的注释，在耶稣会教育网络之内和之外都被讲授，到1631年共找到13个版本。[57] 主要的人物诸如勒内·笛卡儿(1596～1650)和马兰·梅森(1588～1648)便是以这种方式在拉弗莱什的耶稣会学院学习了他们的自然哲学。[58] 此外，作为剑桥大学1661年三一学院的大学生，牛顿在转向笛卡儿之前，也是通过阅读马吉鲁斯，开始他对亚里士多德自然哲学的学习的。[59] 马吉鲁斯在剑桥大学继续被阅读直至17世纪

---

[53] Eustachio Manfredi,《天体运动的星历表》(*Ephemerides motuum coelestium*, Bologna: Constantinus Pisanus, 1715)。

[54] Antonio Ghisilieri,《天体运动的星历表》(*Ephemerides motuum coelestium*, Bologna: apud successores Benatti, 1720)。

[55] Eustachio Zanotti, *Ephemerides motuum caelestium ex anno 1751 in annum 1762: ad meridianum Bononiae ex Halleii tabulis supputatae ... ad usum Instituti* (Bologna: C. Pisarri, 1750); Eustachio Zanotti, *Emphemerides motuum caelestium ex anno 1775 in annum 1786: ad meridianum Bononiae ex Halleii tabulis supputatae... ad usum Instituti* (Bologna: Laelius a Vulpe, 1774).

[56]《1767年航海历书与天文星历》(*Nautical Almanac and Astronomical Ephemeris for the Year 1767*, London: Commissioners of Longitude, 1766)。

[57] 参看 Charles H. Lohr,《拉丁语亚里士多德注释(二):文艺复兴时期的作者》(*Latin Aristotle Commentaries II: Renaissance Authors*, Florence: Leo S. Olschki, 1988),第235页～第236页(马吉鲁斯)和第98页～第99页(科英布拉的耶稣会学院注释)。关于它们的影响，参看 P. Reif,《17世纪早期某些学术教科书中的自然哲学》(Natural Philosophy in Some Early Seventeenth-Century Scholastic Textbooks, Ph. D. dissertation, St. Louis University, St. Louis, Mo., 1962);一般情况，可参看 Charles B. Schmitt,《哲学教科书的兴起》(The Rise of the Philosophical Textbooks),载于 Schmitt 等编,《剑桥文艺复兴哲学史》,第792页～第804页。

[58] Peter R. Dear,《梅森与学校学习》(*Mersenne and the Learning of the Schools*, Ithaca, N. Y.: Cornell University Press, 1988); Stephen Gaukroger,《笛卡儿:一位知识分子的传记》(*Descartes: An Intellectual Biography*, Oxford: Clarendon Press, 1995)。

[59] J. E. McGuire 和 Martin Tamny,《某些哲学问题:牛顿在三一学院的笔记本》(*Certain Philosophical Questions: Newton's Trinity Notebook*, Cambridge: Cambridge University Press, 1983),第15页及其后。

70 年代,在哈佛大学直至 17 世纪 90 年代,而在耶鲁大学直到 18 世纪 20 年代。[60]

尽管如此,笛卡儿和牛顿引领我们进入了一个科学和哲学的历史新阶段,它带着可与古代相抗衡的系统的研究传统,将最终完成对亚里士多德－托勒密世界观的根除和取代。虽然牛顿是一个虔诚的炼金术士,但他和笛卡儿都反对占星术,或者也许可以更准确地说,他们认为不存在占星术,[61]即使后来有了笛卡儿派占星术士(例如克洛德·加德鲁瓦)[62]和牛顿主义占星术士(至少勉强是这样,正如我们将随着理查德·米德看到)。这产生了一个重要的问题:因为强调天体影响精微气体之效力的机械论对笛卡儿和牛顿都适用,为什么他们不沿着培根和玻意耳铺好的路支持革新的占星术的自然哲学? 也许在现在所理解的太阳系这样的大尺度范围内,气体机械论不管用。[63] 不幸的是,就我所知道的而言,笛卡儿和牛顿没有公开地表达过自己的占星术观点——这件事意义重大。

556

接受笛卡儿的反占星术姿态——具有讽刺意义的是,也接受牛顿的——的一个重要的人物,是颇有影响力的教科书作者雅克·罗奥(1620～1675),在 1671 年出版了他笛卡儿主义的《物理学论著》(*Traitè de physique*)一书,仅仅在巴黎到了 1730 年就至少有 10 个版本。他在一章题为"关于天体影响和神判占星"[64]中公开地拒斥占星术,他在其中问道:"天体是不是我们在地上所看见的影响的原因或是促进了这样的影响?"他认为太阳的光和热是产生影响的原因(这和皮科一样),所以这个问题只是针对太阳以外的天体,它们的光只在空气中可见的纤维和元素中传播。罗奥论证说,这是因为太阳光比所有恒星的光加在一起还要强,皮科也是这样说的。这是所有产生这些影响的唯一原因。罗奥进一步指出,如果空气在不同的时间是不同的,我们就不应在天上寻找其原因,而要在空气自身或地上寻找。这是他与他同时代的罗伯特·玻意耳观点不同之处。

在对自然哲学做了简短的批判之后,罗奥谈及了神判占星,强调它不能被任何理性证明。回到经验上,他论证说占星术法则不能基于一时的经验,因为要测试它,需要数千年的时间,等到相同的天空结构重新出现才能实现。而这是不可实践的,正如培

---

[60] Samuel E. Morison,2 卷本《17 世纪的哈佛学院》(*Harvard College in the Seventeenth Century*, Cambridge, Mass.: Harvard University Press, 1936),第 1 卷,第 226 页～第 227 页。占星术于 1717 年从哈佛辩论练习中被排除;同前书,第 1 卷,第 214 页。

[61] 关于笛卡儿,参看 Bowden,《占星术中的科学革命》,第 197 页～第 198 页。关于牛顿的参考书目在注释 68 中给出。关于炼金术和占星术之间的意外分裂,参看 William R. Newman 和 Anthony Grafton,《导论:前现代时期欧洲占星术和炼金术的值得怀疑的地位》(Introduction: The Problematic Status of Astrology and Alchemy in Premodern Europe),载于《自然的秘密:现代早期欧洲的占星术与炼金术》,第 1 页～第 37 页,相关内容在第 14 页～第 27 页。

[62] Bowden,《占星术中的科学革命》,第 198 页～第 202 页。

[63] Albert Van Helden,《测量宇宙:从阿利斯塔克到哈雷的宇宙大小》(*Measuring the Universe: Cosmic Dimensions from Aristarchus to Halley*, Chicago: University of Chicago Press, 1985)。

[64] 参考塞缪尔·克拉克对罗奥的拉丁文翻译及牛顿式的评论(约翰·克拉克的英文译本),2 卷本《罗奥的自然哲学体系论文》(*Treatise; Rohault's System of Natural Philosophy* ..., London: James Knapton, 1723), reprinted in Jacques Rohault,2 卷本《自然哲学体系》(*A System of Natural Philosophy*, The Sources of Science, 50, New York: Johnson Reprint Co., 1969), with an informative introduction by Larry Laudan. The chapter (*System*, 2.27), appears in 2: 86 - 91. 我谢谢 Domenico Bertoloni Meli 坚持罗奥的重要性。

根已经理解到的。进一步说,即使它是可能的,这法则也将仅仅适用于这一经验发生的国家,而不是普世性的。最终,即使占星术士在他们的预测中有时是正确的,这也只能归结为运气。罗奥的结论,毫无疑问给出了对占星术明确的拒斥:“不要再坚持这一学科;它不值得再说任何更多的东西,并且它不值得任何一位哲学家去严肃对待。”

罗奥的拉丁翻译者和牛顿的门徒塞缪尔·克拉克(1675～1729),对这一整段只增加了一个解释性的脚注,名义上是去澄清有关月亮影响的本质:

557

> 至于月亮真正的力量,很显然,它对空气的影响超过了对海洋的影响,它对于气温肯定会产生一些影响,而这就可能使动物的身体产生一些变化。但是对于任何其他一般被归结为月亮和行星的影响,若是超出了这些原因,它们就不值得一提。[65]

罗奥的教科书,它最初的法语版本,和克拉克兄弟的拉丁语版(1697)以及加了注释的英语翻译版(1723),都有着不同寻常的影响。[66] 塞缪尔·克拉克的三个更晚的拉丁版本(在1713年达到顶峰),变得越来越具有牛顿主义思想,他甚至用增加批评性页下注的形式攻击罗奥的笛卡儿主义立场。包含了这些注释的英语翻译版,作为一本具有反占星术倾向的自然哲学教科书,在剑桥、哈佛和耶鲁一直使用到18世纪40年代。[67]

除了罗奥的教科书,牛顿也对占星术的剔除有所贡献,虽然这不一定是他本人的意图。尽管几乎没有同代人真正阅读过他的《自然哲学的数学原理》(*Philosophiae naturalis principia mathematica*,1687),但牛顿的分析看上去已经从底部切除了占星术的自然哲学基础,这个过程是以两种基本的但相互关联的方式进行的,一个是自然哲学的方式,另一个是启发式的。首先,他消除了亚里士多德和其追随者的基质、偶然性和变化这样的特征性观点,以及整个形质论的四因说框架(参看第3章)。缺少了这些,占星术的自然哲学基础就消失了。在启发式方面,牛顿从根本上为正统科学问题的本质进行了重新定位,它要求应首先关注能被观察、定量和测量的东西。[68]

占星术看上去在医学中比在任何其他的学问分支中都坚持得更长久些。牛顿和哈雷的私人医师、帕多瓦大学的毕业生理查德·米德(1673～1754),在1704年写了《关于太阳和月亮对人体和疾病的影响》(*De imperio solis et lunae*),在40年的医学实践之后的1748年有一个修订版。[69] 在这本著作中,米德把牛顿主义的医学力学解释框

---

[65] Rohault,《罗奥的自然哲学体系论文》,第2卷,第90页,注释1。

[66] Laudan, introduction to Rohault,《罗奥的自然哲学体系论文》,第1卷,第ix页～第x页。

[67] 同上书,第1卷,第x页～第xiii页。

[68] 此处在《光学》疑问31中清晰可见。参看 Isaac Newton,《光学》(*Opticks; or, a Treatise of the Reflections, Refractions, Inflections and Colours of Light*, based on the fourth edition, London, 1730; repr. New York: Dover, 1952),第401页～第402页。在1703到1727年担任皇家学会会长时,牛顿勤勉地推动这一重新定向的研究计划。参看 John L. Heilbron,《牛顿任会长时皇家学会中的物理学》(*Physics at the Royal Society during Newton's Presidency*, Los Angeles: William Andrews Clark Memorial Library, 1983);Richard S. Westfall,《永不止息:艾萨克·牛顿传记》(*Never at Rest: A Biography of Isaac Newton*, Cambridge: Cambridge University Press, 1980)。

[69] 此书也收入在他去世后出版的全集中(1775)。

架，移植到传统占星术的非正式的盖仑主义实践上，但是却没有一般那种对出生星位图或医学卜卦的强调。[70] 他在这一领域所依据的主要权威之一是约翰·戈德，后者在其《天体气象学》(*Astro-Meteorologica*, 1686)中，出版了占星术式非正式的气象学观察资料的丰富成果。[71] 之后，1760年从维也纳大学拿到医学学位的弗朗茨·安东·梅斯梅尔(1733～1815)，还写过一篇专题论文分析天体对人类健康的影响。该论文最初受到了米德的启发，但是增加了最新的万有引力、磁力学和电学理论，并且还探讨了牛顿在《自然哲学的数学原理》中的观点。[72]

558

18世纪以及之后

伊弗雷姆·钱伯斯在他受欢迎的《百科全书》的序言中宣称，他将对占星术进行探讨，这不仅是因为它从前流行过，还因为它仍旧包含某些值得保留的东西：

> 天体对事物具有影响，因此占星术的基础是好的；但是这些影响并不是由普遍制定的法则所指导的，也不产生归结于它们的影响，因此其上层建筑是虚假的。所以占星术不应该被废除，而是要革新。[73]

他在序言中以这样一个命题作为结论，算是对培根的占星术革新的赞同。

钱伯斯在他有关占星术的文章中，把占星术定义为“从天体的方位、位置和影响去预测未来事件的技艺”，清楚地区分了自然占星术和神判占星术。[74] 一方面，在对前者的讨论中，他论述了占星术的自然哲学基础的基本特征。至于天体结构对天气的影响，钱伯斯列举出了约翰·戈德的观点。对于天体对所有物理物体的影响，包括它们的密度、浓度和它们的生成和毁灭(旧的亚里士多德的范畴)，他援引了罗伯特·玻意耳的《空气通志》中的观点。最终钱伯斯说每个行星有它自己的光的特殊性质，并且星体之间的角度关系和星体与地球的角度关系——从占星术方面看——会对地上事物的性质产生影响。

559

另一个方面，钱伯斯对神判占星术是完全不予考虑的：“神判占星术，也就是我们

---

[70] Anna Marie Roos，《医学中的发光体：现代早期英格兰的理查德·米德、詹姆斯·吉布斯以及太阳和月球对人体的影响》(Luminaries in Medicine: Richard Mead, James Gibbs, and Solar and Lunar Effects on the Human Body in Early Modern England)，《医学史通报》(*Bulletin of the History of Medicine*)，74(2000)，第433页～第457页。

[71] 关于戈德，参看 Curry，《预言与力量：现代早期英格兰的占星术》，第67页～第72页；Bowden，《占星术中的科学革命》，第176页～第187页。

[72] 参看此书序言，Franz Anton Mesmer，《催眠术：F. A. 梅斯梅尔原创科学与医学著作译本》(*Mesmerism: A Translation of the Original Scientific and Medical Writings of F. A. Mesmer*, Los Altos, Calif.: W. Kaufmann, 1980)，G. Bloch 译；Robert Darnton，《催眠术与法国启蒙运动的终结》(*Mesmerism and the End of Enlightenment in France*, Cambridge, Mass.: Harvard University Press, 1968)。还需要许多研究才能完成占星术在启蒙运动时期学术医学中的命运的故事。

[73] Ephraim Chambers，《百科全书》(*Cyclopedia; or, An Universal Dictionary of Arts and Sciences ...*, London: J. and J. Knapton, etc., 1728)，第1卷，第xxviii页。感谢 Richard Yeo 指引我找到这份资料；尤其参看他的《百科全书的梦想：科学词典和启蒙运动时期的文化》(*Encyclopedic Visions: Scientific Dictionaries and Enlightenment Culture*, Cambridge: Cambridge University Press, 2001)。

[74] Chambers，《百科全书》，第1卷，第162页～第164页。

平常称为占星术的东西,貌似是对道德事件进行预测的东西,例如独立于人类的意志和能力,好像它们是受了星体的指引。”钱伯斯把它当作一种迷信,声称“现在留给现代教授们的主要领域,是日历或历书的制作。”[75]钱伯斯对占星术的观点一直保留到了1741年的修订版,并且被翻译成了法语,被德尼·狄德罗和让·达朗贝尔整个地收录进了《百科全书》(*Encyclopédie*)1751年的第一版。[76] 尽管如此,到了1786年,亚伯拉罕·里斯死后,钱伯斯的《百科全书》中这种论述已经明显有了改变。虽然序言中的论述还是一样的,但在这个术语下的描述却显著地减少了。三个最初的权威,玻意耳、戈德和米德,被减少到只有玻意耳一人了。[77]

钱伯斯的革新论述,与《不列颠百科全书》(*Encyclopaedia Britannica*)1768年第一版中对占星术的轻蔑定义形成了鲜明的对比,我把后者全部引用了:

> 占星术,一门猜测的科学,讲的是如何判断天体的影响,并且通过天体的不同位置和方位预测未来的事件。在很久以前就成为一门不值得一顾和受人嘲笑的学科。[78]

尽管有些延迟,但作为一个整体,这些18世纪的百科全书讲明了17世纪占星术的发展趋向:它与作为数学性学科的天文学的分离,以及它从数学课程体系中被剔除;自然占星术和神判占星术之间不断扩大的分歧,以及把自然占星术并入新的自然哲学的企图;同时发生的对神判占星术的法则和目的全部拒斥。这些便是从前现代到现代的学科结构转变中基本的变化。

560

尽管如此,这些拒斥和重构,并没有延伸到文化层面。从1640年开始,即使是有学问的作者,也逐渐减少了对占星术的使用,而占星术文本的英语译本,则使得占星术的深层知识比以前更易于进入一个更广泛的社会阶层。[79] 因此,18世纪中期神判占星术所遗留的东西看上去已经在大众文化中初步找到了一个家园,尤其是在历书中,保留了很多占星特性。[80] 这一情况在19世纪又有了变化,但占星术被综合进了所谓的“神秘哲学”(包括魔法、炼金术、巫术和希伯来神秘哲学)的新的结构中,我们今天也能在其中找到它。[81]

虽然对于占星术从有学问的人所定义的正统自然知识领域中消失的过程,我已经给出了大致的纲要,但一些最大的问题仍然还在。尤其是,为什么一个如此有前途的

---

[75] 同上书,第1卷,第163页。

[76] Denis Diderot Jean d'Alembert,《百科全书》(*Encyclopédie, ou Dictionnaire raisonné des arts et des métiers*, Paris: Briasson, etc., 1751),第1卷,第780页～第783页。

[77] Ephraim Chambers,《百科全书》(*Cyclopedia ... with the Supplement, and Modern Improvements ... by Abraham Rees*, London: J. F and C. Rivington, 1786)。

[78] 3卷本《不列颠百科全书》(*Encyclopaedia Britannica; or, a Dictionary of Arts and Sciences...*, Edinburgh: A. Bell and C. Macfarquhar, 1771),第1卷,第433页。

[79] 参看Curry,《预言与力量:现代早期英格兰的占星术》,第19页及其后。

[80] Capp,《占星术和大众出版社:英国历书(1500～1800)》,第238页～第269页。关于意大利的不同情况,参看Casali, *Le spie del cielo*, pp. 203 - 70.

[81] 这种结构反映在Wayne Shumaker,《文艺复兴时期的神秘科学:思想模式研究》(*The Occult Sciences in the Renaissance: A Study in Intellectual Patterns*, Berkeley: University of California Press, 1972)。

占星术机体，在17、18世纪期间被根除了？除了自然哲学的原因，部分答案应该也存在于政治领域之中。占星术在政治领域中所扮演的角色——在17世纪依旧有活力——但在18世纪失去了它的重要性。[82] 同样地，占星术逐渐变成这一时期辛辣的讽刺文学首先的攻击对象，正如乔纳森·斯威夫特在虚构的占星术士艾萨克·比克斯塔夫的伪装下，猛烈地攻击真正的占星术士约翰·帕特里奇。[83] 这些似乎反映出了占星术的庸俗化，并最终从精英世界降到大众文化之中。[84]

虽然最终占星术从它扎根的亚里士多德-托勒密-盖仑的自然知识和大学文化这样的知识和机构的根源中分离出来，但作为一个思想体系它继续存在，即使是在18世纪之后亦如此，正如它今天依旧存在一样。[85] 16和17世纪标志着学者对占星术态度的转变，标志着占星术在学者对自然世界的理解中角色的转变。占星术从这些理解中被剔除，是与亚里士多德自然哲学自身的衰败和消除并且最终被牛顿主义科学所取代紧密相关的。

561

（肖　磊　译）

[82] 关于17世纪20年代奥拉齐奥·莫兰迪（Orazio Morandi）在罗马经营的占星术政治智库，参看Brendan Dooley，《莫兰迪的最后预言与文艺复兴时期政治的终结》（*Morandi's Last Prophecy and the End of Renaissance Politics*, Princeton, N. J.: Princeton University Press, 2002），此书必须仔细对待。For France, see Drevillon, *Lire et écrire l'avenir*. 关于占星术预言在17世纪40年代和50年代英格兰内战和空位期的重要作用，参看Ann Geneva，《占星术与17世纪的思想：威廉·利利与星星的语言》（*Astrology and the Seventeenth Century Mind: William Lilly and the Language of the Stars*, Manchester: Manchester University Press, 1995）。关于伊莱亚斯·阿什莫尔和威廉·利利在17世纪60年代和70年代作为查理二世的宫廷占星家，参看C. H. Josten，5卷本《伊莱亚斯·阿什莫尔》（*Elias Ashmole* [*1617 - 92*]..., Oxford: Clarendon Press, 1966）。关于18世纪，参看Curry，《预言与力量：现代早期英格兰的占星术》，第95页～第137页。

[83] 关于这段内容，参看Curry，《预言与力量：现代早期英格兰的占星术》，第89页～第91页。关于"从流行到平民"的全面运动，参看Curry此书的"从流行到平民"（from popular to plebeian）一节，第109页～第117页。

[84] 关于这个与奇迹和自然奇观有关过程的相似讨论，参看Lorraine Daston和Katharine Park，《奇事与自然秩序（1150～1750）》（*Wonders and the Order of Nature, 1150 - 1750*, New York: Zone Books, 1998），第9章。

[85] 关于占星术实践在当代最高统治机构中的例子，参看Joan Quigley，《琼说了什么？我在白宫作为南希·里根和罗纳德·里根的占星家的7年》（*What Does Joan Say?: My Seven Years as White House Astrologer to Nancy and Ronald Reagan*, Secaucus, N. J.: Carol Publishing, 1990）。依然有人试图为占星术的科学性正名，其中最著名的可能是Michel Gauquelin，他有以下著作：《生辰：对占星术秘密的科学调查》（*Birthtimes: A Scientific Investigation of the Secrets of Astrology*, New York: Hill and Wang, 1983），S. Matthews译；《宇宙对人类行为的影响》（*Cosmic Influences on Human Behavior*, London: Garnstone, 1974），J. E. Clemow译；《占星术的科学基础》（*The Scientific Basis of Astrology*, New York: Stein and Day, 1969），J. Hughes译。

24

562

天　文　学

威廉·多纳休

到中世纪晚期,天文学已经有了两千年以上的研究与实践,这一点跟今天承认的大多数其他自然科学不太一样。它与和声学、光学、力学等古代科学一道被看作混合数学科学,不同于纯粹数学科学(算术和几何),天文学考虑的是物体中的数和量,而不是数和量本身。按照这种划分(并不总是那么严格),天文学只能形成和应用数学假说,关于天的真正本性的论断则属于自然哲学的范畴。[1] 因此当时不承认天文学家有权决定地球是运动还是静止,彗星是天界现象还是大气现象。天文学的功能只是描述天体的视位置,用于记录时间、制定历法以及预测天的影响。(最后这项任务是占星术的功能,占星术在中世纪晚期是受尊重的科学,研究天体运动引发的结果,就像自然哲学探讨天界运动的原因一样。)

对科学的这种划分建立在哲学基础之上,哲学家和物理理论家用它来约束天文学及其他数学科学各守本分。另外,天文学家从来没有完全心甘情愿地被边缘化,他们在提高这门科学的预测力的同时,也努力向自然哲学家们表明天文学的论断不可忽视。在这方面天文学家取得了显著的胜利,到 17 世纪末,天文学已经成为自然哲学的密邻甚至是一个分支,甚至自然哲学本身也开始数学化(参看第 17 章)。与此同时,占星术逐渐丧失了学术声望,主要是因为它无法适应新天文学,墨守日益过时的宇宙论(参看第 23 章)。

563

天文学和占星术都是学院科目,在大学里被传授和修习(尽管通常被列在常规课程之外)。巴黎大学的天文学传统在 13 世纪和 14 世纪早期繁盛一时,到 1500 年已经衰落,但是天文学教育却在牛津、克拉科夫、布拉格、维也纳和博洛尼亚蓬勃发展起来。特别是维也纳形成了一个发达的天文学传统,始于 14 世纪朗根施泰因的亨利(约 1325 ~ 1397),经由格蒙登的约翰(约 1380 ~ 1442)、格奥尔格·波伊尔巴赫(1423 ~ 1469)和约翰内斯·雷吉奥蒙塔努斯(1436 ~ 1476)延续下来。后两人在本

---

[1] 例如参看 Aristotle,《物理学》(*Physics*),2. 2 (194a7);以及 James A. Weisheipl,《科学的性质、范围与分类》(The Nature, Scope, and Classification of the Sciences),载于 David C. Lindberg 编,《中世纪科学》(*Science in the Middle Ages*, Chicago: University of Chicago Press, 1978),特别是第 474 页~第 480 页。

章里有显著地位。[2]

在大学之外反而经常展开天文学的实践,通常是作为占星术实践的辅助。统治者需要占星术的预测,这就必须知道行星的位置,医生也要借助星辰来安排疾病的疗程。因此,在宫廷里有了天文学家的职位,占星术的医学应用大大促进了天文学的研究和传授。实际上,这一时期很多最杰出的天文学家——我们只需提及尼古拉斯·哥白尼(1473～1543)、第谷·布拉赫(1546～1601)、约翰内斯·开普勒(1571～1630)和伽利略·伽利莱(1564～1642)——都主要或完全在大学以外工作,尽管他们都受过大学教育(参看第11章)。

虽说16、17世纪天文学有数不尽的非凡成就,但它们大多有着一个明显的共同主题,即倾向于将天上的事物看成原则上与地界物体并无差异的物理对象。这股潮流有两个中心人物:伽利略和开普勒。伽利略最早的望远镜观测发表在《星际使者》(*Sidereus nuncius*, 1610)中,给出了过去根本不可能看到的天上景观,提供了对恒星和行星的近距离细致观察。开普勒的火星运动理论《新天文学》(*Astronomia nova*, 1609)首次将物理力引入数学上精确的预测工具之中。这两部著作都对17世纪天文学的发展有深远的影响,反过来两者又都是在相当发达的天文学和物理学传统的背景下诞生的。

因此,本章将首先描述16世纪背景,天界问题就是在这个背景下于1610年前后的关键时期形成。尤为重要的是,人文主义在哥白尼和其他天文学改革者的著作中扮演的重要角色,它复兴了另一种古代哲学传统,这种传统与亚里士多德学派的传统相对抗并赋予数学科学更具决定性的地位。

564

16世纪发展出的主题以各自不同的方式收场。伽利略的观测立刻引发了轰动,很快被其他观测者重复和细化。相反,开普勒的艰深理论则要等到其精确性开始获得公认才逐渐被部分地接受。勒内·笛卡儿(1596～1650)的宇宙论思想对于推动人们接受天文学中的物理论证也有很大贡献。与此同时,几颗显然“新”的恒星(新星)的发现激发人们去搜寻更多恒星,这导致了变星的发现,还导致恒星天文学发展为一个独立的研究领域。本章的结尾是艾萨克·牛顿(1643～1727)的《自然哲学的数学原理》(*Philosophiae naturalis principia mathematica*, 1687和1713)的发表,它彻底改变了行星理论此后的发展道路。

16世纪早期的天文学教育

在16世纪早期的大学里,天文学通常分两门课程讲授。导论课程基于13世纪约翰尼斯·德·萨克罗博斯科(1244或1256年卒)的《天球》(*Sphere*),它描述了天球和

---

[2] Olaf Pedersen,《天文学》(Astronomy),载于Lindberg编,《中世纪科学》,第329页～第330页。

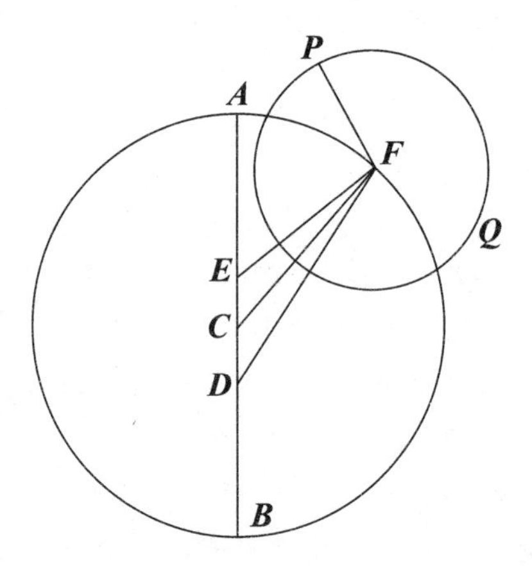

图 24.1 托勒密行星模型

地球的各部分。更进阶的传授通常从研习一部叫作《行星理论》(*Theorica planetarum*)的著作开始,一般认为此书系克雷莫纳的杰拉尔德(1114～1187)所著。[3]《行星理论》和由之导出的星表都基于2世纪亚历山大城天文学家克劳迪·托勒密发展出的行星模型,有时包括了后来的天文学家作的增补和修订。在托勒密的模型中,行星(图24.1中的*P*)在一个圆上运动(本轮,图24.1中的*PQ*),这个圆的圆心*F*沿着一个更大的圆移动(均轮,*ABF*),该圆的圆心*C*固定在离地球(位于*D*)很近的一点处。本轮的圆心在均轮上的运动并不是对均轮的圆心匀速,而是绕另一个点(偏心匀速点,图24.1中的*E*)作匀角速度运动,该点到地球*D*的距离两倍于到均轮圆心*C*的距离(即$ED = 2CD$),且在同一条直线上(拱线,*AB*)。尽管托勒密的主要著作《至大论》(*Almagest*)已经有了拉丁文译本,译自阿拉伯文版本和原始希腊文版本,但是因为太艰深而极少在大学课程里学习它。

565

《行星理论》以权威的态度给出行星运动模型,完全不解释它们是怎样得出的,也不讨论是否应该认为它们代表了什么实在的东西。这个文本的一项重大优点是使得学生几乎能够立即开始使用天文星表,通常是用于占星。这些星表的最简单形式会将平均运动、交点和拱点的位置以及其他参数作为时间的函数,以方便易用的时间间隔给出。从业者必须用一组星表来找出本轮中心在均轮上的位置,然后再用另一组找出行星在本轮上的位置,最后用三角学从这两者求出视位置。更高级的星表,例如14世纪早期利涅尔的约翰对13世纪《阿方索星表》作的修订,将两步操作合并为一张大表,

[3]《天球》的译文载于 Lynn Thorndike,《萨克罗博斯科的〈天球〉及其注释者》(*The Sphere of Sacrobosco and Its Commentators*, Chicago: University of Chicago Press, 1949)。选段收入 Edward Grant 编,《中世纪科学原始资料集》(*A Source Book in Medieval Science*, Cambridge, Mass.: Harvard University Press, 1974),第442页～第451页。《行星理论》的完整译文(Olaf Pedersen 译)载于 Grant 编,《中世纪科学原始资料集》,第451页～第465页。关于《天球》《行星理论》以及总体的天文学的更多内容可参看 Olaf Pedersen 和 Mogens Pihl,《早期物理学与天文学:历史介绍》(*Early Physics and Astronomy: A Historical Introduction*, History of Science Library, London: MacDonald, 1974),第243页～第277页,"中世纪天文学"(Mediaeval Astronomy)一章。

提供了极大的便利。早期的星表用法指导对医科学生特别有用,他们需要占星术来做诊断和预后。[4]

文艺复兴人文主义与“革新”

虽然波伊尔巴赫常常被视为第一个文艺复兴天文学家,但他继续发展着中世纪天文学的传统。尽管如此,他的工作至少有一方面代表着他和前人分道扬镳。他是数学家,同时也是人文主义古典学者,致力于从经院的粗暴举措造成的毁坏中恢复古代学识。他最广为流传的著作《新行星理论》(*Theoricae novae planetarum*, 1472)志在取代中世纪的《行星理论》。这一点上波伊尔巴赫取得了惊人的成功:《新行星理论》一直到17世纪还用了很长时间,1472至1653年之间发行的版本、译本和评注本超过50个。[5]

566

波伊尔巴赫想做的不只是取代权威教科书。受他的朋友枢机主教巴西利乌斯·贝萨里翁(约1395～1472)的鼓励,他开始编写托勒密《至大论》的概要,旨在引导学生研习《至大论》本身(不过波伊尔巴赫依靠的还是克雷莫纳的杰拉尔德从阿拉伯文版本转译的拉丁文译本)。希腊血统的贝萨里翁是教皇派驻维也纳宫廷的使节,在那里他除了履行外交职责还致力于促进希腊经典的研究。波伊尔巴赫尚未完成这项工作便去世了,不过他的学生哥尼斯堡(今巴伐利亚北部)的约翰内斯·米勒(1436～1476)接手了这项工作,米勒更为人熟知的是他采用的雷吉奥蒙塔努斯这个姓(他的出生地的拉丁化写法)。这部书被称为《托勒密〈至大论〉梗概》(*Epitome in Almagestum Ptolemaei*),最终于1496年面世。它不光是对托勒密杰作的概要,而且还包含了后来的观测、新的计算以及一些批判性的评注。[6] 古典传统由此复苏,成为鲜活的理论生命体,可以根据形势需要去发展或改造。

将天文学跟《至大论》而不是《行星理论》传统关联起来的重要意义,主要在于它们研究这个主题的方式不同。《行星理论》只给出已完成的模型,并不讲述它们是如何构造出来的,而托勒密则展示怎样才能从观测导出轨道参数,这就让天文学的学生们有能力批评现有的模型并修正或取代它们。

在天文学中恢复使用同心天球一事进一步表明,人文主义的企图不只是效仿古典模型,而且是要深入其精髓并加以改进。自从托勒密时代以来就一直存在着一个矛

---

[4] Nancy G. Siraisi,《中世纪和文艺复兴早期的医学:知识与实践引论》(*Medieval and Early Renaissance Medicine: An Introduction to Knowledge and Practice*, Chicago: University of Chicago Press, 1990),第67页～第68页。关于《阿方索星表》,参看John North,《诺顿天文学和宇宙学史》(*The Norton History of Astronomy and Cosmology*, New York: W. W. Norton, 1994),第217页～第222页。

[5] E. J. Aiton,《波伊尔巴赫的〈新行星理论〉》(Peurbach's *Theoricae novae planetarum*: A Translation with Commentary),《奥西里斯》(*Osiris*), ser. 2, vol. 3 (1987),第5页～第9页。

[6] Joannes Regiomontanus,《托勒密〈至大论〉梗概》(*Epitome in Almagestum Ptolemaei*, Venice: Johannes Hamman, 1496); Aiton,《波伊尔巴赫的〈新行星理论〉》,第5页～第6页; North,《诺顿天文学和宇宙学史》,第254页～第255页。

盾:一方是亚里士多德的物理解释——它限定天体围绕宇宙中心(与地球的中心重合)运动,因而是同心的;另一方是托勒密使用的偏心轮和本轮,意味着地球到行星的距离会有十分可观的变化。亚里士多德曾提到欧多克斯构造可行的同心理论的努力,以及卡利普斯对欧多克斯模型的改进,但没有提供细节。[7] 一些伊斯兰天文学家和哲学家尝试过复兴同心理论,最著名的是比特鲁吉(约1100～1185),西方人称呼他的拉丁化名字阿尔彼得拉吉乌斯。比特鲁吉的著作在1217年译成拉丁文,繁衍出许多其他同心理论,其中有一个是雷吉奥蒙塔努斯所创。[8]

567

16世纪早期发表了两项同心理论的尝试:乔万尼·巴蒂斯塔·阿米柯(1512～1538)的《论天界物体的运动》(*De motibus corporum caelestium*, 1536)和吉罗拉莫·弗拉卡斯托罗(1478～1553)的《同心论》(*Homocentrica*, 1538)。尽管这些理论根本不足以预测行星位置,但还是值得注意,因为它们有意尝试重建已经佚失的欧多克斯理论。弗拉卡斯托罗的工作获得了一定程度的认可,他增加了一个要求:相邻的天球的轴要成直角——这个例子很好地体现出文艺复兴时期想要比古人更进一步的倾向,特别是在坚守原理方面——在这个例子中是亚里士多德的原理:行星运动必定简单而均匀。[9]

类似的动机在哥白尼的著作中也很明显。哥白尼是阿米柯和弗拉卡斯托罗的同时代人,在克拉科夫和博洛尼亚接受了彻底的人文主义教育。在他的《天球运行论》(*De Revolutionibus orbium coelestium*, 1543)中,哥白尼对《至大论》里的两件事特别提出异议:引入了非均匀运动,以及托勒密未能将分立的诸行星模型拼成一个系统的整体。对于前者,他写道:"那些设计出偏心轮的人……却承认了许多看来跟关于运动均匀性的第一原理相抵触的东西。"[10]天的运动是匀速圆周运动,这是天文学家最广泛接受的公理,是从天的不朽性这个自然哲学原理导出的。然而托勒密却假定均匀运动的中心不同于该运动所在的圆心。哥白尼抱怨说,这样的运动根本不均匀,因为它们实际上在圆的某一部分较快,在另一部分较慢。

哥白尼的替代模型包含增加另一个小圆来充分调整行星运动,以避免使用非均匀运动。类似的模型实际上已经由阿拉伯天文学家提出过,哥白尼暗示说他曾经使用过

---

〔7〕 Aristotle,《形而上学》(*Metaphysics*),12.8(1073b1 - 1074a18)。

〔8〕 Pedersen 和 Pihl,《早期物理学与天文学:历史介绍》,第266页～第267页,第351页,重刊于 Olaf Pedersen,《早期物理学与天文学:历史介绍》(*Early Physics and Astronomy: A Historical Introduction*, rev. ed., Cambridge: Cambridge University Press, 1993),第235页～第236页,第318页;N. M. Swerdlow,《雷吉奥蒙塔努斯的太阳与月球的同心球模型》(Regiomontanus's Concentric-sphere Models for the Sun and Moon),《天文学史杂志》(*Journal for the History of Astronomy*),30(1999),第1页～第23页。

〔9〕 J. L. E. Dreyer,《从泰勒斯到开普勒的天文学史》(*A History of Astronomy from Thales to Kepler*, New York: Dover, 1953),第296页～第304页。

〔10〕 Nicholas Copernicus,《天球运行论》(*De Revolutionibus*, Nuremberg, 1543),《前言及献给教皇保罗三世的言辞》(Preface and Dedication to Pope Paul III),fol. iii v; 4.2, fol. 99r-v,和5.2, fol. 140v; Copernicus,《天球运行论》(*On the Revolutions*, Baltimore: Johns Hopkins University Press, 1992),Edward Rosen 译注,第4页,第176页,第240页。对均匀性和规则性问题的全面讨论,参看 Edward Grant,《行星、恒星和天球:中世纪的宇宙(1200～1687)》(*Planets, Stars, and Orbs: The Medieval Cosmos, 1200 - 1687*, Cambridge: Cambridge University Press, 1994),第488页～第494页。

阿拉伯模型,但没有提到具体的名字。[11] 跟弗拉卡斯托罗一样,哥白尼也显然认为自己不仅是在复兴古代传统,而且是在发展它,不是以推倒偶像的态度,而是以革新的态度,即让它重获新生。

568

谈到托勒密的宇宙缺乏体系时,哥白尼用了一个取自贺拉斯《诗艺》(*Ars Poetica*)的比喻。他写道:"[这些数学家]所做的就好像一个人从不同地方取来手、脚、头和其他部分,画得确实很好,但却不适于组合成一个身体,由于彼此完全不能对应,因而用它们组合出来的只会是个怪物而不是人。"[12]哥白尼对古典文献作了一番明显是人文主义式的探寻,证明有些古人曾经把运动赋予地球以解释天上的现象,因此他认为应该允许自己也拥有这种自由。哥白尼所发现的是"天体和所有天球的次序和尺寸,以及天空本身,都如此紧密地联系在一起,以致无法在其中任何部分移动一样东西而不扰乱其余部分和整个宇宙"。[13] 这是一个不仅能够解释行星运动现象,而且能够就物理事实作出断言的天文学体系。

对于哥白尼的同时代人来说,他的成就并不在于地动理论,而在于构筑了托勒密《至大论》的一个现代竞争对手,在某些方面还超越了它的原型。就其完整性以及(并不特别成功地)尝试用最新观测来提高理论精确度而言,《天球运行论》无可匹敌。它被维滕贝格大学的数学教授伊拉斯谟·赖因霍尔德(1511 ~ 1553)用来编制一套新的行星表——《普鲁士星表》(*Prutenic Tables*,1551),这套星表被广泛使用,并于 1585 年再版。然而,整个 16 世纪,《天球运行论》的读者几乎没有一个对其中地球的三重运动(自转、公转和轴转)[14]这一主张表示过赞赏。部分是因为在序言"致读者,关于本著作中的假说"中宣称天文学"设想出[假说]并不是为了说服任何人相信它们是真的,而只是为了能给计算提供正确的基础"。这个序言实际上是由路德宗牧师、神学家安德烈亚斯·奥西安德(1498 ~ 1552)撰写的,他负责出版的最后阶段,插入了这篇序言,哥白尼并不知情。由于这篇序言的作者身份在 1609 年之前一直没有在出版物中

569

---

[11] Copernicus,《天球运行论》,第 34 页。这一章的手稿版本中有一段后来删去了,其中把这些模型之一归于"某人"(*aliqui*)。参看 *Nicolaus Kopernikus Gesamtausgabe*, *Band I*: *Opus De Revolutionibus Caelestibus Manu Propria Faksimile-Wiedergabe* (Munich: Oldenbourg, 1944), fol. 75v; Rosen 译本,第 126 页。

[12] Copernicus,《天球运行论》, fol. iii v; Horace,《诗艺》(*Ars Poetica*), lines 1 - 13; 参看 Robert S. Westman,《证明、诗学与庇护:哥白尼〈天球运行论〉序言》(Proof, Poetics, and Patronage: Copernicus's Preface to *De revolutionibus*),载于 David C. Lindberg 和 Robert S. Westman 编,《重估科学革命》(*Reappraisals of the Scientific Revolution*, Cambridge: Cambridge University Press, 1990),第 179 页～第 184 页。

[13] Copernicus,《天球运行论》, fol. Ivr。

[14] 最后一种运动是由于天文学家使用极坐标的早期形式而人为造成的,它要求扭转地轴以使得北极在地球轨道的一侧朝向太阳而在另一侧背向太阳。开普勒最先指出这不是真实的运动。参看 Kepler,《哥白尼天文学梗概》(*Epitome astronomiae Copernicanae*, I, Linz, 1618), para. 5 sect. 5, pp. 113 - 4, in *Johannes Kepler Gesammelte Werke* (Munich: C. H. Beck, 1937 -), vol. 7 (1953), pp. 85 - 6.

公布，导致早期的读者以为哥白尼本人认为他的工作仅仅是一种假说。[15]

但即使没有奥西安德的序言，运动地球的观念也不太可能说服太多读者。它悍然违背当时的运动理论，而且留下了太多悬而未决的问题。笨重的大地如何可能实现赋予它的复杂三重运动？上帝为何要在土星跟恒星之间创造如此巨大的空无一物的空间？[16] 必须等宇宙论观念和研究自然哲学的方式首先发生激烈变革，才能提供一个语境，使运动地球变得有意义。

学问结构中的裂痕

变革的一个重要源泉是经院自然哲学以外形形色色的另类学说，实际上也有经院自然哲学本身正在发生的微妙变化。特别值得关注的是这样一些哲学著作的作者：他们相信对物理实在作出有效判断是数学力所能及的事情。库萨的尼古拉（1401～1464）是天主教的一位枢机主教，特别值得注意的是他认为心灵及其把握的真理都在最深的层次上基于量（不管是数的还是几何的）。有趣的是，他在哥白尼之前一个世纪就论证说地球是运动的，尽管这个断言的基础跟天文学没什么关系，而更多地跟神学有关。显而易见，15世纪的教会至少高级阶层可以比大学更能容忍大胆的猜想。[17]

570

但是，尽管有他的稳固地位提供自由，可是在为其思想寻找受众这方面，库萨的尼古拉只获得了有限的成功。一个较有影响力的追随者是加尔都西会的修道院院长格雷戈尔·赖施（约1467～1525），他的哲学教科书《哲学珍宝》（*Margarita philosophica*，1503）被广泛使用，在整个16世纪多次再版。在大多数方面，《哲学珍宝》毫无革命性，

---

[15] 关于赖因霍尔德，参看C. C. Gillispie编，《科学传记辞典》（*Dictionary of Scientific Biography*, New York: Scribners, 1970 - 90），第11卷，第365页～第367页；Owen Gingerich，《伊拉斯谟·赖因霍尔德与〈普鲁士星表〉在哥白尼理论传播中的作用》（The Role of Erasmus Reinhold and the Prutenic Tables in the Dissemination of Copernican Theory）, in *Colloquia Copernicana*, II, ed. Jerzy Dobrzycki (Wrocław: Ossolineum 1973), pp. 43 - 62, 123 - 5。关于奥西安德，参看Edward Rosen在此书中的注释，Copernicus，《天球运行论》，第333页～第335页；Bruce Wrightsman，《安德烈亚斯·奥西安德对哥白尼的成就的贡献》（Andreas Osiander's Contribution to the Copernican Achievement），载于Robert S. Westman编，《哥白尼的成就》（*The Copernican Achievement*, Berkeley: University of California Press, 1975），第213页～第243页；Nicholas Jardine，《科学史与科学哲学的诞生：开普勒的〈为第谷反对乌尔苏斯辩护〉及关于其出版与重要性的随笔》（*The Birth of History and Philosophy of Science: Kepler's "A Defence of Tycho against Ursus," with Essays on Its Provenance and Significance*, Cambridge: Cambridge University Press, 1984），第150页～第154页。开普勒在《新天文学》（*Astronomia nova*, Heidelberg: Vögelin, 1609）的标题页的背面发表了奥西安德的作者身份的证据；参看Johannes Kepler，《新天文学》（*New Astronomy*, Cambridge: Cambridge University Press, 1992），William H. Donahue译，第28页～第29页。

[16] 如果我们真的是在一个运动的平台上观看恒星，那么它们彼此间的角距应该在地球靠近和远离它们时发生变化。因为这个称作"周年视差"（参看590页[边码]图24.4）的现象没有被观测到，所以它一定非常小，这就要求恒星离我们极其遥远，至少要比当时普遍接受的距离大三个数量级，这还是在假定当时被严重低估了的日地距离为正常值的情况下。

[17] 关于库萨的尼古拉，一份有用的传略和作品介绍，包括许多参考文献，载于Nicholas de Cusa，《统一与改革：作品选》（*Unity and Reform: Selected Writings*, Notre Dame, Ind.: University of Notre Dame Press, 1962），John Patrick Dolan编，第3页～第53页。关于库萨的尼古拉对心灵运作的看法，一个简明的陈述载于Nicholas de Cusa，《门外汉：论心灵》（*Idiota de mente* [*The Layman: About Mind*], New York: Abaris Books, 1979），Clyde Lee Miller译并作序，第10章，第75页。

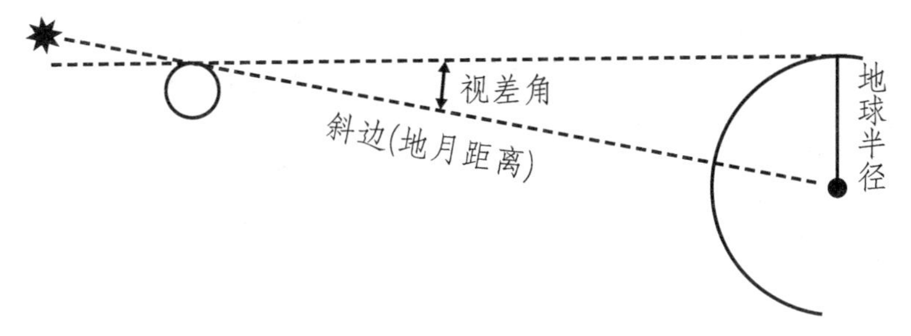

图 24.2 月球的周日视差

但是赖施援引库萨的尼古拉来支持将天文学及其他数学技艺纳入哲学,将它们分类为"关于[物质性]事物的推测性哲学"。[18] 赖茵霍尔德 1536 年在维滕贝格的教学也体现出一种类似的、也许是有关联的倾向。他向学生介绍欧几里得和波伊尔巴赫,称"哲学中叫作'物理学'的部分源自几何学"。这种彻底非亚里士多德的主张预示了对整个物理宇宙的一种以数学为基础的新观点,它有可能是直接来自库萨的尼古拉 1450 年出版的《门外汉:论心灵》(*Idiota de mente*)。[19]

《天球运行论》出版后的几十年间,挑战包括天的物理学在内的传统物理理论的各种出版物如雨后春笋般出现。学者们挑战亚里士多德在天上的纯粹永恒以太跟"月下的"四元素土、水、气、火之间划出的严格区分,其中有米兰的医生、占星家兼数学家吉罗拉莫·卡尔达诺(1501 ~ 1576),反传统的德国医生帕拉塞尔苏斯(1493 ~ 1541),还有智德大学(罗马一大)柏拉图哲学教授弗朗切斯科·帕特里齐(1529 ~ 1597),那不勒斯大学讲师贝尔纳迪诺·特勒西奥(1509 ~ 1588),以及多明我会修士托马索·康帕内拉(1568 ~ 1639)和乔尔达诺·布鲁诺(1548 ~ 1600)(参看第 2 章)。也许是追随斯多亚派学者,卡尔达诺不承认火是一种元素物质,从而将元素的数目减为三个。在他看来,天是暖热的来源,这就去掉了亚里士多德设定在月下天的火的球层,由此卡尔达诺创造了一种连续性,使得天与地更加接近了。相应地,他相信传统上被认为是大气现象的彗星能够进入天界区域,甚至可能源于天界。卡尔达诺提议用视差观测的办法测定它们的距离,这种方法是天文学家熟知的,因为预测月食必须考虑月球的视差(由于观测者的位移而使得一个较近的物体看起来在远处的背景上移动,视差就是对这种移动的测度;图 24.2 说明周日视差如何影响月球的视位置)。不过,卡 571

[18] Gregor Reisch,《哲学珍宝》(*Margarita philosophica*, Freiburg im Breisgau: J. Schott, 1503), fol. 4r;关于数学的重要性以及对库萨的尼古拉的引用参看 bk. 4, pt. 1, chap. 1。

[19] *Scriptorum publice propositorum a professoribus in Academia Witebergensi ab anno 1540 usque ad 1553, tomus primus* (Wittenberg: G. Rhaw, 1560),转引自 Sachiko Kusukawa,《自然哲学的转变:以菲利普·梅兰希顿为例》(*The Transformation of Natural Philosophy: The Case of Philip Melanchthon*, Cambridge: Cambridge University Press, 1995),第 180 页;参看 Nicholas de Cusa,《门外汉:论心灵》,第 10 章,第 75 页。

尔达诺似乎并没有亲自实施这类观测。[20]

帕拉塞尔苏斯虽然博采众长,但他的世界观主要是来自炼金术传统(参看第21章)。尽管他几乎没有直接谈论天的问题,但他的魔法-化学论世界观和三本原(等于硫、盐和汞)吸引了诸多追随者,其中包括有影响力也热衷于炼金术的丹麦天文学家第谷·布拉赫。帕拉塞尔苏斯认为天并非截然有别于地界和大气区域,相信恒星的本性是属火的。[21]

帕特里齐、康帕内拉和布鲁诺都深受一种据说很古老的哲学和神秘主义传统的影响,它源自传说中的三重伟大的赫耳墨斯,其核心特征是相信自然无论就整体而言还是就每个部分而言都是活的,都拥有灵魂,灵魂掌控其全部运作[22](参看第22章)。尽管他们对这种哲学的发展存在显著差异,但他们的同时代人还是可以毫不费力地识别出他们都是赫耳墨斯主义的新柏拉图主义追随者,这一身份不可避免地影响了他们的著作被阅读的方式。[23] 尤其是世界灵魂这个观念在神学上十分可疑,所有这些学者在16世纪最后10年间都被不同程度地指控为异端者。因此,虽然康帕内拉写了一本书支持伽利略,布鲁诺替无限宇宙中的日心行星体系辩护,但是支持研究自然的新途径的人,包括开普勒、伽利略和笛卡儿,通常还是反对这些异端者。此外,这里的分歧不光是政治谨慎的问题(布鲁诺因异端而被处以火刑):赫耳墨斯主义者往往对数字命理学的兴趣超过数学,而对混合数学科学,尤其是天文学不屑一顾。[24]

572

所有这些另类理论的重要性不在于它们的解释力,也不在于它们提供了经院自然

---

[20] William H. Donahue,《天球的解体(1595～1650)》(*The Dissolution of the Celestial Spheres, 1595 - 1650*, New York: Arno Press, 1981),第51页～第52页;C. Doris Hellman,《1577年的彗星:它在天文学史的位置》(*The Comet of 1577: Its Place in the History of Astronomy*, Columbia University Studies in the Social Sciences, 510, New York: Columbia University Press, 1944; New York: AMS Press, 1971),第90页～第96页。

[21] 关于帕拉塞尔苏斯,参看Walter Pagel,《帕拉塞尔苏斯》(Paracelsus),载于Gillispie编,《科学传记辞典》,第10卷,第304页～第313页。关于彗星的天界起源,参看Paracelsus,《全集》(*Opera*, Geneva: J. Anton & S. De Tournes, 1658),第2卷,第318页,被引用于*Tychonis Brahei Dani opera omnia*, ed. J. L. E. Dreyer, 15 vols. (Copenhagen: Libraria Gyldendaliana, 1913 - 29), vol. 4 (1922), pp. 511 - 12. 关于布拉赫所受的帕拉塞尔苏斯派教育,参看Victor Thoren,《天堡的主人:第谷·布拉赫传记》(*The Lord of Uraniborg: A Biography of Tycho Brahe*, Cambridge: Cambridge University Press, 1990),第24页～第25页。

[22] Frances A. Yates,《乔尔达诺·布鲁诺与赫耳墨斯传统》(*Giordano Bruno and the Hermetic Tradition*, London: Routledge and Kegan Paul, 1964)全面讨论了文艺复兴时期的赫耳墨斯主义,包括对所有这些作者的讨论。一个更简要、更集中于宇宙论和天文学的叙述参看Donahue,《天球的解体(1595～1650)》,第41页～第53页。关于布鲁诺,参看Paul-Henri Michel,《乔尔达诺·布鲁诺的宇宙学》(*The Cosmology of Giordano Bruno*, Ithaca, N. Y.: Cornell University Press, 1973);Giordano Bruno,《灰烬是星期三的晚餐》(*The Ash Wednesday Supper*, Hamden, Conn.: Archon Books, 1977),Edward A. Gosselin和Lawrence S. Lerner编译;此书的导言很好地简述了布鲁诺及其思想。关于康帕内拉,参看Tommaso Campanella,《对来自佛罗伦萨的数学家伽利略的辩护》(*A Defense of Galileo, the Mathematician from Florence*, trans. Richard J. Blackwell, Notre Dame, Ind.: University of Notre Dame Press, 1994)。

[23] 帕特里齐在献给教皇格列高利十四世的《万物的新哲学》(*Nova de universis philosophia*, Venice: Robertus Meiettus, 1593)中承认他属于赫耳墨斯主义。关于康帕内拉和布鲁诺的赫耳墨斯主义思想,参看Yates,《乔尔达诺·布鲁诺与赫耳墨斯传统》,特别是第20章。

[24] 关于帕特里齐对天文学的看法,参看Patrizi, *Nova de universis philosophia* "Pancosmia," bk. 12, fol. 91, col. 2。关于布鲁诺,参看Michel,《乔尔达诺·布鲁诺的宇宙学》,特别是第190页～第198页;Yates,《乔尔达诺·布鲁诺与赫耳墨斯传统》,第235页～第241页。关于一般性的赫耳墨斯主义数学,参看Johannes Kepler, *Pro suo opere Harmonices mundi apologia* (Frankfurt: G. Tampach, 1622), p. 34, in Kepler, *Gesammelte Werke*, vol. 6: *Harmonices mundi* (1940), p. 432;W. Pauli,《原型思想对开普勒科学理论的影响》(The Influence of Archetypal Ideas on the Scientific Theories of Kepler),载于C. G. Jung和W. Pauli,《自然与灵魂的诠释》(*The Interpretation of Nature and the Psyche*, London: Routledge and Kegan Paul, 1955),第190页～第200页。

哲学的可能替代，而仅仅在于它们存在。它们代表着一种感觉，感觉到正在重新发现的各种传统的丰富性，以及经院传授的东西的相对局限性。甚至学院对天的本性的解释也开始变化，纳入了斯多亚派思想和基于《圣经》的不同于亚里士多德的思想（参看第 17 章）。[25]

可以清楚地看到，无论出于什么原因，16 世纪自然哲学家和天文学家越来越倾向于认为构成天的材料并不是跟地球上的物质截然不同的。在那个世纪之初，经院对天上物质的讨论集中在天究竟是由形式和质料组成还是只有形式（非物质性）这样的问题。天球（如果是真的）是固体（即坚硬的）还是流体这个问题在 16 世纪 80 年代之前的自然哲学课程中从未提出过。到 17 世纪初，这个问题在学校教材中变得十分普遍。到这个时候，即便是亚里士多德的追随者也会认为天是由某种有广延的、不可互相穿透的、（通常是）坚硬和刚性的东西构成。[26]

573

宗教改革与天文学的地位

此外，学院本身也发生着变化，这主要是宗教改革带来的后果。马丁·路德（1483 ～ 1546）不赞赏经院哲学，因为经院哲学被用于支持在他看来十分腐朽的天主教教义。有一段时间路德宗地区的大学似乎有崩溃的危险。由于看到这种事可能导致的负面后果，路德让他的朋友兼副手、人文主义学者菲利普·梅兰希顿（1497 ～ 1560）负责一项任务：发展一套改革派的高等教育体系。梅兰希顿的体系强调伦理学。举措包括取消大部分哲学，偏重有实用价值的科学。天文学被保留下来，主要是因为它具有支持占星术特别是医用占星术的功用。梅兰希顿本人写过文章赞扬天文学，他在重组维滕贝格大学时创立了鲜明的路德宗天文学教学和理论传统。[27]

维滕贝格学派的特点是高度尊崇哥白尼，但大体上拒斥他的体系主张和地动说。认为哥白尼在行星模型的一致性和精确性方面取代了托勒密，因而不可忽视。这派的研究要求修订每个单独的行星模型，以符合地球处于中心且固定不动的预设。维滕贝格数学教授赖因霍尔德的《普鲁士星表》就是以这种方式编制的。表达类似观点的还有赖因霍尔德的继任者梅兰希顿的女婿卡斯帕·波伊策尔（1525 ～ 1602）、波伊策尔

---

[25] Peter Barker 和 Bernard R. Goldstein，《17 世纪的物理学受惠于斯多亚派吗？》（Is Seventeenth Century Physics Indebted to the Stoics?），《人马座》（*Centaurus*），27（1984），第 152 页～第 154 页；Peter Barker，《斯多亚派哲学家对现代早期科学的贡献》（Stoic Contributions to Early Modern Science），载于 Margaret J. Osler 编，《原子、灵魂与宁静：欧洲思想中的伊壁鸠鲁主题和斯多亚主题》（*Atoms, Pneuma, and Tranquillity: Epicurean and Stoic Themes in European Thought*, Cambridge: Cambridge University Press, 1991），第 135 页～第 154 页；Grant，《行星、恒星和天球：中世纪的宇宙（1200 ～ 1687）》，第 267 页；Donahue，《天球的解体（1595 ～ 1650）》，第 53 页～第 59 页。

[26] Léon Blanchet, *Les antecédents historiques du je pense, donc je suis* (Paris, 1920), p. 69；Sister Mary Richard Reif，《17 世纪早期某些学术教科书中的自然哲学》（Natural Philosophy in Some Early Seventeenth Century Scholastic Textbooks, Ph. D. dissertation, St. Louis University, St. Louis, Mo., 1962），第 83 页～第 97 页。

[27] Kusukawa，《自然哲学的转变：以菲利普·梅兰希顿为例》，第 27 页～第 74 页，第 171 页～第 200 页。

的学生米夏埃尔·普雷托里乌斯(1537～1616)以及其他一些人。[28] 这种"维滕贝格诠释"有助于鼓励研习哥白尼的著作(已于1566年再版),从而为认真看待日心说的体系性优势铺平了道路。

574 尽管路德宗绝不是天文学唯一的播种者,但这个传统值得特别关注,因为16世纪末和17世纪初最重要的天文学家布拉赫和开普勒都植根于这一传统。布拉赫起初在哥本哈根大学学习,梅兰希顿在那里有很强的影响力,后来布拉赫在莱比锡大学继续学业,指导他学习天文学的是巴托洛梅乌斯·斯库特图斯(1540～1614),维滕贝格的毕业生约翰内斯·霍迈留斯(1518～1562)的门徒和继任者。开普勒是米夏埃尔·迈斯特林(1550～1631)的学生,他们都是在路德宗的图宾根大学受的教育。[29]

关于布拉赫早期对日心体系的看法我们没有太多证据,不过有一点是清楚的,他跟维滕贝格天文学家一样推崇行星模型中轮子的哥白尼式排布。然而,后期的著作和信件表明他困扰于运动地球在物理方面和《圣经》方面遇到的障碍,困扰于哥白尼体系暗含的恒星距离之遥远。为了应对这些困难,布拉赫提出了一个折中体系,公布在1588年出版的一部论1577年彗星的著作中附加的一章里(图24.3)。[30] 这个被称为第谷体系的方案企图让天文学家和哲学家都满意,这个体系中所有行星环绕太阳,而太阳围绕不动的地球运行。以这个图式为指导,布拉赫希望构造出更好的行星运动模型。他利用自己作为丹麦贵族的收入以及皇家补助资金建立了一个大天文台,配备了尺寸和精度都前所未有的仪器,使他的卓越观测技能锦上添花。布拉赫给这个岛屿天文台起名叫天堡,即"乌拉尼亚(掌管天文的缪斯女神)的城堡"。在这里,他展开了一系列史无前例的观测,包括在行星路径上的一些关键点连续多次瞄准行星,以及给出一整套新的恒星座标,包含超过1000颗恒星。他希望在这些观测基础上建立的行星理论不但在精确度上远胜于之前的理论,而且能够令人信服地作出真实的论断,或者至少比托勒密和哥白尼的构造更接近真实。

然而布拉赫的工作本身还包含了将会导致他的体系解体的途径。他熟悉卡尔达

575 诺对彗星的看法,而且,如前所述,他还偏好帕拉塞尔苏斯派思想。[31] 此外,他的行星体系要求几颗行星尤其是火星的轮,穿过太阳天球,因而布拉赫倾向于怀疑天文学家

---

[28] Robert S. Westman,《哥白尼理论的维滕贝格解释》(The Wittenberg Interpretation of the Copernican Theory),载于Owen Gingerich编,《科学发现的性质》(*The Nature of Scientific Discovery*, Washington, D. C.: Smithsonian, 1995),第393页～第429页;Robert S. Westman,《对哥白尼理论的三个回应:约翰尼斯·普雷托里乌斯、第谷·布拉赫与米夏埃尔·迈斯特林》(Three Responses to the Copernican Theory: Johannes Praetorius, Tycho Brahe, and Michael Maestlin),载于Westman编,《哥白尼的成就》,第285页～第345页;以及Thoren,《天堡的主人:第谷·布拉赫传记》,第86页。

[29] Thoren,《天堡的主人:第谷·布拉赫传记》,第9页～第12页,第42页;Westman,《哥白尼理论的维滕贝格解释》,第393页～第429页;Westman,《对哥白尼理论的三个回应:约翰尼斯·普雷托里乌斯、第谷·布拉赫与米夏埃尔·迈斯特林》,第329页～第330页。

[30] Tycho Brahe, *De mundi aetherei recentioribus phaenomenis* (Hven: Christophorus Vveida, 1588), chap. 8, in *Opera omnia*, vol. 4 (1922), pp. 155 - 70. 关于布拉赫反对日心体系的论证,参看J. L. E. Dreyer,《从泰勒斯到开普勒的天文学史》,第360页～第365页,以及其中引证的文献。关于布拉赫对他的体系的发展,一个叙述参看Thoren,《天堡的主人:第谷·布拉赫传记》,第8章,第236页～第264页。

[31] Hellman,《1577年的彗星:它在天文学史的位置》,第92页; Brahe, *De cometa anni 1577*, in *Opera omnia*, vol. 4 (1922), pp. 382 - 3。

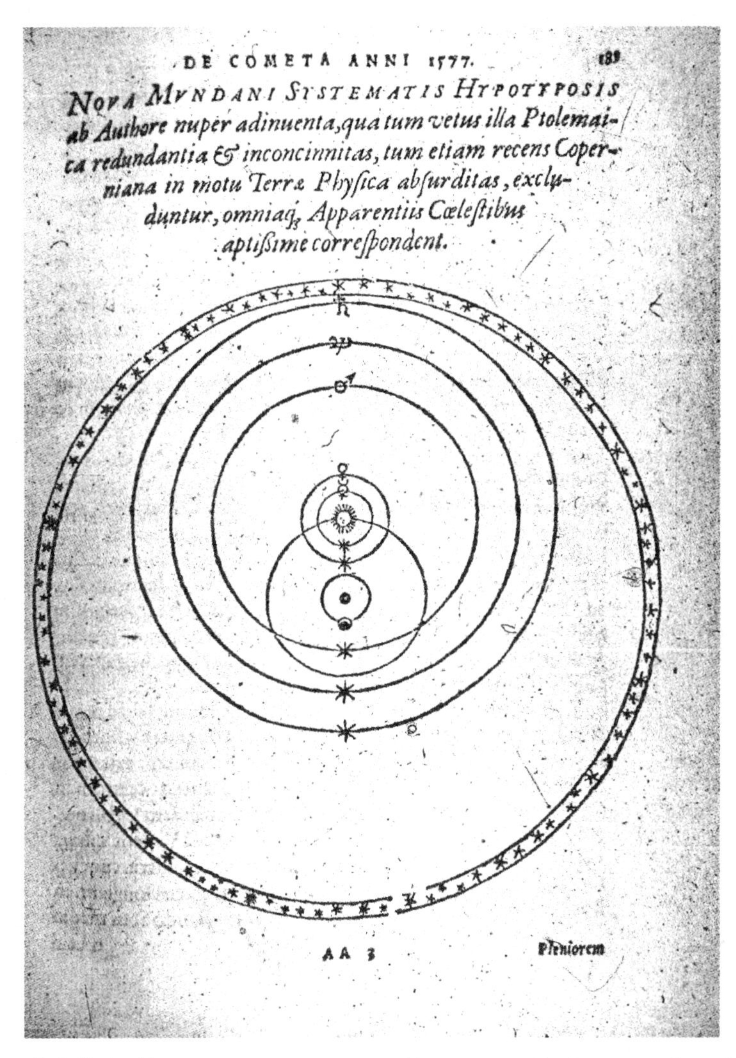

图 24.3　第谷体系。载于 Tycho Brahe, *De mundi aetherei recentioribus phaenomenis* (Uraniborg: [By the author, 1588]), p. 189。Photograph courtesy of Owen Gingerich

的天球可能不是物理上的真实。所以他的一些最早也最重要的观测是对彗星视差的仔细测定，目标是确定它们离地的高度。标准的亚里士多德派观点认为彗星是蒸汽性的地界嘘气，布拉赫怀疑这个观点可能是错的，彗星可能实际上是天体，所以他把天文学仪器和方法用在了彗星上。由于测得的视差很小，他推断彗星必定是在天上，并根据传统天文学推断出 1577 年的彗星穿过了带动金星的一组天球所占据的区域。这正是布拉赫要找的证明天球不存在的证据：行星沿着各自的指定路线自由通行于没有障

576

碍的空间中。[32]

尽管这解决了布拉赫直接面临的天球相交的问题，但是又引起了新的困难：如何能够让行星在没有天球携带它们的情况下按照这个体系所要求的复杂路径运行？布拉赫本人只是含糊地处理了这个问题，结合斯多亚派和帕拉塞尔苏斯派思想，使行星和恒星成为自行运动的火性存在物。[33] 这基本上没有解决困难，行星运动的原因问题对于17世纪天文学家和自然哲学家来说成了一个重要问题，甚至可能是最重要的问题，而且最终谁也没能以第谷式的行星排布为背景作出满意的回答。

尽管他的体系最终没能成功，但布拉赫在天文学发展中的地位无可置疑。他作为观测者和仪器设计者的本领有口皆碑，他创造性地设立了自己的研讨会，使观测者和工匠能够通力合作（参看第9章）。在理论层面上，布拉赫继承发展了维滕贝格长于数理天文学的传统，同时试图调和天文学与自然哲学。

这个打造综合的尝试绝非史无前例。许多天文学家曾提出过追求物理合理性的行星理论。在较为经验的层面上，彗星观测有长久的传统，至少可回溯到14世纪，导致形成了一种非亚里士多德式的理论，允许彗星存在于行星区域。[34] 这些理论被之前的自然哲学家忽视了，理由是他们的学科既然地位更高，也就没有义务去适应天文学。

不过布拉赫还是非常成功地使他的论断赢得了赞同，甚至连学院自然哲学家都接受了。部分是因为前面提到的，自然哲学家们愿意作出调整，吸纳非亚里士多德思想，让他们的天空变得跟地球更像一点。但是布拉赫的成功还依赖于他的不寻常身份，他是一名贵族，又是这门技艺的独立从业者。他跟他的同时代人黑森封邦伯爵威廉四世（1532～1616）一道重新制定了政府资助的天文台制度，这曾经被13世纪伊斯兰天文学家制定过。[35] 这两位独立天文学家拥有必要的经济和社会手段以产出无可怀疑的成果并向广泛的受众传播。因此，布拉赫比照许多其他观测者的数据对他自己的1577年彗星观测数据所做的仔细核对，被后来的学者，包括天文学家和哲学家，引用来证明彗星的位置在天上以及行星天球不存在。[36] 天文学作为一门自然科学的地位发生了意义深远的变化：1620年以后，天文学在物理领域的权威再也没有受过真正的质疑。

577

对这一变化的发生起到关键作用的是耶稣会建立的教育体系，尤其是他们的最高研究机构罗马学院和那里的数学教授克里斯托夫·克拉维乌斯（1538～1612）。克拉维乌斯为推进数学（包括天文学）在耶稣会课程中的地位做了很多努力，编写了16世

---

〔32〕 Brahe, *De mundi aetherei recentioribus phaenomenis*, chap. 6, pp. 89 - 158, in *Opera omnia*, 4: 82 - 134；参看其中203页（第7章）图表，显示彗星相对于金星天球的位置。并参看 Hellman，《1577年的彗星：它在天文学史的位置》，第121页～第137页。

〔33〕 Brahe, *Epistolae astronomicae liber primus* (Uraniburg, 1596), in *Opera omnia*, vol. 6 (1919), pp. 166 - 7；参看 Peter Barker，《斯多亚派哲学家对现代早期科学的贡献》，第146页。

〔34〕 Peter Barker 和 Bernard R. Goldstein，《彗星在哥白尼革命中的作用》（The Role of Comets in the Copernican Revolution），《科学史和科学哲学研究》（*Studies in the History and Philosophy of Science*），19（1988），第299页～第319页。

〔35〕 North，《诺顿天文学和宇宙学史》，第192页～第202页。

〔36〕 Donahue，《实心的行星天球》（The Solid Planetary Spheres），第259页～第263页；Grant，《行星、恒星和天球：中世纪的宇宙（1200～1687）》，第345页～第361页。

纪后期最有影响力的天文学导论教材之一,内容是对萨克罗博斯科《天球》的长篇评注。[37] 在坚持传统的亚里士多德派框架与推理方式的同时,克拉维乌斯和他的耶稣会同事以及学生也跟进新发现和新理论,诸如彗星位置改到天上、新星(novae)的天界位置以及望远镜的发明等。他们的影响力毋庸置疑:到1600年欧洲有了超过250所耶稣会学院,耶稣会传教士周游世界,传播布拉赫以及后来牛顿的天文学理论还有伽利略的望远镜,远及日本和中国。耶稣会也不是这种温和改革立场的唯一支持者,卢万的几位教授,哥本哈根的一个小群体,还有别处的其他一些个人也都在17世纪头20年里表达了类似的观点。[38]

占星术

占星理论跟天文学界线分明,它把行星运动当成既定的,考虑它们应有的影响(参看第23章)。不过因为需要一定程度的技术能力来绘制天宫图,所以占星术通常由受过天文学训练的人从事。开普勒把占星术比作一个愚笨却有钱的女儿,若没有她的帮助,天文学母亲就会饿死。在占星术中,如同在天文学中一样,托勒密也是最主要的权威,虽说9世纪波斯天文学家阿布·马沙(阿尔布马萨)也对占星理论与实践做出了重大贡献。占星术的理论基础在于自然哲学:亚里士多德宇宙中行星运动的功能是搅动地界元素,导致地上和空气中的各种事情发生。[39] 因此不管在占星术的支持者还是反对者当中都存在共识:星体对地上的事件有影响。实际上,这些影响有的很明显,例如太阳和月亮对日夜、季节和潮汐的影响。对占星术的批评集中在星体的影响是否可知,以及当时实施的占星术是否正确地描述了这种影响。任何理论性的方式都难以做出裁断,因为占星术的原则(例如黄道十二宫的属性)是以教条的方式陈述而不是从自然原因演绎得出。占星术公认的可靠性依赖于众多权威(包括柏拉图、亚里士多德、维吉尔、奥维德、阿尔布马萨、普林尼、传说中的三重伟大的赫耳墨斯、托马斯·阿奎那以及许多其他人)的证词和经验。因此,说来奇怪,占星术当时是科学中最接近经验性的

578

---

[37] 关于克拉维乌斯和耶稣会,参看James M. Lattis,《在哥白尼与伽利略之间:克里斯托夫·克拉维乌斯与托勒密宇宙论的瓦解》(*Between Copernicus and Galileo: Christopher Clavius and the Collapse of Ptolemaic Cosmology*, Chicago: University of Chicago Press, 1994)。

[38] Donahue,《天球的解体(1595～1650)》,第53页～第59页,第114页～第124页;North,《诺顿天文学和宇宙学史》,第147页～第153页。

[39] Aristotle,《论天》(*On the Heavens*),2.3;《论生灭》(*On Generation and Corruption*),2.10。开普勒的比喻参看*De stella nova* (Prague, 1606), chap. 12, in *Gesammelte Werke*, vol. 1 (1937), p. 211。对欧洲占星术的根源的一个更完整的说明参看J. D. North,《中世纪天体影响的概念:概论》(Medieval Concepts of Celestial Influence: A Survey),载于Patrick Curry编,《占星术、科学与社会》(*Astrology, Science, and Society*, Woodbridge: Boydell Press, 1987),第5页～第17页。

学科之一；在那时，像现在一样，人们可能会通过实践它而开始相信它。[40]

占星术在梅兰希顿设计的维滕贝格大学路德宗改革派课程中地位突出。在改革的早期阶段，占星术因其在医学上的实用价值而被纳入，反过来它为传授天文学和物理学提供了正当理由。后来，梅兰希顿为研习占星术辩护，因为它证明了神意的运作方式。他对占星术的支持促成了路德宗大学培育天文学和占星术的传统。占星术也常常在大学以外被研习，通过阅读文本、分享和讨论名人的天宫图等。[41]

占星术有许多不同的分支，其中有些比另一些得到更广泛的接受。它最普遍的用途之一是天气预测，这是对农业十分重要的一项应用。日历和历书的编写包含了占星术的天气预测，是公职数学家的职能之一。开普勒拥有多个职位，包括御用数学家的职位，他编写过许多这样的日历，并为预报成功感到自豪。另一个常见用途是医学诊断。医用占星术有长久辉煌的历史，看来是许多早期观测者的动力所在。例如，一些最早的彗星观测是由医生（例如，莫城的若弗雷在1315年，雅各布斯·安杰卢斯在1402年，利摩日的彼得在1299年，保罗·托斯卡内利在1433至1472年）进行的，他们通常都把占星因素纳入考量。[42]

579

最常受到指责的占星术分支是所谓的神判占星术（judicial astrology），它涉及为个人绘制“本命星盘”，即天宫图。它受到怀疑并非因为它的理论基础不如其他分支坚实，而是因为它侵犯了自由意志与罪责这个敏感问题。因此，拒斥它的人通常是出于宗教的理由：例如瑞士宗教改革者约翰·加尔文（1509～1564）就接受占星术的医学和自然用途，但谴责神判占星术。为神判占星术辩护的人则强调星体能引发倾向但不具有强迫性。[43]

不过，对占星术最有效的批评是来自人文主义哲学家乔瓦尼·皮科·德拉·米兰多拉（1463～1494）。皮科的两个主要论证是：连占星家们对影响的看法都有很大分歧，解释占星术影响的尝试主要基于异想天开的类比而不是可靠的物理推理。尽管他

---

[40] 例如参看开普勒引用的布拉赫的评论（在开普勒1601年写的未发表的 *De directionibus* 中）：“在占星术中，就像在神学中一样，不可寻找理由，而只有相信，鉴于后者是来自权威，前者是来自经验。” *Ioannis Kepleri astronomi opera omnia*, ed. C. Frisch, 8 vols. (Frankfurt and Erlangen: Heyder and Zimmer, 1858 - 71), vol 8.1 (1870): 295. 关于被引用来支持占星术的权威人物，参看 Wayne Shumaker，《文艺复兴时期的神秘科学：思想模式研究》（*The Occult Sciences in the Renaissance: A Study in Intellectual Patterns*, Berkeley: University of California Press, 1972），第27页～第30页，第35页～第36页。

[41] Siraisi，《中世纪和文艺复兴早期的医学：知识与实践引论》，第67页～第68页；Kusukawa，《自然哲学的转变：以菲利普·梅兰希顿为例》，第61页，第129页～第159页；Anthony Grafton，《卡尔达诺的宇宙：一位文艺复兴时期占星学家的世界和作品》（*Cardano's Cosmos: The Worlds and Works of a Renaissance Astrologer*, Cambridge, Mass.: Harvard University Press, 1999），第35页～第37页，第42页～第43页，第71页～第75页。

[42] Max Caspar，《开普勒》（*Kepler*, New York: Dover, 1993），C. Doris Hellman 译，第58页～第60页，第154页～第156页，第172页；Siraisi，《中世纪和文艺复兴早期的医学：知识与实践引论》，第68页，第135页；Barker 和 Goldstein，《彗星在哥白尼革命中的作用》，第308页～第310页；Lynn White, Jr.，《医学占星家与中世纪的技术》（Medical Astrologers and Medieval Technology），载于 White，《中世纪的信仰与技术》（*Medieval Religion and Technology*, Berkeley: University of California Press, 1978），第297页～第315页。

[43] North，《诺顿天文学和宇宙学史》，第265页～第271页；Shumaker，《文艺复兴时期的神秘科学：思想模式研究》，第38页，第44页～第48页。

相信天的运动对地球有影响，但是他也相信人类灵魂是自由的，并不服从星体的影响。[44]

在整个16世纪，皮科的论证吸引了相当多的关注，17世纪初，开普勒在阐述他对占星术的修正时还认真考虑过这些论证。有趣的是，占星术的辩护者常常在辩护中援引经验标准，举出占星术成功预测的例子以及研习过这项技艺的人的压倒性支持。他们注意到皮科本人对天文学和占星术都一无所知。相反，占星术的反对者中包括了许多从宗教观点攻击它的人，例如路德、加尔文和佛罗伦萨激进派吉罗拉莫·萨伏那洛拉（1452～1498）。[45] 一个十分重要的例外是路德的朋友梅兰希顿。他把占星术视为神意的明证，而天文学的技术方面仅仅是从属于占星术的计算体系。[46]

580

尽管对占星术有效性的争论持续不断，这项技艺本身仍然顽固地拒绝改变。在其外围发生了一场活跃的争论，但却无果而终，这场争论是关于如何确定"宫位"划分之类的问题。所谓"宫位"就是行星在特定时刻相对于地平线的位置，不同的民族都在推广各自的优胜方案。但是论及行星、十二宫、"相位"（即行星之间的地心角）和宫位，关于其意义的学说仍依赖权威文本，比如托勒密的《占星四书》（*Tetrabiblos*）和阿尔布马萨的《占星术之花》（*Flores astrologici*, 1488）。就连16、17世纪之交正在发生的宇宙论变革也几乎没有对占星理论产生什么影响，英国贵族克里斯托弗·海登的著作《对神判占星术的辩护》（*A Defence of Judiciall Astrologie*, 1603）足以证明这一点，这部著作中只有充满流体的天空紧跟时代，其他方面都是传统的。[47] 不过，17世纪后期自然哲学的革新倒是在天体的地界影响这个主题上产生了一些有趣的新花样（参看第23章）。

开普勒改革占星术的尝试最有雄心壮志（参看第23章）。他认真读过皮科，赞同他说的大部分内容。但是，正如他在一部著作的标题中所写的：必须小心，不要把婴儿跟着洗澡水一起倒掉了。以他正在发展的新物理天文学为基础，开普勒提出了一种删繁就简的占星术。他完全抛弃了黄道十二宫，因为它们不可能以任何可理解的方式产生影响。剩下来的只有行星的性质和相位，也就是从地球上看到的角度排布。他用天气预测对这些做了经验检验，在这些以及他的和谐原则基础上，他引入了一些新的相位。他相信这些相位是有效的，因为灵魂（人的、动物的甚至整个地球的）具有一种自然

---

[44] Shumaker，《文艺复兴时期的神秘科学：思想模式研究》，第16页～第27页；North，《诺顿天文学和宇宙学史》，第272页。为了避免读者产生皮科是个理性主义怀疑论者的想法，应当指出，他的主要兴趣在于将赫耳墨斯魔法和卡巴拉教（the Cabala）结合为某种基督教灵知（Christian gnosis），他反对所有可能约束这种魔法论变革的论断。对皮科的魔法信仰的一个叙述参看Yates，《乔尔达诺·布鲁诺与赫耳墨斯传统》，第84页～第116页。

[45] Shumaker，《文艺复兴时期的神秘科学：思想模式研究》，第42页～第54页。

[46] Kusukawa，《自然哲学的转变：以菲利普·梅兰希顿为例》，第134页～第144页。

[47] 海登是在回应牛津数学家约翰·钱伯（John Chamber）的批评，后者的观点照例是亚里士多德式的。参看Donahue，《天球的解体（1595～1650）》，第69页～第72页；Christopher Heydon，《对神判占星术的辩护》（*A Defence of Judiciall Astrologie*, Cambridge, 1603），第12章，第302页，第18章，第370页；John Chamber，《反对神判占星术的论文》（*Treatise Against Judicial Astrology*, London: John Harison, 1601），第20章，第100页～第102页。关于占星家之间的争论，参看North，《诺顿天文学和宇宙学史》，第259页～第261页。

581 能力可以感知光线的角度关系。[48] 尽管开普勒十分努力,但他的新占星术并没有流行起来。占星家们坚定地相信黄道十二宫具有真实影响,不肯放弃它们,而且事实表明占星家们跟天文学家一样觉得开普勒的物理概念太棘手。

因此在16世纪,占星术,特别是关于天宫图的绘制,虽然在学术界并不完全声名狼藉,但肯定是有争议的。涉及政治领袖的预测可能是尴尬的甚至是危险的。然而对于具备天文学技能的人来说,从事预测实际上不可避免,聪明(而且幸运)的预测者还能从中获得丰厚的利润。

另外,从资助者的观点看,占星术不仅是一种揭示命运的手段,而且是一种理解宇宙以及人类在其中地位的方式。这种好奇心在资助天文学研究以及为精确的行星表和星历表提供市场方面起到了重要作用。没有这种资助,像开普勒和伽利略这样的天文学家的工作就不会成为可能,至少会变得大不一样。

开普勒的革命

开普勒不仅是他那个时代最著名的占星家之一,而且还是第一个新型的天文学家,即第二代哥白尼派。他在图宾根师从迈斯特林学习,后者受的是梅兰希顿所建立的路德宗天文学传统的教育。然而跟这个传统中大多数人不同,迈斯特林接受哥白尼的物理论断,尽管他的教科书是旧式的地心说,但他鼓励学生探索哥白尼提出的物理学和宇宙论问题。开普勒充分利用了这个机会,在公开论辩中辩护哥白尼立场。[49]

虽然开普勒曾经想当一名路德宗牧师,但他还是接受了一份在奥地利格拉茨的教会学校(Stiftsschule)教数学的工作。在那里,他开始问一些从未有人提出过的问题,诸如行星到太阳的距离是如何确立的,以及既然没有真实的天球层和天球,那又是什么决定了行星的运动。在1595年夏一次著名的灵光闪现之后,他在其第一部主要著作

582 《宇宙的奥秘》(*Mysterium cosmographicum*, 1596)中发表了一些初步的答案。开普勒发现,如果把5种正多面体(正四面体、立方体、正八面体、正十二面体、正二十面体)按正确的顺序排列,就可以相当精确地嵌入六颗行星的轨道之间。他还论证说太阳里面必定有一种推动力使得行星越靠近它就运行得越快。这个速度法则表达的是定性观测和猜测性的物理推理,后来在开普勒的《新天文学》(*Astronomia nova*, 1609)中给出了

---

[48] Johannes Kepler, *Tertius interveniens* (Frankfurt: Tampach, 1610), in *Gesammelte Werke*, vol. 4, *Kleinere Schriften* (1941), p. 147;Judith V. Field,《开普勒的几何宇宙学》(*Kepler's Geometrical Cosmology*, London: Athlone, 1988),第127页～第142页;Field,《路德宗占星家:约翰内斯·开普勒》(A Lutheran Astrologer: Johannes Kepler),《精密科学史档案》(*Archives for History of Exact Sciences*),31(1984),第189页～第273页,其中包含了开普勒的 *De fundamentis astrologiae certioribus* (Prague, 1602)的译文。

[49] Hellman,《1577年的彗星:它在天文学史的位置》,第137页～第144页;Caspar,《开普勒》,第46页～第47页。

更精确的数学形式,并发展为日后所谓的开普勒第二定律。[50]

《宇宙的奥秘》是对科学的传统划分的直接抨击,开普勒在其中(从《圣经》出发)论证道,上帝根据某些基本的量创造万物,数学作为量的科学完全有资格确立物理真理。尽管开普勒的观点随着时间推移而演化,但他后来承认他后期的所有天文学工作都源自这第一部书,不是这章就是那章。[51]

当第谷·布拉赫注意到《宇宙的奥秘》时,他看出了开普勒的才华,但也看到他有必要学习运用优质观测的规范。他邀请开普勒前往布拉格(布拉赫在那里获得了鲁道夫二世的宫廷御用数学家职位)去跟他一起研究行星理论。与此同时,反宗教改革运动使得路德宗在格拉茨的日子很不好过(而且逐渐变得不可能立足),因此开普勒接受了布拉赫的邀请,于1600年春造访布拉格,并于10月份举家迁往。一到那里他就开始研究火星,这是个幸运的选择,因为火星轨道的离心率较大,比其他大多数行星的轨道更容易看出椭圆。随后的战役(开普勒的说法)产生了开普勒最伟大的著作《新天文学》,其中他继续致力于在物理学基础上构造天文学。

不过,开普勒的物理学跟经院所传授的大不一样:它涉及拥有了数学维度的不可见的力和力量,从而把经院的定性物理学跟第谷观测的定量精确性结合起来。开普勒的理论方法包括三个不同层面:从一般性的物理学原理推出行星运动的几何模型,后者能够导出行星位置,可以对照观测数据加以检验。所发现的不一致又可以反过来帮助开普勒修正几何模型。但是任何这种修正都要跟物理学原理相一致,有时候这些原理的运作方式必须重新加以阐述以契合新的模型。这种建立理论的方式完全没有先例;开普勒称之为"没有假说的天文学",这并不是说它没有作任何假设,而是因为每一个假设都经受了观测和物理可能性约束的检验。[52]

583

在《新天文学》中,开普勒提出了最初在《宇宙的奥秘》中陈述的速度法则的一个更确切的版本,并证明火星的轨道是椭圆。后来他把这些原理扩展到其他行星。但是多个行星的轨道周期和平均距离之间的关系他仍然没有找到满意的表达。他曾经在《宇宙的奥秘》中设想出一个权宜的比例,但却未能符合观测确定的数值。《宇宙的奥秘》出版将近20年之后,在另一次灵光闪现中开普勒想到了他要找的准确表达:用现代术语来说就是行星周期的平方跟它们到太阳距离的立方成正比。开普勒没能从物理学原理出发将它推导成一般真理,而把它看成是上帝通过调整行星的大小和密度而

---

[50] Caspar,《开普勒》,第46页~第71页;Johannes Kepler,《宇宙的奥秘》(*Mysterium cosmographicum: The Secret of the Universe*, New York: Abaris Books, 1981),A. M. Duncan 译,第14章,第155页~第159页,第20章~第22章,第197页~第221页; William H. Donahue,《开普勒发现第二行星定律》(Kepler's Invention of the Second Planetary Law),《英国科学史杂志》(*British Journal for the History of Science*),27(1994),第89页~第102页;E. J. Aiton,《开普勒的行星运动第二行星定律》(Kepler's Second Law of Planetary Motion),《爱西斯》(*Isis*),60(1969),第75页~第90页。这个定律的陈述最早发表在开普勒的《新天文学》,第40章,第193页。

[51] Johannes Kepler,《宇宙的奥秘》,第二版的《奉献的书信》(Dedicatory Epistle),第39页。

[52] Bruce Stephenson,《开普勒的物理天文学》(*Kepler's Physical Astronomy*, New York: Springer-Verlag, 1987; Princeton, N. J.: Princeton University Press, 1994); Kepler,《新天文学》, Donahue 译;Rhonda Maartens,《开普勒的哲学与新天文学》(*Kepler's Philosophy and the New Astronomy*, Princeton, N. J.: Princeton University Press, 2000)。

设计出的一种造作的比例关系。[53] 在这里,以及在《世界的和谐》(*Harmonices mundi*, 1618)中精心推导的天界和谐体系里,开普勒的思考路线对于现代读者来说似乎非常奇怪,因为他所提出的那类问题,诸如上帝有什么理由把事物造成这个样子,在现代科学的语境下似乎毫无意义。

开普勒的天文学跟之前所有的东西都截然不同,太特立独行以至于他很难说服别人相信它是真的。尽管他的导论教材《哥白尼天文学梗概》(*Epitome astronomiae Copernicanae*, 1618～1621)有所帮助,但最终奏效的还是他的预测精确性。开普勒最后的巨著《鲁道夫星表》(*Tabulae Rudolphinae*, 1627)筹划了将近30年,准备作为献给资助者鲁道夫二世皇帝的一份合格的献礼,开普勒在1601年受鲁道夫二世任命继承了布拉赫的御用数学家职位。这套星表使其他天文学家得以知晓开普勒行星理论的细节,对比各种预测,尤其是对1631年水星凌日和1639年金星凌日的预测,清楚地显示出开普勒的优势。[54]

584

伽　利　略

跟开普勒同时代比他年长的伽利略几乎在所有方面都不同意他,只除了日心天文学的物理实在性。伽利略不太关心行星运动的细节,直到去世仍然认为行星实际做的是圆周运动。他的数学工作处理的是地界运动,尽管他把一些结论推广到了天上。除了他对运动的数学处理(参看第26章),他最重要的工作还包括观测,他重新发明了"光学管",并把这种旧时的玩具转变为一种科学仪器:望远镜。伽利略工作的这两个方面——数学和经验,在他理解自然的全新途径中达到和谐统一。

伽利略接受过学院自然哲学的全面训练。然而他的主要兴趣却在数学方面,特别是实用数学。他最早发表的著作涉及仪器,他偏爱工匠,经常评价说工匠的见识胜过他的学院同事。伽利略并未专门修习天文学,不过到1596年他相信了哥白尼体系是真的,他对1604年新恒星(一颗银河系内的超新星)的观测表明他赞同天文学家的观点,即对天界现象的测量可以压倒自然哲学家关于天必然不会变化的论证。[55]

尽管如此,令伽利略成名的著作一点也没有显示出这些,只是简单直接地叙述他用望远镜实施的第一次观测,望远镜是他在听到报道说荷兰发明了这种光学设备之后

---

[53] 这个关系的最早表述出现在开普勒的《世界的和谐》(*Harmonices mundi*),5.3,译文参看54卷本《西方世界巨著》(*Great Books of the Western World*, Chicago: Encyclopaedia Britannica, 1955),第16卷:托勒密、哥白尼、开普勒,第1020页。对比Field,《开普勒的几何宇宙学》,第142页～第163页;Bruce Stephenson,《天界的音乐:开普勒的和谐天文学》(*The Music of the Heavens: Kepler's Harmonic Astronomy*, Princeton, N.J.: Princeton University Press, 1994),第140页～第145页。

[54] Wilbur Applebaum,《开普勒之后的开普勒天文学:研究与问题》(Keplerian Astronomy after Kepler: Researches and Problems),《科学史》(*History of Science*),34(1996),第462页～第464页。

[55] Stillman Drake,《工作中的伽利略》(*Galileo at Work*, Chicago: University of Chicago Press, 1978),第1章～第6章,特别是第106页～第108页。

自己制造的（参看第27章）。伽利略把这件经他大幅改进了设计的新仪器转向天空，先是仔细观察了月球，注意到月球表面看起来粗糙多山。之后又望向木星，他注意到一些东西，他认为是三颗小星，跟行星排列成一条直线。连续的观测表明，这些小星连同起初没看到的第四颗伴星一起随着木星运动，而且似乎环绕木星运行。观察恒星时，他发现银河是一大片细小的、闻所未闻的恒星，他还注意到望远镜并没有放大恒星的形体，这表明它们的角径远比以前所认为的要小。[56] 尽管他没有在此作出任何推论，这项观测还是回击了对哥白尼体系的一个常见反驳：如果无法观测到周年视差意味着恒星极其遥远，那么恒星就会大到难以想象的地步。

585

这些令人震惊的发现发表在《星际使者》（1610）中，以最生动的方式示范了观测对物理理论可信性的影响力。伽利略本人的论断比较谨慎，他仅仅指出木星卫星的发现表明地球不是唯一具有卫星的行星，这消除了对哥白尼体系的一个常见反驳。但是观测是自明的。当然，总有人怀疑望远镜看到的不是实在，但一两年后他们要么不再被人相信，要么自己被说服了，尤其是当这些观测被英国、法国和其他国家的独立观测者确认以后。[57] 还有一点很清楚的是，这些新的现象给传统物理学和宇宙论带来了严重的困难。如果月球像地球一样粗糙而多山，如果恒星无论亮度如何，其角径都很小（因此可能非常遥远），如果其他行星也有卫星，如果（像伽利略不久后公布的那样）金星的亮面像月亮一样发生相变，那还怎么能够维护可变的地球与完美永恒的天空之间的区分呢？[58]

在《星际使者》发表后的20年间，伽利略开始更坦白地支持哥白尼体系。虽然关于木星卫星的争论仍然喧嚣不止，伽利略却注意到金星正在发生类似月相的相变，他在不久后公布的一些信件里论证说，这一现象与托勒密体系的行星排布相矛盾，但确证了日心说。他大胆地提起神学话题，复述枢机主教巴罗尼乌斯的言论："《圣经》教我们的是如何上天堂，而不是天如何运转。"[59] 在一次精心策划的大胆行动中，他挑起了与耶稣会士的长期论战，耶稣会士本来就属于传统哲学家中最肯接受这些新发现的。就在第一次望远镜观测之后不久，伽利略在太阳正面发现了暗斑，他相信这些是太阳表面变化的斑点，是原以为不变的天发生改变的证据。罗马学院的耶稣会士虽然接受这项观测，但却设法将暗斑解释为许多环绕太阳的小行星的遮掩，从而维持天的不朽

586

---

[56] Galileo Galilei，《星际使者》（*Sidereus nuncius*; *or*, *the Sidereal Messenger*, Chicago: University of Chicago Press, 1989），Albert Van Helden 译。

[57] 关于接受望远镜观测的一个叙述参看 Albert Van Helden 对他翻译的《星际使者》作的结论，第90页～第113页。转而接受这些观测的著名怀疑者有克里斯托夫·克拉维乌斯和博洛尼亚大学数学教授乔瓦尼·安东尼奥·马吉尼（Giovanni Antonio Magini, 1555～1617）。

[58] Galileo，《星际使者》，第84页，第104页～第106页。

[59] 伽利略在1610年10月给朱里亚诺·美第奇（Giuliano de'Medici）和贝内代托·卡斯泰利（Benedetto Castelli）的信中公布了金星相变的发现，参看 Van Helden 的结论，《星际使者》，第105页～第109页；并参看 Galileo Galilei，《伽利略的发现和观点》（*Discoveries and Opinions of Galileo*, Garden City, N. Y.: Doubleday Anchor Books, 1957），Stillman Drake 译，第74页～第75页。伽利略在《致克里斯蒂娜大公夫人的信》（*Letter to the Grand Duchess Christina*）的页边注中把这句警句归于巴罗尼乌斯，这封信写于1615年但直到1636年才发表，参看 Galileo，《伽利略的发现和观点》，第186页。

性，与亚里士多德学说相一致。这种解释试图令经院的物理推理做出让步以适应伽利略的发现，削弱其革命性冲击。

反过来，伽利略则相信仅仅修正经院的定性物理学是没有用的，他提出一种对自然的“阅读”，按照人文主义者阅读和师法古典文本的方式，其中要寻找的是类比而不是演绎。[60] 一个很好的例子是他最有名的著作《关于两大世界体系的对话》（*Dialogo sopra i due massimi sistemi del mondo*，1632），其中一个主要部分专门考虑天上的事物跟我们周围的事物相似还是不相似。运用实验和例子使经院观点沦为笑柄。[61]

这种“阅读”对天文学影响深远。人们不再像托勒密那样从宇宙的形状和地球在其中的位置等问题入手。这类问题被存而不论，伽利略效仿苏格拉底，强调承认无知是很重要的，是通向知识的第一步。[62] 研究天的运动不能靠制造区分、细化定义、构造假说，而是要靠仔细的观察和类比论证。

笛卡儿的宇宙论

法国数学家、哲学家勒内·笛卡儿（1596～1650）虽然在天文学方面没有做什么重要工作，但他的宇宙论学说塑造了好几代天文学家看待世界的方式。他在《哲学原理》（*Principia philosophiae*，1644）和逝世后发表的《论世界》（*Le Monde*，1664）[63]中勾画了一幅幻想的宇宙起源图景，其中，几条非常简单的碰撞法则就能导致形成我们所看到的宇宙（参看第26章）。大小各异的物质团块被赋予不同的运动，然后它们开始互相碰撞，从而偏转形成曲线路径。这就演化出大量的旋涡或者说涡旋，其作用是使物质按大小分类，越是精细的物质就越被挤向中心，由此获得的急速运动就产生了光。因此在每个涡旋的中心都有一颗恒星，而行星、彗星等就好像漂流物一样被回旋的流体携带着。[64]

587

笛卡儿的宇宙论吸引了现代化学院哲学培养起来的这一代学生，这种哲学已经接受了布拉赫的充满流体的天和伽利略的望远镜观测。笛卡儿的宇宙论具有融贯、简单的优点，而且它为心灵、灵魂和精神创造了一个独立的范畴，从而使宗教问题跟科学问题大体上分隔开来。从表面上看，涡旋理论有点像特勒西奥和帕特里奇等赫耳墨斯主

[60] 关于伽利略针对耶稣会士的论战，一个叙述以及原始文档书目参看《异端者伽利略》（*Galileo Heretic*，Princeton，N. J.：Princeton University Press，1987），第28页～第67页。这场辩论中发表的核心著作的英译本收在Stillman Drake和C. D. O'Malley译，《关于1618年彗星的争论》（*The Controversy on the Comets of 1618*，Philadelphia：University of Pennsylvania Press，1960）。

[61] Galileo Galilei，《关于两大世界体系的对话》（*Dialogue on the Two Chief World Systems – Ptolemaic and Copernican*，Berkeley：University of California Press，1953），Stillman Drake译，第一日，特别是第60页～第101页。

[62] Galileo，《伽利略的发现和观点》，第256页～第258页。

[63] 《论世界》写在《哲学原理》之前，1629至1633年之间，但笛卡儿听说伽利略被定罪，遂决定不发表。尽管这样，笛卡儿还是违心地说他所描绘的世界是虚构的。

[64] E. J. Aiton，《行星运动的涡旋理论》（*The Vortex Theory of Planetary Motions*，History of Science Library，London：MacDonald，1972），第30页～第64页。

义的新柏拉图主义哲学家们的宇宙旋涡，笛卡儿强烈反对这种对比，因为他已经驱除了世界灵魂和其他致动作用者。尽管如此，涡旋模型还是不可避免地吸引了原本会倒向赫耳墨斯主义者的人。此外，涡旋模型暗示了一种解释和预测行星运动的方式，能避免开普勒的不可见的力、力量和行星灵魂等看起来有点神秘的东西。[65]

1650 年前后的状况：对开普勒、伽利略和笛卡儿的接受

开普勒的《鲁道夫星表》出版后，由于其卓越的精确性，它被普遍接受只是一个时间问题。但是星表本身并不给出行星位置，只提供了计算方法。天文学家觉得《鲁道夫星表》的计算太繁重，尤其是面积定律，这条定律将行星在轨道上的位置跟它走过的扇区的面积（对此没有直接的解法）关联起来。因此，即使是赞同开普勒融合天文学和物理学的人也觉得对面积定律作几何近似是个很有吸引力的想法。不过，尽管发展出了好几条这样的捷径，开普勒的非匀速运动和非圆形轨道这两个基本思想还是在世纪中叶牢固地确立下来。[66] 588

对于运动的物理原因则较少达成一致，开普勒在《新天文学》（1609）中挑起了争论，发展出一套理论，其中旋转的太阳通过半有形的“纤维”扫动行星环行，而行星受磁性的吸引和排斥趋向和远离太阳。一些天文学家，特别是在世纪之初，出于原则问题不愿意接受天文学中的这种物理解释。[67] 然而到了 1650 年，在德国、法国、低地国家和英格兰至少有 6 名称职的数学家和天文学家在公开发表的著作中或是通过其他方式，对开普勒的理论表示完全支持并予以详细阐述。[68] 其他一些人则把开普勒的思想同伽利略或笛卡儿的物理学融合起来。开普勒物理思想的一个困难在于他跟亚里士多德一样相信若没有某个原因推动则运动不会继续。伽利略和笛卡儿则论证说作匀速直线运动的事物倾向于自己保持运动，接受这一论证的人面临一项挑战，即要为开普勒的切向力和磁性的吸引与排斥找一种替代。提出设想的有荷兰笛卡儿派数学家克里斯蒂安·惠更斯（1629 ～ 1695）、同样是笛卡儿派的巴黎大学数学教授吉勒·佩

---

[65] 向笛卡儿指出这种相似性的是伊萨克·贝克曼（Isaac Beeckman，1588 ～ 1637）。他们的交流参看 Beeckman，*Journal de 1604 à 1634; publié avec une introduction et des notes par C. de Waard*，4 vols.（La Haye：Martinus Nijhoff，1939 – 53），1：260 – 1 和 360 – 1；4：49 – 51. 融合笛卡儿思想与赫耳墨斯思想的自然哲学家包括亨利·摩尔（Henry More，1614 ～ 1687）、丹尼尔·利普施托普（Daniel Lipstorp，1631 ～ 1684）和阿塔纳修斯·基歇尔（Athanasius Kircher，1602 ～ 1680）。至少其他四名同时代的作者也认为笛卡儿思想跟赫耳墨斯思想是同类，相关叙述参看 P. M. Rattansi，《皇家学会的思想起源》（The Intellectual Origins of the Royal Society），《皇家学会的记录及档案》（*Notes and Records of the Royal Society*），23（1968），第 129 页～第 143 页，相关内容在第 131 页～第 136 页；Charles Webster，《亨利·鲍尔的实验哲学》（Henry Power's Experimental Philosophy），《炼金术史和化学史学会期刊》（*Ambix*），14（1967），第 150 页～第 178 页，相关内容在第 153 页。关于融合的笛卡儿理论的完整描述见 Donahue，《天球的解体（1595 ～ 1650）》，第 137 页～第 142 页，第 287 页～第 292 页。

[66] Applebaum，《开普勒之后的开普勒天文学：研究与问题》，第 484 页～第 485 页。

[67] 同上书，第 459 页。

[68] Donahue，《天球的解体（1595 ～ 1650）》，第 249 页～第 250 页（引用 Noel Duret，Johannes Hainlin，Pierre Herigone，Johannes Phocylides Holwarda，and Jeremiah Horrox），以及第 293 页（引用 Johannes Hevelius）。

索纳·德·罗贝瓦尔(1602～1675)、英国自然哲学家罗伯特·胡克(1635～1703)和托马斯·霍布斯(1588～1679)、意大利生理学家兼数学家乔瓦尼·阿方索·博雷利(1609～1679),还有其他一些人。英国数学家、天文学家杰里迈亚·霍罗克斯(1619～1641)尽管是坚定的开普勒派,但却注意到木星和土星似乎有相互的影响,这暗示了行星可能也彼此吸引。然而,这些理论家当中只有博雷利一人在牛顿《自然哲学的数学原理》发表之前拿出了一种可以导出行星位置的替代物理解释。[69]

对开普勒理论的主要替代是法国天文学家伊斯梅尔·布约(1605～1694)对它做的几何学再加工。他系统地着手反驳开普勒的物理学,把它替换成一套详细论证过的理论,其中,本质上每颗行星被赋予了一种自然形式主宰其运动,这个形式是一个圆锥的截面,行星围绕该圆锥的轴匀速运动。布约的天文学得到广泛接受,尤其是在英国,牛顿也推荐它。然而,它的成功至少部分是因为用老式的偏心匀速装置取代了开普勒的繁重面积计算。天文学家继续使用任何吸引他们的体系或者体系的组合,并且原则上认为它们多少有点等价。不过在1670年,一位住在英国的丹麦天文学家尼古劳斯·墨卡托(约1619～1687)开始考虑几何方法的精确性问题。他证明所有这些方法都相当于一种开普勒尝试过并抛弃了的解法,这种解法涉及围绕椭圆的空焦点作匀角速度运动。在墨卡托看来,开普勒的椭圆和面积定律必然一同存废。事实表明这在开普勒行星理论后来的历史上是一个转折点。[70]

589

关于这些行星轨道适合的物理体系,1633年伽利略的异端审判改变了一切。日心说与地心说之争(至少在天主教国家)不再是一个物理问题,而变成了信仰问题。后果是扼杀了辩论,并促使人们采用第谷体系作为一种谨慎的妥协方案。英戈尔施塔特大学数学教授克里斯托夫·沙伊纳(1573～1650)等有影响力的耶稣会士早在1612年就偏爱第谷体系,在伽利略被判罪后更是全面信奉它。直到1728年,意大利耶稣会士弗朗切斯科·比安基尼(1662～1729)还把它说成是公认的体系。而在路德宗的德国和圣公会的英格兰,这个体系几乎没有什么追随者——新的物理学观念和宇宙论观念使运动地球的观念不那么成问题。[71]

越来越多的人接受日心说(或准日心说),这带来了另一个问题:行星体系的尺度以及相应的恒星距离。哥白尼体系给出了各行星到太阳的距离的相对值,但并没有把这些距离跟熟知的地界单位关联起来。这项测定需要测量太阳或某颗行星的周日视

[69] Aiton,《行星运动的涡旋理论》,第90页～第98页,第126页～第127页;Alexandre Koyré,《天文学革命:哥白尼、开普勒与博雷利》(*The Astronomical Revolution: Copernicus, Kepler, Borelli*, New York: Dover, 1992)。

[70] Aiton,《行星运动的涡旋理论》,第91页; Ismael Bullialdus [Ismael Boullian], *Astronomia Philolaica* (Paris: S. Piget, 1645), bk. 1, chaps. 12 - 14, pp. 21 - 37; North,《诺顿天文学和宇宙学史》,第356页～第359页; Applebaum,《开普勒之后的开普勒天文学:研究与问题》,第470页～第471页;Curtis A. Wilson,《从所谓的开普勒定律到万有引力》(From Kepler's Laws, So-Called, to Universal Gravitation: Empirical Factors),《精密科学史档案》(*Archive for History of Exact Sciences*),6(1970),第106页～第132页。

[71] Christine Schofield,《第谷的和半第谷的世界体系》(The Tychonic and Semi-Tychonic World Systems),载于《天文学通史》(*The General History of Astronomy*, vol. 2A, Cambridge: Cambridge University Press, 1989),René Taton and Curtis Wilson 编,第42页～第44页。

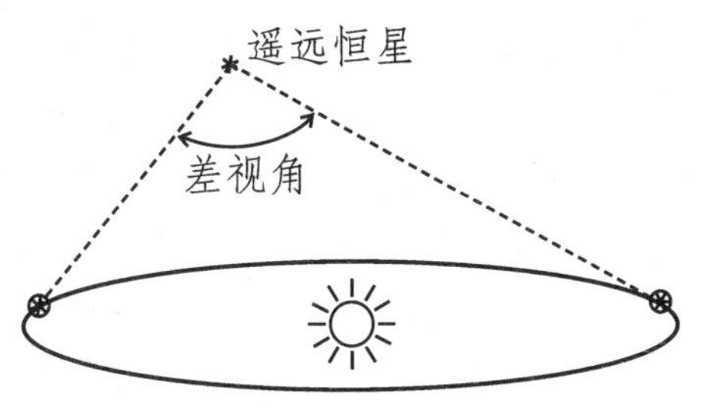

图 24.4　周年视差

差。(周日视差是指由于我们处在地球表面而不是地心所导致的视差。)早期寻找视差的尝试,例如布拉赫与开普勒所做的,得到的结果不一,但最终都是否定性的,不过这也有助于确定距离的下限。基于火星冲日(离地球最近)的时候未能找到任何视差,开普勒估计太阳视差不超过 1 弧分,从而太阳的距离至少是 22,000,000 千米,大约是普遍接受的托勒密距离的 3 倍。此后半个世纪里,人们做了多次尝试(基于开普勒的推测和不甚可靠的观测),更精确地测定这个距离。所得到的距离都远远大于开普勒给出的下限。但第一次可靠的测定是在 1672 年做出的,应用了最新研制的测微仪观测当年的火星冲日。由英国皇家天文学家约翰·弗拉姆斯蒂德(1646 ～ 1719)和法国天文学家让·里歇尔(1630 ～ 1696)测定的视差分别得出这个距离为 132,000,000 千米和 110,000,000 千米(现代的值约为 150,000,000 千米)。[72]

590

行星体系的显著增大使得恒星周年视差(图 24.4)的明显缺失越发令人惊奇,促使人们去尝试测定它。胡克在 17 世纪 70 年代通过建在自己家里的望远镜观测天龙座 γ 星,宣布了肯定的结果。不过他的结论得到的反响不一,丹麦天文学家奥勒·勒默尔(1644 ～ 1710)在 1692 年以后做的类似观测得到了否定的结果。恒星视差即使对最近的恒星(太阳除外)来说也小于 1 弧秒,对它的可靠测定超出了 17 世纪仪器的能力,而且还必须等待光行差和恒星的自行运动的发现,光行差到 1729 年才被英国天文学家詹姆斯·布拉得雷(1693 ～ 1762)发现,自行运动于 1718 年由英国天文学家、自然哲学家埃德蒙·哈雷(1656 ～ 1742)首次提出。[73]

新星、变星与恒星天文学的发展

虽然伽利略和笛卡儿著作中暗含的宇宙论变革并未对行星理论产生直接影响,但

[72] Albert Van Helden,《望远镜与宇宙的大小》(The Telescope and Cosmic Dimensions),《天文学通史》, 2A: 108 - 117; Van Helden,《测量宇宙:从阿利斯塔克到哈雷的宇宙大小》(*Measuring the Universe: Cosmic Dimensions from Aristarchus to Halley*, Chicago: University of Chicago Press, 1985),第 105 页～第 147 页。

[73] Schofield,《第谷的和半第谷的世界体系》,第 41 页。应该指出,勒默尔是第谷行星体系的支持者,因此他认为很小的视差对第谷比对哥白尼更有利。关于光行差和固有运动,参看 North,《诺顿天文学和宇宙学史》,第 383 页,第 395 页。

它们有助于激发对恒星的兴趣。就连仍然坚持恒星围绕地球每天旋转一周的人也不再认为非得把恒星限制在同一个球面上。认为恒星与太阳相似的看法也越来越普遍。[74] 这引出了关于恒星分布和恒星距离的问题,促使人们更密切地关注恒星。此外,望远镜揭示出存在着大量过去不知道的恒星,这就有了更多东西可看,有了更多绘图工作要做。

591

但是研究恒星区域最主要的刺激因素在于有可能发现"新的恒星"——新星(或超新星),例如 1572 年突如其来的那颗。这颗新星亮度达到峰值的时候在白天都能看见,布拉赫和许多其他天文学家都研究了它,主流意见认为它是真正的恒星,或者也许是天上的彗星,而不是大气现象。这颗新星的存在让那些遵循亚里士多德而认为天永恒不变的人十分头痛。[75]

人们很自然地要问,过去是否曾记载过新的恒星,更仔细地搜寻是否会发现更多。历史研究发现了几个候选,观测者们找到了新的动力,重新绘制天图,以便确定已有的恒星。布拉赫与荷兰制图师、仪器制造者威廉·布劳(1571 ~ 1638)响应了这一重大挑战。寻找新的新星的工作也很成功:弗里斯兰天文学家达维德·法布里修斯(1564 ~ 1617)于 1596 年,开普勒和另一些人于 1600 年(或许还有 1602 年)都发现了一些不太明显的新恒星,1603 年年底观测到一颗亮得多的星(又一颗超新星),1604 年大部分时间还能看到它。[76]

接下去的 30 年里有一些可疑的或似是而非的目击报告(其中一个实际上是仙女座大星系),到 1638 年有了一次可靠的记录,来自弗里斯兰天文学家约翰内斯·福希里得·霍尔瓦达(1618 ~ 1651)。1640 年,就在他报告这次发现的那本书已经付印时,霍尔瓦达惊讶地发现这颗星又出现了,匆忙加上一个附录报告此事。随后,但泽天文学家约翰内斯·海韦留斯(1611 ~ 1687)仔细研究了这颗星,辨认出它很可能就是法布里修斯的 1596 年"新星",也就是布劳的清单上的鲸鱼座 *o* 星。经过进一步观测,并参考早先的记载,布约发现其亮度起伏是周期性的,周期约为 333 天,他成功地预报了未来的最大亮度何时出现。他还提出了一个物理解释,其中提到由于该星的旋转,其上一块明亮区域周期性地出现。[77]

592

发现鲸鱼座 *o* 星(被称为米拉星,意为"奇妙的星")具有周期性一事激起了人们对恒星的普遍兴趣,标志着恒星天文学作为独立研究领域的开端。于是接下来的几年里出现了很多关于变星的报告,到了 17 世纪末,天文学家们甚至开始怀疑布拉赫和开普勒的那些旧的新星其实也都是变星,只不过周期长达许多年甚至许多个世纪。

---

[74] Donahue,《天球的解体(1595 ~ 1650)》,第 298 页~第 300 页。

[75] Hellman,《1577 年的彗星:它在天文学史的位置》,第 111 页~第 117 页。

[76] 这一段及以下关于变星的叙述基于 Michael A. Hoskin,《从第谷到布约的新星与变星》(Novae and Variables from Tycho to Bullialdus),*Sudhoffs Archiv für Geschichte der Medizin und der Naturwissenschaften*, 61 (1977), 195 - 204。

[77] Ismael Bulliàldus, *Ad Astronomos Monita Duo* (Paris, 1667).

牛　　顿

牛顿的物理学理论对接下去几个世纪的行星天文学有深远的影响，它确立了构造行星轨道的基本原则。不过牛顿对天文学的直接贡献并不多。他在科学舞台上的首次亮相就是1672年向皇家学会展示自己设计建造的反射式望远镜，但这只不过是他对光学理论的兴趣带来的副产品。此后牛顿观测了1680～1681年彗星和后世著名的哈雷彗星在1682年的出现，这些观测对他在最有名的著作《自然哲学的数学原理》（通常简称《原理》）中发展出轨道运动的解释起了重要作用。[78] 在《原理》第一版和1713年第二版之间，牛顿又发展了一套月球理论，发表于1702年。

《原理》本身虽然不是主要研究天文学的，但它承诺要改革行星天文学，为所有行星运动提供物理解释。在这部书中，牛顿几乎达成了开普勒的目标，要以物理的力为基础创造一种"没有假说的天文学"。《原理》第三卷大部分致力于解释月球的各种晃动和求出彗星的轨道。此外，万有引力理论蕴含的结果引起了对恒星分布的推测和研究。

然而在细节方面，牛顿的数学还力有不逮。要等到18世纪中期，基于引力的月球理论才能给出可用的数值。与此同时，实践上需要更加精确的月球理论。如果能够准确知道任意时刻的月球位置，月球就能成为有效的通用时钟，航海者把月球在恒星间的视位置跟当地时间进行对比就可以确定所在经度。经度的确定是当时最迫切的实践科学问题，1714年英国国会悬重金求解。这时精确天文测量的商业价值早已十分明显，并且已经促成了17世纪60年代巴黎天文台的创建和1675年格林尼治天文台的创建。

593

牛顿撰写《月球运动理论》（*Theory of the Moon's Motion*, 1702）一书的部分原因正是为了回应经度问题。这篇短文起初作为戴维·格雷戈里的《天文学基础》（*Astronomiae elementa*, 1702）的附录发表，是纯属运动学和几何学的理论，它以霍罗克斯对开普勒月球理论的修改为基础，使用了古希腊就在用的装置。实际上这很可能是最后一部用到托勒密本轮的严肃天文著作。

创作这个理论的另一个动机是想准确确定复杂的月球轨道的诸多要素，以便着手从物理上予以解释。1713年版的《原理》包含了一个新版的月球理论，虽然经过重重伪装并作了一些修正，但还是能看出来。在这个版本里，牛顿试图为尽可能多的方程

---

〔78〕 牛顿生平和著作的概况参看Richard S. Westfall，《永不止息：艾萨克·牛顿传记》（*Never at Rest: A Biography of Isaac Newton*, Cambridge: Cambridge University Press, 1980）。关于望远镜的记述在第232页～第240页，牛顿的彗星观测在第391页～第397页。Wilson，《从所谓的开普勒定律到万有引力》，第8节，第89页～第170页描述了牛顿对当时的天文学的了解。Nicholas Kollerstrom，《哈雷彗星的轨道与牛顿对重力定律的后期理解》（The Path of Halley's Comet, and Newton's Late Apprehension of the Law of Gravity），《科学年鉴》（*Annals of Science*），56（1999），第331页～第356页讨论了牛顿观测哈雷彗星的重要意义。

给出物理解释,但最终他不得不放弃假装成动力学解释的所有努力,他写道,“这个运动的计算太困难了”,然后继续采用纯几何学和运动学来描述最终的均差。[79]

1702 年的月球理论虽然落后,但它的影响力非同小可。在 1750 年之前至少有十几位天文学家在公开发表的著作中使用了它的基本形式,其中大多数用它来计算月球星历表。1753 年之后,这套理论被废弃了,因为德国制图家、天文学家托比亚斯·迈耶(1723 ～ 1762)和瑞士数学家莱昂哈德·欧拉(1707 ～ 1783)都发表了基于引力的月球理论。[80]

牛顿的工作对天文学的重大意义不在于他的直接贡献,而在于万有引力和数学方法的确立创造了研究天文学问题的新语境。在行星天文学中,最重要的问题变成了如何应用引力理论去解释更加细微的异常。在恒星天文学中,恒星距离之庞大曾经被视为日心行星排布不令人信服的附带产物,此时则被看成万有引力的必然结果,是阻止宇宙自行坍缩的手段。于是,测定恒星周年视差的尝试得以继续,不过是在更精细的尺度上去做。恒星本身被视为独立的物体,而且有可能在空间中移动。(不久后就确认了独立的自行运动的存在,最早由哈雷在 1718 年发现,后来法国天文学家雅克·卡西尼二世[1677 ～ 1756]在 1738 年通过更精确的测量再度确认。[81])牛顿的成就实现了开普勒的追求,将天文学转变成物理学,在这一过程中又将物理学改写成数学。

594

到 17 世纪末,就观测天文学而言,当前的一系列问题通常需要的精度显然已经超出了个人研究者的能力范围。特别在皇家格林尼治天文台周围形成了一个规模不大但能供应全欧洲天文台的仪器制造产业。[82] 尽管业余观测者仍有一定空间(今天也是如此),但是大部分最重要的天文观测从此以后只能在政府资助的机构里开展。

结　　论

16 到 17 世纪,天文学从一个数学学科(含有观测成分)演化为一门真正的物理科学。起初,这一转变是语境变化的结果。由于哲学和神学的发展,特别是将心灵和灵魂从物理宇宙中驱逐出去的趋势(以笛卡儿哲学为代表),天和地不再被看成截然有别的。相应地,行星天文学从纯粹描述性的几何学构造转变为一项实施中的关于实际物体的引力动力学计划。虽然几何构造仍然广泛使用,但开普勒提出的挑战,即寻找行

[79] Isaac Newton,《原理》(*The Principia*, Berkeley: University of California Press, 1999),I. Bernard Cohen 和 Anne Whitman 译,bk. 3, prop. 35, Scholium,第 869 页～第 874 页。本轮的描述在第 871 页～第 872 页,所引短句在第 873 页。Nicholas Kollerstrom,《牛顿被遗忘的月球理论:他对经度探索的贡献》(*Newton's Forgotten Lunar Theory: His Contribution to the Quest for Longitude*, Santa Fe, N. M.: Green Lion Press, 2000)包含了《月球运动理论》的完整文本和全面的评注,并评估了其重要性。I. Bernard Cohen,《艾萨克·牛顿的月球运动理论(1702),有书目介绍与历史介绍》(*Isaac Newton's Theory of the Moon's Motion ,1702, with a Bibliographical and Historical Introduction* ,New York: Neale Watson, 1975)描述了月球理论创作出版的环境。

[80] Kollerstrom,《牛顿被遗忘的月球理论:他对经度探索的贡献》,第 205 页～第 223 页。

[81] North,《诺顿天文学和宇宙学史》,第 14 章,特别是第 383 页～第 384 页和第 395 页～第 396 页。

[82] 同上书,第 381 页。

星的真实物理轨道及其原因，逐渐被视为行星理论的主要目标。

与此同时，原本只包括绘制恒星的不变位置和星等的恒星天文学变成了一门独立的学科。这一转变同样是笛卡儿-伽利略-牛顿语境促成的，它使恒星从嵌在一个球面上的光点转变成无定限的广大空间中的巨大发光物体。幸运女神以几颗十分耀眼的“新”恒星的面貌降临到16世纪晚期和17世纪，这也让人们注意到恒星领域值得做更细致的研究。 595

事实表明，恒星天文学的兴起，加上行星天文学对更准确数据的需求日益增长，对发展更好的仪器起到了强大的激励作用（参看第27章）。仪器制造原本就在天文学中一直发挥着重要作用，但望远镜的发明和它立刻揭开的新发现，生动地显示了仪器创新能带来多大成就。由此诞生了一个更大的、通常得到公共资助的仪器制造业，必须靠它来生产精度和结构复杂程度远远超过早期仪器的设备。随着新仪器的使用越来越需要专门技术，观测天文学本身也变成了一门专业。

（张东林　译）

25

596

声学和光学

保罗·曼科苏

现代早期，音乐（声学是它的后裔）和光学属于"混合数学"科学。所谓"混合数学"，是指能够通过大量运用算术或几何技巧加以研究的物理学科，例如天文学、力学、光学和音乐（参看第 28 章）。

16 和 17 世纪对声音的研究严格来说不能看成单个学科，而是几个领域的交叉，包括音乐理论、力学、解剖学和自然哲学。因此，严格地说 16 或 17 世纪没有哪一个混合数学家能算是专门研究声学的。现代早期学者当中对声音的研究做出过贡献的有混合数学家乔瓦尼·巴蒂斯塔·贝内代蒂（1530 ～ 1590）和音乐家温琴佐·伽利莱（1520 ～ 1591），还有自然哲学家罗伯特·玻意耳（1627 ～ 1691），他使人们认识到这门学科的研究进路的多样性。不过可以肯定地说，音乐理论的研究提供了一个共同背景，在此基础上得以展开对声音现象的各种深入研究。此外，在自然哲学领域，当时全都归于亚里士多德名下的几篇经典论文《论感觉》（*De sensu*）、《论可听见的事物》（*De audibilibus*）、《论灵魂》（*De anima*）和《问题集》（*Problemata*）包含了属于声学现象的材料，在 16、17 世纪学者中广为人知。

涉足声音研究的从业者有各种各样的社会身份，有威尼斯圣马可教堂的唱诗班指挥焦塞福·扎利诺（1517 ～ 1590），也有荷兰教师伊萨克·贝克曼（1588 ～ 1637），还有巴黎米尼姆会修士马兰·梅森（1588 ～ 1648）。另一些人则在大学教书，包括英国数学家兼自然哲学家约翰·沃利斯（1616 ～ 1703）和艾萨克·牛顿（1643 ～ 1727）。17 世纪后半叶，新兴的科学院也激励了声学现象的实验研究。

597

相比之下，现代早期光学的主题则构成一个统一得多的学科。虽然光学包含的现象丰富多样，包括了视觉理论、彩虹、光的本性等，但是对于它的典型问题和方法，研究者可以依靠一个共有的理解，这种理解可追溯到中世纪的视学（perspectiva）研究。不过就像声学一样，光学的从业者也是来自各种各样的背景。约翰内斯·开普勒（1571 ～ 1630）是布拉格的御用数学家和天文学家，勒内·笛卡儿（1596 ～ 1650）是住

我要感谢 Fabio Bevilacqua，Lorraine Daston，Toni Malet，Katharine Park，Neil Ribe 以及一位匿名审稿人，他们提出的许多建议使本章第一稿得到很大改进。还要感谢柏林高等研究所（Wissenschaftskolleg zu Berlin）在 1997 ～ 1998 年期间向我提供奖学金，本章第一稿就是在此期间撰写的。

在阿姆斯特丹和巴黎的独立学者，弗朗切斯科·格里马尔迪（1618～1663）是在博洛尼亚教书的耶稣会数学家。工匠在声学和光学的发展中也很重要。梅森定期向乐器制造者咨询乐器工作方式的细节，笛卡儿则与透镜磨制者有密切合作（参看第27章）。

尽管这些混合数学家比较多元，但他们还是分享了某种共同背景，其中大多数都受过包含音乐学（musica）、视学和亚里士多德自然哲学在内的教育。他们通过多种渠道彼此交流，包括书信——例如梅森就是70多位学者组成的一个大型书信网络的中心——以及出版著作。

不仅在现代早期，就是在当代科学史中光学和音乐的命运也不相同。光学已经和天文学与力学一道在科学史家的著作中享有了头等地位。相比之下，把音乐研究看作一项科学主题的史学兴趣则起步晚得多，20世纪60年代才开始。直到80年代才有了真正新颖的研究，极大地增加了我们对音乐与科学革命之关系的认识。本章的目标之一就是要让人们注意到音乐和自然研究领域发表的材料有多么丰富，另一目标是评述关于现代早期光学的大量编史工作。

现代早期的音乐理论与声学

几股重要的潮流标志了16和17世纪音乐理论与声学的发展。音乐理论经历了一次转变，从一种泛化的毕达哥拉斯主义，即强调抽象的数的因素是音乐科学基础的核心，转变为一种新的分析风格，其特征是更多的实验和对声音的物理考察。在此过程中，声学科学作为一门独立学科出现了，它独立于音乐理论的数学领域，致力于用实验研究声音现象。此外，这些研究不再关注毕达哥拉斯传统的“发声数”，数变成了单纯的工具，只用来测量物理现象和物理关系，例如弦振动的频率。实际上，梅森的振动弦规则（regle）或者说定律是17世纪声学的重大成就之一。声学诞生为物理学的一个独立分支所带来一个主要后果是，关于声音的物理问题跟关于声音知觉的心理问题（例如对谐和声音的愉悦感）逐渐分离。 598

要理解这些转变，首先必须理解各种古典传统，新的实验声音科学就是通过反对它们而发展起来的。特别是音乐理论的毕达哥拉斯传统和亚里士多塞诺斯传统，它们在文艺复兴后期发生了冲突，这一进展对音乐理论的“科学”方面非常重要。在此背景下，本文将描述17世纪声学的主要成就及其与音乐理论的关系，特别要关注和音问题。除特定的实验结果之外，本文还将考察多种当时发展起来解释声音传播和声音感知的理论。其中最重要的进展在于声音传播和感知的物理模型跟机械论自然哲学的联姻,这一结合促进了耳的生理学和解剖学领域的研究。[1] 遗憾的是篇幅不够,无法讨论音乐理论(包括声音理论)与音乐实践的相互影响,这个话题跟光学理论与绘画透视法的影响是类似的。[2]

16 世纪:毕达哥拉斯传统和亚里士多塞诺斯传统

在15、16世纪复原大部分研究音乐科学(希腊人称之为音乐学[musike]或和声学[harmonike])的希腊文本之前,这一时期音乐理论的传统文献直到1500年都是罗马数学家、哲学家波伊提乌(约480～约525)的《音乐基础》(*De institutione musica*, 6世纪),[3]其内容深受毕达哥拉斯和柏拉图的音乐概念的影响。[4] 根据毕达哥拉斯派的世界观,音乐现象的本质,甚至全部宇宙现象的本质,都在于整数的比。中世纪和文艺复兴早期的音乐课本一而再,再而三地描述毕达哥拉斯如何发现了音程背后隐藏的整数比,说他观察到不同重量的锤子敲打铁砧时发出的声音与锤子的重量成比例,并描述了其他几项据说他做过的观察,使用了部分盛水的杯子、钟、笛子以及重物绷紧的弦等(图25.1)。

599

最后这种装置激发了一个内容丰富的图像符号传统,其典型代表可以在沙特尔大教堂(12世纪)的"王者之门"上看到,它表现毕达哥拉斯在拨动一种乐器的琴弦,这种乐器叫作单弦琴,由一条绷在共振腔上的琴弦构成。[5] 它有一根可移动的琴桥能够用来调节琴弦的振动段变长或变短,从而可以研究不同的音高及其关系。毕达哥拉斯派特别注意到八度音程对应于一个整数比:发出这两个音的琴弦振动段的长度之比是2∶1。比方说,可以先拨动空弦,然后将琴桥移到正中间再拨动其中一段琴弦,也就是整条弦的一半。容易用整数比来刻画的其他音程还有五度音程和四度音程,前者由

---

[1] 关于耳的解剖学和生理学的历史,经典文献是 A. Politzer, *Geschichte der Ohrenheilkunde*, 2 vols. (Stuttgart: Enke, 1907 - 1913, repr. Hildesheim: Georg Olms, 1967). Alistair C. Crombie,3卷本《欧洲传统中科学思维的方式:争论和解释的历史,尤其是数学科学和生物医学科学与艺术》(*Styles of Scientific Thinking in the European Tradition: The History of Argument and Explanation Especially in the Mathematical and Biomedical Sciences and Arts*, London: Duckworth, 1994),第2卷,第1154页～第1166页,第13章生动描述了耳的解剖学和生理学领域的发展。

[2] 大方向可参看 Claude V. Palisca,《意大利文艺复兴时期音乐思想中的人文主义》(*Humanism in Italian Renaissance Musical Thought*, New Haven, Conn.: Yale University Press, 1985);H. Floris Cohen,《量化音乐:科学革命初期的音乐科学(1580～1650)》(*Quantifying Music: The Science of Music at the First Stage of the Scientific Revolution, 1580 - 1650*, Dordrecht: Reidel, 1984)。

[3] 虽然直到15世纪早期音乐理论的主要文献一直是波伊提乌的《音乐基础》(6世纪),但是人文主义者对希腊文化的兴趣也复兴了别的理论文本,其中包括克利奥尼得(Cleonides)、托勒密(Ptolemy)、亚里士多塞诺斯(Aristoxenus)、阿里斯提得斯·昆体良(Aristides Quintilianus)和普鲁塔克(Plutarch)等人的著作。Claude Palisca 详细重构了古希腊文献在15、16世纪的传播过程,参看 Palisca,《意大利文艺复兴时期音乐思想中的人文主义》。

[4] 关于波伊提乌的音乐理论,参看 J. Caldwell, "The *De institutione arithmetica* and the *De institutione musica*," 载于 M. T. Gibson 编,《波伊提乌:他的生活、思想及影响》(*Boethius: His Life, Thought and Influence*, Oxford: Oxford University Press, 1981),第135页～第154页。波伊提乌《音乐基础》的标准译本是 *The Fundamentals of Music*, introduction and notes by Calvin M. Bower, ed. Claude V. Palisca (New Haven, Conn.: Yale University Press, 1989)。

[5] 关于中世纪将毕达哥拉斯描绘为音乐家的图像符号传统,参看 Barbara Münxelhaus, *Pythagoras Musicus: zur Rezeption der pythagoreischen Musiktheorie als quadrivialer Wissenschaft im lateinischen Mittelalter* (Bonn: Verlag für Systematische Musikwissenschaft, 1976)。

图 25.1 毕达哥拉斯与音乐装置。取自 Franchino Gaffurio, *Theorica musice* (Milan: Filippo Mantegazza for G. P. da Lomazzo, 1492; repr. Bologna: Forni, 1969)。Reproduced by permission of the Staatsbibliothek zu Berlin - Preussischer Kulturbesitz/bpk 2004

3:2给出,后者则对应于4:3。图 25.2 描绘了一种更复杂的单弦琴,使用两根可移动的琴桥,这幅图指示出如何获得五度(diapente)、四度(diatessaron)、大三度(5:4)(dytonus)和小三度(6:5)(semidytonus)音程。[6]

毕达哥拉斯派只接受完美音程,即能够由 1 到 4 的整数组成的比得到的音程。这种坚持只用 1 到 4 的整数产生比的做法使得音乐理论成为一门非常抽象的学科,往往

600

〔6〕 正如后文所表明的,扎利诺之前的毕达哥拉斯派音乐理论家都不认为大三度和小三度是谐和音程。

601

SECVNDA　　XIII

H G F E D C A　B I K L M N

·3·　Diapente .　·2·

·4·　Diatessaron .　·3·

·5·　Dytonus .　·4·

·6·　Semidytonus .　·5·

℃ Si uero hincinde lineam in .xvi. & quinq; partes æquales diuiſeris : omnibus aliis : quę ſuperius dicta ſunt : adhibiris : omnes Multiplicis ſuperparticularis generis uenaberis conſonantias : Si enim chorda ſecundum quinq; & duas partes percutiatur : habebis diapaſon cum dytono : quam conſonantiã ex dupla ſeſquialtera oriri : non eſt dubium: Secundum autem decem & tres partes : reſultat diapaſon cum hexachordo maiori : quæ triplę ſeſquitertiæ innititur proportioni : at uero ſecundum .xvi. & quinq; partes : Diapaſon cum hexachordo minori reſonabit in proportione tripla ſeſquiquinta : & iſte: generis multiplicis ſuperparticularis ſunt conſonantiæ : quorum intelligentiæ ſuccurrit hęc figura.

C

图25.2　带两个可动琴桥的单弦琴。Lodovico da Fogliano, *Musica theorica* (Venice: Ioannem Antonium & fratres de Sabio, 1529), fol. 13r. Reproduced by permission of the Bibliothek der Staatlichen Hochschule für Musik, Trossingen

跟音乐实践距离很远。[7]

极端抽象的毕达哥拉斯-柏拉图传统在古代就已经受到过挑战，对手是另一种更经验的音乐研究途径。柏拉图在《国家篇》[8]中提及"有些杰出人物拷问琴弦，折磨它们，把它们绷在琴柱上"，说"他们把耳朵贴在乐器上，就像企图偷听邻居说话的人那样"。柏拉图斥责这种研究方式，因为支持它的人"把耳朵摆在心灵的前面"(《国家篇》,531a)。柏拉图描述的这种传统不久后诞生了一位卓越的理论家亚里士多塞诺斯(前4世纪)，他的著作强调耳朵的辨别能力，反对毕达哥拉斯和柏拉图阵营的理论家所采取的多为数秘主义的抽象解释。特别地，亚里士多塞诺斯将音程看作一个连续统的片段，从而拒斥了毕达哥拉斯派的解释，后者实际上基于对音高和音程的离散分析。这使得他对八度音做出的划分就实用的目的而言跟平均律给出的划分(也就是将八度音划分成12个相等的半音)并无二致。在这种划分里，像四度或五度这样的谐和音程只能用无理数表达，这一后果是毕达哥拉斯派的音乐理论家无法接受的。[9]

602

尽管毕达哥拉斯派音乐传统必定对作曲家有过很大影响，但随着时间推移，它被音乐实践甩在了后面。对毕达哥拉斯派音乐理论的第一次挑战发生在15世纪，复调音乐中越来越多地把大三度、小三度和大六度、小六度用作谐和音程。这些音程无法用1到4的整数产生的比来表示，按照严格的毕达哥拉斯派标准不能将它们用于作曲。第二次挑战是器乐的发展使调音成为紧迫问题，无论是否按毕达哥拉斯派的方式。音乐理论与实践之间的冲突迫使人们重新审查音乐科学的理论问题。

弥合理论与实践之间裂痕的一条可能的途径是某种"橡皮"毕达哥拉斯主义。例如，扎利诺在他有影响力的著作《和声学基础》(*Le istitutioni harmoniche*, 1558)中扩大

---

[7] 除数学上的进展之外，毕达哥拉斯-柏拉图传统还将音乐的宇宙论意义和伦理意义放在首要位置上。在波伊提乌那里则采取了将它们区分开来的方式，分为天乐(musica mundana)、人乐(musica humana)和器乐(musica instrumentalis)。天乐对应于世界和谐的观念，研究天体的运动及其他。"天球的音乐"传统就属于这一分类，它假设行星在运动中发出声音，且不同行星发出的声音是和谐的。这一观念对开普勒影响很大，从他的著作标题《世界的和谐》(*Harmonices mundi*, 1619)就能看出来。人乐(身体的和谐)关注身体与灵魂之间的和谐关系、各种体液之间的平衡以及其他，因此它跟医学联系紧密，提示人文主义者，例如身为医生的马尔西里奥·菲奇诺(Marsilio Ficino)，有可能去调整情感和人体元素的平衡。这是音乐的神奇效应中的一大主题，在古代也有源头，但是人文主义者赋予了它新的生命。最后，器乐处理音乐本身的实践。这一领域的文献汗牛充栋。总的概括参看 Eberhard Knobloch，《和谐与宇宙：数学作为一种对世界的目的论理解》(Harmony and Cosmos: Mathematics Serving a Teleological Understanding of the World)，《自然》(*Physis*), nuova ser., 32(1995)，第55页～第89页。关于开普勒，参看 Bruce Stephenson，《天界的音乐：开普勒的和谐天文学》(*The Music of the Heavens: Kepler's Harmonic Astronomy*, Princeton, N. J.: Princeton University Press, 1994)；Daniel P. Walker，《文艺复兴晚期音乐科学研究》(*Studies in Musical Science in the Late Renaissance*, Leiden: E. J. Brill, 1978)。关于魔法、菲奇诺以及相关主题，参看 G. Tomlinson，《文艺复兴时期魔法中的音乐》(*Music in Renaissance Magic*, Chicago: University of Chicago Press, 1993)；Daniel P. Walker，《从菲奇诺到康帕内拉的神灵魔法与恶魔魔法》(*Spiritual and Demonic Magic from Ficino to Campanella*, London: Warburg Institute, 1958)。关于音乐跟17世纪百科全书派与普遍知识的联系，参看 Eberhard Knobloch，《普遍和谐》(Musurgia Universalis)，《科学史》(*History of Science*), 17(1979)，第258页～第275页；Daniel P. Walker，《莱布尼茨与语言》(Leibniz and Language)，载于 Penelope Gouk 编，《文艺复兴时期的音乐、精神与语言》(*Music, Spirit, and Language in the Renaissance*, London: Variorum Reprints, 1985)。最近有重要贡献的是 Penelope Gouk，《17世纪英格兰的音乐、科学与自然魔法》(*Music, Science, and Natural Magic in Seventeenth Century England*, New Haven, Conn.: Yale University Press, 1999)。

[8] Plato，《国家篇》(*Republic*, Indianapolis: Hackett, 1992)，G. M. A. Grube 译，C. D. C. Reeve 修订，第203页。

[9] 将八度音分成12个相等的半音会导致半音具有$\sqrt[12]{2}:1$的比。亚里士多塞诺斯的 *Elementa harmonica* 收在 Henry S. Macran 编译，《亚里士多塞诺斯的和声学》(*The Harmonics of Aristoxenus*, Oxford: Oxford University Press, 1902)。

了允许用来确定谐和音程的数的范围，从4个扩展到6个。[10] 这样他就可以把大三度(5∶4)、小三度(6∶5)和大六度(5∶3)算作谐和音程。此外，通过一番可疑的论证，他还承认了小六度(8∶5)，他声称8潜在地包含在4里面。他把1到6的整数系统称为"六数(senario)"。然而，他对毕达哥拉斯派理论的这番扩展仅获得了有限的成功。到17世纪初，作曲家们随意地使用增四度(10∶7)和减五度(7∶5)，它们都不在扎利诺的六数之内。此外，六数还遇到了几位学者的挑战，他们可能是受到亚里士多塞诺斯传统复兴的影响，不相信毕达哥拉斯派和它最后的倡导者扎利诺的数秘主义论证。这些反对者中最主要的有温琴佐·伽利莱，即伽利略·伽利莱(1564～1642)之父，以及贝内代蒂。[11]

温琴佐·伽利莱在16世纪60年代早期曾是扎利诺的学生。在16世纪70年代，他对扎利诺的和声理论提出挑战，背景是两人之间围绕音准问题、谐和音程的本质以及其他问题展开的长期论战。关于谐和音程问题，温琴佐·伽利莱称自己原本是坚定的毕达哥拉斯派，直到"通过无所不知的教师——实验发现了真理"。[12] 他所说的实验是为了检验毕达哥拉斯是否如传说的那样发现了音高跟挂在琴弦上的重物之间的关系。据毕达哥拉斯传统的作者记载，将重量之比为2∶1的两个重物挂在其他方面都相同的两条琴弦上，这两条琴弦发出的音高就会形成八度音程，正如单弦琴产生八度音程需要的琴弦段之比为2∶1——换句话说，要升高八度就必须将弦长除以2或者挂上两倍重的重物。同样的原理也适用于生成四度和五度等音程。然而，温琴佐·伽利莱通过实验证明了重物必须按长度的平方增加，因此要产生八度音程，重量之比必须是4∶1，四度音程需要16∶9，五度音程需要9∶4。在这一观测的基础上，他又质疑六数的合理性。毕竟，如果六数中的数只适用于弦长而不适用于弦的张力，那就看不出它们有什么神圣性了。温琴佐·伽利莱还有别的理由偏爱用较为经验的方式研究音乐科学，这种方式反映了音乐理论研究中一条更契合于亚里士多塞诺斯传统的途径。[13]

其他16世纪混合数学家，包括贝内代蒂，发展了一条强调实验方法而轻视毕达哥

---

[10] Gioseffo Zarlino，《和声学基础》(*Le istitutioni harmoniche*, Venice, 1558)。Guy A. Marco 和 Claude V. Palisca 翻译的第3卷收在《对位的艺术：〈和声学基础〉的第三部分》(*The Art of Counterpoint: Part Three of Le istitutioni harmoniche*, New Haven, Conn.: Yale University Press, 1968)。Claude V. Palisca 翻译的第4卷收在《关于方式：〈和声学基础〉的第四部分》(*On the Modes: Part Four of Le istitutioni harmoniche*, New Haven, Conn.: Yale University Press, 1983)。关于扎利诺，参看注释2中的文献。

[11] Claude V. Palisca 令科学史家们注意到温琴佐·伽利莱和贝内代蒂对音乐的反思在现代科学发展中的重要作用。参看 Claude V. Palisca，《音乐思想中的科学实验主义》(Scientific Empiricism in Musical Thought)，载于 H. H. Rhys 编，《17世纪的科学与艺术》(*Seventeenth Century Science and the Arts*, Princeton, N. J.: Princeton University Press, 1961)，第91页～第137页；Palisca，《伽利略的父亲是一位实验科学家吗?》(Was Galileo's Father an Experimental Scientist?)，载于 Victor Coelho 编，《伽利略时代的音乐与科学》(*Music and Science in the Age of Galileo*, Dordrecht: Kluwer, 1992)，第143页～第151页；Walker，《文艺复兴晚期音乐科学研究》，第2章。

[12] Vincenzo Galilei, *Discorso intorno all'opere di Gioseffo Zarlino* (Florence: G. Marescotti, 1589), pp. 103 - 4.

[13] 1961年 Palisca 的《音乐思想中的科学实验主义》一文使人们注意到两篇手稿的存在，这两篇手稿详细记载了温琴佐在该领域的实验。以 Palisca 的工作为出发点，Stillman Drake 在一篇挑起争议的文章中提出"现代科学的起源要在16世纪音乐中寻找，正如我们已将其数学起源追溯到古希腊天文学家和阿基米德"。参看 Stillman Drake，《文艺复兴时期的音乐与实验科学》(Renaissance Music and Experimental Science)，《思想史杂志》(*Journal of the History of Ideas*)，31(1970)，第483页～第500页，相关内容在第483页。

拉斯传统的音乐理论研究途径。[14] 尽管本文将主要考察实验方式,但也要指出,毕达哥拉斯范式继续对一些学者造成了强烈影响,例如开普勒、笛卡儿、西蒙·斯台文(1548～1620)、戈特弗里德·威廉·莱布尼茨(1646～1716)和牛顿。

声学在17世纪初的诞生

17世纪初最著名的自然哲学家大多数都对音乐与声学显示了强烈兴趣,包括弗兰西斯·培根(1561～1626)、笛卡儿、贝克曼、开普勒、梅森、斯台文和伽利略。[15] 其中最有影响力的是培根、伽利略和梅森。

培根的声学研究构成了他的整个计划的一部分,即通过自然知识支配自然之力。特别是他未完成的自然志著作《林中林》(*Sylva sylvarum*, 1626)开启了研究声学现象的一项雄心勃勃的计划。[16] 培根关于声音的自然哲学反映了一种折中的途径。尽管培根拒斥数的推测,强调声音现象的物理性,但他的一些论证使他跟亚里士多德主义和新柏拉图主义传统紧紧连在一起。[17] 例如,他的声音理论源自亚里士多德主义。[18] 按照培根的说法,运载声音的是"种相(species)",即一种非物质的实体,产生于发声物

605

[14] 关于贝内代蒂的音乐研究,参看他写给奇普里亚诺·德·罗雷(Cipriano de Rore)的信,大约写于1563年,发表在 *Diversarum speculationum mathematicarum & physicorum liber* (Turin: Successors of Nicola Bevilaqua, 1585), pp. 277 - 83。这些信件重印于 Josef Reiss, "Jo. Bapt. Benedictus, De intervallis musicis," *Zeitschrift für Musikwissenschaft*, 7 (1924 - 5), 13 - 20。详细讨论以及更多文献参看 Palisca,《意大利文艺复兴时期音乐思想中的人文主义》,第257页～第265页;H. Floris Cohen,《贝内代蒂关于音乐科学的观点与它们在威尼斯文化中的背景》(Benedetti's Views on Musical Science and Their Background in Venetian Culture), in Istituto Veneto di Scienze Lettere ed Arti, *Atti del Convegno Internazionale di Studio "Giovan Battista Benedetti e il suo tempo"* (*Venezia, 1987*) (Venice: Il Istituto, 1987), pp. 303 - 10。

[15] 目前尚无完整记述。关于这个话题最好的一本书是 Cohen,《量化音乐:科学革命初期的音乐科学(1580～1650)》。亦可参看以下文集中的文章:Coelho 编,《伽利略时代的音乐与科学》; Paolo Gozza, ed., *La musica nella rivoluzione scientifica del Seicento* (Bologna: IlMulino, 1989); 以及 Gozza, "*La musica nella filosofia naturale del Seicento in Italia*," *Nuncius*, 1 (1986), 13 - 47.

[16] 《林中林》(*Sylva Sylvarum*, 1626)刊印于 J. Spedding 等编,14卷本《弗兰西斯·培根全集》(*The Works of Francis Bacon*, London: Longmans, 1857 - 74),第2卷,第331页～第680页。关于培根对声学和音乐的研究,参看 Penelope Gouk,《弗兰西斯·培根自然哲学中的音乐》(Music in Francis Bacon's Natural Philosophy),载于 Marta Fattori 编,《弗兰西斯·培根:术语》(*Francis Bacon: Terminologia*, Rome: Edizioni dell'Ateneo, 1984),第139页～第154页; Mordechai Feingold 和 Penelope Gouk,《对培根〈林中林〉的早期批评》(An Early Critique of Bacon's *Sylva Sylvarum*),《科学年鉴》(*Annals of Science*),40(1983),第139页～第157页;Penelope Gouk,《17世纪英格兰的听觉理论:笛卡儿前后》(Some English Theories of Hearing in the Seventeenth Century: Before and after Descartes),载于 Charles Burnett、Michael Fend 和 Penelope Gouk 编,《第二种感觉:从古代到17世纪的听觉和音乐判断研究》(*The Second Sense: Studies in Hearing and Musical Judgement from Antiquity to the Seventeenth Century*, London: Warburg Institute, 1991),第95页～第113页。最后这篇文献还考察了培根的一些不太知名的同时代人,例如赫尔基亚·克鲁克(Helkiah Crooke)和托马斯·赖特(Thomas Wright)。

[17] 在亚里士多德主义资源当中特别与此相关的是《论灵魂》(II, 8, 419b3 至 421a6)和伪亚里士多德著作《问题集》(卷11和卷19)。受新柏拉图主义传统影响的一份文献是詹巴蒂斯塔·德拉·波尔塔(Giambattista della Porta)的《自然魔法》(*Magia naturalis*),1558年先出版了4卷,1589年扩展到20卷,两个版本都在那不勒斯出版。从培根诉诸"精气(spiritus)"一事可以清楚看到新柏拉图主义的影响,精气是一种气性物质,灌注整个身体,培根用它来解释运载声音的非物质的种相如何影响接收者。这显示了贝尔纳迪诺·特勒西奥(Bernardino Telesio)、马尔西里奥·菲奇诺(Marsilio Ficino)和托马索·康帕内拉(Tommaso Campanella)等思想家对培根的影响。关于"精气"在16和17世纪的含义,参看 Walker,《从菲奇诺到康帕内拉的神灵魔法与恶魔魔法》。

[18] 关于这一传统,参看 Michael Wittman, *Vox atque sonus*, 2 vols. (Pfaffenweiler: Centaurus, 1987);C. Burnett,《中世纪的声音及其感知》(Sound and Its Perception in the Middle Ages),载于 Burnett、Fend 和 Gouk 编,《第二种感觉:从古代到17世纪的听觉和音乐判断研究》,第43页～第69页。

体中,携带了发声物体的所有性质。当种相经过空气传播接触到耳朵时,人就听见了声音。和亚里士多德一样,培根相信耳朵内部的空气是听觉的器官。培根的声学思考不太有原创性,其价值在于提出了一项涵盖很多方面的声音研究计划,包括人类和动物的发声、乐器的研究以及回声与声速的研究。他还建议开发增强说话声和听力的仪器。这些提议为17世纪后半叶伦敦皇家学会展开声学研究奠定了基础。

与培根的"质"的声音理论相反,伽利略在《关于两门新科学的谈话和数学证明》(*Discorsi e dimostrazioni matematiche intorno a due nuove scienze*, 1638)的第一天末尾关于音乐的重要段落中提出的谐和音解释,则为声音的传播和感知发展了一套机械论的解释。伽利略首先总结了对于传统毕达哥拉斯派观点的批评,这些批评已经蕴含在他的父亲温琴佐的研究中,随后伽利略摆出他的谐和音理论,这一理论在17世纪取得了支配地位:

> 回到我们最初的目标上来,我要说,琴弦的长度并不是音程的形式背后的直接原因,琴弦的张力、粗细也都不是,直接原因是振动次数的比,也就是敲打我们耳鼓的空气波的冲击次数,耳鼓也一样按照相同的次数振动。确定了这一点,我们就有可能给出一个非常融贯的原因来解释为什么在不同音高的声音中有些组合被我们的感官十分愉快地接受,有些则不那么愉悦,还有一些给我们造成强烈的刺激。[19]

606 谐和音理论的基础不再靠抽象的数秘主义思考去发现,而要依靠关于频率的物理学。按照伽利略的理论,如果两个不同声音的振动以特定的比例或规律性敲打耳朵,那么它们感知起来就是愉悦的,而假如它们对耳朵的敲击不按比例(sproporzionatamente)——例如具有不可通约的频率——那么这两个声音感知起来就不谐和。这样一来,伽利略就朝着解释传统上为何将谐和声音与比联系在一起迈进了一大步。相隔八度的两个声音的振动具有如下特点:"每当低音弦传给耳鼓一次冲击,高音弦传出两次,即两者每隔一次高音弦的振动就联合敲击一下,因此有一半的冲击是重合在一起发生的。"[20]相隔五度的声音发出的脉冲每6次振动重合一次,四度则是12次。

这个理论本身并非伽利略原创,贝内代蒂已经预示过,但伽利略写下的这些段落成了该理论的经典表述。特别是伽利略的研究途径不同于贝内代蒂,他用了实验来支持音高和频率的关系。尽管伽利略的途径表现出显著的创新,将谐和音与不谐和音的解释从数秘主义论证转到物理学和生理学论证上来,但是它仍然严重依赖毕达哥拉斯模型。伽利略甚至断言两个声音的振动若以无理数的比例敲击耳朵就会产生不谐和感。但是所有的平均律调音方式,例如伽利略时代用于弦品乐器的调音和现代钢琴的

---

[19] Galileo Galilei,《两门新科学,包括重力中心与震动力》(*Two New Sciences, including Centers of Gravity & Force of Percussion*, Madison: University of Wisconsin Press, 1974),Stillman Drake 译注,第104页。

[20] 同上。

调音,其谐和音之间的比(八度音除外)都是无理比——也就是说,两个声音的频率之比无法用两个整数来表达。值得注意的是,伽利略不太可能做过他引用来支持其理论的那些实验,因此他似乎是在进行任何实验验证之前就已经构想出了他的理论。[21]

梅森的研究也一样强调谐和音的物理解释,他跟伽利略有密切来往,他的工作包含了广泛的声学实验,可以看成声学诞生为一门科学的标志。[22] 梅森对声学和音乐理论最全面的贡献《普遍和谐》(*Harmonie Universelle*, 1636～1637)讨论了从组合数学研究到乐器的物理学等诸多问题。他对前人的超越同样体现在对谐和音问题的集中研究上。

607

梅森对谐和音的解释抛弃了纯粹的数的猜测,侧重由声音的物理学导出的论证。他经常把声音说成一种波,与水波相似,发源于空气中的脉动(battement)。按照梅森的观点,声音的音高由振动的频率也就是单位时间内的脉冲次数决定。梅森为一种"重合"式的谐和音理论辩护,认为谐和音取决于发出两个声音的脉动之间的相对一致性。例如,若两根琴弦相隔五度(即具有 3∶2的比),第一条弦的脉动与第二条弦的脉动每 6 次重合一次。相对地,相隔八度的两条弦的脉动每两次重合一次。然而梅森意识到,按这种方式得出的谐和音等级会令四度音(4∶3)比大三度(5∶4)更谐和,因为它们的脉动分别是每 12 次和 20 次重合一次——但在音乐实践中实际情况是大三度听起来比四度更愉悦。这一矛盾导致梅森另列了一份不同的谐和音列表,按听起来的愉悦程度排序,跟按照前述物理标准给出的谐和音列表并立,他用"甜美"一词来描述后者。梅森费了很多功夫去调和谐和音的物理标准与心理标准之间的分歧。

梅森对声学的贡献包括如何确定相对频率(例如决定音程特性的那些)、振动弦的绝对频率、声速,还有泛音与和音,以及其他一些研究。他通过各式各样的精确实验探讨这些主题。例如在声速的研究中,他的实验涉及测定从看见远处武器开火的闪光到听见枪声所经历的时间,另一组不同的实验则利用发出声音到听见回声所经历的时间。他的时间测量很不准确,常常依靠不准的时钟,甚至依靠人的脉搏,这部分地解释了为何梅森通过这些测定获得的数值变化无常。[23]

梅森在声学领域最大的成就是今天说的梅森振动弦定律。根据此定律,振动弦的

---

[21] 通过他的实验,伽利略试图解释交感共鸣。他有一项实验涉及装满水的玻璃杯在摩擦杯沿时发出一个音。伽利略断言这个音有时会跳上一个八度,此时最初的声音在水中产生的波就会一分为二,这就证明了"八度音的形式是二倍"。另一项实验试图通过凿子刮铜盘证明同一事实。关于对伽利略做过这些实验的怀疑,参看 Walker,《文艺复兴晚期音乐科学研究》,第 3 章。

[22] 关于梅森与现代早期音乐,参看 Cohen,《量化音乐:科学革命初期的音乐科学(1580～1650)》; Crombie,《欧洲传统中科学思维的方式:争论和解释的历史,尤其是数学科学和生物医学科学与艺术》,第 2 卷,第 783 页～第 894 页。梅森工作的更多技术性细节参看 Sigalia Dostrovsky,《早期振动理论:17 世纪的物理学和音乐》(Early Vibration Theory: Physics and Music in the XVIIth Century),《精密科学史档案》(*Archive for History of Exact Sciences*),14(1975),第 169 页～第 218 页;Clifford A. Truesdell,《柔性体或弹性体的理性力学(1638～1788)》(The Rational Mechanics of Flexible or Elastic Bodies, 1638 - 1788),载于 Leonhard Euler,《莱昂哈德·欧拉全集》(*Leonhardi Euleri Opera Omnia*, second ser., Leipzig: B. G. Teubneri, 1911 -),vol. 11(1960),Ferdinand Rudio、Adolf Krazer 和 Paul Stacckel 编,第 15 页～第 141 页。

[23] 参看 Frederick V. Hunt,《声学的起源:从古代到牛顿时代的声音科学》(*Origins in Acoustics: The Science of Sound from Antiquity to the Age of Newton*, New Haven, Conn.: Yale University Press, 1978),第 85 页～第 100 页。

频率与张力的平方根成正比，与弦的长度和横截面积的平方根的乘积成反比。虽然梅森不是最早注意到这一关系的人，但通常认为是他以几个实验为基础确立了这条定律，这几项实验的目标是显示该关系中各个不同要素如何相互依赖。梅森并没有在这里使用“定律”一词（而是用了 regle 即“规则”），他把结果表示为一系列规则，表明他认识到有必要在实践中作各种调整，也认识到在比较不同的弦时，弦的密度是有影响的。[24]

608

梅森长期与笛卡儿和贝克曼通信，其中常论及音乐。贝克曼持有一种原子论的声音理论，并试图推导出振动弦的频率和弦长的反比关系。[25] 他对青年笛卡儿的影响众所周知，笛卡儿的《音乐学纲要》（*Compendium musicae*，1618）就是献给贝克曼的。[26] 两人都试图单纯用物质和运动来分析现象以解释声音知觉，都比前人更加关注耳的解剖构造及其在声音知觉中的作用。然而，由于对神经系统和大脑的解剖和生理缺少确切认识，依靠纯粹机械论方式解释声音知觉的宏伟计划受到了阻碍。

声学在 17 世纪后半叶的发展

17 世纪后半叶，声学拓宽了经验研究的范围，实验工作的质量也提高了。例如，皇家学会的成员展开了各式各样的声学研究，[27]集中在声音的传播（包括声速和回声现象）、改善听力的仪器以及振动弦和摆的关系等主题上。这一时期研究过的仪器包括助听筒（otacousticon）—— 一种改善听力的喇叭，还有用于放大声音的扩音喇叭（tuba stentoro-phonica），后者由英国数学家、仪器制造者塞缪尔·莫兰（1625～1695）于 1670 年发明，[28]当时的人经常把这项发明跟牛顿发明反射式望远镜相提并论。关于声音的振动特性的其他研究包括自然哲学家罗伯特·胡克（1635～1703）确定绝对频率的实验（使用了被称为胡克轮的装置），以及托马斯·皮戈特、威廉·诺布尔和沃利斯各自

609

---

[24] 这些规则相当于今天说的梅森定律，出自 3 卷本《普遍和谐》（*Harmonie universelle*, Paris: Sebastien Cramoisy, 1636 - 7），vol. 3，prop. VII，第 123 页～第 127 页。

[25] 贝克曼的科学工作收在 *Journal tenu par Isaac Beeckman de 1604 à 1634*, ed. C. de Waard, 4 vols. (The Hague: Martinus Nijhoff, 1939 - 53)。关于贝克曼，参看 F. De Buzon, “Science de la nature et theorie musicale chez Isaac Beeckman (1588 - 1637),” *Revue d'histoire des sciences*, 38 (1985), 97 - 120；Cohen，《量化音乐：科学革命初期的音乐科学（1580～1650）》。Cohen 曾论证说笛卡儿与贝克曼代表了 17 世纪音乐研究中的机械论趋势。

[26] 关于笛卡儿，参看 Cohen，《量化音乐：科学革命初期的音乐科学（1580～1650）》及其中的参考文献。亦可参看 Paolo Gozza, “Una matematica media gesuita: la musica di Descartes,” in *Christoph Clavius e l'attività scientifica dei gesuiti nell'età di Galileo*, ed. Ugo Baldini (Rome: Bulzoni, 1995), pp. 171 - 88。

[27] Penelope Gouk 研究了 17 世纪英国对声学的贡献。除前文引用过的她的著作之外，还可参看 Gouk，《早期皇家学会的声学（1660～1680）》（Acoustics in the Early Royal Society, 1660 - 1680），《伦敦皇家学会的记录及档案》（*Notes and Records of the Royal Society of London*），36（1982），第 155 页～第 175 页；Gouk，《声学和音乐理论在 R. 胡克的科学工作中的作用》（The Role of Acoustics and Music Theory in the Scientific Work of R. Hooke），《科学年鉴》，37（1980），第 573 页～第 605 页。

[28] Sir Samuel Morland，《扩音喇叭，一种极好用的工具，在海上和陆地上都可以使用；在 1670 年发明并进行了各种实验》（*Tuba Stentoro-Phonica, An Instrument of Excellent Use, As well at Sea, as at Land; Invented and variously experimented in the Year 1670*, London: Godbid, 1672）。

独立发现振动弦的节(即驻点)。[29]

到17世纪晚期,人们已经普遍接受声音像波一样在空气中以有限速度行进。但是究竟声音走得有多快?空气对声音传播起什么作用?回答这些问题的尝试导致了十分复杂的实验。佛罗伦萨实验学会、[30]巴黎皇家科学院和伦敦皇家学会的成员都做了关于声速的实验。例如,隶属巴黎皇家科学院的一些自然哲学家在1677年做的声速测定获得了(换算成现代计量单位)356米/秒的近似值。[31] 在这个例子中,就像对于其他例子一样,采用定量实验的趋势远比实际的测定更有意义,最终使得精确可靠的结果成为可能。

自然学者还做了一类实验,将发声装置隔离在一个抽掉了空气的环境(例如容器)中。做过这类实验的有耶稣会博学者阿塔纳修斯·基歇尔(1602～1680)、德国工程师兼外交官奥托·冯·盖里克(1602～1686)和英国自然哲学家罗伯特·玻意耳(1627～1691)以及其他一些人。玻意耳在胡克的帮助下改进了冯·盖里克开发的空气泵。[32] 在《关于空气弹性的物理力学新实验》(*New Experiments Physico-Mechanicall Touching the Spring of the Air*, 1660)一书中,玻意耳描述了如何将一块表用丝线悬挂在一个容器的空腔中,然后泵出容器里面的空气。当空气完全抽出时,表的声音就听不到了,尽管它显然还在嘀嗒作响。让空气回到容器中,表的声音又能听见了。玻意耳总结道:"这似乎证明了,无论空气是不是声音的唯一媒介,至少也是最主要的媒介。"[33]荷兰自然哲学家克里斯蒂安·惠更斯(1629～1695)在《论光》(*Traité de la lumière*, 1690, 写于1678年)中将玻意耳的实验诠释为光和声音在不同媒介中行走的证明:"这里我们不仅看到无法穿透玻璃的空气是声音由以传播的物质,而且还看到光并不是在同一种空气中,而是在另一种物质中传播,因为当空气从容器中抽出时,光仍然像原先那样穿过容器,并没有停止。"[34]尽管惠更斯相信光和声音都以波的形式传播,但他认为这两类传播涉及的机制大相径庭。[35] 声音由空气微粒的跳动引起,这些

610

[29] John Wallis,《沃利斯博士给出版商的信,关于新的音乐发现》(Dr. Wallis' letter to the publisher, concerning a new musical discovery),《皇家学会哲学汇刊》(*Philosophical Transactions of the Royal Society*), 12(1677 - 8),第839页～第842页。法国科学院院士约瑟夫·索弗尔(Joseph Sauveur)在18世纪初对这些问题做出了重要贡献。参看Sigalia Dostrovski and John T. Cannon, "Entstehung der musikalischen Akustik (1600 - 1750)," in *Geschichte der Musiktheorie*, ed. Frieder Zaminer (*Hören, Messen und Rechnen in der frühen Neuzeit*, Band 6) (Darmstadt: Wissenschaftliche Buchgesellschaft, 1987), pp. 7 - 79;Dostrovsky,《早期振动理论:17世纪的物理学和音乐》。

[30] Accademia del Cimento,《自然实验散文》(*Saggi di naturali esperienze fatte nell' Accademia del Cimento*, Florence: Cocchini, 1667)。英译本:Richard Waller,《实验学会所做自然实验的论文》(*Essayes of Natural Experiments made in the Accademia del Cimento*, (London: Alsop, 1684)。

[31] 见Hunt,《声学的起源:从古代到牛顿时代的声音科学》,第110页。

[32] 更多一手和二手文献参看Steven Shapin和Simon Schaffer,《利维坦与空气泵:霍布斯、玻意耳与实验生活》(*Leviathan and the Air-Pump: Hobbes, Boyle, and the Experimental Life*, Princeton, N.J.: Princeton University Press, 1985)。基歇尔在这方面最重要的著作是《普遍和谐》(*Musurgia universalis*, Rome: Francisco Corbelletti, 1650)。

[33] Robert Boyle,《关于空气弹性的物理力学新实验》(*New Experiments Physico-Mechanicall, Touching the Spring of the Air and Its Effects*, Oxford: H. Hall, 1660),第110页。

[34] Christiaan Huygens,《论光》(*Treatise on Light*, London: MacMillan, 1912),Silvanus P. Thompson译。以下页码都在54卷本《西方世界巨著》(*Great Books of the Western World*, Chicago: University of Chicago Press, 1952)中,第34卷,第545页～第619页,引文在第558页。

[35] 《论光》第1章就光和声音之间的类似(以及不类似)之处展开了广泛的对比。

粒子受到非常迅速的搅动,所以"声音传播的原因是这些微小物体相互碰撞产生的成效"。[36] 与此相反,光的传播无法用这样的运动传播来解释,因为光速太快。(惠更斯对光的本性的解释将在本章稍后予以论述。)

艾萨克·牛顿(1643 ~ 1727)[37]在他的《自然哲学的数学原理》(*Philosophiae naturalis principia mathematica*, 1687)第2卷中也给出了声音传播的一种分析,其依据是声波通过可压缩的弹性介质(空气)动态传播。[38] 借助这一分析,牛顿试图为声速提供新的理论值,以解释最近的实验结果。[39] 与此同时,他借用音乐理论来发展他的某些光理论,例如,他在1675年的《光的假说》(*Hypothesis of Light*)中假定音阶的划分跟颜色光谱相类似。最后,他还坚定地相信普遍和谐的观念,甚至声称毕达哥拉斯关于音高和弦上所挂重物之关系的理论是对万有引力平方反比律的隐秘指涉,伪装起来是为了对外行人保守秘密。[40]

611

到17世纪末,对声音现象的声学研究已经和文艺复兴时期的样子大为不同。音乐理论家的数术式推测已经让位于一门实验科学,致力于为声音的本性、传播和感知提供物理解释。这一过程与同一时期光学的发展是类似的。

现代早期光学概述

1600年之后光学的发展充满了急剧的经验发现和理论创新。主要的进展出现在17世纪初,开普勒提出了新的视觉理论,其基础是将眼睛理解为一件光学仪器。这使得属于视觉心理学的问题跟关系到视觉的物理几何方面的问题逐渐分离。望远镜的发明刺激了透镜理论的迅速发展,导致了几何光学的复兴。对折射的细致定量实验研究也是令几何光学复兴成为可能的原因,这些研究最终精确确定了折射定律。尽管这条定律可以用纯几何方式表述,但笛卡儿尝试从物理上证明它,这代表了17世纪光学的又一大特征:物理光学的急速发展。这一时期产生了几种光理论——包括笛卡儿、惠更斯和牛顿的理论——针对光的行为用物质和运动给出"机械的"解释。胡克观察到薄片色彩,格里马尔迪观察到衍射,受此激励,最终是牛顿对物理光学做出了精彩的

---

[36] Huygens,《论光》,第558页。

[37] 关于牛顿的音乐理论,总的介绍参看 Penelope Gouk,《牛顿科学的和声学根源》(The Harmonic Roots of Newtonian Science),载于 John Fauvel、Raymond Flood、Michael Shortland 和 Robin Wilson 编,《要有牛顿!对其生活和工作的新观点》(*Let Newton Be! A New Perspective on His Life and Work*, Oxford: Oxford University Press, 1988),第101页~第125页。

[38] 到17世纪晚期,大部分学者都接受了声音传播的波动理论。除了注释27中的文献,还可参看 Clifford A. Truesdell,《柔性体或弹性体的理性力学(1638 ~ 1788)》,载于《莱昂哈德·欧拉全集》,第11卷,第15页~第141页;Truesdell,《空气中的声音理论(1687 ~ 1788)》(The Theory of Aereal Sound, 1687 - 1788),载于《莱昂哈德·欧拉全集》,vol. 13 (1960),第xix页~第lxxii页。

[39] 在《原理》第一版(1687)中,牛顿给出的声速理论值为295米/秒(968英尺/秒),相当接近当时已有的经验测定值。到了《原理》第二版(1713),牛顿更改了他的理论值,以解释新的实验结果,这要归功于威廉·德勒姆(William Derham),他得出空气中的声速为348米/秒(1142英尺/秒)。

[40] 尤其可参看 J. R. McGuire 和 P. N. Rattansi,《牛顿与"潘神之箫"》(Newton and the "Pipes of Pan"),《伦敦皇家学会的记录及档案》,21(1966),第108页~第143页。并参看 Gouk,《17世纪英格兰的音乐、科学与自然魔法》。

系统化。虽然牛顿的光和颜色理论可以说是17世纪光学最重要的成就,但是必须指出,到17世纪末,光学也成了一门极端复杂的实验科学。

光学与音乐科学不同,在文艺复兴时期的人文主义学者开始复兴音乐传统之前,音乐科学的古代文本基本上被忽视了,而16世纪光学已经具有了根基深厚的古典文本传统。对光学感兴趣的学者们可以读到希腊文本,例如欧几里得(约前280)的文本和托勒密(约100～170)的部分著作,以及中世纪阿拉伯和拉丁文献中关于视觉的大部分核心文本,包括伊本·海赛姆(海桑,965～约1040)、罗吉尔·培根(约1219～1292)、约翰·佩卡姆(约1230～1292)和维泰沃(约1230～1275)的著作。此外,他们还可以参考盖仑的著作和眼睛的生理研究的悠久传统,又有15世纪关于线性透视的最新研究。[41]

612

和声学一样,光学也提出了多种问题。保守的列表包括光源的本性、光传播的几何与物理本性、视觉理论、知觉心理学以及眼睛的解剖和生理。下文将涉及几何光学问题(放射光穿过小孔、折射、衍射和成像位置)、物理光学问题(光和颜色的物理理论、光理论的发射论对连续论)和视觉理论(开普勒的双锥视觉模型)。限于篇幅,很遗憾无法对光学的应用方面以及眼睛生理学和透视理论在17世纪的发展作同等程度的论述。[42]

16世纪光学

开普勒在1600年前后对光学做出了开创性的贡献,在这之前,只有少数学者对于光学的公认观念有过原创性贡献,特别是西西里岛的一位修道院长弗朗切斯科·毛罗利科(1494～1575)和那不勒斯的博学者、自然魔法师詹巴蒂斯塔·德拉·波尔塔(1535～1615)。[43] 毛罗利科的《照亮光与影》(*Photismi de lumine et umbra*)和《透明物

---

[41] 典范性的二手叙述是 David C. Lindberg,《从金迪到开普勒的视觉理论》(*Theories of Vision from Al-Kindi to Kepler*, Chicago: University of Chicago Press, 1976)。关于中世纪传统的一份更新的参考书目参看 Lindberg,《罗吉尔·培根与中世纪视学的起源》(*Roger Bacon and the Origins of Perspectiva in the Middle Ages*, Oxford: Oxford University Press, 1996)。关于阿拉伯传统,参看 Roshdi Rashed 编,3卷本《阿拉伯科学史百科全书》(*Encyclopedia of the History of Arabic Science*, London: Routledge, 1996),第2卷。海桑的 *De aspectibus* 和维泰沃的《视学》(*Perspectiva*)收在 *Opticae thesaurus*, ed. Friedrich Risner (Basel: Episcopios, 1572),这本书是16世纪后期至17世纪最主要的光学"古典"文献,现代重印版是 *Opticae thesaurus*, introd. David C. Lindberg (New York: Johnson Reprint Co., 1972)。线性透视的文献汗牛充栋,关于光学与艺术之关系的一项出色的研究是 Martin Kemp,《艺术科学:从布鲁内莱斯基到修拉的西方艺术中的光学主题》(*The Science of Art: Optical Themes in Western Art from Brunelleschi to Seurat*, New Haven, Conn.: Yale University Press, 1990)。

[42] 关于眼睛生理学的历史,典范文献是 Julius Hirschberg, *Geschichte der Augenheilkunde* (Hildesheim: Georg Olms, 1977; orig. publ. 1899 [vol. 1] and 1908 [vol. 2])。关于眼的解剖学和生理学领域的发展的叙述参看 A. C. Crombie,《欧洲传统中科学思维的方式:争论和解释的历史,尤其是数学科学和生物医学科学与艺术》, 2.13.1106 - 54。

[43] Giambattista della Porta, *Magiae naturalis libri XX* (Naples: Horatio Salvianum, 1589). 对这一时期的最佳叙述参看 David C. Lindberg,《16世纪意大利的光学》(Optics in XVIth Century Italy),载于《美妙的消息与知识危机》(*Novità celesti e crisi del sapere*, Florence: Giunti Barbera, 1983),第131页～第148页。还可参看 Lindberg,《奠定几何光学的基础:毛罗利科、开普勒与中世纪传统》(Laying the Foundations of Geometrical Optics: Maurolico, Kepler, and the Medieval Tradition),载于 David C. Lindberg 和 Geoffrey Cantor,《从中世纪到启蒙时期有关光的演讲》(*The Discourse of Light from the Middle Ages to the Enlightenment*, Los Angeles: William Andrews Clark Memorial Library, 1985),第3页～第65页。

质》(*Diaphaneon*)(两书于其逝世后出版于1611年)完全符合中世纪视学(perspectiva)传统,仿效欧几里得公理方法为光学问题提供了一条演绎的研究途径。不过,毛罗利科著作中也有新颖之处,那就是对光照概念的强调,例如他对特定形状的物体受到光源的照射而在屏幕上投下影子的分析。在这方面,毛罗利科发展出一种解释,针对的是半影,即完全照亮的地方和完全阴影的地方之间的区域。毛罗利科还分析了一种表面上悖谬的现象,即放射光穿过(有限)小孔的问题(本章稍后将和开普勒的解答一并讨论)。《透明物质》讨论折射问题——光线通过不同密度的介质时发生偏折的现象,例如从空气到水中时——并发展出一些关于透镜性质的有趣的思考。毛罗利科相信折射角与入射角成比例;有一些应用试图确定近视和远视的原因,将眼睛里的水晶体看作一个透镜。

德拉·波尔塔的光学著作使某些新的光学课题流行起来,例如光放射穿过透镜和暗室(camera obscura)的分析。暗室是这样一种装置,例如一个黑暗的房间,其中一面墙上有一个小孔,外面的亮光透过它,在一块屏幕上投下一幅上下颠倒的影像。虽然暗室不是新的发明,但德拉·波尔塔发挥了作用,吸引人们关注这个装置,他还强调了眼睛和暗室的工作原理可以类比。尽管有多种因素造成17世纪重燃对于暗室的兴趣,其中包括它对天文观测的意义,但是德拉·波尔塔对它感兴趣的动机似乎是由于光学奇观在宫廷里大有市场。[44]

开普勒对光学的贡献

约翰内斯·开普勒(1571～1630)拓展了先前的光学知识的疆界,造成了一场光学革命。开普勒研究光学的动机来自天文学,他在布拉格为丹麦天文学家第谷·布拉赫(1546～1601)当助手。布拉赫早先用针孔暗室做的观测证实了月球直径在日食期间看起来比平时小,尽管理论上月球到地球的距离是一样的。1600年出现的日食促使开普勒借助经典视学的光放射理论去研究这一现象。[45] 他的讨论出现在《对维泰沃的补充》(*Ad Vitellionem paralipomena*, 1604)第2章,开创了全新的局面。 他详细阐述了

[44] William Eamon,《科学与自然秘密:中世纪与现代早期文化中的秘著》(*Science and the Secrets of Nature: Books of Secrets in Medieval and Early Modern Culture*, Princeton, N. J.: Princeton University Press, 1994),第221页～第233页。

[45] 参看 Stephen Straker,《开普勒、第谷与天文学的光学部分:开普勒针孔图像理论的起源》(Kepler, Tycho, and the "Optical Part of Astronomy": The Genesis of Kepler's Theory of Pinhole Images),《精密科学史档案》,24(1981),第267页～第293页。

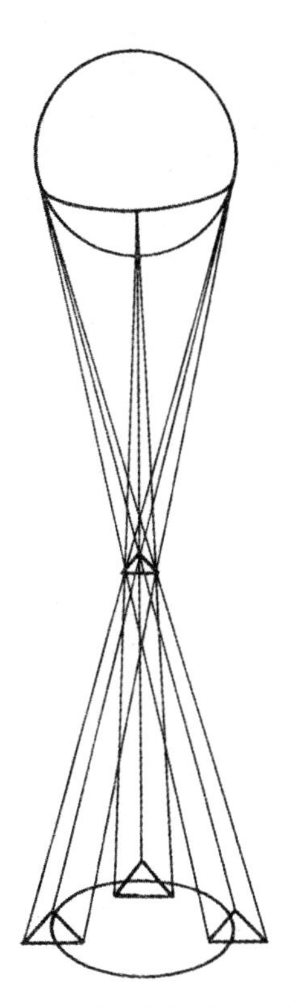

图 25.3　约翰内斯·开普勒的放射光通过小孔模型。取自 David C. Lindberg and Geoffrey Cantor, *The Discourse of Light from the Middle Ages to the Enlightenment* (Los Angeles: William Andrews Clark Memorial Library, University of California, Los Angeles, 1985)

一个关于光放射穿过有限小孔的绝妙理论，从而得以解释布拉赫观察到的令人费解的现象。 614

光放射穿过小孔理论的主要问题如下：考虑一个光源，假设它产生的亮光经过一个小孔，孔的形状与光源的形状不一样，那么在小孔后面很近的地方，亮光与孔的形状相符，而在离小孔较远的地方则与光源的形状一致。这个现象看起来跟光的直线传播相矛盾，因而成为光学研究中的重要问题。开普勒提出了一个三维模型。他把高挂在空中的一本书当作光源，在书和地板之间放上一张桌子，桌上有个多角形的孔，然后将丝线固定在书的角上和边上，将这些丝线从孔中穿过，紧贴着孔的边缘。尽管每条丝线都在地板上画出一个跟孔的形状相似的图形，但是地上画的所有这些图形合在一起产生的图形却具有书的形状。于是开普勒得以证明，该模型解释了观察资料而又没有破坏光的直线传播原则。图 25.3 给出了开普勒想法的一个简化图示。

开普勒还意识到光学跟天文学有着密切的联系，因为天文学依赖观测，这就必须回答视觉问题,他在《对维泰沃的补充》第5章给出了解答。[46] 其中他批评了中世纪视学者提出的理论,例如佩卡姆和维泰沃的书中提出的那种。这一理论的来源可以回溯至阿拉伯数学家金迪(约801～约866)和伊本·海赛姆。[47] 它预设光以直线路径行走,光线从发光体上的每一点朝所有方向发出,因此眼睛表面每一点都接收到可见物体上所有点发出的光线。然而要让这样混乱的光线形成清晰的视觉,必须将某种秩序加在射入眼睛的光线连续统与我们获得的清晰视野图画之间。换句话说,视觉问题就是如何确保视野中的点跟眼睛里受到刺激的点一一对应。中世纪阿拉伯和拉丁世界的视学传统中的标准回答是只有垂直于眼睛的光线能影响视觉,而倾斜的光线不能,不管它离垂直线的偏差有多小。这实际上在视野本身和视野在眼中的图像之间重新建立了一一对应。此外,这一传统认为视觉的感知器官是眼睛里的晶状体。

615

开普勒对视学传统的解剖学论断和几何物理论断都作了批评。[48] 开普勒借助最新的解剖学研究来反对晶状体能够充当视觉中枢的观念,做这些研究的是巴塞尔大学医学教授费利克斯·普拉特(1536～1614),他证明晶状体并不与视神经相连。[49] 此外,视学者对晶状体形状的看法也是错的,开普勒特别批评维泰沃把晶状体的后表面说成是平的,解剖证据表明它是圆的。这就要求对视觉的几何学进行彻底修正。视学者对倾斜光线在视觉中起何作用的看法已经有不融贯的地方,承认位于视野边缘的亮点可以通过倾斜光线感知。开普勒觉得在倾斜光线和垂直光线之间的这种截然对立是物理上无法接受的,他论证说,这些光线的倾斜度是连续的,轻微偏离垂直线的光线不太可能在视觉过程中没有作用。

616

开普勒自己对视觉问题的解答包含两个主要步骤(图25.4显示了笛卡儿绘制的开普勒理论的图示)。第一步,开普勒接受视学者的出发点,即无限多条光线从视野的每一点发出,但他不排除倾斜光线在视觉过程中起作用。在开普勒看来,晶状体的作用就是让同一个点光源发出的光线重新会聚到眼睛里的同一个刺激点。第二步,开普勒将视网膜(而不是晶状体)认定为主要视觉器官。最后,开普勒用一个双锥模型来解释视觉过程:视野中的每一点都是一个圆锥的顶点,该圆锥的底是眼睛的表面,同时视网膜图像的每一点也是一个圆锥的顶点,该圆锥的底是晶状体的后表面。在眼睛表面

---

[46] 关于开普勒视觉理论的最佳文献之中有 Lindberg,《从金迪到开普勒的视觉理论》,第9章;Antoni Malet,《开普勒的错觉:开普勒视觉理论中的几何图像对光学图像》(Keplerian Illusions: Geometrical Pictures vs. Optical Images in Kepler's Visual Theory),《科学史与科学哲学研究》(*Studies in History and Philosophy of Science*),21(1990),第1页～第40页。对开普勒的"机械论"解读参看 S. Straker,《造就"他者"的眼睛:丢勒、开普勒与光和视觉的机械化》(The Eye Made "Other": Dürer, Kepler, and the Mechanization of Light and Vision),载于 Louis A. Knafla、Martin S. Staum 和 T. H. E. Travers 编,《历史观点中的科学、技术与文化》(*Science, Technology, and Culture, in Historical Perspective*, Calgary: University of Calgary Press, 1976),第7页～第25页;Crombie,《欧洲传统中科学思维的方式:争论和解释的历史,尤其是数学科学和生物医学科学与艺术》,第2卷,第1125页～第1143页。也可参看 C. Chevalley 注解和翻译的 *Ad Vitellionem paralipomena: Les Fondements de l'Optique Moderne: Paralipomenes à Vitellion (1604)* (Paris: J. Vrin, 1990)。

[47] 关于这些作者,参看 Rashed 编,《阿拉伯科学史百科全书》,第2卷。

[48] 开普勒的革命在光学史中的性质一直是诸多争论的主题。他的工作当然跟视学传统有关联,他对某些问题的解答是从这一传统中涌现出来的,但极富原创性,以至于他被认为是现代光学和视觉理论之父。尽管存在争论,大部分学者还是同意他是17世纪光学最重要的贡献者之一。例如参看 David C. Lindberg,《光学史中的连续性和非连续性:开普勒与中世纪传统》(Continuity and Discontinuity in the History of Optics: Kepler and the Medieval Tradition),《历史与技术》(*History and Technology*),4(1987),第431页～第448页。

[49] Félix Platter, *De corporis humani structura et usu libri III* (Basel: König, 1603).

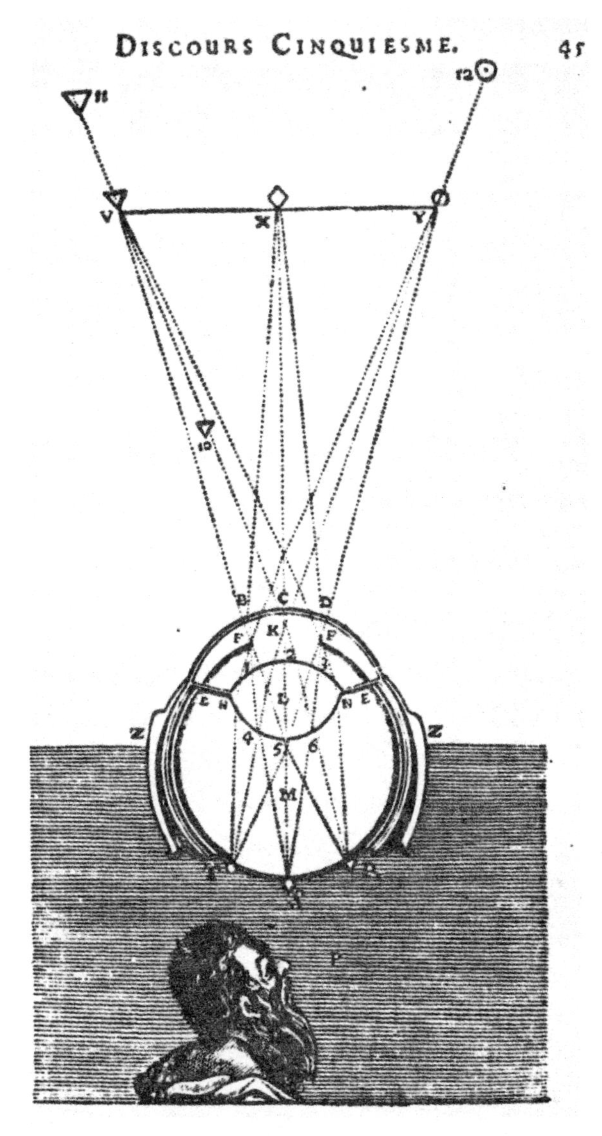

图 25.4 勒内·笛卡儿对开普勒视觉理论的图示。取自 René Descartes, *Discourse de la méthode* (Leiden: I. Maire, 1637)。Reproduced by permission of the Library of the Max Planck Institute for the History of Science, Berlin

和晶状体后表面之间,光线因其穿过的介质(例如水状液、晶状体)密度不同而发生折射。于是光放射的几何学导致视网膜上的图像相对于原物发生了翻转和颠倒。这样,在图 25.4 中,可见物体 *VXY* 上的 *V* 点发出的光线到达眼睛表面的每一个点,例如 *B* 点、*C* 点和 *D* 点,然后光线折射会聚到视网膜上的 *R* 点。类似地,*X* 点和 *Y* 点会聚到视网膜上的 *S* 点和 *T* 点。

可视图像投射到视网膜上形成颠倒的图像，这可以通过解剖得到经验证实，刮掉一个眼球的后壁，只留下很薄的一层，就可以观察到视网膜上投射着眼睛所面对的可见形体的颠倒图像。活跃在罗马的耶稣会数学家克里斯托夫·沙伊纳（1573～1650）在《眼睛》（*Oculus, hoc est: Fundamentum opticum*, 1619）中描述了这个实验，似乎对确保开普勒视觉理论的成功起了重要作用。不过，还有一个核心问题尚未解决：我们看见的世界为何不是上下颠倒的？开普勒没有给出真正的回答，但他声称光学的任务到视网膜上的“画像（pictura）”就结束了，大脑怎样诠释这个“画像”则是留给医生们的问题。617

开普勒对眼睛的分析和他对晶状体作为聚焦透镜的解释凸显了透镜理论的必要性，光学仪器的发展（参看第27章）也令这个问题变得急迫。618 虽然眼镜在13世纪晚期就已经获得应用，但过了300多年才发展出最早的望远镜和显微镜。[50] 伽利略在《星际使者》（*Sidereus nuncius*, 1610）中宣布了他的天文学发现，包括木星的4颗卫星，这就迫切需要提供正确的几何光学分析作为望远镜观测的根据（参看第24章）。[51] 开普勒经过认真思考，在《对木星卫星的说明》（*Narratio de Jovis satellibus*, 1611）中站在伽利略一边确证了伽利略的观测的有效性，同年他出版了《折光学》（*Dioptrice*），是对透镜的科学探讨，这部著作可以视为他深入探寻折射定律（在《对维泰沃的补充》第4章）的产物。尽管开普勒未能成功找到定量的定律（英国的托马斯·哈里奥特已经掌握了），但他仍对透镜做出了成功的几何（但不是定量的）分析，包括单个透镜和具有多个透镜的望远镜。《折光学》标志着认识论上的一个重要时刻，因为它为理解透镜指明了方向，透镜将不再因为是人造物而被视为认识论上不可靠的设备，而将被看成增强视力的工具。从此以后，透镜的几何理论成了光学的核心篇章之一。[52]

毛罗利科和开普勒都认为折射是一个关键现象。尽管这个现象在古代就已经知道了，但是一直未能成功找到它的精确定量分析。鉴于折射在开普勒视觉理论中发挥的解释作用，这个问题变得更加紧迫了。

---

[50] 关于眼镜的历史，参看 Edward Rosen，《眼镜的发明》（The Invention of Eyeglasses），《医学与相关科学史杂志》（*Journal of the History of Medicine and Allied Sciences*），11（1956），第13页～第53页，第183页～第218页。望远镜的发现的复杂历史在后文作了漂亮的叙述，Albert van Helden，《望远镜的发明》（The Invention of the Telescope），《美国哲学协会》（*The American Philosophical Society*），67（1977），第3页～第67页。关于显微镜的历史，参看 S. Bradbury，《显微镜的演变》（*The Evolution of the Microscope*, Oxford: Pergamon, 1967）。

[51] 关于伽利略与望远镜，参看 Vasco Ronchi, *Il cannocchiale di Galileo e la scienza del Seicento* (Turin: Boringhieri, 1958)；Albert van Helden，《伽利略与望远镜》（Galileo and the Telescope），载于 Paolo Galluzzi 编，《美妙的消息与知识危机》，第149页～第158页。

[52] 关于17世纪光学仪器在认识论上的重要性，参看 Philippe Hadou, *La Mutation du visible: Essai sur la portée épistémologique des instruments d'optique au XVIIe siècle* (Villeneuve d'Ascq: Presses Universitaire du Septentrion, 1999)。

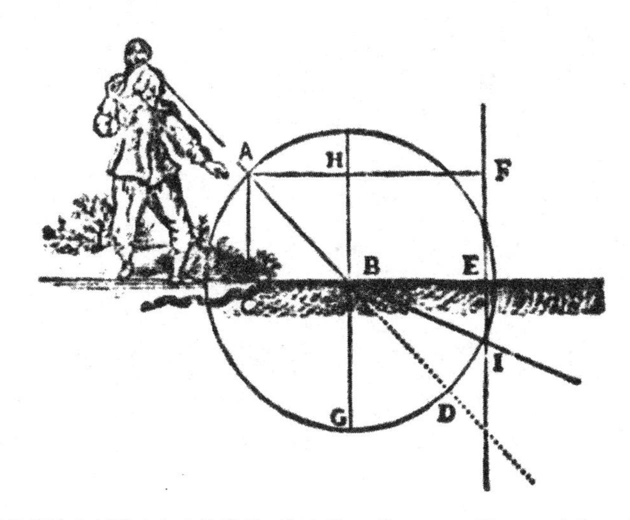

图 25.5　球的轨迹从空气进入水中的偏折。取自 René Descartes, *Discourse de la méthode* (Leiden: I. Maire, 1637)。Reproduced by permission of the Library of the Max Planck Institute for the History of Science, Berlin

折射和衍射

笛卡儿对光学最大的贡献是附在《方法谈》(*Discours de la méthode*, 1637)后面的一篇论文《折光》(*Dioptrique*)。[53] 这部著作大部分用于讨论视觉以及如何靠光学仪器改善视力,正是在这样的背景下,笛卡儿描述了望远镜和透镜,以及如何磨制透镜(第7至10章)。不过《折光》最著名的部分还是在于视觉理论(第3至6章)——主要受开普勒启发——以及推导折射定律(第2章)。 619

吸引笛卡儿注意力的第一批光学问题是寻找折射现象的数学定律和确定这种偏折的本性。稍后的问题包括求出将平行光线聚焦到一点的折射表面的确切形状。之前的学者已经提出过这些问题(例如开普勒《对维泰沃的补充》),但尚未获得精确解答。笛卡儿设法将两组问题都解决了。到17世纪20年代末,他已经找到了折光问题的一般解,使用了一类现在称为"笛卡儿卵形线"的曲线,其中包括椭圆和双曲线。大

[53] 关于笛卡儿光学理论的文献相当丰富。基础研究是 A. I. Sabra,《从笛卡儿到牛顿的光理论》(*Theories of Light from Descartes to Newton*, Cambridge: Cambridge University Press, 1981); Pierre Costabel, "La refraction de la lumière et la *Dioptrique* de Descartes," in Pierre Costabel, *Démarches originales de Descartes savant*, (Paris: J. Vrin, 1982), pp. 63 – 76;A. Mark Smith,《笛卡儿的光理论与折射:方法论》(Descartes's Theory of Light and Refraction: A Discourse on Method),《美国数学学会学报》(*Transactions of the American Mathematical Society*),77(1987),第1页～第92页。对《折光》整体的评价以及更多文献参看 Neil M. Ribe,《笛卡儿光学与支配自然》(Cartesian Optics and the Mastery of Nature),《爱西斯》(*Isis*),88(1997),第42页～第61页。关于笛卡儿对彩虹的分析,参看 Charles Boyer,《彩虹:从神话到数学》(*The Rainbow: From Myth to Mathematics*,New York: Sagamore Press, 1959),第200页～第232页。

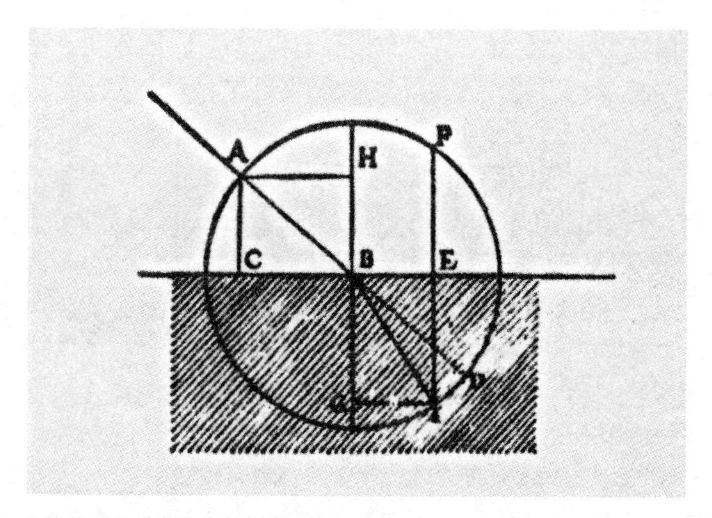

图 25.6　光线从空气进入水中的折射。取自 René Descartes, *Discourse de la méthode* (Leiden: I. Maire, 1637)。Reproduced by permission of the Library of the Max Planck Institute for the History of Science, Berlin

概是因为笛卡儿发现了折射定律而使折光问题的求解成为可能。该定律的另一个惊人应用是笛卡儿提出的虹的解释,在《方法谈》附的另一篇论文《气象》中。

《折光》中折射定律的推导值得密切关注。[54] 在第 1 卷中,笛卡儿回避了光的本性的刻画,而用机械论的类比来研究光的主要性质,例如与盲人用手杖探路类比,尤其是与网球拍击球类比。后一个类比是第 2 卷解答折射问题的基础,根据这一类比,当光从较疏的介质进入较密的介质时,其行为就像网球从空气进入水中一样。不过也有反面类比,笛卡儿指出,光倾向于朝着表面的法线移动,而网球则背离法线。这种行为差异的合理性,照笛卡儿的说法,部分在于如下事实:与网球不同,光在较密的介质中走得更快。

现在考虑一个从 A 点射向 B 点的球(图 25.5)。笛卡儿将球的运动方向分析为一个水平分部,用 AF 表示,以及一个垂直分部,用 AC 表示。当球在 B 点击中水时,它丧失了一部分速度——比方说一半。按笛卡儿的观点,跟水的这种接触只影响运动的垂直分部而不影响水平分部。由这些假设,他借助基本的几何推理推断出球一旦击中 B 点就会折向 I 点。

620　对于光线从空气进入水中的例子(图 25.6),笛卡儿将前述模型略作修改,假定当球击中 B 点时又被击打了一次,使它的力增加了三分之一,于是它将在两个瞬间里走过原本三个瞬间所走的距离。(这相当于断言光在水中比在空气中走得快。)使用跟

[54] 笛卡儿如何得到该定律仍然是学术上有争议的话题。对不同解释的概论,参看 Antoni Malet,《格雷果里、笛卡儿、开普勒与折射定律》(Gregorie, Descartes, Kepler, and the Law of Refraction),《国际科学史档案》(*Archives Internationales d'Histoire des Sciences*),40(1990),第 278 页～第 304 页。

前一个例子相同的几何推理，笛卡儿推断光线将折向 *I* 点。这样一来，球射入水中的力与它离开空气的力之比跟线段 *CB* 与 *BE* 之比相同。这个折射定律公式等价于现在的标准表述，它说的是发生折射时，入射角与折射角的正弦之间的关系是一个常数（即 $\sin i/\sin r=k$，其中 k 是常数，依赖于介质）。笛卡儿的折射定律推导基于两大假设：第一，光线经过两个不同的光学介质时，其速度按照一个常数因子增加或减少，该常数因子仅依赖于介质；第二，这一过程中只有速度的垂直分部受影响，水平分部不受影响。

笛卡儿对折射定律的推导远远谈不上令人信服。早在 17 世纪，数学家兼律师皮埃尔·德·费马（1601 ～ 1665）就已对笛卡儿的证明提出了强烈批评，因为光在较密介质中走得更快的假定令人难以相信。费马提出了折射定律的另一种证明，其出发点是最小时间原理：光走过两种光学介质所需的时间必定是最少的。[55] 621

对于反射、折射和光经过小孔等现象，巧妙的分析可以获得成功而不必牺牲古老的原则，即光传播按直线方式进行。第一种乍看起来似乎挑战了这一原则的光学现象是格里马尔迪研究的衍射现象，发表在《光、颜色和彩虹的物理数学研究》（*Physico-mathesis de lumine*, *coloribus et iride*, 1665）中。[56]

格里马尔迪用非常细的光束进行实验，例如，在一项实验（图 25.7）中，他让一束阳光透过一个非常小的孔隙 *AB* 进入没有其他光的暗室中，将一个很小的障碍物，例如一根针 *FE* 插入到以孔隙 *AB* 为顶点、以屏幕 *CD* 为底的光锥中，观察光的行为。格里马尔迪观察到，小障碍物 *FE* 在屏上投下的影子比 *IL* 宽得多——*IL* 是"如果一切都按直线发生"时预期的影子。他还观察到被强光照亮的区域 *CM* 和 *ND* 呈现出彩色光带，每条光带都是中间白色，两边镶着蓝色和红色。在另一个实验（图 25.8）里，格里马尔迪在光锥中放进第二个带有小孔的面，研究由此造成的第二个光锥。设 *CD* 是一个小孔，阳光可以由此透过遮光板射入没有其他光的暗房中。从 *CD* 进来的光会形成一个光锥。在离 *CD* 很远的地方将一块带有孔 *GH* 的板子 *EF* 插入光锥中，与光锥垂直，且插入的方式使得光锥的底 *NO* 比 *GH* 大得多。此时可观察到通过 *GH* 的光所产生的光锥底是 *IK*，而如果按照光线的直线传播，预期的光锥底应该等于 *NO* 才对。此外，格里马尔迪还注意到屏幕上的光锥底 *IK* 中心呈现白光，四周镶着红光和蓝光。在这两个实验中，对屏幕上被照亮的区域、影子和半影的研究似乎显示出光被分衍成不同的部分并保持分离。格里马尔迪认为这是光传播的一种新模式，称之为衍射。 622 623

[55] 关于费马的反驳和他对正弦定律的推导，参看 Kirsti Andersen，《费马推导折射定律的数学技巧》（The Mathematical Technique in Fermat's Deduction of the Law of Refraction），《数学史》（*Historia Mathematica*），10（1983），第 48 页～第 62 页；Michael S. Mahoney，《皮埃尔·德·费马的数学生涯（1601 ～ 1665）》（*The Mathematical Career of Pierre de Fermat, 1601 - 1665*, Princeton, N. J.: Princeton University Press, 1973），第 375 页～第 390 页；Sabra，《从笛卡儿到牛顿的光理论》，第 116 页～第 158 页；Smith，《笛卡儿的光理论与折射：方法论》，第 81 页～第 82 页。最后这个文献以中世纪"观视论（perspectivist）"光学为背景诠释了笛卡儿对正弦定律的推导。

[56] 二手文献中没有对格里马尔迪著作的完整说明，不过可以参看 Vasco Ronchi，《光的性质》（*The Nature of Light*, London: Heinemann, 1970），第 124 页～第 149 页。

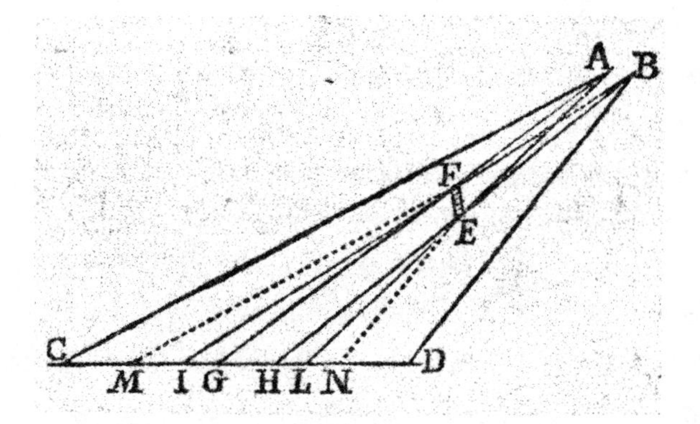

图 25.7 弗朗切斯科·马里亚·格里马尔迪的通过针孔的衍射图。取自 Francesco Maria Grimaldi, *Physico-mathesis de limine, coloribus et iride* (Bologna: Bernia, 1665), p. 2。Reproduced by permission of the Staatsbibliothek zu Berlin - Preussischer Kulturbesitz/bpk 2004

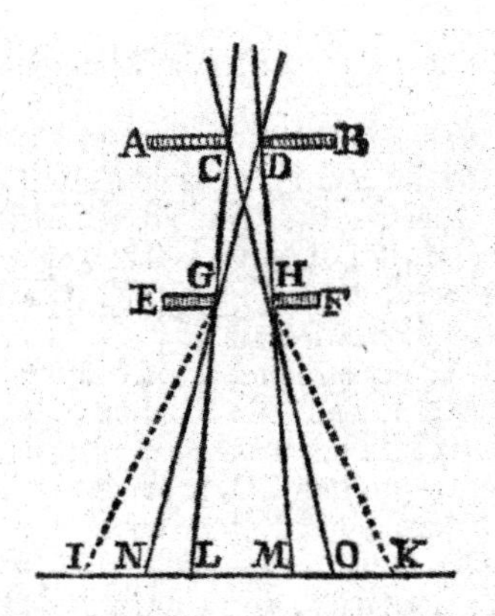

图 25.8 弗朗切斯科·马里亚·格里马尔迪的通过两个小孔的衍射图。取自 Francesco Maria Grimaldi, *Physico-mathesis de limine, coloribus et iride* (Bologna: Bernia, 1665), p. 2。Reproduced by permission of the Staatsbibliothek zu Berlin - Preussischer Kulturbesitz/bpk 2004

几何光学与成像位置

历史学家已经对几何光学中一个长期被忽视的部分重新表现出了兴趣，这就是光学成像理论。[57] 光学成像的观念出现在 1650 年之后的四分之一个世纪里，它跟先前

[57] 参看 Alan E. Shapiro,《〈光学讲义〉与光学影像理论的基础》(The *Optical Lectures* and the Foundations of the Theory of Optical Imagery)，载于 Mordechai Feingold 编，《牛顿之前：艾萨克·巴罗传记》(*Before Newton: The Life and Times of Isaac Barrow*, Cambridge: Cambridge University Press, 1990)，第 105 页～第 178 页；Antoni Malet,《艾萨克·巴罗与自然的数学化：神学唯意志论与几何光学的兴起》(Isaac Barrow and the Mathematization of Nature: Theological Voluntarism and the Rise of Geometrical Optics)，《思想史杂志》，46(1995)，第 1 页～第 33 页。

的概念，例如开普勒的“画像”有很大不同。这一进展最重要的文本是詹姆斯·格雷果里（1638 ～ 1675）的《光学的进展》（*Optica promota*，1663）、艾萨克·巴罗（1630 ～ 1677）的《光学讲义》（*Lectiones opticae*，1669）和牛顿的《光学讲义》（*Optical Lectures*，1670 ～ 1672 年在剑桥大学讲授）。[58] 这些著作展示了高度的数学化，轻视光本性的物理解释。在这一背景下，光学成像作为数学构造出现，通过它，眼睛利用刺激眼睛的光线的发散去定位物理空间中的对象。科学史家艾伦·夏皮罗将成像位置原则总结如下：“进入一只眼睛的光从哪里开始发散，成像就位于哪里，也就是说，成像就在几何实像或虚像所在的地方被感知到。”[59] 夏皮罗展示了巴罗怎样使用这一原则发展出极端复杂的数学理论，从而解决了在平面和球面上确定任何折射或反射的光学成像位置的问题。

这个原则本身含有经验内容，它所引发的大部分讨论都依赖于如下事实：成像的物理几何概念（通过光线的会聚给出）带有一个经验断言，即感知到的成像位置与按照物理几何方式定义的像的位置是同一的。成像位置原则的经验适用性问题的产生还跟古老的垂直规则有关，按照这一规则，像总是位于连接光源与反射平面或折射介质的垂直线上。由于巴罗的成像位置原则经常和垂直规则发生矛盾，巴罗试图用实验证明垂直规则是无效的。[60]

624

光的本性与光速

在 17 世纪初，关于光的本性存在许多种互相竞争的观点。原子论思想家认为光是物质微粒流，而亚里士多德派哲学家将光和颜色视为透明介质的变样。笛卡儿将光描述为运动倾向，且可以由瞬间传遍介质的瞬时压力来解释，即速度无限。开普勒也坚持光以无限速度行进，并替一种由新柏拉图主义观念启发的光的精气理论辩护。[61] 其他人则认为光速虽然极大但是有限。

光速究竟有限还是无限的问题在 1675 年趁木星的一颗卫星发生蚀的机会，经丹麦天文学家奥勒·勒默尔（1644 ～ 1710）的实验观测得到了经验上的解决。勒默尔预测卫星蚀将比主流理论预测的时间晚大约 10 分钟发生。在核对博洛尼亚天文学家吉

---

[58] 巴罗是剑桥大学卢卡斯数学教授。詹姆斯·格雷果里（Gregorie 或 Gregory）是圣安德鲁大学数学教授。关于格雷果里的光学和数学工作，参看 Antoni Malet，Ph. D. dissertation，Princeton University，1989。

[59] Shapiro，《光学讲义》（*The Optical Lectures*），第 107 页。成像位置原理被夏皮罗称为“巴罗原理”，被马利特称为“格雷果里 - 巴罗成像位置原理”。

[60] 巴罗还给自己的理论提出了一个相当困难的问题，后来广为人知，被称作“巴罗悬案”。参看 Shapiro，《光学讲义》，第 159 页～第 165 页；Malet，《艾萨克·巴罗与自然的数学化：神学唯意志论与几何光学的兴起》，第 28 页～第 29 页。从乔治·贝克莱（George Berkeley）在《新视觉理论》（*New Theory of Vision*，1706）中对这一传统的批评也可以看出这些工作的认识论意义。关于贝克莱的视觉理论及其与英国几何光学的关系，参看 Margaret Atherton，《贝克莱的视觉革命》（*Berkeley's Revolution in Vision*，Ithaca，N. Y.：Cornell University Press，1990）。

[61] 关于开普勒思想的这一方面，参看 David C. Lindberg，《开普勒光理论的起源：从普罗提诺到开普勒的光形而上学》（The Genesis of Kepler's Theory of Light：Light Metaphysics from Plotinus to Kepler），《奥西里斯》（*Osiris*），2（1986），第 5 页～第 42 页。

安·多梅尼科·卡西尼一世(1625～1712)的星表中木星卫星的周期性卫星蚀的时候,勒默尔已注意到观测时间存在系统性的提早和延迟,跟木星的冲与合有关联。他正确地把这个时间差解释为光从卫星走到地球所需要的时间。根据这些数据以及行星轨道尺度的暂定值,勒默尔推导出光速的第一个近似数值。[62]

到17世纪末,光理论形成了两大派:发射论和连续论。发射论的核心解释特点是有物质被实际传输。连续论对光的解释则是用“一种状态,例如压力或运动,通过中间的介质传播”。[63] 这两个传统最著名的代表分别是牛顿(下一节讨论)和惠更斯。

625

惠更斯在《论光》(*Traité de la lumière*, 成书于1678年,发表于1690年)中介绍了他的研究成果。惠更斯相信,一个令人满意的光理论只能通过“真哲学”的原理获得,根据这些原理,“光由存在于我们和发光物体之间的物质的运动构成”。[64] 然而,他同时又认为光不能用物质从对象传输到我们来解释。惠更斯相信光的巨大速度——他遵循勒默尔的实验认为光速是有限的——以及不同光线“无阻碍地互相穿过”的事实是反对传输理论的两条最强证据。利用与声波的类比,惠更斯将光解释为球形的波,以有限速度在以太中行进,以太是他设想的一种不可见的介质,由大小相同的微小运动粒子组成。发光源的每一个点都是一个波的中心。但是波如何运动呢?惠更斯给出的答案通常称作惠更斯原则。考虑源自发光点*A*的一个波*DCF*(图25.9),*A*点将它的运动传给所有相邻粒子,这些粒子每个又成为一个波的中心。例如*B*是波*KCL*的中心,这个波“将与波*DCF*在*C*点接触,就在*A*点发出的主波抵达*DCF*的同一时刻”。[65] 因此波*KCL*在*C*点构成了波*DCF*的一部分,其他各点如*b*、*d*等也都类似。这一原则解释了波怎样从波前*HBG*移动到*DCF*,以及波前*DCF*是怎样构成的。波的传播速度仅依赖于构成以太的挤在一起的粒子的弹性程度。运用这一原则,惠更斯进而对反射和折射给出统一的解释,特别是方解石(冰晶石)中的双折射,该现象是丹麦数学家伊拉斯谟·巴托兰(1625～1698)在1669年发现的。[66] 虽然惠更斯的理论成就惊人,但很快被遗忘了,直到19世纪初以前几乎都被忽视。[67] 被17世纪后期和18世纪的思想家赋予最崇高地位的是牛顿的光理论。

626

---

[62] “Demonstration touchant le mouvement de la lumiere trouvé par M. Römer de l'Academie Royale des Sciences,” *Journal des sçavans* (1676), 233 - 6. 跟光速相关联的问题的历史参看 *Roemer et la vitesse de la lumiere*, ed. René Taton (Paris: J. Vrin, 1978)。

[63] 关于17世纪光的连续理论(“波”理论),参看 Alan E. Shapiro,《运动光学:关于17世纪光的波理论的研究》(Kinematic Optics: A Study of the Wave Theory of Light in the Seventeenth Century),《精密科学史档案》, 11(1973),第134页～第266页,引文在第136页。

[64] Huygens,《论光》,第554页。

[65] 同上书,第562页。

[66] Erasmus Bartholin, *Experimenta crystalli Islandici disdiaclastici, quibus mira et insolita refractio detegitur* (Hafniae: Danielis Paulli, 1669).

[67] 关于惠更斯的光理论,参看 Shapiro,《光学讲义》,第159页～第165页;Sabra,《从笛卡儿到牛顿的光理论》,第198页～第230页。这些著作还讨论了霍布斯、皮埃尔·安戈(Pierre Ango)与伊尼亚斯·帕尔迪(Ignace Pardies)、胡克提出的光的连续理论。关于霍布斯的视觉理论和光理论,参看 Franco Giudice, *Luce e visione: Thomas Hobbes e la scienza dell'ottica* (Florence: Leo S. Olschki, 1999)。关于惠更斯的光学研究,还可参看 Christiaan Huygens, 22卷本《全集》(*Oeuvres*, The Hague: Martinus Nijhoff, 1888 -), vol. 13 (1916)。

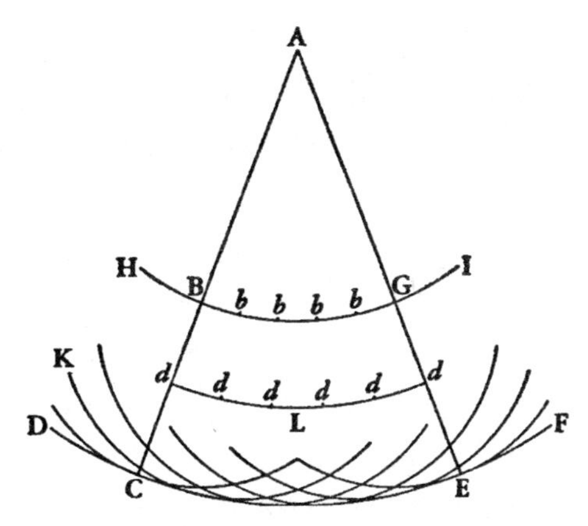

图 25.9　克里斯蒂安·惠更斯的次级波原理图。Christiaan Huygens, *Traité de la lumière* (Leiden: Pierre vander Aa, 1690). 取自 Newton, Huygens, *Great Books of the Western World* (Chicago: Encyclopaedia Britannica, 1952), p. 526。Reproduced by permission of Great Books of the Western World, © 1952, 1990 Encyclopaedia Britannica, Inc.

牛顿的光和颜色理论

虽然牛顿的光学研究可追溯到 1664 年,但他发表的第一部作品是 1672 年登在《伦敦皇家学会哲学汇刊》(*Philosophical Transactions of the Royal Society of London*)上的《光和颜色的新理论》(New Theory About Light and Colours)。在这期间,他在《光学讲义》中对他的理论作了一番讲述。在《光学;关于光的反射、折射、绕射和颜色的论文》(*Opticks; or, a treatise of the reflections, refractions, inflections and colors of light*, 1704 及后续版本)中,他的理论臻于成熟。[68]

牛顿早期的光学工作跟 17 世纪争论最多的光学话题直接相关。他仔细阅读了笛卡儿、玻意耳和胡克的著作,他的兴趣涵盖了理论与实践。[69] 最初吸引牛顿注意力的问题中有一个是望远镜透镜的色差,这个现象使一个点在透镜中的像被一圈彩虹色光晕环绕。这是一个在实践上和理论上都极为令人感兴趣的问题,避免望远镜色差的尝试导致了非球面透镜的实验。不过,牛顿很快就意识到这一现象是不可避免的,因为不同颜色的光线具有不同的折射能力。这导致他在 1668 年发明了反射式望远镜,使用凹的球面镜替代透镜。 627

[68] 关于牛顿的文献太多,无法概述。一些典范著作和一些较新的文献包括:Sabra,《从笛卡儿到牛顿的光理论》,第 231 页～第 342 页;Alan E. Shapiro 编,《艾萨克·牛顿的光学论文·第一卷·〈光学讲义〉(1670～1672)》(*The Optical Papers of Isaac Newton*, vol. I: *The Optical Lectures, 1670 - 1672*, Cambridge: Cambridge University Press, 1984),第 1 页～第 25 页; Shapiro,《突发、热情与激发》(*Fits, Passions, and Paroxysms*, Cambridge: Cambridge University Press, 1993); Dennis L. Sepper,《牛顿的光学作品:导向性研究》(*Newton's Optical Writings: A Guided Study*, New Brunswick, N. J.: Rutgers University Press, 1994); A. Rupert Hall,《全是光:牛顿光学介绍》(*All Was Light: An Introduction to Newton's Opticks*, Oxford: Oxford University Press, 1993)。

[69] 关于笛卡儿、胡克和玻意耳的颜色理论的文献同样非常众多。胡克在这个主题上最重要的著作是《显微图》(*Micrographia*, 1665),玻意耳的是《关于颜色的实验和思考》(*Experiments and Considerations touching Colours*, 1664)。参看 Hall,《全是光:牛顿光学介绍》以了解这些著作与牛顿的颜色研究的关联。

牛顿的实践工作与他对白光和颜色的分析紧密纠缠在一起，他的分析始于《关于光与颜色的新理论》。尽管在牛顿之前有很多人观察到一束太阳光经过棱镜产生颜色，但是牛顿在重复“著名的颜色现象”时观察到的一个极为简单的事实却使他感到困惑。他把房间遮暗，让阳光从窗户遮光板上的一个小孔穿过，在小孔后方摆上一个棱镜，使光折射到对面的墙上。折射产生了颜色光谱，牛顿注意到这个光谱有些令人困惑的地方。根据他对折射的几何认识，牛顿预期在棱镜摆放的偏差最小时折射光将造成圆形的像，[70]然而折射到墙上的像却是拉长的，宽度约为长度的五分之一。牛顿决定查清是什么原因导致光谱的预期形状与观察结果相悖。他做了许多实验，排除了许多可能的原因，例如玻璃的厚度和遮光板上的小孔的尺寸。此后他设计了一个实验——他认为这对他的理论而言是个决定性的实验——把两个棱镜组合在一起。设一束阳光穿过棱镜 *ABC*（图 25.10），得到的颜色光谱投射到放在棱镜后方的一块板 *DE* 上，板上开有一个小孔 *G*。第二块板 *de* 也有一个小孔 *g*，放在离第一块板大约 12 英尺的地方，板的后方是第二个棱镜 *abc*。牛顿将第一个棱镜绕其轴恰当地旋转，就能够只让光谱上特定区段的光线去到第二块板，然后他从屏幕上观察穿过第二块板的小孔 *g* 的光线怎样被第二个棱镜折射。由此他注意到出自光谱红端的光穿过 *g* 时会被折射到屏幕上的点 *M*，而来自光谱蓝端的光穿过 *g* 会被折射到点 *N*。[71] 简言之，这一实验使牛顿能够通过第一个孔的筛选将特定颜色的光线挑出来，然后用第二个棱镜观察它们的折射性。因为两块板和第二个棱镜都是固定的，所以光线总是以同样的入射角到达第二个棱镜，因此，不同颜色被折射到屏幕上不同部分这一事实只能取决于它们在第二个棱镜中发生的折射不同。

628

按牛顿的说法，这个实验明确了光谱形状拉长的原因根源于白光是由折射程度不同的光线聚合而成的：“光本身是折射性不同的光线组成的异质混合体。”[72]此外，在牛顿看来，每一种颜色都对应着唯一的折射程度，反之亦然。这导致他拒斥了大部分先前的颜色理论，这些理论都声称颜色是白光的某种变样，因白光被其他物体折射或反射而导致，并且坚持颜色是白光的固有属性。特别是牛顿证明了白光只不过是所有色光的组合，由此表明颜色本质上是原生的，白光才是次生的。这是对光和颜色的传统观点的一次彻底修正。

牛顿认为这个实验对于他的理论来说是决定性的证据。这一论断导致了他与胡克、耶稣会物理学家伊尼亚斯·加斯东·帕尔迪（1636 ～ 1673）和惠更斯的争论。争论的主题包括牛顿对光的形体本性作出的试探性断言。随之而来的讨论具有重要的方法论意义，并导致牛顿写下《我的数篇论文中论述的解释光之属性的假说》

629

---

〔70〕 牛顿在 1672 年写道：“我惊诧地看到它们［颜色］呈拉长的形状，而根据公认的折射定律我预期的是圆形。”出自 Isaac Newton，《关于光与颜色的新理论》（A New Theory about Light and Colours），载于 H. W. Turnbull 和 J.-F. Scott 编，7 卷本《牛顿通信集》（*The Correspondence of Isaac Newton*, Cambridge: Cambridge University Press, 1959），第 1 卷，第 92 页。

〔71〕 牛顿在 1672 年对这个判决性实验（experimentum crucis）的解释中实际上并没有提到颜色，而只是笼统地谈论白光的不同折射性。不过他在《光学》中对这个实验的解释明确提到了颜色。

〔72〕 Newton，《关于光与颜色的新理论》，第 1 卷，第 95 页。

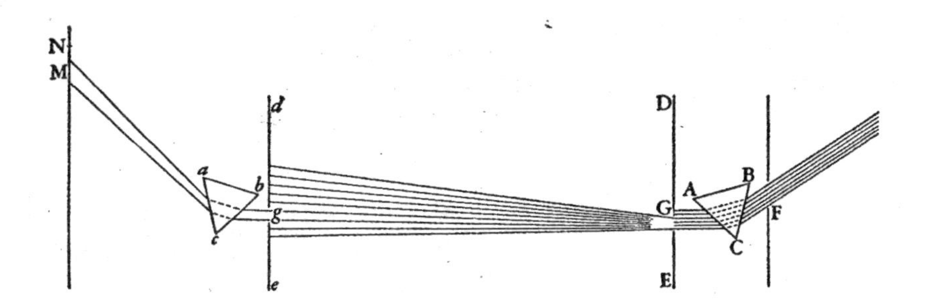

图 25.10 艾萨克·牛顿关于光谱颜色的棱镜实验。Isaac Newton, *Opticks* (London: Samuel Smith and Benjamin Walford, 1704)。取自 Newton, Huygens, *Great Books of the Western World* (Chicago: Encyclopaedia Britannica, 1952), p. 562。Reproduced by permission of Great Books of the Western World, © 1952, 1990 Encyclopaedia Britannica, Inc.

(Hypothesis Explaining the Properties of Light Discoursed of in my Several Papers, 1675 年向皇家学会宣读),这篇文章对光的振动(或波)理论持较为宽容的态度。出自同一时期的还有他的《对一些观察的论述》(Discourse of Observations, 1676 年向皇家学会宣读,后改写为《光学》第 2 卷的第一、二、三部分),其中他描述了颜色环的发现——今天称为"牛顿环"——让光穿过夹在两块玻璃之间的空气薄层而得到。

牛顿的光学理论最终呈现在《光学》中,这本书分为三卷。第 1 卷讨论几何光学,白光和色光的反射和折射问题。第 2 卷讨论干涉问题,例如牛顿环。实验内容是将一块平凸透镜放在一块双凸透镜上,平凸透镜平的一面朝向正下方。这就会在两块透镜的接触点周围形成一片空气的空间,一个"lamina",厚度不一。照亮这个系统,就会得到一组同心的颜色环,围绕着两个透镜的接触点。牛顿的观察证明组成白光的颜色显示出特定的周期性。为了解释这种周期性,牛顿提出一种"阵发性的易于传播和反射"理论,旨在结合光的两种概念化方式即微粒和波来解释这一现象。最后,牛顿在《光学》第 3 卷中讨论了衍射现象,例如格里马尔迪研究过的那些,不过他用的词是"绕射(inflexion)"而不是"衍射"。他将《原理》中已经提出的反射和折射理论延伸到这些现象,根据这一理论,物体隔着一段距离与光线相互作用,使光线弯折偏离直线路径。由于他对绕射的讨论没有结论,牛顿用一组提问作为《光学》的结尾,其中讨论了关于光和物质的相互作用、颜色以及视觉等多种问题。牛顿的光学理论在 18 世纪大部分时间支配着科学舞台,直到 18 世纪瑞士数学家莱昂哈德·欧拉(1707 ~ 1783),光学才获得实质性拓展。[73]

[73] 关于牛顿的《光学》在英国和欧洲大陆的命运,参看 Hall,《全是光:牛顿光学介绍》。关于牛顿之后的光学,参看 Henry John Steffens,《牛顿光学在英格兰的发展》(*The Development of Newtonian Optics in England*, New York: Science History Publications, 1977);Geoffrey Cantor,《牛顿之后的光学:不列颠与爱尔兰的光理论(1704 ~ 1840)》(*Optics after Newton: Theories of Light in Britain and Ireland, 1704 - 1840*, Manchester: Manchester University Press, 1983)。关于欧拉,参看 Casper Hakfoort,《欧拉时代的光学》(*Optics in the Age of Euler*, Basel: Birkhäuser, 1995)。虽然牛顿的遗产在 18 世纪的影响力很大,但一些较新的学术研究已经对牛顿的光理论的所谓支配地位提出了疑问——至少在德国和法国的情境下。对于此类观点的综述参看 Franco Giudice, "La tradizione del mezzo e la *Nuova teoria della luce* di Leonhard Euler," *Nuncius*, 15 (2000), 3 - 49。

630

结　论

科学史家托马斯·库恩在一篇著名的文章中讨论了物理科学两大传统——数理传统和实验传统的发展。[74] 前者包括的领域——例如天文学、和声学、数学、光学和静力学——在古代就已经是持久知识活动的焦点。其中只有天文学、光学和静力学到今天仍被看作物理学的组成部分。实验传统,或者说培根传统,“创造了一种不同的经验科学,它在一段时期内与它的前身肩并肩地共存,而不是取而代之”。[75] 这一区分有助于总结声学和光学在现代早期的发展。

和声学属于古典数学科学。尽管它的内容到 17 世纪仍然有人研究,但它对于 16、17 世纪声学发展的意义主要还是在于提供了一组后来被人们用物理手段研究的问题,例如谐和音与音调的本性。对声音的新式物理研究呈现出培根科学的许多特征。尽管声音的新研究并没有真正的“前身”可取代,像库恩说的那种,但它确实与古典的和声理论一并成长。在某些例子中,很难评价所开展的实验工作的确切性质——特别是像伽利略在《两门新科学的对话与数学证明》中详述的那些据称的经验——但是毫无疑问温琴佐·伽利莱、梅森和玻意耳以及别的一些人描述的实验从性质上就不同于以往见过的任何东西。到 17 世纪末,测量的精确度、气泵之类仪器的系统运用以及实验工作的复杂程度已经达到了连同一个世纪之初的人都无法想象的地步(参看第 4 章)。声学的大部分实验要等到 18、19 世纪才获得理论化、数学化的处理。欧拉、丹尼尔·伯努利和让·达朗贝尔对振动弦的研究最终导致经典声学理论在 19 世纪正式确立于恩斯特·赫拉德尼(1756 ~ 1827)、西梅翁 - 德尼·泊松(1781 ~ 1840)、赫尔曼·冯·亥姆霍兹(1821 ~ 1894)和约翰·威廉·斯特列特,瑞利男爵三世(1842 ~ 1919)的著作中。

在光学(或当时说的视学)研究中,几何光学这个古典学科在 17 世纪经历了实质性的发展,古典传统和中世纪传统已提出的问题得到了解决——开普勒解答放射光穿过有限小孔的问题、折射定律、视觉的几何学——而且还探索了全新的领域,例如开普勒的透镜理论和巴罗对成像位置理论的发展。这些拓展具有可能性部分是因为系统地利用了新仪器,诸如望远镜和显微镜。此外,对古代未知的光学现象如衍射、“牛顿环”和双折射所做的实验可以看作光学科学中培根一脉的部分。牛顿在《光学》中为新的物理光学领域作出的第一次综合,正如库恩所看到的,其意义是深远的,因为它同时参与了古典传统和培根传统。跟声学一样,物理光学中现代早期通过实验发现的现象要等到 19 世纪初,它们的理论化、数学化处理才在托马斯·杨(1773 ~ 1829)和奥古斯丁·让·菲涅耳(1788 ~ 1827)的著作中实现经典的系统化。

631

(张东林　译)

---

[74] Thomas Kuhn,《物理科学发展中的数学传统与实验传统》(Mathematical Versus Experimental Traditions in the Development of Physical Science),《跨学科史杂志》(*The Journal of Interdisciplinary History*),7(1976),第 1 页~第 31 页。

[75] Kuhn,《物理科学发展中的数学传统与实验传统》,第 8 页。

26

力　　学

多梅尼科·贝托洛尼·梅利

632

本章专门讨论16和17世纪的力学。力学可以分为理性的和实践的(或应用的)，这一区分至少可以上溯到亚历山大城的希罗(1世纪)和帕普斯(3世纪)。理性力学是一门数理科学，一般通过证明来进行，实践力学则是一项具有实用目的的手工技艺。在这里我要优先考察理性力学，实践力学将在本卷其他地方讨论(参看第27章)。[1]

撰写这一时期的力学史会面临的一个主要问题是学科的边界和"力学"一词的意义在不断地变化。传统上，力学处理的是关于简单机械和物体平衡的数理科学。而在17世纪后半叶，力学渐渐开始跟运动科学相结合。因此，在处理早期阶段时，有益的做法是不只描绘17世纪后半叶之前对力学的理解怎样转变，同时也描绘(更恰当地说)属于自然哲学的运动科学所发生的相应转变。

在本章所涵盖的时期，力学和自然哲学在思想、建制和社会方面都有很大差别。即使是理性力学也保留了实用和工程的成分，不过随着古代重要著作的编辑出版，以及对其功用的重新强调，它也逐步获得了较高的知识地位；但起初它在大学中的地位最多也只是边缘性的。相比之下，自然哲学几个世纪以来一直是重要的学院科目，它跟神学的联系更紧密，胜过它跟实用技艺的联系。因此有必要描绘一下力学的轮廓与范围的变化，关注当时的学者是如何理解它的，以免写成一部虚构的学科史，把现代对这个学科的想法投射到过去。[2]

633

本章首先考察古代和中世纪学问的恢复对以下两者的冲击：被理解为严格属于力学的东西和自然哲学中处理运动的部分。16世纪对这些资源的批判性编纂与吸收导

感谢 Karin Eckholm 和 Allen Shotwell 对本文前期草稿作了很有帮助的评论。

[1] Pappus,《数学汇编》(*Mathematicae colletiones*), translated by Paul ver Eecke as La collection mathématique (Paris: Desclée de Brouwer, 1933), p. 810. 并参看 Isaac Newton,《自然哲学的数学原理》(*Principia*, Berkeley: University of California Press, 1999),I. Bernard Cohen 和 Anne Whitman 所译的新译本,第381页～第382页。关于这个区分,参看 G. A. Ferrari, "La meccanica 'allargata'," in *La scienza ellenistica*, ed. Gabriele Giannantoni and Mario Vegetti ([Naples]: Bibliopolis, 1984), pp. 225 - 96。

[2] 这种时代错置的投射的一个例子可以参看 Marshall Clagett,《中世纪的力学科学》(*The Science of Mechanics in the Middle Ages*, Madison: University of Wisconsin Press, 1959)。注重这些考量的一个极好的解释是 John E. Murdoch 和 Edith D. Sylla,《运动科学》(The Science of Motion),载于 David C. Lindberg 编,《中世纪科学》(*Science in the Middle Ages*, Chicago: University of Chicago Press, 1978),第206页～第264页。

致力学在多个层面上发生了转变。[3] 然后本文将转而简要地描写16世纪研究运动和力学的一些顶尖学者,其中以伽利略·伽利莱(1564～1642)的工作为顶峰。本文以力学、运动的哲学研究以及定量实验之间的交互影响为中心来解读伽利略如何向着一门关于位置运动的数理科学摸索前行。

伽利略的工作标志着一个转折点,本章正是围绕着它组织起来的。尽管学科的轮廓不会一夜之间起变化,但17世纪前半叶和后半叶之间确实发生了一场转变。本文将以伽利略的主要工作触发的辩论和争议作为指南来看随后的发展。此外,新近的研究都强调,伽利略在阐明一门新的运动科学的努力中仍然深陷于旧世界观的某些部分。靠着他的工作,在他之后的那一代人能够更容易地从过去中解放出来。这是支持本文的划分的又一个理由。[4]

研究运动的哲学家几乎毫无例外地都是大学或耶稣会学院的教授,而力学的从业者则有较为多样的职业地位。尼科洛·塔尔塔利亚(1506～1557)是威尼斯大学的数学教师,始终没有取得更高的社会地位。乌尔比诺的数学家费代里科·科曼迪诺(1509～1575)是一位有教养的人文主义学者,持有医学学位,辗转于教廷和宫廷,尤其交好于法尔内塞家族。他的学生圭多巴尔多·达尔·蒙特(1545～1607)是一位枢机主教的兄弟,本人也是一位侯爵,跟乌尔比诺的德拉·罗韦雷家族和佛罗伦萨的美第奇家族关系密切。达尔·蒙特在青年时代曾是一名军人,16世纪80年代后期成为托斯卡纳要塞的主管。威尼斯人乔瓦尼·巴蒂斯塔·贝内代蒂(1530～1590)是塔尔塔利亚的学生,做了宫廷数学家,先是在法尔内塞家族的帕尔马,后来在萨沃伊家族的都灵。荷兰数学家西蒙·斯台文(1548～1620)是一位军人,也是工程师,1604年当上了低地国军队的军需官。这些人当中许多都不仅对力学中的理论问题感兴趣,而且对实际问题也有兴趣。[5]

634

力 学 传 统

力学的主要工作可以跟亚里士多德死后不久开始的一系列文本与传统关联起来。本文确认了四种主要的传统——伪亚里士多德的传统、阿基米德的传统、亚历山大城的传统(特别是帕普斯)以及重物科学传统。

---

[3] 一份有用的资料是 Stillman Drake 和 I. E. Drabkin 译注,《16世纪意大利的力学》(*Mechanics in Sixteenth-Century Italy*, Madison: University of Wisconsin Press, 1969),以下两节都依赖此文献。亦可参看书评文章,Charles B. Schmitt,《对16世纪意大利力学的新看法》(A Fresh Look at Mechanics in 16th-Century Italy),《科学史与科学哲学研究》(*Studies in the History and Philosophy of Science*),1(1970),第161页～第175页。

[4] 细节参看 Peter Damerow、Gideon Freudenthal、Peter McLaughlin 和 Jürgen Renn,《探索古典时期之前的力学界限》(*Exploring the Limits of Preclassical Mechanics*, New York: Springer, 2004)。

[5] Mario Biagioli,《意大利数学家的社会地位(1450～1600)》(The Social Status of Italian Mathematicians, 1450 - 1600),《科学史》(*History of Science*),27(1989),第41页～第95页;Paul L. Rose,《意大利数学的复兴》(*The Italian Renaissance of Mathematics*, Geneva: Droz, 1975);Simon Stevin,5卷本《西蒙·斯台文的重要作品》(*The Principal Works of Simon Stevin*, Amsterdam: Swets and Zeitlinger, 1955),第1卷,第1页～第24页。

这些传统中的第一个跟《力学问题》(*Quaestiones mechanicae*)有关,这部书传统上被归于亚里士多德(前384～前322),但如今认为是他的学派的一个早期产物。这部著作大部分处理杠杆理论的应用,包括依赖于天平的和关于天平的应用,通过想象天平绕支点旋转画出一个圆来分析其性质,因而也论及如何使用运动研究平衡状态,以及天平的性质依赖于那个圆这一奇怪的想法。作者宣称几乎所有力学问题都依赖于杠杆,在一些例子中他给出了某种形式的解释,表明某些机械,例如绞盘,是如何运转并与圆相关联的。不过,很难说在这个方向上有什么系统而严格的尝试,只有若干论点是恰当的。一些段落论及航海,还有些处理梁的强度或一个运动物体施加于楔子的力(后来称为撞击力)。在印刷出版的年代,这份文本从1497年开始经历了许多次编纂和翻译,常常带有极具价值的评注。[6]

阿基米德(前287～前212)著有两本主要的力学著作:《论平板的平衡》(*De centris gravium*)和《论浮体》(*De insidentibus aquae*)。两者都有多种手稿抄本幸存下来,并于1543年由塔尔塔利亚出版。[7] 更好的版本后来由科曼迪诺及其学生达尔·蒙特出版。[8] 在《论平板的平衡》中,阿基米德提出了关于平衡的一套公理,从而将一种基于纯数学的风格引入了力学,为以后的许多著作树立了榜样。他还确定了几种平面图形的重心。[9] 16世纪一些人,特别是科曼迪诺和伽利略,拓展了这些研究。《论浮体》处理流体静力学问题,包括著名的陈述:液体中的一个物体受到的向上的推力等于被排开的液体的重量,即所谓的阿基米德定律。这部论著给出了液体中不同形状的物体的平衡条件。阿基米德力学,不管是讨论平衡还是液体中的物体,都是基于平衡状态而胜于运动状态。

635

希罗著有《气动学》(*Spiritalia*)[10]一书,还有一篇关于力学的论文只有片段经由帕普斯《数学汇编》(*Collectiones mathematicae*,其中第8卷专门讨论力学)的引用而为人所知。帕普斯效法希罗,论证一切机械可以归结为5种简单机械(天平或杠杆、滑轮、轮和轴、楔子、螺杆),后4种又可以归结为天平。在一些例子中,帕普斯试图通过几何作图表明一种机械如何归结为天平。他企图以这种方式确定诸如一个重物在斜面上平衡的条件。尽管他的解是有毛病的,但不失为一种将力学建立在坚实的基础和清楚

---

〔6〕 Paul L. Rose 和 Stillman Drake,《文艺复兴文化中伪亚里士多德的〈力学问题〉》(The pseudo-Aristotelian *Questions of Mechanics* in Renaissance Culture),《文艺复兴研究》(*Studies in the Renaissance*),18(1971),第65页～第104页。

〔7〕 Niccolò Tartaglia 编,《阿基米德全集》(*Opera Archimedis*, Venice: Per Venturinum Ruffinellum, 1543)。塔尔塔利亚的版本只包含了《论浮体》的第一卷。关于阿基米德著作直至文艺复兴为止的命运,一个重要的文献是 Marshall Clagett,5卷本《中世纪的阿基米德》(*Archimedes in the Middle Ages*, vol. 1, Madison: University of Wisconsin Press, 1964; vols. 2 - 5, Philadelphia: American Philosophical Society, 1976 - 84)。

〔8〕 Frederico Commandino, *Archimedis de iis quae vehuntur in aqua libri duo* (Bologna: Ex officina A. Benacii, 1565); and Guidobaldo dal Monte, *In duos Archimedis aequiponderantium libros paraphrasis* (Pesaro: Apud Hieronymum Concordiam, 1588).

〔9〕 阿基米德并没有定义"重心"这一术语。后来的学者将其定义为这样一个点,使得物体从这一点处悬挂能够保持平衡。

〔10〕 Marie Boas,《希罗的〈气动学〉:其传播与影响研究》(Hero's *Pneumatica*: A Study of Its Transmission and Influence),《爱西斯》(*Isis*),40(1949),第38页～第48页。

的基本原理之上的尝试。1588年,达尔·蒙特主持印刷了帕普斯文本的一个拉丁文译本,是由科曼迪诺从一份不完美的抄本译出来的。[11]

最后,13世纪几位拉丁语作者为所谓的重物科学(Scientia de ponderibus)传统贡献了论著,论述的是物体的平衡。这些作者大部分未能留下姓名,一个重要的例外是奈莫尔(Nemore)的约尔丹(活跃于13世纪早期),他著有一部《论重物之书》(*Liber de ponderibus*)。在由德国宇宙志学者彼得·阿皮安(1495～1552)出版了纽伦堡第一版之后,一个新的版本于1565年在威尼斯出版,取自塔尔塔利亚的文集,其中已包含了早先出版的塔尔塔利亚本人著作中的一些成果。属于这一传统的著作尽管总的来讲缺乏在阿基米德论著中所看到的那种严格性和优美性,但仍然包含了原创性的概念和有价值的成果。例如,《重量理论》(*De ratione ponderis*)这部论著并不试图系统地依赖杠杆,而是为重物在斜面上平衡的问题提供了一种比帕普斯更令人满意的解。[12]

636

对运动的研究

讨论运动问题的文本可追溯至亚里士多德和从古代到中世纪的众多评注者。在这里,本文主要考虑的不是所有与亚里士多德及其评注者的运动研究相关的主题,而只是与16世纪运动科学的发展相关的那些方面。即便在这个限制之内,本文的叙述也是有高度选择性的。

对运动的分析在亚里士多德对自然的研究中占据了中心位置,特别是在《物理学》(*Physica*)和《论天》(*De caelo*)中。"运动"被亚里士多德实际上理解为自然中发生的所有变化,而他对"位置运动"的理解才跟我们对"运动"一词的理解比较接近。以下本文提到"运动"都只表示"位置运动"的意思。亚里士多德派在自然运动和受迫运动之间做出一个基本的区分。前者是赋有重性的重物向下的运动,或赋有轻性[13]的轻物向上的运动。后者的例子是抛射体的运动。对于自然运动,亚里士多德论证说落体的速度与其重量成正比,与介质的阻力成反比。[14] 由此推论,当阻力趋于零时,例如在虚空中,速度变成无限大,亚里士多德用这个悖论来否定虚空的存在。对于受迫运动,亚里士多德论证说,运动物体离开抛射者之后是被周围的介质推动的。这个观点从他的如下原理导出:任何运动的东西都是被别的东西推动的,且推动者必须跟被推动的物

---

[11] Pappus,《数学汇编》(*Collectiones mathematicae*, Pesaro: Concordia, 1588); and L. Passalacqua, "Le Collezioni di Pappo," *Bollettino di Storia delle Scienze Matematiche*, 14 (1994), PP. 91 - 156.

[12] Ernest A. Moody 和 Marshall Clagett 编,《中世纪的重物科学》(*The Medieval Science of Weights*, Madison: University of Wisconsin Press, 1960);J. E. Brown,《重物科学》(The Science of Weights),载于 Lindberg 编,《中世纪科学》,第179页～第205页; Jordanus Nemorarius, *Liber de ponderibus*, ed. Petrus Apianus (Nuremberg: Iohannes Petreius, 1533); and Nemorarius, *Opusculum de ponderositate* (Venice: Curtius Troianus, 1565). 关于塔尔塔利亚的出版著作,参看本章讨论"16世纪的运动和力学"一节。

[13] 轻性(levity)被亚里士多德理解为一种独立的性质,不像阿基米德模型中相对较轻的物体在相对较重的介质中受到推挤而导致的性质。

[14] Murdoch 和 Sylla,《运动科学》,第224页。

体相接触。这些原理意味着一个已开始运动的物体需要一个外在的原因来维持其运动，围绕这一主张的论辩一直持续到17世纪。

古代后期，一些评注者开始用批判性的眼光检查亚里士多德对运动的看法。例如塞米斯丢斯（317～387）论证说所有物体在虚空中以同一速度下落，这个速度是有限的，而不像亚里士多德说的那样是无限的。辛普里丘（卒年晚于533年）常常为亚里士多德的结论辩护，例如否定虚空存在，但他也批判亚里士多德的证明。菲洛波努（约570年卒）是古代对亚里士多德物理学最彻底的批判者，尤其是在他关于运动的观点上。他承认虚空中运动可以发生，并认为介质会使物体下落的时间比在虚空中下落的时间更长。菲洛波努还反驳亚里士多德说，根据经验，两个重量相去甚远的物体下落的时间相差无几。希腊文和拉丁文版本的塞米斯丢斯、辛普里丘和菲洛波努的著作在16世纪前半叶有了印刷本，助长了对亚里士多德学说的信心的瓦解，这种信心原本在于相信亚里士多德学说来自一个博学的古代学术传统。伽利略对这三者都十分熟悉。[15]

637

在伊斯兰世界，特别需要在此提出的一位作者是西班牙哲学家阿文巴赛，即伊本·巴贾（1138年卒），他赞同菲洛波努。他的观点通过阿威罗伊（伊本·路西德，1126～1198）的引述和批判而为西方所知，后者的著作在拉丁语西方世界广为人知。[16]

在中世纪欧洲，亚里士多德成为大学教育的基石，他的评注者的数量显著增加。在此要提及的是巴黎的让·布里丹（约1295～约1358）以及一群被称为计算家的作者。布里丹以不同于亚里士多德的方式处理抛体运动问题。他不认为介质具有推进抛体的作用，而主张抛体被推动是因为抛射者传给它一种被称为冲力的性质。他这个想法直到17世纪一直都很时兴。14世纪对运动的研究中，逻辑和数学，特别是比例理论的运用经历了明显的增长。这一传统的主角包括牛津的托马斯·布拉德沃丁（卒于1349年）、理查·斯温希德（活跃于1340～1355）及巴黎的尼科尔·奥雷姆（约1325～1382）。除了表明运动可以用数学处理，他们还发展出复杂的几何处理方法，打造了一套精致的术语，并取得了一些重要的成果，例如中速定理。[17]

然而这其中还有重要的限定。首先，计算家们发展出来的探究方法不仅应用于位置运动，而且还广泛用于许多课题，横跨医学、神学和自然哲学。其次，除去唯一知道的一个例外，这些探究方法都是以一种逻辑练习的方式应用于理想的虚构存在物，而

---

[15] 关于这三位希腊评注者，参看 Paolo Galluzzi, *Momento: Studi galileiani* (Rome: Edizioni dell'Ateneo, 1979), pp. 98 - 106。

[16] 这里的经典文章是 Ernest Moody，《伽利略与阿文巴赛：斜塔实验的动力学》（Galileo and Avempace: The Dynamics of the Leaning Tower Experiment），《思想史杂志》（*Journal of the History of Ideas*），12（1951），第163页～第193页，第375页～第422页。

[17] 该定理说，一个均匀加快或均匀减慢的运动物体所经过的空间，等于某个均匀速度的运动物体所经过的空间，这个均匀的速度等于速度的中值，即在运动过程的中间时刻的速度。

不是用于自然。[18] 尽管大量运用了数学,但是幸存抄本的排列方式表明,这些著作都被视为自然哲学的一部分,而不是数学学科。来自这个传统的文本在 1500 年前后出版。[19]

638

16 世纪的运动和力学

以上几节虽然简要,但已表明许多关于力学和运动的关键著作在 16 世纪都有了印刷本。学者们从来未能这么轻易地接触到关于这些主题的如此丰富的思想资源。本节将介绍 16 世纪一些代表人物的主要著作。其中有些人,例如塔尔塔利亚和贝内代蒂,试图在力学和运动之间搭起桥梁,而另一些人,如达尔·蒙特和斯台文,则认为这两个领域是分离的,建立关联的希望不大。[20]

塔尔塔利亚在不止一个方面都是重要的人物。除了前面提到过的编纂工作,他还出版了《新科学》(*La nova scientia*, 1537)和《各种问题和发现》(*Quesiti et inventioni diverse*, 1546)。这些都是综合性著作,大部分讨论数学学科,例如火炮术、重物科学和伪亚里士多德的《力学问题》等,但也包括了讨论火药及其他军事问题的议题。塔尔塔利亚试图确定以不同角度射出的抛射体的轨迹,并且从一些可疑的预设出发,断言最长射程是以水平面以上 45°角射出时达到。16、17 世纪随之产生了几部弹道学的论著和手册。[21]

在另一部著作《困难重重的发现》(*La travagliata inventione*, 1551)中,塔尔塔利亚暗示了一种可应用于水中落体的比例,他暗示物体下落的速度跟物体比水重多少成正比。[22] 贝内代蒂也发展出同样的想法,在 16 世纪 50 年代出版的讨论落体的一批著作中,他通过拓展阿基米德流体静力学来解释运动。其中之一起了一个毫不掩饰的标题:《对位置运动之比例的证明,反对亚里士多德和所有哲学家》(*Demonstratio proportionum motuum localium contra Aristotilem et omnes philosophos*, 1553)。[23] 贝内代蒂

639

---

[18] 这个例外是西班牙多明我会修道士多明戈·德·索托(Domingo de Soto, 1495 ~ 1560)。

[19] Christopher Lewis,《16 世纪末 17 世纪初意大利的默顿传统与运动学》(*The Merton Tradition and Kinematics in Late Sixteenth and Early Seventeenth Century Italy*, Padua: Editrice Antenore, 1980)。

[20] 有关人物还包括帕多瓦的数学教授朱塞佩·莫莱蒂(Giuseppe Moletti, 1531 ~ 1588),关于此人可参看 Walter R. Laird,《朱塞佩·莫莱蒂未完成的力学》(*The Unfinished Mechanics of Giuseppe Moletti*, Toronto: University of Toronto Press, 2000),还有医生吉罗拉莫·卡尔达诺,他的力学著作仍然有待系统研究。对 16 世纪力学的重要研究有 Walter R. Laird,《文艺复兴时期力学的范围》(The Scope of Renaissance Mechanics),《奥西里斯》(*Osiris*),2nd ser.,2 (1986),第 43 页~第 68 页;Laird,《16 世纪意大利对撞击理论与力学的资助》(Patronage of Mechanics and Theories of Impact in Sixteenth-Century Italy),载于 Bruce Moran 编,《资助与机构:欧洲宫廷的科学、技术和医学(1500 ~ 1750)》(*Patronage and Institutions: Science, Technology, and Medicine at the European Court, 1500 - 1750*, Rochester, N. Y.: Boydell Press, 1991),第 51 页~第 66 页。

[21] A. Rupert Hall,《17 世纪的弹道学》(*Ballistics in the Seventeenth Century*, New York: Harper, 1969);Serafina Cuomo,《以书射击:关于尼科洛·塔尔塔利亚〈新科学〉的注释》(Shooting by the Book: Notes on Niccolò Tartaglia's *Nova Scientia*),《科学史》, 35 (1997), 155 - 88. 塔尔塔利亚著作多方面的译文可在以下文献中找到,Drake 和 Drabkin,《16 世纪意大利的力学》,第 63 页~第 143 页。

[22] Clagett,《中世纪的阿基米德》,第 3 卷,第 3 页,第 574 页。

[23] Carlo Maccagni, *Le speculazioni giovanili "de motu" di Giovanni Battista Benedetti* (Pisa: Domus Galilaeana, 1967).

在他的代表作中扩大了他的反思,《对数学和物理问题的不同思索之书》(*Diversarum speculationum mathematicarum et physicarum liber*, 1585)这部综合性著作讨论了力学和伪亚里士多德的《力学问题》以及对亚里士多德运动观的批判,并节录了贝内代蒂的信件。[24]

阿基米德是16世纪力学学者的主要思想来源,不过达尔·蒙特在此之外又偏爱帕普斯,他在1588年之前就已通过科曼迪诺的抄本知道了帕普斯的工作。这位侯爵出版了当时最重要的力学著作《力学之书》(*Mechanicorum liber*, 1577),其中考察了所有的简单机械,并效法帕普斯尝试说明它们都是依据天平的原理工作,就好像其中有伪装的天平需要还其本来面目一样。他考虑的不只是结论,而且还考虑基础和证明;能够归结到天平就意味着他可以依靠阿基米德关于平面图形平衡的工作,从而解决基础问题。这位侯爵十分厌恶中世纪的重物科学,也讨厌在这个传统下工作的那些人(包括塔尔塔利亚),因为他们的证明缺少古代文本所体现的严格性。在某些方面,达尔·蒙特还看到了平衡与运动之间不可逾越的鸿沟。平衡的科学可以用数学方式阐述是因为其规则性,而运动则容易出现许多难以预料的行为,一般来讲数学仍然无法介入。不过,在讨论楔子时,达尔·蒙特暗示了一种涉及运动的比例:他论证说从越高的地方落下的物体撞击楔子产生的效果越大。这样一来,下落的高度和速度就跟它们产生的效果关联起来了。确定撞击力的问题从伪亚里士多德《力学问题》的时代开始就是经典作品的一部分,后来又被伽利略和其他17世纪数学家讨论过。[25]

尽管斯台文跟意大利力学家在地理上有距离,但他也一样依赖科曼迪诺的版本,不亚于达尔·蒙特和许多其他同时代的数学家。斯台文在力学上的主要工作是一批各自有独立扉页的论著,于1586年由克里斯托弗尔·普兰泰因在莱顿出版。其中包括《称重技艺的原理》(*De Beghinseln der Weeghconst*)、《实用称重》(*De Weeghdaet*)和《流体静力学原理》(*De Behinselen de Waterwichts*)。[26] 在这部著作的末尾还有两个短附录:《实用流体静力学导言》和《称重技艺的附录》。[27] 斯台文也做了从高处扔下重物的实验,但是他的工作主要关注平衡状态,他的声望是来自他对阿基米德流体静力学的扩展,以及他对斜面问题的出色解答。

640

伽 利 略

伽利略对数学学科和哲学的贡献广泛,从他的望远镜发现一直到他对逍遥学派的

[24] 面面俱到的译文可在以下文献中找到,Drake 和 Drabkin,《16世纪意大利的力学》,第166页~第237页。

[25] 这个案例的全面的译文同样可以在此文献中找到,Drake 和 Drabkin,《16世纪意大利的力学》,第241页~第328页;并参看 Domenico Bertoloni Meli, "Guidobaldo dal Monte and the Archimedean Revival," *Nuncius*, 7, no. 1 (1992), 3 - 34。

[26] Stevin, *Works*, vol. 1, *De Beghinselen der Weeghconst*, pp. 35 - 285; *De Weeghdaet*, pp. 287 - 373; *De Behinselen des Waterwichts*, pp. 375 - 483.

[27] Stevin, *Works*, vol. 1, *Anvang der Waterwichtdaet*, pp. 484 - 501; *Anhang van de Weeghconst*, pp. 503 - 521.

抨击。但是在他看来,只有运动科学才是他最重视的研究,代表了他最持久、最出色的思想努力。伽利略在运动和力学上的主要工作可以分为三个时期:比萨时期、帕多瓦时期和佛罗伦萨时期。在他担任比萨大学数学教授的3年时间(1589～1592)里,他可能草拟了关于运动的一篇对话、一篇文章和一些片段,所有这些被称为《论运动的早期[手稿]》(*De motu antiquiora*)。这些材料当时一直没有发表。在担任帕多瓦大学数学教授期间(1592～1610),伽利略深入研究运动科学和材料强度的科学,并为他的大学授课编写了一份简短的小册子,叫作《力学》(*Le mecaniche*)。这第二个时期的著作也没有在当时出版。最终,在1610年回到佛罗伦萨之后,伽利略开始发表力学主题的著作,首先是一部流体静力学论著《关于水上物体或水中运动物体的谈话》(*Discorso intorno alle cose, che stanno in sù l'acqua, ò che in quella si muouono*, 1612),之后便是他的名作《关于两大世界体系的对话》(*Dialogo sopra i due massimi sistemi del mondo, Tolemaico e Copernicano*, 1632,以下简称《对话》)以及《关于两门新科学的谈话和数学证明》(*Discorsi e dimostrazioni matematiche intorno a due nuove scienze*, 1638,以下简称《两门新科学》)。[28]

在《论运动的早期[手稿]》中,伽利略企图通过扩展阿基米德流体静力学来阐明一门运动科学,论证物体在介质中下落的速度跟物体与介质的相对密度差成正比。这意味着,除开始阶段外,落体的速度是恒定的。虽然这跟贝内代蒂的工作有些相似,但并不清楚伽利略当时是否知道他的工作。此外,顺着帕普斯和达尔·蒙特的路子,伽利略试图用天平和斜面来解释流体静力学,后者较为成功。在这部早期著作中,伽利略已显示出对于我们提到过的许多作者的熟悉,从塞米斯丢斯和菲洛波努到阿文巴赛和阿维森纳(980～1037)。不过另一些时间上和地理上都更接近的思想来源也值得注意。比萨大学哲学教授吉罗拉莫·博罗(1512～1592)和弗朗切斯科·博纳米奇(1533～1603)卷入了一场关于运动的争论,持续数年之久,覆盖了从1580年开始伽利略在比萨学习直到他在大学教书的整个时期。博罗在《论重物和轻物的运动》(*De motu gravium et levium*, 1576)中支持阿威罗伊,并提到了从高处窗口扔下重物的实验。博纳米奇在他的鸿篇巨制《论运动》(*De motu*, 完成于1587年,但首次发表于1591年)中为辛普里丘辩护。此外,博纳米奇还批评了较晚近的一些数学家的观点,他们支持一种阿基米德的方法。两人的争论可能并非私下的事情,而是遍及整个大学生活,包括讲课和一年一度的称为circuli的系列公开论辩。一些文献指出这场争论正是《论运

641

[28] 已有多位学者研究过伽利略对运动的反思,从Alexandre Koyré和Winifred Wisan到Paolo Galluzzi和Enrico Giusti。一份极好的文献列表参看Damerow等,《探索古典时期之前的力学界限》。

动的早期[手稿]》的直接背景。[29] 大约在这一时期,可能是为了加强哲学知识和辩证法技巧,伽利略开始根据一些讲课笔记广泛学习哲学,这些笔记源自最重要的耶稣会学校——罗马学院(Collegio Romano)。[30]

在《论运动的早期[手稿]》中数次提到实验,包括一项从高塔上扔下重物的实验,可能是指比萨斜塔。但总体上伽利略做的实验都不符合他的预期。例如,伽利略研究了斜面并相信自己确定了斜面的倾斜度和沿斜面下落物体的(恒定!)速度之间的关系。将这一结论跟他的浮力落体理论相结合,伽利略企图寻找一个具有特定倾斜度的斜面,使得一个物体沿这个斜面下落的时间与另一个不同材料的物体垂直下落的时间相同。这一尝试失败了,但是也许成了他日后的两大发现的根基,这两大发现是:落体作加速运动,且加速度对于所有物体都相同。[31] 通过探察斜面上的运动,伽利略开始赞同不需要一个力去使物体沿着倾斜度为零的面(他用这个指水平面)运动。此后他对运动的反思一直以这一思想为特征。[32] 大约在 1592 年或略早些时候,伽利略跟他的导师达尔·蒙特一起做了一些重要的实验。他们在斜面上扔出一些沾满墨水的球,发现其轨迹是对称的,类似双曲线或抛物线。钉在墙上的两颗钉子之间悬挂的链条也描出一条类似的曲线。伽利略在《两门新科学》中提到了这个实验,但是不清楚这两位数学家在 1592 年会怎样看待这个结论。[33]

642

将伽利略的早期思考与上一节讨论的那些著作相比较,会突然闪现出两大差别:与哲学的深层交互影响和实验的地位。他从高处扔下重物的实验跟比萨的哲学论争相关联,但也跟数学学科无论称重、测量还是音乐都要执行检验的典型惯例密不可分。这类检验伽利略应该是熟悉的,他的力学事业就是开始于一篇关于称重准确性的短

---

[29] Michele Camerota 和 Mario Helbing,《伽利略与比萨的亚里士多德主义:伽利略的〈论运动的早期[手稿]〉与比萨诸教授的〈关于运动原因的问题〉》(Galileo and Pisan Aristotelianism: Galileo's *De motu antiquiora* and the *Quaestiones de motu elementorum* of the Pisan Professors),《早期科学与医学》(*Early Science and Medicine*),5(2000),第 319 页~第 365 页;Mario O. Helbing, *La filosofia de Francesco Buonamici* (Pisa: Nistri-Lischi, 1989), chap. 6;Charles B. Schmitt,《伽利略时代比萨的艺学院》(The Faculty of Arts at Pisa at the Time of Galileo),《自然》(*Physis*),14(1972),第 243 页~第 272 页。

[30] William Wallace,《伽利略及其思想来源》(*Galileo and His Sources*, Princeton, N. J.: Princeton University Press, 1984)。其中第 91 页~第 92 页提出这些讲课笔记是罗马学院的数学教授克里斯托夫·克拉维乌斯寄给伽利略的,跟一场围绕重心的争论有关,但这个断言缺少证据。在当时讲课笔记经常流传,伽利略有可能是从罗马学院的一名学生手中得到的。参看 Corrado Dollo, "Galilei e la fisica del Collegio Romano," *Giornale Critico della Filosofia Italiana*, 71 (1992), 161 - 201。关于帕多瓦哲学家雅各布·扎巴瑞拉与伽利略的比较,参看经典文章 Charles B. Schmitt,《经验和实验:扎巴瑞拉的看法与伽利略在〈论运动〉中看法的比较》(Experience and Experiment: A comparison of Zabarella's views with Galileo's in *De motu*),《文艺复兴研究》,16(1969),第 80 页~第 138 页。

[31] Galileo Galilei,《论运动与论力学》(*On Motion and on Mechanics*, Madison: The University of Wisconsin Press, 1969),Israel E. Drabkin 和 Stillman Drake 译并作序。在第 69 页,伽利略说:"没有观察到我们所确定的比。"

[32] 在这个阶段,伽利略很可能还相信已经开始运动的物体会自然地停下来。参看 Drake 和 Drabkin,《16 世纪意大利的力学》,第 379 页;Galileo,《论运动与论力学》,第 66 页~第 67 页。

[33] Damerow 等,《探索古典时期之前的力学界限》,第 158 页~第 164 页。

文,而且他的父亲是一位音乐家(参看第25章)。[34] 而其他实验,即使是有问题且不成功的,例如不同材料的球滚下倾斜度不同的斜面的实验,也能表明伽利略要通过人为设计的实验寻求自然中的规律性,显示了超越同时代标准的睿智。

1592至1620年,伽利略在帕多瓦大学教数学,这个职位跟之前在比萨的职位一样得力于达尔·蒙特的支持。在大学里,他教授许多主题,包括防御工程学和力学:他的讲稿显示他的课程是以达尔·蒙特的《力学之书》为蓝本的。伽利略跟威尼斯军械所的学者和技师们合作研究了与桨以及船的尺寸有关的力学问题,军械所是威尼斯最主要的军事和工业设施。伽利略的材料强度和尺寸缩放的科学正是部分地源自他在军械所的工作。[35] 在帕多瓦,伽利略再度展开关于运动的实验和数学研究,认识到落体、振荡物体和抛体的许多特征。他抓住像斜面和摆这样的对象来研究运动,认识到恒定速度并不适于描述自由落体,因为物体在加速。这一发现将伽利略引向计算家传统的某些成果,使得他能够以一种初等的方式处理加速度。伽利略使用的术语和用于表示的视觉工具都证实他依赖这一传统,尽管他的旅程开始于别处,并且包含了各种各样的来源。[36]

643

伽利略认为落体经历了所有无限多个速度,这个信念对他那个时代有限的数学资源造成了相当大的压力。他还进一步相信,除去空气阻力造成的微小扰动,所有物体都以同样的方式加速,无论它们的重量或比重为何。此外,伽利略还认识到这种加速是均匀的,而且物体走过的空间跟时间的平方成正比。他进而相信摆的振荡非常接近等时,这个断言对于小幅振荡十分准确,但是随着振幅的增加误差会增大。伽利略还完全错误地相信摆锤画出的圆弧就是最速降线,过了好几十年他还认为自己能够对此给出证明。[37] 伽利略还赞同物体在水平面上开始运动就不会停下来,只要所有偶然的扰动都已排除。最后,他认识到水平抛射和垂直下落是互相独立的,每一个都可以形成,就好像另一个并不存在一样。这种组合产生出抛物线形的轨迹,正如伽利略跟达尔·蒙特一起做的实验(约1592年)所表明的那样。虽然这一时期的手稿记录断断续续,无法对伽利略的思想历程做全方位的详细重建,但是在某些案例中还是取得了明确的结论。[38]

---

[34] 伽利略的父亲是音乐家。参看 Stillman Drake,《工作中的伽利略》(*Galileo at Work*, Chicago: University of Chicago Press, 1978),第15页～第17页;Claude V. Palisca,《意大利文艺复兴时期音乐理论中的人文主义》(*Humanism in Italian Renaissance Musical Theory*, New Haven, Conn.: Yale University Press, 1985),第265页～第279页。关于 *La Bilancetta*(《小天平》),参看 Galileo Galilei, *Opere*, ed. A. Favaro, 20 vols. (Florence: Giunti Barbera, 1890 - 1909), 1: 215 - 20; Drake,《工作中的伽利略》,第6页～第7页;Jim A. Bennett,《实用几何学与操作知识》(Practical Geometry and Operative Knowledge),《结构》(*Configurations*),6(1998),第195页～第222页。

[35] Jürgen Renn 和 Matteo Valleriani,《伽利略与军械库的挑战》(Galileo and the Challenge of the Arsenal),《信使》(*Nuncius*),16, no. 2 (2001),第481页～第504页。

[36] Edith D. Sylla,《伽利略与牛津计算者:加速运动的分析语言与中速定理》(Galileo and the Oxford Calculatores: Analytical Languages and the Mean-Speed Theorem for Accelerated Motion),载于 William A. Wallace 编,《重新诠释伽利略》(*Reinterpreting Galileo*, Washington, D.C.: The Catholic University of America Press, 1986),第53页～第108页。

[37] Galileo Galilei,《两门新科学》(*Two New Sciences*, Madison: University of Wisconsin Press, 1974),Stillman Drake 译,第212页～第213页。

[38] 对这一时期的详细分析可参看 Damerow 等,《探索古典时期之前的力学界限》,第3章。

伽利略的发现虽然出色,但却未能构成一门基于自明原理和严格证明的科学。换言之,伽利略发现了一系列命题和关系,还必须赋予它们秩序和结构。当他意识到天平不能用来建立运动科学的时候,他开始寻找合适的公理或原理,以一种阿基米德的方式取代《论平板的平衡》中阿基米德的公理。伽利略并不打算把他的科学建立在人为设计的精致实验上,而是要建立在与阿基米德的那些公理具有相同本性的公理之上——阿基米德在《论平板的平衡》开头给出公设:天平上位于相等距离处的相等重量保持平衡,位于不相等距离处的相等重量不平衡,而向距离较远的重物倾斜。这一时期的信件证实了伽利略对新的自明原理的长期探寻。[39]

644

随着伽利略关于木星的卫星及其他天体的惊人天文发现,1610 年他被召往佛罗伦萨,成为托斯卡纳大公的哲学家和数学家,这个高薪职位是特别为他设立的。[40] 回到佛罗伦萨后,伽利略研究的第一个力学领域是流体静力学。作为跟亚里士多德派哲学家一场辩论的一部分,伽利略在 1612 年出版了两版《关于水上物体或水中运动物体的谈话》。那些哲学家认为形状是浮力的决定性因素,而伽利略则遵循阿基米德将比重确定为决定性因素。在这场论辩中,伽利略得到以前的学生贝内代托·卡斯泰利(约 1577 ~ 1643)的协助,他是一名本笃会僧侣,时任比萨大学数学教授。正是卡斯泰利研究了水流和水管理,撰写了一部先驱性的数学论著《论水流的测量》(*Della misura dell'acque correnti*, 1628)。跟水的运动相关的问题是卡斯泰利的专项,但伽利略也研究过,他在帕多瓦时已经表达过关于河川径流的见解,并一直持续到 17 世纪 30 年代。与河川径流和水管理相关联的一整簇论题通常称为水科学,跟运动科学有着明显的联系。伽利略把河水设想为沿斜面向下运动的物体,尝试应用相应的法则,结果不太成功。[41]

经过思想因素和政治、宗教因素长时间的共同孕育,1632 年伽利略出版了他的科学兼文学杰作《对话》,书中三位对话者分四天讨论了两大世界体系的优点。伽利略笨拙地企图掩盖自己的哥白尼主义观点,虽然让这本书通过了审查,但却没能躲过 1633 年异端裁判所的查禁。伽利略被强烈地怀疑为异端者而受到拘禁,后改判软禁,直至去世。[42] 《对话》处理的是宇宙论问题,但伽利略对哥白尼主义的辩护依赖的是运动科学,研究一个运动的地球上物体的行为。伽利略的策略中一个很重要的部分是论证

645

---

[39] 主要信件是 1604 年给保罗·萨尔皮(Paolo Sarpi, 1552 ~ 1623)的信和 1609 年给卢卡·瓦莱里奥(Luca Valerio, 1552 ~ 1618)的信。有关讨论参看 Galluzzi, *Momento*, pp. 269 – 76, 303 – 7。

[40] 关于这次调任的社会意义和思想意义的讨论参看 Mario Biagioli,《廷臣伽利略》(*Galileo Courtier*, Chicago: University of Chicago Press, 1993)。

[41] Richard S. Westfall,《比森齐奥河的洪水:伽利略时代的科学与技术》(Floods along the Bisenzio: Science and Technology in the Age of Galileo),《技术与文化》(*Technology and Culture*),30(1989),第 879 页~第 907 页;Cesare S. Maffioli,《源于伽利略:水科学(1628 ~ 1718)》(*Out of Galileo: The Science of Waters, 1628 – 1718*, Rotterdam: Erasmus, 1994)。

[42] 关于伽利略与教会之间的关系,包括 1616 年针对哥白尼主义的禁令,参看 Annibale Fantoli,《伽利略:支持哥白尼主义和支持教会》(*Galileo: For Copernicanism and for the Church*, S. J., Vatican City: Vatican Observatory Publications, 1994),George V. Coyne 译。

地球的运动不会对地球上的落体或抛射体产生任何可见的效果,因此不可能以这种方式确定地球动还是不动。他支持哥白尼主义的主要论证是潮汐,他认为这是地球绕地轴和太阳的双重旋转造成的结果。《对话》包含了好几处与运动科学相关的段落,不过伽利略主要是在第二天讨论了相对运动和地动的效应。正是在《对话》中伽利略首次陈述了许多关于落体的命题,例如奇数法则或速度跟时间成比例。伽利略讨论了许多跟地球的旋转相关的难题,例如为何抛体、飞鸟和云朵不会被地球的旋转甩在后面,为何地球表面的物体不会因地球的旋转而被抛入空中。此外,《对话》还首次提到了摆的振荡的等时性,虽然没有提到周期和摆长的关系。[43]

异端裁判所不但拘禁伽利略,还阻止他就任何主题发表东西。因此,他的下一部也是最后一部著作的手稿只能偷运出意大利,在新教的低地国由埃尔泽菲家族出版。1638 年《两门新科学》面世的时候,伽利略已 74 岁高龄,研究运动问题已长达半个世纪。这本书采取对话的形式,还是《对话》中那三个人物,但是与《对话》写成一种模拟各角色作开放式讨论的风格不同,《两门新科学》包含了一些构筑得更为正式的部分。前两天包含了许多题外话,特别值得注意的是连续统的本性和凝聚的物理原因,伽利略认为凝聚是由无限多的间隙真空导致的。第一门新的数理科学是材料的强度,其原理主要在第二天予以讨论。这些问题的根源远的可追溯到伪亚里士多德《力学问题》中的一些,[44]而更直接的背景是伽利略在威尼斯军械所的工作。问题包括确定一条特定尺寸的负重梁抵抗断裂的能力,已知一条相似但不同尺寸的梁的抵抗能力。显然,如果长度不变,那么粗的梁比细的梁抵抗力强;而如果粗细不变,那么长的梁比短的梁抵抗力弱。精确的比例依赖于梁的宽、高和长,还依赖于它是否被看成有重量,或者它的重量是否比负重小很多而可以忽略。伽利略相信这门科学的基础在于杠杆理论,因此材料强度可以看成力学的一部分。

646

《两门新科学》的第三和第四天专门讨论运动科学,其排列方式不同寻常:一篇正式的拉丁语论文穿插其中,由三位对话者用意大利语给出阐释和评论。这篇拉丁语论文包含三个部分:论均匀运动,均匀加速的运动和抛体运动。均匀运动虽然已经有了很好的认识,但伽利略要建立关于它的一些基本比例,作为后两部分的基础。这个例子突显出伽利略处理加速运动时的一个主要问题,即缺乏合适的数学工具,只有一些计算家传统推导出的命题。伽利略会频繁使用中速定理从均匀加速运动转到等价的均匀运动,再应用第一部分关于均匀运动的定理。他始终怀疑不可分量理论,这是他的追随者博纳文图拉·卡瓦列里(1598 ~ 1647)的一项出色的数学成就,其实可以在某些方面对他有帮助。[45] 在第二天和第三天里,伽利略介绍了一些帕多瓦时期取得的

---

〔43〕 Peter Dear,《梅森与学校学习》(*Mersenne and the Learning of the Schools*, Ithaca, N. Y.: Cornell University Press, 1988),第 165 页。

〔44〕《力学问题》第 14 和第 16 问题。感谢 Antonio Becchi 指出这一点。

〔45〕 一个有用的简介是 Kirsti Andersen,《不可分的方法:改变中理解》(The Method of Indivisibles: Changing Understanding),《莱布尼茨研究》(*Studia Leibnitiana*), Sonderheft 14 (1986),第 14 页～第 25 页。

成果并予以扩展。尽管伽利略竭尽全力想发现自由下落的速度与时间成正比,但是发表出来的形式是把这条陈述作为一个定义,企图把它当作简单自然的东西来给出。伽利略认为可以把他的新科学建立在唯一的一条公设之上,即物体沿着不同倾斜度的斜面下落所获得的速度相等,只要斜面的高度相等。[46] 他试图为这条陈述提供更进一步的基础,他断言无论是沿斜面下落的物体还是系在摆的绳上的物体都会获得足够的冲力以回到它最初的高度。伽利略讨论了一项实验:一个球滚下长约 12 肘(1 肘 = 550 ~ 655 毫米)、一端垫高 1 肘或 2 肘的斜面。时间测量使用水钟,让水通过水龙头从大容器中流出然后称重。实验显示,通过的距离正比于时间的平方。伽利略在正式建立他的科学时没有赋予这个实验任何地位。相反,他把运动科学阐述为数学的构造,只在靠后的阶段用这个实验来说明他所阐述的科学符合自然的行为。按照这种相当人为的构造,即使物体下落遵循不同的法则,他的科学仍然保有作为纯粹数学训练的作用。在第四天,伽利略提出了他的抛体运动理论,论证其轨迹为抛物线。在这里,伽利略同样宣称他的科学作为纯粹的数学训练总是有效的,即使自然的行为与此不同。

647

在考虑实验在伽利略工作中的地位时,将个人的研究和公开的表述区分开来大概是有帮助的。私下的实验,例如《论运动的早期[手稿]》中的一些,以及特别是帕多瓦手稿中的一些,看起来对伽利略有重要的启发作用。他做这些实验似乎是为了搜集定量信息,特别是以变量(例如时间和距离)之间成比例的形式。在有些例子中,伽利略可能已经对结果有一些想法,并见到这些想法被证实,而在另一些例子中,结果可能出乎他的意料,例如和达尔·蒙特一起做的斜面上的抛体轨迹实验。有时手稿显示伽利略做了计算并将实验数据与预测值相比较,他的主要目标是确定变量之间的比例而不是数值本身。伽利略经常试图把现象的基本特征和他所谓的偶然扰动分离开来,正是这个策略使他常常能够对复杂现象给出数学表达。[47] 在付印的著作中,伽利略的实验报告的风格和范围变化多端。我们已经看到《两门新科学》中他对斜面实验的报告具有怎样的人为色彩。在《关于水上物体或水中运动物体的谈话》中,他的报告有时体现出一种跟论辩的性质有关的法律条文式的腔调。在那里,伽利略从一开始就知道流体静力学的原理,只是在寻找一种强有力的修辞性表述。《对话》则包含了大量关于实验的非正式表述,带着种种令人眼花缭乱的修辞风格。想要准确指出一种一般模式极为困难,只能说伽利略以科学的修辞写出了一部杰作,以好像是非正式谈话的方式提及实验检验。有时他会宣称一项实验具有极大的准确性,有时又会说结果确定无疑,根本不必做实验,即使我们知道伽利略事实上做过。例如,伽利略讨论了从运动着的船的桅杆上扔下重物的实验,作为运动地球上的运动讨论的一部分,他论证重物会落在

---

[46] Galileo,《两门新科学》,第 162 页。

[47] Damerow 等,《探索古典时期之前的力学界限》,第 208 页～第 236 页;Noretta Koertge,《伽利略与偶然性问题》(Galileo and the Problem of Accidents),《思想史杂志》,38(1977),第 389 页～第 408 页。

桅杆的根部,无论船是否在运动。尽管在《对话》中他声称无须实验也能确定这个结果,但是从之前的一封信中我们得知,他实际上在几年前做过这项实验。[48] 这个例子突出了对伽利略的解读和诠释中的一些问题。

648

尽管伽利略在《两门新科学》第三天的开头自豪地宣布他为一个最古老的问题提出了一门全新的科学,但是学术上对他的实际成就的看法却有分歧。有的把他看作谨慎实验方法的关键人物;有的认为他是将数学用于研究自然的关键人物;有的认为他坚决地跟过去决裂;有的则察觉到从古典时期和中世纪延伸下来的脉络仍然缠绕着他的思想,妨碍他提出新科学的完整阐述。[49] 无论哪种诠释,伽利略都代表了力学史和科学史上的一个关键点,他重新定义了问题和研究课题,为接下去的几十年安排好了议程,在这些方面他扮演了重要角色。

从 1638 年《两门新科学》的出版到 18 世纪早期,力学科学出现了几项相关的进展。起初,力学被放在混合数学学科中,与工程技术关系密切,但是从 17 世纪中期开始,力学越来越多地跟自然哲学融合。17 世纪前期,力学的从业者靠通信网络交流,例如以法国米尼姆会修士马兰·梅森(1588 ~ 1648)为中心的通信网。17 世纪后半叶,这种情景发生了重大变化。伽利略于 1642 年逝世,随后,1643 年他从前的学生、罗马的数学教授贝内代托·卡斯泰利也去世了,不久之后,伽利略在托斯卡纳宫廷的继任者埃万杰利斯塔·托里拆利(1607 ~ 1647)也离开了人世。梅森和勒内·笛卡儿(1596 ~ 1650)也在一两年内相继去世。不只个别学者,整个交流网络也不复存在,必须由下一代人重新组建。非正式的通信网络在 17 世纪后半叶被更为正式的科学学术团体取代,例如伦敦皇家学会和巴黎的皇家科学院,这些都成为力学研究和论辩的主要场所。[50] 最终,力学工作的受众从数学家和工程师转到更广泛的具有哲学和宇宙学兴趣的公众。本章剩下的部分专门讨论这个学科的关键著作怎样被其他从业者和更广泛的知识群体解读。

649

解读伽利略:从托里拆利到梅森

1640 年前后的力学和运动科学学者可能会感到这个领域正处在它最具创造力、最激动人心的一个时期。伽利略在《对话》中讨论了运动科学的方方面面之后,又在 1638 年以 74 岁高龄最终出版了他的大作《两门新科学》。其中头两天在许多题外话之间包含了材料强度这门新科学的原理,这门科学特别处理用于将机器模型转为真机

---

[48] Drake,《工作中的伽利略》,第 84 页,第 294 页。

[49] 经典的诠释有 Drake,《工作中的伽利略》; Galluzzi, *Momento*; Damerow 等,《探索古典时期之前的力学界限》,第 3 章。

[50] 在关于这个主题的大量文献中,可参看 Lorraine Daston,《培根主义的事实、学术修养与客观性前史》(Baconian Facts, Academic Civility, and the Prehistory of Objectivity),《学术年鉴》(*Annals of Scholarship*),8(1991),第 337 页～第 363 页;Mario Biagioli,《17 世纪科学中的礼仪、相互依赖和社会性》(Etiquette, Interdependence, and Sociability in Seventeenth-Century Science),《批评性调查》(*Critical Inquiry*),22(1996),第 193 页～第 238 页。

器的尺寸放大问题。第三和第四天讨论运动科学,包括落体和抛体的运动。《对话》在1635年有了第一个拉丁文译本,此后经常再版;1639年梅森给出了伽利略《两门新科学》的一个意译的法语译本。卡斯泰利于1639年出版了他关于水流的论著《论水流的测量》的第二版。在意大利以外,梅森于1636年出版了庞大而错综复杂的《普遍和谐》(*Harmonie universelle*),这是一部致力于音乐问题的著作,因为声音由运动产生,所以其中包括了对运动的广泛讨论,很大程度上基于伽利略的《对话》。所有这些著作宣告了数学和物理世界之间出现了新的关联:运动科学正在成为数学学科不可分离的一部分,并以多种方式跟力学绑在一起。[51]

三门新的数学学科都有着技术和工程的根源:跟水科学的起源紧密相关的是意大利中部(特别是博洛尼亚与费拉拉之间的地区)的河流径流问题,以及威尼斯潟湖的问题;材料强度与尺寸放大问题的科学是工程师们共同关心的,以至于伽利略在《两门新科学》中介绍它们的时候所用到的讨论也是由造访威尼斯军械所而得到的灵感;运动科学则在火炮术中有根源。尽管有这些牵连,但是大学数学家和哲学家们在提倡和讨论这些学科时,心中所想到的受众更多的是有哲学背景的和有学识的人,而不是技师和工程师。一方面,他们的工作不仅强调功用,而且强调改造知识(特别是自然哲学)的重要性;另一方面,在17世纪,世界,至少是其中重要的部分,越发地被按照机械论方式看待,因而对机械的讨论开始被宇宙论的暗示和自然哲学所影响。17世纪中叶,大学的自然哲学课本已经时不时地在讨论和批判伽利略的观点。[52]

650

出于种种原因,运动科学吸走了绝大部分注意力。伽利略认为他把材料强度的科学建立在了杠杆原理之上,人们认为这个原理依赖数学和力学基础,而这些基础的可疑之处比运动科学少,[53]所以,材料强度的科学只产生了较少的争议,大体上没有激发更广泛的哲学论辩。对材料强度的数学处理吸引了一些人物的注意,包括工程师兼数学家弗朗索瓦·布隆代尔(1618～1686),伽利略派数学家亚历山德罗·马尔凯蒂(1633～1714)和温琴佐·维维安尼(1622～1703),耶稣会士奥诺雷·法布里

[51] 尽管把整个17世纪的运动科学都放在力学之内是有问题的,但是如果把运动科学排除在外,那问题就更大了。17世纪的学者越来越倾向于把平衡或者说静力学看成是跟运动科学一体两面的。Alan Gabbey 就此问题撰写了几篇颇有见地的文章,参看 Gabbey,《牛顿的〈自然哲学的数学原理〉:一本关于"力学"的论文?》(Newton's *Mathematical Principles of Natural Philosophy*: A Treatise on "Mechanics"?),载于 Peter M. Harman 和 Alan E. Shapiro 编,《困难事物的研究》(*The Investigation of Difficult Things*, Cambridge: Cambridge University Press, 1992),第305页～第322页;Gabbey,《笛卡儿的物理学与笛卡儿的力学:鸡与蛋?》(Descartes's Physics and Descartes's Mechanics: Chicken and Egg?),载于 Stephen Voss 编,《论勒内·笛卡儿的哲学和科学》(*Essays on the Philosophy and Science of René Descartes*, Oxford: Oxford University Press, 1993),第311页～第323页;Gabbey,《技艺与自然哲学之间:对现代早期力学编史学的反思》(Between *ars* and *philosophia naturalis*: Reflections on the Historiography of Early Modern Mechanics),载于 Judith V. Field 和 Frank A. J. L. James 编,《文艺复兴与革命》(*Renaissance and Revolution*, Cambridge: Cambridge University Press, 1993),第133页～第145页。

[52] 例如,参看 Niccolò Cabeo, *In quatuor libros Meteorologicorum Aristotelis commentaria* (Rome: Typis heredum Francisci Corbelletti, 1646)。关于这个话题,经典的研究是 Charles B. Schmitt,《伽利略和17世纪教科书传统》(Galileo and the Seventeenth-Century Text-book Tradition),载于 Paolo Galluzzi 编,《美妙的消息与知识危机》(*Novità celesti e crisi del sapere*, Florence: Giunti Barbera, 1984),第217页～第228页。法国的情形参看 Laurence W. B. Brockliss,《17世纪、18世纪的法国高等教育》(*French Higher Education in the Seventeenth and Eighteenth Centuries: A Cultural History*, Oxford: Oxford University Press, 1987)。

[53] 至于那些成问题的基础,本章稍后会讨论它们的某些方面。

(1607～1688),巴黎皇家科学院的实验哲学家埃德姆·马略特(约1620～1684),还有一些数学家,例如戈特弗里德·威廉·莱布尼茨(1646～1716)和雅各布·伯努利(1654～1705)。[54] 水科学虽然超乎寻常地复杂,卡斯泰利关于水流的基础命题却非常简单明了,笛卡儿和艾萨克·牛顿(1643～1727)都在宇宙论意义上隐含地使用了它,不过水科学很大程度上仍然只是植根于意大利的技术问题。[55]

现在让我们来考虑运动科学。伽利略提出过不同的表述:在把地上物体的运动跟哥白尼主义结合起来的《对话》里可以说是零零碎碎的,而在《两门新科学》里则是以公理化的形式用定义和定理建造而成。即便考虑到这一重大差异,当我们注意到17世纪30年代后期和17世纪40年代的学者对他的著作的解读是多么不同的时候还是会感到惊诧。对有些人来说,伽利略提出了一系列命题有待实验检验或逐个检查其数学或力学推理。检验过程的一部分是要得出伽利略似乎并不特别感兴趣的数值,例如秒摆的摆长或落体在1秒内走过的距离。另一些人感兴趣的是新科学整体的公理结构、公理和定义的选择,以及随之而来的证明。还有一些人则开始考虑数学哲学的方面,例如连续统的本性,特别是关于时间和速度的。最后,一些学者反对伽利略科学的真正本性,认为他忽视了物理原因,建立了一门与实在世界毫无关系的抽象科学。这些各不相同的解读为理解17世纪中期研究力学和运动的诸多视角提供了很有价值的突破口。

651

伽利略和他的学生托里拆利、维维安尼主要考虑如何模仿阿基米德对天平平衡的研究去阐述一门科学。大体上他们已经确信每个命题分开来看为真,只是担心整体的结构,特别是公理的选择。在他们看来,理想的情况是公理不必由实验来确立,而必须选择为心灵天然同意的理性原则。《两门新科学》刚出版不久,维维安尼就敦促伽利略考虑公理的选择,伽利略设想了一种方式在普遍认可的力学原理基础上证明他的公理。新的证明出现在1656年第二版的《两门新科学》中,此次出版的还有除《对话》以外伽利略的其余著作。[56] 托里拆利走的也是类似的路线,他在《论运动》(*De motu*, 1644)中重新阐述并扩展伽利略的科学时引入了新的原理,即两个相连的物体仅当它们的共同重心下降时才会运动。虽然托里拆利提到了绑在天平或滑轮上的物体作为例证,但很明显这个原理并不基于实验,而且具有一般的有效性,不限于所提到的特定例子。[57]

---

[54] Edoardo Benvenuto,2卷本《结构力学史导论》(*An Introduction to the History of Structural Mechanics*, Berlin: Springer, 1991),第1卷。

[55] 卡斯泰利的命题最初发表在1628年的初版《论水流的测量》中。它说的是,在具有固定径流的河中,横截面的面积与水流经该截面的速度成反比。Descartes,《哲学原理》(*Principia philosophiae*), pt. 3, paras. 51, 98; pt. 4, para. 49. Newton,《自然哲学的数学原理》,新译本,第789页～第790页。关于意大利水力学传统的主要研究是Maffioli,《源于伽利略:水科学(1628～1718)》。

[56] 这条公理说的是同一物体在不同倾斜度的斜面上获得的速度都相等,只要斜面的高度都相等。Galileo,《两门新科学》,第206页,第214页～第218页,新证明放在脚注中。

[57] 《论运动》是托里拆利《几何学著作》(*Opera geometrica*, Florence: Typis Amatoris Masse and Laurentii de Landis, 1644)的一部分。

如果将以上考虑推广到其他方面就错了。一些读者质疑特定的经验论断，并做了实验挑战伽利略的陈述和结论。例如，热那亚贵族詹巴蒂斯塔·巴利亚尼（1582～1666）和巴黎的梅森都对伽利略声称一个物体5秒内只下落了100肘（不足70码）表示惊讶和怀疑，两个人都十分正确地相信实际距离远大于此。现在我们知道，伽利略把一些沿斜面下落的结果外推到自由落体，由于当时并不了解的一些原因，这种外推是成问题的。梅森在检验伽利略的断言时发现了系统性的错误，涉及几乎所有的倾斜度。沿斜面下落的物体走过的距离明显小于伽利略的预测。[58] 伽利略还声称向上射出的物体在回落过程中经历的各个速度与上升过程相同，特别地，物体着地的速度跟射出速度相同。然而基于撞击力的实验显示，物体下落之后的速度比射出速度小很多，这是由梅森和巴黎数学家吉勒·佩索纳·德·罗贝瓦尔（1602～1675）报告的。炮兵们做了实验来检验伽利略关于抛物线轨迹的论断，起初是在热那亚，后来在欧洲许多地方都有。轨迹真是抛物线吗？最大射程确实在45°倾角时达到吗？有可能测量和预测空气阻力吗？最后，受伽利略启发的实验中可能是最广泛、最精确的一组是由耶稣会士数学家詹巴蒂斯塔·里乔利（1598～1671）主持，在博洛尼亚许多座钟塔或市民塔上进行的。在大约10年时间里，里乔利扔过铅球、黏土球（空心的和实心的）、蜡球和各类木料做的球，发现它们都遵循伽利略的奇数法则——在相继的时间间隔里走过的距离为1、3、5等——尽管所有物体都以同样的加速度下落这一点并不太对。里乔利还做了秒摆摆长的实验，这是伽利略的读者们的又一个共同主题。以上实验中至少有一部分是在思索哥白尼主义和运动地球上的物体行为问题时而做的，这是一项主要的忧心事，特别是在耶稣会士作者当中。[59]

652

此外，困扰一些读者的是，伽利略的运动观内嵌了特定的和一般的哲学命题。前一类中最突出的是连续性问题。伽利略多次声称落体经历了每一个速度。因为速度有无限多个，而物体下落的时间有限，由此似乎可以得出，物体必须在每一瞬间经历一个速度，且一段有限的时间由无限多个瞬间组成。连续统的组成还触及许多其他主题，特别是浓缩和稀释、物体的凝聚以及抗断裂性——伽利略《两门新科学》第一天的主要话题。即使在运动科学之内，伽利略的断言也是有争议的，几位学者基于不同的理由对它提出了挑战。耶稣会对连续统的组成问题极为敏感，因为它潜在地冲击了诸如圣餐变体的教义等关键问题。一些命题被禁止，例如“数或量上的无限可以包含在

653

[58] Marin Mersenne, *Harmonie universelle contenant la théorie et la pratique de la musique* (Paris: Editions du CNRS, 1986), bk. 2, prop. 7, esp. pp. 111 - 12. 产生误差的原因是，球体滚下斜面的行为是刚体而不是质点，由于有旋转所以遵循更复杂的定律。球体沿斜面滚下所走过的距离只有伽利略和梅森所认为的距离的七分之五。

[59] Giovanni B. Riccioli, *Almagestum novum* (Bologna: Ex Typographia Haeredis Victorij Benatij, 1651), pt. I, pp. 84 - 91 and pt. II, pp. 381 - 97. 经典的研究是 Alexandre Koyré,《测量实验》(An experiment in measurement),《美国哲学协会会刊》(*Proceedings of the American Philosophical Society*), 97(1953), 第222页～第237页;《从开普勒到牛顿的落体运动问题的文献史》(A Documentary History of the Problem of Fall from Kepler to Newton),《美国哲学学会学报》(*Transactions of the American Philosophical Society*), 45 pt. 4 (1955)。最近, Peter Dear 研究了实验在数学学科和运动科学中的地位, Peter Dear,《专业与经验：科学革命中的数学方法》(*Discipline and Experience: The Mathematical Way in the Scientific Revolution*, Chicago: University of Chicago Press, 1995)。

两个单元或两个点之间”，以及“连续统由有限多个不可分者组成”。一些耶稣会士开始卷入关于连续性的形而上学争论，他们辩护的一些命题，既反对伽利略，又令人吃惊地反对他们自己的修道会的观点，这里面包括两名耶稣会学者奥诺雷·法布里和皮埃尔·勒卡兹尔（1589～1664）。特别是法布里，他论证说时间不是连续的，而是由微小但有限的瞬间组成，后期他还断言瞬间具有可变的大小。巴利亚尼也按照类似的脉络去论证，可能是受到了法布里的启发。依照他们的观点，一段时间间隔应包含有限多个有限的瞬间，因而速度不是连续地变化而是离散地在每一个新的瞬间发生变化。法布里同意伽利略的法则在经验上适用，但否认伽利略为他的科学提供了基础，并认为经验无法达成这一目的。他的观点的优势在于为落体的科学提供了另一种更加坚实的哲学形而上学辩护。此外，如果瞬间非常小，伽利略的奇数法则跟法布里的法则之间的差异就会小到经验上无法辨认。这样一来，就可以保留伽利略工作的实验方面，同时为之提供一个在连续统组成方面更坚实的基础。毫不意外，古代原子论的复兴者皮埃尔·伽桑狄（1592～1655）也卷入了这些争论。[60]

其他学者对伽利略科学的真正本性有另一些基本的反驳。在不只考虑物理原因，而且还考虑伽利略科学的构造的读者中，笛卡儿是最杰出的一位。伽利略以阿基米德为模范建立他的科学，并时常强调对于感觉经验和数学的依赖是知识的新来源。与此不同，笛卡儿有更广的目标，要从形而上学基础着手改造知识。

笛卡儿的机械论哲学与力学

要讨论伽利略与笛卡儿的视角的某些差异，一种途径是聚焦于他们对亚里士多德的解读，以及他们跟逍遥学派传统的关系。他们两人都拒斥亚里士多德，特别是大学里的逍遥学派学问，不过伽利略提出的是一个强大但较为狭窄的替代方案，专注于运动、物质理论和宇宙论，而笛卡儿提出的是一个更广泛的替代，包括了自然和人类知识基础，旨在取代学者们和大学教育当中的亚里士多德世界观。伽利略对数学跟物理原因之间的关系的看法变化多端，即使在同一部著作中也是如此。例如，在《两门新科学》中，他试图诉诸无限多的间隙真空来解释物体的抗断裂强度，使物质理论跟对连续统的分析结合起来。然而，对于运动科学，伽利略通过他的发言人菲利波·萨尔维亚蒂（1582～1614）宣称，他并不打算研究原因，也不打算在平衡态科学即静力学的阿基米德传统之中提出一门新科学。[61]

654

---

[60] C. R. Palmerino，《两位耶稣会士对伽利略运动科学的回应：奥诺雷·法布里和皮埃尔·勒卡兹尔》（Two Jesuit Responses to Galileo's Science of Motion: Honoré Fabri and Pierre Le Cazre），载于 Mordechai Feingold 编，《新科学与耶稣会科学：17 世纪的观点》（*The New Science and Jesuit Science: Seventeenth Century Perspectives*, Dordrecht: Kluwer, 2003, *Archimedes*, vol. 6），第 187 页～第 227 页，引文在第 187 页。并参看 Paolo Galluzzi，《伽桑狄与有关运动定律的伽利略事件》（Gassendi and *l'Affaire Galilée* on the Laws of Motion），载于 Jürgen Renn 编，《背景中的伽利略》（*Galileo in Context*, Cambridge: Cambridge University Press, 2001），第 239 页～第 275 页。

[61] Galileo，《两门新科学》，第 109 页，第 158 页～第 159 页。

相比之下，笛卡儿在跟荷兰学者伊萨克·贝克曼(1588～1637)进行了至关重要的合作之后，开始以创造一种新的世界观为目标，要把对自然特别是运动的数学描述跟物理因果解释结合起来。这一连接的关键是微粒和精细流体的微观世界，它造成了物理现象。通过把他对粒子碰撞和流体行为的研究相结合，笛卡儿得以创造一门新的物理数学，他和贝克曼用这个词指一种将数学描述和物理因果说明结合起来的科学。混合数学研究诸如杠杆的性质，而不去探索重性的原因，但笛卡儿要让这种探索成为他的工作的主要特征。[62] 笛卡儿对伽利略的《两门新科学》评价不高，在给梅森的一封信中，他表示不同意材料强度的物理解释和对连续统的分析，因为他认为伽利略建立了一门没有基础的运动科学，没能提供更深刻的哲学上和原因上的分析。笛卡儿认为伽利略解答的是完全缺乏物理意义的简单数学练习。[63] 笛卡儿关于重性由粒子流导致的观点使得伽利略对落体运动的抽象变得空洞无意义，因为伽利略去掉了运动的真正原因。

伽利略和笛卡儿都熟悉《力学问题》，这个文本在当时被认为是亚里士多德所著，今天被归于其学派。《力学问题》依赖于杠杆原理，提出了一系列与之相关的例子和实例。伽利略在力学传统中解读它，而笛卡儿却在它和它的诠释传统中找到了关于投石器、水涡旋和海岸上被磨圆的石块的内容，这正是他的世界观的三个关键要素，本节稍后还会再次遇到。[64]

655

笛卡儿的工作，连同伽利略论物质构成的一些段落，以及伽桑狄的基督教化的原子论，共同构成了所谓的机械论哲学的支柱。在《试金者》(*Il Saggiatore*, 1623)中，伽利略在物质的诸如形状这类独立于人类感知的性质和颜色这类只居于人类心灵中的性质之间作了一个区分，它们后来分别被称为第一性质和第二性质。伽桑狄在多部著作中企图恢复一种古代哲学，主张物质的基本组成部分即原子在空的空间中运动，这些著作的顶峰是令人印象深刻的《哲学论著》(*Syntagma philosophicum*, 1653)。机械论哲学是一堆互相异质的观点，有一个共同的核心，基于相信运动粒子的大小形状占据基础地位这一信念。笛卡儿既不相信存在空的空间，也不相信物质或原子不可分，都和伽桑狄不同。

笛卡儿在《论世界》(*Le monde*)中首次勾画了他的体系，不过这部著作直到他去世后的1664年才出版。他的同时代人所知道的主要文本是《哲学原理》(*Principia philosophiae*)，先是在1644年以拉丁文出版，然后在1647年出版了法译本，由克洛

[62] Stephen Gaukroger，《笛卡儿》(*Descartes*, Oxford: Oxford University Press, 1995)，第3章。笛卡儿和贝克曼在这个意义上使用"物理数学"一词。而在耶稣会作者中也出现了相同的术语，但是含义有所不同，对此的研究见 Dear，《学科与经验：科学革命中的数学之路》。并参看 Stephen Gaukroger 和 John Schuster，《流体静力学悖论与笛卡儿动力学的起源》(The Hydrostatic Paradox and the Origins of Cartesian Dynamics)，《科学史与科学哲学研究》(*Studies in History and Philosophy of Science*)，33(2002)，第535页～第572页。

[63] 这封信的相关部分译文见 Drake，《工作中的伽利略》，第386页～第393页。

[64] H. Hattab，《从力学到机械论：〈力学问题〉与笛卡儿的物理学》(From Mechanics to Mechanism: The *Quaestiones mechanicae* and Descartes' Physics)，将发表在《澳大利亚科学史与科学哲学研究》(*Australasian Studies in the History and Philosophy of Science*)。感谢作者提供她的文章草稿并准许引用。

德·皮科神父(1668 年卒)翻译,部分经过笛卡儿的指导。这部著作分 4 部分,讨论人类知识的原理、物质性事物的原理、可见世界和地球。笛卡儿将它献给他的朋友和通信人普法尔茨的伊丽莎白公主(1596 ~ 1662)。笛卡儿说她拥有全部技艺和科学的详细知识,所以是唯一理解了他出版的所有著作的人。在作为法文版前言的给皮科的信中,笛卡儿建议第一次读他的书要当作小说来读,弄清楚它是说什么的,第二次阅读才可以更加细致地检查,并把握整体的秩序。给伊丽莎白和皮科的信件表明,笛卡儿的工作在所处理的问题范围和打算面对的广泛受众两方面有着非同一般的野心。[65]

本文在此关注第二至第四部分,其中勾画了一个世界体系,基于相对简单的定律,不过涉及一系列复杂得让人眼花缭乱的粒子间相互作用。在第二部分,笛卡儿论证空间与物体性实体不可区分,虚空和原子并不存在。笛卡儿还试图在定义物体的运动时按照相对于接触它的诸物体来下定义,从而地球若是被一个涡旋携带着,就可以确实说它相对于周围物体静止。至于这个定义真的是他的观点的一部分,还是旨在保护他的体系免遭天主教会指控为哥白尼主义,学者们意见不一。[66]

656

在对运动的研究中,笛卡儿阐述了 3 条定律,这显著地偏离了数学学科使用的“公理”一词。他对这些定律的辩护部分基于物理,部分基于神学。他把运动和静止都视为物体的样态,而且至少在某种程度上看成是等价的,从而每个物体都无限期地维持运动状态或静止状态。这是他的第一条运动定律。第二条定律规定运动就其本身而言是直线的,作圆周运动的所有物体都倾向于沿切线逃离中心。笛卡儿经常谈到“定势(detemination)”,其含义与“方向”相近。在 17 世纪稍晚些时候,以上两个定律所包含的思想将成为所谓的惯性定律,尽管惯性这个术语最早是约翰内斯·开普勒(1571 ~ 1630)使用的,表示的意义很不一样,指的是物体趋向于静止的固有倾向。笛卡儿试图为他的前两个定律提出来自日常经验对象的例子,前一个的例子是抛体,后一个是投石器。[67]

传统上,笛卡儿对运动的重新概念化和对空间的几何化被视为 17 世纪力学与自然哲学的历史中最主要的事件。[68] 按照开普勒和传统亚里士多德学说,运动物体会自然地停下来。在伽利略的工作中,水平运动通常是沿斜面的运动在倾斜度为零时的极限,它跟水平面重合,在这个意义上确实是水平的,因此,它在一个较短的距离上看起来是直的,但在较长的距离上就因为地球的弯曲而呈圆形。伽利略似乎把相似的观点

---

[65] Gaukroger,《笛卡儿》,第 7 章和第 9 章。

[66] Daniel Garber,《笛卡儿的形而上学物理学》(*Descartes' Metaphysical Physics*, Chicago: University of Chicago Press, 1992),特别是第 6 章。

[67] Garber,《笛卡儿的形而上学物理学》,第 188 页～第 193 页; Damerow 等,《探索古典时期之前的力学界限》,第 103 页～第 123 页; Descartes,《哲学原理》, pt. 2, paras. 37 - 9; Alan Gabbey,《17 世纪动力学中的力与惯性》(Force and Inertia in Seventeenth-Century Dynamics),《科学史与科学哲学研究》, 2(1971),第 1 页～第 67 页。参看 W. Applebaum 编,《从哥白尼到牛顿的科学革命百科全书》(*Encyclopedia of the Scientific Revolution from Copernicus to Newton*, New York: Garland, 2000),第 326 页～第 328 页, Domenico Bertoloni Meli 撰写的关于惯性的词条。

[68] 这一观点最有影响力的支持者是 Alexandre Koyré,参看他的《从封闭世界到无限宇宙》(*From the Closed World to the Infinite Universe*, Baltimore: Johns Hopkins University Press, 1957)。

延伸到轨道运动,暗示圆周运动是天然的。笛卡儿则相反,他让匀速直线运动在一个欧几里得空间中无明确限制地延伸。虽然他和伽桑狄在这个问题上的观点具有极其重要的地位,但这个世纪中期发生在力学中的转变有着更广泛的基础。力学和运动科学涉及更丰富的一套概念、实践和问题,不仅仅是笛卡儿的前两条定律暗含的那些,还有诸如落体、弦和摆的运动、材料强度、水流等。[69] 657

笛卡儿的第三条关于自然的定律关注碰撞,它说一个物体撞上更强的物体时不会失去一部分运动,而一个物体撞上较弱的物体时失去的运动跟它传递给后者的一样多。换句话说,第三定律陈述了运动的守恒,笛卡儿指的是物体的大小与速度的乘积,不考虑方向。显然这条定律需要加以辩护和限定。笛卡儿断言,因为上帝的计划和行动,动量是守恒的,不是就单个物体而言,而是就宇宙作为一个整体而言。在随后的说明中,笛卡儿区分了硬的和软的物体,给人的印象是物体的力量跟它的硬度相关。不过,稍后他又按照物体的大小、表面和速度以及碰撞的性质来定义物体的力量。这些条件相当复杂,在说到为实际的碰撞提供特定法则时,笛卡儿会引入一些简化,例如物体是完全坚硬的和被看成孤立于周围物体的。[70]

这些简化非常极端,因为它们描述的是不可能在笛卡儿的充实世界中发生的抽象状况。即使有这些简化,笛卡儿的 7 条法则仍然显得有问题,尽管他声称这些法则是自明的,不需要任何证明。法则 1 至 3 处理朝相反方向运动的物体,法则 4 至 6 处理一个运动物体与一个静止物体的碰撞,最后一条法则考察两个同方向运动的物体发生碰撞的各种情形。笛卡儿的法则不乏令人惊讶和难以服人的特征。例如,在法则 4 中他论证说一个静止的物体不可能被比它小的物体推动,无论后者的速度是多少。跟笛卡儿的法则有关的问题的另一个例子在法则 2 和法则 5 中呈现出来。根据法则 2,如果两个物体一个比另一个略微大一些,速度相等且方向相反地发生碰撞,较小的物体将反弹,两者将以同样的速度朝同一方向运动。根据法则 5,如果一个运动物体与一个较小的静止物体碰撞,撞击后二者都将沿着撞上来的物体的运动方向以相同速度运动,速度小于撞上来的物体的原始速度。在这两种情形中,两个物体共同的最终速度可以由笛卡儿式的动量或者说标量的动量守恒来确定,对于同等大的物体,在法则 2 中这个速度比法则 5 的要大。因此,似乎运动物体跟静止的物体碰撞时比起跟反方向运动的相同物体碰撞时受影响更大,这个结论难以令人信服,至少远非自明。[71]

笛卡儿《哲学原理》的第三部分讨论可见世界,勾画出一个基于运动粒子的大小和形状的宇宙演化学说。他提供了宇宙以及诸如行星、彗星这样的天体的运动如何形成的一种解释。天空是流体性的,物质或元素按形状和大小分三类。随着时间流逝,物 658

---

[69] 我们还缺少对 17 世纪力学的全面研究。关于水科学,参看 Maffioli,《源于伽利略:水科学(1628 ~ 1718)》。关于材料强度,参看 Benvenuto,《结构力学史导论》,第 1 卷。

[70] Descartes,《哲学原理》, pt. 2, paras. 40 – 55。

[71] 有大量的文献讨论碰撞法则。参看 Damerow 等,《探索古典时期之前的力学界限》,第 91 页～第 102 页;Garber,《笛卡儿的形而上学物理学》,第 8 章。

质粒子就像海滩上的石块一样变成圆形,它们的细小碎片形成不同类的物质。第一种元素形成太阳和恒星,它材质精细,运动极快。第二种元素十分粗糙,形成充满天空的流体。第三种元素相当粗大,形成行星和彗星。光是由于小的粒子努力逃脱旋转的涡旋而造成的压力。从第二条运动定律到对光的分析,笛卡儿依靠的是运动的直线性。曲线运动是被外部的作用者引起的,会产生出沿切线逃逸的倾向。笛卡儿没有提出这种向外倾向的定量度量,但是为它的解释埋下了被持续使用几十年的概念基础。倾向于沿切线逃逸的物体同时也倾向于逃离中心,所以一块旋转的石头会拉扯装着它的投石器,要由抓着投石器的手来抗衡它。类似地,在宇宙中,环行物体也有沿切线逃逸的倾向,倾向较强的物体就把其他物体推向中心,因此,看起来具有向心倾向的物体实际上只是在向外运动的竞争中的失败者。在一个没有空的空间的宇宙中,每个向外运动的粒子必定对应一个朝相反方向运动的粒子。笛卡儿用水涡旋上漂浮的麦秆被旋转推向中心的例子来证明这一点。处理现实世界时,笛卡儿并不依赖他的碰撞法则,而是考虑诸如物质结构、物质微孔的性质、流经微孔的流体粒子的大小和速度等因素。在笛卡儿眼中,这类解释的优点在于用哲学上可接受的概念去解释所有现象,避免使用无法说明的吸引、排斥和所有不是基于直接接触的作用。[72]

第四部分专门讨论地球,考察了许多关于它的形成和特征的现象,延伸到重性、潮汐、化学现象和化学反应、火焰的产生、磁性、气和其他物质的弹性以及别的现象。例如,关于重性,笛卡儿论证说,因为流经地上物体并造成重性的粒子具有不同的大小和速度,所以物体的重量并不和它的固体物质(即笛卡儿的第三种元素构成的较粗大的物质)的量成比例。[73]

笛卡儿对前两条定律的阐述,在第三条定律中对守恒的坚持,还有他对曲线运动和碰撞提出的问题都改变了运动科学的面貌。笛卡儿将物质与广延等同,原则上为宇宙的彻底几何化做好了准备。然而实际上,朝各个方向运动的粒子流之间相互作用的复杂程度意味着对自然的数学描述只能在有限的领域内达成实际的阐述。[74]

659

解读笛卡儿与伽利略：惠更斯和学院时代

虽说也许只有少数虔诚的追随者全面接受了笛卡儿的观点,但17世纪后半叶支配知识界的是对笛卡儿学说的批判、回应、重新阐述和精致化。读过他的著作的人没有一个不被改变的。笛卡儿还在世的时候,就已经出现了基于他的哲学的大学教科书,17世纪后半叶就更多了,这标志着高等教育的重大转变。在此只提两位最突出的作者亨里克斯·雷吉乌什(1598～1679)和雅克·罗奥(1620～1675),他们写的教科

[72] Descartes,《哲学原理》, pt. 3, paras. 48 - 63。
[73] Descartes,《哲学原理》, pt. 4, para. 25。到17世纪晚些时候,牛顿将会更精确地提出这一点。
[74] 光学是笛卡儿在这方面尤为成功的一个领域。参看 Gaukroger,《笛卡儿》,第256页～第269页。

书很有影响力,并出现了很多版本,后者的一直延续到 18 世纪。[75]

让我们来看看笛卡儿的《哲学原理》被如何解读,特别是他的自然定律和碰撞法则。在数学家的共同体中,前两条运动定律的遭遇远远好于第三条定律以及它在碰撞法则中的实例。学者们承认不受干扰的运动是匀速直线的,至少在原则上是这样,即使他们有时候在实践中忘记应用它,例如乔瓦尼·阿方索·博雷利(1608～1679),他获得伽利略先前在比萨的数学教授职位,在研究旋转地球上的落体时就忘记了这一定律。[76] 动量守恒和碰撞法则问题更多,并受到批判和拒斥,17 世纪 60 年代后期达到顶峰。

先作一点简要的编史学考虑可能会有用处。传统上认为对碰撞的研究只不过是寻找正确的法则。[77] 然而,法则依赖所涉及物体的不同类型,因此,问题是两方面的:要确定法则,还要恰当地给物体分类。为了得出有意义的法则,必须知道对于碰撞现象来说像软、硬、弹性这些术语是什么意思。因此,对碰撞的研究涉及物质性物体的属性。其中最重要、范围最广的是弹性,它服从数学描述,与大量工具、现象和实验相关联,例如风炮、气动喷泉、弹簧、托里拆利管、气泵等。

660

17 世纪 50 年代后期,荷兰学者克里斯蒂安·惠更斯(1629～1695)开始怀疑笛卡儿的法则并着手阐述新的法则,但是他的工作只有部分被少数通信者获悉,他撰写的论著在当时一直没有出版。惠更斯用摆来研究碰撞,这个技巧非常有效,碰撞前后的速度可以由摆锤的高度确定。他的最终表述是公理化的,就像伽利略运动科学的风格,不是基于实验而是基于有技巧地运用一般性原理。其中最著名的有否定笛卡儿的某些法则的运动相对性,还有对托里拆利原理的推广,即两个碰撞物体的重心不会升高。[78] 人在思考摆的碰撞时,很自然地会考虑物体能达到的高度,并引入一个基于其速度的平方乘以其重量的表达式,这个概念后来从莱布尼茨开始被称为 vis viva,即"活力"。[79] 1660 和 1661 年,惠更斯在巴黎和伦敦当着几位皇家学会成员的面展示了他解决碰撞问题的本领。

1666 和 1667 年,博雷利出版了两本著作,分别讨论美第奇行星的运动和撞击力,两个极为伽利略式的主题。在他的著作中,博雷利批判了笛卡儿的法则,并提出了他

---

[75] 参看 Henricus Regis,《物理学基础》(*Fundamenta physices*, Amsterdam: Apud Ludovicum Elzevirium, 1646);Jacques Rohault,《论物理学》(*Traité de physique*, Paris: Chez la Veuve de Charles Savreux, 1671);Brockliss,《17 世纪、18 世纪的法国高等教育》。

[76] 关于笛卡儿的定律和后来的阐述之间的细微差异,参看 Gabbey,《17 世纪动力学中的力与惯性》; Giovanni A. Borelli, *De vi percussionis* (Bologna: Ex typographia Iacobi Montii, 1667), pp. 107 - 8;Koyré,《从开普勒到牛顿的落体运动问题的文献史》,第 358 页～第 360 页。

[77] 参看例如 Richard S. Westfall,《牛顿物理学中的力》(*Force in Newton's Physics*, London: Macdonald, and New York: American Elsevier, 1971),索引。

[78] Christiaan Huygens,22 卷本《全集》(*Oeuvres Complètes*, The Hague: Martinus Nijhoff, 1888 - 1950),第 16 卷,第 21 页～第 25 页,第 95 页注释 10。这是对托里拆利原则的推广,因为两个碰撞物体并不连在一起。

[79] Vis viva 首次出现在莱布尼茨的《试论天体运动的原因》(*Tentamen de motuum coelestium causis*)中,发表在 1689 年的《学者报告》上。参看 Domenico Bertoloni Meli,《等价与优先》(*Equivalence and Priority*, Oxford: Oxford University Press, 1993),第 86 页～第 87 页;《试论天体运动的原因》中相关段落的译文在第 133 页。

自己的一些法则。例如,他论证说,无意冒犯笛卡儿,但较小的物体是可以推动较大物体的;他还研究了他称为完全坚硬不反弹的物体的碰撞。对博雷利来说,碰撞的关键概念是“原动力(vis motiva)”,即带有方向的速度乘上物体,他论证说这是守恒的。博雷利在处理物体反弹方面有困难,这是碰撞中常见的现象,但如果把碰撞物体设想成不可形变的就很难解释它。博雷利还讨论了弹性,但并没有阐述弹性碰撞的法则,可能是因为他不相信这可以用数学的形式给出。[80]

17 世纪 60 年代后期,皇家学会研究了运动问题,并且在几次有实验与讨论的会议上提出碰撞议题。1668 年,学会就这一问题征稿,牛津萨维尔数学教授约翰·沃利斯(1616～1703)、建筑师克里斯托弗·雷恩(1632～1723)以及惠更斯提交了解答。沃利斯的文章很简短,没有处理主要论题。后来他在《力学,或关于运动的几何学论著》(*Mechanica, sive de motu tractatus geometricus*, 1670～1671)中大大扩展了他讨论的范围,其中将物体分成硬的、软的和弹性的。黏土、蜡和铅是软的物质的例子,钢铁和木头是弹性物质的例子。至于坚硬物体,沃利斯可能是指物质的终极组成部分,但没有给出例子,尽管他提出了关于它们的碰撞法则。沃利斯把软的物体排除在他的法则之外,论证说它们在碰撞中会失去一部分动量。因此,他并没有提出一种对所有物体有效的普遍守恒法则。

661

雷恩提交了一篇简短且相当隐晦的文章,与惠更斯的十分相似,后来惠更斯抗议说雷恩的思想是得自他们两人 1661 年在学会的讨论。惠更斯对于雷恩和沃利斯投稿比他早一事十分恼怒,将他的论文的一个版本发表在《学者杂志》(*Journal des sçavants*)上,然后又发表在《皇家学会哲学汇刊》(*Philosophical Transactions of the Royal Society*)上。他指出笛卡儿的守恒定律是无效的,因为笛卡儿式的动量可以增加、保持不变和减少。在碰撞中对于所有类型的物体保持不变的应该是在一个方向上的动量。惠更斯区分了硬的和软的物体,论证说对于前者而言碰撞是瞬时的,对后者而言碰撞的发生有一段时间。他还断言坚硬非弹性的物体像弹性物体一样会反弹。坚硬物体的例子是原子——惠更斯试探性地接受原子的存在——还有笛卡儿的精细物质。如果没有意识到这场争论的笛卡儿根源,就不可能理解其中的术语。[81]

再次研究曲线运动时,笛卡儿以投石器为例给出了一个重要的概念框架,而拥有足够的眼光和数学技巧来为这个问题提供一个解答的人还是惠更斯。在碰撞法则方面,惠更斯在 17 世纪 50 年代后期就得到了他的重要结论,但过了几年时间才以缩略的形式发表。研究这个主题最初的刺激因素有点间接地来自梅森。我们已经看到,这位法国米尼姆会修士对伽利略的解读常常以确定数值为目标,自由落体 1 秒内下落的

---

[80] Westfall,《牛顿物理学中的力》,第 213 页～第 218 页。

[81] A. Rupert Hall,《力学与皇家学会(1668～1670)》(Mechanics and the Royal Society, 1668 - 1670),《英国科学史杂志》(*British Journal for the History of Science*),3(1966),第 24 页～第 38 页,仍是一篇有用的文章。并参看 Westfall,《牛顿物理学中的力》,第 231 页～第 243 页。

距离就是要找的数值之一。事实证明,直接对付这个问题是很困难的,因为物体下落非常快,故而这个问题被重新表述的次数最多。惠更斯被引导去考虑重性在圆锥摆中的作用,圆锥摆的摆锤在一个跟水平面平行的面上绕圈,重性的作用会由离心力来抗衡。凭借伽利略的运动科学和笛卡儿的概念,惠更斯得出一系列出色的定理,后来不加证明地发表在他的名作《摆钟论》(*Horologium oscillatorium*, 1673)里,这是整个力学史上最具原创性的著作之一,也是牛顿的《自然哲学的数学原理》(*Philosophiae naturalis principia mathematica*, 1687)所模仿的对象。[82] 662

梅森在纯粹经验的基础上开始怀疑伽利略关于摆的振荡的等时性与其振幅无关的断言。他猜测这在真空中可能是对的,但在空气中不是。惠更斯在寻找完美的即等时的钟表时,将研究从实验领域转到更理论性的层面,产生出一部处理测时学的技术问题的著作,使新的运动科学和高等数学连接起来。他证明了这个问题不仅在于空气阻力,因为摆的振荡跟振幅相关,振幅越大就越慢。这个问题并不属于纯理论,而是跟海上求得经度的问题相关联,这对欧洲国家正在萌芽的殖民主义来说至关重要。[83]

《摆钟论》更接近伽利略传统而不是笛卡儿传统。这是当然的,是伽利略最先用摆来充当测时仪器,也是他想到造一座由摆的振荡来控制的钟。很像伽利略在《两门新科学》中对运动科学所做的那样,惠更斯也避开了像重性的原因这类问题。[84] 相反,他试图增强他的钟的优点,解释其运转和构造的原理,从力学和数学上提出新的理论。很像伽利略在《两门新科学》第一天结尾所做的,试图向技师们展示如何通过沿斜面扔球或在两颗钉子上悬挂链条的两端来画出抛物线,惠更斯也展示了绘制摆线的实用办法。[85] 摆线在17世纪是一种新的曲线,在他的论著中也有数学上双重的重要地位,因为要实现等时性,摆锤画出的曲线必须是摆线,而且,要让摆锤沿摆线运动,就必须将它限制在同样是摆线弧的两块夹板之间。在《摆钟论》的第二部分讨论落体及其沿摆线的运动时,惠更斯也经常引用伽利略在《两门新科学》中的证明并予以重新表述。[86] 当然,惠更斯扩展了伽利略的结论,增加了对于沿摆线的运动的数学处理,这是伽利略无能为力的。 663

《摆钟论》第三部分是用数学研究在一条曲线上展开一根绳而生成的曲线以及这两条曲线的相互关系。第四部分带我们回到纯粹的力学和一场可追溯到17世纪40年代,

---

[82] Joella G. Yoder,《展开时间》(*Unrolling Time*, Cambridge: Cambridge University Press, 1988),就惠更斯的研究提供了一份详细解释。Henk J. M. Bos、M. J. S. Rudwick、H. A. M. Snelders 和 R. P. W. Visser,《克里斯蒂安·惠更斯研究》(*Studies on Christiaan Huygens*, Lisse: Swets and Zeitlinger, 1980),包含了多篇有价值的文献。并参看 Michael S. Mahoney,《惠更斯与钟摆:从装置到数学关系》(Huygens and the Pendulum: From Device to Mathematical Relation),载于 Herbert Breger 和 Emily Grosholz 编,《数学知识的增加》(*The Growth of Mathematical Knowledge*, Dordrecht: Kluwer, 2000),第17页～第39页。

[83] Christiaan Huygens,《摆钟》(*The Pendulum Clock*, Ames: University of Iowa Press, 1986), R. J. Blackwell 译,第19页; William J. H. Andrews 编,《寻求经度》(*The Quest for Longitude: The Proceedings of the Longitude Symposium, Harvard University, Cambridge, Massachusetts, November 4 - 6, 1993*, Cambridge, Mass.: Harvard University Press, 1996)。

[84] 不过要记住,虽然伽利略在《两门新科学》的第三天清楚地排除了重性原因的讨论,但他也在第一天着手广泛讨论凝聚的原因。因此,认为他对待重性原因的态度代表了他对一般的物理原因的看法,这是不准确的。

[85] Galileo,《两门新科学》,第142页～第143页。球在斜面上滚动画出的曲线确实是抛物线,而悬挂的链条描绘的曲线虽然很像抛物线但更为复杂。Huygens,《摆钟》,第21页～第24页。

[86] Huygens,《摆钟》,特别是第40页～第45页。

涉及梅森、笛卡儿、罗贝瓦尔的论辩,即求出复摆的振荡中心。单摆的全部质量集中在一个点,而真实的物理摆的质量则分布在一个有限的区域内。单摆的周期可以由摆长决定,而真实的摆没有一个显而易见的点可以用来确定与周期相关联的摆长。求振荡中心也就是对真实的摆确定这个点。惠更斯成功地找到了一套程序来确定这个点,这算得上 17 世纪力学最优秀的成就之一。

很有意思,惠更斯的力学工作分裂成伽利略式的和笛卡儿式的两种路子。《摆钟论》明显仰赖伽利略的运动科学作为模范提供内容和结构,而其他著作则更多地仰赖笛卡儿的《哲学原理》。1669 年在巴黎皇家科学院一场关于重性原因的论辩中,惠更斯提出了一种机制,着重于物理原因的解释,超过对数学精确性的重视。他拿来一桶水,上面漂浮着一个小球,在桶沿的相对两侧之间张紧的两根细绳约束着小球。他让水作圆周运动,然后停住,小球便朝向中心移动,从而展示了一种可与重性相类比的效应。跟笛卡儿不同,惠更斯不相信宇宙是充满的,他接受空的空间,而且认为物质涡旋可以朝任何方向旋转。重物并不追随流体粒子的运动而是被推向中心的原因是它们缺少离心力。惠更斯还尝试在他的离心力理论的基础上对流体粒子的速度给出一个定量估计。他算出为产生重性,流体粒子的速度要 17 倍于地球赤道上一点的速度。[87]

随着机械论解释延及从落体到磁的所有类型现象,流体和涡旋成为常用的解释模型,但并非仅有的两种。例如,有时候弹性是按照精细流体来解释,但也会被看成物质的自主性质,可以用机械论术语数学地加以解释,并且能够用于解释一些其他现象。皇家学会实验负责人、格雷欣学院(Gresham College)几何学教授罗伯特·胡克(1635 ~ 1703)是研究弹性的学者中最杰出的一位,著有《关于恢复力或弹簧的讲义》(*Lectures de potentia restitutiva, or of springs*, 1674)。弹性不仅跟数学和物理解释联系起来,而且还跟测时学这类更实用的考虑联系起来。惠更斯和胡克意识到弹簧的振荡是等时的,试图在这个原理的基础上建造钟表。

664

惠更斯是他那个时代试图将物理现象的笛卡儿式解释跟数学描述结合起来的诸多学者之一。艾萨克·牛顿在 1669 年当上剑桥卢卡斯数学教授之后有几年时间也是走的类似的路线。一方面,牛顿思索了导致重性的特定机制;另一方面,他计算出地球涡旋被太阳涡旋压扁了其宽度的大约 1/43。[88]

牛顿与新的世界体系

以上提到的对重性的数学解释与物理解释的二分并非惠更斯独有。胡克也按着

[87] Westfall,《牛顿物理学中的力》,第 4 章。

[88] Eric J. Aiton,《行星运动的涡旋理论》(*The Vortex Theory of Planetary Motion*, New York: American Elsevier, and London: Macdonald, 1972);Derek T. Whiteside 编,《艾萨克·牛顿〈原理〉初稿(1684 ~ 1686)》(*The Preliminary Manuscripts for Isaac Newton's 'Principia', 1684 - 1686*, Cambridge: Cambridge University Press, 1989),第 x 页。

类似的双重途径研究了某些问题,其中数学考虑和物理考虑并不总是同时出现。在对天体运动的研究中,胡克谈到了吸引力,提出了一些很有启发性的评论。他对力在曲线运动中的作用的分析不同于大多数欧洲大陆学者。欧洲大陆数学家偏爱离心力跟相反的向心倾向不平衡这一想法,而胡克则尝试将匀速直线运动跟向心倾向结合起来。胡克发展出这种方法看来可能是在 17 世纪 60 年代中期研究光线弯折的时候。奇怪的是,正是 1664 年同一颗彗星首次唤起了牛顿对天文学的兴趣。胡克在天体运动和圆锥摆的摆锤运动之间看到一种虽不严格但却很能揭示问题的类比关系。两种情形中都是一个有中心的吸引力使物体偏离直线路径,不过在圆锥摆中这个力随距离增大,而在天体中这个中心力可能是递减的。[89]

从 1679 年就运动地球上的落体问题跟胡克的一次著名的通信开始,牛顿开始采用胡克的方法研究曲线运动特别是行星运动的问题。不久后,胡克开始跟伦敦数学家埃德蒙·哈雷(1656 ~ 1742)和克里斯托弗·雷恩讨论行星轨道的数学问题。于是,在 17 世纪 80 年代前半期,几位英国数学家就行星的椭圆轨道这类天体运动问题展开辩论,采取数学立场而不直接关注物理原因。此外,他们用的是互相类似的概念工具,而没有求助于惠更斯式的离心力。只有牛顿成功地找到了产生开普勒椭圆轨道所需的吸引力问题的一个解答。[90]

665

1681 年,牛顿跟格林尼治的皇家天文学家约翰·弗拉姆斯蒂德(1646 ~ 1719)通信讨论 1680 ~ 1681 年的一颗巨大彗星。起初,牛顿像他的大部分同时代人一样,相信存在两颗彗星,一颗向太阳靠拢,另一颗后退离开太阳。弗拉姆斯蒂德做了一些笨拙的尝试,想说服牛顿相信事情正好相反,但无济于事,他论证说彗星在太阳前面掉了个头,当它趋向太阳时受到太阳的磁性吸引,离开时受到排斥。牛顿指出彗星不可能在太阳前面掉头,而必须从它后面经过,他还反对太阳有磁性,因为众所周知磁铁受热时会失去其能力。尽管牛顿拒斥了弗拉姆斯蒂德的观点,但容易看出这些观点在几年后将变得何等重要,彗星将被同化于行星和卫星等其他天体,都在万有引力作用下运动。

还不清楚牛顿何时得到他的第一项成果,即对于椭圆轨道而言,力跟距离的平方成反比。很有可能在他跟胡克通信的时候就产生了,只是在那之后牛顿一直让它沉寂。到 1684 年秋,哈雷到访剑桥之后,牛顿才撰写了关于这个课题的第一本小册子《论物体在圆周上的运动》(*De motu corporum in gyrum*),此书在皇家学会登记在册。牛顿还能够解释开普勒的另外两条行星运动定律,不只是第一条——其中说轨道为椭圆形,太阳占据一个焦点。他证明了在一个中心力之下画出的轨迹所扫过的面积正比于

---

[89] Jim A. Bennett,《胡克与雷恩》(Hooke and Wren),《英国科学史杂志》,8(1975),第 32 页～第 61 页; Ofer Gal,《最低级的基础与较高贵的上层建筑》(*Meanest Foundations and Nobler Superstructure*, Dordrecht: Kluwer, 2002)。

[90] Derek T. Whiteside,《〈原理〉之背景(1664 ～ 1686)》(The Prehistory of the *Principia* from 1664 to 1686),《伦敦皇家学会的记录及档案》(*Notes and Records of the Royal Society of London*),45 (1991),第 11 页～第 61 页,提供了极好的说明。并参看 D. Bertoloni Meli,《牛顿的内在力与离心力》(Inherent and Centrifugal Forces in Newton),即将发表在《精密科学史档案》(*Archive of History of Exact Sciences*)。

时间,即开普勒第二定律,并证明了行星和卫星的旋转周期的平方正比于椭圆半长径的三次方,即开普勒第三定律。

随后几个月,牛顿经历了一段极富创造性的时期,其间他在吸引力的平方反比律基础上解释了数不胜数的现象,他对自然及其创造者的看法也发生了彻底的转变。他研究的数学和物理结果于1687年出现在《自然哲学的数学原理》中,这部500页的巨著由皇家学会赞助出版,并由哈雷支持付印。牛顿在几年之间达到的成就通常要几十年才能获得。毫不奇怪,后来证实,对于他的大部分同时代人甚至他的直接继承者来说,这些成果也是极其具有挑战性的。

这部著作开始于一组定义和定律。牛顿的定义中最突出的是关于质量的那些,质量从概念上跟重量和向心力区分开来。牛顿后来在第三卷中用一个著名的实验确立了重量和质量的正比关系,这很可能是对笛卡儿的回应,后者在《哲学原理》第四部分中否定这种关系。[91] 向心力是个新词,它成为牛顿学说的标志。运动定律中第一条,即所谓的惯性定律,说一个物体保持其静止或匀速直线运动状态,除非受到外力作用,它表达了一个到1687年已经被普遍接受的观念。第二定律对引力和斥力同样有效,它说动量的变化与所受的推动力成正比,且沿着跟这个力同一直线的方向。第三定律说作用和反作用相等,这是唯一一条牛顿试图对碰撞和吸引都予以经验证明的定律,前者用摆锤,后者用磁性物体。这条定律等价于动量在一个方向上守恒,或者按我们的说法:矢量守恒。[92]

第一卷和第二卷分别处理物体在没有阻力的空间中的运动和在阻尼介质中的运动。第一卷几乎完全是数学的,而第二卷则为阻尼介质中的运动提供了一个数学解释,并反驳了充满空间并渗透进地球上各个物体的以太流体介质的存在。在第三卷中,牛顿转向世界体系,陈述了万有引力定律,根据这一定律,物质的所有部分互相吸引,吸引力跟它们的距离的平方成反比。

上一节中我们已经看到,直至17世纪70年代后期,甚至可能到17世纪80年代初期,牛顿还认同一种由精细流体和涡旋支配的自然观,很大程度上是受到笛卡儿《哲学原理》的启发。可能在1684年晚期或1685年,牛顿的观点发生了戏剧性的变化,他抛弃了这些他沿用了几十年的物理解释。牛顿为他的著作选择这个标题可能也是为了表明他对笛卡儿主义的拒斥。他对数学原理的强调凸显了他跟笛卡儿的关键区别。后者展开的是哲学原理,正如其标题所示,起点是人类知识原理。尽管笛卡儿说他的物理学的原理跟数学原理同一,[93]但是在实践上他的数学大部分只在于描述粒子的形状和大小。相比之下,在牛顿的著作中,数学以一种很不一样的意义占据了最主要的

[91] Newton,《原理》,新译本,第403页～第404页,第806页～第807页。在这个新译本附的导读中I. Bernard Cohen提供了牛顿《原理》内容的一个详细可靠的解释。
[92] Newton,《原理》,新译本,第416页～第417页。
[93] Descartes,《哲学原理》, p. 2, para. 64。

位置。标题所昭告的数学原理从理论上考察一系列情形，然后常常运用实验和观察从这些可能的数学构造中选出适用于真实世界的。有时，牛顿试着论证这对自然哲学是一种更可靠的探究方法，[94]但在别处他又暗示必须对他的方法保持充分的谨慎。例如，在第二卷他考察了假想的流体的性质，这类流体由互相排斥的粒子组成，排斥力随它们的距离的幂而变化。这些斥力定律中有一个经过大幅的数学简化之后导出了玻意耳的气体定律，即密度正比于压力。牛顿证明，假定流体由互相排斥的粒子组成，那么逆命题也为真。不过他加上了一条重要的限定："然而弹性流体是否由互相排斥的粒子组成是一个物理问题。我们从数学上证明此类粒子组成的流体的性质是为了给自然哲学家们提供处理这一问题的办法。"[95]类似的理由也很容易用于作为其论著核心的万有引力。

研究了越来越多的领域之后，牛顿意识到天上的现象，连同潮汐和地球形状，都落入他的平方反比律的范围。天体运动尤其重要，因为它们已经被观测了几千年：例如行星运动的极度规则性众所周知，对敏锐的数学家而言，这种迹象意味着力精确地随距离的平方倒数递减。行星和卫星运动的规则性，以及彗星朝各个方向的运动，使牛顿怀疑天体运动并不是由流体涡旋导致，涡旋会对天体构成阻碍。最初的怀疑逐渐染上了两面夹击的色彩，一方面用同样的假设解释了越来越多的现象，另一方面也显示出涡旋假说导致的矛盾。

《自然哲学的数学原理》的结构反映出牛顿在方法论上的困境。第一卷可以看作谨慎设计的构建部分（pars construens），第二卷则意在作为一个长篇的破除部分（pars destruens），为第三卷他的世界体系扫清道路。第二卷以反驳笛卡儿涡旋作为结尾，论证涡旋跟开普勒行星运动定律相冲突，但是整卷书被安排成对涡旋的全面批评，连看起来并无坏处的部分也包括在内。例如，牛顿尝试通过确定音速来证明空气是声音传播的唯一介质，不需要任何其他介质，这也跟罗伯特·玻意耳（1627～1691）的看法相反。[96] 牛顿把通常认为携带着行星的物质流体从天空中除去，这就使得引力的原因成为悬而未决的问题。他的想法在后来的几年里有些摇摆不定，不过在撰写《自然哲学的数学原理》第一版的时候牛顿似乎相信上帝通过在空间中显现而作为引力的来源。这样一来，造成引力的就是一个非物质的神圣作用者，它直接显现，作用于宇宙中一切物体。尽管牛顿在《自然哲学的数学原理》中没有说得如此直白，但是他相信他所说的已经足以使愿意理解的人意识到他设想的引力原因是非物质的。

668

这些初步的观察以及笛卡儿和牛顿之间的对立突出了牛顿赋予数学的方法论地

---

[94] George Smith，《〈原理〉的方法论》（The Methodology of the *Principia*），载于 I. Bernard Cohen 和 G. Smith 编，《剑桥牛顿指南》（*The Cambridge Companion to Newton*, Cambridge: Cambridge University Press, 2002），第 138 页～第 173 页。

[95] Newton，《原理》，新译本，第 588 页～第 589 页，Scholium to sec. 11，第 696 页～第 699 页，引文在第 699 页。此处的"物理"一词，牛顿也用它指实验。参看 Smith，《〈原理〉的方法论》。

[96] Newton，《原理》，新译本，第 776 页～第 778 页。第一版中相关段落的译文在脚注中。并参看 Boyle，《关于空气弹性的物理－机械新实验》（*New Experiments Physico-Mechanical Touching the Spring of the Air*），实验 27。

位之高和他的研究范围之广。椭圆跟平方反比吸引力之间的关联虽然基本,但最终看来只不过是牛顿在《自然哲学的数学原理》中取得的诸多成果中的一个而已。在第三卷,牛顿提出了他对万有引力的证明,并得以解释行星和卫星的运动,特别是月球的运动,还解释了分点岁差、潮汐、彗星的运动等。在撰写第三卷时,牛顿跟弗拉姆斯蒂德展开广泛的合作,后者主动提供了大量天文数据,涉及月球、木星和土星的卫星、木星的形状以及彗星的轨迹等。

尽管牛顿敏锐地意识到风格和方法对于数学的重要性,但是《自然哲学的数学原理》还是把主要重心放在如何获得结果上。牛顿使用了一系列互相异质的工具,包括最初比和最终比方法(某种形式的无穷小量几何)、级数展开,偶尔还用到流数运算法。牛顿工作的一个最突出的特征就是运用各种各样的数学工具和技巧去给出定量的预测和估算数量级。甚至对三体问题,也就是确定三个互相吸引的物体的运动这样出名棘手的例子,他也这样做。

解读牛顿和笛卡儿:莱布尼茨及其学派

与笛卡儿不同,牛顿确保了他的《自然哲学的数学原理》不能被当成小说来读。笛卡儿可以在书中称伊丽莎白公主为理想读者,而在牛顿的著作首次出版后的半个世纪里,也许第一位能够真正理解这部书的女性读者是沙特莱侯爵夫人(1706 ~ 1749),实际上,她还把这部书译成了法文。由于种种原因,男性读者也没有取得更好的进展。即便牛顿把流数运算法限制在《自然哲学的数学原理》的边缘地位,这部著作仍然包含了大量最前沿的数学,使得它对优秀数学家以外的任何人来说都极具挑战性。连约翰·洛克(1632 ~ 1704)这样顶尖的哲学家也不得不向惠更斯询问是否可以信任牛顿的定理,因为他自己无力评估。[97] 甚至惠更斯和莱布尼茨这两位欧洲大陆顶尖的数学家也觉得这部著作令人却步。由于他们从哲学基础上不打算接受万有引力——莱布尼茨在神学基础上也不愿接受——因此他们不愿意去逐页地理解如此高难的数学:如果牛顿的体系基于荒谬的吸引原理,那又何必全面检查呢?雷恩也对牛顿明显拒斥引力的物理原因表达了疑虑。直到 17、18 世纪之交,引力的物理原因问题一直是能懂得牛顿的寥寥几位读者主要考虑的事情。[98]

669

---

[97] Niccolò Guicciardini,《阅读〈原理〉:关于牛顿自然哲学数学方法的争论(1687 ~ 1736)》(*Reading the 'Principia': The Debates on Newton's Mathematical Methods for Natural Philosophy from 1687 to 1736*, Cambridge: Cambridge University Press, 1999),考察了牛顿使用的种种数学方法,以及数学家们如何解读他的著作。关于对牛顿《原理》的解读(主要是英语背景中的),参看 Rob Iliffe,《防风草黄油:作者身份、受众与〈原理〉的不可理解性》(Butter for Parsnips: Authorship, Audience, and the Incomprehensibility of the *Principia*),载于 Mario Biagioli 和 Peter Galison 编,《科学的著述者:科学中的信用与知识产权》(*Scientific Authorship: Credit and Intellectual Property in Science*, London: Routledge, 2003),第 33 页~第 65 页。

[98] Isaac Newton,7 卷本《牛顿通信集》(*The Correspondence of Isaac Newton*, Cambridge: Cambridge University Press, 1959 - 77),Herbert W. Turnbull、J. F. Scott、A. R. Hall 和 L. Tilling 编,第 4 卷,第 266 页~第 267 页。并参看 Bertoloni Meli,《等价与优先》。

对《自然哲学的数学原理》的解读在许多方面都受到当时对《哲学原理》的解读以及广为接受的笛卡儿主义的发展的影响。问题不只在于物理原因,守恒也是一个突出的议题。笛卡儿《哲学原理》中第三条自然定律说整个宇宙的动量守恒,具体地说是在碰撞中守恒。其他人也在各种语境中依靠不同的守恒概念。例如伽利略断言从平衡位置上移开的摆会上升回到原来的高度。17 世纪后半叶,几位学者在研究中用到守恒概念,但牛顿并非其中之一。笛卡儿在守恒中看到神圣秩序的标志,而牛顿则以不亚于笛卡儿的信念看到了守恒的缺失,表现为持续衰减的形式,还把彗星这类周期性现象的出现视为上帝在世界中做出干预和行动的标志。这两种截然相反的观点在 1716 ～ 1717 年展开著名的论辩,论辩者是跟牛顿同盟的神学家塞缪尔·克拉克(1675 ～ 1729)和德国博学者、汉诺威公爵的顾问兼图书馆馆长莱布尼茨。二人的交锋通过威尔士公主卡罗琳(1683 ～ 1737)进行,她是一位深切关注神学的女性。从本文的视角来看,值得强调的是牛顿观点的一个奇怪的特征,即他相信若没有像引力和发酵这类积极的补给性本原存在,宇宙中的运动将会衰减。[99] 牛顿强调由于物体缺少弹性而导致的运动衰减,这意味着他虽然在动量守恒上不同意笛卡儿——这个动量是笛卡儿意义上的,不含方向——但他仍然认为动量是一个有意义的概念。

670

莱布尼茨大概是守恒原理最热情的鼓吹者,矛盾的是,他同时又是笛卡儿最显眼的批评者,因为他在何者守恒这一点上不同意笛卡儿。莱布尼茨不认为动量是一个很重要的概念,无论是笛卡儿意义的不带方向的那种还是惠更斯意义的带有方向的那种。相反,他相信自己已经确认了另一种意义的守恒为自然的关键定律。这个新的守恒定律是关于“力”的,莱布尼茨断言它正比于速度的平方或物体能升到的高度。在碰撞的情形中,莱布尼茨的力被称作活力,正比于物体的质量和速度的平方,即 mv^2。问题在于,当碰撞物体不是弹性的时候,活力并不守恒。在这种情形中,莱布尼茨论证说看起来丢失了的那部分活力实际上是被碰撞物体的细小组成部分吸收了。莱布尼茨没有为他的断言提供直接的经验辩护,而似乎是将一般意义上的守恒原理确立为自然定律,然后找些办法将其应用到所有情形中,包括有问题的情形。1686 年,莱布尼茨在《学者报告》(*Acta eruditorum*)上发表了一篇故意要激怒笛卡儿主义者的简短文章《对笛卡儿的著名错误的简要证明》(Brevis demonstratio erroris memorabilis Cartesii)。他这个计划的成功可能超出了他的预期,围绕力的守恒的争论成为 18 世纪上半叶力学的一个主要特征。[100]

---

[99] Samuel Clarke,《论文集》(*A Collection of Papers, which Passed between the Late Learned Mr. Leibnitz and Dr. Clarke in the Years 1715 and 1716*, London: Printed for J. Knapton, 1717); E. Vailati,《莱布尼茨与克拉克:他们之间的通信研究》(*Leibniz & Clarke: A Study of Their Correspondence*, Oxford: Oxford University Press, 1997);D. Bertoloni Meli,《卡罗琳、莱布尼茨与克拉克》(Caroline, Leibniz, and Clarke),《思想史杂志》,60(1999),第 469 页～第 486 页;Isaac Newton,《光学》(*Opticks*, New York: Dover, 1952),疑问 31,第 397 页～第 401 页,引文在第 398 页。

[100] 一个非常好的描述参看 Daniel Garber,《莱布尼茨:物理学与哲学》(Leibniz: Physics and Philosophy),载于 Nicholas Jolley 编,《剑桥莱布尼茨指南》(*The Cambridge Companion to Leibniz*, Cambridge: Cambridge University Press, 1995),第 270 页～第 352 页。

到了新世纪,兴趣转移到牛顿的数学上,这有两个主要原因。首先,随着牛顿和莱布尼茨之间微积分发明的优先权之争的爆发,欧洲大陆数学家如约翰·伯努利(1667～1748)和尼克劳斯·伯努利(1687～1759)开始梳理《自然哲学的数学原理》,寻找错误以证明牛顿不具有充分的微积分知识。其次,在1700年,法国数学家、巴黎皇家科学院成员皮埃尔·瓦里尼翁(1654～1722)开始出版一系列研究报告,论有心力下的运动和阻尼介质中的运动,其中他将牛顿的几个命题翻译成微分运算的语言。莱布尼茨已经在一系列文章中发表了微积分的关键规则,这些文章发在德国的期刊《学者报告》上,头一篇是著名的《求极大和极小值的新方法》(Nova methodus pro maximis et minimis, 1684)。尽管瓦里尼翁的工作并不包含新的结果,并很大程度上依赖牛顿,但他通过将数学步骤和符号系统化而使得牛顿的某些成果更容易理解。因此评估他的原创性主要不是看新的定理,而应该视为一种用微分运算处理运动科学的新风格。特别地,在瓦里尼翁写的一些运动方程中,时间明显地出现了,而没有被其他符号吞掉。[101] 瓦里尼翁在以纯粹数学的方式去处理牛顿著作时非常小心,对物理原因问题始终不表态。他成功地跟牛顿派和莱布尼茨派两个阵营都保持了良好关系。尽管欧洲大陆数学家才华横溢,微分运算效力非凡,还有他们的不懈努力,然而大概可以公正地说,他们取得的成果跟《自然哲学的数学原理》相比微不足道,至多只是修正了少数不精确之处,严格化了一些定理而已。

不过,欧洲大陆数学家还研究了其他一些与力学相关的主题,例如在给定条件下物体描出的新曲线,还有弹性。新曲线中著名的有悬链线,由垂直于水平面的、悬挂于钉在墙上的两颗钉子上的链条形成,还有两点之间的最速降线,最终惊人地发现它就是惠更斯找到的使摆的振荡等时的摆线。雅各布·伯努利关于弹性梁的著作特别值得注意。[102]

1713年,牛顿出版了他的《自然哲学的数学原理》第二版,接着1726年出了第三版。资助第二版付印的是剑桥普卢姆天文学教授罗杰·科茨(1682～1716),一位很有才华的数学家,他调整了这部著作的大部分并纠正了几个错误。科茨是那种作者拆开他的信时手都会发抖的编辑。他以无与伦比的敏锐和耐心梳理了文本,决不搁置任何问题,就连牛顿明确表示不愿进行大幅修改的地方也不放过。牛顿特别重整了第二卷的大部分章节,就阻尼介质中物体的运动做了许多新的实验。从实验的地位这一立足点来看,第二版——还有第三版也是——看来就像另一本书。类似的考虑也应用到弗拉姆斯蒂德和其他人提供的天文数据上,特别是月球和彗星的运动。

《自然哲学的数学原理》的这些特征突出了牛顿自己对这部著作的看法跟欧洲大陆数学家解读它的方式之间一个重大的差别。牛顿认为他自己的著作最终跟理解自

〔101〕 对瓦里尼翁的成就和生平的一个描述参看 Michael Blay, *La naissance de la mécanique analytique* (Paris: Presses Universitaires de France, 1992)。

〔102〕 Benvenuto,《结构力学史导论》,索引。

然有关。我们已经看到，在第二卷中，他对阻尼介质展开了复杂的实验，在第三卷中，为了他的世界体系，他需要广泛的最新天文数据。抛开他跟弗拉姆斯蒂德在天文数据的使用权上发生的尖酸刻薄的争执不谈，跟天文学家合作反映出力学与天文学的联姻，这是牛顿工作的一个全新特征。科茨和哈雷由于他们对潮汐和彗星的兴趣也可被视为参与了这一事业。同时代的欧洲大陆数学家则没有显示出同等的兴趣和素养去结合力学和天文学或者跟天文学家展开合作，这在惠更斯、莱布尼茨、雅各布·伯努利、约翰·伯努利、尼克劳斯·伯努利和瓦里尼翁的相关著作中十分明显。帕多瓦数学教授雅各布·赫尔曼（1678 ～ 1733）出版了他的《受力体定律》（*Phoronomia*，1716），这是一部两卷本的数学著作，论非阻尼和阻尼介质中物体的运动，赫尔曼并没有加进一个第三卷讨论世界体系。直到 18 世纪更晚些时候才有一些数学家，如亚历克西·克莱罗（1713 ～ 1765）、让·达朗贝尔（1717 ～ 1783）、莱昂哈德·欧拉（1707 ～ 1783）等，开始依靠天文学家，与约瑟夫·德利尔（1688 ～ 1768）、皮埃尔·夏尔·勒莫尼耶（1715 ～ 1799）、詹姆斯·布拉得雷（1693 ～ 1762）、托比亚斯·迈耶（1723 ～ 1762）等天文学家合作，开始产生出新的成果。直到这一时期之前，18 世纪 40 年代前后，《自然哲学的数学原理》一直是天体力学的领先之作。

刻画 17 世纪力学的转变有各种不同的方式，但最重要的方式之一无疑是看它所波及的受众。世纪之初力学从相当狭窄的领域起步，包含机械科学、物体和液体的平衡科学，这时主要是数学家和工程师研究力学。到 17、18 世纪之交，力学已经和自然哲学的大部分融合，尽管数学上越来越复杂，它还是在哲学家和神学家当中、在对宇宙论和世界体系感兴趣的学者当中，以及在大学里，成为重要的研究和论辩主题。

（张东林　译）

27

673

机 械 技 艺

吉姆·贝内特

在16、17世纪,"机械的"一词有三种主要意义——三者彼此关联,且都与科学史有关。传统的含义指向实践活动或手工活动。这个词在16世纪有了一项新的含义,有一种古典复兴的意味,专门与机器及其设计操纵相关联。最后,在17世纪,"机械的"又转而形容一种与自然世界有关的学说。"机械技艺"一词(后期古典拉丁文为artes mechanicae)在许多欧洲语言中都有对应词。在跟前两种含义相关联时,它指的是娴熟地从事一门特定的实用学科或手工艺,包括机器的制造使用。

在同一时期机械技艺从业者的活动和著作中可观察到学科间的关联和分野,这些都证实了机器跟实践工作的广泛背景有关联,还显示了引入数学来刻画"机械性"在16、17世纪期间变得越来越重要,这既是由于机器的设计和操纵逐渐被视为一项数学技艺,又是因为数学开始参与一系列其他实践工作。比方说,要想在机械技艺和实用数学之间划清界限是十分困难的,也是过时的,尽管我们可能更愿意把从事实用数学的人称为"数学工作者"而非机械师或机械工,但实用数学的诸学科都是与机器直接相联的,例如建筑学、工程学、枪炮学和测量学等(英语中经常称之为"数学学科")。

约翰·迪伊(1527～1608)在给欧几里得《几何原本》(*Elements*)1570年英译本写的著名序言中试图捕捉并刻画数学领域的变迁,他力求把飘忽不定的术语固定下来,以便更加精确细致地描绘他对数学在各种实践技艺中的作用的理解。[1] 对迪伊来说,"派生的数学技艺"是一种方法建立在算术和几何基础上的实用学科,他试图把术语"机械师"或"机械工匠"限定为依靠必备技能开展工作但不知道数学证明的人,同时他也承认这一区分违背通常的用法,人们往往将两者混为一谈:"就我所知,发现或做出这些证明的人一般被称为思辨机械师,跟机械数学家没有任何区别。"机械和数学的

674

[1] Euclid,《几何原本》(*The Elements of Geometrie of the Most Auncient Philosopher Euclide of Megara*, London: John Daye, 1570),H. Billingsley 译,John Dee 作序, sigs. aiiijr - aiiijv。

含义——至少在实践层面上,及机械技艺和数学技艺的层面上——已经彻底纠缠在一起。[2]

迪伊承认"思辨机械师"通常被等同于"机械数学家",这给我们很多启示。人们可能会认为机械师只是具备手艺知识和技能的人,即迪伊所称的"机械工匠",但如果是"思辨的",那他就超出了他的工作或者——用当时的术语说——他的技艺的单纯经验的方面而遭遇了我们称为理论、分析、推广和发明的方面。另外,数学也有着机械的方面,也就是说,在活动中也可以是实用的,而在它的成果中也可以是功利的。正如16世纪的发展将会证明的那样,数学可以实用的领域有很多,包括机器的设计、构造和使用以及其他技艺。因此,数学可以在两个不同而又相关的意义上是"机械的":一般意义是指实用,具体意义是指研究机器。所以,思辨机械师跟机械数学家"没有任何区别",因为数学——尤其是几何学——就是他的活动在理论或思辨方面的载具。数学是他在经验之外的道路,用某种系统化、概括性的解释来保障实践,使技艺立足于可靠知识的架构或(用当时的术语说)一门"科学"的基础之上。

机器的机械技艺是现代早期实践中最先接受所谓"数学纲领"的领域之一,在这一纲领下,学科的思辨方面采取数学的形式。这一纲领的特征和内容正是在机械学技艺这个早期实例的发展中成型的。随着这一纲领在16世纪有了更清晰的表述并变得更加自觉,数学工作者们找到了机会,将同样的纲领应用于其他实用技艺,这些技艺会通过数学得到修正和重新奠定基础。提倡改革的人承诺它们会变得更加高效、更加可靠,其产出会更加可信、更有保障,它们将成为建立在数学科学基础之上的数学技艺。 675

会导致这种变化的数学具有许多今天看来令人惊讶的特征,甚至实际上可能完全不像"数学的"。按其原样接受这种现代早期数学学科是非常重要的。数学史家倾向于在过去寻找符合现代数学标准的工作,他们对"数学学科"的理解深受这种成见的妨害。[3] 例如,仪器在整个现代早期数学技艺中扮演了重要的、无处不在的角色——不仅是用于绘图和计算的简单数学仪器,还有些适用于天文、导航、测量、战争以及其余这类实践活动的。看来,在16、17世纪的欧洲,通过设计仪器使一项新技术可用似乎就是做数学的部分含义。

16世纪初,数学尤其是几何学,被理解为某些学科中的一种行动方式,这些学科对于专业化的从业者和他们所效劳的城市与国家(主要在意大利)十分重要。该领域在两个世纪里逐渐发展,更深层次的机械技艺开始具有实用数学的特征,越来越多国家、

---

[2] 关于这一时期的术语的含义,一个有价值的讨论可参看 Alan Gabbey,《技艺与自然哲学之间:对现代早期力学编史学的反思》(Between *Ars* and *Philosophia naturalis*: Reflections on the Historiography of Early Modern Mechanics),载于 Judith V. Field 和 Frank A. J. L. James 编,《文艺复兴与革命:现代早期欧洲的人文主义者、学者、工匠和自然哲学家》(*Renaissance and Revolution*: *Humanists*, *Scholars*, *Craftsmen*, *and Natural Philosophers in Early Modern Europe*, Cambridge: Cambridge University Press, 1993),第133页~第145页。

[3] Jim Bennett,《16世纪与境中的几何学:来自博物馆的观点》(Geometry in Context in the Sixteenth Century: The View from the Museum),《早期科学与医学》(*Early Science and Medicine*),8(2002),第214页~第230页。

宫廷、军队、民政部门和个体企业主开始熟悉这种行动的几何学。数学纲领的成功导致的一个结果是,一系列技艺转变为数学实践,通过数学分享了改革的说辞,并将普通几何技术和仪器技术改造用于特定领域的工作。

尽管这种数学跟物质事物相结合,但人们不认为它跟自然哲学或解释自然过程和自然现象有什么关系。根据学问的学术等级体系,自然哲学是一门独立的、更高级的学科。理解世界的本性和结构要凭借亚里士多德的教诲,这门"科学"——就其作为一种可靠、系统的解释而言——用不着涉及几何学(参看第2章、第28章)。

在某些方面,与自然哲学脱节有利于实用数学的想象发展,实用数学的目标是可靠、有效和好用,而不是对事物的因果性质或物质本性给出什么见解。这些数学技艺也可以是真理,只不过要根据一套不同的标准来看:其真理性不是按照与自然相比的逼真程度,而是按照实践的有效性来衡量,其原则与实践并不需要跟自然哲学家的学说保持一致。然而,实用数学家最终建立起一个广大的数学实践网络,从而不可避免地与自然哲学狭路相逢。通过这一交会,实用数学的技术——机械式操作、数学化推广和仪器的使用——逐渐应用于对自然世界的研究。

676

机械技艺的成就和野心打动了当时对数学纲领无动于衷的几位见证者,有些人甚至提出要按照机械技艺的模式来改革自然哲学,其中影响最大的是英国政治家、哲学家弗兰西斯·培根(1561～1626)。在调查各门科学状况的《学术的进展》(*The Advancement of Learning*, 1605)一书中,培根呼吁为传统的自然志补充一种形式,详尽描述他所谓的"精制的或机械的自然"。他确信,这门"机械志"不但会有实用价值,还会为自然哲学家寻求的"原因和公理提供更加真实的启示"。[4] 在为修缮自然哲学准备的蓝图《新工具》(*Novum organum*, 1620)中,他全力阐明上述论点,用机械技艺的最新进步反衬自然哲学的停滞不前。[5] 培根和越来越多其他17世纪自然哲学家,如勒内·笛卡儿(1596～1650),都认为机械技艺的时来运转有助于打破亚里士多德在技艺(在人造物的意义上)与自然之间作出的区分。培根在他的机械技艺志计划的背景下竭尽全力反对这一古代对立:

> 我们有意把技艺志置于自然志这个类中,因为现在的说法和观念已然具有一种根深蒂固的模式,仿佛技艺是某种不同于自然的东西,从而人工物应当同自然物区隔开,仿佛整个属于不同的种类……然而,恰恰相反,应该牢记的是,人工物跟自然物并没有形式或本质的不同,只有效力的不同。在现实中人不具有凌驾自然的力量,除了运动的力量,即施加或移除自然物体的力量,而自然在她自身之中执行其余的一切。[6]

---

〔4〕 Francis Bacon,《学术的进展》(*The Advancement of Learning*),载于 Basil Montagu 编,16卷本《弗兰西斯·培根全集》(*The Works of Francis Bacon*, London: William Pickering, 1825 - 34),第2卷,第105页～第106页。

〔5〕 Francis Bacon,《新工具》(*Novum organum*),1.74,载于《弗兰西斯·培根全集》,第9卷,第22页。

〔6〕 Francis Bacon,《对于知识世界的描述》(Description of the Intellectual Globe),载于《弗兰西斯·培根全集》,第15卷,第153页～第154页。感谢本卷的主编提供培根对此问题的态度的例子。

在这一描述中，机械技艺从业者的操控利用了自然因素，从而跟自然哲学中的因果解释有了直接关联。

1500 年的机械技艺

677

这一领域的数学工作在 16 世纪形成的强健、世俗的特征很大程度上是 15 世纪意大利建筑工程师的遗产。建造工作跟大型机械的设计和操纵有密切联系，因为在重大建造项目中移动、提升和定位石料及其他材料都必须使用多种绞车和吊车。建筑师的工作远远不只是设计建筑这么有限的责任，还包括规划和管理建造过程。民用和军用的建筑和工程都为有才华的从业者提供了机会，让他们能够为一直扩张势力范围、增加收入、提高声望的有野心的巨头服务。水力学（河流、运河与水渠的管理）、桥梁建设和土地排水都属于战时与平时治理工作的技术方面。可以为战争带来胜利、为政府赢得尊敬的建筑、烟火和机械技能，也可以用来为盛会和节日制造奇观，从而在分裂割据的意大利政治世界中帮助成功的王侯或共和国强化和巩固权力（参看第 14 章）。在统治者为了占有专业技能、夺取技术创新带来的优势而互相竞争的这种风气下，个人可以因特殊成就而出名，也可以因编写描述成熟技术或新兴技术的文集树立声望。[7] 这跟早些时候的情况形成鲜明对比，过去的泥瓦匠师傅和军队炮术师都努力让自己的作品保持匿名特征。

最早的这类建筑工程师中有一位叫菲利波·布鲁内莱斯基（1377 ～ 1446），他因解决了文艺复兴时期最为瞩目的著名技术难题之一（不用中央脚手架在佛罗伦萨大教堂未完工的十字交叉点上盖起圆顶）而出名。布鲁内莱斯基的工作涵盖了机器设计、防御工事、水力学、剧场特效、透视绘画，此外，据早年一个未经证实的消息来源称，还包括钟表机械。关于钟表机械在机器的设计和操纵中有一席之地的这种早期记载是值得关注的，因为钟表和其他自动机的设计将会在后来的从业者，例如佛罗伦萨的技艺家兼工程师列奥纳多·达·芬奇（1452 ～ 1519）的工作中占有突出位置。[8]

许多 15 世纪技艺家和建筑工程师追随布鲁内莱斯基的传统，他们的成就不仅包括宫殿、桥梁、要塞、水渠、航道以及战争机器，还包括记录其成果的素描、绘画和论文。这些人——例如马里诺·迪·雅各布，又名塔科拉（1382 ～ 1458），还有弗朗切斯科·迪·乔治（1439 ～ 1501）和列奥纳多·达·芬奇——造就了一种特殊的文本，其中的图画不再是美化和装饰，而是对于整个文本的内容及其完整性和有效性不可或缺的部分。建筑物和机器，以及要塞、钟表和仪器，不用图画就无法记录下来，精确再现所需

678

---

[7] Pamela O. Long，《公开、保密、作者：从古代到文艺复兴的专门技艺与知识文化》（*Openness, Secrecy, Authorship: Technical Arts and the Culture of Knowledge from Antiquity to the Renaissance*, Baltimore: Johns Hopkins University Press, 2001），第 175 页～第 243 页。

[8] Paolo Galluzzi，《文艺复兴时期的工程师：从布鲁内莱斯基到列奥纳多·达·芬奇》（*Renaissance Engineers from Brunelleschi to Leonardo da Vinci*, Florence: Giunti, 1996）。

的细致观察也就成了理解和记录的独特方法论的一部分。[9] 工程学论文的传统最初与15世纪的锡耶纳相关,在那里延续到16世纪,又扩散到附近的佛罗伦萨,名为"机器剧场"的机械插图印刷汇编在这里一度流行。[10] 在这样的数学文化中,看图和绘图结为一体,成为某种职业的认知工具,这种职业的任务是操控物质世界中的机械作用。

建筑工程师的需求塑造了数学学科的一个种类。他们需要在纸面上工作,无论是为雇主提供方案,设计复杂的机器或土木工程的新式零件,解说一个民用或军用难题的机械解决方案,还是跟制作者和建造者交流设计方案。他们必须关注尺寸,要用一致的、明白的方式集中体现他们的设计。要让一台机器运转起来,规格中的每一个零件都必须契合于整体,这促进了按比例绘图的技巧。透视绘图也是建筑工程师的一项职业财富,是从已经用于星盘几何的那种几何投影法改造而来的。[11] 古代已有这类几何技巧的前身,例如在古希腊天文学家、宇宙志家托勒密的著作中,特别是在古罗马建筑工程师维特鲁威将建筑和机械一并讨论的《建筑十书》(*De architectura*)中。这部论著存世但没有插图,图的缺失本身就成了一种激励,促使人们不仅要掌握而且要用插图将这部古代文献补充完整,重构维特鲁威的意图。[12] 为了记录和系统化而发展新技术既对个人的事业和声誉有用处,也提升了这门学科的地位,使它变得更独特、更有序。

679 机器、绘画、数学、建筑、表现和战争——这些成分在工程师的事业和论著中结合在一起,从中生长出一个16世纪期间兴旺而自信的活动领域,可笼统地称之为"实用数学"。(用迪伊的话说,"思辨机械师……跟机械数学家没有任何区别"。)这门学科的活力因热衷于使用印刷术而得到增强,也因战争以及商业上和领土上的野心而受到鼓励。随着许多关于仪器的设计和使用的印刷书籍的出现,以及制造仪器的重要商业作坊的建立,仪器开始发挥越来越重要的作用。这一出版类型确立于约翰·施特夫勒1513年论星盘的书,[13]它设定了一套处理构造和应用的模式。这一时期著名的作坊包括:洛伦佐·德拉·沃帕亚(1446～1512)建于佛罗伦萨的,格奥尔格·哈特曼(1489～1564)在纽伦堡的,赖纳·杰马·弗里修斯(1508～1555)在卢万的,克里斯托夫·席斯勒(约1531～1608)在奥格斯堡的,托马斯·杰米尼(约1510～1562)在

[9] Paolo Galluzzi,《文艺复兴时期机器描画中的艺术与技巧》(Art and Artifice in the Depiction of Renaissance Machines),载于 Wolfgang Lefèvre、Jürgen Renn 和 Urs Schoepflin 编,《现代早期科学中图像的力量》(*The Power of Images in Early Modern Science*, Basel: Birkhäuser, 2003),第47页～第68页;Wolfgang Lefèvre,《图像的限制》(The Limits of Pictures),载于《现代早期科学中图像的力量》,第69页～第88页。

[10] A. G. Keller,《文艺复兴时期的机器剧场》(Renaissance Theaters of Machines),《技术与文化》(*Technology and Culture*),19(1978),第495页～第508页。

[11] Samuel Y. Edgerton,《文艺复兴时期对线性透视的再发现》(*The Renaissance Rediscovery of Linear Perspective*, New York: Basic Books, 1975),第37页～第39页,第92页～第104页;Martin Kemp,《技艺科学》(*The Science of Art*, New Haven, Conn.: Yale University Press, 1990),第9页～第98页;Kim H. Veltman 和 Kenneth D. Keele,《线性透视与科学和技艺的视觉维度》(*Linear Perspective and the Visual Dimensions of Science and Art*, Munich: Kunstverlag, 1986),第19页,第42页～第44页。

[12] Galluzzi,《文艺复兴时期机器描画中的艺术与技巧》,第47页。

[13] Johann Stöffler, *Elucidatio fabricae ususque astrolabii* (Oppenheim: J. Köbel, 1513).

伦敦的，菲利普·当弗里（约1532～1606）在巴黎的，以及米夏埃尔·夸涅（1549～1623）在安特卫普的。几何学对这门技艺的奠基和改进作用得到确立和扩展，它的范围很快涵盖了机械学、建筑学、造船、绘画、射击学、防御工事、测量学、航行学、制图学和钟表制造学。如果说这张清单看起来野心太大，那么可以从大量从业者的职业生涯中找到实例。

钟表和其他天象仪器

机械钟表相较于建筑、水力或战争中使用的机器而言尺寸较小，但钟表被纳入机械技艺一事立刻使得机械技艺领域跟作为实用数学分支的天文学发生了关联。早期钟表是天文机器，跟踪并展示那些依赖于天空中过程的现象。最初的钟表是机械星盘——星盘是一种传统仪器，呈圆形，有多项功能，包括通过测量太阳高度判断时间——星盘上的星盘平面图，或者说星盘网，在最上面旋转，还包含一个圆圈，代表太阳在恒星模式下的周年路径（黄道）。由于星盘指示了太阳在天空中的位置，太阳沿黄道移动，就像黄道每天被星盘携带一次，因此，这样一个钟表可以轻易表示出时间，尽管它还会显示关于天体的其他信息。[14] 另一些天象机器更有野心，要把行星也像太阳和恒星一样纳入——换句话说，它们就是名为行星定位仪的天文仪器的自动版本。一个著名的例子是乔瓦尼·德·唐迪（1318～1389）在14世纪建于帕多瓦的“星仪”，直至16世纪仍广受称赞。[15] 还有一些机器会省掉恒星和行星，只模拟太阳的行进，只表示太阳时。最后这类我们倾向于只称之为钟表，不过它们对天文现象的依赖并不亚于更有野心的那类。

680

在17世纪，机械钟表制造学跟实用数学保持了密切联系。据意大利数学家温琴佐·维维安尼（1622～1703）说，是伽利略·伽利莱（1564～1642）在1641年提出了用摆来控制钟表走时的想法，此前伽利略就对用摆示范某一类型的运动感兴趣。维维安尼还亲自画出伽利略的设计（这仍然是伽利略发明摆钟的唯一记载）以支持他的断言，这一声明的背景是在1658年克里斯蒂安·惠更斯（1629～1695）的摆钟设计发表之后替已去世的伽利略争取优先权。[16] 维维安尼对伽利略思想的解释令人想起培根的主张：技艺（尤其是机械技艺）的范畴应当与自然的范畴合并。据维维安尼说，伽利略“希望摆的非常均匀、自然的运动能纠正钟表技艺中的所有缺陷”。[17] 摆的运动中

---

〔14〕 Anthony John Turner，《星盘：与星盘相关的仪器》（*Astrolabes: Astrolabe Related Instruments*, The Time Museum, vol. 1, pt. 1, Rockford, Ill.: The Time Museum, 1985），第1页～第57页。

〔15〕 关于星仪（astrarium）和文艺复兴时期的其他复杂钟表，参看H. C. King和J. R. Millburn，《适应恒星：天文馆、太阳系仪与天文钟的演化》（*Geared to the Stars: The Evolution of Planetariums, Orreries and Astronomical Clocks*, Bristol: Adam Hilger, 1978），特别是第3章。关于行星定位仪（equatorium），参看同一文献的第19页～第20页。

〔16〕 Silvio A. Bedini，《时间的律动》（*The Pulse of Time*, Florence: Leo S. Olschki, 1991）。

〔17〕 Stillman Drake，《工作中的伽利略：他的科学传记》（*Galileo at Work: His Scientific Biography*, New York: Dover, 1995），第419页。

有某种“自然”的东西，这一观念逐渐得到公认，以至于后来提出将摆的运动作为长度的“自然”标准的基础。在最初的摆钟构想中，我们已经看到这样的观念：尽管钟表机构显示了技艺的所有缺陷——人类的人为工作的所有不足和瑕疵——但是可以靠自然去纠正和调节。由此，摆钟挑战了将自然和技艺作为不同的本体论范畴对立起来的传统概念体系；将摆这类显然是人造的机器接纳到自然之中，这在过去是不可设想的。

惠更斯跟伽利略一样，知道按圆弧摆动的摆并非完全等时——这一事实限制了它作为计时设备的有效性。为了纠正这种不规则性，惠更斯想出了一种迫使摆锤走另一条路径的一般方法：让悬挂摆锤的线顺着从垂直摆的悬挂点延伸出的两块弯曲“颊板”表面缠上去，使摆锤摆得更高。[18] 他要找的曲线——照他 1673 年的《摆钟论》(*Horologium oscillatorium*)所宣布的，让任何幅度的摆动真正等时的弧线是旋轮线。他还成功证明，要实现这一点，颊板本身也必须是旋轮线。随后惠更斯将这个真正等时的摆通过一定的方式连接到钟的擒纵机构，使得经由一系列转轮为钟提供驱动力的重物传来的力量在摆的控制下释放，并且靠这股力量维持摆的运动。

681

惠更斯要给“圆弧误差”问题(圆弧摆的不等时运动)寻找一个通解的原因之一是他想制造一台作为导航仪器的经度时钟，因为海上的运动肯定会干扰摆的正常振幅。因此钟表机构的机械技艺从两方面看都保持在实用数学领域之内：其设计的发展仍然充满几何学因素，其成果将成为航行学的仪器。通过研究发条控制的表，这样的表看来是更为合用的远洋计时器，惠更斯进一步强化了钟表制造与实用数学之间的联系。在这一点上他跟英国实验机械学元老罗伯特·胡克(1635～1703)发生了冲突，胡克也在开发用于海上测定经度的发条表。[19]

拉丁文的“horologium”一词意思比较含糊，可以指钟表也可以指日晷。这会导致解读早期文本时出现不确定性，但也显示出两者之间的密切关系。整个 16、17 世纪，制作天文仪器和其他仪器的人也经常参与钟表的设计制造。例如这一时期初佛罗伦萨的德拉·沃帕亚家族的作坊，以及这一时期末伦敦的著名钟表匠托马斯·汤皮恩(1639～1713)，他也为胡克制作天文仪器。[20] 约斯特·比尔吉(1552～1632)是当时最有才华的钟表匠之一，在卡塞尔效力于威廉四世封邦伯爵期间，以及在布拉格效

---

[18] Michael S. Mahoney，《海上航行中时间和经度的测量》(The Measurement of Time and Longitude at Sea)，载于 H. J. M. Bos、M. J. S. Rudwick、H. A. M. Snelders 和 R. P. W. Visser 编，《克里斯蒂安·惠更斯研究》(*Studies on Christiaan Huygens*, Lisse: Swets and Zeitlinger, 1980)，第 234 页～第 270 页；J. G. Yoder，《展开时间：克里斯蒂安·惠更斯与自然的数学化》(*Unrolling Time: Christiaan Huygens and the Mathematization of Nature*, Cambridge: Cambridge University Press, 1988)。

[19] M. Wright，《罗伯特·胡克的经度计时装置》(Robert Hooke's Longitude Timekeeper)，载于 Michael Hunter 和 Simon Schaffer 编，《罗伯特·胡克：新研究》(*Robert Hooke: New Studies*, Woodbridge: Boydell Press, 1989)，第 63 页～第 118 页。

[20] Robert W. Symonds，《托马斯·汤皮恩，他的一生和工作》(*Thomas Tompion, His Life and Work*, London: Spring Books, 1969)。

力于鲁道夫二世皇帝期间也制作星盘、地球仪、浑天仪、象限仪、六分仪和测量仪器。[21]

日晷的设计制造是16、17世纪实用数学家的主要关切之一。这一领域在这一时期的优先事项也被现代历史学家很明显地忽视了。虽然到处都有日晷测时爱好者,主流科学史家仍然基本无动于衷,无视那么多位投身于这一领域的杰出的早期数学家,包括约翰内斯·雷吉奥蒙塔努斯(1436～1476)、彼得·阿皮安(1497～1552)和塞巴斯蒂安·明斯特尔(1489～1552)。大量关于日晷新设计的书籍面世,数学方面的百科全书式著作总会包含一个主要章节讨论日晷测时。普通的地平日晷或花园日晷塑造并限制了现代对这一主题的理解,但它们不过是一门原本错综复杂、充满挑战、极具创造性的几何学科的残垣断壁。[22] 682

大部分16、17世纪的欧洲日晷是可携带的,有日常计时功能。其上通常标出太阳的时角(赤经),或太阳高度的每日变化。有的可用于单一纬度,有的可用于有限的纬度范围内,还有些是通用的(可调节到任何纬度)。小时线的面盘可以是水平式、垂直式、赤道式(平行于赤道)的,或是其他的倾斜平面。日晷可以按各种小时制中的一个或多个计时,包括"不等小时",即白天和黑夜时段各自划分为12份;"寻常小时",即从正午和午夜分别开始的两组12等分;"意大利小时",即从日落开始的24小时;"巴比伦小时",即从日出开始。日晷可能会依靠磁针定出子午线,或采用一些自主定向的手段。除这些技术上的变数之外,数学家可能还会将小时线的图样或"方案"布置成特定的形状——例如彼得·阿皮安的"杨树叶"[23]——作为一种技术上或美学上的挑战,或是复制某个纹章装置向资助人致敬。换句话说,变化和创造的空间很大,这一点被利用到了极致。

17世纪该领域继续发展,当时最流行的一些日晷是重要数学家的成果。埃德蒙·冈特(1581～1626),格雷欣学院的天文学教授,曾设计对数尺,使对数运算进入日常应用,也设计过导航和测量仪器,还发明了一种被广泛使用的新纬度象限仪,其除报时外还具有许多天文学功能。[24] 同时代的威廉·奥特雷德(1575～1660),其"比例圆"是另一种形式的对数计算尺,他发布的一种通用的赤道环日晷直到18世纪都很受欢迎。[25] 日晷经常和其他仪器一起包含在名叫多宝盒(compendia)的多功能设备中。例如,将日晷跟星晷组合在一起是颇有吸引力的,后者能根据地极周围恒星分布的排列 683

[21] Klaus Maurice,《约斯特·比尔吉,或论创新》(Jost Bürgi, or On Innovation),载于Klaus Maurice和Otto Mayr编,《发条装置的宇宙:德国的钟表与自动装置(1550～1650)》(*The Clockwork Universe: German Clocks and Automata, 1550 - 1650*, New York: Neale Watson, 1980),第87页～第102页。

[22] Penelope Gouk,《纽伦堡的象牙日晷(1500～1700)》(*The Ivory Sundials of Nuremberg, 1500 - 1700*, Cambridge: Whipple Museum, 1988); H. Higton,《格林尼治的日晷》(*Sundials at Greenwich*, Oxford: Oxford University Press, 2002)。

[23] Peter Apian, *Folium populi* (Ingolstadt, 1533).

[24] Edmund Gunter, *De sectore et radio* (London: William Jones, 1623).

[25] W. Oughtred,《比例圆与水平仪》(*The Circles of Proportion and the Horizontal Instrument*, London: Augustine Mathewes for Elias Allen, 1632)。

方向在夜间报时。[26]

出于多项理由，这些工作应该放在机械技艺名下讨论。首先，从业者自己就认为日晷测时与其他技艺是固有相联的。作为实用数学最面向顾客的产品之一，日晷维持着对于实践当时理解的数学技艺来说是必不可少的仪器作坊，因为仪器工作，包括设计、制造和使用，被视为实用数学的一个核心典型特征。此外，一些最大的日晷与建筑工程师的工作有直接关联，因为它们是建筑物的一部分。佛罗伦萨的天文学家、占星家保罗·达尔波佐·托斯卡内利（1397～1482），同时也是布鲁内莱斯基的副手，于1475年在佛罗伦萨大教堂的北耳堂内铺设了一条子午线，由顶塔上的一个孔中射来的光照在子午线上，顶塔是在布鲁内莱斯基的圆顶之上新建成的。多明我会数学家埃尼亚蒂奥·丹蒂（1536～1586）于1574年在佛罗伦萨的新圣母教堂开始建造一条子午线，并于1576年在博洛尼亚圣白托略大教堂建成了一条。[27] 这类仪器当然并非用于日常报时，而是做更精确的专门观测以改进历法。在子午线上标出一个周年循环中日光正午投射点的不同的位置，使观测者能够（比方说）确定春分和秋分之间的间隔。

数学仪器和光学仪器

承载了现代早期欧洲数学家和机械工的实践志向，并提供了机械技艺发展的重要证据的并不是只有日晷。16世纪期间，实用数学目睹了许多新设备的出现、出版物的急剧繁荣，以及作坊数量及其地理分布的显著增长。例如在纽伦堡，雷吉奥蒙塔努斯的遗产鼓励了一些熟练的手工匠人聚焦于天文学，佛罗伦萨、罗马、巴黎和安特卫普的数学作坊表明城市商业对于成功的仪器生意十分重要。在卢万，我们看到了有才干、有创新力的个人的影响，尤其是杰马·弗里修斯和赫拉尔杜斯·墨卡托（1512～1594）。到16世纪后期，仪器的商业贸易已经发展到伦敦，动力源于训练有素的从业者自欧洲大陆迁入。[28]

684

除了新型日晷，16世纪的新仪器还包括测量工具、战争用的测距仪、炮手用的瞄准器和计算设备、海员用的角度测量仪器，以及各类从业者使用的绘图仪器和计算工具。每一类都出现了新的仪器，设计者在关于其构造和使用的实用手册中宣告其优点。制造者是专业的工匠，组成了一个清晰可辨的行当：数学仪器制造者。他们的技能大多在金属加工（不过也有些是木工，还有的加工象牙）、雕刻以及几何学方面。他们创造

[26] 关于星晷（nocturnal），参看 Higton，《格林尼治的日晷》，第387页～第406页。

[27] John L. Heilbron，《教堂中的太阳：作为太阳观测台的大教堂》（*The Sun in the Church: Cathedrals as Solar Observatories*, Cambridge, Mass.: Harvard University Press, 1999），第68页～第81页。

[28] Anthony John Turner，《早期的科学仪器，欧洲（1400～1800）》（*Early Scientific Instruments, Europe 1400 - 1800*, London: Sotheby's, 1987）；Jim Bennett，《刻度盘：天文、航海、测量仪器的历史》（*The Divided Circle: A History of Instruments for Astronomy, Navigation, and Surveying*, Oxford: Phaidon Christie's, 1987）；Gerard L'Estrange Turner，《伊丽莎白女王时代的仪器制造者：伦敦精密仪器制造贸易的起源》（*Elizabethan Instrument Makers: The Origins of the London Trade in Precision Instrument Making*, Oxford: Oxford University Press, 2000）。

的仪器为数学和机械技艺中的实际问题提供了解决方案,它们并非用于发现的工具,与揭示自然的真理无关。

尽管实际成果种类繁多,这门学科仍然体现了一致性,不仅在于从业者的职业,而且在于他们采用相同的原料和几何技巧。仪器在不同情境下要做些调整,例如天文学家用的星盘被简化和修改以适用于导航和测量,天文学的十字杆也是如此。前文已间接提到多次的几何投影技术,是数学技艺中广为人知且容易移植的技术之一。日晷上的小时线代表太阳的运动通过一种方式(指时针)或一个点到特定表面的投影。在星盘上,天体——恒星的位置和太阳的表观周年路径,连同观测者的地平和天顶之类的本地要素——被投影到赤道平面上。16 世纪有几种不同的星盘投影法被介绍给西方天文学家以把星盘变成"万用"(能够用在任何纬度上求解天文和占星问题)的路径。类似的投影技术构成了透视绘画这一新的数学技艺的基础,其中的投影点是观察者的眼睛,而投影平面是图画本身。我们将看到,投影也是制图学的基础。正是这类知识工具和技术的普遍使用支撑了各门数学技艺,并将它们统一成一个实践领域,使其从业者能够横跨诸如地图绘制、日晷测时和透视绘画这样千差万别的项目。[29]

685

在 17 世纪,实用数学继续扩大其仪器的范围,新增了滑动对数计算尺和其他形式的计算器、新型测量水平仪,以及新的导航仪器如背测杆等,不一而足。然而,与此同时,机械技艺的另一分支中出现了一类全然不同的仪器。眼镜制造者磨制凹凸玻璃透镜以辅助视力的历史已久,但在 1608 年,米德尔堡两位互相竞争的工匠上诉到荷兰总议会,申请其镜片的另一种用途的专利权:将一个凹透镜和一个凸透镜放在管子两端,结果可以使远处的东西看起来变近(参看第 24 章)。这种设备对军事的好处显而易见,但总议会无法决定哪一位申请人应获得专利,最终两人都没有被授予。[30]

望远镜,以及不久之后的显微镜,将仪器使用者的抱负推向一个新的领域。光学仪器显然不像传统的数学仪器,它们确实可以增进自然知识,有助于回答自然哲学的问题,在自然世界中有所发现。望远镜显然是技艺的对象——它们是机械技艺家制造的——这就引发了那个传统问题:它们能以诚实可靠的方式跟自然打交道吗?然而,伽利略在《星际使者》(*Sidereus Nuncius*, 1610)中为他通过望远镜获得的发现所做的宣传是那么有效,而且他又是如此坚决地主张他对天空的观察与当时的宇宙论争议密切相关,结果,望远镜迅速成为重要的工具,不是用于传统的度量天文学(至少最初是这样),而是用于天空的自然哲学。[31]

从这时起,关心宇宙论的自然哲学家将不得不跟机械技艺打交道,即便这仅仅意

---

[29] Jim Bennett,《文艺复兴时期的投影和几何普遍存在的性质》(Projection and the Ubiquitous Virtue of Geometry in the Renaissance),载于 C. Smith and J. Agar 编,《为科学制造空间:知识形成中的地域主题》(*Making Space for Science: Territorial Themes in the Shaping of Knowledge*, London: Macmillan, 1998),第 27 页~第 38 页。

[30] Albert van Helden,《望远镜的发明》(The Invention of the Telescope),《美国哲学学会学报》(*Transactions of the American Philosophical Society*),67(1977),第 4 页。

[31] Galileo Galilei,《星际使者》(*Sidereus Nuncius*; *or*, *the Sidereal Messenger*, Chicago: University of Chicago Press, 1989),Albert van Helden 译。

味着向制造者购买望远镜。对另一些人则意味着更多：要么直接跟镜片匠合作，要么干脆自己动手磨制抛光。尽管像伽利略这样的数学家兼自然哲学家非常宽容，然而数学跟自然哲学这两种学科之间的认识论差距仍然是个问题，而且在手艺人自己看来，两类不同的技艺之间并无关联。数学仪器制造者早已形成一个专门的行当，眼镜制造者则岔到光学仪器上去，属于另一种业务，在另一些作坊展开，受另一些行会或公司控制。由于数学与自然哲学习惯上是分离的，使用这些仪器的客户也接受了产品的类别划分。

686

导航、测量、战争和制图

除少量自然哲学家新近萌生兴趣之外，诸侯、商人和地主的世俗野心也注定了实用数学会保有其应得的客户份额。通过导航、测量和战争的技艺，"思辨机械师"或"机械数学家"的故事跟一个在比追求自然知识的舞台大得多的舞台上的演出发生了关联；不如说，几何技艺的发展被一具强大的引擎所驱动，即欧洲人在探险、领土、商业和帝国方面的野心（参看第 33 章）。

16 世纪欧洲航行学正在开始取得作为一门数学技艺的自信。传统上在已知水域的航行依靠测定方位和距离的技术，使用磁罗盘、平面图和测深线进行基于经验的"航位推算"，即记录航向、估测航速、预估风和水流，并计算船位。这种方法即便在已知路线上都缺乏准确性，漫长而陌生的航程迫切需要某种更可靠的辅助——最好是一种直接求出船位的方法；航位推算只能靠保存记录推出船位，假如记录出错就无法恢复航向。[32]

天文学家已经熟知地上的方位跟天象的关系，考虑到天象的改变而需要按纬度做出的调整也融入许多便携仪器中，如星盘、日晷和象限仪等。不难设计出反向行动的技巧：根据天象求出纬度。因此，象限仪可用于测定北极星的高度，也就直接测出了纬度。不过这种应用需要开发新形式的仪器和新的使用步骤；在行驶中的船上很难使用象限仪，它和别的天文仪器，如星盘和十字杆等，针对海上环境都被做了简化和改装。对北极星的观测需要修正，以弥补它跟天极之间的距离。正午太阳高度也是随纬度变化的，这需要更复杂的调整，取决于太阳对赤道的偏离值的周年循环，并需要使用一整年中这一数值的表格。[33]

687

像这样的例行程序及其在仪器设计中的体现，将导航学与几何学更紧密地联系起来；这促使大多数仪器制造者更坚定地去跟基础天文学打交道——日晷的重要性的增

[32] E. G. R. Taylor,《寻找避风港的技艺》(*The Haven-Finding Art*, London: Institute of Navigation, 1956);D. W. Waters,《伊丽莎白一世时代和斯图亚特时代早期的英格兰的航海技艺》(*The Art of Navigation in England in Elizabethan and Early Stuart Times*, London: Hollis and Carter, 1958)。

[33] Waters,《伊丽莎白一世时代和斯图亚特时代早期的英格兰的航海技艺》,第 43 页～第 57 页。

强早已开启了这一进程。这几种仪器的制造者和使用者并不仅仅是从天文学家那里被动地接受设计。例如,机械技艺从业者的创新贡献包括开发了背测杆,用于测量太阳的中天高度以求出纬度。使用十字杆观测太阳有几个缺点:观测者必须看向太阳,而且仪器无法放在所需的角的中心,因为那正好是观测者眼睛的中心。背测杆解决了这些问题,办法是转身背对太阳,用影子代替直接观测。这一创新的大体思路最早出现在英国航海家约翰·戴维斯1595年发表的一篇论文中,该仪器在17世纪中期达到了标准形式。[34] 背测杆的使用者背对太阳,将投影板在65°的圆弧上调到一个适当的值,这个圆弧最多被划分为单一度。瞄准地平线,保持投影板投下的影子落在前照准板上,将后照准板沿另一个25°圆弧移动,正好组成整个象限,直至测出正午太阳达到的最大高度。这个25°的圆弧以大得多的半径画出,因此可以划分得更细。放大象限仪上获取读数的部分,而不用把整个仪器能做多大就做多大,这个想法很巧妙。较小的圆弧则采用第谷·布拉赫(1546～1601)等天文学家用的那种斜截刻度,可精确到1弧分。尽管船上无法达到这样的准确度,但如此巧妙的设计有力地表明了制造者的抱负。

机械技艺界的野心还表现在同时代对磁罗经和磁倾仪的研究上。自16世纪初以来,海员已经知道磁针的磁差(与正北方的偏差)在不同的地方是不一样的,使用掌舵罗经时必须对此有所考虑。随着对磁差的认识增多,人们发展出一个想法:或许有可能利用磁差的全球分布来定位。例如写航行学著作的西班牙作者马丁·科尔特斯(卒于1592年)认为,在经度、纬度与磁差之间存在可预测的关系。因为这些变量中的两个是可测量的,磁差可能会是一种海上确定经度的方法的基础。不幸的是,航海家的报告并不支持科尔特斯的直觉,他的方法不可行。[35]

688

磁罗经和磁差通常只关系到出海的海员和供给他们仪器并教他们使用的数学实践者。然而,对磁差的全面解释似乎牵扯了自然哲学问题,所以,毫不意外地,正是在这一背景下,数学技艺——包括仪器技艺和机械工作——采用的方法开始渗入其他类型的研究。罗伯特·诺曼(活跃于1560～1596),英国的一位罗盘制造者——用他自己的话说,“一名不熟练的机械师”——在1581年发表了对磁倾角的研究。而他的同事,航海家威廉·伯勒(1536～1598)则补充了一篇关于磁差的论文。[36] 他们两人都用了仪器和度量,都强调经验对理性的指导作用,有时还提倡某种类似实验的东西。诺曼意识到这一工作中的冲突,但他颇为有力地论证说机械技艺家可能比偏理论的人更擅长处理这一主题,因为“机械师……能够运用那些技艺,就在他们指尖”,他们的实

---

[34] John Davis,《海员的秘密》(*The Seamans Secrets*, London: Thomas Dawson, 1595);Waters,《伊丽莎白一世时代和斯图亚特时代早期的英格兰的航海技艺》,第205页～第206页,第302页～第306页。

[35] Jim Bennett,《力学哲学与机械论哲学》(The Mechanics'Philosophy and the Mechanical Philosophy),《科学史》(*History of Science*),24(1986),第1页～第28页。

[36] Robert Norman,《新的吸引力》(*The Newe Attractive*, London: Jhon Kyngston for Richard Ballard, 1581); William Borough,《关于指南针或磁针变化的对话》(*A Discours of the Variation of the Cumpas, or Magneticall Needle*, London: Jhon Kyngston for Richard Ballard, 1581)。

践经验不同于“在书本里研究那些学问所学到的东西”。[37] 于是，在迪伊试图一反常规地将“机械师”的含义限制为不懂数学的人之后十年，诺曼对他提出了挑战，主张确有数学机械工受益于罗伯特・雷科德的英文版教科书，甚至受益于附有迪伊序言的欧几里得英译本。的确，机械风格对这一主题的学问探讨产生了影响：当威廉・吉尔伯特开始写《论磁》(*De Magnete*,1600)时，他构建了一门磁的自然哲学，其中加入了仪器和实验。[38]

航行学在17世纪继续影响实用数学家。墨卡托设计了一种球体的投影法，很适合航海家，其中罗经方位，即等角线(rhumb lines)被投影成直线，如此可以用直尺在地图上轻而易举地画出要行驶的航线。[39] 相比之下，距离的计算就十分复杂，要依靠海上日常生活中闻所未闻的三角函数。此前提到过的对数尺设计者埃德蒙・冈特的工作使这些例行计算可以用仪器解决，一把两脚规就能将三角函数的乘除法简化为长度的加减。冈特还设计了一种特殊形式的函数尺——这是一种常用仪器，将相似三角形应用于比例计算，也被改造用于其他类型的工作——配备了墨卡托航法所需的函数。[40] 虽然对数尺最初是供航海家使用的，但后来被证明能应用于一切计算方式，还可根据不同专业的需求定制。

689

冈特函数尺的前身包括许多特别版本和多种应用方案，供包括测量师和炮手在内的人使用。这两门技艺的几何学实践在16世纪变得紧密相连，引起了实用数学家的注意。两者都被卷入一个纲领：将实践的或机械的技艺重新建立在数学科学基础上，使之转变为数学技艺。测量学在两个重要方向上做出了尝试：引入按比例绘制的地图和角度测量。传统测量主要涉及清查和评估被测内容，包括通过线性测量记录土地，并未包括按比例绘制平面图或地图。在16世纪70年代到80年代，英国测量师开始经常性地创建房地产的比例地图。[41] 这种地图属于几何工具，可以像许多其他工具一样算作数学仪器。制作这种地图需要做很多测量，但使用地图的收益更多。这是诸如行星运动的几何构形，或枪炮的射程与仰角的关系表之类几何“理论工具”的典型特征。清单只能向使用者提供原始丈量结果，而地图则可以根据使用者的需求以任何方式查询。

跟比例地图一样，角度测量虽然在数学从业者手册中被提倡，但对于普通测量师

[37] Norman,《新的吸引力》, sig. B. iv。

[38] William Gilbert,《论磁》(*De magnete, magneticisque corporibus, et de magno magnete tellure*, London: Petrus Short, 1600);Paolo Rossi,《现代早期的哲学、技术与技艺》(*Philosophy, Technology, and the Arts in the Early Modern Era*, New York: Harper and Row, 1970),Salvator Attanasio 译;Bennett,《力学哲学与机械论哲学》。

[39] Leo Bagrow,《制图史》(*History of Cartography*, London: C. A. Watts, 1964),R. A. Skelton 修订,第118页～第119页。

[40] E. G. R. Taylor,《都铎王朝和斯图亚特王朝时期英格兰的数学实践者》(*The Mathematical Practitioners of Tudor and Stuart England*, Cambridge: Institute of Navigation, 1970),第60页～第64页,第196页。

[41] P. D. A. Harvey,《都铎王朝时期英格兰的地图》(*Maps in Tudor England*, Chicago: University of Chicago Press, 1993);E. G. R. Taylor,《都铎王朝时期的地理学(1485～1583)》(*Tudor Geography, 1485 - 1583*, London: Methuen, 1930),第140页～第161页。

的能力是个挑战。象限仪、星盘和十字杆被修改以适应测量的需要，就像之前适应于航行那样。在这些形形色色的仪器中，保留下来的是修改后的星盘，它演变为一种“简易经纬仪”，用于测量水平角，也叫方位角（azimuth 或 bearing）。[42] 新的角度测量所宣称的巨大优势与三角测量有关。传统上，丈量意味着踏过每一段要测的距离，用杆、绳索或链条标出长度。采用三角测量，只需丈量一条“基线”；所有其他可见位置都可以通过从基线两端量出角度而定位在地图上。当然，这牵涉到多个角度的测量和记录，以及事后通过被称为“制绘（protraction）”的过程构造出地图，这对测量师来说是陌生而枯燥的。[43]

690

在测量师那里变得常用的另一种仪器——尤其用于较少人定居和耕耘的土地——是圆周罗盘。这是一种有视野的磁罗盘，在相对缺少边界和建筑物的情况下，利用磁子午线给出地图的参考线。地平经纬仪（对于水平和垂直角度都有相应的圆周或圆弧）偶尔出现，但也只是在数学家满怀希望的计划和测量师的豪言壮语中，一直到 19 世纪才被使用，才变得常见。某些教科书中对它的提倡毋宁说是反映了数学纲领的意识形态——要尽量增加测量实践中的几何内容。[44]

测量师自己作出的回应是设计并使用了一种全然不同的仪器——平板仪，在 16 世纪后期引入。正如航海家之于背测杆，从业者共同对该仪器的发展做出了贡献。平板仪包含一张平面板，其上固定着一张纸，上面有一个分离的照准器（一支带有垂直瞄准器的尺）。必须用磁罗盘给它定位。测量师将从一个重要的点开始——比如田地的一角——让照准器对齐主要特征，包括其余几个角，成一条线，然后在纸上按着这些方向画线。接着走到下一测量点，量出距离，按比例在相应的线上划分出来。给平板仪定向后，再次向同上位置的方向画线，那些位置就由两组线的交点定位在纸上了。于是，随着测量的推进，地图也在绘制，无须测量任何角度，因为一切都按制图来进行。这对于数学家来说似乎是个灾难，对他们的纲领构成了威胁：平板仪的图形方法让不具备角度测量知识的测量师也能够使用三角测量绘出地图而无须经过麻烦而神秘的制绘。[45] 亚伦·拉思伯恩的书《测绘师》（*The Surveyor*，1616）在标题页上描绘了这种伪测量师中的一员：用着平板仪，一脚踩在一本书上，对学问轻蔑如此。[46] 尽管数学家企图无视平板仪或羞辱其使用者——托马斯·迪格斯称之为“只有懵懂无知、不学无术、不具有数的知识的人才用的仪器”[47]——但它却变得十分流行。

691

实用数学家还给炮手推销三角测量，用作测距手段。许多特定的仪器被设计出来

---

〔42〕 Bennett，《刻度盘：天文、航海、测量仪器的历史》，第 39 页～第 44 页。

〔43〕 Jim Bennett，《17 世纪早期英格兰的几何学与测量》（Geometry and Surveying in Early-Seventeenth-Century England），《科学年鉴》（*Annals of Science*），48（1991），第 345 页～第 354 页。

〔44〕 Bennett，《刻度盘：天文、航海、测量仪器的历史》，第 44 页～第 50 页。

〔45〕 Bennett，《17 世纪早期英格兰的几何学与测量》。

〔46〕 Aaron Rathborne，《测绘师》（*The Surveyor*，London：W. Stansby for W. Barre，1616），扉页。

〔47〕 Thomas Digges，《一本实用的几何论文，名为综合几何》（*A Geometrical Practical Treatise Named Pantometria* ...，London：Abell Jeffres，1591），第 55 页。

用于三角测量——例如约斯特·比尔吉就设计了一个[48]——大多被提倡用于战争,因其可以展现从远处进行丈量的明显优势。丈量基线并从两端瞄准仍是常规做法,但在这种情况下,可以将一个接合三角形的一臂调整到与按比例缩放后的基线一致,另外两臂合拢到跟两条视线重合。按比例缩放后的距离就直接由仪器得出了,因为这个三角测量仪器跟平板仪一样采用了图形方法。但相似之处只限于此,因为这不像是一种在紧迫、喧闹而混乱的战事中可行的技术。[49]

战争似乎乐于接受16世纪数学家在许多方面的主动示好。[50] 制造大型火炮方面的技术革新——整体铸造,配有耳轴从而可调整倾角,安装在可移动的炮架上——使火炮的效果更可靠,瞄准更为现实可行。炮弹重量、装药量、炮的仰角或倾角以及射程之间的关系开始变得值得考虑。数学家抓住机会改革枪炮实操,例如以表格形式加上各种仪器来提供上述关系,仪器包括用于测量炮弹的(卡尺)、用于计算炮弹重量的(函数尺和计算尺)、用于测定目标距离的(测距仪),以及用于架设火炮的(照准器、水准器、测斜器,有多种不同的设计和组合)。[51]

对枪炮学的全套处理很快被重新打包成一门数学技艺,在这一过程中,实用数学家又一次遭遇了传统上属于自然哲学的问题。抛射体运动有着历史悠久的自然哲学讨论和争议。现在,在实用数学中,它服从另一种形式的话语,把实践经验、度量、仪器、几何理论工具以及可预测的结果作为优先考虑。这套话语的奠基文献是尼科洛·塔尔塔利亚(1499～1557)的《新科学》(*La nova scientia*),1537年在威尼斯首次出版;标题对新颖性的强调宣告了枪炮学将重新建立在数学科学基础之上。这一纲领由圭多巴尔多·达尔·蒙特(1545～1607)延续,他是伽利略的朋友和资助人,也关心光学和数学仪器——正如上文已指出的,这是他与伽利略本人的共同兴趣。伽利略将接着写一本关于他自己的"两门新科学"的书,其中一门是关于运动的几何科学。[52]

692

另一种服从新的实用几何的军事技艺是防御工事。中世纪要塞的城墙有较高的平台以抵制攀爬的企图,但在新武器面前却成为首当其冲的目标,会被重炮火力击垮或射穿,就需要低矮厚实的城墙以承受炮击,但这又容易被步兵占领。因此,每一道竖墙的长度不能超过来自两端的炮位或棱堡的侧向火力能够防卫的长度,于是要塞的总体设计被限制为某种形式的正多边形,各个角上有突出的棱堡。这些棱堡本身成几何设计,以最大限度地提高对彼此及其间的幕墙的掩护,通向要塞的壕沟或"外垒"的几

---

[48] Benjamin Bramer, *Bericht zu Jobsten Burgi seligen geometrischen triangular Instruments* (Kassel: Jacob Gentsch, 1648).

[49] Bennett,《刻度盘:天文、航海、测量仪器的历史》,第44页～第46页。

[50] Jim Bennett 和 Stephen Johnston,《战争中的几何学(1500～1750)》(*The Geometry of War, 1500 - 1750*, Oxford: Museum of the History of Science, 1996);J. Büttner、Peter Damerow、Jürgen Renn 和 Matthias Schemmel,《大炮具有挑战性的形象》(The Challenging Images of Artillery),载于 Lefèvre、Renn 和 Schoepflin 编,《现代早期科学中图像的力量》,第3页～第27页。

[51] Bennett and Johnston,《战争中的几何学(1500～1750)》,第22页～第68页。

[52] Niccolò Tartaglia,《新科学》(*La nova scientia*, Venice, 1537);Galileo Galilei,《关于两门新科学的谈话和数学证明》(*Discorsi e dimostrazioni matematiche intorno à due nuoue scienze attenenti alla mecanica & i movimenti locali*, Leiden: Elsevier, 1638)。

何形状也根据防守优势的需要而设置。整个军事建筑技艺在新的防御工事数学科学的基础上变得几何化。其从业者包括15世纪意大利几何学家如迪·乔治、布鲁内莱斯基和列奥纳多·达·芬奇,后来的从业者有阿尔布雷希特·丢勒(1471～1528)和西蒙·斯台文(1548～1620)。

前面已经提到的许多实用数学家也活跃在制图学领域,这一技艺与测量学、天文学、航行学和战争都相关,其支柱技能包括仪器制造者的雕刻技能和几何学家的投影法。作为统治的权力象征及其实用工具,地图更有力地巩固了文艺复兴与现代早期数学的世俗特征。[53] 因此,当柯西莫一世·美第奇在16世纪60年代翻修佛罗伦萨旧宫的衣橱厅以容纳他的藏品库存时,整个房间被设计成一件宇宙志仪器。墙上的橱柜装饰着世界各地区的地图,天花板展示着天上的星座,巨大的地球仪和天球仪用于整合地图和航海图,同时天球仪还具有球形星盘的功能,一具由洛伦佐·德拉·沃帕亚制造的时钟转动着各个行星的球体。机器、机械巧思和剧场全都加入这一宇宙志的运转中,有隐藏的机关将球仪从天花板上的隔间里降下来。参与实现这座地图厅(sala delle carte geografiche)的数学家之一是埃尼亚齐奥·丹蒂——日晷和子午线制造者,透视学理论家,星盘论著作者——现存地图中的大部分要归功于他。[54]

693

托勒密的《地理学》(*Geographia*)对于16世纪制图学的发展是一个富有影响力的载体(参看第20章)。新的发现必须被纳入它的众多相继的版本中,投影法的选择增多,更多投影法被设计出来以应对如何将整个球容纳在一个平面上的挑战。16世纪的世界地图来自诸如马丁·瓦尔德塞弥勒(约1480～约1521)、阿皮安、明斯特尔和墨卡托这样著名的从业者,[55]由于这些人的主业是数学而非自然哲学,各种投影法的共存没有显出任何困难;他们的目标不是逼真,而是实用,不同的使用者需要不同形状、不同性质的地图。于是,像墨卡托投影就迎合了航海家的需求(参看第16章)。如同其他种类的理论工具,地图以一种系统的或受规则支配的方式集中展现信息,其中的规则是几何学的。但由于数学家不该插手自然哲学,而自然哲学必须是对物理世界的一致、真实的总体解释,因此他们可拥有多样性创造的自由。用物理数学家兼实用数学家杰马·弗里修斯在论及各种投影法在地图和星盘中的并行使用时的话说就是,"凭借几何发明,我们可以做自然世界中不被许可的事"。[56]

[53] Lloyd Arnold Brown,《地图的故事》(*The Story of Maps*, New York: Dover, 1979),第150页～第179页。

[54] Jim Bennett,《柯西莫的宇宙志:韦基奥宫与博物馆的历史》(Cosimo's Cosmography: The Palazzo Vecchio and the History of Museums),载于M. Beretta、P. Galluzzi和C. Triarico编,《穆萨·穆萨伊:为纪念马拉·米尼亚蒂的关于科学仪器和收藏的研究》(*Musa Musaei: Studies on Scientific Instruments and Collections in Honour of Mara Miniati*, Florence: Leo S. Olschki, 2003),第191页～第197页。

[55] Bagrow,《制图史》,第77页～第140页。

[56] Gemma Frisius, *De astrolabo catholico liber* (Antwerp, 1556), f. 4v.

技艺与自然

尽管在现代早期的最初阶段,机械技艺和数学科学是跟自然哲学脱节的,但它们最终开始参与对自然世界的研究、理解和解释。这一时期最著名的科学著作是牛顿的《自然哲学的数学原理》(*Philosophiae naturalis principia mathematica*, 1687),在标题上就声明要处理"自然哲学的数学原理"。[57] 17世纪后期新的实验自然哲学的特征方法依赖于此前机械师曾用过的那种操纵技术,正如罗盘制造者罗伯特·诺曼1581年曾说过的,机械师"能够运用那些技艺,就在他们指尖"。这门新的自然哲学的工具,即仪器,过去是实用数学的商标,但现在被接纳到对自然的研究中。自然哲学提供的解释都谈到微型机器和微观层面的机械活动——这解释了它为什么被罗伯特·玻意耳等支持者和从业者描述为"机械的"。[58]

694

这把我们引向本章开头提到的"机械的"一词的第三种也是最新近的意义。机械论哲学把机器当作整个自然世界中的活动的典范(参看第3章、第26章)。自然现在可以借助机械仪器去研究和理解——而不仅是缩影和操控——因为自然本身就是一台机器。技艺与自然的差别不再像对于早先的作者那样深刻和强硬,差异现在只是程度上的,而不是种类上的。差异在于所涉及的机器的尺寸以及完美程度,因为自然的机械工是神圣的,即便最微小的自然机器也完美无瑕。胡克在他的《显微图》(*Micrographia*, 1665)一开头就摆明了这一点。他展示了显微镜揭示的针尖、剃刀刀刃和印刷句点的显著缺陷。而无论他多么仔细地检查哪怕是最卑下的微小生灵的局部——例如苍蝇的眼睛——他也会发现它们具有完美的形态。[59]

如果说胡克最出名的书涉及光学仪器,那么他早期的仪器工作则是有关实验自然哲学的原型仪器:他为罗伯特·玻意耳制作的空气泵。[60] 胡克把增进自然知识的希望放在仪器上,特别是显微镜,因为正如他在《显微图》中写的,通过仪器"我们也许可以有能力辨识自然的一切秘密运作,几乎就像我们辨识技艺产物以及已经被由人类智慧发明的转轮、引擎和发条运作的产物的方式一样"。[61] 17世纪后期,巧妙应用转轮、引擎和发条做出的最引人注目的东西是钟表机构,因此,时钟成为机械自然的主张最钟

695

---

[57] Issac Newton,《自然哲学的数学原理》(*Philosophiae naturalis principia mathematica*, London: Royal Society and Joseph Streater, 1687)。

[58] 对比 Robert Boyle,《关于空气弹性的物理力学新实验》(*New Experiments Physico-Mechanicall*, *Touching the Spring of the Air*, Oxford: H. Hall for Thomas Robinson, 1660)和他的《关于机械起源或种种特殊性质产生的实验和记录》(*Experiments*, *Notes &c. about the Mechanical Origine or Production of Divers Particular Qualities*, London: E. Flesher for R. Davis, 1676)。

[59] Robert Hooke,《显微图》(*Micrographia*; *or*, *Some Physiological Descriptions of Minute Bodies with Observations and Enquiries Thereupon*, London: J. Martyn and J. Allestry, 1665)。

[60] Steven Shapin 和 Simon Schaffer,《利维坦与空气泵:霍布斯、玻意耳与实验生活》(*Leviathan and the Air-Pump*: *Hobbes*, *Boyle*, *and the Experimental Life*, Princeton, N. J.: Princeton University Press, 1985),第22页~第79页。

[61] Hooke,《显微图》,序言, sig. 2av。

爱的修辞来源。如果在粗糙的人类技艺世界里出自当时顶尖制造者之手的时钟能够尽善尽美,那么那位神圣的钟表匠在完美的自然机器中还有什么安排不了的?

前文已经表明,在机械技艺和数学技艺中,与自然哲学的交会点出现在天文学、航行学和枪炮学中。在其他方面也能找到类似的交会点,例如图像表征(参看第31章)。[62] 在这样的环境下,实用数学家的方法就有可能侵入自然研究中。在自然哲学似乎被难题和危机困扰的时候,机械技艺正欣欣向荣。等到自然,连同技艺,开始在机械话语中被构想的时候,机器已发展得足够精巧,足以支撑关于自然的机械本体论——其中最精致的就是钟表。一时间,自然世界和机械技艺的产物看起来仅仅在各自制造者的技能和资源上有差异。

(张东林 译)

[62] 参看注释11。

28

696

纯 粹 数 学

基尔斯蒂·安德森　亨克·J. M. 博斯

在现代早期,"数学"大体上被理解为关于数和量,或者一般数量的研究。它有两个种类:一个是"纯粹的"数学,另一个用1600年前后开始流行的术语来说叫作"混合数学"。[1] 前者抽象地研究数和量,后者则是在复合的事件中研究它们,即与对象(主要是物质对象)相关联。到1700年,混合数学实际上已非常广泛:在德国哲学家克里斯蒂安·沃尔夫(1679～1754)典范性的《全部数学的原理》(*Elementa matheseos universae*,第三版,1733～1742)中,它包括了力学、静力学、流体静力学、空气和流体中的压力、光学、透视法、球面几何、天文、地理、水文地理、年代学、日晷、爆破、建筑学等,既有军用也有民用。截至1500年,上述领域中的大多数就算存在也很薄弱,混合数学的急速扩张是现代早期的典型特征。与混合数学相比,纯粹数学包含的领域较少。沃尔夫将之总结为如下标题:算术、几何、平面三角、有穷量分析(即符号代数与解析几何)和无穷量分析(即微积分),最后两个领域是在17世纪创造的。

本章将遵循现代早期对纯粹数学的划界,当使用"数学"一词时,除非明确标出,都是指如上定义的纯粹数学。划界的依据是主题,与职业的分界线并不一致。认为自己仅仅是纯粹数学家的学者即便存在也属罕见。而刺激现代早期纯数学发展的主要因素还是在其自身传统的内部,源自古典和中世纪的纯粹数学。来自混合数学的激励十分稀有,无足轻重。在17世纪,力学促进了本质性的数学创新,尤其是无穷小运算,但它所讨论的主题(加速运动的运动学和动力学)本身相当新,且风格更接近纯粹数学而不是混合数学,归类为混合数学部分的力学基本上不超出静力学和简单与复合机械的

697

[1] H. M. Mulder,《纯粹数学、混合数学与应用数学:穿越历史的对数学的不断改变的认识》(Pure, Mixed and Applied Mathematics: The Changing Perception of Mathematics through History),《新数学档案》(*Nieuw Archief voor Wiskunde*),8, no. 4 (1990),第27页～第41页。

理论。[2]

纯粹数学走的大致是现代早期学术活动典型的地理扩散路线:1500 年前后主要在意大利北部和罗马;1550 年前后是意大利和法国(尤其是巴黎),德国南部和瑞士的某些城镇开始成为中心;到 1600 年前后,荷兰与英格兰也包括进来。整个 17 世纪,纯粹数学在这些地区蓬勃发展,巴黎可能是最重要的中心,斯堪的纳维亚和伊比利亚半岛处于边缘地带。

社 会 情 境

虽然纯粹数学很大程度上有其自身内在的动力,但这个领域的发展理所当然地依赖于人们对数学的接触和在工作中对数学的应用。本节不但要考察一些现代早期数学家的生平,还要考察他们受教育和就业的情况。在 16、17 世纪,数学不像后来那样是学校课程的核心,数学家也不是来自靠数学谋生这样一个明确界定的群体。[3] 在初等教育层次,算术在专门的学校里教授得最为频繁,例如意大利的算盘学校(scuole d'abbaco)和德国计算师(Rechenmeister)开设的院校。这些学校中有的也传授学生一些基本的几何作图和丁点代数。数学也可以是职业训练的一部分,例如,测地学、防御工程、航行和绘画艺术的学徒们都要学习他们工作中需要的那部分几何学。 698

并非人人都在幼年学习基本的数学——在他们进一步的教育中也未必学。著名的英国日记作者塞缪尔·佩皮斯(1633 ～ 1703)记述了他 29 岁时不得不学习计算的情形,当时他已上过文法学校并且从剑桥大学毕业,被任命为皇家海军的书记员。[4] 现代早期欧洲人所能得到的数学教育天差地别,从佩皮斯的极端例子到耶稣会学校的教育,后者经常教学生大量的数学——一个例子是法国哲学家兼数学家勒内·笛卡儿

---

[2] 关于 16 和 17 世纪纯粹数学的更多细节,参看 Paul Lawrence Rose,《意大利数学的复兴:从彼特拉克到伽利略的人文主义者和数学家的研究》(*The Italian Renaissance of Mathematics: Studies of Humanists and Mathematicians from Petrarch to Galileo*, Geneva: Droz, 1975); Derek Thomas Whiteside,《17 世纪后期的数学思维方式》(Patterns of Mathematical Thought in the Later Seventeenth Century),《精密科学史档案》(*Archive for History of Exact Sciences*), 1(1960 - 2),第 179 页～第 388 页; Douglas M. Jesseph,《17 世纪的哲学理论与数学实践》(Philosophical Theory and Mathematical Practice in the Seventeenth Century),《科学史与科学哲学研究》(*Studies in History and Philosophy of Science*), 20(1989),第 215 页～第 244 页; Jesseph,《变圆为方:霍布斯与沃利斯之间的战争》(*Squaring the Circle: The War between Hobbes and Wallis*, Chicago: University of Chicago Press, 1999); Paolo Mancosu,《17 世纪的数学哲学与数学实践》(*Philosophy of Mathematics and Mathematical Practice in the Seventeenth Century*, New York: Oxford University Press, 1996); Michael S. Mahoney,《自然的数学领域》(The Mathematical Realm of Nature),载于 Daniel Garber 和 Michael Ayers 编,2 卷本《剑桥 17 世纪哲学史》(*The Cambridge History of Seventeenth-Century Philosophy*, Cambridge: Cambridge University Press, 1998),第 1 卷,第 702 页～第 755 页。

[3] Ivo Schneider,《19 世纪以前数学中专业活动的形式》(Forms of Professional Activity in Mathematics Before the Nineteenth Century),载于 Herbert Mehrtens、Henk Bos 和 Ivo Schneider 编,《19 世纪数学的社会史》(*Social History of Nineteenth Century Mathematics*, Boston: Birkhäuser, 1981),第 93 页～第 104 页。

[4] D. J. Bryden,《纳皮尔骨尺》(*Napier's Bones*, London: Harriet Wynter, 1992),第 14 页。

(1596～1650),他就读于拉弗莱舍的耶稣会学校。[5] 在大学这个等级,也存在相当大的差异。总的说来,导论性的学习课程——在所谓的艺学院,也称为哲学学院开设——算术与几何包含在内。在多数地方,这些科目的课程讨论数的性质以及理论几何学的基础部分。某些大学偶尔会讲授较为高等的数学,但不能以该科目毕业,一般而言,学位只能从自由之艺和法律、神学、医学的研究生学院获得。

尽管数学教育匮乏,许多学者和数学从业者还是被吸引到这个领域,并成功地在这个学科达到了很高的造诣。为了让读者对数学活动的不同背景和环境有一个印象,我们着眼于地理位置和社会情境的异质性挑选出8位数学家,勾勒出他们的职业生涯。我们尽量避开最著名的数学家——法国人皮埃尔·德·费马(1601～1665)是个特例。不管是来自中心还是边缘(后者包括爱丁堡、乌尔姆、图卢兹和哥本哈根)的数学家,在我们的样本中都有代表。读者会遇到在业余时间研究课题或是不愁生计的绅士学者、曾短时期靠数学谋生的人、工程师和全职教师——这都是现代早期数学家的典型职业模式。此外的一种数学家类型是参加了某个修道会的人。

全职教师受雇于教授数学的院校,例如前面提到的几种学校,还有大学,以及巴黎皇家学院,后者始建于16世纪,提供一般教育,不包含如法律或医学的专门职业训练。有少数人靠数学私教谋生,还有一些是宫廷数学家。后者主要担任天文学家和占星家的工作,著名的德国天文学家约翰内斯·开普勒(1571～1630)就是一个众所周知的例子。17世纪末,巴黎皇家科学院也为数学家提供职位,不过直到18世纪科学院才开始在数学中发挥重要作用。

699

虽然许多数学家的地理位置是孤立的,但他们对自己感兴趣的主流数学了如指掌,了解的渠道是书本,还有特别重要的是与同行的通信。有时包含数学内容的信件会被复制传播。法国米尼姆会修士马兰·梅森(1588～1648)居间出力组织了这些联络,同样的还有英国数学爱好者约翰·科林斯(1625～1683)。科学杂志直到17世纪末才出现。

我们首先聚焦一个地区,即意大利北部,这里有两位毕业于医学院的学者都发表了在数学上有影响力的著作,却有着非常不同的职业。[6] 吉罗拉莫·卡尔达诺(1501～1576)在他一生中的大部分时间是一位饱受尊敬的内科医生,受召于多个皇家宫廷,但也曾有过赤贫的经历。在那些日子里,他教人数学并撰写了非常成功的数学教科书。他的著作《大术》(*Ars magna*, 1545)确立了他的名望,这本书成为代数学

---

[5] 关于耶稣会对数学和数理科学的贡献,例如,参看 Peter Dear,《17世纪早期的耶稣会数学科学和经验重构》(Jesuit Mathematical Science and the Reconstitution of Experience in the Early 17th Century),《科学史与科学哲学研究》,18(1987),第133页～第175页;Joseph MacDonnell,《耶稣会几何学:对耶稣会历史的前200年中56种著名的耶稣会几何学的研究》(*Jesuit Geometers: A Study of Fifty-Six Prominent Jesuit Geometers during the First Two Centuries of Jesuit History*, Studies in Jesuit Topics, 11, St. Louis, Mo.: Vatican, Institute of Jesuit Sources/Vatican Observatory Publications, 1989)。

[6] 本章提到的数学家的传记可以在此文献中找到,Charles C. Gillispie 编,16卷本《科学传记辞典》(*Dictionary of Scientific Biography*, New York: Scribners, 1970 - 80)。

的经典,下文还会谈及。卡尔达诺的著述广泛,除代数之外还涉及广泛学科,包括占星、天文、医学、哲学及博弈数学——这个领域后来演变为概率论。

费代里科·科曼迪诺(1509 ~ 1575)成长于乌尔比诺一个贵族家庭,接受人文主义传统的教育,从而对古典著作有强烈的兴趣。在他的妻儿去世后,科曼迪诺将时间投入到编辑、翻译和评注古希腊的数学和天文学文本。他的成就为他赢得盛名,先是成为乌尔比诺公爵的私人教师兼健康顾问,后来随公爵的妻弟到罗马,担任其私人医生。

将目光转向欧洲西北部,我们发现另一位绅士数学家约翰·纳皮尔(1550 ~ 1617)。除了料理爱丁堡附近默奇斯顿城堡的内政,他还撰写神学著作,发明军事机械,并致力于数学,尤其是使计算变得容易的方法。他设计了所谓的纳皮尔骨尺,这是每个侧面都印有乘法表的一组长方块,通过组合这些表格能将任意数乘以个位数的运算化归为加法。在他发明的有影响力的对数运算中,他更进一步地贯彻把乘法化归为加法的思想,他的新概念发表于 1614 年,此前他已将其广泛运用于研究中。

纳皮尔属于现代数学家当中接受过一些学术训练但又不是毕业于某个专业学院(法律、医学、神学)的群体,英国数学家兼自然哲学家艾萨克·牛顿(1643 ~ 1727)是这群人中最为卓著的成员。这个群体中的另外一位是西蒙·斯台文(1548 ~ 1620),在他以 35 岁的成熟年纪被莱顿大学录取之前大概就已经掌握了相当可观的实用数学技能。

斯台文生于布鲁日,除此以外人们对他的生平所知甚少,只知道在他职业生涯的最后一段,也就是他跟荷兰共和国总督拿骚的莫里斯亲王开始密切往来之后的事。斯台文为亲王讲授纯粹数学和混合数学,并在他的鼓励下写了许多教科书,他还是莫里斯亲王在军事和航海问题上的顾问。斯台文热衷于传播知识,发表了许多有影响力的论著,介绍十进小数、算术、代数、透视法的数学理论、力学、潮汐,以及哥白尼天文体系。

斯台文把实用数学与纯粹数学同自然科学结合起来,而约翰内斯·福尔哈贝尔(1580 ~ 1635)则把它们同自然魔法联系起来。[7] 福尔哈贝尔在自家的织造作坊受训,但他决心成为一名计算师,1600 年他在乌尔姆开办了自己的学校。他对神秘事物的偏好导致他常常和当局发生冲突,就像在他出版了一本关于神妙技艺的书的时候。并不是他的所有著作都引起争议,比方说他发现了一些纯粹属于数论的结果,诸如自然数的幂的求和公式,最高可到 13 次幂。福尔哈贝尔可能还影响了笛卡儿对代数的兴趣和能力。福尔哈贝尔是最后一批为数学贡献了新成果的计算师之一,但他绝不是最后一位禁不住诱惑——像意大利修道士卢卡·帕乔利(约 1445 ~ 1517)和开普勒那样——而将数学之外的属性归因于算术与几何对象的数学家。帕乔利认为后世称为

[7] Ivo Schneider, *Johannes Faulhaber, 1580 - 1635: Rechenmeister in einer Welt des Umbruchs* (Basel: Birkhäuser, 1993).

黄金分割的比例具有部分神性,因为它的三条线段反映了三位一体,[8]开普勒则把数学对象与上帝的和谐造物联系起来。[9]

701 有的数学家僻处一方但仍与数学界保持着良好的沟通,一个典型例子是创造力非凡的数学家费马。他出生在富裕的商人家庭,选择了法律作为职业。1631 年,费马毕业并作为一名律师及图卢兹最高法院的顾问安顿下来。他也学习数学,熟悉希腊数学经典以及一位法国数学家兼地方法官弗朗索瓦·韦达(1540～1603)的著作。从 1635 年左右开始,费马用业余时间做出了几项数学创新。他的解析几何方法可圈可点,只是笛卡儿的方法流传更广,盖过了费马的光芒。不过,费马还是因其对早期微积分与概率论的贡献而得到认可。法国哲学家兼科学家布莱兹·帕斯卡(1623～1662)唤起费马对概率问题的兴趣。作为回应,费马试图令帕斯卡关注数论,但没有成功。尽管在这个领域缺少卓著的通信者,费马仍然成为数论历史上卓著的人物,[10]主要是因为费马最后定理。[11] 他并未证明这个定理,同样他也没有证明他的许多其他结论,而是依赖惊人的直觉。

约翰·沃利斯(1616～1703)是少数靠纯粹数学谋生的人之一。他毕业于剑桥大学,获神学学位,在伦敦当过几年牧师。英国内战期间,他破译过密码信件,但是除此之外,到 1649 年被任命为牛津数学教授时,他在数学领域尚未扬名。不过,此后他很快就证明自己实际上是非常有能力的数学家,做出了一部相当大的、坚实的有助于早期微积分的数学全集。他保有其职位直到去世,同时还致力于其他几项项目——包括成立伦敦皇家学会,这是最早的科学学会之一。

尽管许多现代早期数学家独自工作,但他们并非散落在欧洲各地,而是倾向于聚集在某些地方,例如巴黎。居住在数学受到尊敬的环境里有多重要,可以从丹麦人伊拉斯谟·巴托兰(1625～1698)的职业生涯得到例证。他在国内外学习数学和医学,在莱顿听过荷兰数学家弗朗斯·范舒滕(约 1615～1660)讲课,并且对后者的笛卡儿《几何》(*Géométrie*)拉丁文译本(1649 和 1659)有所贡献,这些译本还收录了范舒滕及

702 其学生的评注和论文。巴托兰在帕多瓦大学以医学学位毕业,之后回到哥本哈根大学担任数学教授。不久他转到薪水更高的医学教职,但可以自由选择研究的题目,在纯粹数学领域继续活跃了一段时间,不过他越来越沉浸于天文学。原因似乎是从成功的丹麦天文学家第谷·布拉赫(1546～1601)的时代以来,天文学在哥本哈根受到比数学高得多的尊崇。

---

[8] 关于数学与宗教的另一个方面,参看 Herbert Breger, “Mathematik und Religion in der frühen Neuzeit,” *Berichte zur Wissenschaftsgeschichte*, 18 (1995), 151 - 60。

[9] Charles B. Thomas,《鲁道夫二世宫廷中的魔法与数学》(Magic and Mathematics at the Court of Rudolph Ⅱ),《数学原理》(*Elemente der Mathematik*),50(1995),第 137 页～第 148 页。

[10] Catherine Goldstein, *Un théorème de Fermat et ses lecteurs* (Saint-Denis: Presses Universitaires de Vincennes, 1995).

[11] 自古以来,数学家就致力于寻找毕达哥拉斯三元组(即满足方程 $x^2+y^2=z^2$ 的三个整数 x, y, z, 例如 3, 4, 5)。费马考察方程 $x^n+y^n=z^n$, 其中 n 大于 2。他断言不存在三个非零整数构成这个方程的解。费马的论断在 20 世纪 90 年代后半叶被英国数学家安德鲁·J. 怀尔斯(Andrew J. Wiles)证明。

刺激因素：方法与问题

起初，对现代早期欧洲纯粹数学最重要的刺激因素来自不断消化吸收古典希腊和中世纪阿拉伯这两个更早的数学文化的成果。前者的性质主要是几何的，而后者则发展出一整套有效的代数方法和技巧。这种双重的吸收引发代数与几何的融合，导致了现代早期数学发明的两大亮点：17 世纪 30 年代由费马和笛卡儿引入的解析几何技术，以及由牛顿和德国哲学家戈特弗里德·威廉·莱布尼茨（1646 ～ 1716）发展出的两种版本的微分与积分运算，两者都发表于 17 世纪 80 年代。

这些成就的首要动力是对普遍方法的着意寻求。文艺复兴晚期和现代早期知识分子大都受到方法的强烈吸引，[12]数学为此提供了三种不同的模型：组合的、公理的和分析的。[13] 组合模型的灵感来源是加泰罗尼亚百科全书学者拉蒙·勒尔（约 1232 ～ 1316）的《大艺简写本》（*Ars brevis*）的例子，该书主要描述了一些技巧，用于从预先定义好的存在者、概念、性质等的列表中枚举出所有可能的组合。在后来的赫耳墨斯与魔法传统中，这些技巧被用于寻求基本的真理和领悟。然而，对组合术的这种迷恋几乎没有对现代早期的纯粹数学造成任何影响。希腊数学家欧几里得（活跃于公元前 300 年前后）的《几何原本》是公理方法的典范，在数学以外也常常被推崇和模仿，荷兰哲学家贝内迪克特（巴吕赫）·德·斯宾诺莎（1632 ～ 1677）的《依几何次序显明的伦理学》（*Ethica ordine geometrico demonstrata*，1677）是最为著名的例子。[14] 现代早期的数学家同样尊崇欧几里得公理方法，但是比起他们的希腊楷模来说，他们较少应用这种方法，他们重视它更多是因为其讲解和教育的功能，而不是逻辑严格性。它并未构成现代早期数学发展中的重要因素。相比之下，对分析方法的兴趣则是基本的创新力量，助长这种兴趣的是古代文本（尤其是帕普斯的《汇编》，1588 年首次印刷），其中零碎地记载了一种特殊的几何解题方法，名为“分析”。这种方法与严格的公理 - 演绎的表述和证明方式大相径庭，后者一般被视为古典希腊数学的特征。

703

分析是一种发现方法，首先（尽管不限于）应用在解决几何问题上。[15] 鉴于该方法在现代早期数学发展中至关重要的地位，我们要用一个例子作较为详细的说明，为此我们采用一个相对简单的几何问题，即在给定的底边上作一个三角形，高和一条边的

---

[12] Peter Dear，《方法与自然研究》（Method and the Study of Nature），载于 Garber 和 Ayers 编，《剑桥 17 世纪哲学史》，第 1 卷，第 147 页～第 177 页。

[13] H. -J. Engfer, *Philosophie als Analysis: Studien zur Entwicklung philosophischer Analysiskonzeptionen unter dem Einfluss mathematischer Methodenmodelle im 17. und frühen 18. Jahrhundert* (Forschungen und Materialien zur Deutschen Aufklärung, Abteilung 2, Monographien 1) (Stuttgart: Fromman-Holzboog, 1982).

[14] Hans Werner Arndt, *Methodo scientifica pertractatum: mos geometricus und Kalkülbegriff in der philosophischen Theorienbildung des 17. und 18. Jahrhunderts* (Berlin: Walter de Gruyter, 1971); and H. Schüling, *Die Geschichte der axiomatischen Methode im 16. und beginnenden 17. Jahrhundert* (Hildesheim: Georg Olms, 1969).

[15] Wilbur R. Knorr，《几何问题的古代传统》（*The Ancient Tradition of Geometric Problems*, Boston: Birkhäuser, 1986），第 358 页。

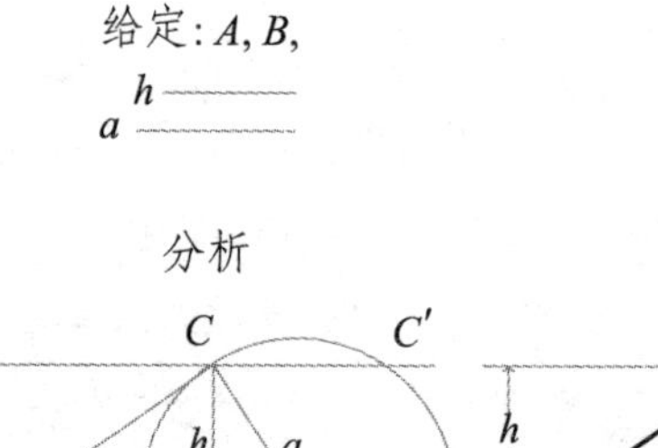

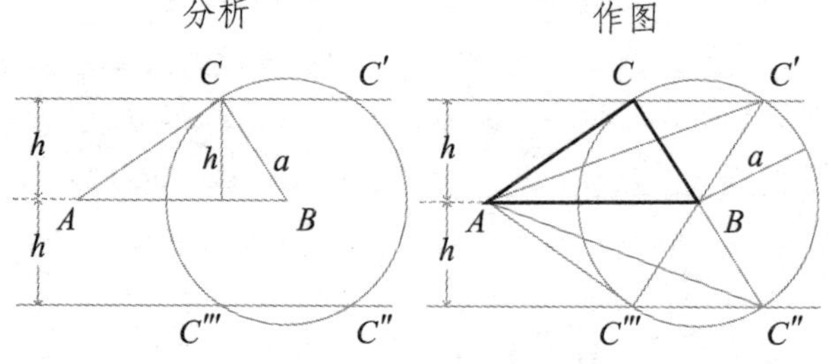

图 28.1　一个几何作图问题的分析解法。参看正文中的解释

长度已给定（见图 28.1）：

问题：给定点 A 和 B 以及两个长度 a 和 h，求作一个高为 h 的三角形 ABC，使 $BC=a$。

分析：假定问题已解决，考虑三角形 ABC。点 B 以及 C 到 B 的距离 a 为给定，因此 C 位于一个给定了圆心（即 B）和半径（a）的圆周上，从而这个圆也给定了。此外，C 到通过 A 与 B 的直线的距离 h 是给定的，因此 C 在平行于 AB 的直线上，这样的直线有两条，也是给定的。所以点 C 位于一个给定的圆和两条给定直线的交点之一，这样 C 的可能位置（即 C, C', C''和 C'''）也就给定了。分析论证至此完毕。

704

注意到术语"给定"的使用跟"已知"同义，并且实际上同义于"可用尺规几何地作出"。分析提供了一根论证的链条，将"给定"状态从最初给定的三角形诸元素（A, B, a, h）传递给一开始并不知道的点 C，于是点 C 成为已知和给定的。随着问题的解决，该三角形的作图步骤也就找到了，可以从分析过程中抽离出来，组成相应的综合过程：

作图：作圆心为 B，半径为 a 的圆；作两条直线平行于 AB，并与之相距 h。这些作图得到圆和两条直线的交点。选择 C, C', C''和 C'''这些点中任意一个作为顶点画完三角形。Quod erat faciendum（QEF，此即为所求作）。

完成问题的解还需要两步论证：证明所作的三角形确实满足要求（一般是简单明了的），以及所谓的界定（diorismos），即讨论求解问题的可能性的不同情形。（在本例中，当 $h>a$ 时无解，当 $h=a$ 时有两个解，当 $h<a$ 时有四个解——注意长度 a 和 h 都假定为正的。）

因此分析方法的基本步骤如下。首先假定问题已解决，这样就能把还不知道的解（三角形）用图显示出来，并讨论它的各部分和性质。然后探索由如下形式的论证连接而成的诸多链条："如果图形的这些元素是给定的，则那些元素也被给定。"一旦发现有一根链条以前后相继的论证连接了问题中给定的元素与所求图形的诸元素，分析就完成了。有了这根链条，就获得了正式的"综合"（也就是作图并证明其正确性），只需按

Comme ſi C E eſt vne Ellipſe, & que M A ſoit le ſegment de ſon diametre, auquel C M ſoit appliquée par ordre, & qui ait *r* pour ſon coſté droit, & *q* pour le trauerſant, on à par le 13 th. du 1 liu. d'Apollonius.

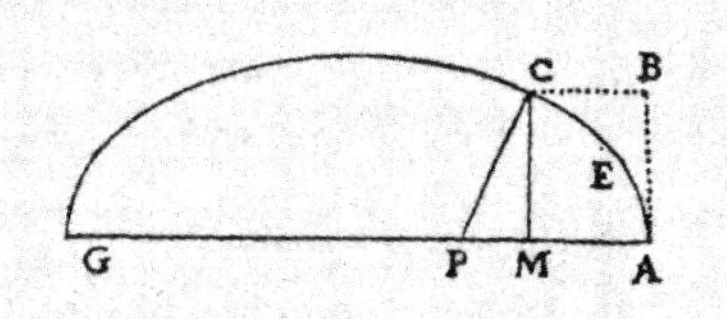

$xx \propto ry - \frac{r}{q}yy$, d'on oſtant xx, il reſte $ss - vv + 2vy - yy \propto ry - \frac{r}{q}yy$.

图 28.2 笛卡儿对椭圆及其方程的图示。见于笛卡儿的《几何学》:René Descartes, *La géométrie*, in *Discours de la methode . . . Plus La dioptrique*, *Les meteores*, *Et la géométrie* (Leiden: I. Maire, 1637), p. 343; 取自含英译的影印本:ed. and trans. D. E. Smith and M. L. Latham (New York: Dover, 1954)

照链条上从最初给定到最终图形的顺序作出各元素,并按同样的路线证明所作的图形具有所求的性质。[16]

对方法,尤其是分析方法的专注,导致了三项主要的数学成就:字母代数、解析几何跟微积分,还赋予了现代早期数学两个最明显的风格特征:代数与几何融合,以及证明的严格性放宽。现代早期数学家看到几何分析方法与代数技巧之间的相似性。用符号(如 x)代表未知,代数学家就能够将代数方程尚未知道的解用于计算;类似地,在几何分析中,假定问题已经解决,几何学家就能够讨论给定元素与几何问题尚未知道的解之间的关系。这个类比有力地说明了现代早期代数与几何的融合。[17] 解析几何与微积分将代数与几何技巧结合起来。这种结合使得代数论证与几何论证之间、图形与公式之间、曲线与其方程之间能够毫无阻碍地来回转换。公式成为数学写作在排版式样方面的标志(见图 28.2),不过它们大多与几何对象相关联。直到 18 世纪,这种与几何的关联性才慢慢减弱。 705

典范性的希腊数学论著,即欧几里得、佩尔格的阿波罗尼奥斯(公元前 3 世纪晚期)与阿基米德(公元前 3 世纪)的著作,其风格要求严格证明和作图,但并不要求说明答案是如何找到的。例如,阿基米德证明抛物线弓形的面积等于其最大内接三角形面积的 4/3,这个证明极具说服力,但并未说明此项结果及其证明是如何发现的。反过来,新的分析方法则是发现的方法,把寻找的过程转换成作图和(或)证明通常简单直 706

[16] 围绕 J. Hintikka 和 U. Remes,《分析的方法,其几何学起源及其一般意义》(*The Method of Analysis, Its Geometrical Origin, and Its General Significance*, Dordrecht: Reidel, 1974)有大量的文献对分析作了历史的和逻辑的诠释。

[17] 实际上术语"分析"变成指代具有较强代数性质的学科(例如,解析几何与微积分)。1700 年之后,"分析"的意义进一步向包含无穷过程,特别是包含极限的学科转移。

接，而且一般不提供新的见解。因此，字母代数和解析几何没有激起人们对于证明的特别兴趣。而处理无穷过程的新方法造成了较多对其有效性的担忧，刺激人们尝试去严格证明这些方法本身或其特定结果。尽管这些尝试落空，但新方法的成功使大部分数学家觉得放宽严格性是可以接受的。

充满挑战性的数学问题源源不断，促进了对新方法的寻求。截至 17 世纪 50 年代，此类问题主要源自纯粹数学内部，其中许多实际上是古典希腊问题的推广（例如三等分角、倍立方、化圆为方、确定曲线的切线以及图形的面积或体积等）。此后，新的自然哲学为此类问题提供了外部源泉。用意大利自然哲学家伽利略 · 伽利莱（1564 ～ 1642）的话来说就是：自然之书以数学语言写成——这个观念暗示了物理过程中的变量（尤其是运动过程中的时间、速度和经过的距离）之间的关系应该用数学方式表达。在伽利略的研究中，这些关系是简单的比例关系，例如按他的定律自由落体的速度与时间成比例。比这复杂得多的、用曲线和方程来表达的关系出现在后来的理性力学大家，例如荷兰数学家兼自然哲学家克里斯蒂安 · 惠更斯（1629 ～ 1695）、牛顿和莱布尼茨的理论中。对力学中动力过程（如落体、振动、受阻运动等）的研究要求上述关系通过力学定律或假设来确定，用微积分的术语来说，这些定律和假设都是微分方程。试验微积分新方法的主要例子涉及求解问题时出现的微分方程的解，例如确定悬挂着的链条的形状（悬链线）、受压的弹性梁的形状、抛体的轨迹等。

除了主要的刺激因素——寻求方法，受到古典问题类型与自然哲学新问题的滋养——还有两个次要的动力值得一提，它们导致了另外两项与现代早期纯粹数学的核心非常接近的进展。17 世纪 30 年代，法国工程师吉拉尔 · 德萨尔格（1591 ～ 1661）开发了一种处理圆锥曲线的新方法，他所用的方法在今天看来属于射影几何。作为一个前途无量的青年数学家，帕斯卡也尝试过这种方法。也许是因为与当时风行的分析方法大相径庭，这些思想被湮没了，射影方法直到 19 世纪初才重新被引入几何学中来。707 历史学家把这段故事与透视理论联系在一起，可能是因为德萨尔格本人表示过他的理论可以应用于透视法、石料切割和建造日晷。但是当时的工匠和数学家们都发觉，不可能按德萨尔格阐述的那样从他的理论导出应用。对德萨尔格著作的考察表明，主要的刺激因素来自数学和又一部古典希腊著作，即阿波罗尼奥斯的圆锥曲线论，德萨尔格希望简化它。[18] 16 世纪的一些数学家研究过透视法，1600 年前后，意大利科学家圭多巴尔多 · 达尔 · 蒙特（1545 ～ 1607）创立了该学科统一的数学理论。他的表述不久由斯台文加以改进。他们的影响在 17、18 世纪的一系列关于透视法的论著中可以找

[18] Jan Hogendijk，《德萨尔格的〈射影初稿〉与阿波罗尼奥斯的〈圆锥曲线论〉》（Desargues' *Brouillon Project* and the *Conics* of Apollonius），《人马座》（*Centaurus*），34（1991），第 1 页～第 43 页；Kirsti Andersen，《德萨尔格的透视法》（Desargues 'Method of Perspective），《人马座》，34（1991），第 44 页～第 91 页。

到,不过这些著作并没有对当时的纯粹数学造成明显的影响。[19]

纯粹数学的另一个较次要的动力来自天文学实践,包括理论的和应用的(例如服务于迅速扩张的航海业)。由于经常需要在不同的坐标系之间转换数据(从依赖于时刻和位置的坐标系下的观测数据转换到固定的天球坐标下的星表,反之亦然),导致无数的乘法和由球面三角法则决定的大数的除法。1600 年前后,许多学者都产生了将这些乘法简化为加法(除法简化为减法)的对数思想,其中最成功的是纳皮尔;对数表在 17 世纪 10 年代到 20 年代已经出现。[20] 17 世纪中叶时,认识到对数表包含的对数关系对于研究某些特定类型的运动和某些特殊类型的曲线十分重要,对数因此进入了现代早期纯粹数学的核心。[21]

继承代数,继承挑战

708

17 世纪早期纯粹数学的一个本质的部分与代数有关,而代数有历史的根源。公元前 1800 年左右,可能是因为想要给学生们一些有挑战性的题目,美索不达米亚的数学教师创造了可导致二次方程的问题。大约 2500 年后,二次方程的理论在同一地点(此时处于伊斯兰势力之下)成为备受重视的学科,在巴格达工作的数学家花剌子米(约 800 ~约 850)首次将它以系统的形式表达出来。11 世纪后半叶,该理论扩大到将三次方程纳入其中。天文学家、数学家兼诗人欧玛尔 · 海亚姆(约 1048 ~约 1131)全面讨论了三次方程,他描述了如何用两条圆锥曲线的交点所确定的线段(相当于坐标)求三次方程的根。他还试图寻找求根的代数算法,但没有结果。

欧洲数学家从伊斯兰先驱手中接过代数,到 16 世纪这门学科已经在欧洲重新获得原有的两项功能,即技能测试(美索不达米亚时期的功能)和研究课题(在中世纪阿拉伯文化中的功能)。有的学生并不需要为实际目的使用代数,他们学习这门学科是因为解决代数问题可以获得名声,从而增加他们在其他领域的就业机会。这一时期,许多天才的数学家试图给出三次方程的代数解法——这个难题十分吸引人,因为几个

---

[19] Martin Kemp,《从布鲁内莱斯基到德萨尔格的几何学透视:一种作图方法或理智目标?》(Geometrical Perspective from Brunelleschi to Desargues: A Pictorial Means or an Intellectual End?),《英国科学院年报》(*Proceedings of the British Academy*),70(1984),第 91 页~第 132 页;Kirsti Andersen,《关于 17、18 世纪数学家对透视作图论述的一些观察结果》(Some Observations Concerning Mathematicians'Treatment of Perspective Constructions in the 17th and 18th Centuries),载于 Menso Folkerts 和 Uta Lindgren 编,《数学,纪念赫尔穆特 · 格里克》(*Mathemata, Festschrift für Helmuth Gericke*, Stuttgart: Franz Steiner Verlag, 1985),第 409 页~第 425 页;Judith V. Field,《透视法与数学家:从阿尔贝蒂到德萨尔格》(Perspective and the Mathematicians: Alberti to Desargues),载于 Cynthia Hay 编,《数学从手稿到印刷物(1300 ~1600)》(*Mathematics from Manuscript to Print*, Oxford: Clarendon Press, 1988),第 236 页~第 263 页;Kirsti Andersen,《斯台文的透视理论:荷兰人学术透视方法的起源》(Stevin's Theory of Perspective: The Origin of a Dutch Academic Approach to Perspective),《曳物线》(*Tractrix*),2(1990),第 25 页~第 62 页。

[20] Wolfgang Kaunzner,《对数》(Logarithms),载于 Ivor Grattan-Guinness 编,2 卷本《数学科学史与数学科学哲学百科全书手册》(*Companion Encyclopedia of the History and Philosophy of the Mathematical Sciences*, London: Routledge, 1994),第 1 卷,第 210 页~第 228 页。

[21] 激发数理概率论的外部刺激因素是社会的而不是技术的。为了在赌局中断时公平分割赌资,费马、帕斯卡和惠更斯制定了公理和计算法则,将概率和期望的直观概念数学化。

世纪以来一直未能被解开。

16世纪早期,博洛尼亚大学数学教授希皮奥内·德·费罗(1465～1526)发现了求形如 $x^3=bx+c$ ($b,c>0$)的方程的正根的代数法则。尽管他解决了这个著名的问题,但却秘而不宣,可能是因为他打算以后用在谋求学术职位或招揽学生的竞争中,也可能是想用在数学对决上。后者在费罗时代的意大利很常见:两名数学家公开展示自己能够解决对手提出的多少条难题,题目在会面之前一段时间提交,参加者必须能够解决自己提出的问题。在此类比赛中表现优异也是能影响就业机会的评级系统的一部分。

根据目前所知,费罗从未公开演示他的法则,但他也不希望这个秘密随自己一起埋葬,因此他至少告诉了他的两个学生:女婿安尼巴拉·德拉·纳韦和安东尼奥·马里亚·菲奥尔。后者企图靠这法则出名,遂邀请意大利著名数学家尼科洛·塔尔塔利亚(1500～1557)参加一场数学比赛。塔尔塔利亚接受了邀请,可能还奇怪菲奥尔怎么敢挑战他。菲奥尔用涉及三次方程的题目占了塔尔塔利亚的上风。塔尔塔利亚抑制住惊诧之情,设法推导出一条可解决这些问题的法则。而菲奥尔在解答塔尔塔利亚的题目时不太成功,因此最终不是菲奥尔而是塔尔塔利亚成为胜利者。这场比赛声名远播,传到卡尔达诺耳中。卡尔达诺向塔尔塔利亚施压,终于说服他讲出他的法则。卡尔达诺将其写入他的《大术》(1545)一书,书中提到了费罗和塔尔塔利亚,不过这项成果终究被称为卡尔达诺法则。[22]

709

很自然地,下一步就是寻找四次方程的求根法则。卡尔达诺和他的学生洛多维科·费拉里(1522～1565)一同研究过,后者发现了一种不完整的解法,卡尔达诺将其写入《大术》,他的代数工作的继承者意大利工程师拉斐尔·邦贝利(1526～1572)在其《代数》(*L'algebra*, 1572)一书中推广了这一解法。[23]

邦贝利还接过了卡尔达诺所回避的一个问题,即解三次方程的法则会导致包含负数的平方根的表达式。作为例子,邦贝利考察图28.3所示的方程,今天写为 $x^3=15x+4$。卡尔达诺法则给出的结果为 $x=\sqrt[3]{2+\sqrt{-121}}+\sqrt[3]{2-\sqrt{-121}}$。因为已经知道问题中的方程有一个根为4,邦贝利说明了如何可能将上述表达式解释为等于4。邦贝利由此开始了被后世称为复数的工作。他并不把它们看成是数,所以它们不能充当方程的根,而只能用作发现真正的根的手段。对邦贝利及其同时代人来说,真正的根就是正根,因为他们不承认负数和零是真正的数学实体。在几何问题中,具有负长度的线段不被视为可接受的解。

710

[22] 更多技术细节参看 Kirsti Andersen, "Algebraische Lösung der Gleichungen dritten und vierten Grades in der Renaissance," in *Geschichte der Algebra: Eine Einführung*, ed. Erhard Scholz (Mannheim: Wissenschaftsverlag, 1990), pp. 157 - 81。

[23] 一旦能解四次方程,数学家们便进而求解五次方程,在17和18世纪为这个问题耗费了大量时间。至19世纪初,意大利数学家保罗·鲁菲尼(Paolo Ruffini, 1765～1822)和挪威数学家尼尔斯·亨里克·阿贝尔(Niels Henrik Abel, 1802～1829)各自证明高于四次的方程一般无法借助代数公式求根。

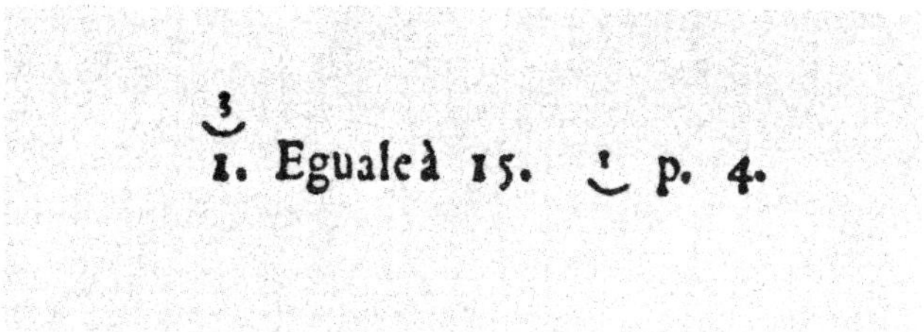

1. Egualeà 15. p. 4.

图 28.3　拉斐尔·邦贝利的《代数》中的公式，来自 Rafael Bombelli, *L'Algebra parte maggiore dell' arimetica* ... (Bologna: Rossi, 1572), p. 294。Reproduced by permission of The Danish National Library of Science and Medicine

1629 年，情况发生了变化，出生于法国、活跃于莱顿的数学家阿尔贝·吉拉尔（1595～1632）阐述了后世所谓的代数基本定理。该定理说每个 n 次方程都有 n 个根。这条定理只有在复数、负数和零都被接受为根的时候才成立。吉拉尔用一些例子示范了他的定理，但没有给出证明——有效的证明最早由卡尔·F. 高斯（1777～1855）于 1799 年给出。

除在解多项式方程上的理论贡献之外，邦贝利还发展了图 28.3 所示的符号而使这一领域得到加强。他的符号提供了对问题的概述，而且在只涉及一个未知数的情况下也确实很好用。邦贝利的符号被斯台文所采用，但不久之后就被韦达的更强力的符号（图 28.4）取代，接着又被笛卡儿的十分有效因而沿用至今的符号（后面还会谈到）所取代。

对欧几里得《几何原本》的接受

欧几里得的《几何原本》同代数一样是 16 世纪纯粹数学的重要灵感来源。译自阿拉伯文本的《几何原本》拉丁文译本主要来自 12 世纪早期的翻译家、自然哲学家巴斯的阿德拉德以及 13 世纪的教士、天文学家兼数学家诺瓦拉的坎帕努斯。这些译本构成了中世纪晚期将欧几里得著作集传遍西欧的主要抄本谱系的基础。《几何原本》最早的印刷本见于 1482 年，用的是坎帕努斯的译本。随着文字学方面的兴趣及专业知识的增长，凭借一些希腊文抄本跟 4 世纪希腊数学家、天文学家特翁的版本建立起了未经转译的直接联系。希腊文本于 1533 年印刷出版，而它的拉丁文译本早在 1505 年

就已出现。[24] 这两种文本传统差别相当大,它们在16世纪后三分之一时间里合并到
711 了一起。科曼迪诺1572年的拉丁文本同时基于两个传统,显著提高了对文本的理解。生于德国的罗马耶稣会学院数学教授克里斯托夫·克拉维乌斯(1537～1612)的详尽译本首次出版于1574年,并不断再版,其中汇集了当时关于此文本的大部分语言文字学和数学专门知识,成为此后一个多世纪中《几何原本》的基础版本。

语言文字学上的努力带来的改进,一个最好的例子是《几何原本》第5卷的比率相等这个关键定义。[25] 在坎帕努斯的文本中,这个定义根本无法理解;直到16世纪下半叶才开始逐渐被看懂。这一澄清具有重大意义,因为比和比例理论是数学在新自然哲学中的应用的基础;伽利略对此有强烈兴趣。[26]

除语言文字学的关注之外,还有其他力量也影响了现代早期欧几里得文本的转变。很多编者为了教学的目的或是为了特殊的读者而对它作了调整。这产生出缩写本(典型的是仅包含前6卷书),其中证明常常被去掉或被换成解释性的例子。其他一些编者对文本进行调整则是基于原则性的批评,例如法国哲学家兼数学家、巴黎皇家学院教授彼得吕斯·拉米斯(1515～1572)就批评欧几里得的公理演绎表述是无用的谨小慎微。他认为许多定理都过于明显,无须证明,还嘲笑《几何原本》第10卷的无理比的理论(实际上非常抽象)是"数学家的十字架",稍后斯台文证明了这部分理论的内容可以通过无理数作简单得多的总结。

712

对高等希腊数学的回应:阿波罗尼奥斯、阿基米德和丢番图传统

到1550年,欧几里得著作集已被充分吸收,从而数学家们能够带着从中得来的好处转向包含高等数学的古典文献。有此性质的四个主要资料来源是(按照首次印刷出

---

[24] 欧几里得在16世纪的诸多版本为文艺复兴时期书籍生产的异常活跃提供了令人难忘的例证。《几何原本》的第一个印刷版本是坎帕努斯传统的一个拉丁文本,1482年出现在威尼斯,编者为拉特多尔特(E. Ratdolt),随即在威尼斯(1482)、乌尔姆(1486)和维琴察(1491)再版。1505年赞贝蒂(B. Zamberti)在威尼斯出版了他从希腊文本译的拉丁文译本;J. 勒菲弗·戴塔普勒(J. Lefèbre d'Étaples)1516年在巴黎出版的拉丁文译本同时基于坎帕努斯和赞贝蒂两个版本;第一个希腊文版本为S. 格里诺伊斯(S. Grynaeus)所编,1533年出现在巴塞尔;科曼迪诺改进的希腊文到拉丁文的译本于1572年在佩扎罗印刷出版;克拉维乌斯的版本1574年出现在罗马。这些版本中许多都曾多次重印(或加上新的扉页以供出售),而且它们也不是仅有的可用版本。本国文字的版本不久也出现了:意大利文(威尼斯,1543,塔尔塔利亚译),德文(蒂宾根,1558,谢贝尔[Scheybl]译,以及巴塞尔,1562,W. 奥尔茨曼[W. Holzmann]译,二者都是节译本)、法文(巴黎,1564～1566,P. 福卡德利[P. Forcadel]译)以及英文(伦敦,1570,H. 比林斯利[H. Billingsley]译)。实际上,除《圣经》以外,没有任何文本的编纂和翻译能像欧几里得《几何原本》这么频繁。参看Euclid,4卷本《几何原本》(*Les éléments*, Paris: Presses Universitaires de France, 1990 - 2001),B. Vitrac编译并注释,第1卷,第74页～第83页。

[25] 这个定义是关于(连续)量的比,与(整)数的比相对。在希腊数学中,数指的是离散的对象;它们指示多少。因此两个数a和b的乘积是有良定义的:a的多少指示了要取多少次b的多少才能达到乘积$a \times b$。数的比就借助这个乘法概念来理解和操作,然而这不能应用于连续量;例如两个点P和Q之间的线段并不对应于多少,从而无法实施乘法。古典数学家们(特别是数学家、宇宙论者尼多斯的欧多克斯[Eudoxus of Cnidus, 前4世纪早期],他设计了第5卷中的定义)因此发展了一套完全不同的理论来处理连续量的比。这个理论的长处是能够处理不能通过整数表达的无理比。

[26] Enrico Giusti, *Euclides reformatus*: *La theoria delle proporzioni nella scuola Galileiana* (Turin: Bollati Borighieri, 1993).

版的时间顺序)：阿波罗尼奥斯的《圆锥曲线论》(*Conica*, 1537)，阿基米德的著作(1544)，丢番图(3世纪)的《算术》(*Arithmetica*, 1575)，以及帕普斯(4世纪早期)的《数学汇编》(*Collectiones mathematicae*, 1588)。[27] 它们引发了三个研究传统：阿波罗尼奥斯传统、阿基米德传统和丢番图传统。第一个传统基于《圆锥曲线论》和关于帕普斯《数学汇编》中已佚的经典著作的报告，集中于圆锥截线、轨迹问题和几何作图问题。起初，涉及的数学家，诸如克拉维乌斯、韦达、拉古萨(杜布罗夫尼克)的贵族数学家马里诺·格塔尔蒂(约1566～1626)和莱顿的数学教授维勒布罗德·斯涅耳(1580～1626)等，重建了古典希腊的几何解题实践。[28] 他们调查了各种类型的问题，检查了古代为解决无法尺规作图的问题(尤其是倍立方、三等分角和化圆为方)提出的各种作图法。这些方法中有些涉及曲线(主要是圆锥曲线，也有其他的)，因此它们成为现代早期对曲线的兴趣的一个基本激发因素。几何问题和丢番图的技术一起激发了解题方法论方面的兴趣。因此，阿波罗尼奥斯传统为此后新的分析技术(通过韦达、费马、笛卡儿)的发展提供了最肥沃的土壤。

713

一些从古典希腊时期继承下来的最精巧的数学问题到今天被认为是微分和积分学的一部分。早期的积分问题之中有所谓的平方求积(quadrature)和立方求积(cubature)问题——确定曲线图形的面积或体积。早期微分问题涉及确定切线和满足给定性质的最小或最大线段。早在古代，这些问题中有些已经被数学家，特别是阿基米德以精湛的技巧解答过了。

在研究平方求积问题时，阿基米德使用了一种已发展了100多年的方法：他考虑两块面积，例如球的表面积和球上一个大圆的面积，以便确定它们的比。他的步骤是：先想出这个比是多少(在这个例子中是4∶1)，然后再去证明他找到了正确的值。他的证明过程是论证如果否定他的假设将会导致矛盾。用这种归谬法技巧，阿基米德和其他古希腊数学家成功地将他们的论证完全建立在有限过程的基础之上。阿基米德式的证明是基于一个精巧的想法，但是在实践中要涉及大量工作，因为在获得所需的矛盾之前要做大量的计算。而且要找到那个有待证明的结果通常也是很困难的(前述

[27] 由于其高等性质，这些著作的印刷发行量比欧几里得《几何原本》少得多(参看注释24)。它们的印刷史证明了科曼迪诺在文艺复兴时期恢复古典数学遗产的计划中所起的关键作用。阿波罗尼奥斯《圆锥曲线论》第1至4卷的头一个拉丁文译本于1537年出现在威尼斯，是G.-B. 梅莫(G.-B. Memmo)编的一个相当糟糕的版本；科曼迪诺提供了一个带评注的译本，文字学和数学上质量高得多，于1566年在博洛尼亚印刷出版。卷1至4的希腊文本直到1710年埃德蒙·哈雷(Edmond Halley)的牛津版本中才有。卷5至7仅仅通过阿拉伯传统得以保存，其拉丁文版本在17世纪出现。(最后一卷即第8卷已佚。)阿基米德著作的希腊文本和拉丁文译本在15世纪开始流传，第一个基本完整的拉丁文版本由塔尔塔利亚于1543年在威尼斯完成；希腊文本的初次印刷版(带有拉丁文译文)由Th. 格肖夫(Th. Geschauff)于1544年在巴塞尔出版。阿基米德著作集的一个大大改善的拉丁文本是科曼迪诺提供的(威尼斯，1558)。丢番图在以前极少被研究，直到《算术》的第一个拉丁文印刷版于1575年由奥尔茨曼在巴塞尔出版；希腊文本印刷版出现在C. G. 巴谢·德·梅兹利亚克(C. G. Bachet de Méziriac)的版本中(巴黎，1621)。帕普斯的《数学汇编》的希腊文抄本在1588年科曼迪诺编写的拉丁文版本出现于佩扎罗之前已流传了相当长时间(参见A. P. Treweek, "Pappus of Alexandria: The Manuscript Tradition of the Collectio Mathematica," *Scriptorium*, 2 [1957], 195 - 233)。尽管部分希腊文本在大约1650年之后就有了，但此著作第一个完整版本(胡尔奇[F. Hultsch])直到1876～1878年才出现。

[28] 包括实际重建帕普斯提到的已遗失的著作。例如参看，Aldo Brigaglia and Pietro Nastasi, "Le riconstruzioni Apolloniane in Viète e in Ghetaldi," *Bollettino di storia delle scienze matematiche*, 6 (1986), 83 - 134。

例子中的 4 : 1 并不是直观上明显的）。在证明其定理的过程中，阿基米德没有揭示出他是如何发现它们的，因此对于如何获得新成果没有给出任何指导。他实际上在一篇单独的文章中介绍了他所遵循的方法，这篇文章现在叫作《方法》(*Method*)，但是直到1906 年才被重新发现。

在 16 世纪后半叶，一批学者，包括科曼迪诺、达尔·蒙特、斯台文以及克拉维乌斯的学生卢卡·瓦莱里奥(1552～1618)等，拥有了理解阿基米德所必需的训练，也有了阅读他的倾向。他的大部分读者都仰慕他的精确风格，但也有很多想要简化他的求积方法。他们开始寻找被伽利略的学生、意大利数学家埃万杰利斯塔·托里拆利(1608～1647)称为“御道”的涉及关于欧几里得的传奇。[29] 阿基米德的读者试图寻找能把发现答案和证明其正确性的步骤合并起来的程序，最好能比希腊方法所需要的计算更少。17 世纪头 10 年，瓦莱里奥作了一次尝试，能够避免归谬法而且看起来保持了有限过程。不久后，开普勒由于担心奥地利酒商通用的方法有错，想找到一种确定酒桶容积的技巧。他以阿基米德的立方求积法作为自己的出发点，然后基于更直观的技巧提出了一个替代方案。他的解法发表于 1615 年，是个相当大胆的技巧，用到了无穷小量。瓦莱里奥和开普勒的工作是一长串工作的开端，后面还会谈到。

丢番图关于自然数和正有理数的工作跟几何学课题占统治地位的古典希腊数学传统格格不入。丢番图问题的一个典型例子用现代记号表示如下：求一组数 x 和 y 使得 x^3+y 是立方数且 $x+y^2$ 是平方数。丢番图发展了代数性很强的技巧，包括在计算中使用未知数，以及用简写记号来书写方程。这些技巧引起了代数学家（如邦贝里）的兴趣，还吸引了热衷于消遣性的数字难题的人，例如法国贵族学者克洛德-雅斯帕·巴谢·德·梅兹利亚克(1581～1638)，他关于丢番图的笔记激发了费马的大部分数论工作。这些技巧也促使韦达发展他的字母代数。

代数与几何的融合

在 17 世纪，古代数学风格让位于现代风格。[30] 从勤勉地消化古典数学知识转向

---

[29] E. Torricelli, *Opere*, 1.1 (Faenza: Montanari, 1919), p. 140.

[30] 关于超越古典数学的概念革新，参看 Jakob Klein，《希腊数学思想与代数学起源》(*Greek Mathematical Thought and the Origin of Algebra*, trans. Eva Brann, New York: Dover, 1992; orig. ed. 1934 - 6)；Michael S. Mahoney，《17 世纪代数学思想的起源》(The Beginnings of Algebraical Thought in the Seventeenth Century)，载于 Stephen Gaukroger 编，《笛卡儿的哲学、数学与物理学》(*Descartes'Philosophy, Mathematics, and Physics*, Totowa, N. J. and Brighton: Barnes and Noble/Harvester, 1980)，第 141 页～第 156 页；Henk J. M. Bos and Karin Reich, "Der doppelte Auftakt zur frühneuzeitlichen Algebra: Viète und Descartes," in Scholz, ed., *Geschichte der Algebra*, pp. 183 - 234；Henk J. M. Bos，《现代早期数学的传统与现代性：韦达、笛卡儿与费马》(Tradition and Modernity in Early Modern Mathematics: Viète, Descartes and Fermat)，载于 Catherine Goldstein、Jeremy Gray 和 Jim Ritter 编，《数学的欧洲、历史、神话与同一性》(*L'Europe mathématique, histoires, mythes, identités: Mathematical Europe, History, Myth, Identity*, Paris: Maison des sciences de l'homme - Bibliothèque, 1996)，第 183 页～第 204 页；Henk J. M. Bos，《重新定义几何精密性：笛卡儿对现代早期构造概念的转换》(*Redefining Geometrical Exactness: Descartes'Transformation of the Early Modern Concept of Construction*, New York: Springer-Verlag, 2001)。

超越希腊遗产的革新创造，这一转变开始于16世纪最后10年。1591年弗朗索瓦·韦达发表了他的《分析术引论》(*In artem analytican isagoge*)，这是他声称要重建古代分析方法的一系列著作的头一本。[31] 韦达相信这种方法包含了一个本性是代数的部分（但不同于阿拉伯传统的代数[32]）并且一直被秘密保守。这个想法跟当时对古典修辞学方法的强烈兴趣相一致，之前的法国代数学家把修辞学同处理方程的技巧联系在一起。[33] 于是，在古代样板的激励下，韦达发展了一种新的代数，既可应用于算术又可应用于几何。这尤其需要对乘法做出新的解释，要能同时涵盖数的乘积和线段或其他几何量的乘积。[34] 韦达通过忽略代数对象的特殊性质彻底解决了这一困难。他的代数处理未指明的用字母表示的量，其仅有的更多性质是服从代数运算，并具有与几何维度（即线、面、体）相似的维度，但可以抽象地扩展到超出几何解释的更高维度。于是韦达就为数学引入了这样的运算：其作用仅由所服从的法则来定义。这对那个时代来说完全是个异数，这种高度的抽象直到20世纪才成为数学中的常规现象。韦达的思想对于现代早期的数学家们显然是太抽象了，他们是通过将数的概念一般化来扩展代数的领域，而不是从代数对象的本性中进行抽象并仅仅专注于运算。[35]

715

较早的代数只把符号运用于未知数及其乘幂，而韦达的代数是真正的字母代数，其中未知量和已知（但不是确定的）量都用字母表示。因而他能够导出本质上新的结果，例如方程的根与系数的关系。以三次方程为例，他的公式如图28.4所示。这个例子能够很好地显示他的记号的力量，及其与现代代数记号的差别，后者更多地要归功于笛卡儿（见图28.2）。用今天的记号以及字母选择，A 换成 x，B 换成 a，D 换成 b，G 换成 c，韦达的叙述可以改写为："如果 $x^3-(a+b+c)x^2+(ab+ac+bc)x=abc$，那么 x 可以等于 a，b 和 c 三个值中任何一个。"这意味着如果三次方程 $x^3+Px^2+Q\ x+R=0$ 具有根 a，b 和 c，那么系数 P，Q 和 R 可以用根表示为：$P=-(a+b+c)$，$Q=ab+ac+bc$，$R=-abc$.

716

几何学方面，韦达证明了可化归为三次或四次方程的问题都可以从几何上化归为三等分给定角或确定两条线段的两个比例中项。值得注意的是，韦达并没有将他的新代数用于研究曲线。因此尽管他提供了所有必要的代数工具，发展解析几何的任务还是落到了后来的数学家，特别是费马和笛卡儿的身上。

在阿波罗尼奥斯的圆锥截线理论中，一条圆锥曲线的特征性质通常表示为特定线

---

[31] Warren van Egmond，《韦达的印刷作品及手稿目录》(A Catalog of Viète's Printed and Manuscript Works)，载于 Folkerts 和 Lindgren 编，《数学，纪念赫尔穆特·格里克》，第359页～第396页。

[32] Giovanna C. Cifoletti，《16世纪代数学历史的创立》(The Creation of the History of Algebra in the Sixteenth Century)，载于 Goldstein 等编，《数学的欧洲、历史、神话与同一性》，第121页～第142页。

[33] Giovanna C. Cifoletti, "La question de l'algèbre: Mathématiques et rhétorique des hommes de droit dans la France du XVIe siècle," *Annales: Histoire, Sciences Sociales*, 50 (1995), 1385 - 416.

[34] 依传统概念，两个数的乘积还是数，而两条线段的乘积是一个矩形；参看注释25。

[35] Helena M. Pycior，《符号、不可能的数字与几何学困境：在牛顿〈通用算术〉的注释中的英国代数学》(*Symbols, Impossible Numbers, and Geometric Entanglements: British Algebra Through the Commentaries on Newton's Universal Arithmetick*, Cambridge: Cambridge University Press, 1997)；Jacqueline Stedall，《关于代数学的对话：1685年的英格兰代数学》(*A Discourse Concerning Algebra: English Algebra to 1685*, Oxford: Oxford University Press, 2002)。

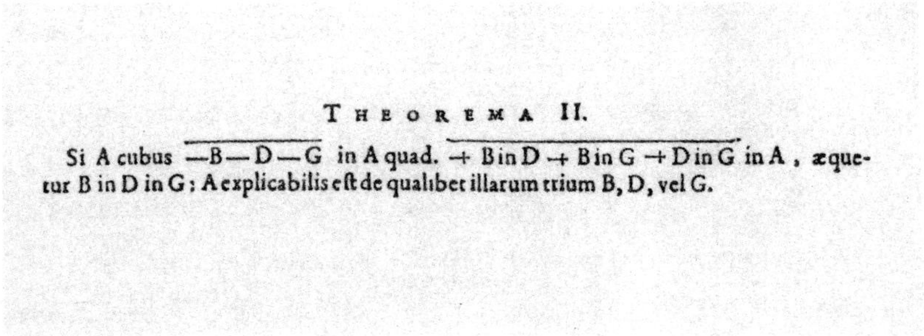

THEOREMA II.

Si A cubus —B—D—G in A quad. + B in D + B in G + D in G in A, æquetur B in D in G: A explicabilis eſt de qualibet illarum trium B, D, vel G.

图 28.4　弗朗索瓦·韦达的代数记号。François Viète, *Opera mathematica* (Leiden: Bonaventura and Abrahamus Elzeviri, 1646; repr. Hildesheim: Olms, 1970), p. 158

段之间的某些关系，这些线段是用曲线上与其直径上一点相对应的点来定义的。图 28.5 以椭圆为例说明了这一过程。椭圆的直径是 PP'，在 P 点有一条切线，给定的线段 OL 称为曲线相对于直径（即任何通过椭圆中心的线段）的参考线。椭圆上任一点 Q 都定义了两条线段：平行于切线作出的纵坐标线 QV，以及横坐标线 PV。则以下性质就是椭圆的特征：

> 对于椭圆上任一点 Q，纵坐标线 VQ 上的正方形（图 28.5 左下图的阴影区域）等于一个矩形的一部分（图 28.5 下方中间的图的阴影部分），该矩形的两边等于对应的横坐标线 PV 和参考线 OL；这部分由以下条件确定：剩余部分（图 28.5 中无阴影的矩形）要（在形状上）相似于两边等于直径 PP' 和参考线 OL 的矩形（图 28.5 右下图）。

717

费马和笛卡儿认识到用字母代数表达这种性质的好处，将性质表示为方程，曲线上一点的横坐标线和纵坐标线作为未知量出现在方程中。在椭圆的例子中，用笛卡儿的记号（费马用的是韦达记号的变体），记 $PV=x$，$VQ=y$，$PP'=q$，$OL=r$，则性质中涉及的各个面积就可以表示如下：纵坐标线 VQ 上的正方形是 y^2。以 PV 和 OL 为边的矩形是 rx。其中的剩余部分（图 28.5 下方中间的图的无阴影部分）是一条边等于 x 的矩形，并与图 28.5 右下图的矩形（两边为 q 和 r）形状相似。因此它的两边之比是 $\frac{q}{r}$，所以另一条边就是 $\frac{q}{r}x$，面积是 $\frac{q}{r}x^2$。从而图 28.5 下方中间的图的阴影区域就是 $rx-\frac{q}{r}x^2$。性质中提到的相等关系就可以表示为含两个未知量 x 和 y 的方程 $y^2=rx-\frac{q}{r}x^2$。注意坐标系的原点是取在 P，而且坐标轴的方向不垂直。（笛卡儿文中的椭圆方程如图 28.2 所示，跟这里的不同，原点 G 是取在椭圆上切线垂直于直径的一点，且 y 和 x 分别代表横坐标和纵坐标，而不是相反。）

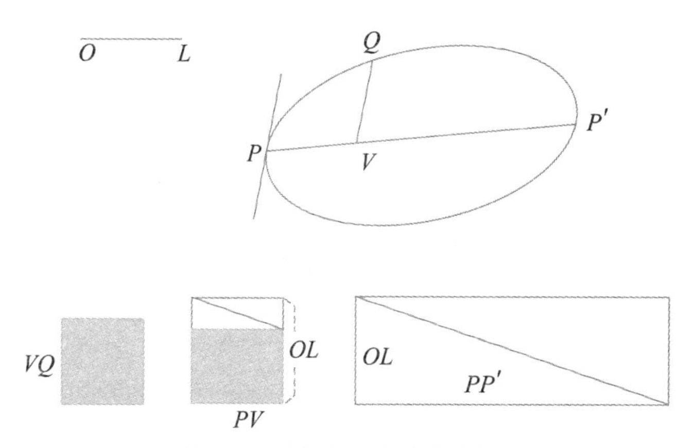

图 28.5 阿波罗尼奥斯的椭圆作图

这样费马和笛卡儿就开创了所谓的解析几何原则:曲线具有含两个未知量的方程,且它们的几何性质对应于方程的代数性质。费马首先阐述了这一原则,他在 1636 年前后的一篇论述轨迹问题(他已在一些手稿中透露了这些问题)的论文中阐述了这一原则。笛卡儿在他的《几何》中使用了这一原则,但阐述得较不明确。因为费马的著作印刷发行要晚得多,所以这个原则以及解析几何的技巧是通过笛卡儿的论文在欧洲数学家当中广为人知的。[36] 笛卡儿的影响得到加强也是因为他对代数记号的幸运选择;他使用完全符号化的方程和小写字母(a、b、c 等代表给定量,z、y、x 等代表未知量;见图 28.2 和图 28.4),这在 17 世纪后期被广泛接受。这是合适的记号有益于数学发展的一个极佳例子。

笛卡儿在《几何》的开篇中宣称,用他的新技巧可以解决"一切几何问题",特别是轨迹问题和几何作图问题。他对后者的兴趣带有很强的哲学成分:对几何问题的分析和作图在他看来是哲学和科学中获取确定性的程序的原型。因此笛卡儿精心制定了一套一般作图规则,能覆盖所有几何问题并将问题分类。[37] 作图的分类涉及曲线的分类:笛卡儿认为具有代数方程的曲线才是真正的几何曲线,并依据其方程的次数给它们分类。他将其他曲线(今天称为"超越的")排除在几何之外,其中明确包括阿基米 718

[36] 关于笛卡儿的《几何》,附于《方法谈》之后的三篇"短文"之一,参看 Henk J. M. Bos,《关于笛卡儿的〈几何〉中曲线的表示法》(On the Representation of Curves in Descartes'*Géométrie*),《精密科学史档案》,24(1981),第 295 页～第 338 页; Bos,《笛卡儿〈几何〉的结构》(The Structure of Descartes'*Géométrie*), in *Descartes*: *Il metodo e i saggi*: *Atti del Convegno per il 350 Anniversario della Pubblicazione del Discours de la méthode e degli Essais*, ed. Giulia Belgioioso, 3 vols.(Rome: Istituto della Encyclopedia Italiana, 1990), 2: 349 - 69; Bos,《重新定义几何的精确性:笛卡儿对现代早期作图概念的变换》,第 285 页～第 397 页; E. R. Grosholz,《笛卡儿的代数学与几何的统一》(Descartes'Unification of Algebra and Geometry),载于 Gaukroger 编,《笛卡儿的哲学、数学与物理学》,第 156 页～第 169 页;Vincent Jullien, *Descartes'La Geometrie de 1637* (Paris: Presses Universitaires de France, 1996)。

[37] 关于这种笛卡儿数学理论的兴衰,参看 Henk J. M. Bos,《关于一种数学理论的兴衰中的动机争论:"方程的作图"》(Arguments on Motivation in the Rise and Decline of a Mathematical Theory: The "Construction of Equations," 1637-ca. 1750),《精密科学史档案》,30(1984),第 331 页～第 380 页。

德螺线、割圆曲线和摆线。[38]

微 积 分

尽管解析几何在解决标准几何问题上获得成功,但还是不够强大,无法处理涉及曲线的切线和面积的问题。为了解决这些问题,1630～1660年期间一些新方法被数学家创造出来。这些数学家有意大利的托里拆利,法国的笛卡儿、费马、帕斯卡,英格兰的沃利斯和神学家艾萨克·巴罗(1630～1677)。巴罗曾一度担任剑桥大学卢卡斯数学教授——这一职位后来由牛顿担任。所有这些新方法都没能像它们的创造者所希望的那样普遍,都是相当特设性的。[39] 然而它们给出了新的结果,例如计算曲线 $y=x^n$ 和正弦曲线下的面积——分别对应于 $\int x^n dx = \frac{x^{n+1}}{n+1}$ 和 $\int \sin x dx = -\cos x$。

类似地,发现了一个确定某些曲线的切线的规则,暗含地确定了微商,例如 $\frac{dx^n}{dx} = nx^{n-1}$。

719 这些不同的方法有一个共同之处,就是都缺少严格的基础。面积问题的例子可以看图28.6所画的区域。这个区域可以直观地理解为由庞大数量的矩形组成(见图28.7,其中只画出了少量矩形)。每一个这样的矩形都有一条边非常短。要想让矩形之和不只是接近给定面积而是确实等于该面积,矩形数量光是庞大还不够,且必须在某种意义上无穷大,相应地,每个矩形的短边必须是无穷小的线段——称为无穷小量。[40] 确定切线的方法也是产生于涉及无穷小量的直观论证,虽然在有些作者的表述中被隐去了。

没有处理无穷大的数或无穷小的量的传统。希腊数学家明确地将无穷小量从量的概念中排除掉,同样回避了无穷过程。采取这种态度大概是为了回避逻辑矛盾,例如芝诺悖论:飞毛腿阿喀琉斯追不上先出发的慢乌龟。希腊数学家的继承者们也没有为如何处理无穷提供解答。于是驯服无穷大和无穷小就成了17世纪数学家面临的一

---

[38] 这种分类是基于笛卡儿的一个信念:绘制代数曲线时涉及的运动跟绘制割圆曲线、螺线及类似曲线的运动具有本质的不同;参见 Bos,《重新定义几何的精确性:笛卡儿对现代早期作图概念的变换》,第335页～第354页。

[39] Margaret E. Baron,《无穷小微积分的起源》(*The Origins of the Infinitesimal Calculus*, Oxford: Pergamon, 1969); Kirsti Møller Pedersen (later Andersen),《微积分技巧(1630～1660)》(Techniques of the Calculus, 1630 - 1660),载于 Ivor Grattan-Guinness 编,《从微积分到集合理论的简史》(*From Calculus to Set Theory, an Introductory History*, London: Duckworth, 1980),第10页～第48页; Kirsti Andersen,《不能整除的数的方法:变化中的理解力》(The Method of Indivisibles: Changing Understandings),载于《莱布尼茨研究》(*Studia Leibnitiana*, Sonderheft 14, *300 Jahre "Nova Methodus" von G. W. Leibniz [1684 - 1984]*, Wiesbaden: Franz Steiner Verlag, 1986),第14页～第25页; Andersen,《学习微积分前的必修课》(Precalculus),载于 Grattan-Guinness 编,《数学科学史与数学科学哲学百科全书手册》,第1卷,第292页～第307页; Jan van Maanen,《微分与积分的先驱》(Precursors of Differentiation and Integration),载于 Hans Niels Jahnke 编,《解析史》(*A History of Analysis*, Providence, R. I.: American Mathematical Society, 2003),第41页～第72页。

[40] 后世的数学家会说给定面积等于矩形面积之和的极限,当它们的数量增加、底缩小的时候。

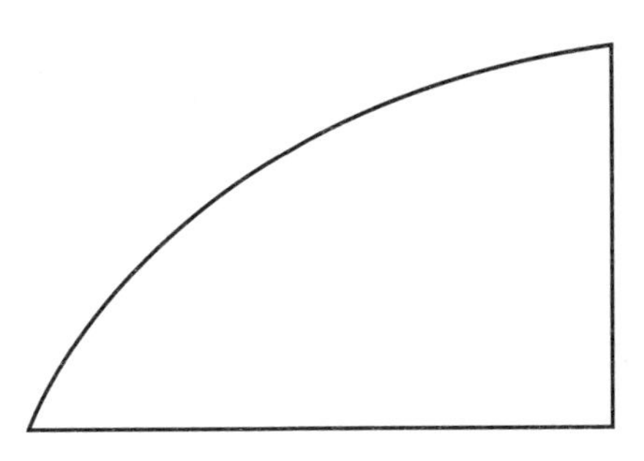

图 28.6　待求积的面积

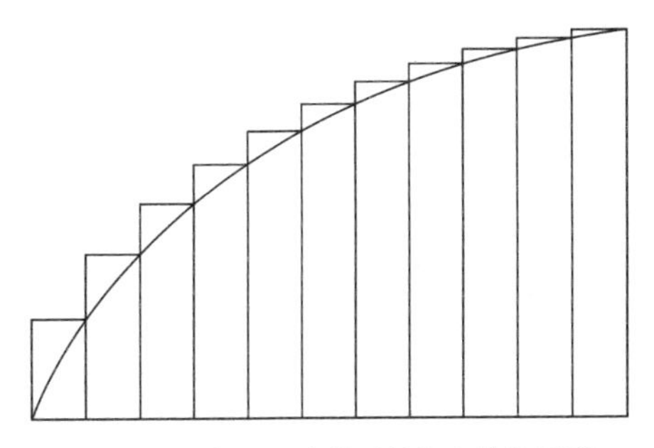

图 28.7　图 28.6 中的区域加上外接矩形

项真正挑战。[41] 他们一直没有成功,也意识到自己的失败。他们是在希腊数学严格性的典范中受的教育,也并不寻求革命。然而他们认识到要获得比希腊方法更简便的求积程序就必须放弃备受景仰的严格性。他们大胆地继续使用有效的技巧,尽管他们没法找到一种符合希腊数学设定的标准的基础。

720

1630～1660 年期间发展起来的解决求积、求切线等问题的方法大都没有幸存下来,但它们结出了果实,即创造了微积分,或者更应该说是两种微积分。[42] 牛顿和莱布尼茨在他们前辈的思想基础上各自独立创造了不同的方法,其普遍性满足了对新方法的部分迫切需求。而且两人都认识到求积和求切线是互逆的过程。巴罗早先曾在一个例子中注意到这两个过程互逆,但牛顿和莱布尼茨最先强调这一现象并予以广泛应用。其余的迫切需求——给微积分找一个可靠的基础——在牛顿和莱布尼茨那里仍然

---

[41] 关于数学家和科学家对无穷的各种运用,例如参看,Judith V. Field,《无穷大的发明:文艺复兴时期的数学与技艺》(*The Invention of Infinity*: *Mathematics and Art in the Renaissance*, Oxford: Oxford University Press, 1997);Michel Blay,《用无穷大来推理》(*Reasoning with the Infinite*, Chicago: University of Chicago Press, 1998; orig. publ. 1993),M. B. DeBevoise 译。

[42] Henk J. M. Bos,《牛顿、莱布尼茨与莱布尼茨的传统》(Newton, Leibniz and the Leibnizian Tradition),载于 Grattan-Guinness 编,《从微积分到集合理论的简史》,第 49 页～第 93 页;Niccolò Guicciardini,《牛顿的方法与莱布尼茨的微积分》(Newton's Method and Leibniz's Calculus),载于 Jahnke 编,《解析数学史》,第 73 页～第 103 页。

没有解决。[43]

牛顿在 1665 ～ 1666 年期间发展出他的微积分，他称之为流数法。他对这种方法做了多次增补和修订，但在 1704 年之前一直没有就此发表单独的论文。与此同时，他对天体和地球力学的巨大贡献《自然哲学的数学原理》(*Philosophiae naturalis principia mathematica*, 1687)面世，其中提到了流数法，但他的推导并没有从总体上以此为基础，因为他偏爱模仿希腊方法的综合风格。在许多例子中，他使用了从新方法得出的结果但省去了证明。[44]

牛顿的流数法得名于他考虑数学量的方式，他认为数学量是由连续的运动生成。在这运动的任意一个瞬间，他按一种直观理解的概念考虑其速度——他称之为“流数(fluxion)”。他发明了一种步骤，能找到两个代数表达式的流数之比，例如得出 x^n 和 x 的流数之比为 $nx^{n-1} : 1$。牛顿的方法中没有明显的微分法，原则上也没有涉及任何无穷小量，因为他的流数是有限的量。不过在他的论证中，牛顿常常诉诸非常小的时间间隔，处理方式就跟他的同时代人处理无穷小量一样。在他的方法的进一步发展中，牛顿把流动的量称为一个流(fluent)，然后建立了一个系统 $\overset{\prime\prime}{Z}$、$\overset{\prime}{Z}$、$Z$、$\dot{Z}$、$\ddot{Z}$，其中每个量的前一个都是它的流，后一个是它的流数。

721

1675 年研究求积问题时，莱布尼茨产生了引入符号 $\int$ 和 d 的想法。起初，关于如何处理这些符号的思想并不清晰，他几次改变想法。[45] 最终，他找到了一个解释，将 dx 视为两个十分接近的 x 之间的差——某种无穷小量——并定义 $\int$ 为它的逆算符，也就是 $\int dy = y$。他将这个新学科称为一种微积分以强调它涉及符号计算这一事实。在莱布尼茨被引向创造微积分的这个过程中，他的符号起了非常重要的作用，帮他理清了思路。之后它们又有助于说服其他人相信他的新微积分的优点。这是新记号系统作为现代早期数学中一个强大部分的又一例证。

莱布尼茨的微分计算法涉及求各种表达式的差——按后来的叫法是微分，例如 $d(xy)=xdy+ydx$。他在 1684 年发表了这种计算法。两年后，莱布尼茨公开了他的积分计算法。这两个数学新分支引起了一些欧陆数学家的兴趣，特别是受到瑞士兄弟数学家雅各布·伯努利(1654 ～ 1705)和约翰·伯努利(1667 ～ 1748)的支持。17 世纪结束之前，莱布尼茨的微积分已经确立为一门学科。在欧陆数学家采纳莱布尼茨的方法

---

[43] 向这个解答迈出第一步的是法国科学家奥古斯丁·柯西(Augustin Cauchy, 1789 ～ 1857)，时间是 1820 年前后，而最后一步是德国数学家在 19 世纪 70 年代完成的，其中有卡尔·魏尔施特拉斯(Karl Weierstrass, 1815 ～ 1897)。

[44] Niccolò Guicciardini，《牛顿在〈原理〉中使用了他的微积分吗?》(Did Newton Use His Calculus in *Principia*?)，《人马座》，40(1998)，第 303 页～第 343 页。

[45] Joseph E. Hofmann，《莱布尼茨在巴黎(1672 ～ 1676)》(*Leibniz in Paris, 1672 - 1676*, Cambridge: Cambridge University Press, 1974; original German edition Munich, 1949)，Adolf Prag 译; Henk J. M. Bos，《莱布尼茨微积分中的微分、高阶微分及导数》(Differentials, Higher-Order Differentials and the Derivative in the Leibnizian Calculus)，《精密科学史档案》，Sonderheft 14(1974)，第 1 页～第 90 页; Bos，《莱布尼茨微积分中的基本概念》(Fundamental Concepts of the Leibnizian Calculus)，载于《莱布尼茨研究》，第 103 页～第 118 页。

并赞赏其效力的同时，一些英国数学家却对它的基础表示担忧，认为牛顿的方法更加可靠——因为它不含明显的无穷小量。部分出于这个原因，部分出于民族自尊心，牛顿的方法在英国维持统治地位达 100 多年。

发展出微积分的主要动机是内在的，即希望改进诸多古代方法。而它在基础不稳的情况下获得成功的原因则是与力学的发展相关。微积分，特别是莱布尼茨的版本，被证实对于解决力学问题大有帮助，力学问题可以表示成微分之间的方程。对这类方程的研究成为 18 世纪数学活动的一个主要领域。

结论：现代性和情境

722

在现代早期阶段，纯粹数学经过一个吸收古典遗产的时期，自觉地超越了古代成就，在这个意义上成为现代的。然而“现代”是个难以捉摸的词语，它的某些意义完全不适合现代早期纯粹数学。实际上，新的记号和公式使 17 世纪数学长了一副误导性的熟面孔，会让今天的数学家们忽视现代数学和现代早期数学之间的根本差别，尤其是几何参考系对后者的广泛渗透。正因如此，解析几何处理的是曲线，而不是坐标点构成的抽象平面；微积分处理的是含曲线的图表中可变的量，而不是函数——实际上，函数概念根本不存在。[46] 新发现的曲线虽然都用公式描述，但只在明确几何作图的基础上被接受。[47] 直到 18 世纪，公式本身才成为分析的主题，不再是它们早先所代表的几何对象。“现代”一词更不适用的一个意义是公理化的结构风格，这种风格的一个缩影是巴特尔·伦德特·范德·瓦尔登（1903 ～ 1996）的《近世代数》（*Modern Algebra*，1930 ～ 1931），在 20 世纪 60 年代前后被“布尔巴基”[48]推广到更大范围的数学中。尽管有韦达研究代数的不同寻常的抽象方法，但是完全在集合基础上引进数学概念并以公理形式定义（即隐定义）运算，对于现代早期数学来讲一直是陌生的。

现代早期纯粹数学作为一个历史范畴主要是从它的主题来定义的，而不是依据传授或发展它的团体的社会凝聚力。纯粹数学并未构成一个职业，即使有学者专注于此也是极少数。结果这个领域没有任何社会基础或建制基础，而是存在于多种不同的环境中。[49] 在为实用数学行业开设的学校里，纯粹数学只是混合数学的炫技式点缀，为教师提供声望；在大学里，它满足亚里士多德派哲学家的逻辑兴趣，后来满足自然哲学家为自然提供定量描述的愿望；在宫廷里，它是通过智力才华赢得庇护的手段；在上流

[46] Bos，《莱布尼茨微积分中的微分、高阶微分及导数》，尤其是第 6 页。

[47] Henk J. M. Bos，《牵引运动与超越曲线的合法化》（Tractional Motion and the Legitimation of Transcendental Curves），《人马座》，31（1988），第 9 页～第 62 页。

[48] “布尔巴基”这个名字是一群法国数学家使用的集体笔名。

[49] 意大利纯粹数学和混合数学的各种环境之间的巨大差异详细记载于 Mario Biagioli，《意大利数学家的社会地位（1450 ～ 1600）》（The Social Status of Italian Mathematicians, 1450 - 1600），《科学史》（*History of Science*），75（1989），第 41 页～第 95 页；也可参看 Ronald Calinger，《欧拉数学的背景史》（*A Contextual History of Mathematics to Euler*, London: Prentice-Hall, 1999），第 395 页～第 655 页。

723 社会，它是一种可敬的博学兴趣，起先是因为它出身经典名门，具有人文主义的声望，后来是因为它与新哲学的亲密联姻；在耶稣会学院，它标志着教学的新颖和学科性；在刚出现的科学学会和科学院里，它是公认的专业技能，尤其是天文和力学学科对它感兴趣。在现代早期阶段，这些制度性的和社会性的框架经历着重大变化（参看第二部分）。对于纯粹数学，决定性的情境变化发生在1700年之后：18世纪的学院在数学和理性力学的联合体中为纯粹数学成就提供了环境；纯粹数学家作为可辨认的职业最早出现在19世纪的大学中。

（张东林　译）

第四部分

自然知识的文化意义

29

宗　　教

里维卡·费尔德海

727

关于科学与基督教的关系史有三种记述方式。[1] 第一种是 J. W. 德雷珀所说的"宗教与科学的冲突"或者 A. D. 怀特所说的"科学与神学的战争",这一类记述令 19 世纪西方不信教的精英知识分子心驰神往。[2] 德雷珀在 1875 年指出:"科学史不仅仅是对单个科学发现的记述,而且是对两股力量之间冲突的描述:一方是不断扩展的人类知识,另一方是对其进行压制的传统信仰和个人利益。"[3]根据这种记述,科学战胜宗教是始于古希腊且到 19 世纪伴随科学主义的出现而达到高峰的伟大理性征程至关重要的一步。该编史学传统依靠选择性地、颇具教化目的地讲述几件科学思想与宗教权威发生冲突的实例,将科学与神学的关系本质理解为敌我矛盾,比如反宗教改革的教会(Counter-Reformation Church)给伽利略定罪或 19、20 世纪基督教拒斥进化论。

第一类记述方式影响深远,尤其在通俗科学史作品中普遍采用。但是近些年来学者们逐渐开始采用另外两种方式。第二种编史学代表了许多宗教研究者、科学家以及一些历史学家的立场:宗教与科学之间更为典型也更为理想的关系是互不相干、和平共处。支持这一观点的人既包括新教徒也包括天主教徒,既有保守派也有自由派,既有虔诚的教徒也有不信教人士。他们认为宗教和科学是两项独立的事业,两者各自有

728

[1] 对于大论题的一般性介绍,参看 David C. Lindberg 和 Ronald L. Numbers 编,《上帝和自然:基督教遭遇科学的历史论文集》(*God and Nature: Historical Essays on the Encounter between Christianity and Science*, Berkeley: University of California Press, 1986),第 1 页～第 18 页; David C. Lindberg 和 Ronald L. Numbers,《当科学与基督教相遇》(*When Science and Christianity Meet*, Chicago: University of Chicago Press, 2003),第 1 页～第 5 页;John H. Brooke,《科学与宗教:一些历史的观点》(*Science and Religion: Some Historical Perspectives*, Cambridge: Cambridge University Press, 1991),第 1 页～第 11 页。

[2] John W. Draper,《宗教与科学之间冲突的历史》(*History of the Conflict between Religion and Science*, New York: D. Appleton, 1875);Andrew D. White,《科学与基督教世界之神学的战争史》(*A History of the Warfare of Science with Theology in Christendom*, New York: D. Appleton, 1896; repr. New York: Dover Publications, 1960)。

[3] Draper,《科学与基督教世界之神学的战争史》,第 vi 页。

其看待自然和人生的角度:[4]科学专门提供自然知识,保持道德中立,而宗教提供一个规范体系。

有关科学与宗教关系的第三种记述方式是:科学和宗教在一个共同框架下研究一些相互有联系的问题,因此两者密不可分。社会学家罗伯特·默顿的《17 世纪英格兰的科学、技术与社会》(*Science, Technology, and Society in Seventeenth-Century England*, 1938)开创了这一编史学传统,目前研究现代早期英国科学的社会学家和历史学家已经对有着众多英国清教徒的加尔文教派立场与主流自然哲学家精神气质之间的关系进行了讨论。[5] 这一编史学更为普遍的趋向是关注形而上学,它找出如"自然法"这类含义较广的概念范畴,从概念范畴出发得到既属于宗教也属于科学的观念形式。[6] 历史学家阿莫斯·丰肯斯泰因大胆地实践这一编史纲领,他大胆断言:"17 世纪科学、神学和哲学几成一体,是一种活动。"[7]

729

本章以三种不同编史学得到的历史知识为基础,但是并不囿于其中任何一个框架。不论将科学与宗教的关系描述为冲突还是分离,或简单归为"互动",都不足以捕捉现代早期欧洲文化转型时期所具有的细微变化与复杂特征。这一时期,基督教的根基发生动摇,马丁·路德新神学的出现表明了这一深远变化。但是同时还应看到,其他传统(包含其他宗教传统和知识传统)也参与重塑了现代早期欧洲人的精神世界,使得有关救赎的宗教观念和有关存在与知识的哲学思想发生了根本性转变。从知识方面来看,自然知识获得新的价值与地位。宗教与科学两个领域所发生的变化与政治和

---

[4] 关于天主教人士的看法,参看 Pierre Duhem, "Notice sur les titres et travaux scientifiques de Pierre Duhem," in *Mémoires de la Société des Sciences Physiques et Natureles de Bordeaux*, 7th ser., 1 (Paris: Gauthier-Villars, 1917), pp. 71 - 169, trans. Y. Murciano and L. Schramm, rev. Pierre Kerszberg,载于《语境中的科学》(*Science in Context*),1(1987),第 333 页~第 348 页。关于新教人士的看法,参看 Ian G. Barbour,《科学与宗教问题》(*Issues in Science and Religion*, Englewood Cliffs, N. J.: Prentice-Hall, 1966);近期研究,参看 Barbour,《联系科学与神学的方式》(Ways of Relating Science and Theology),载于 Robert J. Russell、William R. Stoeger 和 George V. Coyne 编,《物理、哲学与神学:对理解的共同追求》(*Physics, Philosophy, and Theology: A Common Quest for Understanding*, Vatican City: Vatican Observatory, 1988),第 21 页~第 48 页。体现这一立场的历史叙述例子,如 Richard S. Westfall,《17 世纪英格兰的科学与宗教》(*Science and Religion in Seventeenth-Century England*, Ann Arbor: University of Michigan Press, 1973); J. J. Langford,《伽利略、科学与教会》(*Galileo, Science, and the Church*, Ann Arbor: University of Michigan Press, 1971); John Dillenberger,《新教思想与自然科学:历史研究》(*Protestant Thought and Natural Science: A Historical Study*, New York: Abingdon Press, 1960)。

[5] Robert K. Merton,《17 世纪英格兰的科学、技术与社会》(*Science, Technology, and Society in Seventeenth-Century England*, New York: H. Fertig, 1970),首发于《奥西里斯》(*Osiris*),4(1938),第 360 页~第 632 页。有同一信仰的,参看 R. Hooykaas,《宗教与现代科学的起源》(*Religion and the Rise of Modern Science*, Grand Rapids, Mich.: Eerdmans, 1972);Colin A. Russell 编,《逆流:科学与信仰之间的相互作用》(*Cross-currents: Interactions between Science and Faith*, Grand Rapids, Mich.: Eerdmans, 1985)。

[6] Alfred North Whitehead,《科学与现代世界》(*Science and the Modern World*, New York: Macmillan, 1925);John H. Brooke、Margaret J. Osler 和 Titse M. van Meer 编,《有神论语境中的科学:认知维度》(*Science in Theistic Contexts: Cognitive Dimensions*),《奥西里斯》, 2nd ser., 16 (2001)。类似角度的历史记述,参看 Francis Oakley,《创世:观念的冲击》(*Creation: The Impact of an Idea*, New York: Scribners, 1969); Eugene M. Klaaren,《现代科学的宗教起源:17 世纪思想中的创世信仰》(*Religious Origins of Modern Science: Belief in Creation in Seventeenth-Century Thought*, Grand Rapids, Mich.: Eerdmans, 1977); Owen Hannaway,《化学家及术语:化学的教学起源》(*The Chemists and the Word: The Didactic Origins of Chemistry*, Baltimore: Johns Hopkins University Press, 1975);Margaret J. Osler,《神的意志和机械论哲学:伽桑狄和笛卡儿论受造世界中的偶然性和必然性》(*Divine Will and the Mechanical Philosophy: Gassendi and Descartes on Contingency and Necessity in the Created World*, Cambridge: Cambridge University Press, 1994)。

[7] Amos Funkenstein,《神学和科学的想象:从中世纪到 17 世纪》(*Theology and the Scientific Imagination from the Middle Ages to the Seventeenth Century*, Princeton, N. J.: Princeton University Press, 1986),第 3 页。

经济领域新近的发展相互影响,后者包括专制主义民族国家的出现、地理大发现、殖民战争、现代早期城市中产阶级的出现以及宫廷中科学社团的兴起(参看第 11 章、第 33 章)。宗教和科学两个领域的变化都发生于一个更加广阔的思想活动背景之下,特别是人文主义和新柏拉图主义的兴起,这类新思想活动开启了关于上帝、人和自然的新观念。宗教和科学两个领域的变化都使得"高雅"与"通俗"文化、理论知识与实践知识的新关系的重建成为了必然。上述所有发展变化相互交织,从政治、知识以及神学方面改变了现代早期的基督教世界。改变的结果之一便是逐渐形成了"科学(science)"这一新的文化形式,它不同于从前的"知识(scientiae)",并且"科学"与宗教的关系也不同于"知识"与宗教的关系。[8]

本文将对上述变化进行讨论,首先探讨在什么样的背景之下人们对于自然知识与神学的关系改变了看法,接下来探讨认识上的重要变化以及欧洲天主教地区和新教地区如何对教育机构和教学方式实施改革。本文后半部分通过三个含义较广的概念范畴来分析从中世纪到 17 世纪这一时段有关上帝和自然的论述,讨论这类论述当中作者如何建构研究对象、如何不断争论和反复定义研究对象之间的界限以及如何获得权威与合法地位。其中:一、有关"论述的对象"的讨论以地球运动的概念为例,指出哥白尼学说将地球运动在原则上是看不见的这一建构同新的研究方法和解释方式紧密相关;二、有关"各著述共同体的范围划定"的讨论指出,数学家、自然哲学家和神学家在各自的论述中提到了不同的研究对象,这种研究对象的差异反映出各著述共同体内部采用不同的评价标准来保证真理性与价值的等级结构;三、有关"获得认可的过程"部分讨论了数学家、自然哲学家以及其他科学家试图通过他们与宗教力量的关系使得他们关于自然事实的观点获得合法地位及影响力,与此同时发生的还有宗教力量自身在不断变化的知识世界中努力重建旧日威信的过程。

730

欧洲在现代早期各个文化领域之间的界限开始尝试制度化,这里各文化领域主要指宗教、政治和科学,并不是指科学的各个学科。弗兰西斯·培根虽然强调要对《圣经》和自然之书采用不同的方法分开研究,伽利略也说"《圣经》指导我们如何去往天国,却不曾告诉我们天国什么样"[9](引述枢机主教巴罗尼乌斯的话),更有勒内·笛卡儿的二元论标志着宗教与科学分道扬镳,但是整个 17 世纪这类尝试产生了一种自相矛盾的效果。实际上,这类努力反倒令宗教与自然知识两个领域密不可分,因为在不调用宗教权威的前提下,使自然知识获得合法地位的唯一方式是神化自然知识,于是科学家开始用一种新的宗教语汇来表达自己的观点。与此同时,由于基督教分裂,宗教机构的统治摇摇欲坠,因此它们力图通过与新兴的自然哲学建立联系而重拾旧日

---

〔8〕 参看 Rainer Berndt, Matthias Lutz-Buchmann, Ralf M. W. Stammberger, Alexander Fidora, and Andreas Niederberger, eds., "*Scientia*" *und* "*Disciplina*": *Wissenstheorie und Wissenschaftspraxis im 12. und13. Jahrhundert*(Berlin: Akademie Verlag, 2002)。

〔9〕 Galileo Galilei,《致大公夫人克里斯蒂娜的信》(*Letter to the Grand Duchess Christina*),载于 Maurice A. Finocchiaro,《伽利略事件:文献史》(*The Galileo Afair: A Documentary History*, Berkeley: University of California Press, 1989),第 96 页。

的威信。这一双向动态过程无论在天主教还是新教中都存在，只是表现形式有所不同。双向过程的结果是产生了新的集体事业以及自然知识与宗教机构的新型关系。

神学与知识大背景：神启与各类知识

宗教与科学在现代早期特有的辩证关系产生于长期以来围绕救赎观念而产生的矛盾关系之中，而救赎的观念是中世纪基督教文化的核心。[10] 中世纪的学者和神学家继承了教父传统，特别是自奥古斯丁以来，他们将信仰视为一种特殊的、受保护的、高级的认识形式。这种观点导致了对古代自然知识和世俗知识有着深刻矛盾的看法。一方面，奥古斯丁等人认为，有关神的知识和基督救世的角色(即完成救赎所必备的知识)不能完全脱离其他形式的知识，因此，语法、修辞、古希腊哲学和古希腊部分科学对于理解《圣经》和接受圣意十分有用。[11] 此外，这些知识能够帮助和维持一个基督教组织，其实用性也得到公认。但是同时基督教早期有一些教父对于非基督教的哲学与科学不理不睬、不感兴趣，有时候甚至针锋相对。[12]

731

一方面，中世纪基督教文化大量吸收了古希腊的各种知识，这些知识经由阿拉伯和希伯来的注释者翻译和发展，涵盖了自然哲学和数学的所有领域，包括完整的亚里士多德全集、托勒密数理天文学、几何光学和古代医学。[13] 另一方面，各种文化机制建立起来用以保存这些知识并对其实施控制，防止它们破坏或者干扰神启。实施控制的两种方式是：在认识论上，发展出一些原理来对不同类型的知识划分等级，让基督教神学在这一等级结构中稳居高位；在制度上，培养一批以神学家为主的教会知识分子，他

[10] 有关救世神学的矛盾以及各宗教文化的组织，参看 S. N. Eisenstadt 和 Ilana Friedrich Silber 编，《文化传统与知识世界：知识社会学探险》(*Cultural Traditions and Worlds of Knowledge: Explorations in the Sociology of Knowledge*, London: Jai Press, 1988)，其中有关艾森施塔特的一章，《知识社会学探险：知识领域建构中的救世神学主轴》(Explorations in the Sociology of Knowledge: The Soteriological Axis in the Construction of Domains of Knowledge)，第1页～第71页。

[11] Augustine, *De doctrina Christiana*, ed. Josef Martin (Corpus Christianorum Series Latina, 32) (Turnholt: Brepols, 1962), bk. 2, 39 - 40, pp. 72 - 4. 有关奥古斯丁的复杂态度以及当时人们对于世俗知识的态度，参看 Peter Brown，《古代晚期的世界》(*The World of Late Antiquity*, Cambridge, Mass.: Harvard University Press, 1987); Brown，《希波的奥古斯丁：传记》(*Augustine of Hippo: A Biography*, London: Faber and Faber, 1967); Norman Kretzmann，《信念在寻求，理解在发现：奥古斯丁对基督教哲学的特许》(Faith Seeks, Understanding Finds: Augustine's Charter for Christian Philosophy)，载于 Thomas P. Flint 编，《基督教哲学》(*Christian Philosophy*, University of Notre Dame Studies in the Philosophy of Religion, 6, Notre Dame, Ind.: University of Notre Dame Press, 1990)，第1页～第36页；John M. Rist，《受过洗礼的古代思想》(*Ancient Thought Baptized*, Cambridge: Cambridge University Press, 1994)。

[12] 参看 Lindberg，《科学与早期教会》(Science and the Early Church)，载于 Lindberg 和 Numbers 编，《上帝和自然：基督教遭遇科学的历史论文集》，第19页～第48页；Lindberg，《中世纪的教会遭遇古典传统：圣奥古斯丁、罗吉尔·培根与婢女的比喻》(The Medieval Church Encounters the Classical Tradition: Saint Augustine, Roger Bacon, and the Handmaiden Metaphor)，载于 Lindberg 和 Numbers 编，《当科学与基督教相遇》，第7页～第32页。

[13] 有关这一过程的细节描述和分析，参看 John E. Murdoch 和 Edith D. Sylla 编，《中世纪学问的文化背景》(*The Cultural Context of Medieval Learning: Proceedings of the First International Coloquium on Philosophy, Science, and Theology in the Middle Ages-September 1973*, Boston Studies in the Philosophy of Science, vol. 26, Dordrecht: Reidel, 1975); David C. Lindberg，《西方科学的起源：哲学、宗教和制度背景下的欧洲科学传统(前600～1450)》(*The Beginnings of Western Science: The European Scientific Tradition in Philosophical, Religious, and Institutional Context, 600 B. C. to A. D. 1450*, Chicago: University of Chicago Press, 1992); Edward Grant，《现代科学在中世纪的基础：其宗教、制度和知识背景》(*The Foundations of Modern Science in the Middle Ages: Their Religious, Institutional, and Intelectual Contexts*, Cambridge: Cambridge University Press, 1996); Grant，《中世纪的神与理性》(*God and Reason in the Middle Ages*, Cambridge: Cambridge University Press, 2001)。

们根据基督教的需要来选择、接纳、运用以及压制其他类型知识。这样一来，哲学就被纳入基督教的传统之下，哲学"受洗"成为神学的"婢女"。[14]

尽管这一矛盾关系在整个基督教传统中一直存在，但是中世纪盛期的著作者还是留给现代早期的继承者一个思考的框架，在这一框架中自然知识以一种高度综合的方式与神启发生联系。732 多明我会神学家托马斯·阿奎那(约 1225 ~ 1274)的著作中，这种综合依靠本体论和认识论为纽带，将玄奥的领域、人以及自然界统一起来。在阿奎那看来，本质(essence)和存在(existence)的统一代表着最高等级的是存在(being)，即完满的形而上学的实在(reality)，而这仅为上帝所独有。生物因对上帝存在的参与程度不同而分出等级：最高为天使和神灵，次之是人这一理性灵魂和肉体的结合，再次之是动物、植物和矿物，最后是元素。[15] 这种形而上学的等级成了一种知识等级观念的基础。[16] 根据这一知识等级观念，自然知识地位较低，数学处于边缘(参看第 13 章)。作为基督神学家兼亚里士多德学说的阐释者，阿奎那认为理解上帝较低等级的造物必然要用到亚里士多德的物理学，即用非数学方法研究运动和变化的知识，但是他仍坚持认为物理学的关键任务在于巩固形而上学，因为形而上学研究更高等级的存在，是通向以上帝为中心的神学的桥梁，而只有上帝才是人们思想与渴望的根本所指。[17] 虽然如此，自然知识如亚里士多德所说的以感知为基础，不仅仅是为神学知识做准备的，因为组织自然知识的各种解释性概念(个体本性、质料与形式、实体和偶性)都应用于描述各类事实，包括基督存在于圣体之中这类事实。

1274 年阿奎那辞世之后，他所建立的结构复杂的综合体系并没有留存多久。14 世纪早期，约翰·邓斯·司各脱(约 1266 ~ 1308)强调上帝固有的他性(otherness)，唯名论者(nominalist)奥卡姆(约 1285 ~ 1349)反对在本体论上将造物主与其所造之物合而为一的做法，这些都动摇了阿奎那的综合体系。1517 年路德将其论述钉在维滕贝格教堂的大门上，论述中成形表述的新神学向阿奎那体系发出了最终的挑战。733 路德继承了唯意志论者(voluntarist)和唯名论者的观点，强调上帝具有最高的统治力，并强化了认为知识不能够通向救赎的看法。并且，他努力清除有关人具有自然道德品性

---

[14] Lindberg,《西方科学的起源：哲学、宗教和制度背景下的欧洲科学传统(前 600 ~ 1450)》，第 10 章。

[15] 有关本质与存在的区分，参看 Thomas Aquinas, *De ente et essentia*, chap. 4, in *Le "De ente et essentia" de S. Thomas d'Aquin: Texte établi d'après les manuscrits parisiens*, ed. Marie Dominique Roland-Gosselin (Le Saulchoir, Kain, Belgium: Revue des sciences philosophiques et théologiques, 1926), p. 36. 0 - 15: "Est ergo distinctio earum ad invicem secundum gradum potentiae et actus ... Et hoc competur in anima humana etc." See also Aquinas, *Summa theologica*, I q. 4 a. 3: "Et hoc modo illa quae sunt a Deo, assimilantur ei inquantum sunt entia, ut primo et universali principio totius esse"(引自 Funkenstein,《神学和科学的想象：从中世纪到 17 世纪》，第 51 页)。赞同性的解读参看 étienne Gilson,《圣托马斯·阿奎那的基督教哲学》(*The Christian Philosophy of St. Thomas Aquinas*, London: V. Gollancz, 1967), L. K. Shook 译; Gilson,《中世纪科学及其宗教起源》(Medieval Science and Its Religious Context),《奥西里斯》, 2nd ser., 10(1995)，第 61 页～第 79 页。

[16] Thomas Aquinas, *Commentary on the De trinitate of Boethius*, q. 5 a. 1，载于 Armand Maurer 编译，《托马斯·阿奎那：科学的划分与方法》(*Thomas Aquinas: The Division and Methods of the Sciences*, Toronto: Pontifical Institute of Mediaeval Studies, 1986)，第 9 页～第 24 页。对于中世纪知识体系的现代解释，参看 James A. Weisheipl,《中世纪思想中科学的分类》(Classification of the Sciences in Medieval Thought),《中世纪研究》(*Medieval Studies*), 27(1965)，第 54 页～第 90 页。

[17] Aquinas, *Summa theologica*, I q. I a. 1, 2, 5.

(natural moral quality)的观念,试图在神学和哲学之间建立一个绝然的界限。[18] 路德认为:人们使用逻辑的时候是在探索知识而不是追求信仰,神学信条“并不参照辩证法真理,而在辩证法之外、之下、之上、之周围超越辩证法”。[19] 根据路德的观点,上帝的本质不可被看作神学研究的对象,而科学各个领域围绕神学得以形成、划定边界并且获得合法位置。

综上,托马斯将信仰与知识、天恩与自然合而为一,提出了一个综合体系,路德的新神学对于托马斯体系的认识论和形而上学基础提出了挑战。须知,这一挑战并非发生在哲学真空里。正当各种各样的告解纠结着人们的灵魂时,现代早期欧洲的文化知识正在悄然变化。早在路德之前一个多世纪,人文主义者便开始了复兴古代经典的活动(参看第 17 章)。新编与新译的柏拉图著作、新柏拉图主义著作以及赫耳墨斯学派著作相继出现,古罗马自然志家和古希腊数学家的著作也公诸于世。新著作的出现伴随着当时人们对于修辞的空前热情。修辞是一个宽泛的领域,它强调实际运用、循循善诱和富于洞见,不注重逻辑。新著作与人类对修辞的兴趣结合起来,提供了一个新的交叉点,使得上帝、人类和自然的关系得以重组(参看第 5 章)。[20] 马尔西利奥·菲奇诺(1433 ～ 1499)、帕拉塞尔苏斯(1493 ～ 1541)、[21]亨里克斯·科尔内留斯·阿格

734

[18] Steven Ozment,《改革的时代》(*The Age of Reform [1250 - 1550]*, New Haven: Yale University Press, 1980),第 231 页～第 244 页;Lindberg 和 Numbers 编,《上帝和自然:基督教遭遇科学的历史论文集》,第 167 页～第 191 页。

[19] Ozment,《改革的时代》,第 238 页。

[20] 关于文艺复兴时期柏拉图主义的影响,参看 Eugenio Garin, *Studi sul Platonismo medievale*(Florence: F. Le Monnier, 1958);James Hankins,2 卷本《意大利文艺复兴时期的柏拉图》(*Plato in the Italian Renaissance*, Leiden: E. J. Brill, 1990)。有关“数学的复兴”,参看 Edward W. Strong,《进程与形而上学:16 和 17 世纪的数学物理科学的哲学研究》(*Procedures and Metaphysics: A Study in the Philosophy of Mathematical-Physical Science in the Sixteenth and Seventeenth Centuries*, Berkeley: University of California Press, 1936);Paul L. Rose,《意大利数学的复兴:从彼特拉克到伽利略的人文主义者和数学家的研究》(*The Italian Renaissance of Mathematics: Studies on Humanists and Mathematicians from Petrarch to Galileo*, Geneva: Droz, 1975)。有关力学的发展,参看 Stillman Drake 和 I. E. Drabkin 编译,《16 世纪意大利的力学》(*Mechanics in Sixteenth-Century Italy: Selections from Tartaglia, Benedetti, Guido Ubaldo and Galileo*, Madison: University of Wisconsin Press, 1969);Alan Gabbey,《技艺与自然哲学之间:对现代早期力学编史学的反思》(Between ars and philosophia naturalis: Reflections on the Historiography of Early Modern Mechanics),载于 Judith V. Field 和 Frank A. J. L. James 编,《文艺复兴与革命:现代早期欧洲的人文主义者、学者、工匠和自然哲学家》(*Renaissance and Revolution: Humanists, Scholars, Craftsmen, and Natural Philosophers in Early Modern Europe*, Cambridge: Cambridge University Press, 1993),第 133 页～第 145 页。有关文艺复兴时期普林尼的影响,参看 Roger French 和 Frank Greenaway 编,《罗马帝国的早期科学:老普林尼,他的原始资料与影响》(*Science in the Early Roman Empire: Pliny the Elder, His Sources and Influence*, London: Croom Helm, 1986)。有关修辞及其对于实际运用的强调,参看 Garin,《意大利的人文主义:文艺复兴时期的哲学与公民生活》(*Italian Humanism: Philosophy and Civic Life in the Renaissance*, Oxford: Blackwell, 1965),P. Munz 译; Nancy S. Struever,《理论即实践:文艺复兴时期的伦理探索》(*Theory as Practice: Ethical Inquiry in the Renaissance*, Chicago: University of Chicago Press, 1992);Victoria Kahn,《文艺复兴时期的修辞、谨慎和怀疑主义》(*Rhetoric, Prudence, and Skepticism in the Renaissance*, Ithaca, N. Y.: Cornell University Press, 1985)。

[21] Walter Pagel,《帕拉塞尔苏斯与新柏拉图主义的和诺斯替主义的传统》(Paracelsus and the Neoplatonic and Gnostic Tradition),《炼金术史和化学史学会期刊》(*Ambix*), 8(1960),第 125 页～第 166 页;Allen G. Debus,2 卷本《化学哲学:16 和 17 世纪帕拉塞尔苏斯主义的科学和医学》(*The Chemical Philosophy: Paracelsian Science and Medicine in the Sixteenth and Seventeenth Centuries*, New York: Science History Publications, 1977);Massimo L. Bianchi,《可见与不可见:从炼金术到帕拉塞尔苏斯》(The Visible and the Invisible: From Alchemy to Paracelsus),载于 Piyo Rattansi 和 Antonio Clericuzio 编,《16 和 17 世纪的炼金术与化学》(*Alchemy and Chemistry in the 16th and 17th Centuries*, Dordrecht: Kluwer, 1994),第 17 页～第 50 页。

里帕·冯·内特斯海姆(1486～1535)[22]、约翰·迪伊(1527～1608)、托马索·康帕内拉(1568～1639)、乔尔达诺·布鲁诺(1548～1600)等人的著作对于亚里士多德的自然哲学以及正统神学构成了实质性挑战(参看第2、22、21章)。这些著作者多在大学圈子之外活动,他们提出的观点使得对于理论与实践、自然与文化以及哲学与神学的分界失去了意义,而大学课程正是按照这些分界安排设置的。特别是他们提出各种各样有关新研究对象的大胆构想,让物质具有精神特征。有些理论得到了早期宗教改革派的权威支持,如路德曾对炼金活动表示支持。[23] 虽然如此,这些著作者还是孤掌难鸣。多数情况下,天主教和新教的机构对于这些新思想进行严厉打击,决不姑息。新教援引《圣经》,通过对《圣经》的字面解释来拒斥这些自然知识的新方法,天主教则坐下来重写异端裁判条令,以此来铲除他们眼中的这股异端邪风,在特兰托会议(Council of Trent,1545～1563)之后情况尤是如此,1600年布鲁诺获罪并被处以极刑正是典型一例。

新知识带来的挑战引发了危机意识,而关于神学讨论与基督徒的虔诚相不相干的关注令危机感加剧;与此同时,随着路德与罗马教廷分道扬镳,这一问题愈演愈烈,最终导致了现代早期天主教内部发生剧变。[24] 要平衡整个局势,一方面需要培养神职人员并教化广大天主教徒,简单来说就是如何让传统的天主教更能牢牢抓住人心;另一方面则要稳固罗马教廷的权威地位。[25] 最终,特兰托会议以托马斯神学为中心达成一致,更新了罗马教廷单一强调神学知识的传统,围绕神学的哲学知识背景也随之改变。 735

[22] 阿格里帕于1509至1510年间写作《论神秘哲学》(*De occulta philosophia*),该书于1531年在比利时安特卫普由约翰·赫拉弗斯(John Grapheus)出版。菲奇诺在《论使你的生命与天一致》(*De vita coelitus comparanda*,1489)中阐述并应用他的宇宙论,该书的现代版本《论生命之书》(*The Book of Life*, Woodstock, Conn.: Spring Publications, 1996), Charles Boer译。有关菲奇诺和阿格里帕活动的介绍,参看Wayne Shumaker,《文艺复兴时期的神秘科学》(*The Occult Sciences in the Renaissance*, Berkeley: University of California Press, 1972),第3章。

[23] S. F. Mason,《科学革命与新教改革》(The Scientific Revolution and the Protestant Reformation - Ⅱ: Lutheranism in Relation to Iatrochemistry and the German Nature-Philosophy),《科学年鉴》(*Annals of Science*),9(1953),第155页。

[24] 《宗教改革前夕德国不满分子的示威:文献汇编》(*Manifestations of Discontent in Germany on the Eve of the Reformation: A Collection of Documents*, Bloomington: Indiana University Press, 1971), Gerald Strauss选编、翻译并作序;Johann Huizinga,《中世纪的衰落:关于14和15世纪法国和尼德兰的生活、思想和艺术形式研究》(*The Waning of the Middle Ages: A Study of the Forms of Life, Thought, and Art in France and Netherlands in the XIVth and XVth Centuries*, London: E. Arnold, 1924); R. R. Post,《近代的祈祷:与改革和人文主义的对抗》(*The Modern Devotion: Confrontation with Reformation and Humanism*, Leiden: E. J. Brill, 1968); Charles Trinkaus,2卷本《"在我们的想象和相似中":意大利人文主义思想中的人性与神性》(*"In Our Image and Likeness": Humanity and Divinity in Italian Humanist Thought*, Chicago: University of Chicago Press, 1970); Henry Outram Evenett,《反宗教改革的精神》(*The Spirit of the Counter-Reformation*, Cambridge: Cambridge University Press, 1968); Steven Ozment编,《中世纪视角中的宗教改革》(*The Reformation in Medieval Perspective*, Chicago: Quadrangle Books, 1971); Jürgen Helm和Annette Winkelmann编,《16世纪的宗教信条与科学》(*Religious Confessions and the Sciences in the Sixteenth Century*, Leiden: Brill, 2001)。

[25] 有关现代早期天主教本质的编史学争论始终存在,其所围绕的主题是天主教的复兴与天主教的压迫在胡贝特·耶丁(Hubert Jedin)和德利奥·坎蒂莫里(Delio Cantimori)各自工作的基础上分两路进行。除旧范式以外,还有一种有关现代早期新教与天主教"改革"的新观点颇有影响力,即呈现通过教规化(confessionalization)和修行(disciplining)而形成的新的宗教认同(religious identities)的结构。有关这一编史学的简析,参看William V. Hudon,《现代早期意大利的宗教与社会——老问题,新见解》(Religion and Society in Early Modern Italy—Old Questions, New Insights),《美国历史评论》(*American Historical Review*),101(1996),第783页～第804页; John W. O'Malley,《耶稣会的编史学:今天它立于何处?》(The Historiography of the Society of Jesus: Where Does It Stand Today?),载于John W. O'Malley、Steven J. Harris和T. Frank Kennedy编,《耶稣会士:文化、科学和艺术(1540～1773)》(*The Jesuits: Cultures, Sciences, and the Arts, 1540 - 1773*, Toronto: University of Toronto Press, 1999),第3页～第37页。

而更为重要的是，特兰托会议将其权威限制在“信仰事宜”范围内，不再过问哲学问题。[26]

宗教认同与教育改革

16世纪的新教和天主教回应了同样的宗教感受，同样也实施了类似的新办法来应对“社会现代化”的需要。[27] 随着路德与罗马教廷的决裂，整个欧洲的宗教体系分崩离析，由此危及社会与政治秩序。在新教地区，对于教会机构的批评之声与来自社会底层更为激进地要求将基督教的约束性规范用于社会和政治生活的呼声连成一片。在16世纪20年代和16世纪30年代的农民战争期间和再洗礼派教徒(Anabaptist)起义期间，在维滕贝格、苏黎世、日内瓦、斯特拉斯堡以及德语世界的其他城市，此类呼声不绝于耳。最终结果是改革派逐渐开始关注如何在不打破现有权力和财富分布的前提下重建社会和谐。[28] 教规化(confessionalization)作为欧洲社会沿不同宗教路线进行政治和文化建构的过程，所要求的远不仅仅是重新阐述教义，还涉及一个漫长的、通过广泛多样的实践来逐渐形成宗教认同感的过程。这些实践包括惩戒、诘责、劝服和规程，包括通过教义问答和文科教育来进行宣传，涵盖学校、学院以及大学的教育。[29]

736

从很多方面来看，新教地区和天主教地区的教育改革都是对相似的问题作出的回应，并且采用了相近的方式。在新教所控制的大部分德语地区，大学是引导和掌握宗教、社会与政治力量的核心机构。16世纪，菲利普·梅兰希顿(1497～1560)在维滕贝格大学率先进行改革，其他大学争相效仿也进行了一系列较大范围的改革。梅兰希顿与路德并肩战斗并继承了路德的衣钵，他的改革加强了任教的教师对学生的控制，并且让大学校长承担起加强路德宗正统信仰的责任。梅兰希顿改革的目标在于保证

---

[26] 有关传统与解释的法令原文以及不同于本文的解释，见 Richard J. Blackwell,《伽利略、贝拉明与〈圣经〉》(*Galileo, Belarmine, and the Bible*, Notre Dame, Ind.: University of Notre Dame Press, 1991)，第1章，附录1，第12页～第13页。

[27] 有关将新教和天主教的改革作为现代化、教规化、纪律化的开创性研究，参看 S. N. Eisenstadt 编，《新教伦理与现代化：比较的观点》(*The Protestant Ethic and Modernization: A Comparative View*, New York: Basic Books, 1968)；R. W. Green 编，《新教教义、资本主义与社会科学：韦伯论点争议》(*Protestantism, Capitalism, and Social Science: The Weber Thesis Controversy*, Lexington, Mass.: Heath, 1973)；W. Reinhard, “Gegenreformation als Modernisierung? Prolegomena zur einer Theorie des confessionellen Zeitalters,” Archiv für Reformationsgeschichte, 68 (1977), 226 – 52; Reinhard,《宗教改革、反宗教改革与现代早期国家：重新评估》(Reformation, Counter-Reformation, and the Early Modern State: A Reassessment)，《天主教历史评论》(*Catholic Historical Review*)，75(1989)，第383页～第404页；Paolo Prodi and W. Reinhard, eds., Il Concilio di Trento e ilModerno (Bologna: Il Mulino, 1996); Paolo Prodi and Carla Penuti, eds., *Disciplina dell'anima, disciplina del corpo e disciplina della società tra medioevo ed età moderna*(Bologna: Il Mulino, 1994); R. Po-ChiaHsia,《宗教改革中的社会规范：中欧(1550～1750)》(*Social Discipline in the Reformation: Central Europe, 1550 – 1750*, London: Routledge, 1989)。

[28] Ozment,《改革的时代》，第264页～第269页，第362页，第366页～第367页，第372页。也可参看 Ozment,《城市中宗教改革：新教教义对16世纪德国和瑞士的吸引力》(*The Reformation in the Cities: The Appeal of Protestantism to Sixteenth-Century Germany and Switzerland*, New Haven, Conn.: Yale University Press, 1975)；Ozment,《新教徒：革命的诞生》(*Protestants: The Birth of a Revolution*, New York: Doubleday, 1992)。

[29] 有关意大利社会规范的各个方面，参看 Prodi and Penuti, *Disciplina dell'anima*；有关中欧的情况，参看 Hsia,《宗教改革中的社会规范：中欧(1550～1750)》，有全面的深入阅读书单，第188页～第190页。有关意大利异端裁判所修正派对于西班牙案例的看法，参看 Hudon,《现代早期意大利的宗教与社会——老问题，新见解》，注释28、38、39。

毕业生品学兼优,所采取的方式为:要求学生必须接受奥格斯堡信纲(Augsburg Confession)即路德宗的信仰声明,强调学习经文、奥古斯丁的著作和教会议会的历史,并且进行论文年度辩论,由校长来进行评论。[30] 其他新教大学参照维滕贝格大学的模式也进行了教育改革。由此产生了一个由教授、神父和宫廷顾问组成的新精英阶层,他们成为新教地区的高官大员。

在欧洲天主教地区,耶稣会在教育领域进行了生气勃勃的改革。耶稣会是由依纳爵·罗耀拉于1540年建立的新修道会。耶稣会旨在通过他们称为"学习与道德建设"的教育理念来对天主教世界进行改革,其逐步实施的教育计划一方面训练或者"塑造"神父,另一方面教育所有天主教教民,特别是教育未来几代的统治者。[31] 耶稣会掌管着由数百所学院形成的大网络,中心设在罗马,所有学校统一设立课程目标和开展教学实践(参看第33章)。[32] 这些学院努力将人文主义者的研究成果整合入经院传统。很多学院开设了一门人文课程,后来又开设了一门哲学课程,还有一些学院发展成为学科齐备的大学,神学院成为这类大学下属的一个学院。耶稣会教育改革的成功之处在于它不但掌管了以见习修道士和世俗学生为对象的教学学校,而且还掌管了以贵族为对象的学院以及针对神职人员的神学院,如罗马的德文学院。[33] 这些教育机构的兴起是天主教对于教规问题以及对于新教的梅兰希顿改革所做出的回应。天主教与新教对于大学改革的基本设想一致,大学不但要让学生有智识,还要让学生遵从教规、言行得当并且操守高尚。

737

新教和天主教的教育改革除了教规和管理方面的内容,还涉及课程上的重大变化。但是两派改革者在教义和自然知识的关系问题上兴趣和关注点不同。梅兰希顿主要关注如何重新设置课程使得所有信徒都可以自行读经而新教神学家仍然保有解释经文的权威地位,关注如何发展一套要求信徒服从世俗统治者的宗教伦理。历史学

---

[30] 参看 Gian Paolo Brizzi's remark in "Da 'domus pauperum scholarium'a collegio d'educazione: Università e collegi in Europa (secoli XII - XVIII)," in Prodi and Penuti, *Disciplina dell'anima*, pp. 809 - 40; and Riccardo Burigana, "La disciplina nelle università tedesche della prima Riforma: Il modello di Wittenberg," in Prodi and Penuti, *Disciplina dell'anima*, pp. 841 - 62。

[31] 在更宽广的视野下看16世纪耶稣会的教育,参看德文学院的院长所写的记录, M. Lauretano, "Utrum convictus iuvenum nobilium in collegio germanico conservandus sit?," in *Monumenta Paedagogica Societatis Iesu*, ed. Ladislaus Lukács (Rome: Monumenta Historica Societatis Iesu, 1974), pp. 995 - 1004。有关耶稣会教育中所隐含的价值体系,参看 Steven J. Harris,《变换默顿论题:使徒精神与耶稣会科学传统的建立》(Transposing the Merton Thesis: Apostolic Spirituality and the Establishment of the Jesuit Scientific Tradition),《语境中的科学》,3(1989),第29页~第65页。有关耶稣会的教育理念,参看 Rivka Feldhay,《伽利略与教会:政治审判或批判性对话?》(*Galileo and the Church: Political Inquisition or Critical Dialogue?*, New York: Cambridge University Press, 1995),第6章。关于"研究与道德形成",参看 Feldhay,《伽利略与教会:政治审判或批判性对话?》,第147页。有关教育背景下一种"统治的艺术"的发展,参看 Gian-Mario Anselmi, "Per un'archeologia della Ratio: Dalla 'pedagogia'al 'governo'," in *La "Ratio Studiorum": Modelli culturali e pratiche educative dei Gesuiti in Italia tra Cinque e Seicento*, ed. Gian Paolo Brizzi (Rome: Bulzoni, 1981), pp. 11 - 42。

[32] 有关耶稣会下属各学院的办学模式与教学方法,参看 G. Codina Mir, *Aux sources de la pédagogie des Jésuites: Le "modus parisiensis"* (Rome: Institutum Historicum Societatis Iesu, 1968)。

[33] G. Angelozzi, "'La virtuosa emulazione.'Il disciplinamento sociale nei 'seminaria nobilium'gesuiti," in *Sapere e/è potere: Discipline, dispute e professioni nell'Università medievale e moderna: Il caso bolognese a confronto*, ed. A. De Benedictis, 3 vols. (Bologna: Istituto per la Storia di Bologna, 1990), 3: 85 - 108.

家楠川幸木提出，梅兰希顿采用了路德有关神律（divine law）和《圣经》的划分，将自然哲学纳入神律，使得新的教育方案获得合法地位。[34] 但是实际上自然哲学发挥了更大范围的功用。在人们的观念中，上帝在创世之初在自然界留下了记号，人类根据经验和推理可以追溯这些记号，得到一种重要而有限的知识，当这种知识与对《圣经》中信息的笃信结合起来时，便可支持对上帝的信仰。

由于新教徒寻找上帝在自然界中所留记号，所以在自然知识的各种不同研究对象中拥有了新的优先权。最典型一例是梅兰希顿对中世纪自然哲学的基础读本即亚里士多德的《论灵魂》（*De anima*）做出新的阐释。[35] 早期注释者大多对这部作品的形而上学方面感兴趣，而梅兰希顿则用解剖学家维萨里的《人体的构造》（*De humani corporis fabrica*）来补充说明亚里士多德的文本，他认为《人体的构造》提供的解剖学知识是理解灵魂与肉体关系所必需的（参看第18章）。

738

新教新课程的第二个特点是对于"天"的浓厚兴趣，因为在人们的观念中，天空与上帝的其他造物相比烙刻着上帝更多的记号。[36] 由于看重宇宙学，产生了"哥白尼学说的维滕贝格解释（Wittenberg interpretation of Copernicanism）"（历史学家罗伯特·韦斯特曼语）[37]，即天文学家们以哥白尼理论来确定和预测行星的角位置，同时不改变地心论的宇宙图景（参看第24章）。梅兰希顿身边有一批富于才华的学生，如约阿希姆·卡梅拉留斯、雅各布·黑尔布兰德以及开普勒的老师萨穆埃尔·艾森门格尔，他们将这种解释方法从维滕贝格带到莱比锡、图宾根和海德堡，并将德国变为"数学之温床"（法国教育改革家彼得吕斯·拉米斯语）。[38]

新教大学的竞争对手即耶稣会下属的学院则强调有用的知识。有用的知识包括修辞学（新教的教育改革也重视修辞学）和"混合数学（mixed mathematics）"。混合数学将数学应用于物理学，在中世纪自然哲学和神学背景中这一学科处于边缘地位。[39] 耶稣会的改革内容包括新增了人文主义者的著作，翻译了数学文本以及发展了应用几何学和机械力学这一新著作形式。其实在此之前，塔尔塔利亚、费代里科·科曼迪诺（1509～1575）、弗朗切斯科·毛罗利科等学者已经开始了恢复古希腊数学著作的工作（参看第28章）。此时学院背景的数学家越来越重视从事测量、勘探等力学领域的

---

[34] Sachiko Kusukawa，《自然哲学的转变：以梅兰希顿为例》（*The Transformation of Natural Philosophy: The Case of Philip Melanchthon*, Cambridge: Cambridge University Press, 1995）；Kusukawa，《梅兰希顿及其追随者的自然哲学》（The Natural Philosophy of Melanchthon and His Followers），载于《从哥白尼到伽利略的科学与宗教（1540～1610）》（*Sciences et Religions de Copernic à Galilée, 1540 - 1610*, Rome: école Française de Rome, 1999），第443页～第453页，尤其是第443页～第444页。

[35] Kusukawa，《自然哲学的转变：以梅兰希顿为例》，第3章。

[36] 同上书，第126页～第142页。

[37] Robert S. Westman，《梅兰希顿的圈子、雷蒂库斯与对哥白尼理论的维滕贝格解释》（The Melanchthon Circle, Rheticus, and the Wittenberg Interpretation of the Copernican Theory），载于Peter Dear编，《现代早期欧洲的科学事业：来自〈爱西斯〉的材料》（*The Scientific Enterprise in Early Modern Europe: Readings from Isis*, Chicago: University of Chicago Press, 1997），第7页～第36页。

[38] Westman，《梅兰希顿的圈子、雷蒂库斯与对哥白尼理论的维滕贝格解释》，第15页。

[39] Steven J. Harris, "Les chaires de mathématiques," in *Les Jésuites à la Renaissance: Système éducatif et production du savoir*, ed. Luce Giard (Paris: Presses Universitaires de France, 1995), pp. 239 - 61.

实际操作者的工作。在这一背景下,几何学命题和三角测量、投影图、扯平测长法、比率等方法被用来研究自然界的物理对象(参看第 27 章)。[40] 739

耶稣会数学家还将数学和实验技术结合起来,提出自然知识是通过研究上帝所造之物来赞美上帝的说法。在新教的维滕贝格大学,数学作为天文学的分支被放在中心位置的依据是人类要寻找上帝在其造物中留下的特殊印记;耶稣会将数学引入到哲学课程则依据认识论和形而上学方面的理由。塔尔塔利亚在有关欧几里德著作的《第一课》中提出:"研究自然与研究数学不同,因为前者看事物是掩盖着的,而后者看事物是坦露无余的。"[41]耶稣会用亚里士多德-托马斯的框架来解释塔尔塔利亚的话:由于在存在的巨链上数学实体的位置高于物理实体,所以数学论证比物理论证更加确定可靠。[42] 在这一思想鼓励下,很多耶稣会士致力于天文学研究以及数理方向的光学和力学研究。[43] 其中,克里斯托夫·克拉维乌斯(1537 ~ 1612)设计了普及的"耶稣会士科学",克里斯托夫·沙伊纳(1573 ~ 1650)研究太阳黑子,约瑟夫斯·布兰卡努斯(1566 ~ 1624)撰写力学专著,保罗·古尔丁(1577 ~ 1643)研究重心。[44]

耶稣会采用了中世纪的"从属关系(subordination)"和"主题转移(metabasis)"(禁止不同学科之间互用同一方法)等组织知识的原则,以此来避免人类知识与经文产生不可控的冲突。[45] 耶稣会围绕知识等级和知识划界来安排教育内容,比如将天文学当作数学的分支而不是哲学的分支,这样做的目的在于在课程设置上保持张力。由于这些策略的实施,最终耶稣会没有能够在伽利略和 17 世纪牛顿实验科学的方向上发展物理数学。但是在耶稣会各类教育机构垄断了宗教中坚分子和天主教政治精英教育的同时,培养了几代采用新方法和新进路的自然研究者。 740

[40] Strong,《进程与形而上学:16 和 17 世纪的数学物理科学的哲学研究》,第 94 页～第 96 页;J. A. Bennett,《应用数学的挑战》(The Challenge of Practical Mathematics),载于 Stephen Pumfrey、Paolo Rossi 和 Maurice Slawinski 编,《欧洲文艺复兴时期的科学、文化与大众信仰》(*Science, Culture, and Popular Belief in Renaissance Europe*, Manchester: Manchester University Press, 1991),第 175 页～第 190 页。

[41] Niccolo Tartaglia, *Euclide Megarense acutissimo philosopho, solo introduttore delle scientie mathematice* (Venice: Giovanni Bariletto, 1569),引自 Strong,《进程与形而上学:16 和 17 世纪的数学物理科学的哲学研究》,第 61 页～第 62 页,引自 1560 年版。

[42] 例如,参看此书绪论,Clavius,《欧几里德几何学书中的注释》(*Commentaria in Euclidis Elementorum Libri XV*, 3rd ed., Cologne: Iohannes Baptista Ciotti, 1591),第 5 页。

[43] Hugo Baldini, *Legem impone subactis: Studi su filosofia e scienza dei Gesuiti in Italia, 1540 - 1632* (Rome: Bulzoni, 1992), pp. 19 - 73; Feldhay,《耶稣会科学的文化场》(The Cultural Field of Jesuit Science),载于 O'Malley 等编,《耶稣会士:文化、科学和艺术(1540 ～ 1773)》,第 107 页～第 126 页。

[44] 有关克拉维乌斯,参看 James M. Lattis,《在哥白尼与伽利略之间:克里斯托夫·克拉维乌斯与托勒密宇宙论的瓦解》(*Between Copernicus and Galileo: Christoph Clavius and the Collapse of Ptolemaic Cosmology*, Chicago: University of Chicago Press, 1994); Baldini, *Legem impone subactis*, pt. Ⅱ。有关数学各学科的实践以及耶稣会士的活动,参看 Peter Dear,《专业与经验:科学革命中的数学方法》(*Discipline and Experience: The Mathematical Way in the Scientific Revolution*, Chicago: University of Chicago Press, 1995)。关于古尔丁,参看 Rivka Feldhay,《在科学对话中的数学实体:保罗·古尔丁与他的〈论地球运动〉》(Mathematical Entities in Scientific Discourse: Paulus Guldin and His Dissertatio *De motu terrae*),载于 Lorraine Daston 编,《科学客体传记》(*Biographies of Scientific Objects*, Chicago: University of Chicago Press, 2000),第 42 页～第 66 页。

[45] 参看 Feldhay,《伽利略与教会:政治审判或批判性对话?》,第 11 章。

科学的对象、界限和权威：从哥白尼到伽利略

哥白尼《天球运行论》(*De revolutionibus orbium celestium*,1543)的出版标志着文艺复兴时期两种不同思想传统,即新柏拉图主义与混合数学的交融。[46] 新柏拉图主义以佛罗伦萨的哲学家菲奇诺及其追随者为代表,认为物质和灵魂通过一种稀薄但却有形的精气(spiritus)结合在一起;数学传统则研究从物质中抽象出来的实体。最初阅读哥白尼《天球运行论》的人属于当时已经存在的数学天文学研究传统,这些人认为《天球运行论》只是提供了行星运动的数学模型,因为六卷书中的五卷都论述数学模型并且显示出哥白尼高超的专业技能。[47] 但是当这部书从别的学术传统来解读时,便出现了对哥白尼理论的各种不同论述,特别是那类提倡读书应联系实际的学术传统。[48] 哥白尼理论中运动的地球实际上是新引入的一个有争议的科学研究对象,它既是物理学对象,同时又是数学对象。地球运动的观点还可以看作应和了菲奇诺有关地面和天上所有物体拥有一个能动中心的思想,而将太阳当作中心的理由对应于 16 世纪赫耳墨斯学说的某些元素。由于存在对哥白尼《天球运行论》的多种解读,削弱了将《天球运行论》中的意思视为某一种教规的努力,因此大学以及罗马教廷的中坚分子对这部书的操作空间也受到限制。

为接踵而至的争论埋下伏笔的是哥白尼双管齐下树立数学家权威的策略。哥白尼一方面提出数学具有某种自主权,并指出塔尔塔利亚等人早先提出的哲学、神学以及其他所有学科都离不开数学的观点;另一方面,他让教皇保罗三世成为学院派争论的最高仲裁人,[49] 以此使数学家免受哲学家和神学家的攻击。[50] 这一复杂策略表明了打破传统知识的组织模式何其困难,因为在传统模式下天文学和力学作为分支学科不像哲学和神学那样在中世纪大学和罗马教廷受到重视。[51]

741

[46] 《天球运行论》英文版,参看 Edward Rosen,《天球运行论》(*On the Revolutions*, Baltimore: Johns Hopkins University Press, 1992)。

[47] 参看 Thomas S. Kuhn,《哥白尼革命:西方思想发展中的行星天文学》(*The Copernican Revolution: Planetary Astronomy in the Development of Western Thought*, Cambridge, Mass.: Harvard University Press, 1957),第 185 页~第 187 页。

[48] 参看 Robert S. Westman,《哥白尼主义者与教会》(The Copernicans and the Churches),载于《上帝和自然:基督教遭遇科学的历史论文集》,第 76 页~第 113 页。

[49] 参看《天球运行论》罗森译本中的题词。对于哥白尼序言部分的更多研究,参看 Robert S. Westman,《证明、诗学与庇护:哥白尼〈天球运行论〉序言》(Proof, Poetics, and Patronage: Copernicus's preface to De revolutionibus),载于 David C. Lindberg 和 Robert S. Westman 编,《重估科学革命》(*Reappraisals of the Scientific Revolution*, Cambridge: Cambridge University Press, 1990),第 167 页~第 205 页。

[50] 有关仲裁者在学术争论中的作用,参看 Mario Biagioli,《廷臣伽利略:专制政体文化中的科学实践》(*Galileo, Courtier: The Practice of Science in the Culture of Absolutism*, Chicago: University of Chicago Press, 1993),第 3 章。

[51] James G. Lennox,《亚里士多德、伽利略与混合科学》(Aristotle, Galileo, and Mixed Sciences),载于 William A. Wallace《重新诠释伽利略》(*Reinterpreting Galileo*, Washington, D.C.: Catholic University of America Press, 1985),第 29 页~第 51 页;Peter Dear,《17 世纪早期的耶稣会数学科学和经验重构》(Jesuit Mathematical Science and the Reconstitution of Experience in the Early Seventeenth Century),《科学史与科学哲学研究》(*Studies in History and Philosophy of Science*), 18(1987),第 133 页~第 175 页。

第一部反驳哥白尼学说的作品是《论天与元素》(*De coelo et elementis*),由多明我会的乔瓦尼·马里亚·托洛萨尼(1470～1549)写于1544至1548年期间,不曾出版。[52]托洛萨尼指出了上文提到的哥白尼书中的模棱两可之处,批评哥白尼同时违反了物理学、逻辑学、知识等级以及《圣经》中的有关原理。[53] 这类反对意见,说明即使在当时的人们也认识到,《天球运行论》也带来了文化挑战。哥白尼理论将地球运动作为新天文学的基础,实际上将地球运动变成了讨论的核心,而地球的运动是地球的球形这一数学性质的物理效应。地球上的所有人都观测不到地球运动,所以它是无法由感官直接获知的。此外,一般直觉认为地球静止不动才有地球引力存在,哥白尼的模型也削弱了这一看法。所以说,哥白尼提出地球运动实际上预示了通过一种数学本质的研究对象来构建实在的做法。这一对象的基本物理性质即它的运动是无法以简单、直接的方式来把握的。最后一点,这一对象的物质性(materiality)即它是具有固有运动的有重量物体这一说法从宗教层面上也经得起解释。这样一来,传统的天文学背景之下就出现了一个新的物理数学研究对象,新研究对象的出现引发了数学家、自然哲学家和神学家有关几个知识领域界限与等级的争论。及至17世纪,在机械论哲学和各类实验主义者的著作中,有关这一新的科学对象居于什么位置、各学科之间如何分界再一次成为了争论的焦点。

742

行星轨道是自柏拉图以来典型的科学研究对象,开普勒最先将其描述为椭圆形轨道。行星轨道与现代早期后来出现的地球运动、微粒、力或原子等研究对象一样,原则上都是看不到的。行星轨道在天文学论述中所起的作用是对行星位置进行几何学表述,人们认为这种几何学表述与观测相符。结果由于行星轨道的物理状态始终模糊不清,所以从物质和精神两方面都讲得通。[54] 由于行星轨道作为研究对象具有这些特征,因此它能够被纳入一个宗教观念统治的知识体系。人们总是可以认为,由原动力作为终极因的第一推动者推动天体运动,或者由天使们代为推动天体运动,这种说法不需要引入几何模型来建构运动。另外,还可以认为含有偏心圆和本轮的模型只不过是数学假设,能够"拯救现象"不需要做出物理学上的解释。这些策略能够在保证天文

---

[52] 该书原文参看 Eugenio Garin, "Alle origini della polemica anticopernicana,"《哥白尼研究》(*Studia Copernicana*),6(1973),第31页～第42页。

[53] Westman,《哥白尼主义者与教会》,第87页～第89页; see also Salvatore I. Camporeale, "Giovanmaria dei Tolosani O. P., 1530 - 1546: Umanesimo, riforma e teologia controversista," *Memorie domenicane*, 17 (1986),第184页～第188页。

[54] 有关行星模型在古代的地位,参看 G. E. R. Lloyd,《拯救现象》(Saving the Appearances),《经典季刊》(*Classical Quarterly*),28(1978),第202页～第222页。有关现代早期行星模型的争论,参看 Nicholas Jardine,《现代唯实论的形成:克拉维乌斯与开普勒反对怀疑论者》(The Forging of Modern Realism: Clavius and Kepler against the Sceptics),《科学史与科学哲学研究》,10(1979),第143页～第173页。

学自主权的同时将其作为数学的一个分支归属到自然哲学一类。[55]

哥白尼地动模型引入不可见对象所采用的逻辑对于开普勒有关行星轨道的论述施加了限制。不可见性意味着从根本上缺乏对于对象的直接体验。开普勒的对策是强调行星轨道的物理真实性来自两种相反作用力的作用结果:一个力来自太阳,吸引行星趋向太阳;另外一个力属于行星本身,使行星偏离太阳。[56] 在传统天文技术的背景下,这种解释施加了一种限制:描述行星运动的曲线的中心不能像哥白尼那样任意选取,而是必须表达为某种物理存在。开普勒假定力是行星运动的物理原因,这一做法尽管不十分高明,却影响了人们从观念上将天文学看作一种物理数学科学而不是纯数学。而且有意思的是,不可见的对象比可见的对象更加依赖观测数据来保证它被说成是存在的。开普勒之所以严格要求几何模型和观察数据相符,正是基于这一背景。这样一来,由一种新的研究对象建立起一套新的精确标准(参看第 24 章)。

743

但是开普勒最终还是认为宇宙的结构反映出上帝的创世计划,它来自上帝的几何智慧,作为上帝心中的原初模型而被雕刻如斯。开普勒置身梅兰希顿的新教传统中,认为宇宙中烙刻着上帝的记号,尤其反映了三位一体:

> 在这个球体中,有着造物主的肖像和世界的原型……这个球体中分三个区域,分别代表着三位一体中的一位:球心是圣父,球面是圣子,中间部分是圣灵。而且,正如同世界被造出来时分为很多基本的组成部分,这个球体也分不同区域:太阳居于中心,恒星在球面,行星系位于太阳和恒星之间的区域。[57]

在这里开普勒将上帝与几何学紧密联系起来,而且指出天文学家能够通过直觉感知上帝心中的模型。用开普勒的话说,研究自然之书是一种形式的祈祷。[58]

伽利略与开普勒一样,挑战了自然哲学研究的物理原理、混合数学研究假设的传统界限与等级。他在《太阳黑子及其现象的来历与论证》(*Istoria e dimostrazioni intorno alle macchie solari e loro accidenti*)中提出,那些赞成他的"哲学天文学"的人们应该:

> 不要只满足于拯救现象,而要努力去研究宇宙的真实构成,这才是最有意义、

---

[55] 有关传统天文学的地位与内容,参看 Pierre Duhem,《拯救现象》(*To Save the Appearances*, Chicago: University of Chicago Press, 1969),E. Doland 和 C. Maschler 译;James A. Weisheipl,《中世纪思想中科学的分类》,《中世纪研究》,27(1965),第 54 页~第 90 页;Robert S. Westman,《16 世纪天文学家的角色:初步研究》(The Astronomer's Role in the Sixteenth Century: A Preliminary Study),《科学史》(*History of Science*),18(1980),第 105 页~第 147 页;Nicholas Jardine,《科学史与科学哲学的诞生:开普勒的〈为第谷反对乌尔苏斯辩护〉及关于其出版与重要性的随笔》(*The Birth of History and Philosophy of Science: Kepler's "A Defence of Tycho against Ursus" with Essays on Its Provenance and Significance*, Cambridge: Cambridge University Press, 1984),第 7 章。

[56] 有关椭圆轨道的发现与影响,参看 Kuhn,《哥白尼革命:西方思想发展中的行星天文学》,第 209 页~第 219 页。

[57] 转引自 Westfall,《17 世纪英格兰的科学与宗教》,第 222 页。

[58] Charlotte Methuen,《开普勒的图宾根:对神学数学的刺激》(*Kepler's Tübingen: Stimulus to a Theological Mathematics*, Aldershot: Ashgate, 1998),第 206 页。有关开普勒神学与自然哲学的权威性研究,参看 Jürgen Hübner, *Die Theologie Johannes Keplers zwischen Orthodoxie und Naturwissenschaft* (Beiträge zur historischen Theologie, 50) (Tübingen: Mohr, 1975);也可参看 Hübner,《开普勒对上帝的歌颂》(Kepler's Praise of the Creator),《天文学展望》(*Vistas in Astronomy*),18(1975),第 369 页~第 385 页;Max Caspar,《开普勒》(*Kepler*, New York: Abelard-Schuman, 1959),C. Doris Hellman 译;Bruce Stephenson,《天界的音乐:开普勒的和谐天文学》(*The Music of the Heavens: Kepler's Harmonic Astronomy*, Princeton, N. J.: Princeton University Press, 1994)。

最有雄心大志的研究。因为存在这样一种独特、精确、实在、唯一的构成方式。对这一构成方式的研究伟大而崇高,使得它能够从理论上被放在首位来解决问题。[59]

744

有时候伽利略的华丽语言似乎暗指:获取知识的唯一途径是从研究对象的几何性质出发再到更加复杂的现象,通过一个永无止境的过程不断接近只有神才能够洞悉的数学真理。但是伽利略有关太阳黑子的论述却表明:对于他本人所想象出的现象的研究不仅仅是一个将现象还原为数学特征的过程。太阳黑子作为哲学天文学家(伽利略惯常自称)研究的对象,不但要可以看得到而且在某种意义上还要可以触摸到。为了实现这一目标,他在可操作地面物体与可变太阳之间建立了比较关系:

> 我把太阳黑子比作云或烟。当然如果有人想要通过地球上的东西来模拟,最好的模型是将几滴不可燃的沥青滴在烧热发红的铁板上……这样甚至还可以看到我提到的太阳上的亮子,应该能够发现黑子出现之后很短时间在同一地方出现亮子。[60]

伽利略解释其替代性方案的理由在哲学上否定了认识事物"本质(essences)"的可能性,从而斩断了感觉与知识、上帝与自然以及自然知识与宗教之间的传统纽带:

> 当我们凝神思考时,总想既洞悉自然物真实而内在的本质又获取有关自然物性质的一套知识。在我看来,这是可望而不可即的,无论是离我们最近的元素物质还是遥远的天体,其本质都不可把握……要寻找太阳黑子的本质也许徒劳无功,但这并不意味着我们不能够了解黑子的性质,比如位置、运动、形状、大小、不透明度、可变性、产生和消失。以此类推,我们也可以通过这种方法对其他自然物质进行理论研究,包括那些人们对其性质莫衷一是的自然物。而且,通过不断接近工作的最终目标即神圣造物主所赐之爱,我们将坚定不移地相信:我们必将领会上帝的每一条真理,因为全部智慧与真理来自上帝。[61]

伽利略将自然哲学与混合数学结合起来的方法使得他与大学里的哲学家拉开了距离,他尖锐地批评了这些哲学家的研究对象和方法,并得出一套不同于他们的哲学理论。[62] 同时,伽利略的方法使得与伽利略对话并进行论战的耶稣会数学家也与他愈来愈远,耶稣会数学家自成一派,发展出一套将传统自然哲学和形而上学包含在内的

745

---

[59] Galileo Galilei,《关于太阳黑子及其现象的历史与证明》(History and Demonstrations concerning Sunspots and Their Phenomena),载于《伽利略的发现和观点》(*Discoveries and Opinions of Galileo*, New York: Doubleday, 1957),Stillman Drake 译,第 97 页。

[60] 同上书,第 140 页。

[61] 同上书,第 123 页~第 124 页。

[62] 见伽利略的《与切科·迪·龙基蒂的对话》(*Dialogo di Cecco di Ronchitti*),载于 Stillman Drake,《伽利略反对哲学家》(*Galileo Against the Philosophers, in his Dialogue of Cecco di Ronchitti [1605] and Considerations of Alimberto Mauri [1606]*, Los Angeles: Zeitlin and Ver Brugge, 1976)。

物理数学。[63] 然而，伽利略对于权威神学家真正大胆的挑战却是他对自然之书和《圣经》两部书的划分。伽利略在著名的《致大公夫人克里斯蒂娜的信》(*Lettera a Madama Cristina di Lorena Granduchessa di Toscana* ，1615)中提出，两部书在主题、语言、读者和目标上都不一样。

> 《圣经》意在用信条和命理劝服人们，这些信条和命理超越人类的全部理性，不能够由科学研究或者其他途径来发现，只能由圣灵口中道出……《圣经》的作者不但不会假装传授我们有关日月星辰的结构以及它们的运动、大小、形状和距离等的知识，而且有意不传授给我们这些知识。[64]

《圣经》与信仰、救赎有关，与自然及自然事实无关。伽利略在提出这一点的同时，还指出《圣经》与自然之书在语言上的差异。"《圣经》中论及的很多事物和真正的事实相去甚远(无论从事物表象上还是从字面意思上)……《圣经》中的论断不需要像自然现象那样句句精确"。[65] 但是自然则"铁面无私、不可变更，从不违背法律，也不顾及人类能否领会其深奥的理性和运行机制"，哪怕各种自然活动与《圣经》同样"承有神启"，各种自然过程也"行同天界"。[66] 因此伽利略在《试金者》(*Il Saggiatore*)中说，"哲学写在这部伟大的宇宙之书上，它始终在我们的注目之下……它由数学语言写就，字符是三角、圆以及其他几何形状"。自然之书只能由专家来解读，因为"人们只有先学会这部书采用的语言，看懂组成字句的字母，才能读懂这部书。"[67]

自然之书的主题、语言和主旨都不同于《圣经》。在得出这一大胆结论的同时，伽利略提出哲学家和神学家应该各司一职，因为哲学家通晓自然的数学语言，而神学家受到的教育是如何阐释《圣经》。对于自然哲学问题，哲学家比神学家更有发言权。伽利略在《致大公夫人克里斯蒂娜的信》中说："我认为，当人们对自然现象莫衷一是的时候，不应该一开始就援引《圣经》中的篇章，而要诉诸感觉经验和必要的论证。"[68] 伽利略要求那些有权解释《圣经》的人暂且不要对地球运动还是静止的论断轻下断言，尽管他将他们看作最高权威并言明"任何人要想反驳他们，都是草率鲁莽的"："最好先确定事实究竟是怎样，好让事实能够引导我们发现《圣经》的真正含义，我们将发现《圣经》中的含义与经过论证的事实绝对保持着一致，哪怕字面上看起来并非如此，因为两种真理绝不可能相互矛盾。"[69] 伽利略在文末引用当时枢机主教巴罗尼乌斯的一句妙语来总结说明自然之书和《圣经》这两部书除了内容、语言和读者不同，主旨也不同，"圣

746

---

[63] 伽利略与耶稣会士的关系，参看 William A. Wallace，《伽利略及其思想来源：伽利略科学中罗马学院的遗产》(*Galileo and His Sources: The Heritage of the Colegio Romano in Galileo's Science*, Princeton, N. J.: Princeton University Press, 1984)。

[64] Galileo，《致大公夫人克里斯蒂娜的信》，载于 Finocchiaro，《伽利略事件：文献史》，第 93 页～第 94 页。

[65] 同上书，第 93 页。

[66] 同上。

[67] Galileo，《试金者》(The Assayer)，载于 Drake，《伽利略的发现和观点》，第 237 页～第 238 页。

[68] Galileo，《致大公夫人克里斯蒂娜的信》，载于 Finocchiaro，《伽利略事件：文献史》，第 93 页。

[69] 同上书，第 104 页。

灵想要教给我们的是如何去往天堂,并不是日月星辰如何往来”。[70]

1632年,伽利略的著作《关于两大世界体系的对话》(*Dialogo sopra i due massimi sistemi del mondo*)出版。这部书采用对话形式,具有开放性,或支持或反对哥白尼体系和托勒密体系,但是伽利略本人对于哥白尼理论的支持态度却明白无疑地表达出来。次年即1633年,伽利略受到罗马异端裁判所的审判。其实伽利略在这部书写作和出版之前已经意识到此书可能会招来祸事。因为该书出版的16年前即1616年,伽利略得知宗教法庭做出决议严禁哥白尼的书未经修改便流传于世,枢机主教罗伯特·贝拉明(1542～1621)也劝告伽利略不要为有反《圣经》之嫌的哥白尼思想辩护。伽利略不曾料到的是,他没能得到教会高层里的友人和崇拜者的帮助从而有机会为这部颠覆性的书做辩解,例如他的旧交教皇乌尔班八世(1568～1644)迫于各方政治压力转而翻脸无情。最终,伽利略被迫正式宣布放弃哥白尼思想,书遭查禁,他本人被判终身监禁,后改判为软禁于佛罗伦萨的阿切特里(Arcetri)。1835年以前,天主教一直正式拒斥哥白尼理论。

在神学与自然哲学共存的几个世纪里,罗马教廷通过法庭判决来否定哥白尼理论并压制伽利略言论的做法,比起它的任何一项决议都更能够表现现代早期天主教会压制科学的面孔。所以伽利略受审一事由一个历史事件变成一种影响巨大的文化符号,在19世纪德雷珀和怀特的历史叙事中逐渐显示出影响,即本文开始提到的对于宗教与科学关系的理解。但是20世纪基于异端裁判所文件的研究却提出,审判发生的特定历史背景与政治环境也至关重要。[71] 这类研究尽管对于审判因何而起尚未达成一致,但却有效地削弱了(即便没有消除)始于19世纪对伽利略受审一事的理解有关科学与宗教水火不容的观念。

747

笛卡儿得知伽利略受审之后所做的反应表明天主教知识分子已心存畏惧。他决定隐藏《论世界》(*Le Monde*)中的哥白尼式宇宙观,而且《论世界》是笛卡儿的早期作品,在其身后才得以出版。但是其实在笛卡儿已经发表的作品中,他一方面从神的本质引出宇宙的基本原理,并且将上帝作为人类知识具有有效性的唯一保证者;另一方

[70] 同上书,第93页。

[71] 有关伽利略审判的背景研究,参看 Giorgio de Santillana,《伽利略之罪》(*The Crime of Galileo*, Chicago: University of Chicago Press, 1955); Jerome J. Langford,《伽利略、科学与教会》(Ann Arbor: University of Michigan Press, 1966); Pietro Redondi,《异端者伽利略》(*Galileo Heretic*, Princeton, N. J.: Princeton University Press, 1987), Raymond Rosenthal 译; Biagioli,《廷臣伽利略:专制政体文化中的科学实践》; Annibale Fantoli,《伽利略:支持哥白尼主义和支持教会》(*Galileo: For Copernicanism and for the Church*, Vatican City: Vatican Observatory Publications, 1994), George V. Coyne 译; Feldhay,《伽利略与教会:政治审判或批判性对话?》。有关文件首先由 Antonio Favaro 发表,载于 *Le opere di Galileo: Edizione Nazionale sotto gli auspicii di Sua Maestà il Re d'Italia*, 20 vols. (Florence: Giunti Barbèra, 1890 - 1909; repr. Florence: Giunti Barbèra, 1968), vol. 19。对审判文件的最近收集整理,参看 Finocchiaro,《伽利略事件:文献史》。

面则以一种比开普勒和伽利略更加彻底的方式将物质世界与上帝分离。[72] 根据笛卡儿在《沉思录》(*Meditationes*, 1641)中的表述,上帝依据其意愿创造永恒之真理,而永恒真理与上帝的智慧同在。这样一来,人类就没有什么可能凭借人类智慧直观到神的计划,因为如果神愿意,他的计划可能有无穷个。但是一旦永恒真理被创造出来,上帝就负责维护它们。上帝作为宇宙中所有运动的终极原因,拥有彻底的超验性和绝对的统治地位。在笛卡儿的宇宙观中,物质是无生命的,不具有精神。因为上帝是永恒不变的,所以宇宙中运动守恒,惯性和碰撞的基本规律也由此得以说明。笛卡儿说:"显而易见,正是万能的上帝造出了运动的物质,并且他通过日常的参与来保证宇宙中的运动和静止与创世之初一样多。"[73]根据笛卡儿的观点,上帝以及上帝的意愿还保证了清晰明白的思想具有真理性,而这是人类所有知识的基础。他说:"上帝赋予我们认识的能力,我们称之为自然之光,即我们决不会感知到那些不真实的东西,只可能清晰明白地认识到对象。因为如果上帝让我们认识到的东西不真实的话,我们将不得不认为他在欺骗我们。"[74]以笛卡儿形而上学为基础的物理学原理为机械哲学提供了理想的研究对象和说明方法。(参看第 2 章)

748

不能够通过感官直接感知的科学研究对象来源于数学传统,在数学传统中这类研究对象最初的作用是抽象的。当这类对象被当作自然表象之下隐含的内在机制时,研究自然与研究机械、数学与物理以及哲学与神学之间的传统界限便遭到了破坏。然而,新科学仍然要说明其宗教合理性。实际上对于哥白尼、开普勒和笛卡儿而言,这一需要被强化了,只不过他们采取非传统的方式满足了这一要求。哥白尼将教皇作为科学理论的公断人,开普勒将上帝的智慧与几何学联系起来,而笛卡儿诉诸上帝的本质保证哲学基本原理以及清楚明白的思想具有真理性。

而有关科学与宗教水火不容的叙述方式则是围绕伽利略的活动和言辞而展开的。伽利略勾勒出统一天体与地面物体的力学框架,这是一个有着明确界限的数学物理领域,在此领域工作的是一个数学哲学家共同体,他们职业身份明确而有权威。伽利略这一构想令他与处于各种复杂利益体系的大学教授、天主教自然哲学家和神学家发生了矛盾冲突。冲突的高潮便是 1663 年伽利略被罗马异端裁判所宣判有罪,宣判之声

---

[72] 本文有关笛卡儿的讨论,参看 Margaret J. Osler,《神的意志和机械论哲学:伽桑狄和笛卡儿论受造世界中的偶然性和必然性》,第 5 章;Amos Funkenstein,《笛卡儿、永恒的真理与神圣的全能者》(Descartes, Eternal Truths, and the Divine Omnipotence),《科学史与科学哲学研究》,6(1975),第 185 页～第 199 页;Gary Hatfield,《笛卡儿的理性、自然与神》(Reason, Nature, and God in Descartes),《语境中的科学》,3(1989),第 175 页～第 201 页;Daniel Garber,《笛卡儿的形而上学物理学》(*Descartes' Metaphysical Physics*, Chicago: University of Chicago Press, 1992)。

[73] 转引自 Osler,《神的意志和机械论哲学:伽桑狄和笛卡儿论受造世界中的偶然性和必然性》,第 137 页,来源为 Charles Adam 和 Paul Tannery 编,11 卷本《笛卡儿全集》(*Oeuvres de Descartes*, Paris: J. Vrin, 1897 - 1938),8: 1.61 和 9: 2.83。

[74] Adam 和 Tannery 编,《笛卡儿全集》,8: 1.16 和 9: 2.38。

在整个欧洲天主教地区乃至更大范围内回响。[75]

获得认可与合法地位：17世纪的科学、宗教和政治

到了17世纪中期，将自然比作钟表即由上帝造出的复杂装置的隐喻，已经成为一种新的表达方式，它表明了感觉与知识、神与其创造物、哲学与力学之间的关系。[76] 钟表隐喻将可观察的自然现象（指针）与其内在机制（钟锤与齿轮）联系起来，内在机制被看作现象的“解释”“原因”或者至少是有关原因的假定。钟表隐喻暗示研究宇宙万物就如同研究一架机器，意味着自然哲学在原则上不再被视为是非数学的，因为机械力学是混合数学的一部分。此外，钟表隐喻还意味着有关机器的知识地位的提高，并且挑战了传统学科之间的等级与界限，而从前机器一直被视为没有“本质”的人工物，不被列为传统哲学讨论的对象（参看第27章）。最后一点，钟表隐喻使得有关上帝通过干预来管理其创造物的观念得以重新形成，即创造物现在被看作是在完美指令下工作的机器。如果上帝之完美能够被一个不需要神干预其常规过程的完美宇宙来证明，那么就意味着必须重新限定《圣经》与信条在自然知识领域的权威性，至少在涉及上帝干预问题时需要这样。 749

弗兰西斯·培根试图区分自然哲学知识不同于宗教的角色与目标，并设定了自然哲学的任务。[77] 他批评传统的知识形式，认为人文主义者、经院哲学家和新柏拉图主义者都没有能够解决人类智识与世界的联系问题，即他所说的“思想与事物之间的交易”。他从这一批评出发，继而判定从前的知识都流于字面并未深入探及自然的奥秘，他在《学术的进展》（*Advancement of Learning*）[78] 中将这些知识描述为“脆弱的学问”“争辩的学问”和“幻想的学问”。因此要达到知识的进步，补救之法在于“做”而不能仅凭思想和语言。根据培根的设想，新知识是由工匠、艺术家、商人、哲学家以及其他有知识的人合作完成的事业，这些人关心如何改变人类的命运，有一颗有益于人类社会进步的基督徒的仁善之心。

培根在《伟大的复兴：论学术的尊严和进展》（*Great Instauration*, *De dignitate et* 750

[75] 一般观点认为伽利略受审产生了破坏性的影响，有关这类观点的形成，参看 Leonardo Olschki，《意大利的天才》（*The Genius of Italy*, New York: Oxford University Press, 1949）。一种相对温和的观点，参看 William B. Ashworth, Jr.，《天主教教义与现代早期科学》（Catholicism and Early Modern Science），载于 Lindberg 和 Numbers 编，《上帝和自然：基督教遭遇科学的历史论文集》，第136页～第166页。

[76] Steven Shapin，《科学革命》（*The Scientific Revolution*, Chicago: University of Chicago Press, 1996），第1章。

[77] 本文有关培根著述的讨论来自 Benjamin Farrington，《弗兰西斯·培根：有计划的科学的先驱》（*Francis Bacon: Pioneer of Planned Science*, New York: Praeger, 1963）；Paolo Rossi，《弗兰西斯·培根：从魔法到科学》（*Francis Bacon: From Magic to Science*, London: Routledge, 1968），Sacha Rabinovitch 译。也可参看 Markku Peltonen 编，《剑桥培根指南》（*The Cambridge Companion to Bacon*, New York: Cambridge University Press, 1996）。

[78] Francis Bacon，《学术的进展》（Advancement of Learning[1605]），载于 Sidney Warhaft 编，《弗兰西斯·培根作品选》（*Francis Bacon: A Selection of His Works*, Indianapolis: Odyssey Press, 1965），第221页～第222页。

augmentis scientiarum，1623）一书的第一部分中，[79] 从论述理性在构建有关上帝、社会和自然的知识的过程中所起作用出发，详细描述了一个新的知识图景。知识重组问题是培根早在多年以前在《学术的进展》中就开始阐述的问题。其观点的新颖之处在于试图通过区分自然知识与《圣经》知识的作用而令自然知识获得合法位置。根据他的观点，《圣经》是神启的产物，用来指引救赎，而自然之书教给人们如何为了人类的利益支配宇宙，"科学真正而且合法的目标正是给予人类的生活以前所未有的发明创造与支配力量。"更为重要的是，两部书的目标不可混淆，"我们不可以假定凭借着对自然的沉思便可以获取上帝的秘密。"[80]

培根虽然区分了神的知识和自然知识，但是他仍然从宗教意义上理解所有科学活动的终极目标和合理性。自然哲学的目标在于理解"物质真正的形式"或者支配自然现象的法律，而自然现象则等同于上帝的记号。[81] 培根在《伟大的复兴：论科学的尊严和增长》的序言部分祈求上帝允许他引领人们了解"事物本身或者有关事物的相似性"。[82] 在未完成的乌托邦构想《新大西岛》（*New Atlantis*，1627）中，培根设想的进行各类实验的所罗门宫其实是一座神殿，其中的研究者共同体以祭司形式存在。

17 世纪 40 年代英国革命时期，培根的主张在清教徒、千禧年派以及其他激进派中间广受欢迎。当时的英格兰千禧年末世论盛行，在这一背景下，增长知识和控制自然被看作是在地球上建立神之国度的一种途径。培根对《圣经》中一个预言"切心研究，知识必增长"（《但以理书》12:4）做出解释。培根的追随者继而提出：小心谨慎的研究是对上帝的赞美，可以令人类恢复自亚当和夏娃堕落以来失去的对自然的统治。清教徒也将培根的纲领作为武器来批判大学制度，并将培根思想当作宗教改革胜利的保证。于是培根的著作被神职人员、专业学者和学校教师奉为清教革命所依据的经典，约翰·斯托顿、乔治·黑克威尔和威廉·特维斯等人都受到培根思想的影响。而摩拉维亚改革者约翰·阿莫斯·夸美纽斯（1592～1670）在《普遍知识导言》（*Pansophiae prodromus*）中描述了一个培根思想模式的教育改革方案。[83]

751

到了 17 世纪 50 年代末，激进教派有关直接与上帝沟通、不经过任何中介而获取自然之秘密的主张越来越显示出其潜在的破坏性。[84] 在这一背景之下，英国实验主义者玻意耳与其他皇家学会成员发展了他们的思想主张。一方面，他们试图将培根从激进

[79] 1620 年《学术的进展》第一卷与《新工具》一起出版，1623 年《学术的进展》第二卷出版并成为《伟大的复兴》的第一部分。

[80] Bacon，《学术的进展》，第 204 页。

[81] Mary Hesse，《弗兰西斯·培根的科学哲学》（Francis Bacon's Philosophy of Science），载于 Brian Vickers 编，《关于弗兰西斯·培根的研究的基本论文》（*Essential Articles for the Study of Francis Bacon*，Hamden，Conn.：Archon Books，1968），第 116 页。

[82] Bacon，《伟大事业的复兴》（*The Great Instauration*），序言部分，载于 Warhaft 编，《弗兰西斯·培根作品选》，第 309 页。

[83] Charles Webster，《伟大的复兴：科学、医学和改良运动（1626～1660）》（*The Great Instauration：Science，Medicine，and Reform，1626 - 1660*，London：Duckworth，1975），第 1 章～第 3 章。

[84] Charles Webster，《17 世纪的知识革命》（*The Intellectual Revolution of the Seventeenth Century*，London：Routledge and Kegan Paul，1974）；Michael Heyd，《"冷静与理性"：17 世纪和 18 世纪初对狂热的批评》（"*Be Sober and Reasonable*"：*The Critique of Enthusiasm in the Seventeenth and Early Eighteenth Centuries*，Leiden：E. J. Brill，1995），第 5 章。

派那里拉回来，对其重新定位，强调指出：培根将自然之书和《圣经》区分开来并且对于直接获取自然秘密持怀疑态度。另一方面，他们依靠培根来令他们不同于亚里士多德、笛卡儿和霍布斯的思想获得合法位置。实验主义者的哲学主张与他们恢复复辟时期英格兰的政治与宗教秩序的努力，应视为同一事业的两个方面。

英国实验主义者认为，经验是仅在特定条件下成立的具体事实，这样的经验为自然哲学提供了更为可靠的基础。这一点是实验主义者与传统自然哲学家、宗教狂热派的差异，同时也是实验主义者与笛卡儿、霍布斯机械论的区别。[85] 为实验主义者观点提供辩护的人和为皇家学会提供代言的人不同于宗教狂热派、江湖医生和持全知主张的改革派，前者试图对经验进行控制，并试图将确定的事实与其他不可靠的知识类型区分开来。笛卡儿诉诸内省来建立第一原理，霍布斯拒绝将实验作为确定知识的来源，[86]实验主义者则强调需要在事实中获取哲学的基础。

实验主义者还相信，他们的"新生活"能够为解决社会和宗教秩序问题提供新的解决方案。英国君主体制恢复之后，人们认为内战与克伦威尔共和时期是一种由于缺乏解决知识争论的能力而引发的公民冲突状态。霍布斯的资助人、纽卡斯尔伯爵威廉·卡文迪什（1593 ～ 1676）将这类观点简述为："这场内战开始是用笔，后来拔出了剑。"[87]实验主义哲学家试图通过达成对事实广泛一致的看法而使冲突得到控制。为了不让意见分歧超出哲学范围而成为政治和宗教上的冲突，他们在修辞上加强了几类论述文字的界限。皇家学会在其章程上强调会员应只研究自然知识，"不可涉及神学、形而上学、伦理学、政治学、语法、修辞和逻辑"。[88] 但是事实并非如此，托马斯·斯普拉特主教在《伦敦皇家学会史》（*The History of the Royal Society of London*）中说得清楚：

> 实验者必须有自知之明，必须怀疑其自身思想中最精髓的部分，必须对自己的无知保持清醒的认识。如果他想涤除其理性的不良部分、更新其理性的话，必得如此……可以说，保持怀疑态度、严格认真和勤勉坚持的自然观察者，更接近于谦恭谨慎、不染尘世、温顺驯良的基督徒，他们不像搞思辨科学的人那样更多地思考自身和得出属于自己的知识。[89]

这样，英国皇家学会见证了某种宗教兼科学兴趣的形成，其核心人物是实验主义者罗伯特·玻意耳、约翰·威尔金斯、爱德华·斯蒂林弗利特、亨利·奥尔登堡、彼

752

---

〔85〕 有关实验主义者活动的认知和社会意义，参看 Steven Shapin 和 Simon Schaffer，《利维坦与空气泵：霍布斯、玻意耳与实验生活》（*Leviathan and the Air-Pump: Hobbes, Boyle, and the Experimental Life*, Princeton, N. J.: Princeton University Press, 1985）。有关实验主义的起源，参看 Dear，《学科与经验：科学革命中的数学之路》；Heyd，《"冷静与理性"：17 世纪和 18 世纪初对狂热的批评》，第 5 章。

〔86〕 Shapin 和 Schaffer，《利维坦与空气泵：霍布斯、玻意耳与实验生活》，第 1 章。

〔87〕 转引自上书，第 290 页。

〔88〕 Henry George Lyons，《皇家学会（1660 ～ 1940）：其章程下的行政管理史》（*The Royal Society, 1660 - 1940: A History of Its Administration under Its Charters*, New York: Greenwood Press, 1968），第 41 页。

〔89〕 Thomas Sprat，《伦敦皇家学会史，为了自然知识的改进》（*The History of the Royal Society of London, for the Improving of Natural Knowledge*, St. Louis, Mo.: Washington University Studies, 1958），J. I. Cope 和 H. W. Jones 编，第 367 页，引自 Heyd，《"冷静与理性"：17 世纪和 18 世纪初对狂热的批评》，第 156 页。

得·佩特、约翰·伊夫林、约翰·沃利斯、托马斯·斯普拉特和约瑟夫·格兰维尔。[90]皇家学会早期的很多会员也很支持英国国教会内部进行的自由主义运动。在这种思维模式中,对于自然坚韧不拔的集体性研究活动被看作是理想方式,它既可以抵制宗教与哲学上的狂热不理智,也可以打破对于权威的教条式盲从。以玻意耳为首的这群皇家学会会员兼宗教开明派人士提出:对于上帝的思考是自然哲学研究的一部分,自然哲学通过研究上帝的杰作而揭示上帝之伟大。玻意耳在《神学之优点》(*The Excellency of Theology*,1674)中说:

> 不管是基督教的基本教义还是物质运动的能量与效应法则,都只不过是上帝设计出的伟大而万能的体系中的一个周转圆……它们只是某种有关事物的普遍理论的一部分。这一普遍理论通过自然可以获知,通过《圣经》可以增补。所以这两种学说虽然作为神学和哲学的分支是一般性理论,却似乎且是某种普遍假说的一部分。我认为这一普遍假说的研究对象是自然,这是上帝的劝诫和作品,是我们在此生可以发现的。[91]

753

结　论

伽利略在《对话》中写道,第一天讨论结束时,萨尔维亚蒂也就是伽利略的代言人对于人类和神的数学知识进行了令人印象深刻的比较:“上帝的智慧其实可以洞悉无数多个命题,因为神是全知全能的。但是就人类所能理解的少数几个命题而言,我相信人类的知识与上帝的一样是客观确定的。”[92]这里伽利略宣布了一个雄心万丈的关于人类知识的新目标。但是在很大程度上实现伽利略思想的是艾萨克·牛顿(1643～1727)。牛顿在其巧妙命名的《自然哲学的数学原理》中成功地统一了天体力学和地面物体力学(参看第24、26章)。牛顿尽管没有全部抛弃,但却坚决地抛弃了伽利略希望追求上帝知识的愿望。

尽管伽利略和牛顿两人对于自然知识发展的贡献、身处的制度、政治与宗教环境以及各自的学术气质都大相径庭,但是对两人进行比较仍然具有启发意义。伽利略和牛顿都试图从物体运动现象和导致运动产生的力出发推导出自然中的数学规律,他们都想得到有关自然的确定性知识并希望通过数学工具来获取这种知识,他们都将物理

---

[90] Barbara Shapiro,《自由主义与科学》(Latitudinarianism and Science),《过去与现在》(*Past and Present*),40(1968),第16页～第41页;James R. Jacob 和 Margaret C. Jacob,《现代科学的英国起源:辉格党章程的形而上学基础》(The Anglican Origins of Modern Science: The Metaphysical Foundations of the Whig Constitution),《爱西斯》(*Isis*),71(1980),第251页～第267页。

[91] Robert Boyle,《神学的卓越》(The Excellency of Theology),载于 Thomas Birch 编,6卷本《尊敬的罗伯特·玻意耳的作品》(*The Works of the Honourable Robert Boyle*, London: J. and F. Rivington et al., 1772; repr. Hildesheim: Georg Olms, 1965 - 6),第4卷,第19页。

[92] Galileo Galilei,《关于两大世界体系的对话》(*Dialogue Concerning the Two Chief World Systems*, Berkeley: University of California Press, 1962),Stillman Drake 译,第103页。

和天文学归为数学一类。所不同的是,牛顿强调新的数学化自然哲学的有限性以及上帝在机械宇宙中的关键作用,即总是需要上帝积极干预自然过程,否则宇宙将塌缩。伽利略、开普勒和笛卡儿都认为世界的数学结构具有先验的确定性,牛顿则认为:自然中的数学原理只能从实验中推导得出,如果无法由实验证明,那么对于归纳真理再进行演绎是无效的。牛顿努力想让这类知识不包含思辨性假说而成为科学坚实的硬核。他在《自然哲学的数学原理》的"一般批注"中写道:"凡不能由现象推出的都应被称为假说。而无论是形而上学假说还是物理学假说,无论是有关神秘性质的假说还是力学假说,在实验哲学中都没有位置。"[93]

754

其实这些对于科学论述的界定还受到牛顿宗教情结的影响。牛顿认为,由物质和运动组成的宇宙作为上帝意志的产物,是上帝为了一个目的而创造出来的,并不单纯是机器。他说:"上帝创世之初,让物质由一些实心、有重量、坚硬、不可穿透和可移动的微粒组成,让物质具有一定的大小和形状、这样或那样的性质以及一定的空间比例,所有这些都是上帝有意为之。"[94]牛顿没有将造物主从其造物中驱逐出去,这一点不同于钟表隐喻将自然看作一个完美的自我维持的机器。牛顿在写给剑桥古典主义学者理查德·本特利的信中说:"很难想象如果没有某种无形力量的干预,物质没有生命、没有理性却能够远距离相互影响……万有引力一定是某一种动因根据一定规律而持续作用的结果,至于这一动因是物质还是非物质,我只能留给读者来思考了。"[95]同样,他在《光学》(*Opticks*)中论及一个有名的问题时提到,绝对空间是上帝的"感觉器官"。[96] 这样一来,空间对于牛顿来说不仅仅是一个物理概念,还是上帝无所不在的表现和"神的知识与统治的无限展现"。[97] 而且牛顿在《光学》最后一个问题中设想,上帝是"一个强大的、永不停歇的动因,他无所不在,依其意愿在其无边无际的统一感官中枢里移动物体,由此组成了宇宙并且改变了宇宙的各个部分"。[98]

对牛顿来说,想要研究本质问题是对智性能力的不自量力,因其超出了"人类理解力",同时在神学上也是错误的,因为这意味着对上帝绝对自由的意志限定了界限。他说:"上帝要求我们做的事情不是赞美他的本质,而是赞美他所做之事,也就是他根据自己善的意愿来创造、维护和统治所有事物的行为。"[99]热爱上帝意味着研究自然中的

---

[93] Isaac Newton,《自然哲学的数学原理》(*The Principia: Mathematical Principles of Natural Philosophy*, Berkeley: University of California Press, 1999),I. Bernard Cohen 和 Anne Whitman 译,第 943 页。《光学》一书中表达了相同的观点:"实验科学没有假设。"参看 Isaac Newton,《光学》(*Opticks; or, a Treatise of the Reflections, Refractions, Inflections and Colours of Light*, New York: Dover, 1952), bk. 3, pt. 1, p. 404。

[94] Newton,《光学》, bk. 3, pt. 1, p. 400。

[95] I. Bernard Cohen 编,《艾萨克·牛顿关于自然哲学的论文和信件以及相关档案》(*Isaac Newton's Papers & Letters on Natural Philosophy and Related Documents*, 2nd ed., Cambridge, Mass.: Harvard University Press, 1978),第 303 页~第 304 页。

[96] Newton,《光学》, bk. 3, pt. 1, p. 377。

[97] Burtt,《现代物理科学的形而上学基础》(*The Metaphysical Foundations of Modern Physical Science*, Garden City, N. Y.: Doubleday, 1954),第 260 页。

[98] Newton,《光学》, bk. 3, pt. 1, p. 403。

[99] Newton Papers, Yahuda Collection, Hebrew University, Jerusalem, Yahuda MS. 15.7, fol. 154r.

755 真实事物,“我们只能通过他高超卓越的物质发明来了解他”,[100]与此同时我们“作为热爱上帝的仆人”[101]遵从《圣经》中上帝的劝诫。牛顿对于自然之书的阅读伴随着他通过天文学年表对于《圣经》中预言的解释。在他看来,两种阅读同等重要,原理相同,即“选择那些不费力便将事物还原为最简的解释”。[102]

伽利略在《致大公夫人克里斯蒂娜的信》中坚持认为,《圣经》中涉及自然现象的内容应该以自然哲学来解释,“人们必须通过已经论证过的真理来寻找《圣经》的正确含义,而不能只看字面意思。不然的话,看似找到真理,实则在某种程度上是强加给自然的,否定了观察和论证的必要性。”[103]在这里,伽利略挑战了宗教的权威性,确认了数学和自然哲学的自主性。然而,伽利略在同一篇文章中也提出了他本人的一些建议,证明将神学和自然哲学两种权威分离开来绝非易事。半个世纪后,牛顿在《光学》中提出有关建立自然知识和宗教的合理关系的主张,这也说明了相似的划定和维持界限的困难。他说:“自然哲学的任务从现象出发,不构造假说,由结果导出原因,直到真正的第一因,而这不再是力学问题了。”[104]研究 17 世纪晚期的历史学家弗兰克·曼纽尔通过资料得出一个恰当的结论:“在复辟时期的英格兰,很多人既是神学家也是科学家,人们越来越看重那些同时掌握两部书上知识的人并且认为一个人理应具备同时在两个领域内理解神启的能力。”[105]这一评价还可以用来概括现代早期基督神学和自然知识之间的关系,从而强调宗教秩序和科学权威在巨变时期是相互依存的关系。

(李文靖 译)

[100] 转引自 Richard S. Westfall,《科学的兴起与正统基督教的衰落:开普勒、笛卡儿和牛顿研究》(The Rise of Science and the Decline of Orthodox Christianity: A Study of Kepler, Descartes, and Newton),载于 Lindberg 和 Numbers 编,《上帝和自然:基督教遭遇科学的历史论文集》,第 229 页。

[101] Westfall,《科学的兴起与正统基督教的衰落:开普勒、笛卡儿和牛顿研究》,载于 Lindberg 和 Numbers 编,《上帝和自然:基督教遭遇科学的历史论文集》,第 229 页。

[102] Newton Papers, Yahuda Collection, Hebrew University, Jerusalem, Yahuda MS. 1. 1, fol. 14r.

[103] Galileo Galilei,《致大公夫人克里斯蒂娜的信》,载于 Finocchiaro,《伽利略事件:文献史》,第 111 页。

[104] Newton,《光学》, bk. 3, pt. 1, p. 369。

[105] Frank E. Manuel,《艾萨克·牛顿的宗教信仰》(*The Religion of Isaac Newton*, Oxford: Clarendon Press, 1974),第 32 页~第 33 页。

30

文　学

玛丽·贝恩·坎贝尔

756

自从科学与想象性文学被当作两种迥然相异的心灵活动和描述类型之后,它们便成为一对富有生气的研究对象。将科学与文学放在一起研究意味着要面对一个难题:什么是“文学”?至少文学史学家和文学评论家需要对此作答。这是一个越来越难以回答的问题,不能给出一个明确的答案。自20世纪80年代以来,随着历史学家越来越多地互侵对方的领域借用其研究成果,科学与文学(以及早期印刷书籍的出版)的关系显得特别有趣。伴随文化研究的出现,文学史的研究标准得到扩展,对于“论述(discourse)”和“描述(representation)”的研究挣脱了专注于个别作者与流派的传统,尤其以一批以科学为旨趣的法国历史学家及哲学家(如加斯顿·巴舍拉尔、乔治·康吉扬、米歇尔·福柯、米歇尔·塞尔和米歇尔·德·塞尔托)的著作和思想为代表。[1]

玛乔丽·霍普·尼科尔森或许是20世纪上半叶用英文写作“科学与文化”的最杰出的学生,她为人所知的工作首先是打开文学想象的“空间”(现代意义上的),代表作有《牛顿求教缪斯》(*Newton Demands the Muse*, 1946)、《探月之旅》(*Voyages to the Moon*, 1948)以及论文集《科学与想象》(*Science and Imagination*, 1956)。[2] 尼科尔森主要关注英国经典文学以及“新科学”有可能为经典文学提供的素材和隐喻。与尼科

757

---

[1] For example, Gaston Bachelard (the precursor), *L'Expérience d'espace dans la physique contemporaine* (Paris: F. Alcan, 1937) and *La psychanalyse du feu* (Paris: Gallimard, 1938); Michel Serres, *Hermes*, *I - V* (Paris: Editions Minuit, 1968 - 80); Michel Foucault, Les mots et les choses [1966], 英文版《词与物》(*The Order of Things*, New York: Random House, 1970); Michel de Certeau,《历史:科学与小说》(History: Science and Fiction),载于 Brian Massumi 译,《异体构造》(*Heterologies*, Minneapolis: University of Minnesota Press, 1986); de Certeau,《民族志:地方语言,他者的空间——让·德莱里》(Ethno-Graphy: Speech, or the Space of the Other: Jean de Léry),载于 Tom Conley 译,《历史写作》(*The Writing of History*, New York: Columbia University Press, 1988); Georges Canguilhem,《病态与正常》(*The Pathological and the Normal* [1943], New York: Zone Books, 1989), Carolyn R. Fawcett 和 Robert Cohen 译。一个精彩的例子,参看 Fernand Hallyn, *Structure poétique du monde*[1987],英文版由 Donald M. Leslie 译,《世界的诗意结构:哥白尼与开普勒》(*The Poetic Structure of the World: Copernicus and Kepler*, New York: Zone Books, 1993)。更加普遍和具有辩论意味的内容,参看 Mary Midgeley,《科学与诗歌》(*Science and Poetry*, London: Routledge, 2001)。也可参看 Ilse Vickers,《笛福与新科学》(*Defoe and the New Sciences*, Cambridge: Cambridge University Press, 1996); Claire Jowitt 和 Diane Watt 编,《17世纪科学中的艺术:自然世界在欧洲和北美文化中的表现》(*The Arts of Seventeenth-Century Science: Representations of the Natural World in European and North American Culture*, Aldershot: Ashgate, 2002)。

[2] Marjorie Hope Nicolson,《牛顿求教缪斯》(*Newton Demands the Muse*, Princeton, N. J.: Princeton University Press, 1946); Nicolson,《探月之旅》(*Voyages to the Moon*, New York: Macmillan, 1948); Nicolson,《科学与想象》(*Science and Imagination*, Ithaca, N. Y.: Great Seal Press, 1956)。

尔森同时代的英国历史学家弗朗西丝·耶茨在论述莎士比亚作品《爱的徒劳》(*Love's Labours Lost*,1598)以及她所认为的作品原型即16世纪晚期的"黑夜学派(School of Night)"时,也对于整个欧洲的科学活动与想象文学之间的关系表达了类似的看法。加入或拜访过"黑夜学派"的文艺复兴时期著名人物有:沃尔特·雷(约1554～1618),数学家、语言学家及殖民主义者托马斯·哈里奥特(1560～1621),诗人乔治·查普曼(约1559～1634)以及叛教的哲学家乔尔达诺·布鲁诺(约1559～1634)。[3] 无论是史学家还是文学评论家都含蓄地表达过这样的看法:当代的科学活动以及人们对科学的强烈兴趣为那些踌躇满志的作家提供了题目、隐喻、世界图景和讽刺对象。

事实是这样的。但是当对文学和非文学文本不再像从前那样进行常规性或者有用意的区分时,科学对于文化的影响并不是唯一要研究的问题。一直以来,对于研究早期科学十分重要的著作很难严格归入哪一个历史学分支。例如罗伯特·伯顿(1577～1640)的《忧郁症剖析》(*Anatomy of Melancholy*,1621)、吉罗拉莫·弗拉卡斯托罗(1478～1553)的《梅毒》(*Syphilis*,1530)、约翰内斯·开普勒(1571～1630)的《梦游记》(*Somnium*,1634),甚至雅克·卡蒂埃(1491～1557)有关16世纪40年代新大陆之旅的描述(有说为弗朗索瓦·拉伯雷所作),这些作品很难说算作哪一类文献材料。[4] 16世纪、17世纪甚至18世纪早期的科学处于非制度化状态(绝大多数情况)并缺乏数学基础(很多情况),所以文学评论可以将这一时期科学家兼作家们的作品理解为多重意义的表现。至少在16世纪,诗歌与科学还没有分化,诗句还能够用来表达医学和自然哲学中的新发现。当菲利普·锡德尼爵士(1554～1586)写《为诗辩护》(*Defense of Poesy*,1595)时,诗歌与科学还没有半点儿发生矛盾的意味,他说:"现在所有的科学都是我们的诗歌之王。"那些喜欢记载自然现象、提供对自然的分析的作家们连同那些只偏重修辞和情感表达的作家们怀着对造出新词汇以及发展各种散文体的共同愿望,在欧洲几个国家联合起来,而新词汇和散文体在方言中发展起来,应和了逐渐产生的分化和专门化的目的。于是乎,不但文学史和科学史彼此重合,而且两者与出版史也保持同步。现代早期由于印刷技术的推广,书籍出版也经历了一个辉煌过

758

[3] 参看 Frances Yates,《〈爱的徒劳〉研究》(*A Study of "Love's Labors Lost"*, Cambridge: Cambridge University Press, 1936)。

[4] Robert Burton,《忧郁症剖析》(*Anatomy of Melancholy*, Oxford: John Lichfield and James Short, for Henry Cripps, 1621); Girolamo Fracastoro,《梅毒》(*Syphilis, sive morbusgalicus*, Verona: [S. De Nicolini da Sabbio], 1530); Johannes Kepler,《梦游记》(*Somnium, sive Astronomia Lunae*, Sagan and Frankfurt: Ludwig Kepler, 1634)。关于卡蒂埃,参看注释35。

程。[5]

女性主义的关注和后殖民研究以一种特有的急迫方式丰富了对分析自然之书文本的研究。[6] 近代性别角色的强化、民族国家以及殖民帝国的形成是一个社会和政治的过程,这一过程为科学家和作家实现其目标和进行表达提供了条件,反过来,科学家和作家的活动也丰富了这一过程,并为其提供了合理性说明。比如,女性社会职能的私有化与将其视为欲望与医学分析的被动对象表象化都至少可以探索性地看作是自然界急速女性化的过程,此时自然在新科学家眼中是一种新的能够被更高等级的存在所洞悉的对象,并且他们正式将女性排除在科学研究院以外(参看第 32 章)。[7] 人们对于殖民扩张和普救论者的活动提供给自然志和民族志的互惠性好处已有较多的研究(参看第 33 章)。研究不多的则是,小说中出现的现实描写趋向与自然志开启的日渐增长的命名识别能力之间的关系,由殖民地探险和贸易所促进的社会流动性与一群不断增多的可能进入叙事的人物(如流浪冒险类文学和民族志考察报告)之间的关系。现代早期的科学思想不但具有文化的"意义"和"功用",而且本身就是文化产品和文化生产者;或者说,科学与其他形式的思想活动共同分享了新出现的概念范式。[8]

759

比如历史学家玛格丽特·雅各布斯将机械唯物主义和色情文学的文本和主旨放

---

〔5〕 关于图书的技术和贸易问题,参看 Lucien Febvre 和 Henri-Jean Martin, *L'apparition du livre* (Paris: A. Michel, 1958),英文版,David Gerard 译,《图书的到来:印刷的影响(1450 ~ 1800)》(*The Coming of the Book: The Impact of Printing, 1450 - 1800*, London: Verso, 1984); Elizabeth Eisenstein,《作为变化原动力的印刷业:现代早期欧洲的交流与文化转型》(*The Printing Press as an Agent of Change: Communications and Cultural Transformations in Early Modern Europe*, Cambridge: Cambridge University Press, 1979); Adrian Johns,《书的本性:印刷与制造中的知识》(*The Nature of the Book: Print and Knowledge in the Making*, Chicago: University of Chicago Press, 1998); Amy Boesky,《培根的〈新大西岛〉与散文实验室》(Bacon's *New Atlantis* and the Laboratory of Prose),载于 Elizabeth Fowler 和 Roland Greene 编,《现代早期欧洲与新世界的散文计划》(*The Project of Prose in Early Modern Europe and the New World*, Cambridge: Cambridge University Press, 1997);Mario Biagioli,《权利与报酬:现代早期自然哲学中科学作者身份的变化框架》(Rights and Rewards: Changing Frameworks of Scientific Authorship in Early Modern Natural Philosophy),载于 Mario Biagioli 和 Peter Galison 编,《科学的著述者:科学中的信用与知识产权》(*Scientific Authorship: Credit and Intelectual Property in Science*, London: Routledge, 2002)。

〔6〕 此类经典作品可参看 Talal Asad,《人类学与殖民地冲突》(*Anthropology and the Colonial Encounter*, London: Ithaca Press, 1973); Evelyn Fox Keller,《对性别与科学研究的反思》(*Reflections on Gender and Science*, New Haven, Conn.: Yale University Press, 1985);Mary Louise Pratt,《帝国的眼睛:旅行手记与跨文化》(*Imperial Eyes: Travel Writing and Transculturation*, London: Routledge, 1992)。

〔7〕 参看 Carolyn Merchant,《自然之死》(*The Death of Nature*, San Francisco: Harper and Row, 1980); Susan Bordo,《客观性的飞跃》(*The Flight to Objectivity*, Albany: State University of New York Press, 1987);Londa Schiebinger,《心灵无性?》(*The Mind Has No Sex?*, Cambridge, Mass.: Harvard University Press, 1989); Schiebinger,《女性的画像:现代早期科学的面貌》(Feminine Icons: The Face of Early Modern Science),《批判性调查》(*Critical Inquiry*),14(1988),第 661 页~第 691 页; Helen Longino,《主题、力量和知识:女性主义者的科学哲学中的描述和规定》(Subjects, Power, and Knowledge: Description and Prescription in Feminist Philosophies of Science),载于 Helen Longino 和 Evelyn Fox Keller 编,《女性主义与科学》(*Feminism and Science*, New York: Oxford University Press, 1996);Keller,《对性别与科学研究的反思》,第一部分。

〔8〕 参看 Pratt,《帝国的眼睛:旅行手记与跨文化》;Margaret C. Jacobs,《色情文学的唯物主义世界》(The Materialist World of Pornography),载于 Lynn Hunt 编,《色情文学的出现:淫秽与现代性的起源(1500 ~ 1800)》(*The Invention of Pornography: Obscenity and the Origins of Modernity, 1500 - 1800*, NewYork: Zone Books, 1993),第 157 页~第 202 页。也可参看 Evelyn Fox Keller 的论文《培根的科学》(Baconian Science)和《现代科学诞生时的精神与理性》(Spirit and Reason at the Birth of Modern Science),载于 Keller,《对性别与科学研究的反思》,第一部分;Stephen Greenblatt,《学习诅咒:16 世纪语言殖民主义的面貌》(Learning to Curse: Aspects of Linguistic Colonialism in the Sixteenth Century),载于 Fredi Chiappelli 编,《美洲的第一批图像》(*First Images of America*, Berkeley: University of California Press, 1976),第 561 页~第 580 页。

在一起来理解，这样突出了一种17世纪城市真实生活的鲜活感。[9] 文化研究诚然可以以任何一种书面或者非书面的文本作为研究对象进行各种诠释，但是并不仅仅因为现代早期的科学作品可供21世纪的读者进行多重解读，科学作品和文学作品的关系才比“影响”模式要更加丰富。本文将集中讨论16世纪(17世纪有所不同)文学与哲学的作品与作者一些重要的“合作计划”，结尾处讨论两类著作者日益突出的职业敌对状态及各自不同的计划执行方案。

语　言

本章考察的各种文本和实践活动最明显的相似之处在于书面语言，通常是印刷语言，包括风格和方法(或体裁)的问题。在最基本的层面上，报道性文章和哲学类文章为了科学报告的目的而改变了文章结构。在最初成立的一些科学院里，一些有影响力的成员都明显在文中避免用16世纪的寓言、似是而非的隽语、有意而为的含糊晦涩以及隐喻这类修辞之“花”。[10] 托马斯·斯普拉特(1635～1713)在《伦敦皇家学会史》(*The History of the Royal Society of London*, 1667)中写道：

> (皇家学会的会员)严格实施唯一的办法救治华而不实的语言。而且这是一个坚定持久的信念，即拒绝文字中的铺陈、离题以及夸张，要简洁明了，言简意赅。提炼出来的语句是一种更加切近、明白和自然的表达方式，它们表达准确、意义清晰、轻松自然，就像数学那样准确。[11]

760

16世纪和17世纪早期的很多重要作品并没有表现出这种对于比喻的怀疑态度，例如开普勒的寓言作品《梦游记》或称《月球天文学》(*Astronomia lunae*)，再如伽利略·伽利莱用神秘、隐喻性的个人语言来公布金星的位相，“爱之母亲(金星)模仿着月亮女神(月球)的风姿”(伽利略有意将字句颠倒写作“Cynthiae figuras aemulatur mater amorum”)。尽管如此，到了17世纪中期，新的技术词汇不断出现，或为了追求准确，自然语言的一词多义在原则上遭到摈弃(尽管上文引述的斯普拉特的建议中也有修辞之花)。[12]

修辞并不是让自然哲学费神的唯一语言资源。观察报告中进行描述时所采用的

---

[9] Jacobs，《色情文学的唯物主义世界》。

[10] 有关现代早期技术与科学书写中的含糊晦涩，参看 William Eamon，《科学与自然秘密：中世纪与现代早期文化中的秘著》(*Science and the Secrets of Nature*: *Books of Secrets in Early Modern Culture*, Princeton, N. J.: Princeton University Press, 1994)。关于16世纪法国的“哲学”诗，Neil Kenny 作过详尽的描述，《神秘的宫殿：贝罗阿尔德·德韦维尔与文艺复兴时期的知识观念》(*The Palace of Secrets*: *Béroald de Vervile and Renaissance Conceptions of Knowledge*, Oxford: Clarendon Press, 1991)。

[11] Thomas Sprat，《伦敦皇家学会史》(*The History of the Royal Society of London*, London: Printed by T. R. for J. Martyn, 1667)，第113页。

[12] 有关伽利略原文有意的字句颠倒，参看 Albert van Helden，《对〈星际使者〉的接受》(The Reception of *Sidereus Nuncius*)，载于他翻译的《星际使者》(*Sidereus Nuncius*; *or*, *The Sidereal Messenger*, Chicago: University of Chicago Press, 1989)，第87页～第113页。

向度也逐渐受到限制并被形式化。呈送给科学刊物的报告开始采用被动语态或者第一人称复数形式:多用现在时态,由此剔除了日常叙述中分散人注意力的特征,如人物(谓语动词的单个施动者)和历史性。[13]

对于体裁的划分在16世纪比17世纪末要困难,或者更准确地说,诗歌在当时被看作是一种容量更大的载体。16世纪弗拉卡斯托罗的短叙事诗《梅毒》或名《法国病》是用诗歌传递严肃科学思想的有名实例,它不仅仅是一个对新大陆发现的讲述,而且还是一部重要的医学病原学和新传染病(在其诗中首次被命名为“梅毒”)救治方法的著作。诗歌一直是我们所说的大众普及的工具,或至少是传播最新信息和新理论的工具。19世纪牛津大学一个生物学家仍然认为他值得花上一段时间来将查尔斯·达尔文的《物种起源》(*Origin of Species*,1859)改写成诗。但是像公布新的实验结果和数据或者提出新理论这一类最重要的科学著作到了17世纪已经降为了平白的散文,被小心谨慎地与“纯文学(belles lettres)”区分开来。喜剧、小说和诗歌作家将意味深长和一词多义性这些被实验哲学家摈弃的语言表达方式划入自己的领地,但是设骗局(主要出现在地理著作中)和夸张模仿(见本文“对抗”小节)的方式却也为一种虚构的现实主义搭桥铺路,即人们为了在叙述中增加悬念和乐趣而采用了某些今天看来是信息传递语言技巧的特色写作方式。阿芙拉·贝恩(1640～1689)的小说《王奴》(*Oroonoko*,1688)与托马斯·纳什(1567～1601)的《不幸的旅人》(*The Unfortunate Traveller*,1594)完全不同,其差别不比威廉·哈维(1578～1657)的《心血运动论》(*De motu cordis*,1628)与维吉尔诗歌风格的《梅毒》之间的差别更小。[14]《王奴》以苏里南为背景,采用了栩栩如生、引人入胜的经验主义描写;而《不幸的旅人》是一部词藻华丽的流浪冒险小说,其中有一句“为什么我要虚掷光阴来听这些语义含混的醉话?”这里并不是说文学“现实主义”寄生于新出现的科学修辞方式,而是说小说作家们认为自己同样有责任从最深层引导科学表达方式的转变。我们发现两个战线是对同一种感觉做出回应,即世界必须要被重新“彻底地”(人类学家克利福德·格尔茨语)说清楚。

761

在有效的新措辞和洗练风格出现的同时,自然哲学中产生了一种人工语言。英国哲学家称这是一种“真正的文字”。它严格按照分类规则造出,偏重于无特殊意义的大白话,不接近任何一种自然形成的地方性语言,具有压缩的外延,符合跨国的科学共同体的要求。几个国家的众多学者和哲学家就这一问题写文章并设计框架,甚至乔治·

[13] 参看 Peter Dear,《千言万语:早期皇家学会的修辞与权威》(*Totius in Verba*: Rhetoric and Authority in the Early Royal Society),《爱西斯》(*Isis*),76(1985),第144页～第161页。

[14] Aphra Behn,《王奴》(*Oroonoko*; *or*, *The Royal Slave*: *A True History*, London: Will Canning, 1688);Thomas Nash,《不幸的旅人》(*The Unfortunate Traveller*, London: Cuthbert Burby, 1594);William Harvey,《心血运动论》(*De motu cordis*, Frankfurt: William Fitzer, 1628)。

达尔加诺(约 1626 ～ 1687)等人编出了这类词汇。[15] 他认为一种通过语法规则和概念范畴表现出来的语言理念代表的不是语言本身,而是世界的其他部分,这似乎是现在大多数知识分子所持有的观点,而现代早期富于想象力的作家们不能接受这一点,很多人还强烈排斥这一点(本章后面将讨论),他们首先相信自然语言的力量和对词源学考古开发的资源。乔纳森·斯威夫特(1667 ～ 1745)作品《格列佛游记》中滑稽可笑的学者们带着装着各种物品的大袋子,顺次将物品拿出却彼此不讲话,也就是说,自然语言与科学语言的作用很不一致,彼此都认为对方有严重缺陷。[16] 然而,从海明威或加谬那种无华的散文中,我们却看到了对于一种用来服务于语言模糊性的新风格的传承,这种风格与现代早期诗歌中逐步形象化的语言一样富于力量。

762 密码编制式的文字,尤其是所谓"真正的文字"(或至少可以称为理性的文字,或发明出的文字)作为小说中虚构描写的现象,不仅仅是斯威夫特作品中夸张嘲弄的对象,其实在弗朗西斯·戈德温(1562 ～ 1633)《月中人》(*Man in the Moon*,1638)和萨维尼安·西拉诺·德贝热拉克(1619 ～ 1655)《另一个世界》(*Histoire comique de les estats et empires de la lune*,约 1648)中,仍是吸引和娱乐阅读者的元素。[17] 这类"语言"作为小说虚构描写的对象,复杂精细,令人赏心悦目,提供了几乎可以("赤裸裸")无中介传递信息的可能性。这一点完全不同于用自然语言表达时隔阂颇深且希望进行比喻和文学表达的情况。

望远镜、显微镜和现实主义

传统文学研究的观念认为,现代早期西欧几个国家首次出现了现实主义方式的散文体裁。"现实主义"既是一种行文方式,也是一种对于反映客观现实的偏好(参看第 31 章)。采用望远镜观测的天文学作品以及因对早期显微镜观测的洋溢热情应势而生的一些作品,都属于非常相关的细节记录(history of the detail,这个词组最初见于法文,16 世纪出现在英文中),这类记录于 16 世纪晚期和 17 世纪随着色情文学的出现以及虚构现实主义和自然志的发展而出现(显然所有这些研究和文献都可以用来研究这一时期的视觉艺术史)。在此之前,欧洲人叙事中的细节描述是象征性和程式化的,而且

---

[15] George Dalgarno, *Ars signorum, vulgo character universalis et lingua philosophica* (London: J. Hayes, 1661). 对这些作品的全面考察,参看 James Knowlson,《英格兰与法国的通用语言计划(1600 ～ 1800)》(*Universal Language Schemes in England and France, 1600 - 1800*, Toronto: University of Toronto Press, 1975)。也可参看 Lia Formigari, *Linguistica ed empirismo nel Seicento inglese* (Bari: Laterza, 1970),英文版由 William Dodd 译,《17 世纪英国哲学中的语言与经验》(*Language and Experience in Seventeenth-Century British Philosophy*, Studies in the History of the Language Sciences, Series 3, Volume 48, Amsterdam: John Benjamins, 1988)。

[16] Jonathan Swift,《格列佛游记》(*Travels into Several Remote Nations ... of Lemuel Guliver*, London: Benjamin Motte, 1726)。

[17] Francis Godwin,《月中人》(*The Man in the Moon*, London: John Norton, 1638);Savinien Cyrano de Bergerac,《另一个世界》(*Histoire comique de les estats et empires de la lune*, Paris: Le Bret, 1657)。西拉诺的作品有一段痛苦的历史:他在 1648 年左右撰写并以手稿的形式传播;它于 1650 年首次在其逝世后以"无特权"的方式出版,然后在 1657 年以审读后的删节版出版。未删节的文本直到现代才出版。

少之又少,游记类书籍通常创作出精彩动人的场景。由于很多因素,“赘述”的价值在文艺复兴晚期恢复到了现代小说(或植物学作品)读者熟悉的水平。经验观察中最先被开发出来的可能是情欲这一维度。彼得罗·阿雷蒂诺(1492 ~ 1556)的《对话》(*Ragionamenti*,1534 ~ 1536)中对于奥维德诗歌人物迪普萨与情妇间的色情对话描写先于伽利略《星际使者》(*Sidereus Nuncius*,1610))这样重要的科学经验主义描写,后者是关于望远镜的发明者如何通过夜间观察追踪他新近发现的“美第奇星”的活动,并将观察情况用文字和图形记录下来。[18] 罗伯特·胡克(1635 ~ 1703)的《显微图》(*Micrographia*,1665)是最早真正大量采用显微图的文本,它无疑为文学想象提供了动力。不过,纽卡斯尔公爵夫人玛格丽特·卡文迪什(约 1624 ~ 1674)在科幻小说《酷热世界》(*Description of a New World Called the Blazing-World*,1666)中明确表示出对胡克的《显微图》不以为然的态度,斯威夫特也在《格列佛游记》中影射了胡克的书。在《格列佛游记》第二部中,格列佛被大人国的人们无意间用显微镜近距离观察是一起失礼事件。[19]

763

卡文迪什公爵夫人和斯威夫特的保守或贵族立场被塞缪尔·约翰逊讽刺为“数郁金香上的条纹”,与这种贵族立场对立的是:对于微小不起眼形象进行检视的荷兰工匠兼天才人物安东尼·范·列文虎克(1632 ~ 1723),他没有因为分析或描述自己的粪便而感到窘迫,而且他是第一个也是很长时间里唯一一个通过高度放大的精液来观察“生命粒子”(列文虎克语)的人。[20] 我们发现还有大量丰富的物理学细节知识出现在流浪冒险文学(如前面所说,这类作品与有关航行和游历类作品有紧密的联系)和色情文学中,这类细节描写经过 16 世纪意大利人的几次冒险旅行之后,在 17 世纪晚期得到了承认。政府禁止出版和查封的书籍既包括像查尔斯·科顿(1630 ~ 1687)的《情色之城》(*Erotopolis, The Present State of Betty-land*,1684)、无名氏的《女校》(*L'École des*

---

[18] Galileo Galilei,《星际使者》(Venice: T. Baglionum, 1610)。Pietro Aretino, *Ragionamento della Nanna, et della Antonia* was published in two parts (Venice: Francesco Marcolini, 1534 - 6) with false publication data on the title pages for reasons of censorship: for the first volume, “Paris 1534”, and for the second, “Turin: P. M. L., 1536” - see Paul Larivaille, *Pietro Aretino* (Rome: Salerno Editrice, 1997), p. 199。伽利略典雅的语言可能会令一位现代读者(处于阿雷蒂诺和科学报告语言纯正主义者之间的人)印象深刻:在《星际使者》的开始,他告诉我们“月球是最美丽的,令人愉悦”(van Helden,《星际使者》,第 35 页),色情注视的主题在他为地光辩护时依然存在:“但那有什么可惊讶的呢? 地球以一种平等且令人愉快的交换方式,把光还给月球,这光是她在夜晚最深的黑暗中从月球接收的”(van Helden,《星际使者》,第 55 页)。

[19] Robert Hooke,《显微图》(*Micrographia; or, Some Physiological Descriptions of Minute Bodies*, London: J. Martyn and J. Allestry, 1665);Margaret Cavendish,《酷热世界》(*Description of a New World Called the Blazing-World*, London: A. Maxwell, 1666)。关于这两部作品的比较,参看 Mary Baine Campbell,《奇观和科学:现代早期欧洲的想象世界》(*Wonder and Science: Imagining Worlds in Early Modern Europe*, Ithaca, N. Y.: Cornell University Press, 1999),第 6 章。

[20] 关于列文虎克及其对精子和粪便的分析,参看 Clifford Dobell,《安东尼·范·列文虎克与他的“小动物”》(*Antony van Leeuwenhoek and His “Little Animals”*, New York: Staples Press, 1932)。Svetlana Alpers,《描述的技艺:17 世纪荷兰的技艺》(*The Art of Describing: Dutch Art in the Seventeenth Century*, Chicago: University of Chicago Press, 1983),此书将北欧在光学和光学仪器方面的发展与该时期的绘画联系起来。关于迫使艺术名家改变对不那么惊世骇俗的道德污点的兴趣的难度,参看 Lorraine Daston 和 Katharine Park,《奇事与自然秩序(1150 ~ 1750)》(*Wonders and the Order of Nature, 1150 - 1750*, New York: Zone Books, 1997),第 8 章。

filles,1655)一类虚构叙事作品,也包括妇科手册。[21]

16、17 世纪同时在小说和自然志中兴起的经验主义所包含的价值观和关注点的变化具有深远的意义(并被多重因素所决定),这一变化反映在英国"玄学诗"、列奥纳多·达·芬奇的绘画以及荷兰和佛兰德斯的绘画中。保守主义作家不予接受的态度并没有错,这一变化与政治和经济权力在人群中的转移有关系,即那些容易使自己适应语言的以及几乎自然而然成为中世纪骑士文学中标志的人们开始失去权力。

764

多元的世界:从天文学到社会学

现实主义作为一种文学风格,它倾向于物质世界并且提供需要阐明的无限差异性(参看第 19 章),这一点与在地球和宇宙层面日益突显的多元性是一致的。社会科学与其他学科语言一样建立了严密的分化体系,反过来这些分化体系提供了各个不同的解释与概括的对象。尽管这些学科在现代早期还没有确立,但是仍然能够看到,伴随欧洲人语言和认识当中出现了越来越多的世界上有人居住、有文化存在的岛屿,这一分化趋势已经开始了。由于发现月球表面凹凸不平以及望远镜观测结果支持了哥白尼的日心说,天文学理论受到挑战。这样的天文学与当时的探月文学共同表现出一种对于多元世界这一哲学意味的兴趣。而且它还需要既为天文学家和宇宙志学者所用也为诗人所采用的阿基米德式观点:正如历史学家弗朗克·莱斯特兰冈所说,"没有灵魂之旅,也就没有即时的宇宙观照点。所以说宇宙志与圣诗之间存在必不可少且重要的联系"。[22] 例如,开普勒完成于 1621 年的《梦游记》兼为宇宙志(当然也是天文学著作)和诗。约翰·弥尔顿(1608 ~ 1674)的《失乐园》(*Paradise Lost*,1667)便有这样一类"灵魂之旅",它从逻辑上先于马丁·瓦尔德塞弥勒(1470 ~约 1521)、赫拉尔杜斯·墨卡托(1512 ~ 1594)和亚伯拉罕·奥特柳斯(1527 ~ 1598)的地理学著作(参看第 20 章)。[23]

最丰富有趣的表现天文学、民族志和纯文学交叉的文本是关于探月旅行的。《梦游记》既含有大量的知识,还极富想象力,是最先出版的此类作品。在《梦游记》数百个离题的、诠释性的注释中,至少有一个回应了约翰·多恩(1572 ~ 1631)的《伊格内修斯的秘密会议》(*Ignatius His Conclave*,1611),多恩讽刺性地描写了月球的"耶稣会地

---

[21] Charles Cotton,《情色之城》(*Erotopolis*, *The Present State of Betty-land*, London: Thomas Fox, 1684)。The stated place of publication for *L'Écoledesfiles* (1655) was the fictional "Cythère." 色情文本往往给出虚构的出版地而没有出版者。关于色情文学,参看 Jacobs,《色情文学的唯物主义世界》;Paula Findlen,《文艺复兴时期意大利的人文主义、政治与色情文学》(Humanism, Politics and Pornography in Renaissance Italy),载于 Hunt 编,《色情文学的出现:淫秽与现代性的起源(1500 ~ 1800)》,第 49 页~第 108 页。(Findlen 的文章中的注释是非常有用的书目工具。)

[22] Frank Lestringant, *L'Atelier du cosmographe ou L'Image du monde à la Renaissance* (Paris: A. Michel, 1991),英文版由 David Fausett 译,《绘制文艺复兴时期世界的地图》(*Mapping the Renaissance World*, Berkeley: University of California Press, 1994),第 21 页。

[23] John Milton,《失乐园》(*Paradise Lost*, London: Peter Parker, and Robert Boulter and Matthias Walker, 1667)。

狱”召开的耶稣会会议。《梦游记》还更为直接地回应了由开普勒自己译为拉丁文的希腊作家普卢塔克的严肃的思辨学作品《论月球表面》(*De facie lunae*,约 100)。[24] 尽管《梦游记》对于“月球表面学”以及从月球上观察地球和哥白尼太阳系有全面而详细的描述,另一方面却遵守严肃旅行类作品的常规写法。《梦游记》像哈里奥特的《对新发现的弗吉尼亚之地简要和真实的报告》(*A Briefe and True Report of the New Found Land of Virginia*,1588)一样,结尾处描写(月球)居民为适应当地气候所特有的生活方式以及当地的地文学。[25]《梦游记》当中有关当地社会的思考是温和的乌托邦式的:当地居民有的状若爬行动物,甚至有的状若植物;其中有些人会造船,在“附录:月面学”中还提到他们会筑城以防天灾,但是其他人不会制造工具。这些有灵生物中不存在等级制度,当开普勒描写月球上所有的水每两个月从一个半球流到另外一个半球时(靠近地球的一个半球比远离地球的另一个半球受到地球更大的引力),也没有提到居民们因此发生争斗。这里从研究目的出发,最值得注意的是叙事的象征式结构(梦境一般可以引入多层次的解释)和注释的普遍混乱(注释页数与正文页数的比例是 6 : 1)。其中很多注释是严格的数学论证,还有一些注释是自传体形式,其他则是幽默地诠释性或者讽刺性的或者既是诠释性也带有幽默讽刺的。《梦游记》并不只是一个小巧精美的装饰物,它一开始就是一篇学术论文,它在图宾根为哥白尼理论冒险辩护,随后改成了看上去是梦境形式的自传体,而开普勒的母亲因此被指控为女巫,陷入官司长达 5 年。[26] 后来开普勒加上了注释,既是出于法律考虑,也是为了有数学根据。开普勒死后《梦游记》才全部出版。[27]

765

随后出现的最出名的两部思考有没有人迹可至的“另一个世界”的小说是戈德温的《月中人》和西拉诺的《另一个世界》。《月中人》幽默模仿西班牙文冒险体裁作品,人物是一个野心勃勃的西班牙侏儒贡萨莱斯(Gonsales)。《另一个世界》是对《月中人》的回应,其中贡萨莱斯出现在一个笼子里,叙述者与他做伴,月球女王认为贡萨莱斯能够使叙述者受孕。西拉诺在《另一个世界》之后很快写作了《太阳王国》(生前未完成)(*Estats et empires du soleil*,1662)。[28] 所有这些旅行类作品都是在西拉诺身后才出版的,并且所有作品都包含着旅行者视角的虚构性转变,旅行者从观察者变为被观察者(见本文前面提到的尼科尔森《探月之旅》)。

766

---

〔24〕 John Donne, *Conclaue Ignati* (London: W. Hall, 1611);本国语言版随后出版, Donne,《伊格内修斯的秘密会议》(*Ignatius His Conclave*, London: Richard More, 1611)。

〔25〕 Thomas Harriot,《对新发现的弗吉尼亚之地简要和真实的报告》(*A Briefe and True Report of the New Found Land of Virginia*, London: R. Robinson, 1588; Frankfurt: Theodor de Bry and Sons, 1590)。

〔26〕 参看此译本的序言, Edward Rosen,《开普勒的〈梦游记〉》(*Kepler's "Somnium: The Dream, or Posthumous Work on Lunar Astronomy"*, Madison: University of Wisconsin Press, 1967),尤其是 John Lear 给以下译本所写的长篇序言, Patricia Frueh Kirkwood,《开普勒的〈梦游记〉》(*Kepler's "Dream"*, Berkeley: University of California Press, 1965)。

〔27〕 关于与《梦游记》相关的 17 世纪的科学与文学讨论,参看 Timothy Reiss,《关于现代主义的讨论》(*The Discourse of Modernism*, Ithaca, N. Y.: Cornell University Press, 1982),第 4 章;Hallyn,《世界的诗意结构:哥白尼与开普勒》,第 11 章;Campbell,《奇观和科学:现代早期欧洲的想象世界》,第 133 页～第 143 页。

〔28〕 Savinien Cyrano de Bergerac,《太阳王国》(*Estats et empires du soleil*, Paris: Charles de Sercy, 1662)。

通过各种月球游记我们不仅有可能认识到宇宙观的变化对于现代早期有文化的欧洲人意味着什么，还有可能看到美洲和东印度地区这类不断殖民化的“另一个世界”引发了什么样的奇思怪想（以及犯罪）。这类想象中的移情几乎都集中在月球上，而月亮一直以来与色情妄想的移情和投射联系在一起。如锡德尼《爱星者与星》（*Astrophel and Stella*，1591）中有一首十四行诗开头写道：“那是多么忧郁的脚步，哦，月，你逶迤天宇而上。”诗中说话人身处地球对于月球那种可望而不可即的情感与开普勒《梦游记》中半个月球的居民面对“女先知（Volva）”即发光的地球怀有的情感是一样的。[29] 但是许多新出现的旅行类幻想作品，既不是诗歌形式也不是探月题材，而是有关西方和南方大海中的岛屿探险。它们大多数是乌托邦式的，或者依赖于乌托邦形式，例如亨利·内维尔（1620～1694）的《派恩斯岛》（*The Isle of Pines*，1668）之所以滑稽逗乐正是由于其中空想的旅行背景。主人公派恩斯在他新发现的岛屿上安家落户并建立了火热的一夫多妻制，这一点既是喜剧元素（至少有些读者这样认为），也是一种对于引进物种的种群动态的思考，后者可能是当时的欧洲人已经开始考虑的事情。这些怪诞离奇的旅行作品中出现的岛屿比起其他作品描写的有人居住的地球以外的世界或者星球，更容易被人所接受，即便不能作为社会学和民族志的基础，也可以认为它们为这些学科确立研究对象提供了空间。[30]

地理学、民族志、小说和另一个世界

现代早期某些后来发展为现代学科的科学活动，特别是收集数据与其他形式的活动相比起来，更加明显地与诗歌、小说和“纯文学”这类文学形式发生交叉。地理学、民族志、人类学以及文艺复兴时期宇宙志（姑且这么称呼）与当时新出现的小说类型一样，都对描述人际关系和文化关系感兴趣，并且都依赖于旅行文学。游记类作品作为当时最为重要的严肃文学形式（以及通俗文学）之一，起到了一种重要的中间人作用。[31]

767

---

[29] Sir Phillip Sidney，《爱星者与星》（*Astrophel and Stella*，London：Printed [by John Charlewood] for Thomas Newman，1591）。

[30] Henry Neville，《派恩斯岛》（*The Isle of Pines*，London：Printed by S. G. for Allen Banks and Charles Harper，1668）。关于幻想的航行，最好的书目作品仍然是 Geoffroy Atkinson，《1700 年以前法国文学中的非凡航行》（*The Extraordinary Voyage in French Literature before 1700*，New York：Columbia University Press，1920）；Atkinson，《1700～1720 年法国文学中的非凡航行》（*The Extraordinary Voyage in French Literature from 1700 to 1720*，Paris：É. Champion，1922）；Philip Babcock Gove，《散文小说中虚构的航程》（*The Imaginary Voyage in Prose Fiction ... from 1700 to 1800*，New York：Columbia University Press，1941）。如果从社会学发展的角度讨论乌托邦，可以从此书开始，Frank E. Manuel 和 Fritzie P. Manuel，《西方世界中的乌托邦思想》（*Utopian Thought in the Western World*，Cambridge，Mass.：Belknap Press，1979）。

[31] 关于现代早期和 18 世纪作品集的最全面的描述，尤其是关于英格兰与法国的，是 Percy G. Adams，《旅行文学与小说的演变》（*Travel Literature and the Evolution of the Novel*，Lexington：University Press of Kentucky，1983）。关于本节中所提到的各种冒险计划之间的现代早期关系，参看 Valerie Wheeler，《旅行者的传说：关于游记与民族志的观察报告》（Travelers' Tales：Observations on the Travel Book and Ethnography），《人类学季刊》（*Anthropological Quarterly*），59：2（April 1986），第 52 页～第 63 页；Mary Baine Campbell，《插图游记与民族志的诞生》（The Illustrated Travel Book and the Birth of Ethnography），载于 G. Allen 和 Robert A. White 编，《不同的工作》（*The Work of Dissimilitude*，Newark：University of Delaware Press，1992），第 177 页～第 195 页；Campbell，《奇观和科学：现代早期欧洲的想象世界》，第三部分。

最早的航海类作品取材于15世纪的航海探险活动。这类作品出现以后,人文主义者开始收集各种文字记录和口述信息并将其结集出版,这类作品通常是由地方方言写成的大部头书籍。其中有些作品具有国家主义的主旨,如理查德·哈克卢特(约1552～1616)的《英国航海、旅行和地理发现全书》(*Principall Navigations ... of the English Nation*,1589);有些作品则是百科全书式的,如安吉拉的殉教者彼得(1457～1526)的《最近几十年》(*Decades*)、德·布里斯的《伟大旅程》(*Grands voyages*)、塞缪尔·珀切斯(约1577～1626)的《珀切斯的朝圣》(*Purchas His Pilgrimes*,1625)从民族志形式扩写了哈克卢特的《英国航海、旅行和地理发现全书》。[32] 这些文集中含有大量丰富的数据,为奥特柳斯、墨卡托和布劳家族等地图绘制者提供了信息。此外,这些文集早于那些专门化、综合性描述全世界的文本,后者如:弗朗西斯·威卢比(1635～1672)与约翰·雷(1627～1705)合著的《鸟类志》(*Ornithologiae libri tres*,1678)、约瑟夫-弗朗索瓦·拉菲托(1681～1746)《美洲土著习俗》(*Moeurs des sauvages ameriquaines*,1724,这部书实际描述的范围超出了美洲)以及瑞典旅行家和自然志家林奈(1707～1778)的《自然系统》(*Systema naturae*,1735)和《植物学考订》(*Critica Botanica*,1737)。[33]

这些旅行文集中出现的个人叙述不仅启发帮助了人们撰写宇宙志、地理学、民族志和自然志,还激发了骗局类作家和小说家的灵感。显而易见的是,这些个人叙述提供了有意义、有趣的情节,这些情节既不是传说式的,也不是贵族式的,且通常以第一人称来描述(第一人称提供了一个主观的维度,除了宫廷贵族形式的骑士文学和抒情诗,第一人称不多见)。[34] 流浪冒险题材小说主要出现在西班牙(西班牙作为殖民国家当时力量最强),这类小说与安吉拉的殉教者彼得和哈克卢特等人通过访谈、记录得到的大量叙述文字具有的共同特征是:主人公是小人物,为了提高社会地位而游走四方。冒险文学作品的传奇性叙事结构,通过殖民地探险和移民而对分崩离析的封建制度下的工人和无业游民开放。有关美洲新大陆的旅行即殖民报告有阿尔瓦卡·努涅斯·卡韦萨·德·巴卡、黑森州的汉斯·施塔登(约1525～约1576)、哈里奥特、让·

768

---

〔32〕 Richard Hackluyt,《英国航海、旅行和地理发现全书》(*Principall Navigations ... of the English Nation*, London: Printed by George Bishop and Ralph Newbury, for Christopher Barker, 1589); Pietro Martire d'Anghiera, *De rebus oceanicis etorbe novo decades tres* (Basel: Johannes Bebelius, 1533)(这是诸多版本中的一种,是对最早版的扩展,出版于1511年的塞维尔;1555年由Richard Eden译成英文在英格兰出版,是最早一批关于新世界的英文探险报告); Théodor de Bry and sons,《伟大旅程》(*Grands voyages ...*, Frankfurt: Theodor de Bry, 1595 - 1634); Samuel Purchas,《珀切斯的朝圣》(*Purchas His Pilgrimes*, London: Printed by William Stansby for Henrie Fetherstone, 1625)。

〔33〕 Frances Willughby和John Ray,《鸟类志》(*Ornithologiae libri tres*, London: John Martyn, 1676),英文版《鸟类志》(*The Ornithology of Francis Willughby of Middleton ... By John Ray*, London: John Martyn, 1678); Joseph Lafitau, 2卷本《美洲土著习俗》(*Moeurs des sauvages ameriquaines*, Paris: Saugrain laîné, for Charles Étienne Hochereau, 1724); Carolus Linnaeus,《自然系统》(*Systema naturae*, Leiden: Printed by J. W. de Groot for Theodor Haak, 1735); Linnaeus,《植物学考订》(*Critica Botanica*, Leiden: Conrad Wishoff, 1737)。

〔34〕 See Mary B[aine] Campbell,《见证以及其他世界:欧洲人的异国旅行写作(400～1600)》(*The Witness and the Other World: Exotic European Travel Writing, 400 - 1600*, Ithaca, N.Y.: Cornell University Press, 1988),尤其是第二部分,《西方》(The West);全面的考察,参看Margaret Hodgson,《16和17世纪的早期人类学》(*Early Anthropology in the Sixteenth and Seventeenth Centuries*, Philadelphia: University of Pennsylvania Press, 1964);关于泰韦的宇宙志作品的结构,参看Lestringant,《绘制文艺复兴时期世界的地图》。

德·莱里(1534～1611)、沃尔特·雷和卡蒂埃等人的作品。这些作品以殖民战争和移民为背景,表现了移民社区的生活以及不同人群之间的文化冲突。这类从文化优越感出发的熟悉场景与今天一样占据了现实主义文学作品,尤其是小说。[35] 17世纪晚期至18世纪早期出现的一些小说如加布里埃尔·德·富瓦尼(约1630～1692)的《南洋大陆》(*Terre australe connue*,1676)和斯威夫特的《格列佛游记》,正是在形式上模仿了游记类作品,而之前更加简短、更加离奇的探月题材作品在很多方面也模仿了游记类。[36] 几个领域十分明显地相互交叉。很多早期的作家既写文学作品,也写旅行札记、做语言学研究,很多人留名则是因为他们的自然哲学和实验科学研究。骗局性文字越来越多地出现,如路易斯·亨内平和乔治·普萨尔马纳扎的例子。很多今天看来明显为虚构的作品,当时被认为是有意设置的骗局。[37] 瓦罗亚王朝的御用宇宙志作家安德烈·泰韦(1502～1590)身处这一矛盾局面的关口,在文章中对弗朗索瓦·拉伯雷(约1490～约1553)大发其火,因为拉伯雷在《第四书》(*Quart Livre*,1548)中抢先描述了北大西洋的"冻结的词语"[38](其实拉伯雷不过是借用了泰韦的几乎不公开的资料提供者、宇宙志作家"伟大的朋友"卡蒂埃的资料)。

769

除了文体和叙事方式的交叉联系,还有一种更深一步的关联关系。旅行类作品和早期的小说都对"他者"感兴趣,最后还展开了竞争。所谓"他者",指行为表现与生活方式完全是陌生和未知的,以至于可以从很多方面用具体形式来表达它们。从民族志(其中包括收集风俗图和有土著人着民族服装跳"芭蕾"图画的书)到乌托邦式的想象作品中,书中人物(欧洲人)遇到了理想化的、妖魔化的或者回归原始的另外一个自我。这种现代早期发展程度不同的作品之间的复杂纠葛状态,暗示我们认识人类学、社会学(它的早期雏形是乌托邦作品)以及小说的社会功能。贝恩的《王奴》讲述了一个非洲王子沦为奴隶被卖给西印度群岛上的一个地方官的故事。主人公领导奴隶起义失败之后杀死了他的妻子并惨死。这部小说通常被看作是最早出现的现代小说类型的

---

[35] Alvar Nuñez Cabeza de Vaca, *La Relación que dio Alvar Nuñez Cabeza de Vaca de lo acaescido en las Indias* (Zamora: Augustin de Pazy Juan Picardo, 1542); Jean de Léry, *Histoire d'un voyage faict en la terre du Bresil* (La Rochelle: Ant. Chuppin, 1578); Hans Staden of Hesse, *Warhaftige Historie und Beschreibung eyner Landschaft der ... Menschfresser Leuten* (Marburg: Andres Kolben, 1557); Harriot,《对新发现的弗吉尼亚之地简要和真实的报告》(London, 1588; as *America, Part I*, Frankfurt: Théodor de Bry, 1590); Walter Raleigh, *Discoverie of the Large Rich and Bewtiful Empire of Guiana ...* (London: Robert Robinson, 1596); and Jacques Cartier, *Brief récit, et succincte narration, de la navigation faicte es ysles de Canada, Hochelage, etc.* (Paris: Ponce Roffet, 1545).

[36] Gabriel de Foigny,《南洋大陆》(*Terre australe connue*, Vannes [Genève]: Jacques Venevil, 1676)。

[37] Louis Hennepin对密西西比河探源的"虚构类"解释出现在他通俗的和受信任的《一个大国的新发现》(*Nouvelle découverte d'un tres grand pays*, Utrecht: Guillaume Broedelet, 1697)中。骗子普萨尔马纳扎被揭露于他的不朽著作出版数年后:《台湾岛的历史和地理描述》(*Historical and Geographical Description of Formosa*, London: Printed for Daniel Brown, G. Strahan and W. Davis, Fran. Coggan and Bernard Lintott, 1704) and *Description de l'ile Formosa en Asie* (Amsterdam: Estienne Roger, 1705),但只是在作者在牛津教授东方语言并且靠着他的台湾岛故事被伦敦多数大人物邀去吃饭之后!关于Hennepin(17世纪)和Psalmanazar(1679～1763),参看(但不总是真实)Percy G. Adams,《旅行者与旅途说谎者(1660～1800)》(*Travelers and Travel Liars, 1660 - 1800* [1962], New York: Dover, 1980)。关于如今以某种方式认为真实的某些著名骗局和虚构之事,参看David Fausett,《描写新世界:关于南方大地的虚构航程与乌托邦》(*Writing the New World: Imaginary Voyages and Utopias of the Great Southern Land*, Syracuse, N.Y.: Syracuse University Press, 1993)。

[38] François Rabelais,《第四书》(*Quart Livre*, Lyon, 1548 [partial]; Paris: Michel Fezandat, 1552)。

作品之一，同时它还是一部自然志作品，描述了苏里南殖民地文化群落以及考察了讲述者（可能是贝恩本人）在居住苏里南期间遭遇高贵的野蛮人的虚构经历。贝恩一直被诬陷剽窃了乔治·沃伦的《苏里南地区纪实》（*An Impartial Description of Surinam*，1667），因为大量的自然志和民族志内容构成了贝恩小说中丰富复杂的背景。[39] 但是贝恩的小说中的这类细节描写所达到的高度更多是用来做自我思考的，而不是像沃伦的这类纪实作品为提供信息而进行细节描述。也许最为重要的是，贝恩的小说具有讲述者似乎洞悉一切的凝视，这样使得她对于小说人物内心感受的洞察、被描述的他者的对象化（objecthood）以及叙事本身的逼真性显得可信。

这种"被描述的他者的对象化"作为所有有关人体和人的行动的现实主义的、观测性描述的一项潜在特征，与仪器的发展不无关联，这些仪器测量显示着激动人心的事实。"望远镜极大地提高了我们的视力……所以很多物理学上的发明也许还可以增强我们的其他感官能力，如听觉、嗅觉、味觉和触觉。"[40]新的科学仪器提供或者至少许诺了假肢式的感官"放大"，而后者加快和表达了身体的异化（alienation）。这种异化突出表现在勒内·笛卡儿（1596～1650）的《形而上学的沉思》（*Meditationes de prima philosophia*，1641）或者笛卡儿的熟人纽卡斯尔公爵夫人玛格丽特·卡文迪什的《酷热世界》中。小说《酷热世界》中，兼为学者的女王要么让她的座上宾兼"书记员"（也就是公爵夫人）与她一道共用自己的身体，要么灵魂出窍和作者一同附在公爵的身体上返回英格兰，就这样度过了不少惬意的时日。[41] 这部小说是一个女性主义的乌托邦世界，其中主人公也就是作者卡文迪什的另一个自我"管理"着另一个版本的英国皇家学会，而不是被禁止成为会员。所以这部最早的小说用离奇想象的方式清晰表达了一种新出现的对于深层（同时也是隐蔽、神秘的）内心的兴趣，这种兴趣是后来出现的"风俗小说（novel of manners）"和"居家小说（domestic novel）"的中心。"风俗"一词来自民族志中的"风俗习惯"（manners and customs，如拉菲托的《美洲土著习俗》）。虽然"风俗"被描述为受到规则约束的行为以及服饰、肢体语言和文身等表面上看得到的现象，但是风俗小说将其读者置于一个隐藏的心理空间之内，这个心理空间被具体的社会人物的"风俗习惯"以固定套路、制造悬疑的方式所掩饰。甚至色情文学这类描述身体经验的作品也描述了笛卡儿式人物的经历，他们的意愿和内心完全可以与其身体活动和感觉不一致。这类作品还可以像很多游记和民族志作品一样，将一个主人公的共同行动者（co-actors）具体化（或仅仅具体化）为多个身体。

770

[39] George Warren，《苏里南地区纪实》（*An Impartial Description of Surinam ... with a History of Several Strange Beasts, Birds, Fishes, Serpents, Insects and Customs of that Colony ... from Experience...*，London：Nathaniel Brooke，1667）。

[40] Hooke，《显微图》，sig. aiir。

[41] René Descartes，《形而上学的沉思》（*Meditationes de prima philosophia*，Paris：Michael Soly，1641）。

对　抗

以探月小说为主要例证可以说明这样一个事实：无论后现代理论和评论文章对不同类型文本和知识活动的划界如何不同、如何不足，科学（无论古代科学还是现代科学）都作为主题出现在现代早期戏剧和叙述文字当中。炼金术诗歌比比皆是，特别是在16世纪，大量出现了一些形而上学的无序作诗的版本和将物理学诗化的作品，如纪尧姆·迪巴尔塔斯的《神创世的几周》（*Sepmaine*，1578）和居伊·勒菲弗·德拉·博代里耶的《高卢：艺术与科学革命》（*Galliade; ou, de la revolution des arts et des sciences*，1578），以及弗拉卡斯托罗的《梅毒》一类的医学诗歌。[42] 斯普拉特在《伦敦皇家学会史》中邀请诗人和小说家来赞颂并利用由新科学、商业与殖民探险旅行所带的信息资料和自然知识："（科学）实践的好处还在于，科学发现有益于增长智慧，既对写此类文章的著作者有用还能造福未来。"其中，智慧"建立在众所周知的能够在心灵中留下强烈、明智印象的一些形象之上"。[43]

771 然而，在作家吸纳科学和科学知识作为素材的众多实例中，最为有趣的是争论，即作家攻击新科学和新科学家（以剧作家为主）。斯威夫特的《格列佛游记》第三部在这方面是典型一例（这部作品同时也是乌托邦作品和包括关注人类社会其他形式的民族志在内的志怪作品的代表）。而莫里哀（1622～1673）、托马斯·沙德韦尔（约1642～1692）和苏珊娜·森特利弗（约1667～1723）也都加入了对艺术家戏剧性嘲讽的文学家的行列，这一趋势的先声可能是克里斯托弗·马洛（1564～1593）的《浮士德博士的悲剧》（*The Tragedie of Dr. Faustus*，约1588）这一更加具有悲剧破坏力的作品。类似的悲剧在这一时期结束时再一次上演在洛朗·博尔德隆（1653～1730）的滑稽模仿作品《乌弗雷先生的奇思怪想》（*L'Histoire des imaginations extravagantes de Monsieur Oufle*, 1710）中。该作品为博法国小说读者一笑，献上了一个痴迷于已经过时的文艺复兴时期科学和魔法的人物。威廉·莎士比亚（1564～1616）在《爱的徒劳》（*Love's Labours Lost*，1598）和《暴风雨》（*The Tempest*，1623）中表现出更为暧昧的态度，不过在《暴风雨》皆大欢喜的结局处，魔法师普洛斯彼罗发誓要"烧掉（他的）书"。自然哲学家以其人之道还治其人之身，批评文学作品或通俗作品采用含糊不清、形象化的思维方式和文字。这类思辨性作品主要有托马斯·布朗（1605～1682）的《论迷信》（*Pseudodoxia epidemica*，1646）和弗兰西斯·培根（1561～1626）的《新工具》（*Novum organum*，1620）。看似矛盾的是：这两部作品本身都是热情洋溢的散文作品，一直以来被当作文学著作来研究。无论17世纪文化中科学和文学两类活动在方案或者视角上

[42] Guillaume Du Bartas，《神创世的几周》（*Semaine* [*Sepmaine*]，Paris：Michel Gadolleau，1587）；Lefèvre de la Boderie，《高卢：艺术与科学革命》（*Galliade; ou, de la revolution des arts et sciences*，Paris：Guillaume Chaudière，1578）。

[43] Sprat，《伦敦皇家学会史》，第114页。

如何意气相投，自然志中逐渐渗入的彻底写实主义以及它指示性的语言都被认为是在威胁文学语言的本质的不确定性，而新兴的科学则在很长一段时间内保持其在新知识的交流中所需的叙述清晰的紧迫性。[44]

结　论

文化研究模糊了不同文体之间的界限，而不合时宜地尝试用后来的界限来研究现代各学科、文体制度化之前的作品，实际上同样让界限不明。但是须知：现代早期科学著作者与文学家之间在文化目标和方法上日渐对立，而这一对立对于卢克莱修（约前99～前55）甚至对于乔叟（约1340～1400）并无意义。文风的转变和对于“真正的文字”的追求（最终在自然科学的数学化过程中部分实现了，动物学和植物学这类学科的共同目标更是如此）从根本上与文学对于隐含意义、语义暧昧和一词多义的苦心造诣已经格格不入。语言作为人们感兴趣的对象，是应时而生的产物（而不是文法家和语言学家详细拟定的一套规则），且成了作家们的活动领域，不再是思想者思考的目标。对这些思想者来说，自然语言只是一种手段或方法，这种手段或方法很快就是人们非选不可的了。 772

表格、分类系统、图表和数学公式这些都比现存语言中成句成段的文字（更不要说诗句）更加简洁、明确和实用。这些特点正是一门将文本当作直接实现集体目标的方法的学科所需要的，符合“做事”的经济学。炼金术文本在给出炼金配方的时候要考验心灵、净化灵魂，所以在这几点上的最后一点即实用性上通常失败。伴随现代科学出版业的迅速成长与成熟，文学不再是一类知识而成为一种娱乐（从很大意义上讲是这样）。而诗歌不再统领“各种学问”，而成了这些学问的对立面：价值不中立、脆弱、不成体系、个体化、辞藻华丽以及浅薄琐碎。

文学之所以排斥一般意义上的科学并尤其针对“新科学”，可能部分是由于众多作家和读者担心文学领域丧失了文化影响力与文化地位，而文学领域正是通过这种焦虑才被开辟出来的，并且到了18世纪末被尊称为“文学”。但是这种排斥也可以视为文学的批判作用的出现。假使这两类截然不同却有深层联系的观察与描述世界的方式彼此不包含对方，它们就可以观察和描述对方。科学通过文献学、语言学和文艺批评来描述文学；“文学”描述科学的方式更具有评价性，即通过幽默模仿、设计骗局、讽刺作品、“正史”、科幻作品和色情文学这些文学形式考验、嘲弄和跨越了真与实的界限。

---

[44] Christopher Marlowe,《浮士德博士的悲剧》（*The Tragedie of Dr. Faustus*, London: Printed by V. Simmes for Thomas Bushell, 1604）；Laurent Bordelon,《乌弗雷先生的奇思怪想》（*L'Histoire des imaginations extravagantes de Monsieur Oufle*, Paris: N. Gosselin and C. Leclerc, 1710, and Amsterdam: Estienne Roger, Pierre Humbert, Pierre de Coup and les Frères Chatelain, 1710）；William Shakespeare,《爱的徒劳》（*Love's Labours Lost*, London: Cuthbert Burby, 1598),《暴风雨》（*The Tempest*, London: Isaac Jaggard and Edward Blount, 1623）；Thomas Browne,《论迷信》（*Pseudodoxia epidemica*, London: Edward Dodd, 1646）；Francis Bacon,《新工具》（*Novum organum*, London: B. Norton, 1620）。

诗人与艺术家威廉·布莱克(1757～1827)嘲笑艾萨克·牛顿(1643～1727)以及其他很多人用"肉眼"来看世界,这一事件虽有失公允但却引人思索。到了18世纪末,推行分类、度量和划界的规范标准付出了什么样的代价,以及非科学描述的社会功能缩小到何种程度都是显而易见的:由此"两种文化"各自所处的两个世界开始了一场没有硝烟的战争。[45]

(李文靖　译)

[45] 关于"宗教与诗歌的制度"之间争执(就是否拥有足够的表现意义)的一个详尽而深刻的解释——较少历史性但部分关注了由欧洲启蒙运动所显示的那种现象,可参看 Allen Grossman,《拉奥孔的激情:修道士反对诗歌协会的战争》(The Passion of Laocoön: Warfare of the Religious against the Poetic Institution),《西方人文学评论》(*Western Humanities Review*),56(2002),第30页～第80页。

31

艺　术

773

卡门·尼克拉兹　克劳迪娅·斯旺

在通常被称为科学革命的认识转变过程中，对自然的研究开始依赖于图像。最典型的一个例子便是对植物界的研究。这类研究虽然仍旧与医疗目的相关，但却已经开始向今天称为"植物学"的形态学科方向发展。15世纪末新印刷技术的应用使得带有图画的出版物出现了。这些图画因为印刷精美（至少理论上）被认为真实可信。[1] 本草志等通行的古典著作逐渐地从手抄本变成了印行本，并且开始配有大量插图（图31.1）。标准化的可视参考资料以相对廉价的印刷版本出现，让一些雄心勃勃的医生、药剂师以及植物研究爱好者能够将自己周围以及本地生长的植物拿来和古典权威著作中的描述进行比较。古典著作的作者主要有希腊自然志家特奥夫拉斯特（前3世纪）、迪奥斯科瑞德斯（1世纪）和罗马百科全书编撰者老普林尼（79年卒）。欧洲各地的植物学家"发现"了大量古典著作中没有提到的植物品种。与印刷品一样，绘画也为将当地植物和古典著作的描述做比较提供了基础，而且很多时候当发现周围的植物从前没有描述过时，绘画成为对这些植物进行记录和分类的手段。[2]

从15世纪中期开始，欧洲艺术家逐渐忙于记录自然。在密切的观察和形象的描述成为众多科学活动方式的同时，艺术家也对表现自然界发生了兴趣。除了自然志插图，现代早期艺术与科学的交叉领域还有对自然物的收集和系统整理，即陈列柜、博物馆、园林或植物园以及动物园，这些吸引了王公贵族、药剂师、学院派医生以及艺术家。显微镜、望远镜和暗箱这些光学仪器的特点和用处被拿来服务于艺术和实验目的。交叉领域还包括植物静物画的兴起，艺术家参与自然志和（国内外）民族志的活动，人们对从国外运来的自然物和人造品在物质和形而上学方面产生的影响的普遍关注。实

774

[1] 参看 William M. Ivins, Jr.,《印刷品与视觉传递》(*Prints and Visual Communication* [1953], Cambridge, Mass.: MIT Press, 1969)。

[2] 关于有插图的植物学，参看 Agnes Arber,《药用植物：其起源与进化，植物学史上的一章（1470～1670）》(*Herbals: Their Origin and Evolution, a Chapter in the History of Botany, 1470 - 1670* [1912], Cambridge: Cambridge University Press, 1986); William T. Stearn,《植物学的插图艺术：插图史》(*The Art of Botanical Illustration: An Illustrated History* [1950], New York: Antiquarian Society, 1994); David Landau 和 Peter Parshall,《文艺复兴时期的印刷业（1470～1550）》(*The Renaissance Print, 1470 - 1550*, New Haven, Conn.: Yale University Press, 1994)，特别是《印刷的药用植物和描述性植物学》《Printed Herbals and Descriptive Botany》，第245页～第259页。

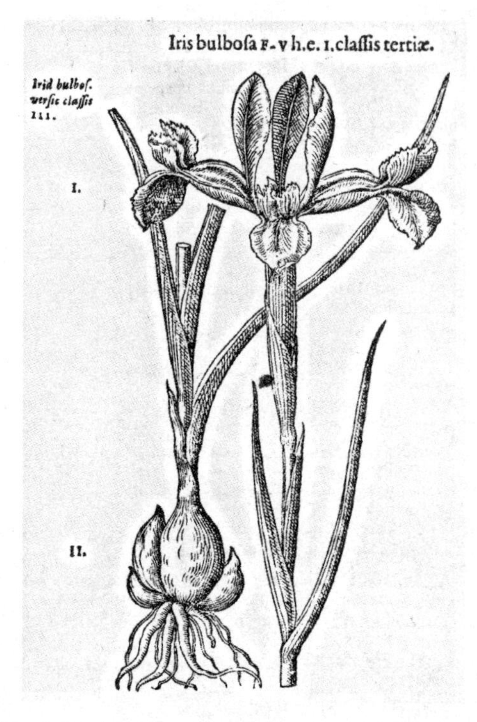

图 31.1　球茎鸢尾(*Iris bulbosa*)。In Carolus Clusius, *Rariorum plantarum historia* (Leiden: Plantin, 1601), p. 214. Reproduced by kind permission of the National Herbarium Nederland

验室和艺术家的工作室都集中进行着自然研究活动,它们相互借用工具、技术、原材料以及观察方法。本文集中讨论现代早期自然主义的多样性标准、科学插图的特点与功能、解剖教学中形象角色的转换既是科学也是艺术的实验活动,以及对于有可能对今后研究现代早期艺术与科学关系有启发意义的指导性方法。

775

自 然 主 义

现代早期视觉艺术家们苦心孤诣所追求的所有艺术典范当中,最具有高贵传统的、最被坚持强调的便是鼓励描摹自然。16、17 世纪的传记作品和研究专著中反复提到前 5 世纪晚期/前 4 世纪早期希腊画家宙克西斯和帕勒休斯的仿真绘画技巧(他们的作品并未留存下来)。老普林尼首先讲述了两位画家的故事:宙克西斯画了一些葡萄,画中的葡萄引来空中的鸟儿飞来啄食,观者无不惊异;宙克西斯看到帕勒休斯的画又大吃一惊,帕勒休斯画了一块幕布,而宙克西斯要求将这块布揭开好看到布后面的画。[3]（现代早期的绘画频繁且直接引用这些先例，葡萄和假想的幕布成为这一时期作品的一个传统主题。）[4]从意大利雕塑家和著作者洛伦佐·吉贝尔蒂（1378～1455）到荷兰理论家和画家萨穆埃尔·范霍赫斯特拉滕（1627～1678），无数现代早期著作者将宙克西斯和他的同伴帕勒休斯当作描摹技艺的典范，鼓励同时代的人们修炼这门技艺。在法国文人夏尔·佩罗（1628～1703）的一篇文章中，一位谈话者"骑士先生"讲述了一个动物和一幅画遭遇的故事，他称这个故事"夸赞了现代绘画就像宙克西斯的葡萄对于古人来说，是一种夸赞，而且这个故事要有趣得多"。[5]

> 夏尔·勒布朗先生（1619～1690）家的大门开着，一幅刚刚着色的画正在院中晾干。画的前景部分画了一丛栩栩如生的蓟草。一个妇人牵着驴从门前走过，驴看到画中的蓟草便冲进院子，妇人紧抓缰绳却被拽倒在地。如果不是两名壮汉用树枝抽打了驴约15到20下，驴就吃了蓟草。注意，我说的是"吃了"，因为画还没有干，肯定都能让驴尝到滋味。

即使是对宙克西斯或帕勒休斯仿真范例的讽刺，但实际上也灌输了这一范式。听罢"骑士先生"的话，"教士先生"不屑一顾地说："这类幻术如今在那些无名小卒的画里很常见。"他接着强调说："经常是厨师伸手去抓画得极像的山鹑或公鸡，准备放在炙叉上烤。结果众人大笑，画还留在了厨房。"[6]"教士先生"接着说：不管这种画的"物品"有多么逼真、多么了不起，画的终归不过是些"物品"，只是一些"东西"。画出来的蓟草喂不了驴子，画出来的公鸡做不了食物。（这里可能指用于游戏或待客[xenia]的绘画，拉丁文 xenia 指主人待客时奉上食物，现代早期将待客食物悬于餐厅或厨房内。）

776

希望将自然变成图画的想法十分深沉，艺术家、学者、观察者们采用了各种各样的表达方式。[7] 列奥纳多·达·芬奇（1452～1519）支持并采用了几种描摹自然的补足方法。他曾说："绘画是对显而易见的自然成果的唯一描摹，是一种敏锐的创作，它用哲学和敏锐的思想来思考各种各样的形式，如大海、土地、动物、树木、花卉，所有这些都封存在光线和阴影中。"[8]他对于绘画所做的维护充分得到了他本人所做的大量的风景与气象研究、流水与植物画作以及解剖学研究的支持。在别处，达·芬奇表达了对于能够以假乱真的不寻常绘画技能的困惑，并且他讲述了一个由描摹引发的混乱场面："狗儿咆哮，欲咬画中的狗"，而这个当口"燕儿飞来欲栖息在画中好像从窗前探出

---

[3] Pliny，10卷本《自然志》（*Natural History*, 35. 36, Cambridge, Mass.: Harvard University Press, 1986），H. Rackham 译，第9卷，第308页～第311页。

[4] 参看 Sybille Ebert-Schifferer，《欺骗与幻觉：幻术绘画的500年》（*Deceptions and Illusions: Five Centuries of Trompe l'Oeil Painting*, Washington, D. C.: National Gallery of Art, 2002）。

[5] Charles Perrault, *Parallèle des anciens et des modernes*, 4 vols. (Paris: Jean-Baptiste Coignard, 1688 - 97), 1: 189.

[6] 同上书，第190页。

[7] Lorraine Daston 和 Katharine Park，《奇事与自然秩序（1150～1750）》（*Wonders and the Order of Nature, 1150 - 1750*, New York: Zone Books, 1998），第7章《艺术奇迹，自然奇迹》（Wonders of Art, Wonders of Nature），第255页～第301页。

[8] Martin Kemp 编，《列奥纳多论绘画》（*Leonardo on Painting*, New Haven, Conn.: Yale University Press, 1989），Martin Kemp 和 Margaret Walker 译，第13页。

的铁栏上”。[9] 阿尔布雷希特·丢勒(1471～1528)认为画家应该“勤奋地令自身熟悉自然,不应忽略它……其实艺术嵌在自然之中,谁从中将它取出来,谁便拥有了它”。[10] 艺术在很多意义上被认为是描摹了自然:在佩罗的评论中,艺术酷似并因此取代了自然;在丢勒的话中,艺术提供了自然中隐而不宣的“真理”。

然而忠实于自然这本身并不是目的,艺术家被鼓励根据一些理想概念来调整他们对自然的观察。那些力求描绘出理想形态的人依赖于他们的精神及动手能力,即从眼前的实体中选取各种元素分解并将这些元素重新组合成为一个完美的整体。但是正如英国政治家和自然哲学家弗兰西斯·培根(1561～1626)所说,理想的并不一定是美的:“说不清(希腊画家)阿佩莱斯和丢勒谁的画更没有价值。他们当中一个用几何比例来画人物,而另一个从不同面孔中找出最好的部分后做出一个完美的面孔……这样的画中人物除画家本人以外没有人满意。”[11]

777

对于自然的描摹并不总是容易的尝试,因为可观察世界的各种真实形态与它们的二维或三维(雕塑)表现之间必然存在差距。早已有人指出:很多被我们看来是最具有自然主义代表性的现代早期绘画作品都提供了一个高度中介性的观察实物的视野,如丢勒的动物水彩画(图 31.2)和达·芬奇的解剖结构铅笔画。[12] 一幅画中的形态细节远比观者面对真实样本时所感受到的要复杂得多,这是现代早期艺术家们完全了解的一个悖论。也许可以认为,现代早期的艺术家们的目标并不是复制实物,而是要获取用图画表述的“自然真理”,这是对主题的一种创造性的阐释,而艺术家对于观察资料的选取和综合极大地影响了这一阐释。[13]

矛盾的是这些对于景象的有意操作反倒导致了惊人的模仿。范霍赫斯特拉滕说:“一幅完美的画如同自然的一面镜子,要让实际没有的东西好像就在那里,以一种可接

---

[9] 同上书,第 34 页。

[10] *Dürer: Schriftlicher Nachlass*, ed. Hans Rupprich, 3 vols. (Berlin: Deutscher Verein fur Kunst-wissenschaft, 1956), 3: 295.

[11] Francis Bacon,《论美》(Of Beauty),载于 Brian Vickers 编,《重要作品集》(*The Major Works*, Oxford: Oxford University Press, 1996),第 425 页～第 426 页。

[12] 参看 James S. Ackerman,《文艺复兴早期的“自然主义”与科学插图》(Early Renaissance “Naturalism” and Scientific Illustration),载于 Ackerman,《远点:理论文章与文艺复兴时期的艺术和建筑》(*Distance Points: Essays in Theory and Renaissance Art and Architecture*, Cambridge, Mass.: MIT Press, 1991),第 185 页～第 207 页,所涉及内容在第 187 页～第 188 页;Martin Kemp,《“真理的标记”:对一些来自文艺复兴时期和 18 世纪的解剖学插图的观察和学习》(“The Mark of Truth”: Looking and Learning in Some Anatomical Illustrations from the Renaissance and Eighteenth Century),载于 W. F. Bynum 和 Roy Porter 编,《医学与五官感觉》(*Medicine and the Five Senses*, Cambridge: Cambridge University Press, 1993),第 85 页～第 121 页; Kemp,《身体的殿堂与宇宙的殿堂:维萨里的学说与哥白尼革命中的视觉和视觉化》(Temples of the Body and Temples of the Cosmos: Vision and Visualization in the Vesalian and Copernican Revolutions),载于 Brian Baigrie 编,《绘制知识:与在科学中使用艺术相关的历史和哲学问题》(*Picturing Knowledge: Historical and Philosophical Problems concerning the Use of Art in Science*, Toronto: University of Toronto Press, 1996),第 40 页～第 85 页。

[13] Peter Galison,《判断反对客观性》(Judgment against Objectivity),载于 Caroline A. Jones 和 Peter Galison 编,《绘制科学,生产艺术》(*Picturing Science, Producing Art*, New York: Routledge, 1998),第 327 页～第 359 页,引文在第 328 页。

图 31.2 《小兔》(*The Young Hare*)。Albrecht Dürer, 1502, watercolor and gouache on paper. Reproduced by permission of Graphische Sammlung Albertina, Vienna. Photograph courtesy of Marburg/Art Resource, New York

受、有趣、值得称道的方式以假乱真。"[14]意大利博洛尼亚自然志家和教授乌利塞·阿尔德罗万迪(1522～1605)形容美第奇宫廷画师雅各布·利戈奇(1547～1626)是"一位出色的画家,他日以继夜、心无旁骛地画各种动植物……画鸟(有些鸟来自印度)……还有非洲的蛇……人们只差没有从画中看到所有这些东西的灵魂"。[15] 阿尔德罗万迪赞美利戈齐的话是证明艺术上的自然主义和科学兴趣保持一致的证据之一。学习荷兰艺术的学生也许会惊讶地发现阿尔德罗万迪的溢美之词与政治家、诗人康斯坦 *778*

---

[14] Samuel van Hoogstraten, *Inleyding tot de Hooge Schoole der Schilderkonst: anders de Zichtbaere Werelt* (Rotterdam: Fransois van Hoogstraeten 1678), p. 25. 参看 Celeste Brusati,《技巧与错觉:萨穆埃尔·范霍赫斯特拉滕的绘画与文学作品》(*Artifice and Illusion: The Art and Writing of Samuel van Hoogstraten*, Chicago: University of Chicago Press, 1995)。

[15] Ernst Kris, "Georg Hoefnagel und der wissenschaftliche Naturalismus," in *Julius Schlosser: Festschrift zu seinem 60sten Geburtstag*, ed. A. Weixlgärtner and L. Planiscig (Vienna: Amalthea, 1927), pp. 243 - 53, at p. 251. 关于利戈奇,也可参看 Lucia Tongiorgi Tomasi 和 Gretchen Hirschauer,《佛罗伦萨的繁花:为美第奇家族绘制的植物图画》(*The Flowering of Florence: Botanical Art for the Medici*, Washington, D. C.: National Gallery of Art, 2002); Lucia Tongiorgi Tomasi, *I ritratti dipiante di Iacopo Ligozzi* (Pisa: Ospedaletto, 1993); Tongiorgi Tomasi,《16～18世纪美第奇家族统治下的托斯卡纳自然科学与动植物学插图研究》(The Study of the Natural Sciences and Botanical and Zoological Illustration in Tuscany under the Medicis from the Sixteenth to the Eighteenth Century),《自然志档案》(*Archives of Natural History*), 28 (2001),第179页～第193页。

丁·惠更斯(1596～1687)称赞荷兰风景画的话何其相似。惠更斯于1629年在文中写道:"说到自然主义,甚至可以这样说,这些富有才华的风景画画家作品中仅仅缺少太阳的暖和和微风的拂动。"[16]

艺术史学者已经注意到,有一些艺术家将透视法或光学理论这类数学方法用作艺术追求,而另外一些艺术家则将艺术(例如艺术再现自然形式的模仿能力)作实践之用。丢勒以草、鸟和兔等自然物为题的精彩水彩画便是典型一类。有关这些作品的一个论点认为,丢勒的自然主义鼓励了16世纪乃至以后研究自然的学生大量使用图画形象。[17] 另外一个论点则关注艺术技艺和知觉技巧对于自然知识教育具有的实用价值。因此,伽利略·伽利莱(1564～1642)最先画出凹凸不平的月球表面素描图,这说明他懂绘画中的明暗对照法。实际上正是因为伽利略接受过大量的绘图训练(1613年伽利略进入佛罗伦萨的绘图学院[Accademia del Disegno]学习),而不像与他同时代的数学家、天文学家托马斯·哈里奥特(1560～1621)将望远镜另一端奇异的阴影理解为三维结构。[18]

779

到了17世纪中期,有些醉心于用图画描摹自然物的自然志家与艺术家一样也开始清楚地认识到:即使借助新的光学仪器能够将人的可视范围延伸到极小和极远的范围,"作为"观察和表现自然的所有努力都是以不稳定为基础的。罗伯特·胡克(1635～1703)在第一部显微图集《显微图》(*Micrographia*,1665)的序言中承认:

> 发现这类物体的真正形状绝非易事,这比裸眼观察要难得多。同样的物体从某一个光线角度来看完全不同于它真实的样子……所以我从不同光线下、不同光线角度多次观察后才开始落笔,我发现了这些物体真正的结构。[19]

胡克与伽利略一样精于绘图,所以他对于光线明暗可能造成的假象保持着敏锐的观察力,而且他清楚地认识到,为了发现"真实的形状"需要解释而不是复制所看到的物体外貌。

科 学 插 图

老普林尼称赞了古希腊画家宙克西斯和帕勒休斯高超的描摹水平,同时反对艺术家为了科学的目的努力摹画植物。他认为流变的自然不能被固定在画中,图画无论如何也没有文本可靠。老普林尼认为在自然志记述中插图的用处在于:

780

---

[16] Constantijn Huygens, *Mijn Jeugd*, trans. C. L. Heesakkers (Amsterdam: Querido, 1987), p. 79.

[17] See Fritz Koreny,《阿尔布雷希特·丢勒与文艺复兴时期的动物和植物研究》(*Albrecht Dürer and the Animal and Plant Studies of the Renaissance*, Munich: Prestel-Verlag, 1985),Pamela Marwood 和 Yehuda Shapiro 译。

[18] Samuel Y. Edgerton, Jr.,《伽利略、佛罗伦萨"绘画"与月球的"奇怪斑点"》(Galileo, Florentine "Disegno", and the "Strange Spottedness" of the Moon),《艺术杂志》(*Art Journal*)(Fall 1984),第225页～第232页;也可参看 Horst Bredekamp,《凝视双手与盲点:作为制图员的伽利略》(Gazing Hands and Blind Spots: Galileo as Draughtsman),《语境中的科学》(*Science in Context*),13(2000),第423页～第462页。

[19] 引自 Martin Kemp,《相信它:自然主义表示法的形式与意义》(Taking It on Trust: Form and Meaning in Naturalistic Representation),《自然志档案》,17(1990),第127页～第188页,引文在第131页～第132页。

它是吸引读者的最好方法，但是它并不能清楚地表示，要利用它很困难……一幅画之所以误导读者，不仅因为它着色过多，虽然其目标是描摹自然，还因为画者追求的准确性具有各种各样的危险，因此画中有很多缺陷。此外，只画每一个植物生命中的某一个阶段是不够的，因为植物的样子一年四季都有变化。[20]

尽管古代经典作品中有贬低之词，现代早期还是有众多的艺术家和科学家积极地参与了这种对于自然界的艺术表现方式。德国自然志家奥托·布伦费尔斯（1488～1534）是最先出版内含系统描述性插图的当地植物志的作者之一。[21] 布伦费尔斯的《植物写真》（*Herbarum vivae eicones ad naturae imitationem*，1530～1536）与古代经典（老普林尼与迪奥斯科瑞德斯）在结构和文字上差异不大，但是《植物写真》中的插图（这也正是这部书的主题）却成为一种与自然结合的新形式的先声。1542年，布伦费尔斯的同胞莱昂哈特·富克斯（1501～1556）出版了《植物志》（*De historia stirpium*），其中记录了约550种植物，每种都配有插图。富克斯在其一页篇幅的副标题中简单说明了自己的描述计划：用文字描述植物的生长地、特性和药用价值，同时配有最艺术、最有表现力的插图，这些插图"接近自然"。[22] 布伦费尔斯说他书中的植物插图"乃精湛之作"，富克斯一样也为自己书中木刻画（图31.3）的艺术质量做了广告宣传，但是艺术水平受到密切关注。富克斯特别说明，为了让图画（尽可能）符合事实，避免使用阴影法以及其他影响较小的绘画方法，但艺术家有时用这些绘画方法追求艺术效果。[23]

富克斯书中的三个人像显示，现代早期科学插图的制作包含一些复杂的协商过程。如个体生产者、艺术家、版刻师、编辑、书商和读者之间要进行协商。还有一类协商：一方是书中的文字和图画，另一方是古代经典著作上的知识和经验证据。[24] 到了16世纪中期，人们已经辨识出很多新的植物（主要是由于图画越来越能够画出植物的

781

---

[20] Pliny，《自然志》，25.4，第9卷，第140页～第141页。对于普林尼的前两个抱怨，木版画和雕刻术提供了一种补救措施。也可参看Karen Meier Reeds，《文艺复兴时期的人文主义和植物学》（Renaissance Humanism and Botany），《科学年鉴》（*Annals of Science*），33（1976），第519页～第542页，引文在第530页；David Freedberg，《色彩的失败》（The Failure of Color），载于J. Onians编，《视觉与洞察力：庆祝E. H. 贡布里希85岁的艺术与文化论文集》（*Sight and Insight: Essays on Art and Culture in Honour of E. H. Gombrich at 85*, London: Phaidon, 1994），第245页～第262页，尤其是第245页～第248页；Freedberg，《山猫之眼：伽利略、其友人与现代自然志的起源》（*The Eye of the Lynx: Galileo, His Friends, and the Beginnings of Modern Natural History*, Chicago: University of Chicago Press, 2002），尤其是第Ⅳ部分，第347页～第416页。

[21] 包括对根部、表面纹理的描述以及从各种角度展示叶子和花朵的努力，使布伦费尔斯的作品区别于所有之前此类出版物。对单个标本的特征和阴影变化的强调受到批评，并在以后的出版物中被避免，表明从生活到工作的字面要求被传播视觉信息的必要性所调和。参看Landau和Parshall，《文艺复兴时期的印刷业（1470～1550）》，第254页～第255页。

[22] 参看T. A. Sprague和Ernest Nelmes，《莱昂哈特·富克斯的植物》（*The Herbal of Leonhart Fuchs*, London: Linnean Society of London, 1931）。

[23] Leonhart Fuchs，《植物志》（*De historia stirpium . . .* , Basle: Isingrin, 1542），fol. 7v；也可参看Arber，《药用植物：其起源与进化，植物学史上的一章（1470～1670）》，第206页。

[24] 参看Sachiko Kusukawa，《图解自然》（Illustrating Nature），载于Marina Frasca-Spada和Nick Jardine编，《历史中的图书与科学》（*Books and Sciences in History*, Cambridge: Cambridge University Press, 2000），第90页～第113页；Lucia Tongiorgi Tomasi, "L'Illustrazione naturalistica: Tecnica e invenzione," in *Natura-Cultura: L'Interpretazione del mondo fisico nei testi e nele immagini*, ed. Giuseppe Olmi, Lucia Tongiorgi Tomasi, and Attilio Zanca (Florence: Leo S. Olschki, 2000), pp. 133 - 51。

图 31.3 画家海因里库斯·菲尔毛雷尔(Heinricus Füllmaurer)、阿尔伯图斯·迈尔(Albertus Meyer)和维图斯·鲁道夫·施佩克莱(Vitus Rudolph Speckle)的自画像。In Leonhart Fuchs, *De historia stirpium commen-tarii insignes* (Basel: Isingrin, 1542). Reproduced by permission of the McCormick Library of Special Collections, Northwestern University Library

782 形态差别),新植物的数量如此之大,以至于自然志家开始苦恼于“信息爆炸”。[25] 在某种程度上,植物形态图可以让学习自然知识的学生有条理地组织自己的经验。[26] 尽

[25] Brian Ogilvie,《关于自然的许多书:文艺复兴时期的自然志家与信息过量》(The Many Books of Nature: Renaissance Naturalists and Information Overload),《思想史杂志》(*Journal of the History of Ideas*),64(2003),第 29 页~第 40 页,引文在第 32 页~第 33 页。

[26] 参看 Claudia Swan,《从河豚到花卉静物绘画:分类及其图像(约 1600)》(From Blowfish to Flower Still Life Painting: Classification and its Images ca. 1600),载于 Pamela Smith 和 Paula Findlen 编,《商人与奇迹:现代早期欧洲的商业、科学与艺术》(*Merchants and Marvels: Commerce, Art, and the Representation of Nature in Early Modern Europe*, New York: Routledge, 2002),第 109 页~第 136 页。

管一直有人提出静态的图画不能用来捕捉变化的自然结构，但是一类用图画表现特征的自然志已经在16、17世纪确立了自己的影响力。[27]

现代早期由于人们积极主张记录自然，不仅出现了收录植物、人类和动物图画的大部头的著作，而且还出现了各种各样的图画专集。同时采用各种不同的方法：从木刻画和版画到水彩画、油画，再到挂毯。这些图画具有各种不同的用处，如对描述实物的形态、区分不同实物、指导教学、替代实物（如收集时在没有标本的情况下用图替代）以及吸引读者。丢勒也许是想通过捕捉动植物的外部形态来表现自然艺术，而达·芬奇则似乎将绘画当作手段来理解体现在个别现象上的法则和一般形式。[28] 对于富克斯来说，自然志中的植物图使学习植物学的学生能够学习如何一眼便掌握一个物种的基本特征，将其味道、气味和药用价值都糅进一个记忆符号之中。[29] 对于神圣罗马帝国皇帝鲁道夫二世（1552～1612）这样的收集者来说，大量动物学和植物学画册既赞美了上帝的美德与智慧，同时又显得他这个资助人的学识深、权力大且富有多金。[30]

解剖教学

现代早期最有名的含插图科学著作包括安德烈亚斯·维萨里（1514～1664）的几部书：《解剖图谱六幅》（*Tabulae sex*，1538）、《人体的构造》（*De humani corporis fabrica*）和《摘要》（*Epitome*，1543）。维萨里发展了新的解剖教学方法，即参照一具尸体来讨论并时而修正盖仑医学讲义，由此持久改变了16世纪中期开始的医学教学方式。维萨里通过在大学的报告厅或者临时建筑物里进行解剖，开创了一种解剖教学的新形式。这种形式将从前由教授（权威主持）、演示教师（根据教授朗读讲义内容而进行解剖）和见证人（指出尸体的不同部位）三方进行的实践，变成由演示者或是解剖者一人完成的过程。[31] 当书本与实物证据不一致的时候，被解剖的尸体本身成为决定性的权威，维萨里对于经验事实的高度重视依次反映在插图在其解剖学著作中所占据的突出地位上。

783

到了16世纪中期，经验观察在医学上已经成为必需。欧洲很多医学课程之所以会发生变化（以及变化产生的结果）是错综复杂的。卡伦·迈耶·里德斯和罗杰·弗

[27] David Topper，《朝向科学插图的认识论》（Towards an Epistemology of Scientific Illustration），载于《绘制知识：与在科学中使用艺术相关的历史和哲学问题》，第215页～第249页。

[28] Dagmar Eichberger，《自然与人工：丢勒的自然素描与早期收藏》（*Naturalia* and *Artefacta*：Dürer's Nature Drawings and Early Collecting），载于 Dagmar Eichberger 和 Charles Zika 编，《丢勒及其文化》（*Dürer and His Culture*，Cambridge：Cambridge University Press，1998），第13页～第37页，相关内容在第15页。

[29] Sachiko Kusukawa，《莱昂哈特·富克斯论图像的重要性》（Leonhart Fuchs on the Importance of Pictures），《思想史杂志》，58（1997），第403页～第427页，相关内容在第412页～第416页。

[30] 参看 *Le Bestiaire de Rodolphe I*：*Cod. min. 129 et 130 de la Bibliothèque Nationale d'Autriche*，ed. Manfred Staudinger，H. Haupt，and Thea Vignaud-Wilberg，trans. Léa Mavcou（Paris：Citadelles，1990）。

[31] 关于参与维萨里解剖课的学生巴尔达萨·黑泽勒的观察结果，参看 Ruben Eriksson，《安德烈亚斯·维萨里的第一次公开解剖课（博洛尼亚，1540）：目击报告》（*Andreas Vesalius' First Public Anatomy at Bologna 1540*：*An Eyewitness Report*，Uppsala：Almqvist and Wiksell，1959）。

伦奇写过有关现代早期植物学和解剖学的文章，他们都分别描述过16世纪人文主义者复兴古代经典的活动如何与观察、证明的新实践发生复杂的互动。[32] 正如维萨里强调用被解剖的尸体来证明文字内容，当实物样本与传统讲义冲突时以前者为主，对研究对象直接和感性的研究也逐渐成为植物学不可缺少的部分。医学师生采集草药（药物成分）并在大学的新园圃里栽种，将草药的性质在课堂上进行说明。

维萨里在巴黎大学的老师雅各布斯·西尔维于斯（1478～1555）是16世纪30年代最知名的解剖学教师，他的课堂上通常有多达四百或五百名学生，实际上造就了下一代的医学研究。西尔维于斯在《希波克拉底与盖仑生理学的解剖学部分介绍》（*In Hippocratis et Galeni physiologie partem anatomicam isagoge*，1555年出版但成文较早）中建议：

> 你们上解剖课时，我会让你们仔细地看，靠眼睛来认识……在我看来更好的方式是你们应该观察并学会如何解剖，应该自己动手而不是仅仅读书和听讲。光靠阅读是学不会如何驾船航行、带兵打仗的，更学不会如何制药，而制药需要用自己的眼睛，训练自己的双手。[33]

784

西尔维于斯还教药物学课程，他为学生修了一个草药园，园中栽种本地和外国引进的各种药草，学生们可以通过观察这些药草来学习。[34] 维萨里应和了他的老师，他在批评博洛尼亚大学一位年长的同事马托伊斯·库尔提乌斯（约1474～1544）时说："最重要的事情是教给学生具体内容，讲话要清楚明了而不需要巧言善辩。我们治病救人靠的是东西或者草药（herbs），不是动词（verbs）。"[35]维萨里强烈反对文本研究，主张经验研究，因为在经验研究中第一手证据挑战了传统公认的知识。在维萨里影响深远的含插图论文以及更大规模的医学授课实践当中，图画逐渐显示出这一新的经验实践所具有的至关重要的作用。现代早期的科学图画既刺激也证明了对于解剖现象观察的投入。

对伦勃朗·范·赖恩（1606～1669）的划时代作品《杜普医生的解剖课》（*The Anatomy Lesson of Dr. Nicolaes Tulp*）仔细解读，我们可以知道维萨里的例子如何既复杂化又加强了图画在现代早期解剖课以及一般科学研究中所扮演的角色。《杜普医生的解剖课》可能是最有名的现代早期表现医学实践的绘画，这幅画既写实又象征性地表

---

〔32〕 Reeds，《中世纪和文艺复兴时期大学的植物学》（*Botany in Medieval and Renaissance Universities*）；R. K. French，《欧洲文艺复兴时期的解剖与活体解剖》（*Dissection and Vivisection in the European Renaissance*，Aldershot：Ashgate，1999），第3章和第4章。

〔33〕 Jacobus Sylvius，*Opera medica*（Geneva，1635），p. 127，被引用于 M. F. Ashley Montagu，《维萨里与盖仑主义者》（Vesalius and the Galenists），载于 E. Ashworth Underwood 编，2卷本《科学、医学与历史：关于科学思想和医学实践发展的论文集（纪念查尔斯·辛格）》（*Science，Medicine，and History：Essays on the Evolution of Scientific Thought and Medical Practice Written in Honour of Charles Singer*，London：Oxford University Press，1953），第1卷，第374页～第385页，引文在第378页。

〔34〕 参看 Montagu，《维萨里与盖仑主义者》，第2卷，第378页。

〔35〕 Eriksson，《安德烈亚斯·维萨里的第一次公开解剖课（博洛尼亚，1540）：目击报告》，第54页～第55页。

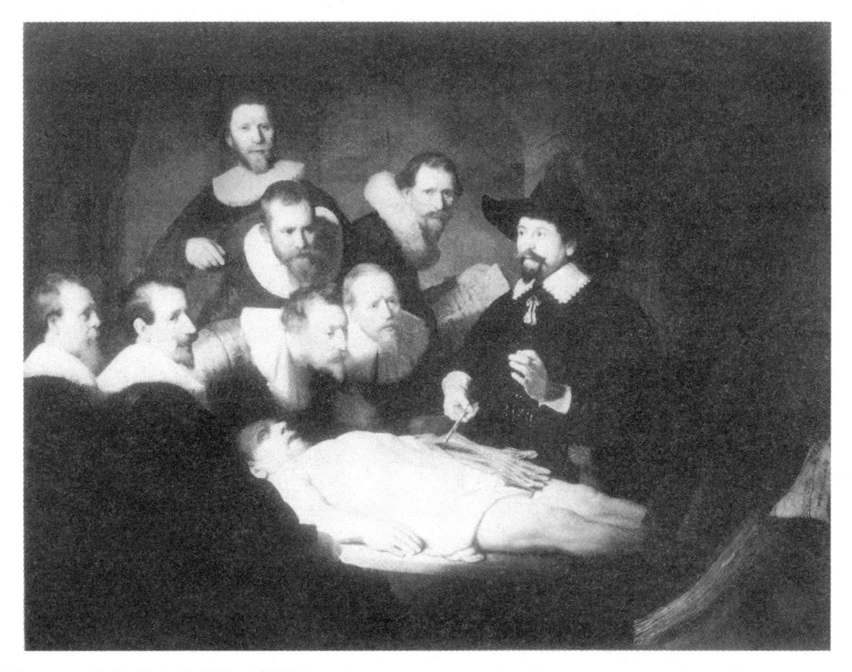

图 31.4 《杜普医生的解剖课》(*The Anatomy Lesson of Dr. Nicolaes Tulp*)。Rembrandt van Rijn, 1632, oil on canvas. Reproduced by permission of The Mauritshuis, The Hague. Photography courtesy of Erich Lessin/Art Resource, New York

现出现代早期艺术与科学的一个重要交叉点(图 31.4)。[36] 这幅画是 1632 年应阿姆斯特丹外科医生行会的要求所作,画中人物是一群组成金字塔形、表情严肃的专业人士,他们聚精会神地聚拢在一具尸体周围,头戴黑帽的医生正熟练地示范讲解尸体左臂的功能。这幅画被认为是再现了一个真实的、有具体历史时间和地点的事件。事件发生的时间是 1631 年冬或 1632 年冬,地点是在阿姆斯特丹学院,后来这里变成阿姆斯特丹大学。因有阿姆斯特丹外科医生行会的记录,还因画中墙壁上悬挂的图上有签名和日期,人们认为伦勃朗的画记录了一次真实的解剖。动手进行解剖的是行会的讲师、阿姆斯特丹著名的医生尼古拉斯·杜普(1593 ~ 1674)。由于现在知道那个冬天杜普医生解剖了可怜的罪犯阿德里安·阿德里安斯宗的尸体(化名金特,因犯多重罪于 1632 年 1 月 31 日被处以绞刑),所以人们认为伦勃朗画中出现的除了讲师周围的 7 个行会会员,还有罪犯金特。画中的 7 位外科医生伸长脖子、屈身向前,热切地注视着眼前的解剖过程,他们可敬地投身于探索知识的活动当中,而这种知识是他们赖以为

785

[36] 参看 Norbert Middelkoop、Ben Broos、Jorgen Vadum 和 Petria Noble,《解剖刀下的伦勃朗:〈杜普医生的解剖课〉》(*Rembrandt under the Scalpel: The Anatomy Lesson of Dr. Nicolaes Tulp Dissected*, The Hague: The Mauritshuis, 1998);W. S. Heckscher,《伦勃朗的〈杜普医生的解剖课〉》(*Rembrandt's Anatomy of Dr. Nicolaes Tulp: An Iconological Study*, New York: New York University Press, 1958);W. Schupbach,《伦勃朗的〈杜普医生的解剖课〉的矛盾之处》(*The Paradox of Rembrandt's Anatomy of Dr. Tulp*, London: Wellcome Institute for the History of Medicine, 1982)。

生的技能。

虽然伦勃朗的自然主义（如他捕捉画中聚拢在一起的人物的手势、身姿、面部表情和独特性格的高超水平）能够支持有关这幅画记录真实事件的感觉，但这部作品中仍然有很多地方是假的。即使杜普医生有意在一个临时地点（阿姆斯特丹学院正式的解剖剧场于 1639 年才开始兴建）进行这项特别的演示，画中的布景也太过普通，并且明显缺少这类演示需要的标准配备，如亚麻布、烛台和除臭用的薰衣草。此外，正如通常注意到的那样，解剖过程不是从实验对象的四肢开始而是从腹腔开始的（实际上有关记录表明：杜普医生在 1631 年或 1632 年冬天所做的第二次公开解剖演示中主要关注被解剖对象的腹腔）。那么，这种处理方法传递了什么？也许正是由于这幅画画得如此不真实、不自然，它反倒更加准确地反映了解剖教学与实践。画中的人们多重和跳跃的目光构成了三个焦点：苍白的尸体、画右下角金特脚下撑开的一部大部头的对开书卷和站在杜普医生左边的医生手里拿着的一张纸。这张纸上有一张解剖图的几条素描线条，看上去好像粉笔画（这幅粉笔画被后来加上去的一个在场医生名单所遮盖）。至少两条胳膊的模糊轮廓依稀可以辨认。这幅集体肖像最初以现代早期医学研究的各基本要素之间的一种三方关系为基础，又起到了重新强调这一关系的作用，即尸体、被解剖对象与尸体脚下的书之间的关系，绘画与实际观察到的样本之间的关系。

786

伦勃朗画中的书（姑且假定是一部解剖学专著）、一幅普通但却清晰的画和正待研究的尸体三者之间的关系是至关重要的。已出版的这本书和这幅画（也就是现场记录）构成了尸体的框架。总而言之，伦勃朗所设计的不仅仅是一幅有老师在场的几名行会会员的肖像，而是一个医学知识的生产条例，而医学知识生产的制度化开始于 16 世纪中期。伦勃朗的《杜普医生的解剖课》所显示的不仅仅是荷兰从医人员之间的生活与职业联系。它还说明现代早期解剖学研究的结构。画中所选的阿姆斯特丹行会的外科医生表演了医学知识生产的一幕戏，至少我们可以这样看待他们。

作为科学家的艺术家

达·芬奇是表现现代早期艺术与科学关系的最好例子。他的例子也告诉我们：理解“科学”“艺术”这类词语对同代人的含义而不是将它们看作不言而喻的、超越历史的范畴何其重要。他在一篇计划写作的论文“论绘画”的笔记中写道：

> 那些轻视绘画的人既不爱哲学也不爱自然……实际上这（绘画）是知识，是自然合法婚生的女儿，因为绘画产自自然。但也可以更准确地说，（绘画）是自然的外孙女，因为所有可以看得见的物体都由自然而来，正是在这些物体中绘画得以产生。因此我们完全可以说（绘画）是自然的外孙女以及上帝的亲戚。[37]

---

[37] Kemp，《列奥纳多论绘画》，第 13 页。

尽管这段话中"知识"一词指广义的知识，但是达·芬奇似乎有意将绘画艺术与某一类特定的知识联系在一起，即对于自然所进行的训练有素的研究。达·芬奇所强调的艺术与这类知识的联系的特征包括数学证明和经验，"要是没有这些，得到的什么东西也没有确定性"。[38] 他希望通过数学证明来应用算术和几何学，并在文章中写道：透视法来自算术和几何，而透视法"用来实现眼睛的所有功能以及眼睛与各种思考之间的乐趣"。[39] 787

现代早期各种各样的成就都以艺术成就为标准来衡量，称某人是某一领域的"米开朗琪罗"是一种极高的赞誉。1612 年，佛罗伦萨的画家奇戈利（卢多维科·卡尔迪，1559～1613）在致伽利略的信中将伽利略与米开朗琪罗作比，说两个人都惯于打破常规制定新标准。[40] 而且在其他很多方面，伽利略及其工作比得上同时代的艺术家，学者们称呼他为"社交和实践中的准艺术家"[41]和"数学家中的米开朗琪罗"[42]（1610 年伽利略被任命为宫廷哲学家时，被授予与宫廷画家一样的自由权）。当现代早期的欧洲人思考与他们所处的时代相联系的人类知识的空前增长时，不是援引如哥白尼日心说这类新理论，而是援引技术和艺术的进步。当培根在《新大西岛》中评论自然哲学停滞不前的状态时，他将哲学的境况与"机械技艺（mechanical arts）"进行对比，说后者"总是欣欣向荣，不断进步"。[43]

整个现代早期，艺术家们都因其艺术创造而扬名四海。早期荷兰绘画的先驱杨·凡·爱克（约 1395～1441）作为发明油画的人被反复赞美。同样，今天菲利波·布鲁内莱斯基（1377～1466）仍被认为是透视画的发明者，而且整个现代早期艺术家通过将签下"发明"一词的各种变体的方式来声明作品为自己所作。[44] 在这种情况下，艺术创作成为实验结果。迄今为止，已经有无数作家力图复原布鲁内莱斯基于 15 世纪 20 年代在佛罗伦萨大教堂广场创作最早的透视画的每一个步骤。这些画并不是一些独立的绘画，而是以光学和绘画作品为重点的一次练习或实验的一部分。

乔治·瓦萨里（1511～1574）因写了纪念碑式的《意大利艺苑名人传》（*Vite*，第一版 1550 年出版）而出名，半个世纪后，荷兰画家、著作家卡雷尔·范曼德（1548～1606）在《绘画之书》（*Schilder-Boeck*，第一版 1604 年出版）也写了英雄传似的当地艺术家传记。两位作者都写了凡·爱克如何做出非凡发现的过程。其中，范曼德对其同胞 788

〔38〕同上书，第 14 页。
〔39〕同上。
〔40〕Bredekamp，《凝视双手与盲点：作为制图员的伽利略》，第 425 页。我特别在这里追溯了一个长期的编史学趋势——将米开朗琪罗和伽利略等同起来，相关内容在第 426 页。
〔41〕同上书，第 426 页。
〔42〕Mario Biagioli，《廷臣伽利略：专制政体文化中的科学实践》（*Galileo, Courtier: The Practice of Science in the Culture of Absolutism*, Chicago: University of Chicago Press, 1993），第 86 页～第 87 页。也可参看 Martin Warnke，《宫廷艺术家：论现代艺术家的前辈》（*The Court Artist: On the Ancestry of the Modern Artist*, Cambridge: Cambridge University Press, 1993），David McLintock 译。
〔43〕Francis Bacon，《新工具》（*Novum organum*, Chicago: Open Court, 1994），Peter Urbach 和 John Gibson 编译，第 84 页。
〔44〕参看 Evelyn Lincoln，《意大利文艺复兴时期版画制作者的发明》（*The Invention of the Italian Renaissance Printmaker*, New Haven, Conn.: Yale University Press, 2000），第 6 页。

做出以下描写：

> 希腊人、罗马人以及其他人都没有能够拥有的东西（尽管他们费力寻找）现在被约翰尼斯·凡·爱克发现了……当他仔细研究了很多种油和其他物质材料之后，终于发现亚麻籽和胡桃油晾干效果最好。将这些物质添加其他物质煮沸，他制出了世界上最好的油彩。由于这位勤奋、机敏的人物不断研究，努力追求完美，经过多次实验后他发现画与这样的油混合调色最好，晾干后坚硬并且防水，而且油让画上的颜色更明亮有光泽，本身不再需要涂油……约翰尼斯看到这项成功发明十分欢喜，因为这是一项全新的记述和工作方式，很多人都会对此赞叹不已。[45]

范曼德称凡·爱克的发明是实现一个可敬目标的重要手段："我们的艺术不仅仅需要这一发明或者类似的发明，更需要自然的各种形式。"[46]

有关凡·爱克发明油画颜料（这项记述让凡·爱克及其追随者制造出光线与颜色的突出效果，即镜面似的画面）的故事一直留存于现代早期艺术家的传奇故事中。出生于佛兰德的版画家和绘图师约翰内斯·斯特拉达努斯（让·范德·施特雷特，1523～1605）在其描述新发明的系列版画《新发现》（*Nova reperta*，约 1600）中包含了凡·爱克的发明（图 31.5）。这套系列版画有 20 幅，第一幅是美洲的发现，其他主题包括指南针、星盘、风车、活版印刷、铜版画、经度测算和火药等。凡·爱克的发明是这一系列作品中的第 14 幅，这部作品表现了这位大师正在宽敞的画室中作画，周围是各个助手和学徒（参看第 1 章）。[47]

瓦萨里和范曼德在对凡·爱克大加称赞的时候，描述了凡·爱克发明油画的实验过程。瓦萨里居然将凡·爱克比作一个炼金术士："他需要试验各种不同的颜色，而且就像以炼金为乐的人那样，他准备各种各样的油用作制造油彩以及被有发明头脑的人热切关注的其他东西，而他就是这样的人。"[48]那么这位艺术家的画室是一种实验室吗？科学实验室要到 16 世纪才成为一种制度化的产物，但是经验观察和实验的场所与艺术生产的领域有很大的联系，因为总的来说两者都是物质客体借以沟通思想和实践的明亮空间（参看第 13 章）。两者都是模仿和表演的空间，通常采用精心制作的实际大小或者缩小的模型；两者都地处城市，附属于宫廷，或者后来成为学院的一部分。在有些情况下，内容与实践也是相似的，如当我们读有关现代早期的绘画或涂油漆或者涂清漆的配方以及一些装置（如带有窥视孔的木板和用线穿成的精巧系统构成透视

---

[45] Karel van Mander, *Het Schilder-Boeck* (Haarlem: Paschier van Wesbusch, 1604), fol. 199r - 199v.

[46] 同上。

[47] 雕版画在几个方面令人生疑：没有听说凡·爱克画过圣乔治屠龙（就像他在画中那样），也未在帆布上作画或在他面前支撑的作品尺度上作画。不过，鉴于这些与实际记录之间的差异，凡·爱克的发明在这种情况下的上演还是说明问题的。正如题词所暗示的，凡·爱克的发明对画家非常有用（"*Colorem oliui commodum pictoribus, Invenit insignis magister Eyckius*"）；在这个意义上，他的画室更多反映了 1600 年左右画家对如何工作的一般预期，而不是佛拉芒工匠的实际领域。

[48] Giorgio Vasari，《安东内洛·达·梅西纳》（Antonello da Messina），载于 Gaston du C. de Vere 译，《画家、雕刻家和建筑师传记》（*Lives of the Painters, Sculptors and Architects*, New York: Alfred A. Knopf, 1996），第 424 页～第 429 页，引文在第 425 页。

789

图 31.5 《杨・凡・爱克发明油画》(*The Invention of Oil Paint by Jan van Eyck*)。Jan Baptist Collaert after Johannes Stradanus (Jan van der Straet), ca. 1580, engraving, plate 14 of *Nova reperta*. Reproduced by permission of the McCormick Library of Special Collections, Northwestern University Library

的视线)的内容时,很难不联想到现代早期的科学。[49] 被认为有发明和创造能力的人通过长期实验提高了个人地位,同时欧洲自然志家(或者本章所讨论的几代艺术理论家)的"纸上共和国"(历史学家保拉・芬德伦语)进行着有关理想、技能和实践建议的交流,所有这些都既是构建科学也是构建艺术的因素(参看第 27 章)。[50]

790

斯特拉达努斯的版画(图 31.5)显示了集体劳动的场景。如图所示,作画需要很多人,有人准备绘画的工具和画笔,有人研磨和混合颜料,有人制作和组装画板、画布和画框。这个画室同时还是教育和训练的地方,助手们正在学习手艺,他们盼望最后能掌握这门手艺。画中助手和学徒们在凡・爱克的画室里忙忙碌碌,他们最终被表现为师傅工作的一部分,即他们应该学会师傅的工作方法,这样他们共同劳动的集体成果才能不出纰漏。一般说来,师傅接受了委托、设计并监督了工作。签名时只签上师傅的名字。特别是当印刷技术发展起来以后,作者的身份逐渐成为需要仔细协商的一

[49] Jane Turner 编,34 卷本《格罗夫艺术词典》(*The Grove Dictionary of Art*, New York: Grove's Dictionaries, 1996),第 29 卷,第 850 页～第 855 页。

[50] Paula Findlen,《科学共同体的形成:16 世纪意大利的自然志》(The Formation of a Scientific Community: Natural History in Sixteenth-Century Italy),载于 Anthony Grafton 和 Nancy Siraisi 编,《自然的特例:文艺复兴时期欧洲的自然与学科》(*Natural Particulars: Nature and the Disciplines in Renaissance Europe*, Cambridge, Mass.: MIT Press, 1999),第 369 页～第 400 页。

件事。

就劳动分工而言,现代早期艺术家的工作坊中的几个方面都比得上当时的科学研究的组织结构:师徒关系或师徒与技术人员的关系、著作权的归属和声明以及工作坊的经营。伦勃朗在阿姆斯特丹以及彼得·保罗·鲁本斯(1577～1640)在安特卫普的画室都收了很多学徒,作为回报学徒要付给师傅一大笔钱。17 世纪晚期,有一篇伦勃朗画室的记述将伦勃朗于事业中期在收入和创作上的成功归功于画室中有众多徒弟(“简直多得数不清”)。[51] 但是只有伦勃朗和鲁本斯对作品署名。总的来说,尽管有(或者因为)“不露面的技术人员”(科学史学家斯蒂文·夏平语)做出了贡献,但是视觉艺术仍然只围绕单独一个创作者。“经验知识收集与保存的集体性特点”在实验科学中使得技术人员(或学徒)的“熟练操作”“记录工作”和“有时候进行推论”成为实验室最终得出的研究结果的重要部分,同样在现代早期艺术工作室的背景下,非常有效地映射到艺术品的生产中。[52] 此外,正如罗伯特·玻意耳(1627～1691)和罗伯特·胡克的实验室由家中的空间延伸而出一样,伦勃朗和鲁本斯也在自己家中教学徒并与他们合作(参看第 9 章)。[53]

791

合作生产的过程受制于师傅并且在师傅的家庭领域中进行,与师傅个人的功利心联系在一起。这类创造和生产的模式十分普遍,有大量证据为证。历史上对于这一模式的法律记录是:1651 年在乌得勒支颁布了一项行会规定,其中明令“师傅不得接收或雇用那些不按照师傅的方式工作或者签署自己姓名的人(外国人或者本国人)”。[54] 最后,对于科学实践与艺术实践的相似性举出的例子是:在这两个领域秘密都很有分量。[55] 米开朗琪罗、亨德里克·霍尔齐厄斯(1558～1617)等著名的现代早期艺术家都坚决不允许别人看他们工作。据说伦勃朗发明了一种蚀刻版画技术,这让他得到了至今仍为人们所赞誉的不寻常效果,而他将这项技术带到了坟墓里。[56]

---

[51] A. R. Peltzer, ed. *Joachim von Sandrarts Academie der Bau-, Bild-, und Mahlerey-Künste* (Munich: TK, 1925), p. 203. 参看 Josua Bruyn,《伦勃朗的作坊:其功能与作坊》(Rembrandt's Workshop: Its Function and Production),载于 Christopher Brown、Jan Kelch 和 Pieter van Thiel 编,《伦勃朗:大师及其作坊》(*Rembrandt: The Master and His Workshop*, New Haven, Conn.: Yale University Press, 1991),第 68 页～第 89 页。关于一个更大胆的解释,参看 Svetlana Alpers,《伦勃朗的事业:工作室与市场》(*Rembrandt's Enterprise: The Studio and the Market*, Chicago: University of Chicago Press, 1988)。

[52] Steven Shapin,《真理的社会史:17 世纪英格兰的修养与科学》(*A Social History of Truth: Civility and Science in Seventeenth-Century England*, Chicago: University of Chicago Press, 1994),第 358 页。

[53] 关于玻意耳和胡克,参看 Steven Shapin,《17 世纪英格兰的实验所》(The House of Experiment in Seventeenth-Century England),《爱西斯》(*Isis*),79(1988),第 387 页～第 420 页。

[54] As cited in S. Muller Fz., *Schilders-vereenigingen in Utrecht* (Utrecht: Beijers, 1880), p. 76.

[55] 雅各布·利戈奇开发了一套对颜色和清漆进行分层的秘密技术,用于为美第奇家族绘制植物学和动物学彩图;参看 Tongiorgi Tomasi,《自然科学研究》(The Study of the Natural Sciences),第 182 页～第 183 页。也可参看 William Eamon,《科学与自然秘密:中世纪与现代早期文化中的秘著》(*Science and the Secrets of Nature: Books of Secrets in Medieval and Early Modern Culture*, Princeton, N. J.: Princeton University Press, 1994)。

[56] Arnold Houbraken, *De groote schouburgh der Nederlantsche konstschilders en schilderessen, waar van' er veele met hunne beeltenissen ten toneel verschynen, en welker levensgedrag en konstwerken beschreven worden: zynde een vervolg op het SchilderBoek van K. v. Mander*, 3 vols. (Amsterdam: For the author, 1718 - 21), 1: 271.

科学自然主义

792

尽管现代早期的艺术以自然探索为中心，一直以来这些被描述为“艺术的”或者“科学的、自然志插图”的对象却在艺术史研究中只占据很小的一部分。[57] 艺术史学家E. H. 贡布里希以轻蔑的态度指出，现代早期的图画作品有意传递对其主题的真实记录，因此是“插图报道”。[58] 欧文·帕诺夫斯基提出达·芬奇的胚胎画“挑战了科学插图与‘艺术’之间的界线”，这样科学插图就被排除在艺术领域之外了。[59] 艺术史学者通常指出艺术作品和科学图画存在本质上的不同之处，不能相提并论：艺术作品是表达美的手段，而科学图画传递的是知识信息。认为科学图画具有纪实的分量而艺术作品却具有想象或者审美的可能，以及一念之间便将某些作品要么归为艺术作品，要么归为科学图画，这些都是康德美学的遗产，而康德美学极大地影响了艺术史这个研究领域。两类图像的相对价值与不同绘画类型具有不同的学术地位是一致的，即认为叙事创作（istorie）优于仅仅作为身边世界和自然物的镜像的各种表现形式。此外，长期以来美术一直遵循以康德有关利益阻碍审美的观点为基础的原则。也就是说，由于科学图画用于科学，所以它不能被列入美术研究的范围。

我们已经看到，现代早期艺术与科学之间在实践层面上有千丝万缕的联系。然而，到了19世纪艺术与科学变得对立，有了主观的艺术和客观的科学之分，而且两者发展了各自的学科模式（科学史与艺术史也各属于不同的学科模式），两个区域相互交叉的领域被阻隔了。近年来科学史研究的一些成果可以促使人们进一步思考如何追溯艺术与科学的交叉。科学社会学家将一所实验室工作过程中出现的大量丰富的图画、语言、图表和记号放在“永远不变的机动个体”这一灵活的标题下，这样提供了一种处理不同表现活动的方法，避免了常规上对艺术与科学、图像与事实进行划分所造成的干扰。[60] 学者们已经开始关注科学实验和证明如何公开展示以及一些与自然界的发现相联系的社交活动。[61] 无论在艺术史领域还是科学史领域，最近的研究成果都开始强调挖掘历史人物本人身份的重要性，因为这样可以避免套用时间上出现较晚的艺

[57] 一个强大的例外，参看 Eugenio Battisti, *L'Antirinascimento* (Milan: Feltrinelli, 1962), esp. chap. 9: “L'Illustrazione scientifica in Italia”。

[58] Ernst Gombrich,《艺术与幻觉：图示法的心理学研究》(*Art and Illusion: A Study in the Psychology of Pictorial Representation*, Princeton, N. J.: Princeton University Press, 1960)，第78页～第83页。

[59] Erwin Panofsky,《艺术家、科学家与天才：对文艺复兴黎明的注释》(Artist, Scientist, Genius: Notes on the Renaissance-Dämmerung)，载于《文艺复兴：讨论会》(*The Renaissance: A Symposium*, New York: Metropolitan Museum of Art, 1953)，第77页～第93页，引文在第87页。

[60] Bruno Latour,《一起画东西》(Drawing Things Together)，载于 Michael Lynch 和 Steve Woolgar 编，《科学实践中的表示法》(*Representation in Scientific Practice*, [1988], Cambridge, Mass.: MIT Press, 1990)，第19页～第68页。

[61] 在对莱顿医生 Franciscus dele Boë Sylvius (1614～1672) 艺术品的分析中，Pamela Smith 已经表明17世纪早期科学和艺术的关系绝不是走在单行道上，参看 Smith,《科学与品味：17世纪莱顿的绘画、激情与新哲学》(Science and Taste: Painting, Passions, and the New Philosophy in Seventeenth-Century Leiden)，《爱西斯》，90(1999)，第421页～第461页。

793 术、科学以及两者交叉的模式来研究现代早期欧洲的各种现象。本章结尾处说明,对解释现代早期艺术与科学关系的两种模式进行比较可以对阐释结论产生很大的影响。一个是由一位20世纪学者引入的批评范畴,另一个是现代早期艺术家以及观众们用来形容一种特定的绘画方式所使用的词语。

奥地利艺术史学家、精神分析学家恩斯特·克里斯(1900～1957)在研究佛兰德斯艺术家约里斯·赫夫纳格尔(1542～1601)的作品时,造出一个词"科学自然主义"。赫夫纳格尔于16世纪80和90年代为鲁道夫二世在大量的书中画插图,并因此而出名。[62] 克里斯提出,赫夫纳格尔注重植物和昆虫等自然物的形态特点是他为宫廷作画的特点,也是他早年绘地方图志插图的特点(赫夫纳格尔当时受雇于安特卫普制图师亚伯拉罕·奥特柳斯[1527～1598])。克里斯指出,赫夫纳格尔的这种兴趣是对自然"最为深刻、最具代表性的态度表现",而这种态度在那一时期十分普遍,因此克里斯提出,实际上我们应该称之为"1600年左右的自然主义风格"。克里斯一边将丢勒当作这一风格的精神支持者,一边将这一风格解释为:"这是第一次有用意地描绘一块草坪或一只动物作为单独的一幅画,其意图正是尽可能理解自然的各种特点。"[63]克里斯在"科学自然主义"的标题下谈及的艺术家包括:为布拉格的哈布斯堡家族和佛罗伦萨的美第奇家族工作的自然主义画家汉斯·霍夫曼(约1545～约1591)、丹尼尔·弗勒施尔(1563～1613),也在布拉格为鲁道夫二世作画的静物画家勒兰特·萨弗里(1576～1639)、安布罗修斯·博斯夏尔(1573～1621)和大扬·勃鲁盖尔(1568～1625)。[64] 克里斯还以利戈奇以鸟和植物为题的水彩画为例追溯了阿尔卑斯山以南地区的科学自然主义。尽管克里斯说赫夫纳格尔及其同辈的这一创作风格其根基不在艺术领域(来自知识和文化方面的发展变化),但是他对于科学自然主义的兴趣最终还是落在了这一词语表现一种艺术形式方法的作用上。这一艺术形式关注自然,打破了文艺复兴和巴洛克艺术的规则与惯例。

"科学自然主义"有助于划出一个广阔的、通常被忽略的艺术作品区域。但是这一概念是对艺术作品风格的事后判定,它没有考虑创作这些作品的条件,也没有考虑作794 为讨论对象的自然主义在何种意义上服务于科学目的。它的作用其实在于为现有的艺术史分类再补充一个风格类型。对于艺术作品与科学图画的交叉领域,比克里斯研究更深入的是艺术史学者斯韦特兰娜·阿尔珀对17世纪荷兰艺术的研究。阿尔珀提出,现代早期荷兰独特的绘画表现方式本质上与当时的经验主义是一致的,"已有的绘画与手工艺传统因为新兴的经验科学与技术而总体上得到强化,得到强化的传统又肯

---

[62] Kris, "Georg Hoefnagel und der wissenschaftliche Naturalismus."

[63] 同上书,第252页。

[64] 参看Koreny,《阿尔布雷希特·丢勒与文艺复兴时期的动物和植物研究》;Thomas DaCosta Kaufmann,《布拉格学派:鲁道夫二世宫廷中的绘画》(*The School of Prague: Painting at the Court of Rudolf II*, Chicago: University of Chicago Press, 1988);Paul Taylor,《荷兰的花卉绘画(1600～1720)》(*Dutch Flower Painting, 1600–1720*, New Haven, Conn.: Yale University Press, 1995)。

定了绘画作为获取新知识和确定性知识的途径。"[65]但是阿尔珀又明显对现代早期科学中实际所用的图画不感兴趣,她关注的基本上是美术作品。[66] 要分析艺术中的与科学中的自然主义及其大量可用作例证的作品,一种可能更有用的工具也许就是这些作品中所包含的"取材真实"的概念。现代早期很多著作者和提供图画的人都在印出的文本或献词上许诺他们的图画"取材真实"。[67] 这句用语(ad vivum, naer het leven, nach dem Leben, au vif, al vivo)广泛用在肖像、地图、植物志以及其他自然志作品中。这类取材真实的作品声明并不都是相似的,将它们联系在一起的是有关它们是如何创作的声明。通过这种方式绘成的画所具有的模仿潜力开始被用作艺术和纪实目的。从 1530 年开始,有插图的自然志著作非常依赖于使其具有资格的这一用语;到了 1600 年,这一用语已经被纳入文艺理论。

"取材真实"这一用语的迅速传播是一个令人费解却又十分重要的现象。[68] 而且,传播与某些特定的技术有关。1591 年,佛兰德植物学家约瑟夫·胡登黑泽给他的赞助人托斯卡纳大公斐迪南·美第奇的信中提到一位"年轻的德国艺术家"(格奥尔格·迪克曼,生卒年不详)花钱把克里特岛(Crete)上所有的活体植物涂上了颜料。他认为这个年轻的艺术家"在这个行业里很有天赋"。[69] 胡登黑泽认为"取材真实"是一种职业,但伟大的博洛尼亚自然志家和收藏家阿尔德罗万迪对活体绘画提供了最持久的评论。[70] 阿尔德罗万迪写道:"在我看来,世上没有什么比绘画更能给人带来乐趣和效用,最重要的是自然事物的绘画:因为正是通过这些由一位杰出的画家所画的事物,我们才获得了关于外来物种的知识,尽管它们出生在遥远的土地上。"[71]阿尔德罗万迪还

795

[65] Svetlana Alpers,《描述的技艺:17 世纪荷兰的技艺》(*The Art of Describing: Dutch Art in the Seventeenth Century*, Chicago: University of Chicago Press, 1983),第 xxv 页。

[66] "在这里,我不会讨论荷兰自然志家作品中插图的性质和作用这个有趣的问题。"同上书,第 84 页。

[67] J. A. Simpson 和 E. S. C. Weiner 编,20 卷本《牛津英语词典》(*The Oxford English Dictionary*, 2nd ed., Oxford: Clarendon Press, 1989),第 8 卷,第 911 页,这里"生命"被定义为"活的形式或模型"或"活的表象",而"来自生命、追随生命"被定义成"对活模型的绘画"。参看"朝向生命":"对原物的逼真呈现或与其相似(素描或彩绘);忠实于自然;在细节的每一点上精确复制。"这个英文术语的早期使用样本分别是 1599(William Shakespeare)和 1603(Ben Jonson)。也可参看 Claudia Swan,《取材真实:关于表达方式的思考》(*Ad vivum, naer het leven*, from the Life: Considerations on a Mode of Representation),《文字与图像》(*Word and Image*),11(1995),第 353 页~第 372 页。

[68] 这个说法已经在早期文本中出现:*Gart der Gesundheit* (Mainz, 1484);这些木刻画比布伦费尔斯和他的追随者们出版的更具示意性,他们都引用这个术语。

[69] Lucia Tongiorgi Tomasi,《到布拉格之前的丹尼尔·弗勒施尔:他在托斯卡纳美第奇宫廷的艺术活动》(Daniel Froeschl before Prague: His Artistic Activity in Tuscany at the Medici Court),载于 *Prag um 1600: Beiträge zur Kunst und Kultur am Hofe Rudolfs II*, 2 vols. (Freren: Lura Verlag, 1988), 2:289 - 98, at pp. 289 - 91。然而,对作为艺术家的格奥尔格·迪克曼的正确鉴定,参看 Giuseppe Olmi, "'Molti amici in varij luoghi': Studio della natura e rapporti epistolari nel secolo XVI," *Nuncius*, 6 (1991), 3 - 31, at p. 25。

[70] 关于阿尔德罗万迪,参看 Sandra Tugnoli Pattaro, *Metodo e sistema delle scienze nel pensiero di Ulisse Aldrovandi* (Bologna: Cooperative Libraria Universitaria Editrice Bologna, 1981); Olmi, *L'Inventario del Mondo: Catalogazione della natura e luoghi del sapere nella prima età moderna* (Bologna: Il Mulino, 1992), esp. pp. 21 - 117 and bibliography; and Findlen,《拥有自然》(*Possessing Nature*)。

[71] Bibliotheca Universitaria, Bologna, MS Aldrovandi, 6 vols., 1: fol. 35r, as quoted in Olmi, *L'Inventario del Mondo*, p. 24.

宣称，绘画作为一种艺术是最值得尊敬的，因为它可以模仿“大自然的产物”。[72] “我说，”他在谈到这些图像时写道，“当学生们像画其他图像一样把鱼以及陆生动物和鸟类画得栩栩如生的时候，它们是非常有用的。”[73]关于绘画的有用性的观点，尤其是那些不受风格或其他“艺术”修饰影响的绘画，是由他委托、收集和出版的大量自然世界的图像证明的。[74]

在16世纪有插图说明的自然志迅速发展的背景之下，拉丁文“取材真实（ad vivum）”以及其他方言形式所起到的作用是：向观众或读者承诺图画具有档案价值。这一用语必然赢得了读者们的信任，因为它承诺他们可以直接与所观察的世界发生联系。的确，在一个重视交换令人惊叹的信息的文化中，如果宣称一幅画“取材真实”，无论这一声明是真是假，都将获得一批拥护者的支持，还能增加经济收益。[75] 从大范围来说，援引“取材真实”这一用语相当于在一个由自然志家通过通信和出版书刊组成的网络中使用一个有效的国际通行密码。现代早期，特别是在能控制信息流的科学团体形成之前，自然志家共同体依赖于一种“认识论礼仪（epistemological decorum，夏平语）”。[76] 夏平对于这一时期特有的经验知识的扩大以及使用有如下观点：“撬开祖传的装着‘似乎有理’的箱子再装进新的事物和现象，这项工作是新知识实践得以出现的基础。”[77]

796

一边质疑古代权威，一边严格遵照“事实情结（the factual sensibility，洛兰·达斯顿语）”收集自然物细目证据，这两步舞运动奠定了现代早期自然志的基础，而培根及其追随者又对自然志进行了系统化。[78] 培根认为：一个研究方法正确的自然志家“是忠实的秘书，他只记录自然法则本身而不多写什么”，而且“他收集了装满一仓库的自然

---

[72] Biblioteca Universitaria, Bologna, MS Aldrovandi, 6 vols., 2: fol. 129v, as quoted in Olmi, “Osservazione della natura e raffigurazione in Ulisse Aldrovandi (1522 - 1605),” *Annali dell'Istituto Storico Germanico Italiano in Trento*, 3 (1977), 105 - 81, at p. 109.

[73] Biblioteca Universitaria, Bologna, MS Aldrovandi, 6 vols., 1: fol. 35r, as quoted in Olmi, “Arte e natura nel Cinquecento bolognese: Ulisse Aldrovandi e la raffigurazione scientifica”, in *Le arti a Bologna e in Emilia dal XVI al XVIII secolo*, ed. Andrea Emiliani, 4 vols. (Bologna: Cooperative Libraria Universitaria Editrice Bologna, 1982), 4:151 - 73, at p. 155.

[74] Biblioteca Universitaria, Bologna: Fondo Ulisse Aldrovandi Tavole di Piante, Fiori e Frutti, vol. 01 - 1, fol. 76, and vol. 04-Unico, fol. 35. BUB 有一个网站，包含阿尔德罗万迪所有的自然志画图的复制品：http://www.filosofia.unibo.it/aldrovandi。

[75] 关于自然奇迹和其他奇迹或新奇现象，特别参看 Peter Parshall，《伪造图像：北方文艺复兴时期的图像与事实》(Imago Contrafacta: Images and Facts in the Northern Renaissance)，《艺术史》(*Art History*)，16 (1993)，第554页～第579页，尤其是第564页及其后。也可参看 Jean Céard, *La nature et les prodiges: L'Insolite au XVIe siècle, en France* (Geneva: Droz, 1977)；Daston 和 Park，《奇事与自然秩序(1150～1750)》。

[76] Shapin，《真理的社会史：17世纪英格兰的修养与科学》，尤其是第5章《认识论的规范性：事实证据的实践管理》(Epistemological Decorum: The Practical Management of Factual Testimony)，第193页～第242页。

[77] 同上书，第195页。

[78] Lorraine Daston，《培根主义的事实、学术修养与客观性前史》(Baconian Facts, Academic Civility, and the Prehistory of Objectivity)，《学术年鉴》(*Annals of Scholarship*)，8(1991)，第337页～第363页。关于培根的科学方法，参看 Paolo Rossi，《弗兰西斯·培根：从魔法到科学》(*Francis Bacon: From Magic to Science* [1957], Chicago: University of Chicago Press, 1968)，Sacha Rabinovitch 译，尤其是第2章和第4章；Markku Peltonen 编，《剑桥培根指南》(*The Cambridge Companion to Bacon*, Cambridge: Cambridge University Press, 1996)。

物，从中进行真正的归纳”。[79] 实际上，被称作“取材真实”的很多植物编目、丢勒和达·芬奇等人的大量作品以及其他现代早期的科学绘画，所有这些加起来形成了知识库。知识库由忠实的秘书们所记录——或至少可以称他们为抄写员，他们通过这种描摹自然物的方式来表明他们的“认识论礼仪”。

（李文靖 译）

---

[79] Francis Bacon，《自然志与实验志之预备》（Preparative towards a Natural and Experimental History, 10 [on "scribae fideles"] and 3 [on the repository of knowledge]），载于 James Spedding、R. L. Ellis 和 D. D. Heath 编，14 卷本《弗兰西斯·培根全集》（*The Works of Francis Bacon, Baron of Verulam, Viscount of St. Alban, and Lord Chancellor of England* [*1857 - 74*], New York: Garrett Press, 1968），引文在第 4 卷，第 262 页和第 254 页～第 255 页。

32

797

性　　别

多琳达·乌特勒姆

历史学家经常将两个分离的现象联系起来：现代早期自然探究的性别化为理论活动的男性方式（在很大程度上在实践中也是如此），以及在现代早期许多文章和图画中大自然的女性形象。这两种现象之间没有必然的逻辑联系，尽管对于两者之间的关联人们进行了持续而深入的史学研究，最为引人注意的研究构成了女性主义著作者对于科学事业所进行的广泛批评的一部分。但是其中存在重要而有趣的历史联系，本章试图探究之。

对科学活动具有男性本质的批评的历史由来已久。例如，19 世纪英国反对活体解剖的运动通常（但不总是）伴随着女性主义潮流。反对活体解剖的人们认为生物学尤其有不会消失的记号，那就是对于作为实验对象的动物的残忍性，以及在对待自然的态度上强调科学发展胜于对自然的敬畏。[1] 其他人更加普遍地宣称科学事业的一定性质反映出其男性特质，即以强权为基础，就像社会整体性别关系所呈现出的那样。作家克莱芒斯·鲁瓦耶（1830 ～ 1902）就持这种观点，她是查尔斯·达尔文（1809 ～ 1882）著作的首位法文译者，也是保罗·布罗卡（1824 ～ 1880）人类学学会的成员之一，一生活跃于女性主义和其他社会改革活动中。她在 1881 年出版了《善与道德法则》（*Le bien et la loi morale*），其中这样描述科学：科学从业者为男性，因此科学实践也是“男性”的。[2]

798

20 世纪下半叶，这种对于科学的态度归入到更加广泛的反科学潮流中，而这种潮流本身对于性别问题没有任何作用。1945 年原子弹在广岛和长崎的爆炸，以及科学在大屠杀中的辅助作用，被当作证据来说明科学和科学家被一种对自然知识不负责任的、不惜一切代价的渴求所驱使，而且容易被犯罪的政府所操控，用于毁灭性的目的。到了 20 世纪 60 年代末，这种反科学的思想被强烈的批评加强，法国哲学家和神学家

〔1〕 Coral Lansbury，《棕色老狗：爱德华七世时代英格兰的女人、工人与活体解剖》（*The Old Brown Dog*: *Women*, *Workers*, *and Vivisection in Edwardian England*, Madison: University of Wisconsin Press, 1985）；Roger French，《维多利亚社会的反对活体解剖》（*Anti-Vivisection in Victorian Society*, Princeton, N. J.: Princeton University Press, 1975）。

〔2〕 Clémence Royer，《善与道德法则》（*Le bien et la loi morale*; *Éthique et téléologie*, Paris: Guillaumin, 1881）；也可参看 Joy Harvey，《“天才几乎都是男人”：克莱芒斯·鲁瓦耶、女性主义与 19 世纪科学》（“*Almost a Man of Genius*”: *Clémence Royer*, *Feminism*, *and Nineteenth-Century Science*, New Brunswick, N. J.: Rutgers University Press, 1997）。

雅克·埃吕尔受到德裔美国哲学家赫伯特·马尔库塞的影响，在 1964 年出版的同名书中称之为“技术社会”。[3] 这种观点得到了根植于 20 世纪 60 年代社会抗议的女性主义的回应，女性主义将现代早期科学描述为在本质上是男性化的和技术的。

这些观点甚至影响了那些认为自己未受惠于马尔库塞所在的法兰克福社会批判学派的人的著作，例如，女性环保主义历史学家卡罗琳·麦钱特在其经典著作《自然之死：妇女、生态和科学革命》(*The Death of Nature: Women, Ecology, and the Scientific Revolution*, 1980)中写道：“17 世纪西方文化越来越机械化，女性地球和处女地球的精神被机器所征服了。”[4] 麦钱特接着特别提到矿业和农业，认为西方科学已经被男性感兴趣的开发自然的努力所驱使，而且已经被理解为是对地球的攻击，而地球自古以来不仅原则上被看作是女性，而且是被看作人类的母亲。通过这种方式，麦钱特非常有效地将科学是“男性”的事业，即由男性从业者塑造并集中于控制自然，与长久以来文学和艺术实践中将自然比拟为女性联系了起来。[5]

到 20 世纪最后 20 年，将现代早期与“男性”科学起源相联系的这种观点在科学的女性主义历史编纂学中普遍存在。依据敏锐度的差异，英国哲学家弗兰西斯·培根被看作是现代手段巧妙的、经验主义的接近自然的典型，他的方法将实验调查自然和男性对女性占有等同起来。后来的女性主义者在分析中经常描绘培根的实验科学，无论对错，作为据说是现代科学性别本质的起点以及后者在现代化建设中的角色。[6]

799

这种历史编纂学受到性别本质主义思想的影响，即假设如果大多数科学职业从业者为男性，则科学一定是男性化的，而如果大多数科学职业从业者为女性，则科学活动将很不相同。这种历史编纂学还采纳了一种在科学历史编纂学中仍很普遍的假设，即现代早期是现代化的组成部分。按照这一理解，在术语“科学革命”中体现的 17 世纪科学探究的形式发生了决定性的断裂。“科学革命”主要发生在物理学和天文学领域，

---

[3] Jacques Ellul,《技术社会》(*The Technological Society*, New York: Random House, 1964), John Wilkinson 译; Herbert Marcuse,《单向度的人：发达工业社会意识形态研究》(*One-Dimensional Man: Studies in the Ideology of Advanced Industrial Society*, London: Routledge and Kegan Paul, 1964)。

[4] Carolyn Merchant,《自然之死：妇女、生态和科学革命》(*The Death of Nature: Women, Ecology, and the Scientific Revolution*, New York: Harper and Row, 1980)，第 4 页。

[5] 关于文学与艺术传统，例如参看 George Economou,《中世纪文学中的自然女神》(*The Goddess Natura in Medieval Literature*, Cambridge, Mass.: Harvard University Press, 1972); Mechthild Modersohn, *Natura als Göttin im Mittelalter: Ikonographische Studien zu Darstellungen der personifizierten Natur* 诞生 Berlin: Akademie Verlag, 1997)。关于此类拟人化在早期现代科学中的重要性，参看 Londa Schiebinger,《自然的身体：现代科学构建中的性别》(*Nature's Body: Gender in the Making of Modern Science*, Boston: Beacon Press, 1993)，第 56 页～第 59 页; Schiebinger,《心灵无性？现代科学诞生中的女性》(*The Mind Has No Sex? Women in the Origins of Modern Science*, Cambridge, Mass.: Harvard University Press, 1989)，第 136 页～第 150 页。

[6] 例如参看 Evelyn Fox Keller,《培根的科学：控制和服从的技艺》(Baconian Science: The Arts of Mastery and Obedience)，载于《对性别与科学研究的反思》(*Reflections on Gender and Science*, New Haven, Conn.: Yale University Press, 1985)，第 33 页～第 42 页; Keller,《现代科学诞生时的精神与理性》(Spirit and Reason at the Birth of Modern Science)，同上书，第 43 页～第 65 页，尤其是第 53 页～第 54 页。Mary Tiles 把培根与征服自然的科学观而非通过沉思达到真理的科学观联系在一起，参看《金星的科学或火星的科学?》(A Science of Mars or of Venus?)，《哲学》(*Philosophy*), 62 (1987)，第 293 页～第 306 页，尤其是第 301 页和第 305 页～第 306 页。也可参看 Kathleen Okruhlik,《新物理学的诞生或自然的死亡?》(Birth of a New Physics or Death of Nature?)，载于 Elizabeth D. Harvey 和 Kathleen Okruhlik 编,《女人与理性》(*Women and Reason*, Ann Arbor: University of Michigan Press, 1992)，第 63 页～第 76 页。

出现在尼古拉斯·哥白尼、约翰内斯·开普勒、罗伯特·玻意耳和艾萨克·牛顿的著作中，被认为是建立了科学实践的新秩序，这也是现代科学的基础。[7] 对于前现代科学向现代科学转变的描述，无论是女性主义的还是标准的，都将培根视为关键人物，尽管理由大相径庭。

这种历史编纂学的复杂性自20世纪80年代以来逐渐受到批判(参看第1章)。科学和性别史学家，比如隆达·席宾格，已拒斥本质主义的论点，不大强调科学革命是现代化的组成部分、现代科学的代表。[8] 其他历史学家已对于是否存在过"科学革命"表示怀疑，强调生命科学和采集之类的非实验活动，以及女性作为关于自然的新观念的观众和自然探究从业者的角色的重要性。[9] 仍不清楚的是，17世纪是否真的是现代早期的性别分化历史、现代早期自然的性别分化历史以及现代早期科学的性别分化历史的转折点。本章不讨论最后一个事件，因其是本书第7章讨论的主题，而是尽量对前两个问题给出至少部分答案，认为尽管16、17世纪是欧洲人就男人和女人两性差别的观念发展中一个重要的、可辨别的阶段，同样的道理，但在较小程度上，也是欧洲人对自然自身的性别观念的发展中一个重要的、可辨别的阶段。

800

对这一问题的任何分析如今都错综复杂，因为事实上现代早期对于性别差异的理解根本不同于21世纪学者们的理解。与多数现代作者一样，我在性差异(sex difference)和性别差异(gender differences)两者之间做了明确区分，并假设男性化和女性化曾是历史建构的范畴，其意义随时间不同已变化。我用"性差异"来指男性和女性在生理上的区分，用"性别差异"指社会角色和性角色的差别。[10] 但是这样的区分是20世纪50年代的产物，对于现代早期的著作者来说意义甚小，因为他们认为生理差异和社会地位差异紧密联系，两者都反映了自然的结构——包含男性和女性之间的差别——在他们看来是神的命令。因此，我们所说的性别差异在很长一个时期被自然化(即归于自然秩序)，所以要改变或批判这一性别差异最好是被看作愚蠢的，最差则是被视为不道德的。

---

[7] 关于这种旧观点，参看 Herbert Butterfield,《现代科学的起源(1300～1800)》(*The Origins of Modern Science, 1300 - 1800*, New York: Macmillan, 1951); E. A. Burtt,《现代物理科学的形而上学基础》(*The Metaphysical Foundations of Modern Physical Science: A Historical and Critical Essay*, London: Routledge and Kegan Paul, 1964); 也可参看 Alexandre Koyré 的更多著作，包括《从封闭世界到无限宇宙》(*From the Closed World to the Infinite Universe*, Baltimore: Johns Hopkins University Press, 1955)。

[8] Schiebinger,《心灵无性？现代科学诞生中的女性》。

[9] 例如参看 Paula Findlen,《拥有自然:现代早期意大利的博物馆、收藏和科学文化》(*Possessing Nature: Museums, Collecting, and Scientific Culture in Early Modern Italy*, Berkeley: University of California Press, 1994); Lorraine Daston 和 Katharine Park,《奇事与自然秩序(1150～1750)》(*Wonders and the Order of Nature, 1150 - 1750*, New York: Zone Books, 1998)，尤其是第4章～第8章;Erica Harth,《笛卡儿派妇女:旧体制下的理性话语的形式与颠覆》(*Cartesian Women: Versions and Subversions of Rational Discourse in the Old Regime*, Ithaca, N. Y.: Cornell University Press, 1992)。

[10] 性/性别区分可以追溯到美国外科医生 John Money，他用其为20世纪50年代的外科处理双性征辩护；参看 Bernice L. Hausman,《变化中的性征:变性、技术与性别的观念》(*Changing Sex: Transsexualism, Technology, and the Idea of Gender*, Durham, N. C.: Duke University Press, 1995)，第94页。20世纪40年代的医学作者已经称"心理性"或"心灵之性"，Money 和他的同事们称之为"性别"；参看 Joanne Meyerowitz,《性征如何改变:美国变性史》(*How Sex Changed: A History of Transsexuality in the United States*, Cambridge, Mass.: Harvard University Press, 2002)，第111页～第112页。

现代早期时，改变的是对于自然秩序的理解，这一秩序现在不大被看作一个充足和多样的原理，充其量由各种规则塑造，而更多地被看作一个统一的机械系统，由不可违背的法则所管控。16、17世纪的欧洲人能够想象男性和女性在社会和身体上的区别是灵活的，甚至是不稳定的，男性化和女性化的社会特征通常会反映到身体上，但是这不是不可避免的，甚至有些人认为女人可以变成男人。但是到了18世纪中叶，这样的流动性不可想象，因为自然的本质变化了。男人和女人在生理上和社会中的差别不仅被看作是完全纠缠在一起的，一直以来都是如此，而且被看作自然本身的结构而不可改变，却可发现、可预测。在这种情况下定义具体"本质"——明确事物本质，这里成为一个男人或女人——与将自然视为整个宇宙秩序的普遍观念相互作用，揭示了在科学自身的概念结构中的严重模糊性和不确定性。 801

现代早期的性差异和性别差异

有关自然的观念和对于男人、女人之差别的定义在现代早期经历了不断变化的过程。在这里联系是明显的：因为这两种定义都依赖自然建立其合法性，对于自然秩序的理解的变化意味着定义本身的变化，或者至少是含义的变化。不仅如此，有关男性和女性天性差别的观念继承自现代早期著作者，而这是从他们的前辈那里得来的，本身就是多样的、不一致的、不稳定的。一部分原因是由于有关性差异和性别差异的观念利用了这一时期很多不同的合法化资源，各种资源彼此之间关系多样化。有些资源在现代早期与在中世纪一样十分盛行。例如，《创世记》前两卷的经文注释描述第一个女人由第一个男人的身体造出，反映了数个世纪两性之间的关系；在整个17、18世纪进程中，这个传统才非常缓慢地并不完全地失去了其影响力和权威地位。另一个重要的对第一个女人的诱惑的描述在《创世记》第三章，被用以以女人的祖先夏娃的引诱、遵从和过分好奇为基础来将不同的和劣势的道德和智力特点归于女人。《新约》中经典的使徒保罗的文本也传达了同样的信息，即女人的劣势，比如《歌罗西书》3：18和《以弗所书》5：22。[11]

合法化的第二个资源是大量古代和中世纪自然哲学和医学文本以及对亚里士多德及其追随者的评注，这一资源在16、17世纪一直被组织起来用于维护和解释男人、女人之间的差异，18世纪则是在小得多的程度上。亚里士多德曾形容女人是"有缺陷的男性"，标志是起源于女性心脏具有较低热度的解剖学和生理学差异，[12]而这一理论 802

---

[11] 关于这种传统，参看 Ian Maclean，《文艺复兴时期的妇女观念：欧洲智性生活的经院哲学和医学科学的兴衰研究》(*The Renaissance Notion of Woman*: *A Study in the Fortunes of Scholasticism and Medical Science in European Intellectual Life*, Cambridge: Cambridge University Press, 1980)，第1章。

[12] Aristotle，《论动物的生殖》(On the Generation of Animals)，737a28，载于 Jonathan Barnes 编，2卷本《亚里士多德全集：牛津修订译本》(*The Complete Works of Aristotle*: *The Revised Oxford Translation*, Princeton, N. J.: Princeton University Press, 1984)，第1卷，第1144页。参看 Maryanne Cline Horowitz，《亚里士多德与女人》(Aristotle and Women)，《生物学史杂志》(*Journal of the History of Biology*)，9(1976)，第183页～第213页。

通过盖仑的理论得到加强,盖仑理论认为身体的外形和功能在很大程度上以所有物质都有的热、冷、干、湿"基本性质"的平衡为基础,包括四种元素和四种体液。总体说来,女性的体质被认为比男性更湿、更冷,这反过来导致了女性的各种生理特征,从更柔软的皮肤到不完善消化造成的内生殖器官对月经的需要。[13] 根据这一观点,性差异首先不是来自担任某些生殖功能的身体形状和能力,而来自身体基本的体质。由此产生了一套独特的教义,关于女人在生理和精神上具有缺陷并容易在生理、情感和精神上发生功能障碍,它在整个中世纪直到18世纪都是性别差异的主流思想,它似乎是将两性定义为相反的关系而不是互补关系。[14]

这些权威性的资源在整个现代早期慢慢失去了其统治地位。即使对于许多没有接受马丁·路德(1483～1546)和约翰·加尔文(1509～1564)宗教教育的人来说,16世纪的宗教改革解放了思想,比如对基本文本的个人反映的首要地位。宗教改革提出的"唯独《圣经》"口号,或者仅仅依赖于《圣经》文字,与罗马教廷的权威解释分道扬镳,激发了很多对于《圣经》的不同解读流布,导致了有关宗教真理本质的争论。在这种新的审查过程中,医学和自然哲学文本也未能免除在外。盖仑的理论对挑战越来越开放,关于亚里士多德权威的争论也越来越频繁,使17世纪伊比利亚半岛之外的大多数西欧教育中心里亚里士多德学派的教育逐渐衰落,为笛卡儿以及其他同时代哲学家的思想所取代。(参看第17章)[15]任何有关传统权威资源的争论在18世纪早期之前都没有决定性地或快速地得到定论。以《圣经》、亚里士多德和盖仑作为权威参考依然是很多地方的惯例,而与此同时在其他地方则面临挑战或抛弃。欧洲的不同地区,不同社会阶层,不同教堂,不同教育机构,接受这些变化时呈现出非常不同的速度。这导致了长时间的不稳定性和冲突,毫不奇怪地表现在有关男人和女人天性差异的讨论中。

803

有关这一不稳定性的早期例子出现在著名的《论女性的高贵与优越》(*De nobilitate et praecellentia foeminei sexus*)中,作者是德国博学的巡回者亨里克斯·科尔内留斯·阿格里帕·范·内特斯海姆(1486～1535)。这本书出版于1529年,时值宗教改革早期,很快被译成法文、英文、意大利文和德文。[16] 在书中,阿格里帕彻底挑战了被广为

---

[13] Maclean,《文艺复兴时期的妇女观念:欧洲智性生活的经院哲学和医学科学的兴衰研究》,第3章。关于体质与基本体液的一般情况,参看 Nancy G. Siraisi,《中世纪与文艺复兴时期的医学:理论和实践导论》(*Medieval and Renaissance Medicine: An Introduction to Theory and Practice*, Chicago: University of Chicago Press, 1990),第101页～第106页。

[14] 关于这套观念,一般参看 Joan Cadden,《中世纪性差异的含义:医学、科学与文化》(*Meanings of Sex Difference in the Middle Ages: Medicine, Science, and Culture*, Cambridge: Cambridge University Press, 1993),第4章;Thomas Laqueur,《性的制造:从古希腊人到弗洛伊德的身体和性别》(*Making Sex: Body and Gender from the Greeks to Freud*, Cambridge, Mass.: Harvard University Press, 1990),尤其是第2章;Maclean,《文艺复兴时期的妇女观念:欧洲智性生活的经院哲学和医学科学的兴衰研究》,第3章。

[15] 与注释14完全一致。(疑原书有误——责编注)

[16] Henricus Cornelius Agrippa von Nettesheim,《论女性的高贵与优越》(*De nobilitate et praecellentia foeminei sexus: Édition critique d'après le texte d'Anvers 1529*, Geneva: Droz, 1990),Charles Béné 编,O. Sauvage 译;Agrippa,《论女性的高贵与优越》(*Declamation on the Nobility and Pre-Eminence of the Female Sex*, Chicago: University of Chicago Press, 1996),Albert Rabil, Jr. 编译。

接受的观点。他 1526 年的演说《论科学和技艺的不确定和无用》(*De incertitudine et vanitate scientiarum atque artium declamatio*)就已经宣称"科学"(所有权威知识)没有实质的确定性,只是人类的意见和决定。[17] 时隔 3 年,他有关女性的论述始于对有关女性主题的依据《圣经》的评论进行攻击。阿格里帕彻底颠覆《创世记》中歧视女性的阐释,典型是将夏娃的创造放在亚当之后并源于亚当,作为女性劣势的象征,注解道:

> 就种族来说,女人因其被创造的次序,远比男人高贵,神圣的词语包含了对我们来说最丰富的证据。女人实际上是由天国的天使塑造,天国必然是充满高贵和欢悦的所在,但男人却是在天国之外,野兽游走的乡野被造出来,之后又被送往天国造出女人。

因此,"理应是所有生灵都热爱、赞美和仰慕她;还应该是所有生灵都归顺听命于她,因为她是万灵之女王,万灵的尽头、完美和荣光,绝对是完美的。"[18]

最近的编者指出,此文中阿格里帕还挑战了亚里士多德(而不是盖仑)有关女人在生殖中的劣势的观点:"难道我们应该忽略人类生殖中自然偏向女人而胜于男人的事实吗?"他写道:[19]

804

> 这一点非常明显地表现在这一事实中:只有卵子(根据盖仑和阿维森纳阐述的观点)提供胎儿所需的物质和营养,而精子介入得很少,因为它对胎儿的影响更像是对物质的意外介入。我们之所以看到这么多男孩酷似母亲,是因为他们由母亲的骨血而生。母亲愚钝,则儿子蠢笨;母亲聪颖,则儿子智慧。母亲之所以爱子女胜于父亲,因为相比于父亲,母亲能在子女身上更多地认识和发现自己。

这颠覆了亚里士多德的理论。亚里士多德认为女性的生理结构必定比男性的差,而阿格里帕却将其解释为女性的优势。例如,亚里士多德认为女性性情冷,阿格里帕却指出《圣经》故事中描写大卫王年迈时如何被一个年轻女人所温暖。[20] 阿格里帕的成就在于不仅挑战亚里士多德的权威,而且含蓄地论证了所谓的权威往往自相矛盾,《圣经》和亚里士多德在关于女人的生理结构这一基本问题上可以指向完全相反的方向。即使《圣经》本身也自相矛盾。因此,阿格里帕用来自《创世记》本身有关灵魂的平等的论述来反对《圣经》中有关女人的劣势和从属地位:"上帝不偏爱任何一个人。"[21]在这一论断中,他还展示了现代早期性差异和性别差异领域的越来越大的不稳定性。

阿格里帕作品的出现标志着挑战有关男人和女人差别的传统观念的可能性。要

---

[17] Henricus Cornelius Agrippa von Nettesheim,《论科学和技艺的不确定和无用》(*De incertitudine et vanitate scientiarum et atrium atque excellentia Verbi Dei declamatio*, Antwerp: Joannes Grapheus, 1530);英文版载于 Agrippa,《论科学和技艺的不确定和无用》(*Of the Vanitie and Uncertaintie of Artes and Sciences* [1575], Northridge: California State University Press, 1974),Catherine M. Dunn 编。

[18] Agrippa,《论女性的高贵与优越》,Rabil 编译,第 48 页。

[19] 同上书,第 56 页~第 57 页。

[20] 同上书,第 53 页。

[21] 同上书,第 96 页。比较《创世记》1:27(修订标准版):"神就照着自己的形象造人,乃是照着他的形象造男造女。"

区分这些差别变得越来越难,好像这些差别确实是安全的,有代表性的据说是神和自然的秩序中不可变动的部分。毫不奇怪,现代早期有关超越两性界限的个人的故事广为流传并引发激烈的争论。有人对此不屑一顾,有人则深信不疑,法国散文作家米歇尔·德·蒙田(1522～1592)便是后者中的一位。在其散文《论想象的力量》(De la force de l'imagination)中,他讲述道:[22]

我曾路经维特里-勒-弗朗索瓦,看到一个人,苏瓦松主教曾确认赐其名为热尔曼。他22岁之前一直被镇上所有人当成是个女孩,唤作玛丽。后来他成了老叟,一把须髯,终身未婚。他说当他的男性器官突然出现时,他正被抻拉着跳跃(当地女孩之间仍流传一首歌谣,歌中告诫女孩不要跨大步,不然会"像玛丽·热尔曼"那样变成男孩)。这类事件时有发生并不令人奇怪。因为如果想象力在这类事情中确实具有力量,如果女孩们不断地、激烈地有关于性的想象,那么就可以(为避免同样的想法和有害的愿望频繁发生的必然性)更加容易地使男性器官成为她们身体的一部分。

805

在蒙田的叙述中,性差异是这么微弱以至于可以轻易地通过自我满足的方式(女孩们以渴望男性的方式来满足其女性天性)来转换性别(女孩得到男性器官)。足够强的想象力可具有颠覆性,亚里士多德和盖仑就有基于外形和生理构造的诸如此类的描述。蒙田的故事在那个时代是讲得通的,因为当时很多人认为甚至是在生殖部位,最能体现性差异的地方,女人跟男人也是很像的,区别在于男子在体外,女子在体内。这种观点基于盖仑有关男性和女性生殖器官的拓扑折叠观:"男性所有的部分女性都有,"他在写于2世纪的《论身体各部位的作用》(*On the Usefulness of the Parts of the Body*)中写道,"区别仅在于一件事,即女人的所有部分在体内,而男人的所有部位在体外,首先考虑,无论你将女人的任何部位翻到外面,将男人的任何部位翻到里面并对折,你会发现他们从每一个方面来说都一样。"[23]由此,16世纪法国医生安布鲁瓦兹·帕雷(约1510～1590)在其箴言中附和盖仑的观点:"男子露于外,女子隐于内。"[24]由于这类学说的存在,当时很多人不难相信身体被打击或者突然受损,或者是剧烈活动会如蒙田记述的逸闻那样,可能会由于女人体内器官迫于压力到体外,而发生偶然的性转变。性差异并不倚重于身体构造的明显差异,而在于将女性身体定义为一个隐匿

[22] Michel de Montaigne,《散文集》(*The Essays of Michel de Montaigne*, London: Penguin, 1993),M. A. Screech 编译,第111页。此故事的一个版本也可见于 Montaigne,《旅游日记》(*Journal de voyage*, Paris: Presses Universitaires de France, 1992),François Rigolot 编,第6页～第7页。

[23] Galen,《论身体各部位的作用》(*On the Usefulness of the Parts of the Body*, Ithaca, N. Y.: Cornell University Press, 1968),Margaret Tallmadge May 编译,第628页。

[24] Ambroise Paré,《人体解剖学》(*The Anatomy of Man's Body*),载于《著名的外科医生安布鲁瓦兹·帕雷作品集》(*The Works of that Famous Chirurgeon Ambrose Parey*, London: Richard Cotes and Willi Dugard for John Clarke, 1649),Thomas Johnson 译,第128页。一般情况,参看 Gianna Pomata,"Uomini mestruanti: Somiglianze e differenze fra i sessi in Europa in età moderna," *Quaderni storici*, n. s., 79 (1996), 51 - 103;Katharine Eisaman Maus,《自己的子宫:文艺复兴时期的男性诗人和女性的身体》(A Womb of His Own: Male Renaissance Poets and the Female Body),载于 James Grantham Turner 编,《现代早期欧洲的性征与性别:机构、文本与图像》(*Sexuality and Gender in Early Modern Europe: Institutions, Texts, Images*, Cambridge: Cambridge University Press, 1993),第266页～第288页。

处，隐藏了男性显露在外的部位。

蒙田的描述实际上包含着两种对维特里-勒-弗朗索瓦事件非常不同的解释。蒙田认为发生在玛丽·热尔曼身上的事情首先是由于身体的剧烈运动，这最终揭示了原来已经存在的东西。他并未明确提到盖仑的体质理论，因此我们并不知道他是否也认为运动使得这个年轻女孩的身体温度升高达到女性极限，或者用力使得支撑玛丽身体里的子宫的韧带松掉。其次，蒙田描述自发的性变化由想象的力量所致，尤其是由强烈性欲所驱动的想象。两种解释之间没有不相容的感觉。蒙田承认并思考性可以变化的观点，以及男性和女性的特征可以转变而不是不可变。然而他的故事也揭示了即便是变性生物也要分配到这一类或另一类的力量的强度。[25] 806

现代早期有关两性身体突变的错综复杂的观念与对性别等级秩序的普遍认定和广泛接受共存。[26] 现代早期有关女性本性的论述沉浸在如何保持构建现代早期社会秩序的阶层和等级界限分明，同时使女人仍然从属于男人。那么，上流社会的女人仍然低于社会底层的男人吗？如果是这样的话，阶层的稳定性就遭到破坏。如果不是，那么性别秩序也将被削弱。这些主题是当时的人们正在考虑的。16 世纪和 17 世纪早期有不同寻常的大量女人身居高位，这些女人不是本身大权在握的统治者，如英格兰的伊丽莎白一世（1558 ～ 1603 在位）那样，就是代行权力的人或者谋士，如 16 世纪中期法国的喀德琳·美第奇（1519 ～ 1589）摄政，是其子查理九世（1550 ～ 1574）继位起至 1574 年身殁的幕后力量。当时人们清楚地意识到，女人作为夏娃的后代，从法律定义为从属于男人并且在身体上被定义为男人的低配版本，却可以执掌统治大权，或者—— 一种日常观察——和她们的丈夫相比一样聪明甚至更加聪明。

这一点由于当时统治者之间通婚的坦白和王朝的复杂性而更加突出。例如，在英格兰，玛丽·都铎（1516 ～ 1558）与西班牙的腓力二世（1527 ～ 1598）的婚姻使人们有充足的理由担心，如果女王从属于她的丈夫，从理论上来说是合适的，会将英格兰推入西班牙的势力范围。在伊丽莎白一世的漫长统治时期，这位女王一直在走钢丝，一方面是她需要在因宗教而越来越两极分化的世界中为英格兰找到必要的联姻，另一方面则需要维护她自己的独立和至高权力。在对众多求婚者进行考虑之后，她终身未婚。 807

对于婚姻的考虑还受到这个问题的另一个版本的影响。与阿格里帕在同一时期

---

〔25〕 类似的研究也关注当时人们对两性人的迷恋。参看 Katharine Park 和 Lorraine Daston，《文艺复兴时期法国的两性人》（Hermaphrodites in Renaissance France），《评论之源》（*Critical Matrix*），1（1985），第 1 页～第 19 页；Park 和 Daston，《两性人与自然秩序：现代早期法国的性的不确定性》（The Hermaphrodite and the Orders of Nature：Sexual Ambiguity in Early Modern France），《GLQ：男女同性恋研究杂志》（*GLQ：A Journal of Lesbian and Gay Studies*），1（1995），第 419 页～第 438 页；Katharine Park，《阴蒂的重新发现：法国医学与女同性恋》（The Rediscovery of the Clitoris：French Medicine and the Tribade），载于 Carla Mazzio 和 David Hillman 编，《身体的部位：现代早期欧洲的对话与解剖学》（*The Body in Parts：Discourses and Anatomies in Early Modern Europe*，New York：Routledge，1997），第 171 页～第 193 页。

〔26〕 这个讨论要归功于 Constance Jordan，《文艺复兴时期的妇女与社会等级问题》（Renaissance Women and the Question of Class），载于 Turner 编，《现代早期欧洲的性征与性别：机构、文本与图像》，第 90 页～第 106 页；也可参看 Maryanne Cline Horowitz 编，《种族、性别与等级：现代早期人性的观念》（*Race，Gender，and Rank：Early Modern Ideas of Humanity*，Rochester，N. Y.：University of Rochester Press，1992）。

写作的,例如著名人文主义作家德西迪里厄斯·伊拉斯谟(约1466～1536)承认,在其1526年出版的《基督徒婚姻的形成》(*Institutio matrimonii christiani*)中,女人被创造为在精神上与男人是平等的,因为他们都由上帝的形象而创造。然而即使他仍然坚持涉及丈夫,女人在道德上和实践上缺乏自主权。[27] 丈夫和妻子之间的等级关系也因两性精神平等的主张而陷入混乱。这个问题由于新教改革者强调妻子在家庭精神教育中举足轻重而加剧。[28] 对抗婚姻中的权威对威廉·莎士比亚(1564～1616)来说是足够的话题,由此创作出反映这个主题的《驯悍记》(*Taming of the Shrew*,1593～1594)。但是这一系列由性别理论报道和对任一性别实际个体的权力和智慧的日常观察之间的不相称而产生的疑问难以解决。对于所有上层女人应当被排除在具有一般天性的女人之外(如果她们展示出了男性的英雄气概)的争论肯定没有答案,正如意大利诗人托尔夸托·塔索(1544～1595)在1572年写的《论妇女和淑女的力量》(*Discorso della virtù feminile e donnesca*)中也无法给出答案。[29]

不仅是社会和政治力量,还有女人的智力和权威的问题也受到建立稳定的、相互一致的性和性别范畴的问题的影响。这一点在现代早期有关女性道德和智慧水平的辩论中有显示,其中包括她们对自然界进行调查的能力。这类辩论的存在,即在17世纪的法国所谓的"女人的争吵"显示出一种方法,通过这种方法性和性别概念无法以一种稳定的方式相互作用,还可以被用来证明女人比男人劣势或者男人比女人劣势或者两性平等。对性别的界定不断预演,结果一再面临新的挑战。[30]

808

有关女人智力的问题,"争吵"动员了一些作者,他们认为导致上帝的人类完美状态堕落的伊甸园夏娃犯罪已经展示了女人好奇心的危险,经典的潘多拉神话更加强了这种展示。他们还援引有关体质的医学理论,前文提到过,争辩说女人的身体,特别是子宫,冷且湿的特征让她们不适合有智力上的追求。西班牙作家胡安·瓦尔特·纳瓦罗(约1529～1588)在其影响深远的作品《智慧研究》(*Examen de los ingenios*,1582)中反映出当时人们的普遍共识:

> 认为一个女人可以热而干或生来具备与这两种特质相适合的智慧和能力,是

---

[27] Desiderius Erasmus, *Encomium matrimonii*, ed. J. C. Margolin, in *Opera omnia Desiderii Erasmi Roterdami*, 25 vols. to date (Amsterdam: North-Holland, 1969 -), ordo 1, vol. 5, pp. 333 - 416;也可参看 Eleanor McLaughlin,《精神平等,性征不平等:中世纪神学》(Equality of Souls, Inequality of Sexes: Medieval Theology),载于 Rosemary Ruether 编,《宗教与性别歧视:犹太教和基督教传统中的女性形象》(*Religion and Sexism: Images of Women in the Jewish and Christian Traditions*, New York: Herder and Herder, 1974),第218页～第247页。

[28] Joel Harrington,《宗教改革时期德国的婚姻与社会的重新排序》(*Reordering Marriage and Society in Reformation Germany*, Cambridge: Cambridge University Press, 1995)。

[29] Torquato Tasso, *Discorso della virtù feminile e donnesca*, ed. Maria Luisa Doglio (Palermo: Sellerio, 1997).

[30] 一位重要的为女性平等而呐喊的人物是 François Poullain de la Barre;参看他的 *De l'égalité des deux sexes: Discours physique et moral* (Paris, 1673; repr. Paris: Fayard, 1984)和 *De l'éducation des dames pour la conduite de l'esprit dans les sciences et dans les moeurs, De l'égalité des deux sexes, discours physique et moral, où l'on voit l'importance de se défaire des préjugez* (Paris: Jean Du Puis, 1673)。一般的情况,参看 Ian Maclean,《胜利的女人:法国文学中的女性主义(1610～1652)》(*Woman Triumphant: Feminism in French Literature, 1610 - 1652*, Oxford: Oxford University Press, 1977); Mirjam de Baar 编,《选择更好的角色:安娜·玛丽亚·范·斯许尔曼(1608～1678)》(*Choosing the Better Part: Anna Maria van Schurman, 1607 - 1678*, Dordrecht: Kluwer, 1996),Lynne Richards 译;Lorraine Daston,《自然化的女性智力》(The Naturalised Female Intellect),《语境中的科学》(*Science in Context*),5(1992),第209页～第235页。

大错特错了。因为如果形成她的种子在形成之初是干而热的,那么她就应该生为男人而不是女人……她被上帝造出时便是冷而湿的,这种体温使女人多产并适于分娩,但却是知识的敌人。[31]

另一方面,更多激进和有创新思想的人则认为将体质理论完全改变是完全可能的。例如,法国医生和学者萨米埃尔·索尔比耶(1615～1670)于1660年致信波希米亚的伊丽莎白公主(1618～1680),说女人实际上应在知识上长于男人,因为“我们这些认为大脑是推理和学习部位的医生,发现女人的大脑和男人的一样大,而且断言女人身体柔软,比男人的干燥坚硬更适合思维活动”。[32] 另一位作者走得更远,认为学者本身具有典型的娇柔和潮湿的体质,因此更像女人。由此,女人自然构造的医学证据以及有关性差异的一般观点,无论是以体质为基础还是以解剖学为基础,都逐渐不再被看作有关女人智慧本性的不可抗拒的证据了。它能够以性别差异为基础来令人信服地、持久地支持其必然性和不可避免性,或者用它们来为性别等级理论提供基础。就此来说,现代早期的性和性别理论因自身因素已经变得不稳定,并且两种理论相互作用的方式完全不同于中世纪晚期和启蒙时代的情形。

809

如历史学家埃丽卡·哈思指出,这一点绝非偶然,即那些在“女人的争吵”中提出女人智力平等的人,通常也因为笛卡儿的新哲学而拒斥亚里士多德哲学传统。笛卡儿于1637年出版的《方法谈》(*Discours de la méthode*)在心智能力和身体特征之间做出区分,看起来不仅是可能的而且是必要的。笛卡儿没有明确参与有关性别和智慧的辩论,但是,他将对理性的成功运用建立在运用理性的人思考的方法上,而不是性别特点上。理性属于整个人类,无论男性还是女性,需要的只是对正确方法的追求。笛卡儿也没有将理性的运用与性的特质联系起来。他的著作反映出对微观世界和宏大宇宙之间类比的抛弃,这种类比在很早以前就组织了人们的思考,后文将对此进行讨论。相反,笛卡儿在一方面是包括躯体在内的非生命物质,另一方面是人类和神的心灵之间,做出了比之前更清晰的划分。因此,普遍的知识主张不需要考虑男人和女人身体结构的差异。[33]

笛卡儿相信人的思想是与生俱来的,而且相信人的身心是相互分离的,这似乎使那些以女人生理结构为根据宣称女人在智力上低于男人的说法失去了根本依据。他对可能为所有人掌握的方法的强调也造成了同样的影响,是方法而不是男人和女人的生理结构差异是恰当推理的基础。在“女人的争吵”中,像17世纪法国激进哲学家弗

---

[31] Juan de Dios Huarte Navarro,《测试男性的智慧》(*Examen de ingenios*: *The Examination of Men's Wits*, London: Adam Islip, 1604),Camillo Camilli 和 R. C. Esquire 译,第274页;引自 Maus,《自己的子宫:文艺复兴时期的男性诗人和女性的身体》,第268页。

[32] Samuel Sorbière, *Relations*, *lettres*, *et discours de M. de Sorbière sur diverses matières curieuses* (Paris: Robert de Ninuille, 1660), p. 71;引自 Schiebinger,《心灵无性? 现代科学诞生中的女性》,第167页。

[33] Harth,《笛卡儿派妇女:旧体制下的理性话语的形式与颠覆》。一般的情况,参看 Estelle Cohen,《作为历史范畴的身体:科学与想象力(1660～1760)》(The Body as a Historical Category: Science and Imagination, 1660 - 1760),载于 Mary G. Winkler 和 Letha B. Cole 编,《正直的身体:当代文化中的禁欲主义》(*The Good Body*: *Asceticism in Contemporary Culture*, New Haven, Conn.: Yale University Press, 1994),第67页～第90页。

朗索瓦·普兰·德拉·巴尔(1647～1723)这样的女性支持者,利用笛卡儿的思想得出自己的逻辑结论,并提出实验科学活动应该是男女都可平等参与的。当时很多女人也是以这样的方式解读笛卡儿。[34]

810 然而,笛卡儿的遗产是会产生歧义的。一些对于笛卡儿思想的女性主义的评估,比如哈斯,将笛卡儿的身心分离解读为女人和男人一样被赋予理性成为了可能,而其他女性主义学者则更加精确地认为身心分离使科学"客观性"的意识形态成为可能。客观性通常被定义为将观察自然的观察者和所观察对象之间做最大分离的方法论方案。这种观察者和对象之间的分离通常从性别方面理解,后者是女性,前者必然是男性。矛盾的是,这一行为恢复了关于性别旧的、二元的思维习惯,并再次鼓励了关于自然是被动的观点:一个被占有、被控制、被利用和被研究的对象。[35]

自然问题

在这个问题上,我已经集中于特定的自然,尤其是16、17世纪的作者归之于男人和女人的自然。在这一部分我考虑一般的自然,即当代人理解为被创造世界的全体和自然哲学研究的对象,与当代有关性和性别的论述之间的关系。实际上,16世纪,特别是17世纪对自然的观念处于一种混杂和流变的状态,更甚于当代有关性别的观念,而且其变化的方式与当代有关性别的简单或明晰的思考方式是矛盾的、不平衡的、无关的。

20世纪70年代后期,研究这一问题的历史学已经很大程度地受到法国哲学家米歇尔·福柯和女性主义学者的影响,其中麦钱特是有争议的最有影响力的。在《自然之死》(*The Death of Nature*)中,麦钱特提出,16世纪末期之前,通过女性拟人化的自然通常被理解为一个具有内在女性气质的形象。她证明了传统上对于女性天性理解的两个方面,即一方面是狂野的、有破坏性的和不可琢磨的特点,另一方面是对母性的养育的倾向。在两种形象中,自然都是有力的、积极的和忙碌的。这种有关自然的看法在诸如托马索·康帕内拉(1568～1639)等作者神奇的思想中得到最大程度的表现。据麦钱特所说,培根是第一个挑战这种接受自然力量和自主的人,强迫自然"屈从于新

[34] Harth,《笛卡儿派妇女:旧体制下的理性话语的形式与颠覆》,第2章; Schiebinger,《心灵无性? 现代科学诞生中的女性》,第171页～第178页; Hilda L. Smith,《理性的门徒:17世纪的英国女性主义者》(*Reason's Disciples: Seventeenth-Century English Feminists*, Chicago: University of Chicago Press, 1982); Smith,《女性主义者分析的知识基础:17和18世纪》(Intellectual Bases for Feminist Analyses: The Seventeenth and Eighteenth Centuries),载于Hervey和Okruhlik编,《女人与理性》(*Women and Reason*),第19页～第38页; Ruth Perry,《根本的怀疑与女人的解放》(Radical Doubt and the Liberation of Women),《18世纪研究》(*Eighteenth-Century Studies*),18(1985),第472页～第493页。

[35] Merchant,《自然之死:妇女、生态和科学革命》; Susan Bordo,《笛卡儿思想的男性化》(The Cartesian Masculinisation of Thought),《符号》(*Signs*),11(1986),第439页～第456页; Bordo,《客观性的飞跃:笛卡儿主义与文化随笔》(*The Flight to Objectivity: Essays in Cartesianism and Culture*, Albany: State University of New York Press, 1987); Geneviève Lloyd,《理性的男人:西方哲学中的"男性"和"女性"》(*The Man of Reason: "Male" and "Female" in Western Philosophy*, Minneapolis: University of Minnesota Press, 1984),第38页～第50页。

科学的问题和实验技术”。[36] 对培根而言,自然不是一个近乎神圣的要待之以敬畏的人物。相反,必须对其进行拷问和刺探,让她说出自己的秘密。这种对于自然的新态度因为其性别而合乎情理并有利发展。如麦钱特所说:“自然作为一个应该通过实验被控制和解剖的女性新形象,使得自然资源开发变得合法。尽管文艺复兴时期盛行的自然哺育地球的形象没有完全消失,但是已经被新的控制性的形象所取代……她从一个活跃的教师和母亲沦为一个愚蠢的、服从的身体。”[37]麦钱特将这一转变称为“科学革命带来的新的概念框架,即机械论”。[38] 811

在《词与物》(*Les mots et les choses*,1966)中,福柯也强调1650年左右有关自然和语言的观念发生剧烈变化,尽管他没有将这种转变与性别联系起来。他指出,16世纪世界被理解为是由类比来构成的,这些类比将其所有元素通过紧密的通信网交织在一起。其中一个这样的类比是微观世界(人体)和宏观世界(整个宇宙)的类比。伊丽莎白一世时代的探险家、诗人和历史学家沃尔特·雷(约1554～1618)在其著作《世界史》(*History of the World*,1614)中以简洁优雅的方式表达了这一观念:

> 上帝创造出三类生物,即纯洁的、理性的和野蛮的,他赐予天使以智慧,赐予野兽感官性质,赐予人类天使的智慧和野兽的感觉,并给人适当的理性,因此……人是纽带和锁链,将两种天性束缚在一起;而且因为人体的小框架里有整个宇宙的表象,(通过暗指)一种所有部分的参与,因此人被称作小宇宙或微观世界……经由各路血管流经人体全身的血液就像由江河湖海带到整个地球的水,他的呼吸之于空气……就像我们的生殖能力之于产生万物的自然……人的四种特质就像自然的四种元素,人类的七个时代就像七大行星。[39]

福柯认为,将在看似并不相似的事物之间建立类比联系,将事物看作另外一种事物的类比物以及解释学的认识方法的思考方式,是文艺复兴时期的研读文本和“自然之书”的特点。与此相反,17世纪晚期和18世纪的“经典”认识论重新在表象和有序序列方面调和了语言和自然志,就像启蒙运动时期的分类系统一样。 812

然而,与麦钱特和福柯关于17世纪自然观的巨大变化的观点相反,有相当多的证据表明这种转变是渐进的、不平衡的,正如不断出版的炼金术和魔法著作将要揭示的那样:直到启蒙运动结束,它们继续求助于自然各部分之间的类比。自然一直被拟人化,通过这种方式显示她的力量、自主以及她的被动,并强调她的母性和机械性。[40]

---

〔36〕 Merchant,《自然之死:妇女、生态和科学革命》,第164页。

〔37〕 同上书,第189页～第190页。

〔38〕 同上。

〔39〕 Sir Walter Raleigh,《世界史》(*History of the World*),载于Gerald Hammond编,《作品选集》(*Selected Writings*, London: Penguin, 1986),第154页。

〔40〕 参看Schiebinger,《自然的身体:现代科学历程中的性别》,第56页～第59页;Katharine Park,《身体里的自然:文艺复兴时期的寓言与象征》(Nature in Person: Renaissance Allegories and Emblems),载于Lorraine Daston和Fernando Vidal编,《自然的道德权威》(*The Moral Authority of Nature*, Chicago: University of Chicago Press, 2004),第50页～第73页。对自然秩序观念的变化渐进性的强调,参看Israel,《激进的启蒙运动》(*Radical Enlightenment*),第4页～第7页。

玻意耳长篇大作《对庸常自然概念的自由探索》(*Free Inquiry into the Vulgarly Received Notion of Nature*,1682)支持自然观念在渐变的观点。在试图提出自然的当代意义时,玻意耳间接提到了宏观世界和微观世界的观念:"因此,我认为很多通常归于自然的事物,可能更好地归于宏观世界和微观世界的机制,即宇宙和人体。"[41]然而这种将微观世界和微观世界广义类比的机械应用非常不同于早期作者雷所说的有细节的有机类比,而且它显示了玻意耳试图将很多不同但又不必然相容的自然含义整合起来的努力程度。正如常见的那样,新旧思想体系在一种取代另一种之前长期并存,福柯所提出的决然的分裂实际上少之又少。因而玻意耳同时以微观世界和宏观世界的角度来看待自然,又将其视为一个与旧的类比思维方式毫无关系的法则体系。他描述道:"世界的框架已经是一个巨大的,如果我可以这样说,怀孕的机器人,就像一个怀着双胞胎的女人,一艘装有泵和军火的舰船等,这样一个由几个较小的引擎组成的引擎……一个复杂的原理,由此导致了物质世界的既定秩序或过程。"[42]

813 值得注意的是,自然不再仅仅被比作人体结构,而是被比作一个复杂的机械系统。源于人体的有机类比(怀有双胞胎的女人)很快被机械类比(装甲船)所替代。这一体系是法则的而不是类比律令的。玻意耳后来指出,自然是"一个法则,或者更确切地说一个法则系统,那些代理和他们所影响的身体被伟大的造物主按照这些法则来决定行动或者受苦"。[43] 玻意耳还对当代其他定义自然的本质的尝试提出了异议。他反复告诫读者不要将自然拟人化,不要将自然看作近乎于神,而且不要相信自然有灵魂或是像一个有机物那样活着,也不要相信自然和上帝是一样的。通过这样做,他明确地反对剑桥柏拉图主义者拉尔夫·卡德沃思(1617～1688)和亨利·摩尔(1614～1687),这两个人认为自然具有某种灵魂或者"塑性"。[44]

然而还有一些时候玻意耳没有听从自己提出的建议。他实际上在《对庸常自然概念的自由探索》中将自然拟人化为女性,形容她是"万物的奶妈"和"我们所有人共同的母亲"。[45] 换而言之,他仍将自然的图像展示为有性别的、女性的和母性的,尽管他的叙述缺少女性主义者通常认为的在培根传统中作为女性的自然性别化所伴随的性

---

[41] Robert Boyle,《对庸常自然概念的自由探究》(*Free Inquiry into the Vulgarly Received Notion of Nature*),载于 Thomas Birch 编,6 卷本《全集》(*Works*, London, 1772; repr. Hildesheim: Georg Olms, 1966),第 5 卷,第 158 页～第 254 页,引文在第 230 页。一般情况,参看 Lorraine Daston,《自然如何成为他者:现代早期自然哲学中的拟人观与人类中心说》(How Nature Became the Other: Anthropomorphism and Anthropocentrism in Early Modern Natural Philosophy),载于 Sabine Maasen、Everett Mendelsohn 和 Peter Weingart 编,《生物学即社会,社会即生物学》(*Biology as Society, Society as Biology*, Dordrecht: Kluwer, 1995),第 37 页～第 56 页。

[42] Boyle,《对庸常自然概念的自由探究》,第 179 页。

[43] 同上书,第 219 页。

[44] 参看 Ralph Cudworth,《真正的宇宙思想体系》(*The True Intellectual System of the Universe* [1678]),载于 Bernhard Fabian 编,2 卷本《拉尔夫·卡德沃思作品选集》(*The Collected Works of Ralph Cudworth*, Hildesheim: Georg Olms, 1977),第 1 卷,第 146 页～第 151 页;Henry More,《灵魂不朽》(*The Immortality of the Soul*, London: James Flesher, 1662),第 167 页～第 168 页。关于玻意耳论文的哲学与神学背景,参看 Catherine Wilson,《莱布尼茨的力、活动和自然法学说的来源》(*De ipsa natura*: Sources of Leibniz's Doctrine of Force, Activity, and Natural Law),《莱布尼茨研究》(*Studia Leibnitiana*),19(1987),第 148 页～第 172 页。

[45] Boyle,《对庸常自然概念的自由探究》,第 198 页。

占有和支配的暗指，准确地说，培根的自然是一个溺爱的母亲，与之形成对比的是一个遥远的、家长制的上帝。最后，玻意耳指出这一时期很多不同的自然概念，它们通常相互平行，有不同的来源和含义，同时有性别化或非性别化，有机械性和有机性，它们都与微观世界和宏观世界类比相联系，并与之分离。

这种不自觉的、自相矛盾的摇摆在玻意耳的文章中十分明显，在将自然看作性别化的女性和看作非人的、非人格化的机械规则系统之间的摇摆一直延续到19世纪。这表明了性别定义的历史与自然性别化的历史在多大程度上是不同的。首先，这两段历史没有一个共同的年表。正如我所论证的，在中世纪和现代早期之间，以及现代早期和启蒙运动之间，关于性和性别的观点表现出强烈的差别。其次，与此相反，自然的性别化则表现出更强的延续性，玻意耳同时赞成很多不同的自然描述证明了这一点。 814
无论性别定义的历史还是自然性别化的历史都没有与第三个单独的历史，即女人参与科学活动的历史，具有共同的年表，这三个历史时常有联系（参看第7章）。

“自然”在现代早期与“性别”一样都不是一个稳定的本体论类别。[46] 这一情形没有阻止玻意耳之后世纪的启蒙作者们更多以强调自然的方式来使性别差异合法化。这是一种更加广泛的文化现象的一部分，18世纪欧洲知识分子呼吁自然作为从美学到政治秩序等一切事物的仲裁者，使之成为像曾经的宗教那样的万能资源。“自然”一词在这一时期还具有道德劝诫的隐含意义：自然的就是好的。这种论述很容易适用于男性和女性的差别。让-雅克·卢梭（1712～1778）在《爱弥儿》（*Emile*，1762）中宣称女性由其“天然的”，即生殖的生理功能所决定。这一断言基于规范与描述的结合，这使得自然带有道德的意味。卢梭有句名言：“男人只在某时是男人，而女人终其一生是女人……任何事情都将她的性召回于她，为了履行其性能，一个合适的生理构成对女人来讲是必要的。”[47]

这样的争论令人回想起16、17世纪作家们试图在性别差异的物质领域中建立起性别，即男性和女性的社会秩序，尽管他们的诉求已不再是通过冷、热、干、湿的本性范畴。但是在18世纪性和性别差异之间关系的提出，如果有什么比以前更严格的，正如诉诸自然法代替了较早的诉诸各种不同的合法来源如《圣经》、盖仑、亚里士多德以及神父哲学，可以用来彼此对抗和相互加强。此外，卢梭的话揭示了蒙田那代人对性别转变的非常不同的态度，总是让人着迷又常常似是而非。到了启蒙时代，性差异更多被从强烈的、不可变的两极来描述，作者对维护两性的界限越来越感兴趣，而不是将性的定义推测为一个交叉地带。因此，有关性别差异的论述越来越多地转向对生殖功能 815
和器官的描述，而不是对外貌的描述，如蒙田所举的例子；如卢梭所说，这些都被认为

---

〔46〕 对自然本身概念的本体论不稳定性的讨论，参看 Peter Dear，《专业与经验：科学革命中的数学方法》（*Discipline and Experience: The Mathematical Way in the Scientific Revolution*, Chicago: University of Chicago Press, 1995），第18页～第21页，第151页～第158页，第225页～第226页。关于自然概念和自然化研究计划的问题特征的一般性讨论，参看 Daston，《自然化的女性智力》；Daston 和 Vidal 编，《自然的道德权威》。

〔47〕 Jean-Jacques Rousseau，《爱弥儿》（*Emile, ou de l'éducation*, Paris: Garnier Frères, 1964），bk. V，第450页。

是必然的、永恒的，是造成男女绝对差异的原因。而16、17世纪的情形相反，性别差异有时候被看作是可变的和不稳定的。但是启蒙运动中，它又一次以两极分化的方式呈现，以医学话语和诉诸自然为基础，但比早期更具有强烈的道德性。[48]

这对于理解男子性及其对于女性意味着什么有重要的意义。本文已经说过，16、17世纪有关性别差异的定义很难以自然事实为基础。尽管这一时期男人在社会和法律结构中一直在很大程度上是不成问题的，正如男人在知识、力量和理性上宣称自己的优越性一样，但是男子性的定义却变化了。男子性仅通过自然或者生殖功能而被合法化的情况远远少于女子性。[49]

结　　论

本章所讲的有关性别和自然的故事是错综复杂的。要为它们的展开建立明晰的年表是困难的，而且往往难以追溯它们之间相互作用的领域，而这些领域基本上都是古代历史。从历史编纂学上来说，将科学革命看作对现代早期科学作女性主义和非女性主义分析的转折点这一曾经明确的立场已经被弱化和修改。它也不再被视为被物质的数学科学或者天文学独占，它作为一场迅速推翻既有正统学说的特征也并不牢靠。与此同时，更广泛的关于性和性别差异的史学研究补充了更古老的历史编纂目标，即恢复女人的科学经验，这与科学研究的主要主题关联紧密。"科学革命"或福柯更受批判的关于古典时代(L'âge classique)的描述曾提供的明晰时间顺序还不能被取代。有人试图将有关性和性别差异的观念的变化与现代早期工业化的开始联系起来。但是这类解释无法令人满意，因为欧洲不同地区工业化进度不同。[50] 类似地，福柯有关1650年左右欧洲在对待自然和自然界的方式上发生了突然的迅速转变的观点，令

816

[48] Karin Hausen, "Die Polarisierung der Geschlechtscharakter," in *Sozialgeschichte der Familie in der Neuzeit Europas*, ed. Werner Conze (Stuttgart: Klett, 1976). 也可参看 Cohen,《作为历史范畴的身体:科学与想象力(1660～1760)》。Laqueur,《性的制造:从古希腊人到弗洛伊德的身体和性别》，后来以年代为序提出了两极分化的过程，认为"到1800年左右，所有作家决定以可见的生物学差异为基础，来建立他们所坚持的男性、女性之间的根本差异，即男人、女人之间的根本差异，并且用完全不同的语言表达出来"(第5页)。最近，Michael Stolberg 论证说在大约1600年这种情况已经出现；参看他的《仅剩下骨头的女人:16世纪和17世纪初对性差异的剖析》(A Woman Down to Her Bones: The Anatomy of Sexual Difference in the Sixteenth and Early Seventeenth Centuries),《爱西斯》(*Isis*),94(2003),第274页～第299页，以及 Laqueur 的回应,《肉体的性》(Sex in the Flesh),第300页～第306页和 Schiebinger,《关于骨架的争论》(Skelettestreit),第307页～第313页。

[49] 关于寻找可靠的男性特征的困难，参看 Maus,《自己的子宫:文艺复兴时期的男性诗人和女性的身体》;David Kuchta,《文艺复兴时期英格兰的男性特征符号学》(The Semiotics of Masculinity in Renaissance England),载于 Turner 编,《现代早期欧洲的性征与性别:机构、文本与图像》,第233页～第246页;Coppelia Kahn,《男人的社会等级:莎士比亚的男性特征》(*Man's Estate: Masculine Identity in Shakespeare*, Berkeley: University of California Press, 1981)。对于男性特征的重新定义，即对期望的重新定义，参看 Randolph Trumbach,《启蒙运动时期英格兰的色情幻想与男性放荡》(Erotic Fantasy and Male Libertinism in Enlightenment England),载于 Lynn Hunt,《色情的发明》(*The Invention of Pornography*, New York: Zone Books, 1996),第253页～第282页。有关影响知识分子交往形式的男性特征的定义，参看 Mario Biagioli,《知识、自由与兄弟之爱:男同性恋与山猫学会》(Knowledge, Freedom, and Brotherly Love: Homosociality and the Accademia dei Lincei),《结构》(*Configurations*),3(1995),第139页～第166页。

[50] Laqueur 在《性的制造:从古希腊人到弗洛伊德的身体和性别》中提出工业化论点，第152页～第154页，但他拉伸了16世纪和19世纪之间的过程从而使清晰的转折点无法建立。其他作者的编年表各不相同；比如 Daston,《自然化的女性智力》，把19世纪看成解剖成为天命的时期。

人很难赞同。到了18世纪末，作为16、17世纪特点的性别界定的流变和含糊的时期，已经被必然关联到性的生理机能和固定在生命中的生物学特征的生殖方面的性差异描述取代。在18世纪，自然事实或者自然本身已被理所当然地认为是定义性别差异的主要或唯一的合法原则。

还有一些有趣的问题留给我们思考。这些转变如何发生？为何发生？如果我们不将科学史和性别史置于变化的深层结构历史的情境之中，我们就无法回答这一问题。一种卓有成效的方法可能是将有关性别的观念看作一个实验空间，在这一空间中研究自然知识主张的长处和短处。性别差异的定义和解释包含了建立公认的自然事实和赋予其稳定的社会意义方面的困难。这些问题并没有随着自然知识的发展而减少。

我们还几乎不了解性别观念在决定参与科学研究或面对自然态度当中所发挥的真正力量。现代早期男子性和女子性都没有整合为结构，而且现代早期有关性别的概念与现代的大相径庭。这一认识指向了当前历史编纂学提出的一个中心难题。性别观念是有力量的而且通常是通过贬低女人智力建构的。但是女性在现代早期科学中处于不起眼位置应仅仅归因于这一观念吗？本卷第7章和第9章展示女性被排除在科学之外的“零散”的性质。这本身也显示出现代早期性别观念的不稳定性及其在决定经验和实践时的持续不稳定性。性别观念固然重要，但不是支配性的。它们容易受到局部不均匀的影响，这些影响只能通过参考其他因素来解释，如阶级、宗教、公共空间的性质，还有自然研究本身的内部议程和问题。 817

（李文靖　译）

33

818

欧洲的扩张与自我定义

克劳斯·A. 福格尔 著 阿莉莎·兰金 译

自欧洲的扩张这一过程开始，自然知识既是其前提条件，又是其结果产物。整个15世纪葡萄牙人都在大西洋西部和南部以及非洲沿海地区进行航海探险活动，从而促进了航海导航与定位知识以及海洋管理等新知识的发展。这类活动带来了新的经验：在新的海域航行、考察新的海岸、穿越赤道以及描述南半球的恒星。地理学作为一门系统描述有人居住的地球的独立学科出现了。与不曾知晓的土地、民族、动物、植物和矿物的邂逅扩大了古代及中世纪知识的边界并改变了对自然的理论认识。正如亚拉冈国王斐迪南的编年史家安吉拉（Anghiera）的殉教者彼得（1457～1526）所说："我们怀孕的海洋每一小时都诞下新孩儿。"[1]

彼得对"新世界"的早期描述证明了欧洲人在16世纪最初几十年里探索自然活动的丰富程度和范围。1493年，在哥伦布返回欧洲的几个月后，这位意大利学者以记述西方的新发现开始了他作为国王的编年史家的任期。他全部的著作——包括他写给朋友枢机主教阿斯卡尼奥·斯福尔扎以及其他人物（多是罗马人）的书信——被收入所有1507年以后出版的重要的欧洲人游记全集中。1516年，他将自己写的30本书（分为三个"十年"）汇编成单独一个版本在阿尔卡拉（Alcalà）出版并献给年轻的西班牙国王查理，即后来的查理五世皇帝。[2]

819

在彼得的作品中自然知识占有举足轻重的位置。完成于1511年的第一卷（第一个十年）描述了从西班牙人最初的探险一直到克里斯托弗·哥伦布（1451～1506）的第四次航海旅行。哥伦布以及后来一些航海家都亲自向彼得讲述了经历。彼得在第一卷论述了西边海洋中各岛屿的状况并详细描述了伊斯帕尼奥拉岛（Hispaniola）、古巴

---

[1] Peter Martyr d' Anghiera, *De orbe novo Petri Martyris ab Angleria Mediolanensis Protonotarii Caesaris senatoris decades* (Compluti: Michael d'Eguia, 1530), fol. 114v.

[2] 第一卷（第一个十年），出版于威尼斯（1504）、温琴察（1507）、米兰（1508）、塞维利亚（1511）、阿尔卡拉（1516）和巴塞尔（1521），整部作品重印于巴黎（1536）、巴塞尔（1537）、安特卫普（1537）和巴黎（1587）；参看 John Alden 编，6卷本《欧洲人的美洲：欧洲印刷的与美洲相关作品的编年指南》（*European Americana: A Chronological Guide to Works Printed in Europe Relating to the Americas*, New York: Readex Books, 1980），第1卷，第1493页～第1600页。

岛和"帕里亚斯(Parias)",即加勒比海南大陆海岸。[3] 完成于1514年的第二卷中,他强调了新发现取代古代知识的程度,并特别提到"无论语言还是文字都无法表达我对这些新进展的想法"。[4]

彼得认为,欧洲人最终被证明在各个方面都优于居住在新发现土地上的人。他称旅行发现的两个长期目标是"让原始土著皈依我们的信仰"和"在那些地方研究自然"。[5] 这样说来,在他眼中探索自然的地位和传教一样崇高。在1523年完成的第五个十年部分,他称赞他的朋友教皇哈德里安"不但以其智慧努力研究自然母亲的秘密,而且研究神的学问"。[6]

彼得描述了新世界有用的植物、动物和河流,并用"有意义的学术问题"整整一节来解释为何它的东海岸众多河流的水量丰富。[7] 他还间或指出一些有待于进一步研究的问题,并坚信通过未来的考察活动能够找到满意的答案。如他写到与两位船长讨论西边海洋洋流问题:"我们已经听了他们的论述并将两个人的不同观点都写了下来。只有在掌握充足理由的情况下我们才会接受其中的一个。目前我们只能依靠假设,直到有一天自然向我们揭开这一秘密。"[8]

彼得的记述表明,甚至早期的欧洲人航海探险活动(1492～1526)也具有好奇心、实地观察和学术思考这些特点。后期探险活动中这类积极性大大增强了,而这类积极性极大地影响了现代早期欧洲自然知识与哲学的发展(参看第20章)。不过,本章的重点不在欧洲的旅行志或现代早期民族志,[9]也不在探险旅行为欧洲的自然知识带来了何种变化,而主要关注在欧洲人与大洋对岸各民族的接触中知识扮演什么样的角色。当欧洲人最初遭遇美洲和东亚的居民时知识具有什么样的地位和意义?知识对于欧洲人的自我形象具有什么意义?

820

本章重点关注两个不同的有代表性的区域:西班牙美洲和远东地区。本章以墨西哥为例,追溯从1525～1550年以方济各会为典型代表的天主教传教士如何开始将自然科学变为殖民地秩序的一部分,并且描述欧洲自然科学中的语言、研究对象和哲学

[3] Peter Martyr, *Acht Dekaden über die Neue Welt*, ed. and trans. Hans Klingelhöfer, 2 vols. (Darmstadt: Wissenschaftliche Buchgesellschaft, 1972 - 3), 1: 1 - 130.

[4] Peter Martyr, *De orbe novo*, 1.10, fol. 22r.

[5] Ibid., 2.7, fol. 31v.

[6] Ibid., 5.10, fol. 85r.

[7] Peter Martyr, *Acht Dekaden*, 2.9, ed. and trans. Klingelhöfer, 1: 200 - 8.

[8] Peter Martyr, *De orbe novo*, 3.10, fol. 56r.

[9] 参看 Mary B. Campbell,《见证以及其他世界:欧洲人的异国旅行写作(400～1600)》(*The Witness and the Other World: Exotic European Travel Writing, 400 - 1600*, Ithaca, N.Y.: Cornell University Press, 1988); Stephen Greenblatt,《奇妙的领地:新世界的奇迹》(*Marvelous Possessions: The Wonder of the New World*, Oxford: Clarendon Press, 1991); Anthony Pagden,《欧洲人与新大陆的相遇:从文艺复兴到浪漫主义》(*European Encounters with the New World: From Renaissance to Romanticism*, New Haven, Conn.: Yale University Press, 1993); Mary B. Campbell,《奇观和科学:现代早期欧洲的想象世界》(*Wonder and Science: Imagining Worlds in Early Modern Europe*, Ithaca, N.Y.: Cornell University Press, 1999);这些文章载于 Anthony Pagden 编,《面对彼此:世界感知欧洲与欧洲感知世界》(*Facing Each Other: The World's Perception of Europe and Europe's Perception of the World*, vols. 1 - 2, Aldershot: Ashgate, 2000),特别是 Joan-Pau Rubiés,《新世界与文艺复兴时期的民族志》(New Worlds and Renaissance Ethnology),第1卷,第81页～第121页。

体系如何在当地被教授和接纳。本章将表明，在这一过程中当地的精英被提供了一次整合和（一定程度）发展的机会，对此他们不能够拒绝。西班牙美洲的欧洲殖民地到了16世纪中期已经基本建立，而直到16世纪下半叶大批欧洲人才来到东亚。在中国和日本，欧洲人作为客人和贸易伙伴服从当地政府管理。本章将表明，以耶稣会士为典型代表的欧洲人利用了地理学、数学和天文学等自然知识赢得了当地精英的注意和认可。总之，长达几个世纪的自然知识交流在欧洲与远东，特别是与中国的关系中扮演了重要的角色。

本章结尾将提出这样的问题：当欧洲人将自己的自然知识与北美远西地区和亚洲远东地区民族的自然知识进行比较时，他们如何评价自己的自然知识？这些比较如何影响了欧洲人的认同感？一直以来，自然知识在欧洲人的自我认知中占有重要的位置。彼得等人很早便认识到，航行探险的结果使得现代早期的欧洲人能够拼贴起一幅更加完整的自然图景，这是古代学者们不曾做到的。那么，整个16、17世纪欧洲人在对抗西班牙美洲原住民和之后接触东亚学者的过程中，其自我认识发生了怎样的变化？关于这一点，16世纪最后十年的两部重要文本表明：在一个世纪的海外扩张之后，欧洲人如何既利用基督教又利用欧洲自然知识无可辩驳的领先性来使他们在非洲、亚洲和美洲的统治合法化。

821

自然知识与殖民地科学：
高等教育学院和墨西哥皇家和教皇大学（1553）

自古以来，欧洲人与外界始终保持一种稳定的关系。接触多为间接的，像13世纪下半叶马可·波罗在忽必烈可汗宫廷的这类经历发生的次数很少而且相隔时间很长。这种情形在15世纪发生变化，因为葡萄牙人开始战略性地通过非洲海岸向亚洲航行，他们绕过南部非洲于1498年到达印度。与此同时，西班牙人和葡萄牙人发现了西边海洋和南边海洋中的诸岛以及陆地。而在欧洲人接触亚洲的大帝国之前，已经占据了中美洲和南美洲的大片土地，并且在从前阿兹特克人和印加人的土地上建立起行之有效的殖民制度。

墨西哥城是美洲大陆上第一个欧洲传教士建立学校、学院、印刷厂以及大学的地方。[10] 在阿兹特克人被征服的数月后，方济各会修士佩德罗·德·甘特（1490～1572，生于佛兰德斯的根特）与一群传教士来到了墨西哥城。在这里他开办了美洲大

---

〔10〕 圣多明各大学，于1538年在教皇特许下由多明我会修士建立，位于伊斯帕尼奥拉的加勒比岛，仿照阿尔卡拉大学和萨拉曼卡大学建立，随着该岛在16世纪中期衰落，其重要性有所降低。关于基本特权，“In Apostolatus culmine”（1538），参看 *America Pontificia*, *1493 - 1592*, ed. Josef Metzler (Vatican City: Libraria Editrice Vaticana, 1991), pp. 385 - 8, no. 91。全面的情况，参看 John Tate Lanning，《西班牙殖民地的学院文化》(*Academic Culture in the Spanish Colonies*, Port Washington, N. Y.: Kennikat Press, 1971); Eli de Gortari, *La Ciencia en la historia deMéxico*, 2nd ed. (Mexico City: Editorial Grijalbo, 1980); and El'ıas Trabulse, *Historia de la ciencia en México*: *Estudiosy textos*, 2 vols. (Mexico City: Fondo de Cultura Economica, 1983), a commented edition of selected sources。

陆上的第一所小学(1523),学生是来自特克斯科科(Texcoco)地区的当地儿童。两年以后,即1525年,他在墨西哥城创建了圣何塞自然学院(Colegio de San José de los Naturales),后来称为圣弗朗西斯科学院(Colegio de San Francisco)。[11] 尽管佩德罗·德·甘特认为用基督教信仰教育阿兹特克人十分必要,但是却尊重和关心当地人。在他的学校里,当地儿童接受欧洲传统的教育。学生们学一些哲学(自由之艺加上一些基本的哲学课),并且学声乐和拉丁文以便组成乐队在教堂里唱歌和服务。圣弗朗西斯科学院管理着石匠、铁匠、鞋匠、裁缝和纺织工的作坊,并教给年轻人手艺,这类手艺对于修建和日常维护教堂和房屋十分必要。另外,为当地男童和女童创办的小学建在墨西哥城的主教管区,这是由第一个主教方济各会的胡安·德·苏马拉加(1468～1548)倡导建立的。[12]

822

1533年,殖民地的开拓者们开始着手兴建一所面向当地人的高等学校,1536年由方济各会建立特拉特洛尔科的圣克鲁斯学院(Colegio de Santa Cruz de Tlatelolco)并开始招收学生。[13] 最初这所学院主要对住在首都附近的印第安酋长们的儿子提供基础教育和宗教教导,方济各会修士们教他们简单的神学、吟诵和手写本装饰,并教他们用拉丁字母写自己的语言。进一步的教育包括西班牙文和拉丁文的读写以及自然哲学、逻辑学、算术和音乐。[14] 由于方济各会的教师们来自欧洲,可以认为这里与自然有关的课程与欧洲学校的同类课程没有根本的区别,并且与基督教教义的宣传相配合。方济各会修士胡安·包蒂斯塔(1555～约1613)在他的《墨西哥语布道书》(*Sermonario en Lengua Mexicana*,1606)中提到学院几个学生的名字,其中几个学生后来成为教师,他表扬他们拉丁语掌握得好。[15] 此外值得一提的是,特拉特洛尔科成为研究和记录当地文化尤其是当地语言和医学的中心。这里我们要感谢方济各会的贝尔纳迪诺·德·萨阿贡(约1500～1590),他1529年来到墨西哥,在学院任教长达50多年。[16]

16世纪30年代,在圣克鲁斯学院建立的同时第一个印刷厂在墨西哥建立。[17] 在此之前,印好的书籍一直在西班牙集中然后用船运到美洲。1539年6月,国王查理一世(查理五世皇帝)命令塞维利亚印刷商胡安·克龙贝尔赫尔在墨西哥本地建立一个他的公司分部。当年,新建的墨西哥印刷所出版了第一部书,这是一本12开的双语材料,名为《墨西哥语与卡斯提尔语袖珍基督教教义》(*Breve y mas compendiosa doctrina*

[11] Gortari, *La ciencia en la historia deMéxico*, p. 178.

[12] Ibid.

[13] Ibid., p. 179.

[14] Fernando Ocaranza, *El Imperial Colegio de Indios de la Santa Cruz de Santiago Tlatelolco* (Mexico City, 1934); and Gortari, *La ciencia en la historia deMéxico*, pp. 171,179.

[15] Ocaranza, *El Imperial Colegio de Indios de la Santa Cruz de Santiago Tlatelolco*, pp. 27 - 8.

[16] On Sahagún, see the modern edition of his *Historia general de las cosas de Nueva España*, ed. 'Angel María Garibay K., 7th ed. (Mexico City: Editorial Porrúa, 1989), with further literature; and Gortari, *La ciencia en la historia deMéxico*, pp. 169 ff.: "El interés por los conocimientos ind'ígenas."

[17] José Toribio Medina, *Historia de la imp renta en los antiguos dominios españoles de Américay Oceanía*, vol. 1 (Santiago de Chile: Fondo Histórico y Bibliográfico, 1958), bk. 1: "El estudio de la primitiva tipografia Mexicana."

cristiana en la lengua mexicana y castellana)。克龙贝尔赫尔的墨西哥出版物大部分是以当地语言写成的基督教教义,常常有双语版、三语版和四语版;另外还有一些语言课本和词典。当大学建立之后,大量的自然哲学和医学书也出现了。美洲大陆第一部偏重数学的出版物是胡安·迭斯的《简明摘要》(*Sumario compendioso*,1556),后来的同类著作有阿隆索·德·贝拉克鲁斯的《物理推测》(*Physica speculatio*,1557)和胡安·德·卡德纳斯的《印度群岛的神奇奥秘与问题的第一部分》(*Primera parte de los problemas, y secretos marauillosos de las Indias*, 1591)。第一部医学书籍是《医学著作》(*Opera medicinalia*,1570),现在认为这本书是西班牙医生尼古拉斯·莫纳德斯(约 1493 ~ 1588)的讲义,他当时因为第一个在欧洲传播纳瓦人(Nahoan)的医学而出名。[18]

823

与圣克鲁斯学院一样,墨西哥大学最初是一所文科大学,它的首要目标是培养神职人员和国王的官员。[19] 但是欧洲科学在墨西哥大学的课程中也占有很大的份额。1536 年,主教胡安·德·苏马拉加第一个正式提议在墨西哥建一所大学,但是印度群岛理事会(Consejo de las Indias)否定了他的提议,它指出已有了圣克鲁斯学院;总督安东尼奥·德·门多萨称这一申请"尚未成熟"。直到 1539 年墨西哥市议会又递交了一份新的提议,希望"为西班牙人的子孙和当地人建一所大学,使他们能够学习哲学和神学"以便支持整个事业。这一次提议还是以苏马拉加主教的名义递交,并在其中说明:如果提议不予批准,当地的西班牙人只好送孩子回西班牙上学,这样要途经韦拉克鲁斯再穿越公海,路程十分危险;这些学生在西班牙学习期间将忘记墨西哥当地语言;很多优秀的(本地)学习语法的学生和初学者如果没有人教,他们会困惑不解。[20] 开始时只授予了一个神学教授职位。后来又经过申请,1551 年 9 月 21 日皇室颁布命令依照西班牙萨拉曼卡大学(University of Salamanca)传统建立一所墨西哥皇家大学(Real Universidad de México)。1553 年 1 月 25 日新建的墨西哥皇家大学举行了开学典礼。40 年之后,在 1595 年,由教皇特批该大学名称带有"教皇"二字。[21]

824

大学创办之初设有 8 个系:神学(Prima de Teología)、圣经(Sagrada Escritura)、教会法规(Prima de Cánones)、罗马法(Prima de Leyes)、管理(Decreto)、哲学(Artes)和拉丁语法(Gramática)。[22] 这类哲学教授职位很有意思,它包括逻辑学、数学、物理、天文学

---

[18] Gortari, *La ciencia en la historia deMéxico*, pp. 187 ff.

[19] 关于墨西哥大学的历史,参看 Alberto María Carreño 的详细调查 *La Real y Pontificia Universidad de México, 1536 - 1865* (Mexico: City Universidad Nacional Autónoma de México, 1961)。要查看更多基本材料,参看 John Tate Lanning, ed., *Reales Cedulas de la Realy Pontificia Universidadde México de 1551 a 1816* (Mexico City: Imprenta Universitaria, 1946); Cristobal Bernardo de la Plaza yJaen, *Cronicadela Realy Pontificia Universidad de México*, ed. Nicholas Rangel (Mexico City: Talleres Gráficos del Museo Nacional de Arqueología, Historia y Etnografía, 1931); and Alberto María Carreño, *Efemérides de la Realy Pontificia Universidad de México segun sus Libros de Claustros* (Mexico City: Universidad Nacional Autónoma de México, 1963), vol. 1。

[20] Sergio Mendez Arceo, "La cedula de ereccion e la Universidad de Mexico," in *Historia Mexicana*, 1, no. 2 (1951), 268 - 94 at pp. 271 - 2; and Carreño, *La Realy Pontificia Universidad de México*, pp. 13 - 19.

[21] *Reales Cedulas de la Real y Pontificia Universidad*, p. xv; and Gortari, *La ciencia en la historia de México*, p. 185.

[22] Gortari, *La ciencia en la historia de México*, p. 186; and Carreño, *La Realy Pontificia Universidad de México, 1536 - 1865*, pp. 33 ff.

和自然哲学，涵盖了自然知识的基础门类，另外还包括医学。[23] 教材可能大部分与欧洲同类大学相似，但是有关这一问题没有详细的研究。同样由于缺乏相关研究，我们也不知道这所大学在成立之初的几十年支持对自然的经验研究的程度（参看第19章）。

然而通过该大学教授职位的变化我们可以看到医学的重要性在增加，而在1625～1650年期间数学科目和自然哲学的份额也开始增加。最开始，哲学教授职位的地位最低，它的任期只有3年，而神学教授职位为终身，其他教授职位任期4年。[24] 但是，哲学各科目受到学生的欢迎，如大学成立之初有一个家庭中的几个成员都注册为哲学系学生的情况。[25] 接下来的几十年里大学继续扩大，1569年增加了2个法律教授职位，1578年设立了第一个医学教授职位。1580年又增加了法律教授职位，1599年和1621年两次又增加了3个医学教授职位，其中包括解剖学和外科。1626年特别为墨西哥人设立了纳瓦（Nahoa）语言教授职位。接下来的几年大学经历了最快的发展：1637年增加了天文学和数学教授职位，这是培养医生所需要的。1646年增加了4个教授职位，包括自然哲学（Prima de Filosofía）、奥托米语、托马斯·阿奎那哲学以及法律导论（Vísperas de Leyes）。[26]

到了17世纪中期，欧洲自然研究在墨西哥大学形成了独立的教育分支，涵盖自由之艺、医学以及自然哲学、天文学/数学。几位重要的学者担任天文学/数学的教授职位，如弗赖·迭戈·罗德里格斯（1596～1668）和接受耶稣会教育的墨西哥人卡洛斯·德·西根萨－贡戈拉（1645～1700）。西根萨－贡戈拉在1672年接受教授职位之前，已经是有名的天文学家、数学家、地理学家、物理学家、工程师、枪炮技师、历史学家、诗人和内科医生。[27] 他进行地理学考察、天文学研究，参与各种学术讨论，写了大量的科学著作，还结识了欧洲人阿塔纳修斯·基歇尔、胡安·卡拉穆埃尔－洛布科维茨、吉安·多梅尼科·卡西尼、约瑟夫·萨拉戈萨和约翰·弗拉姆斯蒂德。西根萨－贡戈拉最重要也最出名的著作是《天文学与哲学之书》（*Libra astronomica y philosophica*，1690）。书中记录了西根萨－贡戈拉与巴伐利亚的耶稣会士欧西比乌斯·弗朗西斯科·基诺之间的一次激烈争论，西根萨－贡戈拉在争论中坚决地维护他的"祖国墨西哥"、他的教授职位以及所在大学。[28] 另外还有一位修女胡安娜·伊内斯·德拉·克

825

---

[23] Carreño, *La Realy Pontificia Universidad de México*, *1536 - 1865*, pp. 34 - 5.

[24] Ibid., p. 47.

[25] Ibid., p. 49.

[26] Gortari, *La ciencia en la historia de México*, p. 186; and Carreño, *La Realy Pontificia Universidad de México*, pp. 233 ff.

[27] Carlos de Sigüenza y Góngora, *Obras hístoricas*, ed. Francisco Pérez Salazar (Mexico City, 1928); Gortari, *La ciencia en la historia deMéxico*, pp. 225 - 30; Carreño, *La Realy Pontificia Universidad de México*, pp. 320 ff.; María de la Paz Ramos Lara and Juan José Saldaña, "Newton en México en el siglo XVIII," 载于 Celina A. Lértora Mendoza、Efthymios Nicolaïdis 和 Jan Vandersmissen 编，《科学革命在欧洲外围、拉丁美洲和东亚的传播》（*The Spread of the Scientific Revolution in the European Periphery*, *Latin America and East Asia*, Turnhout: Brepols, 2000），第91页～第98页，特别是第91页～第92页；也可参看 J. M. Espinosa, *La comunidad cientifica Novohispana ilustrada en la Real y Pontificia Universidad de México*, Tesis de Maestria en Filosofía de la Ciencia, México (Mexico City: Universidad Autónoma Metropolitana Iztapalapa, 1997)。

[28] Gortari, *La ciencia en la historia deMéxico*, pp. 226 - 7.

鲁斯(约 1648 ～ 1695)也属于新西班牙人的圈子,他们热衷于近代自然研究,她研究声学,批判亚里士多德,还在鼓上撒上面粉来论证振动的本质,另外她还作诗。[29]

西班牙人对于墨西哥当地医学知识的接受也是一个有待于研究的广阔领域。前文提及,建于 1536 年的圣克鲁斯学院是当地医学的摇篮。有关药用植物、兴奋剂和麻醉剂的本土知识在欧洲医学中受到欢迎。贝尔纳迪诺·德·萨阿贡是该学院进行此类研究的主要支持者,他从特佩普尔科(Tepepulco)、特拉特洛尔科、特诺奇蒂特兰(Tenochtitlán)和霍奇米尔科(Xochimilco)等地召集了一批本地医疗者。但是萨阿贡的书《新西班牙事物通志》(*Historia general de las cosas de Nueva España*)并没有印刷出版,后来在欧洲才出现。[30]

受过欧式教育的美洲本地人除学院的活动以外,还开始用不同于欧洲教育的方式描述当地的自然。圣克鲁斯学院的两位本地讲师——教医学的马丁·德拉·克鲁斯和朗读拉丁文的胡安·巴迪亚诺——合写了一部药理学－植物学专著《克鲁斯－巴迪亚诺植物志》(*Herbario De la Cruz-Badiano*)。这部著作包含一个内容丰富的草药志,配有 184 幅本地植物插图,还描述了各种针对不同疾病的药方。现存的版本既有 1552 年的拉丁文手写本,也有当时的意大利文译本。这部书是现存唯一一部完整的由土生土长的美洲人完成的这类作品,它为证明当地自然知识这一重要领域提供了文件。[31]

826

值得注意的还有分别位于阿斯卡波特萨尔科(Azcapotzalco)、特克斯科科(Texcoco)和热带的瓦克斯特佩克(Huaxtepec)的著名的纳瓦人的园林。[32] 这些园林供西班牙旅行学者弗朗西斯科·埃尔南德斯(1517 ～ 1587)进行研究使用。他是由西班牙印度群岛理事会任命的大洋中的印度群岛、岛屿和大陆的首席医生(Protomédico general de las Indias, islas, y tierra firma del mar océano)。1570 年 9 月,埃尔南德斯抵达墨西哥,7 年后他带着所完成的 16 卷手写本《新西班牙植物志》(*De historia plantarum Novae Hispaniae*)返回西班牙。这本书中有当地艺术家安东·埃利亚斯、巴尔塔萨·埃利亚斯和佩德罗·巴斯克斯绘制的大量插图。[33]

到了 1545 年,莫纳德斯有关纳瓦人医学的书已经用西班牙文出版,书名为《两部书:来自我们的西印度群岛的医用物产大全》(*Dos libros el uno que trata de todas las Cosas que traen de Nuestras Indias Occidentales, que sirven al uso de la Medicina ...*)。这部著作大受欢迎,于 1565 年和 1569 年两次重印。1571 年,这部书的第二卷出版,很快又出版了上下两卷的版本,接着又出了意大利译本和名为《西印度群岛原始药物》(*De simplicibus medicamentis ex occidentali India delatis*)的拉丁文译本,拉丁文译本的几个版

[29] Juan José de Eguiara y Egurén, *Sor Juana Inès de la Cruz*, ed. Ermilio Abreu Gómez (Mexico City: Antigua Librería Ribrerdo, 1936); and E. Piña, "Comentarios de la historia de la física en México," *Boletín de la Sociedad Mexicana de Física*, 6 (1992), 28, citing Ramos Lara and Saldaña, "Newton en México," p. 92.

[30] 参看注释 16。

[31] Gortari, *La ciencia en la historia de México*, pp. 171 - 2, 190 - 2; and Trabulse, *Historia de la ciencia en México*, p. 43.

[32] Gortari, *La ciencia en la historia de México*, p. 193.

[33] Ibid., pp. 193 - 4.

本由著名的莱顿大学的植物学家卡罗勒斯·克鲁修斯出版。这部书的一个英译本名为《新世界乐闻》(*Joyful Newes out of the Newe Founde Worlde*),由约翰·弗兰普顿于1577年印行,以后几年又有了更多版本。因此可以说,莫纳德斯是在欧洲图书市场上传播纳瓦人草药医学精髓的第一人。[34]

另一项研究的内容要广泛得多,它是由西班牙印度群岛理事会下令进行的"地理报告(Relaciones géographicas)"项目,这一项目要求系统描述西班牙美洲的殖民地文化、土著居民和自然特性(参看第16章)。[35] 1569年进行了一段时间的尝试,1577年印出一份涉及内容广泛的问卷,由墨西哥和秘鲁的总督分发给各地方官。问卷目录上有50个问题,涵盖了殖民地生活的各个方面。问卷要求包括各种植物特别是药用植物的名称(本地名和外来名都要求),还包括矿藏、潮汐、水深、岛屿以及能否修建船坞等信息(这些信息要求画图)。不是所有的地方官都对问卷作出了回应,而且不是所有地方都能看到报告。但是现存的208份答卷和大量的地图提供了一幅有趣的1578～1586年西班牙殖民地的快照(至今只有部分被研究),这些资料记录了西班牙人对于新领土的系统调查。

827

欧洲人将其宗教、文化和学术输出到西班牙美洲是如此自然、如此系统化,这一点令人惊讶。从16世纪前几十年修道士、修女和神父就开始创办各种教育机构,如小学、学院和大学。欧洲人在这一方面占据绝对优势。他们不但规定了课程的知识内容,而且掌握着书写、绘画和印刷这类传播媒体。自然知识虽然似乎还没有占据课程内容的核心地位,但是它形成了一个重要的、蓬勃发展的小领域。1553年墨西哥大学成立后自然知识的地位得到了确认,各独立学科相继出现,包括医学(1578)、占星术/天文学(1637)和自然哲学(1646)。与欧洲知识传播的状况相比,像纳瓦人的草药医学这类本土自然知识只被选择性吸收,而且与本土文化相割裂。在本土自然知识中还是由欧洲人掌握研究的过程和被接纳的过程。但是从长期来看,对自然的研究仍然联合了新、旧两个世界。伴随17世纪中期西班牙殖民体系日趋稳固,卡洛斯·德·西根萨-贡戈拉等在墨西哥受教育的本地学者开始作为墨西哥的代表参加欧洲人的学术讨论。

---

〔34〕 Ibid., pp. 172 - 3.

〔35〕 Howard F. Cline,《西班牙所属的印度群岛的地理报告(1577～1648)》(The Relaciones Geográficas of the Spanish Indies, 1577 - 1648),《中美洲印第安人手册》(*Handbook of Middle American Indians*),12(1972),第183页～第242页。关于地图,参看Donald Robertson,《地理报告地图,有目录》(The Pinturas [Maps] of the Relaciones Geográficas, with a Catalog),《中美洲印第安人手册》,12(1972),第243页～第278页;Barbara E. Mundy,《新西班牙的测绘:本土绘图与地理报告地图》(*The Mapping of New Spain: Indigenous Cartography and the Maps of the Relaciones Geográficas*, Chicago: University of Chicago Press, 1996)。

自然知识与基督教传教：耶稣会士在日本和中国

16世纪，也就是马可·波罗游历中国和东南亚的300年后，欧洲人首次航行到亚洲海岸。葡萄牙人在印度洋击败了阿拉伯人，控制了制海权，并攻占了东亚、阿拉伯半岛以东、印度、锡兰和马来西亚沿海的许多城市，这些城市在战略上和经济上都十分重要。1510年，葡萄牙人第二次攻击印度，占领了果阿地区，这里成为亚洲传教中心，1511年他们又攻占了马来西亚南海岸的重要贸易城市马拉卡（Malakka）。征服东亚的大帝国是不可想象的，因此葡萄牙只将活动限制在发展贸易和尽可能让当地人皈依基督教上。

828

16世纪40年代晚期耶稣会开始派传教团去往亚洲。中国最初大门紧闭，1557年才允许葡萄牙在澳门建一个商栈，而日本却被证明是可以接近的。方济各·沙勿略（1505～1552）是从果阿出发，经东南亚，于1549～1551年到达日本的第一位耶稣会士。[36] 沙勿略发现日本人非常能接受新思想，尤其对于与自然知识有关的问题更是如此。1552年沙勿略在写给耶稣会建立者依纳爵·罗耀拉的信中提到，派到日本的传教士应该接受过极好的科学训练，因为日本人对于天文、地理和气象现象的解释特别感兴趣：

> 派到日本的教士唯有具备两点，才能引导当地人信仰基督……一是不理会当地人的不公正对待……要做道德楷模……二是要有良好的教育，能够不费力地应对日本人随时提出的问题。如果懂辩证法将会非常有用。另外如果学过占星术和自然知识也很有帮助。因为日本人总是缠着我们问这类问题：天球运动、日食、月亏月盈以及水、雪、雨、雹、雷、电和彗星的来历。我们对于这些问题的解释对他们影响很大，这样我们就能够赢得他们的灵魂。[37]

沙勿略解释说，日本人的自然知识不如欧洲人，因为日本人只注重因果性问题，而这是他们不知道或者拒绝神创思想的结果。沙勿略在一封信中写道，日本学者之所以没有有关物质运动和起源的学说，是因为他们对造物主一无所知：

> （日本人）完全不教授有关世界、太阳、月、恒星、天空、地球、海洋以及其他物体运动的知识。因为他们不相信这些另有起源。当他们听说存在一个万能的灵

829

〔36〕 Masao Watanabe，《现代史中的科学与文化交流：日本与西方》（*Science and Cultural Exchange in Modern History: Japan and the West*, Tokyo: Hokusen-Sha, 1997）。

〔37〕 "Nonnulla excerpta ex epistola Reverendi P. Magistri Xavieri praesbyteri Societatis Iesu in India Praepositi provincialis, ad Reverendum P. nostrum Magistrum Ignatium de Loiola, Praepositum eiusdem Societatis generalem. Anno 1553," in *Epistolae Indicae de praeclaris, et stupendis rebus, quas divina bonitas in India, et variis insulis per societatem nominis Iesu operari dignata est*... (Louvain, 1566), pp. 152 - 3.

魂推动者的时候，无比地惊讶，殊不知他们是由上帝造出的。[38]

这样一来，欧洲的自然知识教育就不再仅仅作为传教士赢得重视的一种策略性工具。对于传教士来说，自然知识和神学的相互联系是自明的，所以东亚在自然知识上的不足不再仅仅被指向他们缺少宗教信仰，而且还为证明基督教教义的优越性提供了切入点。

远东的情况与美洲的情况完全不同。欧洲人在武力征服西班牙美洲并建立殖民地文化之后，又过了几十年才开始与东亚人逐步接触。当欧洲人开始进入东亚地区后，首先考虑的不是武力征服，而是贸易和传教。另外，派往美洲的是方济各会传教士，他们按照传统方式对救赎问题和发展医学特别注重；而在东亚的传教士则来自军事化的耶稣会，耶稣会的修士们学习的是新兴的数学各附属学科。

在日本的传教尽管遭到顽强的抵抗，却仍在半个多世纪内成绩斐然。在耶稣会的领导下，日本的基督教教会经历了一个黄金时代。到了 1580 年左右，它已拥有约 15 万教徒、200 个团体、65 位耶稣会神父，还有很多支持者。耶稣会建立了约 200 所小学，教授基本基督教教义、日文读写、作文、算术、音乐（声乐和器乐）和绘画。这些学校对女童也开放。[39] 1580 年，耶稣会开办了一所培养神父的学院，为日本学生讲授神学和欧洲学术成果。课程包括神学和哲学、日语和日本文学、拉丁文、葡萄牙语、历史、数学、音乐、艺术和铜版画。[40] 在耶稣会会长 1579 年派往日本的巡视员范礼安（1539～1606）领导下，欧洲科学在日本的传播达到了顶点。[41] 1590 年，有 100 名日本学生在耶稣会开办的学院里学习。

16 世纪耶稣会在日本办学时，数学并没有占据核心地位。这种情况从 17 世纪初开始发生变化。1602 年耶稣会神父卡洛·斯皮诺拉在长崎观测到一次月食，并且他通过一次经度计算为日本发展科学制图法奠定了基础。1605 年 5 月，传教士在首都开办了一个"学会"，讲授地理学、航行术、行星理论以及自然哲学等课程。[42] 目前还不知道这个学会与 1580 年开办的学院有什么联系。无论怎样，耶稣会学院将基础工作向前推进的时机已经错过，由于敌人的攻击和数次搬迁，这所学院最终于 1614 年停办。在日本的传教活动于 1639 年结束，德川幕府下令除了中国人和荷兰人，其他外国人都被驱逐出境。[43] 在 17 世纪剩下的时间里，欧洲的自然知识都是通过中国间接传到日本的，只有一部分所谓"荷兰科学"允许直接传入。[44]

830

---

[38] "Xaverii Epistolarum Liber iiii," in *Horatii Tursellini e Societate Iesu de vita Francisci Xaverii qui primus e Societate IESV in Indiam et Iaponiam Evangelium invexit* . . . (Rome: A. Zanetti, 1596), p. 123.

[39] Watanabe,《现代史中的科学与文化交流：日本与西方》，第 188 页。

[40] 同上书，第 189 页。

[41] J. F. Moran,《日本人与耶稣会士：范礼安在 16 世纪的日本》(*The Japanese and the Jesuits: Alessandro Valignano in Sixteenth-Century Japan*, London: Routledge, 1993)。

[42] Henri Bernard, *Le Père Matthieu Ricci et la société chinoise de son temps (1552 - 1610)*, 2 vols. (Tientsin: Hautes'Études, 1937), p. 193.

[43] Watanabe,《现代史中的科学与文化交流：日本与西方》，第 189 页。

[44] Yabuti Kiyosi,《日本现代科学的史前史：德川幕府时期西方科学的输入》(The Pre-History of Modern Science in Japan: The Importation of Western Science during the Tokugawa Period)，载于 William K. Storey 编，《欧洲人在科学方面的扩张》(*Scientific Aspects of European Expansion*, Aldershot: Ashgate, 1996)，第 258 页～第 267 页。

耶稣会传教团到达中国比到达日本时间上要晚,但是活动时间更长。[45] 耶稣会士利玛窦(1552～1610)按照耶稣会东亚巡视员范礼安的要求从果阿出发去往澳门学习中文。利玛窦几次试图进入中国都未能成功,1583 年他获准在广州西边的肇庆暂住。后来他因为掌握了汉语和善于跟中国人打交道,被任命为赴中国传教团的领导者。根据在日本的经验,利玛窦及其同伴在公开场合身着佛教僧侣的衣服以信教的个人身份出现。后来他们发现这样使他们被当作外人,于是不再公开布道,而是换上儒家学者的衣服并按儒家的规范行事,因为儒家学者在中国传统中地位较高。[46]

尽管最初肇庆当地人因害怕葡萄牙人侵略而对传教士加以排斥和围攻,利玛窦及其同伴还是通过待人友善、努力学习汉语、他们的自然知识和带来了新的科学物品而引起了中国学者的注意。[47] 1584 年春,利玛窦送给肇庆地方官一幅放大的带有拉丁文题词的世界地图,这位地方官在耶稣会士住处注意过这张地图。利玛窦的地图里有中文献词,而且他在地图上将中国放在世界中心。他还送给地方官一个日晷。地方官表示非常欣赏这两样东西,他将地图复制后送给友人并送往其他省份。[48]

831

利玛窦后来在《利玛窦中国札记》(*Commentari della Cina*,1911 年汇编及印刷)中提到,完成这幅世界地图并在图上对中国加注说明在当时是让中国人相信"神圣信仰"的"上上策"。[49] 中国传统地图只涵盖 15 个省份和领土周围的小面积海域。利玛窦评论说,这类传统地图强化了中国人的文化优越感:"因为怀有这种帝国疆域无限广阔而四周世界无比渺小的印象,他们极其骄傲,认为整个世界都是蛮夷。"[50] 利玛窦说,受教育程度低的中国人嘲笑耶稣会士手中新的世界地图,因为图上显得世界广阔而中国不大;但是有知识的中国人在图上看到的则是"由经纬线、赤道线、热带地区、五大气候带……以及所有名称形成的井然有序的世界",他们相信这幅地图的真实性。除此之外,利玛窦的世界地图还向中国人显示出欧洲距离中国路途遥远、隔海相望,这样使得中国人"不再担心我们的人会征服他们的帝国,而这是神父们在这个国家传教的最大障碍之一"。[51]

接下来的几年里,除了世界地图,利玛窦还制作了很多地球仪、天球仪和日晷赠送给高级官员(利玛窦曾经在罗马跟随著名的地理学家、天文学家和自然哲学家克里斯托夫·克拉维乌斯[1537～1612]学习)。[52] 他出版了一些中文书,其中包括一本基

---

[45] Bernard, *Le Père Matthieu Ricci et la société chinoise*.
[46] Matteo Ricci,《利玛窦中国札记》(*I Commentari dela Cina dall'autografo inedito*, Macerata: F. Giorgetti, 1911),第 103 页及其后;Bonnie B. C. Oh,"导论"(Introduction),载于 Charles E. Ronan、S. J. 和 Bonnie B. C. Oh 编,《当东方遇到西方:耶稣会士在中国(1582～1773)》(*East Meets West: The Jesuits in China, 1582 - 1773*, Chicago: Loyola University Press, 1988),第 xx 页。
[47] Ricci,《利玛窦中国札记》,第 138 页及其后。
[48] 同上书,第 141 页。
[49] 同上书,第 142 页。
[50] 同上。
[51] 同上。
[52] 同上书,第 144 页。

督教教义问答手册、几本道德哲学书以及一本有关记忆术的书,这本有关记忆术的书得到中国知识分子较好的反响。他还翻译了欧几里得《几何原本》(*Elements*)的前六卷,底本是他的老师克拉维乌斯编著的拉丁文版本(1607),这一拉丁文版本包括克拉维乌斯《数学概要》(*Epitome arithmeticae*,1614)的一部分内容以及实际应用的几何学、地理学和天文学知识概要。[53]

从1599年开始,利玛窦在其获准驻留的南京教宇宙学、数学和亚里士多德物理学。利玛窦及其同伴就有关地球的球状、地球上对跖地的存在、托勒密体系中恒星与行星的运行规律以及地球仪的使用作了一些专题讲演并广受好评。[54] 他写道:"对于有文化的中国人来说,这是他们所听过的最有意义、最微妙也最新鲜的事情。听罢讲演之后,很多人一再说这令他们大开眼界,并承认自己过去的盲目无知。"[55]利玛窦只将技术细节传授给经过筛选的学生。但是他的天文学知识终归有限,他承认自己没有能力确定行星轨道和位置、测算日月食时间以及编写星历表。即便如此,利玛窦说,他的名气还是在中国人当中传开了,他被誉为"世界第一数学家,因为他们对这些知之甚少"。[56]

832

1598年和1601年,利玛窦被召两次进宫。[57] 皇帝没有接见利玛窦本人,但是对于他从欧洲带来的地图、科学仪器和报告非常感兴趣。在接下来的几年,耶稣会的活动中心转移到宫廷,1605年,耶稣会驻北京的第一家机构成立。[58] 这一机构成为中国上层人士的联系点,他们在这里兴致勃勃地研究欧洲的绘画、地图、书籍和科学物品。利玛窦1610年辞世时,皇帝将京郊的一处宅院赐给耶稣会,里面有利玛窦的墓地以及纪念这位伟大学者的石碑。在利玛窦去世的前几年,曾有中国学者贵州巡抚郭子章评价利玛窦说:"久居中国之人,亦非异族,乃是中国之中国人。"[59]

利玛窦去世前写信给罗马的耶稣会会长,请他再将一些学术书籍和天文学家送到中国来。继利玛窦之后来华的有熊三拔(1575～1620)、邓玉函(1576～1630)、汤若望(1592～1666)和南怀仁(1623～1688),他们都是天文学家。熊三拔准确预测了1610年12月15日发生的日食,并且证明欧洲天文学比中国传统天文学的预测更加准确。邓玉函曾与伽利略有通信往来,他与人合著了一本天文学和历法巨著《崇祯历书》(*Ch'ung-cheng li-shu*,1634),这部历书为推行新历法奠定了基础。汤若望将望远镜引入中国,并编写《远镜说》(*Yüan-ching shuo*,1630)。1644年清朝入关时,汤若望被任命为钦天监监正。而与此同时,钦天监的传统力量"回回"派瓦解,这一派自1059年便开

833

[53] 同上书,第454页及其后。
[54] 同上书,第311页及其后。
[55] 同上书,第455页。
[56] 同上书,第144页。
[57] 同上书,第285页及其后,第363页及其后。
[58] 同上书,第498页。
[59] 同上书,第623页。

始存在并一心要成为中国科学的中心。[60]

来自被称为“回回”的天文学家的压制引发了一场斗争，并为汤若望引来嫉恨。当他将《崇祯历书》改为《西洋新法历书》并将其献给顺治皇帝时，有人攻击他，说他的做法损害了中国传统的尊严。[61] 后来“回回”天文学家的领头人杨光先（1597～1669）又告汤若望谋反、传邪教并且散布谬误天文之说（杨光先在小册子《不得已》[*Pu-te-i*, 1664]中否定地球说，证明地平说）。[62] 由于杨光先占据了主动，1664年秋汤若望和他的学生南怀仁以及其他欧洲传教士被判入狱，勉强逃过了死刑。几位传教士被驱逐出境，汤若望两年后病故。[63]

经过长期的审判和与杨光先等人的公开辩论，南怀仁最终令欧洲天文学恢复了地位并免除了耶稣会士的罪责。[64] 1669年，他成为钦天监监正，一直到18世纪下半叶钦天监监正一职都由耶稣会士担任。南怀仁成为皇帝的顾问和老师，并且在他的影响之下欧洲天文学得到了中国有影响的学者的支持。南怀仁在《欧洲天文学》（*Astronomia Europaea*, 1687）中向欧洲读者描述了从属于数学的各个学科在中国宫廷所取得的胜利：

> 天文学如尊贵的女王一般，从数学各学科当中脱颖而出，昂然阔步来到中国人的面前，自此以其友好的面孔得到中国皇帝的礼遇。接下来，所有的数学科学都逐渐进入皇宫，成为天文学女王的美貌随从。它们紧随天文学，用各种珍奇美丽的物件装饰自己，就好像它们是黄金或奇石，希望得到皇帝陛下的宠爱。几何学、测地学、日晷测时术、透视法、静力学、水力学、音乐以及所有的机械力学学科莫不如此，它们都衣着光鲜，似乎相互媲美。但是它们如此争宠并不为要皇帝注视它们自身，而是要将皇帝的目光引到基督教上面，后者的美丽才是它们都宣誓要顶礼膜拜的，这与众星拱月是一回事。[65]

834

中国学者可能也承认欧洲数学、地理和天文学在中国获得的成功，但是这一成功却不全是欧洲人努力的结果。徐光启（1565～1633）为1607年出版利玛窦翻译的欧几里得《几何原本》作序时，一边称赞这部充满新思想的著作，一边指出中国古代类似

---

[60] Compare with “Lebensbild Schalls in der amtlichen Geschichte Chinas unter der Mandschu-Dynastie,” in Alfons Fäth, S. J., *Johann Adam Schal von Bel S. J., Missionar in China, Kaiserlicher Astronom und Ratgeber am Hofe von Peking, 1592 - 1666*(Nettetal: Steyler, 1991), pp. 372 - 6.

[61] Pingyi Chu,《信任、仪器和跨文化的科学交流：关于地球形状的中国辩论（1600～1800）》（Trust, Instruments, and Cross-Cultural Scientific Exchanges: Chinese Debate over the Shape of the Earth, 1600 - 1800），《语境中的科学》（*Science in Context*），12（1999），第385页～第411页。

[62] Pingyi Chu,《信任、仪器和跨文化的科学交流：关于地球形状的中国辩论（1600～1800）》，第397页及其后。

[63] Fäth, *Johann Adam Schal von Bel*, pp. 295 ff.

[64] Noël Golvers and Ulrich Libbrecht, *Astronoom van de Keizer: Ferdinand Verbiest en zijn Europese Sterrenkunde* (Leuven: Davidsfonds, 1988); Pingyi Chu,《信任、仪器和跨文化的科学交流：关于地球形状的中国辩论（1600～1800）》，第398页。

[65] Noël Golvers,《南怀仁的〈欧洲天文学〉》（*The “Astronomia Europaea” of Ferdinand Verbiest, S. J.* [*Dillingen, 1687*], Nettetal: Steyler, 1993），第101页。

的问题和方法。[66] 中国人从欧洲的数学、地理和天文学知识中,看到的是对中国传统的延续和补充。典型一例是当时中国最重要的天文学家梅文鼎(1633 ~ 1721)提出“西学中源”,这一说法对于以后中国人接受欧洲自然知识产生了深远影响。[67]

反过来,整个 17 世纪欧洲学者对于中国的伦理学、文化和政治学产生了越来越浓厚的兴趣,而且欧洲人也开始研究中国的自然志和自然科学。[68] 由于巴黎天文台台长吉安·多梅尼科·卡西尼(1625 ~ 1712)的推动以及法国国王路易十四的支持,6 名法国耶稣会士被派往暹罗和北京,其中有 4 人拥有皇家数学家的头衔。这些耶稣会士的使命是在这两个地方完成天文学、地理学和自然观测并研究中国学者的著作。[69] 他们于 1688 年到达北京,当时南怀仁刚刚去世,白晋(1656 ~ 1730)和张诚(1651 ~ 1707)接替他成为皇帝的顾问。后来在白晋的带领下,又一群耶稣会士来到北京。

法国以外的其他国家的学者也开始接触中国。德国哲学家和数学家戈特弗里德·威廉·莱布尼茨(1646 ~ 1716)试图在中国和欧洲之间建立一个交流学者制度,并且写信给接替南怀仁成为钦天监监正的闵明我。[70] 莱布尼茨对于中国的兴趣由来已久,并且深谙中学与西学的关系。他看到尽管两者在经验方面是同步的,但是欧洲人在理论学科更胜一筹:

835

> 如果想进行比较的话,就从日常生活中累计得到的技术知识以及与自然斗争的经验而言,我们彼此不分伯仲。我们拥有的能力可以有效交换;但是就抽象思考和理论学科而言,我们要更胜一筹。因为包括逻辑、形而上学以及非物质事物的认知这些我们自己的学科在内,我们无疑非常精于通过对物性的理解而抽象出有关形式的确定性理论。也就是说,我们擅长数学。只要让中国的天文学与我们的天文学公开竞争,便可明确这一点。由此说来,他们似乎不懂得人类智慧的伟大之处即理性的运用,而只满足于知道一些经验数学知识,这是我们的工匠们掌握的知识。无论是在技术和科学的竞争中,他们都远远落后于我们。[71]

直到 17 世纪末,欧洲人在这一领域都保持着十足的自信。[72] 在他们看来,自己赢得了中国人的关注和赞誉,所凭借的首先是流利的语言、高超的技术、精良的科学仪器,最后是地理学和天文学知识。从 1644 年开始,耶稣会士作为中国皇帝的历法官员

---

[66] Catherine Jami,《“欧洲科学在中国”或“西学?”跨文化传播的表述(1600 ~ 1800)》(“European Science in China” or “Western Learning?” Representations of Cross-Cultural Transmission, 1600 - 1800),《语境中的科学》,12 (1999),第 413 页~第 434 页,特别是第 422 页~第 423 页。

[67] Pingyi Chu,《信任、仪器和跨文化的科学交流:关于地球形状的中国辩论(1600 ~ 1800)》,第 400 页~第 401 页。

[68] John D. Witek,《理解中国人:比较利玛窦与路易十四派遣的法国耶稣会士数学家》(Understanding the Chinese: A Comparison of Matteo Ricci and the French Jesuit Mathematicians Sent by Louis XV),载于 Ronan 和 Oh 编,《当东方遇到西方:耶稣会士在中国(1582 ~ 1773)》,第 72 页~第 73 页。

[69] Witek,《理解中国人:比较利玛窦与路易十四派遣的法国耶稣会士数学家》,第 73 页。

[70] Donald F. Lach,《莱布尼茨与中国》(Leibniz and China),《思想史杂志》(*Journal of the History of Ideas*),6(1945),第 436 页~第 455 页。

[71] Gottfried Wilhelm Leibniz, *Das Neueste von China* (*1697*) *Novissima Sinica*, ed. Günther Nesselrath and Hermann Reinbothe (Cologne: Deutsche China-Gesellschaft, 1979), p. 9.

[72] 可对照 Carlo M. Cipolla,《时钟与文化(1300 ~ 1700)》(*Clocks and Culture, 1300 - 1700*, New York: W. W. Norton, 1977)。

而积极活跃。1699年，他们通过一场激烈的论战夺回了这一位置。当法国的皇家数学家们到来之后，耶稣会的方向发生转变，即国家支持的研究活动成为传教活动的辅助手段。但是，耶稣会却不曾实现广泛传播基督教的目标。尽管有很多中国上层人士接受欧洲人的自然知识并有一些人转信基督教，但是基督教仍然被普遍排斥。宇宙学与基督教教义之间的联系并不能使中国人信服，他们极其尊重自己的传统。由于"西学中源"的说法，中国学者对于欧洲自然知识的优越性有所限制。因此，尽管一直到18世纪下半叶欧洲的耶稣会士作为顶尖的天文学家活跃于中国宫廷，他们对于中国文化的影响却是有限的，而且受到控制。

836

欧洲的自我定义和霸权中的自然知识

要重新审视自然知识在欧洲扩张中的作用以及对于欧洲自我定义的意义，我们首先要强调这些问题具有多面性。欧洲学者的观点不同于墨西哥大学的方济各会传教士的观点，也不同于中国宫廷中耶稣会士的观点。在西班牙美洲，整个欧洲教育体系在16世纪上半叶整体性输出，欧洲的自然知识是作为受宗教影响、主导各个领域的殖民体系的一部分，自然知识巩固并发展了这一殖民体系。而在中国和日本，欧洲自然知识的传入晚至16世纪的下半叶，传播较慢，并且主要与其文化来源分离。传教士利用自然知识来赢得当地精英人士的支持并说明基督教的独特之处。在中国，几位传教士作为地理学家和天文学家在中国宫廷任官数十载。总之，在美洲的殖民地背景之下，欧洲自然知识广泛传播，没有竞争对手，而且几乎与欧洲学术没有差别；欧洲自然知识在东亚地区的传播则有特定的关注点，而且与当地学者的知识公开形成竞争。

在整个16世纪，待在国内或者从海外归来的欧洲人都保有一种欧洲自然知识独一无二的印象，这一印象比海外的欧洲人所持的印象还要具体。典型的一个例子是耶稣会士何塞·德·阿科斯塔（1539～1600）写了一本《印度群岛的自然志与道德志》（*Historia natural y moral de las Indias*，1590）。[73] 这部书描述了美洲土著人的文化和才智，并将其与日本文化和中国文化进行比较，这大概是类似主题思考最深入的作品。阿科斯塔曾在耶稣会传教团身居要位，在秘鲁和墨西哥居住16年之后返回欧洲，成为萨拉曼卡大学的校长、耶稣会会长克劳迪奥·阿夸维瓦的特使以及西班牙国王腓力二世的顾问。这部在塞维利亚1590年印刷并献给奥地利伊莎贝拉公主的书不仅仅有一个神学导向。阿科斯塔在序言中强调指出，从前的著作者没有讨论新世界各种现象形成的原因以及相互之间的联系。[74] 他还对欧洲以及中国的自然知识与西班牙美洲土

837

---

[73] José de Acosta, *Historia naturaly moral de las Indias, en que se tratan las cosas notables del cielo, y elementos, metales, plantas, y animales delas: y los ritos, y ceremonias, leyes, y gouierno, y guerras de los Indios* (Seville: Iuan de Leon, 1590).

[74] José de Acosta，2卷本《印度群岛的自然志与道德志》（*The Natural and Moral History of the Indies*, The Hakluyt Society, 60 - 61, London: Hakluyt Society, 1880），Clements R. Markham编，第1卷，第xxiv页。

著居民的自然知识进行了比较(耶稣会士自16世纪80年代就保持与中国的接触,而阿科斯塔本人也在墨西哥碰到过几个中国人)。

阿科斯塔用两章内容对美洲高级文化与中国人的书写传统进行了比较。他说,阿兹特克人和印加人使用图画和符号,没有形成文字。而中国人的符号也不能和欧洲人的文字比,因为中国人不像日本人那样可以写出所有未知的发音组合。[75] 阿科斯塔接着又讨论了知识在中国的地位。[76] 他明确地说,耶稣会士在中国没有看到"教授哲学以及其他自然科学的了不起的学校或大学"。中国有一些初级学校,可是那里只教学生写汉字、阅读和写作一些故事、法律文本、语言故事和道德准则。他说:

> 他们既不懂神学,也不懂科学,只懂得很少一点语录,也不掌握建立在他人著述和研究基础之上的技术和方法。在数学方面,他们有天体和恒星运行的经验知识。在医学方面,他们懂得草药知识,并用这种知识行医治病。[77]

总之,中国人在做学问上表现出了"才智和勤奋"(他们同时还是优秀的悲剧演员)。"但是,所有这些都显得微不足道,因为实际上中国人的知识只倾向于读和写,他们没有获取更高级的知识。"在阿科斯塔看来,一个秘鲁或墨西哥的印第安人从西班牙人那里学会读写之后,要比最聪明的中国官员更有知识。因为这个美洲人可以用字母拼写出世界上所有的词汇和句子,而中国官员虽然博学,却很难用他所掌握的无数个字符写出 Martin 或 Alonso 这样简单的名字,特别是他不熟悉的名称。[78] 阿科斯塔用一个实验来说明这一点:他曾经在墨西哥认识几个中国人,他让这些中国人用中文写"Joseph of Acosta has come from Peru(阿科斯塔的约瑟夫从秘鲁来)"。其中一个中国人想了很久后勉强写出这句话,而其他中国人朗读那人写出的句子时,完全改变了这句话的意思。[79]

何塞·德·阿科斯塔的方法和结论反映出当时存在的偏见。有意思的是他的结论以整个世界为着眼点,将中国和西班牙美洲土著的才智和自然知识进行比较。已经传授给西班牙美洲两代人的欧洲知识成为这一比较的标准。阿科斯塔的结论很清楚:欧洲的神学和自然知识都优于中国人。每一个向欧洲人学习的秘鲁或墨西哥印第安人都分享了这一好处。 838

于是在欧洲人"发现"美洲、航行至非洲并到达亚洲之后不到一个世纪的时间里,具体的文化碰撞经验代替了含糊的描述。受过教育的欧洲人强调欧洲人在自然知识上占据优势,这些人多为自海外归国的神职人员。典型的例子要属乔瓦尼·博特罗(1540～1617)所写的《世界记述》(*Le relationi universali*,1596)。这部对世界做整体描述的作品被多次重印,译为几种欧洲语言。书中写道,欧洲不但拥有独一无二的各项

[75] 同上书,第2卷,第397页～第401页。
[76] 同上书,第2卷,第401页～第402页。
[77] 同上书,第2卷,第401页。
[78] 同上书,第2卷,第402页。
[79] 同上书,第2卷,第400页。

发明创造，如印刷术、枪炮、指南针的使用和航海技术，而且在曾经发源于埃及、朱迪亚(Judea)和希腊的科学上，也保持遥遥领先的位置；欧洲和新近成为基督教地区的地方的宗教也更纯粹，所以欧洲人注定要征服大洋并统治非洲、亚洲和美洲。他写道：

我们该怎样评价欧洲人自己的气势恢宏的绘画和价值无法估量的火器的发明？……磁铁的使用从意大利的阿马尔菲海岸(Amalfi)最先开始，非洲和亚洲根本无法相比。欧洲人高超的航海技术也是无人可比。利用这些技术，西班牙人在一个意大利人的领导下发现了新世界，而葡萄牙人航行至非洲附近海域，欧洲人发现了亘古未知的通道和无数土地……最终，源自埃及和朱迪亚，又经由古希腊传承的科学驻留在我们这里。而真正的宗教，即对基督的信仰在欧洲以外的地方也并没有更纯粹、更可靠，不过那些由欧洲人将基督教新近传入的地区除外……我们似乎可以说，欧洲注定要散布它的财富并接受其他地方的财富，注定要征服大海扩展疆土，统治非洲、亚洲和美洲，欧洲对这些地方伸手可及。[80]

这种做比较的世界观在欧洲扩张时期发展起来，它既让欧洲人相信自己拥有控制世界的力量，又让欧洲人相信自己具备的自然知识无与伦比。16世纪末，欧洲学者已经能够确认，他们不仅胜过古人，而且胜过远西地区的国家以及亚洲远东地区的发达文化。对于欧洲人而言，在此之前探求知识已经成为英格兰哲学家弗兰西斯·培根所说的由"物质世界"通向"知识世界"的开放过程。培根在《伟大的复兴》(*Instauratio magna*, 1620)中明确提出上述概念，他强调印刷术、火药和指南针的发明对于文学、战争和航海所产生的重要意义，[81]并且指出由于航海而开放的世界与自然知识的增加具有紧密联系：

839

我们不应忽略远洋航行和穿越新大陆，这类事在我们今天这个时代越来越常见，它让我们看到自然当中的很多事物并揭示其秘密，通过这些我们能够重新进行哲学思考。而且如果在这个物质世界，也就是由地球、海洋和恒星所组成的世界向我们打开大门、展开广阔天地的时代，如果我们的知识世界还和古人一样狭窄，无疑是令人颜面扫地的事。[82]

其实早在培根之前的一个世纪，一位著作者已经表达了欧洲人开始这一过程所怀有的自信心。这位著作者既知道古代著作的重要性，也了解他那个时代的成就。他便是英格兰人文主义者和政治家托马斯·莫尔(1478～1535)，他的作品《乌托邦》(*Utopia*, 1516)是亚美利加·韦斯普奇航海时代首部反映航海发现的作品。莫尔在书中提到了在他那个时代欧洲人在"新大陆"的优势：

---

[80] Giovanni Botero, *Le relationi universali di Giovanni Botero Benese*, *divise in quattro parte* (Venice: Nicolò Polo, 1597), pp. 1 - 3.

[81] Francis Bacon, 2卷本《新工具》(*Neues Organon* [1620], Hamburg: Felix Meiner, 1990), Wolfgang Krohn 编, 第1卷, 第129页。

[82] Francis Bacon,《新工具》(*Novum Organum* [1620], 1.84, Chicago: Open Court, 1994), Peter Urbach 和 John Gibson 编译, 第93页。

您(和彼得先生)很难让我相信新大陆上拥有比我们这里所知道的国家更好的秩序。那里的人可能和这里的人一样聪明,但是我想我们比他们更加富足,我们经过长期的应用和经验已经发现了很多生活所需之物,另外我们已经幸运地发现了很多东西,这样的幸运不是他们所能拥有的。[83]

(李文靖 译)

---

[83] [Thomas More],《莫尔的乌托邦》(*More's Utopia* [1516], trans. Raphe Robynson, 2nd ed. [1556], Cambridge: Cambridge University Press, 1891),第 64 页。

专 名 索 引*

*　条目后的页码为原书页码,即本书旁码。

K

L

O

P

Q

Z

人 名 索 引*

* 人名后的页码为原书页码,即本书旁码。

C

D

E

F

G

L

M

Q

R

S

T

Y

Z